Representative organic compounds

A. hydrocarbons, *R*—H

1. alkanes (paraffins)
   $CH_3CH_2CH_3$
   propane

2. alkenes (olefins)
   $CH_2=CH_2$ 
   ethylene — cyclohexene

3. cycloalkanes (alicyclics)

   cyclopropane — cyclohexane

4. alkynes (acetylenes)
   $CH_3-C\equiv C-H$
   methylacetylene
   (propyne)

5. allenes (cumulenes)
   $CH_2=C=CH_2$
   allene
   (propadiene)

6. dienes (polyenes)
   $CH_2=CH-CH=CH_2$
   1,3-butadiene

7. aromatics, Ar—H

   benzene

   Note: 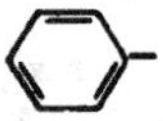 and C_6H_5-
   both represent the phenyl group.

B. alcohols, *R*—OH

1. primary (1°), $R-CH_2OH$
   $CH_3CH_2CH_2OH$
   1-propanol
   (*n*-propyl alcohol)

2. secondary (2°), $R_2C(H)-OH$
   $CH_3-CH(OH)-CH_3$
   2-propanol
   (isopropyl alcohol)

3. tertiary (3°), R_3C-OH
   $(CH_3)_3COH$
   tert-butyl alcohol

C. phenols, Ar—OH

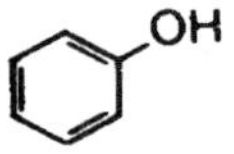

phenol

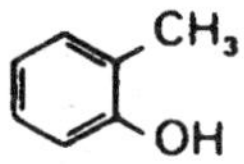

o-cresol
(*o*-methylphenol)

D. halogen compounds, *R*—X

$(CH_3)_2CHBr$
isopropyl bromide

p-chlorofluorobenz

E. ethers, *R*—O—*R*

$(CH_3CH_2)_2O$
ether

tetrahydrofuran

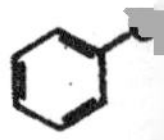
anisole

F. aldehydes, *R*—CHO

CH_3CHO
acetaldehyde

G. ketones, *R*—C(=O)—*R*

$CH_3-C(=O)-CH_3$
acetone

cyclopentanone

acids, $R-CO_2H$

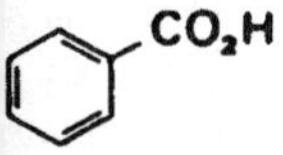

CH_3CO_2H

benzoic acid — acetic acid

acid derivatives

di-and substituted acids

$CH_2(CO_2H)_2$ — malonic acid

$CH_3CH(OH)CO_2H$ — lactic acid

acid chlorides, $R-COCl$

CH_3COCl — acetyl chloride

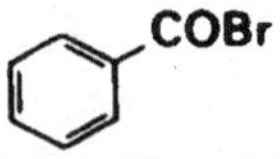

benzoyl bromide

esters, RCO_2R'

$CH_3CO_2CH_3$ — methyl acetate

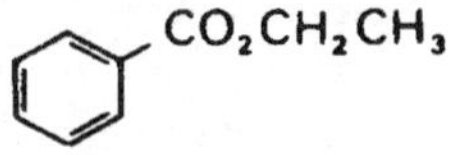

ethyl benzoate

$CH_3O_2C-C\equiv C-CO_2CH_3$

dimethyl acetylenedicarboxylate

amides, $RCONH_2$

CH_3CONH_2

acetamide

anhydrides, $R-CO-O-CO-R'$

$CH_3CO-O-COCH_3$ — acetic anhydride

$CH_3CO-O-COC_6H_5$ — acetic benzoic anhydride

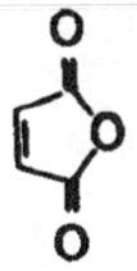

maleic anhydride

nitriles (cyanides), $R-CN$

CH_3CN

acetonitrile

(methyl cyanide)

J. aromatic nitro compounds, $Ar-NO_2$

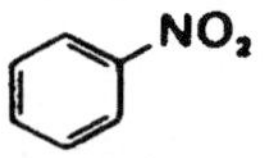

nitrobenzene

K. amines

1. primary (1°), $R-\ddot{N}H_2$

$CH_3\ddot{N}H_2$ — methylamine

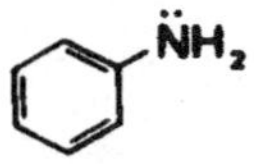

aniline

2. secondary (2°), $R_2\ddot{N}H$

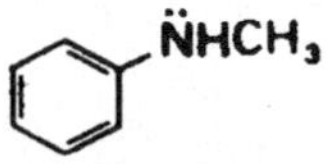

N-methylaniline

3. Tertiary (3°), $R_3\ddot{N}$

$(CH_3)_2\ddot{N}CH_2CH_3$ — dimethylethylamine

pyridine

4. quaternary ammonium salts (4° salts), R_4N^+

$(CH_3)_4\overset{+}{N}\overset{-}{O}H$

tetramethylammonium hydroxide

L. diazonium compounds (salts), $Ar-N_2^+$

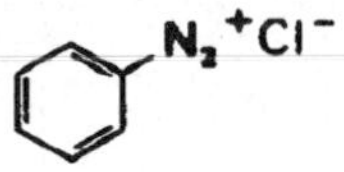

benzenediazonium chloride

M. amino acids, $R-CH(NH_2)-CO_2H$

$CH_2(NH_2)CO_2H$ — glycine

$CH_3CH(NH_2)CO_2H$ — alanine

MODERN ORGANIC CHEMISTRY

현대유기화학

수정판

RODGER W. GRIFFIN JR 저
공학박사 정평진 역

東明社

머리말

이 교과서는 내가 하버드대학 및 캘리포니아대학(UC Berkeley)의 의학부 진학의 학생 및 화학전공이 아닌 학생에게 가르친 경험을 토대로 하여 New College의 특수한 교수과정하에서의 교수법을 참고로 하여 저술한 것이다.

이 책은 화학을 전공하지 않는 학생을 상대로 하고 있지만, 단순히 화학에 대해서 사물을 취급하는 것이 아니고, 유기화학의 반응의 구성 또는 합성 등의 면을 최대한으로 취급하려고 노력했다. 올바른 유기화학의 기초를 배우는 것은 장래 필요로 하는 이해를 몸에 지니게 하는 것이다. 따라서 공업적인 혹은 의학적인 방면에서의 유기화학의 활용 예도 연습문제 중에 몇 개씩 포함시켰다. 단, 응용에 관한 해설은 다소 한정했기 때문에 담당교수가 자신의 교육 또는 연구의 체험으로부터 각 장의 실예를 지시하도록 요망한다. 지방족 화합물 및 방향족 화합물은 통합하고, 반응 등의 예는 헤테로고리화합물 또는 유기금속화합물로부터도 인용했다. 화학적인 원리는 약간의 대표적인 예를 사용하여 해설하고, 그들로부터 본서 전체를 통하여 되풀이되는 각종의 형태로 응용했다.

화학을 가르친 경험이 있는 분은 이미 통감하고 있겠지만, 특히 처음의 수주간으로 많은 새로운 용어 또는 개념을 설명하지 않으면 안 될 때, 이들을 완전하게 총괄적인 지식으로서 주입시키기에는 매우 곤란한 문제이다. 따라서 이 책을 사용하여 화학을 배우려고 하는 학생은 전에 배웠던 부분을 항상 참조하고, 그때 그때 배운 각 장의 개념을 정확히 개소에 이용하는 노력을 기대한다. 필요한 화학상의 약어는 한번 해설한 후에는 그대로 사용하고 있다.

이 교과서는 3개의 부분으로 편성되어 있다. 즉 제Ⅰ부 탄화수소 및 할로겐화합물(제1장으로부터 제8장까지), 제Ⅱ부 산소 및 질소를 함유한 유기화합물(제9장으로부터 제16장까지), 그리고 제3부로서 생물학적으로 흥미있는 유기화합물(제17장으로부터 제21장까지), 상세하게 설명하고 있는 관능기는 극히 일반적인 것만으로 한정했지만, 케텐 또는 이소시안산 등 다른 것에 대해서도 인용했다. 또한 제Ⅲ부에 적당하리라고 생각되는 각종의 영역으로부터 금번 취급한 화제는 화학을 전공하지 않는 학생의 대부분이 갖고 있는 듯한 흥미와 내 자신의 판단에서 선택한 결과이다.

나의 체험에 의하면 다수의 학생에게 있어서, 특히 화학이 본질적인 흥미의 대상이 아닌 학생에게 있어서 유기화학의 공부를 시작하는 것은 그다지 쉽지 않다. 따라서 분광학적 방법을 취급하는 것은 많은 학생에게 부담이 되며 흥미를 잃을 가능성이 있다. 학생이 항상 실험실에서 분광학적 방법을 이용하는 환경에 있는 경우 이외에는, 이들 자료의 해석은 단순히 참고서에 표기되어 있는 방대한 측정자료를 탐색하는 데 귀결되리라고 생각된다. 따라서 나는 분광학적인 방법론을 삭제했기 때문에, 담당교수는 클라스의 필요성에 따라서 이 부분을 보충하도록 요망한다.

이 책의 내용을 너무 많지 않도록 배려했지만, 그래도 한정된 시간으로는 소화시킬 수 없는 경우도 있다고 생각된다. 그 때에는 이하의 각장을 생략하든지, 혹은 극히 간단하게 설명해도 전체적인 흐름을 흩뜨리지 않으리라 생각된다 : 제6장(디엔 및 중합), 제10장(페놀), 제11장(에테르), 제15장(카르복실산의 유도체) 및 제16장의 디아조늄염의 부분.

더욱이 제Ⅲ부로의 충분한 시간을 할애하기 위하여 각 장내에서 적당히 생략해도 별 지장이 없으리라고 생각된다.

이 책 중에 있는 어떠한 미비 또는 탈락 등의 잘못에 대해서는 내 자신이 모든 책임을 진다. 또한 많은 학생제군, 공동연구자, 교열자, 편집자 및 타이피스트의 여러분이 최대한의 능력과 시간을 소비해 주심에 대해서 감사드린다. 더욱 더 건설적인 비판을 하기 위한 편집위원회의 설립 때문에 바쁘신 일정 중에서도 시간을 내어 준 캘리포니아 대학의 많은 학생 제군에게도 감사한다.

제Ⅰ부로부터 제3부의 각부는 각각 J. Deyrup 교수(플로리다 대학), R. Olafson 교수(펜실베이니아 주) 및 A. Rosowsky 박사(아동 암 병원)께서 교열하여 주셨다. 여기에 깊은 감사를 드린다. 특히 원고 전부를 상세하게 읽어 주신 사우스플로리다 대학의 Graham Solomons 박사에게 감사드린다. 또한 과거 4년간 여러 가지 상태의 원고를 탁월한 기술로서 타이핑해 준 캘리포니아 대학의 Ruth Coroci 여사와 그의 동료 및 New College의 Nancy Hall 여사, 더욱 최종 원고를 타이핑해 준 Mary Gall 여사에 대하여 감사드린다.

Rodger W. Griffin Jr.

역자의 머리말

최근 20~30년간 유기화학은 석유화학에 입각하여 눈부시게 발전하였다. 특히 유기화학은 자연과학의 분야에서 필수적인 기초학문이기 때문에 이것을 전공으로 하고 있지 않는 사람들에게도 매우 중요한 과목이라고 생각되지만, 기본원리, 물질의 구조, 성질 등 너무 범위가 넓어서 실제로 배우거나 다루는 데 어려움이 많았다. 그러나 본서는 Griffin 교수 자신이 오랜 교육경험을 통하여 저술한 것으로서, 본문 중에 나오는 사항의 암기를 강요하지 않고 이해시키기 위하여 각 장의 끝에 나오는 연습문제를 모두 풀면서 진행하도록 지시하고 있다. 그렇기 때문에 자기 자신도 모르는 사이에 유기화학의 지식이 몸에 배게 되어 보다 효과적으로 유기화학을 이해할 수 있게 된다.

본서의 큰 특색은 보통 단행본 또는 총설류가 취급되어지고 있지만, 여기서는 계몽지인 J. Chem. Educ. 및 Sci. Am.의 관계있는 해설이 인용되고 있다. 이들을 읽음으로써 유기화학에 대한 흥미는 더욱 증대하리라고 생각된다.

또한 본서는 의학부 진학 및 화학을 전공으로 하지 않는 학생에 대해서 쓰려고 했기 때문에 스펙트럼 관계는 취급하지 않고 있으나, 소재는 정선되어 있다. 그러나 스펙트럼 관계는 기기분석 또는 분광학 등의 다른 교과과정에서 다루고 있기 때문에 별로 지장이 없으며, 또한 중복되지 않은 점에 그 특색이 있다. 그 대신 취급하고 있는 관능기의 종류도 할로겐, 산소 및 질소를 포함하여 극히 한정하고, 반응메카니즘 및 합성에 중점을 두고 있기 때문에 대학의 이공계, 농학계, 의약학계 등의 모든 학생들에게 크게 도움이 되도록 꾸며져 있는 것이 다른 교과서에서 볼 수 없는 특징으로 생각되어 번역을 시도했다. 그러나 역자는 학식이 천박한 비재로 인하여 본의 아닌 오역이나 뜻이 잘 통하지 않는 곳도 적지 않으리라 믿는 바, 이 책을 사용하시는 독자 여러분의 아낌없는 충고를 바라마지 않는 바이다.

끝으로 이 책을 펴내는 데 힘써 주신 여러분의 노고에 대해서 심심한 사의를 표하는 바이다.

역자 정 평 진

수정판을 내면서

그간, 현대유기화학은 초판의 번역서가 출간된 이후 많은 독자들로부터 호평을 받았지만, 내용중에 한자가 많아서 학생들이 공부하는 데 어려움을 호소하기 때문에, 좀 더 쉽게 공부할 수 있도록 수정판을 출간하기에 이르렀다.

유기화학은 매우 복잡하며 고도로 조직화 되고 구조화된 학문으로서, 학생들이 강의를 듣고 교과서를 읽는 것 만으로는, 공부의 능률이 향상되지 않는다.

본서는 단순히 원리를 이해시키는 것에 그치지 않고 응용에 중점을 두고 있기 때문에, 학생들이 실제로 문제를 풀면서 진행하면 유기화학에 대한 지식이 서서히 성장하여 흥미를 가지게 되리라고 생각된다.

끝으로 본서의 수정의 필요성을 인식하고 강력히 권고해 주신 선후배 및 동료교수들과 무더운 여름에 각고의 노력으로 타이핑 해 준 김미래, 이자현, 성진희, 배수현군과 수정판의 출간에 노력하여 주신 여러분들에게 심심한 사의를 표하는 바이다.

천안(안서호반)에서

역자 정평진

학생 여러분에게

이 책은 학생 여러분을 위하여 저술한 것이다. 나는 유기화학의 지식을 전달하는 것만이 아니고, 학생 여러분의 진실한 지식에 되도록 도움을 주려고 이 책을 쓰는 것이다. 역사학 또는 철학과 달라서, 화학은 한 장 한 장 읽어 나감이 효과적인 것이 아니고, 한 다스의 연필과 주위에 널리 있는 여러 장의 종이를 사용하여 정력적으로 집착함이 필요한 것이다. 이 책 속에는 수 많은 설문이 들어 있다. 그 중에서 몇 문제는 즉석에서 해답할 수 있을지도 모르지만, 다른 것은 뒤에 계속되는 내용의 도표가 되는 것으로서, 학생 여러분은 이와 같은 문제가 있으면 반드시 풀도록 노력하지 않으면 안 된다. 그렇게 함으로써 계속되는 주제를 잘 이해하게 된다. 각 장의 뒷부분에 있는 연습문제는 본문의 총정리이다. 모두를 풀기 바란다. 그렇게 하면 학생 여러분은 기억하려고 고민할 필요가 없게 된다. 정보가 문제를 풀기 위하여 사용되면, 그것은 곧 학생 여러분의 진실한 지식이 되기 때문이다. 관련이 없는 사실을 기억하기보다는 유기화학을 이해하기 위하여 시간을 소비하는 쪽이 보다 용이하며 또한 보다 유익하다. 원고의 완성 전의 해석을 읽은 학생들은 분자 모델, 특히 분자궤도의 골격 모델은 정확한 분자의 형태를 파악하기 위해서는 필수 불가결한 것임을 반복해서 강조해 왔다. 대부분의 학생은 제 1장 및 제 2장을 이해함으로써 자신을 얻었고, 동시에 나머지의 장을 배우기 위한 충분한 기초를 얻었음이 밝혀졌다.

이 책은 학생 여러분이 것이라 생각하고 느끼지 못했던 잘못 또는 오식이 다음 인쇄의 기회에 정정되도록 보다 많은 비판 또는 의견을 기고하여 줄 것을 희망한다.

Rodger W. Griffin Jr.

차 례

제1부 탄화수소 및 할로겐화물

1. 기초적인 개념

Contents

2. 알칸(파라핀)

Contents

3. 시클로알칸

4. 알켄(올레핀)

5. 알킨(아세틸렌)

6. 디엔 및 중합

7. 방향족탄화수소와 친전자적 방향족치환반응

8. 할로겐화합물

제 2 부 산소 및 질소를 함유하는 유기화합물

9. 알코올

Contents

10. 페놀

11. 에테르

12. 광학이성질과 입체특이성

Contents

13. 알데히드 및 케톤

16. 아민 및 다아조늄 화합물

제3부 생물학적으로 흥미있는 유기화합물

17. 아미노산 및 단백질

18. 당 및 탄수화물

19. 스테로이드

20. 알칼로이드

Part 1

탄화수소 및 할로겐화합물

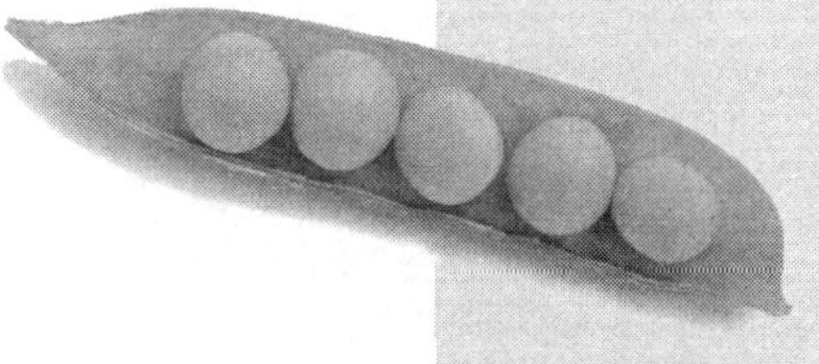

Chapter

01 기초적인 개념

제군이 이제부터 배우려고 하는 것은, 나뭇잎이나 꽃의 색소, 동식물의 독, 석탄 · 석유의 성분, 인간의 신체를 형성하기도하며 자연의 과정에서 변환되고 있는 화학물질 등, 우리들의 주위에 있는 천연물질의 성분에 관한 인류의 호기심으로부터 출발한 것이다. 초기의 연구자들은, 이들의 천연원료로부터 화학물질을 순수하게 분리하는 것만이 아니고, 이들의 화학적 조성을 결정하기도 하며, 반응을 행하고, 또한 비생물적인 것으로부터 실험실에서 이들을 합성하는 것을 배워 왔다. 많은 화학의 원리가 이들의 연구로부터 유도되어 왔다.

현재 생물학, 농학, 의학 및 다른 영역과의 관련으로, 유기화학의 분야는 세계의 많은 사람들에게 매력 있는 생계의 길을 제공하기도 한다. 유기화학의 원리 또는 실험적인 관찰이라고 하는 것은, 때로는 형태를 바꾸기도 하고, 바꾸어 해석하는 수도 있지만, 사라지지는 않는다. 그러나 유기화합물의 개개의 응용은 항상 변화하고 있다. 그렇기 때문에 원리의 강조를 주안으로 하고, 응용은 적당한 곳에서 예 또는 연습문제로서 소개하기로 한다.

01 무기화학과 유기화학

무기화학은 103종의 원소 모두를 대상으로 하고 있지만, 그 원리는 처음의 약 70종의 원소로서 설명되는 수가 많다. 유기화학은 탄소원자와, 처음의 약 20종의 원소, 특히 수소, 산소, 질소로 형성되어 있는 화합물에 초점을 두고 있다. 그러나 여기서는 유기화학을 정식으로 정의하지 않는다. 이 학습을 마칠 때까지, 독자는 이 언어의 정의를 자기 자신이 내리게 되리라고 믿는다. 이 명칭은 가끔 "유기화합물의 화학"이라고 정의되고 있지만, 이것은 오히려 애매하며, 일반적인 용어는 독자 자신이 경험으로부터 오는 의미로 바꾸는 편이 좋다. 탄소를 함유하는 화합물은 100만개 이상이나 있기 때문에, 이들의 하나 하나에 대해서 검토하는 것은 이익이 될 수 없다고 믿는다. 그 대신, 이와 같은 상세한 연구에 의하여 해명된 상호관계 또는 일반화된 사실을 배우기로 한다. **이들의 상호관계는 궁극적으로는 실험 사실의 위에 입각하고 있다.**

이 교과서의 대부분은, -OH 또는 Cl, $-NO_2$ 등의 원자단이 탄소에 공통으로 결합하고 있기 때문에, 성질이 유사한 유기화합물군에 대해서 설명하고 있다.

우리들이 이와 같은 화합물군에 대해서 답하려 하고 있는 의문은, 이들을 어떻게 명명하고 있을까? 이들의 화학적 또는 물리적 성질은 어떤가? 이들의 물질은 어떻게 합성되고 있는가? **어떠한** 반응을 하는가? 이들의 반응은 어떠한 메카니즘으로 진행하는가? 등과 같은 성질 또는 반응에 의하여 한 종류의 화합물을 다른 종류의 것과 구별할 수 있을까? 이들 화합물의 원료는 무엇일까? 그리고 무엇에 이용될까? 등이다. 본서의 마지막 5개의 장에서는, 생물학적으로 흥미있는 화합물에 대해서 설명하고 있다.

표 1-1 무기화학과 유기화학의 비교

기준	무기	유기
관여하는 원소	103종 모두	비교적 소수 (주로 C, H, O, N, S, P, F, Cl, Br, I)
결합성	이온결합	공유결합(공유전자쌍)
반응의 속도		
실온시	빠르다	느리다.
고온시	상당히 빠르다	상당히 빠른 것으로부터 폭발적인 것까지
촉매의 필요성	불요	가끔 필요
반응의 메카니즘	통상 이온적	이온적, 라디칼적, 기타
부반응	없음, 대부분은 정량적	있음, 거의 모든 경우
물리적 성질		
염의 전도도	전해질	비전해질
융점	$>700°$	$<300°$
휘발성	비휘발성	용이하게 증류된다(때로는 저압에서)
용해성		
물	쉽게 용해된다	불용
비수유기용매	불용	이용
용액 또는 용융체의 전기전도도	양도성	부도성

* 이 표는 모든 항에 예외가 있다.

화학, 물리학 또는 생물학의 과학적인 지식체계가 커짐에 따라서 고전적 감각으로 영역의 경계를 규정하는 것은 차츰 곤란하게 되었다. 오래된 무기화학, 분석화학, 유기화학, 물리화학 또는 핵화학은, 형식상 2가지 분야에 걸친, 예를 들면 유기금속, 유기물리, 생물유기화학과 같은 것을 탄생시켰다. 이와 같이 어느 정도 인위적인 분류는 또한 약화되기 시작했으며, 유기화학과 생화학과의 사이에 경계선을 긋는 것은 때로는 곤란하며, 존재할지도 어떨지도 확실하지 않다. 제군은 이미 일반화학 또는 무기화학을 배우고 있으며, 보통의 화합물의 명칭 또는 기호를 알고 있으리라고 생각하므로, 여기서는 초보적인 설명은 피한다. 제군에게 친근감이 부족하다라고 생각되는 것은 어떠한 것일지라도 일반화학의 교과서를 참조하기 바란다. 유기화학반응을 이해하는 데 필요한 무기화학의 지식은 본서의 적당한 곳에서 언급한다. 거의 모든 고등학교 또는 대학의 화학전공에서 처음은, 무기화학에서의 예를 사용하여 화학의 원리를 배우고 있다. 이러한 이유로부터 **표 1-1**에 무기화학적 기준과 유기화학의 성격을 비교하고 있다. **제군은 표 1-1의 모든 기재사항에 예외가 있음을 생각하지 않으면 안 된다.**

유기금속화합물은 금속과 탄소원자의 양쪽을 포함하고 있지만, **표 1-1**로부터 예상되는 무기화합물과 유기화합물의 중간적 성질을 나타낸다고 단정할 수 없다. **표 1-1**에 기재되어 있는 기준 중에서, 이 장에 특히 관계하고 있는 것은 화학결합이다. 기타의 사항에 대해서는 후에 설명한다.

02 원자의 전자구조

주기율표는 실제로 존재하는 원소의 중성원자를 핵양전하의 수(전자수와 같음)의 증가에 따라 계통적으로 분류한 것이다.

표 1-2 주기율표의 일부

족	0	I	II	III	IV	V	VI	VII
		<u>H</u>						
	He	Li	Be	B	<u>C</u>	N	O	(F)
	Ne	Na	Mg	Al	Si	P	S	Cl
	Ar	K	Ca				Se	Br
	Kr	Rb						I
	Xe	Cs						

표 1-2에 주기율표의 일부분을 표시하였다. 여기에는 약 1/4의 원소만을 표시하고 있지만, 이들은 이 책에서 특히 관계가 깊은 원소이다. 0족의 원소는 단순히 다른 원소와의 관계를 표시하기 위해서 포함시켰다. 탄소와 수소의 2가지 원소는 유기화학의 기반으로 되고 있기 때문에, 그 화학 기호 밑에 선을 그어 표시하였다. 플루오르도 할로겐이지만, 플루오르의 탄소화합물은 다른 할로겐의 탄소화합물과 화학적으로 다르기 때문에, 괄호 속에 넣어 표시하였다. **이 책에서 할로겐이라고 말할 때는, 일반적으로 플루오르는 포함시키지 않는다.**

1-1 전자구조

수소로부터 출발하여 주기율표의 왼쪽에서 오른쪽으로 진행하면, 각각의 원소는 1개 앞의 것과 비교하여 전자와 양자가 각각 1개씩, 그리고 적당한 원자량을 형성하는 데 충분한 수의 중성자를 많이 가지고 있다. 같은 수의 양성자를 가지고 있지만, 중성자수가 다른 2개 이상의 원소를 **동위원소**(isotope)라고 말한다.

이 책에서, 우리들은 탄소와 다른 원자를 결합시키고 있는 전자의 상호작용을 배우기로 한다. 원자에 포함되어 있는 전자는 1, 2, 3,……으로 표시되는 각 중에 존재하고 있으며, 이 각은 **궤도**로 구성되어 있다. 여기서 전자는 고정된 궤도를 움직이고 있는 것이 아니라, 어떤 정해진 공간에 존재하고 있다. Heisenberg의 불확정성원리로부터 입자의 운동량과 위치의 양쪽을 정확하게 결정하는 것은 불가능하다라고 생각되지만, 그 중에 전자가 존재하는 확률이 약 0.99%와 같은 용적(궤도)을 생각하는 것은 가능하다. 이들의 궤도는 X선 분광측정에서 보여지는 스펙트럼의 형식에 따라 *s, p, d, f* (sharp, principle, diffuse, fundamental)로 분류되고 있다. 각각의 궤도는 반대스핀의 전자를 2개까지 포함시킬 수 있다. 이들의 궤도의 형태는 상당히 다르며, *s*궤도는 핵에 대해서 구대칭이며, 한편 *p*궤도는 아령형태로서 표시할 수 있다. *d*궤도와 *f*궤도는 복잡한 형태를 취하고 있지만, 제1주기의 원소에 있어서는 중요하지 않다.

각각의 각은 궤도의 종류를 1개 앞의 것보다도 1개 많이 포함한다. 제1각(1이라고 번호를 붙인다)은 *s*궤도 1개로 형성되며, 1*s*라고 표시한다. 제2각은 *s*궤도와 *p*궤도를 포함하고 2*s*, 2*p*라고 표시한다. 더욱이 제3각은 3*s*, 3*p*, 3*d*궤도를 포함하고 있다. 어떤 불특정의 각에는 *s*궤도가 1개, *p*궤도가 3개, *d*궤도가 5개, *f*궤도가 7개라고 하는 형식의 궤도가 각각 포함된다.

원자궤도의 종류 : s p d f

궤도의 수 : 1 3 5 7

각의 전자구조를 **표 1-3**에 정리한다. 각각의 궤도는 2개의 전자를 가질 수 있다라고 하는 것을 기억하자. 전자의 수가 2개(제1각), 8개(제2각), 18개(제3각)라고 하는 **magic number**는 궤도의 연구로부터 산출된다.

표 1-3 전자각 및 궤도

각	궤도				전자수
4	$\overline{4s}$	— — — $4p$	— — — — — $4d$	— — — — — — — $4f$	32
3	$\overline{3s}$	— — — $3p$	— — — — — $3d$		18
2	$\overline{2s}$	— — — $2p$			8
1	$\overline{1s}$				2

1-2 처음의 10종 원소의 원자궤도에 의한 표시방법

주기율표의 전자적 기반을 밝히기 위하여, 이 절에서는 처음의 10종 원소를 원자궤도로서 표시하기로 한다. 유기분자에서는 수소, 탄소, 질소 및 산소가 가장 많이 탄소와 결합하고 있는 것을 생각하자.

수소(H) : 최초의 원소인 수소는 원자번호가 1이다. 수소의 원자는 단 1개의 전자를 가지며, 전자가 존재하는 확률은 검은 점으로 나타낸 구형으로서 표시되고 있다(**그림 1-1**). 편의적으로 이 구형은 가장 높은 존재 확률을 나타내는 공간을 포함하고 있는 원으로서 투영할 수가 있다. 이 원은 전자가 통과하는 길이 아니고, 오히려 전자가 존재하는 확률이 높은 범위를 규정한 것이다. 수소원자의 전자는 $(1s)^1$이라고 표기한다. 이 표기는 $1s$궤도에 1개의 전자가 존재하는 것을 나타낸다.

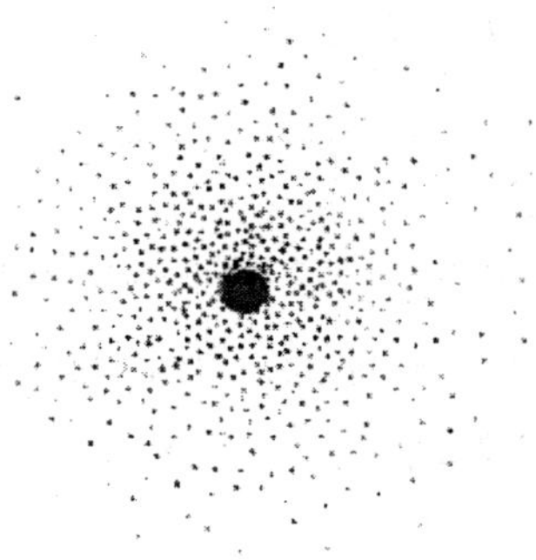

그림 1-1 수소원자의 전자궤도. 1s 궤도 : 원자핵은 중앙의 점으로 표시되고 있다.

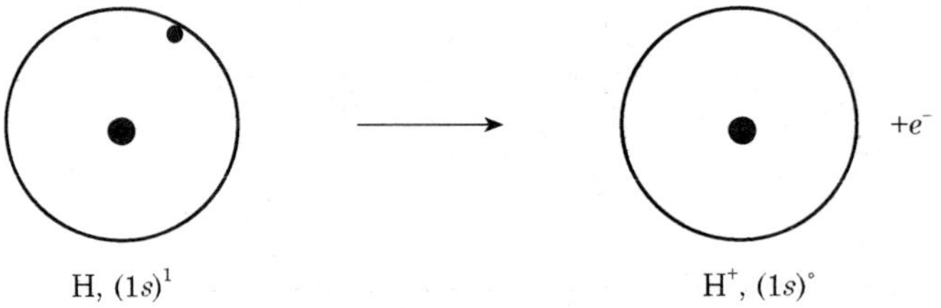

그림 1-2 수소원자의 이온화

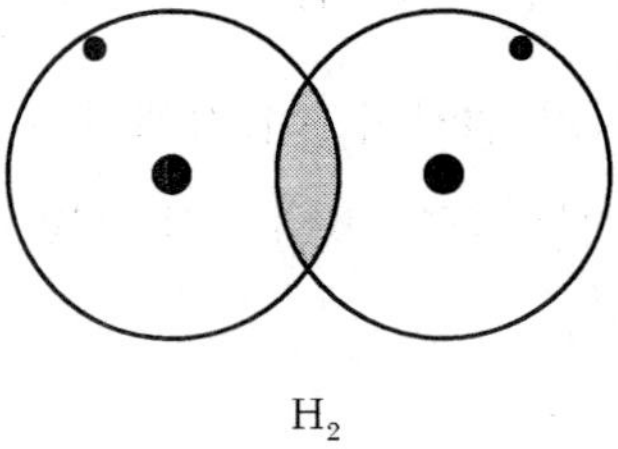

그림 1-3 수소의 유리원자분자

수소원자는 가끔 H로서 표시된다. 수소원자로부터 1개의 전자를 제거하면 수소이온, 즉 프로톤 H^+을 생성한다(**그림 1-2**).

분자궤도의 기하학적인 형태는 후에 설명하지만, 제1의 근사로서 수소분자(H_2)는, 이른바 **유리원자분자**(isolated-atom molecule)라고 하는 것을 사용하여 그릴 수가 있으며, 이것을 **그림 1-3**에 표시한다.

단순히 2개의 수소원자를 궤도가 겹치도록 함께 그린다. 그러나 그 이상의 수정은 하지 않는다. 이 모델은 원자궤도가 관여하고 있는 것을 간단하게 나타내고 있지만, 새로 생성한 수소분자의 궤도의 그림을 정확하게 나타내고 있는 것은 아니다.

헬륨(He) : 수소원자에 1개의 전자와 양성자(및 적당한 수의 중성자)를 가하면 헬륨원자의 그림이 된다. 이 과정에서 최초의 전자궤도(1*s*)가 충만되는 것과 동시에, 1*s*궤도인 최초의 각도 충만된다. 헬륨원자가 철저하게 이온화하면 He^{++}이 생성되며, 이것을 알파입자라고도 말한다(**그림 1-4** 참조).

(궤도가 아니고) 각이 충만되어 있는 원소는 주기율표 중 0족에 두며, 희가스라고 말한다. 희가스로부터 전자를 제거하기 위해서는, 일반적인 화학반응의 경우보다도 높은 에너지를 필요로 한다. 이들의 원소에 대한 불활성가스라고 하는 오래된 명칭은, 이 족의 질량수가 큰 원소가 적당한 조건하에서 비교적 안정한 화합물을 형성한다는 사실의 발견으로 애매하게 되었다. 이것은 특히 크세논(Xe)에서 현저하며, 플루오르와 직접 결합하여 XeF_2, XeF_4, XeF_6와 같은 플루오르화물을 생성한다.

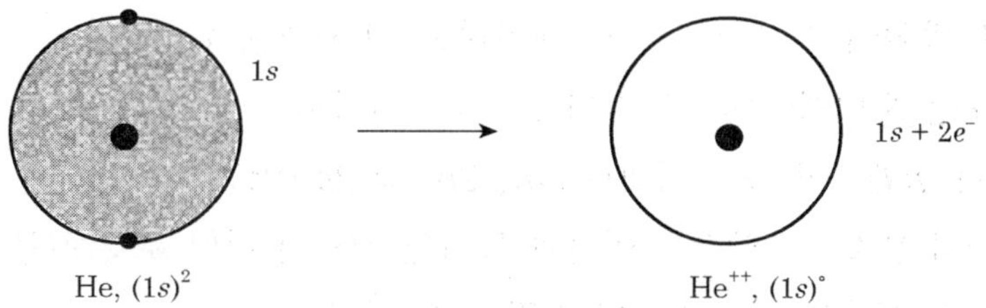

그림 1-4 알파입자 He^{++}의 생성

리튬(Li) : 리튬원자(원자번호 3)에서는 1*s*궤도는 완전히 충만되어 있다. 수소와 마찬가지로, 리튬은 외각전자를 1개 가지며 용이하게 2*s*전자를 전자수용체에게 주고, 헬륨과 같은 전자배치를 갖는 리튬이온 : Li^+, $(1s)^2$으로 된다(**그림 1-5** 참조).

동일한 전자배치를 갖는 원자 또는 이온은 등전자적(isoelectronic)이라고 말한다. 리튬이온은 헬륨원자 또는 수소음이온(하이드라이드이온, H^-), $(1s)^2$과 등전자적이다.

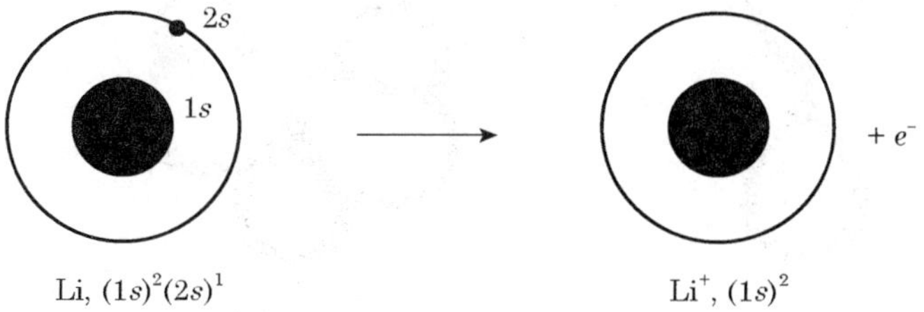

(검은 부분은 충만되어 있는 내부 궤도를 나타내고 있다.)

그림 1-5 리튬원자의 이온화

베릴륨(Be) : 전자를 더욱 가하여 $(1s)^2(2s)^2$의 전자배치가 되면 $2s$궤도는 충만되지만, 베릴륨은 희가스가 아니다. 이것은, 중성 베릴륨원자에서는 제2각이 아직 공(빈)의 p궤도를 포함하고 있기 때문이다(**그림 1-6** 참조).

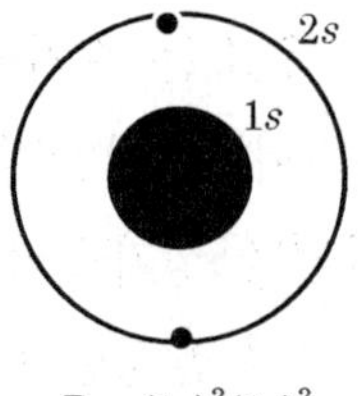

Be, $(1s)^2(2s)^2$

그림 1-6 베릴륨원자의 전자배치

붕소(B) : s궤도는 구형이지만, 3개의 등가인 p궤도는 아령의 형태인 공간으로서, 직교좌표계의 3축 방향에 서로 직각으로 교차하고 있다(**그림 1-7**).

이들의 궤도는 오버랩(겹침)을 갖지 않는다. 여기서도 투영은 3차원적인 표시 방법이 보다 알기 쉽다. p궤도의 축은 임의로 $2p_x$, $2p_y$ 및 $2p_z$($2p_z$는 이 지면과 수직에 있다)로서 표식한다. 1개의 붕소의 p전자는 이들과 등가인 궤도의 어떤 로우브(봉우리)에 들어가도 좋다. 즉 이들의 봉우리는 등가이다(**그림 1-8** 참조).

어떤 각의 p궤도는 같은 각의 s궤도보다도 약간 높은 에너지이다. 이것은 도식적으로는 $2p$궤도의 선단이 $2s$궤도 반지름보다도 약간 성장하고 있는 것에 대응하고 있다. $1s$궤도와 $2s$궤도간의 에너지 차는 $2s$와 $2p$궤도간의 차보다도 훨씬 크다. 이것은 각간의 에너지차 쪽이 동일각 내의 궤도간의 그 차보다도 크기 때문이다.

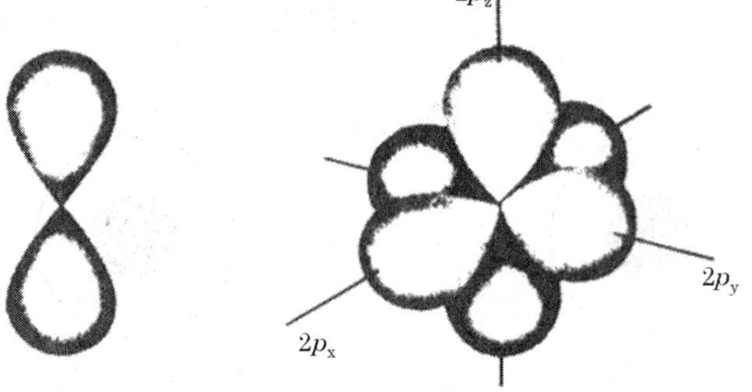

p 궤도　　　3개의 p 궤도

그림 1-7 충만된 p궤도의 전자밀도

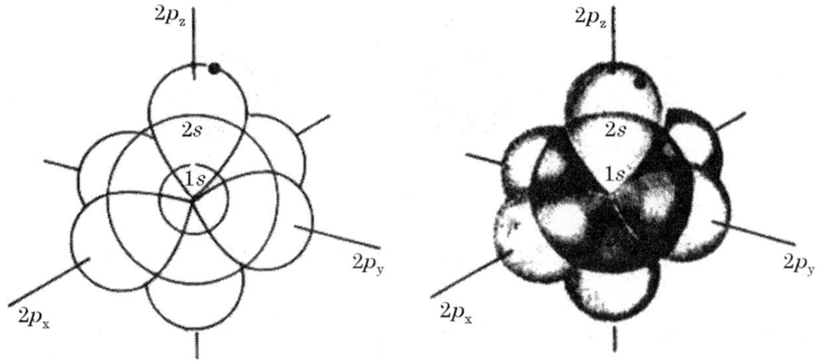

B, $(1s)^2(2s)^2(2p)^1$

그림 1-8 붕소원자의 전자배치

탄소(C) : 전자간의 반발 때문에, 고립된 탄소원자의 제2의 p전자는 제1의 전자와 다른 궤도(공간)에 존재한다. 어떤 p궤도도 2개의 등가인 "봉우리"를 가지고 있기 때문에, **그림 1-9**의 탄소원자 2개의 그림으로 표시한 것은 등가이다.

전자는 움직이는 전하로서 작용하기 때문에, 작은 자장을 형성한다. 이 자장의 방향은 외부자장 없이는 결정될 수 없다. 그러나, 전자가 H_0인 외부자장 내에 있을 때, 이들의 작은 전자기성분 He는 큰 자장에 가산되든지 또는 감산된다. 만일 2개의 전자기성분이 같은 방향으로 향하고 있으면 전자스핀은 평행이며, 반대방향으로 향하고 있으면 스핀은 **쌍**(pair)으로 되어 있다(**그림 1-10** 참조).

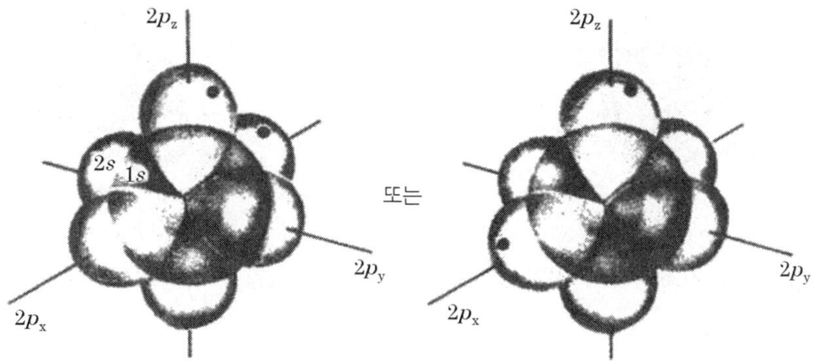

C, $(1s)^2(2s)^2(2p)^2$

그림 1-9 탄소원자의 전자배치

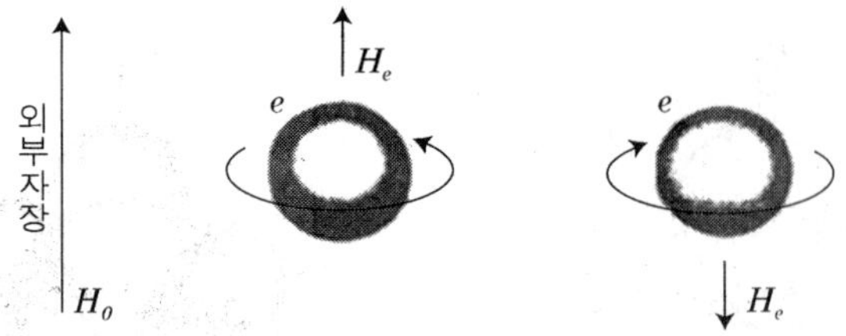

그림 1-10 외부자장 내의 전자쌍

같은 에너지를 갖는 궤도에서, 어떤 특정수의 전자가 갖는 에너지의 가장 낮은 분포는, 만일 그와 같은 분포가 가능하다고 하면, 모든 전자스핀이 평행하게 되는 것과 같은 것이다 **(Hund의 규칙)**. s궤도의 경우에는 쌍으로 된 2개의 전자가 주어진 궤도를 충만한다. 그러나 3개의 p궤도(p_x, p_y, p_z)에서는 전자스핀에 관해서 될 수 있는 한 평행하게 되도록 충만시키지 않으면 안 된다. 그렇기 때문에 유리탄소원자의 전자배치는 $(1s)^2(2s)^2(2px)(2py)$이다.

질소(N) : 위에서 설명한 방법으로 원자를 형성해 가면 질소원자의 전자배치는 $(1s)^2$, $(2s)^2$, $2px$, $2py$, $2pz$로 된다(**그림1-11**참조).

> (H_2의 예에 따라서) 암모니아분자 NH_3의 유리원자분자를 작도하여라. 예상되는 H-N-H 의 대개의 각도는 몇 도인가?

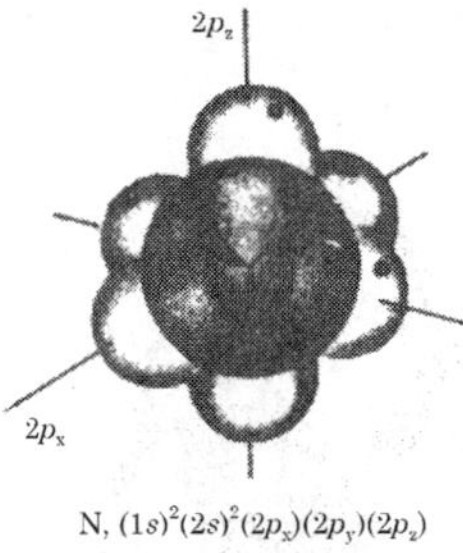

그림 1-11 질소원자의 전자배치

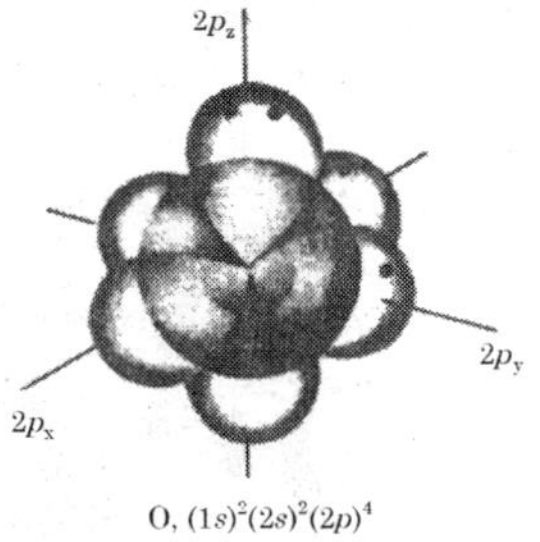

그림 1-12 산소원자의 전자배치

이 간단한 그림으로부터 예상되는 NH_3의 H-N-H의 타당한 결합각은 90°라고 생각되든지, 혹은 수소원자간의 반발을 생각해서 90°보다도 약간 큰 각도를 예상할지도 모른다. 물론 단순한 원자궤도는 화합결합을 형성할 때 변화하기 때문에, 실제로 암모니아분자의 형태는, 이 약식인 그림으로부터 예상되는 것과 같이 단순하지 않다. 상세한 분자구조의 연구로부터 구해진 결합각 107°라고 하는 값은, 원자가 결합을 형성할 때에 궤도의 변화가 일어나는 것을 반영하고 있다.

산소(O) : 산소에서는 4개의 *p*전자 중 2개는 같은 궤도를 점유하지 않으면 안 되며, 스핀은 쌍을 이루어야한다. 이 배치는 등가인 3가지의 표시 방법이 가능하며, 그 중 1개를 **그림 1-12**에 표시한다.

> 물(H_2O)에 대해서 유리원자분자의 그림을 그려라.

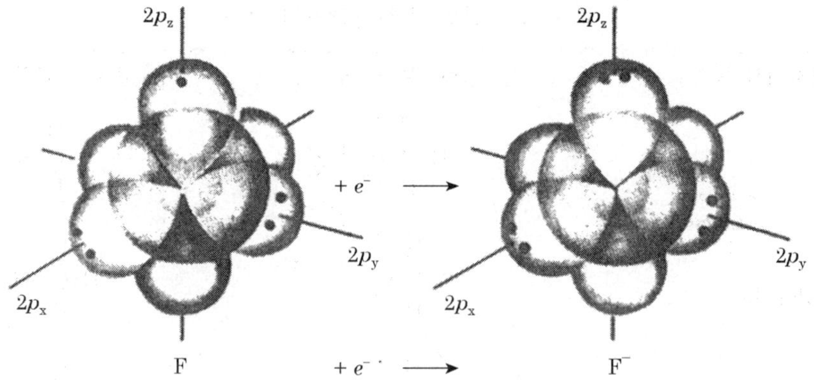

그림 1-13 플루오르이온의 생성

플루오르(F) : 플루오르원자는 7개의 전자를 외각에 가지며, 또 1개의 전자가 얻어지면 각을 완전히 충만하여, 희가스의 전자배치로 된다. 그러므로 플루오르는 다른 원자로부터 1개의 전자를 쉽게 받아들여 플루오르이온(F^-)으로 된다.

플루오르이온과 네온원자는 옥사이드이온(O^{--})과 등전자적이다(**그림 1-13** 참조)*.

> 1. 플루오르원자와 플루오르이온에 대해서 전자배치를 표시하여라.
> 2. 리튬원자와 플루오르원자와의 반응을 이들의 원자궤도도를 사용하여 표시하여라.
> 3. 네온(Ne) : 네온의 유리원자의 그림을 그려라. 그리고 전자배치를 쓰고, 왜 화학적인 변환을 비교적 받기 어려운가를 설명하여라.

*역주 : 이 전자배치를 팔전자계(octet)라고 말한다.

03 분자에 있어서 결합

1-3 이온결합과 공유결합

주기율표의 Ⅰ, Ⅱ, Ⅲ족 원소는, 그 전자배치 때문에 원자가전자를 잃고 선행하고 있는 희가스 원소와 등전자적인 이온으로 되기 쉽다. 이것에 대해서 주기율표의 오른쪽의 원소는, 전자를 얻어 후속의 희가스의 전자배치로 되기 쉽다. 주기율표 단주기의 양쪽 말단의 원소만으로 형성되는 화합물은 통상 이온성이다. 예를 들면 할로겐화알칼리금속, 즉 Na^+Cl^- 또는 K^+Br^- 등이 이것에 해당한다.

표 1-4 간단한 유기화합물의 구조

분자식과 명칭	Lewis의 구조	선으로 연결한 구조
CH_4 methane	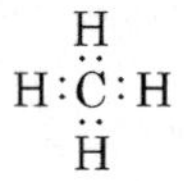	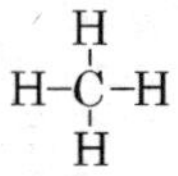
CH_3Cl methyl chloride	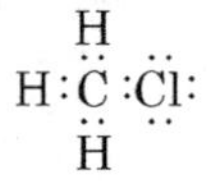	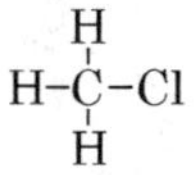
CH_2Cl_2 methylene chloride	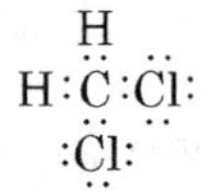	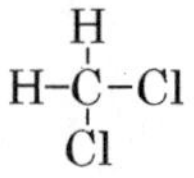
$CHCl_3$ chloroform	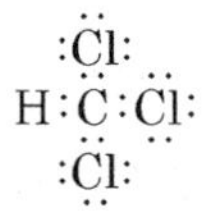	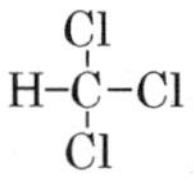
CCl_4 carbon tetrachloride	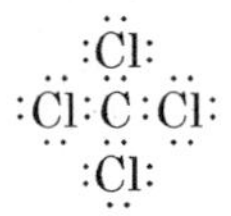	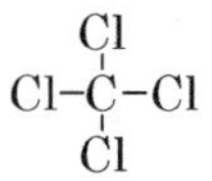
CH_4OH methyl alcohol	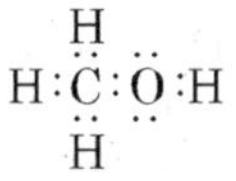	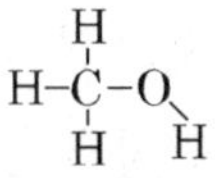

표 1-5 전형적인 유기분자

분자식과 명칭	Lewis의 구조	선으로 연결한 구조
C_2H_6 ethane	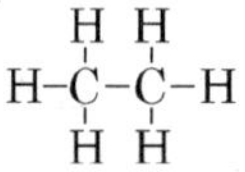	CH_3-CH_3
C_3H_6 cyclopropane	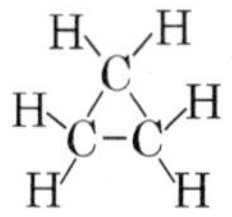	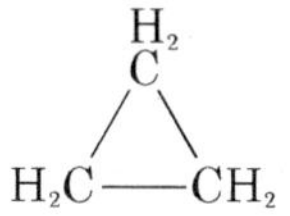
C_6H_{12} cyclohexane	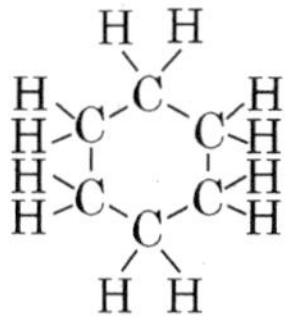	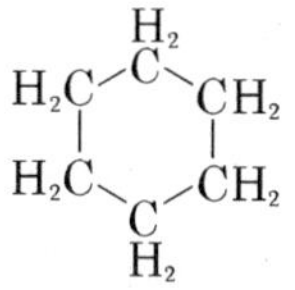
C_2H_4 ethylene	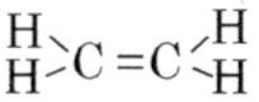	$CH_2=CH_2$
C_2H_2 acetylene	H-C≡C-H	HC≡CH
C_6H_6 benzene	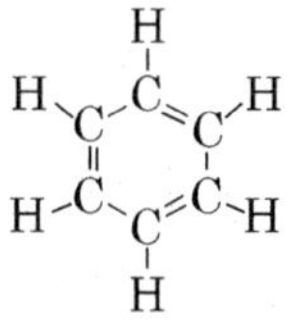	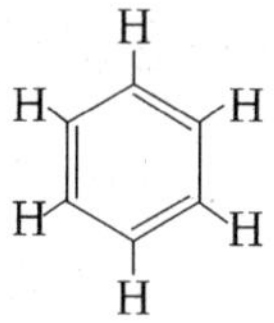
C_5H_5N pyridine	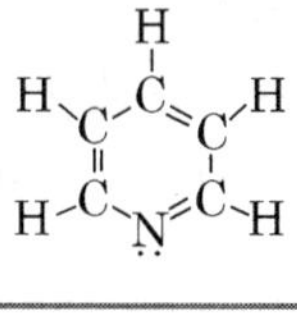	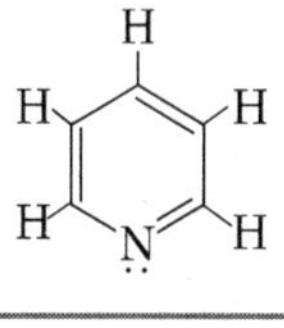

주기율표의 중앙에 있는 원소 특히 탄소는, 전자를 얻기도 하며 혹은 잃기도 하여 이온 결합을 형성하는 성질이 부족하다. 그 대신 전자쌍을 공유하여 공유결합을 형성하기 쉽다. 최외각을 완전히 충만하든지, 또는 공으로 하지 않으면 안 된다. −4 또는 +4라고 하는 전하는, 비교적 작은 원자 중에 상당히 높은 전자밀도를 형성하기도 하고, 높은 전자결손을 일으키는 것이다. 탄소는 최외각에 4개의 전자를 가지며 Ⅳ족에 속하기 때문에, 다음과 같은 유기화학의 주요한 규칙을 유도할 수 있다. **통상의 분자 중의 탄소원자는 4개의 결합, 즉 4그룹의 공유전자쌍을 그 주위에 가지고 있다.** 그러나 활성인 중간체는 가끔 그

예외이다. 유기화학의 초보의 학생이 범하는 초보적인 잘못의 하나는, 이 규칙을 지키지 않는 것이다. **표 1-4**에 약간의 예를 표시하였다. 2열째에서는 원자의 결합전자를 사용하여 표시하고 있지만, 이것을 **전자식** 또는 **Lewis의 구조식**이라고 말하고 있다. 3열째에는 각각의 결합전자쌍을 선으로 표시하고, 비결합전자쌍을 생략한 구조로 표시하고 있다.

탄소는 전자를 공유함으로써 공유결합을 형성하기 때문에, **탄소의 사슬은 한없이 계속되기도 하며 고리화(환화)하기도 한다. 더욱이 그 중에 이중결합 또는 삼중결합도 존재한다**(**표 1-5** 참조). 유기화합물에 있어서는 일반적으로 탄소, 수소 이외의 원자를 헤테로원자(이종원자)라고 말한다. 탄소사슬, 고리, 다중결합 중에 포함되는 일반적인 원소는 산소, 질소, 유황이다. 이와 같이 이들의 원소와의 결합이 가능하기 위한 매력적인 일련의 화합물을 화학자가 접할 수 있다. 흥미 있는 구조 또는 반응성을 가지는 특이한 새로운 화합물이 날마다 제조되고 있다.

메탄을 예로 하여 탄소의 일반적인 반응중간체는 **카르보늄이온**(CH_3^+)과 **탄소프리라디칼**($CH_3\cdot$) 및 **카르바니온**(CH_3^-)이다. 카르보늄이온과 프리라디칼은 전자를 취하려고 하는 화학종으로서, 전자밀도가 높은 화학종을 공격하여 공유결합을 형성하기 쉽다. 카르바니온은 음전하를 가지고 있기 때문에, 보다 양성의 전하를 가지는 다른 것과 전자를 공유하기 쉽다.

1-4 전기음성도와 결합의 극성

전기음성도라고 하는 것은 원자가 결합전자를 끌어당기는 경향이다. 정성적으로 만일 플루오르를 기준으로 하면, 주기율표 중에서 **왼쪽으로 갈수록** 전기음성도는 점차로 작아진다. 왜냐하면 왼쪽의 원소는 전자를 방출하여 선행하는 희가스의 전자배치를 완성하는데 적은 에너지로 끝내기 때문이다. 플루오르보다도 **아래의 원소**도 원자번호의 증가와 더불어 전기음성도는 점차로 **감소한다**. 그 이유는, 원자가 커져서 양전하를 갖는 핵의 인력이 주위에 있는 많은 전자에 의하여 효과적으로 차단되기 때문이다. 어떤 원자가 다른 것보다도 강하게 공유전자쌍을 끌어당기는 경향을 정량적으로 어떻게 표시하면 좋을지 의문이 생기리라고 믿는다. 이것을 명확하게 대답하는 것은 어렵다. 각종의 전기음성도의 척도가 있다. **표 1-6**에 표시한 수치는 클수록 전자를 끌어당기는 경향이 강한 규칙성을 갖는다. 유기화학에서는 탄소의 값과 일반적인 원소의 값과의 관계를 문제로 하고 있다. 이들의 원소에 대한 전기음성도는: $F \gg O > N > Cl > Br > C > I > H$의 순서이다.

H_2, O_2, Cl_2와 같은 분자는 2개의 동일원자로서 형성되어 있기 때문에, 두 원자간에 결합전자를 균등하게 공유하고 있다. 이와 같은 결합을 무극성이라고 말하고 있다. 그러나 서로 다른 원자로 형성되는 분자에서는, 그 결합이 때로는 완전히 이온적 또는 공유결합적이 아니다.

표 1-6 각종의 원자에 대한 전기음성도

족	0	I	II	III	IV	V	VI	VII
		H 2.1						
	He	Li 0.97	Be 1.47	B 2.01	C 2.50	N 3.07	O 3.50	F 4.10
	Ne	Na 1.01	Mg 1.23	Al 1.47	Si 1.74	P 2.06	S 2.44	Cl 2.83
	Ar	K 0.91	Ca 1.04				Se 2.48	Br 2.74
	Kr	Rb 0.89						I 2.21
	Xe	Cs 0.86						

염화수소 : 기체 HCl분자의 경우에는, 공유되는 전자쌍은 수소원자보다도 염소원자의 부근에 그 존재 밀도가 높다. 즉 수소원자는 염소원자에 비하여 어느 정도 양성이다.

$$\overset{\delta^+}{\mathrm{H}} - \overset{\delta^-}{\mathrm{Cl}}$$

부분적인 전하 또는 전하의 분리는, 그리이스 문자 중 델타의 소문자(δ)로서 표시한다. 이 전하의 분리, 즉 **결합의 극성**은 2개 원자의 중심을 연결하는 결합선상의 쌍극자모멘트를 증가시킨다. 이것은 음의 방향으로 향하는 화살표로서 표시한다.

$$\underset{\longmapsto}{\overset{\delta^+}{\mathrm{H}} - \overset{\delta^-}{\mathrm{Cl}}}$$

화살표의 기점에 작은 플러스로서 표시하는 것에 주의해야 한다. 양전하의 중심과 음전하의 중심이 같지 않는 분자는 정미(진짜)의 **쌍극자모멘트**를 갖는다라고 말한다.

물 : 물의 분자는 V자형, 즉 구부러진 구조를 취하고 있다. 산소는 수소보다 전기음성도가 크기 때문에 산소원자의 전자밀도가 보다 높다(**그림 1-14**). 그 결과 2개의 등가인 결합의 극성을 생성하지만, 결합의 극성은 **강도와 방향성**을 가지고 있기 때문에 최종적인 쌍극자는 **벡터**의 합으로 표시된다. 이 책은 쌍극자모멘트의 값에는 중점을 두지 않지만, 각각의 결합에 극성이 존재하는지 어떤지, 그들의 벡터의 합이 0이 되는지 어떤지, 즉 정

미의 분자쌍극자 모멘트를 나타내는지 어떤지에 대해서 고려하고 있다.

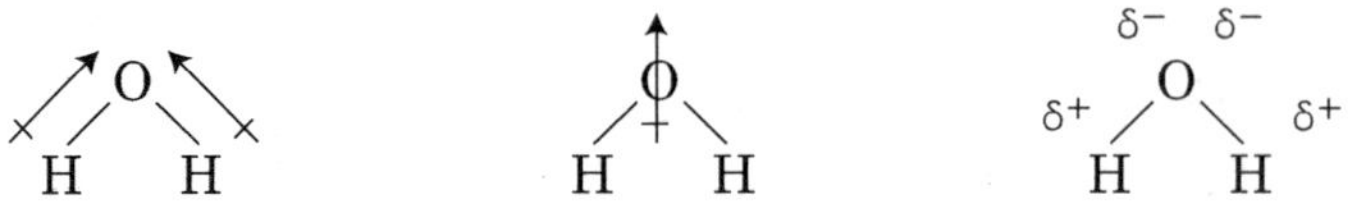

(a) 결합의 극성의 벡터 표기

(b) 벡터합

(c) 부분적 전하로서 표시한 물의 결합극성

그림 1-14 물의 쌍극자모멘트

사염화탄소 : 4개의 원자와 결합한 탄소원자는 **사면체**의 기하학형을 취하며, 결합간의 각도는 109°28′이다.

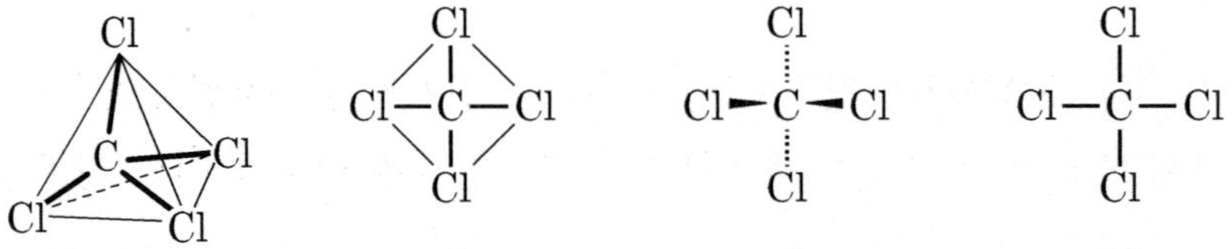

(a) (b) (c)

편의상 3차원 구조식 (a) 또는 (b)를 일반적으로는 간략화한 평면투영 (c)로서 표시하고 있다. (b)에서는, 쐐기형은 원자가 지면보다 위에 있는 것을 나타내고, 점선은 지면보다 아래에 있는 것을 나타내고 있다. 사염화탄소(CCl_4)의 결합극성에 대해서는 각 C−Cl결합은 염소쪽으로 음의 끝을 향하는 쌍극자에 의하여 분극되어 있다. 이 4개의 벡터의 합은 0이 되며, 따라서 사염화탄소는 정미의 쌍극자모멘트를 갖지 않는다.

메탄올 : 가장 간단한 알코올인 메탄올(CH_3OH)은 극성인 유기분자이다(**그림 1-15**).

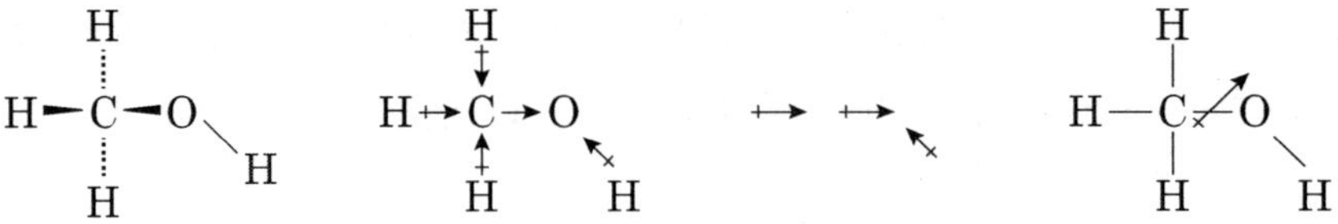

(a) 3차원식

(b) 결합극성의 평면투영

(c) 반대 방향의 2개의 C-H를 뺀 후의 백터

(d) 메탄올의 정미의 쌍극자 모멘트

그림 1-15 메탄올의 쌍극자모멘트

H-O-C의 각은 107°~108°(H-O-H와 비교하여라)이며, 산소는 수소 또는 탄소원자의 어느 것보다도 전기음성도가 크다. **그림 1-15**(b)에 있어서 2개의 수직인 결합의 극성은 상쇄되며, 최종적인 벡터는 산소원자로부터 밖으로 향하고 있는 것으로서 정확하게 느낄 수 있다.

요약하면, **결합하고 있는 2개의 원자간의 전기음성도의 차가 크면 클수록 결합극성도 커진다.** 그러나 극성을 갖는 결합으로 형성되는 분자에서도 정미의 쌍극자모멘트를 갖지 않는 경우가 있기 때문에 주의를 요한다.

04 Lewis의 구조식

화학반응에서는 새로운 결합이 형성할 때 분자 내 혹은 분자간의 전자밀도의 재분배가 일어나기 때문에, 분자를 형성하고 있는 각각의 원자의 전자밀도에 관한 지식은 반응의 보다 상세한 연구를 위하여 필요하다. 분자 중의 원자의 전자배치를 쓸 때, 우리들은 **Lewis의 구조식**을 쓸 수가 있다. 이것은 **표 1-4**에 표시하는 바와 같이, 원자핵과 내각전자를 화학기호로서 나타내고, 원자가전자를 점으로서 나타내는 것이다. 어떤 분자에 있어서 타당한 유일의 전자구조가 가능할 때, 전기음성도의 응용으로서 Lewis의 구조식으로부터 상대적인 전자밀도를 예측할 수 있다.

간단한 분자의 Lewis 구조식은, 보통 한번 보는 것만으로 유도가 가능하지만, 복잡한 구조의 분자에서는, 가끔 긴 시간의 시행착오가 따르게 된다. 순서에 따르는 방법은 이 과정에 유용하다. 아래에 표시하는 방법은 간단한 화학적인 상식이다. 이것을 암기하는 것보다는 각각의 이유와 중요성을 이해하도록 노력한다. 문제를 실제로 풀어 보는 것이야말로 Lewis의 구조식에 친근해지는 최량의 방법이다.

1. **원자는 정확한 순서로, 그리고 적당한 기하학형으로 늘어놓는다.** 간단한 무기화합물에 대해서 명확히 기억되지 않는 것은 일반화학의 교과서를 참조한다. 분자의 기하학형은 후에 가끔 이 방법으로 유도되지만, **탄소의 주위에 4, 3, 2개의 원자가 존재하는 것과 같은 경우에는 각각 사면체, 평면, 직선의 구조를 취한다.**
2. **관계하는 원자의 원자가전자의 수를 합한다.** 원자가전자의 수는, 각 원자가 소속되어 있는 주기율표 중의 족에 의하여 결정된다. 만일 화학종이 이온인 경우에는 음의 전하의 수를 가하든지 또는 양전하의 수를 뺀다. 이것은 최종적인 구조를 검사하는

것을 가능하게 하는 가장 좋은 방법이다.

3. **각각의 원자에 대해서 팔전자계(octet)가 완성되도록 전자를 배치한다. 단, 수소의 경우는 2전자이다.** 원자는 통상 희가스의 전자배치를 취할 때 최저에너지의 상태로 되기 때문에, 전자를 얻기도 하고 잃기도 하며, 또한 공유함으로써 그 전자배치를 완성한다. 그러나 이것에 대해서는 예외도 있다. 이것은 제 1주기보다도 후의 원자, 특히 유황 또는 인이지만, 이들은 d궤도를 사용하여 8전자 이상을 수용할 수 있기 때문이다. PCl_5, SO_3, SF_6에 대해서 생각하여 보아라.
4. **만일 가능할 때에는 하전하는 것은 피한다. 그렇지 않으면 전기음성도가 가장 높은 원자에 음의 하전을 두고, 전하처럼 분리한다. 또한 동일의 원자에 중복하전을 두어서는 안 된다.** 원자의 형식전하는 다음과 같이 계산된다. 주기율표 중의 그 원자의 위치로부터 전자의 수, 공유전자의 수를 생각하여

$$\text{형식전하} = (\text{고립원자의 원자가전자}) - \left(\text{비공유전자수} + \frac{\text{공유전자수}}{2}\right)$$

예로서, 일산화탄소(:C:::O:) 에 있어서 탄소는 1가의 음의 형식전하를 갖는다. 원자가 전자 :

$$4 - (\text{비공유전자 } 2 + 1/2 \times \text{공유전자 } 6) = -1$$

그리고 산소는 1가의 양의 형식전하를 갖는다.

$$6 - (2 + 6/2) = +1$$

표 1-7에 몇 가지 종류의 이온 또는 분자에 대한 이 방법의 응용을 표시하고 있다. 모든 화학종에 대해서 앞에서 설명한 바와 같이 양호한 Lewis의 구조식을 쓸 수는 없다. 많은 예외로서 $AlCl_3$, B_2H_6, SO_3 등이 있다.

시험 삼아 이들 화학종의 Lewis 구조식을 써 보아라. 단, 위에서 설명한 각 항 중에 적어도 한 가지에 위반되는 것을 놓치지 않도록 주의한다.

05 공명

많은 화합물에서는, 위에서 설명한 방법에 의하여 2가지 또는 그 이상의 적당한 Lewis의 구조식을 쓸 수 있다. 예를 들면, 포름산이온은 아래에 표시하는 바와 같이 2개의 등가

인 구조 (a)와 (b)로서 표시된다.

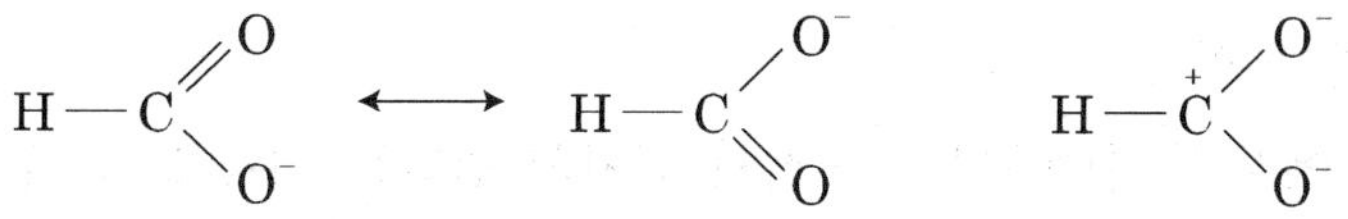

(a) (b) (c)

등가인 공명구조 높은 에너지 공명구조

3번째의 (c)도 쓰는 것은 가능하지만, 다른 2개에 비하여 그다지 중요하지 않다. 왜냐하면, (c)는 불필요한 전하의 분리를 행하고 있기 때문이다. 이들을 **공명구조**(resonance structures)라고 불리운다. 이들은 어느 것이나 진실의 구조를 나타내지 않고, 실제로는 (a)와 (b)의 조합으로 형성된 것으로서 **혼성**(hybrid)이라고 말한다. 아마, 진실한 전자배치의 표기는 (d)의 식이다. 이 식에서 산소는 각각 1/2의 음의 전하를 갖는다. 점선은 1/2의 결합을 나타내고 있다.

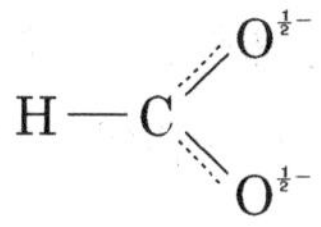

(d)

최후의 구조식 (d)를 단 1개의 Lewis 구조식으로 명확하게 표시하는 것은 불가능하다. 선의 양끝에 화살표가 붙은 기호를 이 책에서는 공명의 기호로서 사용한다.

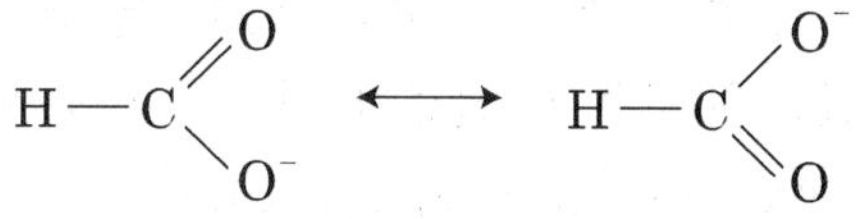

여기서 특히 강조하지 않으면 안 될 것은, 포름산음이온은 2개의 구조 사이를 진동하기도하며 왕복운동을 하고 있는 것이 **아니고**, 이들은 **항상** 조합되어 있는 혼성이다. 즉 2개의 산소원자의 주위에 높은 전자밀도가 관찰된다. 따라서, 화학적인 감각에 의하면 분자 또는 이온이 공명한다라는 것은 정확하지 않다. 화학에 있어서 **공명**이라고 하는 것은 명사이며, 상태의 명칭이다. 이것을 동사로 사용해서는 안 된다.

몇 개의 구조가 쓰여 질 때 어느 것이 공명혼성에 크게 기여하고 있는 것일까? 이 문제에 대한 정량적인 해답은 양자역학의 영역에 있다. 쓸 수 있는 모든 구조는 고려되며, 최종적인 혼성의 에너지를 어느 정도 낮게 하고 있다. 몇 개의 등가인(또는 등가에 가까운)

구조로 생각되는 어떤 1개의 에너지를 취해도 항상 그들은 혼성 결과의 에너지보다도 높다. 이하의 3가지 조건은 양자역학적 고찰의 결과이며, 이들을 만족하는 구조만이 공명혼성에 크게 기여하고 있다.

1. **구조식 사이에서 원자(핵)의 상대적인 위치의 변화는 허용할 수 없다.** 만일 위치의 변화가 있으면 그들은 이미 공명구조가 아니고 다른 분자이며, 혼성으로의 기여는 불가능하다.
2. **동수의 불쌍전자(짝지지 않은 전자)를 갖는 구조만이 기여할 수 있다.** 만일 가장 용이하게 쓰여지는 Lewis의 구조식이 전혀 불쌍전자를 갖지 않는다면 어떤 공명 구조식도 이것을 갖지 않는다. 메틸라디칼($CH_3\cdot$)과 같은 프리라디칼을 제외하고 거의 모든 화학종이 불쌍전자를 가지고 있지 않다. 산소분자는 예외이며, 이것은 2개의 불쌍전자를 가지고 있다.

   :Ö:Ö:

3. **에너지 혹은 안정성이 같은 정도의 구조만이 공명혼성에 대하여 두드러진 기여를 한다.** 이 조건을 각각의 문제에 응용하는 경우가 가장 어려우리라고 생각된다. 왜냐하면 각각의 구조에 대한 에너지의 고유의 수치 없이 정성적인 판정을 내리지 않으면 안 되기 때문이다. 일반적으로는, 2개 또는 그 이상의 전하를 갖지 않는 식이 쓰여질 때, 이들은 가장 큰 기여를 한다. 또한 1개만의 전하가 분리하고 있는 것은 혼성에 대해서 작지만, 유의한 기여를 한다. 만일 그 구조가 이미 전하를 가지고 있든지 또는 전하의 분리가 행해지고 있는 경우, 더욱 중복하전을 갖는 구조는 단순히 작은 기여를 할뿐이다. 예를 들면 앞에서 설명한 포름산이온 (c)는 동일의 전하가 될 수 있는 한 멀리 떨어져 있는 구조쪽이 인접한 원자상에 있는 그것보다 유리하다. 이것은 전자 또는 핵간의 반발이 보다 낮기 때문이다.

표 1-7 Lewis의 구조식과 형식전하의 계산

분자 또는 이온	형	총결합 전자수	Lewis의 구조식	형식 전하의 계산
H_2O water	O H H 구부러진 또는 V-자형	1(O) = 6 2(H) = 2 8	:Ö: H H [주)1 참조]	H: $1-(0+\frac{2}{2})=0$
CO_2 carbon dioxide	O C O 직선형	2(O) = 12 1(C) = 4 16	Ö::C::Ö	O: $6-(4+\frac{4}{2})=0$ C: $4-(0+\frac{8}{2})=0$

분자 또는 이온	형	총결합 전자수	Lewis의 구조식	형식 전하의 계산
NO_2^+ nitronium ion	O N O 직선형	2(O) = 12 1(N) = 5 17 −1 16 [주)2 참조]	$\ddot{O}::\overset{+}{N}::\ddot{O}$	O: $6-(4+\frac{4}{2})=0$ N: $5-(0+\frac{8}{2})=+1$
HCO_2H formic acid	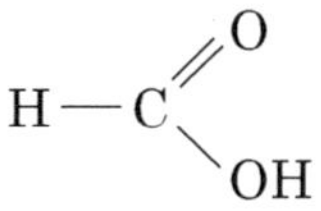	2(H) = 2 2(O) = 12 1(C) = 4 18	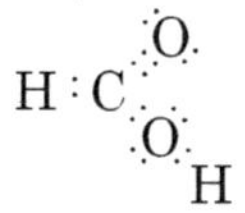	H: 본 그대로 = 0 C: $4-(0+\frac{8}{2})=0$ C = O: $6-(4+\frac{4}{2})=0$ O − H: $6-(4+\frac{4}{2})=0$
HCO_2^- formate anion	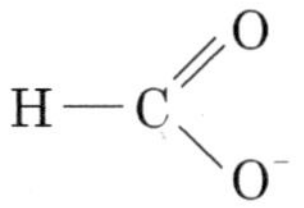 또는 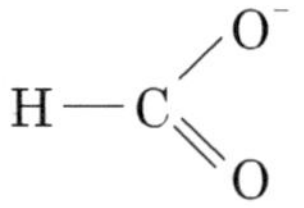	1(H) = 1 2(O) = 12 1(C) = 4 17 +1 18 [주)3 참조]	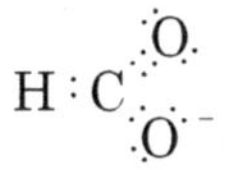 또는 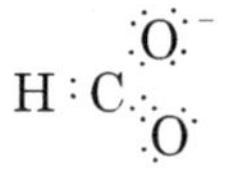	H: 본 그대로 = 0 C: 전과 같이 = 0 C = O: 전과 같이 = 0 C − O: $6-(6+\frac{2}{2})=-1$

혼성구조의 총에너지는 쓸 수 있는 각각의 공명구조식의 어느 것 보다도 작다. 이 차를 공명에너지라고 말한다. 공명에너지는 수소화열의 연구로부터 측정할 수 있다(7-3 참조).

분자의 전자구조를 표시하는 데는 2가지 방법이 사용되고 있다. 첫 번째는 아래에서 설명하는 **원자가결합법**으로서, 이것은 형식적인 원자구조의 조합이다. 두 번째 방법은 **분자궤도법**으로서, 이것은 다음의 절에서 설명한다. 원자가결합법은 아래에 설명하는 각각의 분자 또는 이온의 공명구조에 응용되고 있다.

에틸렌 : 에틸렌분자($CH_2=CH_2$)는 적어도 5가지로 쓸 수 있다.

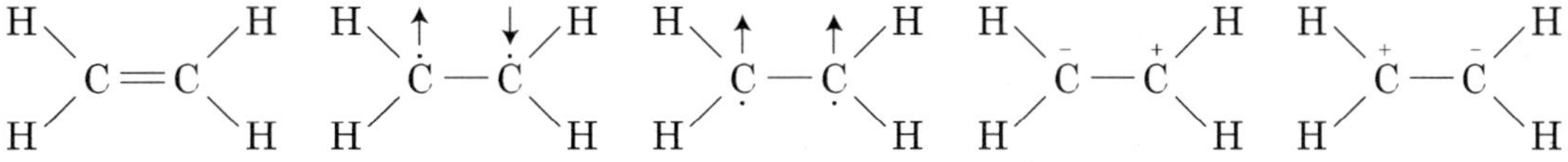

(a) (b) (c) (d) (e)

(b), (c)있어서 화살표는 탄소원자상의 전자스핀의 상대적인 방향을 나타내고 있다.

(d),(e)에 있어서는 전자는 쌍을 형성하여 양쪽이 동일 탄소원자상에 있다. 에틸렌은 상당히 단순한 경우이며, (a)의 구조가 가장 낮은 에너지인 것에 주의해야 한다. (b)의 구조는, 전자가 각각의 탄소원자상에 분리되어 있지만, 스핀은 쌍을 이루고 있는 그대로의 상태를 나타내고 있다. 따라서 이들 2가지는 비교할 수 있을 정도로 안정하지 않다. 왜냐하면 전자를 분리시키는데 에너지를 필요로 하기 때문이다. (b)의 구조는 공명혼성에 크게 기여하고 있지 않기 때문에, 무시할 수 있으리라고 믿는다. 또한 구조식 (c)는 앞에서 설명한 규칙의 어느 것에 위반하고 있는 것일까? (d),(e)의 구조는 전하의 분리의 결과로서 (a)의 식 보다도 높은 에너지이기 때문에, 이 2가지는 공명혼성에 대해서 약간의 기여가 기대되는 것에 불과하다. 요약하면. 에틸렌은 (a)의 구조식에 의하여 가장 잘 표현되며 1개만의 전하가 분리된 구조의 (d),(e)는 이것 다음으로 중요하다.

1,3-부타디엔 : 에틸렌의 경우와 같이 1,3-부타디엔(CH_2=CH-CH=CH_2)에 있어서도 합리적인 무전하의 구조식은 1개밖에 쓸 수 없고, 이것이 공명혼성에 주요하게 기여하고 있다. 1개만의 전하가 분리된 화학종에 대해서 생각해 보면, 몇 개의 구조가 유도된다. 이들은 일체가 되어 전체의 구조에 어떠한 기여를 하고 있다.

주목해야 할 것은 최후의 2개의 구조식으로서, 2번째와 3번째의 탄소간의 결합에 어느 정도의 이중결합성을 갖는 것이다. 1,3-부타디엔의 반응은 이 부분적인 이중결합성의 증거를 제공하고 있다(6-3 참조).

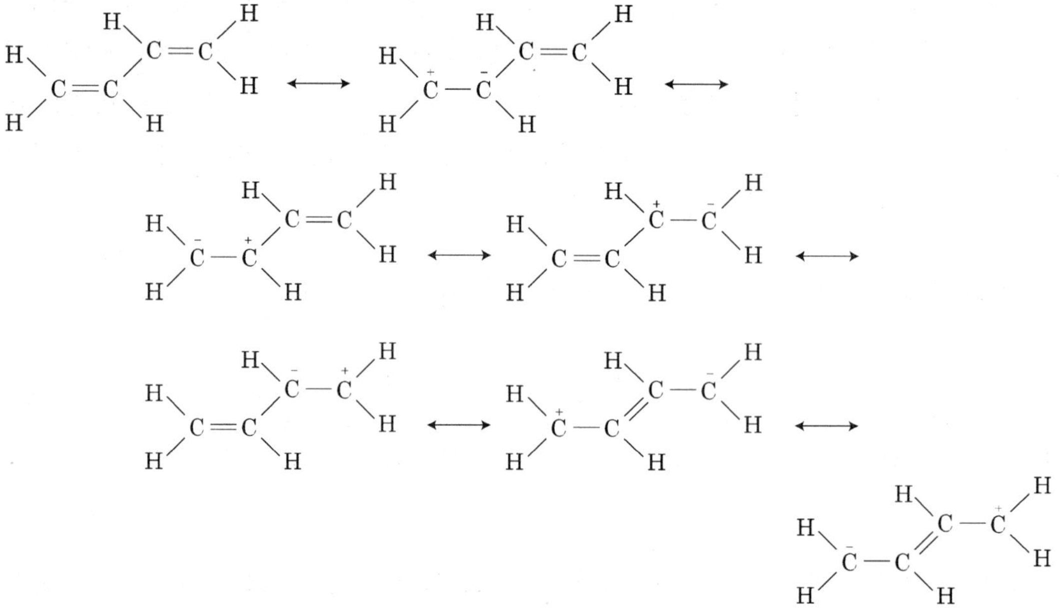

벤젠 : 벤젠은 공명현상 예로서 가장 잘 인용되는 것의 하나이다. 벤젠에 대해서는 많은 구조를 쓸 수 있으며, 그들 중의 몇 개를 아래에 표시한다. 이외에도 많은 구조를 쓸 수 있지만, 모든 가능성 중에서 전하가 없는 것만이 크게 기여를 하며, 2개의 Kekulé 구조가 혼성에 주요한 기여를 하고 있다.

Kekulé구조 :

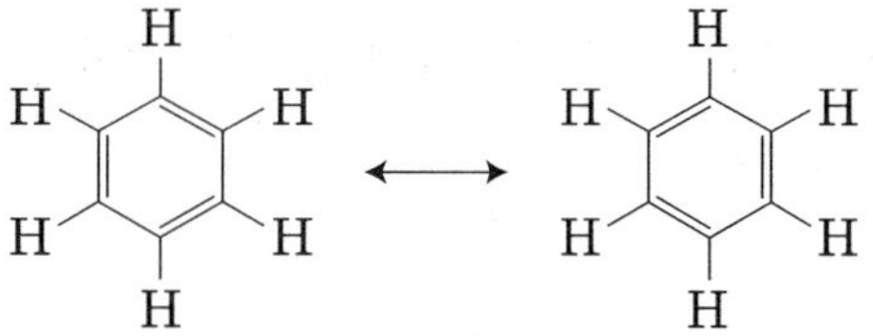

Dewar구조 :

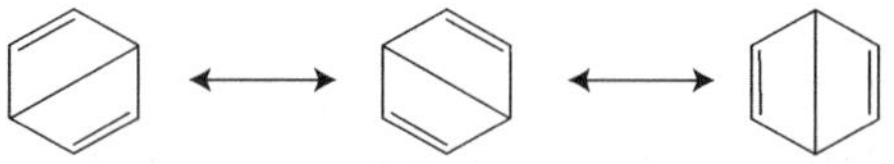

1개의 전하를 갖는 구조 :

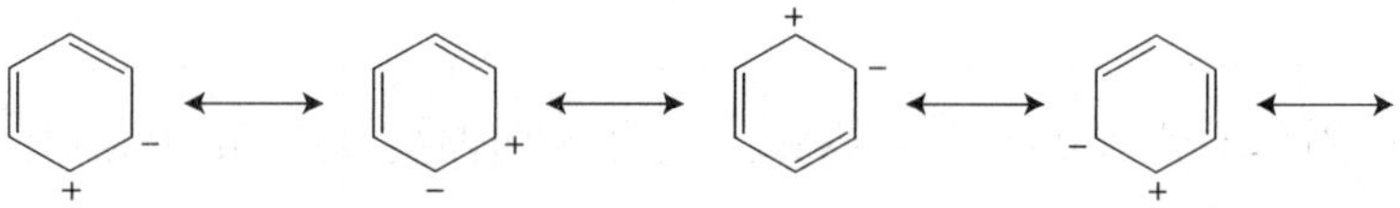

이론적으로는 3가지의 Dewar구조도 작은 기여를 한다. Dewar구조는 각각의 식 중에 하나의 긴 결합을 포함한다(핵은 움직여서는 안 된다는 것을 상기할 것).

아마, 벤젠분자의 가장 좋은 표현법은 다음과 같은 것으로서 전자밀도가 6개의 탄소상에 균등하게 분포하고 있는 것을 나타내고 있다. 오른쪽의 기호는 널리 사용되고 있지만, 이 책에서는 Kekulé의 구조를 사용한다. 따라서 벤젠 또는 그 유도체의 Kekulé구조는 항상 공명현상을 의미하고 있는 것으로 이해하지 않으면 안 된다.

벤질양이온, 음이온 및 라디칼 : 벤젠의 간단한 유도체의 하나로서 메틸벤젠, 별명 톨루엔이 있다.

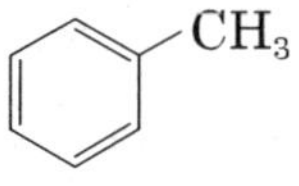

메틸기의 수소 한 개를 수소음이온, 수소양이온, 수소원자로서 제거하면, 각각 벤질양이온, 벤질음이온, 벤질라디칼이 생성된다. 톨루엔에 대해서는 주요한 기여를 하는 구조는 2개밖에 쓸 수 없지만, 그에 상당하는 양이온, 음이온, 라다칼에는 더욱 몇 개의 가능성이 있다. 양이온의 공명구조는 다음과 같다.

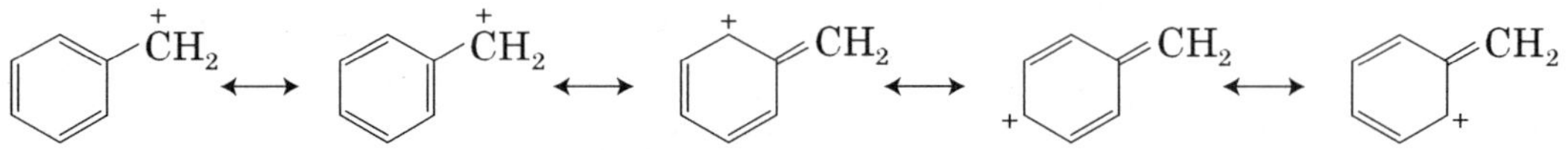

이들의 구조는, 벤젠환의 전자밀도의 저하를 나타내는 것만이 아니고, 환상의 특정의 탄소에 있어서 전자밀도의 감소도 나타내고 있다.

메틸아지드(CH_3N_3)의 전자분포는 얼핏 보아서는 분명하지 않다. 우리들은 공명혼성에 기여할 수 있다고 생각되는 모든 구조에 대해서 Lewis의 구조식을 써 보기로 한다. N−N−N의 각도가 180°라고 하는 지식과 더불어, 이 분자의 몇 개의 전자배치를 다음에 표기하였다. 각각의 원자에 대해서 형식전하를 산출하고, 어떤 구조가 공명혼성으로의 기여에 기대되는지 설명하여라. 또한 왜 구조가 잘못인가에 대해서도 밝혀라.

$CH_3{-}N{=}N{\equiv}N$　　$CH_3{-}N{=}N{=}N$　　$CH_3{-}N{-}N{\equiv}N$　　$CH_3{-}N{\equiv}N{-}N$

06 유기화합물에 있어서 탄소의 분자궤도

앞의 절까지 원자가결합법에 의한 표현방법에 대해서 고찰하였다. 그 방법에서는 합리적인 구조를 모두 써서 각각을 적절하게 평가하여 분자의 전자분포의 상태를 유도하였다. 본절에서는 또 하나의 방법인 **분자궤도법**에 대해서 설명한다. 여기서는 핵에 대해서 궤도의 틀을 만들고, 전자를 그 후에 궤도계에 할당한다.

1-5 수소분자

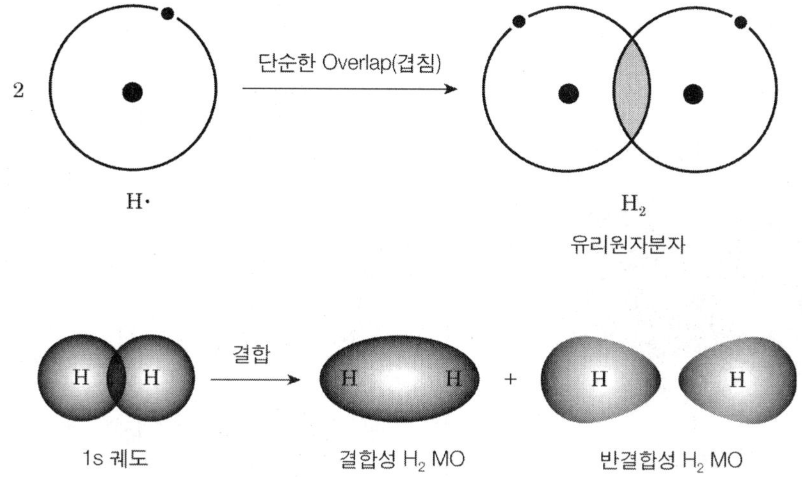

그림1-16 수소분자의 생성

다시 수소분자에 대해서 생각해 보면, 원자가결합법에서는 H:H 또는 H−H의 구조로서 표시되며, 이온적인 구조 $H^{+}H^{-}$과 $H^{-}H^{+}$도 또한 작은 기여를 한다.

분자궤도법에서는 2개의 1*s*원자궤도가 하나로 합하여 새로운 2개의 분자궤도를 생성한다. 이 방법은 앞에서 설명한 유리원자분자가 좀더 발전된 것이다(**그림 1-16**). 이것은 **원자궤도의 직선적 결합**[linear combination of atomic orbital,(LCAO)]이라고 말하며, 이 책에서 분자궤도를 표시할 때 이것을 사용한다. 원자궤도가 가산되면 원자간의 겹친 부분에는 높은 전자밀도를 가지는 결합성 분자궤도를 생성하며, 원자궤도의 감산에 의하여 반결합성 분자궤도를 생성한다. 이와 같이 2개의 원자궤도의 모든 조합은 2개의 새로운 분자궤도를 생성하며, 하나는 결합성궤도로서 원자궤도보다도 낮은 에너지이고, 다른 하나는 반결합성궤도로서 그것보다도 높은 에너지이다. 지금부터 높은 에너지의 반결합성궤도에 대해서는 고려하지 않는다. 결합상태에 있는 분자를 논하는 경우, 결합성궤도가 보다 중요하다. 분자궤도의 틀을 만든 후, 전자는 궤도계 내에 배분된다.

1-6 유기화합물에 있어서 탄소원자

유리탄소원자의 전자배치는 $(1s)^2(2s)^2(2p)^2$이다. 원자가전자만이 결합에 관여하기 때문에, **그림 1-17**에서는 편의적으로 핵과 1*s*전자를 생략하고 있다. 2개의 불쌍 *p*전자의 어떤 유리된(가스 상태의) 탄소원자의 표기법은, 탄소는 2가라고 하는 예상을 유도할지도 모른다. 그러나 특별한 활성중간체를 제외하고, 이 예상은 적중하지 않는다. 유기화합물의 결합이 생성할 때, 탄소의 원자궤도는 서로 혼합하여, 즉 혼성하여 보다 낮은 에너지 상태로 된다.

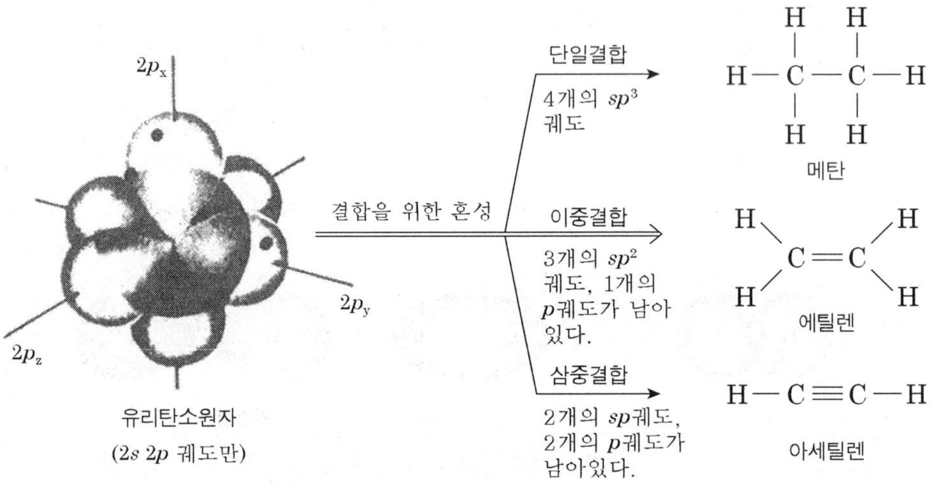

그림 1-17 결합에 의한 분자를 생성하는 경우의 탄소원자 궤도의 혼성

낮은 에너지의 배치를 얻기 위한 궤도의 혼성은, 포함되는 결합에 의존하여 각종의 비율로서 행해지며, 또한 그 기하학형도 변화를 받는다. **그림 1-17**에 표시한 바와 같이, 탄소-탄소결합은 유기화합물 중에서 단일결합, 이중결합, 삼중결합으로 될 수 있다.

1-7 탄소 단일결합

메탄(CH_4)에 있어서 탄소는 4개의 수소원자와 결합하고 있다. 메탄의 성질로부터 탄소의 4개의 결합은 등가인 것을 알 수 있다. 이것은 탄소의 4개의 원자궤도가 등가인 것을 의미한다. 만일(제2각의) 1개의 s궤도와 3개의 p궤도가 "서로 혼합"하면, 혼성궤도는 새로운 4개의 등가인 궤도로 되며, 이들의 궤도는 형식적으로 1/4의 s궤도성과 3/4의 p궤도성을 가지기 때문에 sp^3라고 말한다(**그림 1-18**). 각각의 sp^3궤도는 커다란 봉우리와 작은 봉우리를 가지고 있다. p궤도에도 또한 2개의 봉우리가 있는 것을 상기하자. 단 p궤도에 있어서의 것은 같은 크기이다. 작은 쪽의 봉우리는 겹침의 결합을 하지 않기 때문에, 이제부터 거의 모든 설명 또는 그림에서는 생략한다.

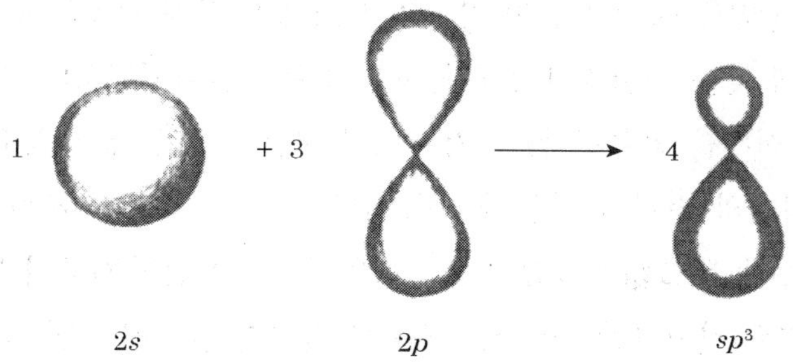

그림 1-18 sp^3혼성

최저에너지의 결합성궤도의 배치(결합간의 거리가 최대인 것에 상당한다)는 4개의 수소를 꼭지점으로 하여 탄소를 중심에 둔 정사면체이다. 그리고 새로운 궤도는 탄소를 중심으로 하여 109°28′의 각도를 가지고 있다. 일반적으로 이 사면체의 기하학형을 2차원평면에 투영하여 표시하고 있지만[**그림 1-19**(b)], 엄밀한 형태는 **그림 1-19**(a)와 같은 것이다.

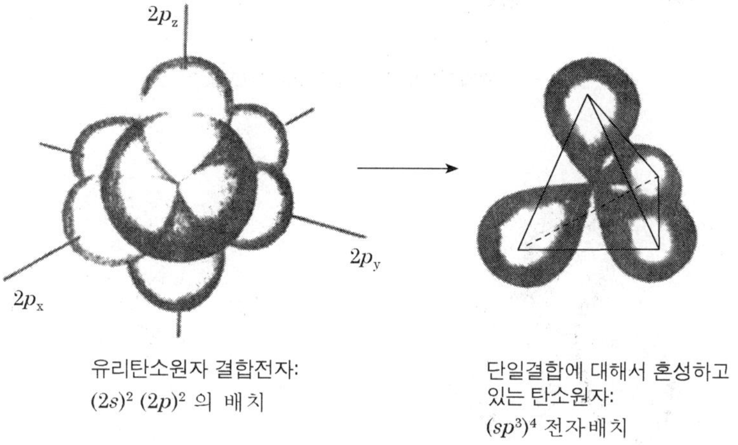

(a)

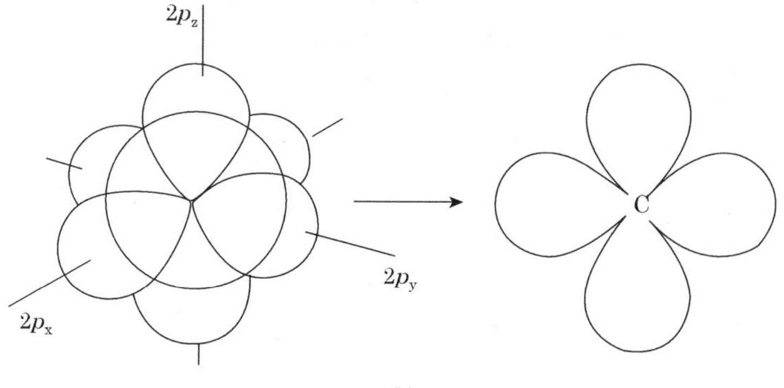

(b)

그림 1-19 탄소원자의 sp^3혼성

이 결합의 표현 방법을 메탄과 같이 각각의 분자에 어떻게 적응하면 좋을까? 각각의 1개의 전자를 1s궤도에 갖는 수소원자 4개가, 4개의 등가인 sp^3궤도의 하나하나에 대응하여 결합하고, 여기서 전자를 공유한다. 여기서 생성하는 결합성 분자궤도는 2개의 전자, 즉 포함할 수 있는 최대의 전자를 갖는다. 이 궤도의 겹침을 **시그마(σ)결합**이라고 말한다. 메탄의 LCAO의 형태를 **그림 1-20**에 표시하였다. 또한 분자궤도법(MO)에 의한 표현은 LCAO의 것과 관련된 것이지만, 이 책을 통해서 직선적 결합에 의한 표현방법을 사용한다.

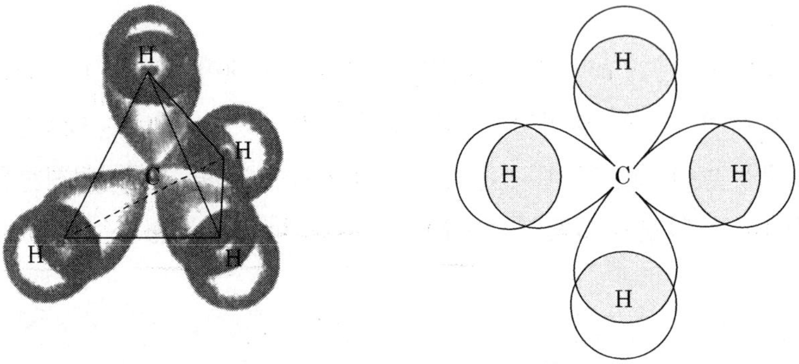

원자궤도의 직선적 결합(LCAO) 표기

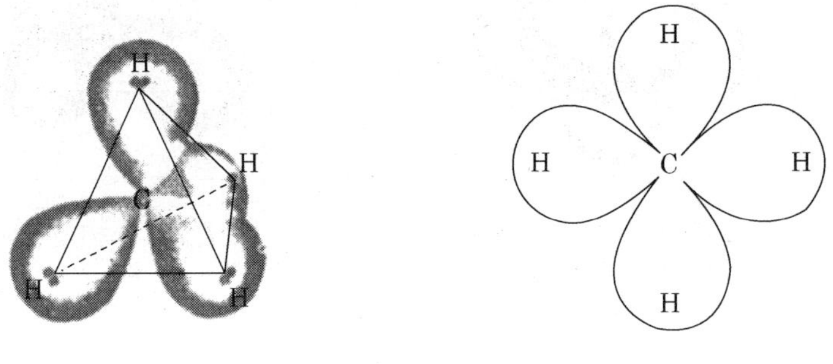

분자궤도 표기

그림 1-20 메탄의 표기

알칸, 즉 파라핀계열의 제 2의 화합물인 에탄(CH_3CH_3)을 LCAO로서 표시하면, 아래의 그림과 같다. 모든 궤도와 결합의 성질을 설명하여라. MO의 그림을 그리고, H-C-H, H-C-C의 각도를 예측하여라.

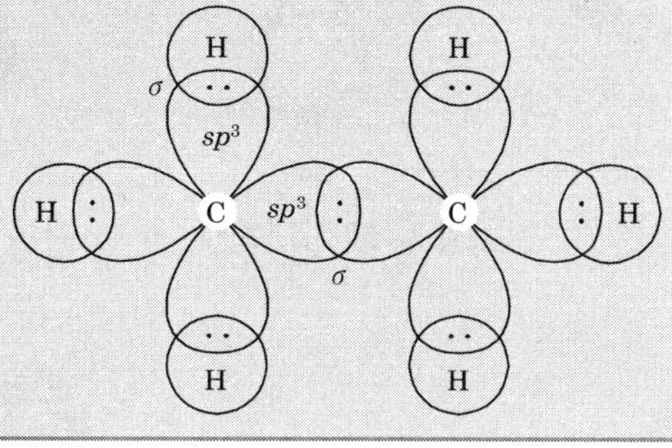

에탄의 탄소-탄소간의 단일결합이 σ결합인 것에 주의한다. 에탄은 2개의 탄소의 중심을 연결하는 선에 대해서 축대칭이다. 탄소-탄소간의 단일결합은 2개의 sp^3혼성탄소의 원자궤도로부터 형성되기 때문에, 이 결합의 주위에 자유회전이 있다. 또한 C-H결합도 마찬가지로 축대칭인 것을 상기하여, 관여하고 있는 원자궤도의 형태를 알면 근사적으로 분자 내의 핵간의 결합각을 예측할 수 있다. 이들의 표현방법은 원자궤도로부터 분자를 형성할 때, 생성하는 기하학적인 비틀림을 나타내고 있지 않다. 그러나 일반적으로 얻어진 각도는 제1근사로서는 좋은 값이다.

이 개념을 확장하여, 프로판($CH_3CH_2CH_3$)의 LCAO의 그림을 그리고, 모든 과정을 기입하여라.

1-8 탄소 이중결합

탄소-탄소 이중결합을 갖는 가장 간단한 유기탄화수소인 에틸렌($CH_2=CH_2$)에서는, 각각의 탄소가 4개의 결합 또는 전자쌍을 필요로 하고 있음에도 불구하고, 각 탄소원자의 주위에는 3개의 원자밖에 존재하지 않는다. 1개의 s궤도와 2개의 *p*궤도만으로 혼합하여 2개의 봉우리를 갖는 3개의 새로운 sp^2궤도를 형성하며, 1개의 *p*궤도는 그대로 남는다(**그림 1-21**). 3개의 sp^2혼성궤도는 평면상의 120°의 각도로서 균등하게 위치하며, 이것이 에너지가 가장 낮은 배치이다. 그리고 남은 *p*궤도는 이 평면에 대해서 수직이다. **그림 1-22**(b)의 경우에도 각 sp^2궤도의 작은 봉우리는 생략하고 있다.

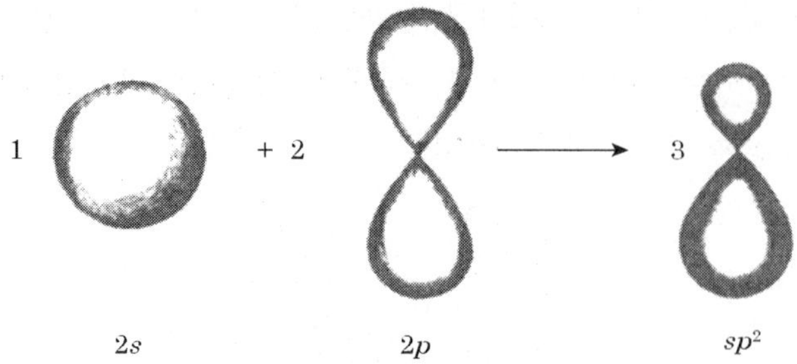

그림 1-21 sp^2혼성

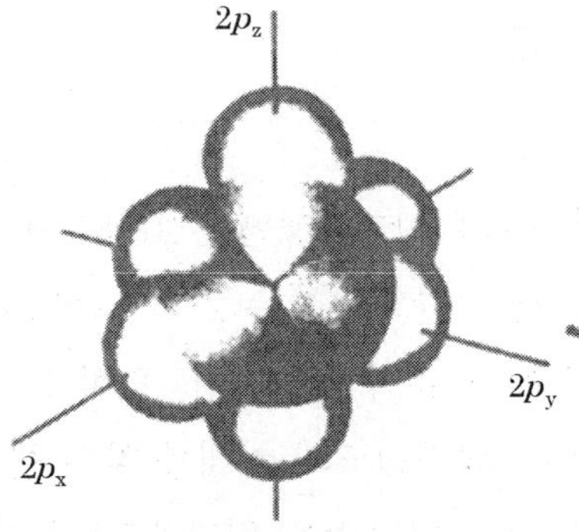

(a) 유리탄소원자

(b) 이중결합을 형성할 때의 탄소원자 혼성

그림 1-22 탄소원자의 sp^2혼성

2개의 탄소의 sp^2혼성궤도는 각각 sp^2-sp^2와 $2p-2p$의 겹침에 의하여 결합하며, σ결합과 π결합을 형성하여 에틸렌의 골격이 된다. 더욱 수소의 $1s$궤도와 남은 각각의 sp^2궤도가 겹쳐 에틸렌의 그림을 완성한다. 6개의 원자는 전부 동일평면상에 위치하고 있다[**그림1-23**(a) 참조].

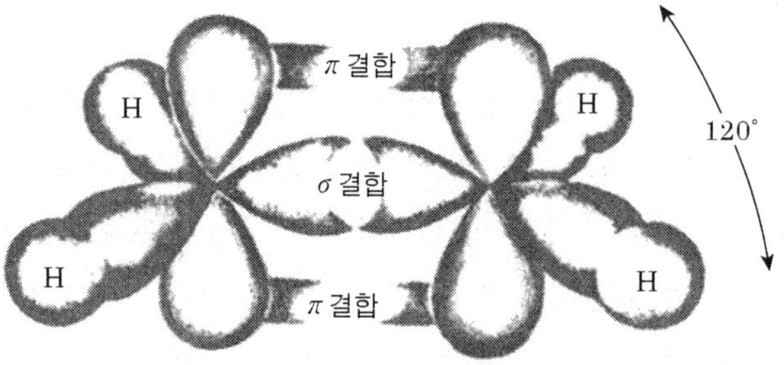

(a) LCAO 표기

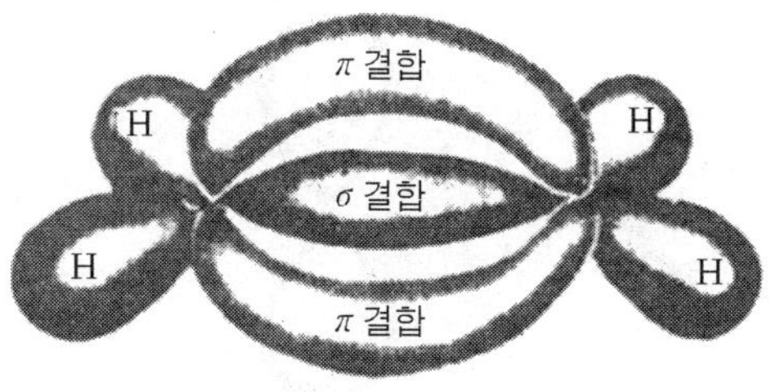

(b) MO 표기

그림 1-23 에틸렌분자

이중결합은 종류가 다른 결합으로 형성되어 있으며, 1개는 σ 결합이고 다른 1개는 π 결합이다. *p*궤도는 서로 바람직한 방향(평행)을 향하고 있기 때문에 겹치게 된다. 보통 이 겹침(overlap)은 *p*궤도를 연결하는 선으로 표시된다(만일 척도를 취하여 그림을 그리면, *p*궤도는 실제로 겹치리라고 생각된다). 이 *p*-*p*의 겹침을 **π 결합**이라고 말한다. 이것은 *s*궤도성을 가지지 않는다. 에틸렌은 단 1개의 π 결합만을 가지고 있는 것에도 불구하고, 2개의 봉우리를 가지고 있다. 1개는 분자평면의 위쪽이며, 다른 1개는 아래쪽에 있다. π 결합은 σ 결합보다도 약하며, 동시에 보다 노출하고 있다. 그렇기 때문에 이중결합, 즉 불포화중심은 용이하게 부가반응을 받는다.

이 분자는 이중결합의 주위에 자유스러운 회전을 할 수 없는 것에 주목하여라 : π 결합은 *p*궤도의 축이 평행일 때에만 최대의 겹침이 얻어지지만, 탄소간의 축에 대해서는 대칭이 아니므로 분자는 평면배치를 유지한다. 예상되는 H-C-H 및 H-C-C의 결합각은 약 120 ° 이다. 분자궤도법에 의한 결합의 **그림 1-23**(b)에 표시하였다. 2개의 원자궤도의 조합으로부터 2개의 분자궤도가 생성되는 것을 상기 할 것. 결합성 π 분자궤도만이 여기에 표시되며, 반결합성궤도에 대해서는 앞에서와 마찬가지로 생략하고 있다.

1-9 탄소 삼중결합

아세틸렌(H-C≡C-H)은 탄소-탄소의 삼중결합을 가지고 있다. 탄소원자는 *s*궤도 1개와 단 1개의 *p*궤도만이 혼성하여 2개의 새로운 *sp*궤도로 되며, 혼성에 관여하지 않는 2개의 *p*궤도는 서로 90°로서 교차하여 π 결합에 관여하고 있다(**그림 1-24, 1-25**).

아세틸렌에서는 이들 2개의 탄소 부분이 2개의 수소의 1*s*궤도와 결합하고 있다. 새로 형성된 π 결합의 전자운은 탄소-탄소의 σ 결합에 대해서 원통대칭으로 분포하고 있다(**그림 1-26**참조). *p*궤도는 인접한 *p*궤도와 그 축이 평행일 때에만 효과적으로 겹칠 수 있는 것에 주의하여라. 아세틸렌은 직선상분자로서 H-C-C, C-C-H의 각은 모두 180°이다.

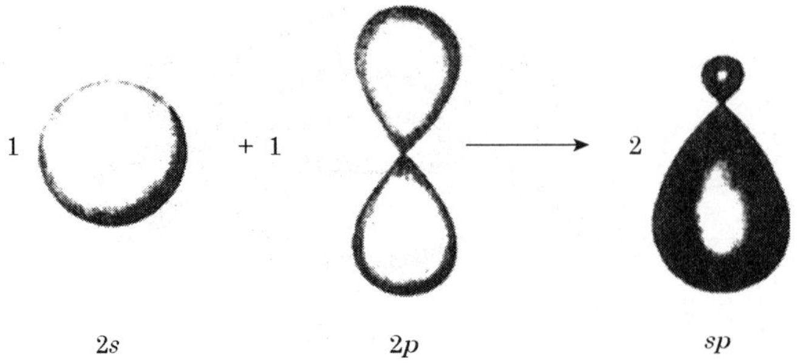

그림 1-24 *sp*혼성

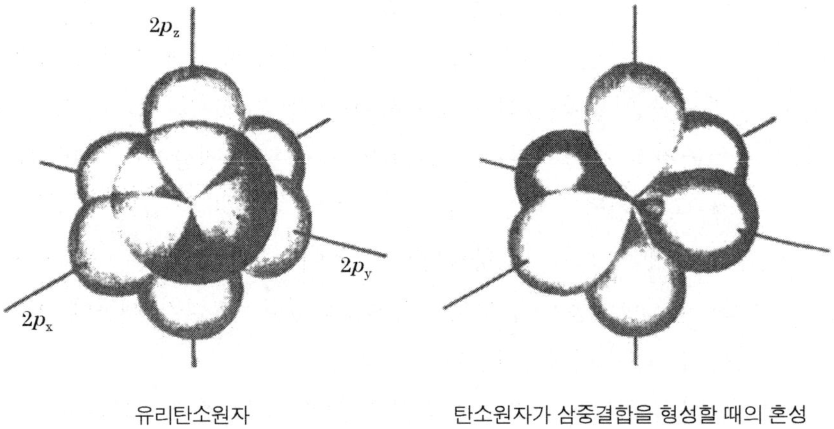

그림 1-25 탄소원자의 *sp*혼성

앞에서 설명한 바와 같이 B, N, O, S과 같은 탄소 또는 수소 이외의 원자를 유기화학에서는 **헤테로원자**라고 말한다. 헤테로원자와 탄소간에 결합을 형성할 때, 경우에 따라서는 탄소와 마찬가지로 혼성할 수 있다. 할로겐과 같은 다른 헤테로원자는 적당한 겹침을 갖는 유리원자로서 쓸 수 있다.

이하의 각각의 분자에 대해서 원자궤도와 전자를 나타내는 LCAO의 그림을 그려라. 혼성궤도의 기호를 표시하고, 결합이 σ 또는 π인가를 나타내고, 인접하는 3개의 원자집단이 이루는 결합각도의 대개의 값을 표시하여라. 색연필을 사용하면 그림을 명확하게 그리는 데 큰 도움이 되리라고 믿는다.

1. $CH_2=CH-CH=CH_2$
   1,3-butadiene

C_2, C_3간의 *p*궤도의 겹침(overlap)에 주의하여라.

2 . 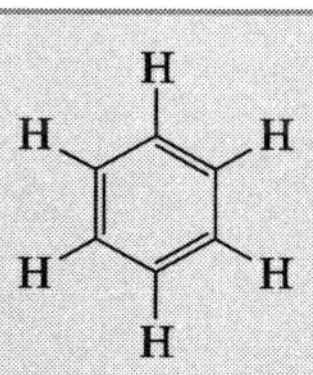

benzene

이 평면분자에서는 모든 인접하는 p궤도가 겹침을 갖는다. 내접하는 원에 의하여 표시되는 벤젠환은 합리적인 표현방법일까? 12원자로서 형성되는 평면의 상하에 형성되는 분자궤도가 원형에 가까운 것에 주목하여라.

3. $CH_2=CH-C\equiv C-H$

vinylacetylene

여기서는 주의가 필요! p궤도는 그 축이 평형할 때에만 다른 p궤도와 겹침을 갖는다는 것을 상기한다.

4. $CH_2=C=CH_2$

allene

왜 중앙의 탄소는 sp혼성인가?

5. CO_2

carbon dioxide

위의 어떤 분자가 이것과 유사한가?

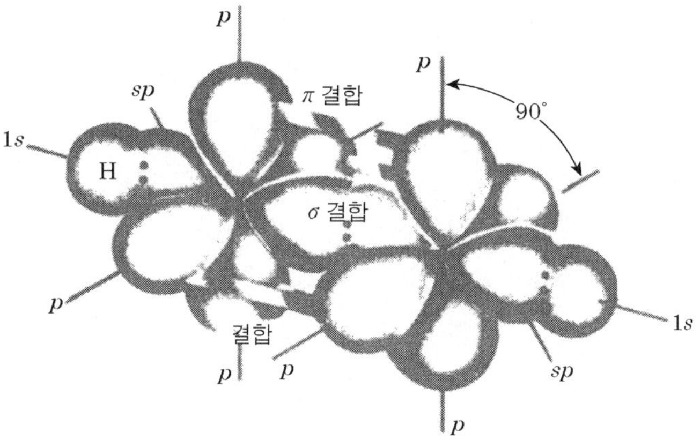

LCAO 표기

MO 표기

그림 1-26 아세틸렌분자

07 유기화합물의 일반적인 분류

유기화학의 학습은 분자가 가지고 있는 **관능기**(또는 활성부분의 형태)를 기본으로 하여 간소화된다. 1개의 관능기는 다른 것과 적어도 아무런 관련 없이 논할 수는 없다. 표지의 표는 각 집단의 대표적인 화합물의 명칭 또는 구조의 **참고리스트**이다. 각각의 집단에 대해서 상세하게 배우기 전에 간단히 설명한다.

표를 얼핏 보면 어느 정도의 유사성과 잘 알려져 있는 화합물을 기재하였다. 지금 곧 이들을 공부해야 하는 것을 의미하는 것이 아니고, 또한 **암기할 필요도 없다**. 표에 있어서 R은 어떤 유기집단도 좋으며, 또한 Ar은 그 중에 벤젠환(또는 나프탈렌 및 페난트렌과 같은 유사한 고리)이 치환기로서 결합되어 있는 것을 의미한다. R, R', R''는 다른 유기기를 나타내고 있다.

■ 참고문헌 ■

·전기음성도와 극성

Benson, S.W.: Bond Energies, *J. Chem. Educ.*, 42, 502(1965). 해설 또는 수치표, 다수의 참고문헌 등이 기록되어 있는 훌륭한 자료.

Little, E.J., Jr., and M.M. Jones; A Complete Table of Electronegativities, *J. Chem. Educ.*, 37, 231(1960).

Thompson, H.B.: The Determination of Dipole Moments in Solution, *J. Chem. Educ.*, 43, 66(1966).

Wilmshurst, J.K.: Ionic Character, Polarity, and Electronegativity, *J. Chem. Educ.*, 39, 132(1962).

·원자궤도, 분자궤도

Bent, H.A.: Distribution of Atomic & Character in Molecules and Its Chemical Implications, *J. Chem. Educ.*, 37, 616(1960).

Berry, R.S.: Atomic Orbitals, *J. Chem. Educ.*, 43, 283(1966). 방정식 또는 그래프, 참고문헌 등이 실린 훌륭한 자료.

Cohen, I.: The Shape of the 2p and Related Orbitals, *J. Chem. Educ.*, 38, 20(1961).

Friedman, H.G., Jr., G.R. Choppin, and D.G. Feuerbacher: The Shapes of the *f*-orbitals, *J. Chem. Educ.*, 41, 354(1964).

Maybury, R.H.: The Language of Quantum Mechanics, *J. Chem. Educ.*, 39, 367(1962). 양자역학의 여러 가지 의견을 해설하고 기초적인 검토를 하고 있다.

Meislich, H.: Rules for Molecular Orbital Structures, *J. Chem. Educ.*, 40, 401(1963).

·전자구조, 전자의 반발

Bent, H.A.: Isoelectronic Systems, *J. Chem. Educ.*, 43, 170(1966). 예 또는 문헌을 표시하면서 의견을 해설하고 있는 훌륭한 자료.

Goldwhite, H.: Elementary One-upmanship: H or C ?, *J. Chem. Educ.*, 41, 626(1964). 탄소 또는 수소를 수없이 결합하고 있는 화합물은 존재하는 것일까 라는 문제에 대한 흥미있는 해답이 표시되어 있다.

Panckhurst, M.H.: The Electronic Structures and Stereochemistry of NO2 NO2+ and NO2-, *J. Chem. Educ.*, 39, 270(1962).

Sanderson, R.T.: Principles of Chemical Bonding, *J. Chem. Educ.*, 38, 382(1961).

Sanderson, R.T.: A Rational Periodic Table, *J. Chem. Educ.*, 41, 187(1964).

·화학구조의 역사

Brown, H.C.: Foundations of the Structural Theory, *J. Chem. Educ.*, 36, 104(1959). Kekulé 또는 Couper가 구조론을 발전시킨 것에 대한 개관과 그 기초.

·Kekulé-Couper Centennial Symposium

Campaigne, E.: The Contributions of Fritz Arndt to Resonance Theory, *J. Chem. Educ.*, 36, 336(1959). 구조유기화학의 이론의 발전에 기여한 선인들의 역사적인 해설.

Hiebert, E.N: The Experimental Basis of Kekule's Valence Theory, *J. Chem. Educ.*, 36,

320(1959).
Leicester, H.M.: Contributions of Butlerov to the Development of Structural Theoty, *J. Chem. Educ.*, 36, 328(1959).
Strong, F.C., Ⅲ : The Atomic Form Periodic Table, *J. Chem. Educ.*, 36, 344(1959).

연습문제

1 **아래에 표시하는 분자에 대해서 각 결합의 극성의 방향을 결정하고, 결과로서, 쌍극자모멘트를 갖는지 어떤지를 설명하여라.**

*(a) 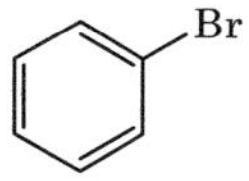 bromobenzene

*(b) ICl, iodine monochloride

*(c) 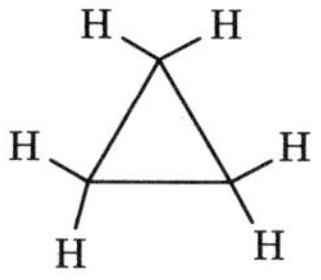 cyclopropane

*(d) HCCH, acetylene

(e) CH_2O, formaldehyde

(f) $CHCl_3$, chloroform

*(g) CH_2CH_2, ethylene

*(h) 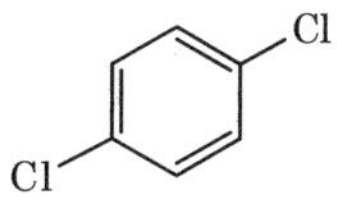 *p*-dichlorobenzene

2 **아래의 각 분자에 대해서 Lewis의 구조식(점자구조식)을 표기하여라. 원자가전자를 모두 나타내고, 만일 형식전하를 가지고 있는 경우는 지적하여라.**

(a) 표 1-5 중의 화합물

*(b) CH_3CH_2OH, ethyl alcohol

*(c) $CHCl_3$, chloroform

(d) CH_3OCH_3, dimethyl ether

(e) 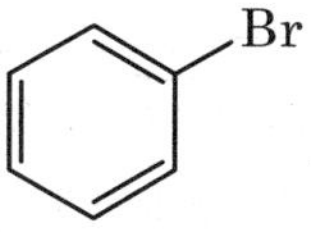 bromobenzene

*(f) CH_3F, fluoromethane

*(g) CH_3NH_2, methylamine

*(h) HCCH, acetylene

(i) CH_3ONa, sodium methoxide(이온성)

*(j) CH_3MgI, methylmagnesium iodide (이온성 C^-Mg^+결합)

(k) $AlCl_3$, 염화알루미늄(aluminum chloride)

(l) PCl_5, 오염화인 (phosphorus pentachloride)

(m) Cl_2, 염소(chlorine)

*(n) CH_2O, formaldehyde

(o) CH_2CHCl, viny| chloride

*(p) H_2NCN, cyanamide

3 **아래에 표시하는 분자 또는 이온의 각각에 대해서 공명혼성에 주요한 기여를 하고 있으리라 고 생각되는 합리적인 구조식을 적어도 2개 이상 Lewis 구조식(점자구조식)을 사용하여 표시하여라. 모든 원자가전자를 기입하고, 만일 존재하면 형식전하도 명기하여라.**

*(a) CH_2N_2, diazomethane (힌트: 질소-질소결합을 함유하지만, 고리가 아니다)

*(b) 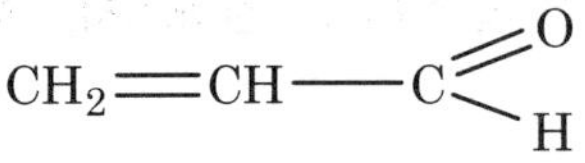 acrolein, 또는 propenal

(c) 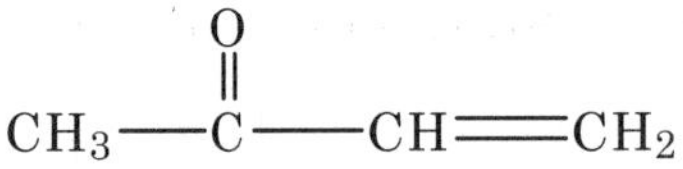 methyl vinyl ketone

*(d) trimethylphosphine oxide

(e) CH_3NO_2 nitromethane (힌트: 질소-탄소결합을 함유하고 있다)

(f) H_2SO_4 황산 (sulfuric acid)

*(g) HNO_3, 질산(nitric acid)

*(h) 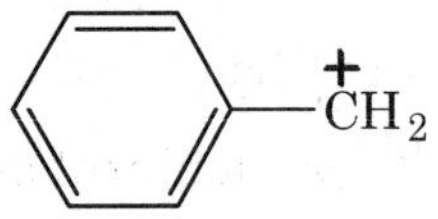 benzyl cation

(i) 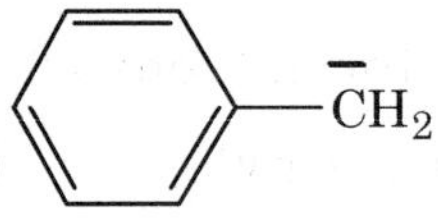 benzyl anion

(j) 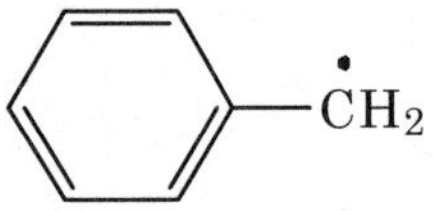 benzyl radical

(k) $CH_2{=}CH{-}\overset{+}{C}H_2$ allyl cation

(l) $CH_2{=}CH{-}\overset{-}{C}H_2$ allyl anion

*(m) $CH_2{=}CH{-}\dot{C}H_2$ allyl radical

(n) SO_3 ,삼산화황 (sulfur trioxide)

4 **(a) 아래의 각 화합물의 LCAO(분자궤도)를 정확하고 확실하게 그려라. 각각에 궤도의 혼성을 기호로 나타내고, 헤테로원자는 그것이 결합하고 있는 탄소와 같이 혼성으로 되어 있지 않으면 안 된다. (b), (a)와는 별도로 원소기호와 결합한(펼친 구조식으로) 결합각의 이론값을 나타내는 그림을 그려라.**

*(i) HCCCN, cyanoacetylene

*(ii) C_3H_6, propene,또는 viny|methane

(iii) $CH_3CH{=}CO$, methylketene

(iv) HCCCCH, diacety|ene

*(v) CH_2CHCHO, acrolein, 또는 propenal

(vi) CH_2CHCl, vinyl chloride

*(vii) CH_3CHCCH_2, methylallene

(viii) 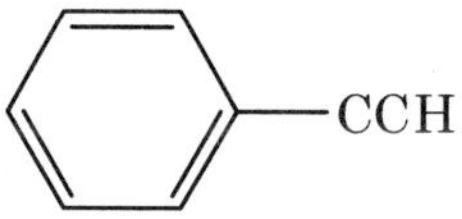

phenylacetylene

(ix) CH_3CN, acetonitrile, 또는methyl cyanide

*(x) 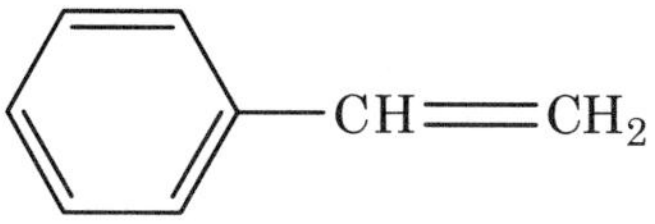

,styrene 또는 vinylbenzene

(xi) H_2N-NH_2, hydrazine

(xii) $CH_3-C(=O)-CH_3$, acetone

5 **표지의 표를 참고로 하여 분자 중의 관능기의 명칭을 들어라. 이들은 시클로펜타노퍼하이드로페난트렌의 탄소골격을 갖는 천연의 스테로이드이다.**

(a) 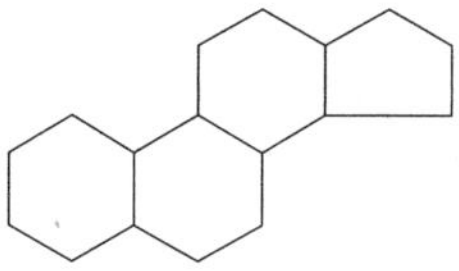

cyclopentanoperhydrophenanthrene
이 분자 중의 모든 수소원자를 명확하게 표시하여라

(b) 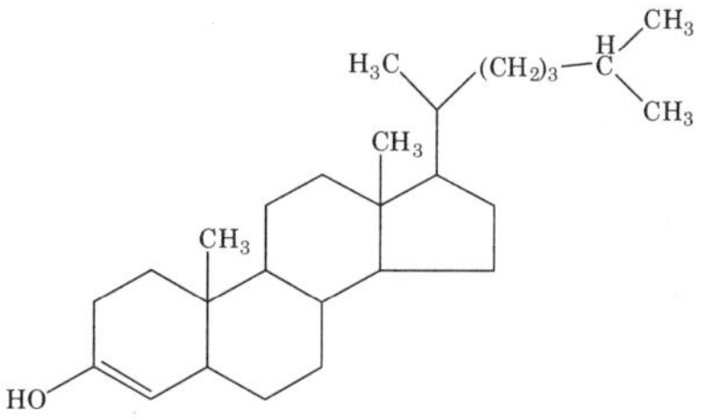

cholesterol
동물의 혈액 또는 담석 중에 발견된다.

(c) 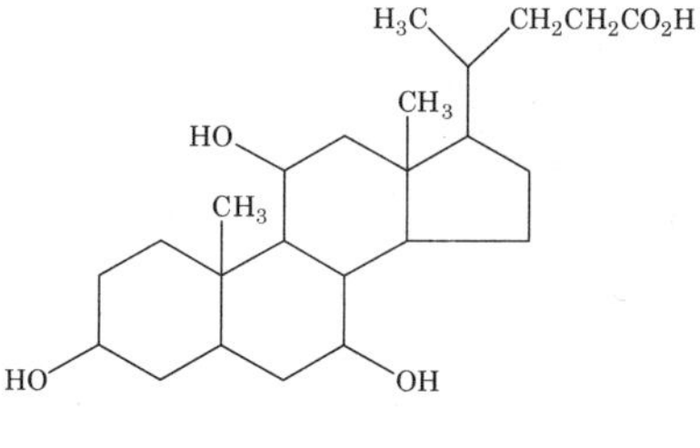

cholic acid
인간 또는 소의 쓸개즙 중에 생성한다.

(d) 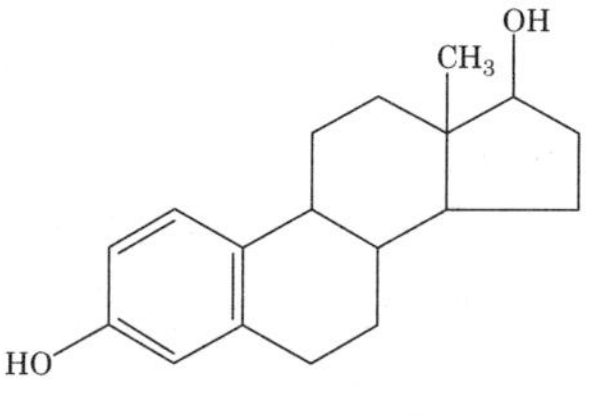

esteadiol
여성호르몬 난소 중에서 합성된다.

(e)

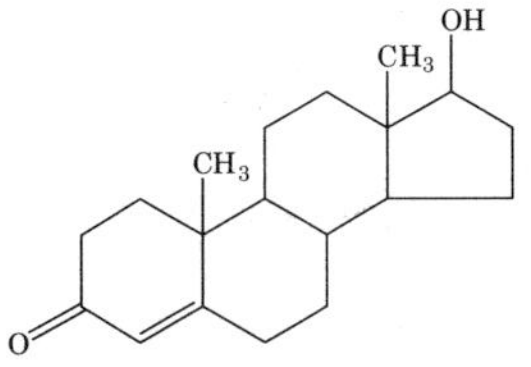

testosterone
남성호르몬 고환 중에서 합성된다.

(f)

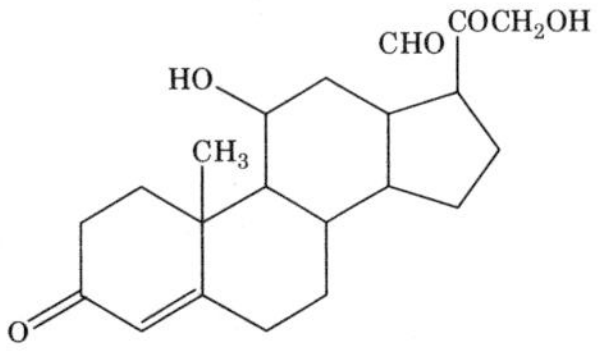

aldosterone
부신 중에서 합성되며 신장 중에 있다.

(g)

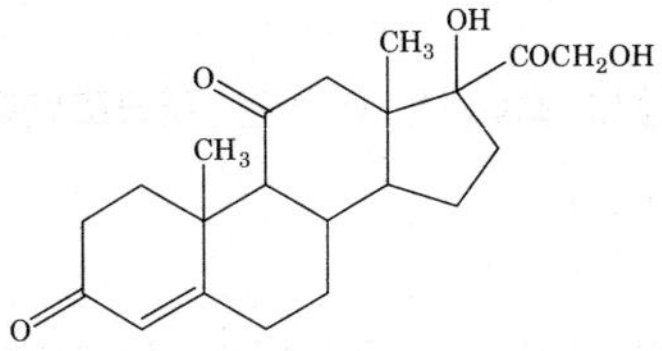

cortisone
류머티스성 통풍의 치료에 사용된다.

* 별표가 있는 문제의 답은 색인의 앞에 있다.

Chapter

02 알칸(파라핀)

알칸, 즉 **파라핀계 탄화수소**는 가장 간단한 유기화합물로서, 전혀 관능기를 갖지 않는다. 모든 탄소원자는 다른 탄소원자와 단일결합으로 결합하고 있거나 또는 수소원자와 결합하고 있다. 이들의 화합물은 일반적인 실험조건하에서는 상당히 불활성이지만, 격렬한 조건하에서는 반응을 행하게 할 수 있다. 가끔 이들의 반응은 유기화학연구자에게 그다지 중요시되지 않지만, 알칸은 연료로서 중요하기 때문에 공업적으로 큰 의의가 있다. 천연가스 혹은 석유로부터 얻어지는 가솔린의 주요 부분은 알칸계열의 저분자화합물이다. 이 장의 반응은 실험실에서 거의 이용하지 않지만, 유기화학의 학습을 시작하는 데 적당한 출발점이라고 믿는다.

특히 중요한 부분은 명명법이며, 이 명칭은 효과적인 의견교환에 있어서 필수적이다. 실제로 사용하고 있으면 곧 기억하지만, 그것만으로는 끝나지 않는다. 이 장에서 철저하게 연습하면, 뒤의 장에서 명명법의 의문을 거의 느끼지 않을 것이다. 유기화학 학습의 되도록 빠른 시기에 명명법을 습득하지 않으면 안 된다.

화학반응이 일어나는 상세한 경로를 반응의 **메카니즘**이라고 말한다. 반응메카니즘은 **어떻게** 반응이 일어나는 것인가에 대한 의문에 답한다. 이 개념은 장의 끝에서 소개하지만, 관찰되는 많은 유기화학 반응의 경로를 설명하기 위하여, 반응메카니즘은 이 책을 통해서 사용한다.

01 구조

알칸은 탄소-탄소의 단일결합과 탄소-수소의 결합만이 존재하므로, 모든 탄소의 궤도는 sp^3혼성이다. 보통 구조식은 반듯한 사슬로서 쓰지만, 이상적으로는 이와 같은 화합물의 탄소골격은 탄소원자의 C-C-C각이 약 109°의 지그재그의 사슬상태의 배치를 취한다.

분자 중에서 단일결합으로 결합된 원자가 점유하는 상대적인 위치를 **입체형태**(conformation)라고 말한다. 에탄분자의 입체형태의 수는 탄소-탄소의 단일결합에 관한 자유회전의 결과 무한이다. 2개의 극단적인 입체형태를 **그림 2-1**에 **톱받침대**(saw horse)와 **뉴만투영**(Newman projection)으로 표시하였다. 후자는 탄소-탄소결합을 축에 따라 본 것으로, 최초의 탄소만이 보이고 있다.

동일탄소에 결합하고 있지 않은 수소원자가 될 수 있는 한 멀리 떨어져 있는 낮은 에너지의 입체형태를 **비틀린 형태(skew conformation)**라고 말한다. **가리운 형태(eclipsed conformation)**에서는, 분자모형으로 탄소-탄소결합의 방향으로부터 보면 수소원자가 실제로 겹쳐 보인다. 이와 같은 입체형태의 표기는 고위의 알칸에도 적용되며, 또한 그 후의 어떤 화학반응의 과정을 예측하는 데 사용된다.

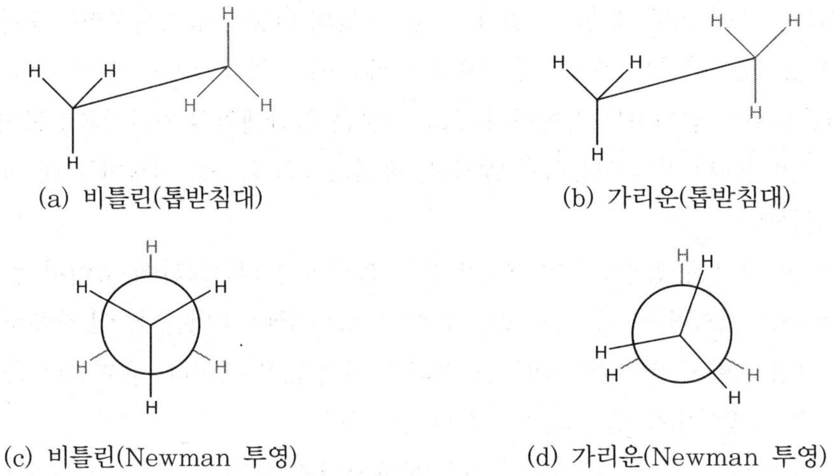
H
H
H
H
H
H
(a) 비틀린(톱받침대)
H
H
H
H
H
H
(b) 가리운(톱받침대)
H
H
H
H
H
H
(c) 비틀린(Newman 투영)
H
H
H
H
H
H
(d) 가리운(Newman 투영)

그림 2-1 에탄의 비틀린 및 가리운 형태

02 명명법

2-1 메탄, 에탄, 프로판

유기화학물의 구조는 알칸계열의 최초의 4가지에 대해서 그림으로 표시하는 바와 같이, 선으로 연결한 식 또는 요약한 식으로서 쓸 수 있다.

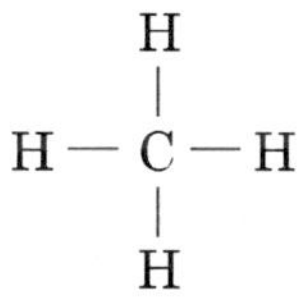

선으로 연결한 식

CH_4

요약한 식

methane

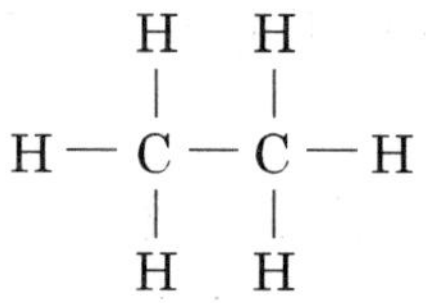

선으로 연결한 식

$CH_3—CH_3$ 또는 C_2H_6

요약한 식

ethane

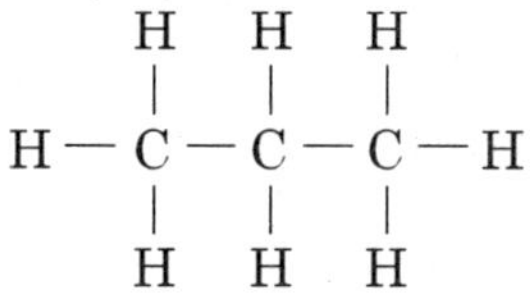

선으로 연결한 식

$CH_3CH_2CH_3$ 또는 C_3H_8

요약한 식

propane

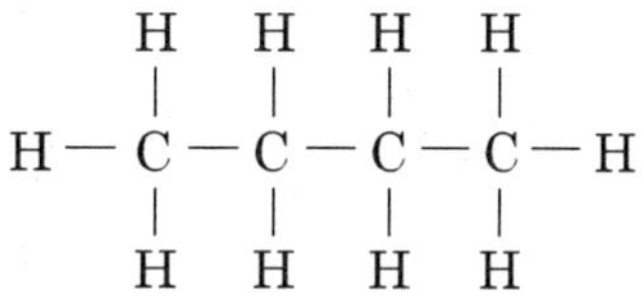

선으로 연결한 식

$CH_3CH_2CH_2CH_3$ 또는 $CH_3(CH_2)_2CH_3$

요약한 식

butane

여기서 1930년에 공식화되고, 1949년에 International Union of Pure and Applied Chemistry(IUPAC)에 의하여 개정된 **lUPAC system**의 규칙에 기준한 명명법의 체계를 배우기로 한다. 초기의 과학자의 집회에서 완성한 규칙 중 대부분은 현재의 명명법의 기초가 되었고, 많은 유기화합물의 인식 또는 폭넓은 연구가 되기에 이르렀지만, 그 후에 이르기까지 명명법의 체계는 확립되지 않았다. 일부 유기화합물, 특히 초기에 천연의 많은 물질은 관용명 또는 일상적인 명칭으로 알려져 있다. 이 책을 통해서 IUPAC시스템의 명명법을 배워서 기억하기 바란다. lUPAC시스템에 의한 명칭은 항상 정당하지만, 몇 개의 관용명도 일반적으로 사용되고 있다는 이유에서 이 계에 편입되어 있다.

메탄, 에탄, 프로판 및 고위의 알칸은 서로 $-CH_2-$만이 다르며, 일반적인 식은 C_nH_{2n+2}로서 쓸 수 있다. 동일의 관능기를 갖는 화합물에서 하나의 고위의 분자가 앞의 그것보다도 어떤 단위만이 다른 것과 같은 계열을 **동족계열**이라고 말한다. 알칸의 동족계열의 화합물은 탄소사슬에 대한 어간과 속의 접미어 **안**(ane)에 의해서 표시된다.

Methane	: CH_4
Ethane	: CH_3CH_3
Propane	: $CH_3CH_2CH_3$
Butane	: $CH_3CH_2CH_2CH_3$
Pentane	: $CH_3CH_2CH_2CH_2CH_3$

Hexane : $CH_3CH_2CH_2CH_2CH_2CH_3$

알칸이 수소 1개가 떨어지는 반응을 받으면, 결과로서 **알킬기**가 되며, 이것은 불안정하여 더욱 반응을 행한다. 이것도 마찬가지로 선으로 연결하든지 요약한 형태로 쓸 수 있다. 여기서 메틸기와 에틸기는 각각 1종류만이 가능하지만, 프로필기는 2종류가 존재한다.

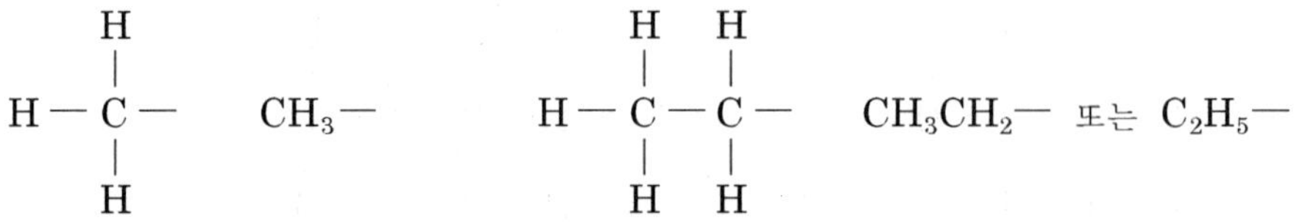

메틸기 (methyl group)   에틸기 (ethyl group)

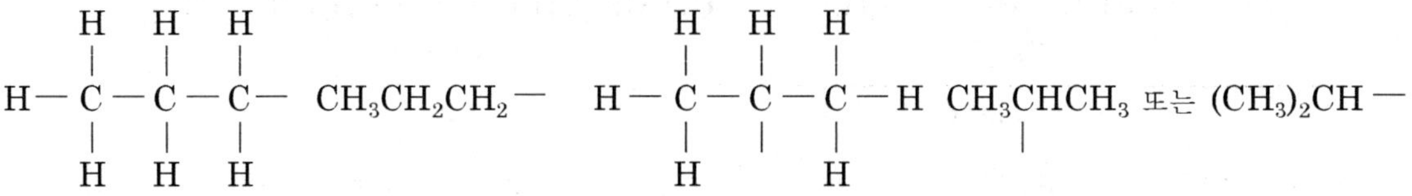

1-프로필기(1-propyl group, IUPAC)
n-프로필기(n-propyl group, 관용명)

2-프로필기(2-propyl group, IUPAC)
이소프로필기(isopropyl group, 관용명)

따라서 C_3H_7−이라고 표시하는 방법은 애매하며, 사용해서는 안 된다. 직선사슬탄화수소를 **노르말알칸**이라고 말하며, 또한 말단에 메틸기의 가지를 갖는 사슬상탄화수소는 그에 상당하는 **이소알칸**이다. C_3H_7−을 사용하는 대신에, n−C_3H_7−또는 i−C_3H_7−을 사용한다. 이들은 노르말프로필, 이소프로필기이다.

IUPAC 명명법에서는 각각의 치환기의 위치를 표시하는 데 숫자의 사용을 규정하고 있다. 다음 문제의 최초의 화합물은 브롬화이소프로필(관용명, 영어로는 2단어) 또는 2−브로모프로판(IUPAC 영어로는 1단어) 명명한다.

다음의 화합물을 명명하여라.

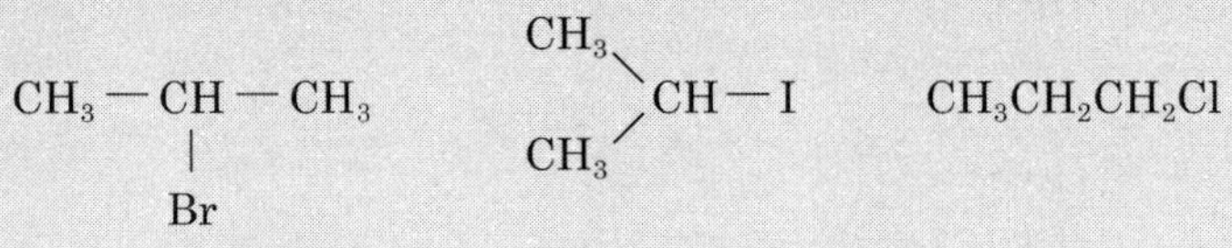

탄소원자는 다른 탄소가 결합하고 있는 수에 의하여 **1차**(가끔 1°로서 표시한다) : **2차**, 2°; **3차**, 3° ; **4차**, 4°이라고 말한다. 프로판($CH_3CH_2CH_3$)은 2개의 1차탄소원자(말단의

탄소)와 1개의 2차탄소를 가지고 있다. 아래의 문제에서 보는 바와 같이, 화학구조식을 1행으로 쓸 때 기를 표시하기 위하여 괄호를 사용하는 것에 주목하여라.

> 다음의 화합물 중에 몇 개의 1°, 2°, 3°, 4°탄소원자가 있는가?
> 1. $(CH_3)_3C-CH_2-CH_2-CH(CH_3)-CH_2-C(CH_3)_3$
> 2. $(CH_3)_2CH-CH(CH_3)-C(CH_3)_2-CH_2-CH_2-CH_3$

더욱이 알코올의 수산기(-OH)와 같은 관능기도 그것이 결합하고 있는 탄소원자의 등급에 의하여 1차 1°, 2차 2°, 3차 3°라고 말한다.

> 1. 1차, 2차, 3차, 알코올(R-OH)과, 그에 상당하는 브롬화물(R-Br)의 구조를 써라.
> 2. 왜 4차의 알코올 또는 브롬화물은 존재하지 않는가?

2-2 부탄

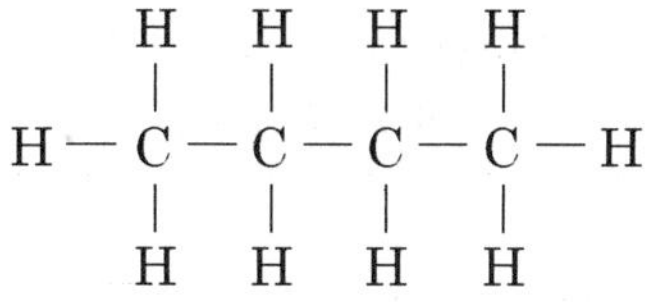

$CH_3-CH_2-CH_2-CH_3$ 또는 $CH_3(CH_2)_2CH_3$

n-butane, 관용명(butane, IUPAC)

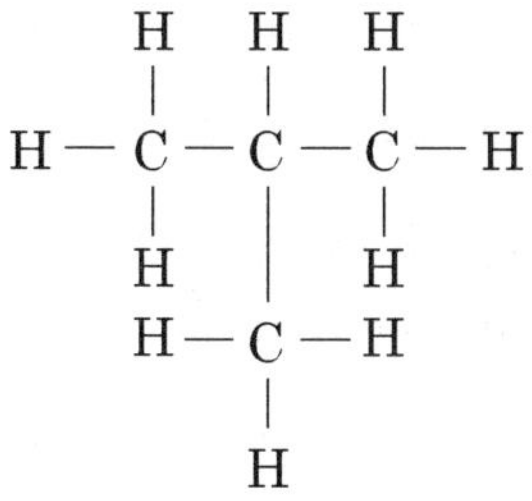

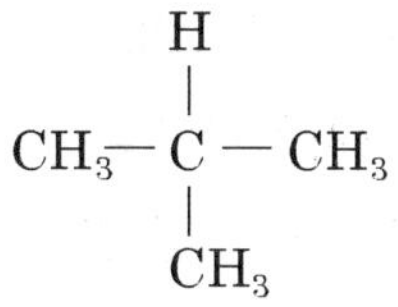

또는 $(CH_3)_3CH$

isobutane, 관용명(2-methylpropane, IUPAC)

C_nH_{2n+2}계열의 4번째인 C_4H_{10}에 대해서는 2개의 구조식이 있다.

동일한 분자식을 가지고 있으나, 구조가 다른 것을 구조이성체라고 말한다. 3가지 형식의 구조이성체가 있으며, 각각 (1) 부탄과 같이 탄소골격이 다른 **골격이성체**, (2) 브롬화프로필과 같이 치환기의 위치가 다른 **위치이성체**, (3) 식 C_2H_6O가 디메틸에테르(CH_3-O-CH_3)와 에틸알코올(CH_3CH_2OH)의 양쪽을 나타내는 것과 같은 **관능기이성체**

가 있다. 다른 형태의 이성체에 대해서는 다음 장에서 설명한다.

브롬화물을 예로 하여, 부탄에서 유도되는 알킬기를 **표 2-1**에 표시한다. *sec*−또는 *s*−는 2차, *tert*−또는 *t*−는 3차를 나타내기 때문에 주의하여라. 2종류의 C_4H_{10}의 구조는 동일하지 않기 때문에 그들로부터 유도되는 C_4H_9−기도 다르다. 치환기 1개를 갖는 것에 상당하는 알칸의 이성체의 수를 결정하기 위해서 $C_5H_{11}Cl$을 예로 취하면, **먼저** 알칸(C_5H_{12})의 모든 구조를 쓰고, 계속해서 각각에서 유도되는 다른 알킬기의 수를 결정한다.

표 2-1 부탄으로부터 유도되는 알킬기

n-butane으로부터 유도되는 것	
$CH_3CH_2CH_2CH_2—Br$ *n*-butyl bromide, 관용명 (1-bromobutane, IUPAC)	$CH_3CH_2\underset{\displaystyle Br}{\underset{\vert}{C}}HCH_3$ *sec*-butyl bromide, 관용명 (2-bromobutane, IUPAC)
isobutane으로부터 유도되는 것	
$CH_3\underset{\displaystyle CH_3}{\underset{\vert}{C}}H—CH_2—Br$ isobutyl bromide, 관용명 (1-bromo-2-methylpropane, IUPAC)	$CH_3—\overset{\displaystyle CH_3}{\overset{\vert}{\underset{\displaystyle CH_3}{\underset{\vert}{C}}}}—Br$ *tert*-butyl bromide, 관용명 (2-bromo-2-methylpropane, IUPAC)

n−부탄으로부터 유도되는 브롬화물은 브롬화*n*−부틸(관용명, 영어로는 2단어) 또는 1−브로모부탄(IUPAC, 영어로는 1단어)과 브롬화*sec*−부틸 또는 2−브로모부탄이다. 1−브로모부탄은 1차이고, 2−브로모부탄은 2차할로겐화물인 것에 주의하여라. 또한 후자는 *sec*−알킬기의 할로겐화물이다. **명명법의 시스템을 혼합해서는 안 된다.** 다음은 틀린 예이다: 브롬화1−부틸, 염화2−프로필. 브롬화*tert*−부틸은 마찬가지로 2−브로모−2−메틸프로판이라고도 명명하되, 하이픈(−)을 사용해서 숫자와 치환기명을 구분시켜 1단어로서 쓴다. 숫자는 서로 구두점으로서 분리한다. 예를 들면 2,2−디브로모프로판($CH_3CBr_2CH_3$).

2-3 명명법의 IUPAC 규칙

일반명 또는 관용명은 탄소원자를 5개보다도 많이 함유하는 것과 같은 것의 구조에서는 상당히 복잡하다. 따라서 IUPAC의 체계적인 명명법은 의론을 행하는 데 있어서 더욱 더 중요하다. 명명법은 간단하며, 용이하게 이해되고, 사용하기 쉽도록 기획되어 있다. 친숙하였던 형태로 구조가 표시되어 있지 않은 것에 당황하지 않도록 특히 주의해야 한다. 아래에 표시되어 있는 브롬화이소부틸은, 어느 것은 보다 편이적이기도 하고, 친숙해져 있으며, 다른 것보다도 전통적인 것이지만, 모두 똑같다.

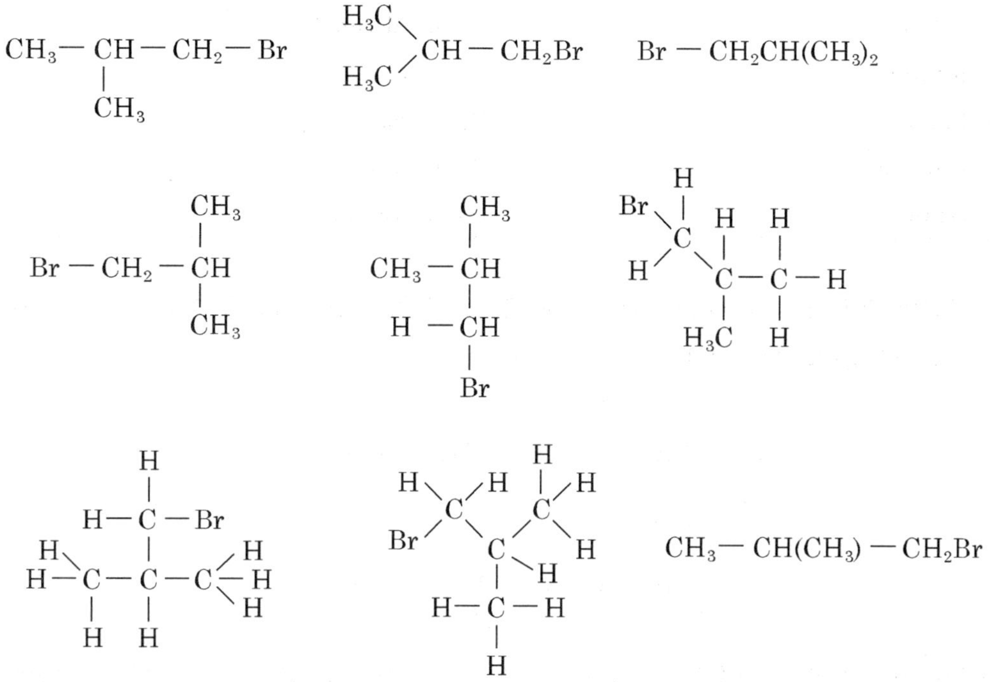

알칸계열의 최초의 4가지는 관용명을 가지고 있지만, 그 밖의 명칭은 탄소의 수를 나타내는 그리이스어의 어간으로 형성되어 있다(**표 2-2**). 다른 유기화합물의 IUPAC명은 그들의 명목상 유도체인 것과 같은 알칸과, 분자에 있어서 관능기의 종류 또는 위치로 형성되어 있다. 유기관능기라고 하는 것은 탄소-탄소의 다중결합과, 산소 또는 질소 및 할로겐과 같은 헤테로원자의 결합 및 원자단(표지 참조)이다. 거의 대부분의 유기반응은 이와 같은 활성위치에서 일어나며, 이 부분의 변화 또는 소실을 동반한다.

몇 개의 IUPAC명명법의 규칙을 아래에 표시한다. 예로 취해진 보다 완전한 것이 "Handbook of Chemistry and Physics"*에 실려 있다. 예로서 $CH_3CH(CH_2CH_3)CH(Cl)CH_2CH(Br)CH_3$가 사용되고 있다.

* R.C. Weast(편) "Handbook of Chemistry and Physics" 제49판 C1~C52항, Chemical Rubber Publishing Company, Cleveland, Ohaio, 1968.

표 2-2 C_nH_{2n+2} 동족계열

C_1	methane	C_9	nonane
C_2	ethane	C_{10}	decane
C_3	propane	C_{11}	undecane(라틴어)
C_4	butane		hendecane(그리스어)
C_5	pentane	C_{12}	dodecane
C_6	hexane	C_{20}	eicosane
C_7	heptane	C_{30}	triacontane
C_8	octane	C_{50}	pentacontane

1. 사슬의 방향에는 상관없이 가장 길게 계속되고 있는 탄소사슬을 찾고, 그에 상당하는 직선사슬상탄화수소의 명칭을 표기한다.

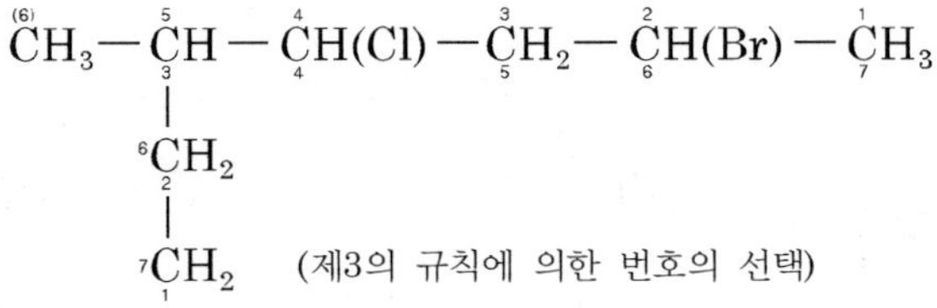

(제3의 규칙에 의한 번호의 선택)

이 경우에는 가장 긴 탄소사슬은 7개의 탄소를 함유하고 있으므로 이 화합물은 **헵탄**이다.

2. 관능기를 갖는 화합물의 경우에는, $-OH$, $>C=O$, $-CO_2H$와 같은 **1차의 관능기**에 최소의 번호를 붙인다. 다음에 이중결합, 삼중결합, 그리고 최후에 알킬기 또는 할로겐과 같은 치환기의 순서로서 번호를 붙인다. 보통은 관능기나 치환기를 가장 많이 함유하는 것과 같은 가장 긴 사슬을 선택한다.
3. 관능기 또는 치환기를 갖는 숫자가 **최소**가 되도록 아래에 표시한 탄소사슬의 탄소원자에 번호를 붙인다(1,3,3의 쪽이 2,2,4보다도 **각각**의 번호가 가장 작은 것에 주의한다. 이것은 2에 대해서 1이다).

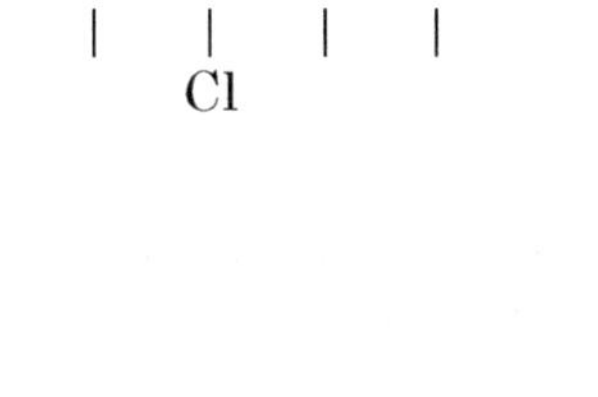

예제의 번호에 대해서는 2,4,5가 3,4,6보다도 작기 때문에 다음과 같이 된다.

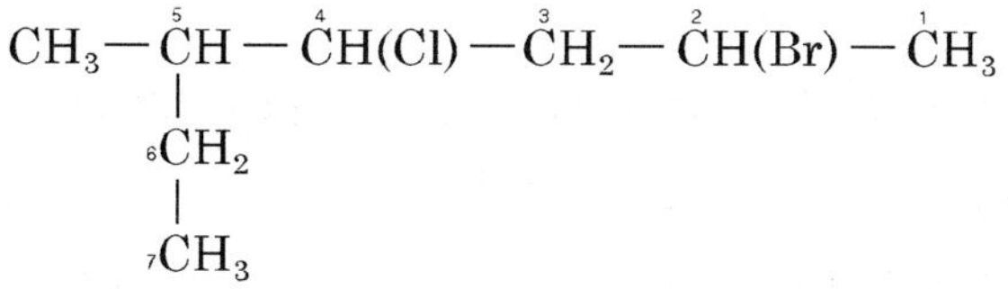

4. 각각의 치환기의 명칭과, 접두어 di-(2), tri-(3), tetra-(4), penta-(5), hexa-(6) 등을 사용하여 갯수를 표시한다. 만일 치환기가 몇 개 있는 경우에는 알파벳의 순(브로모는 클로로보다 앞) 또는 크기의 순(메틸기는 에틸기보다 앞) 중 한 쪽을 사용한다. 예로서, 사용한 화합물의 명칭은 **2-브로모-4-클로로-5-메틸헵탄**이다.
5. 복잡한 가지의 명칭은, 그것이 주사슬에 결합하고 있는 위치를 표시하며, 더욱 가지의 이 탄소를 1 로 한 가지명은 괄호하여 명명한다.

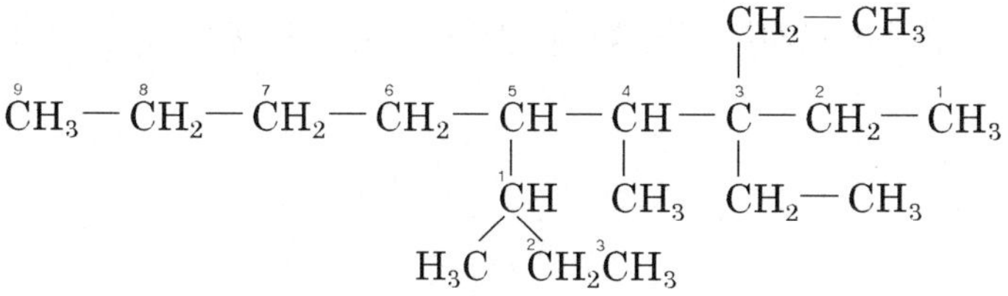

4-methyl-3,3-diethyl-5-(1-methylpropyl)nonane
(4-methyl-3, 3-diethyl-5-*sec*-butylnonane)

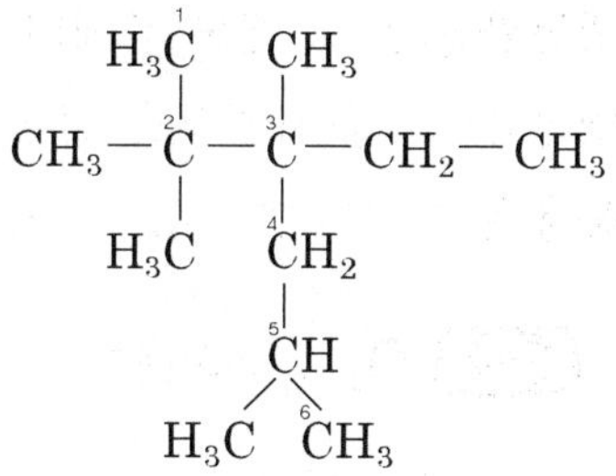

2,2,3,5-tetramethyl-3-ethylhexane

(3개의 말단메틸기의 어느 것이나 번호의 기점으로 될 수 있으며, 또 높은 번호 말단의 2개 중 어느 쪽이 6이 되어도 좋다.)

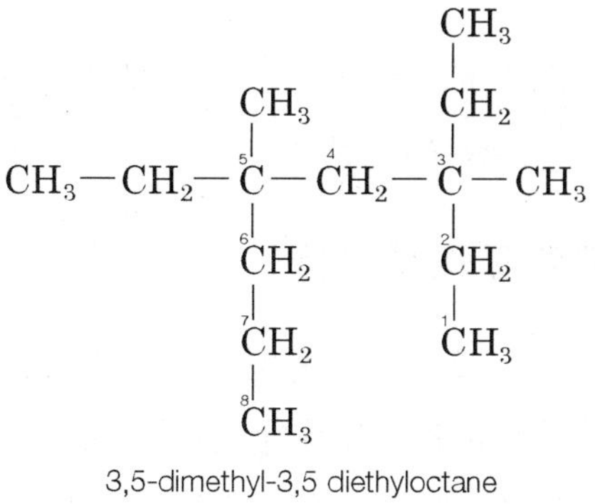

3,5-dimethyl-3,5 diethyloctane

03 물리적 성질

실온에서는, 알칸계열의 최초의 4개의 탄화수소는 기체이며, C_5로부터 C_{18}까지의 n-알칸은 액체이다. n-펜탄(b.p36℃) 또는 n-헥산(b.p.68℃)은 증류에 의하여 용이하게 제거할 수 있기 때문에 가끔 용매로서 사용된다. 가지를 갖는 탄화수소는 일반적으로 직선사슬상태의 탄화수소보다도 비점이 낮다.

알칸에서는 비중, 즉 같은 온도의 물과 그 화합물과의 **상대적 밀도**는 0.6에서 0.8정도이다. 알칸은 물과 혼합하지 않기 때문에 물의 표면에 뜬다.

04 반응성

알칸은 약간 반응성이 부족하여, 일반적으로는 물과 같은 보통의 극성용매뿐만 아니고, 냉농황산(25℃)에도 용해되지 않는다. 특별한 조건하에서는 탄화수소는 몇 개의 반응을 행한다. 그 중 대부분은 실험실적인 응용으로서는 적당하지 않지만, 이들 반응의 공업적인 응용은 다종다양하다.

2-4 O_2 : 연소분석

연료(알칸)와 공기(산소)와의 반응은 에너지를 방출하며, 이것은 현대의 공업계에서 다목적으로 이용되는 힘(power)을 공급한다. 실험실에서 유기화합물을 완전연소시키면, 분자의 가장 간단한 식, 즉 실험식이 유도된다. 과잉의 산소 중에서는 연소되는 유기화합물의 무게와, 생성하는 CO_2, H_2O의 무게를 알면 실험식은 다음과 같이 산출된다.

예 $C_3H_8 + 5O_2 \rightarrow 3CO_2 + 4H_2O$

(만일 상세한 계산 문제에 흥미가 있다면, 일반화학책을 참조할 것) 해당하는 분자식을 결정하기 위해서는 분자량도 알 필요가 있다.

2-5 Cl_2, Br_2 : 광화학적 할로겐화 반응

알칸은 광조사하에서 염소 또는 브롬과 반응하여 할로겐화탄화수소를 생성한다. 원소상태의 플루오르는 폭발적으로 격렬하게 반응하여, 결과는 항상 모든 탄소-탄소결합을 절단하여 사플루오르화탄소(CF_4)를 생성한다. 요오드(I_2)는 이것과 현저한 대조를 나타내며,

알칸에 대해서는 과잉을 사용하고 높은 온도로 처리해도 반응하지 않는다. Cl_2 또는 Br_2와의 반응에서는 항상 모노할로겐화물 이외의 생성물도 생성된다.

일반식 : $R-H + Cl_2 \xrightarrow{h\nu} R-Cl + HCl$

구체예 : $CH_4 + Cl_2 \xrightarrow{h\nu} CH_3Cl + HCl$

methyl chloride
(chloromethane)

이것은 더욱 반응하여

$$CH_3Cl + Cl_2 \xrightarrow{h\nu} CH_2Cl_2 + HCl$$

methylen chloride
(dichloromethane)

여기서 기호 $h\nu$는 $E=h\nu$의 식에서 오기 때문에, 적당한 진동수의 광에너지를 나타내고 있다. E는 에너지, h는 플랭크의 상수이며 ν(그리이스문자, *nu*)는 진동수이다.

$$CH_3CH_3 + I_2(xs) \xrightarrow{h\nu} N.R.$$

만일 반응이 상식적인 시간일지라도 주어진 반응에 대해서 적당한 조건하에서 일어나지 않는 경우에는, N.R.이라고 약기하기로한다. 이것은 **반응이 일어나지 않는다**(no re-action)라는 의미이다. 또한 **과잉**(excess)이라고 하는 말의 약호는 XS로 표시한다.

광화학적 할로겐화반응의 조건하에서는 메틸기를 함유하는 방향족환은 메틸기가 우선적으로 할로겐화된다. 더욱 진행하는 할로겐화는, 만일 가능하다면 제2의 메틸기에 일어난다.

예

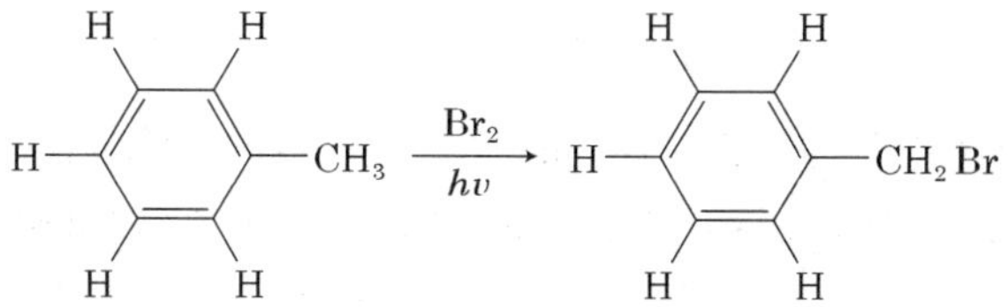

toluene　　benzyl bromide

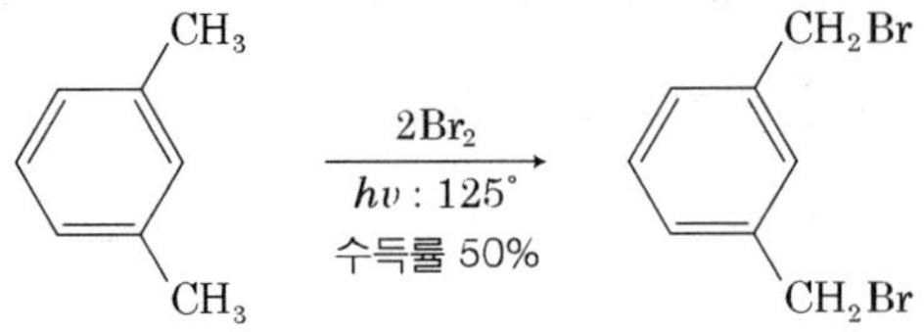
CH3
CH3
2Br2
hv : 125°
수득률 50%
CH2Br
CH2Br

n-xylene

2-6 광화학적 할로겐화반응의 라디칼메카니즘

앞의 절에 있어서 광화학적 할로겐화의 일반적 반응 및 각각의 반응을 도시했지만, 아직 **어떻게** 반응이 일어나는지는 설명하지 않았다. 여기서는 형식적으로 반응의 경로에 있어서의 전자의 상태 또는 그들의 대략적 위치를 기술한다.

Heisenberg의 불확정성원리는, 입자의 위치 또는 운동량(즉 에너지)은 어느 한도까지밖에 결정되지 않는다는 것이다. 이와 같이 우리들이 표시하는 어떤 메카니즘도 상대적인 시간과 에너지의 상대값이라고 생각된다.

많은 유기반응은 이온적인 화학종을 거쳐, 즉 **이온적 메카니즘**으로서 일어나지만, 광화학적 할로겐화반응 또는 우리들이 뒤에서 배울 몇 가지의 다른 반응은 **라디칼메카니즘**에 의한 경로로서 일어난다. 라디칼이라고 하는 것은 무전하의 원자 또는 그 중의 하나가 불쌍전자를 갖는 것과 같은 결합을 한 원자단이며, 그 팔전자계를 완성하기 위하여 또 1개의 전자를 필요로 한다. 예를 들면 다음과 같은 것이 있다.

브롬원자 : 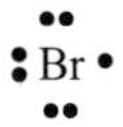
Br

메틸라디칼: 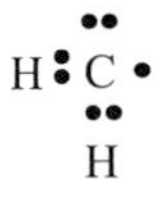
H
H C
H

가끔 Br· 또는 CH_3·과 같은 불쌍전자를 표기한다. 이온적 메카니즘은 극성용매 중에서 용이하게 분극할 수 있는 결합을 갖는 기질간의 반응으로 일어나기 쉬운 경로이다. 왜냐하면 분극한 결합은 이온의 생성을 용이하게 하며, 극성용매에 의하여 전하의 분산이 가능하기 때문이다. 라디칼 메카니즘은 기상 또는 비극성용매 중에서 일어나기 쉬운 경로이다. 이것은 라디칼이 무전하이지만, 전자를 얻는 경향이 있는 상당히 활성인 화학종이기 때문이다. 라디칼반응에서는 가끔 광(빛) 또는 높은 온도로서 최초의 라디칼의 생성을 돕고 있다. 과산화물은 약한 -O-O- 결합을 함유한 화합물이며, 온화한 가열로서 가끔 -O-O-결합이 절단되기 때문에 좋은 라디칼원이다.

$$H-O-O-H \xrightarrow{\triangle} 2HO\bullet$$

광화학적 할로겐화반응은 또한 **연쇄반응**이다. 연쇄반응에서는 최초의 약간의 라디칼만으로 몇 배나 많은 생성물을 생성하는 데 충분하다. 연쇄반응의 단계는 각각 개시반응, 성장반응 및 정지반응으로 분류된다.

메카니즘 :

개시반응 : $Cl_2 \xrightarrow{hv} 2Cl\bullet$

성장반응 : $Cl\bullet + CH_4 \rightarrow CH_3\bullet + HCl$

$CH_3\bullet + Cl_2 \rightarrow CH_3Cl + Cl\bullet$

이 두 가지 반응은 몇번이고 반복된다.

정지반응 : $Cl\bullet + Cl\bullet \rightarrow Cl_2$ 연쇄 개시 반응의 역반응

$Cl\bullet + CH_3\bullet \rightarrow CH_3Cl$

$CH_3\bullet + CH_3\bullet \rightarrow CH_3CH_3$

연쇄개시단계에서는 최초의 라디칼이 생성하며, 이것으로 연쇄과정이 개시된다. **연쇄성장**단계에서는 라디칼의 **진짜**의 파괴는 일어나지 않고, 생성한 Cl·은 그 다음에 제2의 성장단계에서 더욱 CH_4와 반응하여, 적어도 이론상으로는 한없이 계속된다. 그러나 **정지**단계에 있어서는 라다칼간의 결합이라고 하는 **진짜의 손실**이 일어나 연쇄과정이 저지된다. 가끔 최초의 라디칼은 정지단계가 일어나기까지의 사이에 수천 회나 성장반응을 행한다. 라디칼은 높은 에너지의 화학종이므로 가끔 재결합을 하기도 하고 반응용기의 벽상에 결합한다.

최초 생성물의 경우, CH_3Cl은 더욱 반응에 관계할 수 있으며, 보통은 모든 가능한 치환 생성물이 적어도 흔적량 관찰된다. 반응조건과 시약의 상대적인 비율에 의하여 주생성물이 결정된다.

$$Cl_2 + CH_4(xs) \xrightarrow{hv} CH_3Cl + HCl$$

$$Cl(xs) + CH_4 \xrightarrow{hv} CCl_4 + HCl$$

$$CH_4 \rightarrow CH_3Cl \rightarrow CH_2Cl_2 \rightarrow CHCl_3 \rightarrow CCl_4$$

CH_4	CH_3Cl	CH_2Cl_2	$CHCl_3$	CCl_4
	methyl chloride	methylene chloride	chloroform	carbon terachloride, (관용명)
methane	(chloro-methane)	(dichloro-methane)	(trichloro-methane)	(tetrachloro-methane)

최초의 성장단계에서는 Cl·은 CH_4분자를 공격한다. 이 책에서는 활성으로 단리되지 않는 중간체(Cl·과 같은) 또는 전이상태는 괄호로 표시한다. 또한 점선은 원료로부터 생성물로 되는 과정의 전이상태에서 형성되든지, 또는 절단되는 결합을 표시한다.

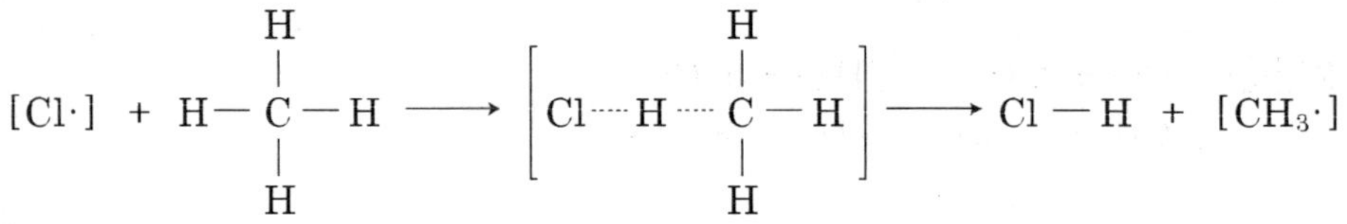

전이상태

카르보늄이온과 마찬가지로, 라디칼은 그의 팔전자계를 완성하기 위하여 전자를 구하기 때문에, 이들은 고전자밀도의 중심으로 끌리게 되며, **친전자적**이라고 말한다. 알칸으로부터 수소원자가 떨어지기 쉬운 순서는 3° > 2° > 1°이다. 이것은 결과로서 생성하는 탄소라디칼의 안정성의 순서가 3° > 2° > 1°이기 때문이다. 인접하는 탄소상의 수소가 전자를 방출하여 탄소원자에 전자를 제공하는 것과 같은 3차(또는 2차)의 라디칼의 경우에는 어느 정도 공명의 기여에 의하여 안정화된다.

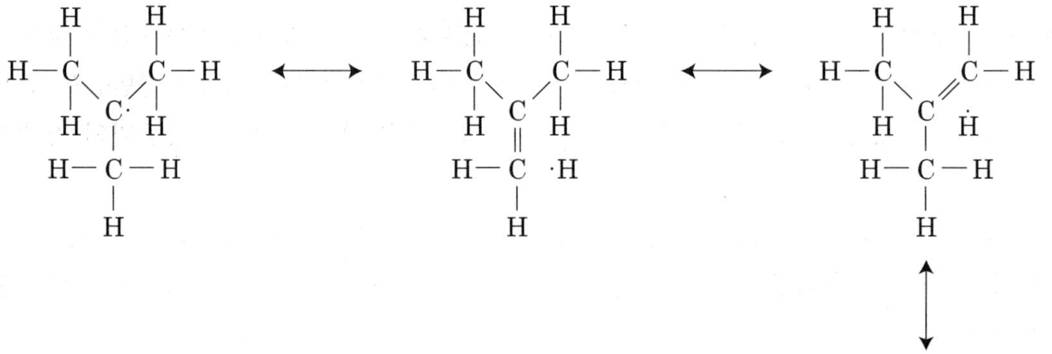

기타

이 기여는 작지만, 2차 또는 3차의 라디칼 및 카르보늄이온의 안정성을 증대시키기에 충분하다. 이와 같은 관계로부터 메틸기(또는 정도는 약하지만 다른 알킬기)는 전자를 제공한다라고 말한다.

예

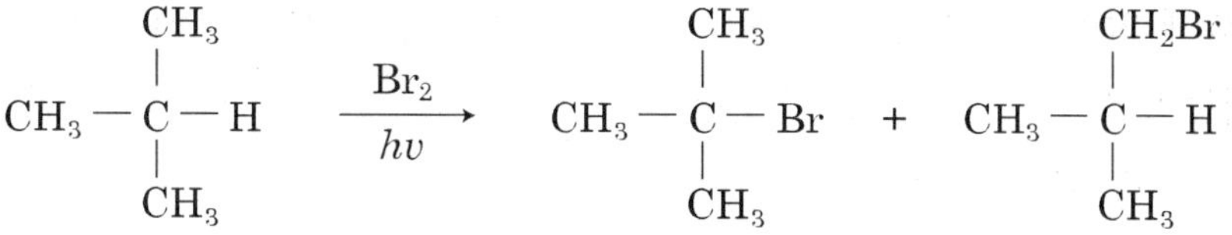

isobutane　　*t*-butyl bromide 주생성물　　isobutyl bromide 부생성물

> *n*-헥산으로부터 몇 종류의 모노클로로헥산이 생성될까? 각각의 모노클로로화합물로부터 디클로로이성체가 몇 종류나 생성되는가? 모든 화합물을 명명하여라.

05 합성법

기지화합물 또는 신화합물의 **합성**은 주로 유기화학에 있에서는 중요한 역할을 한다. 일반적으로 어떤 분자라도 많은 방법으로 합성할 수 있기 때문에, 선택의 방법은 몇 가지의 인자 : 순도(요구되는 물질로부터 부생성물의 분리가 어느 정도 어려운가?), 수량(어떤 방법이 요구되는 물질을 고순도로서 가장 많이 생성할까?), 조작의 난이(**실험실**에서 적당한 시간으로, 장치로, 쉽게 반응시킬 수 있을까?), 그리고 최후에는 원료가 손쉽게 입수될까? 및 그 가격에 입각하고 있다. 가격은 연구실에서, 만일 소량밖에 필요 없다면 언제나 중요한 인자가 된다고는 말할 수 없다. 보통으로 입수할 수 있는 시약을 사용하여, 일반적 반응을 이용한 실험실적 합성 경로가 1가지 이상 가능하다.

합성 또는 반응을 논할 때, 독자는 어디서 원료가 오는가? 또한 시판되고 있는가? 그리고 어떻게 합성되는가? 의문을 갖지 않으면 안 된다 이 장에서는 대부분의 경우 할로겐화 알킬이 원료로 되어 있지만, 이것은 보통 그에 상당하는 알코올과 할로겐화수소로부터 제조된다. 거의 모든 간단한 알코올은 시판되고 있다.

2-7 Grignard반응

Grignard시약 RMgX 또는 ArMgX는 할로겐화알킬과 마그네슘으로부터 합성되지만, 이것은 유기화학에 있어서는 가장 중요하며 더욱 이용도가 높은 시약의 하나이다. 이 상세한 것에 대해서는 9장에서 설명한다. Grignard시약과 약한 산성수소를 갖는 화합물과의 반응으로 탄화수소가 합성된다.

일반식 : $\mathrm{R-X \xrightarrow[\text{무수에테르중}]{Mg} [R-MgX] \xrightarrow{H-OH} R-H + Mg(OH)X}$

아세틸렌 –C≡C–H, 또는 O, N, S과 같은 헤테로원자에 결합하고 있는 수소는 일반적으로 Grignard시약과 반응하는데 충분한 정도의 산성이며, 따라서 활성수소라고 말한다. 알코올(R–O–H), 페놀(Ar–O–H), 카르복실산(–COOH)은 모두 Grignard시약과 반응하여 탄화수소를 생성한다.

이 유기금속시약은 금속마그네슘과 할로겐화알킬 또는 방향족 할로겐화물(플루오르화물 이외)을 에테르 또는 테트라하이드로푸란과 같은 **무수용매** 중에서 직접 반응시켜 제조한다.

Ether : $\mathrm{CH_3CH_2-\ddot{\underset{..}{O}}-CH_2CH_3}$

또는

Tetrahydrofuran(THF) : 

Grignard 시약의 실제의 구조는 상당히 최근까지의 연구 과제로서, 그것에 의하면 구조의 상세한 기술은 각각의 Grignard 시약과 용매에 따라서 다르다. 여기서는 화학적 결과만을 설명하는 가장 간단한 표기라는 인식하에서, 할로겐화알킬마그네슘에 대해서는 RMgX, 할로겐화아릴마그네슘에 대해서는, ArMgX를 사용한다. 결합의 C–Mg결합의 결합분극은 알킬 또는 아릴기가 음이온성 $\overset{\delta^-}{\mathrm{R}} - \overset{\delta^+}{\mathrm{MgX}}$ 인 것을 나타내고 있다.

구체예 :

$\mathrm{CH_3CH_2CH_2I \xrightarrow[\text{무수에테르중}]{Mg} [CH_3CH_2CH_2MgI] \xrightarrow{H_2O} CH_3CH_2CH_3 + Mg(OH)I}$

n-propylmagnesium iodide
(단리할 수 없음)

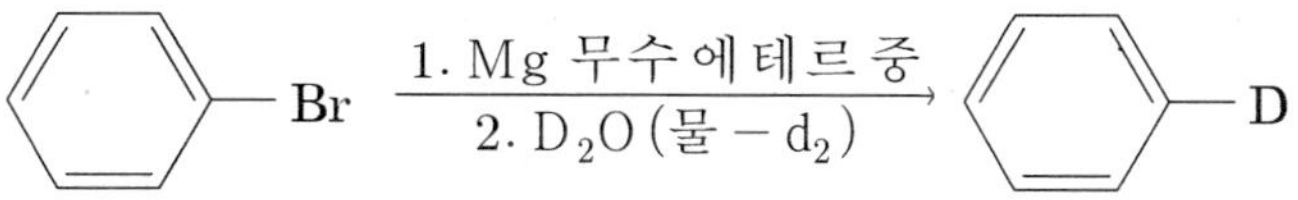

(중수, 산화듀테륨을 사용하여 동위원소를 도입할 수 있는 것에 주의하여라) 나중의 반응식은 반응의 연속된 단계를 생략한 형태로 표시되고 있다. 시약은 사용한 순서로 화살표상에 표기되어 있다.

2-8 할로겐화알킬의 환원반응

수소화알루미늄리튬 : 훌륭한 환원시약, 수소화알루미늄리튬($LiAlH_4$)은, 할로겐 유도체로부터 탄화수소를 얻는 경우 형식적으로는 수소음이온(H^-)의 원료이다. 이것은 고립된 탄소-탄소의 이중결합 또는 삼중결합 이외의 많은 다중결합 관능기를 환원한다. 무수에테르 또는 THF는 일반적으로 사용되는 용매이다. 동위원소의 조제를 위해서는 $LiAlD_4$가 시판되고 있다.

$$CH_2=CH-CH_2Cl \xrightarrow[\text{수득률 }85\%]{LiAlH_4} CH_2=CH-CH_3 + LiCl + AlCl_3$$

allyl chloride (3-chloropropene) → propene

$$CH_3(CH_2)_8CH_2Br \xrightarrow[\text{수득률 }70\%]{LiAlH_4} CH_3(CH_2)_8CH_3$$

1-bromodecane → *n*-decane

수소첨가분해반응 : 탄소-헤테로원자결합, 즉 C-X와 같은 결합의 수소와 촉매를 사용한 개열을 **수소첨가분해반응**이라고 말하며, 이 반응의 촉매로서는 백금(Pt), 팔라듐(Pd), 루테늄(Ru), 로듐(Rh), 니켈(Ni)과 같은 금속이 사용된다. 수소분자는 수소첨가분해반응이 일어나는 금속표면에서 수소원자로 해리한다.

$$CH_3CH_2CH_2Cl \xrightarrow{H_2/Pt} CH_3CH_2CH_3 + HCl$$

요오드화수소산과 인 : 적인을 촉매로서 함유하는 요오드화수소산(HI)의 환원계는 할로겐화알킬을 그에 상당하는 탄화수소로 변환한다.

$$(CH_3)_2CHI \xrightarrow[\Delta]{HI/\text{적인}} CH_3CH_2CH_3 + I_2$$

2-9 알켄과 알킨의 수소화반응

불포화탄화수소는 탄소-탄소의 이중결합 또는 삼중결합을 가지고 있다. 이하의 장에서 알켄과 알킨을 상세히 의론하겠지만, 접촉적 수소화 혹은 중수소화(H_2와 D_2의 불포화결합에의 부가)는 100%에 가까운 수득률로서 알칸으로 유도되는 것은 주목할만하다.

일반예 :

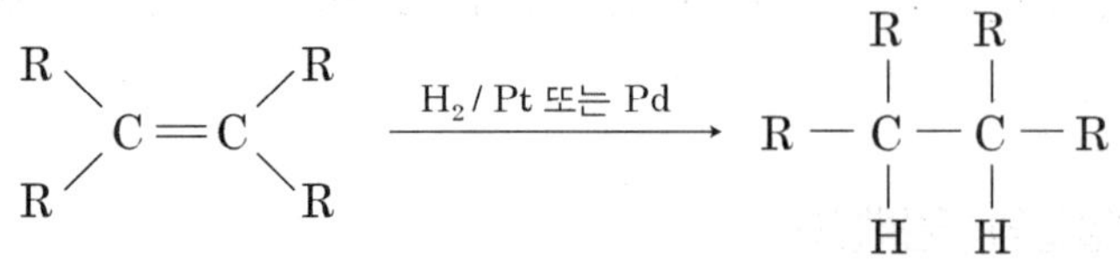

alkene　　　　　　alkane

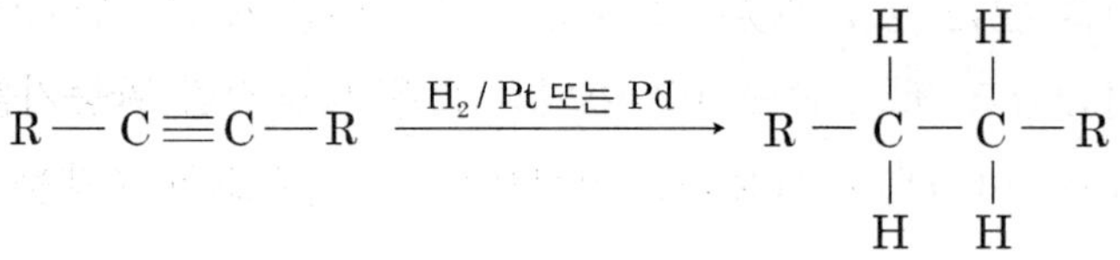

alkyne　　　　　　alkane

이들의 반응식에서 R은 -H, 알킬, 혹은 아릴기이며, 모두 같을 때는 R, 다를 때는 R, R', R''등으로 표시한다.

구체예 :

$$CH_2{=}CH-CH_3 \xrightarrow{H_2/Pt} CH_3CH_2CH_3$$

propene　　　　　　propane

$$CH_2{=}CH_2 \xrightarrow{D_2/Pd} CH_2D-CH_2D$$

ethylene　　　　　　ethane-1,2-d_2

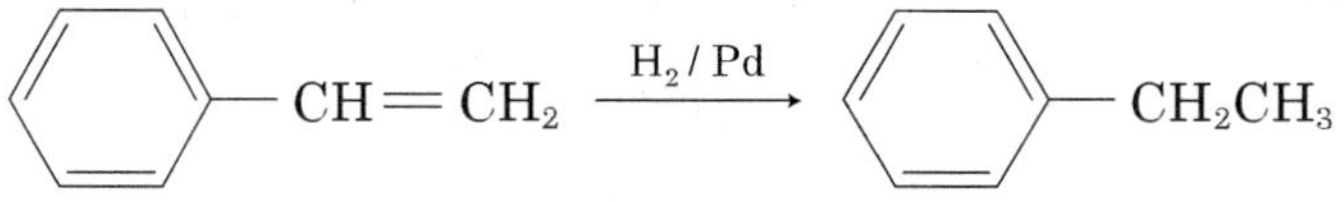

styrene　　　　　　ethylbenzene

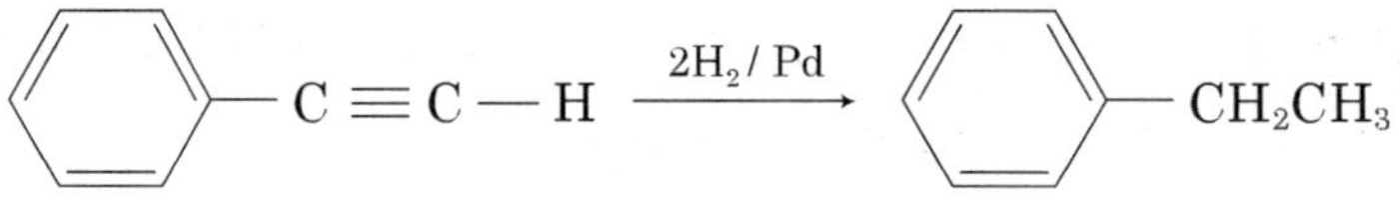

phenylacetylene

벤젠계의 방향족환은 보통의 환원조건하(30℃, 수소 1기압)에서는 영향을 받지 않는다. 보다 격렬한 조건 또는 상당히 활성인 촉매가 존재할 때는 고리 자체도 환원된다.

접촉적 수소화는 불포화도를 **정량적**으로 쉽게 결정하는 방법이다.

예 : 만일 A라고 하는 화합물(C_4H_6) 1몰에 2몰의 수소가 부가하면, 생성물(C_4H_{10})은 포화되며, 게다가 고리를 함유하지 않는다(시클로알칸은 C_nH_{2n}계열이다). 더욱이 A는 2개의 이중결합 또는 1개의 삼중결합을 가지고 있는 것을 알 수 있다. 단일의 구조식은 결정할 수 없지만, 화합물 A는 아래에 표시하는 구조의 어느 것이다.

$CH_3-CH=C=CH_2$
1,2-butadiene

$CH_2=CH-CH=CH_2$
1,3-butadiene

$CH_3-C\equiv C-CH_3$
dimethylacetylene

$CH_3CH_2C\equiv CH$
ethylacetylene

2-10 Wurtz 반응

대칭인 파라핀계 탄화수소는 1종류의 할로겐화알킬과 나트륨으로부터 합성된다(Wurtz반응). 이것은 할로겐을 잃은 2개의 알킬기의 결합이다. 따라서 합성된 탄화수소는 짝수 개의 탄소원자를 함유한다. 일반적으로 이 방법은 그다지 좋은 합성법이 아니지만, 한정된 분야에서는 유용하다. 주요한 결점은 탄소-탄소결합의 개열, 또는 알킬기의 탄소골격의 전위 결과로서 많은 부생성물을 생성하는 것이다.

일반예 : $2RX \xrightarrow{2Na} R-R + 2NaX$

구체예 : $2CH_3CH_2CH_2CH_2Br \xrightarrow{2Na} CH_3(CH_2)_6CH_3 + 2NaBr$

1-bromobutane　　　　octane

이 반응은 통상 나트륨과 할로겐화알킬을 이들과 반응하지 않는 용매, 예를 들면 디에틸에테르(단순히 에테르라고 말한다) 또는 헤테로환상화합물의 예인 1,4-디옥산 중에서 가열하여 행한다.

CH3CH2 — Ö — CH2CH3
H H H H O O H H H H

ether 1,4-dioxane

반응은 탄소-탄소결합에 관해서 **대칭**인 탄화수소의 합성에는 상당히 좋은 수득률을 기대할 수 있지만, 비대칭 또는 홀수 개의 탄소원자를 함유하는 화합물의 합성을 위하여 다른 2종류의 할로겐화물을 사용하는 것은 거의 없다. 이 경우는 요구하는 반응은 **일어나지만**, 생성물의 분리가 곤란하며, 표시하고 있지는 않지만 전위반응생성물 때문에 정제과정을 복잡하게 한다. 최종적으로는 거의 모든 유기화학 반응은 100%의 수득률을 제공하지 않는다. 그리고 항상 미반응원료의 제거를 생각할 필요가 있다.

이들의 화합물을 명명하여라.

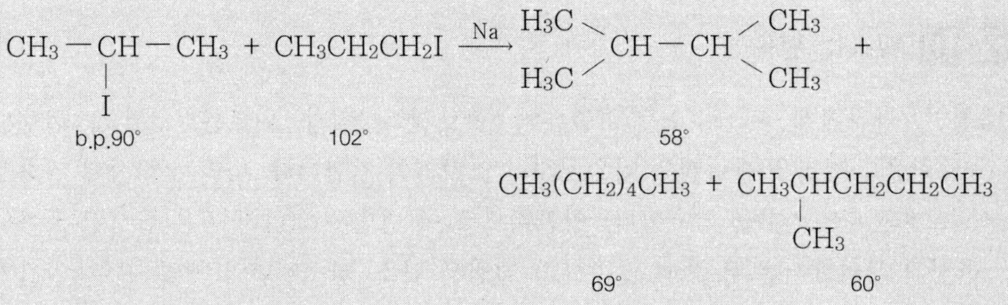

CH3 — CH — CH3 + CH3CH2CH2I
I
Na
H3C CH — CH CH3
H3C CH3
+
b.p.90°
102°
58°
CH3(CH2)4CH3 + CH3CHCH2CH2CH3
CH3
69°
60°

2-11 Wurtz-Fittig 반응

알킬아릴탄화수소의 합성에서는 지방족과 방향족할로겐화물을 나트륨과 더불어 불활성 용매 중에서 가열한다. 이것은 2가지의 할로겐화물의 혼합, 혹은 **교차반응**이며, Wurtz-Fittig 반응으로서 알려져 있다. 일반적으로는 목적으로 하는 탄화수소를 합성하는 가장 좋은 방법이지만, 가끔 생성물의 분자량이 상당히 다르며, 또한 그 물리적인 성질의 차를 이용하여 분리해야 하는 경우가 있다.

일반예 : $Ar-X + R-X \xrightarrow[\Delta]{Na} Ar-R + R-R + Ar-Ar$

구체예 :

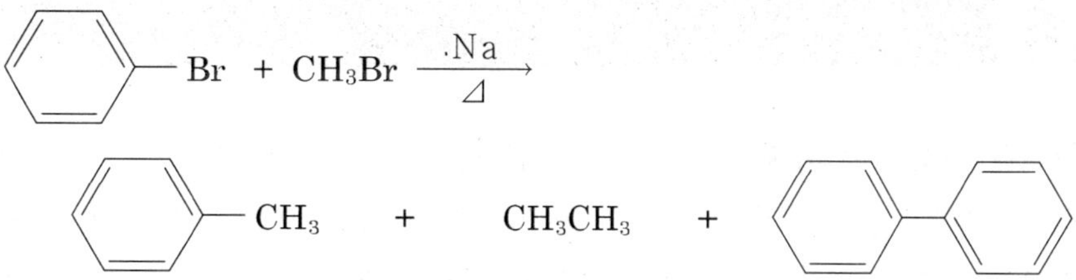
Br
CH_3Br
Na
⊿
CH_3
CH_3CH_3

toluene 액체 b.p. 110°　　ethane 기체 b.p. -88°　　biphenyl 고체 m.p. 70°

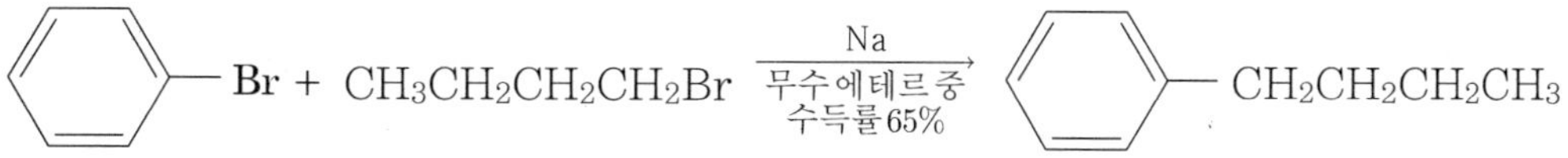
Br + $CH_3CH_2CH_2CH_2Br$
Na
무수에테르중
수득률 65%
$CH_2CH_2CH_2CH_3$

2-12 산과 그의 염의 탈카르복실화반응

카르복실산(R-COOH)을 NaOH와 같은 염기로 처리하면 그에 상당하는 소듐염을 생성한다. 만일 그 염을 소다석회(CaO와 NaOH와의 혼합물)와 더불어 강하게 가열하면, 생성물은 최초의 화합물보다 탄소수가 **1개 적은 하나의 저위탄화수소**와 이산화탄소이다. 부가한 수소원자는 소다석회로부터 온 것이다.

일반예 : $R-COOH \xrightarrow{\text{염기}} RCO_2^-Na^+ \xrightarrow[CaO-NaOH]{\Delta} R-H + CO_2\uparrow$

구체예 : $CH_3COOH \xrightarrow[2.\ \Delta,\ CaO-NaOH]{1.\ NaOH} CH_4 + CO_2\uparrow$

acetic acid　　methane

메탄은 아세트산(CH_3COOH)으로부터 좋은 수득률로 얻어지지만, 다른 대부분의 산은 10~20%의 수득률밖에 그에 상당하는 탄화수소를 얻을 수 없다. 염이 아니고 산 자신의 탈카르복실화반응 쪽이 가끔 좋은 결과를 준다. 산의 직접적 탈카르복실화반응은 피리딘과 같은 유기염기 중에서 촉매량의 아크롬산구리($CuO-Cr_2O_3$)와 더불어 가열하면 효과적이다.

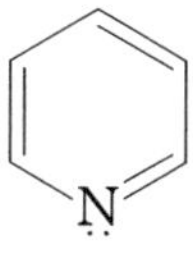
N

pyridine

$R-COOH \xrightarrow[\text{피리딘 중}]{CuO-Cr_2O_3} R-H + CO_2$

06 정성분석

알칸은 관능기를 가지고 있지 않기 때문에, 일반적으로 다른 분자로 변환하는 것보다는, 오히려 그들의 반응성이 부족한 것을 이용하여 확인된다. 알칸은 가끔 융점, 비점, 밀도, 굴절율과 같은 간단한 물리적인 방법에 의하여 확인된다. 알칸은 물, 묽은 수산화나트륨, 묽은 염산, 진한 황산 등 유기정성분석의 공통적인 용매에 불용이다.

■ 참고문헌 ■

·존재와 반응

March, J: The Decarboxylation of Organic Acids. *J. Chem. Educ.*, 40, 212(1963).

Mason, B.: Organic Matter from Space, *Sci. Am.*, 208(3), 43(1963). 운석이 수종의 기지의 탄화수소를 함유하고 있다는 발견의 총설.

Pinkerton, R.C.: Electrochemistry and the Alkyl Free Radicals, *J. Chem. Educ.*, 39, 554(1962).

Rossini, F.D.: Hydrocarbons in Petroleum, *J. Chem. Educ.*, 37, 554(1960).

Ruesell, G.A.: Fundamental Processes of Autoxidation, *J. Chem. Educ.*, 36, 111(1959). 분자상산소에 의한 유기화합물의 산화 메카니즘을 검토하고 있다.

·명명법

Hurd, C.D.: The General Philosophy of Organic Nomenclature. *J. Chem. Educ.*, 38, 43(1961).

Soloveichik, S., and H. Krakauer: Oxidation Stages of Organic Aliphatic Compounds, *J. Chem. Educ.*, 43, 532(1966). 관능기를 갖는 탄소원자의 산화단계를 기준하여 유기분자의 산화단계를 표시하고 있다.

·입체형태해석

Eyring,: H., D.M. Grant, and H. Hecht: The Rotational Barrier in Ethane, *J. Chem. Educ.*, 466(1962).

Miller, S. I.: Rotational and Pseudorotational Barriers in Simple Molecules, *J. Chem. Educ.*, 41, 421(1964).

연습문제

1 오클라호마주 폰카시의 우물로부터 가솔린의 증류시료로부터 환상화합물에 추가되어 이하의 파라핀이 0.05로부터 1.1용량퍼센트로 분리되었다. 각각의 화합물의 구조를 쓰고 각 탄소가 몇 차인지 1차(1°), 2차(2°), 3차(3°), 4차(4°)의 기호로 표시하여라.

*(a) 2,3-dimethylbutane
*(b) 2-methylpentane
(c) *n*-hexane
(d) 2-methylhexane
(e) *n*-heptane
(f) *n*-octane
*(g) 2,3-dimethylheptane
(h) 4-methyloctane
(i) *n*-nonane
(j) 2-methylheptane
*(k) 2,2-dimethylpentane
(l) 3-methylhexane
(m) 2-methylheptane
(n) 2,6-dimethylheptane
(o) 4-methyloctane
(p) 3-methyloctane
(q) *n*-decane

2 이하의 화합물을 명명하여라.

*(a) $CH_3-CHBr-CHBr-CHBr-CH_3$
*(b) $CH_3-C(CH_3)_2-C(CH_3)_2-C(CH_3)_3$
*(c) $CH_2Cl-CHBr-CH_3$
(d) $CH_3CH_2CH_2CH(CH_3)CH(F)CH_3$
(e) $CH_3(CH_2)_8CH_2Br$
*(f) $CH_3-CH_2-CH-CH_2-CH_3$
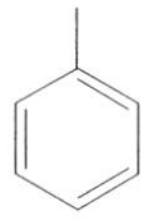

*(g) 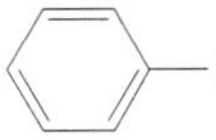 $-CH(CH_3)_2$

(h)
$$\begin{array}{c} \qquad\quad CH_2-CH_2-CH_3 \\ CH_3CH_2-\overset{|}{\underset{|}{C}}-CH_2-CH_2-CH_2-CH_2-Cl \\ \qquad CH_3 \end{array}$$

3 다음의 화합물의 구조를 써라.

(a) 옥탄(C_8H_{18})의 모든 구조를 표시하고, 또한 그들을 명명하여라(힌트 18개 있음).
(b) 할로겐화물과 나트륨(Wurtz반응)으로부터 제조되는 옥탄은 어떤 것인가?
(c) 모든 알코올($C_8H_{18}O$)의 각각을 명명하고 몇 차 알코올인지 1차(1°), 2차(2°),

3차(3°)의 기호로 표시하여라. 수산기를 1차의 관능기라고 생각하여라 : $CH_3CH_2CH_2CH_2OH$은 1-hydroxybutane 보다는 오히려 1-butanol이라고 명명된다.

예

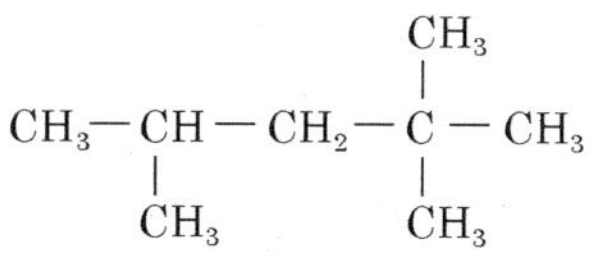

2, 2, 4-trimethylpentane
(Wurtz 반응으로 제조할 수 없다)

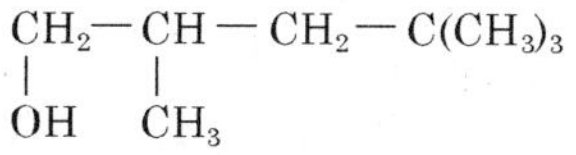

1 ° alcohol
2, 4, 4-trimethyl-1-pentanol

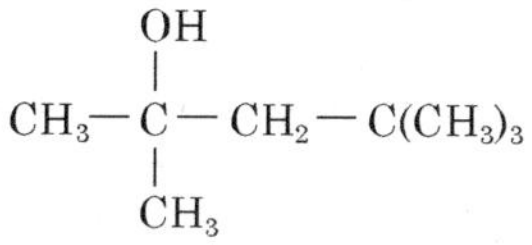

3 °
2, 4, 4-trimethyl-2-pentanol

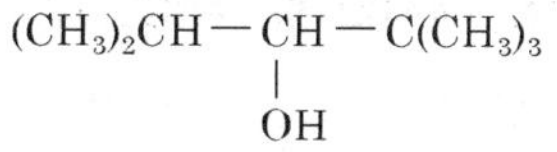

2 °
2, 2, 4-trimethyl-3-pentanol

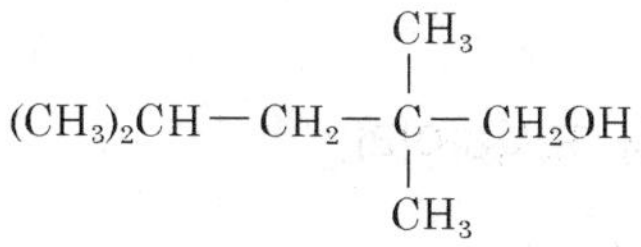

1 °
2, 2, 4-trimethyl-1-pentanol

관능기, 즉 -OH는 최소의 번호를 가지는 것에 주의한다.

***4** 화합물 A($C_{14}H_{30}$)는 화합물 B($C_7H_{15}I$)와 나트륨을 에테르 중에서 처리하여 얻어졌다. B를 $LiAlH_4$와 처리하여 화합물 C를 얻었다. A는 광화학적 브롬화에 있어서 2가지의 모노브롬화합물(D,E)을 생성하지만 C는 3가지의 브롬화합물(F,G.H)을 생성한다. 이 중에서 화합물 F가 주생성물이다. 각각의 문자로서 표시한 각각의 화합물의 구조와 명칭을 써라.

5 각각의 원료를 명명하고 생성물의 명칭과 구조식을 써라. 만일 반응이 일어나지 않으면 N.R.이라고 표기한다.

*(a) CH_3CH_2I + 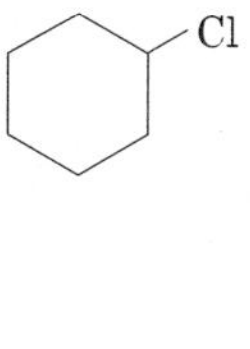 $\xrightarrow{Na}$ 　　　*(b) $CH_3CH_2CH_3 \xrightarrow{LiAlH_4}$

*(c) 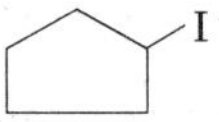 $\xrightarrow[\text{무수에테르중}]{Mg}$

*(d) (c)의 생성물 $\xrightarrow{CH_3CH_2OH}$

(e) $CH_3-CH=CH-CH_2Cl \xrightarrow[\Delta]{H_2/Pt}$

*(f)  $\xrightarrow{D_2/Pt}$

(g) 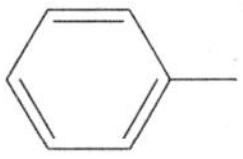 OH + $[CH_3CH_2MgBr] \rightarrow$

*(h) 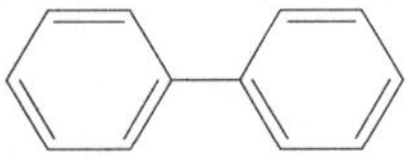 $\xrightarrow[25°]{H_2/Pt}$

(i) $CH_3CO_2H \xrightarrow[\text{2. 소오다석회}]{\text{1. KOH}}$

(j) 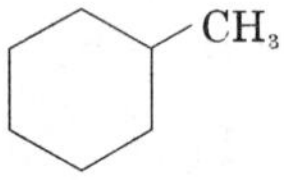 $\xrightarrow[hv]{D_2/Pt}$

(k) $CH_3CH_2CH_3 \xrightarrow{F_2}$

6 에탄의 광화학적 브롬화의 타당한 메카니즘을 써라. 개시단계. 성장단계, 정지단계를 표기하여라.

***7** 아래의 유기원료를 사용한 (a)~(e)의 합성법을 표시하여라.

$CH_2=CH-CH_2-Br$ 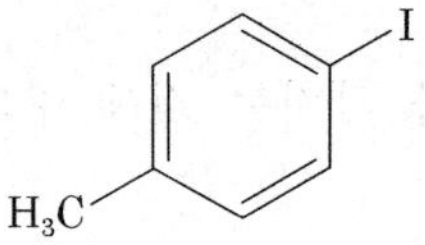 $(CH_3)_3C-Cl$

(a) $CH_3-\underset{H}{\overset{CH_3}{C}}-CH_3$

(b) 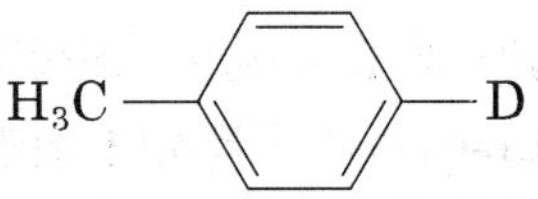

(c) $CH_2D-CHD-CH_2-CH_2-CHD-CH_2D$

(d) 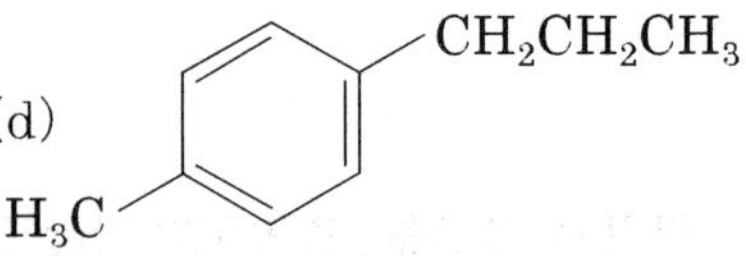

(e) $CH_3-\underset{H_3C}{\overset{H_3C}{C}}-\underset{CH_2Cl}{\overset{CH_3}{C}}-CH_3$

Chapter

03 시클로알칸

시클로알칸과 알칸간의 상호관계는 알칸의 인접하지 않은 2개의 수소원자를 제거하고, 탄소원자간을 서로 연결하여 고리를 형성한 것이라고 생각해도 좋다. 물론 실제로는 이와 같은 방법으로 합성하는 것은 아니다. 시클로알칸은 가끔 **지방족고리화합물**이라고도 말하며, C_nH_{2n}의 동족계열을 가지고 있다. 이 화합물의 화학은 시클로프로판과 시클로부탄을 제외하면 알칸의 것과 유사하다. 즉 시클로알칸은 진한 황산에 용해하지 않고 실험실적 응용은 한정되어 있지만, 몇 가지의 라디칼치환반응을 받는다. 본장은 이 계열의 저위화합물과 시클로헥산의 기하학형에 한정하여 해설한다.

01 명명법

모체의 시클로알칸은 알칸의 명칭에 접두어 **시클로**(cyclo–)를 붙여서 명명한다. 고리의 탄소원자에는 치환기가 될 수 있는 한 작은 수가 되도록 번호를 붙인다. 치환기가 고리의 **같은 쪽**에 존재하는 것을 **시스**(*cis*–)라고 말하며, 고리에 대해서 서로 **반대쪽**에 존재하는 것을 **트란스**(*trans*–)라고 말한다. 이와 같은 명명법이 이중결합상의 치환기에 대해서도 사용되며, 이 경우에는 기하학적 이성체(결합의 순서보다 오히려 배위에 의한 이성)도 또한 가능하다.

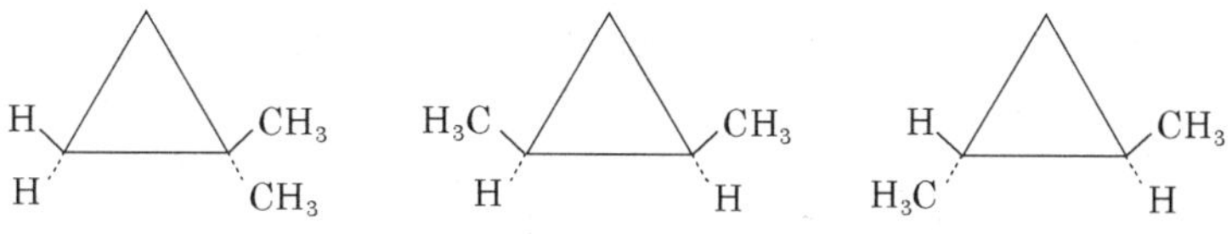
H
CH3
H
CH3
H3C
CH3
H
H
H
CH3
H3C
H

1,1-dimethyl-cyclopropane　　*cis*-1,2-dimethyl-cyclopropane　　*trans*-1,2-dimethyl-cyclopropane

표 3–1에 간단한 시클로알칸과 치환기가 붙어 있는 것의 예를 표시하였다.

02 입체형태적 구조

3-1 시클로프로판, 시클로부탄 및 시클로펜탄

분자의 한정된 화학구조의 기하학형을 그의 **입체형태**라고 말한다. 시클로프로판의 3개의 탄소원자는 평면을 규정하며, 6개의 수소원자는 그 면에 평행한 상하의 면상에 위치한다. 시클로부탄의 탄소골격은 평면성으로부터 약간 벗어나 나비의 날개와 같은 입체형태로서 표시된다. 시클로펜탄의 4개의 탄소는 거의 평면이지만, 5번째는 평면의 밖으로 벗어나 있다. 봉투형 입체형태라고 말할 수 있다(**그림 3-1** 참조). 이들 각각의 입체형태는 분자가 취할 수 있는 각종의 가능성 중에서 극소의 에너지상태를 나타내고 있다.

표 3-1 대표적인 시클로알칸

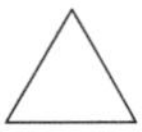 cyclopropane	 cyclobutane
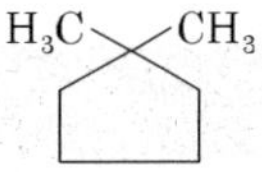 H3C CH3 1,1-dimethylcyclopentane	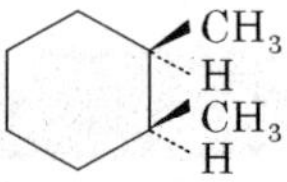 CH3 H CH3 H *cis*-1,2-dimethylcyclohexane
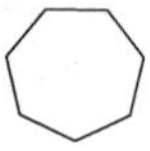 cycloheptane	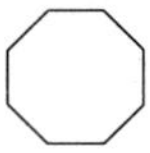 cyclooctane

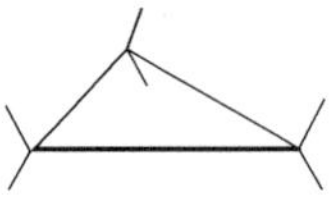

(a) 시클로프로판

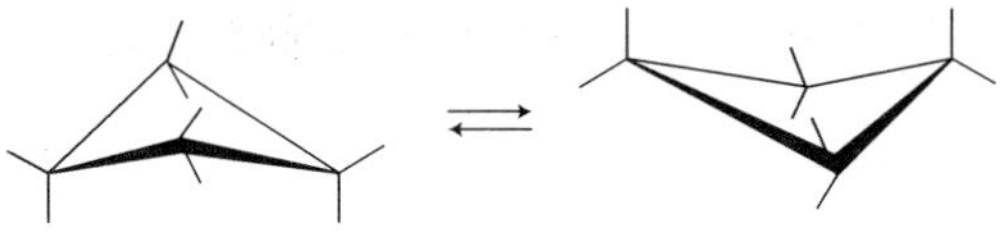

(b) 시클로부탄의 "나비날개형" 입체형태

(c) 시클로펜탄의 "봉투형" 입체형태

그림 3-1 C3-C5 시클로알칸의 입체형태

3-2 시클로헥산의 입체형태해석

시클로헥산은 평면이 아니고, 보우트형 비틀린 보우트형과 유사한 높은 에너지형태를 거쳐, 2가지의 안정한 의자형의 사이를 왕복(또는 반복)하고 있다(**그림 3-2** 참조).

탄소-탄소결합의 정상적인 사면체각은 109° 28′이지만, 시클로프로판에서는 60°, 시클로부탄에서는 90°이다. 따라서 시클로프로판 또는 시클로부탄은 크게 비틀어져 있다. 시클로펜탄 또는 시클로헥산은, 평면형을 취한 경우에 예상되는 비틀림을 상기의 낮은 에너지의 입체형태를 취하는 것으로 완화되어 있으며, 이 경우 탄소-탄소결합각은 사면체의 109°에 상당히 가깝다.

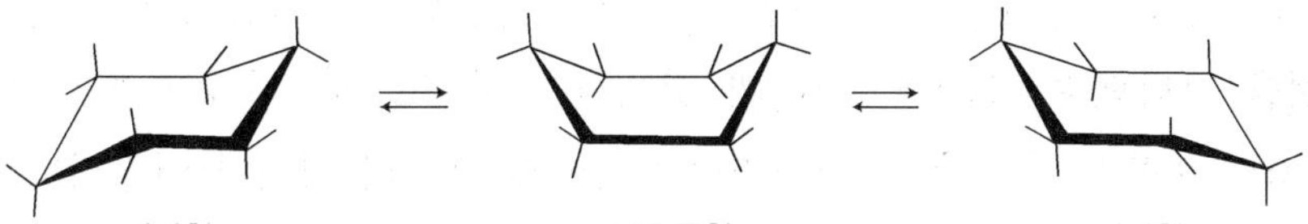

그림 3-2 시클로헥산의 의자형과 보우트형 입체형태

시클로헥산의 보우트형은, H_1과 H_4 및 가려져 있는(eclipsed) H_2와 H_3원자의 **입체적인 반발**, 즉 비결합성 상호작용(nonbonded interaction)의 결과 의자형 보다도 상당히 높은 에너지이다. 분자의 입체형태의 결과, 결합하고 있지는 않지만, 상당히 가깝게 있는 원자간에는 흡인력 또는 반발력을 미치리라고 생각된다. 이들의 힘을 **입체적 인력**(steric attraction) 또는 **입체적 반발력**(steric repulsion)이라고 말하며, 보다 일반적으로는 비결합성 상호작용이라고 말한다(**그림 3-3**(a) 참조). 보우트형은 가능한 의자형의 입체형태에 비하여 상대적으로 불안정하기 때문에 이하의 해설에서는 생략한다.

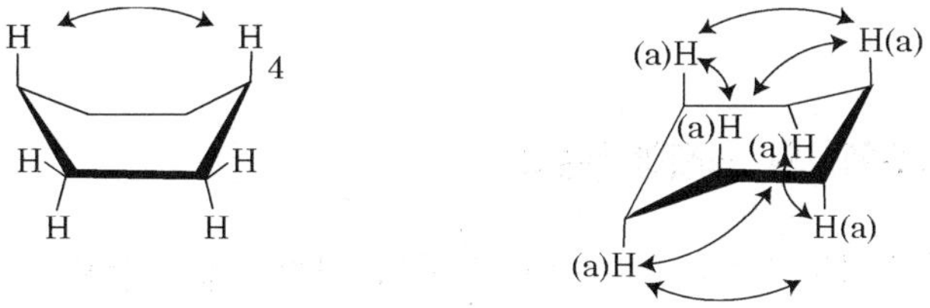

(a)
보우트형에 있어서
비결합성 상호작용

(b)
의자형에 있어서 비결합성
1,3-디액시얼 상호작용

그림 3-3

시클로헥산의 C_2, C_3, C_5, 및 C_6의 탄소원자는 거의 동일평면상에 있다. **이 평면에 관해**

서 모든 수소원자는 **에쿠아토리얼**(equatorial, 결합이 거의 평면상에 있다) 또는 **액시얼**(axial, 결합이 거의 이 면과 수직이다)로 식별된다. 어떤 입체형태가 반전하면, 액시얼(a)의 치환기는 에쿠아토리얼(e)로 되며, 에쿠아토리얼은 액시얼로 된다(**그림 3-4** 참조).

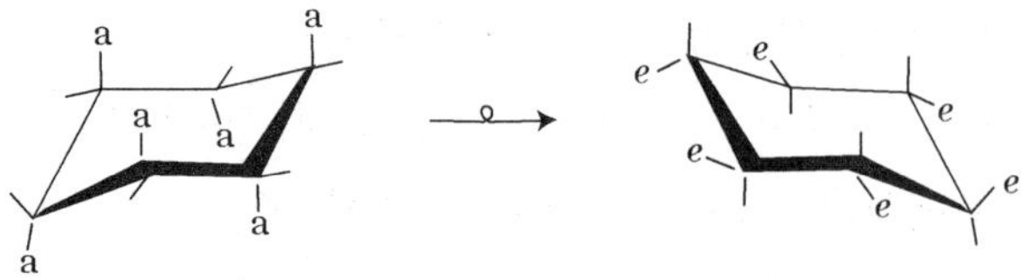

그림 3-4 의자형의 상호전환

분자모형에서는 의자형에 있어서 가장 중요한 비결합성 상호작용이 1,3-디엑시얼의 상호관계인 것을 나타낸다. 그리고 이하의 절에서는 분석은 이 전제에 따르고 있다(**그림 3-3(b)** 참조). 부피가 커다란 큰 치환기는 에쿠아토리얼의 형태가 안정하다. 왜냐 하면 입체적인 반발이 최소로 되기 때문이다. 예들 들면 메틸시클로헥산에서는 메틸기가 에쿠아토리얼의 입체형태를 갖는 의자형이 우선적으로 존재한다.

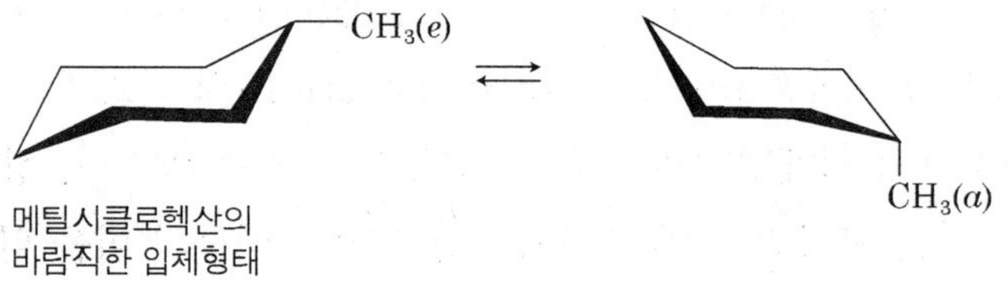

이것은 1치환시클로헥산에서는 일반적인 것이다. 실온에서는 통상 2종류의 환상입체형태간의 반전은 상당히 빠르며 탄소골격의 **시간평균**은 평면에 가깝다. 단순한 시클로헥산의 입체형태의 우위성을 관찰하기 위해서는 시료를 0℃보다도 훨씬 이하로 냉각시킬 필요가 있다.

3-3 이치환시클로헥산의 입체형태해석

이치환시클로헥산에서는 3종류의 구조이성체가 있다. 예를 들면 1,2-, 1,3-, 1,4-디메틸시클로헥산이다. 그러나 각각의 구조이성체에는 cis형, trans형의 2종류의 이성체가 있으며, 더욱 각각의 기하이성체에는 2종류의 의자형입체형태가 존재한다. 디메틸시클로헥산의 각 쌍에서 보다 안정한 형태이성체(conformer)를 예측하기 위해서는 12개의 구조를 생각하지 않으면 안 된다. 인접탄소원자상의 2개의 기는 상당히 근접하고 있다. 1개는 액시얼의 위치를 점유하고, 인접의 치환기는 에쿠아토리얼의 위치를 점유하는 것과 같은 경우를 cis-라고 말한다.

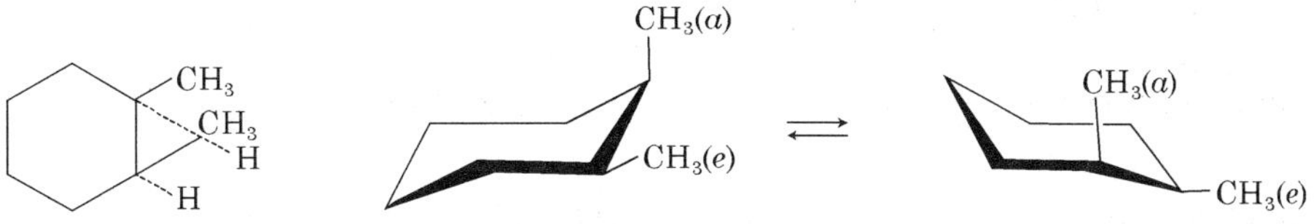

cis-1,2-dimethylcyclohexane

등가의 입체배좌

2개의 메틸기를 갖는 이 경우의 입체형태는 동일하지만, 만일 2개의 기가 다르면 입체형태는 **같지 않다.** 보다 안정한 입체형태는 2개의 다른 치환기의 큰 쪽이 에쿠아토리얼의 위치가 되는 것이다.

1,2-디엑시얼치환기가 가장 떨어져 있는 것이 trans-이며, 이것은 고리의 반전으로 치환기가 디에쿠아토리얼(e),(e)로 된다. 이 입체형태는 디엑시얼의 반발이 감소하기 때문에 유리하다. 어떤 기일지라도 trans-1,2,-이치환시클로헥산은 디에쿠아토리얼의 입체형태가 우선한다.

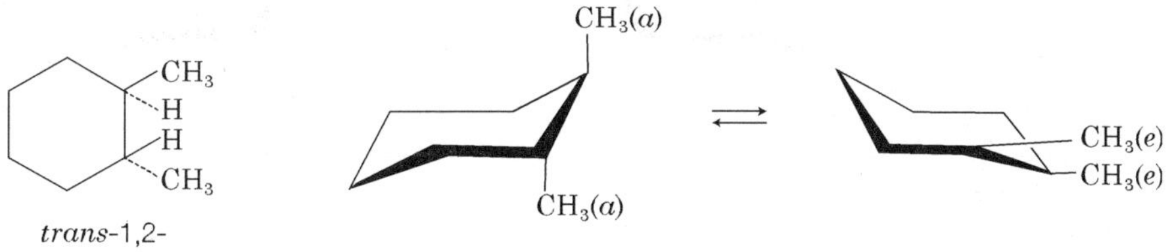

trans-1,2-dimethylcyclohexane

우위인 입체배좌

cis-1,3-이치환체는 디액시얼의 형태를 취할 때, 2개의 기는 보다 가까워진다. 그러나 1,3-비결합성상호작용은 고리의 반전으로 우위인 입체형태 (e), (e)를 취하는 것으로 제외된다. 이 경우도 마찬가지로 2개의 치환기가 어떤 것일지라도 이 결론은 정확하다.

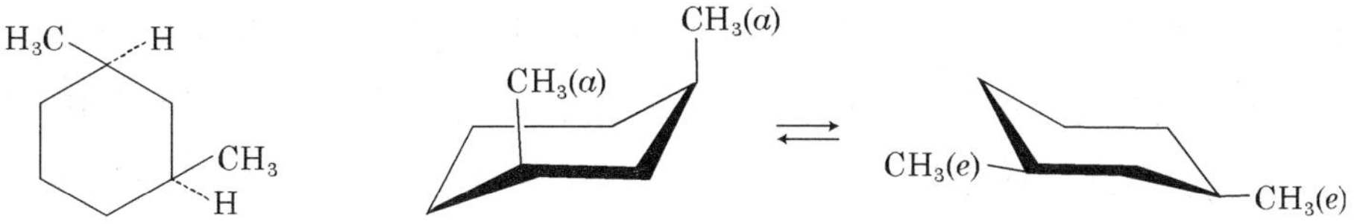

cis-1,3-dimethylcyclohexane

우위인 입체배좌

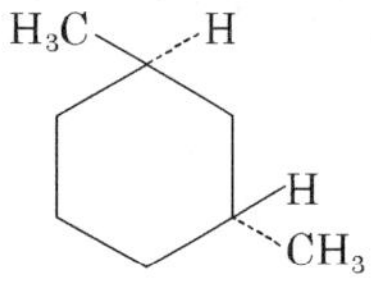

trans-1,3-dimethylcyclohexane

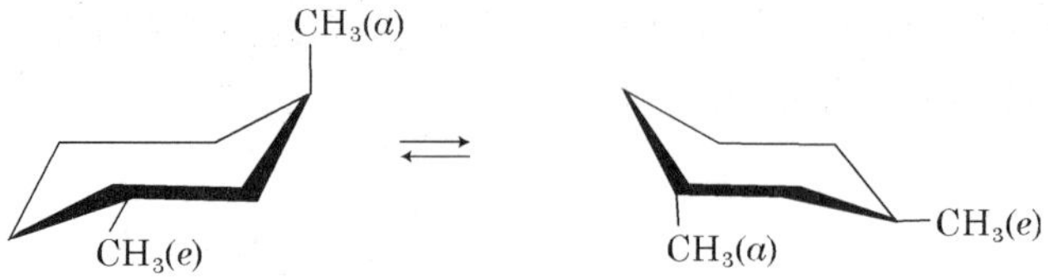

여기서는 등가이다.

1,4-이성체의 해석은 cis-1,2-이치환시클로헥산에 대해서 앞에서 설명한 것과 같이 취급한다. 입체형태는 1,2-이치환체의 것과 유사하다.

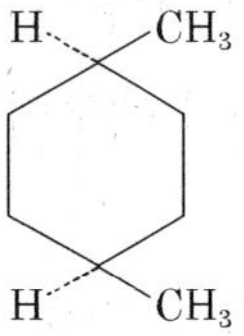

cis-1,4-dimethylcyclohexane

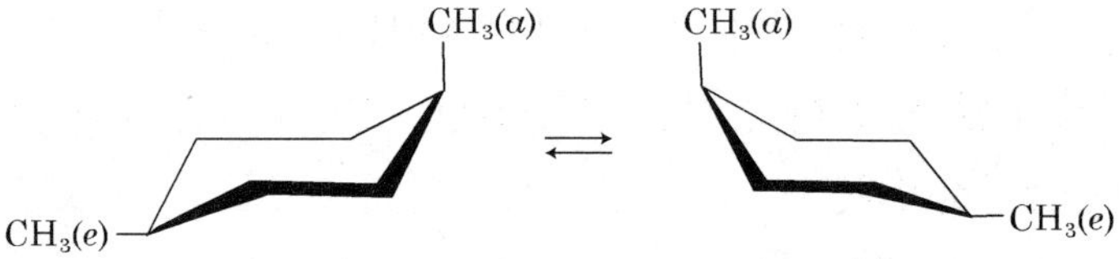

여기서는 등가이다.

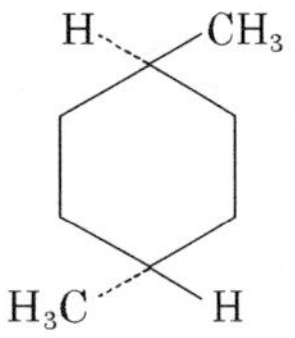

trans-1,4-dimethylcyclohexane

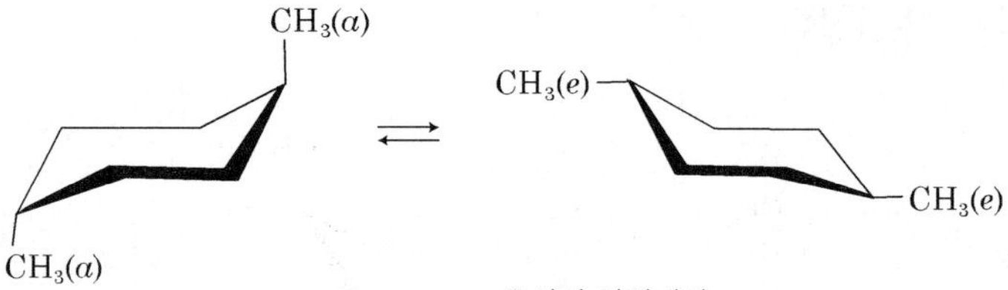

우위인 입체배좌

3-4 삼치환 및 다치환시클로헥산

다치환시클로헥산은 치환기가 보다 적은 경우와 같은 방법으로 해석할 수 있다. 커다란 치환기는 에쿠아토리얼의 형태가 우선하며, 이 때 1,3-디액시얼의 반발이 작아진다. 어떤 1개의 기하이성체에서 보다 안정한 형태이성체를 얻을 때는, 예를 들면 최초의 치환기를 액시얼의 위치에 두고, 그 후 이것과의 관련으로 다른 것을 cis-또는 trans-에 둔다. 만일 필요하면 최후의 고리를 반전시켜 보다 안정한 입체형태, 즉 1,3-디액시얼의 반발이 보다 적은 입체형태를 찾아내는 것이다.

03 반응성

주기율표의 어떤 족의 최초의 원소도 그러하듯이, 어떤 동족계열의 최초의 화합물은 그의 반응성에 있어서 나머지의 화합물과 가끔 다르다. 시클로알칸의 반응성은 알칸의 그것에 유사하고는 있지만, 시클로프로판 또는 시클로부탄에서는 C-C-C 또는 H-C-H이 탄소-탄소단일결합간의 각 109°28′으로부터 크게 벗어난 결과 상당히 비틀어져 있다. 이들 화합물의 모형에서는 상대적으로 비틀어져 있지 않은 고리 또는 고위의 시클로알칸에 비하여 결합이 구불어져 있다. 따라서 이 고리는 수소 또는 브롬과 같은 시약에 의하여 상당히 용이하게 개열된다.

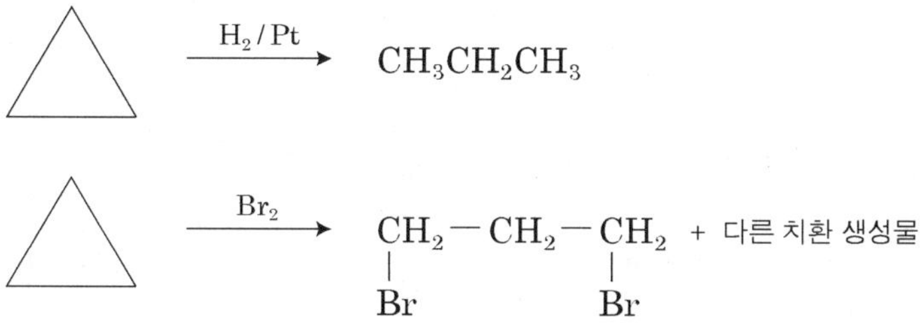
H2/Pt
CH3CH2CH3
Br2
CH2 — CH2 — CH2
Br
Br
+ 다른 치환 생성물

1,3-dibromopropane
(고리의 개열로부터)

우리들은 이미 시클로펜탄 또는 시클로헥산이 평면이 아닌 안정한 입체형태를 취하기 쉽다라는 것을 배웠다. 이들은 저위의 고리화합물보다도 비틀림이 작기 때문에 일반적으로는 개환반응을 받지 않는다.

시클로프로판의 합성 : Simmons-Smith 반응

시클로프로판은 크게 비틀어져 있으며, 또한 천연에서 희귀한 시클로프로판화합물이 발견되고 있기 때문에(**표 3-2**), 여기서는 새로운(1960) 이들의 화합물의 합성법에 대해서 설명한다.

발견자에 관련하여 명명된 Simmons-Smith 반응은 아연구리합금(couple)*의 존재하에, 알켄에 요오드화메틸렌(디아이오도메탄, CH_2I_2)을 부가하는 반응이다. 부가반응은 에테르 중에서 약 40℃로서 환류하는 것과 같은 중정도의 조건하에서 진행하며, 높은 선택성으로 1종류의 이성체를 생성한다. 예를 들면 트란스올레핀을 원료로 사용하면 거의

* 금속아연을 구리(Ⅱ)염(Cu++)을 함유하는 용액과 처리하면 구리가 환원되어 아연표면에 석출한다.

그에 상당하는 트란스시클로프로판만을 얻는다. 예측할 수 있는 입체이성체 중에서, 단 1가지의 이성체만을 생성하는 것과 같은 반응을 입체특이적이라고 말한다. 이 입체특이적 반응에 의하여 다른 방법으로는 합성하기 곤란한 생성물을 얻을 수가 있다.

일반예 :

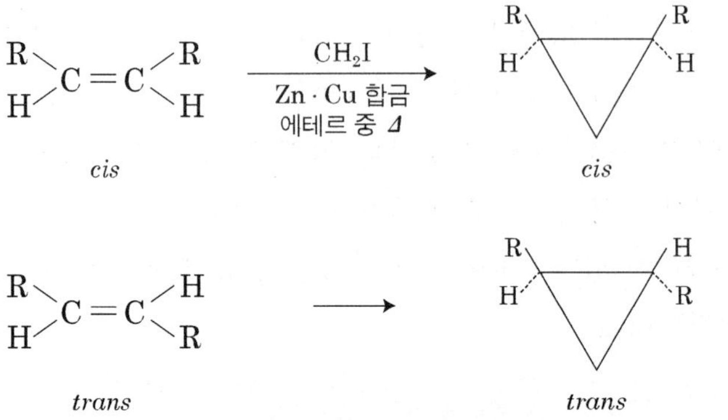
CH_2I
Zn · Cu 합금
에테르 중 Δ
cis
cis
trans
trans

구체예 :

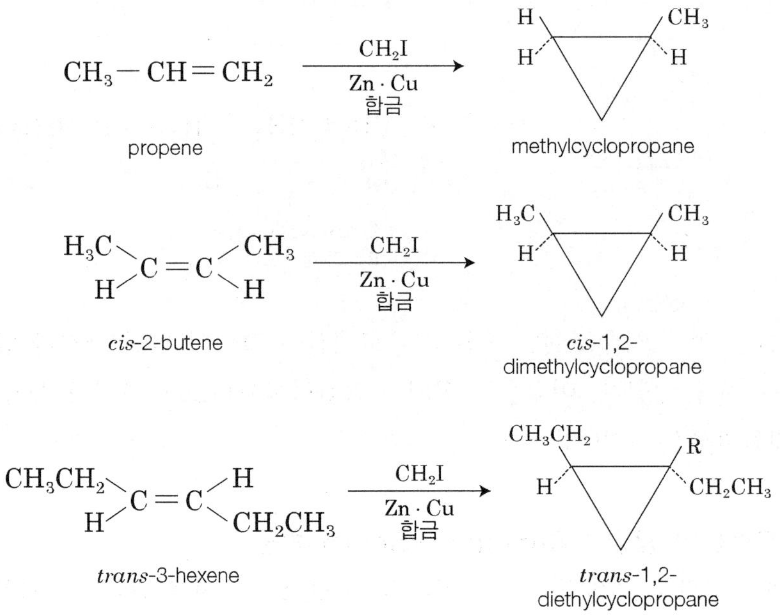
$CH_3-CH=CH_2$
CH_2I
Zn · Cu
합금
propene
methylcyclopropane
cis-2-butene
cis-1,2-dimethylcyclopropane
CH_3CH_2
trans-3-hexene
trans-1,2-diethylcyclopropane

표 3-2 시클로프로판고리를 갖는 천연물

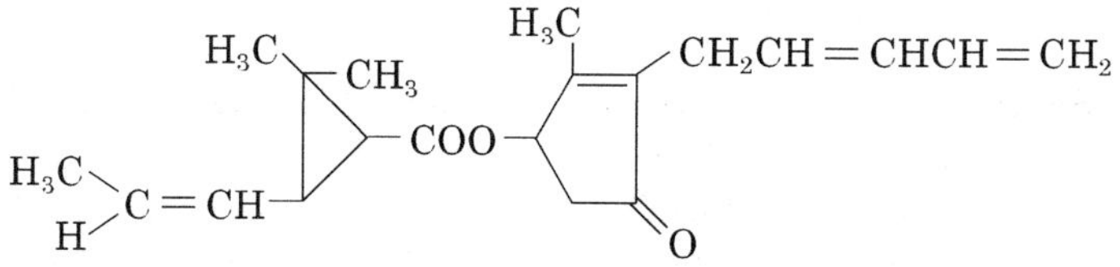

H3C
CH3
COO
H3C
CH2CH = CHCH = CH2
H3C
C = CH
H
O

제충국의 꽃으로부터 분리된 2가지의 살충성 화합물
R = $-CH_3$, pyrethrin I
R = $-CO_2CH_3$, pyrethrin II

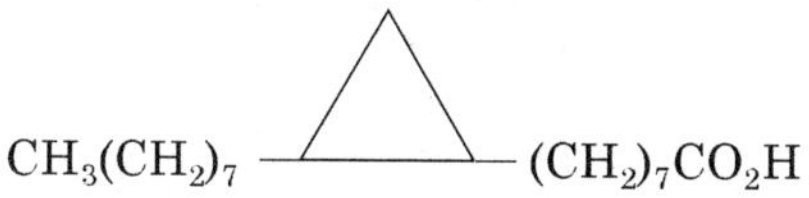

CH3(CH2)7
(CH2)7CO2H

Sterculic acid
열대수목, *Sterculia foetida*의 기름 중의 대표적 화합물

■참고문헌■

·합성 및 반응

Finley, K.T.: The Synthesis of Carbocyclic Compounds, *J. Chem. Educ.,* 42, 536(1965). 소원환 및 대원환의 합성에 관한 역사적 개설.

Gordon. A. J.: Halogenation and Olefinic Nature of Cyclopropane, *J. Chem. Educ.,* 44, 461(1967). 시클로프로판과 할로겐의 반응조건을 들어, 그 때의 생성물을 설명하고 있다.

Schreck, J. O.: Chemistry of Methylenes, *J. Chem. Educ.,* 42, 261(1965).

Wasserman, E.: Chemical Topology *Sci. Am.,* 207, (5), 94(1962). 2개의 고리와 결합을 갖는 화합물의 합성을 표시하고, 또한 합성할 수 있는 다른 흥미있는 이성체를 지적하고 있다.

Wilson, A., and D. Goldhamer: Cyclobutane Chemistry, I 구조와 비틀림의 에너지 ; Ⅱ 반응과 반응메카니즘, *J. Chem. Educ.,* 40, 504, 599(1963).

·결합성

Bernett. W. A.: A Unified of Bonding for Cyclopropanes, *J. Chem. Educ.,* 44, 17(1967). 시클로프로판의 결합성의 설명에 사용되는 각종 모형의 검토.

Goldish, E.: Strain and Interatomic Distances in Small-ring Molecules, *J. Chem. Educ.,* 36, 408(1959). 소원환화합물의 구조상의 자료(결합의 길이와 결합각)를 표시하고, 어떻게 해서 결정되는지를 간단히 설명하고 있다.

·입체형태분석

Allinger, N.L. :Conformational Analysis in the Elementary Organic Course, *J. Chem. Educ.,* 41, 70(1964).

Eliel, E. L.: Conformational Analysis in Mobile Systems, *J. Chem. Educ.,* 37, 126(1960).

Vogel, G.: An Aid to Visualizing Fused Ring Systems, *J. Chem. Educ.,* 42, 278(1965). 퍼하이드로안트라센 또는 퍼하이드로페난트렌 등과 같은 환원계의 입체형태적 표시방법에 대해서 연필과 종이의 사용방법을 표기하고 있다.

연습문제

1 **아래의 화합물을 정확한 명명법에 기인하여 명명하여라.**

*(a) 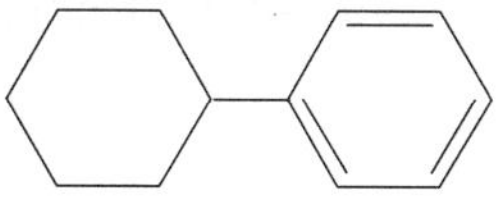

*(b) 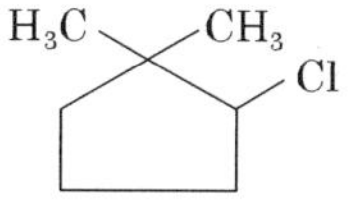
H_3C
CH_3
Cl

*(c) 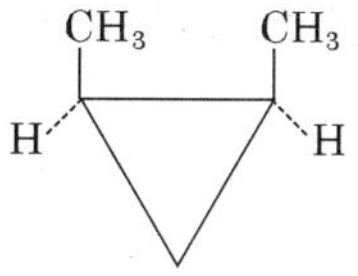
CH_3
CH_3
H
H

*(d) 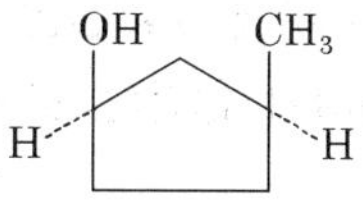
OH
CH_3
H
H

(e) 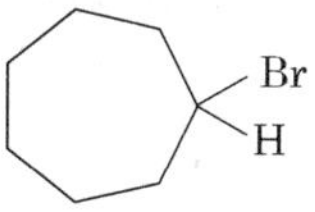
Br
H

*(f) 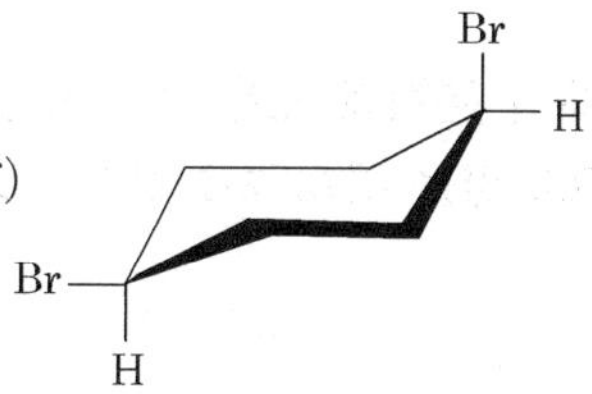
Br
H
Br
H

(g) 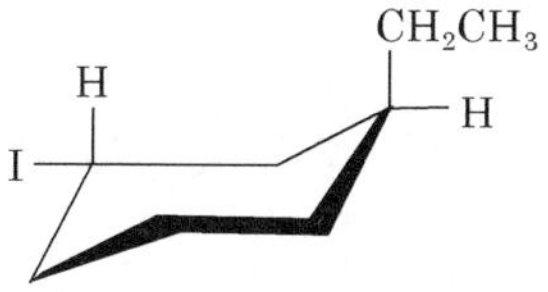
CH_2CH_3
H
H
I

(h) 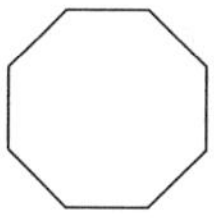

*(i) 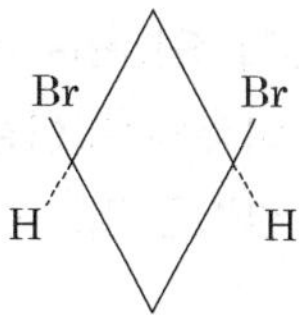
Br
Br
H
H

(j) 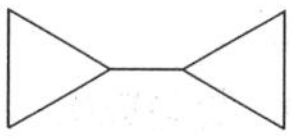

2 **아래의 화합물의 각각의 기하이성체의 구조를 써라.**

*(a) 1,2,3-tribromocyclopropane

*(b) 1,3-dichloro-2,4-cyclobutanedicarboxylic acid

(c) 1,2,4-triphenylcyclopentane

(d) 1,2,3,4,5,6-hexahydroxycyclohexane(가능한 각 기하이성체의 우위인 입체형태를 표시하여라)

*3 (a) 데칼린의 2가지 기하이성체에 대해서 우위인 입체형태를 나타내어라.

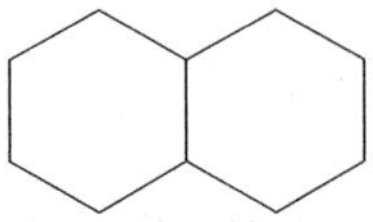

(b) 1,3-디액시얼 상호작용을 생각하고 2가지 이성체의 어느 쪽이 보다 안정하다고 생각하는가?

*4 모든 *t*-부틸시클로헥산올의 우위인 입체형태를 표시하여라. 커다란 알킬기는 에쿠아토리얼 위치를 취하기 쉽다는 것에 주의하여라.

5 아래의 분자의 모든 기하이성체의 우위인 입체형태를 표시하여라(파선은 액시얼 또는 에쿠아토리얼을 특히 지정하지 않는 것을 의미한다).

(a) 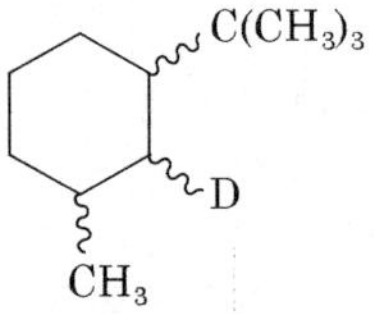
C(CH3)3
D
CH3

(b) 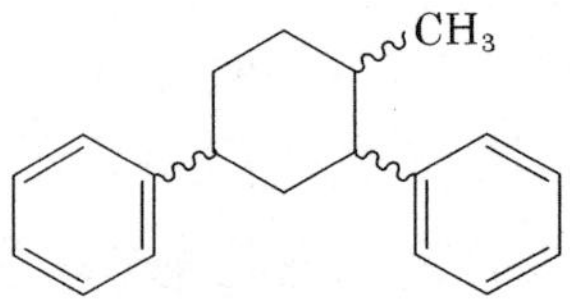
CH3

(c) 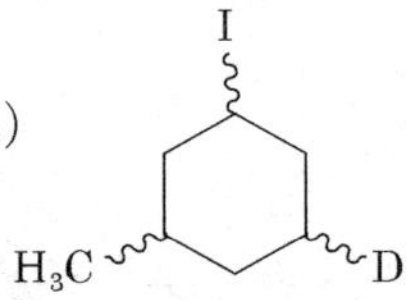
I
H3C
D

*6 대부분의 모노-, 디-, 트리- 보다 다치환의 시클로프로판 유도체가 Simmons-Smith 반응에 의하여 합성되며, 높은 에너지의 연료로서 연구되어 왔다. 아래의 화합물에 대해서 모든 이중결합이 반응하는 것으로서 Zn(Cu)-CH_2I_2 처리했을 때 얻어진다고 생각되는 시클로프로판 유도체의 구조를 표시하여라.

(a) 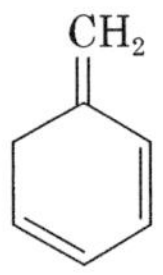
CH2

(b) 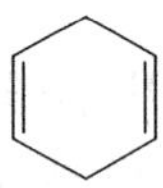

(c) 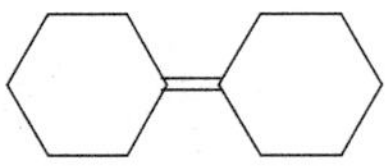

(d) 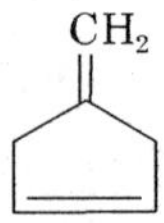
CH2

(*e*) $CH_2{=}CH{-}CH{=}CH_2$

Chapter

04 알켄(올레핀)

관능기를 갖는 가장 간단한 탄화수소를 **알켄** 또는 **올레핀**이라고 말한다. 이것은 형식적으로 2개의 인접한 수소를 제거하면 탄소-탄소 이중결합($>C=C<$)을 형성하여 얻어진다. 이들은 금속촉매가 존재하는 조건하에서, 수소에 의하여 환원된다. 알켄은 1개의 이중결합을 가지고 있기 때문에 C_nH_{2n}의 동족계열에 포함된다. 알켄은 진한 황산에 용해하며, 이중결합에 용이하게 염소 또는 브롬이 부가하기 때문에 알칸과 다르다.

특히 탄소-탄소 이중결합 형성의 **탈리반응**, 또는 탄소-탄소 이중결합에의 **부가반응**에서 메카니즘의 이론 또는 응용은, 이 장의 중요한 부분이다. 올레핀의 반응의 대부분은 입체특이적이며, 반응메카니즘에 의하여 이해할 수 있다.

01 명명법

알켄에서는 알칸에 있어서 **안**(-ane)이라고 하는 어미를 **엔**(-ene)으로 바꾼다. 여기서도 이중결합을 포함하여 관능기에는, 가장 긴 탄소사슬 중에서 될 수 있는 한 작은 번호를 붙인다. 올레핀의 경우에는, 이 사슬이 시스인지 트란스인지를 지시할 필요가 있다.

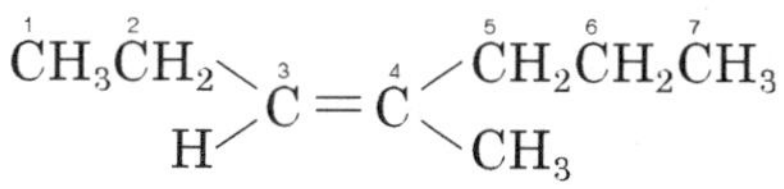

cis-4-methyl-3-heptene

이 계열의 최초의 2종류는 **에텐**(ethene) 및 **프로펜**(propene)이라고 말하는 것보다는, 가끔 **에틸렌**(ethylene) 및 **프로필렌**(propylene)이라고 말한다.

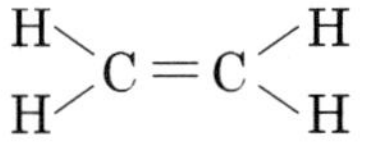

ethylene
(ethene)

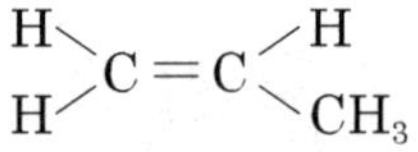

propylene
(propene)

C_4의 알켄은 4종류가 있다. 그중의 1개만이 일반명 혹은 관용명으로 불리우고 있다.

$CH_2=CH-CH_2CH_3$

1-butene
b.p. −5°

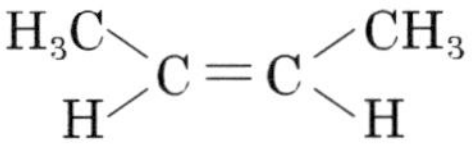

cis-2-butene
1°

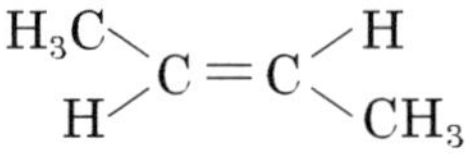

trans-2-butene
2.5°

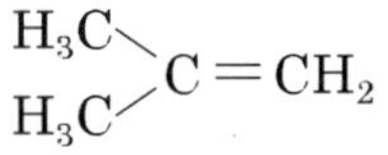

2-methylpropene
(isobutylene) −6°

이중결합에 대한 분자궤도의 그림을 상기할 것과, 그것에 의하면 π결합(p궤도의 최대의 겹침)은 탄소-탄소 σ결합에 관한 회전을 방해하고 있다. 따라서 이중결합상의 치환기의 배치에는 2가지의 가능성이 있으며, **기하이성체**가 존재한다. 2-부텐과 같은 이중결합의 경우, 2개의 메틸기가 다른 탄소상에서 이중결합의 **같은 쪽**에 결합하든지 (*cis*-2-부텐) 또는 서로 **반대쪽**에 결합한 (*trans*-2-부텐) 경우가 있다. 시스, 트란스이성체는 확실하기 때문에 화학적, 물리적 성질은 비슷하지만, 각각 다른 물질이다.

표 4-1 명명법의 예

$CH_2=$ methylene	$CH_2=CH-$ vinyl	$CH_2=CH-CH_2-$ allyl	$CH_3-CH=CH-$ propenyl
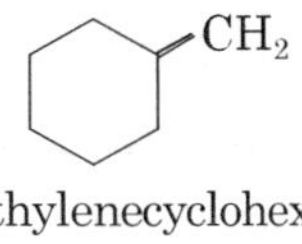 methylenecyclohexane	$CH_2=CH-Cl$ vinyl chloride	$CH_2=CH-CH_2OH$ allyl alcohol	$CH_3-CH=CH-Br$ propenyl bromide
$CH_3CH_2CH_2CH=CH-CH_3$ 2-hexene 시스와 트란스의 이성체가 가능함에 주의하라		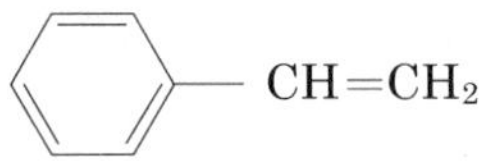 styrene(vinylbenzene)	
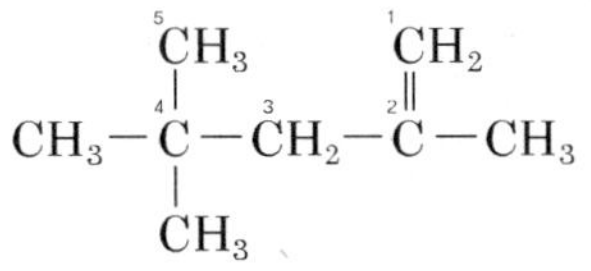 2,4,4-trimethyl-1-pentene		$CH_2=CH-CH=CH_2$ 1,3-butadiene 시스와 트란스의 이성체가 불가능함에 주의하라	

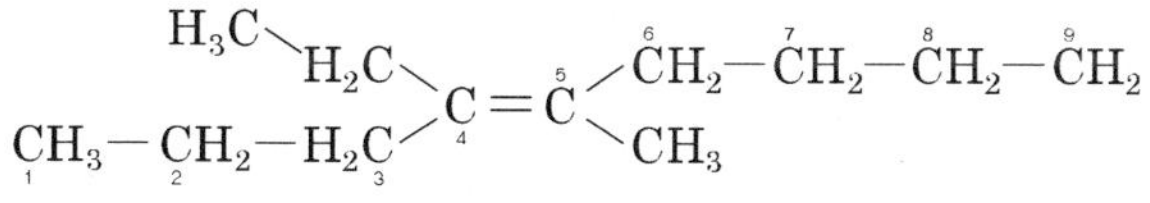

trans-5-methyl-4-ethyl-4-nonene

최장 탄소사슬과 2중 결합에 대한 최저번호에 주의하라

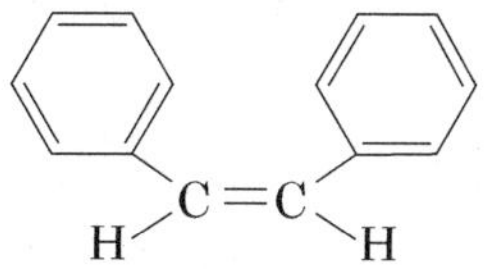

cis-stilbene

(*cis*-1,2-diphenylethylene)

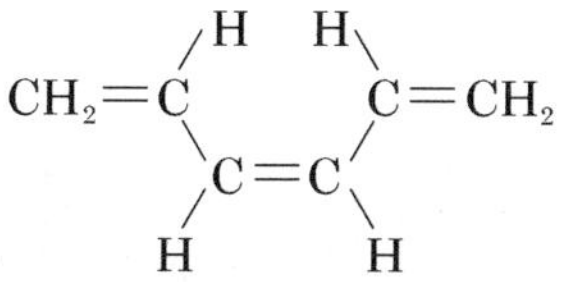

1,3,5-hexatriene

왜 이 명칭은 애매할까? 정확한 명칭으로 표시하라

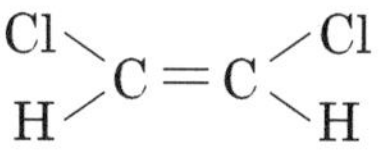

cis-1,2-dichloroethylene

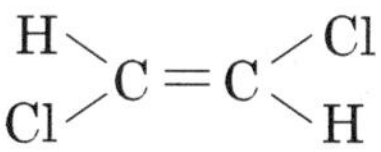

trans-1,2-dichloroethylene

	cis-1,2-dichloroethylene	*trans*-1,2-dichloroethylene
m.p.	-80°	-50°
b.p.	60°	48°
밀도	1.29	1.27

이와 같은 관계는 치환기가 결합한 환상구조의 입체화학에서도 문제가 되었다(제3장).

알켄계열로부터 유도되는 약간의 알켄일기는 관용명을 가지고 있다. **표 4-1** 에 이것을 표시한다. 이것은 마찬가지로 알켄 명명법의 부수적인 예이다.

02 합성법

4-1 알코올의 탈수와 카르보늄이온의 안정성

알켄류는 산촉매와 더불어 가열하든지, 가열한 알루미나(Al_2O_3)의 위에 알코올의 증기 또는 액체를 통과시켜 제조할 수 있다. 앞의 예의 반응메카니즘을 아래에 표시하지만, 뒤의 경우의 메카니즘은 확실하지 않다.

일반예 : $R-CH_2-CH_2OH \longrightarrow R-CH=CH_2 + H_2O$

구체예 :

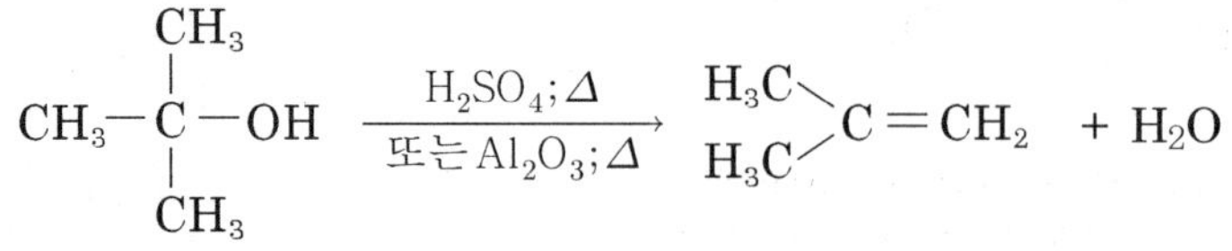

t-butyl alcohol isobutylene

산촉매반응의 메카니즘 :

Step 1: $(CH_3)_3C-\ddot{O}H + H^+ \xrightleftharpoons{\text{빠르다}} \left[(CH_3)_3C-\overset{H}{\ddot{O}^+}-H\right] + H_2O$

oxonium ion 중간체

Step 2: $[(CH_3)_3C-\overset{+}{O}H_2] \xrightleftharpoons{\text{느리다}} [(CH_3)_3C^+] + H_2O$

carbonium ion 중간체

Step 3:

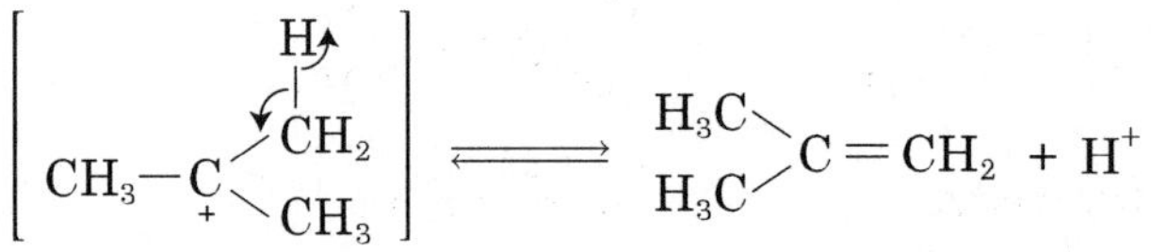

Step 1: 이 단계는 산소원자에의 프로톤화에 의하여, 가역적인 옥소늄이온, 즉 옥소늄염 중간체를 형성한다. **옥소늄**(oxonium)과, 양성으로 하전한 탄소원자를 의미하는 **카르보늄**(carbonium)의 용어를 비교하라.

Step 2: 이 경로 중에서 가장 느리기 때문에, 이 단계를 **율속단계**(rate determining step)라고 말한다. 즉 가장 느린 단계는, 생성물의 생성속도를 결정한다. 이 경우에는, 중간체인 옥소늄이온이 1분자의 물을 잃고, 3차의 카르보늄이온 중간체로 된다. 반응메카니즘을 쓸 때, 구부러진 화살표는 초기의 **전자 또는 원자**의 이동을 나타낸다.

유사한 예를 들어 율속단계의 개념을 설명하여 보자. 다수의 자동차가 일렬로 늘어서서 각각 다른 속도로서 달리고 있다고 한다. 이윽고 가장 느린 차가, 그 차의 뒤에 계속되는 모든 차의 속도를 결정한다고 생각된다. 이 경우, 전방의 차는 이미 몇 킬로나 가 버려, 생각할 필요가 없게 된다. 또 하나의 유사한 예는, 모래로 가득 채워져 있는 1개의 깔대기이다. 모래로 가득 채워진 깔대기가 텅 비게 되는 속도는 본질적으로 개구부의 크기에 지배되며, 모래의 양에는 관계하지 않는다.

Step 3: 이 단계는, 생성물을 생성하는 단계이다. 이 단계에서는 1개의 프로톤(H^+)을 잃은 촉매 그것을 재생한다. 양전하는 전자의 **결손**을 나타내기 때문에, 화살표로서 양전하를 이동해서는 안 된다. 이동할 수 있는 것은 전자와 원자뿐이다.

위에서 설명한 메카니즘은 느린 율속단계에 1개의 분자종만이 관여하는 1분자 (unimolecular)탈리(E)로서, **E_1메카니즘**이라고 말한다. 옥소늄이온은 빠른 가역적 반응으로 형성되기 때문에, 알코올과 산의 양쪽이 존재하는 한, 어느 정도의 옥소늄이온은 항상 존재하여 반응한다. 반응속도는 소량의 산이 사용될 때에는 알코올만의 함수가 되며, **1차**(first order)의 반응속도*로 된다. 반응속도는, 알켄의 생성속도=k_1[옥소늄이온]으로 표시된다.

여기서, k_1는 비례상수이며, 괄호는 옥소늄이온 농도를 의미한다. 옥소늄이온농도는 step 1의 평형식으로 주어진다.

$$K_{eq} = \frac{[\text{옥소늄이온}]}{[H^+][\text{알코올}]}$$

$$[\text{옥소늄이온}] = K_{eq}[H^+][\text{알코올}]$$

산은 촉매이기 때문에 재생되고, 그 농도는 일정하며, step 1에서의 평형상수 K_{eq}에 포함시킬 수가 있다.

알켄의 생성속도 = k_1 [알코올]

여기서, k_1은 수소이온 농도와 K_{eq}의 양쪽을 포함하고 있다. E_2메카니즘의 예는 4-2절에서 설명한다.

이상 설명한 탈수반응에서는, 이소부틸렌만이, t-부틸알코올의 탈수반응의 가능한 생성물이다. 대부분의 알코올류, 예를 들면 $CH_3-CH_2-CH(OH)-CH_3$에서는, 몇 개의 가능한 생성물이 존재하기 때문에, 주생성물을 예측하는 것이 바람직하다. 이 예상은 새로 생

---

* 속도는 고농도의 산으로는 영향이 미치지만, 외관상 알코올 농도만에 의존한다. 이 경우를 유사일차반응속도 (pseudo first-order)라고 한다.

성하는 올레핀류의 상대적인 안정성의 고찰로서 유도된다. 알킬기는 전자공여성으로 이중결합을 안정화하기 때문에, **산촉매에 의한 알코올의 탈수반응에서는 통상 보다 많은 치환기를 갖는 올레핀이 주생성물이다.**

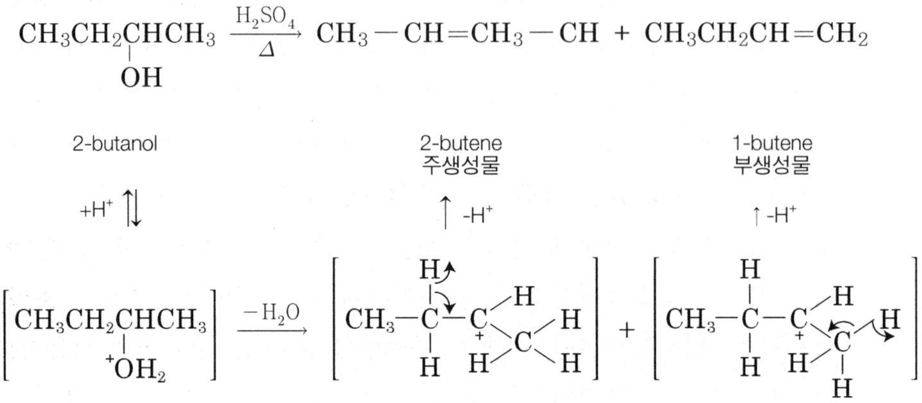
CH3CH2CHCH3
OH
H2SO4
Δ
CH3 − CH=CH3 − CH + CH3CH2CH=CH2
2-butanol
2-butene
주생성물
1-butene
부생성물
+H+
-H+
-H+
CH3CH2CHCH3
+OH2
−H2O
CH3−C−C−C−H
+

일단 2차 카르보늄이온중간체($CH_3CH_2{}^+CHCH_3$)가 2-부탄올로부터 생성하면, 2가지의 반응경로가 가능하다. 주생성물은 **내부**올레핀(internal olefine)의 2-부텐이며, **말단**올레핀(terminal olefine)의 1-부텐은 소량 생성한다.

일반적으로 예를 들면 하나의 생성물이 압도적으로 생성한다고 해도, 다른 것도 적어도 흔적량은 생성한다. 알킬기는 전자공여성으로, 전하를 다른 원자에게 퍼지게 하는 경향이 있다고 하는 사실이, 카르보늄이온의 안정성의 순서 3° > 2° > 1°를 설명하고 있다. 이 순서는 또한 산촉매에 의한 알코올의 탈수반응의 용이한 순서이기도 하다. 올레핀류의 안정성의 순서는 알킬기의 전자공여성에 기인하고 있으며, 수소화열의 자료(7-3절)도 이 순서와 일치하고 있다.

4치환올레핀류 > 3치환 > 2치환 > 1치환 > 에틸렌

예 $R_2C{=}CR_2 > R_2C{=}CHR > R_2C{=}CH_2 >$ *trans*-$RCH{=}CHR >$
cis-$RHC{=}CHR > R-CH{=}CH_2 > CH_2{=}CH_2$

알코올 증기를 뜨거운 산화알루미늄에 통과시켜 얻어지는 올레핀류의 구조와는 대조적으로, 산화토륨(토리아)을 사용하는 경우에는, 2-알칸올로부터 말단올레핀을 생성한다. 수득률은 통상 90~95%이며, 이 올레핀은 거의 순수하다.

$$R-CH_2-\underset{\underset{OH}{|}}{CH}-CH_3 \xrightarrow[Al_2O_3]{\Delta} R-CH{=}CH-CH_3 + H_2O$$

$$R-CH_2-\underset{\underset{OH}{|}}{CH}-CH_3 \xrightarrow[ThO_2]{\Delta} R-CH_2-CH{=}CH_2 + H_2O$$

산화토륨 표면에의 2-알칸올의 흡착은, 아마 에쿠립스의 상호작용을 최소로 하는 입체 형태로서 일어나리라고 믿는다(**그림 4-1**). 6원환상 전이상태는 비교적 비틀림을 갖지 않는다. 5원환 또는 6원환의 전이상태 및 중간체의 예는 후에 설명한다.

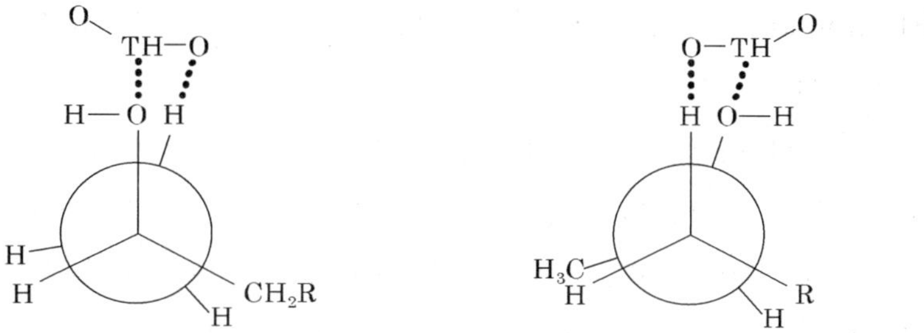

(a) 1-알켄을 생성한다.
2-알칸올의 토리아 표면에의 흡착

(b) 트란스-2-알켄을 생성한다.
2-알칸올의 토리아 표면에의 흡착

그림 4-1 알코올과 토리아와의 상호작용

> 토리아와의 반응은 아래의 화합물의 탈수에 이용되고 있다. 각각의 반응식을 쓰고, 그것으로부터 생성하는 생성물을 명명하여라.
>
> 1. 4-메틸-2-펜탄올 (4-methyl-2-pentanol)
> 2. 2,3-부탄디올 (2,3-butanediol)
> 3. 1-시클로헥실에탄올 (1-cyclohexylethanol)

4-2 할로겐화알킬의 탈할로겐화수소반응

할로겐화알킬류와 **희박염기**와의 반응은, 그에 상당하는 알코올을 생성하지만($R-CH_2X + OH^- \rightarrow R-CH_2OH + X^-$), 고농도의 **강염기**, 예를 들면 에탄올에 용해시킨 고체의 수산화칼륨은, HX를 탈리시켜 E_2메카니즘에 의하여 알켄을 생성한다.

일반예 : $R-CH_2-CH_2Br \xrightarrow{\text{강염기}} RCH=CH_2 + HBr$

전반응 : $CH_3CH_2CH_2Br \xrightarrow[\text{KOH}]{\text{알코올성}} CH_3-CH=CH_2 + HBr \xrightarrow{\text{KOH}} K^+Br^- + H_2O$

반응메카니즘 :

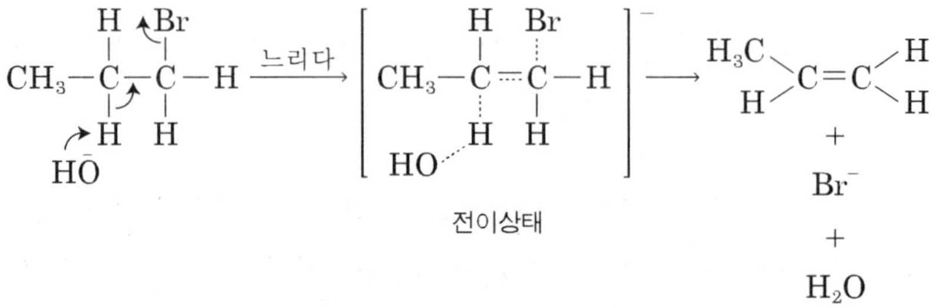

이 탈리에서는, 가장 느린 단계에 2가지의 화학종, 수산이온과 할로겐화알킬이 관여하는, 즉 **2분자**(bimolecular)반응이다. 할로겐화물 또는 염기의 어느 한쪽의 농도가 2배가 되면, 반응속도도 2배로 된다. 따라서 이것은 **2차반응**(seconed-order reaction, OH^-에 관해서 1차, 할로겐화알킬에 관해서 1차)의 속도로서, 양쪽의 농도로부터 결정된다. 결합이 형성됨과 거의 동시에 다른 결합이 절단되는 반응은, **협주메카니즘**(concerted mechanism)으로서 진행한다고 말한다. 위의 경우에는, OH^-이 프로톤을 탈취하여, 이중결합이 생성하고, 동시에 브롬이온이 떨어진다. 다시 말하면, OH결합과 C=C결합이 형성되는 한편, C-Br결합이 절단된다. 즉 이 경우에는 음으로 하전한 전이상태는 존재하지만, 명백한 중간체는 없다. 이 교과서의 반응 예로 나타낸 전이상태의 거의 대부분은, 반응물과 생성물의 거의 중간적인 상태의 것이다. 모든 화학반응에는 전이상태가 관여하고 있지만, 확실한 중간체를 갖는다고는 할 수 없다.

산촉매에 의한 알코올의 탈수와 마찬가지로, 탈할로겐화수소반응은 주생성물로서, 보다 많은 치환기를 갖는 올레핀을 생성한다.

4-3 아연 또는 요오드화이온에 의한 탈할로겐반응

Zn 또는 I^-에 의한 탈할로겐반응은 비교적 온화한 조건하에서 일어나며, 부반응을 일으키는 것은 거의 없다.

$$\underset{\text{Br}}{CH_2}-\underset{\text{Br}}{CH_2} \xrightarrow{\text{Zn}} CH_2=CH_2 + ZnBr_2$$

$$CH_3-\underset{\underset{Br}{|}}{CH}-\underset{\underset{Br}{|}}{CH_2} \xrightarrow{2I^-} CH_2-CH=CH_2 + I_2 + 2Br^-$$

1,2-디할로겐화합물은, 보통 올레핀을 할로겐화하여 제조하기 때문에,

$$CH_2=CH_2 + Br_2 \longrightarrow \underset{\underset{Br}{|}}{CH_2}\underset{\underset{Br}{|}}{CH_2}$$

탈할로겐반응은 합성적 방법으로는 적당하지 않지만, 순수한 올레핀을 얻는 수단으로서 이용된다. 예를 들면, 시클로헥산(b.p. 80℃)과 시클로헥센(b.p. 84℃)의 혼합물을, 각각의 순수한 각 성분으로 분리하고 싶다고 하자. 이들의 비점은 너무나 유사하기 때문에 증류는 적당하지 않다. 그러나, 1,2-디브로모시클로헥산의 비점은 145℃(100㎜Hg)로서, 시클로헥산으로부터의 분리는 용이하며, Zn 또는 I^-으로 처리함으로써 올레핀을 재생할 수 있다. 시간 및 지면의 제약, 혹은 그다지 중요하지 않다는 이유로서, 대부분의 반응메카니즘은 설명하지 않든지, 혹은 간단하게 설명한다. 반응메카니즘이 실제로 표시되어 있는 것도 암기해서는 안 된다. 어떤 반응에 대해서 타당한 메카니즘은, 출발물질과 생성물의 구조 및 반응조건을 알면, 제1장에서 설명한 일반원리의 고찰로부터 유도된다. 알 수 있는 모든 자료를 만족시키는 **최량**의 반응메카니즘은, 실험적으로 반응의 동력학적 차수를 결정하기도 하고, 반응에서 생성하는 모든 생성물을 조사하기도 하여, 분자의 성상을 해명할 수 있는 것과 같은 기계장치를 사용함으로써 얻어지는 것이다.

03 반응성

4-4 H_2접촉수소화반응

보통의 알켄은 금속촉매의 존재하에서, 수소와 반응하여 포화, 즉 환원된 알칸을 생성한다.

$$CH_3-CH=CH_2 \xrightarrow[\text{Pt 또는 Pd}]{H_2} CH_3CH_2CH_3$$

유기분자는, 이미 수소가 흡착되어 해리하고 있는 금속표면에 흡착된다. 여기서 2개의 수소원자가 분자의 같은 쪽으로 들어간다. 생성물의 기하학성(입체화학)은 합성법에 규제

되어 있으며, 이 경우는 입체특이적 시스부가(**그림 4-2**)로 된다.

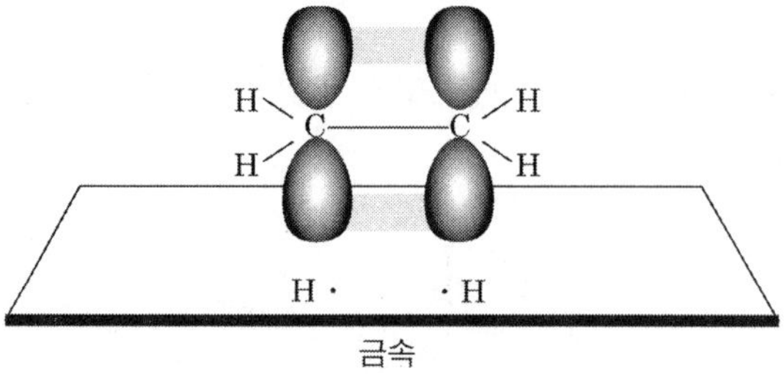

그림 4-2 접촉수소화반응의 모형도

수소화반응이 시스로 일어나는 경향을 에틸렌으로 증명할 수는 없지만, 시스부가를 확실하게 설명할 수 있는 많은 반응 중에서, 시클로헥센의 중수소화와 1,2-디메틸시클로헥센의 수소화의 2가지의 예를 표시한다. 최초의 반응은, 동위원소를 사용하여 입체화학과 생성메카니즘을 결정한 예이다.

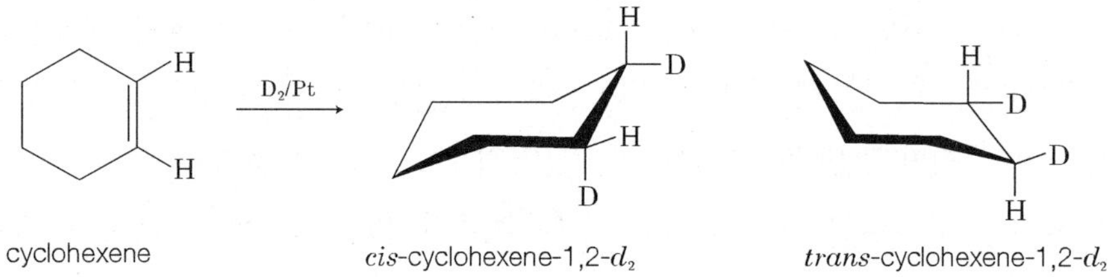

이 아니다.

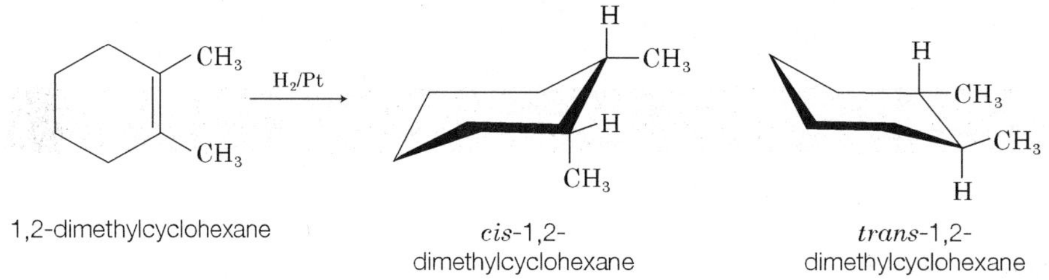

이 아니다.

4-5 Cl_2, Br_2 : 할로겐의 친전자적 트란스부가반응

1,2-디할로겐화물은, 염소 또는 브롬을, 올레핀류에 입체특이적 트란스로 부가하여 제조한다.

일반예 :

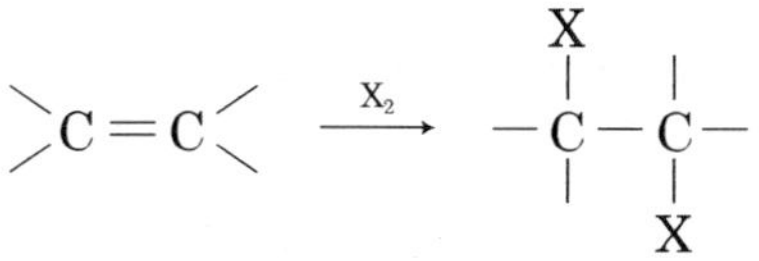

전반응 :

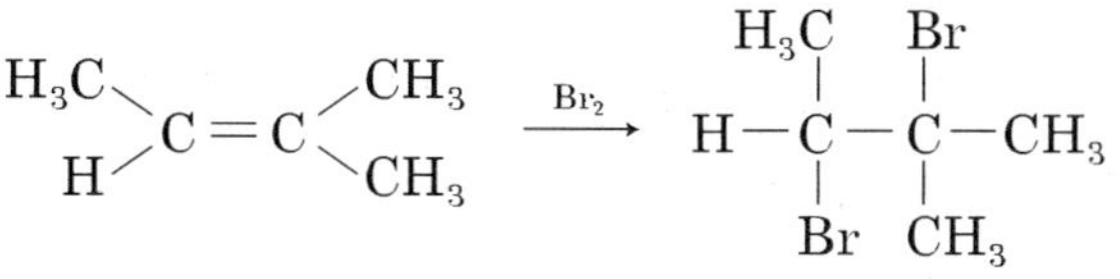

2-methyl-2-butene　　　2-methyl-2,3-dibromobutane

반응메카니즘 :

Step 1: Br—Br ⟶ $[\overset{\delta+}{Br}\cdots\overset{\delta-}{Br}]$ ⟶ $[Br^{+}Br^{-}]$

Step 2:

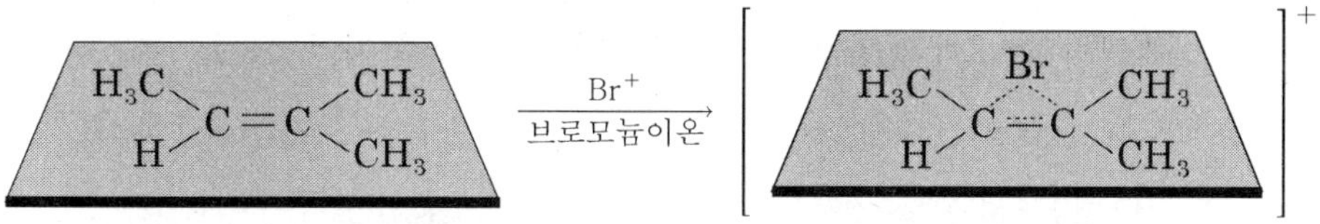

Step 3:

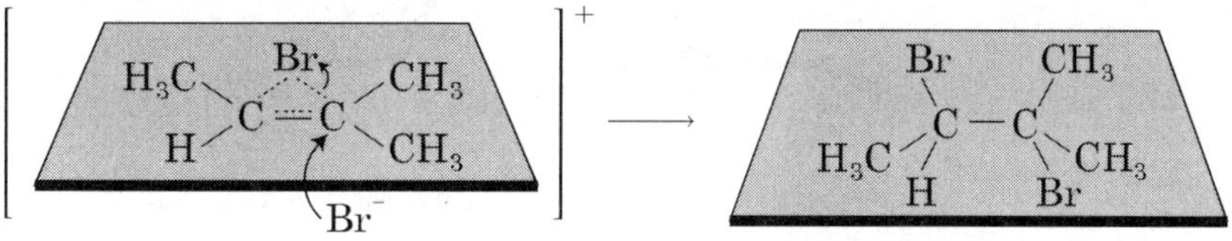

Step 1: 비극성의 할로겐의 분자(X_2)는, 높은 전자밀도의 영역인 이중결합에 접근함에 따라 부분적으로 분극하리라고 생각된다. 물 또는 메틸알코올(CH_3OH)과 같은 극성용매 중에서 반응하는 경우도, 할로겐분자는 어느 정도 분극하고 있으리라고 믿는다.

Step 2: 계속해서 브로모늄이온(브롬양이온 Br^{+}) 혹은 분극한 브롬분자는 이중결합의 전자의 공격을 받아, **환상브로모늄이온** 중간체를 형성하며, 이것은 공명에 의하여 안정화한 혼성체라고 생각된다.

이들 2가지의 구조는, 에너지적으로는 상당히 유사하지만, 확실한 차이가 있다. 3차 카르보늄이온이 혼성에 크게 기여하고 있다고 판단되는 것은 왜일까? 그 이유는 2차 카르보늄이온에서는 단 1개의 메틸기만이 양성 중심에 전자를 방출하고 있지만, 3차 카르보늄이온에서는, 2개의 메틸기가 기여하고 있다.

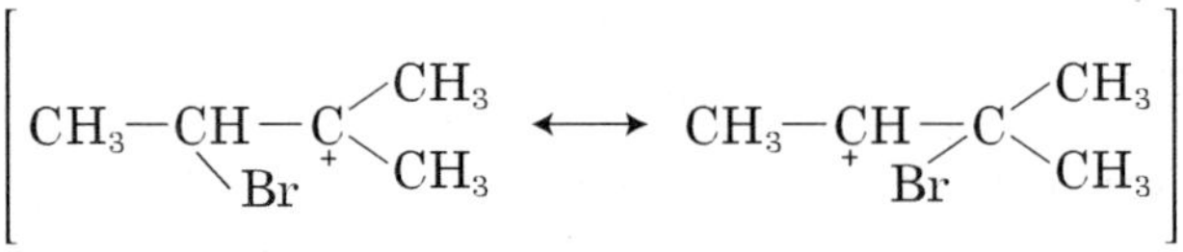

CH3—CH—C+ CH3 CH3 Br
CH3—CH+—C CH3 CH3 Br

3°카르보양 이온구조　　　2°카르보양 이온 구조

Step 3: 최후의 단계에서는, 브롬이온(Br^-)이, 최초의 브롬분자의 반대쪽으로부터 가장 낮은 전자밀도를 갖는 3차 탄소를 공격하여, 트란스체를 생성한다. 이 "후면공격"메카니즘에서는, 예를 들면 에틸렌과 같은 알켄의 브롬화에서 Na^+Cl^-이 존재하면, 어느 정도의 1-브로모-2-클로로에탄이 생성할 것으로 예상되며, 실제로 그것이 관찰된다.

이 반응에 있어서 트란스부가의 메카니즘을 확증하기 위하여, 특히 시클로헥센과 할로겐과의 반응을 취하여 보기로 하자.

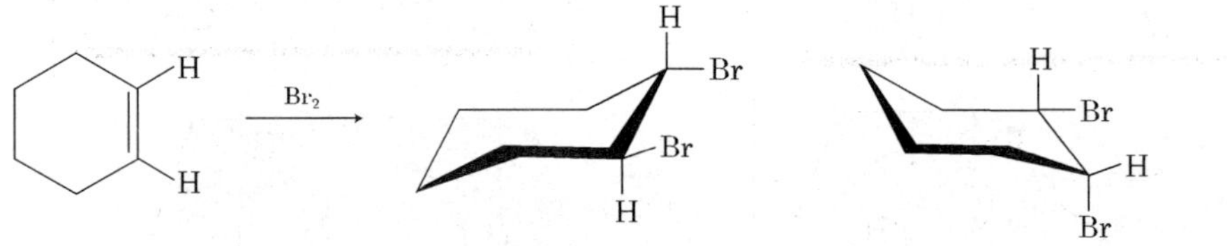

H
H
Br2
H
Br
Br
H
H
Br
H
Br

이 아니다.

cyclohexene　　*trans*-1,2-dibromocyclohexane　　*cis*-1,2-dibromocyclohexane

4-6 KMnO₄ : 알켄의 산화반응

온화한 조건하에서, 통상 0~5℃의 묽은 알칼리용액 중, 과망간산칼륨($KMnO_4$)은 이중결합과 **반응**하여 1,2-디올을 생성한다.

$$CH_3CH{=}CH_2 \xrightarrow[0℃]{\text{묽은 }KMnO_4} \underset{\displaystyle OH}{CH_3CH}-\underset{\displaystyle OH}{CH_2} + \text{더욱 산화된 화합물}$$

1,2-propanediol

디올은 또한 **글리콜**(glycol)이라고도 말하며, 그 수산기가 인접하는 탄소에 존재하는 경우 **비시널**(vicinal)디올 또는 **비시널**글리콜이라고 말한다. 입체 화학적으로 반응은 시스부가이며, 아마 환상전이상태를 경유하고, 계속해서 디올로 가수분해되리라고 생각된다.

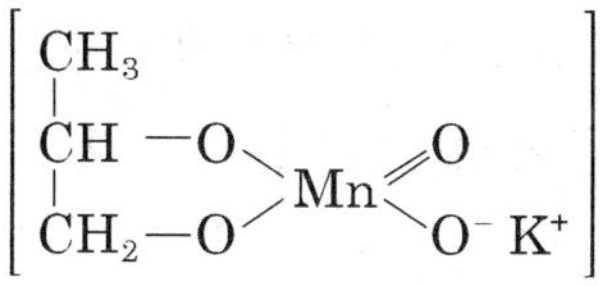
CH3
CH —O
Mn
=O
CH2—O
O⁻ K⁺

일반적으로 중간에 생성하는 디올 또는 디알데히드는, 출발물질인 올레핀과 같든지 그것보다 빠르게 산화되기 때문에, 이 방법에 의한 디올의 합성은 가장 좋은 수단이 아니다. 만일 생성하는 알코올을 계외로 제거하면서 산화하기도 하고, 실온(혹은 그 이하)에서 염기를 사용하여 산화를 제한하는 것과 같은 특별한 주의를 하지 않으면 복잡한 혼합물을 생성한다.

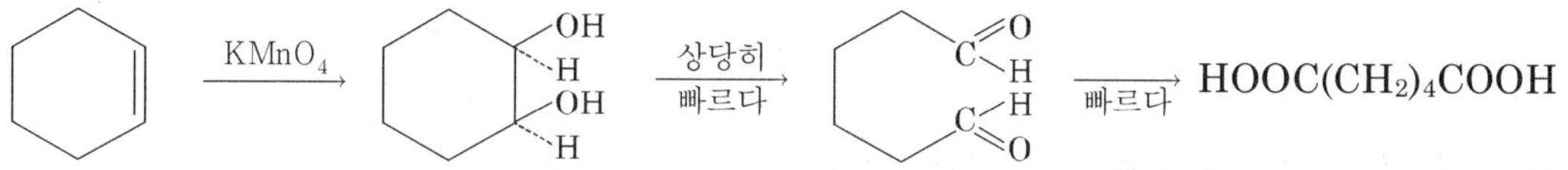
KMnO4
OH
H
OH
H
상당히
빠르다
C
O
H
빠르다
HOOC(CH2)4COOH

cis-1,2-cyclohexanediol (비시널글리콜의 일종)　　adipaldehyde (디알데히드의 일종)　　adipic acid (디카르복실산의 일종)

과망간산염에 의한 산화의 주요한 용도는, 카르복실산 또는 케톤류의 합성 및 구조 결정을 돕는 경우 등이다. **강력한 조건하**(고농도의 과망간산염, 가열)에서 알켄과 $KMnO_4$ 로부터 생성하는 생성물은, 원래의 올레핀의 구조에 의존한다. 말단올레핀의 탄소(=CH_2)는 이산화탄소로까지 산화된다. 1치환알켄의 탄소(=CHR)는 카르복실산($R-CO_2H$)으로 되며, 그 염을 생성한다. 2치환알켄의 탄소(=CR_2)는 케톤(R_2C=0)을 생성한다(**표 4-2** 참조). 환상모노올레핀류에서는, 생성물은 원래의 탄소원자를 모두 보유하고 있다. 만일 처음에 옥살산(HOOC-COOH)이 생성하면, 이 조건에서는 더욱 산화되어 2분자의 이산화탄소로 된다. 포름산(HCOOH)도 마찬가지로 산화된다. 벤젠환과 같은 방향족 화합물에 결합하고 있는 알킬기(특히 메틸기)는, 산화되어 그에 상당하는 방향족 카르복실산을 생성한다. 이 방향환계의 안정성은 환원조건하(7-4절)에서의 안정성과 유사하다.

4-7 O_3 : 오존분해반응

산소로부터 제조되는 오존(O_3)도 구조결정에는 특히 유용하다.

$$3O_2 \xrightarrow[\text{수량 } 4 \sim 6\%]{\text{무성방전}} 2O_3$$

알켄류는 오존과 빠르게 더욱 정량적으로 반응하여, 무색의 중간체인 오조니드를 생성한다. 알켄과 이 강력한 산화제인 오존으로부터 생성하는 오조니드 중간체는 가끔 폭발하기 때문에, 단리하지 않고 용액 중에서 직접 분해시킨다. 환원조건하(Zn/H_2O)에서 오조니드는 알데히드를, 또한 산화조건하(H_2O_2)에서는, 그에 상당하는 카르복실산을 생성한다. 2치환올레핀탄소는 케톤을 생성한다.

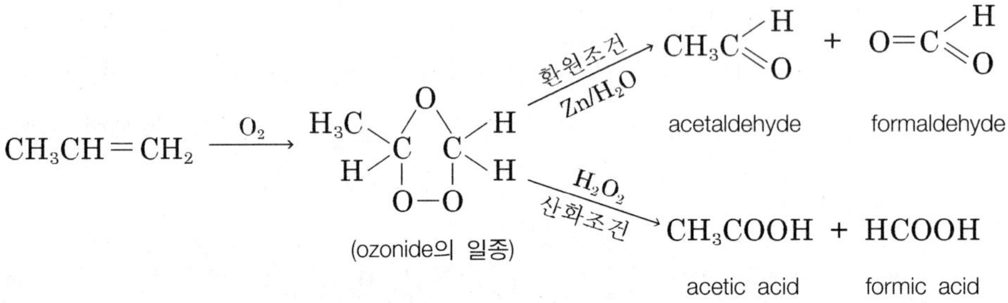

CH3CH=CH2
O2
(ozonide의 일종)
환원조건
Zn/H2O
CH3C
H
O
O=C
acetaldehyde
formaldehyde
H2O2
산화조건
CH3COOH + HCOOH
acetic acid
formic acid

구조 연구의 경우 불포화도의 결정에서는, $KMnO_4$ 또는 O_3 산화 대신에 수소화반응(2-9절)의 자료를 이용할 수가 있다.

표 4-2 $KMnO_4$산화의 예

	주
$CH_3-CH \vdots CH \xrightarrow[\Delta]{KMnO_4} CH_3CO_2H + CO_2\uparrow$	이 탄소는 생성물로서 단리되지 않는다.
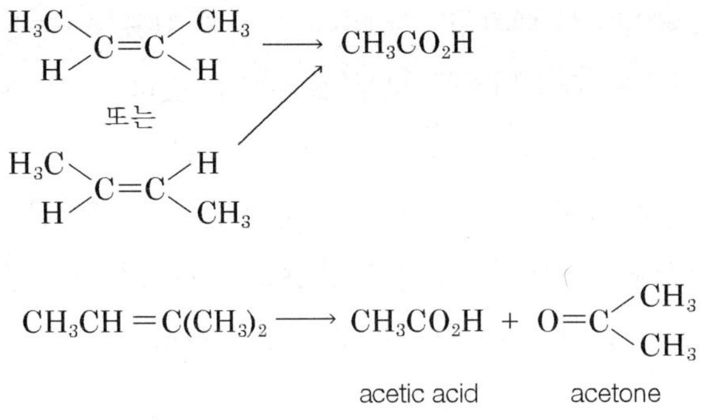	생성물은 1가지뿐 : 단, 출발 올레핀 1몰당 2몰의 산을 생성
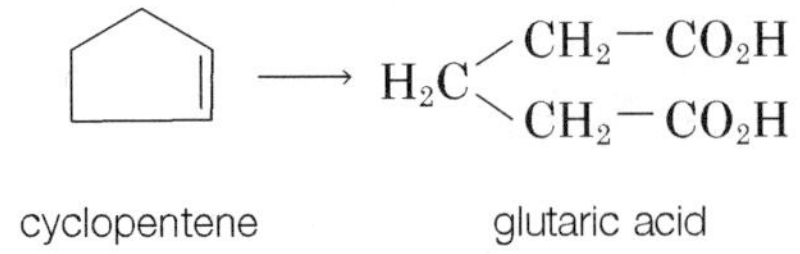	생성물은 1종류뿐, 이것은 원래의 탄소원자를 모두 보유하고 있다.
$CH_2=CH-CH=CH_2 \longrightarrow$ 다만 $CO_2\uparrow$	왜일까?

	주
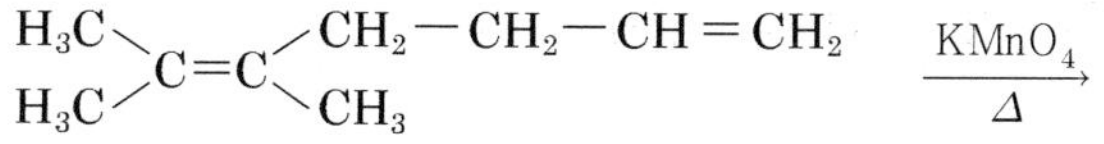 5,6-dimethyl-1,5-heptadiene 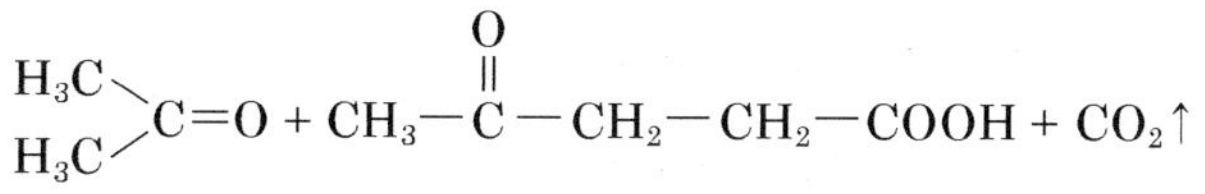 acetone 4-ketopentanoic acid	
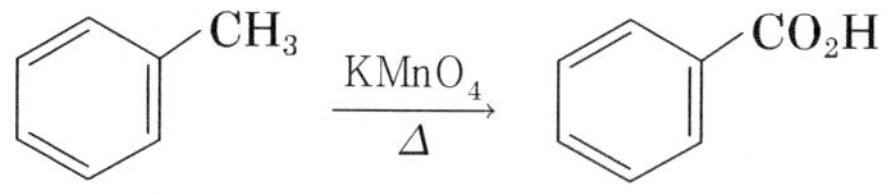 toluene benzoic acid 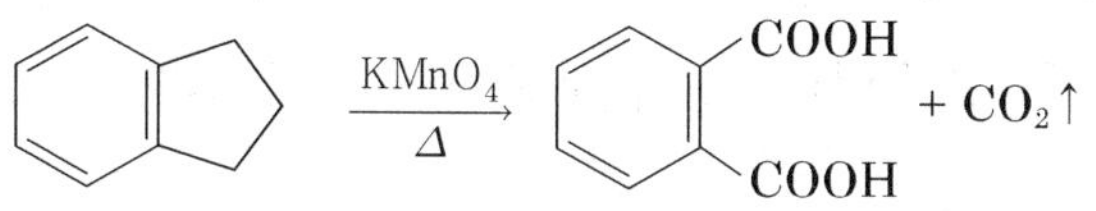 indane phthalic acid	방향환의 안정성에 주목

화합물 X(C_6H_{10})는 오존분해와 환원적인 후처리에 의하여, 포름알데히드와 비아세틸을 생성했다. 그 구조를 추론하여라.

$$\underset{C_6H_{10}}{X} \xrightarrow[2.\ H_2O/Zn]{1.\ O_2} CH_2O + CH_3-\overset{O}{\overset{\|}{C}}-\overset{O}{\overset{\|}{C}}-CH_3$$

얻어진 생성물은, 최초에 있었던 6개의 탄소 중에서 5개분밖에 상당하지 않는다. 따라서 비아세틸 1몰당, 2몰의 CH_2O가 생성하리라고 생각된다. 더욱, 6개의 탄소를 갖는 알칸동족체는 C_6H_{14}이며, 그에 상당하는 알켄동족체는 C_6H_{12}이기 때문에, C_6H_{10}은 아래에 대별한 것 중에서 어떤 1개에 해당하지 않으면 안 된다.

1. 이중결합 2개
2. 이중결합 1개와 고리 1개
3. 고리 2개
4. 삼중결합 1개

따라서, 다음과 같이 쓸 수 있다.

$$\underset{C_6H_{10}}{X} \longrightarrow 2CH_2O + CH_3-\underset{\underset{O}{\|}}{C}-\underset{\underset{O}{\|}}{C}-CH_3$$

때문에

$$CH_3-\underset{\underset{O}{\|}}{C}-\underset{\underset{O}{\|}}{C}-CH_3 \longleftarrow CH_3-\underset{\underset{H_2C}{\|}}{C}-\underset{\underset{CH_2}{\|}}{C}-CH_3$$

이것은 X이다(명명하라)

$$+ \quad \overset{O}{\overset{\|}{H_2C}} \quad \overset{O}{\overset{\|}{CH_2}}$$

화합물Y(C_7H_{10})는 오존분해와 환원적 후처리로서 OHC-CHO와 $(CH_3)_2C(CHO)_2$를 생성한다. 또한 Y는 용이하게 2몰의 수소를 흡수한다. Y의 구조를 표기하여라.

4-8 할로겐화수소의 부가반응 : Markownikoff의 규칙

이중결합에의 할로겐화수소의 부가는, 프로톤이 친전자적으로 부가하고, 계속해서 할로겐이온의 후면공격으로 일어난다. 이 메카니즘은 할로겐화반응의 경우와 유사하다(4-5절).

일반예 :

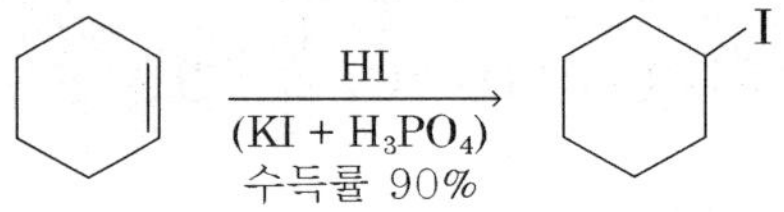
HI
(KI + H3PO4)
수득률 90%
I

cyclohexene

$$(CH_3)_2C=CH_2 \xrightarrow{HCl} (CH_3)_2\underset{\underset{Cl}{|}}{C}-CH_3 + (CH_3)_2\underset{\underset{H}{|}}{C}-CH_2Cl$$

주생성물 　 부생성물

전반응 :

$$CH_3-CH=CH_2 \xrightarrow{HBr} CH_3-\underset{\underset{Br}{|}}{CH}-CH_3 + CH_3-CH_2-CH_2Br$$

2-bromopropane 주생성물 　 1-bromopropane 부생성물

반응메카니즘 :

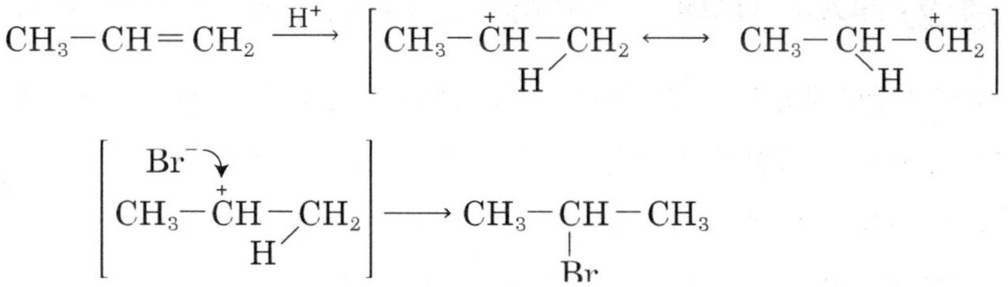

2종류의 생성물을 생성할 가능성이 있는 경우에는, 부가가 **어떻게** 일어나는지 규정할 필요가 있다. 이 문제는, 중간체에 기여하는 이온공명구조를 고려하면 해결된다. 생각되는 2가지의 공명구조 Ⅰ, Ⅱ 중에서, 2차 카르보늄이온의 안정성은 1차의 것에 비하여 크기 때문에, 구조Ⅱ는 1차 카르보늄이온과 비교하여 보다 크게 기여를 한다.

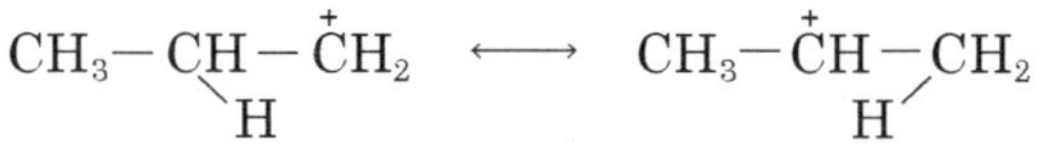

Ⅰ　　　　Ⅱ

Br^-의 공격은 C_2위치에서 우선한다. 이 추론의 근거는 알킬기의 전자공여성에 기인하고 있으며, Marknownikoff규칙으로 알려져 있다.

비대칭인 부가시약의 보다 양성인 부분은, 보다 많은 수소원자를 가지고 있는 알켄의 탄소에 부가한다(따라서 그 탄소에는, 카르보늄중간체를 안정화시키는 것과 같은 알킬치환기의 수가, 다른 탄소보다 적다).

규칙을 간단히 기억하는 데 그치지 말고, 그 타당성의 기초가 되고 있는 이유를 확실하게 이해한다. 1-메틸시클로헥센에 할로겐화수소가 부가하는 반응에서는 입체화학을 밝힐 수 없지만, 1-메틸시클로헥센 2-d를 사용하면, 이 설명에 적합하다.

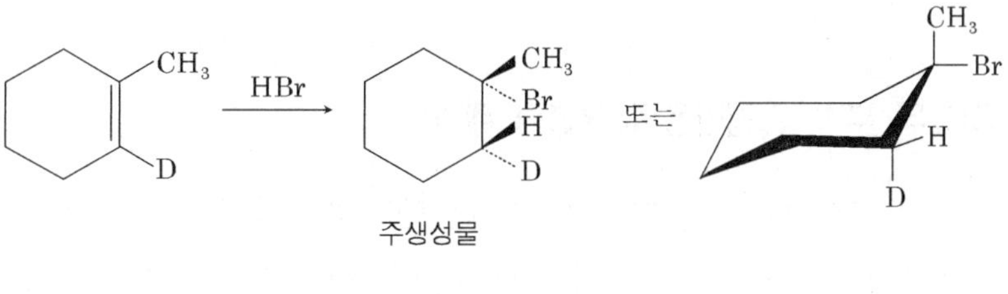

주생성물

4-9 HOCl, HOBr : 하이포할로겐화수소산류의 친전자적 트란스부가반응

하이포할로겐화수소산(HOX)은, 수중에서는 $HOX \rightleftharpoons H^+ + OX^-$과 같이 해리하고 있는 약산이지만, 올레핀과의 반응에서는, H–O 결합보다 오히려 O–X 결합에서 절단한 것이 반응한 생성물을 생성한다. $HO^{\delta -}-X^{\delta +}$와 같은 분극상태로부터, X^+ 혹은 이와 같은 양성인 할로겐종이 최초로 이중결합을 공격하는 것을 알 수 있다. 하이포할로겐화수소산에서는, 할로겐원자가 +1의 산화수를 가지고 있는 것에도 주의할 것.

예

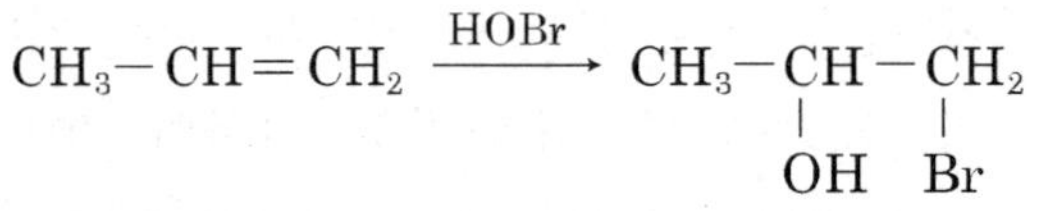

propene　　1-bromo-2-propanol (bromohydrin의 일종)

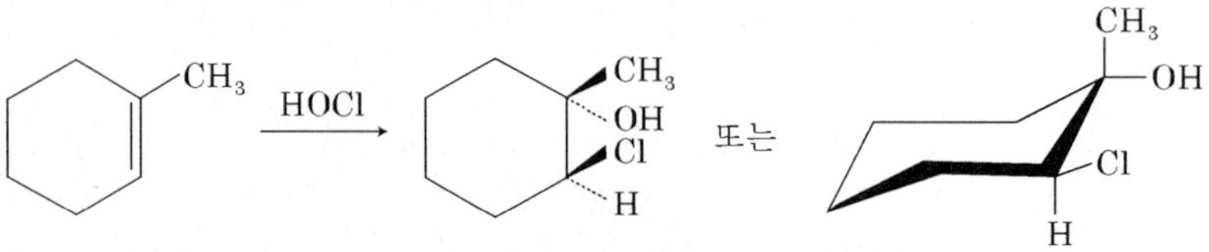

methylcyclohexene　　1-methyl-*trans*-2-chlorocyclohexanol (chlorohydrin의 일종)

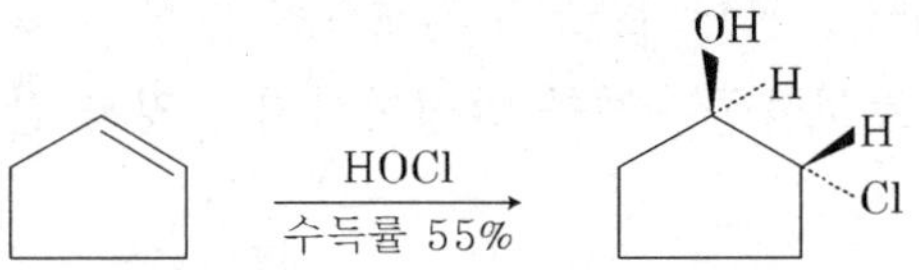

cyclopentene　　*trans*-2-chlorocyclopentanol

위의 2가지 예의 반응메카니즘을 알기 쉽게 도시하여라.

4-10 H_2SO_4의 부가 : 에탄올의 공업적 제법

황산도 또한 올레핀결합에 부가한다. 특히 에틸렌과의 반응은, 합성에틸알코올 제조의 중요한 공업적 프로세스로 되어 있다. 이와 같은 방법으로, 이소프로필알코올을 프로펜으로부터 제조할 수 있다.

$$CH_2{=}CH_2 \xrightarrow{H_2SO_4} CH_3-CH_2OSO_2OH \xrightarrow[\Delta]{H_2O} CH_3CH_2OH + H_2SO_4$$

물은 직접 올레핀에 부가하기 어렵지만, 황산의 부가로 생성하는 극성이 높은 중간체(모노에틸술페이트)를 그에 상당하는 알코올로 가수분해할 수가 있다. 이와 같이 올레핀류는, 진한 황산과 반응하여 용해한다. 즉 카르보늄이온 중간체 또는 황산에스테르는, H_2SO_4에 가용이다.

4-11 HBr의 부가 : 과산화물효과

공기 또는 과산화물의 존재하에서 올레핀에 HBr이 부가할 때, 부가는 이온메카니즘보다 오히려 프리라디칼메카니즘으로 일어난다.

이온반응메카니즘 : $CH_3-CH=CH_2 \xrightarrow[O_2(\text{공기})\text{없음}]{HBr} CH_3-\underset{\underset{Br}{|}}{C}H-CH_3$

라디칼반응메카니즘 : $CH_3-CH=CH_2 \xrightarrow[O_2\text{또는 과산화물}]{HBr} CH_3-CH_2-\underset{\underset{Br}{|}}{C}H_2$

주생성물은 Markownikoff**형 부가**로부터 기대되는 것과 다르기 때문에, 이 라디칼반응은 anti-Markownikoff**형 부가**로서 알려져 있다. 이 반응은 과산화물 또는 라디칼원의 공존에서 비로소 일어나기 때문에, 이 현상을 **과산화물효과**(peroxide effect)라고 말한다. 과산화수소(HOOH), 산소(즉 공기), 과산류(R-COOOH) 및 -O-O-결합을 갖는 화합물이, 통상 라디칼반응의 개시에 사용된다. 이 장에서 해설한 것 중에서는, 브롬화수소만이, 이와 같은 거동을 나타내는 공통인 부가시약이다.

주생성물을 얻는 데는 프리라디칼시약이 흔적량밖에 요구되지 않기 때문에, 이 메카니즘은 알칸의 광화학적 할로겐화반응의 것(2-6절)과 마찬가지로, 연쇄반응으로서 표시할 수 있다.

개시 : $HO-OH \xrightarrow[h\nu]{\Delta\text{ 또는}} 2HO\cdot$ (hydroxyl radical)

$HO\cdot + HBr \longrightarrow H_2O + Br\cdot$

성장 : $Br\cdot + CH_3-CH=CH_2 \longrightarrow [CH_3-\dot{C}H-CH_2Br]$

$[CH_3-\underset{\cdot}{C}H-CH_2Br] + HBr \longrightarrow CH_3CH_2CH_2Br + Br\cdot$

위에 표시한 유기라디칼이, 다른 가능한 것보다 안정한 것은 왜일까? 이들 2가지의 단계는 몇 번이고 반복된다.

정지 : $2HO\cdot \longrightarrow H_2O_2$

$HO\cdot + Br\cdot \longrightarrow HOBr$

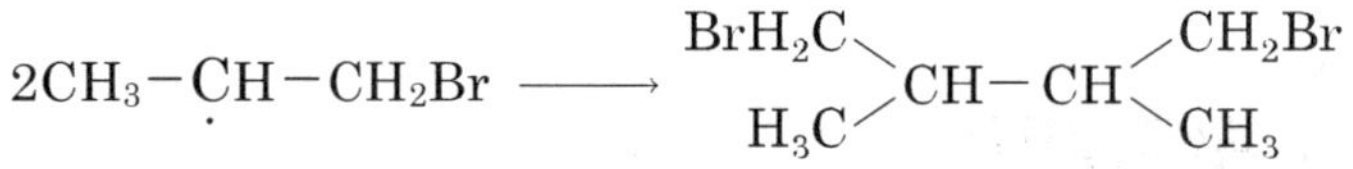

다른 정지반응을 생각나는 대로 들어라.

4-12 하이드로보레이션

anti-Markownikoff규칙 형태의 시스가수반응으로 알코올을 생성한다. 편의상, 염화알루미늄(Al_2Cl_6)을 실험식 $AlCl_3$로 나타내고, 디보란(B_2H_6)도 단순히 BH_3로서 표시하기로 한다. 디보란은 많은 방법으로 제조할 수 있지만, 그 중에서 2가지는 아래에 표시하는 것이다.

$NaBH_4 + AlCl_3 \longrightarrow BH_3$

수소화붕소나트륨 (sodium borohydride)

$NaBH_4 + F_3B{:}O(CH_2CH_3)_2 \longrightarrow BH_3$

3 플루오르화붕소에테레이트 (boron trifluoride etherate)

수소화붕소나트륨과 삼플루오르화붕소는 모두 시판되고 있다.

디보란의 붕소-수소결합은, 탄소-탄소 이중결합에 부가하여 중간체의 알킬보란을 생성하며, 이것은 염기성 조건하에서 과산화수소로서 용이하게 산화되어 알코올을 생성한다.

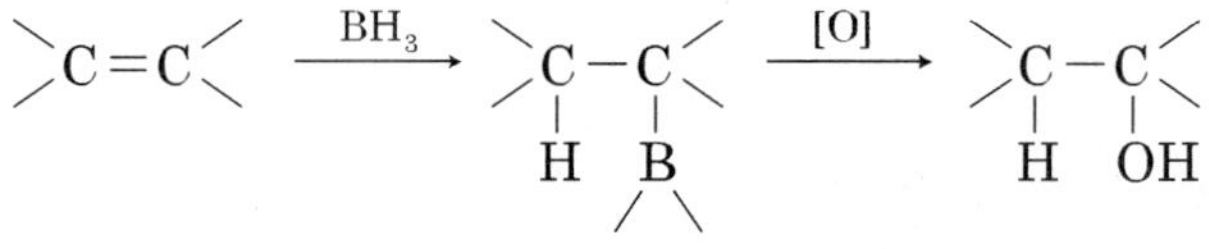

반응의 최초의 단계에서, BH_3는 알켄과 실온에서 반응하여 알킬보란을 생성한다. 단순한 1치환 및 2치환올레핀은 트리알킬보란(R_3B)을, 3치환올레핀은 디알킬보란(R_2BH)을, 4치환 올레핀과는 한 개의 수소만이 치환한 RBH_2를 생성한다.

일반예 : $CH_2{=}CHR \xrightarrow{BH_3} B(CH_2CH_2R)_3$

구체예 : $CH_2{=}CH(CH_2)_3CH_3 \xrightarrow{BH_3} B(CH_2CH_2CH_2CH_2CH_2CH_3)_3$

1-hexene　　　　tri-*n*-hexylborane

이 반응은 시스부가이며, 사중심전이상태가 타당한 메카니즘이라고 생각된다.

반응메카니즘 : 알킬기의 전자공여성효과에 주의할 것.

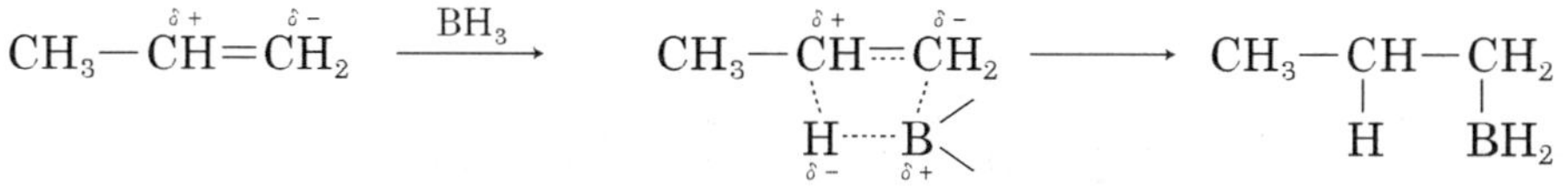
CH3−CH=CH2
δ+
δ−
BH3
CH3−CH=CH2
H
B
CH3−CH−CH2
H
BH2

더욱 올레핀 2몰과 반응한다.

시스부가의 입체화학과 그 양식은, 1-메틸시클로펜텐 또는 1-메틸시클로헥센으로 설명된다.

예

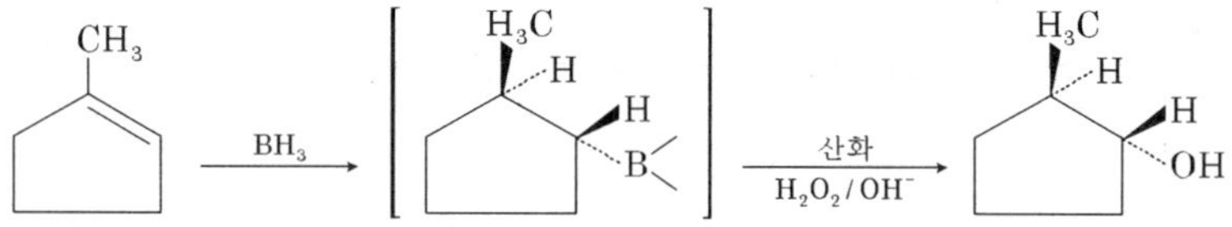
CH3
BH3
H3C
H
H
B
산화
H2O2/OH−
H3C
H
H
OH

1-methylcyclopentene　　　　*trans*-2-methylcyclopentanol

반응의 제2단계인 염기중 30% H_2O_2로서의 알킬보란의 산화는 전위를 동반하지 않고, 보통은 거의 정량적이며, 알코올의 입체화학은 알킬보란의 입체화학과 같다. 이 산화를 위하여 알킬보란을 분리할 필요는 없으며, 2개의 과정을 하나의 플라스크 내에서 행할 수 있다.

생성물의 비율은, 알킬기의 크기에 의한 것만이 아니고, 그들의 전자를 밀어내는 능력에도 의존하고 있다. 그러나 3치환올레핀에서는, 수산기는 오히려 치환기가 적은 탄소원자상에 온다(**표 4-3** 참조).

이들 2가지의 반응은 anti-Makownikoff형으로 H_2O를 이중결합에 선택적으로 시스부가시키는 방법으로서 유용하다.

표 4-3 알켄의 하이드로보레이션의 예

말단올레핀류 : 1차알코올류

$$CH_2{=}CHCH_2CH_2CH_2CH_2 \xrightarrow[2.\ H_2O_2/OH^-]{1.\ BH_3} \underset{OH}{CH_2}CH_2CH_2CH_2CH_2CH_3 + CH_3\underset{OH}{CH}CH_2CH_2CH_2CH_3$$

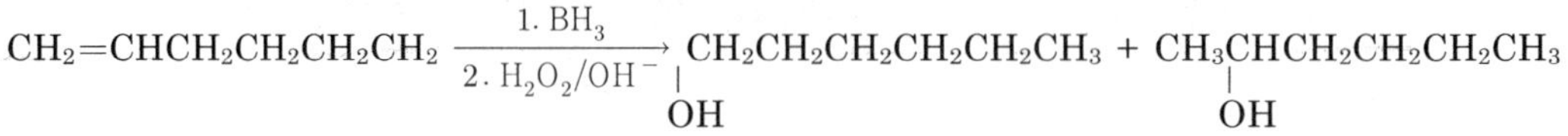

1-hexene → 1-hexenol 94% + 2-hexenol 6%

$$CH_3CH_2\underset{CH_3}{C}{=}CH_2 \xrightarrow[2.\ H_2O_2/OH]{1.\ BH_3} CH_3CH_2\underset{CH_3}{CH}-CH_2OH + CH_3CH_2\overset{OH}{\underset{CH_3}{C}}-CH_3$$

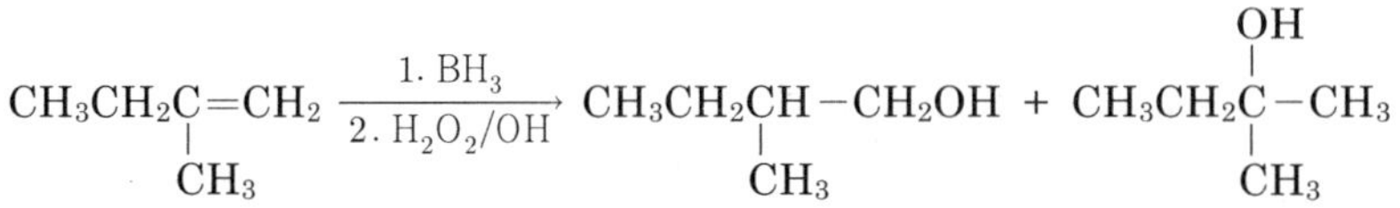

2-methyl-1-butene → 2-methyl-1-butanol 99% + 2-methyl-2-butanol 1%

이치환올레핀류 : 거의 당량인 2종류의 알코올

$$(H_3C-H_2C)HC{=}CH(CH_3) \longrightarrow CH_3CH_2CH_2\underset{OH}{CH}-CH_3 + CH_3CH_2\underset{OH}{CH}-CH_2CH_3$$

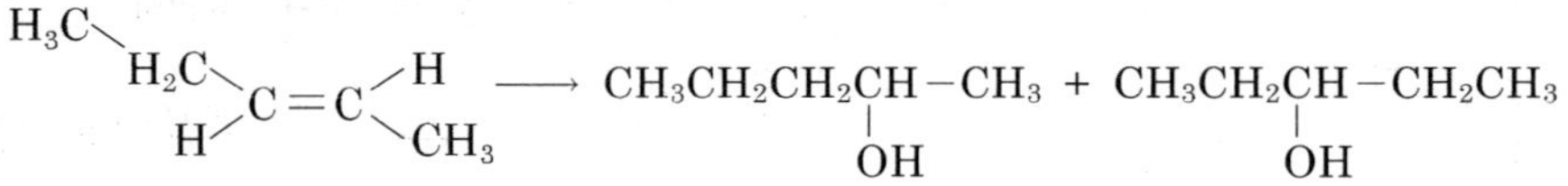

trans-2-pentene → 2-pentanol 51% + 3-pentanol 49%

삼치환 올레핀류 : 치환기가 적은 탄소상의 알코올

$$CH_3-\overset{CH_3}{\underset{CH_3}{C}}-CH{=}\underset{CH_3}{C}-CH_3 \longrightarrow CH_3-\overset{CH_3}{\underset{H_3C}{C}}-\underset{OH}{CH}-\underset{CH_3}{CH}-CH_3 + CH_3-\overset{CH_3}{\underset{CH_3}{C}}-CH_2-\overset{CH_3}{\underset{OH}{C}}-CH_3$$

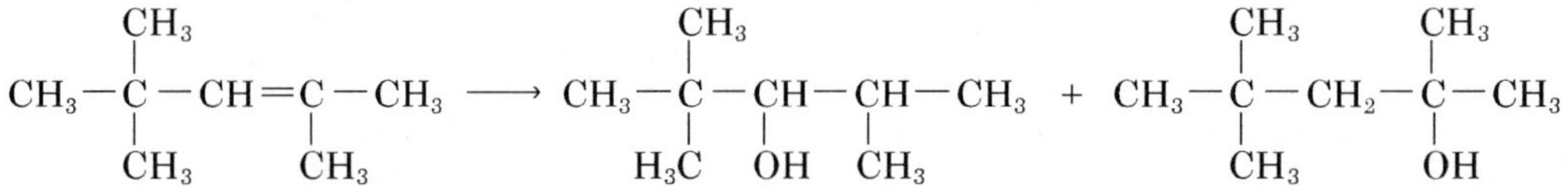

98% / 2%

(이들의 화합물을 명명하여라)

사치환 올레핀류 : 이치환올레핀류와 같다

04 정성분석

알칸류와는 달리, 알켄류는 알킬황산에스테르를 생성하기 때문에 차거운 진한 황산에 용해한다. 과망간산칼륨($KMnO_4$)용액의 색은 진하기 때문에 1~2%의 농도에서도 핑크색이다. 이와 같은 희박용액의 탈색은, 불포화성의 신속한 시험에 이용된다.

$$KMnO_4 \xrightarrow{\text{올레핀}} \text{생성물의 무색용액} + MnO_2\downarrow$$

핑크색~자색 　　　　　　　　　　 미세한 갈색침전

이와 마찬가지로 브롬의 사염화탄소 희박용액은, 적색 또는 적갈색을 나타내고 있지만, 브롬은 올레핀에 부가하기 때문에 빠르게 퇴색한다.

$$Br_2(CCl_4\ 중) \xrightarrow{올레핀} 브롬부가\ 생성물의\ 무색용액$$

적갈색

이들의 시험은 모두, 벤젠 또는 다른 간단한 방향족 탄화수소에 대하여 음성(negative)이지만, 이들의 몇 가지는 황산에 서서히 용해한다.

■ 참고문헌 ■

Diaper, D.G.M.: Ozonolysis, *J. Chem. Educ.*, 44, 354(1967).

Ihde, A.: The Unraveling of Geometric Isomerism and Tautomerism, *J. Chem. Educ.*, 36, 330(1959).

Jones, G.: The Markovnikov Rule, *J. Chem. Educ.*, 38, 297(1961).

Snyder, C. H.: Permanganate Hydroxylation of Alkenes, *J. Chem. Educ.*, 43, 141(1966).

Traynham, J.G.: The Bromonium Ion, *J. Chem. Educ.*, 40, 392(1963).

Walters, E. A.: Models for the Double Bond, *J. Chem. Educ.*, 43, 134(1966).

연습문제

1 다음의 화합물을 명명하여라. 가능한 기하이성체의 수는 몇 개 있는가?

*(a) $CH_3CH_2CH_2CH{=}CHCH_2CH_3$

(b) $CH_3CH{=}CH{-}CH_2CH_2CH(CH_3)CH{=}CH_2$

*(c) $CH_3CH_2\underset{\underset{CH_2}{\|}}{C}CH_2CH(CH_3)CH_2\underset{\underset{CH_2}{\|}}{C}CH_3$

(d) 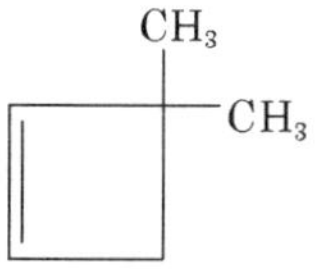

*(e) 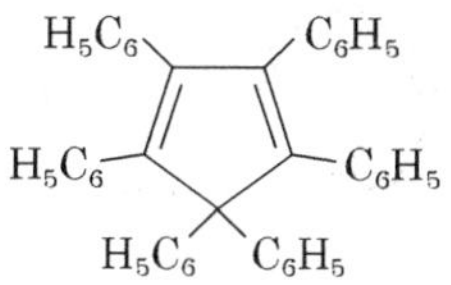

(f) 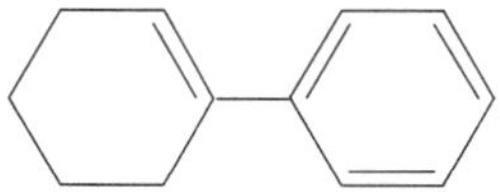

*(g) 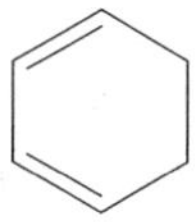

*(h) 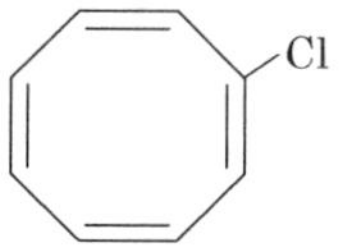

*(i) 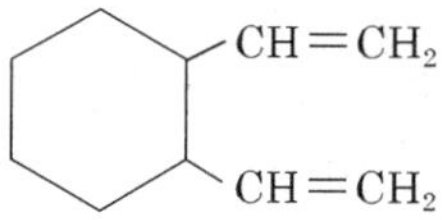

(j) 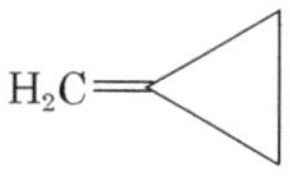

(k) 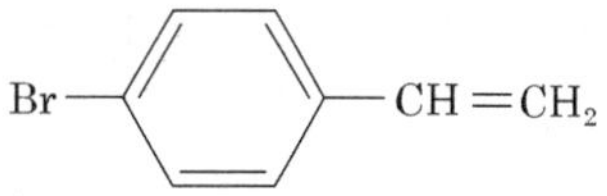

(l) 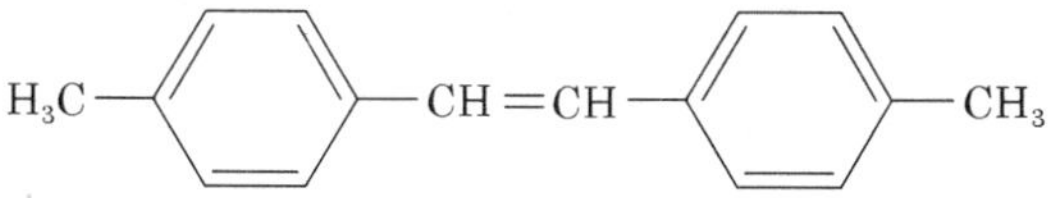

2 다음의 화합물의 구조를 표시하여라.

(a) *trans-3*-nonene

*(b) 1,9-decadiene

*(c) cyclobutadiene

(d) cyclopentadiene

(e) cycloheptatriene

*(f) 2,3-diethylcyclohexene

*(g) allyl bromide

*(h) vinyl chloride

(i) hexavinylbenzene

*(j) cyclohexylcyclohexene

3 **다음의 어떤 화합물도 산촉매에 의한 탈수를 받는다고 가정하여**

*(a) 주생성물은 무엇인가? 또한 그 근거를 설명하여라.

(b) 생성하는 올레핀의 통계상의 비율을 계산하여라.

*(c) 산화토륨상의 탈수에 의한 주생성물을 예상하여라.

(d) 출발물의 알코올류 및 (a)와 (c)에서 얻은 올레핀을 명명하여라.

(i)

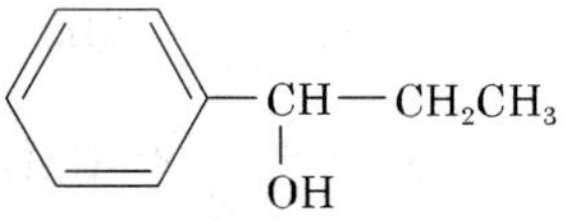

*(ii)

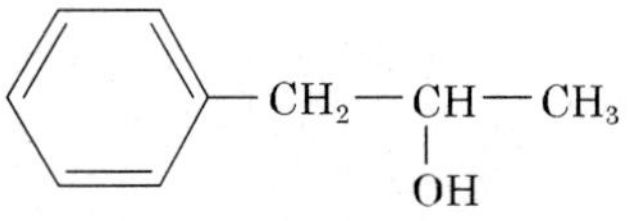

(iii)

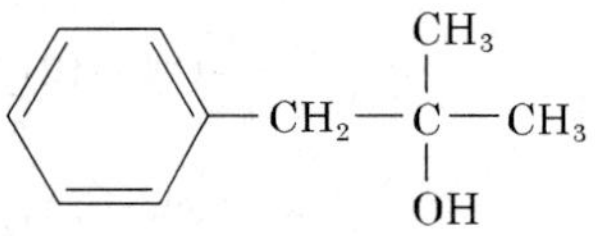

*(iv) $CH_2=CH-CH_2-\underset{\displaystyle OH}{\underset{|}{C}H}-CH_3$

(v) $CH_2=CH-CH_2-\overset{\displaystyle CH_3}{\overset{|}{\underset{\displaystyle OH}{\underset{|}{C}}}}-CH_3$

*(vi)

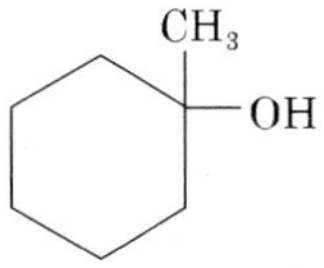

4 순수한 1-옥텐을 얻을 목적으로, 옥탄(b.p. 126°)과 1-옥텐(b.p. 123°)의 혼합물을 분리하는 데는, 아연에 의한 탈할로겐반응을 어떻게 사용하면 좋은지 상세하게 설명하여라. 순수한 옥탄을 얻는 데에는, 이 혼합물을 어떻게 처리하면 좋을까?

***5** 출발원료를 명명하여라. 또 생성물을 명명하고, 그들의 우위인 입체형태를 표기하여라.

(a) 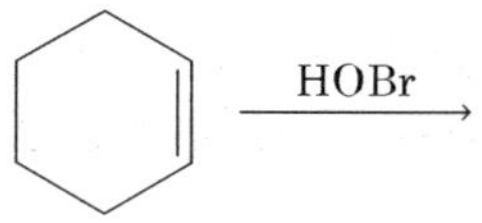

(b) 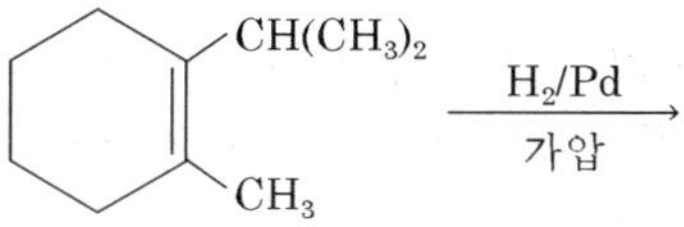

(c) 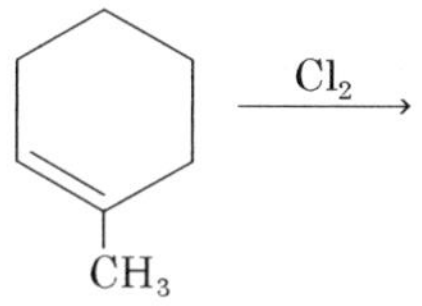

(d) 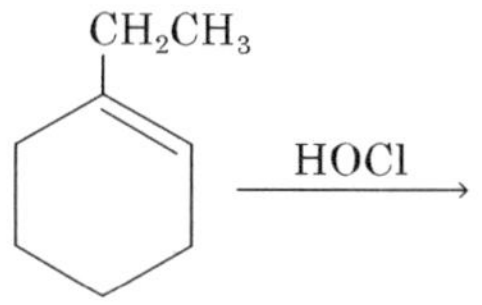

(e) 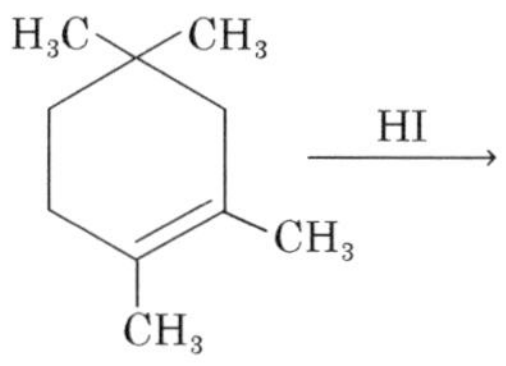

(f) 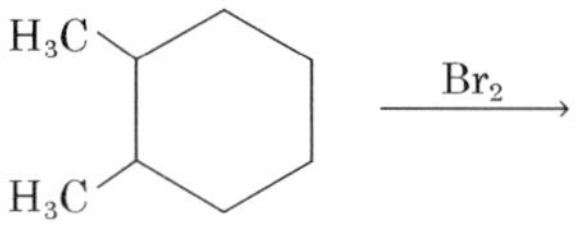

6 제3장 문제 6에 있는 올레핀류에 철저하게 하이드로보레이션(H_2O_2산화에 의한 후처리)을 행한 경우, 기대되는 알코올의 생성비를 예상하여라. 이 경우, 폴리올레핀류에서는 각각의 이중결합에서 독립으로 반응이 일어난다고 가정할 것과, 또한 시스 트란스이성체에 주의할 것.

***7** 어떤 올레핀(C_6H_{12})은 시스 및 트란스형으로 존재 가능하며, CCl_4 중 Br_2으로 처리하면 $C_6H_{12}Br_2$를 생성한다. 이 디브롬화물을 알코올성 KOH로서 처리하여 생성하는 디엔은, $KMnO_4$로서 프로피온산 $CH_3CH_2CO_2H$ 및 CO_2로 산화되었다. 최초의 올레핀의 구조를 써라. 위의 화학적인 성질을 만족하는 구조는 단 1개밖에 없는지 어떤지를 음미하여라.

***8** 에틸렌이 대부분의 과실의 성숙과정을 촉진하는 것으로 알려져 있지만, 이것은 식물조직 중에 있는 금속을 함유하는 수용체에, 에틸렌이 결합하는 성질에 기인한다고 생각되고 있다. 이와 같은 결합은 어떻게 일어나는 것일까?

Chapter

05 알킨(아세틸렌)

01 명명법

탄소-탄소 삼중결합을 갖는 화합물을 **알킨**(alkynes), 혹은 **아세틸렌**(acetylenes)이라고 말한다. 아세틸렌은 또한, 이 C_nH_{2n-2}의 동족계열에 속하는 최초의 화합물명이기도 하다. 알**킨**(알**칸** 또는 알**켄**과 비교할 것)은 불포화로서 부가반응을 받는다. 소원환화합물은 시스이중결합을 함유할 수가 있지만, 8원환은 안정한 트란스 탄소-탄소 이중결합을 가질 수 있는 최소의 고리이다. 동시에 8원환은 안정한 환상아세틸렌을 제조할 수 있는 최소의 물질이기도 하다.

IUPAC명명법과는 별도로, 모체인 아세틸렌에 기인하는 명명법도 사용되고 있다. **표 5-1**에 몇 가지의 예를 들었다. 탄소사슬의 번호에서는 이중결합이 삼중결합에 우선하는 것을 상기할 것.

관용명을 갖는 아세틸렌기로서는, 에틴일(ethynyl, H-C≡C-)과 프로파르길(propargyl, H-C≡C-CH_2-)이 있다.

표 5-1 대표적인 아세틸렌의 구조와 명칭(IUPAC명과 관용명)

H−C≡C−H (ethyne) acetylene	CH_3−C≡C−H propyne methylacetylene	CH_3−C≡C−CH_3 2-butyne dimethylacetylene
CH_3−CH_2−C≡C−H 1-butyne ethylacetylene	CH_2=CH−C≡C−H 1-butene-3-yne vinylacetylene	H−C≡C−C≡C−H 1,3-butadiyne diacetylene

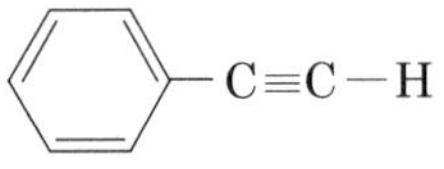

(phenylethyne)
phenylacetylene

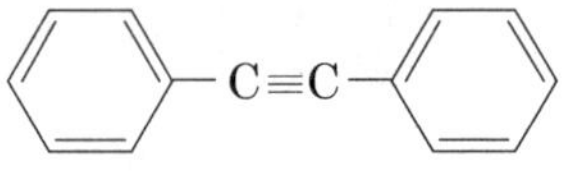

(diphenylethyne)
diphenylacetylene

02 산과 염기

Arrhenius의 개념에 의한 산과 염기는, 단순하며 또한 한정적이다. 산이라고 말하는 것은, 프로톤공여체 혹은 수용액이 H^+을 함유하고 있는 물질이며, 염기라고 말하는 것은, 수산이온(OH^-) 혹은 수용액이 수산이온을 함유하고 있는 물질이다. 보통 산의 예로서는 HCl, HNO_3, H_2SO_4, 아세트산(CH_3COOH) 등이 있으며, 염기의 예는 NaOH, KOH, NH_4OH, 수산화테트라메틸암모늄($(CH_3)_4N^+OH^-$)을 들 수 있다. 산의 1당량과 염기의 1당량의 반응을 **중화**(neutralization)라고 말한다. 간단한 Arrhenius의 개념으로 말하면, 모든 중화반응은 다음 식

$$H^+ + OH^- \rightleftharpoons H_2O$$

으로 표시된다.

Brőnsted와 Lowly는, 산과 염기를 프로톤의 면으로부터 생각하였다. 이 설에서는 산은 프로톤을 줄 수 있는 물질이고, 염기는 프로톤을 받을 수 있는 물질이라고 정의한다. 이것은, **공액산-염기쌍**(conjugated acid-base pair)의 개념을 주었다. 즉 산은 프로톤을 방출하여 공액염기로 되며, 마찬가지로 염기는 프로톤을 받아서 공액산으로 변하는 것을 의미한다.

$$HA \underset{+H^+}{\overset{-H^+}{\rightleftharpoons}} A^-$$

산　　　공액염기

$$B: \underset{+H^+}{\overset{-H^+}{\rightleftharpoons}} HB^+$$

염기　　　공액산

산의 강도는 그 물질이 프로톤을 줄 수 있는 경향의 크기이며, 염기의 강도는 프로톤을 받을 수 있는 경향의 크기이기 때문에, **강한 산에서 어느 정도 그 공액염기의 염기성은**

약해지며, 강한 염기에서 어느 정도 그 공액산의 산성은 약해진다. 이것은 어떠한 중화반응에 있어서도, 그 평형이, 약한 산 또는 약한 염기쪽에 안정되는 것을 의미한다.

강산으로는 $HClO_4$, HCl, HNO_3과 같은 무기산, 또는 유기산 Ar−COOH, R−COOH 등이 있다. 페놀류(Ar−OH)는 중정도 강도의 산에 불과하고, 물 또는 알코올류(R−OH)는 약산, 수소(H_2) 또는 탄화수소(Ar−H, R−H)는 극히 약한 산이다. 매우 강한 염기에는, 거의 모든 카르보음이온(Ar^- 또는 R^-)외에, 수소음이온(H^-)이 있다. 수산이온과 알콕사이드이온($R-O^-$)은 강염기이다. 페녹사이드이온($Ar-O^-$), 카르복실레이트음이온($R-COO^-$), 질산음이온, 염소음이온, 과염소산이온 순서로서 염기성은 감소한다.

G.N Lewis에 의하여 제창된 산과 염기의 보다 확장된 개념에 의하면, **Lewis산은 전자쌍을 받아들일 수 있는 물질이고, Lewis염기는 전자쌍을 줄 수 있는 물질이다.** 이 의미에서 중화반응은, 하나의 산과 하나의 염기로부터 하나의 공유결합이 형성되는 반응이라고 말할 수 있다. 생성물은 가끔 부가물 혹은 **배위복합체**(coordinated complex)라고 불리운다. 즉, Lewis산에는 모든 양이온, 또는 팔전자계를 갖지 않는 원자, 예를 들면 BF_3의 B, $AlCl_3$의 Al, $FeBr_3$의 Fe가 있으며, 더욱 SiF_4의 Si, $SnCl_4$의 Sn과 같이 이용할 수 있는 공(빈)의 d궤도를 가지며, 그 팔전자계를 확장할 수 있는 원자가 포함된다. Lewis염기에는, 음이온류 또는 $:NH_3$, $H_2\ddot{O}:$과 같이 비공유전자쌍을 갖는 원자, 및 $>C=C<$ 또는 $-C\equiv C-$과 같이 다중결합을 갖는 원자가 포함된다.

이상의 설명에서와 같이, 어떤 화합물이 산−염기계 또는 문제로 하고 있는 반응에 의하여, 산으로도 되고 염기도 되는 경우가 많이 있다. 따라서 "화합물 Z는 산이다"라는 표현의 전후관계를 충분히 명기하고, 또한 이해하는 것이 중요하다.

5-1 말단아세틸렌수소의 산성도

제 1 각 보다 위의 각에 대한 원자궤도의 그림에는, s전자가 p전자보다도, 평균해서 핵에 가깝게 존재하고 있다는 것을 상기하자. 따라서, s궤도는 sp혼성궤도보다 전기음성도가 크고, 또한 비교적 다량의 s성을 가지고 있는 sp혼성은, sp^2 또는 sp^3혼성보다 전기음성도가 크다. 따라서 sp혼성궤도를 갖는 탄소원자는 용이하게 음전하를 안정화시킬 수가 있다.

아세틸렌 또는 치환아세틸렌류의 말단수소는, $sp-s$결합으로 탄소와 결합하고 있으며, 그 결과, 약간 산성이다. 아세틸렌의 수소는 알코올성 KOH, 또는 $NaNH_2$와 같은 상당히 강한 염기와 반응하는 것만이 아니고, Ag^+ 또는 Cu^+과 같은 중금속양이온과 반응하여 침전을 생성한다. 이들 물질의 구조 및 약한 산성을 나타내는 수소 **H**−C≡C−**H** 및 **H**−C

$\equiv C-CH_3$를 시안화수소($H-C\equiv N$)와 비교하여라. 더욱이 말단아세틸렌의 수소는, Grignard시약과 반응하여, 에탄(또는 다른 탄화수소)을 방출하고, 새로운 아세틸렌의 Grignard시약을 생성한다. 생성한 시약은 다른 반응에 사용할 수가 있다(9-10절).

$$CH_3-C\equiv H + [CH_3CH_2MgBr] \rightarrow [CH_3-C\equiv C-MgBr] + CH_3-CH_3\uparrow$$

03 합성법

5-2 천연의 원료로부터의 아세틸렌

코크스(C), 석회석($CaCO_3$) 및 물(H_2O)은 가장 풍부한 천연원료이지만, 이들로부터 공업적으로 아세틸렌이 제조된다. 일련의 반응을 생각하면, 적어도 책상 위에서는 매우 지루하더라도, 거의 모든 유기화합물을 코크스, 석회석, 물 및 공기로부터 제조할 수가 있다. 불도 또한 필요하리라고 믿는다.

공업생산 : $CaCO_3 \xrightarrow{\Delta} CaO + CO_2$

$$3C + CaO \xrightarrow[\text{전기로}]{2000°\text{의}} CaC_2 + CO\uparrow$$

실험실 : $CaC_2 + 2H_2O \longrightarrow H-C\equiv C-H + Ca(OH)_2$

calcium carbide　　　　acetylene

아세틸렌으로부터 각종의 중간적인 시약, 또는 상업제품을 제조할 수가 있다.

5-3 비시널디할로겐화물의 탈할로겐화수소반응

아세틸렌류는, 디할로겐화물을 강염기로 처리하여 합성한다. 이 탈할로겐화수소의 반응메카니즘은, 할로겐화알킬로부터 올레핀을 제조할 때에 설명한 것과 같다(4-2절 참조). 소량의 Fe^{3+}의 존재하에서, 나트륨과 액체암모니아로부터 제조되는 소듐아미드($NaNH_2$)가, 보통 강염기로서 사용된다.

예

$$Na + NH_3 \xrightarrow[\text{소량}]{Fe^{+3}} NaNH_2 + \frac{1}{2}H_2\uparrow$$

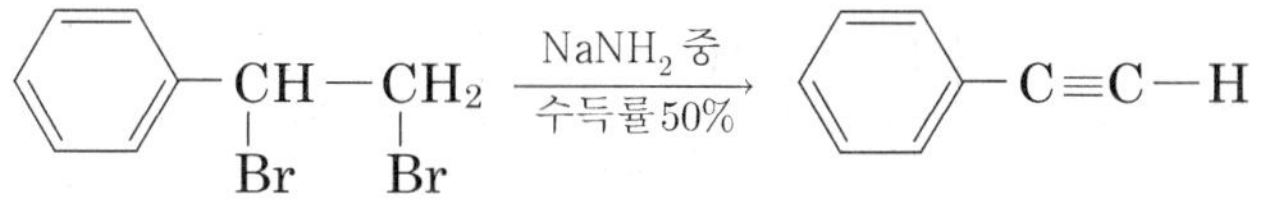

styrene dibromide　　　　　phenylacetylene

$$CH_3(CH_2)_7CH{=}CH(CH_2)_7CO_2H \xrightarrow{Br_2} CH_3(CH_2)_7\underset{Br}{CH}-\underset{Br}{CH}(CH_2)_7CO_2H$$

oleic acid　　　　　9,10-dibromostearic acid

액체암모니아 중 $NaNH_2$ ↓ 60% 수율

$$CH_3(CH_2)_7-C{\equiv}C(CH_2)_7CO_2H$$

stearolic acid

전반응 : $CH_3-\underset{Br}{CH}-\underset{Br}{CH_2} \xrightarrow[\text{혹은}NaNH_2]{\text{알코올성}KOH} CH_3-C{\equiv}C-H$

반응메카니즘 : E_2, 트랜스 탈리

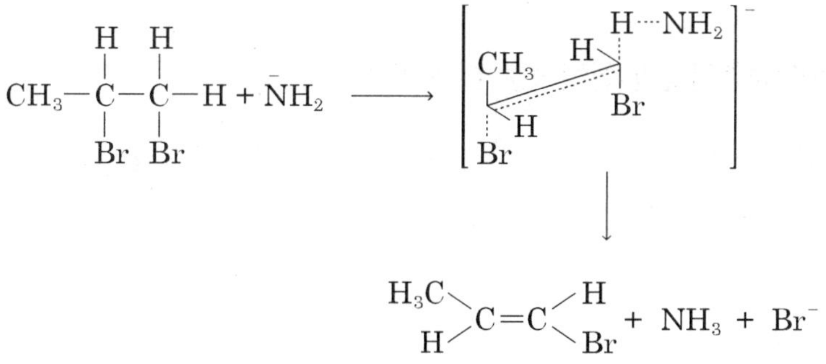

trans-1-bromopropene

반응은 올레핀의 단계에서 정지되지만, 보통은 유기할로겐화물이 존재하지 않을때까지 반응이 계속되고 있다.

$$[CH_3-CH{=}CH-Br] + NH_2^- \longrightarrow CH_3-C{\equiv}C-H + NH_3 + Br^-$$

주요한 부반응 :

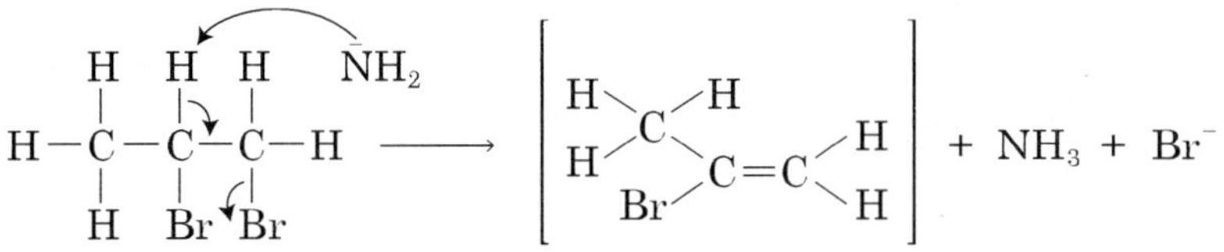

2-bromopropene

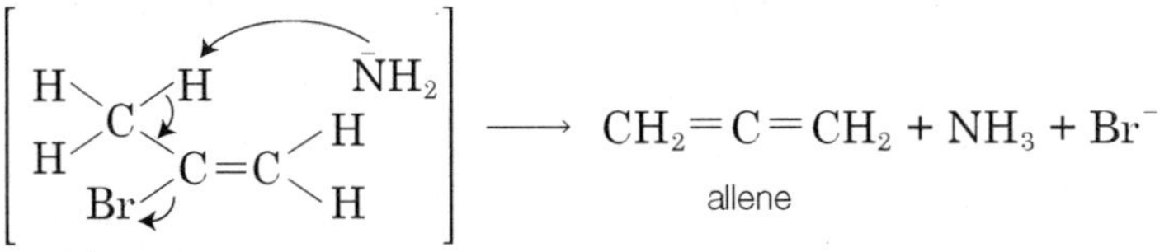

allene

만일 최초에 아미드이온이 2차 탄소상의 수소를 공격하면, 생성하는 중간체는 알릴성의 1차 수소원자를 가지고 있으며, 이것은 계속해서 제2의 아미드이온에 의하여 공격을 받아, 1개의 탄소원자에 2개의 이중결합을 갖는 화합물인 알렌(allene)을 생성한다. 알렌류를 주생성물로서 얻을 수도 있다. 알렌과 아세틸렌은 이들 염기성의 반응조건하에서는 평형에 있으며, 주생성물은 시간, 온도, 용매, 사용하는 염기 및 농도 등의 각각의 반응조건에 좌우된다.

5-4 제미널디할로겐화물의 탈할로겐화수소반응

2개의 같은 치환기가 동일탄소상에 있는 것을, **제미널**치환기(gemini : 쌍둥이에 유래)라고 말한다. 제미널디할로겐화물은, 알데히드 또는 케톤을 PCl_5 혹은 PBr_5와 처리하여 얻어진다.

aldehyde　　ketone

강염기에 의한 E_2탈리는 용이하게 진행하여 아세틸렌류를 생성하며, 여기서도 또한 알렌이 주요한 부생성물이다.

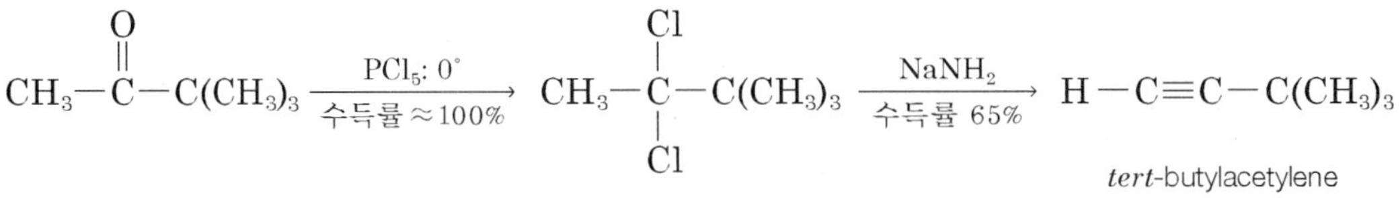

tert-butylacetylene

5-5 1차할로겐화알킬과 금속아세틸리드와의 반응

아세틸렌 H−C≡C−H 및 말단아세틸렌류 R−C≡C−H는, 강염기와 처리함으로써 그에 상당하는 염으로 변환된다. 일반적으로 염기로서는 금속나트륨 혹은 소듐아미드를 사용한다.

$$CH_3-C\equiv C-H + Na \rightarrow CH_3-C\equiv C^{-}Na^{+} + \frac{1}{2}H_2\uparrow$$

$$CH_3-C\equiv C-H + NaNH_2 \xrightarrow[NH_3]{\text{액체암모니아중}} CH_3-C\equiv C^{-}Na^{+} + NH_3$$

제2단계로서는, 거의 대부분의 1차할로겐화알킬을 가해도 좋으며, 할로겐과 교환하여 새로운 탄소-탄소결합을 형성한다.

예

$$CH_3-C\equiv C^{-}Na^{+} + CH_3I \rightarrow CH_3-C\equiv C-CH_3$$

$$H-C\equiv C^{-}Na^{+} + CH_3I \xrightarrow[\text{수득률}]{85\%} H-C\equiv C-CH_3$$

$$H-C\equiv C^{-}Na^{+} + (CH_3)_2CH-CH_2-CH_2Br \xrightarrow[\text{수득률}]{70\%} H-C\equiv C(CH_2)_2CH(CH_3)_2$$

isopentyl bromide　　　　5-methyl-1-hexyne

2차 및 3차할로겐화알킬은 Na, $NaNH_2$ 및 금속아세틸리드와 같은 강염기의 작용으로, 상당히 용이하게 탈리반응을 일으킨다. 방향족 할로겐화물은 일반적으로 치환반응을 일으키기 어렵다.

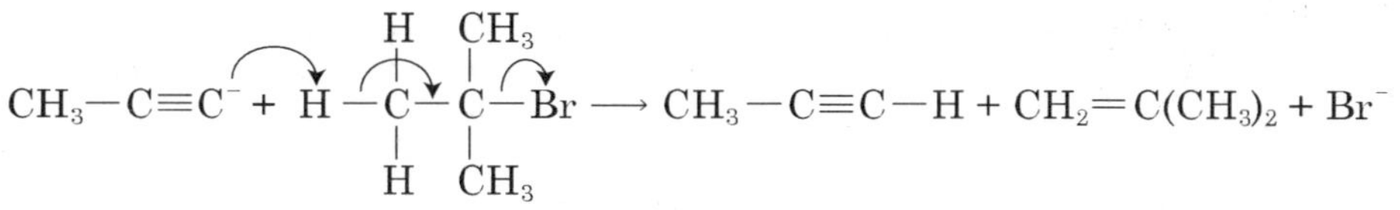

methylacetylide　　*tert*-butyl bromide　　isobutylene

04 반응성

아세틸렌류의 반응은, 주로 삼중결합의 불포화성과, 말단의 아세틸렌성 수소의 약한 산성에 기인하고 있다.

5-6 H_2, X_2, HX, O_3 및 $KMnO_4$와의 반응

이들의 시약은, 알켄류와의 반응과 같은 양식으로 아세틸렌류와 반응한다. 단, 2당량의 시약을 필요로 한다. 반응은 일반적으로 비교적 느리고, 단계적이다. 반응을 중도에서 정지시키면, 기대하는 것과 같이, 입체특이적으로 진행하고 있는 것을 알 수 있다. 예를 들면, 아세트산납으로 활성을 약화시킨 탄산칼슘상의 팔라듐을 특수한 촉매로서 사용하여, 1몰당량의 수소로 아세틸렌을 환원하면, 시스올레핀을 생성한다. 삼중결합의 브롬화는 트란스디브롬화물을 생성하며, 계속해서 사브롬화물을 생성한다(**표 5-2** 참조).

5-7 HCN 및 H_2O와의 반응성: 호변이성

올레핀류에서는 용이하게 부가하지 않는 각종의 단순한 분자, 예를 들면 HCN은 아세틸렌성 삼중결합에 부가한다.

$$H-C\equiv C-H \xrightarrow[Ba(CN)_2]{HCN} CH_2=CHCN$$

acrylonitrile
(vinyl cyanide)
(cyanoethylene)

표 5-2 아세틸렌의 반응 예

Hydrogenation (수소화)	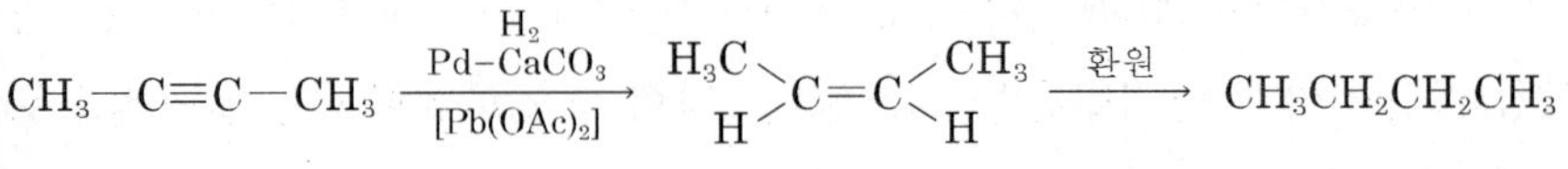
Bromination (브롬화)	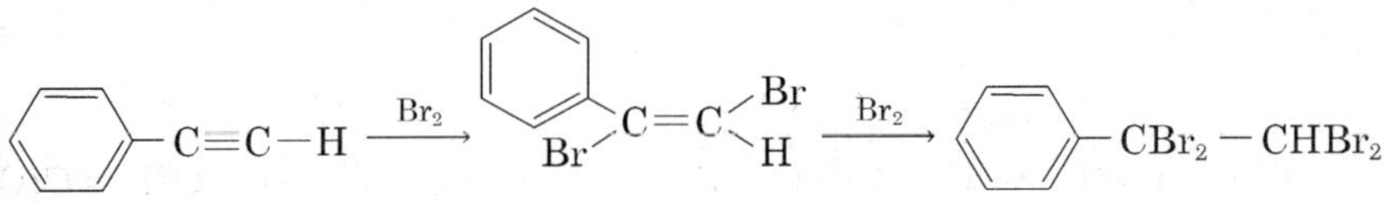
Oxidation (산화)	$CH_3-C\equiv C-CH_3 \xrightarrow[\Delta]{KMnO_4} 2CH_3CO_2H$ 2-butyne　　acetic acid
Addition of HCl (HCl의 부가)	$H-C\equiv C-H \xrightarrow{HCl} CH_2=CHCl \xrightarrow{HCl} CH_3CHCl_2$ acetylene　　vinyl chloride　　1,1-dichloroethane
Ozonolysis (오존산화)	$CH_3-C\equiv C-CH_2CH_3 \xrightarrow[H_2O]{O_3} CH_3COOH + CH_3CH_2COOH$

아세틸렌은 값이 싼 원료로부터 다량으로 입수되기 때문에, 이들의 부가물은 공업 화학적인 중간체로서 중요하다. 특히 흥미있는 것에 아세트알데히드가 있다. 이것은 $HgSO_4-H_2SO_4$촉매계의 존재하에서, 삼중결합에 물을 부가하여 제조한다.

$$H-C\equiv C-H \xrightarrow[Hg^{++}SO_4^{--}]{H_2O;H^+} CH_3-C\begin{matrix}\nearrow O \\ \searrow H\end{matrix}$$

수은(Ⅱ)이온(Hg^{++})이 삼중결합에 배위하여, 물분자의 부가를 용이하게 하고 있다. 중간체의 비닐알코올(CH_2=CHOH)은 불안정하여, 보다 안정한 아세트알데히드로 전위한다.

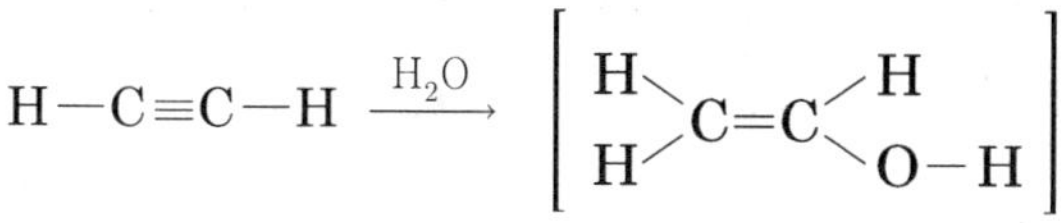

vinyl alcohol (불안정)

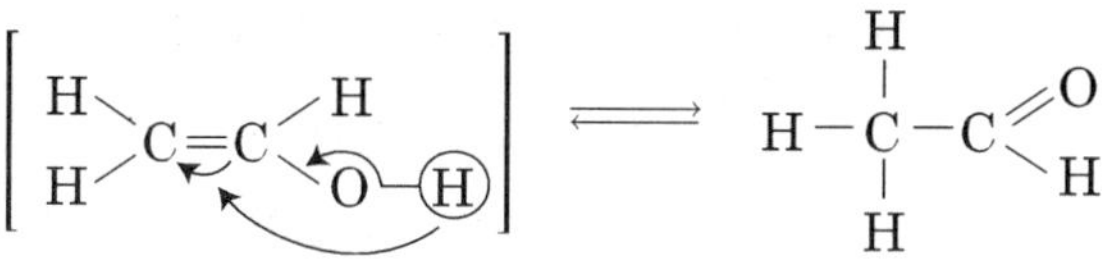

enol form
(엔올형)

keto form(케토형)
acetaldehyde

호변이성 : 이들 2가지의 형, 즉 비닐알코올과 아세트알데히드를 **호변이성체**(tautomers)라고 말하며, 이중결합의 위치(>C=C< 대 >C=O)와 수소의 위치(−OH 대 ≥C−H)가 다르다. 불포화[엔(−ene)의 어미]의 비닐알코올[올(−ol)의 어미]은 **엔올**(enol)형이라고 말하며, 아세트알데히드는 **케토**(keto)형(케톤 $R-\overset{\overset{\displaystyle O}{\|}}{C}-R'$과 비교하여라)이다. 케토형과 엔올형은 평형관계에 있지만, 여기서는 케토형이 주이다. 엔올형이 주인 경우도 몇 가지가 알려져 있다(예를 들면 페놀류). 이들의 형태는 화학적으로 다른 2가지의 화합물로서, 적당한 조건하에서는 분리가능하다.

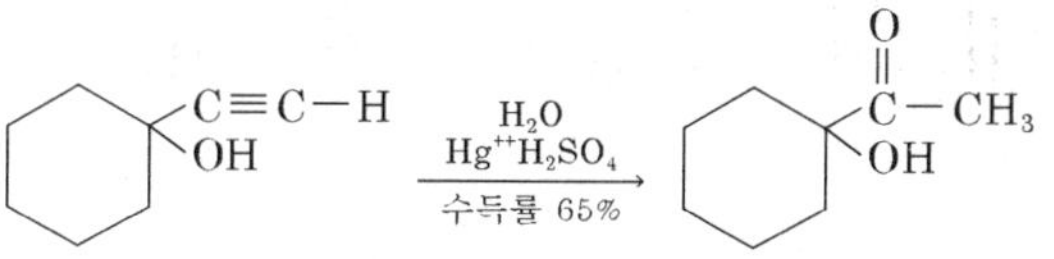

1-ethynylcyclohexanol　　1-acetylcyclohexanol

다음의 반응생성물을 예측하고, 그의 생성형식을 명확하게 하여라.

$$CH_3-C\equiv C-H \xrightarrow[Hg^{++};H_2SO_4]{H_2O}$$

5-8 아세틸렌의 하이드로보레이션

올레핀류가 디보란과 반응하여 **알킬**보란을 생성하는 것과 마찬가지로(4-12절), 아세틸렌류는 **비닐**보란을 생성한다. 이 중간체를 산화하면 중간체의 비닐알코올을 생성하며, 이것은 카르보닐화합물로 호변이성화한다.

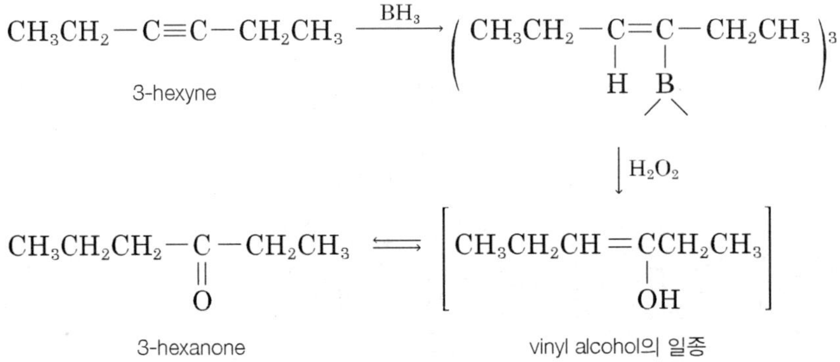
3-hexyne
3-hexanone
vinyl alcohol의 일종

5-9 아세틸렌의 아세틸렌에의 부가반응

아세틸렌은, 서로 부가하여 불포화화합물을 생성한다. 1당량의 아세틸렌을 부가한 후, 반응을 정지시킬 수가 있다.

$$2H-C\equiv C-H \xrightarrow[\text{촉매}]{CuCl_2} H-C\equiv C-CH=CH_2 \xrightarrow[C_2H_2]{CuCl_2} CH_2=CH-C\equiv C-CH=CH_2$$

vinylacetylene (1-buten-3-yne)　　divinylacetylene

비닐아세틸렌의 삼중결합에 HCl이 부가하여 클로로프렌을 생성한다. 클로로프렌은 합성고무, 네오프렌의 구성 단위이다.

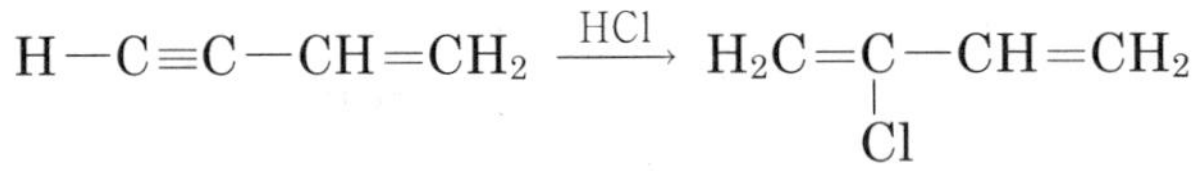

chloroprene

05 정성시험

묽은 브롬(Br_2) 및 과망간산칼륨($KMnO_4$)용액은, 모두 아세틸렌류에 의하여 탈색된다. 또한 말단아세틸렌류는, $Ag(NH_3)_2^+$ 또는 $Cu(NH_3)_2^+$의 양쪽과 반응하여 침전을 생성한다. 이들의 시험에 사용되는 시약은, NH_3공급원인 진한 암모니아수에 적당한 금속염을 용해시켜 제조한다.

$$M^+ + 2NH_3 \longrightarrow M(NH_3)_2^+ \quad M=Ag^+ \text{ 또는 } Cu^+$$

$$R-C\equiv C-H \xrightarrow[\text{묽은 } H^+]{M(NH_3)_2^+} R-C\equiv C-M\downarrow$$

저위의 말단아세틸렌류는 고체의 염인 아세틸리드를 생성하며, 건조하면 폭발성을 나타낸다. 이들의 염은 단리되지만, 습한 상태에서는 분해하여 원래의 유기화합물을 생성한다. 금속염의 형성은 약산성인 말단프로톤에 기인하고 있다.

> 1-부탄과 2-부탄을 분리하는 데에는 위의 시약을 어떻게 사용하면 좋을까?

■ 참고문헌 ■

Roderick, W. R.: Structural Variety of Natural Products, *J. Chem. Educ.*, 39, 2(1662). 특히 천연에 발견되는 몇 개의 알킨과 환상화합물을 표로 나타내고 있다.

Rose, N. C.: Hydration of an Alkyne, *J. Chem. Educ.*, 43, 324(1966).

연습문제

1 다음의 화합물명을 타당한 명명법에 따라서 설명하여라.

*(a) 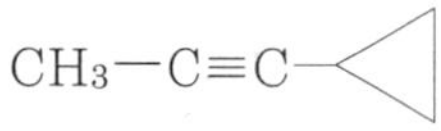

*(b) $H-C\equiv C-CH=CH_2$

(c) $H-C\equiv C-C\equiv C-H$

*(d) 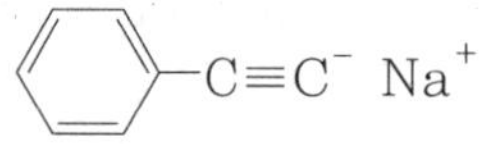

(e) $H-C\equiv C-MgBr$

*(f) 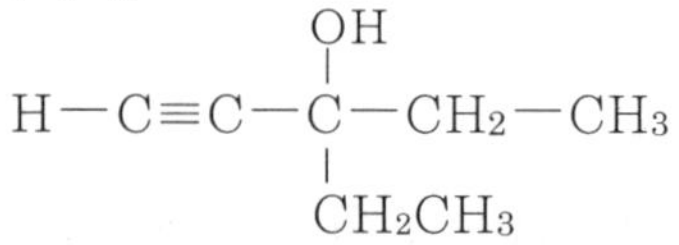

(g) $CH_2=CH-CH_2-C\equiv C-CH_2CH_3$

2 아래의 탈할로겐반응은, 모두 소듐아미드를 사용하여 100~150℃의 광물성기름 중에서 행할 수가 있다. 구조식을 사용하고, 또한 구조가 주어져 있는 화합물에서는, 그 명칭으로 반응을 표기하여라.

Halide(할로겐화물)	*Acetylene*(아세틸렌)	Yield, (수득률 %)
2,2-dichlorobutane	1-butyne	40%
1-chloro-1-heptene	1-heptyne	60%
2-bromo-4,4-dimethyl-1-pentene	4,4-dimethyl-1-pentyne	37%
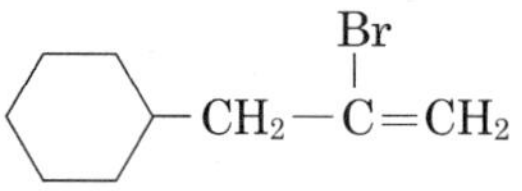	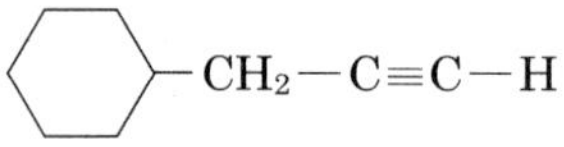	66%
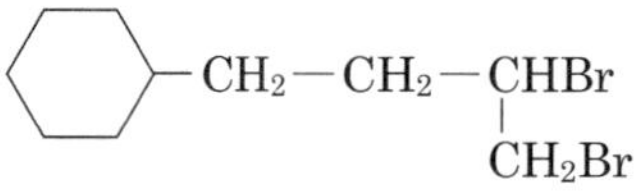	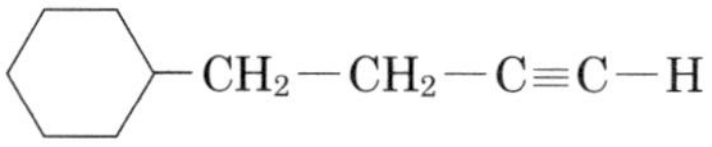	65%
$CH_2=CBr-(CH_2)_7CH_3$	$H-C\equiv C(CH_2)_7CH_3$	68%

3 출발물질을 명명하고, 생성물의 구조와 명칭을 설명하여라. 만일 반응하지 않는 경우는 N.R.이라고 표기하여라.

*(a) 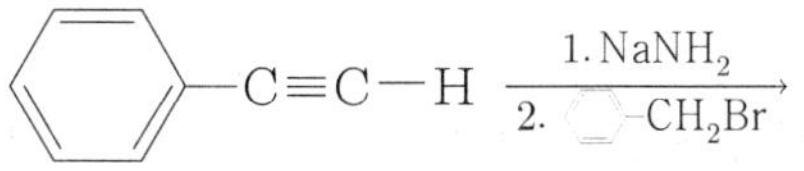

*(b) $CH_3CH_2CH{=}CH_2 \xrightarrow[\text{2. 알코올성 KOH}]{\text{1. } Br_2}$

*(c) $D{-}C{\equiv}C{-}D \xrightarrow[D_2SO_4]{D_2O;\, Hg^{++}SO_4^{--}}$

(d) $CH_3{-}C{\equiv}C{-}H \xrightarrow[\text{2. } CH_3(CH_2)_4CH_2I]{\text{1. } NaNH_2}$

*(e) 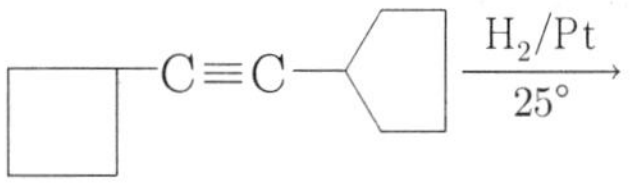

*(f) $CH_3CH_2Br \xrightarrow[\text{2. } C_6H_5-C\equiv C-H \text{ 3. } D_2O]{\text{1. Mg 무수에테르중}}$

(g) 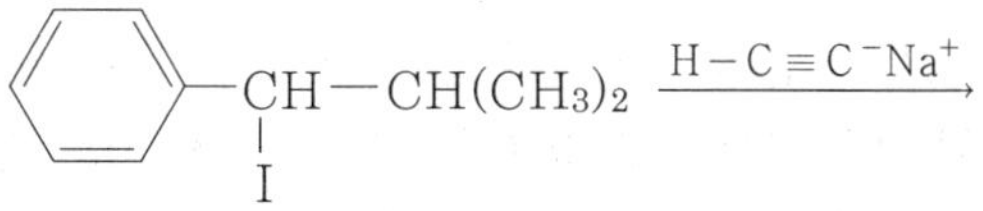

(h) $C_6H_5{-}C{\equiv}C_6H_5 \xrightarrow{Ag(NH_3)_2^+}$

*(i) $CH_3{-}C(CH_3)_2{-}CBr_2{-}CH_2{-}C(CH_3)_2{-}CH_3 \xrightarrow[KOH]{\text{알코올성}}$

(j) $CH_3{-}C{\equiv}C{-}H \xrightarrow[\text{2. } H_2O_2]{\text{1. } BH_3/OH^-}$

***4** 다음의 화합물을, 코크스(C), 석회석($CaCO_3$), 무기시약 및 필요한 용매를 사용하여 합성하는 방법을 생각하여라. 또한 모든 반응물과 조건을 설명하여라.

(a) $CH_3{-}C({=}O){-}CH{=}CH_2$

methyl vinyl ketone

(b) $CH_2(Br){-}C(Cl){=}CH{-}CH_2(Br)$

***5** 화합물 A($C_{10}H_{11}Br$)는 $NaNH_2$의 처리로서, 화합물 C($C_{10}H_{10}$)를 수득률 63%로서 생성한다. 같은 조건으로 화합물 B($C_{10}H_{12}Br_2$)는 화합물 C를 수득률 55%로서 생성한다. 화합물 A는 오존분해로 포름알데히드(및 다른 생성물)를 생성하지만 화합물 B는 오존산화가 곤란하다. 화합물 C는 $Cu(NH_3)_2^+$로서 침전을 생성하며, 용이하게 수소 2몰을 흡수하지만, 강한 조건하에서 더욱 3몰을 흡수한다. A, B 혹은 C를 $KMnO_4$로 산화하면, 벤조산

(C_6H_5COOH)을 생성한다. 화합물 A, B, C의 구조를 표기하여라.

6 화합물 A($C_{15}H_{18}$)는 $Ag(NH_3)_2^+$과는 반응하지 않지만, 용이하게 수소를 흡수하여 화합물 B($C_{15}H_{22}$)를 생성한다. 화합물 A를 뜨거운 $KMnO_4$로서 산화하면, 벤조산과 시클로헥사논 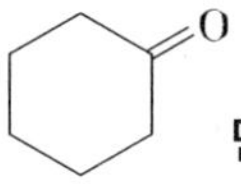 만이 단리된다. 화합물 A와 B의 구조를 표기하여라.

***7** 화합물 X($C_{15}H_{16}$)는 $Ag(NH_3)_2^+$으로 침전을 생성하며, 브롬을 탈색하고, 뜨거운 $KMnO_4$ 산화로서 시클로헥사논과 벤조산을 생성한다. 접촉수소화로서, X는 $C_{15}H_{22}$로 되며, 또한 곤란하지만, 강하게 수소화하면, $C_{15}H_{28}$을 생성한다. 화합물 X의 구조를 써라.

06 디엔 및 중합

유기화합물 중에는 3종류의 일반적인 탄소-탄소 이중결합이 있다. 2개의 이중결합을 갖는 경우, 이들은 **고립**(isolated), **누적**(cumulated) 혹은 공액(conjugated)하고 있는 이중결합의 어느 쪽에 관계하고 있다.

$CH_2=CHCH_2CH_2CH=CH_2$
1,5-hexadiene(고립)

$CH_2=C=CHCH_2CH_2CH_3$
1,2-hexadiene(누적)

$CH_2=CH-CH=CH-CH_2CH_3$
1,3-hexadiene(공액)

6-1 고립이중결합

고립디엔에는, 1개 또는 2개의 포화탄소원자에 격리된 2개의 이중결합이 존재하며, **전자적**으로 독립해 있는 것과 같이 행동한다. 즉, 2개의 이중결합은, 서로 독립적으로 반응한다. 예를 들면, 브롬은 최초 하나의 이중결합에, 계속해서 다른 이중결합에 부가한다. 한쪽의 이중결합이 다른 것에 본질적으로 영향을 미칠 수는 없다. 1,4-펜타디엔(그림 6-1)에서는, C_2와 C_4간에 유의한 상호작용은 존재하지 않고, C_3는 p-p의 겹침을 방해하는 절연체로서 작용하고 있는 것에 주목한다.

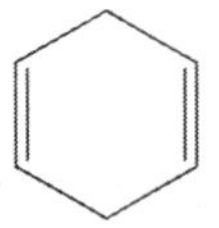

1,4-cyclohexadiene

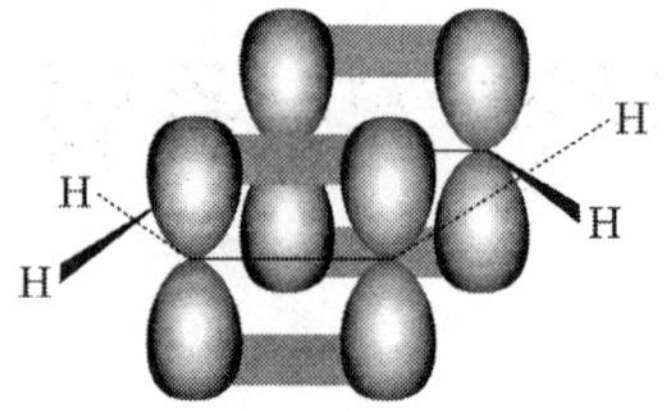

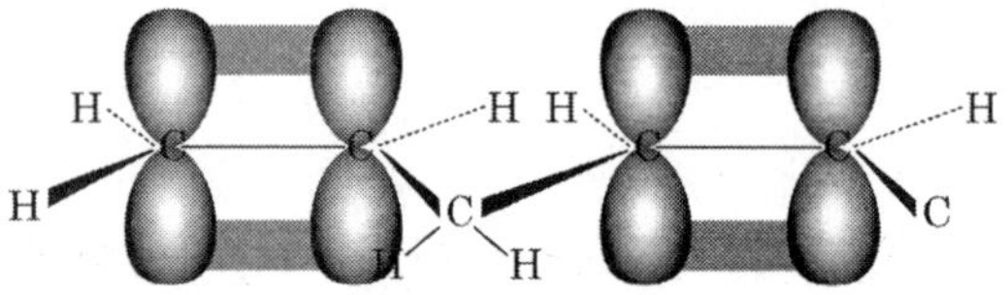

$CH_2=CH-CH_2-CH=CH_2$

1,4-pentadiene

그림 6-1 1,4-시클로헥사디엔과 1,4-펜타디엔의 원자궤도

6-2 알렌의 누적이중결합

이 종류의 화합물은, 이중결합이 있는 탄소 또는 여러 개의 탄소간에 누적하고 있기 때문에, **쿠물렌**(cumulene)이라고 말한다. 이 계열의 가장 간단한 화합물은 **알렌**($CH_2=C=CH_2$)이다.

그림 6-2의 원자궤도의 그림에서, HHC_1과 HHC_3가, 2개의 평면을 형성하며, 서로 수직으로 더욱 C_2에서 교차하고 있다. p궤도는, 그 축에 평행한 인접의 p궤도만이 효과적인 겹침이 허용되기 때문에, 위의 2개의 이중결합 상호간에는 겹치지 않는다.

$CH_2=C=CH_2$

allene
propadiene

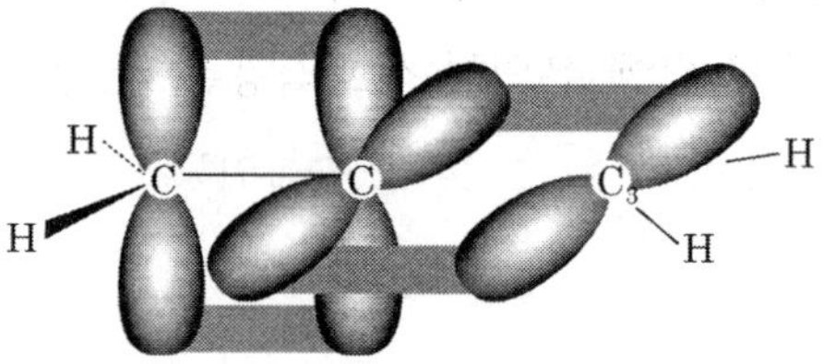

그림 6-2 알렌의 원자궤도

> 쿠물렌계열에서 알렌의 다음의 동족체인 부타트리엔을 쓰고, 2개의 메틸기의 결합방법에 몇 가지가 있음에 주의하여라. 이치환의 부타트리엔에서는 시스-트란스이성체가 가능한데 대하여, 2,3-펜타디엔에서는 불가능한 이유를 설명하여라.

6-3 공액이중결합

이중결합과 단일결합을 교대로 갖는 디엔을 **공액**디엔이라고 말한다. 2개의 π 전자계의 사이에 겹침이 가능하다(**그림 6-3**). 1,3-부타디엔의 분자궤도에 의한 표기에서는, 2개의 이중결합은 서로 독립이 아닌 공명구조를 쓸 수 있으며, 이들도 위에서 설명한 상호작용의 존재를 나타내는 것이다.

$$\mathrm{CH_2{=}CH{-}CH{=}CH_2 \longleftrightarrow \overset{-}{C}H_2{-}\overset{+}{C}H{-}CH{=}CH_2 \longleftrightarrow \overset{-}{C}H_2{-}CH{=}CH{-}\overset{+}{C}H_2}$$

$$\updownarrow$$

$$\mathrm{\overset{+}{C}H_2{-}CH{=}CH{-}\overset{-}{C}H_2 \longleftrightarrow CH_2{=}CH{-}\overset{+}{C}H{-}\overset{-}{C}H_2}$$

위에서 표시한 분극구조는, C_2-C_3결합이 어느 정도의 이중결합성을 가지고 있는 것을 나타낸다. 또한 예상하는 바와 같이, 이중결합간의 이 공액은 2개의 고립된 에틸렌 이중결합에 비교하여 계의 에너지를 저하시킨다.

1,4-부가 : 공액계로의 이온성 부가반응에서는, 일반적으로 1,4-부가에 유래하는 생성물을 생성한다.

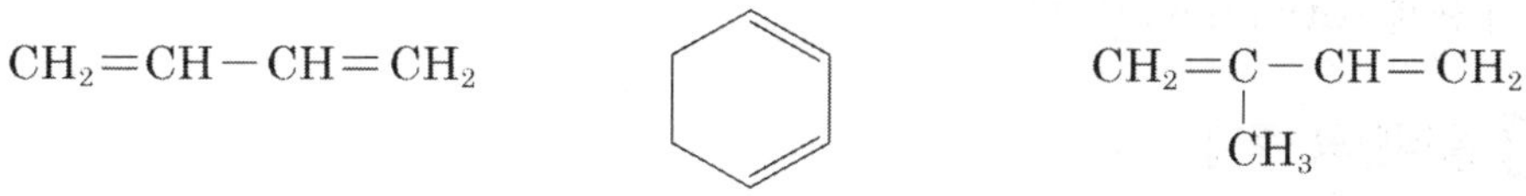

1,3-butadiene　　1,3-cyclohexadiene　　isoprene 2-methyl-1,3-butadiene

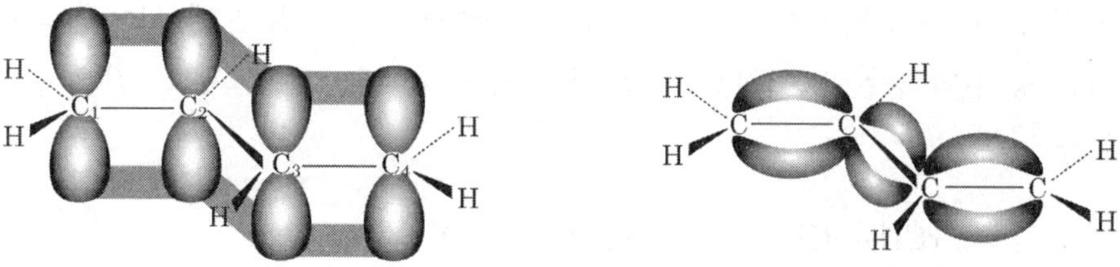

1,3-부타디엔의 p~원자궤도간의 1차결합　　1,3-부타디엔의 분자궤도도

그림 6-3 공액디엔의 궤도

$$\mathrm{CH_2{=}CH{-}CH{=}CH_2 \xrightarrow{Br_2} \underset{\textstyle Br}{\underset{|}{C}H_2}{-}CH{=}CH{-}\underset{\textstyle Br}{\underset{|}{C}H_2}}$$

1,2-부가와 1,4-부가에 있어서 환상브로모늄이온의 고리의 크기와 그 비틀림의 차이에 대하여 생각하여라.

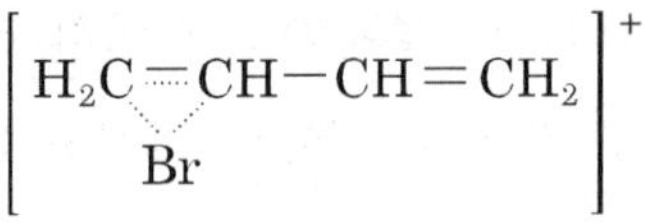

대

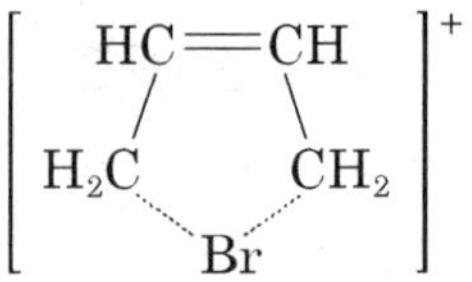

1,2-부가 1,4-부가

3,4-디브로모-1-부텐과 1,2,3,4-테트라브로모부탄도 1,3-부타디엔의 브롬화의 부생성물로서 얻어진다.

01 중합

중합체(polymer)라고 불리우는 것은, **단량체**(monomer)라고 말하는 간단한 분자를 단위로 하여 많은 반복으로부터 형성되는 고분자량의 화합물이다. 만일 2개의 단위만이 결합하면, 생성하는 물질은 **이량체**(dimer)이다. 3개의 단위에서는 **삼량체**(trimer), 4개에서는 **사량체**(tetramer)가 된다.

6-4 올레핀의 중합

가장 단순하며 가장 유용한 중합체의 하나는, 에틸렌으로부터 유도되며, **폴리에틸렌**(polyethylene)으로 알려져 있다. 중합반응은, 통상 미량의 양이온, 라디칼 혹은 음이온으로 개시되며, 그 후의 반응은 자기부가로서 진행한다. 아래의 예에서는 산이 사용되고 있지만, 산소(공기)와 같은 라디칼류, 또는 유기금속시약($TiCl_3 \cdot R_3Al$)과 같은 음이온류도 사용할 수가 있다.

전반응 : $x\mathrm{CH_2{=}CH_2} \xrightarrow{\text{촉매}} \mathrm{-(CH_2-CH_2)_x-}$

ethylene polyethylene

반응메카니즘 : $\mathrm{CH_2{=}CH_2} \xrightarrow{H^+} \mathrm{CH_3-\overset{+}{C}H_2} \xrightarrow{CH_2=CH_2} \mathrm{CH_3-CH_2-CH_2-\overset{+}{C}H_2}$

$\mathrm{CH_3-CH_2-CH_2-\overset{+}{C}H_2} \xrightarrow{CH_2=CH_2} \mathrm{CH_3CH_2CH_2CH_2CH_2\overset{+}{C}H_2}$

↓

기타

중합반응은, 일단 시작되면, 프로톤의 방출 혹은 다른 중합분자로부터의 프로톤 이동과 같은 정지반응이 일어날 때까지 계속된다.

정지반응 : $\sim CH_2-\overset{+}{C}H_2 \longrightarrow \sim CH{=}CH_2 + H^+$

또는

$$\sim \underset{\substack{| \\ H}}{C}H-CH_2\sim + \sim CH_2-\overset{+}{C}H_2 \longrightarrow \sim\overset{+}{C}H-CH_2\sim + \sim CH_2-CH_3$$

물론, 흔적의 불순물, 예를 들면 용기의 글라스벽 또는 금속벽의 성분도 화학반응에서 중합의 진행을 정지시킬 수 있다.

에틸렌 이외의 많은 올렌핀, 특히 말단올렌핀은 훌륭한 단량체로서 유용하며, 잘 알려져 있는 중합체를 생성한다(**표 6-1** 참조).

표 6-1 중합반응의 예

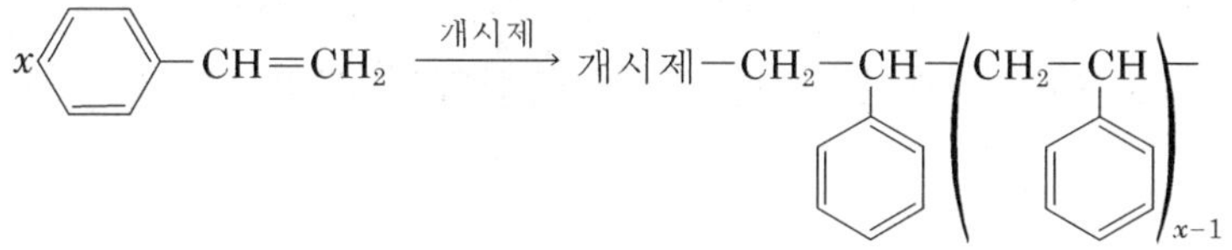

styrene　　　　　polystyrene

$$x CH_2{=}\underset{}{\overset{CH_3}{\overset{|}{C}}}-CO_2CH_3 \xrightarrow{\text{라디칼 개시제}} \text{개시제}-CH_2-\underset{\substack{| \\ H_3CO_2C}}{\overset{\substack{H_3C \\ |}}{C}}\left(CH_2-\underset{\substack{| \\ CO_2CH_3}}{\overset{\substack{CH_3 \\ |}}{C}}\right)_{x-1}$$

methyl methacrylate　　　　　polymer plexiglas

$$x CF_2{=}CF_2 \xrightarrow{O_2} O_2-CF_2-CF_2\!\left(CF_2-CF_2\right)_{x-1}$$

tetrafluoroethylene　　　　　Teflon

6-5 공액디엔의 중합

공액디엔류가 1,4-중합을 하여 생성한 물질은, 중요한 합성수지와 고무류이다. 비닐아세틸렌으로부터 유도되는 클로로프렌은, 중합하여 네오프렌을 생성한다. 음이온성 개시제를 사용한 이 반응을 아래의 식으로 표시한다.

전반응 :

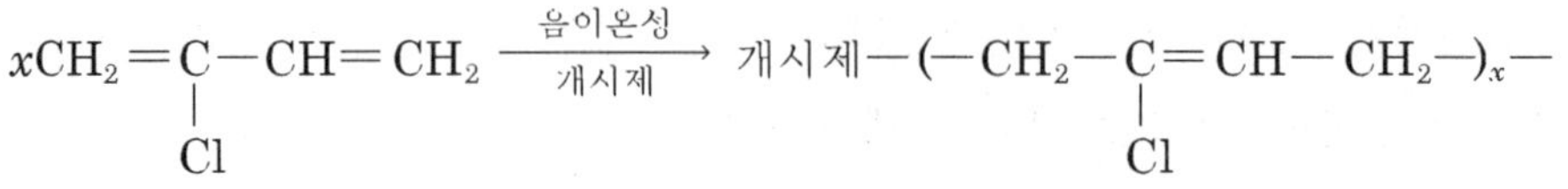

chloroprene　　　　neoprene

반응메카니즘 :

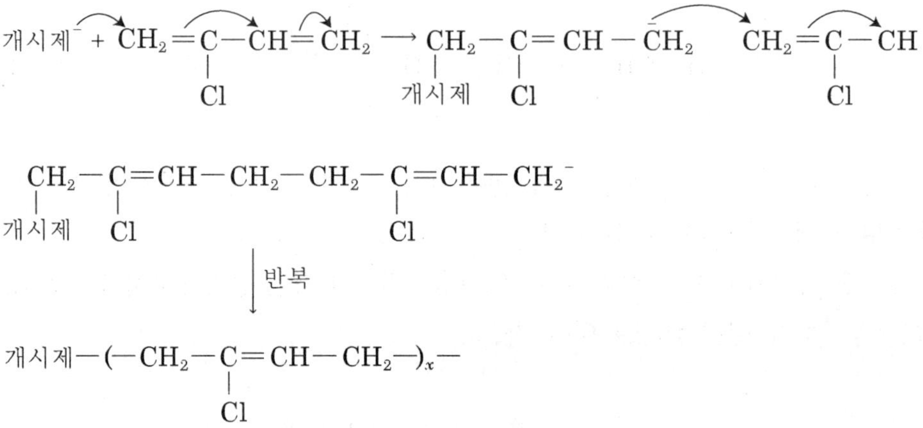

염소가 치환된 분자의 말단을 **머리**(head), 다른 쪽을 **꼬리**(tail)라고 하면, 생성물은 단량체의 머리부분과 계속 성장하는 어떤 중합체의 꼬리부분이 규칙적으로 결합한 것이다.

> 이소프렌(2-메틸-1,3-부타디엔)도 같은 형식으로 천연고무를 생성한다. 라디칼개시제(R·)를 사용하여 이 반응식을 표기하여라.

02 Diels-Alder 반응

올레핀류(및 아세틸렌류)는, **공액디엔**과 반응하여, 1개(또는 2개)의 이중결합을 갖는 6원환을 생성한다. 생성물은 공동 발견자에 관련하여 Diels-Alder**부가물**이라고 말한다. 올렌핀 또는 아세틸렌은 **친디엔제**(dienophile)라고 말한다.

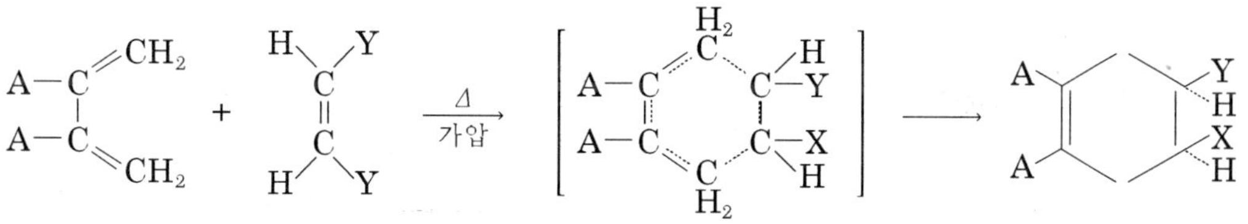
A
C
CH2
Δ
가압
H2
Y
H
X

공액디엔　　친디엔제　　전이상태　　Diels-Alder 부가물

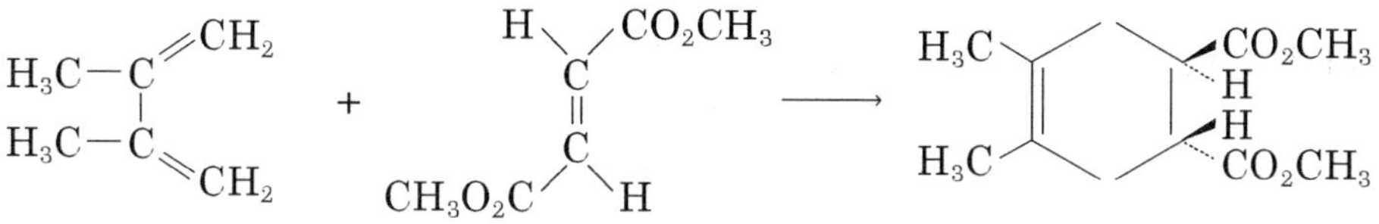
H3C
CH2
CO2CH3
CH3O2C
H

2,3-dimethyl
1,3-butadiene

dimethyl
fumarate

디엔상의 전자공여성 치환기와, 친디엔제상의 전자흡인성 치환기는, 환상부가반응성을 상당히 증가시킨다. 통상 이 반응은 치환기에 의한 어느 정도의 활성화가 필요하다. 알킬기 특히 메틸기, 및 알콕실기(—Ö—R)는, 디엔이 대하여 양호한 전자방출 혹은 전자공여성 치환기이다. 전자흡인성 치환기의 예는

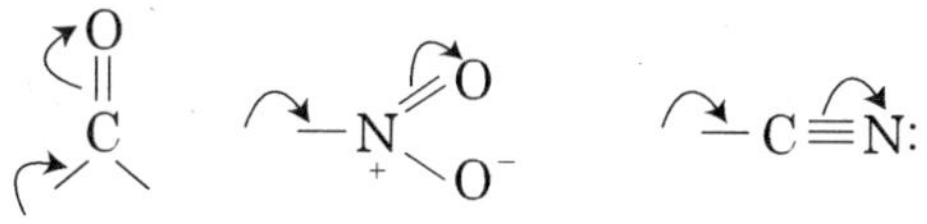
O
C
N
O-
C≡N:

카르보닐기　　니트로기　　시아노기

올렌핀의 입체화학이, 생성물에 보유되고 있는 것에 주목하여라. 이것은 시스환상부가이다. 반응은 통상, 고비점의 탄화수소 용매 중에서, 출발물질을 가열하여 행한다. 불활성인 화합물 또는 저비점인 물질의 경우에는, 보강된 금속용기(**봄베**)중에 넣고, 고압으로 하여 반응시키지 않으면 안 된다. $AlCl_3$과 같은 Lewis산은 저온에서도 이 반응을 크게 촉진한다.

보통 사용되는 디엔으로서는, 알킬 혹은 아릴치환기를 갖는 1,3-디엔, 환상디엔 및 2환성 디엔이다. 활성을 갖는 방향족 및 헤테로 환상계의 물질도 사용할 수가 있다. 친디엔제는 보통, 치환올레핀류 또는 아세틸렌류이다. 때로는 시클로펜타디엔과 같은, 디엔 자신도 또한 친디엔제로 되는 수가 있다.

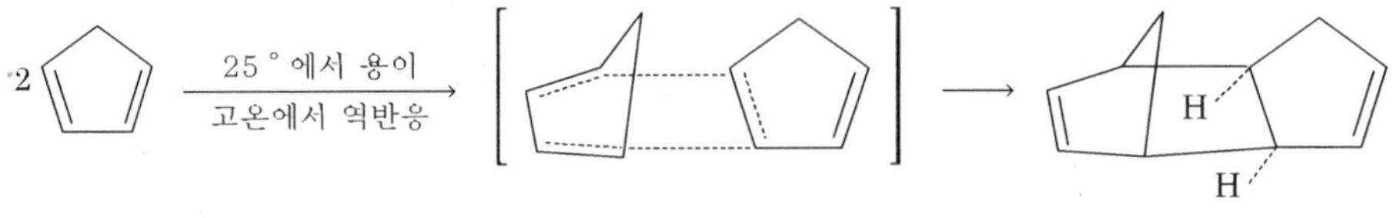
2
25 ° 에서 용이
고온에서 역반응
H
H

cyclopentadiene dicyclopentadiene

디시클로펜타디엔의 경우와 같이, Diels-Alder반응은 가끔 부가물을 가열하여 생성하는 것을 계외로 제거함으로써, 간단히 역행시킬 수가 있다. 예를 들면, 이 방법을 이용해서, 안트라센을 말레산무수물로 처리하여 정제할 수가 있다.

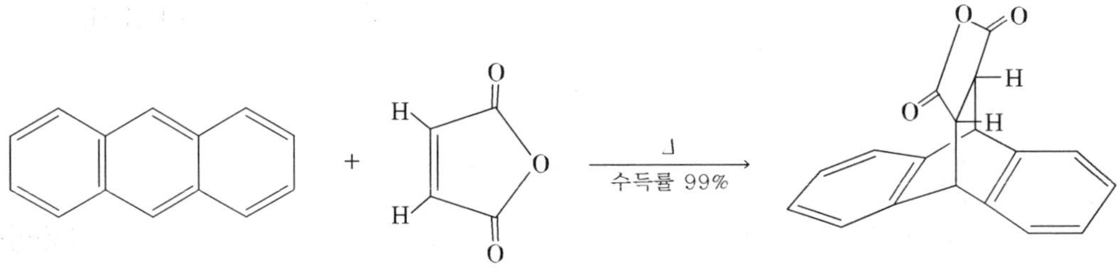
O
H
O
H
O
+
수득률 99%
O
O
H
O
H

anthracene maleic anhydride 재결정하여 순품으로 하고 계속해서 열로 분해

다음의 장에서 상세하게 설명하는 바와 같이, 3개의 이중결합을 갖는 6원환은 매우 안정하며, 가끔 Diels-Alder반응으로 합성된 화합물을, 이들의 방향족화합물로 용이하게 변환시킬 수가 있다. 수소원자의 제거는, Diels-Alder부가물을 단순히 가열하여 행할 수도 있다.

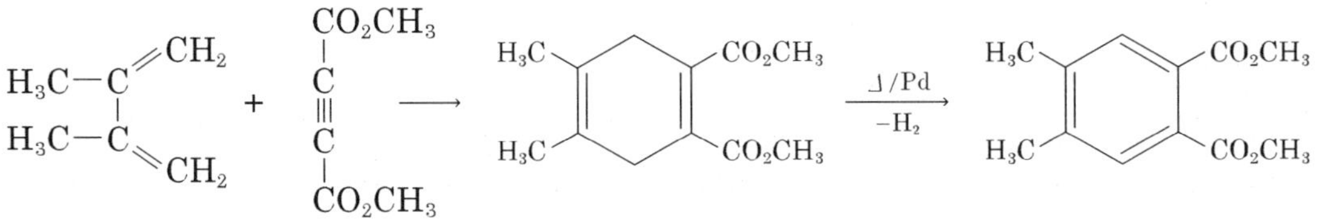
CO2CH3
CH2
H3C
C
+
C
H3C
C
C
CH2
CO2CH3
H3C
CO2CH3
H3C
CO2CH3
/Pd
-H2
H3C
CO2CH3
H3C
CO2CH3

dimethyl acetylenedicarboxylate

벤젠계의 방향족 화합물 자신은, Diels-Alder반응에 비교적 불활성이지만, 몇 가지의 예외가 있다. 이 경우에서도 새로운 방향족계로의 전위가 용이하게 일어나는 수가 많다.

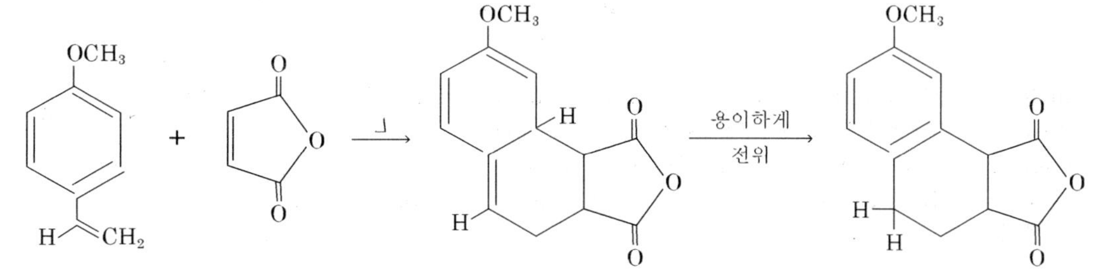
OCH₃
O
H
CH₂
OCH₃
H
O
O
O
O
H
용이하게
전위
OCH₃
O
H
H
O
O

p-methoxystyrene　maleic anhydride

Diels-Alder반응의 유용성은 **단순한** 6원환상화합물의 생성에 한정되지 않고, 이 반응을 확장해서 환상디엔과 친디엔제를 사용하여, 각종의 가교화합물을 합성하는 것이다.

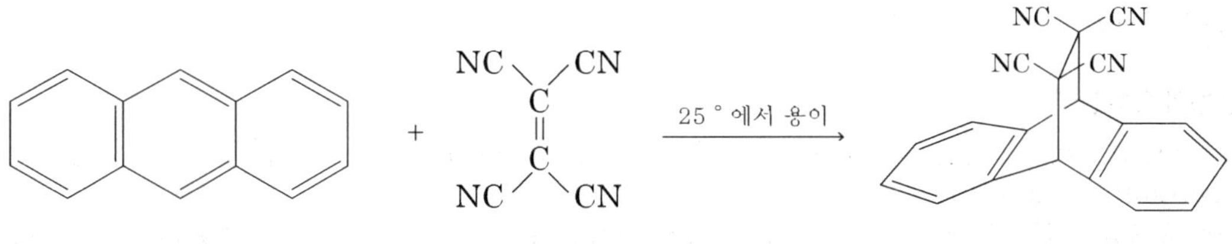
NC
CN
C
C
NC
CN
25 ° 에서 용이
NC
CN
NC
CN

anthracene　TCNE　Diels-Alder 부가물

4개의 시아노기의 강한 전자흡인성 때문에, **테트라시아노에틸렌**(TCNE)은, 지금까지 합성된 가장 유효한 친디엔제의 하나이다.

■참고문헌■

Charlesby, A.: Ionizing Radiation and Organic Chemisty, *Sci. Am.*, 201(3), 180(1959). 테플론 또는 폴리에틸렌과 같은 폴리머로의 방사선의 효과.

Fisher, H. L.: New Horizons in Elastic Polymers, *J. Chem. Educ.*, 37, 369(1960).

Wunderlich, B.: The Solid State of Polyethylene, *Sci. Am.*, 211 (5), 80(1964). 결정성 및 비결정성 폴리에틸렌의 비교.

·중합체화학에 대해서의 논문

Ferington, T.E.: Kinetics of Polymer Formation by Free Radical Mechanism, *J. Chem. Educ.*, 36, 174(1959).

Mayo, F.R.: Contributions of Vinyl Polymerization to Organic Chemistry, *J. Chem. Educ.*, 36, 157(1959).

Price, C.C.: The Geometry of Giant Molecules *J. Chem. Educ.*, 36, 160(1959).

Slichter, W.P.: Molecular Characteristics of Rubber-like Materials, *J. Chem. Educ.*, 36, 185(1959).

·중합체화학논문

Macknight, W.J., G.E. Leroi, and A.V, Tobolsky: Physical Chemistry of Cross-Linked Polysulfide Elastomers, *J. Chem. Educ.*, 42, 4(1965).

Marvel, C.S.: The Place of Polymers in Begining Organic Chemistry, *J. Chem. Educ.*, 42, 3(1965).

Sorenson, W.R.: Polymer Synthesis in the Undergraduate Organic Laboratory, *J. Chem. Educ.*, 42, 8(1965).

Sorenson, W.R.: The Effect of Structure on Chemical and Physical Properties of Polymers, *J. Chem. Educ.*, 42, 13(1965).

연습문제

*1 1,3-시클로헥사디엔은 보통, 시클로헥센의 브롬화생성물을 고온에서 강염기를 사용하여 탈할로겐화수소를 행하여 합성한다. 1,3-시클로헥사디엔의 생성과 동시에, 이것을 제거하는 조작을 해도, 수득률은 높지 않고, 다량의 타르 때문에 항상 플라스크를 버리지 않으면 안 된다. 타르의 구조를 나타내고, 왜 이 조건하에서 용이하게 생성하는지를 설명하여라.

2 다음의 반응의 생성물을 표기하여라.

*(a) isoprene + maleic anhydride $\xrightarrow[\text{100° 봄베, 수득률} \approx 100\%]{\text{벤젠 중}}$

*(b) 1-vinylcyclohexene + maleic anhydride $\xrightarrow[\text{25°, 수득률 63\%}]{\text{자일렌 중}}$

(c) 1,3-cyclohexadiene + TCNE $\longrightarrow$

*(d) 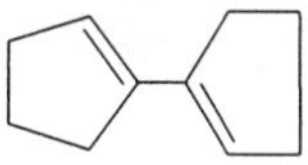 + maleic anhydride $\longrightarrow$

(e) 1,3-butadiene + 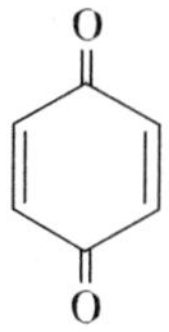 $\xrightarrow{\text{수득률 90\%}}$

3 Diels-Alder반응의 절에서 설명한 디엔제와 친디엔제의 각종의 조합을 사용하여, 더욱 10종류의 타당한 Diels-Alder 부가물의 식을 표기하여라.

Chapter 07 방향족탄화수소와 친전자적 방향족치환반응

앞장까지는 주로 지방족탄화수소에 대해서 설명하였지만, 여기서는 방향족탄화수소와 헤테로고리화합물을 취급한다. 이후의 여러장에 걸쳐서, 이들의 화합물에 결합한 관능기의 화학적 성질을 종합하여 설명한다. 헤테로고리분자는, 탄소 이외의 원자, 통상 질소, 산소 및 유황을 함유한 고리화합물을 가리킨다. 예를 들면 Grignard시약과 같은 유기금속류는, 시약으로서 이 교과서의 여러 곳에서 취급한다(**표 7-1** 참조).

표 7-1 대표적인 유기분자

지방족	방향족	헤테로고리	유기금속
$CH_3CH_2CH_2CH_3$ butane	 benzene	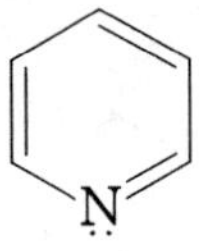 pyridine	$[CH_3MgI]$ methylmagnesium iodide
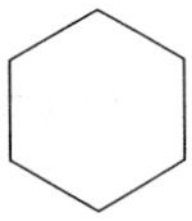 cyclohexane	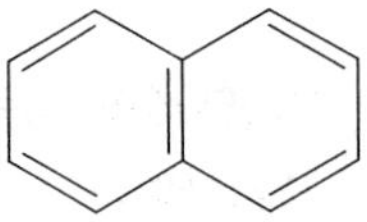 naphthalene	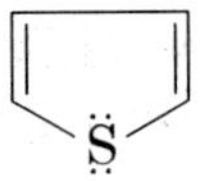 thiophene	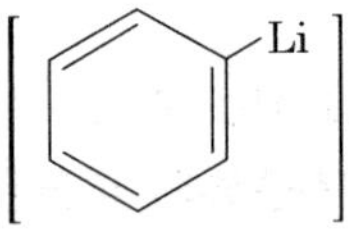 phenyllithium

01 구조 및 명명법

7-1 벤젠의 분자궤도법 및 원자가결합법에 의한 표기

고립디엔과 공액디엔에 대한 분자궤도의 그림의 차이를 상기할 것(6-1 및 6-3절). 전자에서는, 2개의 π결합이, 적어도 1개의 $-CH_2-$로서 격리되어 있지만, 후자에서는 하나의 분자궤도는 4개의 탄소원자상에 퍼져 있다. 벤젠에서는 모든 인접하는 p궤도가 겹치기 때문에, 분자면의 상하에서 분자궤도가 분자를 완전히 원상태로 결합하고 있다. 이 궤도는 도우넛형태를 한 것으로 표시된다(**그림 7-1**). 벤젠의 π결합계는, 보통의 이중결합에 있어서의 것과 다른 불포화성을 나타낸다. 더욱, 방향족계를 생성하는 반응은, 일반적으로 용이하다.

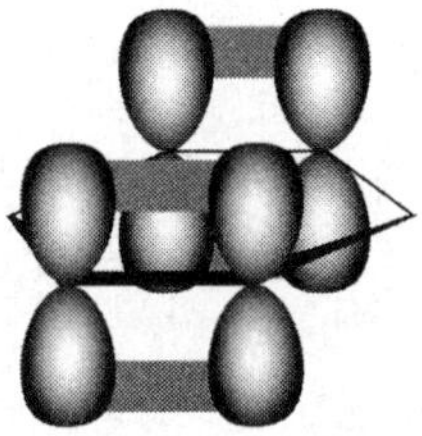

1,4-cyclohexadiene

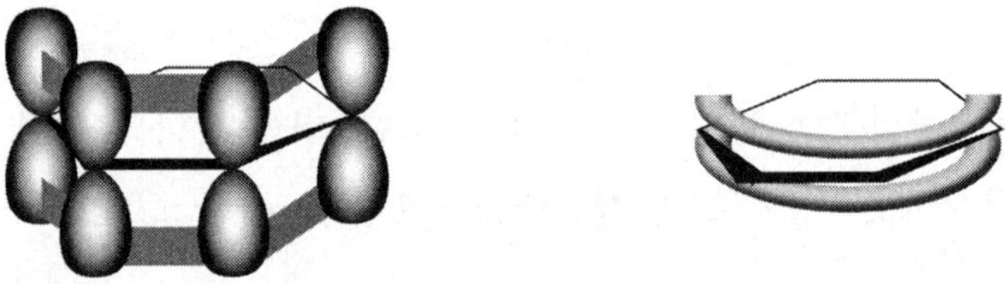

1,3-cyclohexadiene

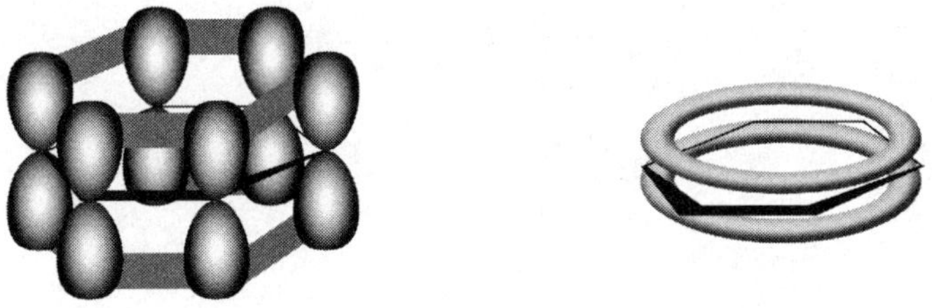

benzene

그림 7-1 1,3과 1,4-시클로헥사디엔 및 벤젠의 궤도

원자가결합법에 의하면, 벤젠에는 2개의 등가인 구조의 존재가 예측된다. 우리들은 하나의 Kekulé구조만으로 벤젠을 표시하고 있지만, 이것은 2개의 등가인 공명구조 중의 하나인 것을 잊어서는 안 된다.

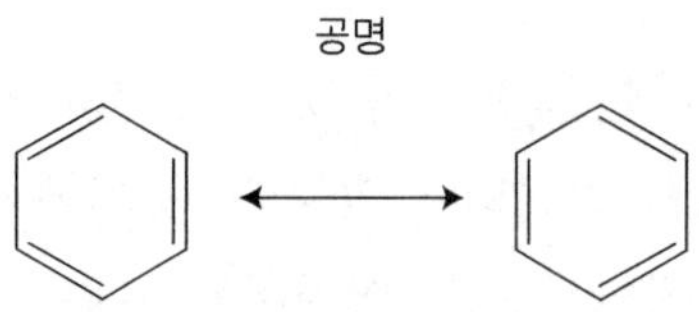

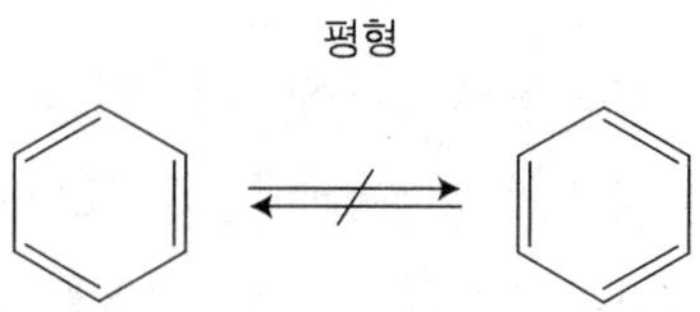

사실 벤젠 중에 π 전자계는, 가끔 완전한 원으로 표시된다.

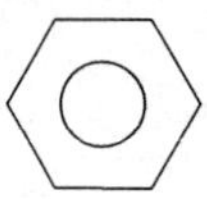

아래의 기호는, 페닐기를 표시하기 위하여 편의상 사용된다.

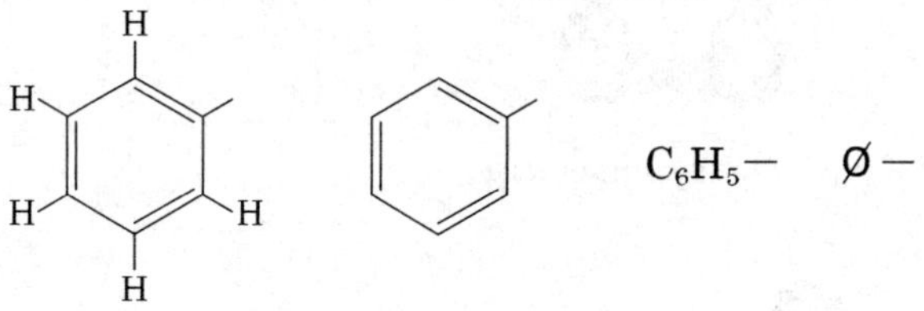

Ar의 기호는, 불특정의 방향족기를 의미한다. 또한, 더욱 하나의 일반적인 방향족기는, 톨루엔으로부터 유도되는 것으로, **벤질기(benzyl group)**라고 말한다.

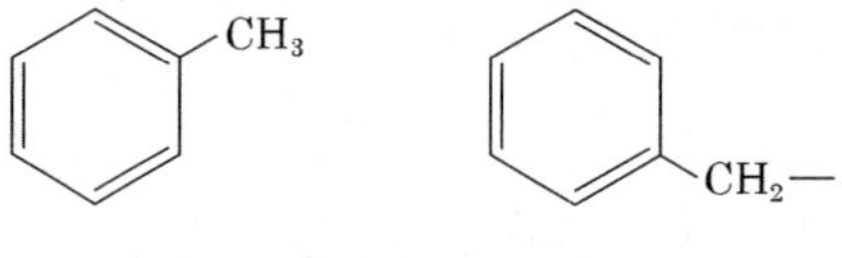

toluene (톨루엔)　　benzyl group (벤질기)

7-2 명명법

벤젠은 방향족화합물의 모핵(C_6H_6)에 대한 IUPAC명이며, 일치환화합물은, 보통 벤젠의 유도체로서 명명된다.

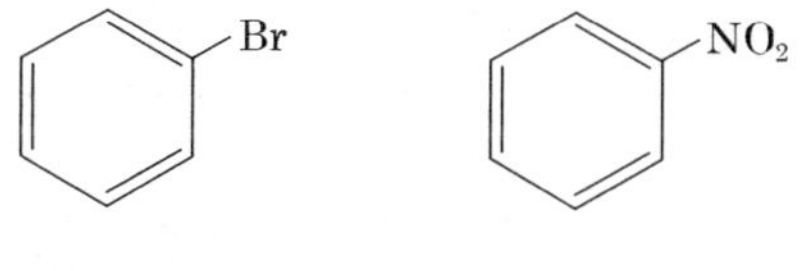

bromobenzene　　nitrobenzene

모노브로모벤젠은 1종류밖에 존재하지 않기 때문에, 접두번호의 1은 필요 없다. 간단한 화합물에 대해서 사용되는 또 하나의 명명법은, 보통의 명칭인 **페닐(phenyl)**을 사용한다. 브로모벤젠 및 플루오로벤젠에 대해서, 브롬화페닐(phenyl bromide), 및 플루오르화페닐(phenyl fluoride)의 명칭이 가끔 사용되는 것을 알 수 있다.

디브로모벤젠에는 3종류가 있으며, 각각 **오르토**(ortho, 1,2-2치환), **메타**(meta, 1,3), **파라**(para, 1,4)라고 말한다.

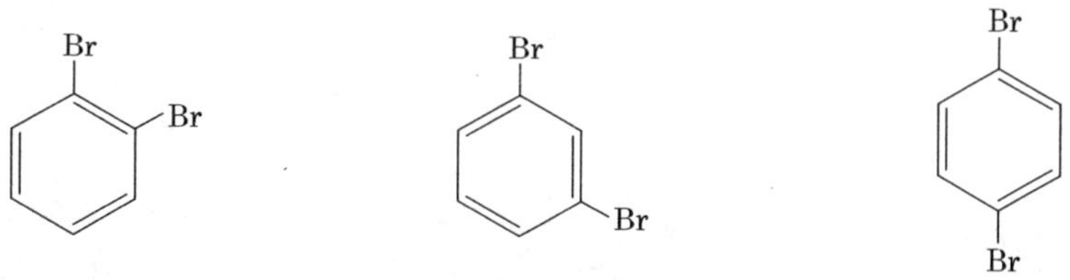

ortho-dibromobenzene
o-dibromobenzene
1,2-dibromobenzene

meta-dibromobenzene
m-dibromobenzene
1,3-dibromobenzene

para-dibromobenzene
p-dibromobenzene
1,4-dibromobenzene

이들의 일반적 명칭(*o*-,*m*-,*p*-)은 이치환벤젠류에 사용되지만, 보다 많이 치환된 벤젠류는, 보통 주요한 관능기의 위치를 1로 하여 번호를 붙인다.

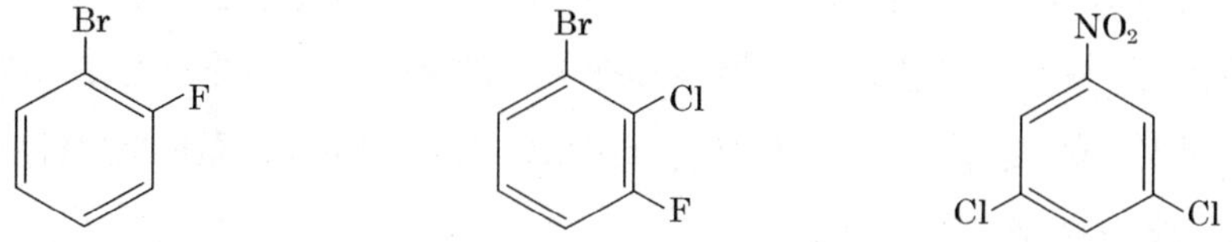

o-bromofluorobenzene

1-bromo-2-chloro-3-fluorobenzene

3,5-dichloronitrobenzene

일관된 IUPAC계에 의한 명명법도 존재하지만, 간단한 벤젠 유도체의 대부분은 오래 전에 천연으로부터 분리되어, 그들의 기원 또는 특징에 상응한 명칭으로 되었기 때문에, 그들의 몇 개를, 참고하기 위하여 **표 7-2**에 표시한다. 관용명을 사용하고, 또한 사용되고 있는 것을 듣다 보면, 제군의 유기화학의 어휘의 일부가 되리라고 믿는다.

표 7-2 방향족분자의 관용명

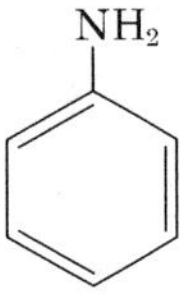 NH2 aniline	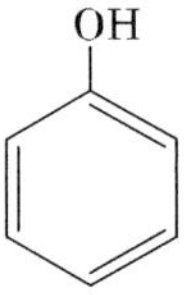 OH phenol	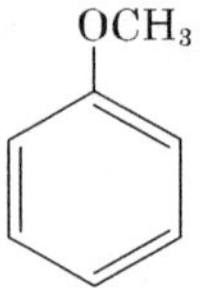 OCH3 anisole	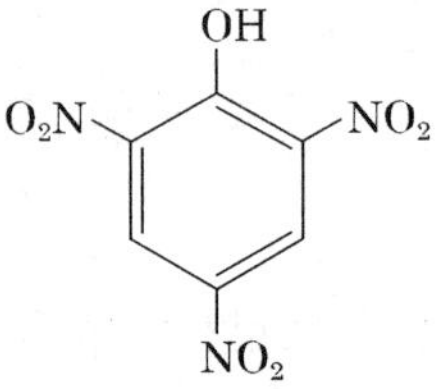 OH O2N NO2 NO2 picric acid
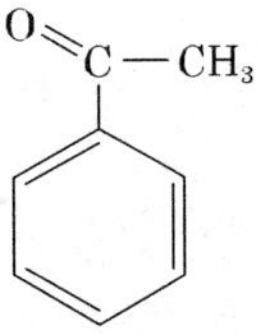 O C CH3 acetophenone	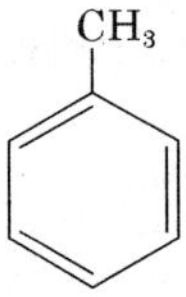 CH3 toluene	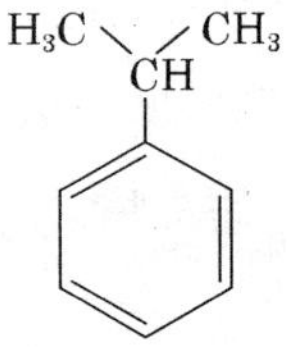 H3C CH3 CH cumene	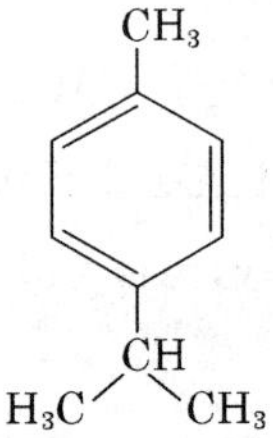 CH3 CH H3C CH3 *p*-cymene
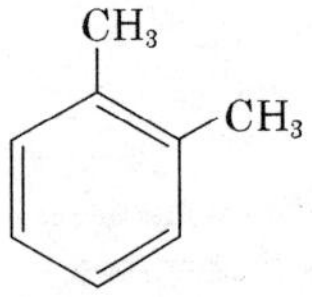 CH3 CH3 *o*-xylene	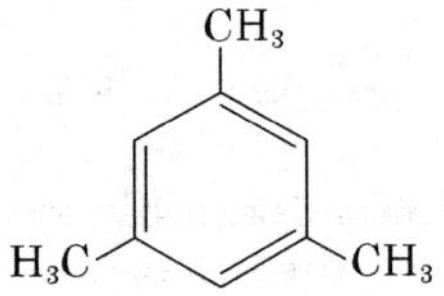 CH3 H3C CH3 mesitylene	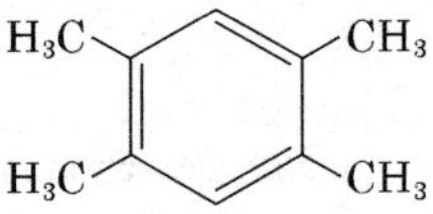 H3C CH3 H3C CH3 durene	

다환식 방향족탄화수소로 알려져 있는 더욱 고위인 방향족계는, 벤젠 및 그 유도체의 경우와 마찬가지로서, 분자 중의 탄소는, 규칙에 따라 번호를 붙인다. 나프탈렌유도체를 명명하는 데는, 2가지의 명명법이 보통 사용된다. 하나는, 분자 중의 2개소의 위치의 차이를 그리이스문자, α 및 β로서 표시하는 것이고, 다른 하나의 IUPAC계는, 항상 α위치를 기점으로 한 번호를 사용한다.

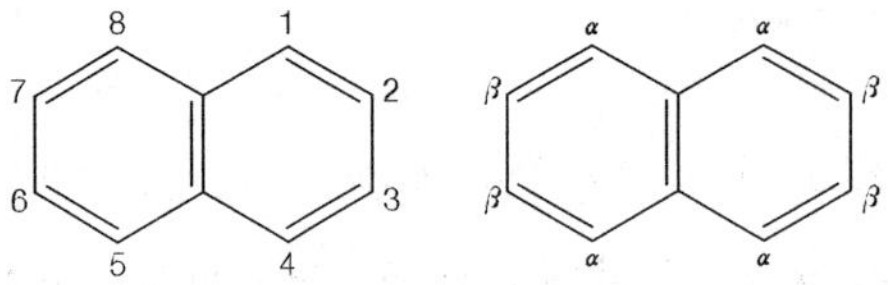
8
1
7
2
6
3
5
4
α
α
β
β
β
β
α
α

안트라센에서는, 번호 1은 항상 유사 α위치에 취한다(α 및 β는, 일반적으로는 나프탈렌에만 사용된다). 더욱 나프탈렌 또는 안트라센에서는 번호 1에 상당하는 위치가 4곳이 있지만, 페난트렌의 경우는 2곳에만 있다.

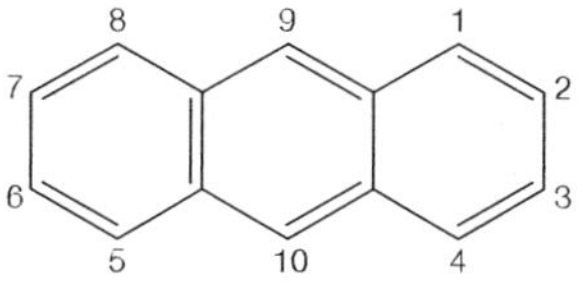

anthracene

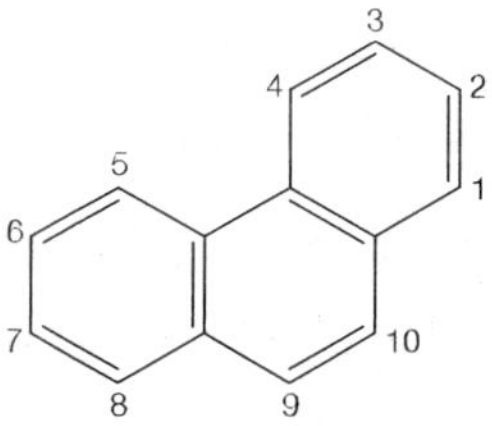

phenanthrene

치환기를 갖는 고위 방향족화합물의 예를 **표 7-3**에 표시한다.

> 2,6-디메틸나프탈렌의 구조를 표기하여라.
> β,β-디메틸나프탈렌이라고 명명하는 것은 잘못이다. 그 이유는?

헤테로고리에서는 헤테로원자(여러 개 있는 경우는, 그 중의 하나)를 번호 1로 한다.

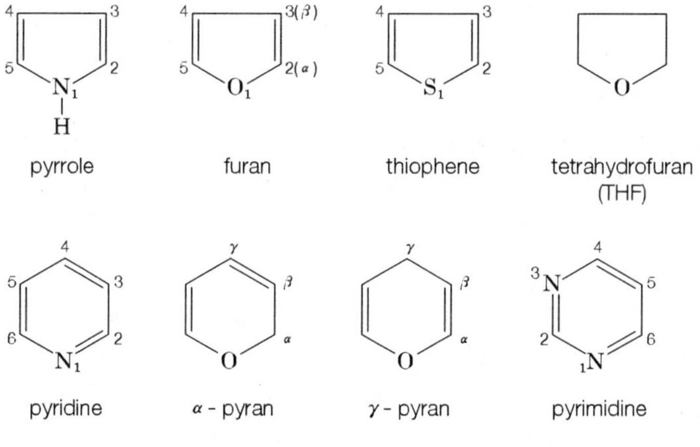

번호를 붙이는 방법은, 다른 헤테로원자(혹은 치환기)의 번호가 가장 작은 숫자가 되는 방향으로 한다. 헤테로원자는 이들 화합물의 중심이 되고 있기 때문에, 인접한 위치 및 그것을 표시하는 데, 가끔 그리이스문자도 사용된다.

7-3 수소화열에 의한 안정성과 공명에너지

정량적으로 입증은 되어 있지만, 불포화화합물의 안정성에 관한 약간의 사실이 있다. 이 중에서 4가지를, 여기서 고찰해 보자.

1. 알킬치환기가 많은 올렌핀일수록, 안정하다.

2. 일반적으로 트란스화합물은, 시스이성체보다 안정하다.
3. 공액디엔은, 고립디엔보다 안정하다.
4. 벤젠과 같은 방향족 화합물은, 부가반응에 대한 반응성이 보통의 공액올렌핀류보다 훨씬 작다. 또한 올렌핀류보다도 "불포화성이 빈약하다."

각각의 경우에서 보다 안정하다고 하는 화합물은, 보다 낮은 에너지를 갖는 화합물이다.

상대적인 에너지를 결정하기 위해서, 2가지의 일반적인 방법이 사용되고 있다. 즉, 연소열(탄환수소를 산소 중에서 연소시켜, 물과 이산화탄소를 생성시킨다) 및 수소화열이다. 후자의 방법이 보다 정확하다(그러나, 수소화열의 자료는 적다). 여기서 결정적인 필요조건이 되는 것은, 비교적 "적당한"화합물을 선택하는 것이다.

표 7-3 치환기를 갖는 고위 방향족화합물

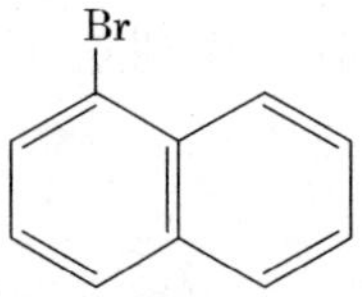

1-brornonaphthalene
(α-bromonaphthalene)

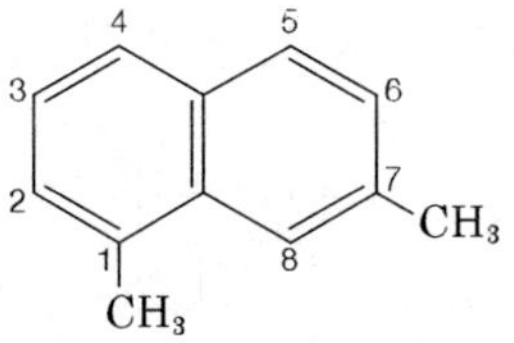

1,7-dimethylnaphthalene

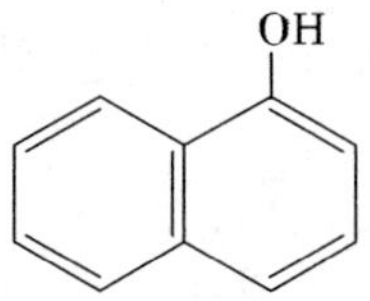

α-naphthol

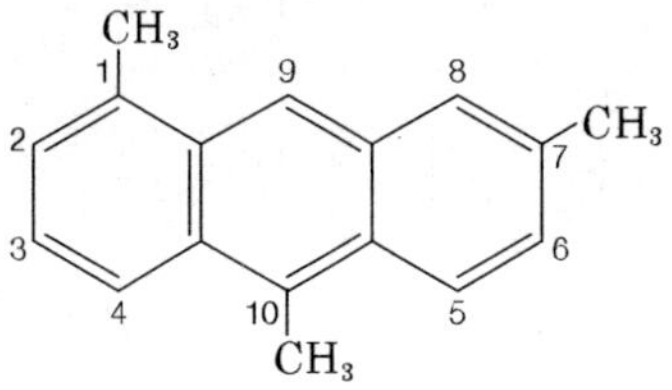

1,7,10-trimethylanthracene

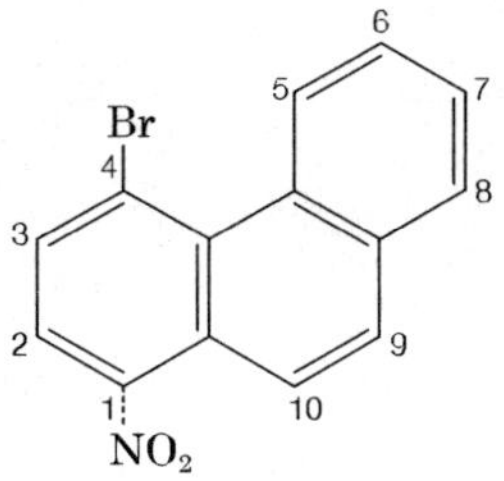

4-bromo-1-nitrophenanthrene

1. 탄소-탄소 이중결합상의 알킬기의 증가가 보다 안정한 화합물을 생성하는 것은, 역시 메틸기의 수가 증가하고 있는 일련의 화합물의 고찰로서 나타낼 수 있다. 에틸렌의 접촉수소화는 발열반응이다.

$$CH_2{=}CH_2 \xrightarrow[\text{촉매}]{H_2} CH_3CH_3 + 32.8\ \text{kcal/mole}^*$$

* 이것은 $\Delta H = -32.8$ kcal/mol을 의미한다. 그러나 이 교과서에서는, 발열량으로 표시하는 방법을 취하였다.

수소원자의 하나가, 메틸기로 치환된 경우에, 30.1kcal/mol 밖에 발열하지 않는 것이 실험적으로 알려져 있다.

$$CH_3-CH=CH_2 \xrightarrow[\text{촉매}]{H_2} CH_3CH_2CH_3 + 30.1\ \text{kcal/mole}$$

propene　　　　　　propane

같은 탄소상에 치환기가 증가하면, 발열량은 더욱 작아진다.

$$(CH_3)_2C=CH_2 \xrightarrow[\text{촉매}]{H_2} (CH_3)_2CH-CH_3 + 28.4\ \text{kcal/mole}$$

isobutylene　　　　　　isobutane

각각의 경우, 메틸기를 1개 많게 하면, 알켄의 수소화에서 방출되는 에너지의 량은 감소한다. 메틸기(및 다른 알킬기)는 전자공여성 치환기이며, 이 예로부터 알킬기의 효과가, 올레핀의 안정성을 증대하는 증거(단, 증명되지 않음)가 되었다. 하나의 메틸기는 약 2.7 kcal/mol의 에너지를 낮게 하고, 제2의 메틸기는 더욱 1,7kcal/mol 안정화 시킨다. 이와 같은 계열에 대해서 얻어지는 최량의 모델, 즉 대조물질로서 에틸렌을 사용하였다.

2. 시스 트란스이성의 효과는 2-부텐을 예로 하여 설명한다.

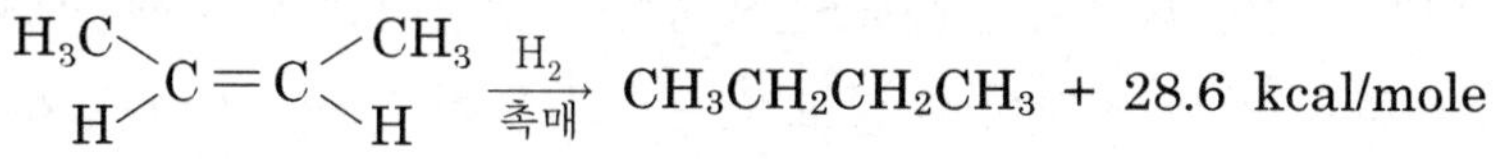

cis-2-butene

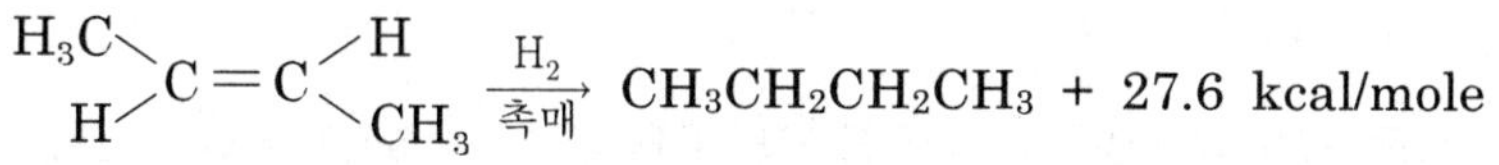

trans-2-butene

아마, 각각의 측정값의 정밀도는 0.1~0.2kcal/mol이 한도라고 생각되므로, 1kcal/mol이라고 하는 차는, 주의하여 취급하지 않으면 안 된다. 그렇지만 이 크기의 값의 차이는 의미가 있다. 이 결과는 **그림 7-2**에 표시하였다.

어떤 환원에 있어서도 생성물은 같기 때문에, 이 계의 비교는, 앞에서 설명한 올레핀의 안정성의 계산보다도 확실한 근거를 가진다.

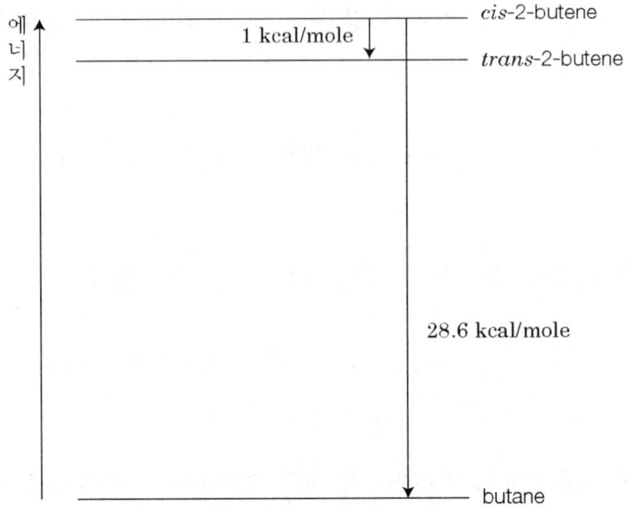

그림 7-2 부탄과 2-부텐의 상대에너지

3. 안정화의 요인으로서의 공액에 기인하는 효과는, 전에 1,3-디엔류에서, p궤도의 최대의 겹침의 고려로서 나타내었다. 이 효과의 크기는, 수소화열로부터 실험적으로 결정할 수 있다.

   예로서 1,3-부타디엔을 취하자. 이 때, 가장 좋은 모델 화합물을 선택하지 않으면 안 되지만, 이것은 일반적으로 같은 환원생성물을 생성해야 하기 때문이다. 따라서, 에틸렌을 선택하는 것은 적당하지 않고, 1-부텐이 이 모델로서 타당하다.

$$CH_3-CH_2-CH=CH_2 \xrightarrow[\text{촉매}]{H_2} CH_3CH_2CH_2CH_3 + 30.3\ \text{kcal/mole}$$

1-butene

$$CH_2=CH-CH=CH_2 \xrightarrow[\text{촉매}]{H_2} CH_3CH_2CH_2CH_3 + 57.1\ \text{kcal/mole}$$

1,3-butadiene

간단한 계산으로부터, 1,3-부타디엔은, 1-부텐의 2배의 열(2×30.3kcal/mol), 즉 60.6 kcal/mol을 방출하는 것이 기대된다. 이것에 대해서 실험적으로는, 57.1kcal/mol밖에 관측되지 않는다. 이 차 3.5kcal/mol은, C_2-C_3궤도의 겹침에 기인하는 1,3-부타디엔의 공명상태에 의하여 생기며, 여분의 안정성에 기인하고 있다. 이 안정화를 **공명에너지**라고 말한다.

1. 1,3-부타디엔의 계산에 대한 모델로서 2-부텐을 선택한 경우에는, 어떠한 문제가 생기는가?

2. 1,3-시클로헥사디엔의 수소화열은 55.4㎉/㏖이다. 아래의 화합물 중에서, 가장좋은 모델은 어느 것인가? (수소화열은 각각의 밑에 표시되어 있다).

$CH_2=CH_2$ 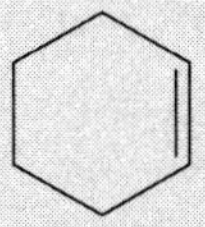 $CH_2=CH-CH=CH_2$ 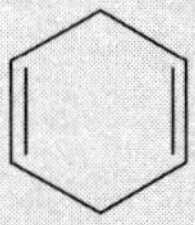

32.8 kcal/mole　28.6　57.1　59.3

3. 1,3-시클로헥사디엔의 공명에너지를 계산하여라.
4. 방향족화합물의 공명에너지는, 위의 공액디엔의 경우과 같은 방법으로 실험적으로 결정할 수 있다. 예를 들면, 시클로헥센은 벤젠에 대한 최량의 모델로서 사용된다.

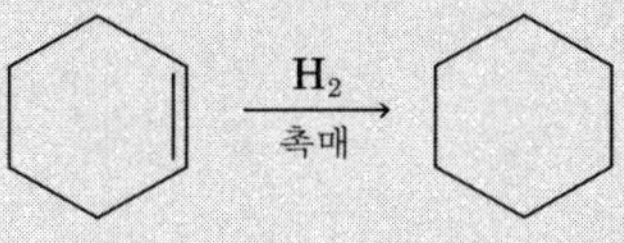

+ 28.6 kcal/mole

cyclohexene　cyclohexane

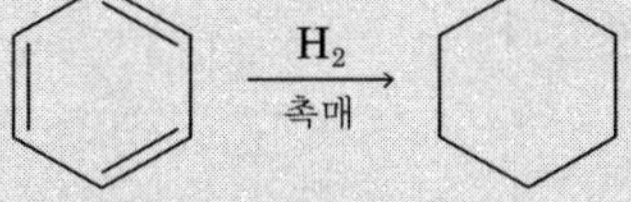

+ 49.8 kcal/mole

benzene　cyclohexane

이 방법으로 측정된 벤젠의 공명에너지는, 36㎉/㏖[(3×28.6−49.8)=36.0]이다. 우리들은, 알카트리엔으로서의 1,3,5-시클로헥사트리엔을 취급하고 있는 것이 아니고, **벤젠**을 취급하고 있기 때문이다. 이것은, 하나의 **새로운 계**로서, 증가한 안정성에 의하여 특정지어지며, 수소화열이 그 목표로 되어 있다. 더욱 이 계는, 알켄류에 보여지는 부가반응에 대신하여, 치환반응을 받는 경향이 있다. **치환반응**은, 이 안정한 방향족계를 파괴하지 않는다.

왜 1,3-시클로헥사디엔 및 에틸렌의 수소화열의 합이, 벤젠의 공명에너지를 계산하는 데 타당하지 않은가?

7-4 방향족 부가반응 및 치환반응

보통의 알켄 또는 디엔류는 촉매의 존재하에서 용이하게 수소로서 환원되지만, 벤젠 또는 다른 방향족화합물에서는 통상 이 반응은 상당히 곤란하다. 방향족화합물에서, 예를 들면 위의 환원반응 등 실제로 부가반응이 일어나는 경우에서도, 일반적으로 반응이 완결할 때까지 진행하며, 도중에서 멈출 수는 없다.

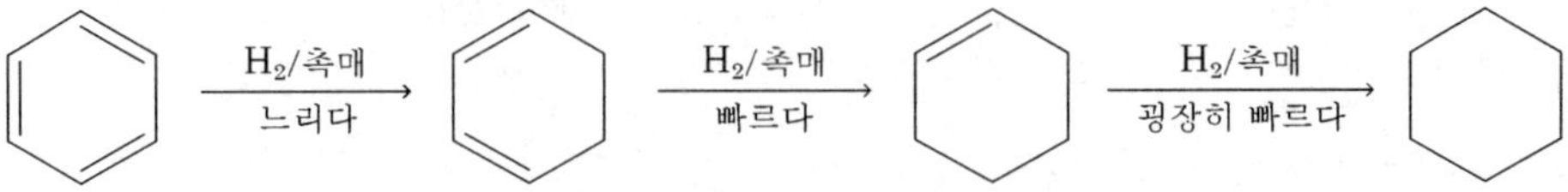

H_2/촉매
느리다
H_2/촉매
빠르다
H_2/촉매
굉장히 빠르다

benzene 1,3-cyclohexadiene cyclohexene cyclohexane

즉 각종의 비방향족성 중간체는, 원래의 방향족 분자보다 훨씬 빠르게 반응한다.

시클로헥센의 염소화는, 주로 **트란스**-1,2-디클로로시클로헥산을 생성한다.

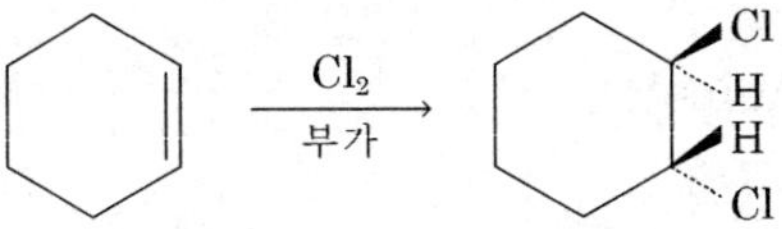

Cl_2
부가
Cl
H
H
Cl

이것과는 대조적으로, 약간 곤란하지만, 벤젠에서의 **부가**가 일어날 때에는, 1, 2, 3, 4, 5, 6-헥사클로로시클로헥산의 각종의 이성체가 생성한다.

부가반응 :

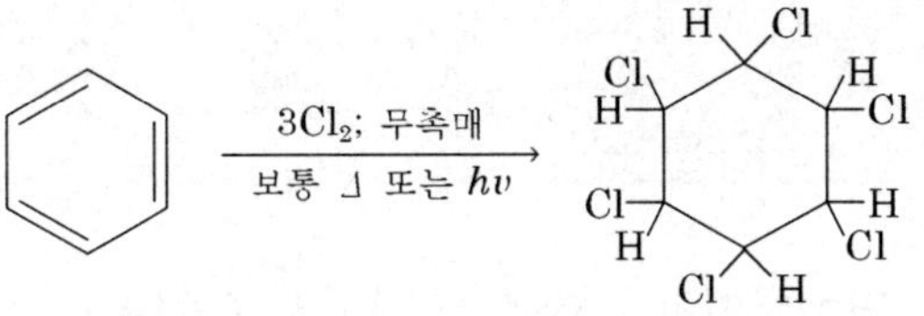

$3Cl_2$; 무촉매
보통 ⌋ 또는 $h\nu$
H
Cl
Cl
H
H
Cl
Cl
H
H
Cl
Cl
H

이들 부가물의 이성체는, 이전에는 그리이스문자(α, β, γ, δ 기타)를 사용하여 구별하고 있었다. γ-이성체는 살충제로서, 예를 들면, Gammexane과 같은 각종의 상품명으로 판매되고 있다.*

한편, 벤젠에 대한 염소**치환**은 용이하게 일어나, 주로 클로로벤젠을 생성한다. 보통 $FeCl_3$와 같은 Lewis산의 촉매가 필요하다.

치환반응 :

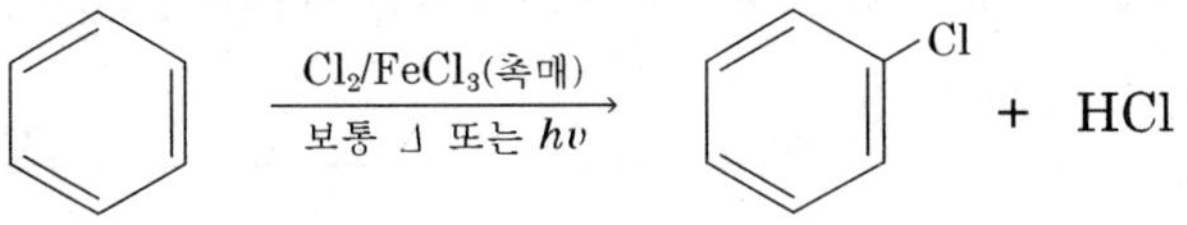

$Cl_2/FeCl_3$(촉매)
보통 ⌋ 또는 $h\nu$
Cl
+ HCl

benzene chlorobenzene

* [역주] γ-BHC라고 하는 이름이 일반적으로 사용되고 있다.

알켄 또는 알킨류와는 달리, 벤젠은 브롬 또는 과망간산칼륨의 희박용액을 탈색하지 않으며, 수소(촉매)로서는 용이하게 환원되지 않는다. 또한 암모니아성 은 또는 구리용액에서 침전을 생성하지 않는다.

> 불포화중심을 갖는 C_6H_6의 다른 이성체를 표기하여라. 또한, 벤젠에 대한 정성시험을 기본으로, 이들의 구조가 벤젠분자를 정확하게 나타내고 있지 않은 까닭을 고찰하여라.

방향(aromatic)이라고 하는 말은, 본래, 천연으로부터 얻어진 고리상의 6π-전자계를 갖는 화합물의 향기를 의미하였다. 현재, aromatic이라고 말하는 것은, "닫힌" π-전자계를 갖는 부가보다도 **치환**을 받는 **안정한 계**(적당한 공명에너지를 갖는다)를 의미한다. 이와 같은 계의 대부분은 π전자를 6개밖에 갖지 않지만, 일반적으로 $(4n+2)\pi$전자를 갖는 것이다. 여기서, n은 정수이며, 벤젠의 경우는 n=1에 상당한다(**표 7-4** 참조).

표 7-4 $(4n+2)\pi$ 전자계의 예*

$n = 1$	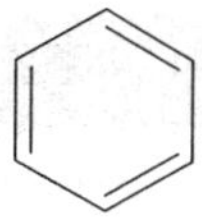 benzene	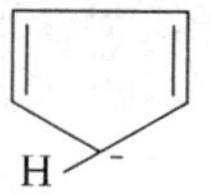 cyclopentadienyl anion	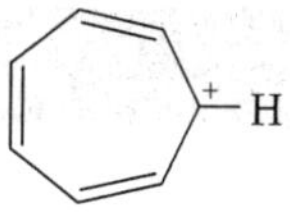 cycloheptatrienyl cation
$n = 2$	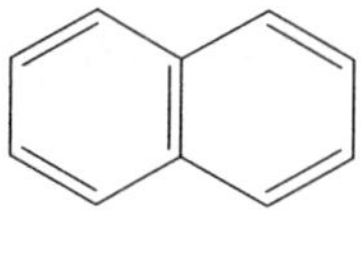 naphthalene	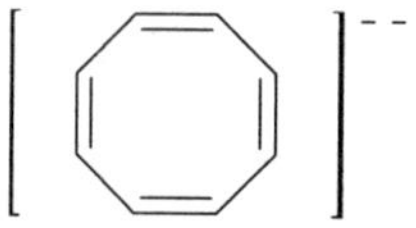 cyclooctatetraenyl dianion	
$n = 3$	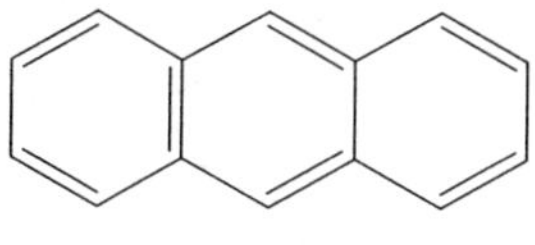 anthracene	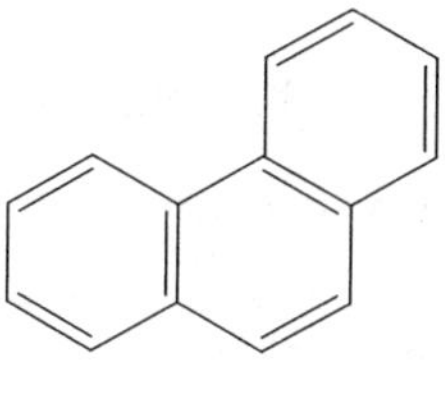 phenanthrene	

* 엄밀히 말하면, $(4n+2)\pi$ 규칙은 단환계에만 해당된다. 그러나 평면으로 공액한 다환계의 것에도 적용 가능하다.

일반적으로, 고위 다환성 방향족 화합물은, 벤젠보다도 약간 불안정하다. 예를 들면 안트라센이 Diels-Alder반응에 활성이며, 테트라시아노에틸렌(TCNE) 또는 무수말레산과 같은 친디엔제와 반응하는 것을 상기할 것.

마찬가지로, 페난트렌의 9,10-위치는, 본래의 방향계가 파괴되는 것과 같은 반응에서는 분자내의 다른 위치보다도 활성이다.

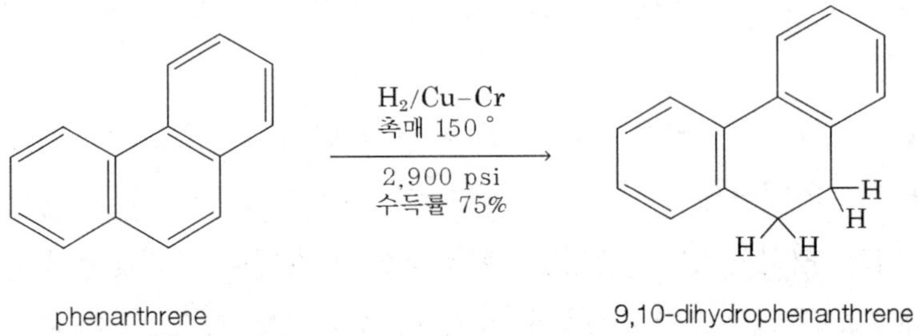
H2/Cu-Cr
촉매 150 °
2,900 psi
수득률 75%
H
H
H
H
phenanthrene
9,10-dihydrophenanthrene

이 생성물 중에, 비페닐의 방향계가 남아 있는 것에 주목할 것.

02 친전자적 방향족치환반응

벤젠 또는 다른 방향족계는 높은 전자밀도의 중심으로서, 양성종, 즉 **친전자시약**에 의하여, 용이하게 공격받지만, 일반적으로는 음성종, 즉 친핵시약에는 공격받지 않는다. 일반적인 친전자시약 E^+을 사용하여 표시하면, 전체의 반응은 아래과 같이 된다.

+ E+
E
+ H+

5가지의 일반적인 친전자적 방향족 치환반응을 다음 절에서 설명하겠지만, 이들의 반응 메카니즘은, 여러 가지 점에서 유사하다.

7-5 염소화 및 브롬화반응

할로겐화는 일반적으로, AlX_3, SnX_4 혹은 FeX_3과 같은 Lewis산의 촉매를 필요로 한다. FeX_3는 각각의 원소를 직접 혼합하여 제조하기 때문에, 예를 들면 브롬과 기질의 혼합물에, 철못을 가해 주면 충분하다.

전반응 : 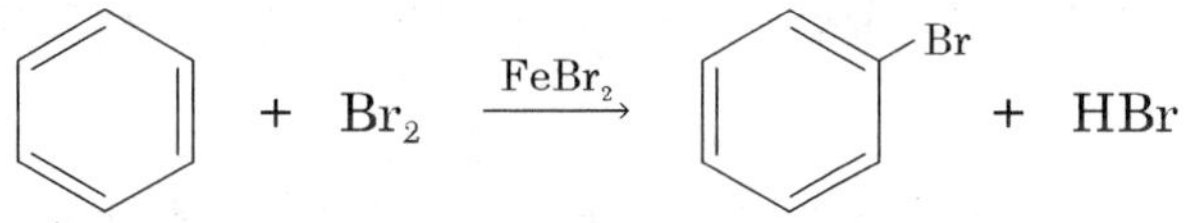

benzene　　　　　　　　bromobenzene

반응메카니즘 : 브롬과 벤젠의 어느 쪽도 비극성분자이기 때문에, 촉매의 작용은 브롬의 분극을 일으키는 것이다.

$$Br-Br + FeBr_3 \longrightarrow [\overset{\delta+}{Br}\cdots Br\cdots Fe\overset{\delta-}{Br_3}] \longrightarrow [Br^+ + FeBr_4^-]$$

bromonium ion

브로모늄이온(혹은 유사한 이온종)은, 방향족계 π 전자의 공격을 받는다. 이 중간체에 대하여, 몇 가지의 공명구조를 쓸 수 있다.

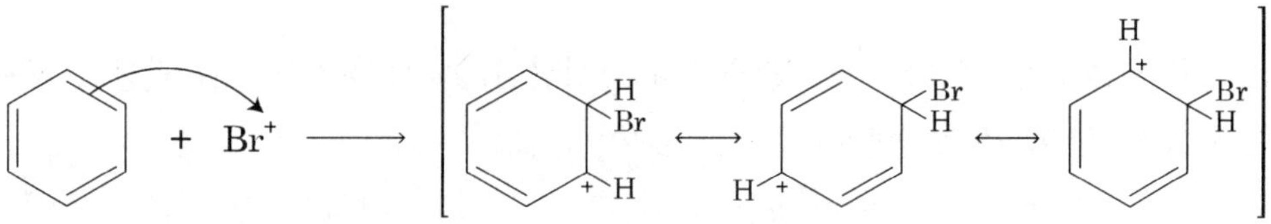

이 중간체의 **아로늄이온**(aronium ion)은, 하나의 조합의  형으로 표시할 수 있으며, 이것은, 양전하가 불균등하게 나머지 5개의 탄소원자상에 분산한 것을 의미한다. 최후의 단계는, 1개의 프로톤이 떨어져 ($FeBr_4^-$의 도움에 의하여) 방향족화한다(재생된 $FeBr_3$는 촉매 그것이다).

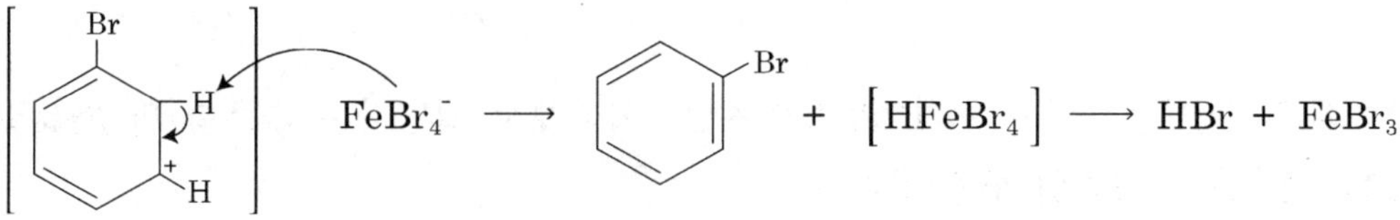

중간의 아로늄이온은, 더 이상 브롬분자나 브롬이온(Br^-)도 부가하지 않는다. 여기서도 닫힌 6π 전자계가 생성할 때의 안정화가 방향족화로의 촉진력이 되고 있다.

7-6 니트로화반응

니트로화는, 방향족계에 있어서 중요한 치환반응이다. 니트로기로부터 아미노기($-NH_2$)로의 환원은 용이하며, 이것의 이용도가 많은 아미노기로부터, 각종의 관능기를 유도할 수 있다. 거의 모든 방향족 화합물은 니트로화를 받지만, 각각의 조건은, 기질의 반응성에 좌우된다.

가장 일반적인 조건으로는, 진한 질산과 진한 황산의 혼합물인 **혼산**(mixed acid)을 사용한다.

전반응 :

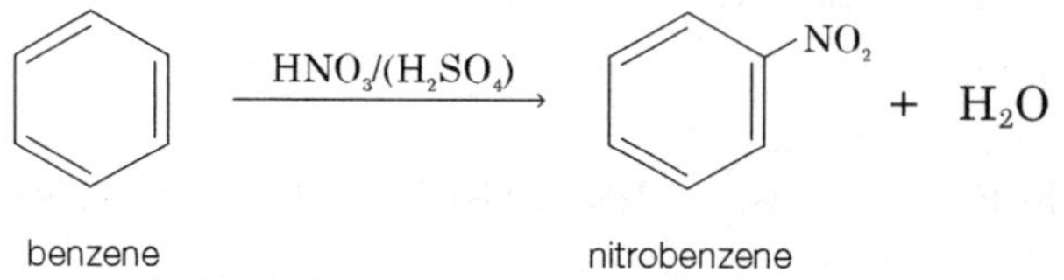

$HNO_3/(H_2SO_4)$
NO_2
+ H_2O
benzene
nitrobenzene

반응메카니즘 : 니트로늄이온(NO_2^+)은, 다음의 식에 따라서 생성된다.

$$HNO_3 + 2H_2SO_4 \rightleftharpoons H_3O^+ + 2HSO_4^- + NO_2^+$$

hydronium ion　　nitronium ion

황산의 작용은 2가지이다 : (1) 반응에서 생성한 물을 희석한다. (2) 질산과 반응하여 적당한 농도의 NO_2^+을 생성한다.

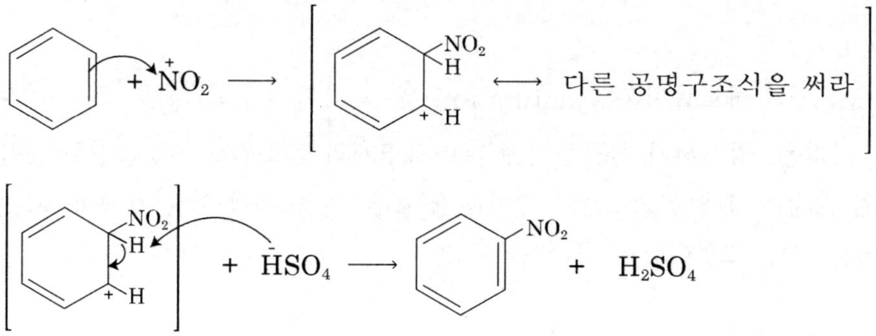

다른 공명구조식을 써라

할로겐화 및 니트로화는 **비가역반응**이지만, 이하에서 설명하는 술폰화 및 **Friedel-Crafts** 반응은 **가역적인 반응**이다.

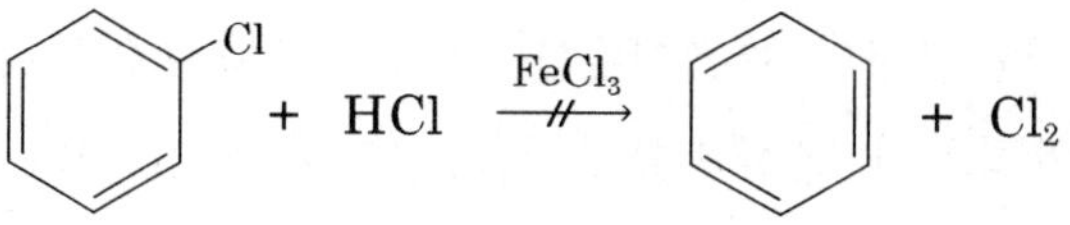

Cl
+ HCl
$FeCl_3$
+ Cl_2

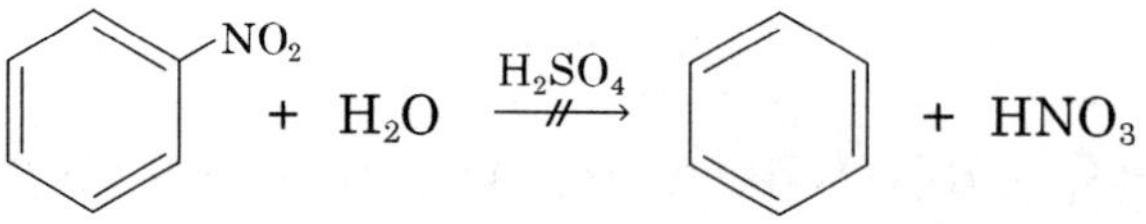

NO_2
+ H_2O
H_2SO_4
+ HNO_3

7-7 술폰화반응

술폰화에 필요한 시약은, 진한 황산 또는 **올레움**(oleum)으로서 알려져 있는 발연황산과 같은 SO_3를 생성하는 물질이다. 올레움은 H_2SO_4에 더욱 다량의 SO_3를 용해시킨 물질이다.

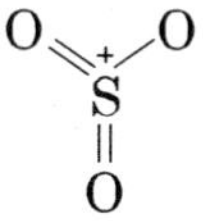

어떤 경우에는 프로톤화된 형 HSO_3^+가 관여하고 있을지도 모르지만, 일반적으로 공격종은 SO_3이다. SO_3의 유황원자는 탄소에 결합한다.

전반응 :

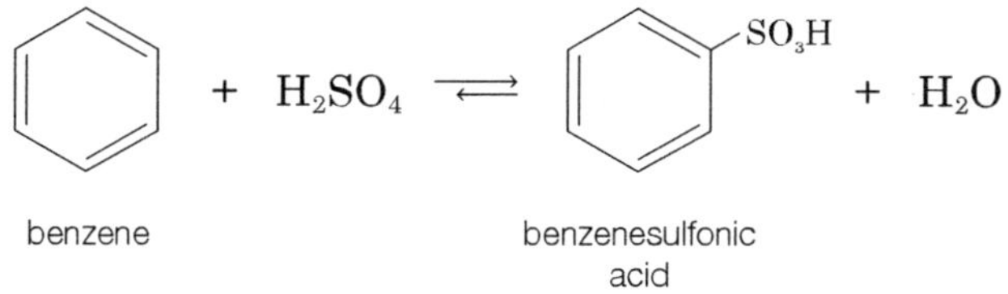
+ H2SO4
SO3H
+ H2O
benzene
benzenesulfonic acid

반응메카니즘 : 황산 중의 SO_3의 존재는, H_2SO_4자신의 반응의 결과라고 생각된다.

$$2H_2SO_4 \rightleftharpoons H_3O^+ + H_2SO_4^- + SO_3$$

방향족계 내에 있는 전자의 공격은 SO_3의 유황원자상에서 일어난다.

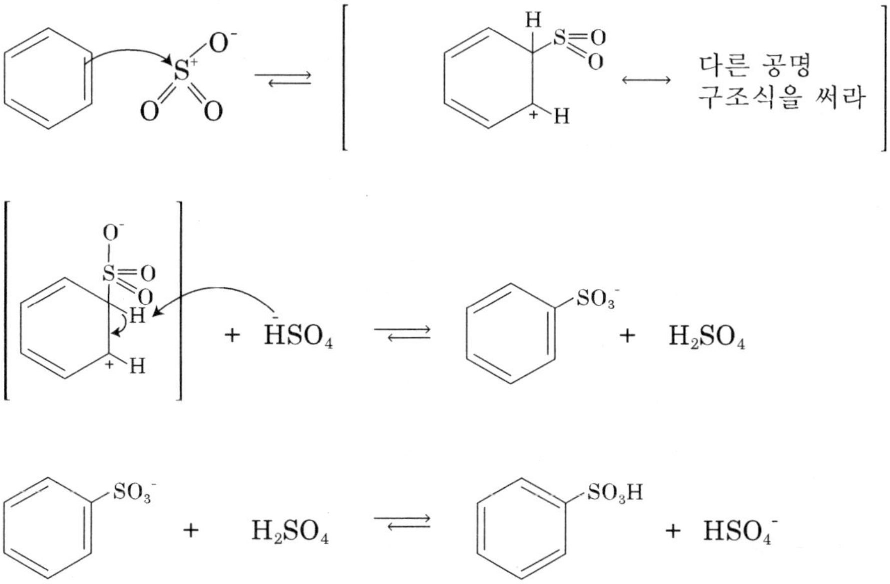
다른 공명
구조식을 써라
+ HSO4
SO3-
+ H2SO4
+ H2SO4
SO3H
+ HSO4-

이 방향족 치환의 예에서는, 친전자시약 SO_3는 진짜의 양전하를 가지고 있지 않기 때문에, 중간체에도 진짜의 형식전하는 존재하지 않는 것에 주의하여라. 이 중간체는

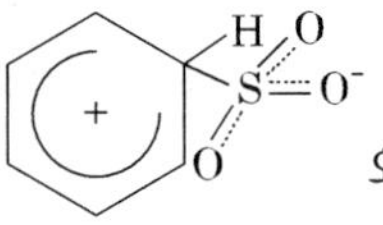
H
O
S
O⁻
O
+

와 같은 조합의 형으로 표시된다.

표 7-5에는, 사용하는 산 및 술폰화에 적당한 온도로부터 본 반응 조건의 차이를 대비하여 표시하였다. 반응조건은 분자의 **반응성**(구조)을 표현하고 있지만, 이것은 이 절의 끝부분에서 설명한다. 다음의 예에서는, 술폰화의 가역성을 나타내고 있다.

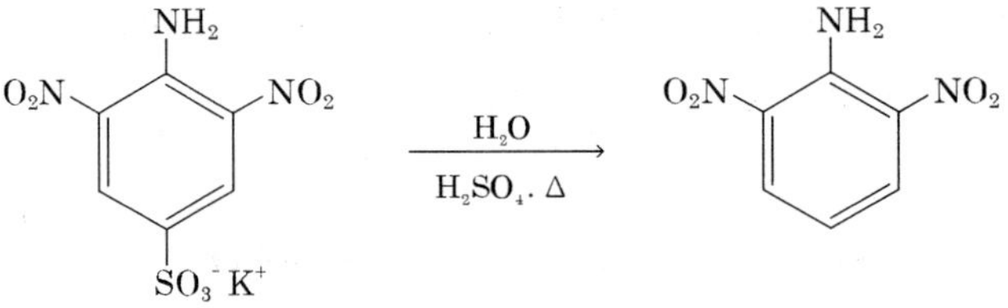
NH₂
O₂N
NO₂
SO₃⁻ K⁺
H₂O
H₂SO₄. Δ
NH₂
O₂N
NO₂

potassium 4-amino-3,5-dinitrobenzenesulfonate → 2,6-dinitroaniline

표 7-5 방향족 술폰화반응

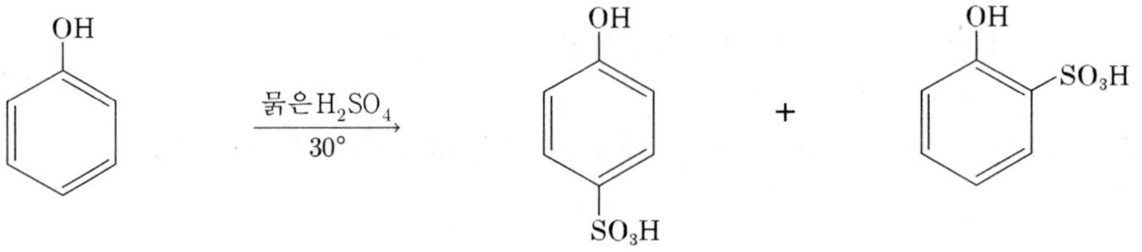
OH
묽은 H₂SO₄
30°
OH
SO₃H
+
OH
SO₃H

phenol → *p*-hydroxybenzenesulfonic acid + *o*-hydroxybenzenesulfonic acid

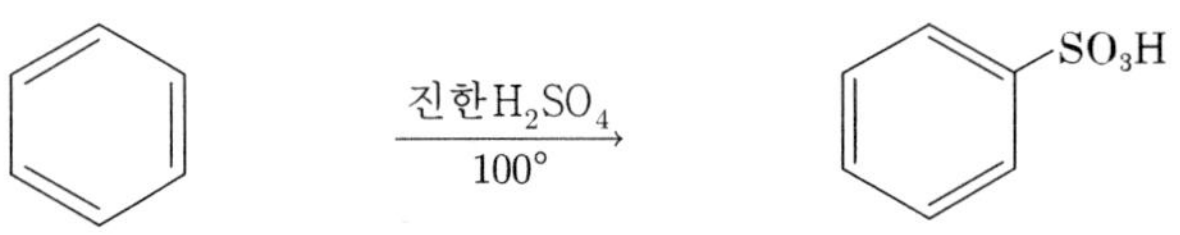
진한 H₂SO₄
100°
SO₃H

benzene → benzenesulfonic acid

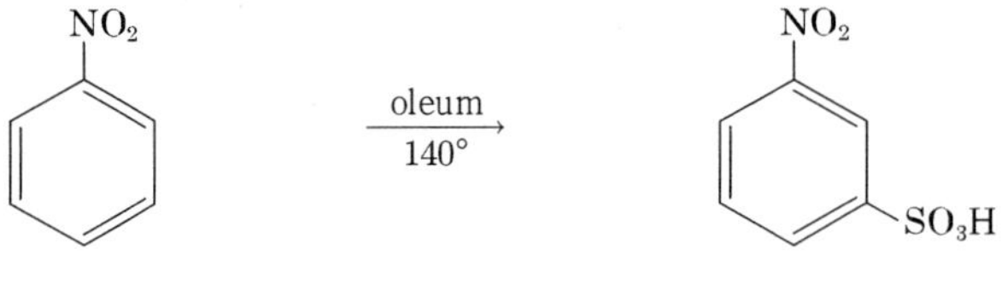
NO₂
oleum
140°
NO₂
SO₃H

nitrobenzene → *m*-nitrobenzenesulfonic acid

7-8 Friedel-Crafts 알킬화반응

명칭이 나타내고 있는 바와 같이, 이 반응은 알킬치환 방향족화합물의 하나의 합성법이다.

일반식 :

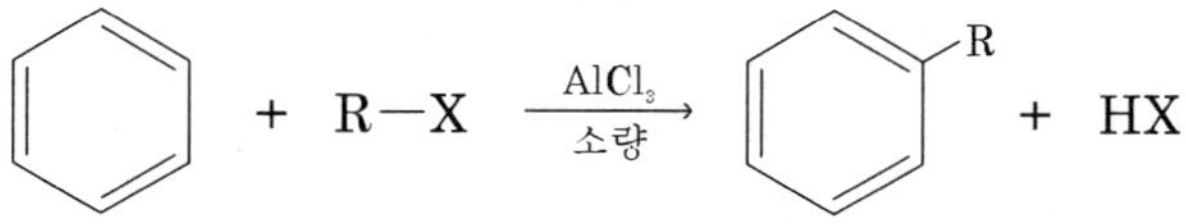
R
R—X
AlCl3
소량
HX

이 반응은 소량의 **Lewis산촉매**를 필요로 하지만, 이것은, 할로겐화알킬, 알코올 혹은 알킬화제로서의 올레핀과 작용한다. 필요로 하는 촉매의 활성도는, 알킬화제, 및 방향족탄화수소의 반응성(구조)에 의하여 결정된다. 활성인 알킬화제라고 하는 것은, 쉽게 카르보늄이온을 생성하는 시약이다. 전자공여성 치환기를 갖는 탄화수소류는, Friedel-Crafts알킬화를 촉진한다. $AlCl_3$, $SbCl_3$, 및 $FeCl_3$는 보다 활성인 Lewis산촉매이다. 온화한 것($ZnCl_2$, $BiCl_3$)은, 알킬화제 혹은 기질이 상당히 반응성이 풍부할 때 사용된다. H_2SO_4, H_3PO_4 및 HF와 같은 간단한 무기산은, 알코올류 또는 올레핀류가 알킬시약인 경우에 사용된다. **표 7-6**에 몇 가지의 예를 표시한다.

표 7-6 중에 시약과 생성물을 명명하여라.

표 7-6 Friedel-Crafts알킬화반응

1. 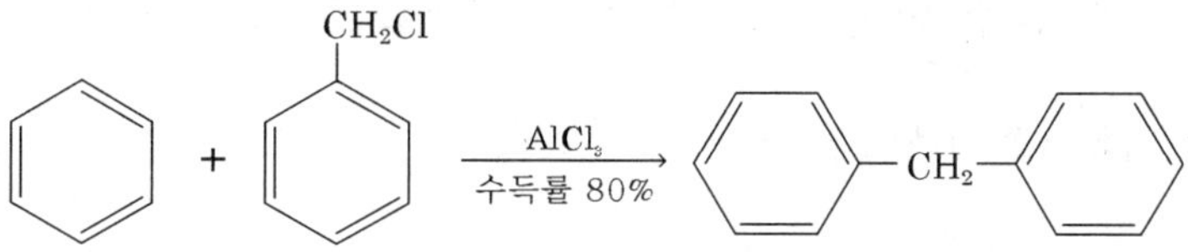
CH2Cl
AlCl3
수득률 80%
CH2

2. 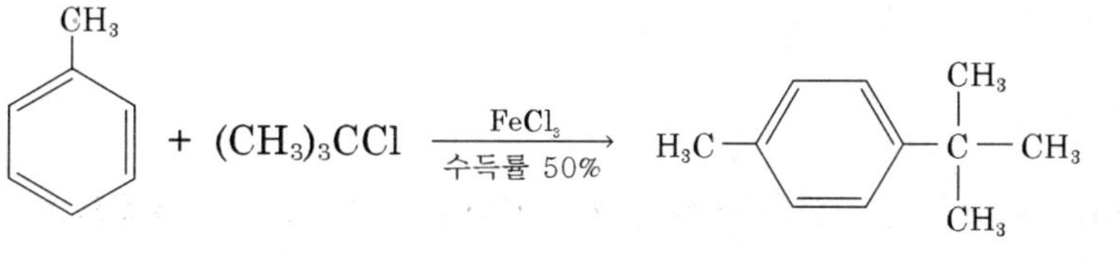
CH3
(CH3)3CCl
FeCl3
수득률 50%
H3C
CH3
C
CH3
CH3

3. 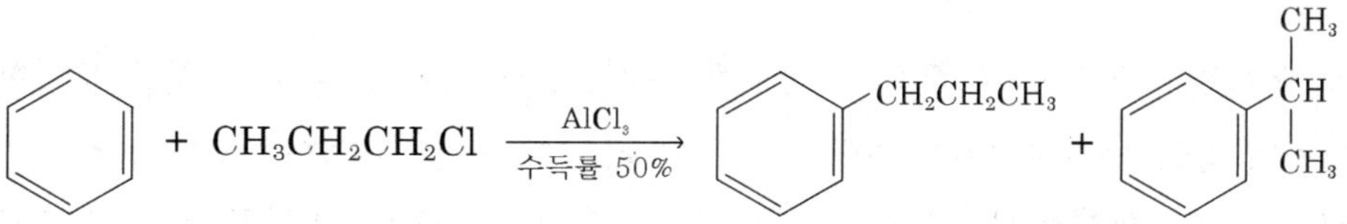
CH3CH2CH2Cl
AlCl3
수득률 50%
CH2CH2CH3
CH3
CH
CH3

40% 60%

4. 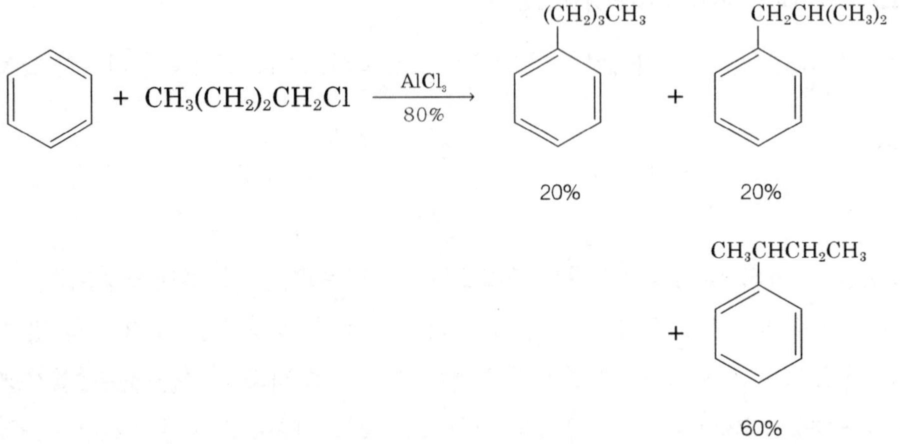

+ $CH_3(CH_2)_2CH_2Cl$
$AlCl_3$
80%
$(CH_2)_3CH_3$
$CH_2CH(CH_3)_2$
20%
20%
$CH_3CHCH_2CH_3$
60%

전반응 :

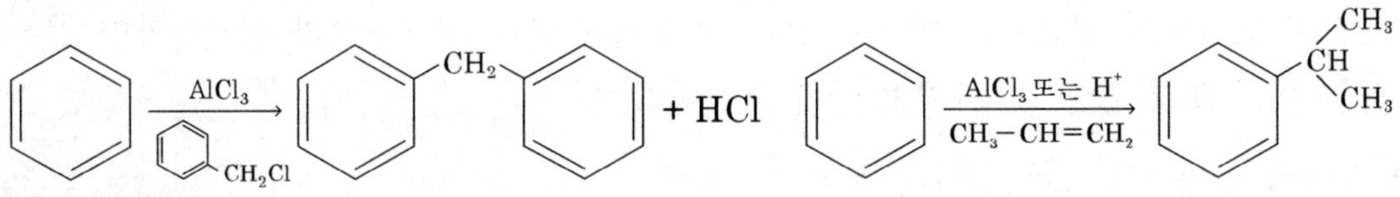

$AlCl_3$
CH_2Cl
CH_2
+ HCl
$AlCl_3$ 또는 H^+
$CH_3-CH=CH_2$
CH_3
CH
CH_3

benzene　　diphenylmethane　　benzene　　cumene (isopropylbenzene)

반응메카니즘 : 할로겐화알킬, 올레핀 혹은 알코올이 모두가 다 반응종은 완전한 유리카르보늄이온이라고는 말할 수 없지만, 어느 정도의 카르보늄이온성을 가지고 있다.

$$R-X + AlX_3 \longrightarrow [\overset{\delta+}{R}\cdots X\cdots \overset{\delta-}{Al}X_3] \longrightarrow [\overset{+}{R}\ \ Al\overset{-}{X}_4]$$

alkyl halide

$$R-CH=CH_2 + H^+ \rightleftharpoons [R-\underset{+}{C}H-CH_3]$$

olefin

$$R-CH_2-CH_2OH + H^+ \rightleftharpoons [R-CH_2-CH_2\overset{+}{O}H_2] \rightleftharpoons [R-CH_2\overset{+}{C}H_2] + H_2O$$

alcohol

먼저 설명한, 카르보늄이온의 안정성은, 3차>2차>1차의 순서인 것을 상기할 것. 가끔, 최초에 생성한 카르보늄이온으로부터 보다는, 오히려 전위하여 보다 안정화한 이온에 유래하고 있는 생성물이 확인된다. 예를 들면 **표 7-6**에 표시한 1-클로로프로판(및 $AlCl_3$)과 벤젠의 반응에 주목할 것. 메카니즘의 최종단계에서는, $AlCl_4^-$이 염기로서 프로톤의 제거를 돕는 작용을 한다.

단순한 일치환알킬벤젠류, 예를 들면 톨루엔은, Friedel-Crafts**알킬화로서는 제조할 수 없다.** 알킬기는 방향족계에 전자를 주기 때문에, 새로 생성한 화합물, 예를 들면 톨루엔은, 출발물질(벤젠)보다도 **더욱 빠르게** 반응한다. 그리고 반응은, 톨루엔을 주생성물로 하는 것보다는 오히려, 메틸기가 다수 치환한 벤젠류를 생성한다. 염화 *tert*-부틸과 같은 부피가 큰 할로겐화물을 사용한 경우에는, 이 조건에서는 입체적인 제약으로부터, *o-di-tert*-butylbenzene을 생성하기 어렵기 때문에 생성물은 단순하다.

다음의 반응에 대한 타당한 메카니즘을 표기하여라.

1.

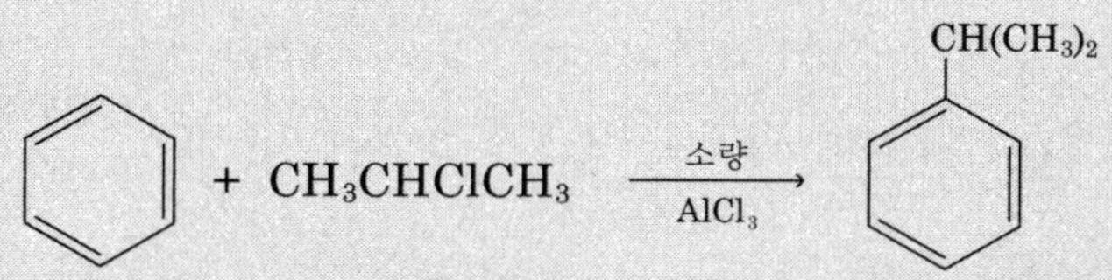
+ CH3CHClCH3
소량
AlCl3
CH(CH3)2

2.

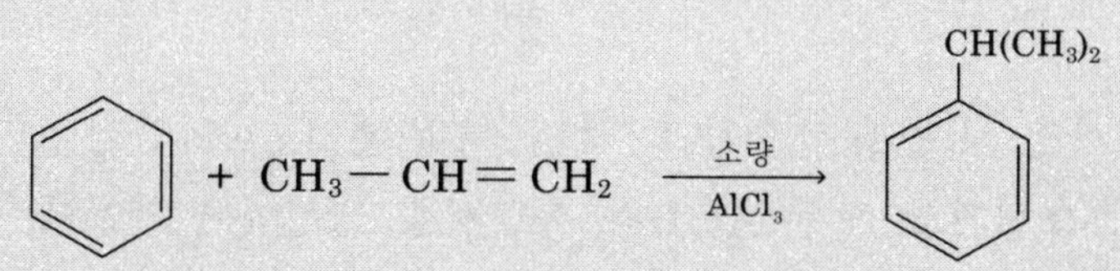
+ CH3 − CH = CH2
소량
AlCl3
CH(CH3)2

7-9 Friedel-Crafts 아실화반응

아실화반응은, Lewis산촉매, 일반적으로는 무수 $AlCl_3$와, 방향족화합물을 필요로 하는 점에서 Friedel-Crafts알킬화반응과 유사하다. 그러나, 유기시약은 보통 산염화물 혹은 산무수물이며,

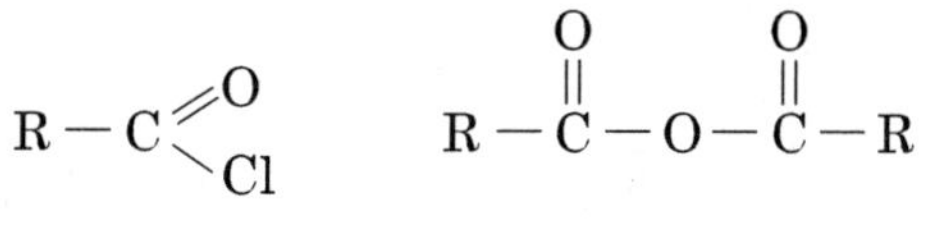
R − C
O
Cl
O
O
R − C − O − C − R

acid chloride 산염화물　　anhydride 산무수물

케톤(Ar−CO−R)을 생성하지만, 만일 무수물이 고리상태이면

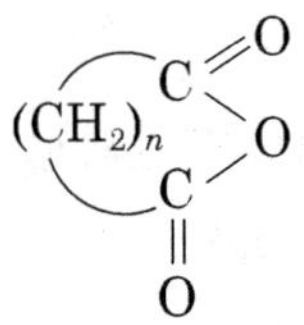

생성물을 케토산이다.

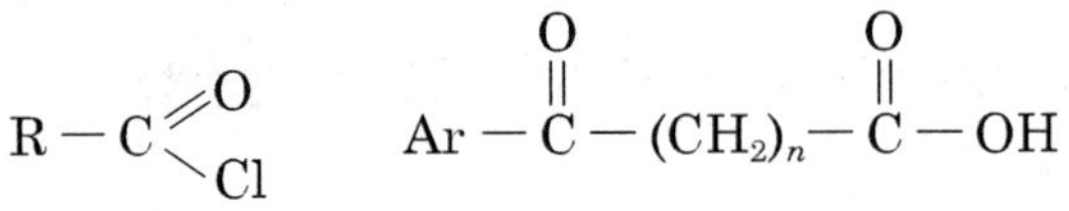

전반응 :

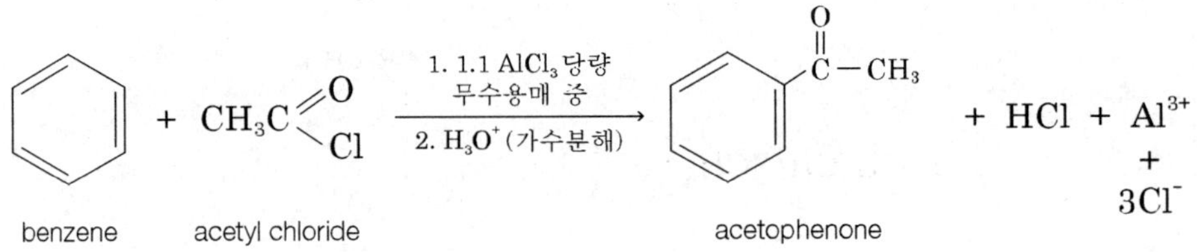

반응메카니즘 : 카르보닐기는 비공유전자쌍을 갖기 때문에 Lewis염기이다. **따라서 존재하는 어떠한 카르보닐기도 모두 $AlCl_3$와 복합체를 생성하기 때문에,** 약간 과잉의 $AlCl_3$를 촉매로서 사용하지 않으면 안 된다. 더욱 $AlCl_3$는 카르보닐탄소를 보다 친전자적으로 작용하기 때문에, 반응을 용이하게 하는 원인이 되고 있다. 아래의 식에서는 복합체로 되어 있는 $AlCl_3$를 산소원자에 점선으로 연결한 것이다.

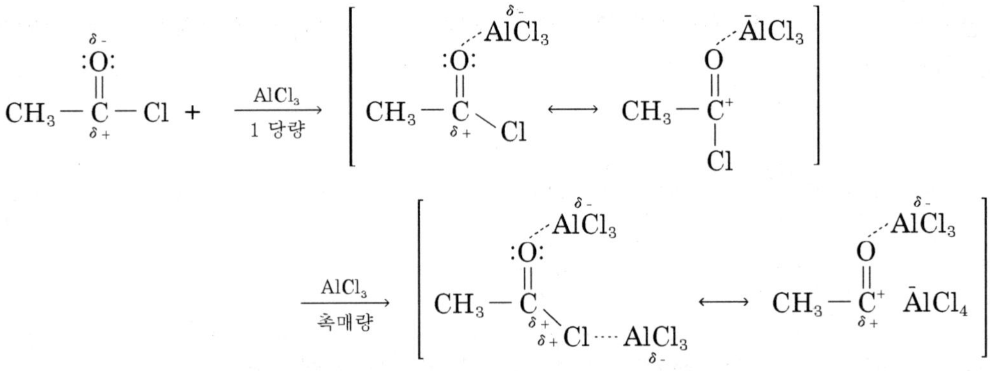

이 반응종은 친전자적이며, 메카니즘은 다음과 같은 식으로 표시된다.

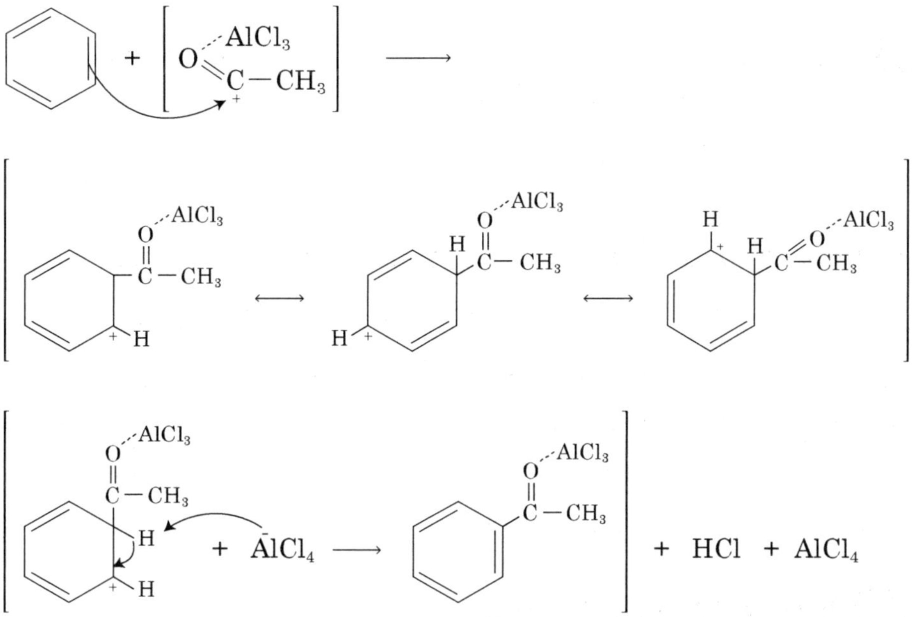
AlCl3
O
C
CH3
H
AlCl4
HCl

이 시점에서, 생성물의 카르보닐기는 아직 $AlCl_3$와 결합하고 있다. 그리고 케톤의 단리에 필요한 **별개의 가수분해단계**에는, 얼음과 묽은 염산을 사용한다.

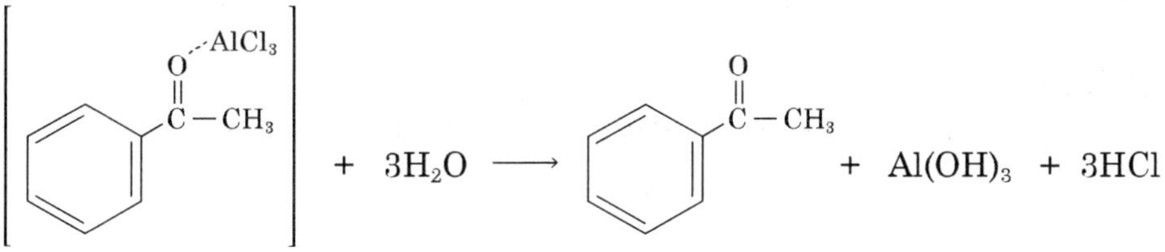
AlCl3
O
C
CH3
3H2O
Al(OH)3
3HCl

이 메카니즘은 무기물에 대해서도 같고, 최초의 단계는 친전자시약의 형성에 있다. 이 경우에는 2당량의 $AlCl_3$가 필요하다. 숙신산무수물은, 방향족화합물에 4개의 탄소원자를 부가하는 방법의 하나로서, 벤젠과 그 유도체로부터 나프탈렌화합물을 제조하는 최초의 단계이기도 하다(15-22절 참조).

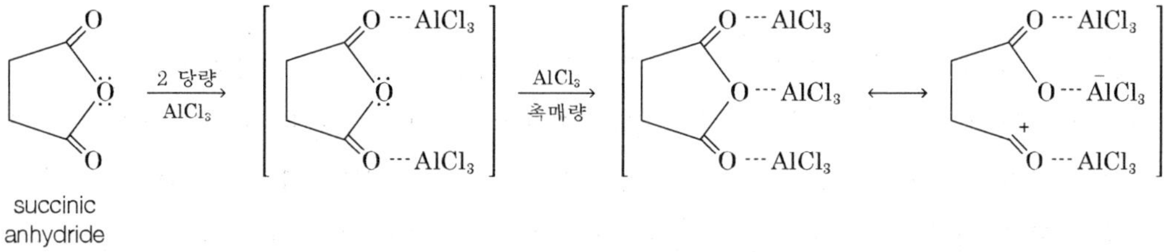
O
2 당량
AlCl3
촉매량
succinic anhydride

예

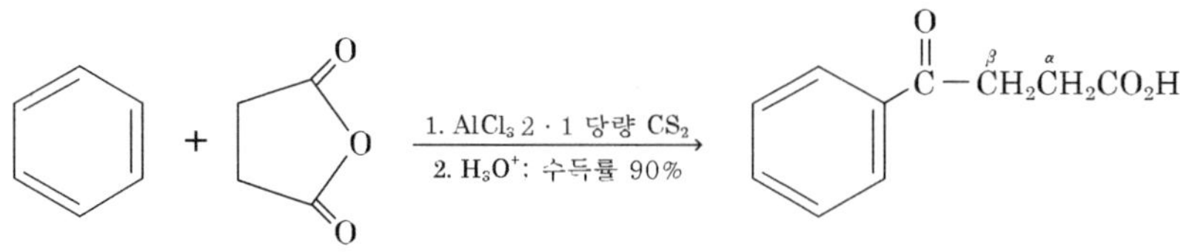

β-benzoylpropionic acid

반응성에 대해서의 해설 : 방향환에 인접해 있는 니트로기(NO_2), 혹은 카르보닐기 ($>C=O$)의 어느 것도, Friedel-Crafts아실화반응에 있어서는, 고리를 불활성으로 작용한다. 실제로, 니트로벤젠은 이 반응에 대한 훌륭한 용매로서, Friedel-Crafts 반응을 받지 않는다. 탄화수소의 모노아실화에 의해서 얻어지는 생성물은, 고리에 인접한 하나의 이중결합을 가지고 있기 때문에, 일반적으로, 더욱 치환반응을 받는 것은 적다. 이것과 Friedel-Crafts알킬화 반응과를 대비할 것

7-10 산염화물과 산무수물의 합성

이 교과서의 처음에서, 반응 혹은 합성법이 주어졌을 때, 어디로부터 출발물질이 오는가를 자문하도록 권하였다. 유기산, 또는 그들 유도체의 자세한 설명은 나중에 하기로 하고, 이 절에서는, 산염화물 또는 산무수물에 대한 의문에 답하기 위해서, 옆길로 들어가기로 한다.

산염화물 :

$$R-\overset{O}{\overset{\|}{C}}-O-H + SOCl_2 \longrightarrow R-\overset{O}{\overset{\|}{C}}-Cl + HCl + SO_2\uparrow$$

thionyl chloride (염화티오닐); b.p. 77°

혹은

$$3R-\underset{O}{\underset{\|}{C}}-O-H + PCl_3 \longrightarrow 3R-\underset{O}{\underset{\|}{C}}-Cl + H_3PO_3$$

phosphorous chloride (3염화인); b.p. 76°

phosphorous acid (아인산)

산은 $SOCl_2$ 혹은 PCl_3 중 어느 것과 가열해도, 좋은 수득률로서 산염화물을 생성한다. 보통 $SOCl_2$가 간단하며, 수득률, 생성물의 순도의 점에서 뛰어나다. 이 경우, 2가지의 부생성물을 가스로서 발생한다. 또한 반응이 완결된 후, 과잉의 염화티오닐은, 증류에 의하여 용이하게 제거된다. PCl_3를 사용한 경우에는, 산염화물을, 더욱 주의하여 아질산으로부터 분리하지 않으면 안 된다.

산무수물 :

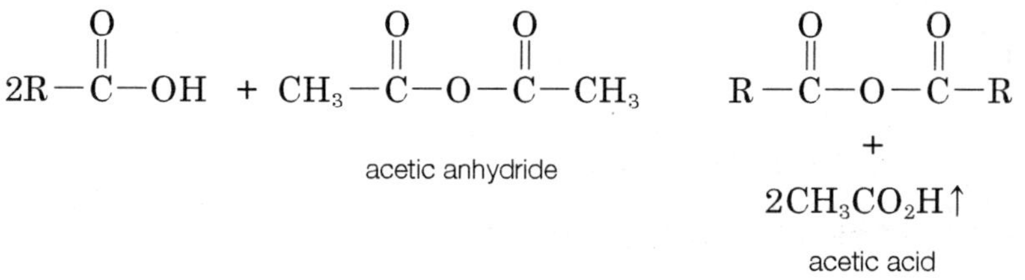
acetic anhydride
acetic acid

(a)

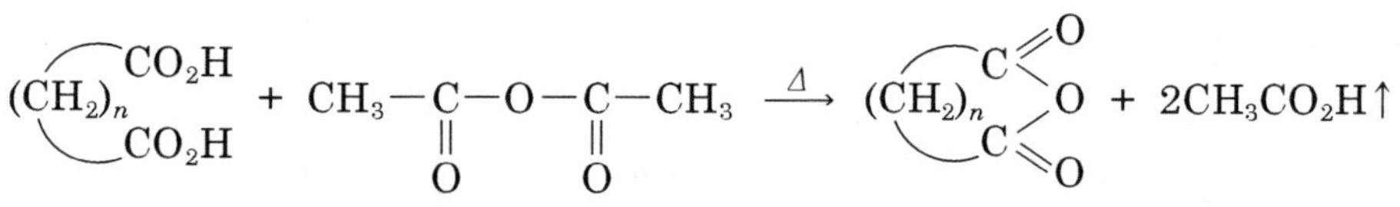

(b)

무수아세트산 자체를 제외한 산무수물은, 반응식 (a)에 따라서 카르복실산과 무수아세트산을 가열하여 얻는다. 이 평형은, 저비점의 아세트산을 계속해서 제거하면 오른쪽으로 이동한다. 환상무수물[식(b)]도 이 방법으로 제조되지만, 경우에 따라서는 2염기산을 간단히 가열하는 것만으로 탈수를 일으켜 산무수물이 생성된다.

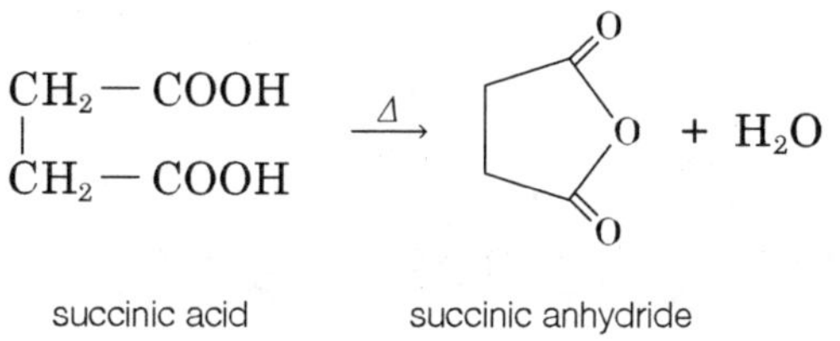
succinic acid
succinic anhydride

03 방향족 치환반응의 배향과 반응성

7-11 방향족 치환반응의 상호관계

표 7-7의 자료와 **표 7-5**에 표시한 술폰화반응의 자료를 사용하면, 보다 온화한 조건하에서 반응하는 벤젠유도체(술폰화에 있어서 니트로벤젠과 페놀, 니트로화에 있어서 니트로벤젠과 아세트아닐리드의 차이)는 오르토, 파라이성체를 생성하지만, 과격한 조건을 필요로 하는 유도체는 거의 메타이성체만을 생성한다. 소수의 예를 기준으로 하여, 일반적 상호관계를 유도하는 것은 위험하지만, 그럼에도 불구하고 **오르토, 파라배향의 치환기를 갖는 화합물은, 메타배향의 치환기를 갖는 화합물보다도 치환반응이 일어나기 쉽다**라고

하는 것은 사실이다. 방향족고리상의 관능기를, 그의 **배향력**에 의하여, 또는 치환기가 방향족 화합물의 반응을 비교상의 기준으로 한 벤젠보다 빠르게 하는지 느리게 하는지에 따라서 배열할 수가 있다.

표 7-7 친전자적 방향족치환반응

아세트아닐리드의 염소화 및 니트로화

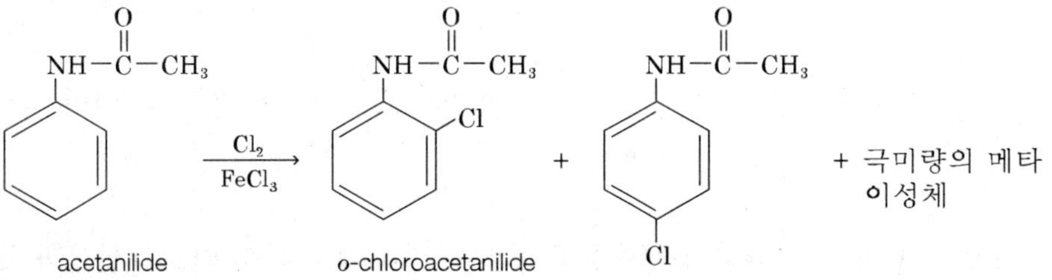
Cl2
FeCl3
+
+ 극미량의 메타 이성체
acetanilide
o-chloroacetanilide

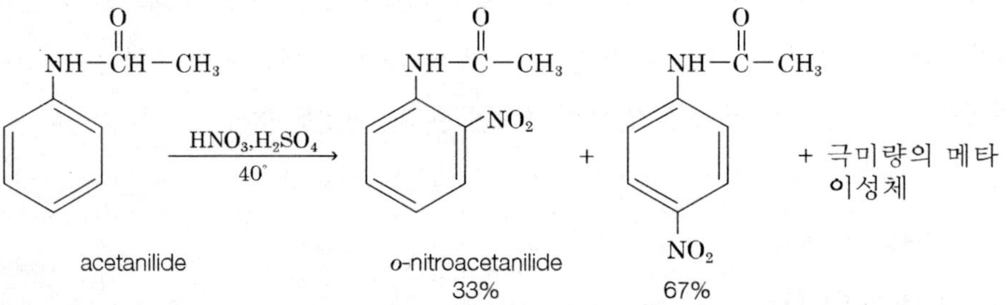
HNO3,H2SO4
40°
+
+ 극미량의 메타 이성체
acetanilide
o-nitroacetanilide
33%
67%

니트로벤젠의 염소화 및 니트로화

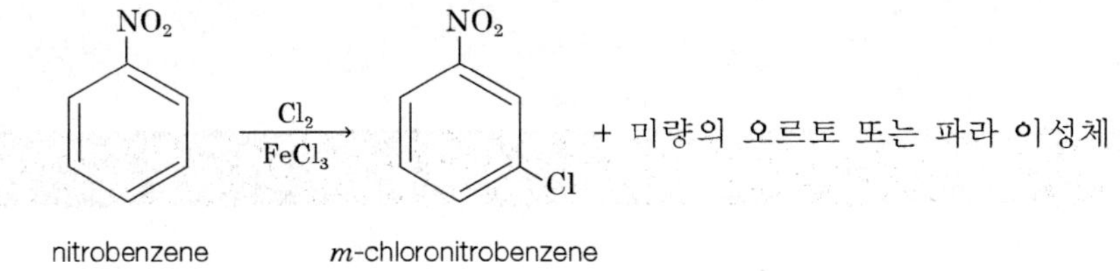
Cl2
FeCl3
+ 미량의 오르토 또는 파라 이성체
nitrobenzene
m-chloronitrobenzene

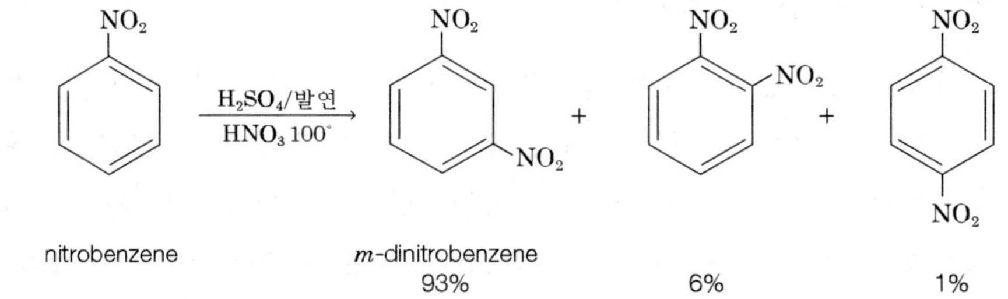
H2SO4/발연
HNO3 100°
+
+
nitrobenzene
m-dinitrobenzene
93%
6%
1%

치환하려고 하는 기의 반응위치는, 주로 이미 존재하는 치환기에 의존하며, 2차적으로만 반응기 자신의 형태에 의존한다. 예를 들면, 페놀의 술폰화는, 오르토, 파라이성체를 생성하지만, 니트로벤젠은, 거의 메타이성체만을 생성하는 것은 앞에서 설명하였다.

친전자방향족 치환반응을 분석하고, 생성물을 예상하는 방법은, 적어도 2가지로서, (1) 방향족분자의 기저상태의 고찰(7-12, 7-13절), (2) 가능한 각종의 중간체의 안정성의 고찰(7-14 절)이며, 나중의 절에서 설명하는 바와 같이 이들의 방법은 어느 정도 다른 결론을 유도한다. 아로늄이온중간체의 안정성을 이용하는 방법이, 오히려 보다 만족할 수 있는 방법이라고 생각된다.

7-12 공명과 유도효과

배향성과 활성화의 효과를 이해하기 위해서는 3가지의 주요한 요인, 즉 공명, 유도 및 입체효과를 고려하지 않으면 안 된다. 앞의 2가지는 일반적으로 가장 유용하기 때문에, 최초로 설명한다. 이들 2가지 효과는 경우에 따라서 가성적이며, 또 때로는 서로 반발한다. 대개의 결과를 예상하기 전에, 각각을 자세하게 검토하는 것이 중요하다. 공명은 일반적으로 공격되는 위치를 결정하는 데 중요하며, 때로는 약한 유도효과를 능가하고 있다. 공격종이 친전자시약(E^+)이므로, 전자공여성의 치환기는 방향환의 전자밀도(벤젠환에 비교하여)를 증가시키기 때문에 활성화기이다. 이들의 치환기는 또한, 새로운 치환기를 오르토와 파라위치에 배향되게 한다.

$-NH_2$기(아닐린) : 오르토, 파라배향, 활성화

공명 : 아닐린은 질소상에 비공유전자쌍을 지니고 있기 때문에, 전하가 분리한 다음과 같은 공명구조를 쓸 수 있다.

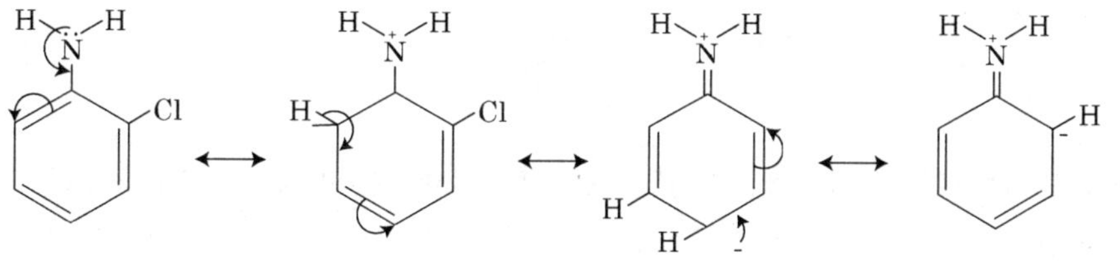

조합에 의한 식 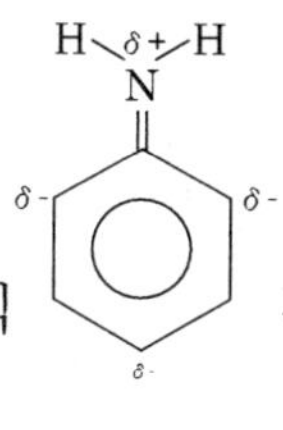 은 확실히, 고리의 전자밀도가 단순히 증가하는 것만이 아니

고, 오르토와 파라위치가 특히 증가하는 것을 명시하고 있다.

유도 : 탄소-질소결합만을 생각하여 보자. 질소원자는 탄소원자보다 전기음성도가 크기 때문에, 결합쌍극자의 음의 말단이 된다(물론, 이것은 고립된 원자의 전기음성도가 아니고, sp^2방향족탄소원자와 혼성한 질소와의 차를 고려하지 않으면 안 되기 때문에, 엄밀하게는 정확하지 않다).

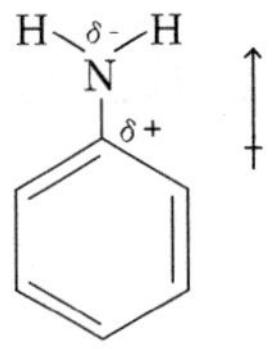

위의 경우, 공명과 유도효과는 반대 방향이다. 실험적으로 보면 공명효과가 우선하고 있으며, 그 결과 아미노기는 **활성화기**로서 **오르토-파라배향기**이다. 일반적으로 비공유전자쌍을 지니는 원자를 갖는 관능기가 고리에 결합하고 있는 경우 아닐린과 같은 공명식을 쓸 수 있기 때문에, 오르토, 파라배향으로 활성화기이다.

아니솔($C_6H_5OCH_3$)에 있어서 위와 마차가지로 해석하여라.

$-NO_2$기 (니트로벤젠) : 메타배향, 불활성화

공명 : 다음의 식에 니트로벤젠의 공명구조식을 표시하였다.

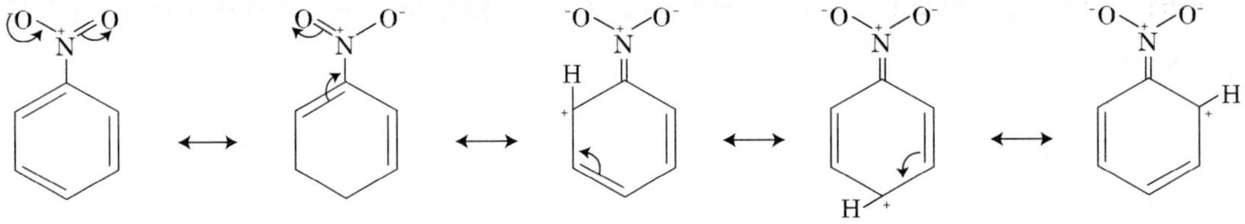

조합의 표현으로부터 고리의 전자밀도는 감소하며, 특히 오르토와 파라위치가 감소하는 것을 나타내고 있다.

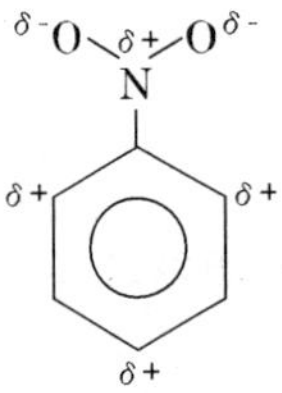

만일 벤젠보다 불활성인 니트로벤젠에 친전자시약이 공격하면, 부득이 메타위치에 들어간다. 즉, 니트로기는 엄밀히 말하면, 메타위치에 "배향"되게 작용하는 것이 아니고, 오히려 이 위치가 단순히 3가지 중에서는 최량에 불과하다.

유도 : 니트로기의 공명체는 정전하를 질소원자상에 나타내기 때문에, 결합의 쌍극자는 다음의 식으로 가장 잘 표현된다.

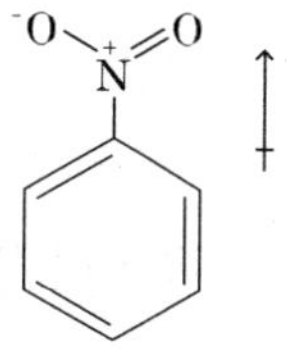

위의 경우, 공명 및 유도효과는 같은 방향이며, 니트로기는 메타배향성으로 불활성화기이다. 다중결합을 갖는 관능기가 고리에 결합하고 있을 때는, 일반적으로 메타배향으로 불활성화기이다.

> 이와 같은 해석을 벤즈알데히드(C_6H_5CHO)에 대해서 행하여라.

할로겐 : 오르토, 파라배향, 불활성화

할로겐화벤젠은 벤젠과 비교하여 반응성은 낮지만, 오르토, 파라 생성물을 생성하는 것은 실험적 사실이다. 이들의 사실은 어떻게 합리적으로 설명할 수 있을까?

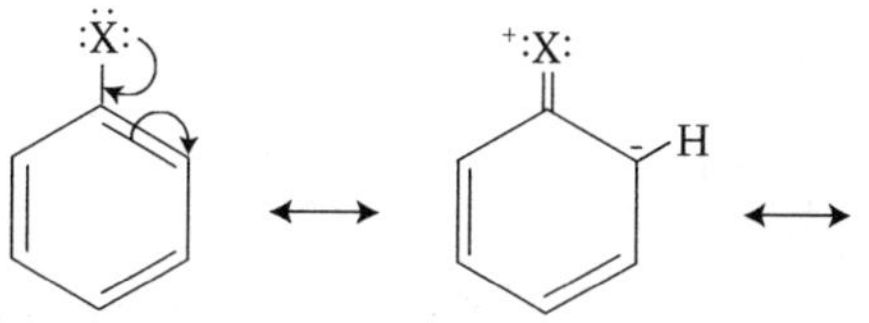

공명의 효과로부터 할로겐은 오르토, 파라배향으로 활성화가 예상되는 것에도 불구하고, 유도효과는 할로겐의 높은 전기음성도 때문에 불활성화를 시사한다.

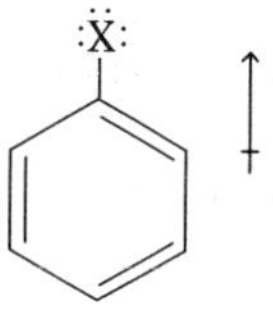

이 모순은 다음과 같은 생각으로 설명된다. 할로겐원자(및 대부분의 다른 치환기)에

대해서, 공명효과는 치환의 위치를 예언하며, 반응속도는 이 경우 유도효과에 의하여 결정된다.

$-CH_3$기 (톨루엔) : 오르토, 파라배향, 활성화

톨루엔은 벤젠과 비교하여 용이하게 치환반응을 받으며, 오르토, 파라치환생성물을 생성하지만, 통상의 공명이론으로 설명하는 것은 어렵다. 알킬기는 유도효과에 의하여 전자를 밀어내기 쉽기 때문에, 톨루엔은 벤젠 보다 반응성이 높다. 각종의 아로늄이온 중간체의 안정성을 해석하면(7-14 절 참고), 공명과 유도효과를 별도로 고려할 필요는 없다. 이 형태의 해석을 하면, 할로겐 또는 알킬치환기가 미치는 배향성은 용이하게 설명된다.

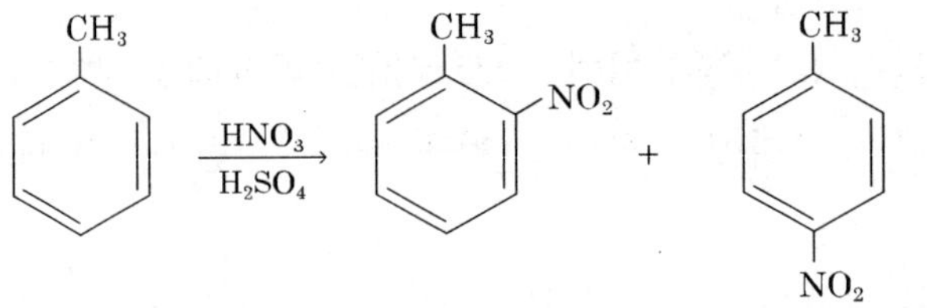

CH_3
HNO_3
H_2SO_4
CH_3
NO_2
+
CH_3
NO_2

toluene　　*o*-nitrotoluene 59%　　*m*-nitrotoluene 37%

7-13 입체효과

tert-부틸벤젠의 니트로화반응은 입체적 영향을 나타내는 좋은 예이다. 오르토 위치에 접근하기 어렵기 때문에, 친전자치환에 의한 생성물은 파라치환체만으로 된다.

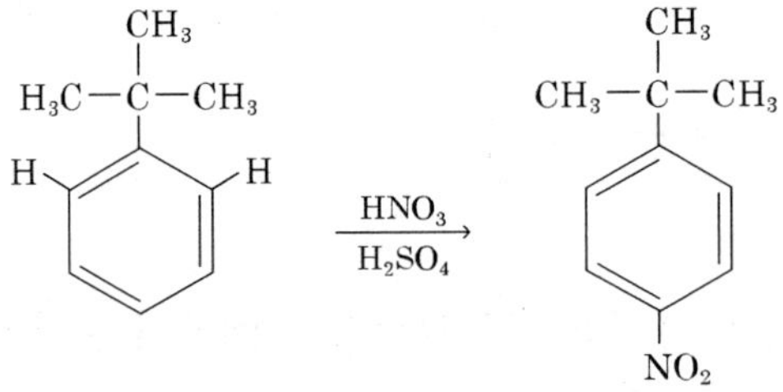

CH_3
$H_3C-C-CH_3$
H
H
HNO_3
H_2SO_4
CH_3
CH_3-C-CH_3
NO_2

\+ 미량의 오르토 또는 메타 이성체

벤젠환의 어떠한 치환기도 반응기에 대해서 어느 정도 입체장해를 미친다.

입체효과는 유기화학에서는 중요한 것이지만, 특히 정확한 분자의 기하학형(다른 모든 유기화학의 기본적 요소도 포함)이 인간(혹은 비인간)으로서의 활동방법을 결정하는 생물학적 계에 있어서는, 매우 중요하다.

7-14 아로늄중간체의 안정성

친전자적 방향족 치환반응에 있어서, 들어오는 기에 의하여 점유되는 위치를 예측할 목적으로 이용되는 다른 방법은, 모든 가능한 반응중간체의 공명식을 고찰하는 것이다. **유효한** 공명체의 최대수를 제공하는 중간체를 선택하면, 합리적인 예상에 도달할 수 있다고 믿는다.

니트로벤젠에 있어서, 메타이성체를 유도하는 중간체에는 3가지의 유효한 공명구조가 있지만, 오르토, 파라 각각에 대해서는 2가지뿐이다.

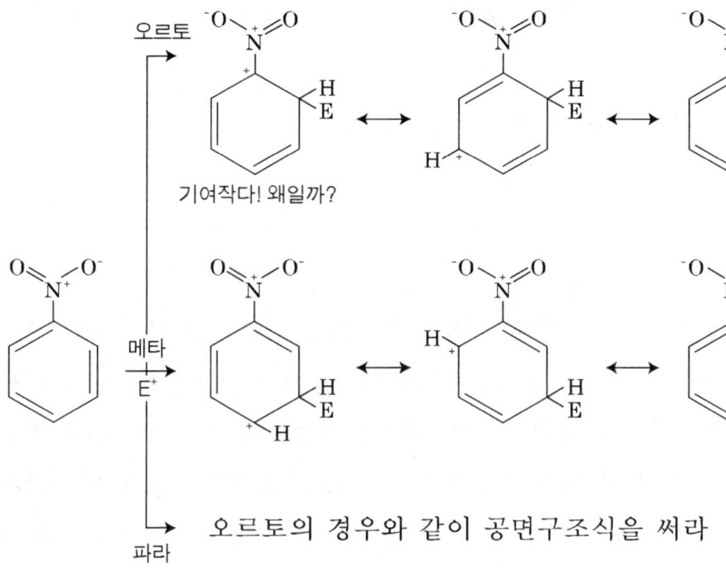
오르토
기여작다! 왜일까?
메타
E+
좋지않다
왜일까?
오르토의 경우와 같이 공면구조식을 써라
파라

공명과 유도효과에 입각한 앞에서 설명한 예상과 이 예상과는 일치하는 것일까?

아닐린에 있어서 오르토, 파라의 중간체에 대해서는 각각 4가지가 있지만, 메타이성체에 대해서는 3가지 뿐이다. 오르토 중간체의 최후의 공명구조식에서는, 각각의 원자가 팔전자계를 취하기 때문에, 특히 적당하다.

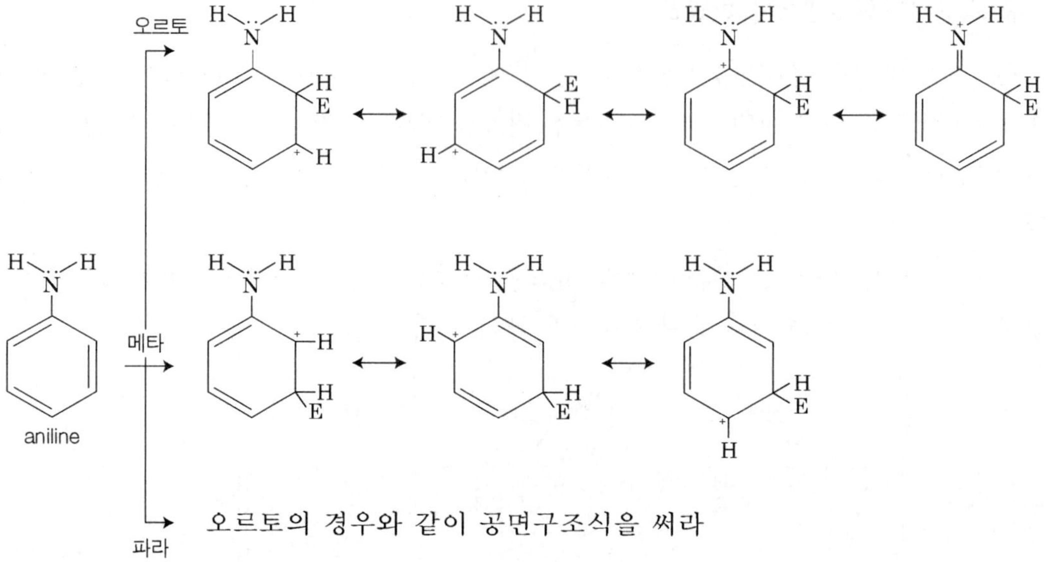
오르토
메타
파라
aniline
오르토의 경우와 같이 공면구조식을 써라

7-15 관능기효과의 정리

예를 들면 -OH와 -Me와 같이 다른 치환기간에는 확실히 활성화력에 차가 있다. 1몰의 페놀(C_6H_5OH)과 1몰의 톨루엔($C_6H_5CH_3$)의 혼합물을 1몰의 브롬(Br_2)(촉매와 더불어)을 사용하여 경쟁반응을 행하면, 생성물의 분석으로부터 페놀은 톨루엔보다 훨씬 빠르게 반응하는 것을 알 수 있다. 이렇게 해서 반응성의 순서를 확립할 수 있다(**표 7-8**). 가장 강한 활성화체(오르토, 파라배향)로서는, 산소 또는 질소와 같이 비공유전자쌍을 갖는 원자가 고리에 인접해 있다. 가장 강한 불활성화체(메타배향)로서는, 통상 1차적으로 양의 전하 혹은 다중결합을 함유한 원자가 고리에 인접해 있다.

7-16 고차치환반응의 원리

이 절은 앞에서 설명한 내용의 예고이기 때문에 ,여기서는 약간의 특별한 예에 대해서 설명하기로 한다. 일반적으로, 여러 개의 관능기가 1개의 방향환에 존재할 때, 새로 들어오는 기가 취하는 위치는 이미 존재하는 **각각**의 관능기의 가성적 영향에 의하여 결정된다. 그러나, 선택이 허용될 때는, 보다 강력한 활성화기($-NH_2$, -OH와 그들의 유도체)의 효과가 우선한다.

예 1

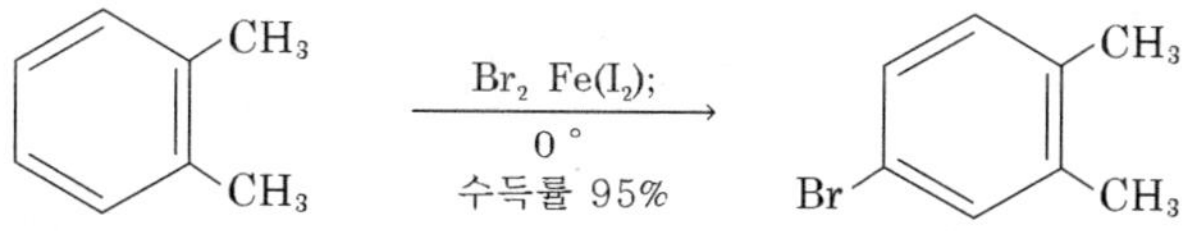
CH3
CH3
Br2 Fe(I2);
0 °
수득률 95%
Br
CH3
CH3

o-xylene 4-bromo-*o*-xylene

오르토자일렌에 있어서, 각각의 메틸기가 그의 오르토, 파라위치에 배향된다. 그러나, 입체효과로부터 브롬과 메틸이 인접한 3-브로모-오르토자일렌보다 오히려, 실제로 얻어진 생성물이 기대되고 있다.

표 7-8 활성화 및 배향효과의 정리

오르토, 파라배향(활성화기)	메타배향(불활성화기)
전자공여(밀어냄): 고리에 비공유전자쌍이 인접해 있다.	전자흡인(끌어당김): 다중결합이 고리에 인접해 있다.
$-\ddot{N}R_2$ $-\ddot{N}HR_2$ $-\ddot{N}H_2$ $-\ddot{\underset{..}{O}}H$	$-\overset{+}{N}(CH_3)_3$ $-NO_2$ $-CN$ $-SO_3H$
$-\ddot{\underset{..}{O}}CH_3$ $(-\ddot{\underset{..}{O}}R)$ $-\ddot{N}H-COCH_3$ $-\ddot{\underset{..}{O}}-COCH_3$	$-\overset{O}{\overset{\Vert}{C}}-H$ $-\overset{O}{\overset{\Vert}{C}}-CH_3$ $(-\overset{O}{\overset{\Vert}{C}}-R)$ $-\overset{O}{\overset{\Vert}{C}}-OH$ $(-\overset{O}{\overset{\Vert}{C}}-OR)$
$-CH_3$ $(-R)$ $-\ddot{\underset{..}{X}}:$ (—할로겐: 특별한 경우) 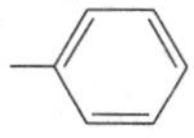 (—H)	$-\overset{O}{\overset{\Vert}{C}}-NH_2$ $-\overset{+}{N}H_3$ (—H)

예 2

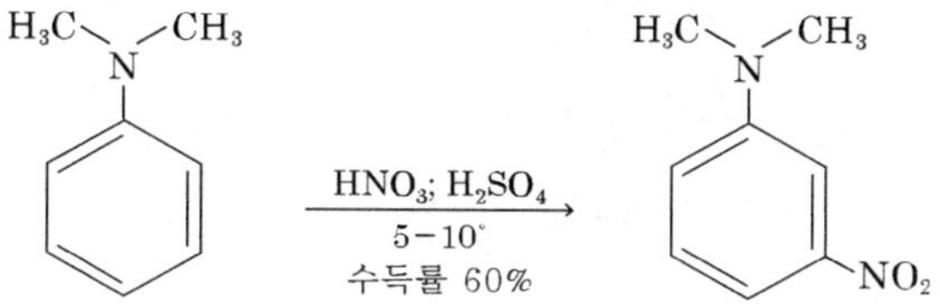
H3C
CH3
N
HNO3; H2SO4
5-10°
수득률 60%
H3C
CH3
N
NO2

N,N-dimethylaniline *N,N*-dimethyl-*m*-nitroaniline

이 결과는, 반응이 강산성 용액 중에서 행해진 것을 상기하면, 예상외는 아니다. 양으로 하전한 *N*,*N*-디메틸아닐늄이온이 반응에 관여한다.

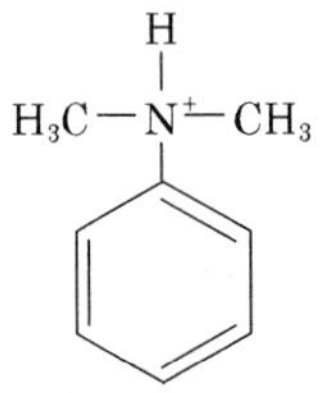

예 3

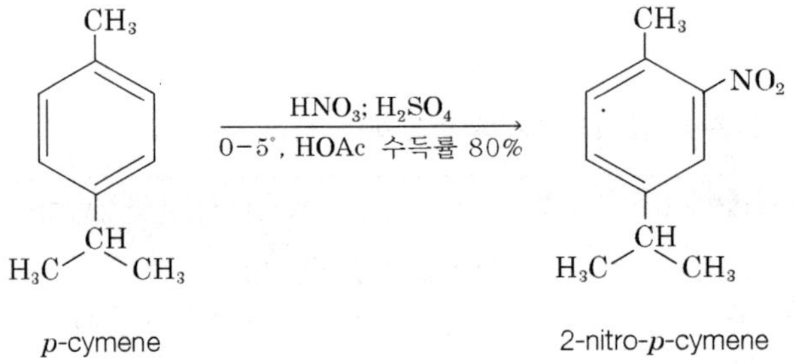

예 1에서 표시하는 바와 같이, 모든 위치가 2개의 알킬기에 의하여 활성화되어 있다. 그러나, 입체효과 **및** 전자적 효과로부터 위에 표시한 생성물이 예상된다.

예 4

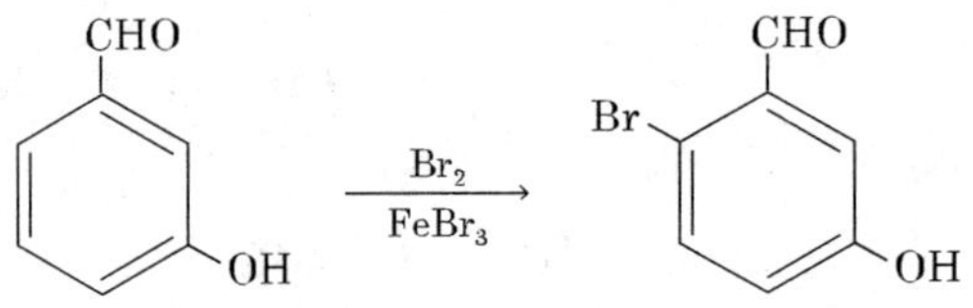

활성화치환기(−OH)가 불활성화치환기(−CHO)에 우선하는 것을 상기할 것.

1. 다음 화합물의 숙시노일화*에서 예상되는 주생성물을 써라.

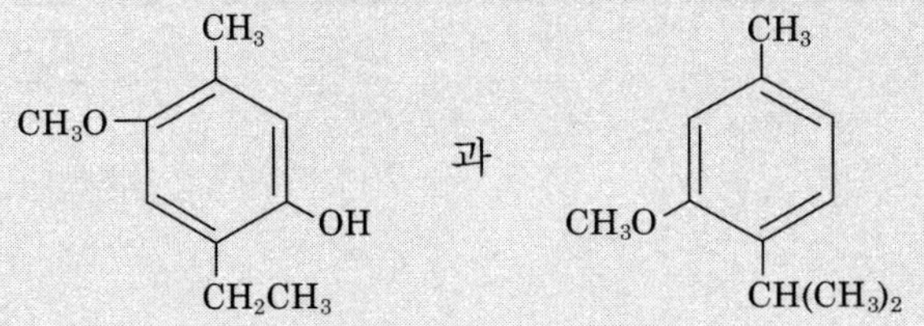

* 역주 : succinoyl=$HO_2CCH_2CH_2CO$−

2. 벤조산의 디니트로화반응에 있어서 주생성물(60%의 수득률로 얻어진다)을 예상하고, 그것을 명명하여라. 반응은 혼산 중 140℃에서 3시간 행한다.
3. 벤즈알데히드의 모노니트로화에 의한 주생성물(80%의 수득률로 얻어진다)을 예상하고, 그것을 명명하여라. 이 변환은, 발연질산과 진한 황산 중 5~10℃에서 행한다. 고온(과 온화한 산조건)에서 행하지 않으면 안 되는 이유는?

7-17 간접적 합성법

필요로 하는 치환기를 직접 얻는 것이 불가능하기도 하며, 실용적이 아닐 때는 목적으로 하는 치환기를 희망하는 위치에 유도하는 것과 같은 다른 관능기가 필요하다. 이 관능기는 후에 제거하든지 다른 것으로 바꾸지 않으면 안 된다. 이들 반응의 몇 가지는 다음 장에서 해설하기 때문에, 본절에서는 간단히 소개하기로 한다.

트리니트로톨루엔(TNT)으로부터 트리니트로벤젠(TNB)으로의 유도

니트로벤젠은 강한 조건하에서 니트로화를 받지만, 더욱 니트로화하는 데에는, 벤젠환이 매우 불활성화되어 있기 때문에, 극히 강한 조건이 필요하며, 극도의 산화와 분해가 일어난다.

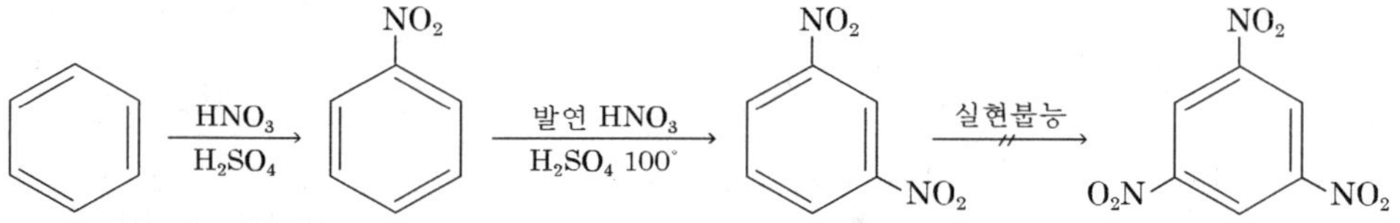

NO2
HNO3
H2SO4
발연 HNO3
H2SO4 100°
NO2
NO2
실현불능
NO2
O2N
NO2

간접적 방법의 하나는 메틸기의 활성화효과를 이용하고 있다. 톨루엔으로부터 시판되고 있는 폭약의 TNT까지의 변환은 반응용기에서 행할 수가 있다.

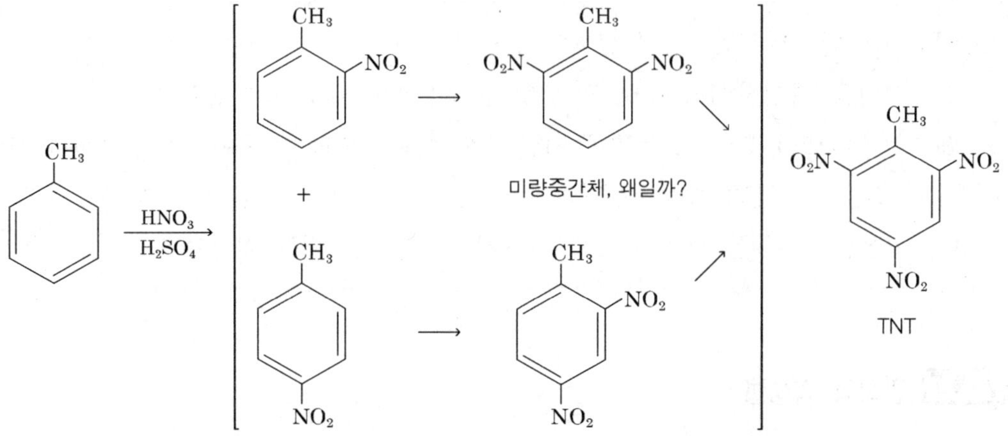
CH3
HNO3
H2SO4
CH3
NO2
+
CH3
NO2
CH3
O2N
NO2
미량중간체, 왜일까?
CH3
NO2
NO2
CH3
O2N
NO2
NO2
TNT

각각의 단계와 중간체를 위에 표시하였다. 2,6-디니트로톨루엔을 거치는 경로는 입체장해 때문에 비교적 중요하지 않은 것에 주목하여라.

방향족의 알킬가지는 과망간산에 의하여 그에 상당하는 카르복실산으로 산화된다. 이 특별한 예에서는, 산의 소듐염은 용액 중에서 용이하게 탈카르복실화반응하여 트리니트로벤젠(TNB)이 된다.

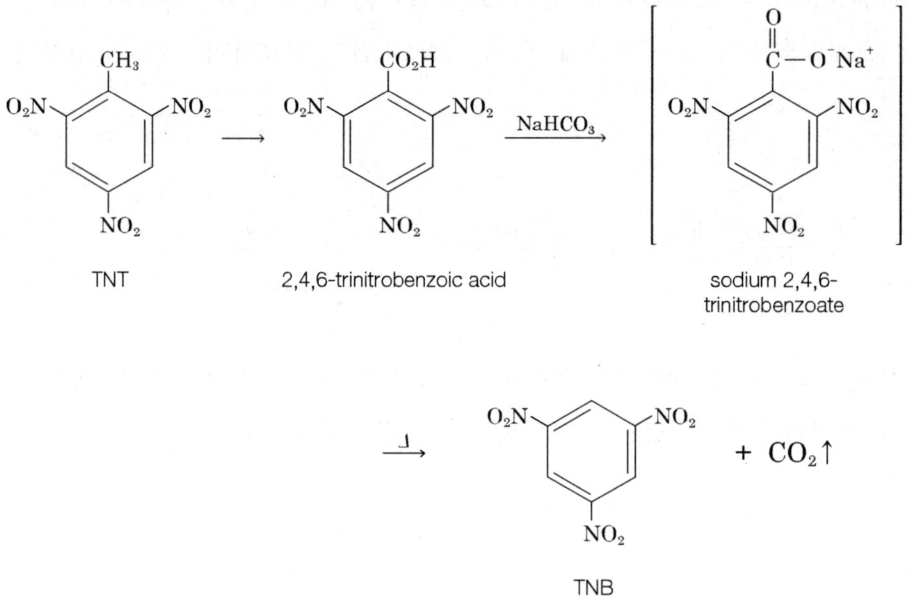
CH3
O2N
NO2
NO2
TNT
CO2H
O2N
NO2
NO2
2,4,6-trinitrobenzoic acid
NaHCO3
O
C—O⁻Na⁺
O2N
NO2
NO2
sodium 2,4,6-trinitrobenzoate
Δ
O2N
NO2
NO2
+ CO2↑
TNB

피크르산(2,4,6-트리니트로페놀)

이 물질의 합성도 또한 간접적 방법이 필요하다. 페놀은 모노니트로화를 용이하게 받지만 그 이상의 반응은 극도의 산화와 분해를 일으킨다.

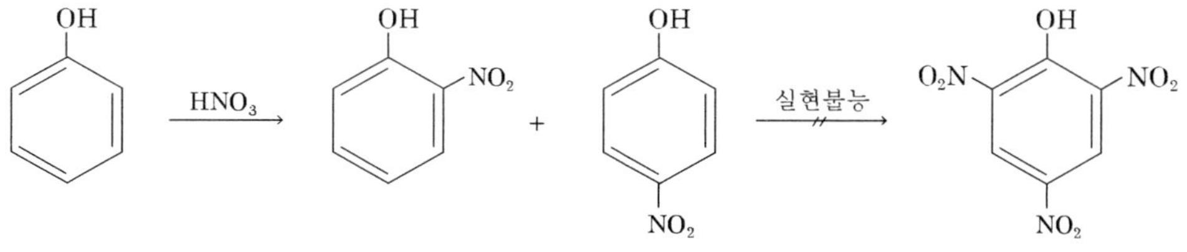
OH
HNO3
NO2
+
실현불능
O2N
NO2

phenol　　　*o*-nitrophenol　　　*p*-nitrophenol

가능한 경로는

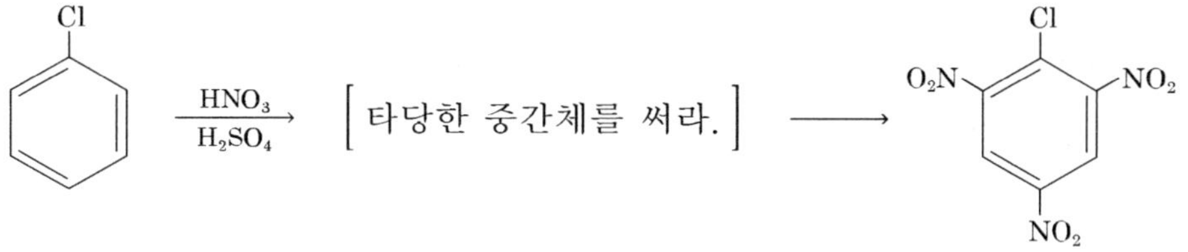
Cl
HNO3
H2SO4
타당한 중간체를 써라.
O2N
NO2

chlorobenzene　　　2,4,6-trinitrochlorobenzene

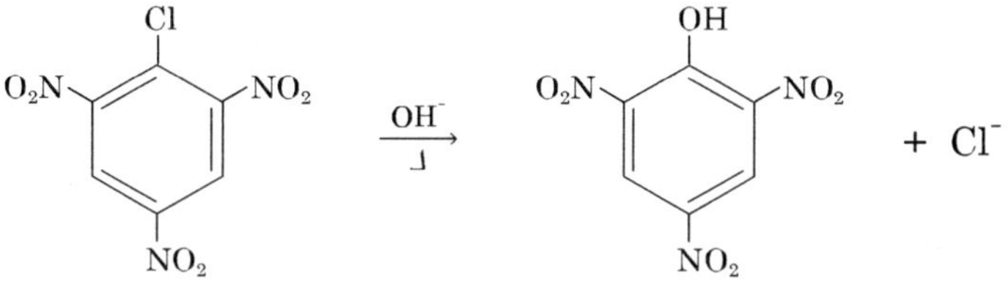
Cl
O2N
NO2
OH⁻
OH
+ Cl⁻

picric acid

이 경우, 방향족 할로겐과 수산기의 교환은, 니트로기의 전자흡인효과에 의하여 발생한다. 이것은 **친핵적 방향족치환반응**의 예이다.

> 2,4,6-트리니트로페놀의 수산기의 수소는 강한 산성을 나타내기 때문에, 이 물질은 일반적으로 피크르산이라고 말한다. 그 이유를 이해하기 위해서, -OH의 프로톤을 제거하여, 생성하는 음이온에 관하여 다수의 가능한 공명식을 써 보아라.

메타브로모톨루엔

간단한 화합물인 것에도 불구하고, 간접적인 합성이 필요한 예는 메타브로모톨루엔으로 표시한다. 직접 톨루엔을 브롬화하기도 하고, 모노브로모벤젠을 알킬화하기도 하면, 1차적으로 오르토, 파라치환의 화합물이 얻어지는 것을 상기한다. 하나의 방법은 파라니트로톨루엔으로부터 출발한다. 이것은 용이하게 아미노화합물로 환원되며, 주의 깊게 설정한 조건하에서 모노브롬화된다.

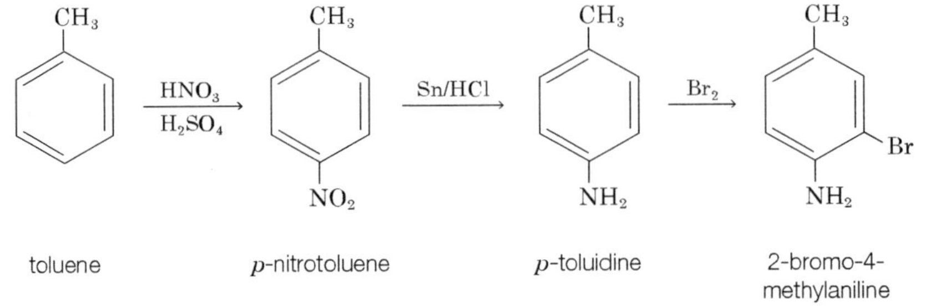

계속해서 아미노기를 디아조늄염으로 변환시킨 후, H_3PO_2와의 가열에 의하여 용이하게 제거할 수 있다.

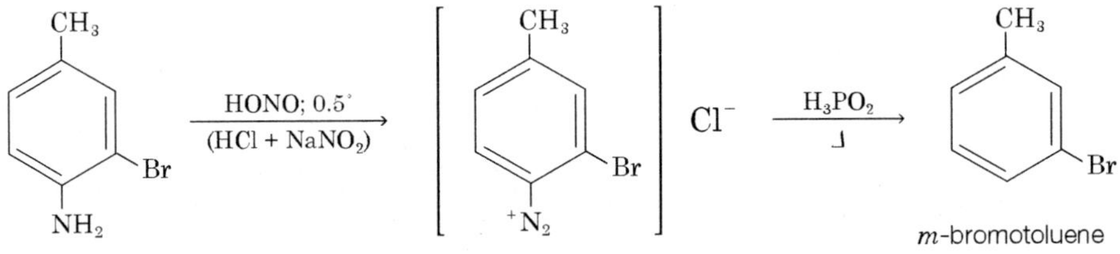

7-18 활성화를 받고 있는 기질

어떤 종류의 화합물 등은 너무나도 치환기에 의하여 활성화되어 있기 때문에, 보통의 상태에서는 다치환체로의 중도에서, 그 후의 반응을 중지시킬 수가 없다. 상당하는 모노 및 디치환생성물을 얻기 위해서는 특별한 주의와 다른 방법을 사용하지 않으면 안 된다.

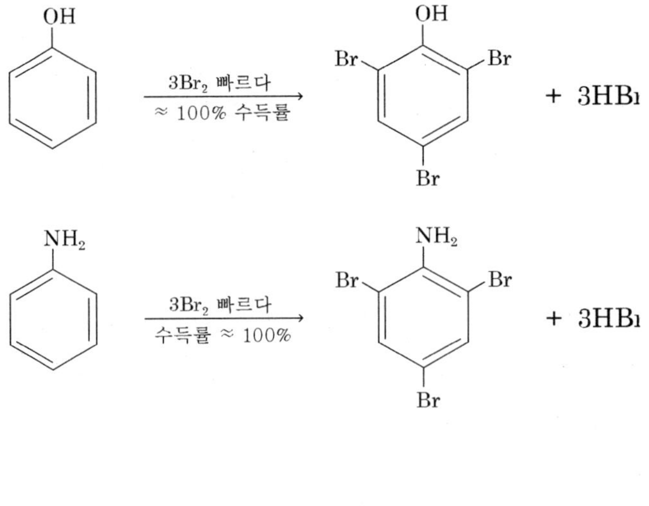

■ 참고문헌 ■

·존재와 반응

Ault, A.: The Activating Effect of Fluorine in Electrophilic Aromatic Substitution, *J. Chem. Educ.*, 43, 329(1966). 플루오르원자가 어떤 종류의 화합물에서 파라위치를 활성화하고 있음을 설명하고 있다.

Duewell, H.: Aromatic Substitution, *J. Chem. Educ.*, 43, 138(1966). 중간체 상태의 안정성의 견지로부터 활성화 및 그 배향에 대해서 의론하고 있다.

Jones, M.M: Activation of Small molecules by Coordination, *J. Chem. Educ.*, 41, 493(1964). 친전자시약, 라디칼 및 친핵시약의 생성에 대해서 설명하고 있다.

Marsi, K.L. and S.H. Wilen : Friedel-Crafts Alkylation, *J. Chem. Educ.*, 40, 214(1963).

Meislich, H.: Teaching Aromatic Substitution: A Molecular Orbital Approach, *J. Chem. Educ.*, 44, 153(1967).

Stewart, R: The Reactive Intermediates of Organic Chemistry, *J. Chem. Educ.*, 38, 308(1961).

Waack, R.: The Stability of the "Aromatic Sextet" *J. Chem. Educ.*, 39, 469(1962).

·유기금속 및 헤테로고리화합물

Kaesz, H.D.: Organometallic Derivatives of the Transition Elements, *J. Chem. Educ.*, 40, 156(1963).

Katrizky, A.R.: Teaching Heterocyclic Chemistry, *J. Chem. Educ.*, 42, 636(1965). 특히 6원환의 헤테로고리를 강조하고 있다..

Rochow, E.G.: The Direct Synthesis of Organometallic Compounds, *J. Chem. Educ.*, 43, 58(1966).

연습문제

*1 아래의 수소화열을 참조하고, 벤젠환이 스티렌의 비닐기에 의한 공명에 의하여 안정화하고 있는지 어떤지를 검토하여라. 이유를 명확히 표시하여라.

$CH_2 = CH_2$

32.8 kcal/mole

49.8

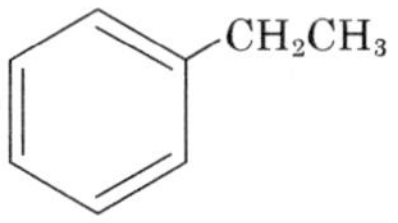

48.9

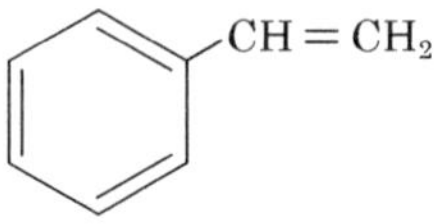

77.5

2 아래의 수소화열을 참조하고, 2가지의 공액디엔의 공명에너지를 비교하여라.

$CH_2 = CH - CH_2CH_3$ 30.3 kcal/mole

$CH_2 = CH - CH = CH - CH_3$ 54.1

$CH_2 = CH - CH = CH_2$ 57.1

$CH_2 = CH - CH_2 - CH = CH_2$ 60.8

*3 브롬과 촉매의 존재하에 반응했을 때, 단 2가지의 가능한 트리브로모안트라센을 생성하는 모든 디브로모안트라센의 구조를 표시하여라.

4 디메틸나프탈렌의 모든 구조를 표시하고 명명하라. 각각 몇 개의 가능한 모노클로로이성체를 생성하는가? 이 방법으로 디메틸나프탈렌의 이성체를 구별할 수 있는가?

5 다음의 반응에서 기대되는 일치환생성물을 표시하고, 구조식을 사용하여 관찰되는 방향성을 충분히 설명하여라. 단, 어구는 최소한으로 하여라. 출발물질이 벤젠보다 느리게, 혹은 빠르게 반응하는지를 설명하여라. (a)~(c)에는 이성체가 취급되어 있다.

*(a)(i) 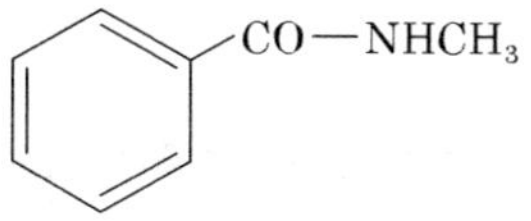
CO—NHCH3

(ii) 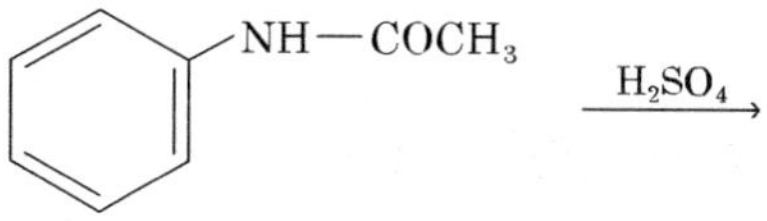
NH—COCH3
H2SO4

(b)(i) 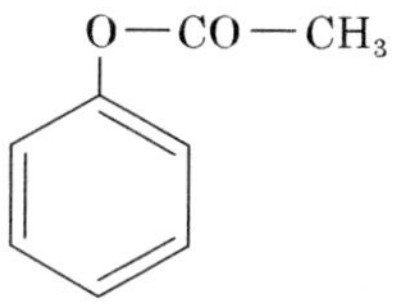
O—CO—CH3

(ii) 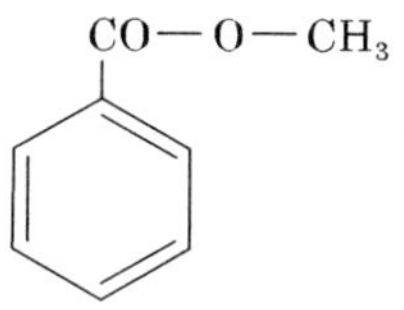
CO—O—CH3

(iii) 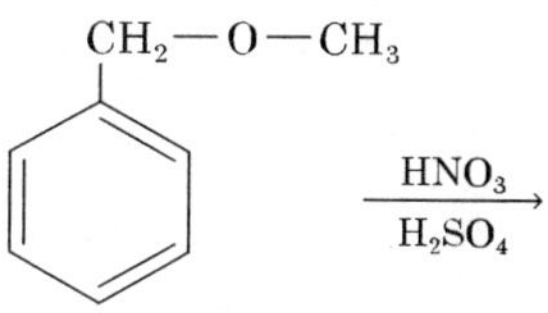
CH2—O—CH3
HNO3
H2SO4

*(c)(i) 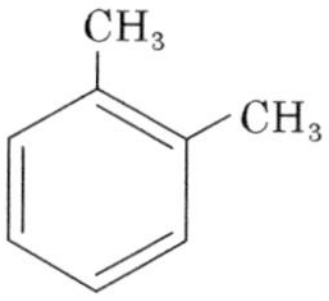
CH3
CH3

(ii) 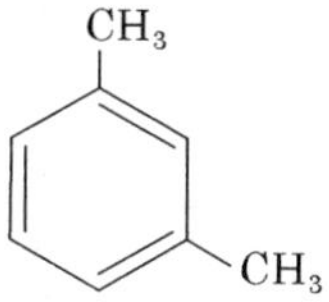
CH3
CH3

(iii) 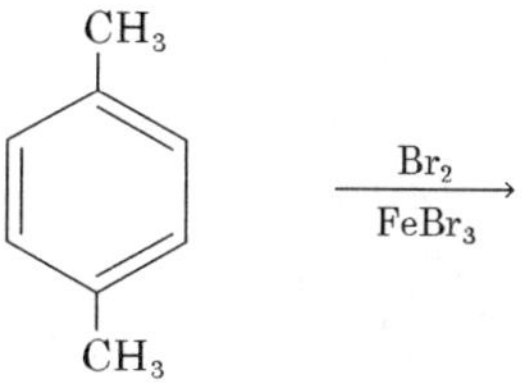
CH3
CH3
Br2
FeBr3

(d) 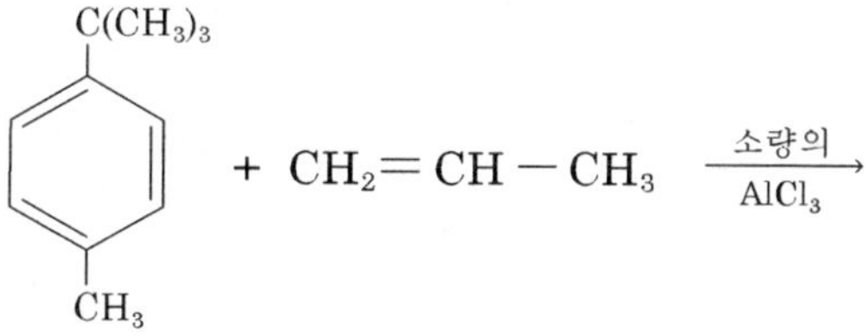
C(CH3)3
CH3
+ CH2=CH−CH3
소량의
AlCl3

(e) 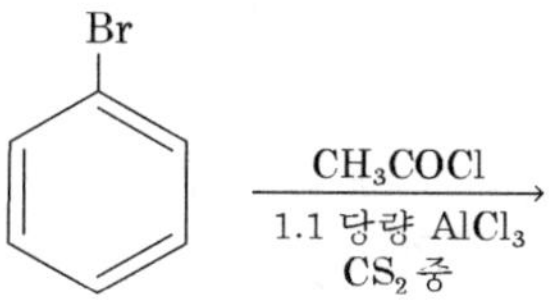
Br
CH3COCl
1.1 당량 AlCl3
CS2 중

*(f) 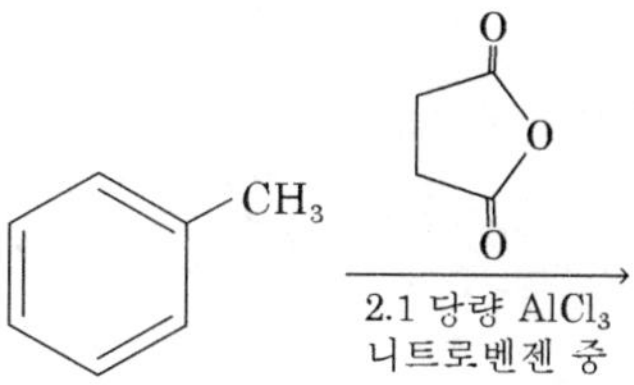
CH3
O
O
O
2.1 당량 AlCl3
니트로벤젠 중

6 전이상태의 안정성을 기초로 하여, 다음 화합물의 브롬화의 배향성과 반응속도를 설명하여라.

(a) bromobenzene

(b) anisole($C_6H_5OCH_3$) 에테르의 일종

(c) methyl benzoate($C_6H_5CO_2CH_3$) 에스테르의 일종

***7** 2,4,6-트리니트로톨루엔은 비교적 산성인 탄화수소이다. 왜 메틸기로부터 프로톤이 떨어지기 쉬운가를 설명하여라.

8 벤젠, 톨루엔 혹은 자일렌의 일종으로부터 다음의 각각의 화합물을 어떻게 합성하는지 표시하여라. 치환기를 도입하는 순서는 가끔 중요하다는 것을 고려하여라.

*(a) 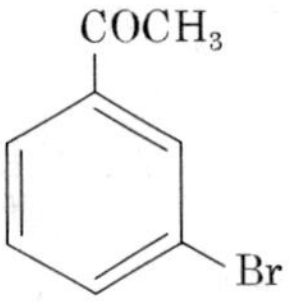
COCH3
Br

*(b) 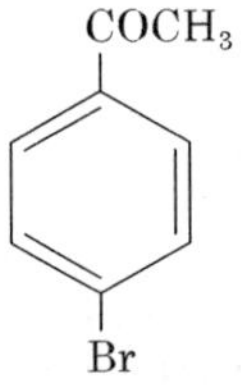
COCH3
Br

(c) 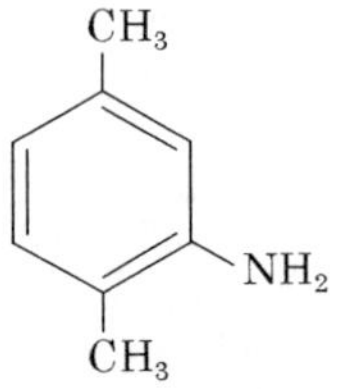
CH3
NH2
CH3

*(d) 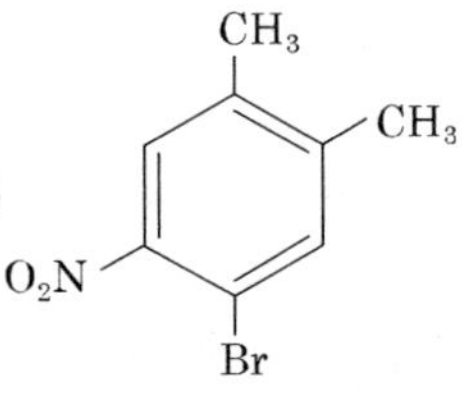
CH3
CH3
O2N
Br

(e) 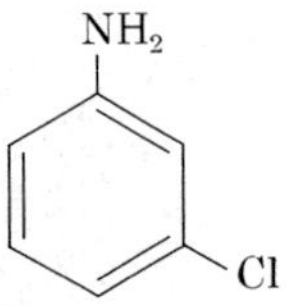
NH2
Cl

*(f) 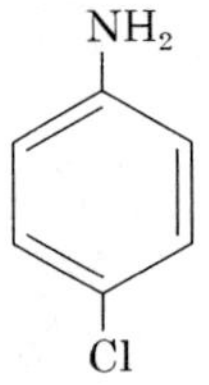
NH2
Cl

(g) 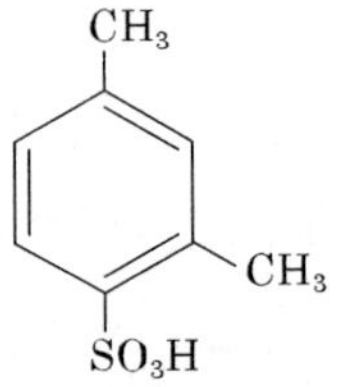
CH3
CH3
SO3H

08 할로겐화합물

01 명명법과 구조

할로겐원자(F), Cl, Br, I를 함유하는 화합물은, 할로겐이 결합하고 있는 유기기에 의하여 1차, 2차, 3차알킬, 알릴, 벤질, 비닐, 아릴 알킨일 등으로 분류된다. 유기화합물을 명명하는데 있어서, 할로겐원자를 관능기가 아닌 치환기로서 생각한다. 유기할로겐화물의 예를 **표 8-1**에 표시한다.

비닐 및 아릴할로겐화물은 알킬할로겐화물보다도 반응성이 낮다. 그러나, 알릴 및 벤질할로겐화물은 질산은시험(후술)에 있어서 상당히 반응성이 높다. **그림 8-1**의 위에 표기한 각각은, 쌍의 구조상의 유사성을 나타내었다. 비닐 및 아릴화합물의 할로겐원자는 탄소원자에 보다 밀접하게 결합하고 있지만, 할로겐원자의 이온화로 생긴 알릴 및 벤질**양이온**은, 공명에 의하여 안정화하기 때문에 생성되기 쉽다.

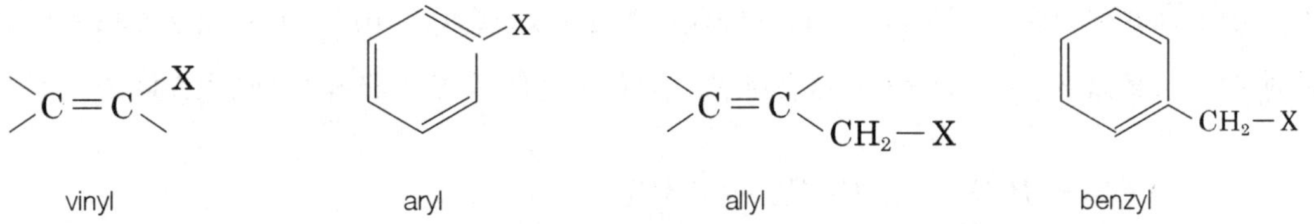

그림 8-1 비닐과 아릴 및 알릴과 벤질할로겐화물의 비교

표 8-1 대표적인 유기할로겐화물

CH_3Cl(1차 알킬) methyl chloride (chloromethane)	H_3C CH—Br(2차 알킬) H_3C isopropyl bromide (2-bromopropane)	$(CH_3)_3CI$(3차 알킬) *tert*-butyl iodide (2-iodo-2-methylpropane)
CHI_3(다 할로겐화) iodoform (triiodomethane)	$CH_2=CH-Cl$(비닐) vinyl chloride (chloroethylene)	$CH_2=CH-CH_2-Br$(알릴) allyl bromide (3-bromo-1-propene)
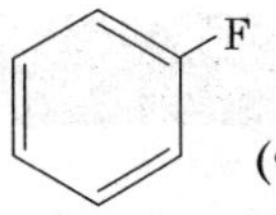 (아릴) fluorobenzene	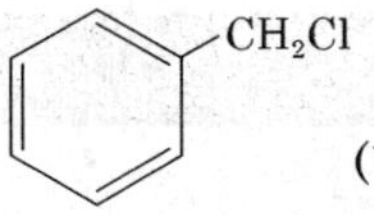 (벤질) benzyl chloride (α-chlorotoluene)	$H-C\equiv C-I$(알킨일) iodoacetylene

02 응용

유기할로겐화물은 화학합성에 유용한 중간체로서 실제적으로 폭넓은 용도가 있다. 그러나, 이들의 대부분은 독성이 있다. 예를 들면, 낮은 농도에서도 오랫동안 유기할로겐화물에 접하면 간장장해를 일으킨다.

사염화탄소(CCl_4) 또는 트리클로로에틸렌($CHCl=CCl_2$)은, 유지가 이들의 비극성용매에 가용이기 때문에, 어느 것이나 드라이클리닝 공업에 사용되고 있다. 또한 사염화탄소는 **소화제**로도 사용되지만, 물과 함께 사용하면, 상당히 유독한 포스겐가스($COCl_2$)를 생성한다.

$$CCl_4 + H_2O \xrightarrow{\Delta} COCl_2 + 2HCl$$

염화에틸(CH_3CH_2Cl)은 국부마취에 사용되지만, 분무제의 분야에도 응용되고 있다. 클로로포름($CHCl_3$)은 마취에 사용되지만, 독성이 강하다. 아이오도포름(CHI_3)은 방부제로 사용되며, 병원의 특징적인 냄새를 발산한다.

어떤 종류의 많은 할로겐화물은 분무기의 확산가스로서, 또한 냉동제로서 사용되며, **프레온**(freon)으로 알려져 있다.

CCl_3F	CCl_2F_2	$CClF_3$
trichlorofluoromethane Freon 11	dichlorodifluoromethane Freon-12	chlorotrifluoromethane Freon-13
$CBrF_3$	$CClF_2—CClF_2$	$CF_3—CF_3$
bromotrifluoromethane Freon-13-B1	1,2-dichlorotetrafluoroethane Freon-114	hexafluoroethane Freon-116

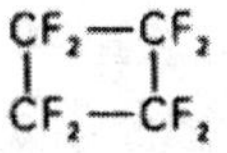

CF₂—CF₂
CF₂—CF₂

octofluorocyclobutane
Freon-C-318

염소가 많은 유기화합물은 살충제로서 사용되며, 요즈음 그 의의가 증가하고 있다. 일반적인 것 중에서, 1,1-비스(파라클로로페닐)-2,2,2-트리클로로에탄(DDT), 클로르단, 헵타클로르 등이 있으며, 나중의 2가지는 클로르덴으로부터 합성된다.

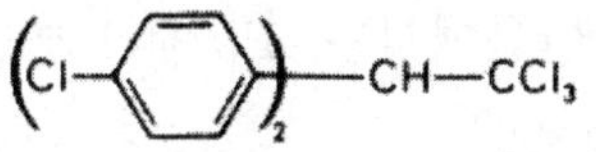

Cl
CH—CCl₃
2

DDT

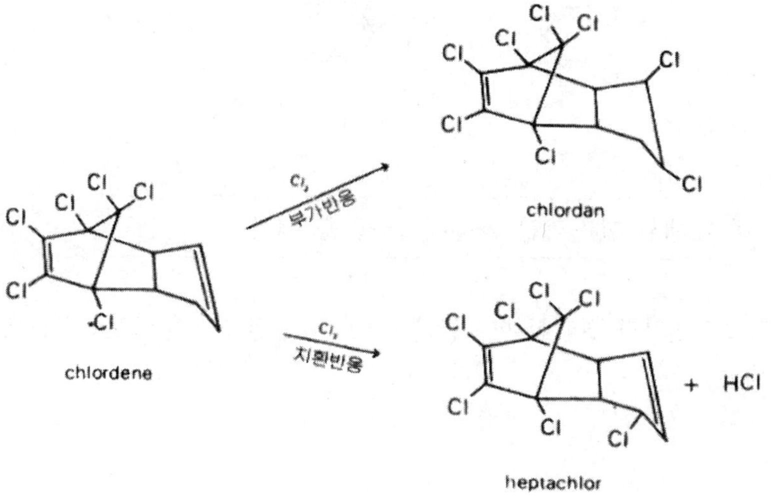

Cl₂
부가반응
Cl₂
치환반응
chlordene
chlordan
heptachlor
+ HCl

03 합성법

8-1 다중결합에의 할로겐 및 할로겐화수소의 부가반응

할로겐 및 할로겐화수소는 친전자적 메카니즘에 의하여, 용이하게 입체특이적으로 다중결합에 부가한다. 이들의 반응은 이미 4-5절과 4-8절(알켄), 5-6절(알킨) 및 6-3절(디엔)에서 설명하였다. 이 절에 관련한 화합물을 재검토하는 것은, 많은 유기반응의 종류를 조화시키는 훌륭한 방법이다. 이들의 반응은 언제나 **반응성**과 **합성법**의 항에서 설명되고 있다.

8-2 탄화수소의 할로겐화반응

지방족 및 지방족고리화합물의 광화학적 할로겐화에서, 복잡한 이성체를 분리하여 할로겐화물을 합성하는 것은, 통상 실험실에서는 용이하지 않다. 그러나 방향족탄화수소의 가지(특히 메틸기)는 용이하게 치환된다. 공기(O_2), 또는 과산화물 등의 라디칼 개시제가 열 혹은 빛과 병용된다. 이들의 반응에서는, 1당량의 브롬을 사용하여 반응시키면, 모노브롬화물만이 얻어진다(2-5절 참조).

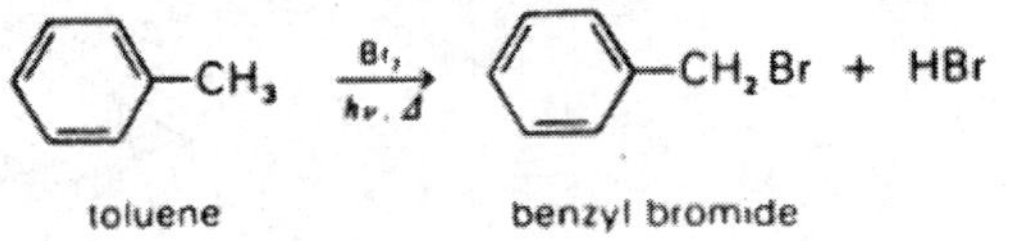
CH₃
Br₂
hν, Δ
CH₂Br + HBr
toluene
benzyl bromide

위의 반응에 대해서 합리적인 반응메카니즘을 써라.

방향환에 할로겐원자가 결합한 화합물은, 보통의 친전자적 할로겐화반응에 의하여 얻어진다(제7장 참조).

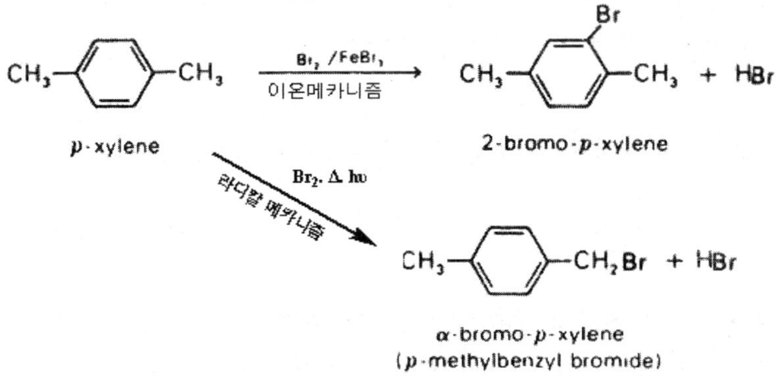
CH₃ CH₃
Br₂ /FeBr₃
이온메카니즘
Br
CH₃ CH₃ + HBr
p-xylene
2-bromo-p-xylene
Br₂, Δ, hν
라디칼 메카니즘
CH₃ CH₂Br + HBr
α-bromo-p-xylene
(p-methylbenzyl bromide)

어떤 조건하에서 비벤질로부터 4,4′-디브로모비벤질이 얻어진다고 기대되는가? α, α′-디브로모비벤질을 얻는 데에는 조건을 어떻게 변화시키면 좋은가?

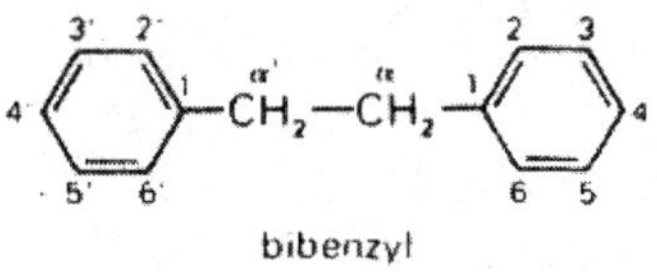
3′ 2′
4′
5′ 6′
1′
α′
CH₂—CH₂
α
1
2 3
4
6 5
bibenzyl

8-3 *N*-브로모숙신이미드(*N*-Bromosuccinimide)의 이용

알릴 또는 벤질위치는 라디칼반응의 조건하에서, *N*-브로모숙신이미드(NBS)에 의하여 용이하게 브롬화된다. NBS는 낮은 농도의 브롬분자(Br_2)를 생성하며, 다음에 브롬분자가 해리하여 라디칼연쇄**운반체**로서 작용한다고 생각된다.

예

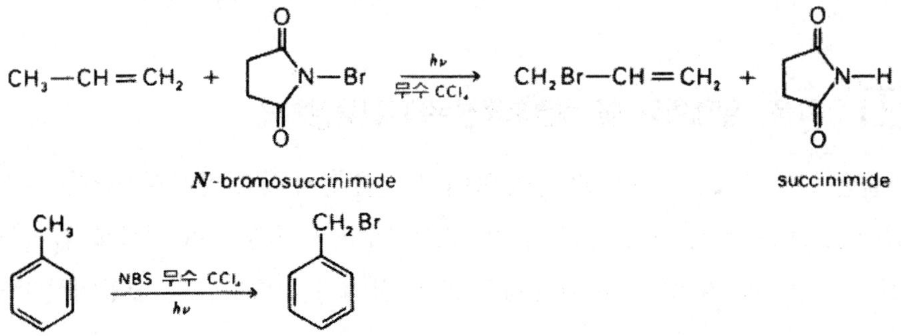
CH₃—CH=CH₂ +
N—Br
hν
무수 CCl₄
CH₂Br—CH=CH₂ +
N—H
N-bromosuccinimide
succinimide
CH₃
NBS 무수 CCl₄
hν
CH₂Br

일반적으로 알릴위치의 **메틸렌기**는 알릴위치의 **메틸기**보다 NBS에 의하여 브롬화되기 쉽다. 2가지 라디칼의 안정성을 고찰하여라.

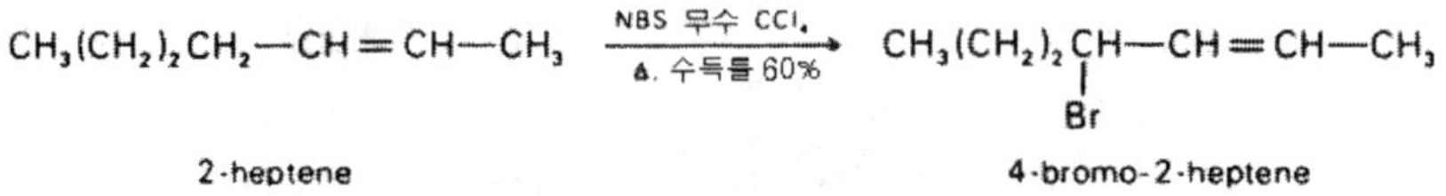
NBS 무수 CCl₄
Δ, 수득률 60%
2-heptene
4-bromo-2-heptene

친전자적 치환반응이 빠르고, 상당히 극성이 높은 기질 또는 미량의 물이 존재하면, NBS의 반응에서 방향환의 브롬화가 일어난다. 예를 들면 물, 알코올 혹은 페놀은 저농도의 HOBr을 생성한다고 생각되며, 이것이 HOBr의 분극화($\overset{\delta-}{HO}$—$\overset{\delta+}{Br}$)에 의하여 방향환의 브롬화를 가져온다.

예

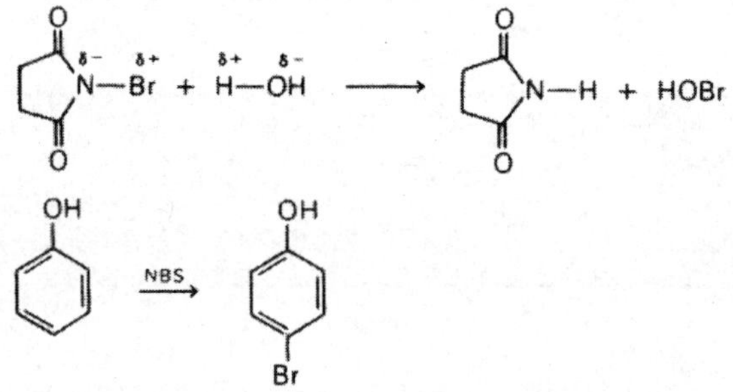
NBS

실제로 NBS는 수용액 중에서는 알맞은 HOBr원으로서, 이것은 용이하게 올레핀에 부가한다(4–9절).

NBS
물의 존재

8-4 알코올, 알데히드 및 케톤으로부터의 할로겐화물

알코올은 HX, PX_3, $SOCl_2$과 반응하여 고수율로서 유기할로겐화물을 생성한다. 알데히드(R–CHO) 및 케톤(R_2C=O)은 PCl_5 또는 PBr_5과 반응하여 디할로겐화물을 생성한다(5–4절 참조). 이들의 몇 가지 합성법은 앞의 장에서 설명했으며, 9장에서 더욱 상세하게 설명한다.

예

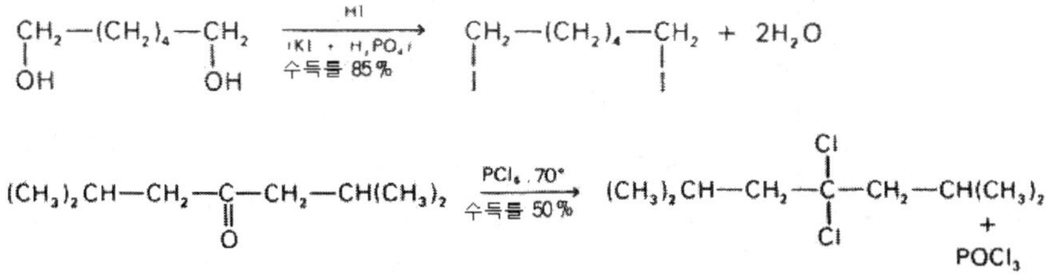

(ketone의 일종) (*geminal*-dihalide의 일종)

제미널디할로겐화물은 **묽은 염기**와 처리하면 알데히드 혹은 케톤으로 변환할 수 있지만, **뜨거운 진한 염기**에서는 아세틸렌유도체로 변환시킬 수 있는 것에 주의할 것.

> 위의 예의 화합물을 명명하여라. 각각의 할로겐화물의 묽은 혹은 진한 염기와의 반응을 반응식으로 표시하여라. 생성물을 명명하여라.

8-5 할로겐교환반응 : S_N2 및 S_N1 메카니즘

간단한 요오드화알킬(비닐, 아릴, 알킨일할로겐화물 이외)의 좋은 합성법은 염화알킬 혹은 브롬화알킬을 아세톤 중에서 요오드화나트륨과 반응시키는 것이다. 요오드화나트륨은 아세톤과 착화합물을 형성하기 때문에 용해하기 쉽다. 염화나트륨, 브롬화나트륨은 뜨거운 아세톤에 약간 가용일 뿐이고, 반응의 진행에 따라서 침전한다.

일반식 : $$\text{RCl(또는 RBr)} + \text{NaI} \xrightarrow[\text{아세톤}]{\Delta\text{무수}} \text{R}-\text{I} + \text{NaCl}\downarrow\text{(또는 NaBr)}$$

아세톤에 불용

이 반응의 메카니즘은 관여하는 유기할로겐화합물의 구조에 의존한다. 1차 및 2차할로겐화물은 느린 2분자 과정에서 친핵시약(I^-)으로 치환된다. 이것은 S_N2반응메카니즘(substitution, nucleophilic, bimolecular)으로서 알려져 있다. 치환반응은 염소 혹은 브롬의 결합이 개열하는 것에 따라 요오드와 탄소의 결합이 생성하는 형식으로 일어난다. 반응의 형식은 에너지도형(**그림 8-2**)으로서 나타낼 수 있다. 이 반응에는 전이상태가 여러 개 있지만, 에너지도형에는 보통 가장 높은 에너지의 것을 표시한다.

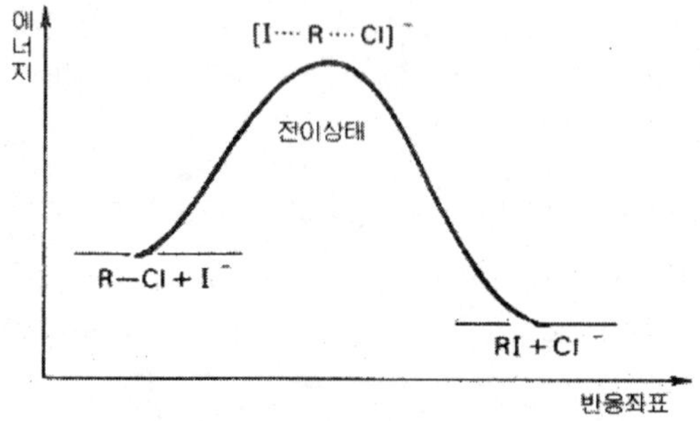
에너지
[I···R···Cl]⁻
전이상태
R—Cl + I⁻
RI + Cl⁻
반응좌표

그림 8-2 S_N2치환반응의 형식

1차 및 2차 할로겐화물에 대한 치환반응메카니즘

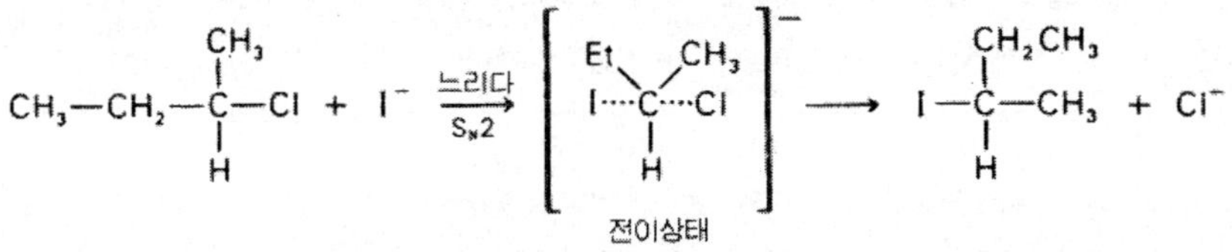
느리다
S_N2
전이상태

3차알킬, 알릴 및 벤질할로겐화물과 같이, 이온화에 의하여 비교적 안정한 카르보늄이온을 생성하는 것은, 이 치환반응의 율속단계로서의 단분자적 이온화가 일어난다.

3차 알킬, 알릴 및 벤질할로겐화물에 대한 치환반응메카니즘

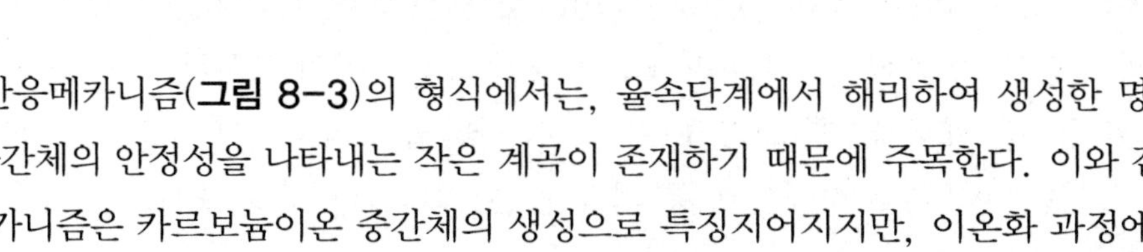
느리다
S_N1
평면적인 카르보늄
이온 중간체

이 메카니즘은 일반적으로 S_N1(substitution, nucleophilic, unimolecular)이라고 말한다.

S_N1반응메카니즘(**그림 8-3**)의 형식에서는, 율속단계에서 해리하여 생성한 명료한 이온성 중간체의 안정성을 나타내는 작은 계곡이 존재하기 때문에 주목한다. 이와 같은 S_N1 반응메카니즘은 카르보늄이온 중간체의 생성으로 특징지어지지만, 이온화 과정에 유도되는 중간체를 나타내는 것, 또는 중간체로부터 생성물로 이행할 때의 탄소-요오드결합의 생성에 상당하는 것 등 많은 전이상태가 관여한다. S_N1 및 S_N2반응메카니즘은 입체화학

적인 의미에서는 크게 다르지만, 이것은 제 12장에서 검토한다.

SN1반응에 있어서 용매의 역할은 매우 중요하다. 보다 극성이 큰 용매 중에서는, 보다 용이하게 탄소-할로겐결합이 개열된다. 3차알킬, 알릴 및 벤질할로겐화물은 이온성 물질이 아니지만, 극성용매 중에서만 이온화가 가능하다. 이것은 카르보늄이온의 전하가 용매의 전자와의 상호작용으로 확산되기 때문이다.

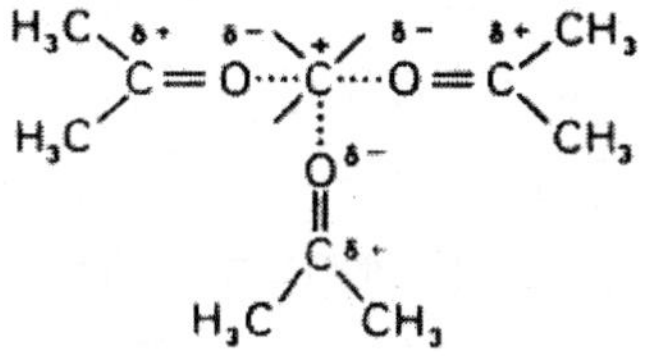

SN1반응메카니즘이 우선하는 경우에 관찰되는 특징적인 부반응은 **탈리반응**으로서, 치환기가 많은 이중결합이 주로 생성한다.

부반응으로서의 탈리 :

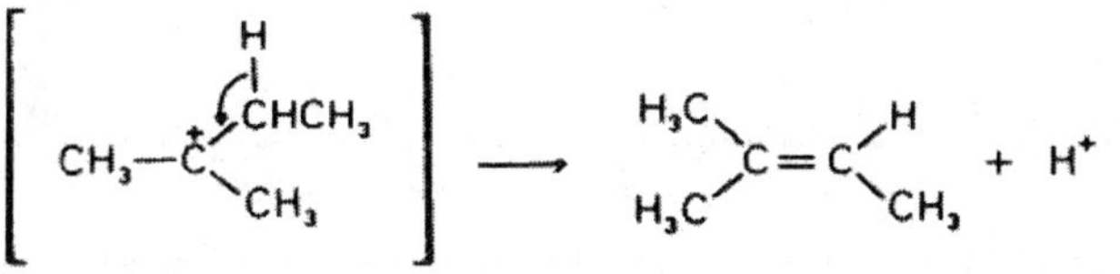

알코올의 산촉매에 의한 탈수반응(4-1 절)도 또한 카르보늄이온이 중간체인 것을 상기할 것. 위의 설명의 예로서, 적어도 소량의 도시한 올레핀이 생성했다 해도 놀라움에는 이르지 않는다. 다른 올레핀도 생성할지 모르지만, 3치환의 올레핀에 비하여 불안정하다.

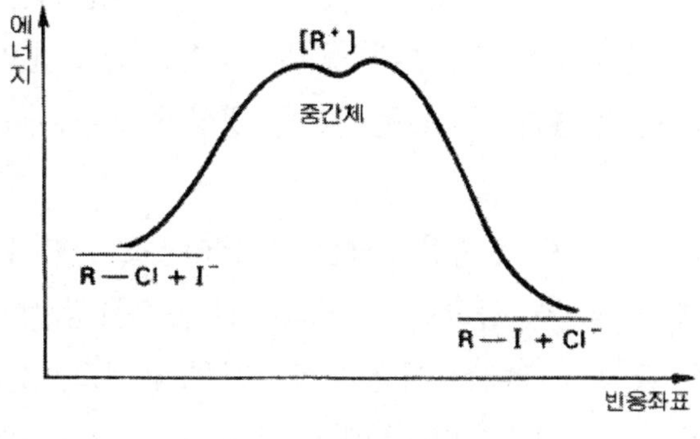

그림 8-3 SN1치환반응의 형식

04 반응성

8-6 희박염기에 의한 가수분해

일반적으로, 할로겐화물(아릴, 비닐 및 알킨일유도체를 제외)은, 물 또는 묽은 염기와 처리하면 그에 상당하는 알코올로 변환된다. **표 8-2**에 간단한 할로겐화물의 가용매분해에 있어서 반응메카니즘경로를 정리하였다.

표 8-2 할로겐화물의 가용매분해

할로겐화물	형태	반응메카니즘
CH_3Cl	1°	S_N2
CH_3CH_2Cl	1°	S_N2
$(CH_3)_2CHCl$	2°	주로 S_N2
$(CH_3)_3CCl$	3°	S_N1

어떤 종류의 할로겐화물, 특히 2차의 할로겐화물에는, 어떤 조건하에서 S_N1과 S_N2반응메카니즘 경로가 경쟁적인 것과 같은 생성물을 생성한다. 이들의 화합물에서는 **OH^-이 고농도**의 경우 S_N2경로가 우선하며, E_2탈리(4-2절)에 의하여 생성물도 상당량 생성한다. 또한 **OH^-이 저농도**인 경우 S_N1은 이온화가 우선하며, 소량의 E_1탈리 생성물이 부생한다. 3차의 할로겐화합물에서는 다음의 2가지 이유로 S_N2치환경로의 경쟁은 거의 일어나지 않는다. 즉, (1) 이온화에 의하여 비교적 안정한 3차카르보늄이온을 생성한다. (2) 3차탄소의 알킬기의 입체장해가 수산이온 혹은 물분자의 반응탄소원자로의 접근을 효과적으로 방해한다. 이온화하여, 평면의 카르보늄이온을 생성한 후에는, 이 장해는 상당히 완화된다.

이들의 가용매분해반응에 있어서 반응속도를 결정하는 것은 염기의 농도가 하나의 요인일 뿐만이 아니고, 용매의 극성이 중요한 요인으로 된다. S_N1경로에는 카르보늄이온 중간체가 관여하고 있으며, 극성의 용매는 이온을 용매화하기 쉽고, S_N1반응메카니즘은 이와 같은 용매 중에서 일어나기 쉽다. S_N2반응메카니즘에 있어서, 출발물질과 전이상태는 동일하게 하전하고 있으며, 극성용매가 약간 반응속도를 빠르게 하지만, S_N1반응일수록 가속의 정도는 크지 않다.

$$S_N1:\ R-X \xrightarrow{\text{느리다}} [\ R^+\ ] \xrightarrow{\text{빠르다}} \text{생성물}$$

중간체

$$S_N2:\ R-X + OH^- \xrightarrow{\text{느리다}} [HO\cdots R\cdots X]^- \longrightarrow \text{생성물}$$

전이상태

8-7 할로겐화물의 일반적 S_N2반응

1차 및 2차할로겐화물은 각종의 음이온 또는 친핵분자에 의하여 S_N2치환반응을 받는다. **새로운 탄소-탄소결합을 형성하는 반응은, 새로운 유기화합물의 합성에 특히 유용하다. 표 8-3**에 여러 가지 종류의 일반적 및 구체적인 예를 열거하였다. 최후의 3가지는 중요한 알킬화반응이며, 제 14장에서 상세하게 설명한다.

표 8-3 일반적 및 구체적인 S_N2반응 예

할로겐화물로부터 알코올로

$$R-X + OH^- \longrightarrow R-OH + X^-$$

cyclohexyl bromide　　cyclohexanol

가수분해

$$R-X + H_2O \longrightarrow R-OH + HX$$

$$CH_3CH_2CH_2Cl + H_2O \xrightarrow{\Delta} CH_3CH_2CH_2OH + HCl$$

n-propyl chloride　　*n*-propyl alcohol

Williamson 의 에테르합성

$$R-X + R'O^- \longrightarrow R-O-R' + X^-$$

1차 혹은 2차 할로겐화알킬　　alkoxide ion　　ether

$$CH_3-I + CH_3CH_2O^-Na^+ \longrightarrow CH_3-O-CH_2-CH_3 + Na^+I^-$$

sodium ethoxide　　methyl ethyl ether

니트릴의 합성

$$R—X + CN^- \longrightarrow R—CN + X^-$$

$$CH_3CH_2CH_2Br + CN^- \longrightarrow CH_3CH_2CH_2CN + Br^-$$

1-bromopropane — 1-cyanopropane (butyronitrile)

아세틸렌의 합성

$$R—X + R'—C\equiv C^- \longrightarrow R'—C\equiv C—R + X^-$$

$$CH_3I + CH_3—C\equiv C^-Na^+ \longrightarrow CH_3—C\equiv C—CH_3 + Na^+I^-$$

sodium methylacetylide — dimethylacetylene (2-butyne)

아민의 알킬화

$$R—X + 2NH_3 \longrightarrow R—NH_2 + NH_4X$$

이 새로 생성한 아민은 더욱 할로겐화알킬과 반응할 수 있다

$$CH_3CH_2I + CH_3CH_2NH_2 \longrightarrow (CH_3CH_2)_2NH + HI$$

ethyl iodide — ethylamine — diethylamine

말론산에스테르의 알킬화

$$R—X + {}^-CH(CO_2Et)_2 \longrightarrow R—CH(CO_2Et)_2 + X^-$$

$$CH_3CH_2Br + Na^{+-}CH(CO_2Et)_2 \longrightarrow CH_3CH_2—CH(CO_2Et)_2 + Na^+Br^-$$

diethyl sodium malonate — diethyl ethylmalonate

아세토아세트산에스테르 합성

$$R—X + {}^-CH(COCH_3)(CO_2Et) \longrightarrow R—CH(COCH_3)(CO_2Et) + X^-$$

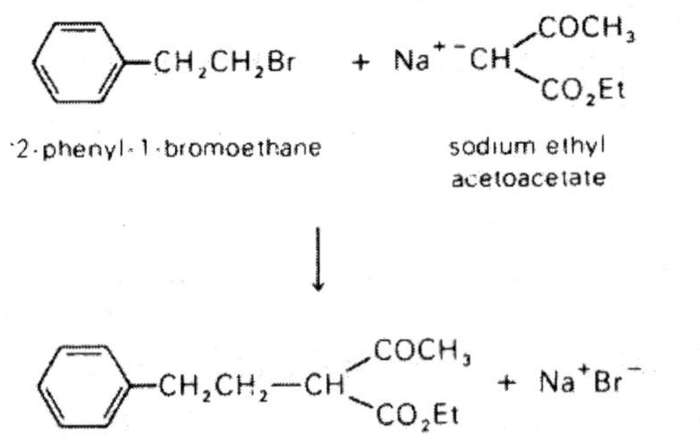

CH₂CH₂Br
Na⁺ ⁻CH
COCH₃
CO₂Et
2-phenyl-1-bromoethane
sodium ethyl acetoacetate
CH₂CH₂—CH
Na⁺Br⁻

시아노아세트산에스테르 합성

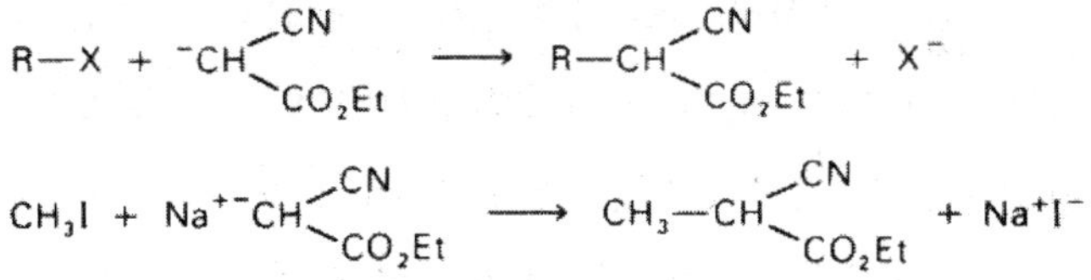

sodium ethyl cyanoacetate　　　ethyl methylcyanoacetate

8-8 Grignard시약

알킬 또는 아릴할로겐화물을 마그네슘금속과 무수용매 중에서 직접 반응시키면 Grignard시약이 되며, 이것은 합성유기화학에 있어서 유용한 중간체이다.

$$\mathrm{R-X}(\text{또는 } \mathrm{Ar-X}) \xrightarrow[\text{무수에테르 중}]{\mathrm{Mg}} [\mathrm{R-Mg-X}]\ (\text{또는 } [\mathrm{Ar-Mg-X}])$$

이 시약을 탄화수소의 합성에 사용하는 것은 제 2장에서 그림으로 설명하였다. 이것을 사용한 알코올의 합성을 다음 장에서 설명한다.

8-9 방향족시아노치환반응

방향족할로겐화물은, 보통 $-NO_2$, $-CN$ 혹은 다른 강한 전자흡인성기에 의하여 활성화된 계일때에만, 친핵적 치환반응을 한다. 그러나 할로겐과 시안의 교환은 KCN과 $Cu_2(CN)_2$로서 뜨거운 디메틸포름아미드(DMF, $(CH_3)_2NCHO$), 뜨거운 피리딘 혹은 뜨거운 디메틸술폭사이드[DMSO, $(CH_3)_2SO$]중에서 행할 수 있으며, 이것은 유용한 반응이다.

p-bromotoluene　　　*p*-cyanotoluene

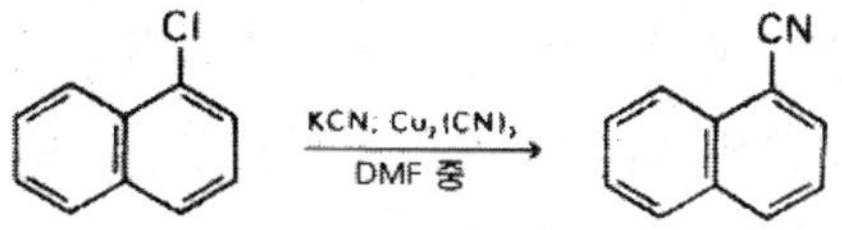

α-chloronaphthalene　　　α-cyanonaphthalene

8-10 활성화된 기질의 친핵적 방향족치환반응

아릴할로겐화물이 용이하게 S_N2반응을 일으키기 위해서는, 오르토 혹은 파라위치에 있어서 $-NO_2$ 혹은 $-CN$기와 같은 강한 전자흡인성기에 의하여 활성화되어 있지 않으면 안 된다. 전자흡인성기가 메타위치에 있는 경우는 거의 효과를 미치지 않는다.

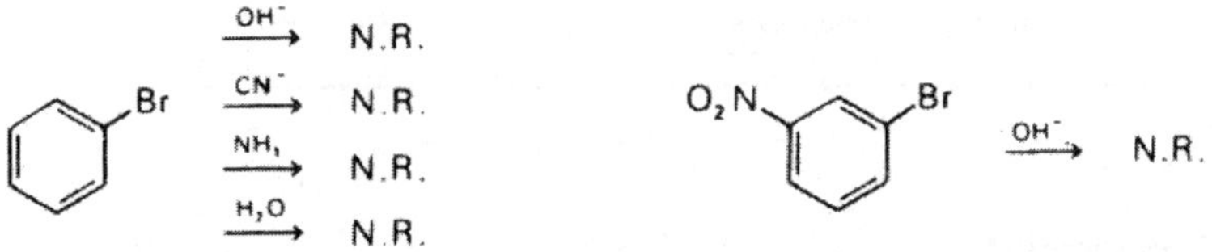

2,4,6-트리니트로클로로벤젠의 염기 처리로서 피크르산을 합성하는 것은, 활성화기가 오르토 및 파라위치에 있는 경우에 상당한다.

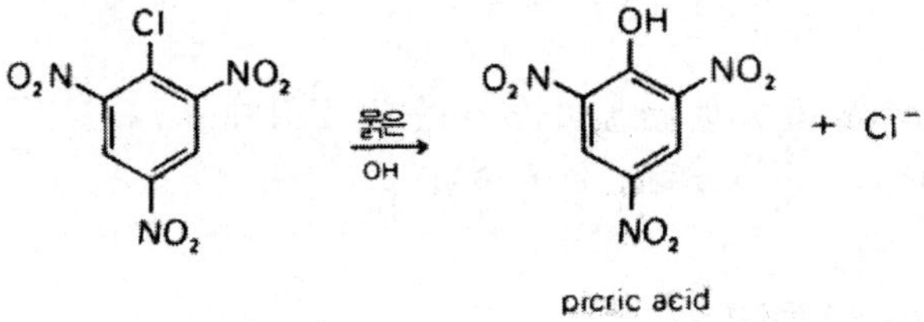

이 치환반응의 용이한 것과 메카니즘을 결정하는 인자는, 보다 단순한 화합물, 파라니트로브로모벤젠의 가수분해의 검토로서 고찰된다. 활성화기는 같고, 파라위치에 있어서 니트로기에 기인하는 공명효과는 2개의 오르토 위치의 니트로기의 효과와 같다.

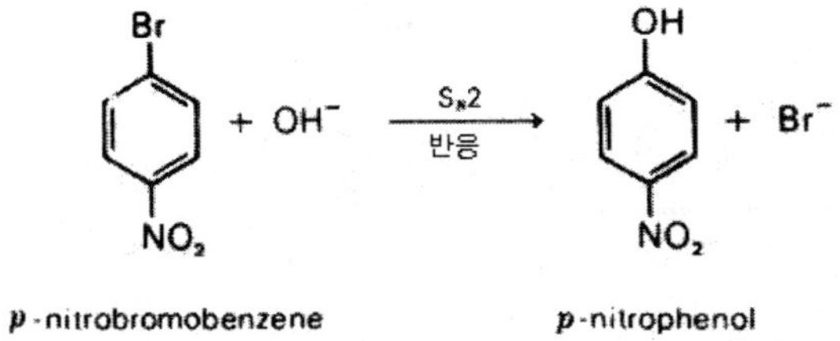

반응메카니즘 : 출발물질의 공명체는 할로겐이 결합하고 있는 탄소의 전자밀도가 낮은 것을 나타내고 있다. 이와 같은 형태는 오르토니트로할로벤젠에 있어서도 쓸 수 있다.

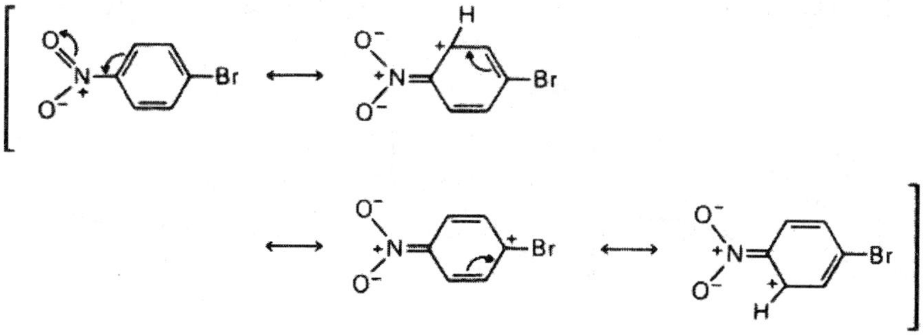

파라니트로브로모벤젠의 공명구조식

이 기여는 수산이온 또는 다른 친핵시약의 공격을 용이하게 한다. Br−이 떨어지면 파라니트로페놀이 생성된다.

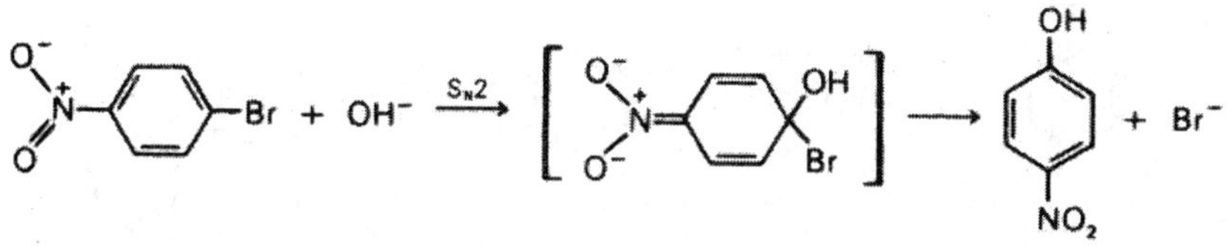

왜 메타위치의 니트로기는 거의 효과를 미치지 않는가?

할로겐은 강하게 탄소에 결합하고 있기 때문에, 방향족 할로겐화물이 치환할 때, S_N1경로는 용이하게 일어나는 반응메카니즘이 아니다. 원자가결합법에 의하면 탄소-할로겐결합에는 이중결합성이 기여하고 있으며, 분자궤도법 그림에서는 할로겐-방향족환에 겹침이 존재하고 있는 것을 나타내고 있다.

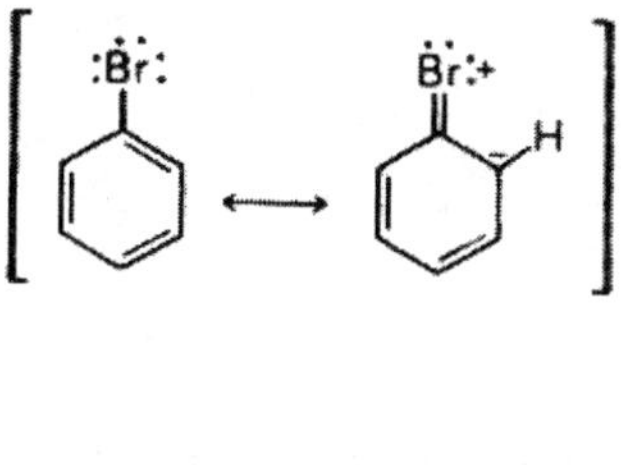

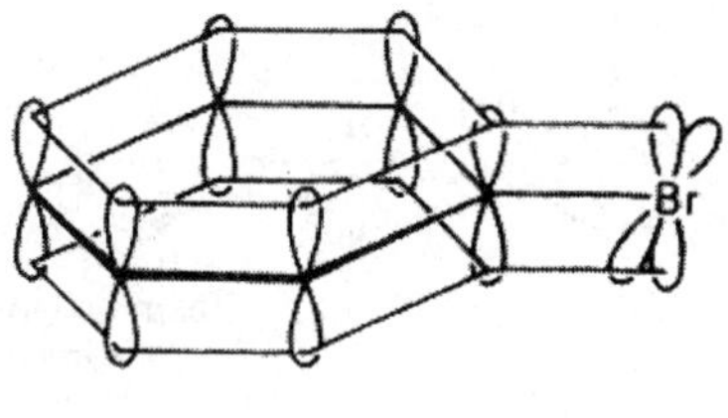

8-11 벤자인, Diels-Alder반응과 고리화부가반응

오르토브로모플루오로벤젠을, 탄소-브롬결합의 위치에서 유기금속화합물을 형성하는 시약으로 처리하면 상당히 반응성이 높은 중간체인 **벤자인**(Benzyne)에 유래하는 생성물이 얻어진다.

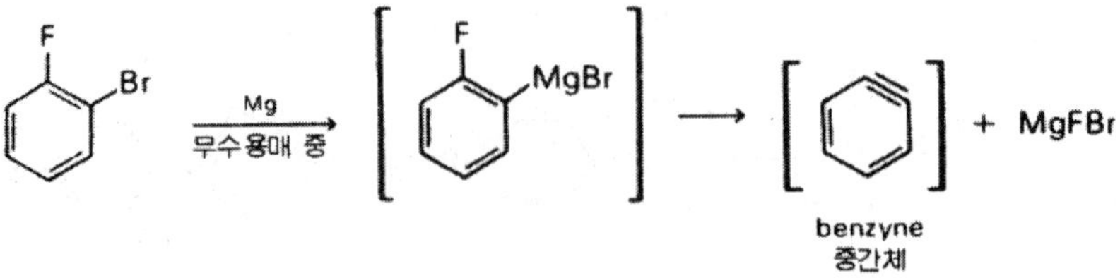
F
Br
Mg
무수용매 중
MgBr
+ MgFBr
benzyne
중간체

방향족계에 새로 형성된 "삼중결합"은, 빠르게 그 자신이 반응하든지 혹은 반응성이 높은 디엔과의 Diels-Alder반응 생성물을 생성한다.

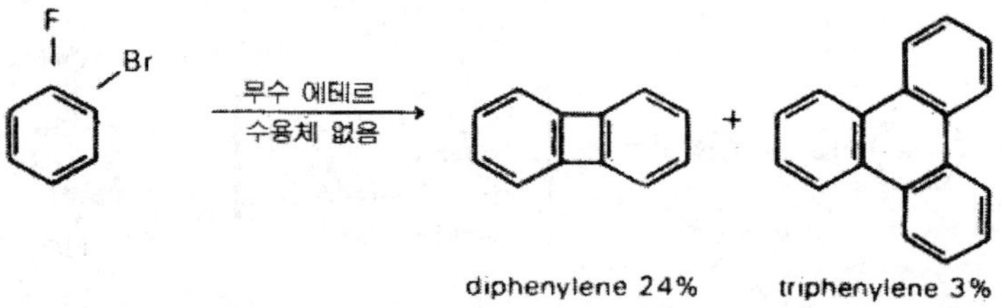
F
Br
무수 에테르
수용체 없음
+
diphenylene 24%
triphenylene 3%

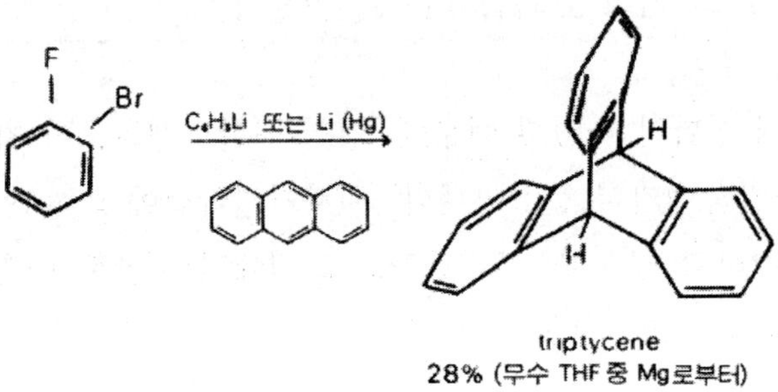
F
Br
C₆H₅Li 또는 Li (Hg)
H
H
triptycene
28% (무수 THF 중 Mg로부터)

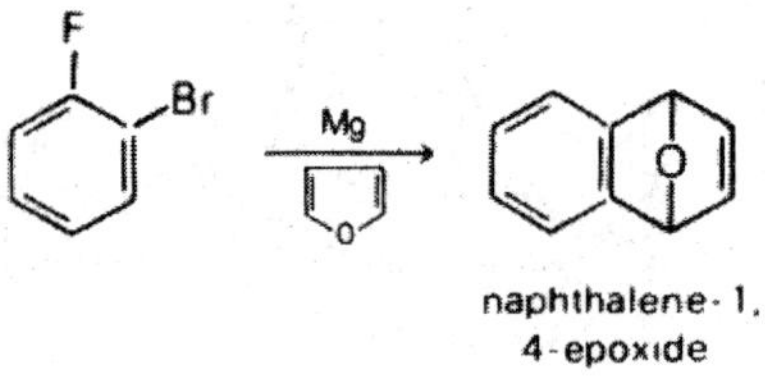
F
Br
Mg
O
O
naphthalene-1,
4-epoxide

벤자인중간체는 또한, 아릴할로겐화합물과 $NaNH_2$와 같은 다른 시약에 의해서도 제조된다. 안트라닐산으로부터 유도되는 디아조늄염도 중간체로서 사용된다.

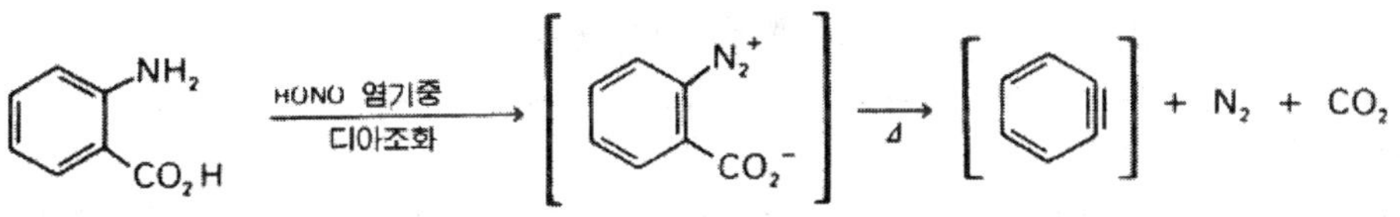
NH₂
CO₂H
HONO 염기중
디아조화
N₂⁺
CO₂⁻
Δ
+ N₂ + CO₂

anthranilic acid

벤자인중간체를 사용하면 다른 방법으로는 제조가 곤란한 생성물이 얻어진다. 예를 들면, 치환기가 있는 트리프티센(triptycene)이 용이하게 얻어지기에 이르렀다.

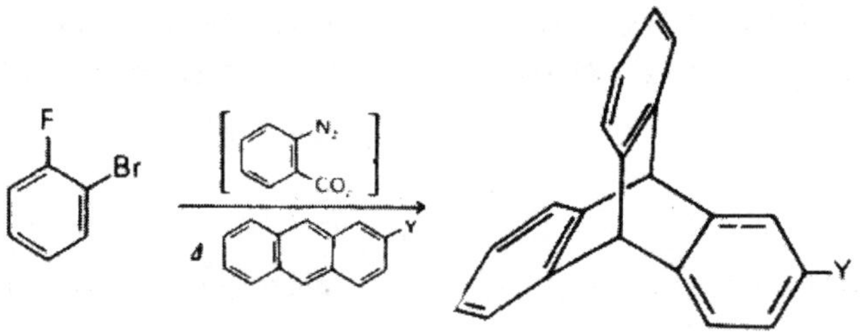
F
Br
N₂
CO₂
Δ
Y
Y

05 정성분석

알킬 및 아릴할로겐화물은 차거운 진한 황산에 용해하지 않기 때문에, 이 방법으로 다른 극성물질과 분리할 수 있다. 다른 정성시험은 무기할로겐화물과 유사하다. Beilstein시험(F는 제외하고)에 있어서, 적열한 구리선에 미량의 할로겐화물을 묻힌 후 재차 가열한다. 이때 특징적인 녹색불꽃은 할로겐의 존재를 나타낸다.

알킬(통상 아릴을 **제외하고**)할로겐화물을 알코올성 질산은용액으로 처리하면 할로겐화은의 침전을 생성한다. 이와 같은 이온화를 촉진하는 조건하에서는 S_N1경로에 의하여 반응이 일어난다. 이 방법으로 가장 빠르게 양성을 나타내는 것은 중간체로서 안정한 카르보늄이온을 생성하는 것이다.

알릴, 벤질, 3°	≥2°>1°	≥비닐, 아릴, $CHCl_3$, CCl_4
곧 침전	빠르게 침전	반응하지 않는다

할로겐의 반응성의 순서는 I > Br > Cl이며, 유기플루오르화물은 이와 같은 조건하에서는 반응하지 않는다.

■참고문헌■

·합성과 반응

Berliner, E.: The Current State of Positive Halogenating Agents, *J. Chem. Educ.*, 43,124(1966).

Bunnett, J.F.: The Chemistry of Benzyne, *J. Chem. Educ.*, 38, 278(1961).

Goldwhite, H.: The Side-chain Halogenation of n-Alkylbenzenes, *J. Chem. Educ.*, 37, 295(1960).

Ibne-Rasa, K.M.: Equations for Correlation of Nucleophilic Reactivity, *J. Chem. Educ.*, 44, 89(1967). 친핵시약과 그 반응의 광범위한 해설.

Joiner, C.R.: Pesticide Residue Control under the Food, Drug, and Cosmetic Act, *J. Chem. Educ.*, 38, 370(1961). 일반의 염소계탄화수소를 살충제와, 음식물로부터 어떻게 검출하는지를 설명하고 있다.

·반응속도

De Wolfe, R.H.: Kinetics in the Study of Organic Reaction Mechanisms, *J. Chem. Educ.*, 40, 95(1963).

Zimmerman, H.K.: Method for Determining order of a Reaction, *J. Chem. Educ.*, 40, 356(1963).

연습문제

***1 다음의 각각의 예를 나타내고, 구조와 명칭을 써라.**

(a) 탄소수 8개의 플루오르화벤질 : 1종
(b) 탄소수 4개의 1차 염화물 : 2종
(c) 탄소수 6개의 브롬화아릴 : 1종
(d) 탄소수 10개로서 벤질 및 아릴할로겐을 함유하는 디요오드화물 : 3종
(e) 탄소수 5개의 2차 디브롬화물 : 2종
(f) 탄소수 10개의 1차 트리플루오르화물 : 5종
(g) 탄소수 7개의 3차 염화물 : 2종

***2 탄소 7개를 함유하며, 희박염기로서 S_N2치환을 받는 할로겐화물의 예를 표시하여라. 이 반응의 에너지도식을 쓰고, 설명하여라.**

***3 탄소 3개를 함유하고, S_N1가수분해 반응을 받는 할로겐화물의 예를 표시하여라. 이 반응의 에너지도식을 쓰고, 설명하여라.**

4 다음의 반응의 구체 예를 표시하여라.

*(a) 암모니아에 의한 플루오르원자의 친핵적 방향족치환반응

(b) 벤자인중간체를 사용한 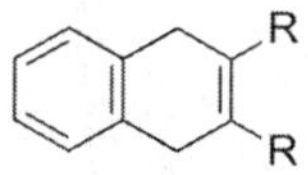 의 합성

*(c) 클로로포름에서 보다 아세톤에서의 반응이 빠른 가용매분해반응(힌트: 어느 쪽이 극성이 큰 용매인가?)

(d) $R_2C(CO_2Et)_2$의 합성법

(e) 할로겐화수소의 이중결합에의 부가반응(반응메카니즘을 표시하여라).

(f) N-브로모숙신이미드를 사용한 나프탈렌을 함유하는 화합물의 합성

*(g) 아릴메틸기의 라디칼염소화반응

(h) 질산은시험으로 음성을 나타내고, 할로겐을 함유하는 화합물 7개

*(i) Beilstein 시험에 음성인 3차 할로겐화물

(j) $NaNH_2$와 반응하는 탄소 7개의 제미널 디할로겐화물의 합성
*(k) 알콕사이드이온과의 반응

*5 용액 중에서 프로펜을 저온으로 브롬화하면 1,2-디브로모프로판을 생성하지만, 기상에서 고온(200℃)으로 브롬화하면, 3-브로모프로펜을 생성한다. 충분히 설명하여라.

6 출발물질을 명명하고, 생성물의 구조식과 명칭을 써라. 만일 반응이 일어나지 않는 경우에는 N.R.로 표시하여라. 반응이 진행하는 메카니즘을 어구 혹은 간단한 단어로서 설명하여라.

*(a) 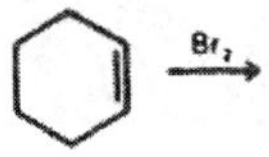
Br₂

*(b) 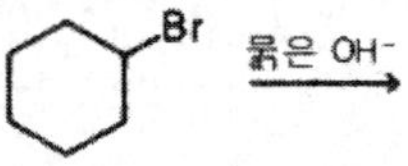
Br
묽은 OH⁻

*(c) 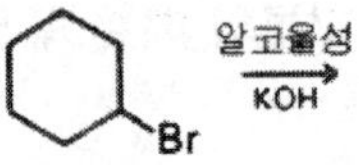
알코올성
KOH
Br

*(d) 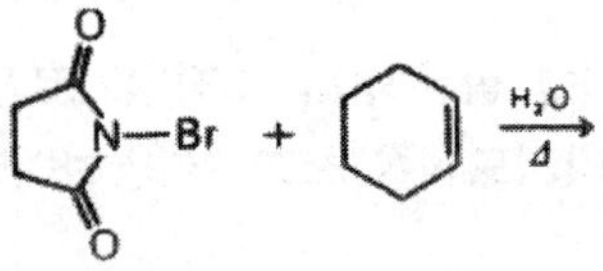
O
N—Br
O
+
H₂O
Δ

*(e) 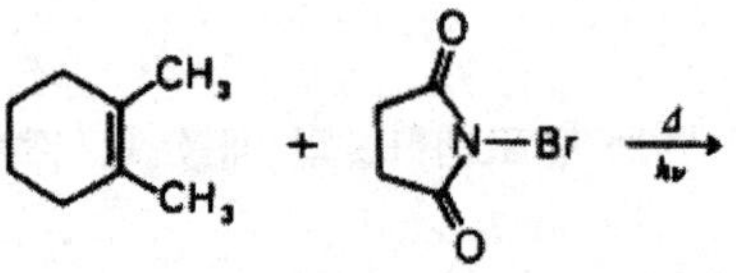
CH₃
CH₃
+
O
N—Br
O
Δ
hν

(f) 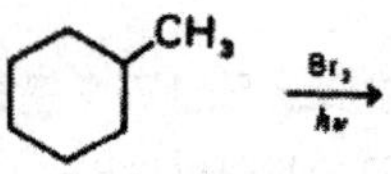 (주생성물)
CH₃
Br₂
hν

(g) (f)의 생성물 $\xrightarrow{H_2O}$

(h) $CH_3CH_2CH_2O^-K^+$ + 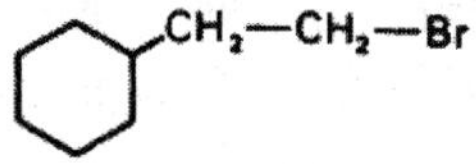 ⟶
CH₂—CH₂—Br

(i) 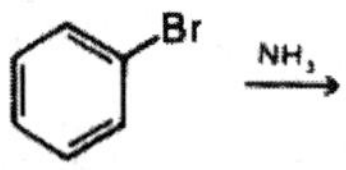
Br
NH₃

(j) 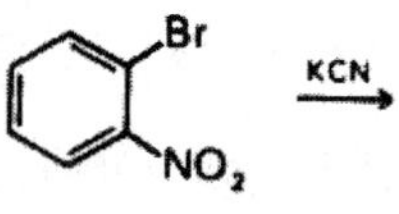
Br
NO₂
KCN

*(k) 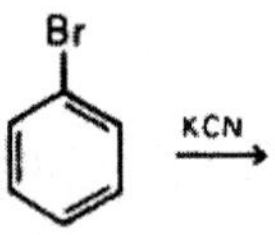
Br
KCN

(l) 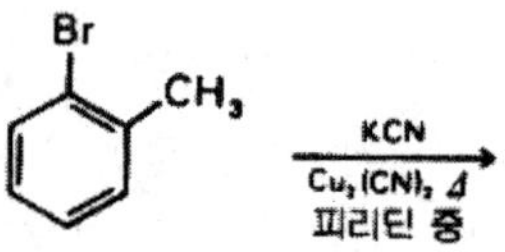
Br
CH₃
KCN
Cu₂(CN)₂ Δ
피리딘 중

(m) 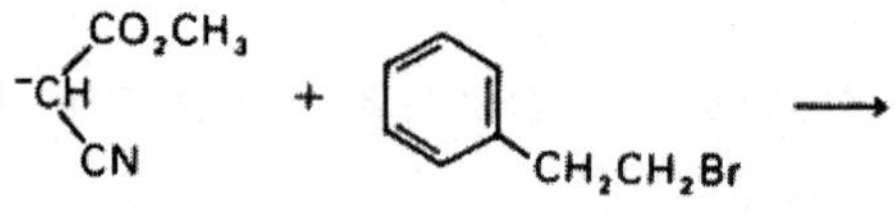
CO₂CH₃
⁻CH
CN
+
CH₂CH₂Br

(m) 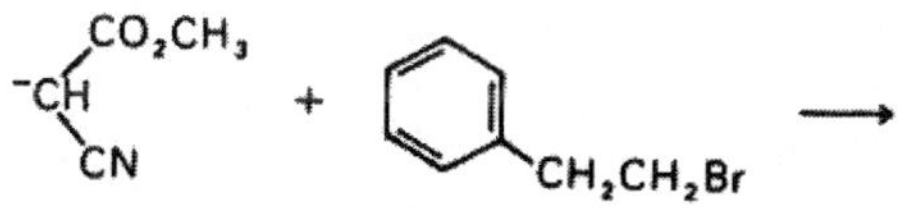

*(n) 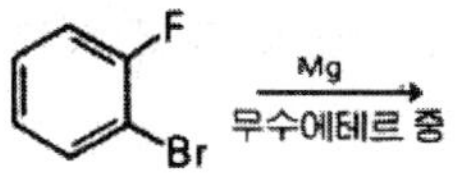

(o) 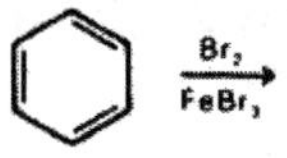

(p) (o)의 생성물 $\xrightarrow[\Delta]{Cu}$ $C_{12}H_{10}$

(q) 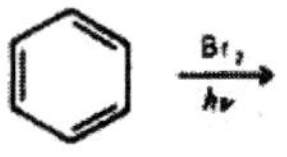

(r) 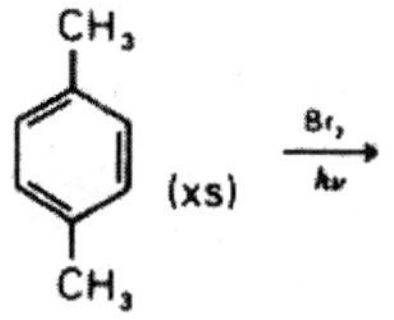

(s) (r)의 생성물 $\xrightarrow{Na}$

*(t) 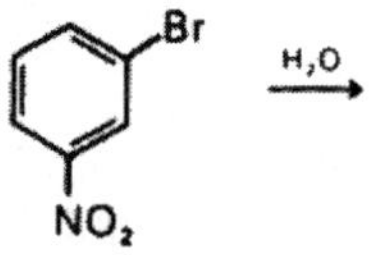

*(u) 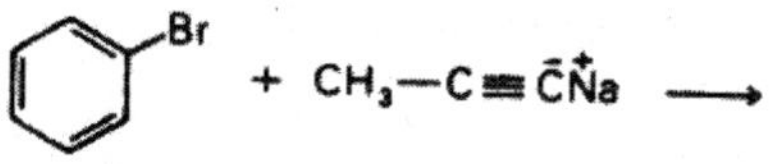

(v) 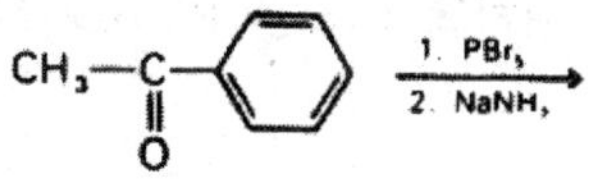

(w) 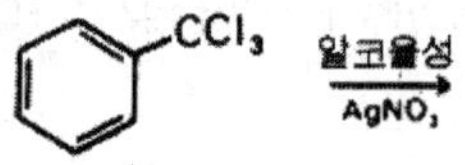

1장에서부터 8장까지의 종합문제

1 **다음의 분자가 쌍극자모멘트를 갖는지 어떤지를 결정하고, 그 방향을 표시하여라.**

(a) 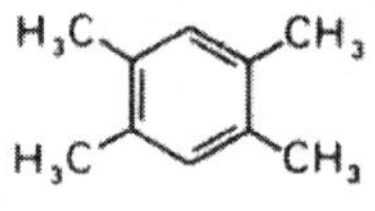

durene

(b) *cis*-1,2-dimethylcyclopropane

(c) *trans*-2-butene

(d) 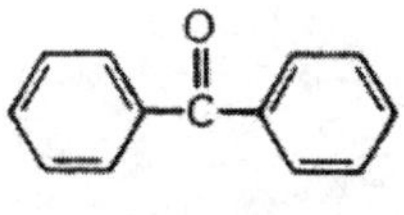

benzophenone

(e) carbon dioxide, CO_2

(f) carbon monoxide, CO

2 **다음의 분자의 Lewis구조식(점자식)을 쓰고, 정확한 위치에 1차 전하를 표시하여라.**

(a) 인산(H_3PO_4)

(b) 디메닐술폭사이드($CH_3-\overset{\overset{O}{\|}}{S}-CH_3$, DMSO)

(c) 아산화질소 : N_2O(N−N결합 있음)

(d) 염화테트라메틸암모늄(이온성)

(e) 아지화수소산 : HN_3(직선형)

3 **(a) 프로톤이 탈리된 결과 생성하는 음이온이, 공명에 의하여 안정화를 받기 때문에, 어떤 종류의 화합물은 다른 예상되는 것보다 산성이 강하다. 다음의 화합물에서 지적한 위치로부터 수소원자를 제거했을 때, 생성하는 음이온의 적당한 공명구조식을 써라.**

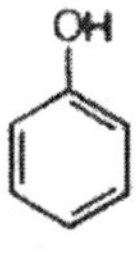

phenol

CH_3NO_2

nitromethane

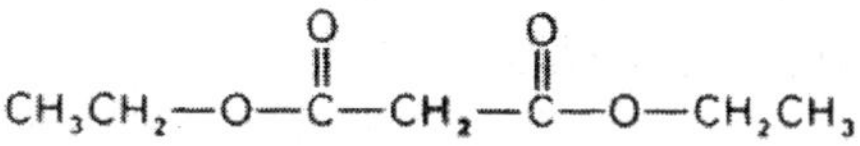

diethyl malonate

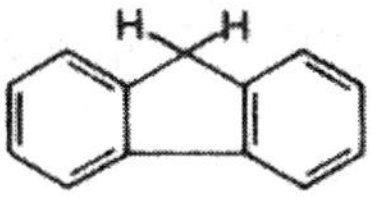

fluorene

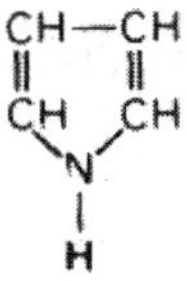

pyrrole

(b) (a)의 화합물의 음이온의 LCAO(분자궤도) 그림을 그려라.

4 다음의 화합물을 명명하여라.

(a) 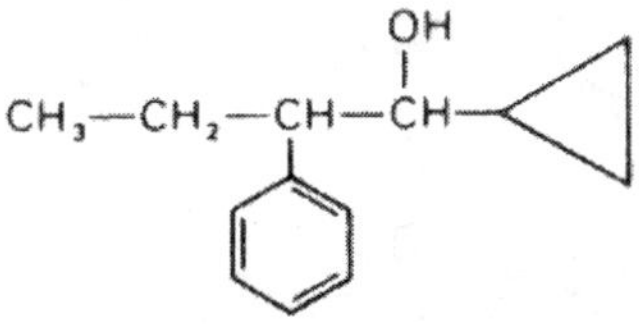

(b) 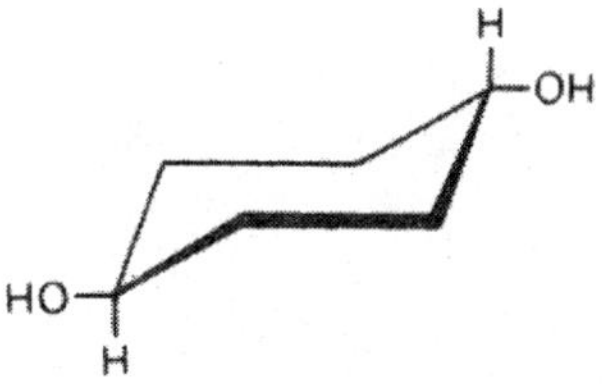

(c) 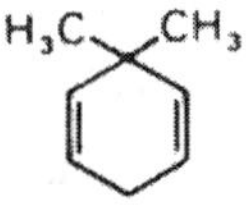

(d) 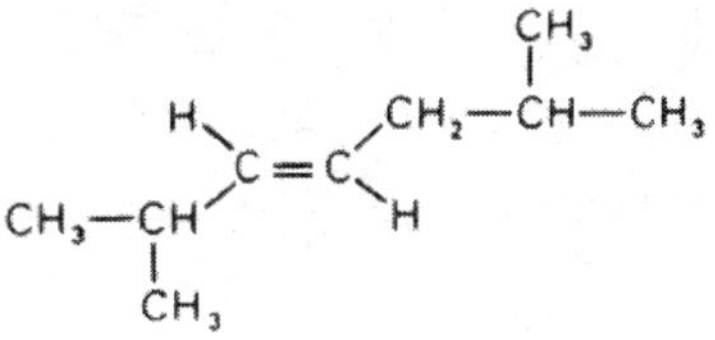

(e) 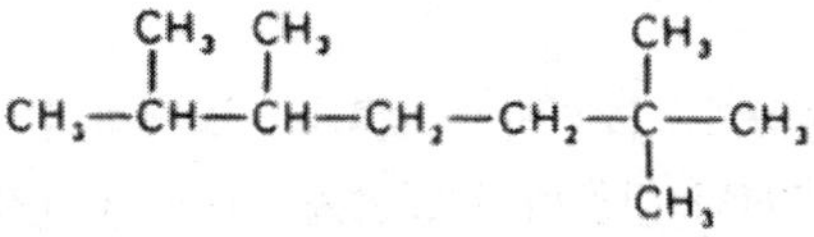

(f) 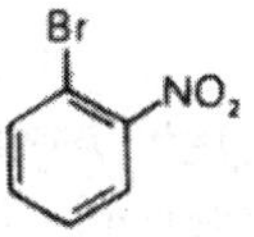

5 다음 화합물의 구조식을 써라.

(a) *trans*-4-*tert*-butylcyclohexylmagnesium bromide
(b) *o*-nitroethylbenzene
(c) 1-methylcyclopentanol
(d) vinylcyclohexanediol
(e) *cis*-1,4-cyclohexanediol

(f) 3-(*p*-bromophenyl)-1-pentene
(g) pheylallylacetylene

6 출발물질을 명명하고 생성물의 구조식과 명칭을 써라. 만일 반응이 일어나지 않는 경우에는, N.R. 이라고 써라.

(a) $CH_3-C\equiv C-H \xrightarrow[H_2SO_4]{H_2O,\ Hg^{++}SO_4^{--}}$

(b) $C_6H_5-C\equiv C-H \xrightarrow{Cu(NH_3)_2^+}$

(c) 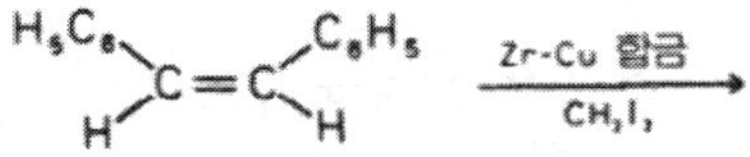
Zr-Cu 합금
CH₂I₂

(d) $CH_3CHBrCHBrCH_3 \xrightarrow{Zn}$

(e) 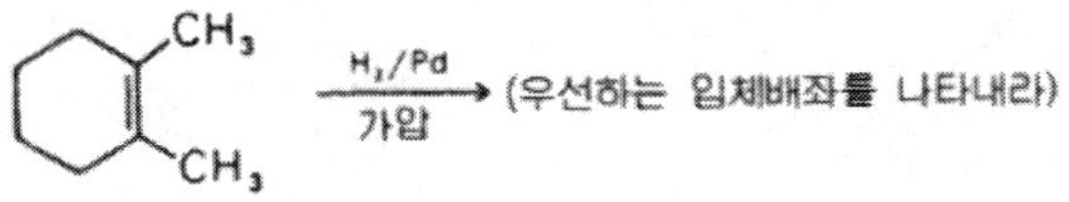
H₂/Pd
가압
(우선하는 입체배좌를 나타내라)

(f) 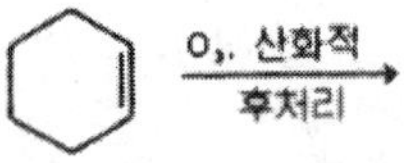
O₃, 산화적
후처리

(g) 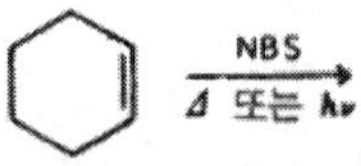
NBS
Δ 또는 hν

(h) 
CH₃COCl
1.1당량 AlCl₃ CS₂ 중

(i) 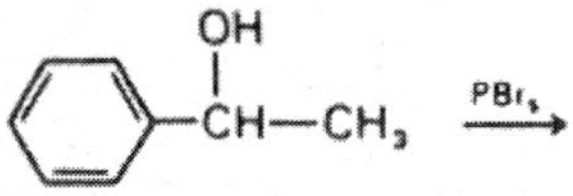
PBr₃

(j) $[CH_3MgBr] \xrightarrow[2\ H_3O^+]{1\ CO_2}$

7 화합물 A($C_{14}H_{12}$)는 $Ag(NH_3)^+_2$과는 반응하지 않지만 브롬을 탈색하여, 화합물 B($C_{14}H_{12}Br_2$)를 생성한다. B는 알코올성의 KOH와 반응하면 화합물 C($C_{14}H_{10}$)가 생성하지만 이 생성물도 $Ag(NH_3)^+_2$과 반응하지 않는다. A를 오존산화하고 환원적 후처리를 하면 벤즈알데히드만을 생성한다. A, B 및 C의 구조를 표시하여라.

8 화합물 A($C_{10}H_{20}O_2$)는 염화아세틸과 반응하여 화합물 B($C_{14}H_{24}O_4$)를 생성한다. A를 탈수하면 무수말레산과 Diels-Alder 부가물을 형성하지 않는 화합물 C($C_{10}H_{16}$)를 생성한다. C를 수소첨가하면 화합물 D($C_{10}H_{20}$)를 생성한다. 화합물 C는 용이하게 브롬을 탈색하여 E를 생성하며, 이것은 알코올성 KOH와 처리하면 화합물 F($C_{10}H_{12}$)를 생성한다. F는

CH_3MgCl과 반응하면 2몰의 메탄을 유리하고, 또한 수소를 첨가하면 D를 생성한다. C를 $KMnO_4$산화하면 이염기산을 생성하며, 용이하게 CO_2를 잃고(2개의 카르복실기가 동일의 탄소상에 있음을 나타내고 있다) 화합물 G를 생성한다. 요오드화시클로헥실마그네슘과 CO_2를 반응시킨 후, 물로 처리하면 G를 생성한다. 화합물 A로부터 G까지의 구조식을 표기하여라.

Part
2

산소 및 질소를 함유하는 유기화합물

Chapter

09 알코올

01 명명법

알코올이라고 불리우는 화합물군은 포화의 탄소원자에 결합한 −OH기를 가지고 있다. 알코올에 대한 IUPAC의 어미는 **올**(−ol)이다. 대응하는 방향족 화합물의 **페놀**(Ar−OH)은 화학적 성질이 다르며, 알코올류와는 다른 반응을 한다(제10장 참조). 포화알코올은 $C_nH_{2n+2}O$의 동족계열에 속하며, 포화의 에테르(R−O−R)와 같다. 에틸알코올(CH_3CH_2OH)의 분자식과 구조식을 디메틸에테르의 그것과 비교하여 보아라.

> 알릴알코올($CH_2=CHCH_2OH$)은 어떤 동족계열에 속하는가? 이 동족계열로서 표시되는 다른 화합물군에는 어떤 것이 있을까? 각각의 예로서 표시하여라.

알코올은 관능기 −OH가 결합하고 있는 탄소원자의 치환의 정도에 따라서 1차, 2차 및 3차로 분류된다(**표 9−1** 참조).

포화의 계열에 속하지 않는 알코올의 예를 **표 9−2** 에 표시하였다. 몇 가지는 알릴 혹은 벤질알코올과 함께 분류되는 것을 기억하여라. 2개 또는 3개의 −OH관능기를 갖는 화합물을 각각 **디올, 트리올**이라고 말한다.

> 1. **표 9−1** 의 각각의 알코올을 1차, 2차, 3차로 분류하여라.
> 2. 이 동족계열의 C_5 알코올의 구조를 쓰고, IUPAC의 방법에 따라서 명명하여라.
> 3. C_5 알코올은 관용적으로 펜틸알코올이라고 말한다. 부탄올의 관용명에 따라 각각의 C_5 알코올의 관용명을 귀속시켜라(**힌트:** 1개는 네오펜틸알코올이라고 말한다).

02 수소결합

할로겐화수소의 비점과 분자량을 비교하면 HF의 비점이 이상하게 높다는 것을 알 수 있다(**그림 9-1**).

표 9-1 C_1으로부터 C_4의 알코올의 명명법

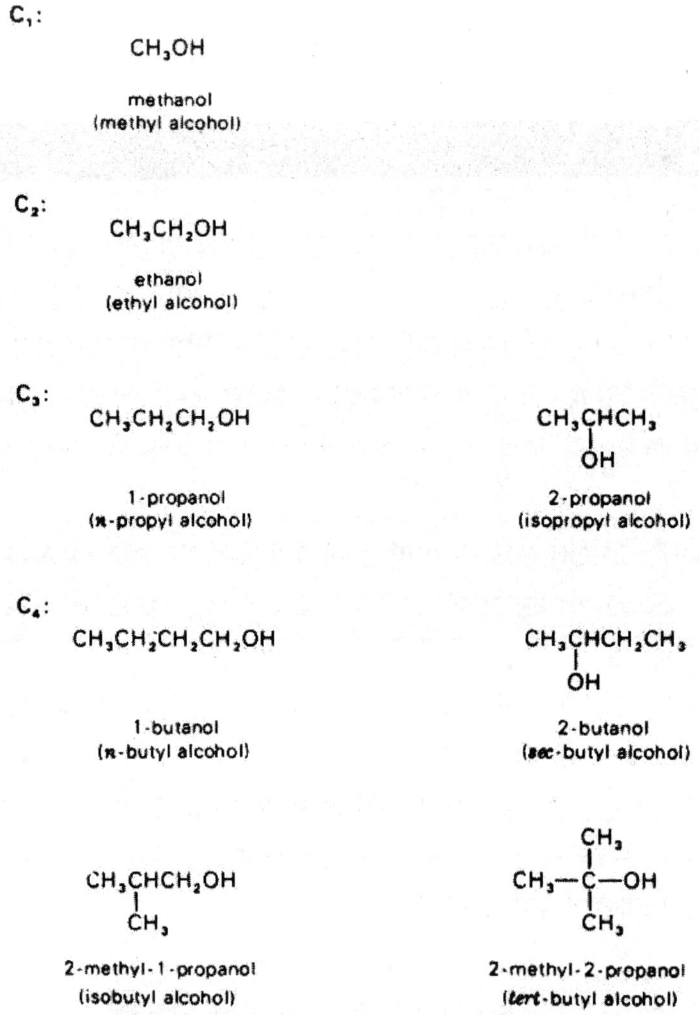
C1:
CH3OH
methanol
(methyl alcohol)
C2:
CH3CH2OH
ethanol
(ethyl alcohol)
C3:
CH3CH2CH2OH
1-propanol
(n-propyl alcohol)
2-propanol
(isopropyl alcohol)
C4:
CH3CH2CH2CH2OH
1-butanol
(n-butyl alcohol)
2-butanol
(sec-butyl alcohol)
2-methyl-1-propanol
(isobutyl alcohol)
2-methyl-2-propanol
(tert-butyl alcohol)

	HF	HCl	HBr	HI
비 점	**19°**	-84°	-67°	-35°
분자량	**20**	36.5	81	128

마찬가지로 같은 정도의 분자량을 갖는 일련의 유기화합물의 비점을 비교하면, 알코올과 산은 탄화수소, 할로겐화물, 에테르 등보다도 높은 비점을 나타내고 있다.

	$CH_3CH_2CH_2CH_2CH_3$	$CH_3CH_2CH_2Cl$	$CH_3CH_2OCH_2CH_3$	**$CH_3CH_2CH_2CH_2OH$**	**CH_3CH_2COOH**
비 점	36°	47°	35°	**118°**	**141°**
분자량	72	78.5	74	74	74

표 9-2 알코올 명명법의 예

cyclopentanol

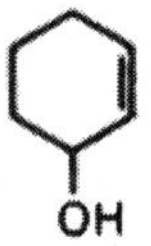

2-cyclohexen-1-ol
(allylic alcohol의 일종)

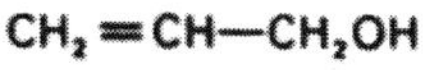

allyl alcohol
(2-propen-1-ol)

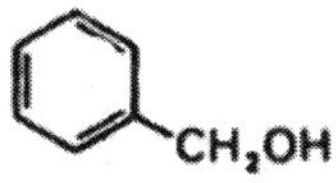

benzyl alcohol

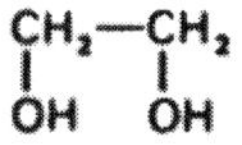

ethylene glycol
(1,2-ethandiol)

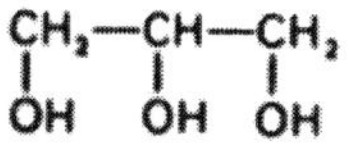

glycerol
(1,2,3-propantriol)

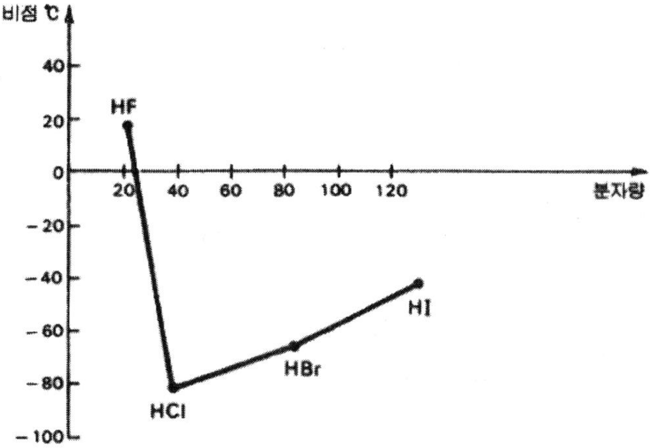

그림 9-1 할로겐화수소의 비점

이들의 차는 HF, 알코올, 산이 기화할 때에 분자간의 약한 결합을 전달하는 데 필요한 여분의 에너지에 의하여 설명된다. **수소결합**이라고 불리우는 이들의 결합은 수소가 전기음성도가 높은 2개의 원소(보통 플루오르, 산소, 질소)간에 가교하는 것과 같은 작용으로 생성한다(**그림 9-2** 참조). 수소결합은 이온결합 또는 공유결합과 비교하면 약하지만, 알코올, 산 및 유사한 극성물질의 높은 비점을 설명하는 데 충분하다. 동일분자 내의 다른 장소간의 수소결합(**분자내결합**)은 가끔 분자의 보다 좋은 입체형태를 결정한다. 약간의 분자간 및 분자내수소결합을 갖는 분자의 예를 **그림 9-2**에 표시하였다. 수소결합을 한 분자는 또한 **회합**하고 있다고도 말한다.

강조해야 할 것은, 프로톤과 전기음성도가 큰 원자의 궤도가 겹치는 것과 같은 기하배치가 허용될 때에만, 전기적으로 음성인 원소가 수소결합에 기여할 수 있다. 분자내수소결합에서는 고리의 크기가 중요한 요인이며, 수소결합의 고리가 5 혹은 6원환 이외에는 드물다. 탄소는 전기적으로 음성이 아니기 때문에, 보통의 유기분자에 있어서 탄소와 수소와의 수소결합은, 거의 중요시되지 않는다.

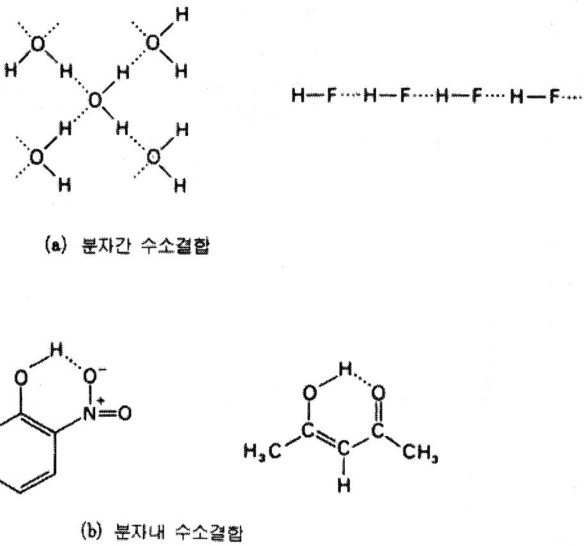
H—F····H—F····H—F····H—F····
(a) 분자간 수소결합
(b) 분자내 수소결합

그림 9-2 수소결합한 분자

03 반응성

9-1 금속과의 반응

대부분의 알칼리금속(Li, Na, K) 및 알칼리토류금속(Mg, Ca, Ba)은, C_1으로부터 C_8의 알코올과 반응한다. 알루미늄도 또한 이들의 화합물과 서서히 반응한다. 알코올은 수소이온을 잃는다. 이들의 반응은 알코올이 극히 약한 산성인 것을 증명하고 있다.

일반식 : $R-OH + Na \rightarrow R-O^-Na^+ + \frac{1}{2}H_2\uparrow$

alkoxide

구체예 : $(CH_3)_3C-OH + K \rightarrow (CH_3)_3C-O-K^+ + \frac{1}{2}H_2\uparrow$

tert-butyl alcohol　　potassium *tert*-butoxide

염과 같은 생성물 ($R-O^-M^+$)을 **알콕사이드**라고 말한다. 예를 들면 $CH_3CH_2O^-Na^+$는 소듐에톡사이드라고 말한다. 알콕사이드는 강한 염기로서 물과 처리하면 원래의 알코올과 수산이온을 생성한다.

$$CH_3O^-Na^+ + H_2O \rightarrow CH_3OH + Na^+OH^-$$

sodium methoxide　　methanol

9-2 인 및 황의 무기산할로겐화물

할로겐화인은 가끔 비교적 온화한 조건하에서, 알코올로부터 유기할로겐화물을 합성할 때에 사용된다(8-4절). 보통 사용되는 화합물은 삼염화인(PCl_3), 오염화인(PCl_5), 삼브롬화인(PBr_3), 오브롬화인(PBr_5) 등이다. 후자는 직접 다음과 같이 처리하여 제조된다.

$$PBr_3 + Br_2 \rightarrow PBr_5$$

상당하는 요오드화합물은 사용되고 있지 않지만, **적인**과 요오드의 조합에 의하여 요오드화알킬의 합성을 행할 수가 있다.

$$CH_3CH_2CH_2CH_2OH \xrightarrow[I_2\,:\,\Delta]{\text{적인}} CH_3CH_2CH_2CH_2I + H_3PO_3$$

2차 또는 3차알코올로부터 그에 상당하는 할로겐화물을 합성하는 시약으로서, 가끔 PBr_3(혹은 적인과 브롬)이 선택된다. 왜냐 하면 HBr을 사용하면, 이들 알코올의 적극적인 탈리 또는 전위반응의 원인이 되기 때문이다(9-4 절 참조).

유황을 함유한 할로겐화물의 염화티오닐($SOCl_2$)은, 반응의 다른 생성물이 기체이기 때문에 고순도의 알킬염화물을 생성한다.

$$CH_3CH(OH)CH_3 + SOCl_2 \longrightarrow CH_3CH(Cl)CH_3 + SO_2\uparrow + HCl\uparrow$$

염화티오닐, 삼염화인 및 오염화인은 또한 카르복실산으로부터 산염화물을 합성하는 데에도 사용된다. 이들 3종류의 시약에서 PCl_3, PCl_5 만이 일반적으로 알데히드와 케톤으로부터 **제미널**-디할로겐화물을 합성하는 데 적합하다.

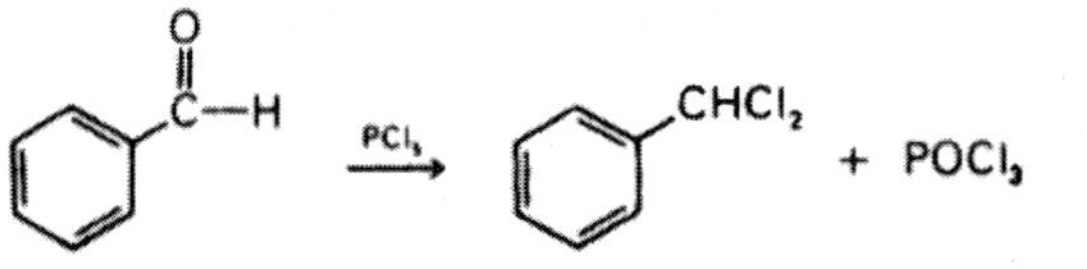

PCl₅
CHCl₂
+ POCl₃
benzaldehyde
benzal chloride
phosphorus oxychloride

9-3 할로겐화수소

보통의 알코올은 다수 시판되고 있으며, 다른 대부분의 알코올은 적당한 Grignard 반응에 의하여 합성된다(9-14, 9-16절 참조).

할로겐화수소와 알코올의 반응은 그에 상당하는 할로겐화물의 편리한 합성경로이다. 가끔 소량의 황산이 촉매로서 가해진다. 할로겐화수소의 활성화의 순서는, HI > HBr > HCl 이다.

일반식 : $R{-}OH + HX \overset{H^+}{\rightleftharpoons} R{-}X + H_2O$

구체예 : $CH_3CH_2CH_2CH_2OH \xrightarrow[\text{또는 48\% HBr}]{H_2SO_4 + NaBr} CH_3CH_2CH_2CH_2Br + H_2O$

n-butyl alcohol　　　　*n*-butyl bromide

구체적인 예의 반응메카니즘을 아래에 표시한다.

전반응 : $(CH_3)_3C{-}OH + HI \longrightarrow (CH_3)_3C{-}I + H_2O$

반응메카니즘 :

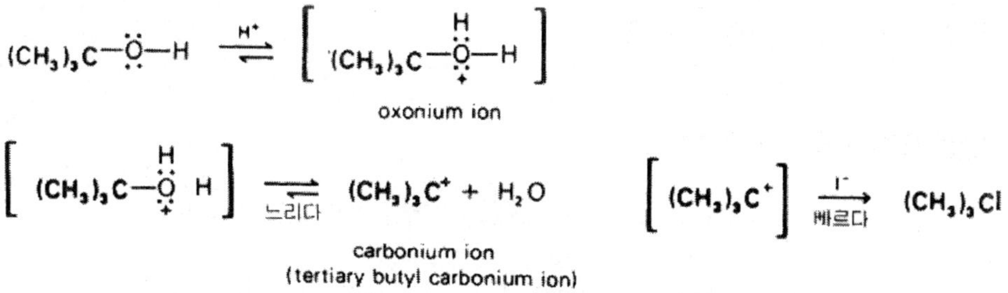
oxonium ion
느리다
빠르다
carbonium ion
(tertiary butyl carbonium ion)

부반응탈리 :

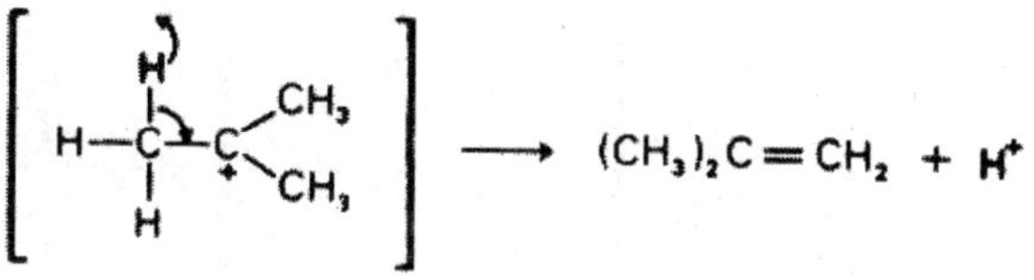

최초 단계의 옥소늄이온(즉 옥소늄염)의 생성은, 가역적인 산－염기반응이다. 물은 좋은 "탈리기"로서, 그 다음의 카르보늄이온으로의 반응은 빠르다.

에탄올 또는 대부분의 다른 단순한 1차알코올의 경우, 소량의 탈리(탈수)생성물을 생성한다. 2차알코올의 경우에는 탈리반응은 더욱 중요하다. 3차알코올의 경우, 이와 같은 조건에서는, 가끔 올레핀 혹은 가능한 올레핀의 혼합물이 주생성물로 된다. 유황 또는 인의 할로겐화물을 사용하면 탈리생성물의 생성은 보다 적다.

촉매량의 염화아연의 존재하에서, 염산과 각종 알코올의 반응속도의 상대적인 차는, Lucas **시험**이라고 하는 확인법의 기초로 되어 있다(9－18절). 여기서는, 1차알코올과 염산의 반응에서, 적당한 시간 내에 염화알킬을 좋은 수득률로서 생성하는 데 촉매($ZnCl_2$)가 **필요한 것**에 주의해 둘 것. 2차, 3차, 알릴 및 벤질알코올은 촉매 없이, 상당히 빠르게 반응한다.

9-4 알코올의 탈수반응

산촉매에 의한 알코올의 탈수는 이미 설명하였지만(4－1절), 여기서는 초기의 카르보늄이온 중간체가 가능한 보다 안정한 생성물로 이성화하는 것을 첨부해서 설명한다.

전반응 : $CH_3CH_2CH_2CH_2OH \xrightarrow[HBr]{H^+} CH_3CH_2CH_2CH_2Br$

1-butanol　　　　1-bromobutane

부생성물 : $CH_3CH_2CH{=}CH_2$ 및 $CH_3{-}CH{=}CH{-}CH_3$

1-butene　　　　2-butene

주생성물의 1-브로모부탄과 부생성물의 말단올레핀 생성의 반응메카니즘을 써라 (**힌트** : 9-3 절의 예를 보아라).

반응메카니즘 : 2-부텐의 생성

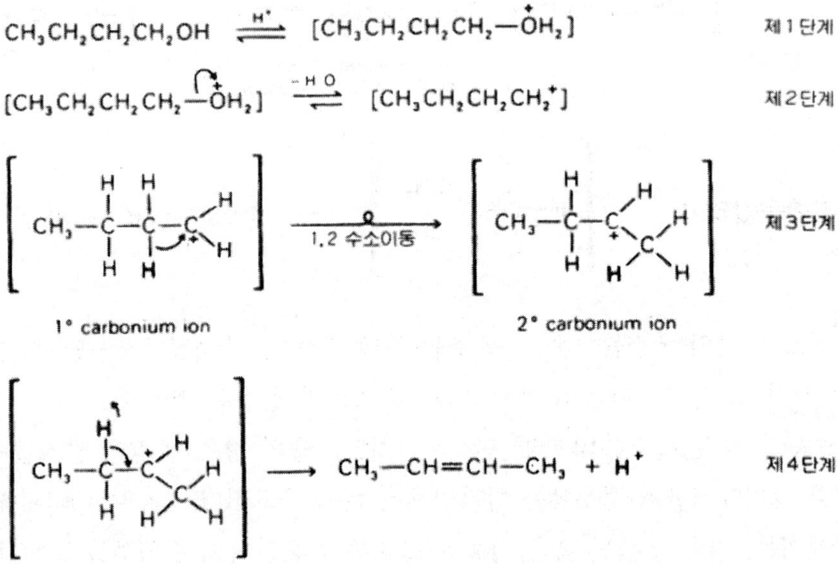

CH₃CH₂CH₂CH₂OH ⇌(H⁺) [CH₃CH₂CH₂CH₂—ȮH₂]
제1단계
[CH₃CH₂CH₂CH₂—ȮH₂] ⇌(-H₂O) [CH₃CH₂CH₂CH₂⁺]
제2단계
1,2 수소이동
제3단계
1° carbonium ion
2° carbonium ion
CH₃—CH=CH—CH₃ + H⁺
제4단계

제1과 제2단계의 n-부틸카르보늄이온의 생성은 4-1절 또는 9-3절에서 설명한 것과 유사하다. 제3단계에 있어서 이성화(1,2-수소이동)의 추진력은, 보다 안정한 2차의 카르보늄이온의 생성이다. 새로 제조된 2-부텐의 기하학성은 아직 명기하지 않았지만, 2차의 카르보늄이온이 탄소-탄소결합에서 회전할 수 있을 정도로 충분히 긴 수명이라면, 보다 안정형(*trans*)이 주가 된다.

---

1. 다음의 반응에 있어서 가능한 생성물 각각을 생성하는 반응메카니즘을 표시하여라. 만일 주어진 생성물이 한 가지 이상의 경로로서 얻어진 경우는 그것도 써라.

$$(CH_3)C-OH \xrightarrow[H^+]{HBr} (CH_3)_3C-Br + (CH_3)_2C=CH_2$$
$$+ CH_2=CH-CH_2-CH_3 + CH_3-CH=CH-CH_3$$

2. 만일 다음의 각각의 물질로부터 출발했다면 제군의 반응메카니즘에서는 동위원소의 분포는 어떻게 될까?

(a)
(b)

중수소원자는 수소와, 또한 ^{14}C는 ^{12}C와 같은 거동을 나타낸다고 가정하자.

9-5 알코올류의 산화반응

알코올의 산화에 의하여 얻어지는 생성물은 반응하는 알코올의 형태에 의존한다.

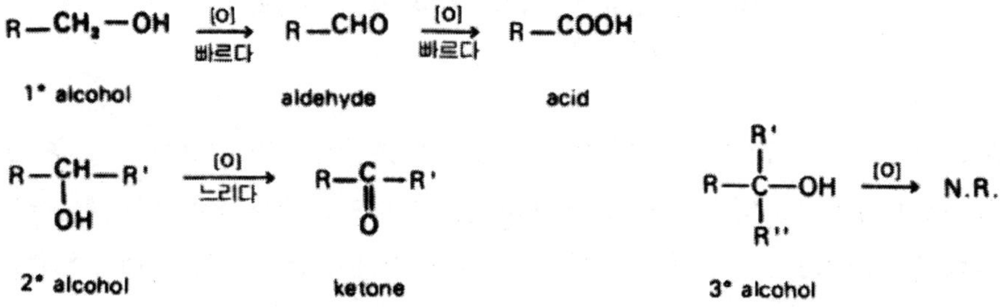
[O]
빠르다
[O]
빠르다
1° alcohol
aldehyde
acid
[O]
느리다
2° alcohol
ketone
[O]
N.R.
3° alcohol

가장 일반적인 산화시약은 과망간산칼륨($KMnO_4$), 중크롬산나트륨 또는 중크롬산칼륨($K_2Cr_2O_7$), 크롬산나트륨(Na_2CrO_4) 혹은, 크롬산(CrO_3)과 같이 Cr(VI)을 함유하는 것이다.

알데히드를 얻을 목적으로 1차알코올을 산화하는 것은, 생성물이 빠르게 그에 상당하는 카르복실산으로 산화되기 때문에 일반적으로 좋은 방법이 아니다. 그러나 요망하는 알데히드가 알코올보다 훨씬 비점이 낮을 때, 알데히드는 더욱 카르복실산으로 산화되기 전에, 생성과 동시에 반응계로부터 분리할 수 있다.

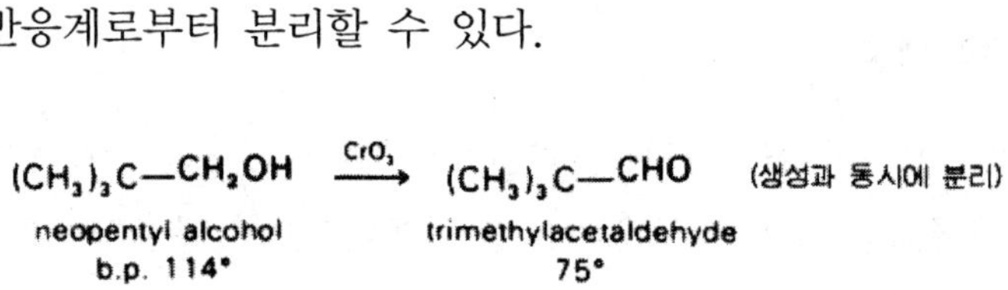
CrO_3
(생성과 동시에 분리)
neopentyl alcohol
b.p. 114°
trimethylacetaldehyde
75°

2차알코올의 케톤으로의 산화는 훌륭한 합성수단으로서, 통상 고수득률로서 반응이 진행한다.

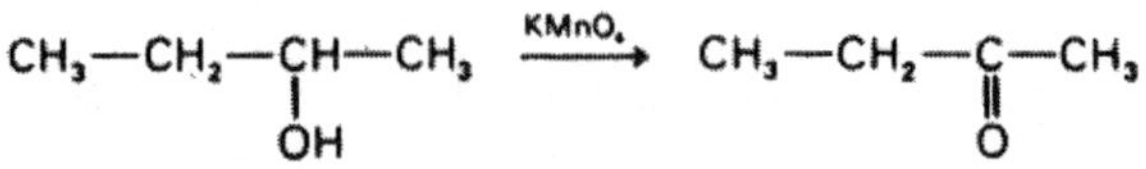
KMnO4

2-butanol　　2-butanone (methyl ethyl ketone)

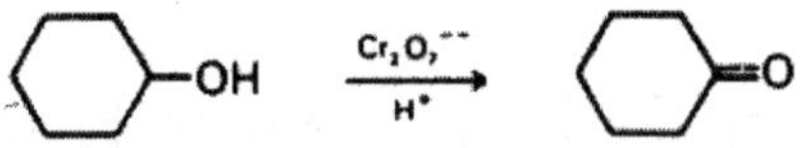
OH
O

cyclohexanol　　cyclohexanone

3차알코올은 보통의 상태에서는 산화에 대해서 안정하다. 강한 조건으로 조절하면 알코올은 탄소-탄소결합이 개열되는 반응을 받아, 그 결과, 생성물은 복잡한 혼합물로 된다.

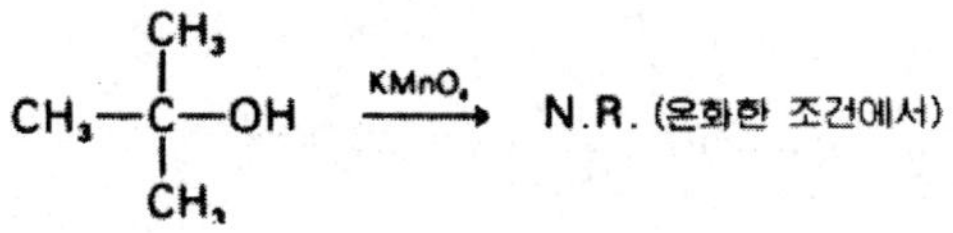
KMnO4
N.R. (온화한 조건에서)

새로 제조한 이산화망간(MnO_2)에 의한 알릴 및 벤질알코올의 산화는 좋은 합성반응이기도 하며, 또한 유기구조의 결정에도 유용하다. 이 시약은 알코올을 알데히드로 산화하는데는 충분히 강력하지만, 더욱이 카르복실산으로까지 산화하는 힘은 없다. MnO_2은 Mn^{2+}으로 환원된다.

새로운
MnO2

allyl alcohol　　acrolein

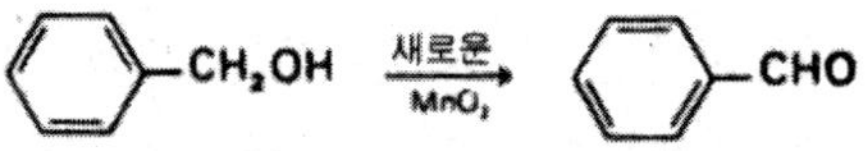
새로운
MnO2

benzyl alcohol　　benzaldehyde

9-6 에스테르의 생성

에스테르의 합성은 미량의 HCl 또는 H_2SO_4와 같은 무기산의 존재하에, 유기산과 알코올과의 혼합물을 환류하는 것만으로 용이하게 진행된다. 이 평형반응은 **Fischer의 에스테르화**로서 알려져 있다.

일반식 :

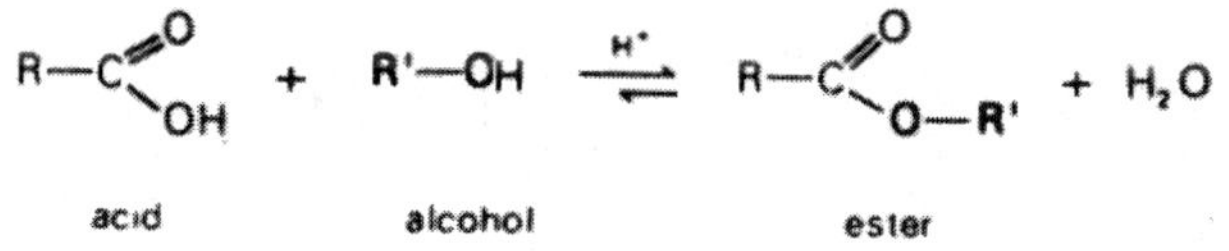
acid
alcohol
ester

구체예 :

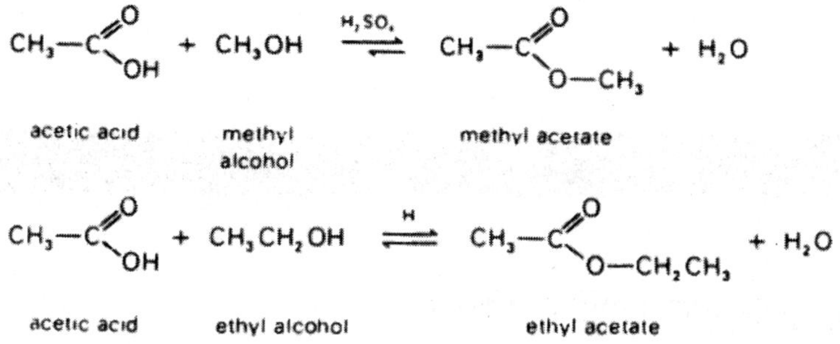
acetic acid
methyl alcohol
methyl acetate
acetic acid
ethyl alcohol
ethyl acetate

일반적으로 평형은, 과잉의 알코올(또는 카르복실산이 값이 쌀 때는 산)을 사용하든지, 생성한 물을 제거함으로써 에스테르쪽으로 이행시킬 수가 있다. 여기서, 아세트산 또는 염화아세틸, 무수아세트산으로부터 유도되는 에스테르(이른바 **아세테이트**)에 대해서 설명한다. 아래에 표시한 시약은 7-9절과 7-10절의 Friedel-Crafts아실화반응에서 간단히 설명하였다.

산염화물 :

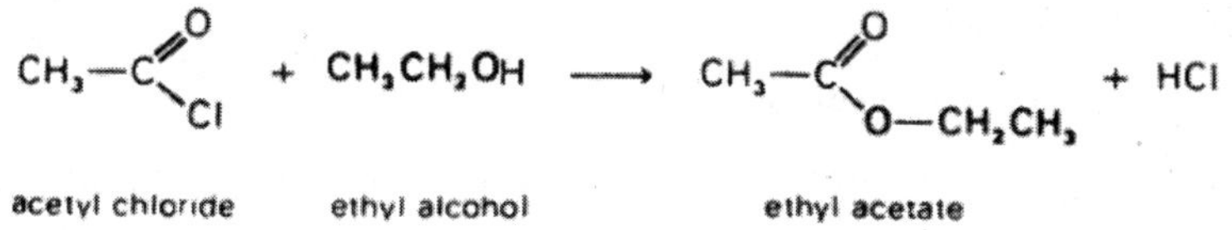
acetyl chloride
ethyl alcohol
ethyl acetate

산무수물 :

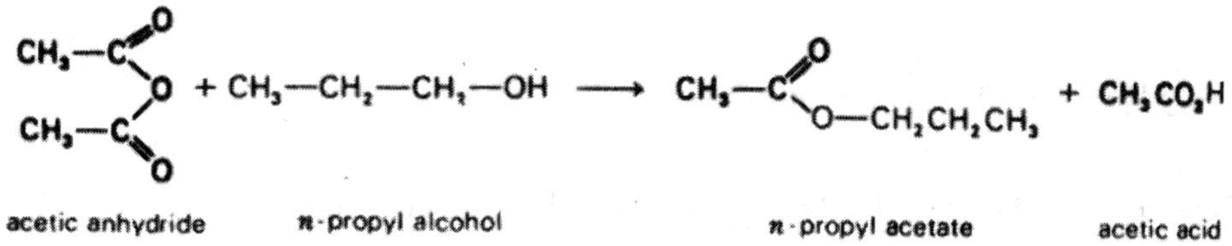
acetic anhydride
n-propyl alcohol
n-propyl acetate
acetic acid

무기산과 유기알코올의 에스테르는 상품으로서 중요하다. 예를 들면, 니트로글리세린은 글리세린의 질산에 의한 에스테르화반응으로서 용이하게 얻어진다.

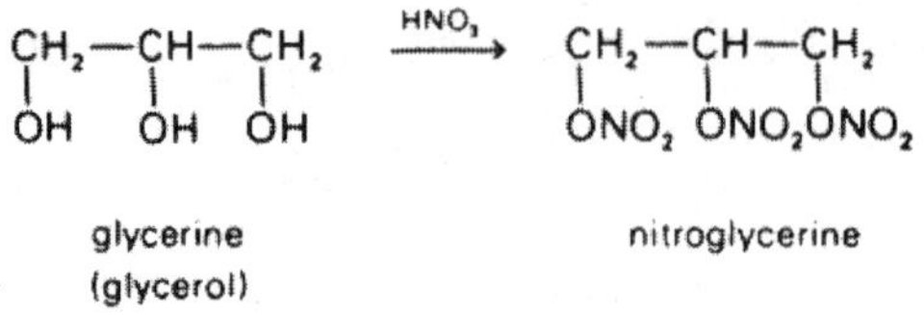

04 합성법

9-7 알켄의 수화반응과 하이드로보레이션

탄소-탄소이중결합에 물을 부가하는 경우, 묽은 황산과 가열하면 Markownikoff규칙에 따르며, 또한 디보란을 사용하고 계속해서 H_2O_2로서 산화하면 anti- Markownikoff 형식으로 반응한다(4-12절 참조).

9-8 할로겐화알킬의 가수분해, S_N1 S_N2경로

다음의 2가지 이유로서, 통상 실험실에서는 할로겐화알킬의 가수분해를 이용하여 알코올의 합성은 행하지 않는다.

(1) 대부분의 알코올은 시판되고 있다.

(2) 필요한 원료의 할로겐화물은, 우선 일반적으로 알코올로부터 얻어진다.

그러나, 이 방법이 선택되는 경우도 있다.

일반식 : $R{-}X \xrightarrow[\text{희박}OH^-]{H_2O\text{ 또는}} R{-}OH$

구체예 : $CH_3CH_2CH_2Br \xrightarrow[H_2O]{\Delta} CH_3CH_2CH_2OH + HBr$

이 반응메카니즘은 기질에 의존한다. 1차 및 2차할로겐화물은, 보통 알코올분자와 수산이온의 양쪽이 율속단계에 관여하고 있는 S_N2 치환반응을 한다.

전반응 : $CH_3CH_2Br \xrightarrow[\text{희박}]{OH^-} CH_3CH_2OH + \xrightarrow{OH^-} H_2O + Br^-$

반응메카니즘 : 1° 및 2° 할로겐화알킬 : S_N2 치환반응

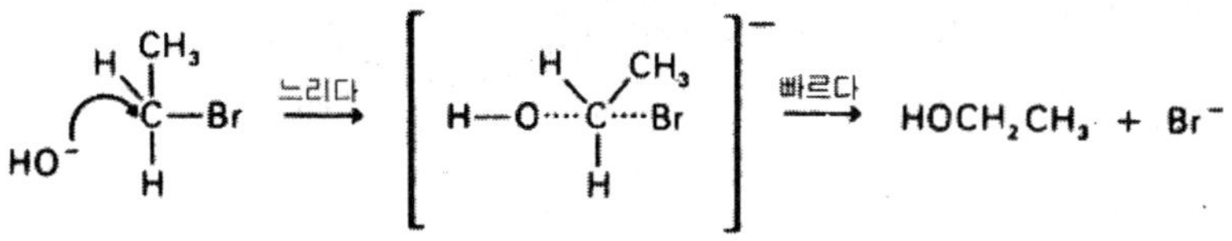
느리다
빠르다
HOCH₂CH₃ + Br⁻

전이상태

전이상태에서는, 2개의 탄소원자와, (반응에 관여하는 탄소원자상의) 2개의 수소가 전부 동일평면을 취한다.

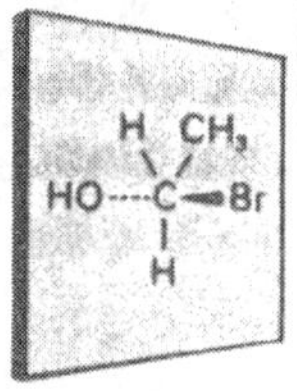

다른 한편, 할로겐화3차알킬, 알릴 및 벤질할로겐화물은, 율속단계에 탄소-할로겐결합의 이온화가 관여하는 S_N1메카니즘의 경로로서 진행한다.

반응메카니즘 :

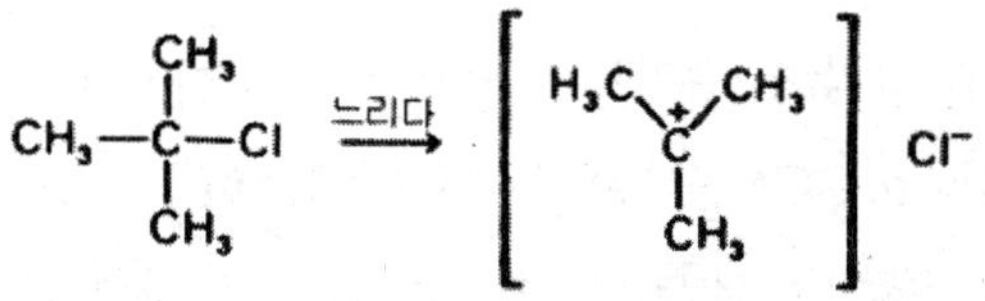
느리다

평면의 중간체

평면의 *tert*-부틸카르보늄이온 중간체는 메틸기의 전자공여효과의 결과, 1차, 2차의 그것보다 비교적 안정하다. 더욱이, 반응하는 탄소원자상에 3개의 치환기가 존재하기 때문에, 양쪽의 상호작용으로 인하여 OH^-의 S_N2반응에 의하여 할로겐이온을 밀어내는 것의 방해에 유효하게 작용하고 있다.

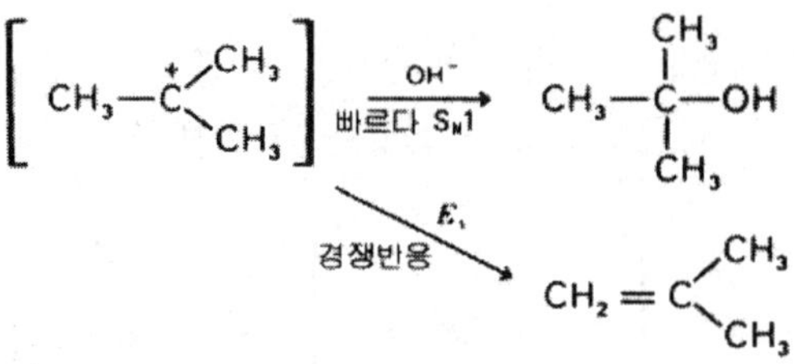

마찬가지로, 벤질 또는 알릴카르보늄이온은 공명에 의하여 안정화한 중간체를 취하기 때문에, 용이하게 이온화가 일어난다.

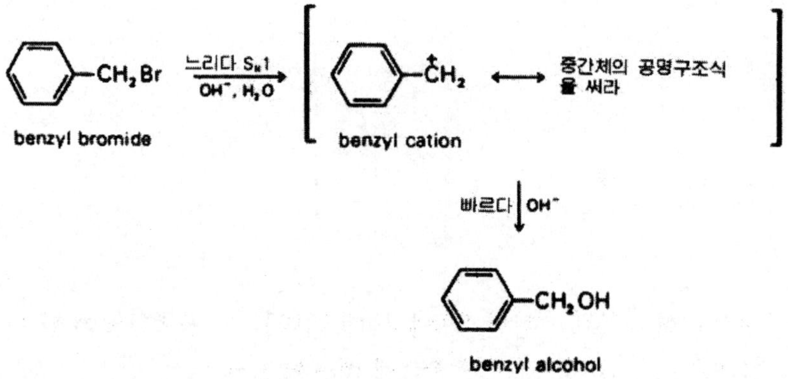

benzyl bromide
느리다 S_N1
OH^-, H_2O
benzyl cation
중간체의 공명구조식을 써라
빠르다
OH^-
benzyl alcohol

9-9 수소화금속에 의한 카르보닐화합물의 환원반응

$LiAlH_4$, $NaBH_4$와 같은 수소화금속은 좋은 환원시약으로서, 알데히드(R−CHO), 케톤($R_2C=O$), 카르복실산(R−COOH), 에스테르(RCOOR′) 등 각종의 카르보닐화합물로부터 알코올의 합성에 사용된다. 2종류의 수소화합물 중에서 보다 반응성이 강한 $LiAlH_4$는 산성의 수소(H^+, R−OH, H−O−H, R−COOH)와 격렬하게 반응하여 수소가스를 발생한다.

$$H^- + H^+ \longrightarrow H_2$$

리튬 또는 알루미늄이온은 분자의 다른 부분과 결합하여 염으로 된다. 보통 $LiAlH_4$를 사용한 유기환원반응은 무수의 에테르 또는 테트라하이드로푸란 중에서 행하기 때문에, 염으로부터 알코올을 분리하는 데 별도의 가수분해과정이 필요하다.

$$4R_2C=O + LiAlH_4 \longrightarrow [R_2HC-O]_4-LiAl \xrightarrow{H_2O^+}$$

$$4R_2CHOH + Li^+ + Al^{3+} + 4OH^-$$

$LiAlH_4$가 $NaBH_4$보다 강력한 환원시약이라는 사실은, 다음의 2가지 방법으로 설명된다.

(1) $NaBH_4$는 물 혹은 알코올 용매를 사용할 수 있지만, 이들의 조건하에서 $LiAlH_4$는 용매와 반응한다.

(2) 양쪽의 시약 모두 알데히드와 케톤을 환원하지만. $LiAlH_4$는 더욱 산 또는 에스테르도 환원한다. **표 9-3**에 예를 표시하였다.

카르복실산의 직접 환원의 편법은, 그에 상당하는 메틸 혹은 에틸에스테르를 $LiAlH_4$로서 환원하는 것이다.

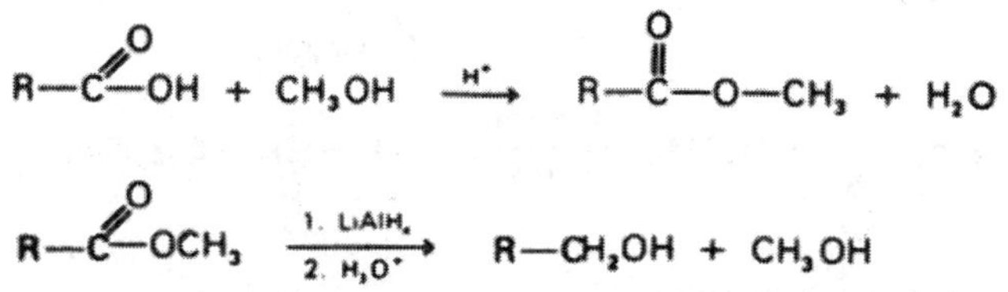

메틸에스테르는 간단히 합성되며, 카르복실산 또는 고분자량의 에스테르와 비교하여 용매에 용해하기 쉬운점 등의 이유로서 일반적으로 사용된다. 에스테르의 환원으로, 카르복실산으로부터 유도되는 1차알코올만이 회수되며, 메틸알코올은 물에 쉽게 용해하기 때문에 분리 중에 제거되고 만다.

이들의 카르보닐화합물의 환원은, 또한 수소와 촉매에 의해서도 행해지지만, 가끔 가혹한 조건(고온, 고압)이기 때문에 특별한 수소화장치가 필요하다.

05 Grignard 반응

Grignard 반응은 새로운 탄소-탄소결합을 형성하는 응용 범위가 넓기 때문에, 유기화학에서는 중요한 반응의 하나이다. R-Mg-X로서 표시되는 이 시약에 대해서는, 알칸의 합성법으로서 제2장에서 간단히 설명하였지만, 여기서는 그 응용, 특히 알코올의 합성에 대해서 설명한다.

표 9-3 $LiAlH_4$ 환원의 예

1. $$R\text{—}CHO \xrightarrow[\text{2. } H_3O^+]{\text{1. } NaBH_4 \text{ 또는 } LiAlH_4} R\text{—}CH_2OH$$

aldehyde → 1° alcohol

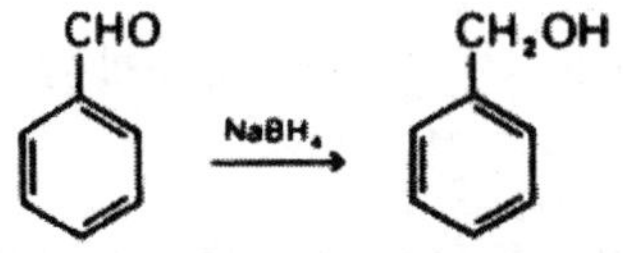

benzaldehyde → benzyl alcohol

2. $$R\text{—}\overset{O}{\overset{\|}{C}}\text{—}R' \xrightarrow[\text{2. } H_3O^+]{\text{1. } NaBH_4 \text{ 또는 } LiAlH_4} R\text{—}\underset{OH}{\underset{|}{CH}}\text{—}R'$$

ketone → 2° alcohol

$$CH_3\text{—}\underset{O}{\underset{\|}{C}}\text{—}CH_2CH_3 \xrightarrow[\text{2. } H_3O^+]{\text{1. } LiAlH_4} CH_3\text{—}\underset{OH}{\underset{|}{CH}}\text{—}CH_2CH_3$$

methyl ethyl ketone → 2-butanol

3. $$R\text{—}\overset{O}{\overset{\|}{C}}\text{—}O\text{—}H \xrightarrow[\text{2. } H_3O^+]{\text{1. } LiAlH_4 \text{ (}NaBH_4\text{이 아니다)}} R\text{—}CH_2OH + H_2\uparrow$$

acid → 1° alcohol

$$CH_3\text{—}CH_2\text{—}COOH \xrightarrow[\text{2. } H_3O^+]{\text{1. } LiAlH_4} CH_3CH_2CH_2OH$$

propanoic acid → 1-propanol

4. $$R\text{—}\overset{O}{\overset{\|}{C}}\text{—}O\text{—}R' \xrightarrow[\text{2. } H_3O^+]{\text{1. } LiAlH_4 \text{ (}NaBH_4\text{이 아니다)}} R\text{—}CH_2OH + R'OH$$

ester → 1° alcohol

보통은 만일 R R' 가 저위알킬이면 회수되지 않는다.

$$CH_3\text{—}\overset{O}{\overset{\|}{C}}\text{—}O\text{—}CH_3 \xrightarrow[\text{2. } H_3O^+]{\text{1. } LiAlH_4} CH_3CH_2OH + CH_3OH$$

methyl acetate

9-10 알킬Grignard시약의 합성

알킬Grignard시약은 할로겐화알킬과 마그네슘을 무수용매 중에서 반응시켜 제조한다. 이 때, 물이 존재하면 Grignard시약과 반응하여 탄화수소를 생성한다(2-7절).

일반식 : $$R-X \xrightarrow[\text{혹은 무수 테트라하이드로푸란 중}]{\text{Mg 무수에테르 중}} [R-Mg-X]$$

구체예 : $$CH_3CH_2Br \xrightarrow[\text{무수에테르}]{\text{Mg}} [CH_3CH_2MgBr]$$

bromoethane　　ethlmagnesium bromide

$$CH_3I \xrightarrow[\text{무수에테르}]{\text{Mg}} [CH_3-Mg-I]$$

methyl iodide　　methylmagnesium iodide

할로겐화알킬로서는 1차 혹은 2차의 것으로서, 3차는 가끔 전자적 및 입체적 원인에 의해서 불안정하다. 염화물, 브롬화물, 요오드화물의 어느 것을 사용해도 좋다. 할로겐화물의 할로겐원자의 선택은 입수하기 쉬운 화합물(보통 Cl > Br > I), 화합물의 가격(I > Br > Cl), 반응성(I > Br > Cl) 등 많은 요인에 의존한다. 할로겐화물의 융점, 비점, 취급의 용이, 또한 동시에 장치의 간편도 고려하지 않으면 안 된다. 이들 모두의 요인을 고려하면, 브롬화물이 가장 타당하며, 그리고 가장 일반적으로 사용된다. 예외로서 메틸화합물이 있다. 요오드화메틸은 저비점의 액체(b.p.42℃)로서 취급하기 쉽지만, 염화메틸(b.p.-24℃), 브롬화메틸(b.p.3.5℃)은 실온에서는 가스상태이다.

유기리튬화합물(R-Li, Ar-Li)의 이용은, 여러 가지 면에서 Grignard시약과 유사하지만, 이들의 시약의 선택을 지시하는 미묘한 요인은 이 교과서의 범위 밖이다. 이들은 합성중간체로서 Grignard시약과 등가라고 생각해도 지장은 없다.

9-11 방향족Grignard시약의 합성

방향족계에서 브롬화물 또는 요오드화물보다도 상당히 반응성이 약한 **염화**아릴로부터 Grignard시약을 제조할 때는, 에테르가 아니고, 테트라하이드로푸란(tetrahydrofuran, THF)을 사용할 필요가 있다.

일반식 :

$$Ar-X \xrightarrow[\text{무수에테르 중}]{Mg} [ArMgX] \qquad X = I,\ Br$$

$$Ar-X \xrightarrow[\text{무수 THF 중}]{Mg} [ArMgX] \qquad X = Cl,\ Br,\ I$$

구체예 :

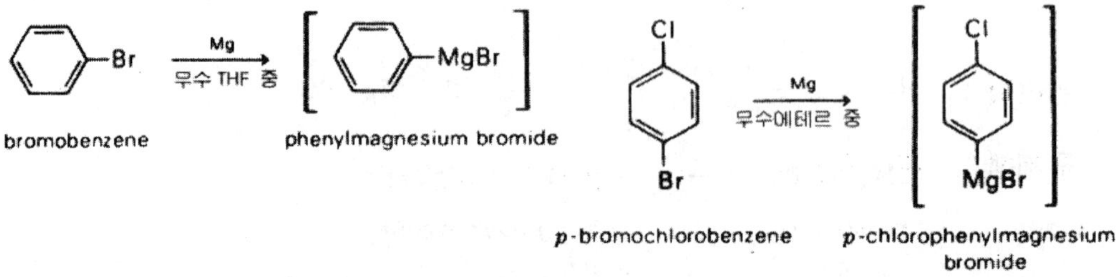
Br
Mg
무수 THF 중
MgBr
bromobenzene
phenylmagnesium bromide
Cl
Mg
무수에테르 중
Br
Cl
MgBr
p-bromochlorobenzene
p-chlorophenylmagnesium bromide

p-브로모클로로벤젠의 예에서, 에테르를 용매로서 사용했을 때의 브롬과 염소의 반응성의 차이를 주목할 것. 만일 THF를 사용하면 부반응이 발생하므로 di-Grignard 시약의 고수득률을 기대하는 것은 곤란하다(9-12절).

9-12 Grignard시약을 제조할 때의 공기에 의한 부반응

공기중에 적어도 3성분이 Grignard시약과 반응하여, 진행하는 반응과 단리수단을 방해한다. 이들은, 즉 물과 산소와 이산화탄소이다.

$$H_2O:\ [CH_3MgI] + H_2O \longrightarrow CH_4 + Mg(OH)I$$

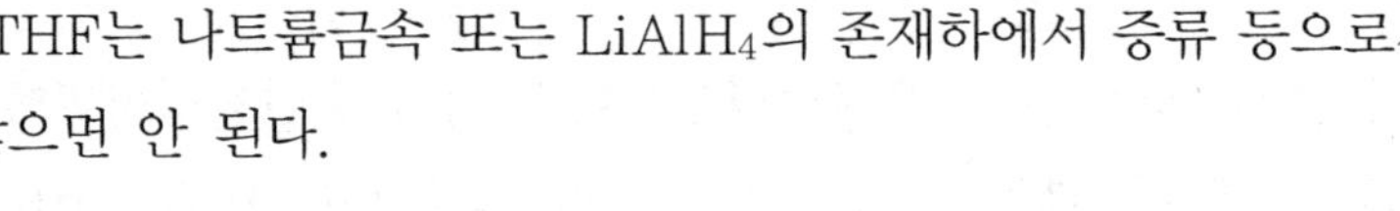
Mg—Br
+ H₂O
H
+ Mg(OH)Br

앞에서 설명한 바와 같이, Grignard시약과 물 혹은 중수와의 반응은, 할로겐화물로부터 탄화수소의 훌륭한 합성법이지만, 다른 반응에 있어서는 중대한 불필요한 부생성물이다. 에테르 또는 THF는 나트륨금속 또는 $LiAlH_4$의 존재하에서 증류 등으로서 주의하면서 건조시키지 않으면 안 된다.

$$O_2: [CH_3MgI] + O_2 \longrightarrow [CH_3-O-MgI] \xrightarrow{H_2O} CH_3OH + Mg(OH)I$$

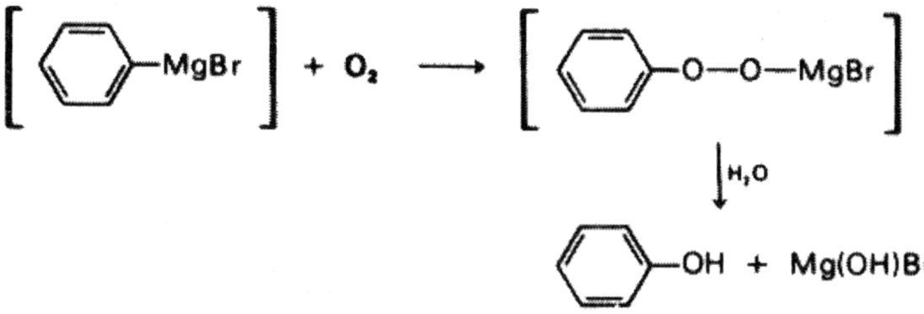

이 부반응은 **페놀**의 합성법의 하나라고 말할 수 있지만, **일반적으로 저수득률로서 불순한 생성물을 생성하기 때문에 알코올의 합성법으로는 적당하지 않다.**

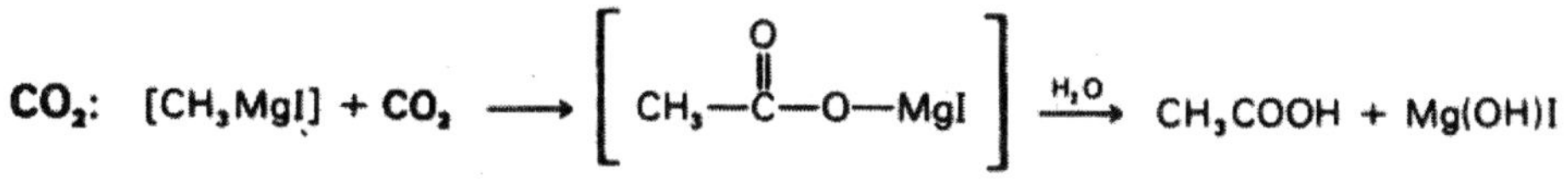

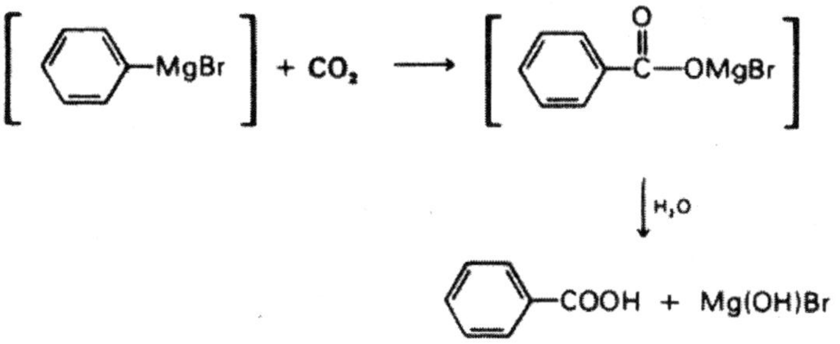

Grignard시약을 드라이아이스(고체형 CO_2)에 쏟고, 그 다음에 묽은 무기산으로 처리하면, 고수득률로서 탄소가 1개 많은 카르복실산이 얻어진다. 그러나 아래와 같이 Grignard시약과 공기중의 CO_2의 반응은 중대한 부반응으로 된다.

Grignard시약은, $-COOH$, $-OH$, ø$-OH$, $-C{\equiv}CH$, $-NH_2$와 같은 활성인 수소관능기, 니트로기, 다른 반응성이 높은 할로겐 혹은 **처음에 생성한** Grignard시약과 반응하는 다른 관능기를 함유하는 분자로부터는 합성할 수 없다.

9-13 Grignard시약의 구조

각종의 Grignard시약의 구조에 대한 연구가 보고되어 있지만, 확실하게 어떤 일반식도 모든 Grignard시약을 바르게 표현하고 있지 않다. 상세한 구조는 유기물의 부분, 사용한 용매 및 가끔 시약의 합성방법에 의존하고 있다. 용매는 구조상 매우 중요한 역할을 하고 있으며, 디에틸에테르 또는 THF와 같은 에테르류는, 유기할로겐화물과 마그네슘으로부터의 시약의 생성을 크게 촉진한다고 생각되고 있다. 연구의 결과 $R_2Mg \cdot MgX_2$의 생성으로서 타당하다. 여기서는 시약의 구조에 관한 각종의 논쟁점은 제쳐 놓고, 이후에도 RMgX의 표기를 사용하기로 한다.

$\overset{\delta-}{R}$—$\overset{\delta+}{Mg}$—X의 탄소원자는 친핵적이며, 즉 마그네슘원자와 결합하고 있는 탄소는 강한 카르보음이온성이 있는 것에 주목해야 한다. 카르보닐기는 친전자탄소를 가지며, 일반적으로 크게 분극 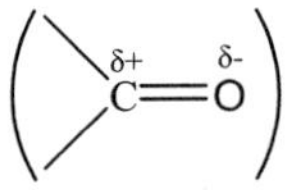하고 있다. 이들의 2가지의 조합으로 새로운 탄소-탄소결합이 형성하는 것을 알 수 있다.

물 혹은 묽은 산에 의한 후처리로서, 새로 생성한 알코올은 염으로부터 유리된다.

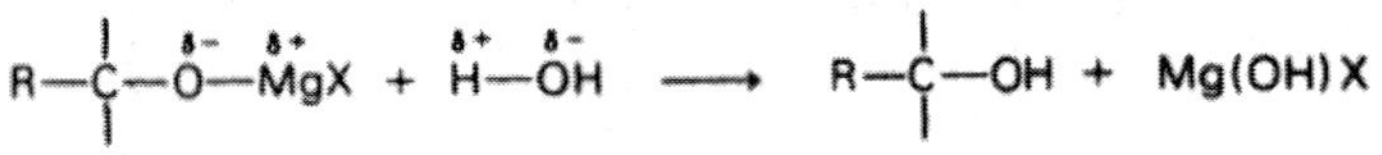

이와 같이 이 반응에서, Grignard시약과 카르보닐기질을 적당히 선택하면 다른 알코올을 합성할 수 있다. **친핵적 치환반응**(8-7절)과 **친핵적 부가반응**은 새로운 탄소-탄소결합을 생성한다. 이후 1차, 2차 및 3차알코올의 합성을 설명한다.

9-14 1차알코올의 합성

1차알코올의 합성법에는 2가지의 일반적인 방법이 있다. 경로 A는 포름알데히드를 사용하여 탄소를 1개 부가하는 것이며, 경로 B는 반응성이 큰 3원환에테르인 에틸렌옥사이드에 의하여 탄소 2개를 부가하는 것이다.

경로 A :

일반식 :

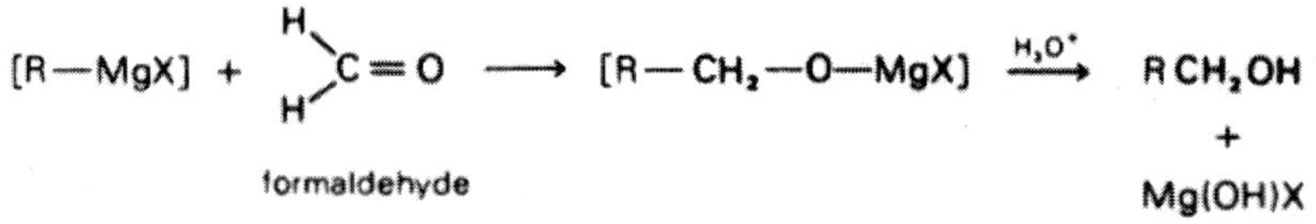
[R—MgX] + H H C=O ⟶ [R—CH₂—O—MgX] H₃O⁺ RCH₂OH + Mg(OH)X
formaldehyde

구체예 :

$$[CH_3CH_2MgBr] + CH_2O \longrightarrow [CH_3CH_2CH_2OMgBr] \xrightarrow{H_3O^+} CH_3CH_2CH_2OH + Mg(OH)Br$$

경로 B :

일반식 :

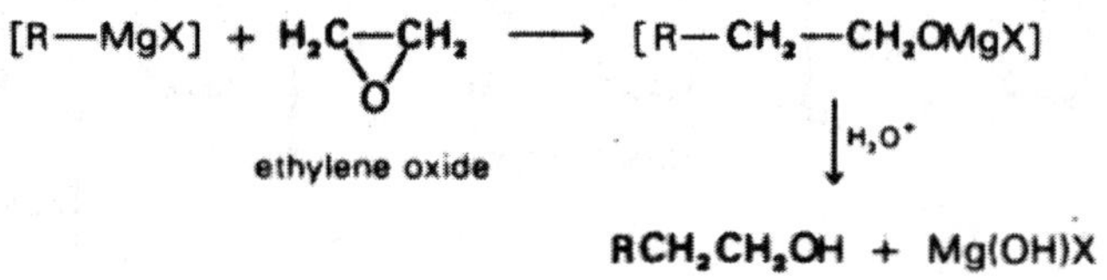
[R—MgX] + H₂C—CH₂ ⟶ [R—CH₂—CH₂OMgX]
ethylene oxide
H₃O⁺
RCH₂CH₂OH + Mg(OH)X

구체예 :

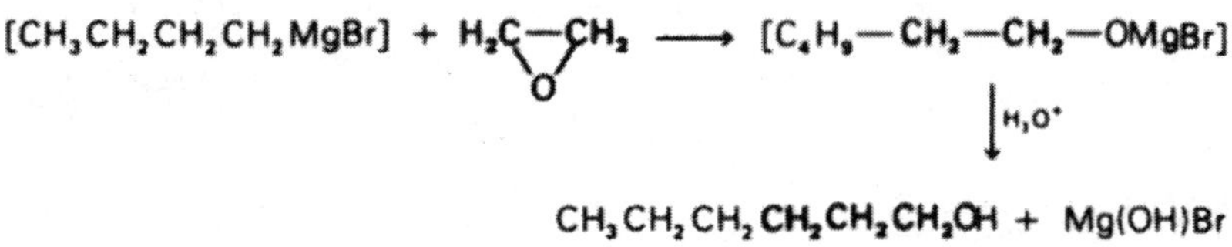
[CH₃CH₂CH₂CH₂MgBr] + H₂C—CH₂ ⟶ [C₄H₉—CH₂—CH₂—OMgBr]
H₃O⁺
CH₃CH₂CH₂CH₂CH₂CH₂OH + Mg(OH)Br

1. 위의 구체적인 예에 있어서 출발하는 Grignard시약과 생성물의 명칭을 표기하여라.
2. 각각의 Grignard시약과 주어진 기질과의 반응메카니즘을 상세하게 표기하여라. 이들의 반응에서 어떤 것이 친핵적 치환반응이며, 어떤 것이 친핵적 부가반응인지를 지적하여라.
3. 각각의 Grignard시약을 에탄올과 다른 필요한 화합물로부터 어떻게 합성하는가?

9-15 알데히드를 중간체로 하는 2차알코올의 합성

Grignard시약을 포름알데히드 이외의 알데히드와 반응시키고, 계속해서 묽은 산으로 가수분해하면, 2차알코올을 생성한다. 이들의 알코올은 −OH기가 결합하고 있는 탄소상의 2개의 알킬기에 대하여, 대칭(R_2CHOH)과 비대칭(RR'CHOH)으로 분류된다. 즉, 대칭의 2차알코올을 생성하는 시약의 조합은 1가지 밖에 없지만, 비대칭의 2차알코올의 합성에는 2가지가 가능하다. 여기서는 유기생성물이 주안점이기 때문에, 이후의 해설에서는, 최후의 무기생성물[Mg(OH)X]은 생략한다.

대칭인 2차알코올

일반식 :

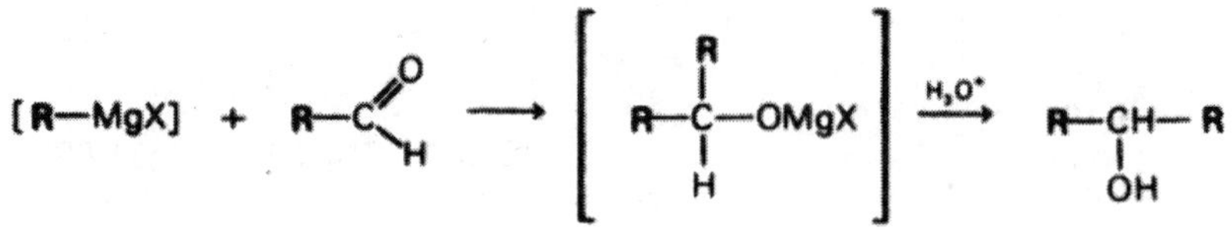

$$[R{-}MgX] + R{-}C(=O)H \longrightarrow \left[R{-}\underset{H}{\overset{R}{C}}{-}OMgX\right] \xrightarrow{H_3O^+} R{-}\underset{OH}{CH}{-}R$$

구체예 :

$$\left[C_6H_5{-}MgBr\right] + C_6H_5{-}C(=O)H \longrightarrow \left[C_6H_5{-}\underset{H}{\overset{OMgBr}{C}}{-}C_6H_5\right] \xrightarrow{H_3O^+} C_6H_5{-}\underset{OH}{\overset{H}{C}}{-}C_6H_5$$

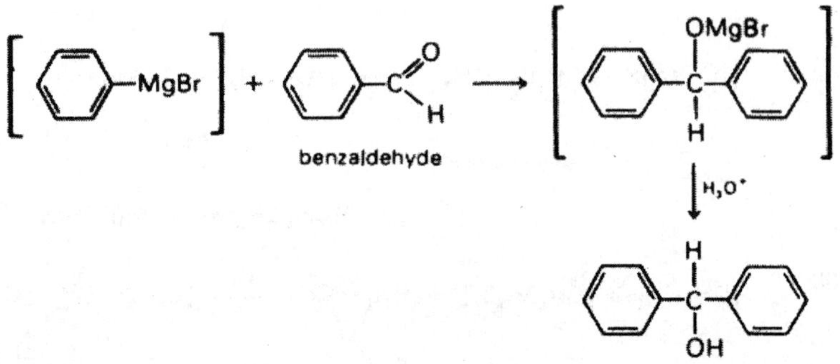

benzaldehyde

비대칭인 2차알코올

일반식 :

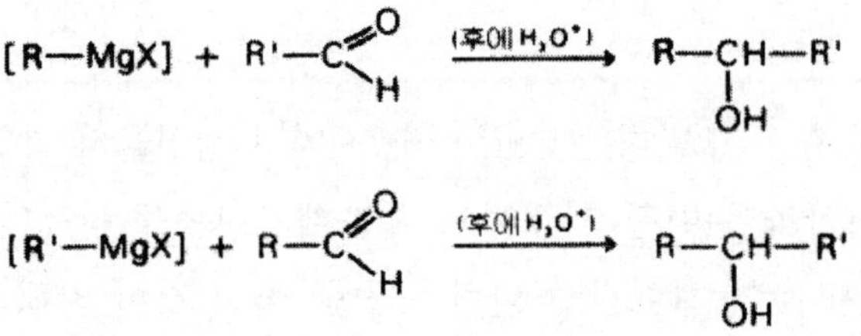

$$[R{-}MgX] + R'{-}C(=O)H \xrightarrow{(후에\ H_3O^+)} R{-}\underset{OH}{CH}{-}R'$$

$$[R'{-}MgX] + R{-}C(=O)H \xrightarrow{(후에\ H_3O^+)} R{-}\underset{OH}{CH}{-}R'$$

구체예 :

$$\left[C_6H_5{-}MgI\right] + CH_3CHO \xrightarrow{(후에\ H_3O^+)} C_6H_5{-}\underset{OH}{CH}{-}CH_3$$

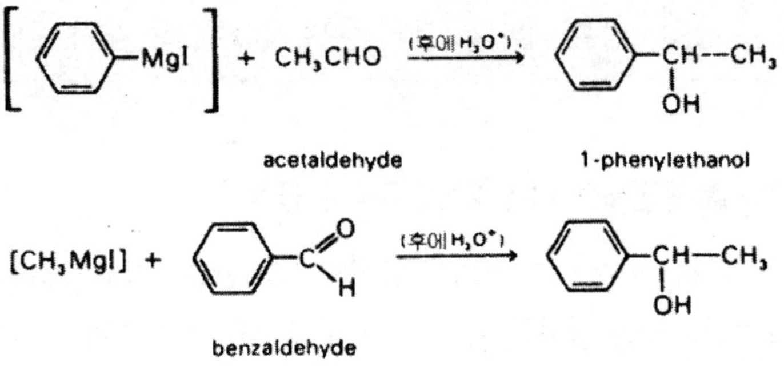

acetaldehyde　　1-phenylethanol

$$[CH_3MgI] + C_6H_5{-}C(=O)H \xrightarrow{(후에\ H_3O^+)} C_6H_5{-}\underset{OH}{CH}{-}CH_3$$

benzaldehyde

9-16 케톤 및 에스테르를 거치는 3차알코올의 합성

3차알코올은 –OH관능기를 가진 탄소에 결합한 알킬 또는 아릴기에 따라서 3개의 기가 같은 R_3COH, 2개의 기가 같은 RRR'COH, 같은 기가 없는 R'R''R''COH로 분류된다. 즉, 같은 기가 없는 알코올을 합성하는 데에는, Grignard시약과 케톤은 3가지의 조합이 있고, 2개의 기가 같은 경우에는 2가지, 또한 3개의 기가 같은 조합은 단 1가지 밖에 없다.

3개의 기가 같은 경우

일반식 :

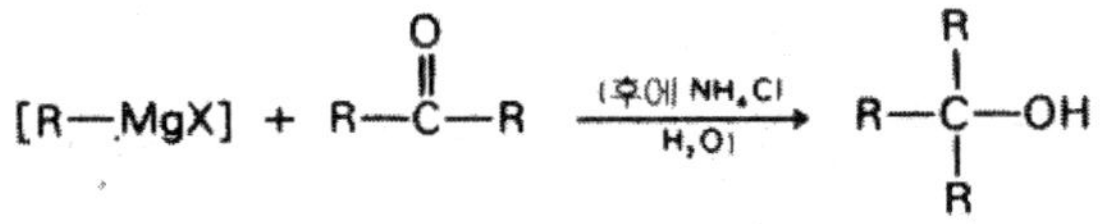

구체예 :

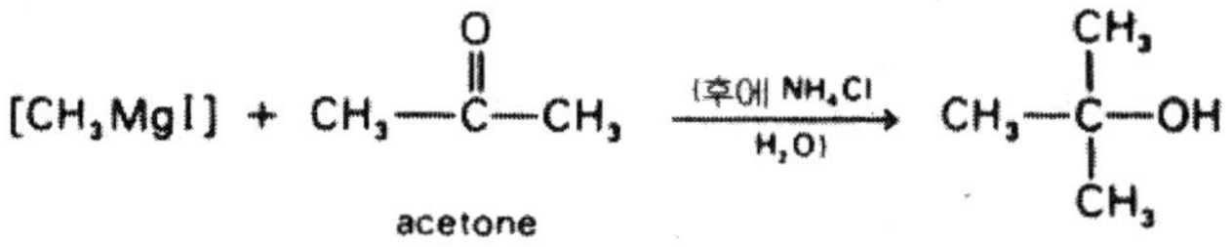
acetone

2개의 기가 같은 경우

일반식 :

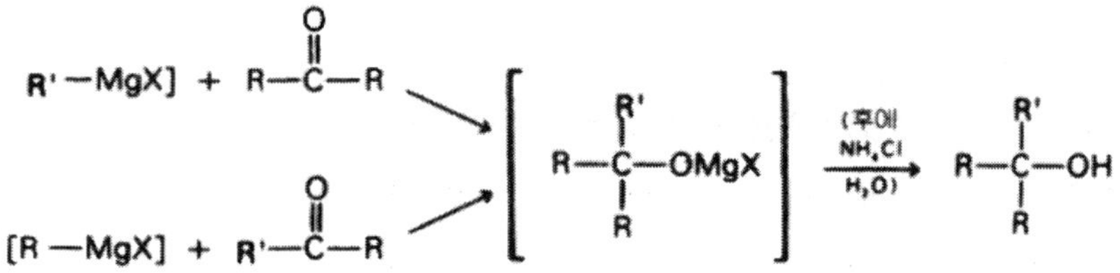

구체예 :

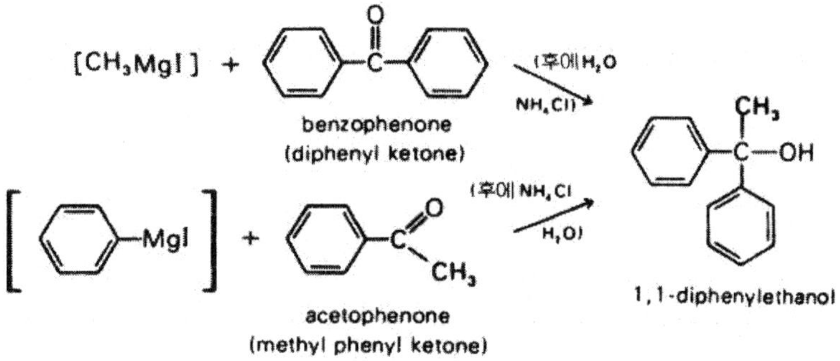
benzophenone
(diphenyl ketone)
acetophenone
(methyl phenyl ketone)
1,1-diphenylethanol

같은 기가 없는 경우

일반식 :

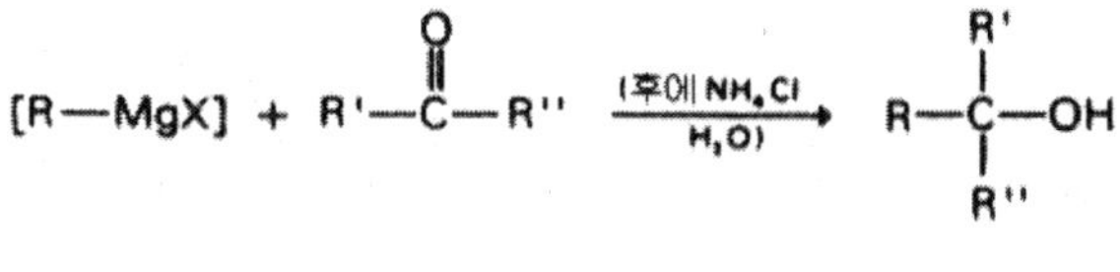

3차알코올과 각종의 알릴 및 벤질알코올은 강산과 처리하면, 간단히 탈수하여, 올레핀, 디엔 혹은 스티렌과 유사한 알켄으로 된다.

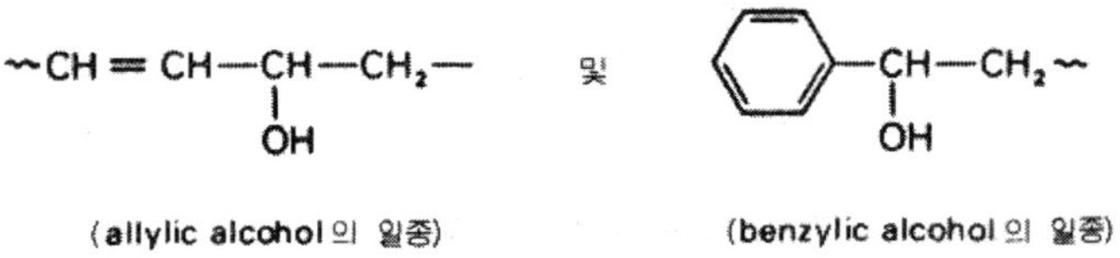
및
(allylic alcohol의 일종)
(benzylic alcohol의 일종)

이들의 모든 알코올은, 프로톤의 부가로서 물분자를 잃고, 비교적 안정한 카르보늄이온을 생성한다. 더욱이 이 탈수반응은, Grignard반응과 조합하여 유용한 합성 수단이 될 수 있지만, **3차알코올을 얻는 데에는 보다 온화한 가수분해조건을 취하지 않으면 안 된다.** 무기산 대신에 염화암모늄의 희박용액이 일반적으로 사용된다. 이들의 용액은 암모늄이온의 가수분해에 의하여 상당히 약한 산성으로 된다.

$$NH_4^+ + H_2O \rightleftharpoons NH_4OH + H^+$$

더욱이, 암모늄과 마그네슘염과의 결합은 분리의 조작을 보다 용이하게 한다.

1. 일반적인 3차알코올을 생성하는 다른 2가지의 시약의 조합을 표기하여라.
2. 이와 마찬가지로 1-페닐-1-시클로헥실에탄올의 Grignard 합성의 3가지 방법을 식으로 표시하여라. 출발물질의 명칭을 써라.

Grignard시약과 에스테르의 반응은, 적어도 2개의 같은 기를 갖는 3차알코올을 생성한다.

전반응:

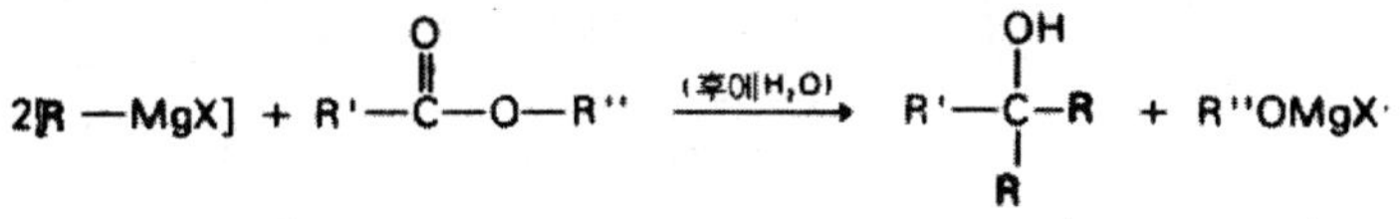
2[R —MgX] + R'—C(=O)—O—R''
(후에 H₂O)
R'—C(OH)(R)—R + R''OMgX

반응메카니즘 :

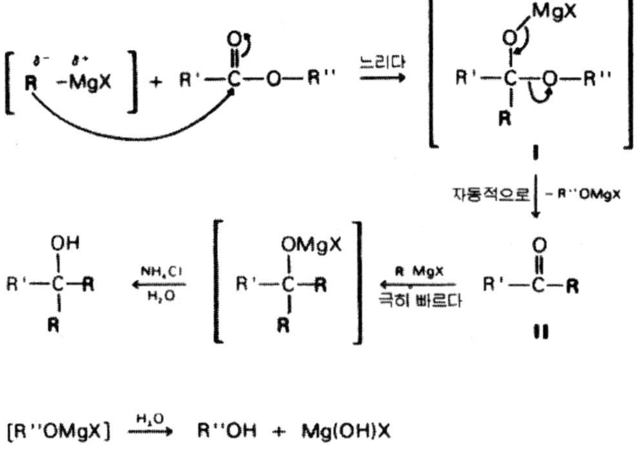
느리다
I
자동적으로
- R''OMgX
II
R MgX
극히 빠르다
NH₄Cl
H₂O
[R''OMgX] → R''OH + Mg(OH)X

반응메카니즘을 상세하게 추적하고, 이하의 요점에 주목하여라.

1) 최초의 중간체 I의 생성은 느리지만, 일단 생성하면, 자동적으로 알콕시마그네슘의 할로겐화합물(R''OMgX)을 잃는다. R''OH는 출발에스테르를 합성한 알코올이다.

$$R'-COOH + R''OH \xrightarrow{H^+} R'-COOR'' + H_2O$$

2) 여기서, 케톤중간체 Ⅱ는 Grignard시약과, 원료의 에스테르보다 훨씬 빠르게 반응한다. 따라서, 이 케톤은 단리할 수 없다.

3) 다음 단계의 케톤과 Grignard시약의 반응은 이미 설명하였다. 여기서 3차알코올은 NH_4Cl-H_2O 가수분해에 의하여 유리된다.

4) 출발에스테르 1몰에 대해서 2몰의 Grignard시약이 소비된다.

5) 에스테르의 알코올 부분은 주요한 유기생성물로 취할 수 없기 때문에, 처음의 알코올 부분이 어떤 것일지라도 거의 차이는 없다. 메탄올 또는 에탄올이 값이 싼 점, 취급하기 쉬운점, 또한 저분자량의 에스테르는 에테르 혹은 THF에 잘 용해하는 점, 메틸 및 에틸기는 반응하는 Grignard시약에 대한 입체장해가 최소인 점 등의 이유로 보통 메틸 혹은 에틸에스테르가 많이 사용된다. 최후에 이들은 단리의 조작으로 목적으로 하는 3차알코올로부터 용이하게 분리할 수 있다.

예

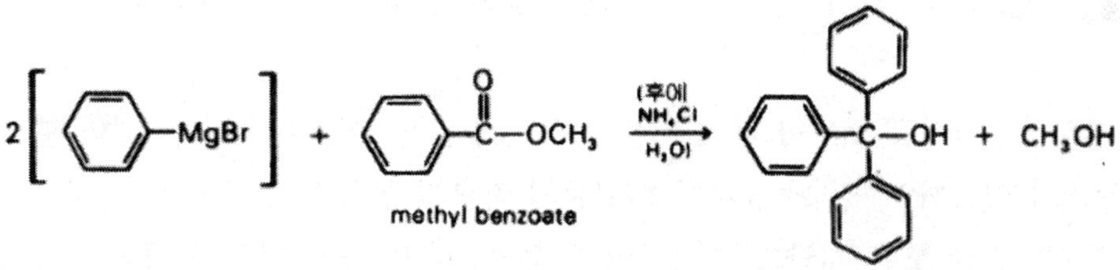
2
MgBr
+
O
C
OCH3
(후에
NH4Cl
H2O)
C
OH
+ CH3OH

methyl benzoate

triphenylmethanol

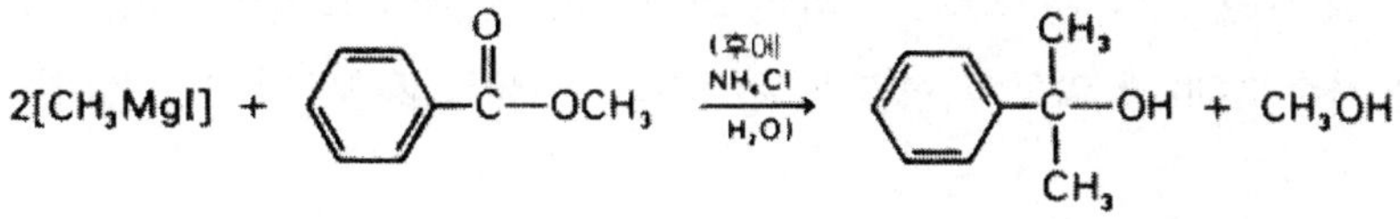
2[CH3MgI] +
O
C
OCH3
(후에
NH4Cl
H2O)
CH3
C
OH
+ CH3OH
CH3

2-phenyl-2-propanol

1. 위의 3차알코올 각각의 합성예에 대한 반응메카니즘을 표시하여라.
2. 1몰의 벤조산에틸에 1몰의 브롬화메틸마그네슘을 가하고, 그것에 NH_4Cl-H_2O를 가했다고 한다. 어떤 유기화합물이 단리되리라고 기대하는가? 거의 대부분 정량적 수득률이라고 가정하면, 각각의 양은 어느 정도인가?
3. 에스테르와 CH_3CH_2MgBr을 사용하여, 3개의 기 전부가 같은 3차알코올의 합성의 예를 표시하여라.

06 합성문제 : 해결방법

Grignard반응은 알코올의 합성에 이용도가 높은 방법이며, 따라서 이것을 사용하여 다른 화합물을 합성할 수 있다. 여러 단계의 합성문제를 어떻게 해결할까를 상세하게 설명하는 데에는 좋은 기회이다. 최초의 2, 3예에 대해서 어떤 특정의 출발 물질을 지정하는 것보다는, 오히려, 희망하는 알코올로부터 이미 배운 가장 간단한 화합물로 역행해 보자. 이 방법으로 희망하는 알코올의 합성에 사용되는 일련의 반응을 결정한다. 보통, 어떤 종류의 유기출발 물질이 출제로 주어져 있다.

예 1 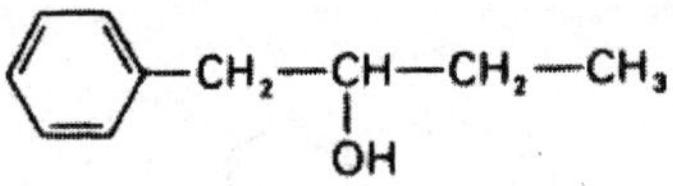 **을 어떻게 합성할지 표기하여라.**

복잡한 분자의 합성을 의도할 때에 묻는 최초의 질문은, 이것은 어떤 형태의 분자인가? 어떤 관능기가 있을까? 이것에 유사한 화합물의 각종의 합성법을 기억한 후 질문은 다음과 같이 된다. 만일 **모든** 시약과 화합물이 입수되었다고 하면 어떤 구체적인 조합으로, 1단계(혹은 2단계)로서 이 화합물을 합성할 수 있는가?

예를 들면, 이와 같은 종류의 분자는 2차의 알코올로서, 알데히드와 Grignard시약의 반응(후에 묽은 산 가수분해)에 의하여 합성할 수 있다. 이것은 2가지의 경로를 암시한다.

경로 A : 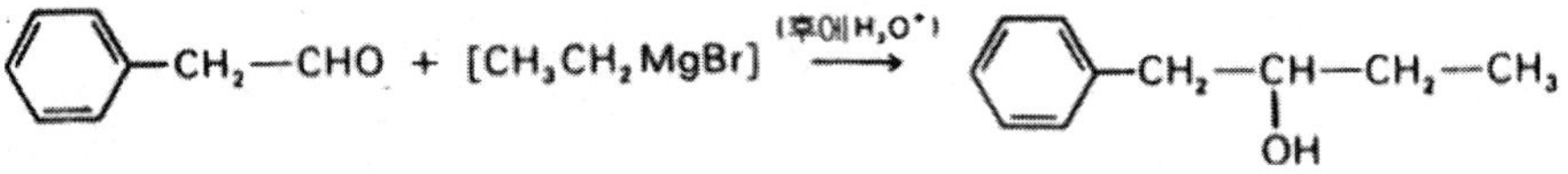
CH₂—CHO + [CH₃CH₂MgBr]
(후에H₃O⁺)
CH₂—CH—CH₂—CH₃
OH

이 특정한 경로에서는 페닐아세트알데히드와 브롬화에틸마그네슘의 합성이 필요하다.

혹은 $CH_3CH_2Br \xrightarrow[\text{무수에테르}]{Mg} [CH_3CH_2MgBr]$

$$CH_3CH_2OH \xrightarrow[\text{또는}H^+\text{과 }HBr]{PBr_3\text{ 또는}PBr_5} CH_3CH_2Br$$

$$CH_2=CH_2 \xrightarrow{HBr} CH_3CH_2Br$$

에탄올과 에틸렌은 다음의 반응에서 관계된다.

$$CH_3CH_2OH \xrightarrow[Al_2O_3;\,\Delta]{H^+,\,\Delta\text{ 또는}} CH_2=CH_2 + H_2O$$

$$CH_2=CH_2 \xrightarrow[2.\,H_2O;\,\Delta]{1.\,H_2SO_4} CH_3CH_2OH$$
또는하이드로보레이션

알데히드의 합성은, 지금까지 1차알코올의 산화 및 알켄의 오존산화와 환원적 처리의 항에서 설명하였다. 여기서는 제 13장에서 설명하는 것과 같이 더욱 좋은 방법이 없다고 하여, 지나치게 산화되는 문제를 염두에 두면서 전자를 이용한다.

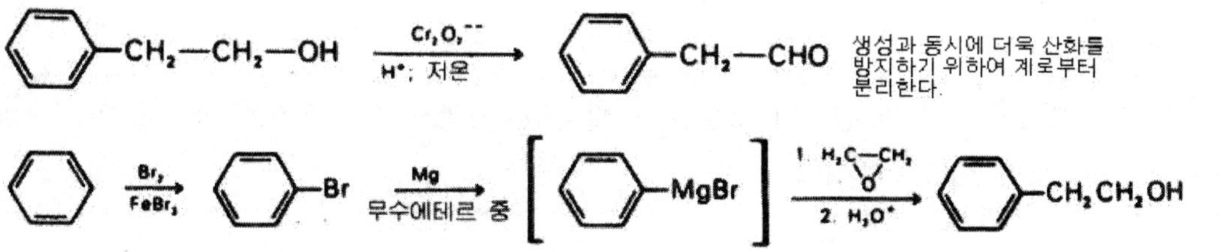
CH₂—CH₂—OH
Cr₂O₇⁻⁻
H⁺; 저온
CH₂—CHO
생성과 동시에 더욱 산화를 방지하기 위하여 계로부터 분리한다.
Br₂
FeBr₃
Br
Mg
무수에테르 중
MgBr
1. H₂C—CH₂ O
2. H₃O⁺
CH₂CH₂OH

벤젠으로부터 출발하여, 에틸렌옥사이드를 사용하여 필요한 2개의 탄소부분을 부가할 수 있다.

따라서 경로 A에서, 에탄올, 에틸렌옥사이드 및 벤젠으로부터 합성을 성취할 수 있다.

> 석탄, 석회, 물 및 다른 무기시약으로부터, 어떻게 해서 에탄올을 합성하는지 표기하여라.

합성문제에 있어서, 모든 무기시약, 모든 유기 혹은 무기용매를 사용할 수 있지만, 유기용매는, 합성하든지, 혹은 문제에 기술되어 있지 않았다면, 시약으로서는 사용할 수 없다고 가정한다.

경로 B :

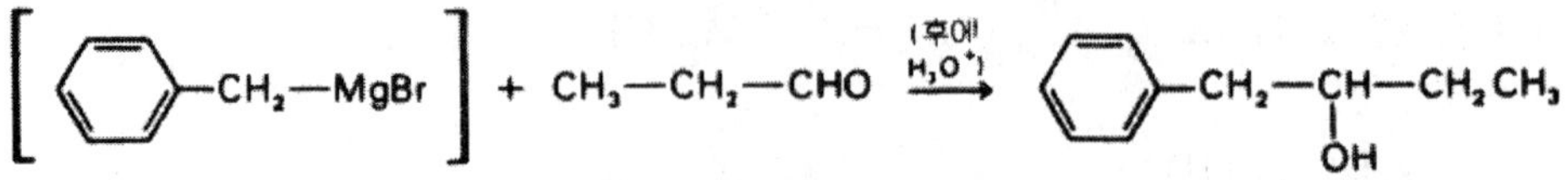

또 하나의 시약의 조합에서는, 브롬화벤질과 프로피온알데히드가 필요하다. 이 할로겐화물은 2가지의 경로에서 얻어진다. 벤질알코올의 브롬화물로의 변환 혹은 톨루엔의 라디칼에 의한 가지의 할로겐화이다.

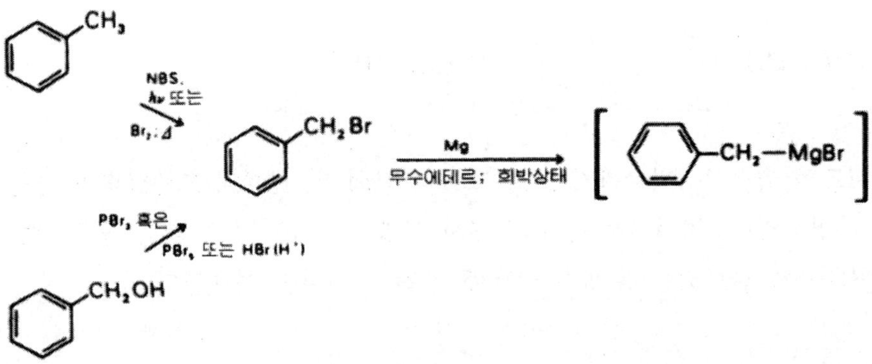

경로 A 및 B를 거치는 상기의 합성을, 출발물질, 생성물 및 시약의 구조식을 표시하면서 하나의 도표로 요약하여라.

예 2 **2,3-디메틸-3-펜탄올의 합성**

이것은 −OH관능기를 가지고 있는 탄소상에 3개의 다른 치환기를 가지는 3차알코올로서, 케톤을 사용하는 Grignard 합성을 암시하고 있으며 3가지의 조합이 가능하다. 에스테르는 적어도 2개의 기가 같은 3차알코올만을 생성하기 때문에, 에스테르와 Grignard 시약의 조합은, 여기서는 사용**할 수 없다.**

경로 A :

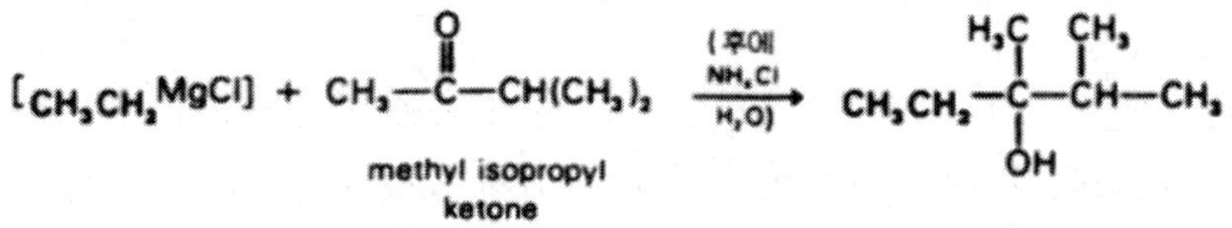

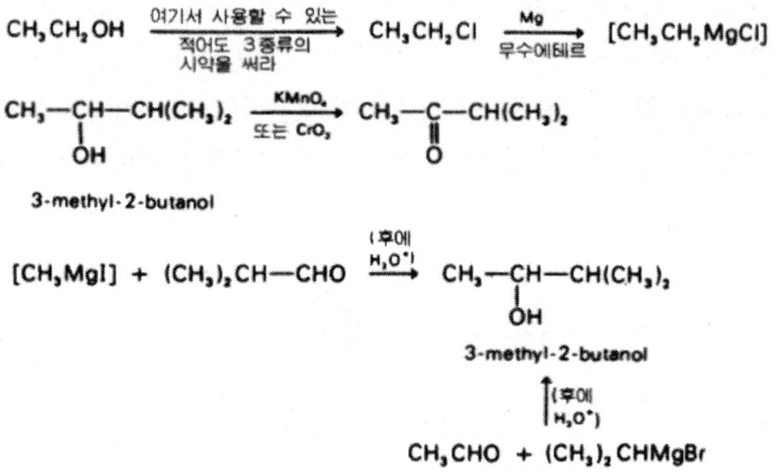
여기서 사용할 수 있는 적어도 3종류의 시약을 써라
Mg
무수에테르
KMnO₄
또는 CrO₃
3-methyl-2-butanol
(후에 H₃O⁺)
3-methyl-2-butanol
(후에 H₃O⁺)

[CH3MgI]와 [(CH3)2CHMgBr]의 합성법을 표기하여라.

합성반응을 역행하면, 이 경로에서는 메틸이소프로필케톤이 필요하며, 이것은 그에 상당하는 알코올의 산화에 의하여 합성된다. 이 알코올은 2가지의 다른 방법으로 합성할 수 있다.

경로 B :

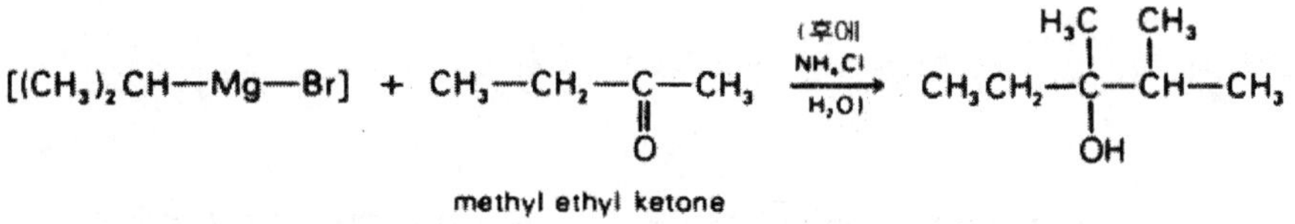
(후에 NH₄Cl H₂O)
methyl ethyl ketone

이 경로에 따라서, 더욱 보다 단순한 물질로 분해하여라.

경로 C :

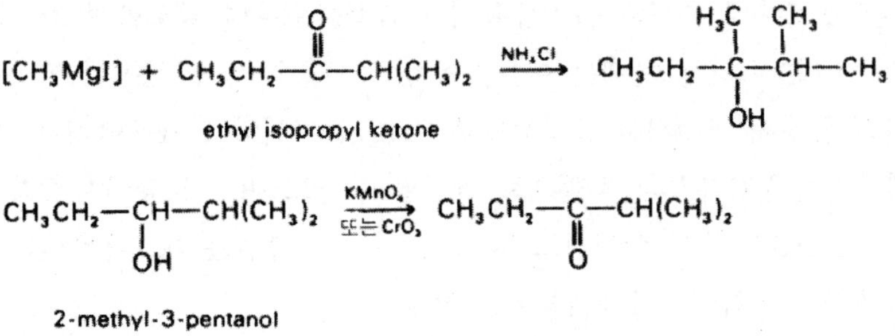
NH₄Cl
ethyl isopropyl ketone
KMnO₄
또는 CrO₃
2-methyl-3-pentanol

2-메틸-3-펜탄올의 2가지의 합성법을 약기하여라.

이들의 많은 예에서 각종의 시약이 등장하였다. 이것은, 많은 유기화합물의 상호변환을 가져오는 각종의 가능성이 있는 것을 재인식하기 위함이며, 이후는 단 1가지만 설명한다.

만일, 예 2의 각종의 합성을 큰 종이에 다음과 같이 표기했다면, 이제까지의 8개의 장에서 설명한 몇 가지의 가장 단순한 반응을 토대로 하여 확실한 피라밋이 형성되는 것을 알 수 있다.

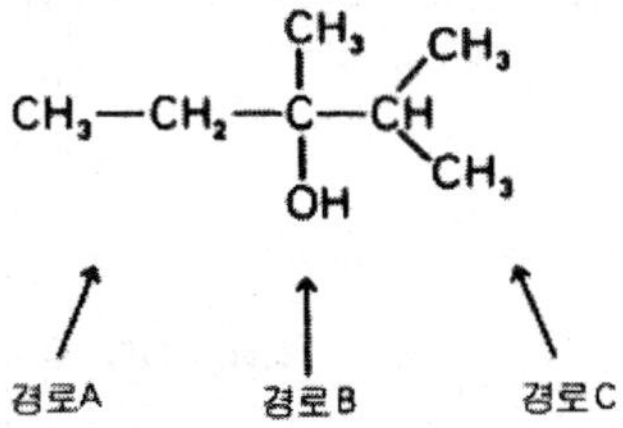

합성문제는 제군의 유기화학의 전지식을 동원하는 것이다. 유사한 문제는 뒤의 장에서도 취급되고 있다.

예 3 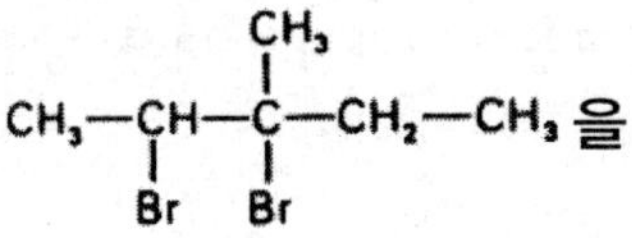 을 합성하라.

여기서 확실히, 이 화합물을 용이하게 생성하는 반응은 아래의 것이다.

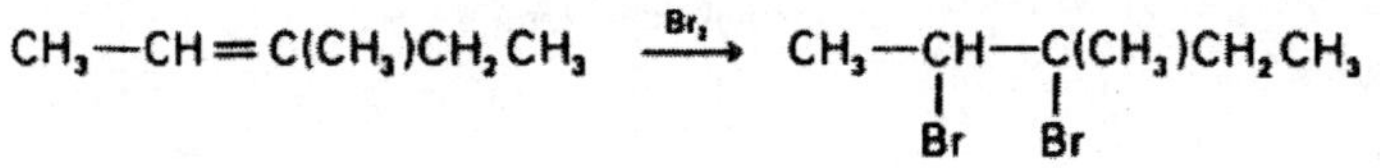

먼저 앞을 살펴보면, 2가지의 알코올이 탈수에 의하여 희망하는 것을 생성한다. 혹은, (이들의 알코올로부터 유도되는) 2종류의 브롬화물로부터 알코올성 KOH로서 탈할로겐화브롬을 행한다. 따라서 문제는 이들 2종류 알코올의 어느 한쪽이 합성에 사용되었다. 2차알코올의 합성에 대해서는 알데히드와 Grignard시약을 사용한 2가지의 다른 경로가 있다. 3차알코올은 3가지의 방법으로 합성할 수 있으며, 이 중에서 2가지법은 케톤(과 적당한 Grignard시약)이 관여하고 있으며, 제 3의 방법은 에스테르(엄밀히는 아세트산 에스테르)와 할로겐화에틸마그네슘이 사용된다.

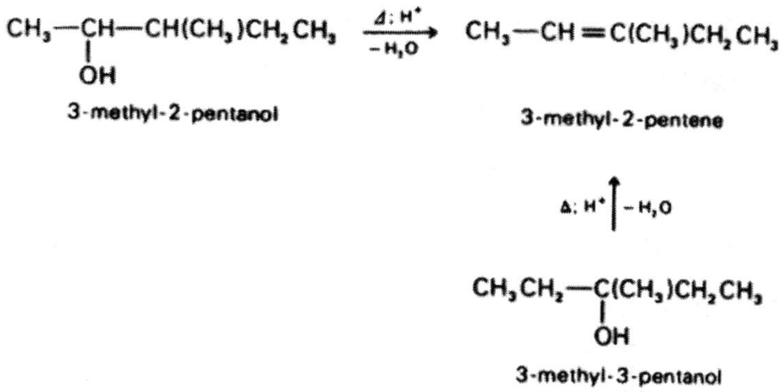
CH₃—CH—CH(CH₃)CH₂CH₃
OH
Δ; H⁺
−H₂O
CH₃—CH=C(CH₃)CH₂CH₃
3-methyl-2-pentanol
3-methyl-2-pentene
Δ; H⁺
−H₂O
CH₃CH₂—C(CH₃)CH₂CH₃
OH
3-methyl-3-pentanol

이 문제를 더욱 간단한 것으로부터 유도하는 조작을 계속하여라.

예 4 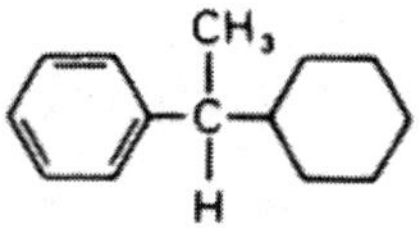 **을 합성하여라.**

여기서 몇 가지의 경로를 표시하였다. 이 중에서 2가지는 최종 단계에 수소첨가(접촉환원)를 사용한 것이며, 다른 하나는 물과의 Grignard 반응을 응용하고 있다.

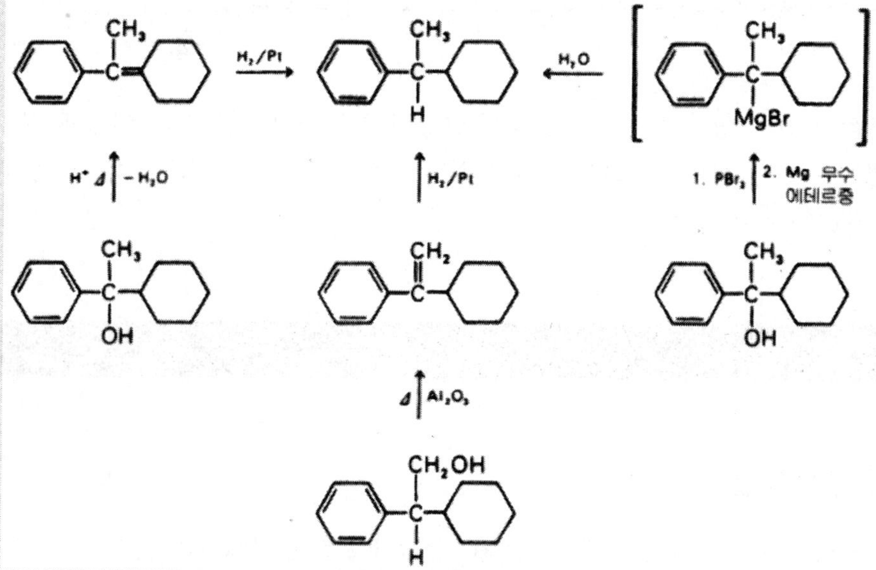
H₂/Pt
H₂O
MgBr
H⁺ Δ
−H₂O
H₂/Pt
1. PBr₃
2. Mg 무수
에테르중
Δ
Al₂O₃
CH₂OH

더욱 간단한 것의 합성에 환원하는 것을 계속하여, 포름알데히드(CH_2O), 아세트알데히드(CH_3CHO), 벤젠, 톨루엔 및 시클로헥사논만으로부터 출발하여라. 단,

> 이들의 원료가 모든 방법에 사용될 필요는 없으며, 실제 전혀 사용되지 않는 것도 포함되어 있음에 주의할 것.

벤젠은 Friedel-Crafts아실화에 의하여, 아세토페논 ($C_6H_5-\overset{\overset{\displaystyle O}{\|}}{C}-CH_3$)으로 변환시킬 수 있는 사실을 상기할 것.

더욱 시클로헥사논(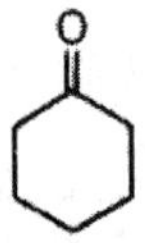)은 $NaBH_4$ (혹은 $LiAlH_4$과 그 후의 가수분해로서) 시클로헥사놀로 환원된다.

예 5 적당한 C_1, C_2 및 C_3 유기화합물로부터 $CH_3-CH=CH-CH(Br)-CH_3$을 합성하여라.

최종 단계의 하나의 가능성은 2-펜텐을 CCl_4 중에서 N-브로모숙신이미드(NBS)로서 처리($h\nu$)하는 것이다.

$$CH_3-CH=CH-CH_2-CH_3 \xrightarrow[\text{무수 } CCl_4 \text{ 중}]{NBS,\ h\nu} CH_3-CH=CH-\underset{\underset{\displaystyle Br}{|}}{CH}-CH_3$$

이 문제의 개요에 대해서는 앞의 장에서 설명하였다. 즉 알릴위치의 **메틸렌기**는 알릴위치의 **메틸기**보다 용이하게 NBS와 반응하여, 브롬화된다. 따라서 이 문제는, 예 3에 표시한 것과 같은 것으로 환원되었다.

07 정성시험

9-17 금속나트륨

탄소수 8개 이하의 알코올은 일반적으로 금속나트륨에 대해서 활성이며, 이 반응에서 눈에 띌 정도의 수소가스의 발생이 일어나는 사실에 입각하여 확인할 수 있다. 보다 고위인 알코올은 상당히 느리게 반응하기 때문에, 이 시험은 애매하며, 따라서 아무런 의미가 없다.

9-18 Lucas시험

다른 양식의 알코올은, HCl-$ZnCl_2$과의 반응속도를 토대로 하여 구별할 수가 있다. 얻어진 불용성의 염화물은 백탁한 용액 또는 층의 분리로서 인식된다. 탄소수 5개 이하의 알코올은 이 시약에 가용으로, 식별 가능하다.

1차 알코올 $\xrightarrow{HCl-ZnCl_2}$ N.R. (실온에서 15분 이내)

2차 알코올 $\xrightarrow{HCl-ZnCl_2}$ 5~10분 내에 흐려진다.

3차 알코올 $\xrightarrow{HCl-ZnCl_2}$ 곧 백탁 혹은 층이 분리된다.

페놀 $\xrightarrow{HCl-ZnCl_2}$ N.R. (고온에서도)

9-19 아세트산에스테르의 생성

1차 또는 2차의 알코올은, 염화아세틸 또는 무수아세트산과 단순히 가열하는 것만으로 아세트산에스테르를 생성하지만, 3차의 것은, 타당한 수득률로 하기 위해서는, 유기염기의 하나인 피리딘을 가할 필요가 있다. 아세트산에스테르는 일반적으로 특징적인 좋은 향기를 갖는다. 이 유도체는 존재하는 수산기의 수 또는 형태에 관한 정량적인 지식을 얻기 위하여 단리할 수도 있다.

일반식 :

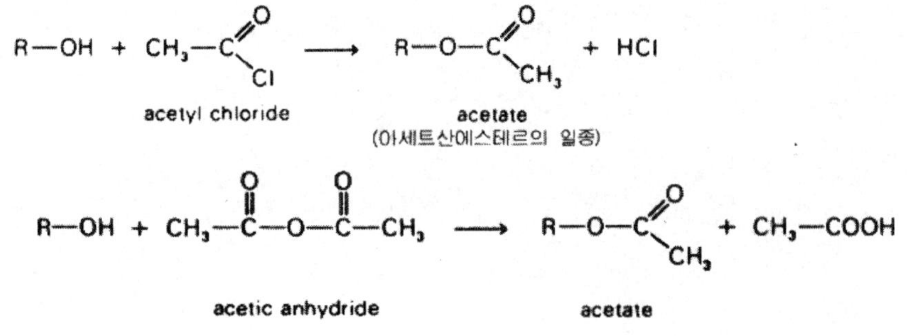
R—OH + CH₃—C(=O)Cl ⟶ R—O—C(=O)CH₃ + HCl
acetyl chloride
acetate
(아세트산에스테르의 일종)
R—OH + CH₃—C(=O)—O—C(=O)—CH₃ ⟶ R—O—C(=O)CH₃ + CH₃—COOH
acetic anhydride
acetate

구체예 :

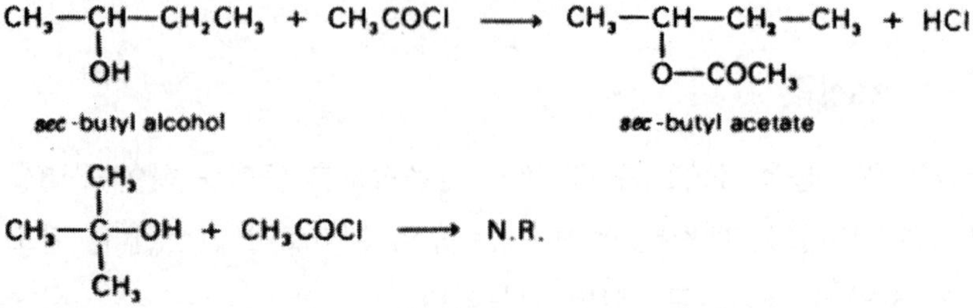
sec-butyl alcohol
sec-butyl acetate
N.R.

(3 급 알코올의 경우는 피리딘이 필요한 것에 주의)

1. 화합물 A($C_4H_{10}O_2$)는 염화아세틸과의 처리로서 $C_6H_{12}O_3$로 되지만, 이 반응을 피리딘의 존재하에서 행하면 $C_8H_{14}O_4$를 생성한다. A의 구조를 표시하여라. 화합물 A는 $CnH_{2n+2}O_2$의 동족계열에 포함되기 때문에, 알코올 또는 에테르결합을 갖지 않으면 안 된다. 더욱, 위의 자료로부터 양쪽 모두 알코올인 것을 나타내고 있으며, 이 중에서 1개는 1차 또는 2차, 다른 것은 3차다. 구조를 쓰고, 또한 염화아세틸과의 반응을 식으로 표시하여라.
2. 화합물 X($C_6H_{14}O_2$)는, 피리딘이 존재하는 경우에만 무수아세트산과의 처리로서 $C_{10}H_{18}O_4$를 생성하지만, 피리딘이 없으면 전혀 반응하지 않는다. 화합물 X의 구조를 쓰고, 아세톤으로부터의 합성을 표기하여라.

■참고문헌■

Bordwell, F. G., and K. M. Wellman: A Rapid Test to Distinguish Tertiary from Primary or Secondary Alcohols, *J. Chem. Educ.,* 39, 308(1962). 수용액 중에서의 CrO_3-H_2SO_4의 용도.

Donohue, J.: On Hydrogen Bonds, *J. Chem. Educ.,* 40, 598(1963).

Phelan, N. F., H.H. Jaffe, and M. Orchin: A Molecular Orbital Description of the Non-classical Ion in 1,2-Rearrangements, *J. Chem. Educ.,* 44, 626(1967).

Swinehart, J.S. : The Decolorization of Baeyer's Reagent [$KMnO_4$] by Primary and Secondary Alkanols, *J. Chem. Educ.,* 41, 392 (1964).

Young, W.G. : Unexpected Rearrangement and Lack of Rearrangement in Allylic Systems, *J. Chem. Educ.,* 39, 455(1962).

연습문제

*1 헵탄올($C_7H_{16}O$)의 각각의 이성체의 구조를 쓰고, IUPAC명명법에 따라 명명하여라. 각각을 1차, 2차 혹은 3차라고 표시하여라. 또한 각각에 대해서 Grignard 반응을 사용한 합성법을 설명하여라. 이 때 아래의 유기원료와 필요한 용매 및 무기시약을 사용해도 좋다.

CH_2O CH_3CHO CH_3CH_2CHO 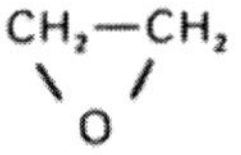

2 아래의 각각을, 문제 1에 있어서 원료와 벤젠 및 톨루엔으로부터 합성하여라.

(a) 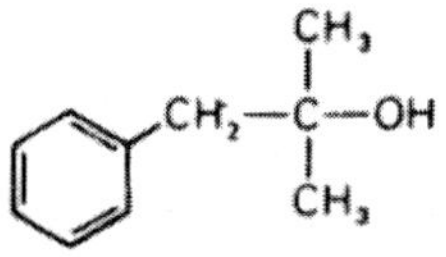

*(b) 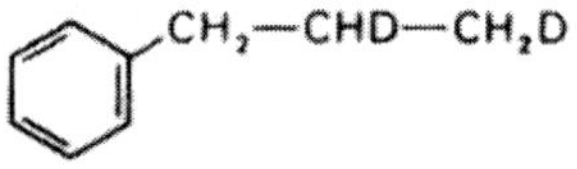

*(c) 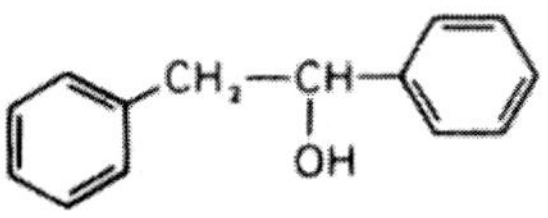

(d) 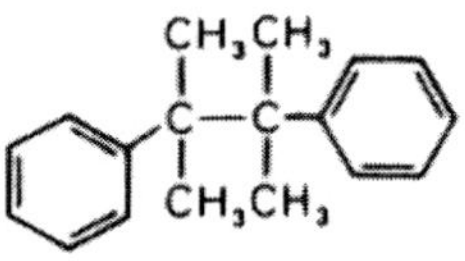

(e) 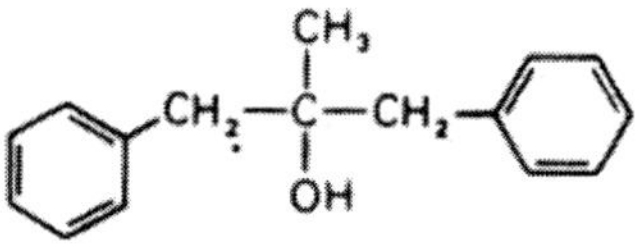

3 아래에 표시한 각각의 반응에 대해서, 출발물질을 명명하고, 또한 생성물의 구조와 명칭을 표기하여라. 만일 반응하지 않을 때는 N.R.이라고 써라.

*(a) 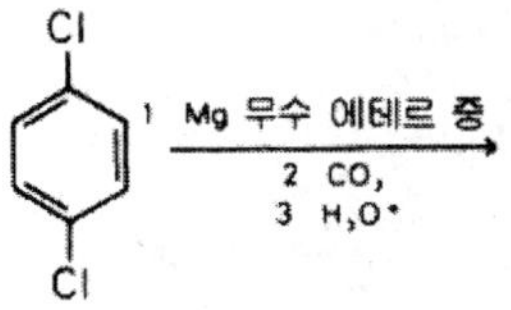

*(b) $[CH_3CH_2CH_2MgBr]$ + $CH_3CH_2CO_2CH_3$ $\xrightarrow[H_2O]{NH_4Cl}$

(c) 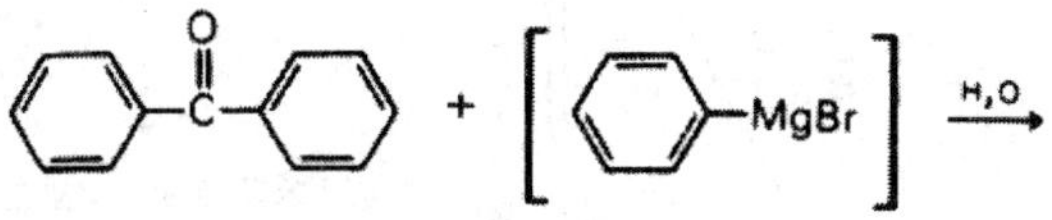

*(d) $CH_3CH_2CH(OH)—CH_3$ $\xrightarrow[H^+]{K_2Cr_2O_7}$

*(e) 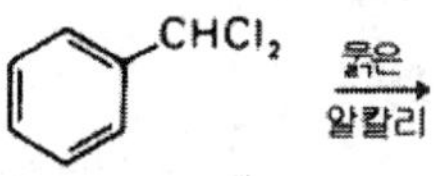

*(f) CH_3CH_2OH + Na ⟶

*(g) (f)의 생성물 + $(CH_3)_3CBr$ ⟶

(h) 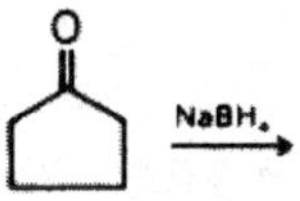

*(i) 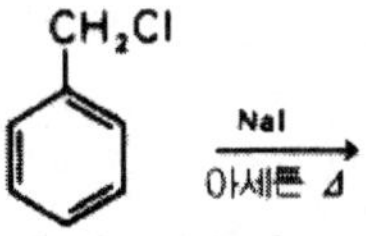

(j) 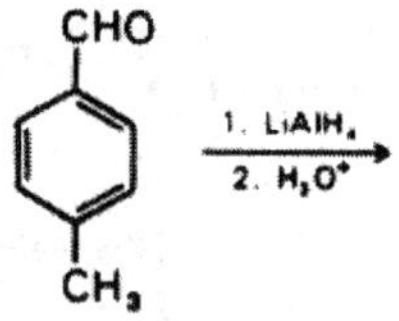

(k) (j)의 생성물 $\xrightarrow{HBr}$

(l) (k)의 생성물 $\xrightarrow[\text{2. } CO_2 \text{ 3. } H_3O^+]{\text{1. Mg 무수에테르 중}}$

*(m) $[CH_3CH_2CH_2MgI]$ +

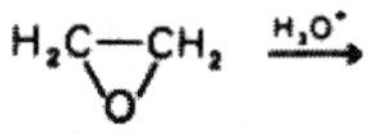

*4 아래의 각각의 분자식에 대한 구조식을 써라(힌트 : C6H6으로부터 출발하여라).

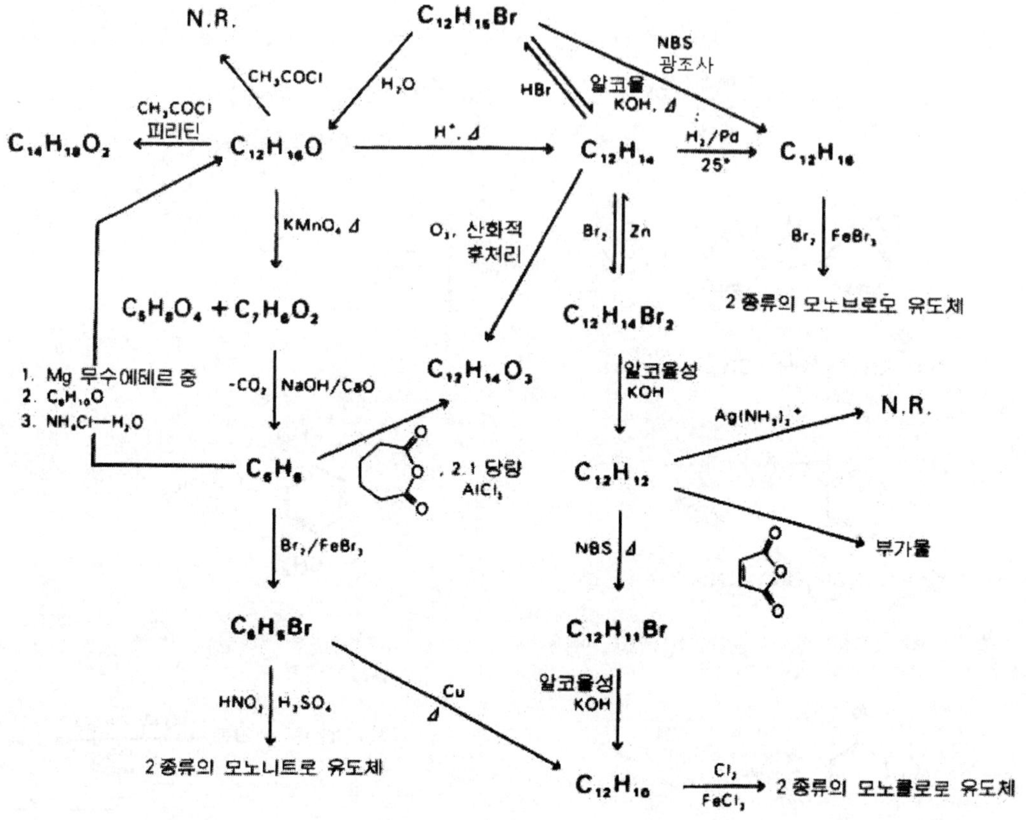

*5 화합물 A($C_7H_{16}O_2$)는 피리딘 중에서, 염화아세틸로 처리하면 화합물 B($C_{11}H_{20}O_4$)가 된다. A를 탈수하면 화합물 C(C_7H_{12})가 되며, 이것은 말레산무수물과 Diels-Alder 부가물을 생성하지 않는다. C를 접촉 환원하면 화합물 D(C_7H_{16})가 얻어진다. 화합물 C는 용이하게 브롬을 탈색하고 화합물 E를 생성하지만, 이것은 알코올성 KOH와의 처리로서 화합물 F(C_7H_8)를 생성한다. 화합물 F는 $Ag(NH_3)^+_2$으로 침전을 생성하며, CH_3MgI와의 처리로서 2몰의 메탄을 발생한다. F의 접촉 환원에서는 D가 얻어진다.
화합물 C는 $KMnO_4$로서 산화하면 화합물 G(2염기산)가 되며, 이것은 용이하게 이산화탄소를 잃고 화합물 H로 변환된다. 요오드화이소프로필마그네슘을 먼저 이산화탄소와, 계속해서 물로 처리하면 H를 생성한다.
화합물 A로부터 H를 확인하여라.

6 탄소수 4개 이하의 포화알코올 8종류가 출발물질로서 주어졌을 때, Grignard시약을 사용하여 아래의 화합물의 합성법을 표기하여라.

*(a) 2,3-dimethyl-2-pentanol

(b) 2,3,4-trimethyl-3-pentanol

*(c) 2,4-dimethylpentane

(d) 3-ethyl-2-pentene

Chapter

10 페놀

일반의 알코올류와는 달리, 페놀(Ar-OH)은 상당히 산성인 수소를 가지고 있다. 예를 들면, 페놀은 수산화나트륨용액에 용해하지만, 이것보다도 염기성이 약한 탄산수소나트륨 수용액에는 용해하지 않는다. 여기서 생성한 페녹사이드음이온은 공명에 의하여 안정화된다. 페놀은 시클로헥사디엔온의 엔올형이라고도 볼 수 있으며, 이때, 평형은 거의 완전히 엔올쪽으로 치우쳐 있다.

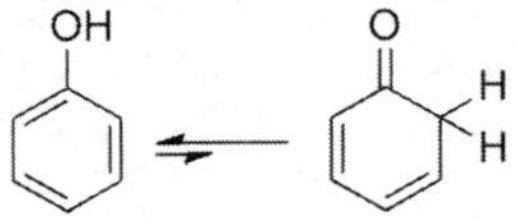

이 경우 엔올형이 압도적으로 우위로 되어 있는 이유는, 6π전자의 방향족계로 되어 있는 것에 의한다. 이 산소원자상의 비공유전자쌍의 전자공여성 때문에, 페놀은 친전자적 방향족 치환반응에서 매우 반응성이 크다(7-18절).

일반적으로, 페놀은 그에 상당하는 할로겐화물로 직접 변환되지 않지만, 이 페놀의 관능기는 온화한 조건에서 용이하게 고수득률로서 제거할 수 있다(10-8절).

01 명명법

수많은 방향족수산화물은 관용명으로서 알려져 있으며, 만일 IUPAC법에 의한 명칭이 길어지는 경우는 관용명을 사용하는 것이 인정되고 있다. 복잡한 경우, -OH기는 방향족계의 치환기로 볼 수 있다(**표 10-1** 참조).

02 합성법

10-1 술폰산염의 용융분해

방향족 탄화수소와 H_2SO_4 혹은 발연 황산과의 가역반응에서 얻어지는 술폰산($Ar-SO_3H$)은 희박염기의 작용으로 $Ar-SO_3^-K^+$과 같은 염으로 된다(7-7절). 이 염을 용융한 KOH와 고온으로 분해하면 페놀의 염인 페녹사이드를 생성한다.

예

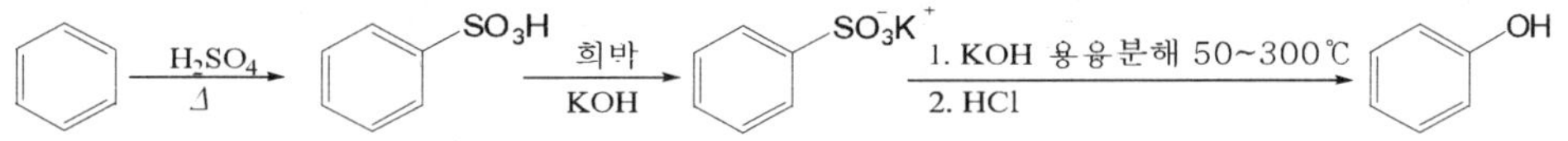

H_2SO_4
Δ
SO_3H
희박
KOH
$SO_3^-K^+$
1. KOH 용융분해 50~300℃
2. HCl
OH

페놀 자체는, 이 반응물을 냉각한 후, 묽은 산과의 처리로서 유리된다. 확실히, 염기 또는 열에 불안정한 치환기를 갖는 경우에는, 이 반응을 응용할 수 없다. 게다가 가장 이상적인 조건일 때에도 수득률은 그다지 높지 않다.

표 10-1 페놀명명법의 예

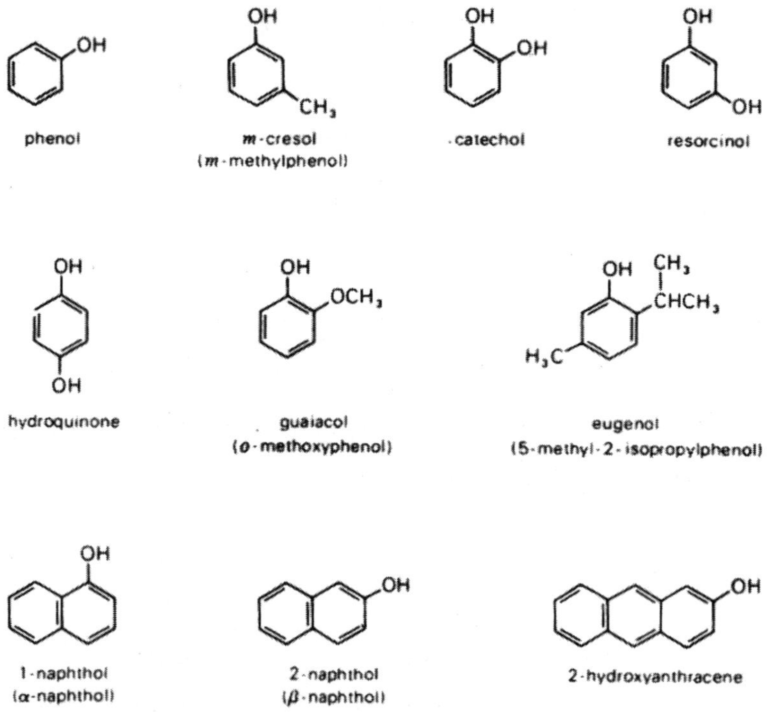

OH
phenol
CH₃
m-cresol
(*m*-methylphenol)
catechol
resorcinol
hydroquinone
OCH₃
guaiacol
(*o*-methoxyphenol)
CHCH₃
H₃C
eugenol
(5-methyl-2-isopropylphenol)
1-naphthol
(α-naphthol)
2-naphthol
(β-naphthol)
2-hydroxyanthracene

10-2 디아조늄염으로부터의 페놀

아마 페놀합성의 최량의 일반적인 방법은, 묽은 산의 존재하에서 아릴디아조늄염($Ar-N_2^+$)을 분해하는 것이다. 디아조늄염은 1차 방향족 아민($Ar-NH_2$)을 $NaNO_2$와 HCl 혹은 H_2SO_4 로부터 발생시킨 아질산(HONO)으로 저온에서 처리하여 제조한다. 이들의 아릴디아조늄염은 건조하면 불안정하기 때문에, 일반적으로 용액인 그대로 사용한다.

예

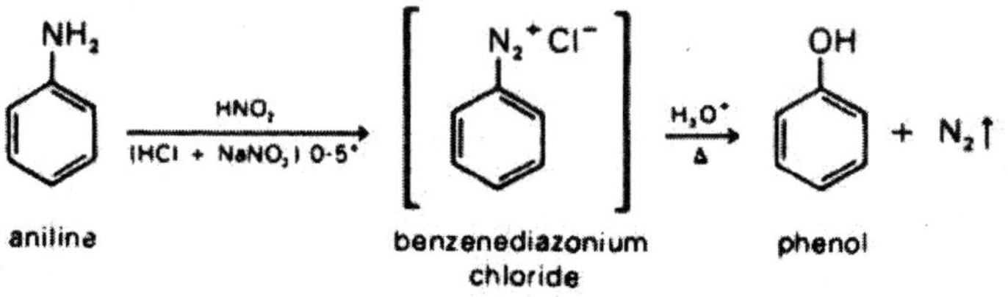
NH2
HNO2
(HCl + NaNO2) 0-5°
N2+Cl−
H3O+
Δ
OH
+ N2↑
aniline
benzenediazonium chloride
phenol

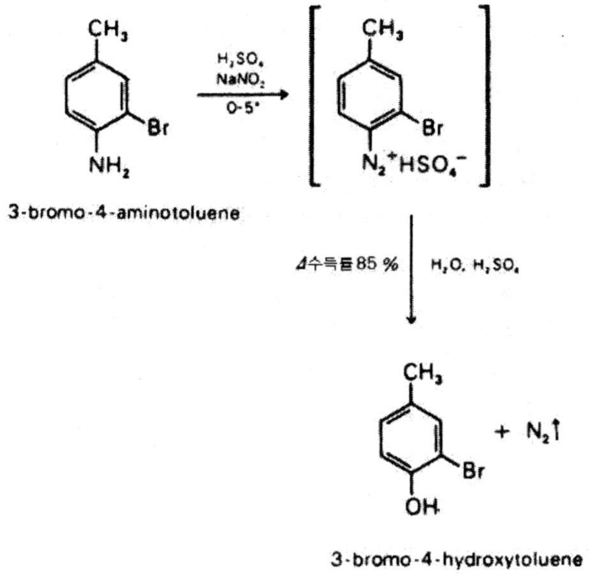
CH3
Br
NH2
H2SO4
NaNO2
0-5°
N2+HSO4−
3-bromo-4-aminotoluene
Δ수득률 85 %
H2O, H2SO4
OH
+ N2↑
3-bromo-4-hydroxytoluene

대부분의 방향족 화합물은 용이하게 니트로화되며, 또한 다음의 환원도 금속–산계에서 수득률 좋게 행해지기 때문에 위의 방법은 매우 편리한 것이다.

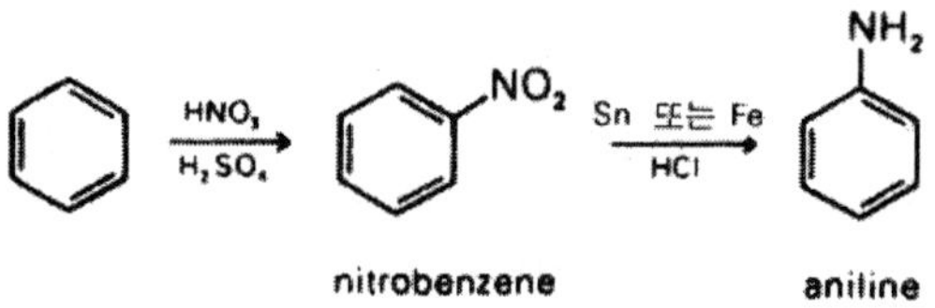
HNO3
H2SO4
NO2
Sn 또는 Fe
HCl
NH2
nitrobenzene
aniline

10-3 Grignard 시약으로부터의 페놀

일반의 Grignard 시약과 산소의 부반응은 상당히 좋은 페놀의 합성법이다. 아래의 예에서, 염화페닐마그네슘과 산소의 반응은 에너지(열보다 오히려)를 빛으로서 방출한다. 이와 같은 현상을 **화학발광**(chemiluminescence)이라고 말한다.

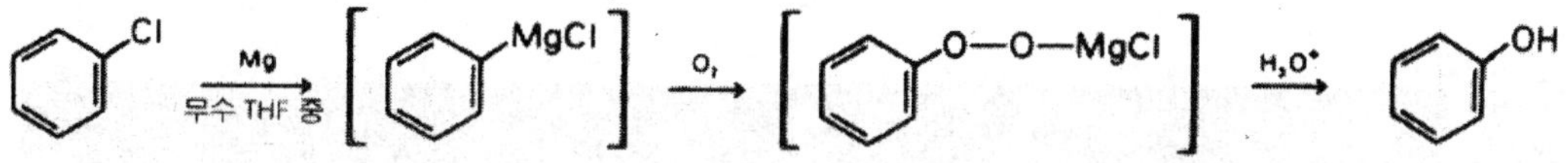

Cl
Mg
무수 THF 중
MgCl
O_2
O—O—MgCl
H_3O^+
OH

10-4 활성탄화수소상의 치환반응

o- 혹은 *p*-니트로페놀 또는 피크르산과 같은 페놀류는, 그에 상당하는 할로니트로화합물을 염기로서 처리하여 얻는다(8–10절 참조).

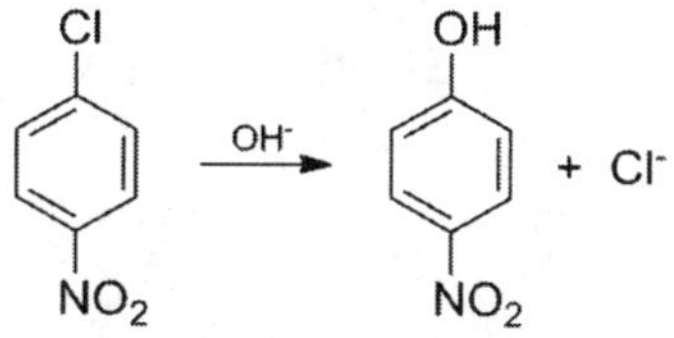

Cl
OH^-
OH
+ Cl^-
NO_2
NO_2

이 종류의 치환반응은, 강한 전자흡인성의 치환기가 할로벤젠의 오르토 혹은 파라위치에 있을때에만 일어난다. 이들의 오르토 혹은 파라니트로화합물의 공명구조식으로부터, 할로겐원자를 갖는 탄소상의 전자밀도가 낮은 것을 알수 있으며, 따라서 OH^-의 공격을 용이하게 한다.

반응메카니즘 :

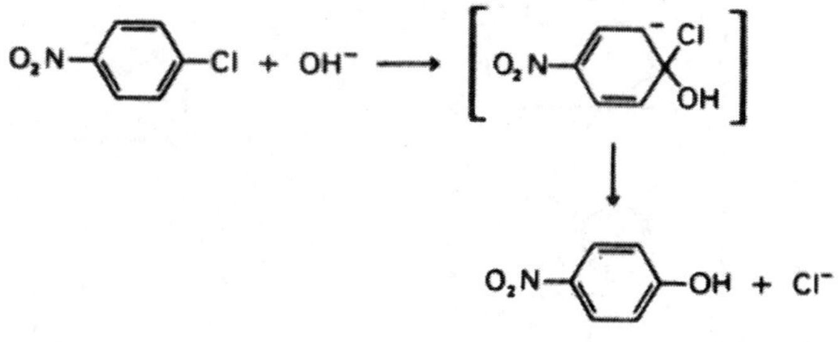

O_2N
Cl + OH^-
O_2N
Cl
OH
O_2N
OH + Cl^-

이 활성화의 필요성에 대한 특기해야 할 것은, 클로로벤젠과 진한 염기와의 고열에서 **공업적 반응**으로, 이것은 페놀제조회사의 하나인, Dow화학공업회사가 행하고 있는 과정의 기본으로 되어 있다.

공업적 합성 :

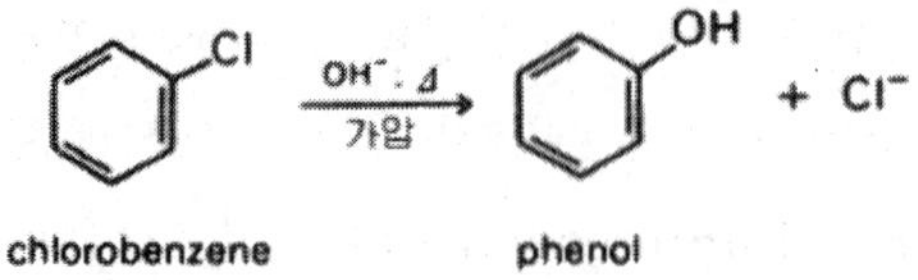
Cl
OH⁻ ; Δ
가압
OH
+ Cl⁻
chlorobenzene
phenol

03 반응성

10-5 산성도

일반의 알코올은 산성이 아니다. 페놀은 약한 산성이며, 묽은 수산화나트륨 용액에 용해하지만, 묽은 탄산수소나트륨 용액에는 **용해하지 않는다.** 한편 카르복실기(R−COOH)를 갖는 유기산은, 이것보다 산성도가 강하여 양쪽에 가용이다. 페녹사이드이온의 공명에 의한 안정화가, 이 음이온의 생성에 큰 도움이 되고 있다.

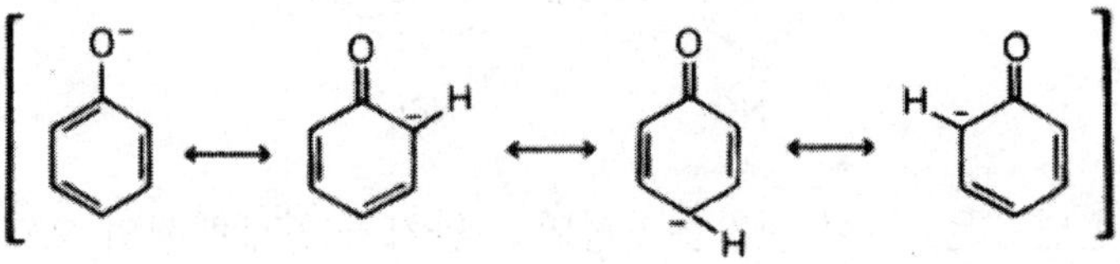

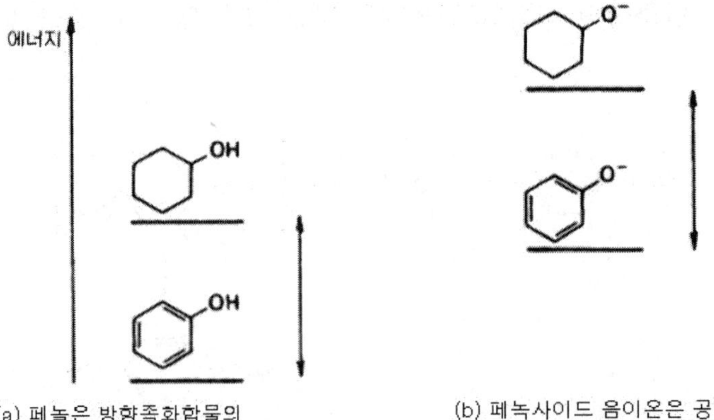
에너지
OH
OH
O⁻
O⁻

(a) 페놀은 방향족화합물의 공명에 의한 안정성 때문에 시클로헥사놀보다 낮은 에너지이다.

(b) 페녹사이드 음이온은 공명에 의한 안정화를 받고 있지만 시클로헥사놀 음이온은 안정화를 받고 있지 않다.

그림 10-1 페놀, 시클로헥사놀 및 이들의 음이온의 상대적 안정성

페놀과 시클로헥사놀의 비교를 **그림 10-1**에 표시하였다.

10-6 에테르의 생성

페놀은, 페녹사이드이온과 디메틸황산 혹은 디에틸황산과의 반응에서, 그에 상당하는 메틸 혹은 에틸에테르로 변환된다. 디알킬황산은 2개의 알킬기를 치환할 수 있지만, 2번째의 치환에는 보다 가혹한 조건이 필요하다.

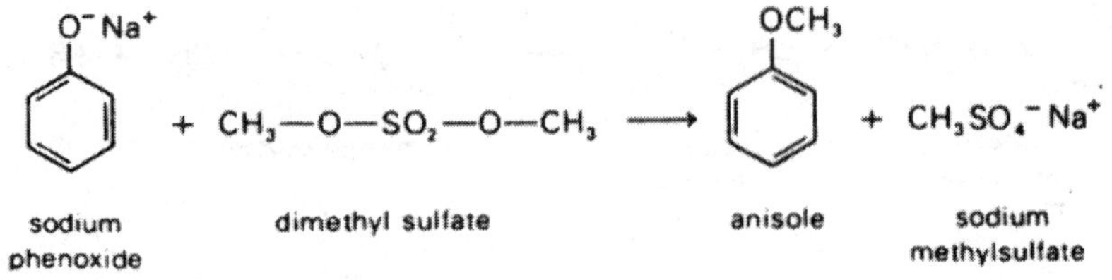
O⁻ Na⁺
+ CH₃—O—SO₂—O—CH₃
OCH₃
+ CH₃SO₄⁻ Na⁺
sodium phenoxide
dimethyl sulfate
anisole
sodium methylsulfate

페녹사이드이온은 1차 및 2차 할로겐화알킬의 할로겐원자와도 치환하지만, 3차 할로겐화합물의 경우에는 상당한 탈리가 일어난다(8-7절). 통상의 방향족 할로겐화물은 일반의 치환반응에 대해서 불활성이다.

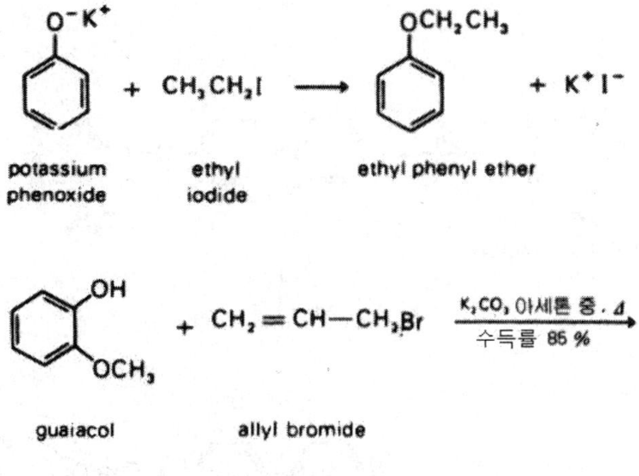
O⁻K⁺
+ CH₃CH₂I
OCH₂CH₃
+ K⁺I⁻
potassium phenoxide
ethyl iodide
ethyl phenyl ether

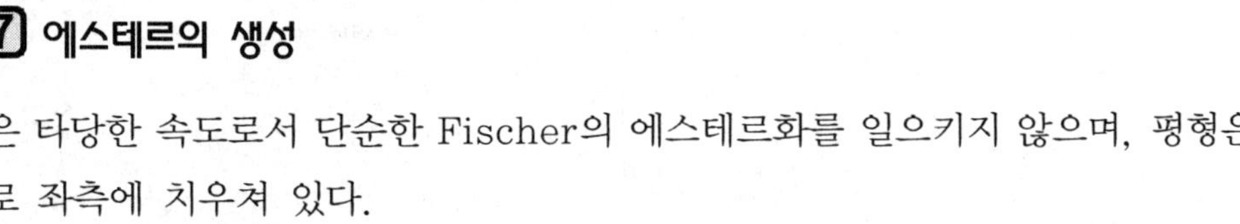
OH
OCH₃
+ CH₂=CH—CH₂Br
K₂CO₃ 아세톤 중 . Δ
수득률 85 %
O—CH₂—CH=CH₂
OCH₃
guaiacol
allyl bromide
allyl guaiacol ether

10-7 에스테르의 생성

페놀은 타당한 속도로서 단순한 Fischer의 에스테르화를 일으키지 않으며, 평형은 일반적으로 좌측에 치우쳐 있다.

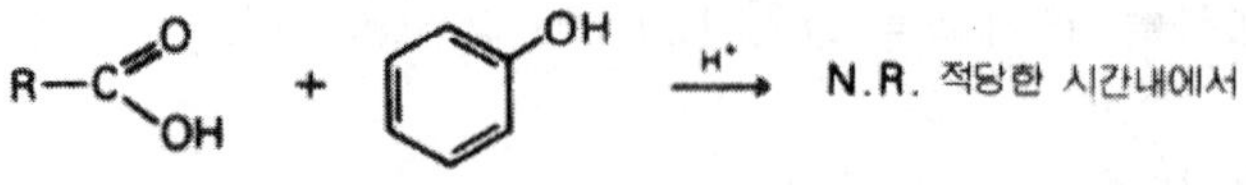

R—C
O
OH
+
OH
H⁺
N.R. 적당한 시간내에서

유기산과의 단순한 반응 대신에, **보다 반응성이 높은** 유기산의 유도체와 페놀의 염을 사용하여 에스테르화를 행한다. 이 반응은 일반적으로 비가역적이다.

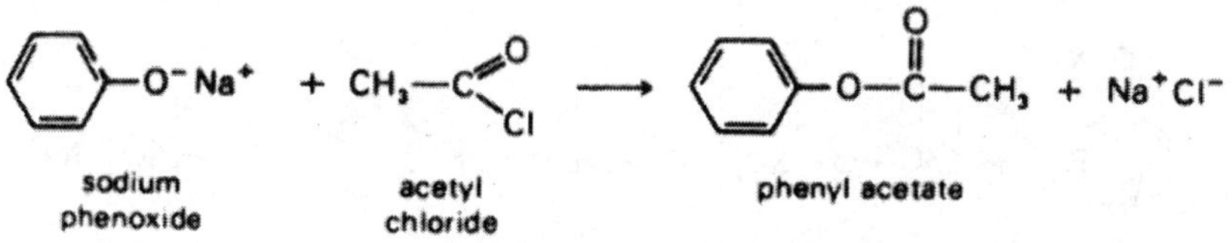

O⁻Na⁺
+ CH₃—C
O
Cl
O—C—CH₃
+ Na⁺Cl⁻
sodium phenoxide
acetyl chloride
phenyl acetate

10-8 페놀성 -OH기의 제거

최근, 온화한 조건하에서 페놀성수산기가 용이하게 제거되는 수소화분해반응이 발견되었다. 각종의 헤테로고리화합물을 사용할 수 있지만, 1-페닐-5-클로로테트라졸이 가장 잘 사용되며, 후에 생성된 에테르를 에탄올 혹은 THF 중 5% 팔라듐탄으로 35℃에서 수소화분해를 행한다.

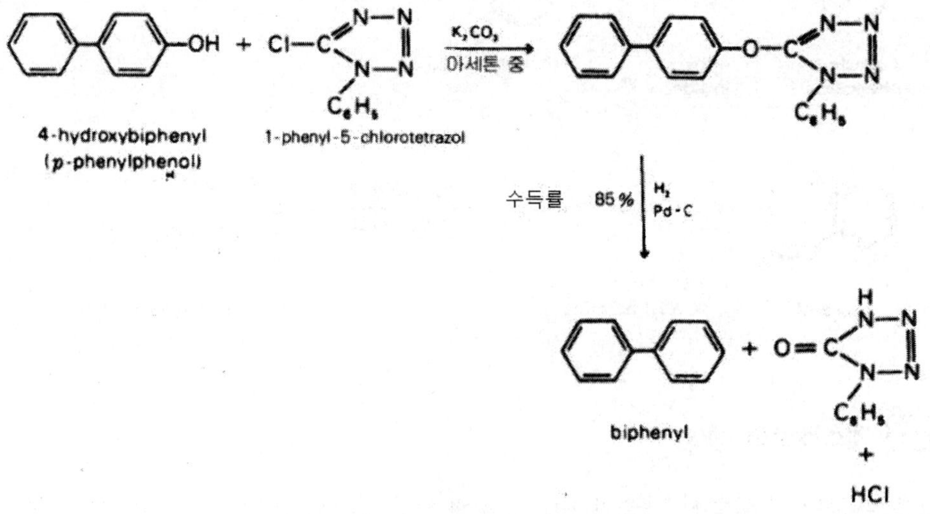

OH + Cl—C
N—N
N—N
C₆H₅
K₂CO₃
아세톤 중
O—C
4-hydroxybiphenyl
(p-phenylphenol)
1-phenyl-5-chlorotetrazol
수득률 85 %
H₂
Pd-C
H
+ O=C
biphenyl
+
HCl

1-페닐-5-클로로테트라졸을 사용하여 아래의 페놀이 환원되었다(수득률은 괄호 내에 표시하였다). 이것을 반응식으로 표시하여라.

1. 2-나프톨(65%)
2. 과이어콜(86% 아니솔)
3. *p*-클로로페놀(70% 벤젠 : C-Cl결합도 환원분해를 받는다)

10-9 친전자적 방향족치환반응

매우 반응성이 높은 페놀 및 그 염의 친전자적 방향족치환반응은 7-18절에서 해설하였다. 특히 오르토-파라 치환형식과 관련되어 있는 것에 주목하면서 이들의 반응을 복습해야 한다.

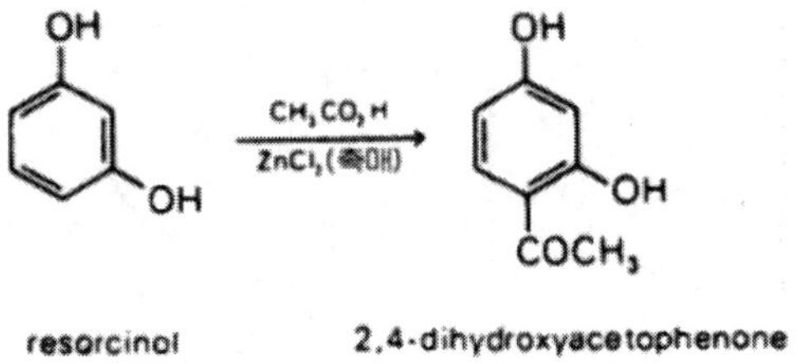
OH
OH
CH_3CO_2H
$ZnCl_2$(촉매)
OH
OH
$COCH_3$
resorcinol
2,4-dihydroxyacetophenone

아질산의 존재하에서, 페놀은 저온에서 니트로소화를 받는다.

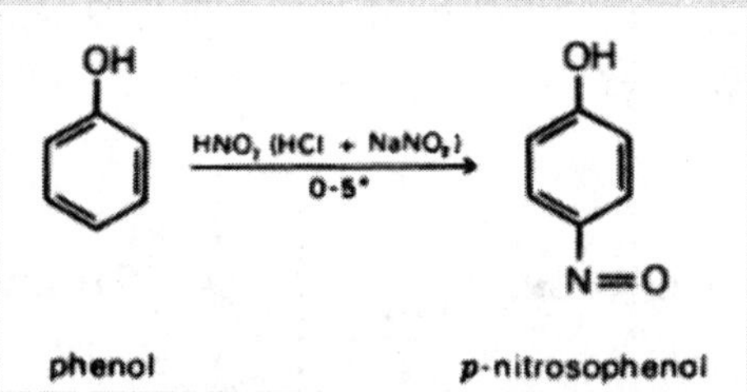
OH
HNO_2 (HCl + $NaNO_2$)
0-5°
OH
N=O
phenol
p-nitrosophenol

이 니트로소늄이온(NO^+)은 어떻게 해서 생성하는가? 이 반응을 친전자적 방향족 치환반응으로 가정하여, 반응메카니즘을 표시하여라.

10-10 Claisen 전위반응

페닐알릴에테르는 단순히 약 140℃로 가열하는 것만으로 그에 상당하는 오르토치환페놀로 전위한다.

구체예 :

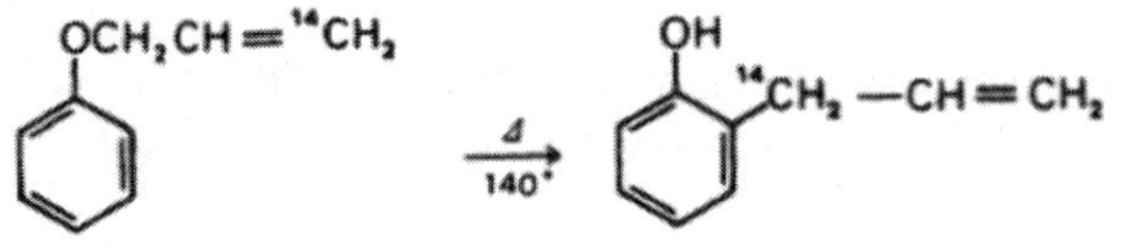

만일 이 말단의 탄소를 ^{14}C로서 표지하면, 이 탄소는 최종 생성물에서는 방향환에 인접해 있다. 6원환의 전이상태는 처음 디엔온 형태의 중간체로 이행하며, 이것은 용이하게 호변이성화하여 생성물의 페놀로 된다.

반응메카니즘 :

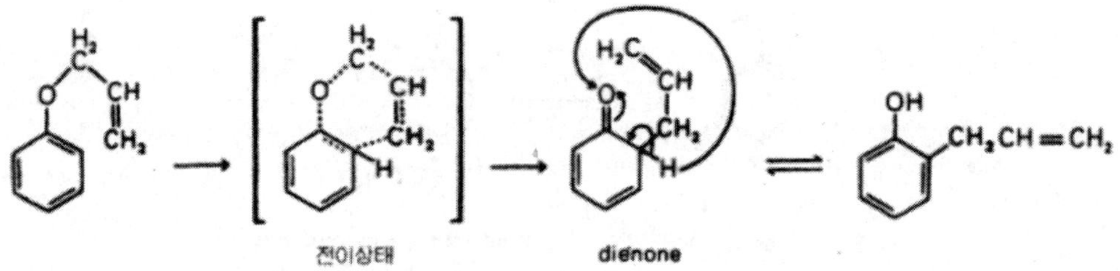

생성물 중의 표지한 탄소의 위치는 이 ^{14}C치환기를 갖는 메틸에테르가 산화하여 일반의 ^{12}C동위원소조성을 갖는 CO_2를 생성하는 것으로부터 밝혀진다. 페놀 그대로서는 산화할 때 방향환의 파괴가 상당히 일어나리라고 생각되기 때문에, 이와 같은 산화조건에 비교적 안정한 에테르로 유도되고 있다.

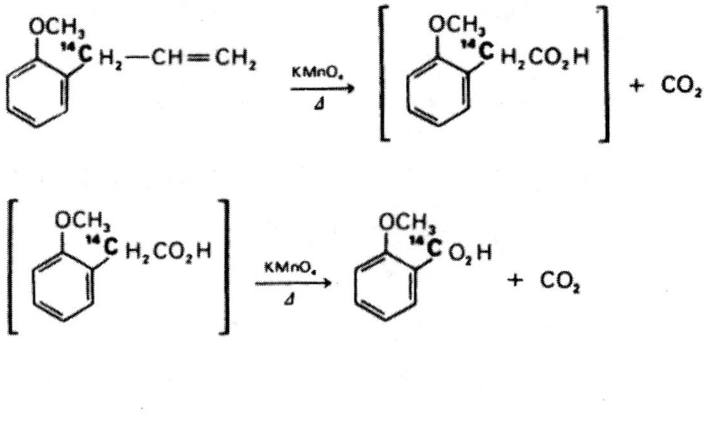

o-메톡시벤조산의 탈카르복실화반응은, 최후에 방사성의 이산화탄소($^{14}CO_2$)를 발생한다.

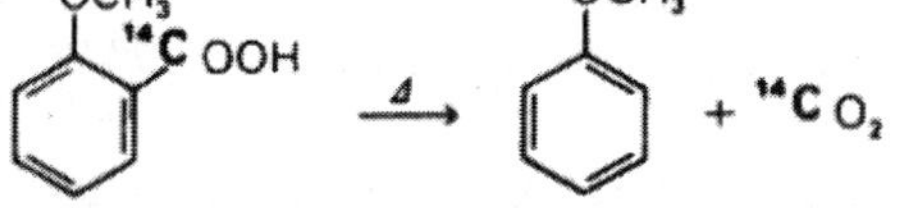

04 정성시험

페놀류는 수산화나트륨과 같은 강염기에 용해하지만, 탄산수소나트륨에는 용해하지 않는다고 하는 사실로서 가끔 확인된다. 유기산은 일반적으로 양쪽에 가용이며, 또한 알코올은 어느 것에도 불용이다.

묽은 염화철(Ⅲ) ($FeCl_3$)의 등황색용액은, 보통 페놀 또는 엔올의 작용으로 변색한다(녹색으로부터 자색 또는 갈색으로 변화). 이 색은 생성한 산화생성물의 혼합물에 유래한다.

■ 참고문헌 ■

· 페놀류

Clevenger, S. : Flower Pigments, *Sci. Am.*, 216 (6), 84(1964). 천연에 산출되는 각종의 헤테로고리페놀류의 해설.

Offenhauer, R.D. : The Direct Esterification of Phenols, *J. Chem. Educ.*, 41, 39(1964).

Steelink, C. : What is Humic Acid? *J. Chem. Educ.*, 40, 379(1963). 토양의 염기추출로서 얻어지는 페놀성 유도체의 혼합물의 조성에 관한 해설.

· 화학발광

Haas, J.H., Jr. : Chemiluminescent Reactions in Solution, *J. Chem. Educ.*, 44, 396(1967). 화학발광을 나타내는 각종의 화학반응계에 대해서의 해설.

McElroy, W.D., and H.H. Seliger: Biological Luminescence, *Sci. Am.*, 207(6), 76(1962). 특히 반딧불이의 발광체 루시페린(luciferin)을 중심으로 많은 생물계에서 관찰되는 현상을 해설.

연습문제

1 출발물질을 명명하고, 또한 생성물의 명칭과 구조를 표시하여라. 만일 반응하지 않을 때에는 N.R.이라고 표기하여라.

*(a) *o*-cresol $\xrightarrow{KHCO_3}$

(b) m-bromophenol (structure: benzene ring with Br and OH) + $CH_3CH_2CH_2OH \xrightarrow{H^+}$

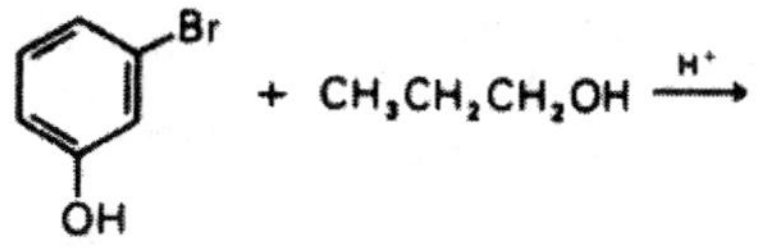

*(c) 2,4,6-tribromophenol $\xrightarrow[0\text{-}5°]{HCl\cdot NaNO_2}$

*(d) benzoic acid ($C_6H_5CO_2H$) + hydroquinone (p-HOC_6H_4OH) $\xrightarrow{H^+}$

(e) α-naphthol $\xrightarrow{NaOH}$

(f) p-$CH_3C_6H_4OCH_2C(CH_3){=}CH_2$ $\xrightarrow{\Delta}$

*(g) 2-naphthalenesulfonic acid (SO_3H) → 1. 묽은 수산화칼륨 2. KOH 용융분해 3. H_3O^+

*(h) p-xylene (CH_3, CH_3) → 1. HNO_3-H_2SO_4 2. Fe/HCl 3. HONO 0-5°에서 4. H_3O^+; Δ 5. $CH_3OSO_2OCH_3$, KOH

(i) 1-tert-butyl-3-methylbenzene ($C(CH_3)_3$, CH_3) → 1. H_2SO_4 2. KOH 용융분해 3. 묽은 HCl 4. NaOH 5. $CH_3CH_2CH_2\overset{O}{\overset{\|}{C}}Cl$

(j) 2-nitronaphthalene (NO_2) → 1. Sn/HCl 2. HCl·$NaNO_2$, 0° 3. Δ, H_3O^+ 4. NaOH

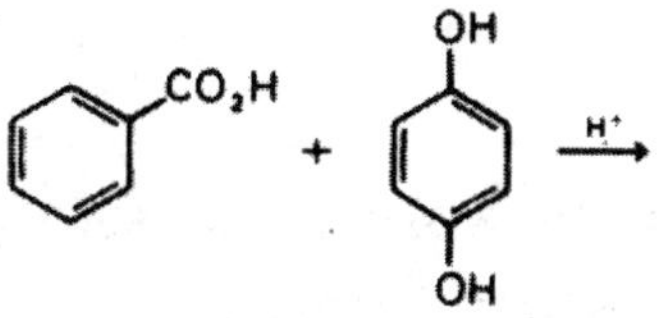

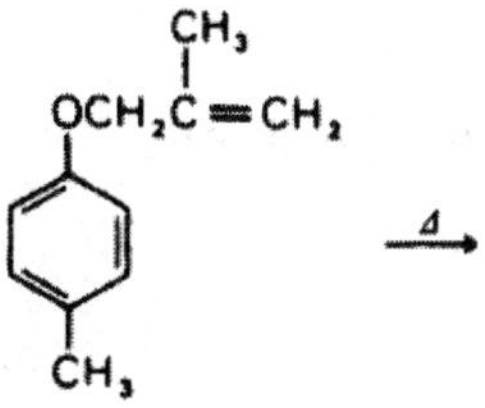

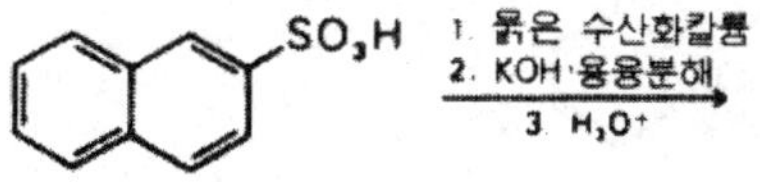

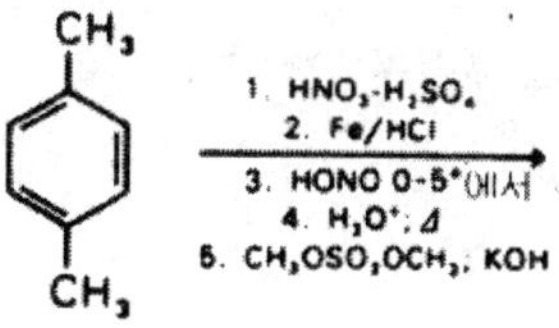

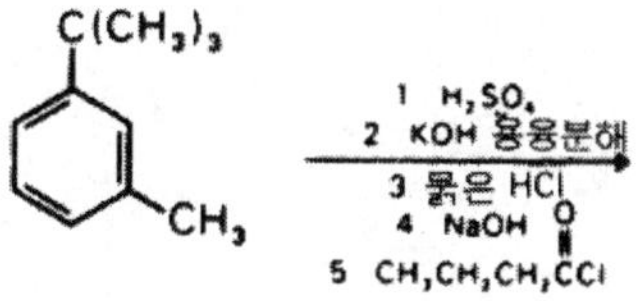

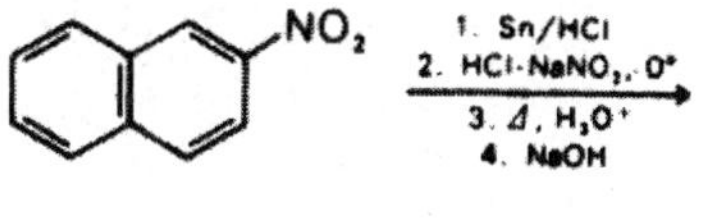

*2 만일 아래의 순물질이 각각의 시험관에 들어 있다고 하면, 화학적 수단으로 빠르게 식별하는 데는 어떻게 하면 좋을까? 각각을 명명하여라.

(a)

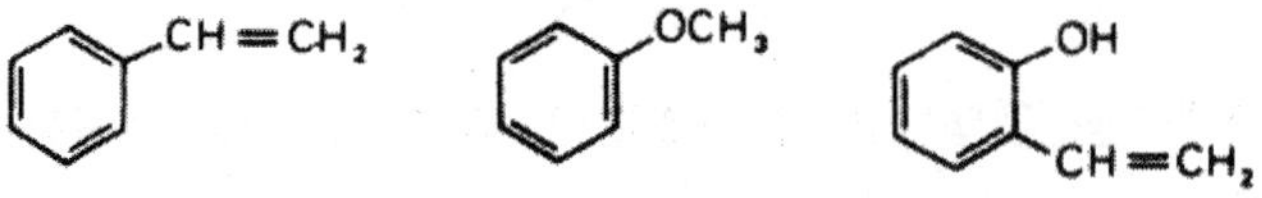

(b)

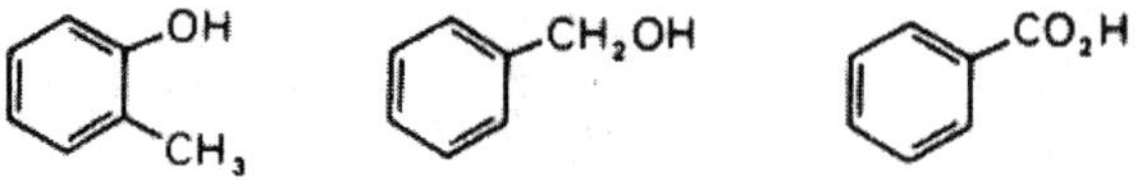

3 벤젠, 톨루엔, 적당한 C_1으로부터 C_4의 알데히드 및 필요한 용매와 무기시약만을 사용하여 아래의 화합물을 합성하여라.

(a)

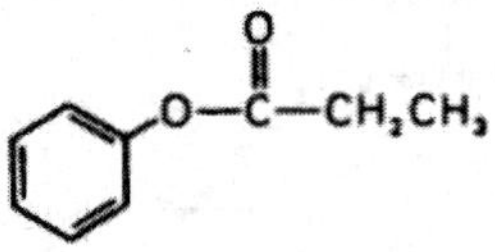

*(b)

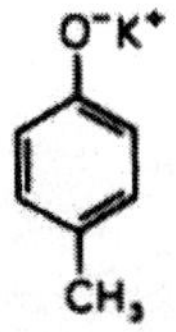

(c)

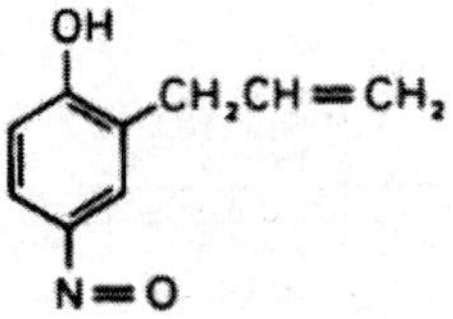

*(d)

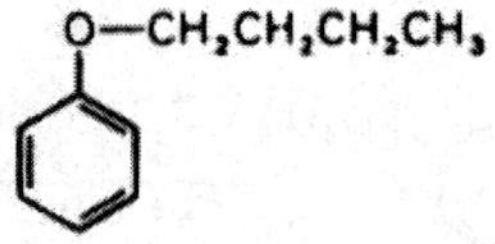

디아조늄염의 반응을 이용해서

에테르

유기에테르(R−O−R')는 화학적으로 불용성이며, 가끔 용매로서 사용된다. 디에틸에테르 또는 환상에테르인 테트라하이드로푸란은 Grignard합성(9−11절)의 훌륭한 용매이다. 디에틸에테르는 또한 보통의 마취제이기도 하다.

에테르결합은 테트라하이드로푸란의 경우와 같이 고리구조의 일부로도 된다.

tetrahydrofuran

사슬상에테르와는 달리, 에틸렌옥사이드와 같은 작은 헤테로고리는, 개환반응이 비틀림을 없애기 때문에, 매우 반응성이 높다.

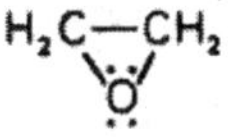

ethylene oxide

거의 대부분의 디알킬에테르는 액체이지만, 많은 알킬방향족에테르 또는 디아릴에테르는 고체이다. 디에틸에테르는 추출용매로서 보통 사용되지만, 이것은 많은 유기화합물을 용해하는 능력이 있는 것만이 아니고, 그의 비점이 35℃로서 용이하게 제거할 수 있기 때문이다.

01 명명법

유기에테르류의 명명에는 2가지의 체계가 있다. IUPAC법에서는 알콕실기(RO−)를 가장 긴 탄소사슬의 치환기로 본다. 예를 들면 $CH_3OCH_2CH_3$는 메톡시에탄이라고 명명한다. 또 하나의 방법에서는 산소원자상의 2개의 알킬기 혹은 아릴기를 명명하고 최후에 에테르라고 부기한다. 이 방법에서는 3개(혹은 2개)의 독립된 어구로서 표시하고, $CH_3OCH_2CH_3$를 메틸에틸에테르라고 말한다. 2개의 기의 작은 쪽을 처음에 명명한다.

$CH_3-O-CH_2CH_3$

methoxyethane
(methyl ethyl ether)

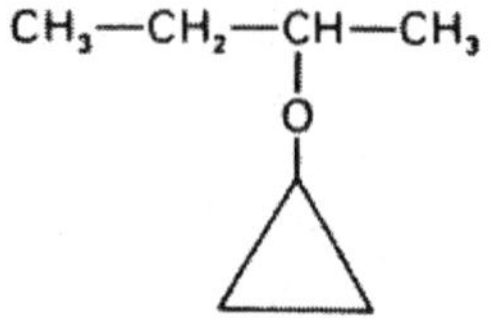

2-cyclopropoxybutane
(cyclopropyl *sec*-butyl ether)

*t*etra*h*ydro*f*uran (THF)
(tetramethylene oxide)

$CH_3CH_2-O-CH_2CH_3$

ethoxyethane
(diethyl ether;
관용명, ether)

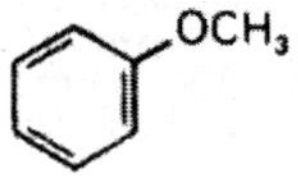

anisole
(methyl phenyl ether)

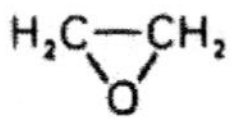

ethylene oxide

02 합성법

에테르는 일반적으로 3가지의 방법으로 합성된다.

(1) 유기할로겐화물과 알콕사이드 혹은 페녹사이드음이온과의 반응(**Williamson합성**)

(2) 알코올의 탈수에 의한 디알킬에테르의 합성

(3) 페녹사이드음이온과 디메틸 혹은 디에틸황산과의 반응이다.

11-1 Williamson합성

알콕사이드 또는 페녹사이드는 각각 알코올과 금속나트륨, 혹은 페놀과 수산화나트륨의 반응으로 생성한다.

알콕사이드의 생성 : $R-OH \xrightarrow{Na} RO^-Na^+ + \frac{1}{2}H_2$

페녹사이드의 생성 : $C_6H_5OH \xrightarrow{Na} C_6H_5O^-Na^+ + H_2O$

이들의 소듐염은, 1차 혹은 2차 할로겐화물의 할로겐원자를 S_N2메카니즘으로서 치환시킬 수 있다.

일반식 : $RO^- + R'-CH_2-X \longrightarrow R-O-CH_2R' + X^-$

구체예 : $(CH_3)_2CH-OH \xrightarrow{Na} (CH_3)_2CH-O^-Na^+ \xrightarrow{CH_3CH_2Br} (CH_3)_2CH-O-CH_2CH_3$

반응메카니즘 : S_N2 치환

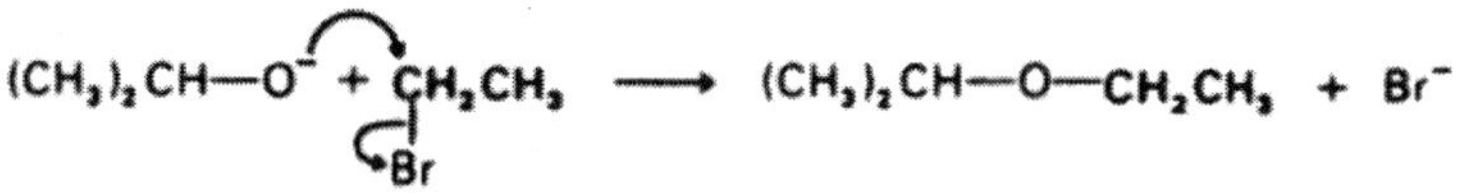
(CH₃)₂CH—O⁻ + CH₂CH₃ → (CH₃)₂CH—O—CH₂CH₃ + Br⁻
Br

이 반응은, Williamson**합성**이라고 불리우며, 대칭 혹은 비대칭에테르의 어느 경우에도 응용할 수 있다. 이 반응은 강염기의 존재하에서 행하기 때문에, 3차 할로겐화물을 사용할 수는 없다. 이 경우는 E_2탈리반응에서 유래하는 올레핀이 주생성물이라고 생각된다(8-7절). 아릴 또는 비닐할로겐화물은 S_N2반응에 불활성이므로 사용할 수 없다(8-7절).

예

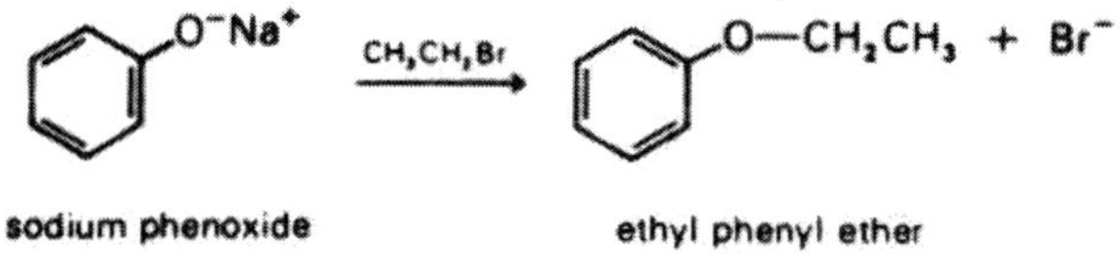
O⁻Na⁺
CH₃CH₂Br
O—CH₂CH₃ + Br⁻
sodium phenoxide
ethyl phenyl ether

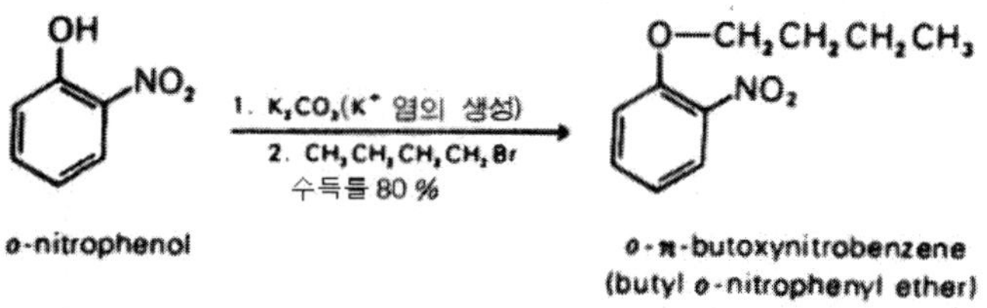
OH
NO₂
1. K₂CO₃(K⁺ 염의 생성)
2. CH₃CH₂CH₂CH₂Br
수득률 80 %
O—CH₂CH₂CH₂CH₃
NO₂
o-nitrophenol
o-n-butoxynitrobenzene
(butyl o-nitrophenyl ether)

11-2 알코올로부터 대칭인 에테르의 합성

알코올을 황산과 반응시켜서 얻어지는 생성물은 알코올의 구조와 이용한 반응조건에 의존한다. 예를 들면 3차알코올은 탈수생성물인 올레핀을 거의 대부분 선택적으로 생성한다.

$$(CH_3)_3C-OH \xrightarrow[140^\circ]{H^+} (CH_3)_2C=CH_2 + H_2O$$

중간체의 카르보늄이온은 용이하게 생성되며, 또한 알킬치환기에 의하여 안정화되어 있다고 생각된다(9-4 절). 1차알코올과, 어느 정도까지의 2차알코올은 황산과 140℃에서 반응하여, 대칭인 에테르를 생성한다.

$$2CH_3CH_2OH \xrightarrow[140^\circ]{H_2SO_4} CH_3CH_2-O-CH_2CH_3 + H_2O$$

비점 35°
생성과 동시에 제거된다.

에탄올의 경우일지라도, 150℃에서는 상당한 양의 에틸렌을 생성한다.

$$CH_3CH_2OH \xrightarrow[150^\circ]{H_2SO_4} CH_2=CH_2 + H_2O$$

1차 및 2차 카르보늄이온은 비교적 불안정하며, 곧 알코올과 반응하여 프로톤이 결합한 에테르를 생성하며, 이것은 에테르 자신과 평형으로 된다.

반응메카니즘 :

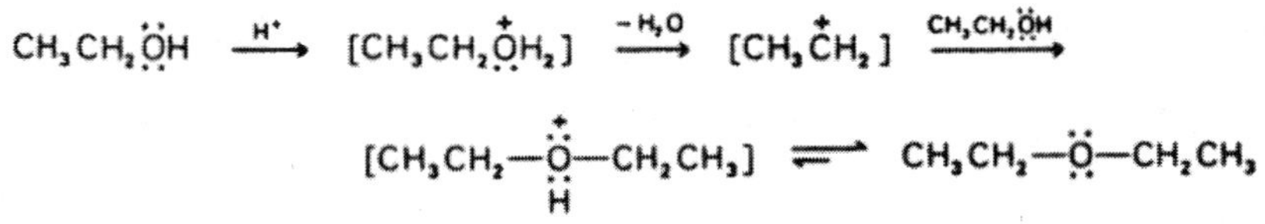

페놀성에테르는 다음의 2가지 이유로서, 황산과의 반응에서는 생성되지 않는다.

(1) 페놀의 술폰화가 140℃보다 훨씬 저온에서 용이하게 일어난다.

(2) 페놀의 산소원자는 전자밀도가 낮기 때문에 최초의 프로톤의 부가가 용이하게 일어나지 않는다.

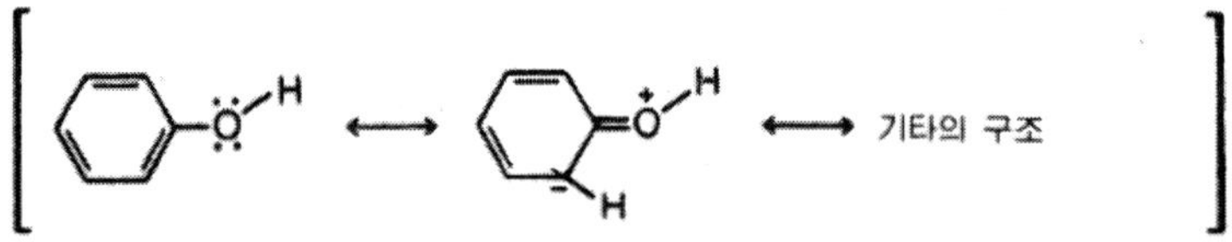

11-3 디알킬황산을 사용한 아릴알킬에테르

페녹사이드음이온은, 1차 혹은 2차알킬할로겐화물의 할로겐이온을 치환하는 것과 같은 형태로서 디메틸황산($CH_3-O-SO_2-OCH_3$) 혹은 디에틸황산($CH_3CH_2O-SO_2-OCH_2CH_3$)의 알킬기를 치환한다.

반응메카니즘 :

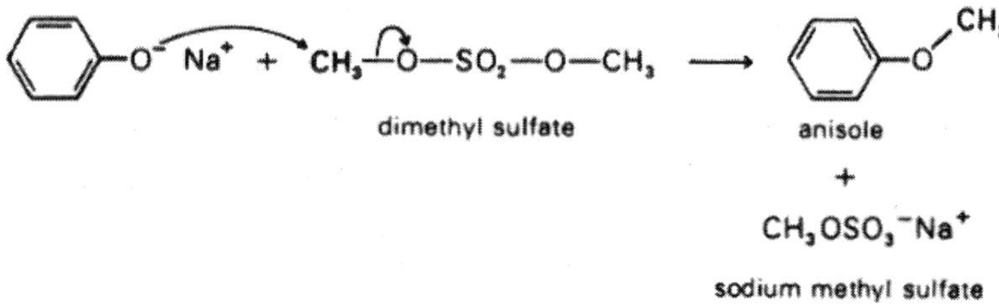
Na⁺
dimethyl sulfate
anisole
sodium methyl sulfate

디알킬황산의 양쪽의 알킬기를 치환하는 것은 가능하지만, 2단계째에서는 음전하를 띤 페녹사이드이온이 음전하를 띤 메틸황산이온을 공격하지 않으면 안 되기 때문에, 보다 강한 조건이 필요하다. 페놀이 귀중한 경우는 1대 1몰비로서 반응을 행하며, 이 경우에는 최초의 알킬기만이 이용된다.

11-4 에폭사이드

에폭사이드(epoxide) 혹은 에틸렌옥사이드라고 불리우는 3원환상에테르는 커다란 비틀림을 가지고 있으며, 친핵치환반응에 대해서 매우 반응성이 크다.

실험실에서 에폭사이드는 통상 알켄과 유기산 또는 산무수물과 과산화수소로부터 제조되는 **과산**(peracid R—C(=O)—O—O—H)과의 반응으로 합성된다. 보통은 과아세트산, 트리플루오로과아세트산(CF_3CO_3H), 과벤조산, 모노과프탈산 등이 사용된다.

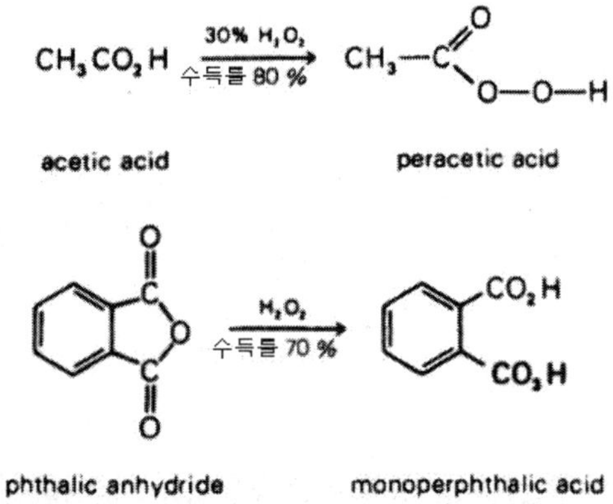
30% H₂O₂
수득률 80 %
acetic acid
peracetic acid
H₂O₂
수득률 70 %
phthalic anhydride
monoperphthalic acid

알켄을 반응성이 높은 과산으로 처리한 경우 에폭사이드를 생성하지만, 이것은 알켄의 치환기의 입체화학을 보존하고 있다.

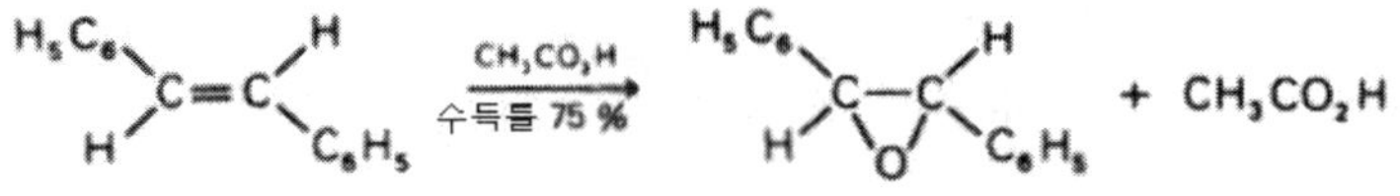

trans-stilbene　　*trans*-stilbene oxide

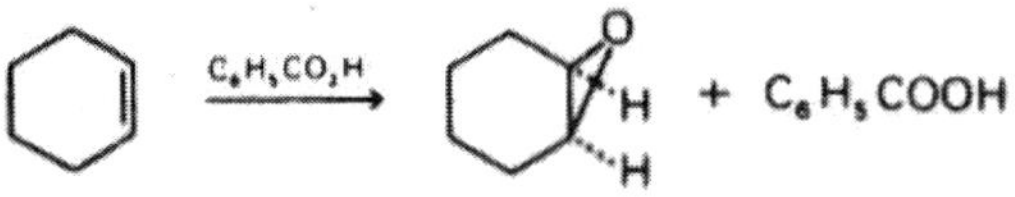

cyclohexene　　cyclohexene oxide

공업적인 에틸렌옥사이드의 합성법은, 에틸렌클로로하이드린의 분자 내 S_N2 치환반응을 이용하고 있다. 할로하이드린과 염기의 반응은 실험적으로도 응용되며, 수득률도 좋지만, 가끔 탈리반응과 할로겐의 치환반응이 경쟁적으로 일어난다.

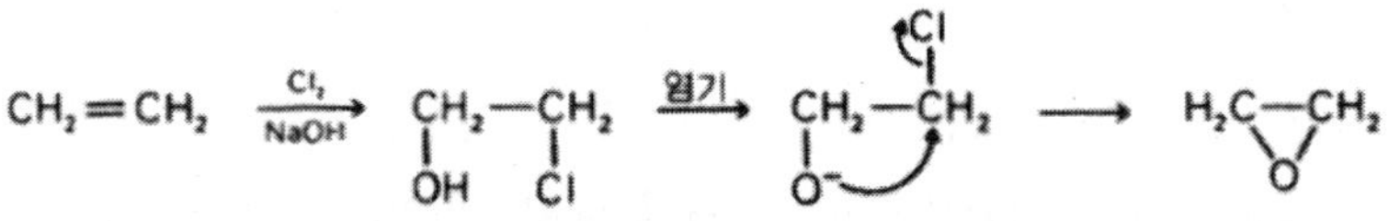

ethylene　　ethylene chlorohydrin　　ethylene oxide

Grignard시약에 의한 에틸렌옥사이드의 특이적인 개환반응은, 1차알코올의 합성법으로서 이미 설명하였다(9-14절). 다른 많은 친핵시약도 용이하게 반응한다. 더욱이 에폭사이드는 산촉매에 의한 반응으로도 쉽게 개환된다.

전반응 :

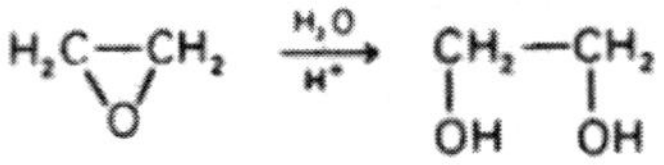

반응메카니즘 :

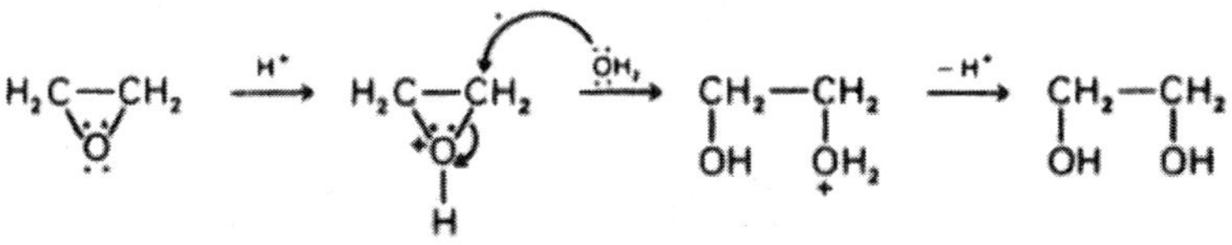

03 반응성

11-5 HBr 및 HI에 의한 개열

일반의 알킬에테르는 많은 시약에 대해서 불활성이지만, HI 또는 HBr에 의하여 개열을 받아, 그에 상당하는 할로겐화알킬과 물을 생성한다.

일반식 : $R{-}\ddot{O}{-}R' \xrightarrow{2HBr} R{-}Br + R'{-}Br + H_2O$

구체예 : $(CH_3)_2CH{-}\ddot{O}{-}CH_2CH_3 \xrightarrow{2HBr} (CH_3)_2CHBr + CH_3CH_2Br + H_2O$

이 반응메카니즘에는 에테르의 프로톤부가체[식(a)]가 관여하며, 계속해서 탄소-산소의 개열이 일어나, 알코올과 보다 안정한 카르보늄이온[식(b)]을 생성한다. 1차보다 오히려 2차카르보늄이온이 생성하는 것에 주목할 것. 이 중간체는 최후에 할로겐이온과 결합한다[식(c)].

반응메카니즘 : $(CH_3)_2CH{-}\ddot{O}{-}CH_2CH_3 \overset{H^+}{\rightleftharpoons} \left[(CH_3)_2CH{-}\overset{H}{\underset{+}{\ddot{O}}}{-}CH_2CH_3\right]$ (a)

oxonium ion

$$\left[(CH_3)_2CH{-}\overset{H}{\underset{+}{\ddot{O}}}{-}CH_2CH_3\right] \longrightarrow [(CH_3)_2\overset{+}{C}H] + HO{-}CH_2CH_3 \qquad \text{(b)}$$

$$[(CH_3)_2\overset{+}{C}H] \xrightarrow{Br^-} (CH_3)_2CH{-}Br \qquad \text{(c)}$$

식(b) 및 식(c)에 대한 다른 하나의 경로는 옥소늄이온으로부터 할로겐이온이 직접 알코올과 치환하는 것으로서 강한 친핵종이 존재할 때 보여진다.

$$\left[(CH_3)_2CH{-}\overset{H}{\underset{+}{\ddot{O}}}{-}CH_2CH_3\right] \xrightarrow{Br^-} (CH_3)_2CH{-}Br + HO{-}CH_2CH_3$$

생성한 알코올은 최후에, 9-3 절에서 설명한 메카니즘으로서 할로겐화물로 된다.

$$CH_3CH_2OH \xrightarrow{HBr} [CH_3CH_2\overset{+}{O}H_2] \xrightarrow{Br^-} CH_3CH_2Br + H_2O$$

이 종류의 에테르개열에는 중간체의 카르보늄이온이 관여하고 있기 때문에, 소량의 올레핀의 생성을 동반하기 쉽다.

부반응 :

$$[(CH_3)_2\overset{+}{C}H] \xrightarrow{-H^+} CH_2{=}CH{-}CH_3$$

$$[CH_3CH_2^+] \xrightarrow{-H^+} CH_2{=}CH_2$$

환상에테르도 마찬가지로, 브롬화수소 또는 요오드화수소로서 쉽게 개열된다. 테트라하이드로푸란 또는 테트라하이드로피란으로부터는 1,4- 및 1,5-디할로겐화물이 좋은 수득률로서 얻어진다.

예

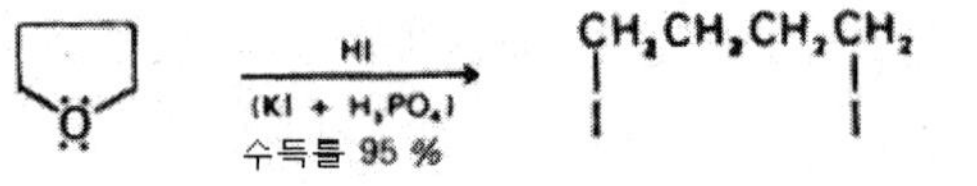
HI
(KI + H₃PO₄)
수득률 95 %

tetrahydrofuran　　1,4-diiodobutane

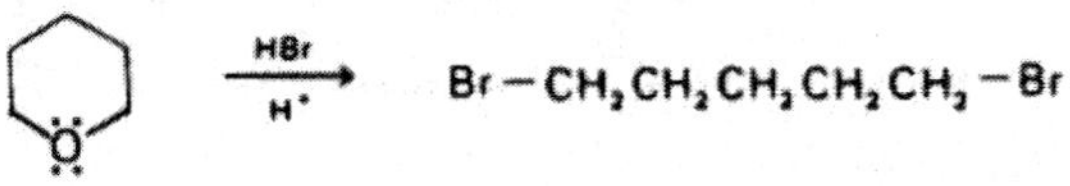
HBr
H⁺

tetrahydropyran　　1,5-dibromopentane (pentamethylene bromide)

위의 예에서 하나를 취하여 타당한 개환반응의 메카니즘을 설명하여라.

페닐알킬에테르의 HI 또는 HBr에 의한 개열에서는 페놀과 할로겐화알킬이 생성한다. 페놀은 HI 또는 HBr과 반응하지 않기 때문에, 할로겐화아릴은 생성되지 않는다.

전반응 :

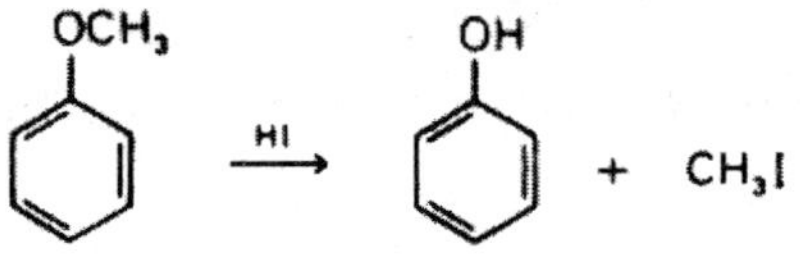

반응메카니즘 :

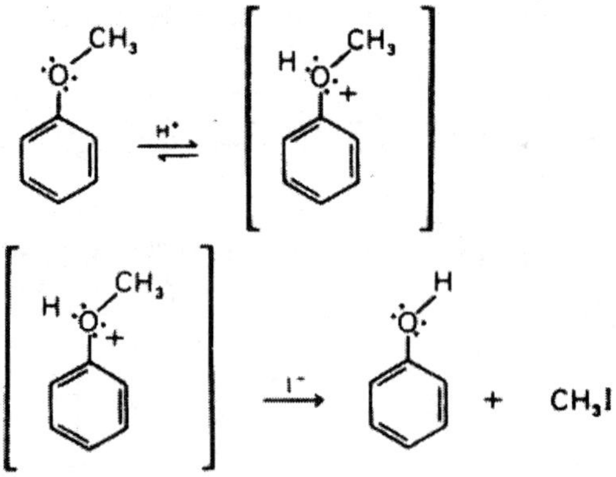

11-6 페놀성 에테르의 방향족치환반응

페놀과 마찬가지로 페놀성 에테르는 오르토-파라 배향체로서, 그에 상당하는 페놀보다 약간 반응성이 낮다.

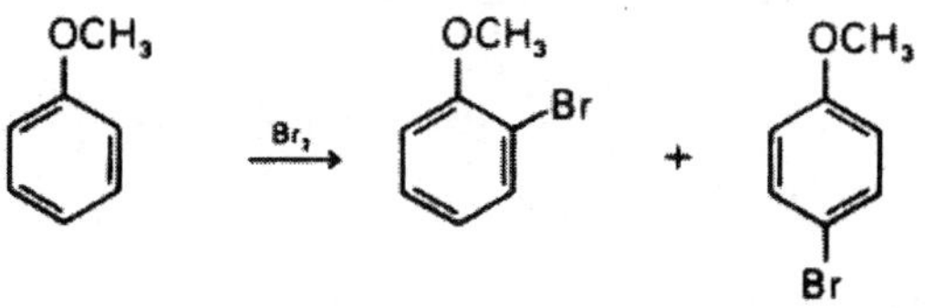

anisole　　*o*-bromoanisole　　*p*-bromoanisole

11-7 용매로서의 에테르

디에틸에테르, 테트라하이드로푸란 1,4-디옥산 및 다이글라임(diglyme)은, 특히 Grignard 반응에서는 일반적인 용매이다. 이들의 화합물은, 산소원자의 비공유전자쌍을 전기적으로 양성인 것에 주고 배위할 수 있기 때문에, 전자밀도가 낮은 중심에 쉽게 용매화(solvate)한다.

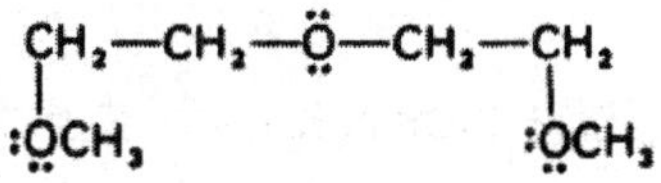

diglyme

연습문제

1 아래의 화합물을 타당한 명명법에 따라 명명하여라.

*(a) 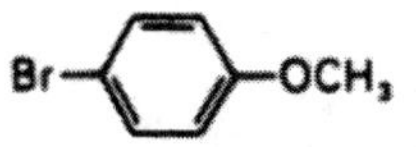

(b) $(CH_3)_2CH—O—CH(CH_3)_2$

*(c) 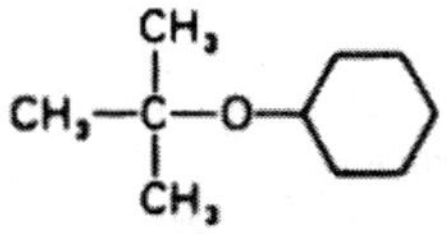

*(d) 

(e) 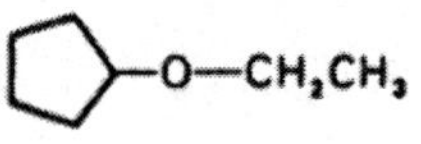

*(f) 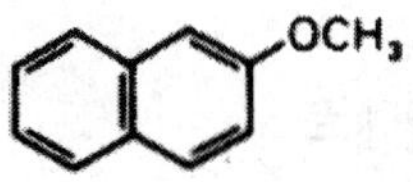

2 본장(11-1 절~11-3 절)에서 설명한 3가지의 에테르합성법을 고려하여, 문제 1의 각각의 화합물에 가장 적당한 방법을 선택하여라.

3 아래의 각 반응에 대해서 생성물과 반응메카니즘을 설명하여라.

(a) ethylene oxide + HCN ⟶

(b) $(CH_3)_3COCH_2CH_3 \xrightarrow{HBr} CH_3CH_2Br + (CH_3)_2C{=}CH_2 + H_2O$

*(c) 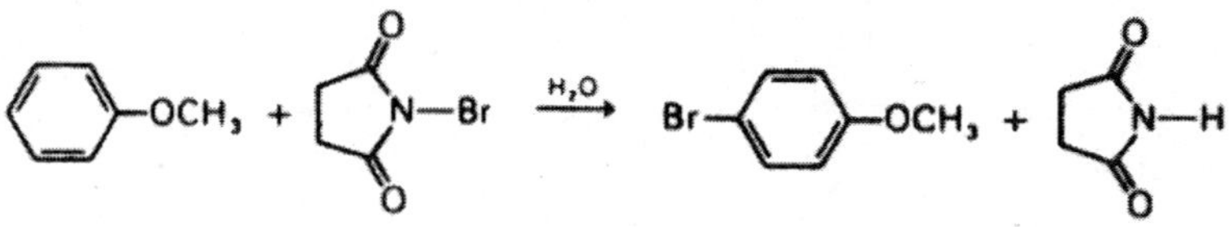

*4 아래의 반응메카니즘을 고찰하라.

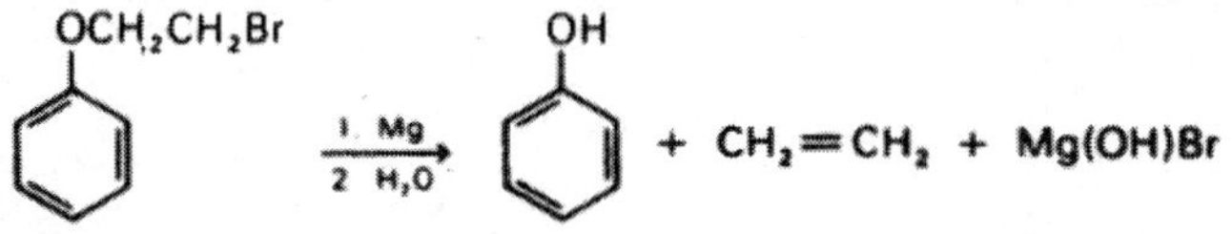

C apter

12 광학이성질과 입체특이성

이성질의 관계에는 구조적인 것(제 2 장), 기하학적인 것(제 3, 4 장) 및 광학적인 3가지의 형태가 있으며, 본장에서는 최후의 것을 취급한다. **광학이성체**(optical isomers)는 서로 같은 원자와 결합하고 있지만, 특정의 원자에 대한 결합의 순서(및 이들의 원자의 공간적인 배치)가 다른 화합물이다. 이하에서 설명하는 바와 같이, 2가지의 이성체는 겹칠 수가 없다고 하는 것이 근본적인 정의이다. 3가지 형태의 이성질의 형식상 상호관계 및 약간의 예를 **표 12-1**에 표시하였다. 원자의 공간적인 배치는 미묘한 상호작용의 균형을 유지하고 있는 생물학적 계에서는 매우 중요한 것이다. 즉, 2종류의 광학이성체는 매우 다른 생물학적 작용을 갖는 수도 있다.

이 교과서에서는, 어떤 1개의 탄소원자에 4개의 다른 치환기를 갖는 $CH_3CHBrCl$ 또는 $CH_3CH(NH_2)COOH$와 같은 분자를, 이 공간적인 고려를 특히 중요시하지 않고 취급해 왔지만, 실제의 배열은 중요한 것으로서, 가끔 이것을 고려하지 않으면 안 될 경우가 있다. $CH_3-CHBrCl$의 2가지의 이성체는 거울상의 관계에 있으며, 어떠한 회전조작을 행하여도 겹칠 수가 없다(**그림 12-1** 참조). 1 그룹의 분자모델을 사용하면, 유기화합물의 공간적 배치 또는 본장에서 문제로 취급하고 있는 광학이성체를 시각적으로 이해하는 데 크게 도움이 되리라고 믿는다.

표 12-1 이성질

구조이성

골격이성		결합위치이성	
$CH_3CH_2CH_2CH_3$	$(CH_3)_3CH$	$CH_3CH_2CH_2OH$	$CH_3—CH(OH)—CH_3$
n-butane	isobutane	1-propanol	2-propanol

관능기이성

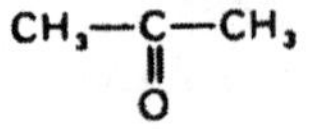

acetone
(케톤의 일종)

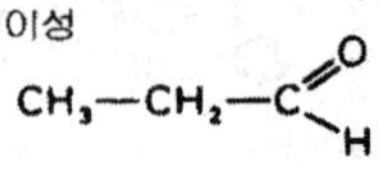

propionaldehyde
(알데히드의 일종)

입체이성

기하학이성

탄소-탄소 2 중 결합

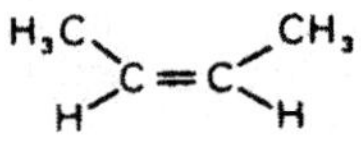

cis-2-butene

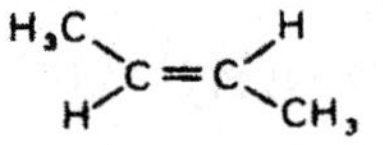

trans-2-butene

탄소-질소 2 중 결합

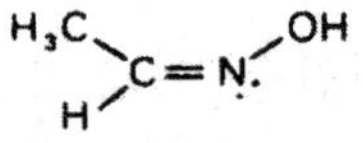

anti
H 와 OH 트란스

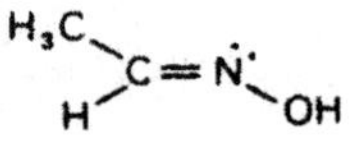

syn
H 와 OH 시스

환상 화합물

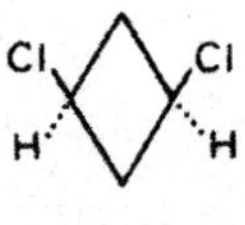

cis

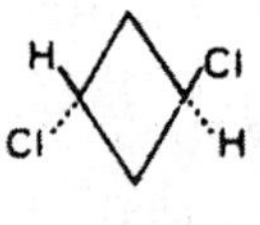

trans

광학이성

비대칭탄소를 갖는 화합물

환상 화합물

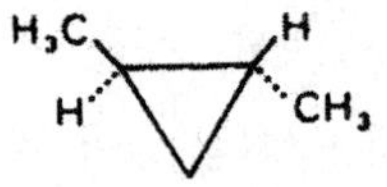

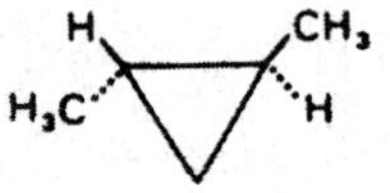

Allene

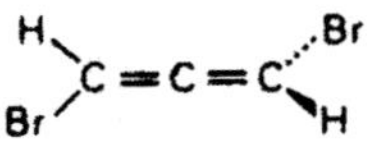

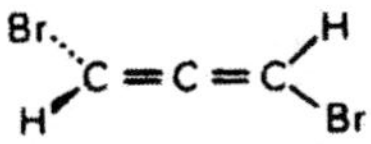

입체적으로 혼잡된 비평면상
분자 비페닐, 기타

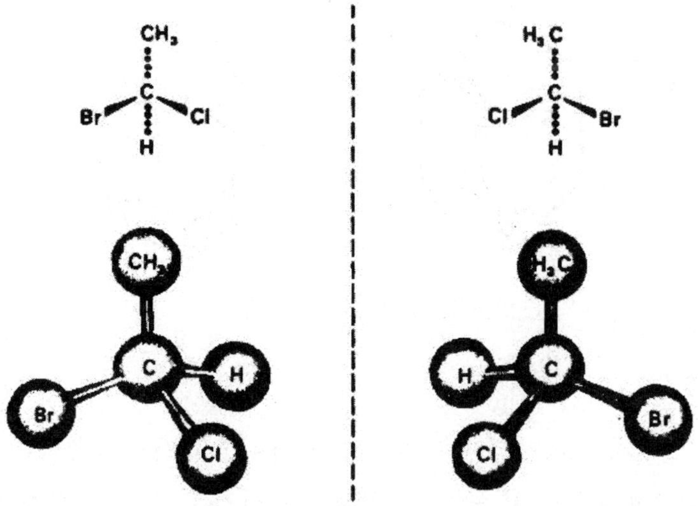

거울면

그림 12-1 $CH_3CHBrCl$의 광학이성체

01 광학활성과 비대칭중심

12-1 비대칭결정

천연에 존재하는 석영의 결정은 반면상(hemihedral, **그림 12-2**)으로 **방향** 혹은 **대장성**을 갖는다. 이 2가지는 실상과 거울상과 같은 관계가 되는 3차원적 기하학형을 제외하고는 똑같은 것이다. 한 켤레의 신발 또는 양손이 서로 이와 같은 상호관계를 갖는다. 이와 같은 현상은 약간의 결정체에만 보여지는 것이 아니고, 어떤 종류의 분자에도 적용할 수가 있다. 모든 분자는 그 거울상을 가질 수 있지만, 광학이성체만은 양쪽이 **서로 겹쳐질 수가 없다.**

Pasteur는 타르타르산암모늄나트륨($NaO_2-CH(OH)-CH(OH)-COONH_4$)의 결정을 확대경으로 관찰하고, 가시적인(식별 가능한) 대장성이 존재하는 것을 발견하였다. 그는 외관상의 대장성을 기본으로 하여 결정을 단순히 2개 부분으로 분리할 수 있었다. 이들의 결정은 수용액이 되었을 때도 대장성을 나타내는 것이 간단한 편광계를 사용하여 밝혀졌으며, 결정도 **분자**도 서로 겹쳐질 수 없음이 확인되었다.

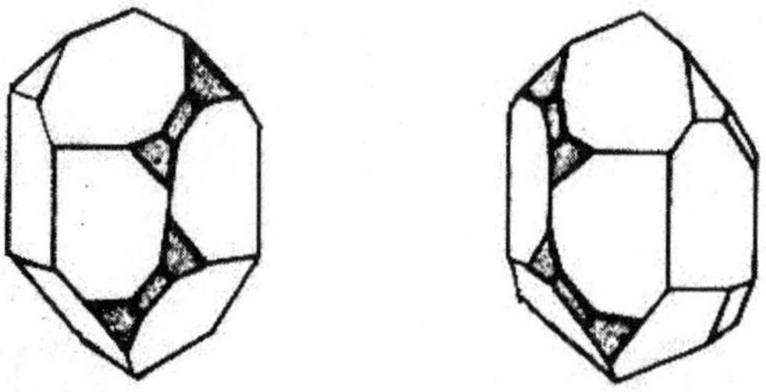

그림 12-2 반면상인 석영결정

12-2 편광계

광학이성체를 정성적으로 검출하며, 또한 정량적으로 분석하는 수단을, 처음에 설명하는 것이 적당하리라고 생각된다. 광학이성체를 연구하기 위해서는, 검출하는 것이 필요하다. 아래에 표시한 편광계와 같은 장치는, 문제로 취급하고 있는 분자의 광학적 성질을 **만들어 내는 것이 아니고**, 단순히 이것을 밝히는 것뿐이다.

빛의 진동방향이 하나의 방향으로 고정되어 있는 것을 **면편광**(plane poralized light)이라고 말한다. 이 편광은 보통의 빛을 탄산칼슘의 1결정형인 방해석(calcite)을 간단히 통과시킴으로써 얻어진다. 만일 이 편광이 단일의 석영결정을 통과하면, 결정으로부터 나올 때는 편광면이 오른쪽 혹은 왼쪽으로 회전하고 있는 것을 알 수 있다(**그림 12-3**). 만일 어떤 석영결정이 빛을 오른쪽으로 회전한다고 하면, 이것과 거울상의 관계에 있는 결정은 왼쪽으로 회전한다. 단일의 석영결정이 면편광을 회전시키면 이와 마찬가지로, 단일의 광학이성체를 함유하는 용액도 또한 면편광을 회전시킨다. 어떤 분자의 2가지의 광학이성체에서의 물리적인 성질의 차이는, 이성체가 면편광을 회전시키는 **방향**뿐이다. 이 회전의 정도는 똑같다. 이 면편광을 회전시키는 능력을 **광학활성**(optical activity)이라고 말한다.

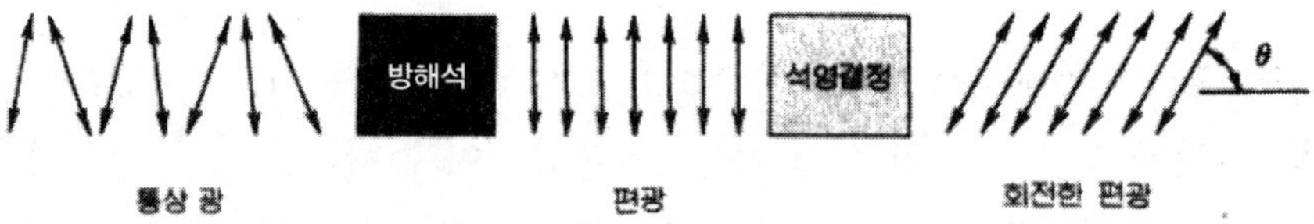

그림 12-3 편광과 광의 회전의 모형도

용액에 있어서 이 회전의 방향을 정성적으로 측정하고, 또한 그 정도를 정량적으로 측정하는데 사용하는 장치를 **편광계**(polarimeter, **그림 12-4**)라고 말한다. 램프는 특정파장의 발광원으로서, 나트륨의 D-선(5893Å)이 보통 이용된다. 편광판과 분광판은 2편이 시판되고 있는 편광유리 혹은 플라스틱판과 유사하며, 1평면에 분극한 편광만을 가장 잘 투과시킨다. 기지의 길이(보통은 10cm)의 시료관을 읽기 전에 일정 온도로 유지한다. 만일 분광판이 시계회전(우회전)의 방향으로 투과도가 최고로 된 경우, 이것을 습관상 **우선성**(dextrorotatory) 혹은 (+), 분광판을 좌회전한 경우를 **좌선성**(levorotatory) 혹은 (−)로 정하고 있다.

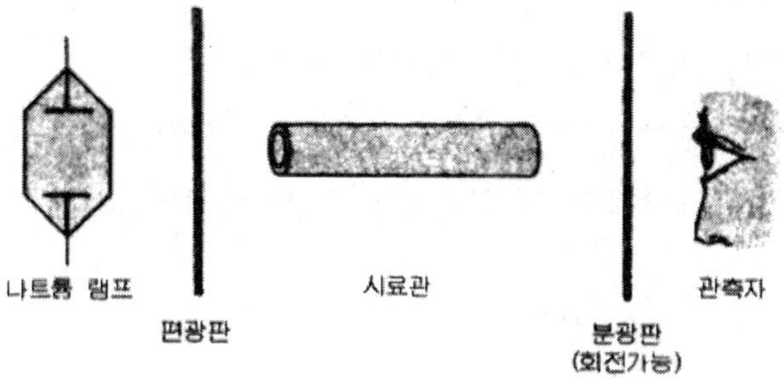

그림 12-4 편광계의 모형도

12-3 편광성의 측정

α로서 표시되는 **비선광도**(specific rotation)는 어떤 광학이성체 고유의 물리적 성질로서, 빛의 **파장** λ, **온도** T, 사용한 **용매** 및 측정을 행하였을 때의 **농도** c에 의존한다. 실측되는 선광도 a는 비선광도와 다음과 같은 관계가 있다.
용액에 대해서

$$[\alpha]_{\lambda}^{T^{\circ}} = \frac{100 \cdot a}{1(\text{cm}/10) \cdot c(\text{g}/100\text{m}l\,\text{용액})}$$

여기서, $[\alpha]_{D}^{25} = -30^{\circ}$ (0.1, 수 중)의 의미는, 25℃에서 나트륨의 D선을 사용했을 때의 비선광도 α가, 100mℓ 중 0.1g의 수용액에서 측정했을 때, 30° 좌회전하고 있는 것을 의미한다. 선광성은 때로는 유기용매 중, 혹은 산 또는 염기를 함유하는 용액 중에서 측정한다. 비선광도를 표시할 때는, 용매에 의해서 회전의 부호가 변할 가능성도 있기 때문에 용매 혹은 용액을 부기하지 않으면 안 된다. 광학이성체는 각각으로 분리된 경우에만 면편광을 회전시킨다. 광학불활성인 분자, 즉 거울상과 겹쳐질 수 있는 물질 또는 어떤 물질의 2가지 광학이성체의 1 : 1혼합물은 회전을 발생하지 않는다.

12-4 아미노산을 예로 한 일반용어

천연에 있는 거의 모든 아미노산[RCH(NH_2)COOH]은 광학이성질의 예에 상당하지만, 단, 천연에는 한쪽의 이성체만이 많다. 알라닌[CH_3-C*H(NH_2)-COOH]은 광학활성인 가장 간단한 아미노산이다. 이것은 4가지의 **다른 치환기**를 갖는 탄소, 즉 비대칭탄소(*표시)를 1개 가지고 있다. 이것은 광학활성을 나타내기 위한 하나의 조건이다. 다른 조건에 대해서는 본장의 후반에서 설명한다. 비대칭탄소에 의한 광학활성을 논하는 경우에는, 비대칭탄소를 * 표시로서 표지하는 것이 때로는 편리하다.

알라닌의 이 2가지 이성체는, 평면편광을 회전하는 **방향**을 제외하고는 똑같은 물리적 성질을 갖는다. 순수한 이성체의 회전의 정도 또는 크기도 같다.

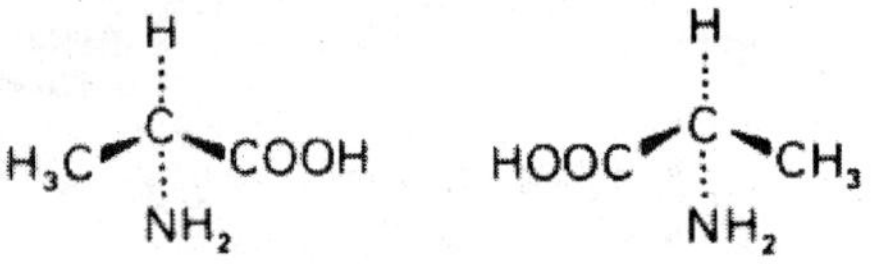

이 2가지 이성체의 등량혼합물을 **라세미화합물**(racemate), **라세미혼합물**(racemic mixture) 혹은 D,L-쌍(D,L-pair†)이라고 말한다. 라세미화합물은 또한 다른 이성체로서, 이것을 구성하고 있는 각각의 이성체와는 다른 물리적 성질을 나타내지만, 이 교과서에서는 생략한다. 예를 들면 D- 및 L-알라닌의 비중은 1.401g/mℓ이지만, 라세미화합물은 1.424를 나타낸다. 어떤 1쌍의 광학활성인 이성체를 거울상 이성체(enantiomers) 또는 광학적 대장체(optical antipodes)라고도 말한다.

이 2가지의 형태를 3차원으로 나타낼 수 있지만, 어떤 이성체가 빛을 오른쪽(혹은 왼쪽)으로 회전시키는지에 대해서는 아직 해결되지 않았다. 2종류의 이성체 간에는 상대적인 입체배치가 존재한다. **절대배치(absolute configuration)**를 규정하기 위하여 **표준물질**에 대해서 공통인 약속을 하지 않으면 안 된다.

12-5 절대배치

글리세르알데히드(CHO-*CHOH-CH_2OH)는 단 1개의 비대칭탄소원자를 가지고 있다. 1891년에 Emil Fischer는 정의 회전을 나타내는 이성체를 임의대로 아래와 같이 절대배치라고 지정하였다.

† 이전에는 소문자 d 및 ℓ 을 사용해서 이성체의 편광성을 표시했지만, 본 교과서에서는 이 낡은 표기법은 사용하지 않는다.

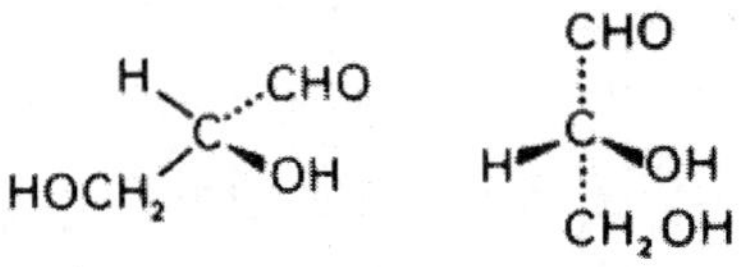

D(+)-glyceraldehyde

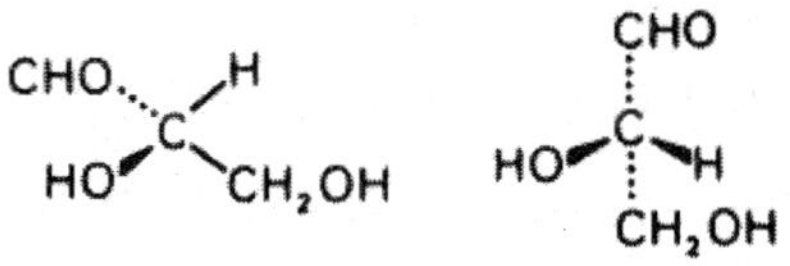

L(−)-glyceraldehyde

이 임의의 지정은 1951년에 X−선회절의 수단으로 사실로서 증명되었다. 이 Fischer의 지정이 정확했었던 것은 대단한 행운이었다. 왜냐 하면, D−(+)−글리세르알데히드에 관련하여 결정된 많은 화합물의 절대배치도 정확하게 지정된 것을 의미하기 때문이다. (+) 및 (−)의 부호는 회전의 **방향**을 나타내는 데 사용되고 있으며, D 및 L의 문자는 그 화합물의 절대배치를 나타낸다. **선광도의 부호와 절대배치간에는 반드시 일반적인 관계를 가질 필요는 없다.** 예를 들면, D(−) 및 L(+)형의 광학이성체의 조합이 다수 알려져 있다.

12-6 Cahn-Ingold-Prelog의 규약

비대칭중심의 절대배치를 표기하는 또 하나의 방법으로서 **Cahn−Ingold−Prelog의 규약**이라고 하는 것도 일반적으로 사용되고 있다. 이 방법에서는 탄소원자 C상에 위치하는 치환기 A, B, D, E의 서로의 순서를 표시한다. 가장 순서가 낮은 치환기(E)의 반대쪽으로부터 탄소원자의 사면체의 배열을 바라보았다고 하면, 만일 A→B→D의 순서가 시계회전의 경우, 부호는 R(라틴어에서 rectus는 직선 혹은 오른쪽의 뜻)이며, 또한 A→B→D의 순서가 반시계회전의 경우, 부호는 S(라틴어에서 sinister는 왼쪽의 뜻)로 표기하고 있다.

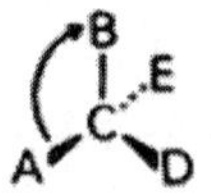

A→B→D 는 시계 회전이기 때문에, R

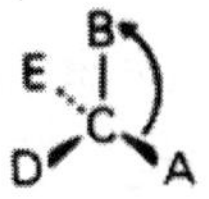

A→B→D 는 반시계회전이기 때문에, S

치환기 A, B, D, E는 각각 우선순위를 갖는다. A는 **가장 큰 원자번호**의 기준에서 제1위의 것으로 정한다. 따라서 할로겐에서는 I, Br, Cl, F의 순서이다. 만일 치환기가 **원자군**을 함유할 때, 가장 우선하는 치환기는 **최고의 원자번호**를 갖는 원자가 비대칭탄소에 직접 결합하고 있는 군으로 된다. 예를 들면, 치환기가 CH_3, OH, NH_2의 경우, 우선순위는(원자번호를 기준으로 하여) OH, NH_2, CH_3로 된다. 만일 2가지 혹은 3가지의 치환기로서, 비대칭탄소와 직접 결합하고 있는 원자가 같은 경우, 우선순위는 비대칭탄소로부터 보아 **2번째**의 원자, 혹은 원자군의 합을 기준으로 한다. 즉 $-COOH$와 $-CHO$의 상대적인 우선순위는, 처음이 $-COOH$이고, 그 다음이 $-CHO$가 된다. 더욱 복잡한 경우, 이 우선순위를 결정하기 위해서는 비대칭탄소를 원점으로 하고 계속해서 위의 조작을 지속시키지 않으면 안 된다.

D,L-표기법에서는 각종의 장점이 있으며, 또한 R, S의 규약은 지금까지 극히 일반적으로 받아들여지고 있다고는 할 수 없기 때문에, 본서에서는 이 방법은 이후 사용하지 않는다.

12-7 Fischer의 투영법

비대칭탄소를 1개밖에 갖지 않는 분자를 종이 위에 표시하는 것은 비교적 용이하다. 그러나 더욱 복잡한 분자에서는 3차원적인 것의 표현이 곤란하게 된다. 여러 개의 비대칭탄소를 갖는 분자의 2차원적 표현에 있어서, 사면체형의 그림, 또는 이들로부터 도입된 Fischer 투영법의 어느 것을 사용할 수가 있다. 사면체형의 그림에서는 사면체의 중심에 탄소를 두고, 치환기를 각각 꼭지점에 배치한 것이며, 또한 Fischer 투영법에서는 탄소사슬(지면의 후방)을 직선으로 표시하고, 치환기(지면으로부터 나와 있다)를 수평인 선의 양쪽 말단에 둔다. 수직인 선과 수평선의 교점은 사슬의 탄소원자를 나타낸다.

예를 들면, 탄소 4개를 갖는 당($CHO-C^*HOH-C^*HOH-CH_2OH$)을 **표 12-2**에 표시하였다. 사면체형의 표시방법에서는 C_2와 C_3는 볼 수 없지만, 각각 2개의 사면체의 중심에 위치하고 있다. 이들 화합물의 Fischer투영법에서는, 역시 **표 12-2** 에 표시한 바와 같이, 간단하게 치환기만을 표시하고, 교점을 C_2 및 C_3로 생각한다.

표 12-2 4탄당의 표시방법

사면체형 표현 :

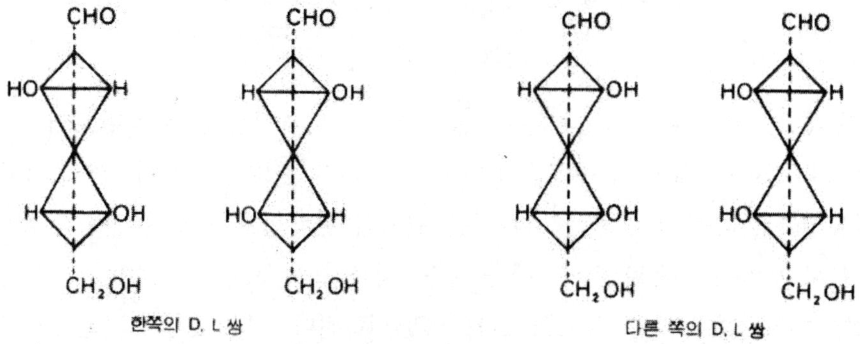
CHO
HO
H
OH
CH₂OH
한쪽의 D, L 쌍
다른 쪽의 D, L 쌍

Fischer 투영법 :

예를 들면 2가지의 투영도를 비교하고 싶다고 하자. 즉 (a)와 (b)는 동일의 이성체를 표시하고 있는가? 혹은 D, L쌍인가?

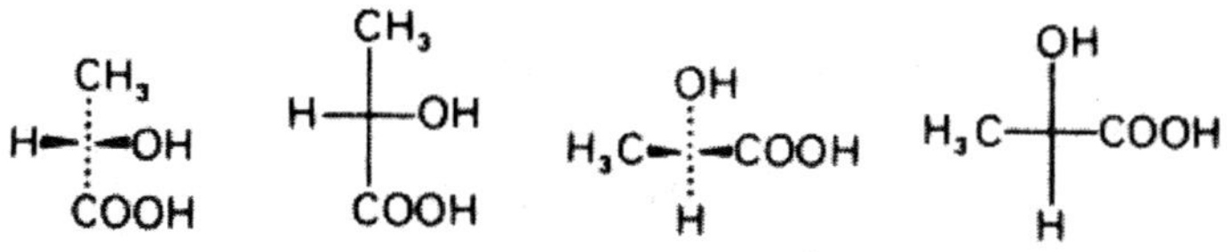

(a) (a) (b) (b)

(a) 및 (b)에서는 수직선상의 치환기는 지면의 후방에 있으며, 수평선상의 것은 지면의 전방에 있는 것과 같은 투영인 것에 주의할 것. 이 교과서에서는, 위의 질문에 답하기 위하여 **순열의 규약**을 사용하기로 한다. 2가지의 치환기를 1번만 교환하면, 위의 규약에서는 입체배치의 반전을 의미한다. 또한 교환을 2번 행하면, 그 결과가 다른 표시 방법이 된다라고 해도 전과 같은 입체배치로 된다. 이 규약으로부터, 각각의 광학이성체는 12가지의 다른 표시방법을 지니며, 또한 그 거울상 이성체도 12가지로서 표시되는 것에 주의할 것. 짝수가 아닌 회수의 교환은 아마 1개의 이성체를 그 거울상 이성체로 변환할 수 있다. 여기서 (b)에 대해서 다음의 2가지 교환을 행하여 그 결과를 검토해 보기로 하자. (1)$-CH_3$와 $-OH$의 교환, 및 (2)$-H$와 $-COOH$의 교환, 결과는 (c)로서, (a)의 거울상 이성이며, 따라서 (a)와 (b)는 D, L쌍이다.

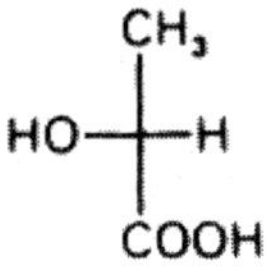

(c)

아래에 표시한 각쌍의 관계를 나타내어라.

1.

H
HO
CH_2OH
CHO
및
CH_2OH
HO
H
CHO

2
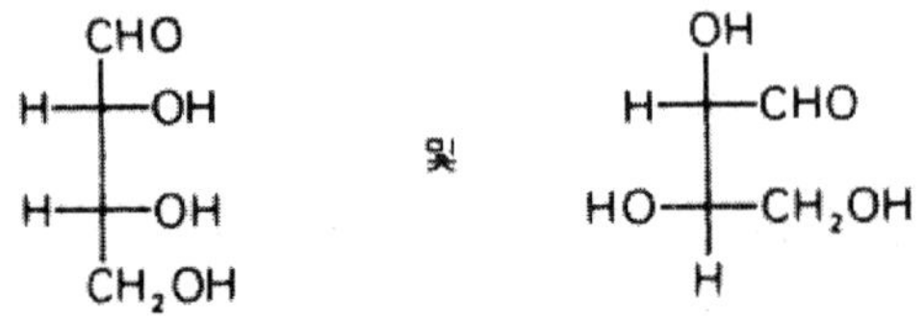
CHO
H
OH
H
OH
CH_2OH
및
OH
H
CHO
HO
CH_2OH
H

12-8 2개 이상의 다른 비대칭탄소를 갖는 화합물

타르타르산[HOOC−CH(OH)−CH(OH)−COOH]에는 2개의 **같은** 비대칭탄소원자가 존재한다. 즉, C_2 및 C_3는 모두 −H, −OH, −COOH, −CH(OH)−COOH의 각 치환기를 가지고 있다. 이 중에서 한쪽의 카르복실기를 소듐염(NaOO$_1$C−C$_2$H(OH)−C$_3$H(OH)−C$_4$OOH)으로 바꾸면, 2개의 **다른** 비대칭탄소를 갖는 구조로 된다. 즉, C_2는 −H, −OH, −COONa, −CH(OH)−COOH이며, 한편 C_3는 −H, −OH, −COOH, −CH(OH)COONa를 갖는다.

12−7절에서 당의 예로서 표시한 바와 같이, 2개의 **다른** 비대칭탄소원자를 갖는 분자는 4가지의 이성체로서 존재가 가능하다. 일반적으로, n개의 다른 비대칭탄소를 갖는 분자는 2n개의 이성체를 가지며, 2n/2종류의 D,L쌍이 가능하다.

탄소 5개를 갖는 당(CHO−CHOH−CHOH−CHOH−CH$_2$OH)에 대한 구조(Fischer 투영)를 모두 써라. 약속으로서, 당에서는 −CHO기를 상단에, −CH$_2$OH기를 하단에 표시하는데 주의(12−7절)하여라.

12-9 같은 비대칭탄소원자를 갖는 화합물

같은 비대칭탄소원자를 갖는 분자에는 $2^n/2$종류보다 적은 광학이성체가 존재한다. 이들의 동일 비대칭중심은 광학적으로 불활성인 메소(meso)이성체를 생성한다. 타르타르산은 분자 내에 2개의 **같은** 비대칭탄소를 갖는 하나의 예이다. 각각의 비대칭탄소는 같은,

4개의 치환기 –H, –OH, –COOH, –CH(OH)COOH를 갖는다. 광학활성인 이성체에 있어서는 그 거울상 이성체와 겹쳐질 수 있는 것과 같은 입체형태는 존재하지 않는다. 그러나 메소이성체에는 이와 같은 입체형태가 존재한다. 메소이성체에는 대칭면이 존재하기 때문에, 평면편광은 이 분자와의 상호작용으로 진짜 zero(0)의 회전으로 된다. 광학불활성에 대한 또 하나의 설명은, 이 분자는 D 및 L의 입체형태를 갖는 탄소원자를 같은 수 가지고 있다.

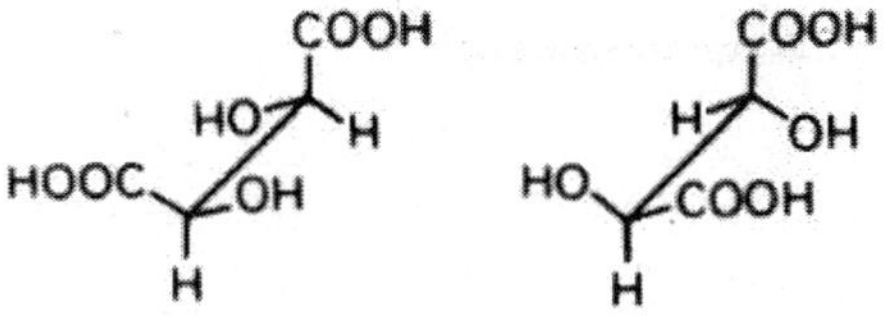

D, L 쌍

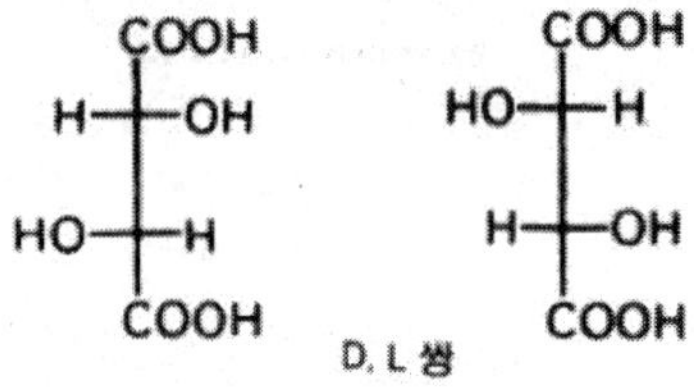

D, L 쌍

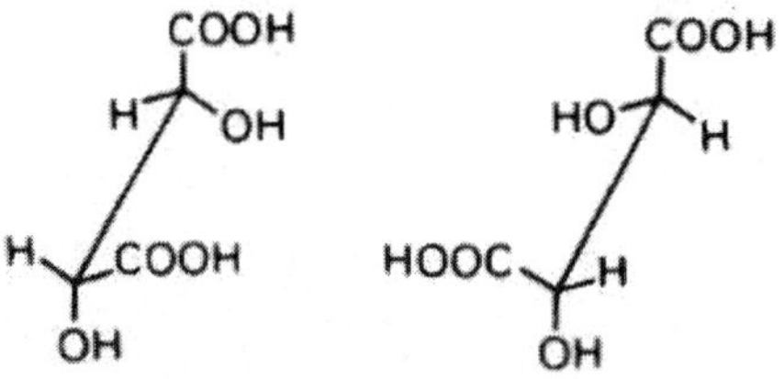

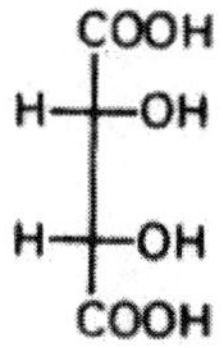

메소 이성체
2가지의 입체형태

요약하면, 유기화학에는 **예외가 없는** 2가지의 규칙이 존재한다(그리고 유기화학에서는 이와 같은 규칙은 극히 드물다).

1. **분자가 만일 그 거울상과 겹쳐질 수가 없는 경우, 이것은 D, L 형으로서 존재할 수 있다. 역도 또한 사실이다.**
2. **만일 분자 내에 대칭점 혹은 대칭면이 존재하면, 이 분자는 광학적으로 불활성인 형이며, 따라서 그 거울상과 동일하다. 역도 또한 사실이다.**

분자가 광학활성인지 아닌지를 분별하는 쉬운 방법은 대칭점, 혹은 대칭면을 찾아내는 것이다. 본질적인 정의는, 그 분자와 거울상이 겹쳐지는지 어떤지라고 하는 점을 잊지 않을 것. 대칭성의 예를 몇 가지 **표 12–3**에 표시하였다.

12-10 당을 예로 한 다른 용어의 설명

탄소 5개를 갖는 당의 일반식(CHO–*CHOH–*CHOH–*CHOH–CH_2OH)은 분자 내에 3개의 **다른** 비대칭탄소의 존재를 나타내며, 따라서 2^3, 즉 4종류의 D,L쌍을 이루는

8종류의 광학이성체가 가능하다. 이들을 **표 12-4**에 표시하였다. 이 표에서는 각각의 이성체를 적당하게 알파벳으로 표시하여, D,L쌍으로 정리하였다.

표 12-3 분자 대칭성의 예

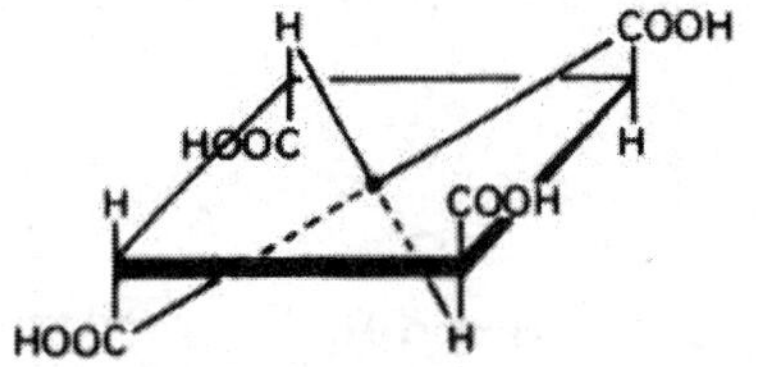
H
COOH
HOOC
H
COOH
H
HOOC
H

고리중앙의 대칭점. 즉 고리의 중심으로 부터 2방향으로 직선을 그으면, 같은 원자 혹은 원자단이 직선의 양쪽 말단에 위치하고 있다.

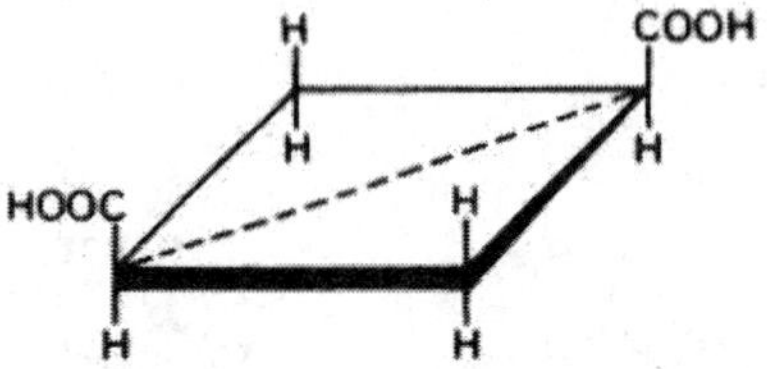
H
COOH
H
H
HOOC
H
H
H

대칭면(더욱 위에 표시한 면과 직교하는 또 하나의 대칭면이 있다)

고리와 직교하는 다수의 대칭면이 존재하며 또한 분자를 함유하는 면도 같다.

표 12-4 알도펜토스

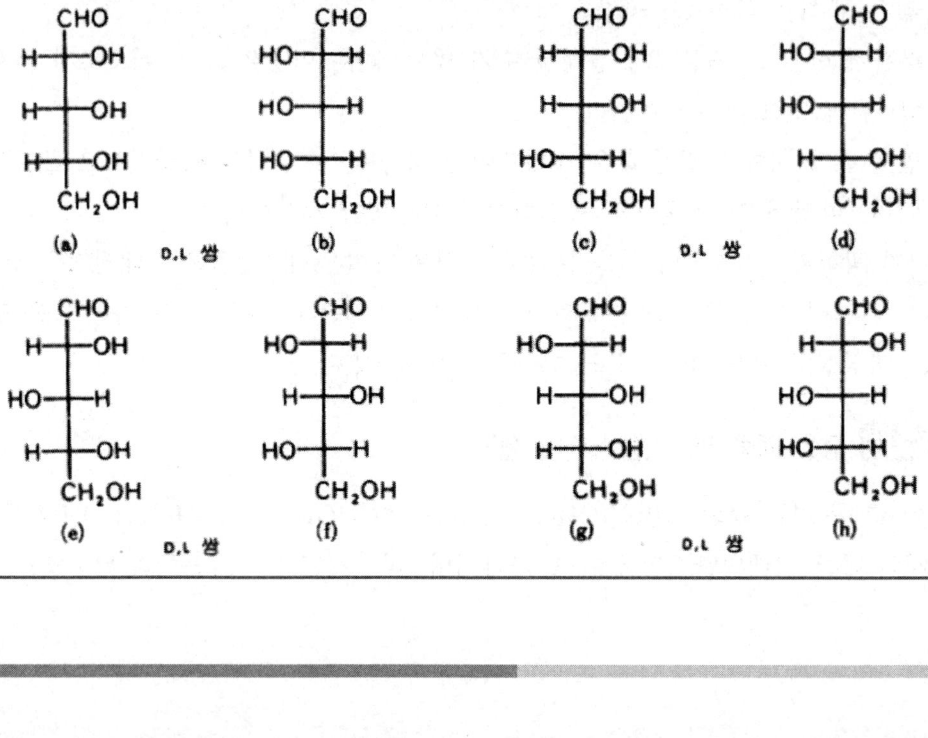
(a)
D,L 쌍
(b)
(c)
D,L 쌍
(d)
(e)
D,L 쌍
(f)
(g)
D,L 쌍
(h)

(a)와 (b), (c)와 (d), (e)와 (f), (g)와 (h)와 같이 서로 거울상의 관계에 있는 것을 **광학적 대장체**(optical antipodes), 혹은 **거울상 이성체**(enantiomers)라고 말한다. 몇 개의 가능한 활성중심 중에서 한 곳의 입체형태만이 다른 이성체를 **에피머**(epimers)라고 말한다. 다음의 것은 서로 에피머이다 : (a)와 (c)는 C_4 위치에서의 에피머, (a)와 (g)는 C_2위치에서의 에피머, (d)와 (g)는 C_3위치에서의 에피머··· 등이다.

어떤 화합물의 광학이성체에서, 서로 거울상의 관계가 아니고, 또한 같지 않은 것을 **디아스테레오머**(diastereomers) 혹은 **디아스테레오 이성체** (diastereoisomers)라고 말한다. (a)와 (c), (b)와 (c), (a)와 (d) 등은 서로 디아스테레오머이다. **모든 에피머는 디아스테레오머이다. 그러나 모든 디아스테레오머는 에피머가 아니다. 에피머는 디아스테레오머의 특별한 경우이다.**

02 광학분할과 라세미화

프로판산을 브롬과 적인으로 브롬화하면 몇 종류의 이성체가 얻어질까?

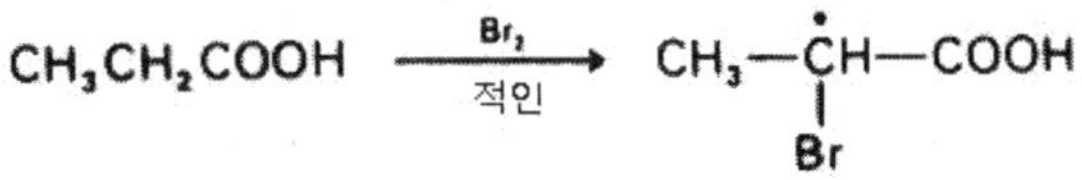

비대칭탄소가 1개 생성했기 때문에, 반응혼합물인 라세미체는 D 및 L이성체로 분할되는 가능성을 갖는다.

적어도 1개의 시약이 광학활성이든지, 혹은 D- 또는 L-석영과 같은 어떠한 광학활성 물질의 영향이 있는 조건에서 반응하지 않는 한, 단순한 화학반응에서 광학활성인 생성물을 생성하지 않는다. D 및 L이성체의 물리적 성질은 편광성의 부호를 제외하고 완전히 같기 때문에, 이 2개의 이성체는 다른 어떤 비대칭요소의 개입 없이는 분리할 수 없다. **광학불활성인 것으로부터 출발하여 광학불활성인 "외적조건"으로 얻어진 생성물은, 라세미혼합물이 아니면 안 되고, 순수한 D 혹은 순수한 L이성체일 수는 없다.**

라세미혼합물을 구성성분의 광학활성인 이성체로 분리하는 것을 **(광학)분할**이라고 말한다. 유기화학반응에서는 새로운 비대칭 중심이 생기는 것은 극히 일반적이기 때문에 문제는, 어떻게 해서 이와 같은 라세미혼합물을 분리할 수 있을까? 하는 것이다. 현재 사용되는 분할 수단의 원리는 100년 이전에 Pasteur에 의하여 모두 발견된 것이다. 이들의 방법은 수정을 받고, 개선되어 현재의 것으로 되었다.

12-11 기계적인 분리

손에 의한 선별은 결정 전체 구조의 비대칭성에 의존하기 때문에, 신뢰할 수 있는 분리법이 아니다. 라세미혼합물이 자연히, 2종류의 이성체가 각각 독립되도록 결정화되는 것은 거의 일어나지 않는다. 그럼에도 불구하고, 이와 같은 방법으로의 분할이 몇 가지 알려져 있다.

12-12 디아스테레오이성의 염 또는 유도체의 생성

광학분할의 가장 일반적인 방법은, D,L쌍과 미리 분할한 화합물을 반응시켜서 2종류의 디아스테레오이성체를 제조하는 것이다. 카르복실산의 라세미혼합물은, 신코닌, 퀴닌, 브루신 혹은 스트리크닌(**표 12-5** 참조)과 같이 광학적으로 순수한 천연의 염기와 처리하여 분할을 행하는 알맞은 대상이다. 이들의 산은 유기염기의 질소원자상의 비공유전자쌍과 염을 형성한다.

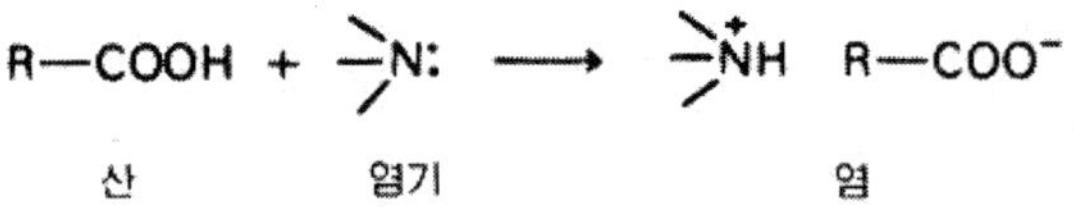
R—COOH
N:
NH
R—COO⁻
산
염기
염

표 12-5 라세미산의 광학분할에 사용되는 천연염기

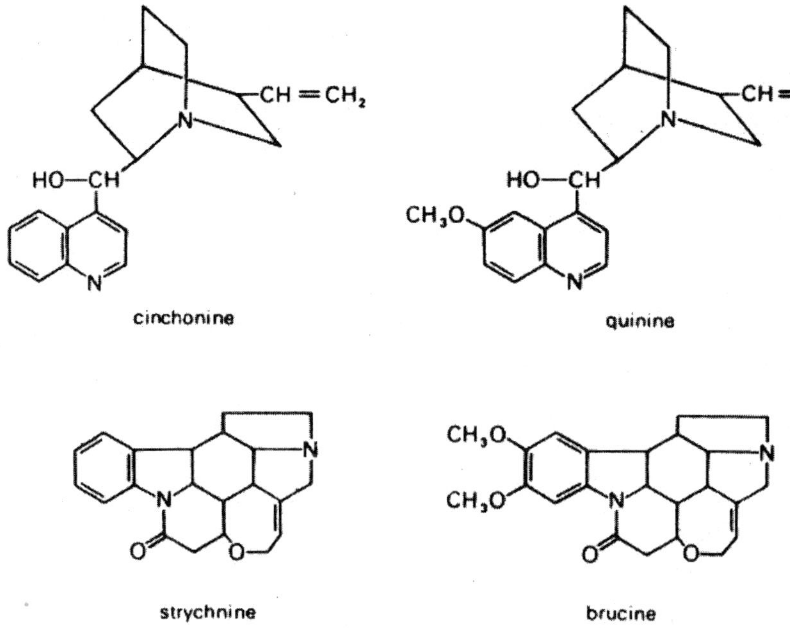
CH=CH₂
N
HO—CH
N
cinchonine
CH=CH₂
N
HO—CH
CH₃O
N
quinine
N
N
O
O
strychnine
CH₃O
CH₃O
N
N
O
O
brucine

이 과정에서 생성한 염들은 다른 성질을 가지며, 특히 각종의 순수한, 혹은 혼합용매에 대한 용해도가 다르다. 일반적으로 한쪽의 염은 다른 쪽의 염보다 용해하기 쉬우며, 따라서 분리가 가능하게 된다. 이 염을 HCl 혹은 H_2SO_4로서 분해하면 광학이성체가 얻어진다.

D, L 산 (라세미 혼합물) + L 염기 (천연으로부터) ⟶ D산 · L 염기의 염 / L산 · L염기의 염 (디아스테레오 이성체의 혼합물)

분별재결정에 의한 분리 ⟶ D산 · L염기의 염 —(묽은 HCl)⟶ D산
분별재결정에 의한 분리 ⟶ L산 · L염기의 염 —(묽은 HCl)⟶ L산
\+ L염기 · HCl

산 또는 염기 이외의 화합물은, 산성 혹은 염기성유도체로 변할 수 있기 때문에, 이것을 위에서 설명한 방법으로 분할하고, 그 후에 비대칭중심을 침입하지 않는 시약으로 원래의 물질을 재생시키는 것은 가능하리라고 믿는다. 예를 들면 알코올류는 프탈산 또는 숙신산 반에스테르를 거쳐 분할할 수 있다. 분할한 반에스테르를 가수분해하면 광학적으로 순수한 알코올이 얻어진다.

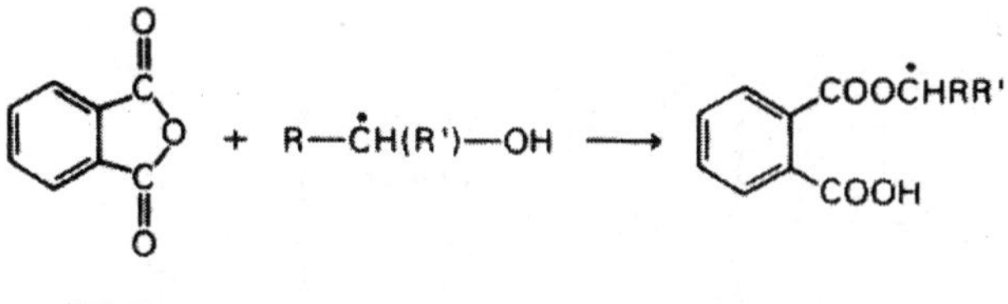

R—C•H(R')—OH
COOC•HRR'
COOH

phthalic anhydride — D,L alcohol — D,L phthalate half ester

디아스테레오이성체의 분리는 일반적이지만, 이것은 곤란한 점이 많다. 예를 들면, 기름상태의 잔사로부터 결정성물질로서 목적의 화합물을 얻는 것은 거의 불가능하리라고 생각된다. 또한 디아스테레오머간의 용해성의 차가 너무 작아 분리할 수 없는 경우도 있다. 최후에 용해도가 작은 디아스테레오머는 이 방법으로 순수하게 얻어졌다 해도, 다른 한쪽의 거울상 이성체를 얻기 위해서는, 다른 분할시약을 사용하여 전조작을 다시 한번 반복할 필요가 있다.

12-13 효소적 분할

예를 들면 어떤 대사산물의 D, L 혼합물의 존재하에 미생물을 성장시켜서, 분할을 행한

예도 있다. 가끔 이성체의 한쪽만이 소비되고 다른 쪽은 그대로 남는다. Pasteur는 타르타르산암모늄의 D,L체의 희박용액을 **Penicillium glaucum**으로 처리하면 L이성체보다도 D이성체가 빠르게 분해되는 것을 발견하였다. 이와 같은 변환은, 광학활성의 단백질촉매인 효소를 사용하여 행할 수도 있다. 이 방법의 결점은, 일반적으로 한쪽의 이성체는 분해되든지 혹은 다른 것으로 변환되기 때문에 취할 수가 없으며, 이것을 얻기 위해서는 다른 계 또는 다른 방법을 사용하지 않으면 안 된다.

이 형식의 효소촉매에 의한 변환은 생물학적 계에 있어서는 상당히 중요한 것이다. 실제로 효소는 대칭이며, 광학불활성인 분자를 광학활성을 나타내는 것과 같은 분자로 변환시키는 것을 돕는 능력을 가지고 있다.

12-14 라세미화

단일의 광학이성체가 D,L혼합물, 혹은 라세미체로 변환되는 과정을 **라세미화**라고 말한다. 다수의 광학대장체가, 가열 또는 간단히 용액으로서 방치하는 것만으로, 이와 같은 반전, 다시 말하면 라세미화를 일으킨다.

라세미화의 보편적인 원인의 하나는 비대칭중심에서의 엔올화이다. 예를 들면, 다음과 같은 케톤이 분할되었다고 하자.

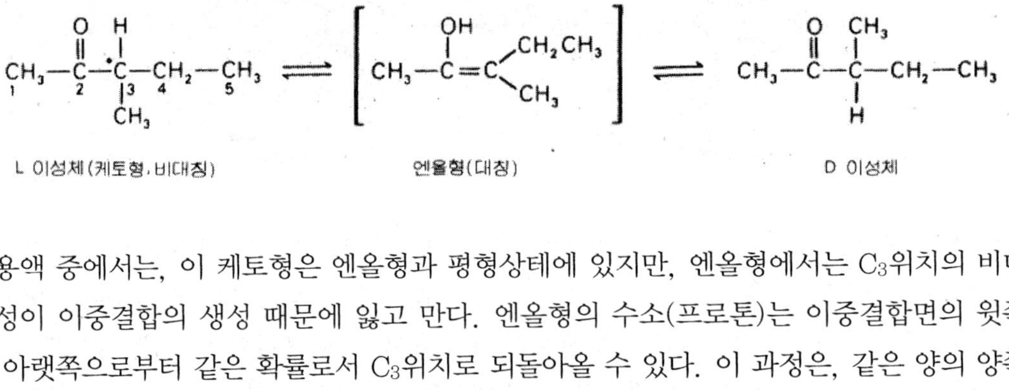

L 이성체(케토형, 비대칭) 엔올형(대칭) D 이성체

용액 중에서는, 이 케토형은 엔올형과 평형상태에 있지만, 엔올형에서는 C_3위치의 비대칭성이 이중결합의 생성 때문에 잃고 만다. 엔올형의 수소(프로톤)는 이중결합면의 윗쪽과 아랫쪽으로부터 같은 확률로서 C_3위치로 되돌아올 수 있다. 이 과정은, 같은 양의 양쪽의 이성체를 가져오며, 따라서 라세미혼합물로 된다. **어떠한 과정에서도 광학이성체의 비대칭성을 잃게 하는 것은 라세미화를 가져온다.**

03 시클로알칸의 광학활성

12-15 일반적 고찰

가능한 입체이성체의 수를 손쉽게 결정하기 위하여, 분자를 일반적인 몇 개 그룹으로 분류하는 것은 편리하다고 생각된다. 모든 경우에 있어서, 원칙적인 기준이 적용된다. **거울상 이성체와 겹쳐질 수 없는 분자는 광학활성이다.** 앞의 절에서 이미 고찰한 제 1 그룹의 화합물은 **비대칭탄소원자**를 갖는 것이다. 본절에서는 **치환기를 갖는 환상알칸**을 취급하며, 이것도 비대칭탄소를 가지고 있다. 이와 같은 분류는 본장의 뒷부분에서의 **알렌** 또는 **혼잡된 분자**까지 취급하면, 약간 작위적인 것이지만, 존재할 수 있는 대칭성의 요소를 결정하는 도움이 된다. 만일 대칭요소가 존재하면 그 분자는 광학활성이 존재할 수 없다는 것을 상기할 것.

시클로프로판(아마 시클로부탄도)을 제외하고, 모든 시클로알칸은 비평면적인 입체형태를 취하고 있다는 것을 이미 설명했지만, 실온에서는 이들의 입체형태는 열운동적인 평형에 있으며, 가능한 광학이성체의 수를 산출할 목적으로는, 이들 고리의 탄소가 평면상에 있다고 생각해도 지장은 없다. 이 가정은 산출 과정을 상당히 단순화한다. 예를 들면, 시클로헥산의 우위인 입체형태는 의자형이지만, 그럼에도 불구하고 실온에서의 고리의 반전이 빠르기 때문에, 시간평균에 있어서 6개의 탄소의 위치는 하나의 평면을 규정한다.

12-16 치환기를 갖는 C_3로부터 C_6시클로알칸의 구체예

최초로 1,2-디브로모시클로프로판을 생각해 보자. 3종류의 가능한 이성체가 있다. 즉 메소형(광학불활성)인 시스 및 D,L쌍을 구성하는 트란스이다.

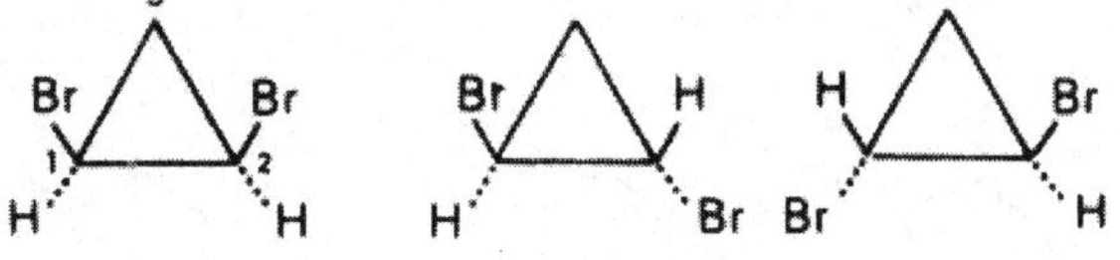

시스 : 메소　　　　트란스 : D,L 쌍

시스이성체에는 C_1–C_2결합의 중앙을 통과하고, C_3 및 이것 위의 수소원자를 둘로 나누는 대칭면이 존재하는 것에 주목할 것.

이 교과서에서는, **표 12-6**과 같은 4개의 란의 표를 사용하여 화합물, 입체이성체의 총수, 광학활성체의 수(각각의 이성체를 한번만 센다) 및 최후에 그 이성체의 간단한 기재라고 하는 방식으로 입체이성체를 보아가기로 한다. 일반적으로 각각의 이성체를 쓰든지, 될 수 있으면 모형을 만들어서, 그것이 대칭요소를 가지고 있는지 어떤지를 확실히 이해하는 것은, 제군에게 있어서 큰 도움이 된다.

1. 1,2,3-트리브로모시클로프로판의 모든 이성체를 표기하여라. 치환기를 갖는 시클로알칸의 모든 가능한 조합을 찾아내기 위하여, 처음에 상, 즉 면의 위쪽에 치환기가 없는 것을 생각하고, 계속해서 1개 치환기만 위에 있는 것, 2개의 치환기가 위에 있는 것 등으로 진행할 것을 권장한다. 단, 본문의 경우에는 1개가 상(2개가 하)의 것은 2개가 상(1개가 하)과 같은 것에 주의할 것.
2. 디브로모디클로로시클로부탄의 **모든** 이성체를 표기하여라. 이 지식을 **표 12-6**의 형식으로 정리하여라. 어떤 1개의 탄소상에 2개의 할로겐을 두는 것에 주의하여라.

모든 디클로로시클로펜탄을 써서 입체화학을 검토하는 문제를 생각해 보자. 1개의 염소원자를 5개의 등가인 탄소상의 어느 곳에 두고, 제 2의 염소에 대해서 몇 개의 다른 장소가 주어질 수 있을지를 묻는 순열과 조합의 프로세스로서 시작할 수 있다.

1. 염소원자 1개를 고리상에 둔다.

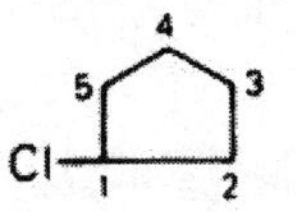

2. 제 2의 염소에 주어지는 장소 : 3개소(C_1, C_2 및 C_3). C_2는 C_5와, 또는 C_3는 C_4와 같은 것에 주의. 이 1,1-이성체는 가능한 유일의 구조이기 때문에, 메소라고 말하는 것보다는 오히려 불활성이라고 규정한다.

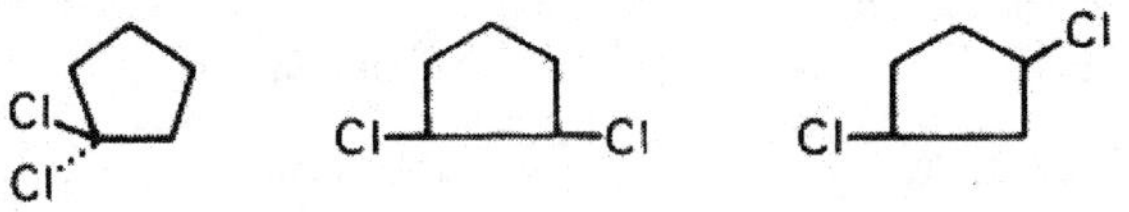

1,1 이성체 1,2 이성체 1,3 이성체

3. 2항에서 표시한 화합물은 구조이성체이다. 이 2개의 이성체에 있어서 염소원자의 가능한 상호관계는 어떤 것일까? 이들은 아래의 식으로 표시된다.

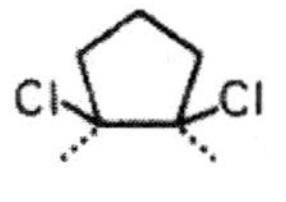

cis-1,2-dichlorocyclopentane
메소

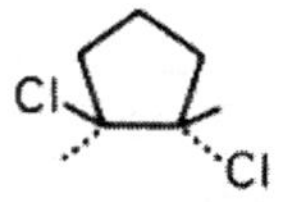

trans-1,2-dichlorocyclopentane
D, L 쌍

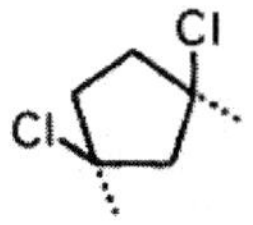

cis-1,3-dichlorocyclopentane
메소

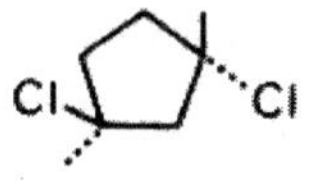

trans-1,3-dichlorocyclopentane
D, L 쌍

4. 표기

화합물	가능한 입체 이성체의 총수	광학활성체의 수	비 고
dichlorocyclopentane	7	4	1,1 이성체 : 불활성 1,2 이성체 : cis-메소 트란스 D,L쌍 1,3 이성체 : cis-메소 트란스 D,L쌍

계수의 과정에서 1,4 이성체는 1,3 이성체와 같으며, 따라서 존재하지 않는 것에 주의할 것. 대부분의 경우와 마찬가지로, 여기서도 화합물의 번호 또는 명명은 중복을 미연에 방지하고 있다.

1. 디클로로시클로펜탄을 설명한 순서를 이용하여, 모든 디메틸시클로헥산을 써라. 시스- 및 트란스-1,4-디메틸시클로헥산에는 C_1HCH_3와 C_4HCH_3를 둘로 나누는 대칭면이 존재하기 때문에, 모두 메소이성체인 것에 주의할 것. 시스이성체에는 또하나의 대칭면이 존재한다.
2. 이노시톨, 즉 1,2,3,4,5,6-헥사하이드록시시클로헥산의 모든 이성체를 써라.
3. 2항에서의 각 이성체에 대한 가장 우위인 입체형태를 표시하라.

표 12-6 1,2-디브로모 및 1,2,3-트리브로모시클로프로판

화합물	가능한 입체 이성체의 총수	광학활성체의 수	비 고
1,2-dibromocyclopropane	3	2	cis: 메소 trans: D,L쌍
1,2,3-tribromocyclopropane	2	0	cis, cis: 메소 cis, trans: 메소

04 쿠물렌의 광학활성

쿠물렌(누적이중결합)은 적어도 1개의 탄소원자가 2개의 이중결합으로 다른 것과 결합하고 있는 화합물이다. 이들의 화합물에서 가장 단순한 것을 **알렌**($R_2C=C=CR_2$)이라고 말한다. 분자궤도법에 의한 알렌의 그림에서는, 양쪽 말단의 탄소원자에 결합하고 있는 치환기가 서로 직교하는 면상에 있는 것을 나타내고 있다(6-2절). 따라서 어떤 종류의 치환알렌(R-CH=C=CH-R)은 광학활성을 나타낸다.

다음의 고위 쿠물렌(R-CH=C=C=CHR)은 말단의 치환기가 동일평면에 있기 때문에 (**그림 12-5**), 시스-트란스이성체로서 존재할 수 있지만, 광학활성을 나타내지 않는다. 알렌 또는 고위 쿠물렌이 홀수개의 누적탄소를 갖고 있을 때, 고려해야 할 대칭요소는 2개의 면, 즉 1개는 C_1 및 그 치환기를 둘로 나누어 C_n과 그 위의 치환기를 포함하는 것, 다른 하나는 C_1 또는 그 치환기를 포함하여 C_n과 그 치환기를 둘로 나눈 것이다. 여기서 C_1 및 C_n은 누적탄소의 말단이다. 만일 어느 쪽의 면이 대칭면으로 되면, 이 분자는 광학불활성이다.

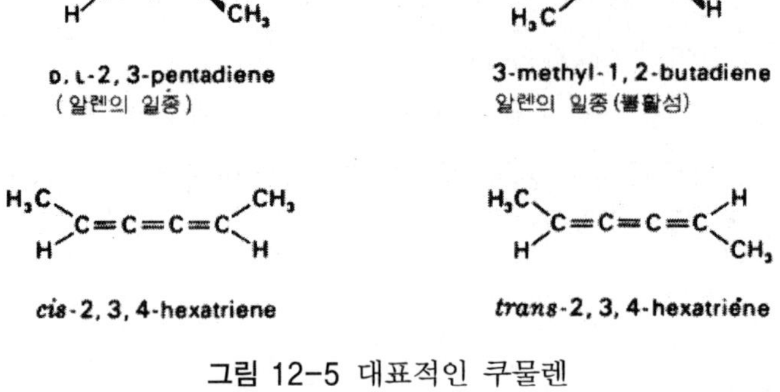
D, L-2, 3-pentadiene
(알렌의 일종)
3-methyl-1, 2-butadiene
알렌의 일종(불활성)
cis-2, 3, 4-hexatriene
trans-2, 3, 4-hexatriene

그림 12-5 대표적인 쿠물렌

05 분자내의 혼잡에 의한 광학활성

12-17 광학활성인 비페닐

비페닐분자의 오르토위치에 있는 부피가 큰 치환기는, 2개의 방향환을 연결하고 있는 결합 주위의 회전을 방해한다. 오르토치환 비페닐유도체는 분자비대칭을 나타내며, 만일 다음의 두 조건을 만족하면 광학활성이다 : (1) 오르토치환기가 자유회전을 방해할 정도 큰 경우, (2) 비페닐의 치환형식이 비대칭일 경우. 2개의 비페닐환은 직교하는 입체형태에 고정되어 있지 않지만, 대칭성을 생각하는 목적으로는 그와 같이 보는 것이 편리하다.

어떠한 치환기가 자유회전을 방해할 만한 크기를 갖는 것일까? 가장 작은 일반적인 치환기 중에서 $-H$, $-F$, $-OH$ 또는 $-OCH_3$는 회전을 **방해하지 않는 것**이 밝혀졌다. 다음의 크기의 치환기는 $-COOH$ 또는 $-NO_2$로서 회전을 방해하지만, 그 용액은 실온에서 상당히 용이하게 라세미화한다. 만일 이들 2가지의 치환기가 $-I$, $-Br$, $-Cl$ 또는 $-CH_3$와 같이 더욱 부피가 큰 치환기와 조합하고 있을 때는, 광학활성체는 극히 안정하며, 고온시에만 라세미화한다. **표 12-7**에 그들의 예를 표시하였다.

표 12-7 약간의 비페닐의 광학활성

분할불능 :

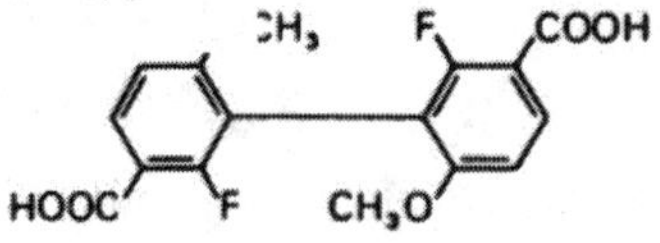
CH₃
F
COOH
HOOC
F
CH₃O

회전 자유

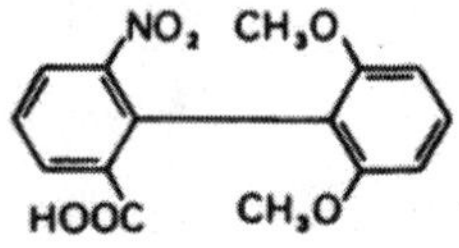
NO₂
CH₃O
HOOC
CH₃O

대칭

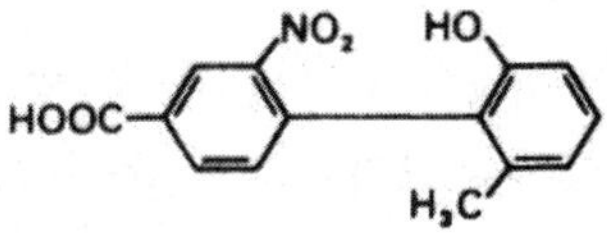
NO₂
HO
HOOC
H₃C

회전 자유

분할가능 :

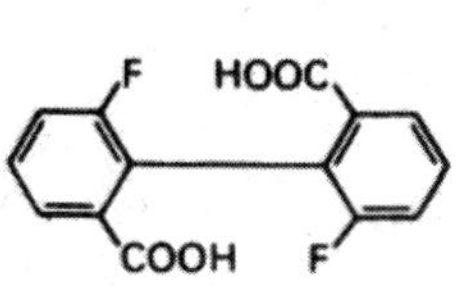
F
HOOC
COOH
F

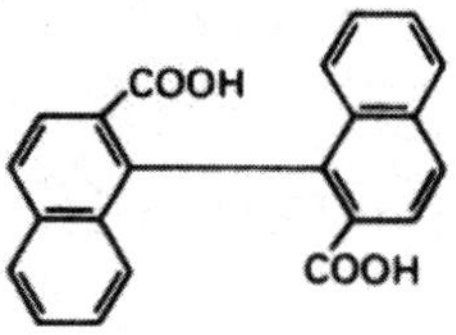
COOH
COOH

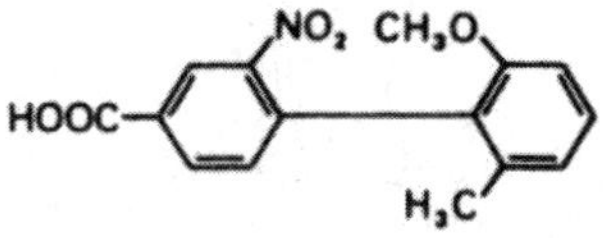
NO₂
CH₃O
HOOC
H₃C

12-18 나선상 분자비대칭

광학활성이 문제가 되는 최후의 분자그룹에서는, 분자 전체의 비대칭성에 기인하는 것이다. 이들 분자는 가끔 입체적으로 혼잡되어 있으며, 비결합성 상호작용을 경감하기 위하여 정상적인 결합각이 비틀어져 있다. 어떤 의미에서, 전체의 기하학형은 나선회전의 일부와 유사하다. 어떤 나선체(혹은 나선상계단)는 나선의 진행방향(혹은 계단의 오름)에 따라서 시계방향으로 움직이든지, 반시계회전에 의하여, 우회전 혹은 좌회전이라고 규정할 수 있다. 헥사헬리신은 비틀어진 분자의 하나의 관용명이다. 이것은 광학분할되어 있으며, 극단적으로 높은 편광성을 가지고 있다.

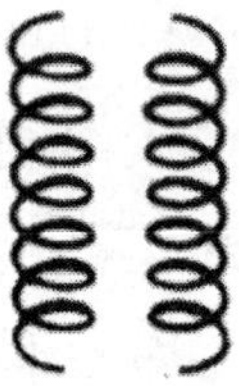

한쌍의 나선체

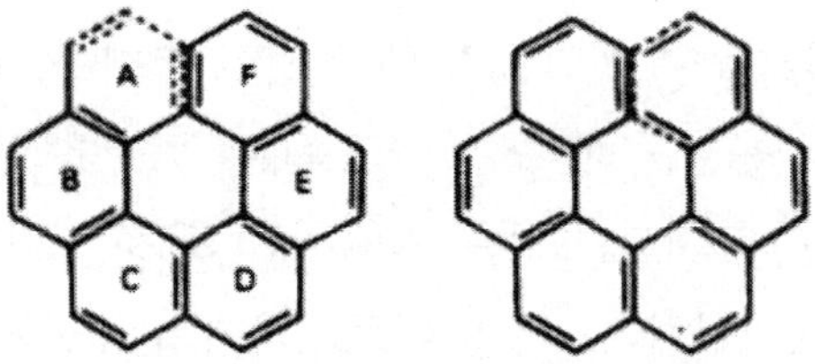
A
B
C
D
E
F

hexahelicine 의 D 및 L 이성체

06 화학반응의 입체특이성

강조해야 할 것은, 광학불활성의 화합물과 용매를 사용하여 광학불활성인 외적 조건하에서 반응을 행하는 것으로는, 순수한 광학활성인 이성체는 생성할 수 없는 것이다. **항상** 생성하는 라세미혼합물은, 순수한 광학활성 대장체를 얻기 위하여, 광학활성 물질의 개재하에 분할하지 않으면 안 된다. 많은 화학반응은 이 부류에 속하며, 몇 개의 예가 나타내고 있다. 입체특이성의 검토는, 이 시점에서 전에 배운 반응의 몇 가지를 복습할 기회를 주었다. 예를 들면, 비대칭중심을 형성하는 2가지의 반응은 Grignard 시약에 의한 3차알코올의 생성과 알데히드에의 HCN의 부가반응이다.

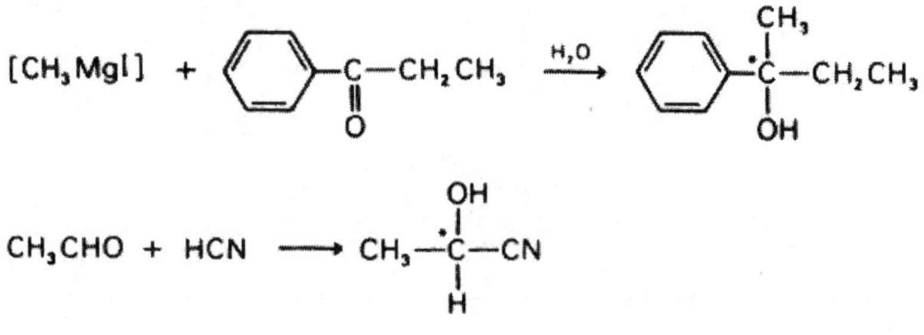
[CH₃MgI]
+
C
CH₂CH₃
O
H₂O
CH₃
C
CH₂CH₃
OH
CH₃CHO + HCN
CH₃
C
CN
OH
H

12-19 비대칭 합성

순수한 광학이성체로부터 시작되는 많은 화학반응은 전체의 광학활성을 보존한 화합물을 생성한다. 이것은, 카르복실산으로부터 산염화물로의 변환과 같이 비대칭중심에 영향을 미치지 않는 것과 같은 반응의 경우에도 또한, 예를 들면 S_N2반응과 같이 비대칭중심에 기지의 예상 가능한 형식으로 작용하는 경우에 있어서도 정확하다.

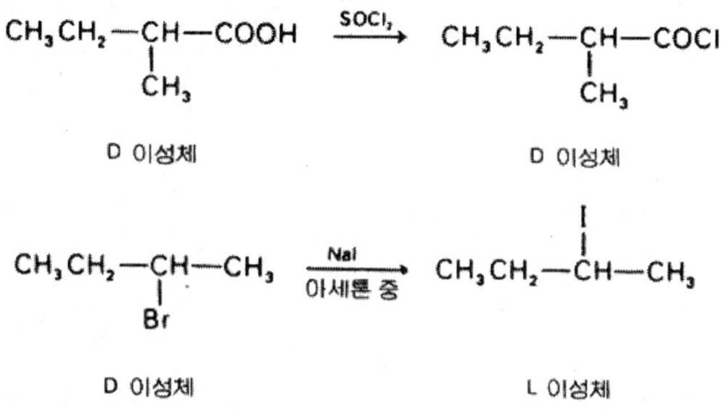
CH₃CH₂—CH—COOH
CH₃
SOCl₂
CH₃CH₂—CH—COCl
CH₃
D 이성체
D 이성체
CH₃CH₂—CH—CH₃
Br
NaI
아세톤 중
I
CH₃CH₂—CH—CH₃
D 이성체
L 이성체

원자단 혹은 이온의 뒷면으로부터 치환이 일어나는 반응을 S_N2반응, 혹은 **Walden반전**이라고 말하며, 이것은 2분자의 친핵적 치환반응으로 절대배치가 반전한다. 하나의 예로서 아세톤 중 NaI를 사용한 것에서는, C-Br결합이 절단되는 것에 따라서 C-I결합이 형성된다.

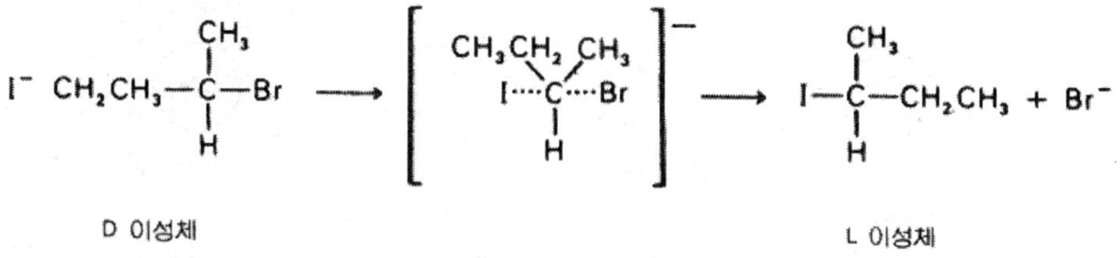
I⁻ CH₂CH₃—C—Br
CH₃
H
CH₃CH₂ CH₃
I····C····Br
H
I—C—CH₂CH₃ + Br⁻
D 이성체
L 이성체

즉, 만일 S_N2형의 반응경로를 거치는 물질이면, 기지의 입체배치를 갖는 화합물로부터 출발하여, 반대의 입체배치의 생성물을 생성한다. 잊어서는 안 될 것은, 다른 지식이 없으면, 위에서 설명하는 사실만으로 생성물의 선광성의 방향을 예상할 수 없다. **Walden반전**, 바꾸어 말하면 S_N2메카니즘은, 1차 및 2차할로겐화물의 일반적인 가용매 치환경로이다.

S_N2메카니즘에 의하여 생성한 생성물의 입체화학은 S_N1메카니즘에 의한 것과 대조적이다. 즉, 후자의 경우에서는, 중간체의 평평한 카르보늄이온은 공격하는 음이온을 평면

의 위로부터 또는 아래로부터도 부가시킬 수 있기 때문에, 생성물은 라세미혼합물이다(혹은 거의 이것에 가깝다). **일반적으로 S_N2반응(Walden반전)은 입체배치의 반전을 동반하여 일어나며, 한편 S_N1반응은 라세미화를 일으킨다.**

모든 비대칭중심을 가지고 있는 분자는, 만일 새로 생성한 비대칭중심이 이미 확립되어 있는 것의 근방에 있는 경우, 어떤 한쪽의 이성체(디아스테레오머)가 다른 쪽에 우선하여 생길 수 있다. 이것을 **비대칭유도(asymmetric induction)**라고 말한다. 확실히 연구되어 있는 예는, 광학활성인 알데히드 또는 케톤의 Grignard 반응이다. Grignard시약의 접근은, 새로 생성하는 비대칭 중심에 인접한 부분의 입체효과에 의하여 규정되는 것에 주의할 것.

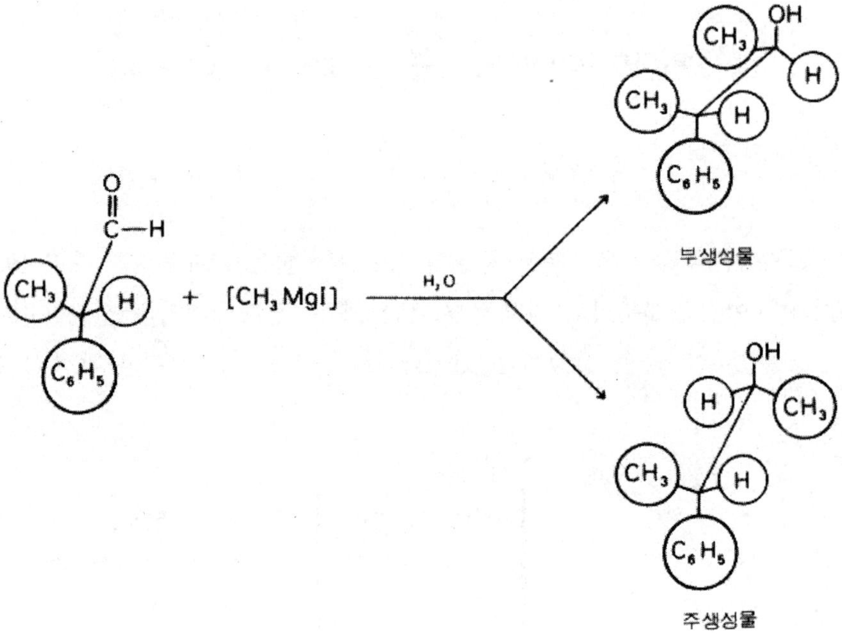
CH₃
H
C₆H₅
+ [CH₃MgI]
H₂O
OH
부생성물
주생성물

2종류의 디아스테레오머이성체는 등량으로는 생성되지 않는다. 주생성물은 최소의 치환기, 이 경우 −H가 있는 쪽으로부터 카르보닐기를 공격하여 생긴 것이다.

12-20 기하학적 입체특이성

기하학적인 의미에서 입체특이적인 약간의 반응을 정리해 보는 것은 유익하다. 이것에 속하는 반응은 다중결합의 수소화(4−4절), 이중결합의 하이드록실화(4−6절), Simmons-Smith반응에 의한 3원환의 생성(제3장), 다중결합의 할로겐화, 할로겐화수소화, 하이포할로겐화(4-5, 4-8 및 4-9절) 등이다.

이중결합 또는 삼중결합의 접촉수소화반응은 주로 시스부가를 하지만, Pt, Pa, Ni과 같은 촉매의 존재하에서, 골격의 전위가 일어나는 경우도 알려져 있다.

알켄을 묽은 염기성용액 중 저온에서 $KMnO_4$으로 처리하는 반응은, 시스글리콜합성의 목적에 이용된다. 생성한 환상중간체는 Mn-O결합의 개열을 동반하여 분해된다.

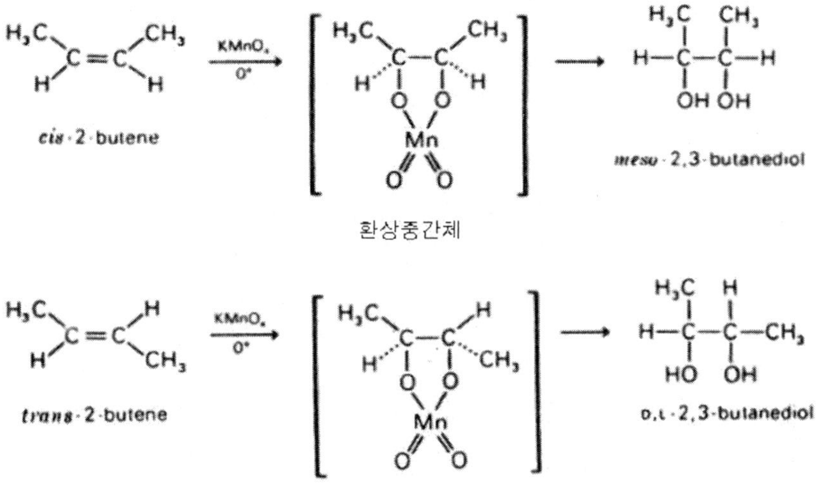
KMnO₄
0°
cis-2-butene
환상중간체
meso-2,3-butanediol
trans-2-butene
D,L-2,3-butanediol

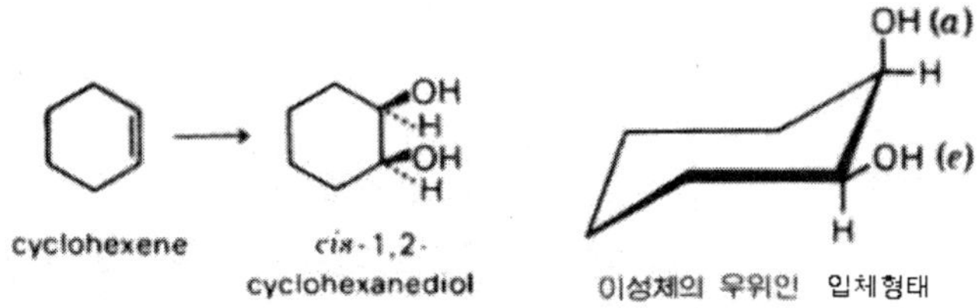
cyclohexene
cis-1,2-cyclohexanediol
OH (a)
OH (e)
이성체의 우위인 입체형태

이 필연적 5원환상중간체는 트란스입체형태를 취할 수 없기 때문에, 전위반응이 아닌 경우에는 시스글리콜을 생성한다. 만일 출발 올레핀이 시스이성체이면, 생성물은 메소-글리콜이고, 한편 트란스-올레핀이면, 이와 같은 시스부가에 의하여 D,L-라세미혼합물을 생성한다. 소원환상올레핀은 시스이중결합의 입체형태밖에 취할 수 없기 때문에, 그 결과 처음에는 항상 메소이성체를 생성한다.

Simmons-Smith반응은, 올레핀을, 요오드화메틸렌(CH_2I_2)과 아연-구리합금(Zn-Cu)으로부터 유도된 유기아연화합물로서 처리하여 시클로프로판유도체를 생성한다. 이 경우에도, 탄소 1개의 부가는 시스쪽에 일어나기 때문에, 출발 올레핀의 입체화학적 요소가 보존된다. 환상올레핀은 2환성생성물을 생성한다.

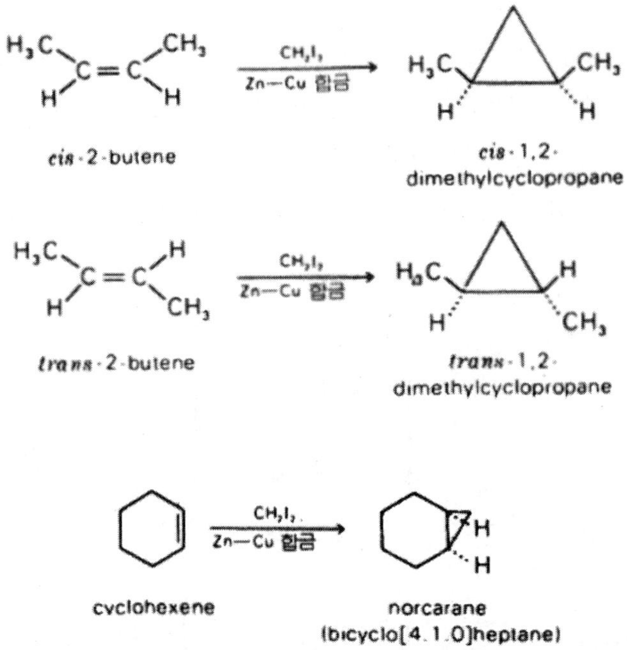

CH₂I₂
Zn—Cu 합금
cis-2-butene
cis-1,2-dimethylcyclopropane
trans-2-butene
trans-1,2-dimethylcyclopropane
cyclohexene
norcarane
(bicyclo[4.1.0]heptane)

시스환상부가의 하나의 예인 Diels-Alder반응(제6장)은, 올레핀의 디엔에의 1,4-부가로서 6원환(부가물)을 생성한다. 이들의 부가물에서는 올레핀의 기하학성이 보존되어 있다.

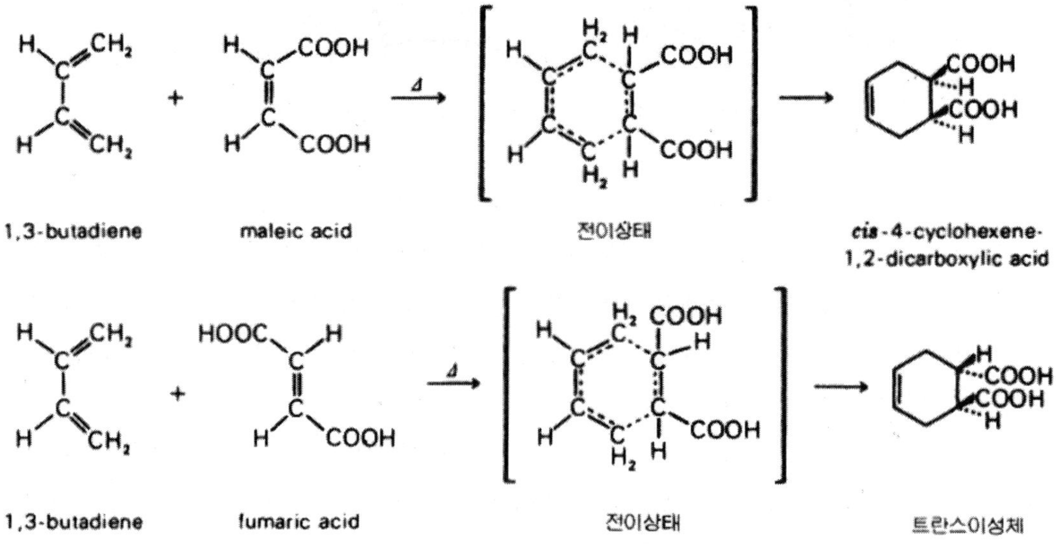

1,3-butadiene
maleic acid
전이상태
cis-4-cyclohexene-1,2-dicarboxylic acid
1,3-butadiene
fumaric acid
전이상태
트란스이성체

이제까지 본절에서 설명한 반응은 시스부가 혹은 환상부가반응이지만, 다중결합에의 부가는 트란스형식으로도 일어날 수가 있다. 이와 같은 부가를 대표하는 3가지의 반응은, 올레핀(또는 아세틸렌)에의 할로겐 (X_2), 할로겐화수소 (HX) 및 하이포할로겐산 (HOX)의 반응으로서, 아래에 이들의 예를 표시하였다. 모든 경우에, H^+ 혹은 X^+에 의한 친전자적 공격이 있으며, 계속해서 X^- 혹은 OH^-의 후면으로부터의 공격이 일어나는 점에 주목할 것.

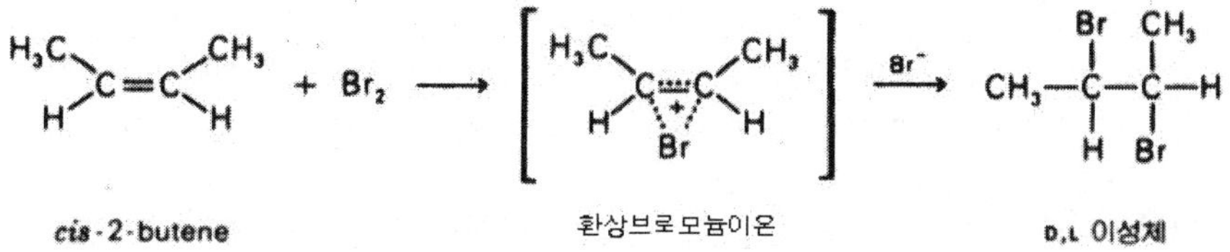
H3C
CH3
H
H
+ Br2
Br
Br⁻
Br CH3
CH3—C—C—H
H Br
cis-2-butene
환상브로모늄이온
D,L 이성체

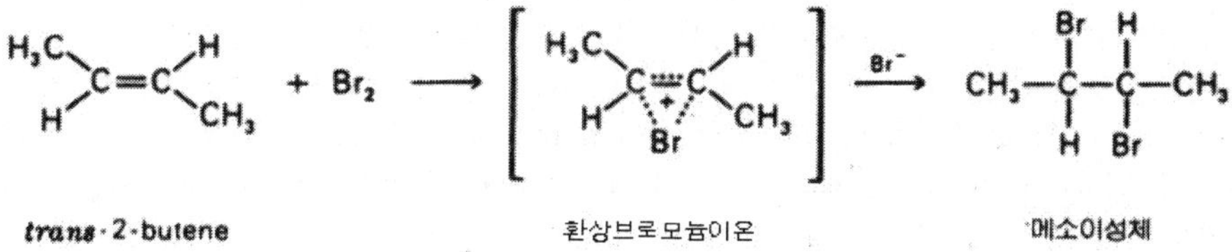
H3C
H
CH3
+ Br2
Br
Br⁻
Br H
CH3—C—C—CH3
H Br
trans-2-butene
환상브로모늄이온
메소이성체

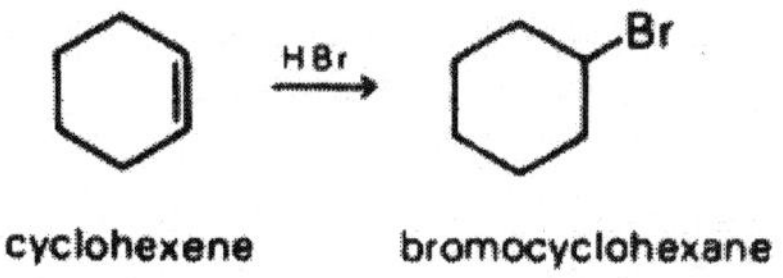
HBr
Br
cyclohexene
bromocyclohexane

시클로헥센과 HBr과의 반응은, 부가의 입체화학적 경로를 결정하는 데에는 사용할 수 없지만, 1,2-디중수소화시클로헥센과 HBr의 반응에서는, 실제로 입체특이성을 나타낸다.

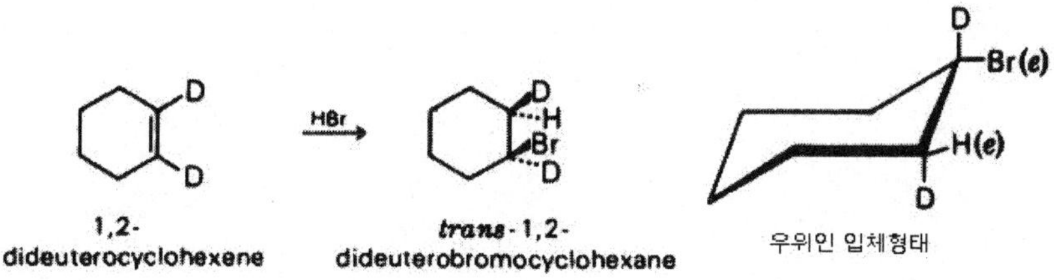
D
D
HBr
D
H
Br
D
D
Br(e)
H(e)
D
1,2-
dideuterocyclohexene
trans-1,2-
dideuterobromocyclohexane
우위인 입체형태

하이포브롬산과 *cis*-2-부텐, *trans*-2-부텐, 및 시클로헥센과의 반응을 식으로 표시하여라. 각 생성물에 대해서, 입체적인 고찰에 기인하여 우위라고 생각되는 입체형태를 투영도로서 쓰든지 모형을 사용하여 표시하여라.

■ 참고문헌 ■

Baxter, J.N. : Systematic Names for the Tartaric Acids, *J. Chem. Educ.*, 41, 619(1964).
Cahn, R.S. : An Introduction to the Sequence Rule, *J. Chem. Educ.*, 41, 116(1964).
Cammarata, A. : Optical Studies in Organophosphorus Chemistry, *J. Chem. Educ.*, 43, 64(1966).
Cram, D.J. : Recent Advances in Stereochemistry, *J. Chem. Educ.*, 37, 317(1960).
Eliel, E.L. : Teaching Organic Stereochemistry, *J. Chem. Educ.*, 41, 73(1964).
Glasser, L. : Teaching Symmetry: The Use of Decorations, *J. Chem. Educ.*, 44, 502(1967). 네덜란드의 화가, M. Escher의 작품에 보여지는 각종 형태의 대칭성을 나타낸다.
Ingraham, L.L. : Three-dimensional Effects in Biochemistry, *J. Chem. Educ.*, 41, 66(1964).
Kauffman, G.B. : Foundations of Nitrogen Stereochemistry: Alfred Werner's Inaugural Dissertation, *J. Chem. Educ.*, 43, 155(1966).
Lyle, R.E., and G.G. Lyle : A Brief History of Polarimetry, *J. Chem. Educ.*, 41, 308(1964).
Natta, G.: Precisely Constructed Polymers, *Sci. Am.*, 205(2), 33(1961). 광학활성인 탄화수소로부터 "입체적인 질서"를 갖는 중합체를 합성하기 위한 입체특이적인 촉매과정을 설명하고 있다.
Noyce, W.K.: Stereoisomerism of Carbon Compounds, *J. Chem. Educ.*, 38, 23(1961).
Thompson, H.B.: The Criterion for Optical Isomerism, *J. Chem. Educ.*, 37, 530(1960).
Williams, F.T.: Resolution by the Method of Racemic Modification, *J. Chem. Educ.*, 39, 211(1962).

연습문제

1 아래에 예를 든 화합물에 대해서 예시한 것과 같은 표를 만들고, 각각의 입체이성체의 투영도를 쓰든지 모형을 만들면 용이하게 되리라 믿는다.

화합물	가능한 입체 이성체의 총수	광학활성체의 수	비 고 (시스, 트란스, 메소, D,L쌍 기타의 수)
000.	0	0	
00. 1,2-dichloroethylene	2	0	시스 1 트란스 1
0. HO_2C-CHOH-CHOH-CO_2H	3	2	메소 1 D,L쌍 1

*(a) 2,4-diphenyl-1,3-cyclobutanedicarboxylic acid (truxillic acid)

(b) 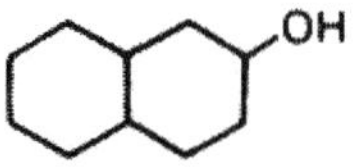
OH
β-decalol (우위의 입체형태도 표시하라)

*(c) 4-bromo-1,4-dimethylcyclohexanol (우위 입체형태)

*(d) $CH_2(NH_2)CO_2H$, glycine

(e) $CH_3CH(NH_2)CO_2H$, alanine

*(f) 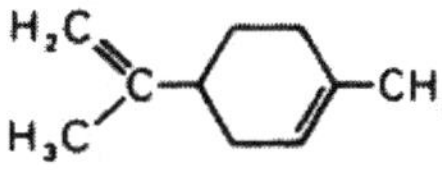
H₂C
C
H₃C
CH₃
, limonene

*(g) HC≡C—C≡C—CH=C=CH—CH=CH—CH=$CHCH_2CO_2H$, mycomycin

(h) $C_6H_5CH(OH)$—$CH(NHCH_3)CH_3$, ephedrine

(i) 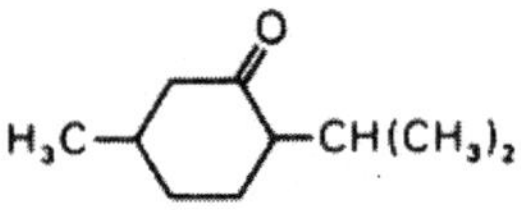
O
H₃C
CH(CH₃)₂
menthone

(j) $HOCH_2$—CH(OH)—CH(OH)—CHO

(k) $C_6H_5CH_2CH(NH_2)CH_3$, amphetamine

*(l) 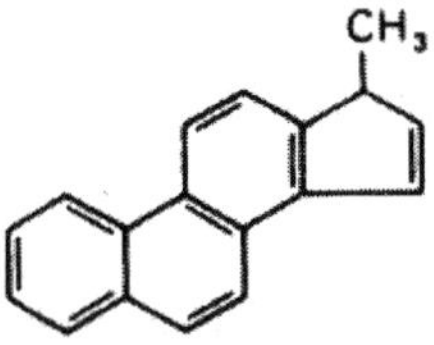
CH₃
methylcyclopentenophenanthrene

*(m) 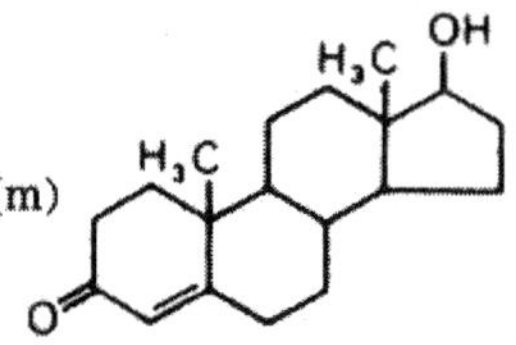 testosterone

(n) 1,2-dimethylcyclobutane

*(o) 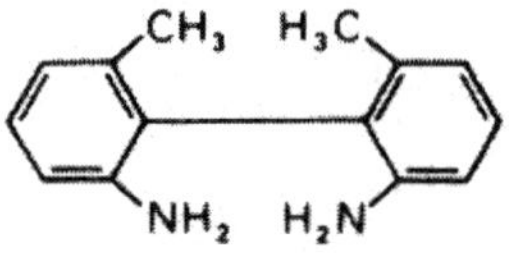

*(p) 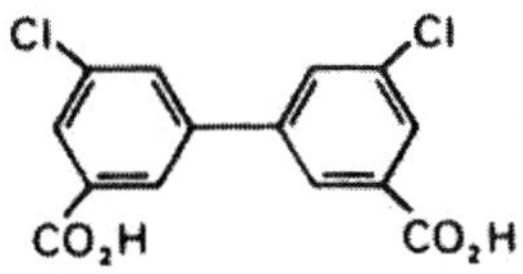

(q) $CH_3(CH_2)_4-CH=CH-CH_2-CH=CH-(CH_2)_7CO_2H$

(r) 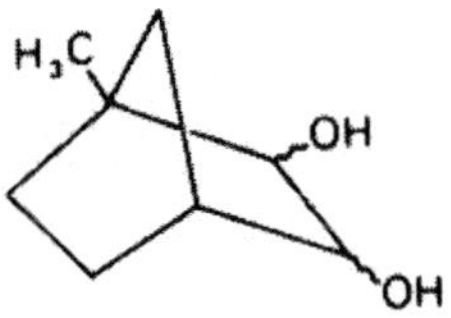

2 아래에 표시한 각각의 화합물은 광학분할되어 있다. 광학활성으로 되는 원인을 명확히 설명하고, 또한 예상되는 입체이성체의 총수와 그 형식을 설명하여라.

*(a) 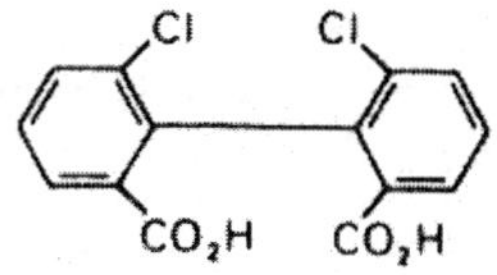

*(b) 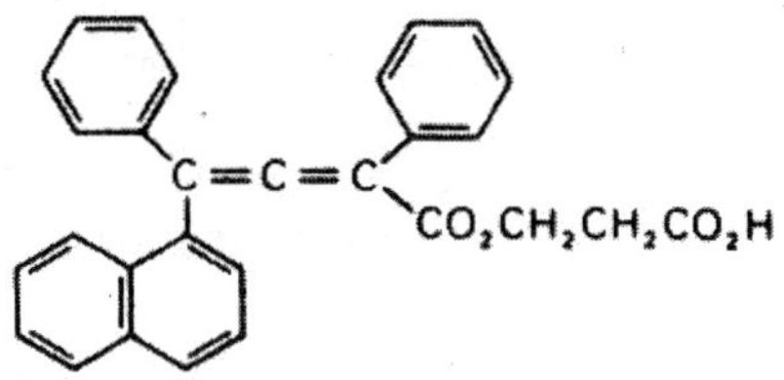

(c) 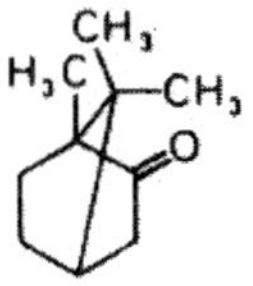 camphor

*(d) 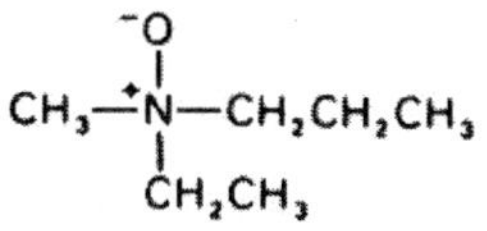

*(e) cyclooctene

(f) 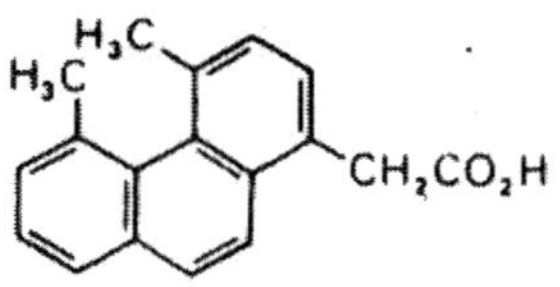

***3** 아래의 화합물을 광학분할하는 것은 불가능했다. 그 이유를 명확히 하여라.

(a) 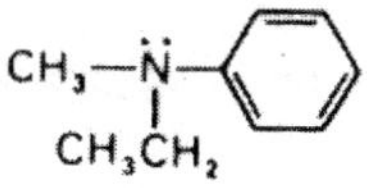

(b) 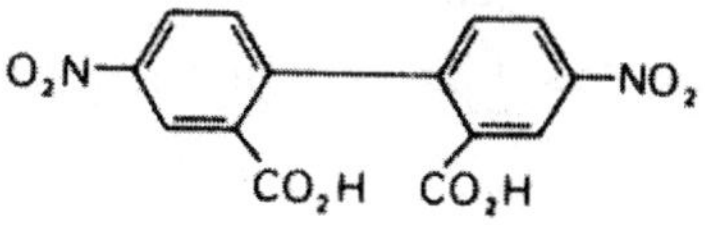

(c) $CH_3CH=C=C=CHC_6H_5$

(d) 1,2,3,4,5-pentachlorocyclopentane

(e) *meso*-tartaric acid

***4** Fischer투영법을 사용하여 모든 알도헥소스($CHO-(CHOH)_4-CH_2OH$)를 써라.

Capter

13 알데히드 및 케톤

알데히드 및 케톤은 관능기로서 카르보닐기를 함유하고 있다.

aldehyde　　　ketone

양쪽의 유사한 구조 때문에, 이들의 화합물은 많은 공통적인 반응을 한다. 본장에 있어서 통일화된 취급은 이들의 유사성을 반영하고 있는 것이다. 이들 2그룹의 명명법을 설명하고, 계속해서 절을 새로 마련하여 합성법을 표기한다. 또한 반응은 양쪽 모두 3절에서 설명한다. 알데히드 및 케톤은 많은 축합반응에 의하여, 탄소-탄소 결합의 생성을 가져온다. 따라서 이 중요한 반응을 다음의 절에서 설명한다. 또한 본장의 최후에서 알데히드와 케톤을 구별하는 정성시험을 소개한다.

01 알데히드 및 케톤의 명명법

알데히드(R-CHO) 및 케톤(R-CO-R')은 통상(관용)법 혹은 IUPAC법의 어느 것에 의해서도 명명된다. 알데히드에 있어서, 통상명은 같은 수의 탄소를 갖는 **카르복실산**의 관용명으로부터 어미산(-ic)을 빼고 **알데히드(aldehyde)**를 붙여 명명한다. IUPAC체계에서는 IUPAC에 의한 탄화수소명에 **알(-al)**의 어미를 붙인다. 예를 들면 $CH_3CH_2CH_2CHO$에 대한 관용명은 부티르알데히드, IUPAC명은 부탄알이 된다.

케톤의 일반적인 명명법은 카르보닐탄소에 결합하고 있는 각각의 알킬 혹은 아릴기를 명명하고, 케톤의 어구를 붙인다. 예를 들면, $CH_3CH_2COCH(CH_3)_2$는 에틸이소프로필케톤이라고 명명된다. IUPAC체계에서의 케톤에 대한 어미는 **온(-one)**으로서, 위의 예는

2-메틸-3-펜탄온(표 13-1 참조)이라고 명명된다.

표 13-1 알데히드 및 케톤의 명명예

산	알데히드	케톤
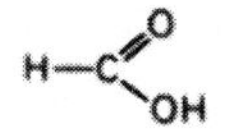 formic acid	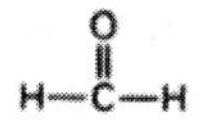 formaldehyde (methanal)	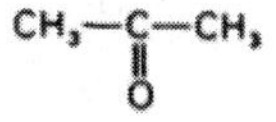 dimethyl ketone (2-propanone 관용명 acetone)
CH_3COOH acetic acid	CH_3CHO acetaldehyde (ethanal)	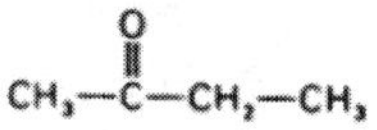 methyl ethyl ketone (2-butanone)
CH_3CH_2COOH propionic acid	CH_3CH_2CHO propionaldehyde (propanal)	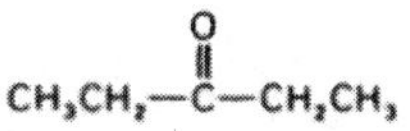 diethyl ketone (3-pentanone)
$CH_3CH_2CH_2COOH$ butyric acid	$CH_3CH_2CH_2CHO$ butyraldehyde (butanal)	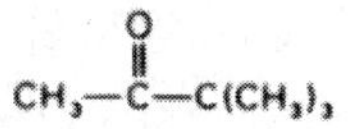 methyl *tert*-butyl ketone (3,3-dimethyl-2-butanone 관용명 pinacolone)
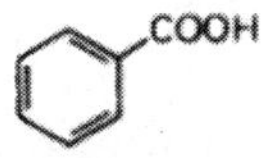 benzoic acid	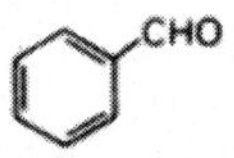 benzaldehyde	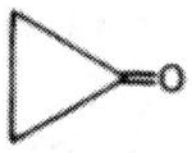 cyclopropanone
CCl_3COOH trichloroacetic acid	CCl_3CHO trichloroacetaldehyde (관용명, chloral)	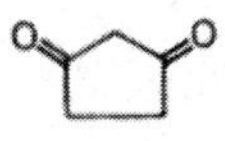 1,3-cyclopentadione
	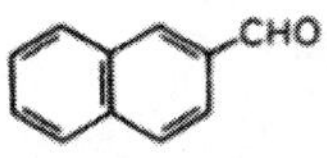 β-naphthaldehyde	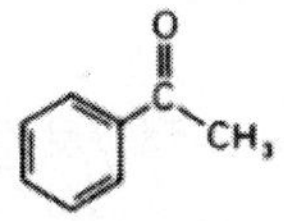 methyl phenyl ketone (관용명 acetophenone)

02 알데히드의 합성

알데히드는 알코올과 카르복실산 사이의 중간적인 산화단계에 있기 때문에, 합성방법도 그에 상당하는 1차알코올의 산화, 및 그에 상당하는 카르복실산 또는 그 유도체의 환원의 어떤 방법으로도 가능하리라고 기대하는 것은 극히 자연적이다.

$$R-CH_2OH \xrightarrow[\text{느리다}]{[O]} R-CHO \xrightarrow[\text{빠르다}]{[O]} R-CO_2H$$

그러나, 새로 생성한 알데히드는 가끔 출발의 1차알코올보다도 더욱 산화를 받기 쉬운 경우가 있다. 한편, 출발의 카르복실산을 알데히드로 환원하는 것보다도 알데히드가 알코올로 환원되기가 훨씬 쉽다. 따라서 유기화학자에게 있어서, 생성하는 알데히드를 더욱 진행하는 산화 또는 환원으로 소비되지 않고, 기대하는 변환을 행할 수 있는 시약의 발견이 요구되어진다.

13-1 1차알코올의 산화반응

상당하는 1차알코올을 온화하게, 과망간산칼륨용액($KMnO_4$) 혹은 CrO_3 또는 $K_2Cr_2O_7$과 같은 Cr(VI)화합물 등으로 산화하여 알데히드를 합성하는 방법은, 같은 조건하에서 알데히드 자신이 더욱 용이하게 그에 상당하는 카르복실산으로 산화되기 때문에, 일반적으로 좋은 방법이라고는 할 수 없다.

$$R-CH_2OH \xrightarrow[\text{느리다}]{[O]} R-CHO \xrightarrow[\text{빠르다}]{[O]} R-CO_2H$$

물론, 경우에 따라서는 이 곤란을 피할 수 있다. 만일 알데히드가 알코올보다도 비점이 낮으면, 생성과 동시에 증류에 의하여 반응혼합물로부터 분리할 수 있다(9-5절).

알릴성 혹은 **벤질성** 1차알코올을 새로 제조한 이산화망간(MnO_2)으로 알데히드로 산화하는 방법도 상당히 양호한 합성방법이다. MnO_2는 필요로 하는 산화($MnO_2 \rightarrow Mn^{++}$)에 있어서 충분한 산화력을 지니고 있지만, 알데히드를 카르복실산으로 변환할 정도로는 강하지 않다(9-5절).

13-2 말단제미널-디할로겐화물의 가수분해

제미널-디할로겐화물은 항상 단순히 묽은 염기로 처리하는 것만으로 좋은 수득률로서 알데히드 또는 케톤으로 가수분해된다. 말단에 있는 **제미널**-디할로겐화물은 알데히드를,

내부에 있는 것은 케톤을 생성한다(8-4절). 반응메카니즘은 아래에 표시한 경로의 어느 쪽으로도, 모순 없이 설명할 수 있다.

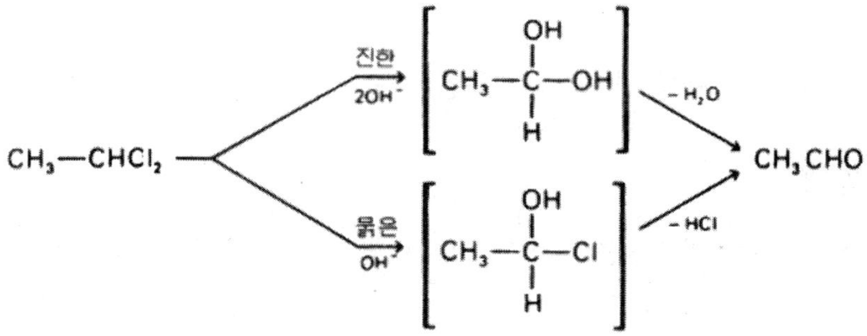
진한
2OH⁻
CH₃—C—OH
OH
H
- H₂O
CH₃—CHCl₂
CH₃CHO
묽은
OH⁻
CH₃—C—Cl
- HCl

위의 중간체는 모두 불안정하다고 알려져 있으며, 알데히드의 생성이 기대된다.

이 가수분해 반응은, 그에 상당하는 디할로겐화물이 광화학에 의한 라디칼적인 가지의 할로겐화(8-3절)로서 용이하게 얻어지는 방향족 계열에서는 특히 유용하다.

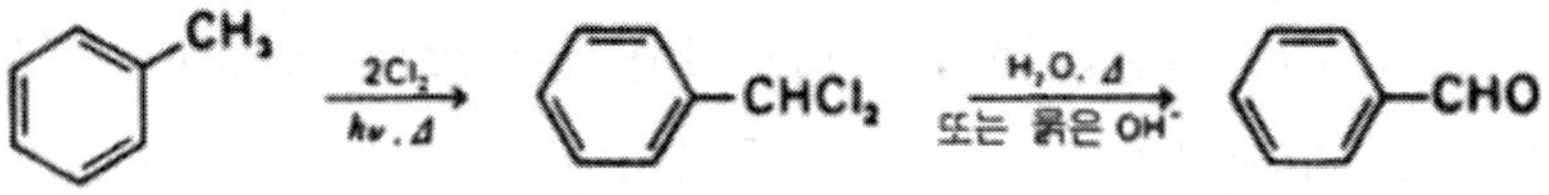
CH₃
2Cl₂
hν, Δ
CHCl₂
H₂O, Δ
또는 묽은 OH⁻
CHO

13-3 Rosenmund 환원(산염화물)

Rosenmund 환원이라고 불리우는 산염화물의 알데히드로의 환원은, 만족할 만한 결과를 얻는 점으로 약간 미묘하다. 이 환원은, 접촉환원분해가 관여하며, 그 조건은 알코올로까지 더욱 환원하는 것을 방지하도록 주의깊게 제어하지 않으면 안 된다.

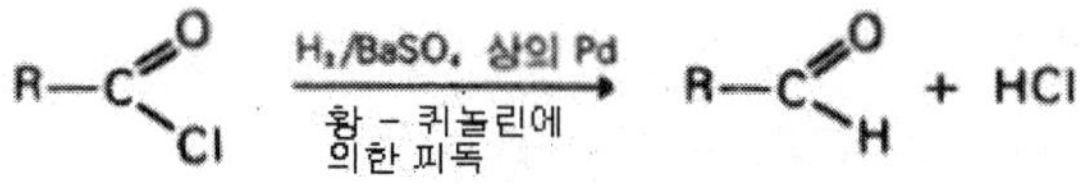
R—C
O
Cl
H₂/BaSO₄ 상의 Pd
황 - 퀴놀린에
의한 피독
H
+ HCl

이 반응은, 유황과 퀴놀린의 혼합물의 첨가로서 부분적으로 실활시킨, 즉 "**피독시킨**" 팔라듐촉매($BaSO_4$을 담체로 한 것)를 사용하여 행한다.

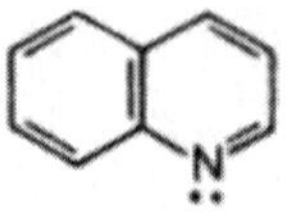

quinoline

이 반응은 지방족과 더불어, 특히 방향족산염화물에 응용되며, 양호한 결과를 준다.

13-4 Sommelet반응

이 알데히드합성법은 1차할로겐화물을 아민염으로 변환하고, 계속해서 산가수분해를 행하는 것이다.

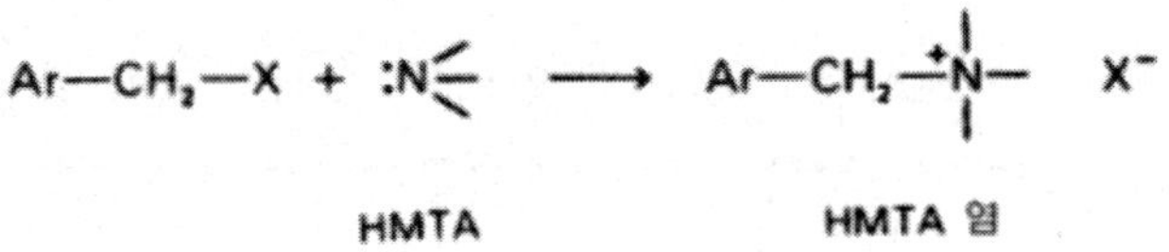
Ar—CH₂—X + :N
Ar—CH₂—N— X⁻
HMTA
HMTA 염

할로겐화물을 염으로 변환하는 시약은 **헥사메틸렌테트라민**(hexamethylenetetr-amine, HMTA)으로서, 포름알데히드와 암모니아의 축합으로 생성한다. 이 화합물의 고리가 모두 의자형의 입체형태를 갖는 점에 주목하여라.

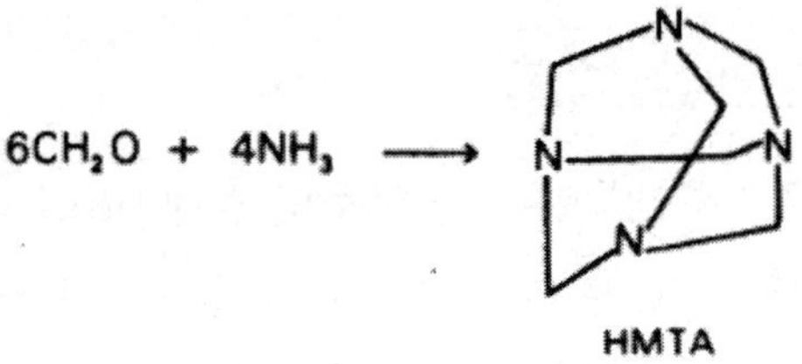
6CH₂O + 4NH₃
N
N
N
N
HMTA

HMTA는 할로겐화물, 특히 벤질할로겐화물과 함수 에탄올 중에서 반응하여 염으로 되며, 이것은 묽은 산과의 환류로서 그에 상당하는 알데히드로 분해한다. 벤질할로겐화물을 사용한 경우, 알데히드의 수득률은 상당히 좋다.

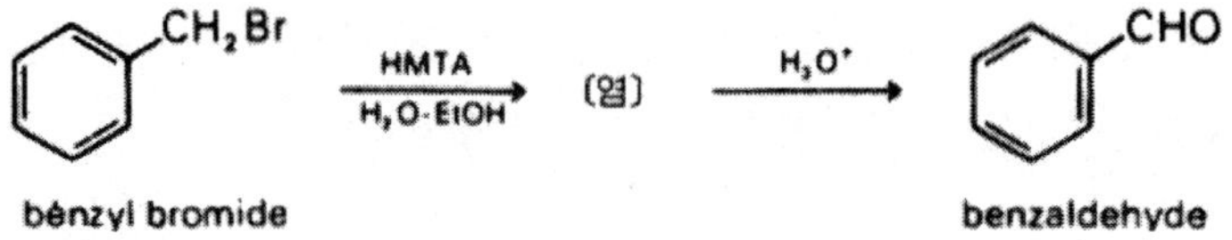
CH₂Br
HMTA
H₂O-EtOH
(염)
H₃O⁺
CHO
benzyl bromide
benzaldehyde

벤질할로겐화물은 그에 상당하는 메틸탄화수소의 광화학적 라디칼 할로겐화반응으로 진행하기 쉽기 때문에, 모노, 디, 혹은 다치환방향족 알데히드의 합성 경로로서 이 반응은 유망하다.

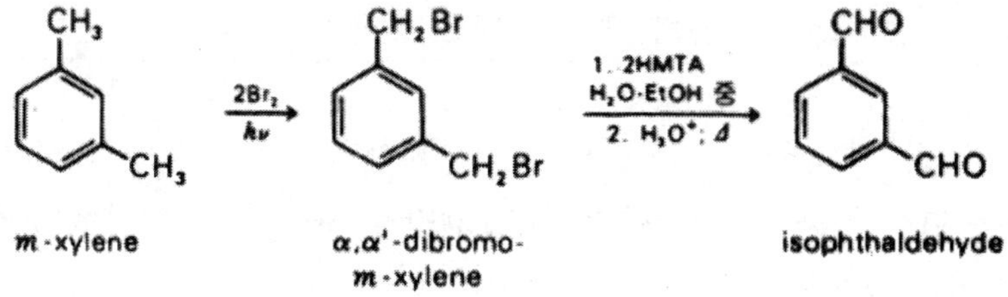
CH₃
CH₃
2Br₂
hν
CH₂Br
CH₂Br
1. 2HMTA
H₂O·EtOH 중
2. H₃O⁺; Δ
CHO
CHO
m-xylene
α,α'-dibromo-
m-xylene
isophthaldehyde

13-5 니트릴로부터의 알데히드의 합성

니트릴(R−C≡N), 별명 **시안화합물**로부터의 알데히드 합성방법으로서, 일반적인 것은 적어도 2가지가 있다. 이들의 합성방법은 지방족 및 방향족 니트릴로서 응용할 수 있으며, 어떤 경우에도 수득률은 중간 정도이다.

제 1의 방법인 염산 중의 염화주석(Ⅱ)($SnCl_2$)은 좋은 환원제($Sn^{2+} \rightarrow Sn^{4+}$)로서 니트릴, 특히 지방족의 물질은, 이 시약에 의하여 1종류의 주석염으로 변환된다. 이 염을 물로 분해하여 알데히드를 얻는다.

$$R-C\equiv N \xrightarrow[2.\ H_2O]{1.\ SnCl_2/HCl} R-CHO$$

에테르 중의 수소화알루미늄리튬($LiAlH_4$)은, 주의깊게 제어한 조건하에서 어떤 종류의 니트릴을 환원하여 주로 이민을 생성하며, 이것은 그에 상당하는 알데히드와 암모니아로 가수분해된다.

일반식 : $R-C\equiv N \xrightarrow{LiAlH_4} [(R-CH=N)_4-LiAl] \xrightarrow{H_2O}$

$[R-CH=N-H] \xrightarrow{H_2O} R-CHO + NH_3$

aldimine

구체예 :

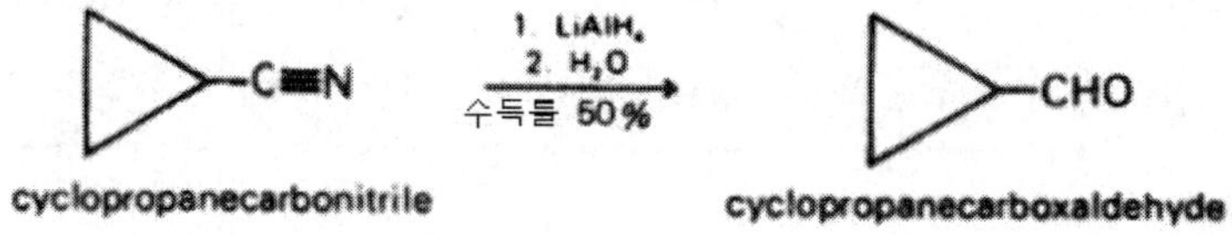
C≡N
1. LiAlH₄
2. H₂O
수득률 50%
CHO
cyclopropanecarbonitrile
cyclopropanecarboxaldehyde

이민은 Schiff**염기**라고도 불리우며, 알데히드 또는 케톤과 아민(R−NH_2) 혹은 암모니아(NH_3)의 평형에 있어서 산물이다. 알데히드는 **알드이민**(aldimines), 케톤은 **케트이민**(ketimines, 13−14절)을 생성한다.

알드이민의 알데히드로의 가수분해 메카니즘을 표시하여라.

과잉의 $LiAlH_4$는 니트릴을 그에 상당하는 1차 아민(R−CH_2NH_2)으로 환원하기 때문에, 알데히드를 합성할 때는, 계산량의 $LiAlH_4$만을 사용하여, 이 부반응을 최소한으로 억제하지 않으면 안 된다.

13-6 Grignard반응에 의한 알데히드

오르토포름산에틸에스테르를 Grignard 시약으로 처리하면, 다음의 고위동족체 알데히드인 디에틸아세탈을 생성한다.

$$\underset{\text{1-pentylmagnesium bromide}}{CH_3(CH_2)_3CH_2MgBr} + \underset{\text{ethyl orthoformate}}{HC(OCH_2CH_3)_3} \longrightarrow \underset{n\text{-hexaldehyde diethyl acetal}}{CH_3(CH_2)_3CH_2-CH(OCH_2CH_3)_2} + CH_3CH_2OMgBr$$

$$CH_3(CH_2)_3CH_2CH(OCH_2CH_3)_2 \xrightarrow{H_3O^+} \underset{n\text{-hexaldehyde}}{CH_3(CH_2)_4CHO} + 2CH_3CH_2OH$$

이 아세탈을 산가수분해하면 알데히드를 유리한다(아세탈의 반응에 대해서는 13−13절을 참조할 것). 오르토포름산에틸에스테르는 아래의 경로로서 1단계로 합성할 수 있다.

$$2CHCl_3 + 6CH_3CH_2OH + 6Na \longrightarrow 2CH(OCH_2CH_3)_3 + 3H_2\uparrow + 6NaCl$$

1. 오르토포름산에틸에스테르의 생성에 대한 반응메카니즘을 표시하여라. 2. 오르토포름산에틸에스테르와 Grignard시약과의 반응메카니즘을 표시하여라.

03 케톤의 합성

거의 대부분의 케톤의 합성방법은 알데히드의 경우와는 상당히 다르다. 알데히드는 상당히 산화를 받기 쉬운 말단의 관능기이다. 반면에 2차알코올은 용이하게 케톤으로 산화되며(9-5절), 또한 제미널-디할로겐화물은 **케톤**으로 가수분해된다(13-7절).

13-7 내부에 있는 제미널-디할로겐화물의 가수분해

말단에 있는 제미널-디할로겐화물로부터 알데히드가 합성되는 것(13-2절)과 마찬가지로, 말단이 아닌 위치의 제미널-디할로겐화물의 가수분해에서는 **케톤**이 생성한다. 일반적으로 제미널-디할로겐화물은, 이것으로부터 합성하려고 하는 카르보닐화합물과 PX_5로부터 제조되기 때문에, 이 가수분해에 의한 합성법은 특히 유용한 것은 아니다. 그러나 이 방법은 광화학적 할로겐화로서 제미널-디할로겐화물을 생성할 수 있는 방향족계의 경우에는 이용 가치가 있다.

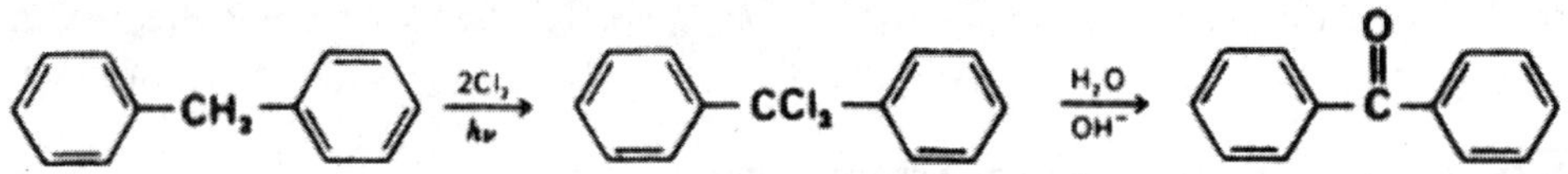

1. 위의 예에서 표시한 케톤은 Friedel-Crafts아실화반응으로 합성할 수 있다. 이 반응을 식으로 표시하여라.
2. 위의 예에 인용한 화합물을 명명하여라.

13-8 5원환 및 6원환케톤

시클로알칸에 대해서의 고찰과 적절한 모형의 검토로부터, 시클로프로판과 시클로부탄은 크게 비틀어진 분자이지만, 시클로펜탄과 시클로헥산은 비교적 비틀림이 작다는 사실을 지적하였다. 이것보다 큰 고리를 갖는 시클로알칸도 비틀림의 영향이 없는 입체형태를 취하고 있다. 그에 상당하는 사슬상2염기산의 바륨 또는 칼슘염의 강열에 의하여 5 혹은 6원환케톤이 얻어지는 것도 이들의 관찰과 일치하고 있다.

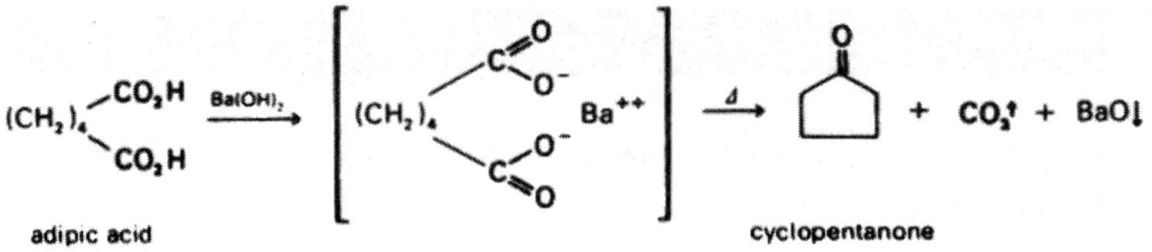

$(CH_2)_4(CO_2H)_2$
$Ba(OH)_2$
Ba^{++}
Δ
$CO_2\uparrow$ + BaO↓
adipic acid
cyclopentanone

즉, 사슬상2염기산을 바륨 또는 칼슘의 수산화물로서 처리하여 염을 제조하고, 그 염을 건조하여 강열한다. 케톤은 생성과 동시에 증류로서 분리한다. 시클로펜탄온과 시클로헥산온은 좋은 수득률로서 얻어지지만, 이것보다 대원환 혹은 소원환의 동족체는 거의 무시할 수 있을 정도 밖에 생성되지 않는다.

3 및 4원환의 구조는 비틀림이 크기 때문에 다른 방법으로 합성하지 않으면 안 된다. 대원환에 있어서는 2염기산의 양쪽 말단을, 환원을 일으키는 데 충분한 거리로 접근시키는 것이 곤란하다. 고위 2염기산의 염에서는 중합반응이 환화반응과 충분히 경쟁할 수 있는 것에 주의하기 바란다.

$$[Ba^{++}\ {}^{-}O_2C-(CH_2)_n-CO_2^{-}\ Ba^{++}\ {}^{-}O_2C-(CH_2)_n-CO_2^{-}\ Ba^{++}\ {}^{-}O_2C-(CH_2)_n-CO_2^{-}]$$

13-9 Grignard시약으로부터의 메틸아릴케톤

방향족메틸케톤은 시안화아릴과 요오드화메틸마그네슘을 반응시켜, 중간체의 이민염을 가수분해하면 좋은 수득률로서 얻어진다.

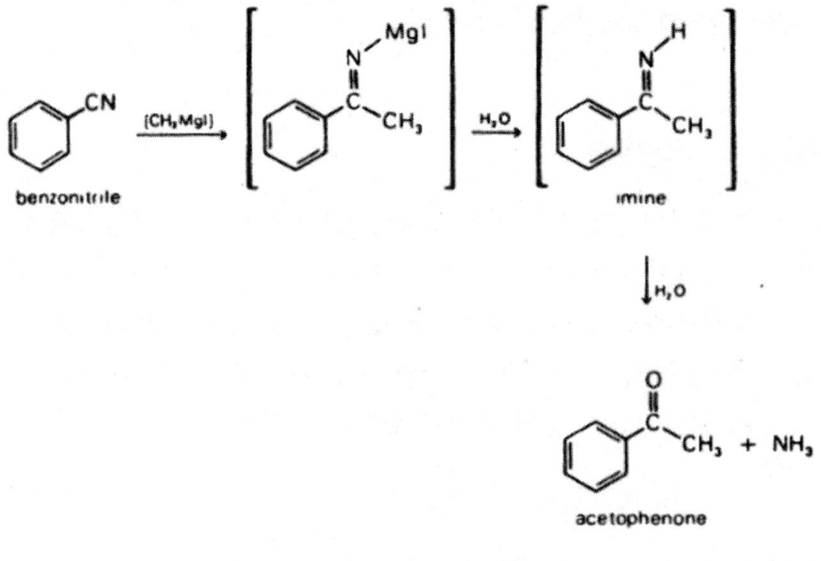

CN
(CH_3MgI)
MgI
N
C
CH_3
H_2O
H
benzonitrile
imine
H_2O
O
CH_3 + NH_3
acetophenone

이 반응에 있어서 이민중간체는 니트릴을 $LiAlH_4$(13-5 절)로서, 알데히드로 환원할 때 얻어지는 것과 유사하다. 다른 합성법, 특히 7-9절에서 설명한 Friedel-Crafts아세틸화반응쪽이 보다 신뢰성이 있기 때문에, 실제로는 이 반응은 거의 이용되지 않는다.

13-10 산염화물과 디알킬카드뮴화합물로부터의 케톤

Grignard시약과 산염화물과의 직접 반응은, 저온에 있어서도 한번 생성한 케톤이 출발물의 산염화물보다도 빠르게 Grignard시약과 반응하기 때문에, 케톤의 합성법으로는 효과적이 아니다. 따라서 간접적인 합성법이 요구된다. 알킬Grignard시약을 무수의 $CdCl_2$으로 처리하면, 디알킬카드뮴화합물(R_2Cd)이 생성된다.

$$2[R-MgX] + CdCl_2\ (\text{무수}) \longrightarrow [R_2Cd] + 2MgXCl$$

디알킬카드뮴화합물은 Grignard시약과 상당히 유사한 형식으로 반응하지만, 그것보다 반응성이 부족하다. 즉, 이 시약은 산염화물을 케톤으로 변환할 수 있지만, 케톤 그것과는 매우 서서히 반응한다. 최초의 치환으로 생성한 카드뮴화합물(RCdCl)은 더욱 더 1몰 당량의 산염화물과 같은 반응을 행할 수가 있다.

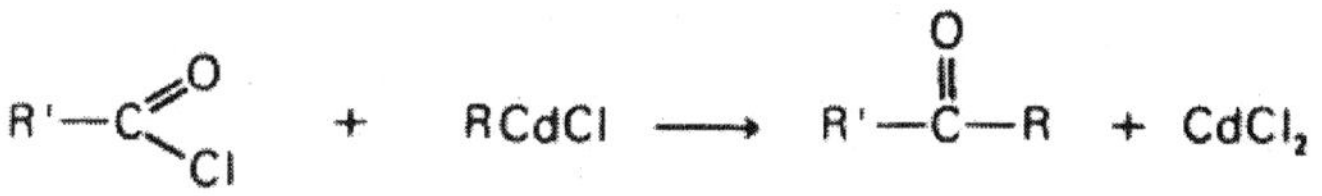
R'—C
O
Cl
+
RCdCl
R'—C—R
O
+ CdCl₂

13-11 Friedel-Crafs아실화반응*

메틸케톤은 방향족 화합물을 니트로벤젠 또는 이황화탄소 중에서 염화아세틸 및 염화알루미늄을 사용한 Friedel-Crafs아실화반응에 의해서도 합성할 수 있다.

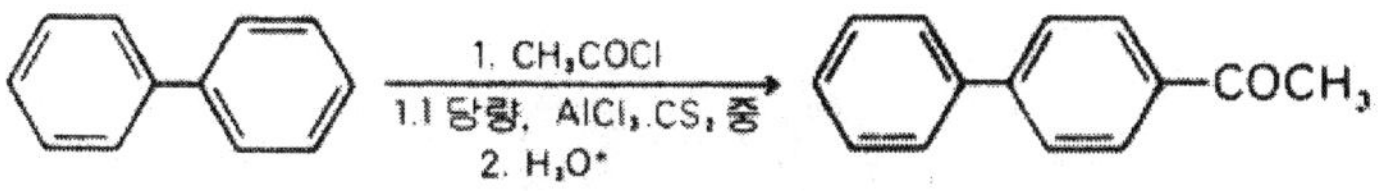
1. CH₃COCl
1.1 당량, AlCl₃,CS₂ 중
2. H₃O⁺
COCH₃

biphenyl 4-acetylbiphenyl

고위인 산염화물은 그에 상당하는 케톤을 생성한다.

---
* 7-9 절 및 7-10 절도 참조.

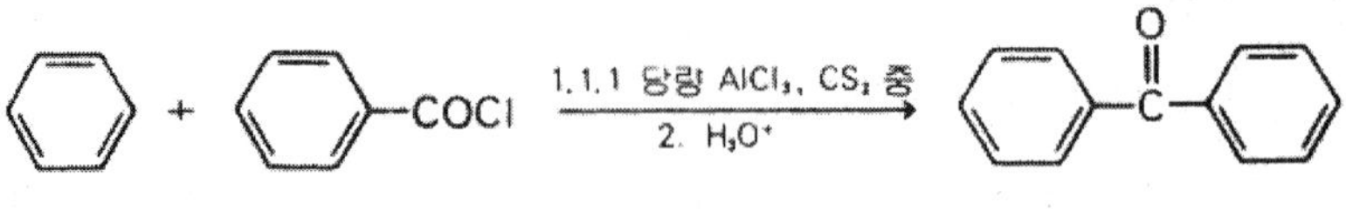
COCl
1. 1.1 당량 $AlCl_3$, CS_2 중
2. H_3O^+
O
C

benzene　　benzoyl chloride　　　　　　benzophenone

환상산무수물은 케토카르복실산을 생성한다. 숙신산무수물은 일반적으로 사용되는 물질의 하나로서, 한번에 4개의 탄소원자를 방향족계에 부가할 수 있다.

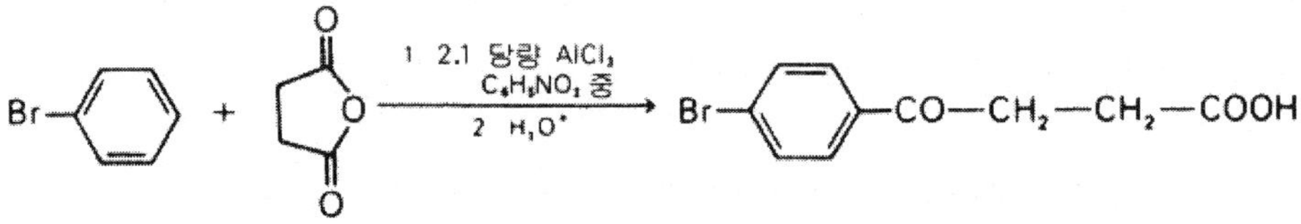
Br
O
O
O
1 2.1 당량 $AlCl_3$
$C_6H_5NO_2$ 중
2 H_3O^+
Br
$CO—CH_2—CH_2—COOH$

이것은 치환벤젠으로부터 많은 나프탈렌화합물을 합성하는 제 1단계이며, 그 경로는 15-22절에서 상세하게 설명한다.

7-9절에서 설명한 Friedel-Crafs아실화반응의 메카니즘에서는, 산염화물 혹은 산무수물의 각각의 카르보닐기는 1당량의 $AlCl_3$와 결합하고, 나머지 0.1당량의 $AlCl_3$는 이 반응에 있어서 촉매로서 작용하고 있는 것을 나타내고 있다.

04 알데히드 및 케톤의 반응

알데히드와 케톤은 탄소-산소이중결합의 카르보닐기(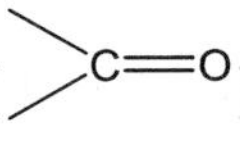)를 갖는다라는 의미에서 불포화이다. 탄소와 산소원자는 어느 쪽이나 하나의 σ결합과 하나의 π결합(**그림 13-1**)으로 연결되어 있다.

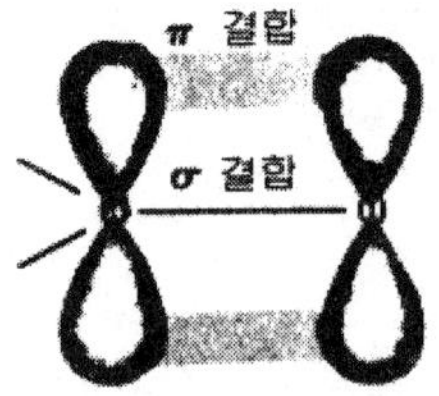
π 결합
σ 결합

그림 13-1 카르보닐기의 LCAO법적 표시

산소쪽이 보다 전기적으로 음성인 원소이기 때문에, 원자가결합법에 의한 가장 좋은 공명구조에는 산소원자상에 음의 전하가 있다.

알데히드 또는 케톤의 반응은 카르보닐기의 탄소원자에 대한 친핵적인 반응과, 카르보닐기의 α위치를 엔올화할 수 있는 수소원자에 의한 반응이 주가 된다.

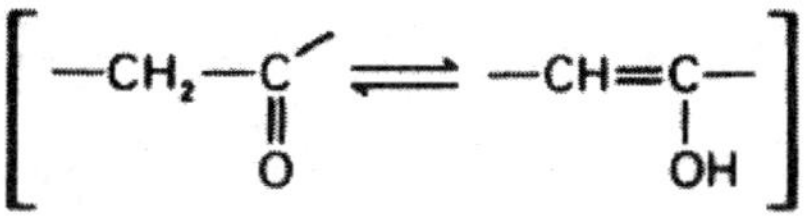

알데히드의 카르보닐기에 직접 결합한 수소원자(-CHO)는 용이하게는 **분리되지 않는다**라는 것에 주의할 필요가 있다.

13-12 환원반응

$LiAlH_4$ 또는 $NaBH_4$와 같은 하이드라이드환원시약이 사용할 수 있도록 되어, 알데히드 또는 케톤의 접촉적인 수소화(1°혹은 2°알코올로)는 실험실적인 각종의 환원방법 중에서는 2번째로 하락되었다(9-9절). 그러나, 공업적인 규모로서는 독점적으로 접촉환원이 이용되고 있으며, 보다 효과적인 촉매와 최적의 반응조건의 연구가 진행되고 있다.

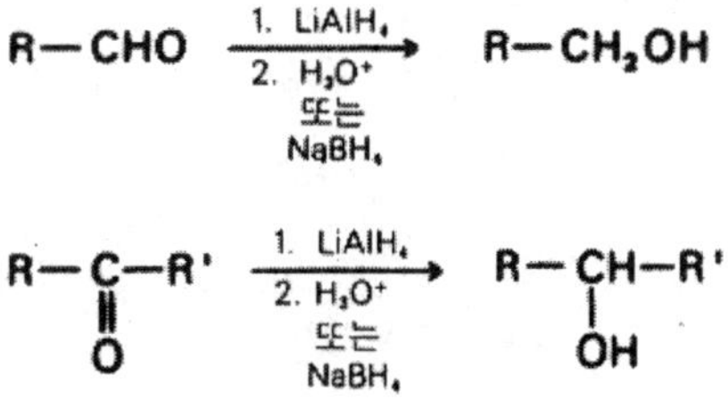
R—CHO
1. LiAlH₄
2. H₃O⁺
또는
NaBH₄
R—CH₂OH
R—C—R'
O
1. LiAlH₄
2. H₃O⁺
또는
NaBH₄
R—CH—R'
OH

이들의 카르보닐화합물로부터 그에 상당하는 탄화수소로의 철저한 환원은 보통 아래의 2가지 방법 중 어느 쪽이 이용된다. 분자 내의 다른 관능기의 존재는 산성, 염기성 또는 중성 중 어느 쪽의 용액이 환원에 가장 적절한가를 규정한다.

산성조건 : 일반적인 산성 조건하에서의 환원은 묽은 염산 중에서 케톤과 아연아말감(Zn(Hg))을 반응시키는 것이다. 금속 아연의 깨끗한 표면을 수은염, 보통은 염화수은

(Ⅱ)($HgCl_2$)으로 조사하면, 아연 표면에 얇은 수은의 침전층이 생성된다. 아연과 수은금속은 비화학양론적인 비로서 결합하여 **아연아말감**을 형성한다.

$$Zn^{0} + Hg^{++} \longrightarrow Zn^{++} + Hg^{0}$$

$$Hg^{0} + Zn^{0} \longrightarrow Zn(Hg)$$

다른 금속도 마찬가지로 아말감을 형성할 수 있지만, Clemmensen**환원반응**이라고 불리우는, 이 유기반응에는 아연이 적합하다. 아말감을 묽은 염산으로 처리하면 금속표면에서 서서히 수소가 발생한다. 여기서 케톤이 탄화수소로 환원된다.

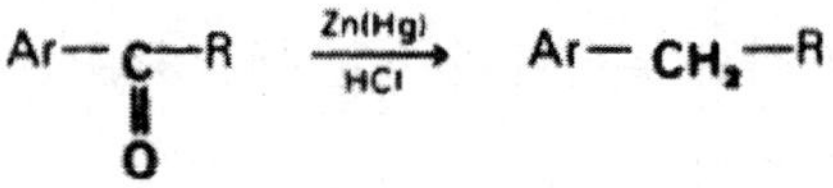
Zn(Hg)
HCl

이 환원법은 알데히드에 대해서는, 생성물이 가끔 혼합물이므로 만족할 만한 것은 아니다. 산에 민감한 기를 갖지 않는 지방족-방향족케톤은 거침없이 반응하며, 보통 수득률은 높다. 이 반응은 무수숙신산을 사용한 Friedel-Crafs아실화반응으로 생성한 케토산의 환원에 대해서 특히 효과적인 것으로 알려져 있다.

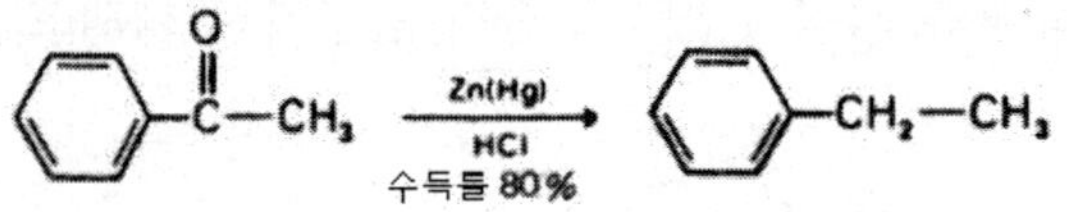
Zn(Hg)
HCl
수득률 80%

acetophenone ethylbenzene

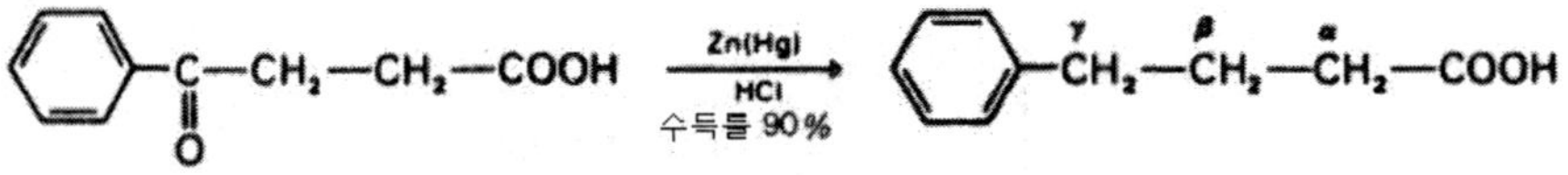
Zn(Hg)
HCl
수득률 90%

β-benzoylpropionic acid

γ-phenylbutyric acid
4-phenylbutanoic acid, IUPAC

염기성조건 : Wolff-Kishner**환원반응**은 염기성 조건하에서의 하이드라존의 환원으로부터 형성된다. 하이드라진(H_2N-NH_2)으로부터의 하이드라존의 생성은 13-14절에서 설명하지만, 알데히드나 케톤도 고온에서 하이드라진 및 강염기와의 처리로서 환원된다고 하는 것에 주목하기 바란다.

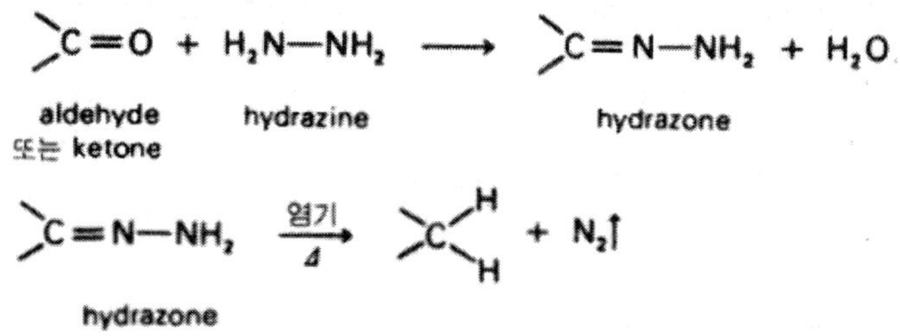
aldehyde
또는 ketone
hydrazine
hydrazone
염기
hydrazone

알데히드 또는 케톤이 염기에 민감한 다른 기를 갖는 경우에는 다른 환원법을 사용하지 않으면 안 된다.

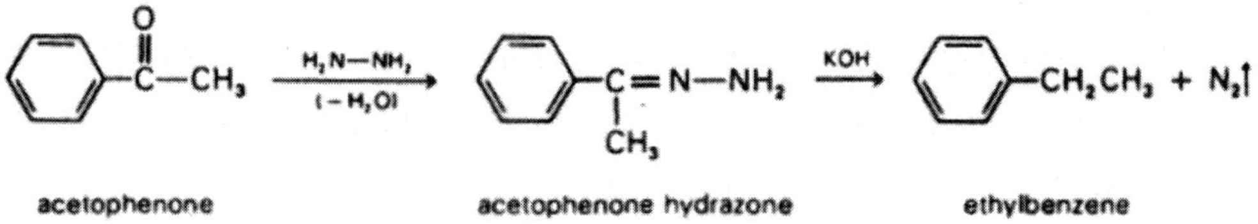
KOH
acetophenone
acetophenone hydrazone
ethylbenzene

중성조건 : 유황을 함유하는 유기화합물을 수소-금속계에서 처리하면 일반적으로 유황-탄소간의 결합이 절단된다(탈황화). 알데히드 또는 케톤은 에틸렌디티올(CH_2SH-CH_2SH)과 반응하여 티오케탈을 생성한다.

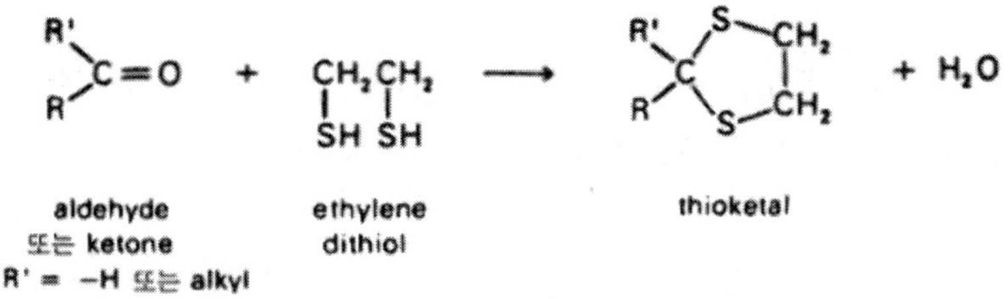
aldehyde
또는 ketone
R' = -H 또는 alkyl
ethylene
dithiol
thioketal

이 반응의 상세는 13-14절에서 설명한다. 여기에 티오케탈과 촉매, 즉 새로 제조한 Raney nickel 과의 반응으로 그에 상당하는 탄화수소가 생성되는 것을 나타낸다.

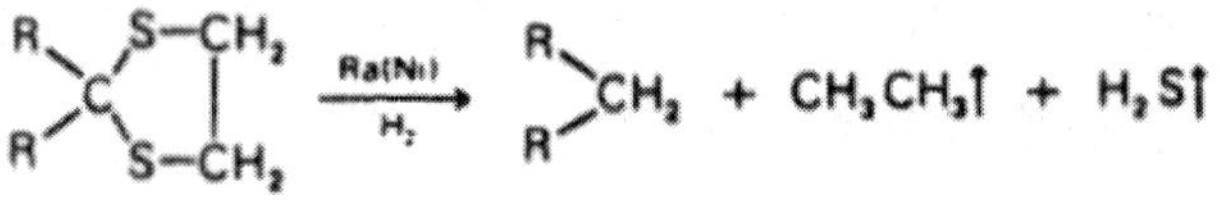

티오케탈생성반응도 탈황반응도 온화한 중성조건으로 일어난다.

Raney nickel 은 니켈-알루미늄합금을 염기로서 처리하여 제조한다. 금속구조 중의 알루미늄원자는 강염기의 작용으로 산화적으로 제거되며, 수소가스로서 포화된 미세한 니켈이 남는다.

$$NiAl_2 + 6OH^- \longrightarrow Ni\downarrow + 2AlO_3^{3-} + 3H_2\uparrow$$

13-13 카르보닐기에의 친핵적 부가반응

예를 들면 CN^-, R^-과 같은 이온 혹은 NH_3, H_2O과 같은 분자, 또는 거의 모든 강력한 친핵시약은, 알데히드 또는 케톤의 카르보닐기의 전자밀도가 낮은 탄소원자를 공격한다.

1. 알데히드와 케톤의 Grignard 반응은 앞에서 상세하게 설명하였다(제9장 알코올).
2. 시안화수소는 알데히드의 카르보닐기에 예상되는 형식으로 부가하여 시아노하이드린을 생성한다. 이 새로운 탄소-탄소결합 생성의 중요성은 생성한 시아노하이드린을 가수분해하면 α-하이드록시산이 생성한다는 것이다.

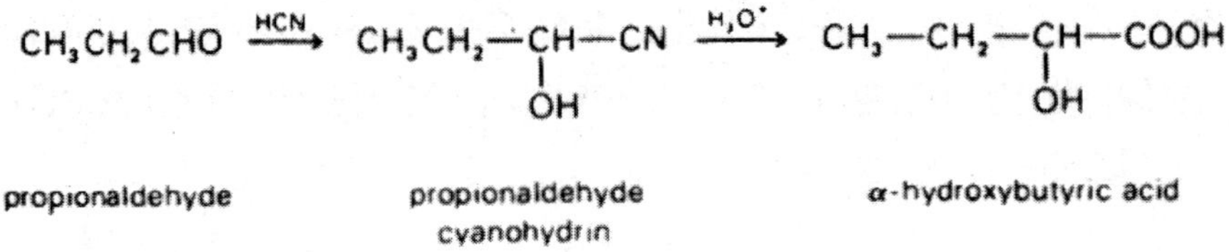
propionaldehyde
propionaldehyde cyanohydrin
α-hydroxybutyric acid

HCN과는 달리 할로겐화수소는 일반적으로 이들의 카르보닐관능기에 부가하지 않는다. 평형이 반대 방향에 있기 때문이다.

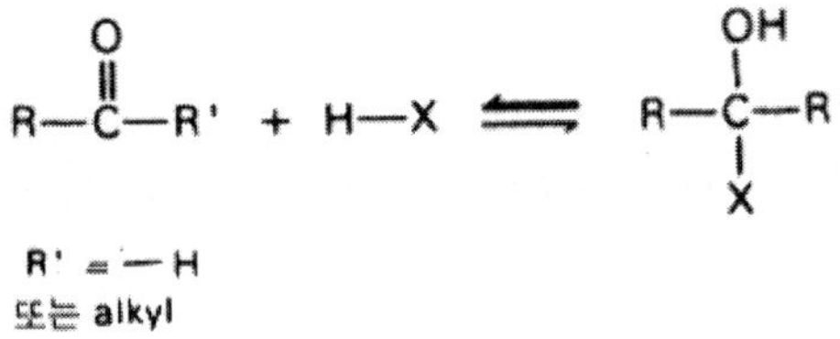
R' = —H
또는 alkyl

3. 알데히드 또는 케톤에의 물의 부가는 통상 평형이 카르보닐화합물쪽에 있지만, 알코올의 경우에는 상당한 정도로 반응한다.

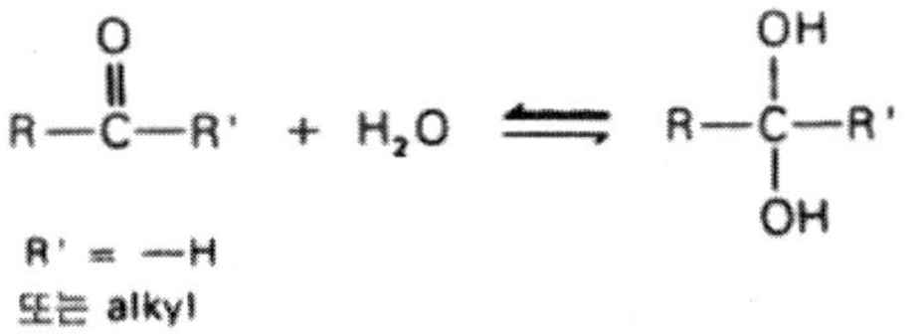
R' = —H
또는 alkyl

알데히드는 최초 **헤미아세탈**로 되며, 더욱 1당량의 알코올과 반응하여 **아세탈**을 생성한다.

일반식 :

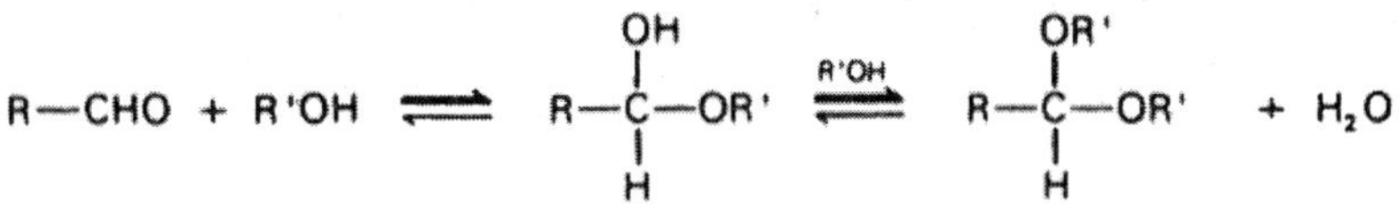

구체예 :

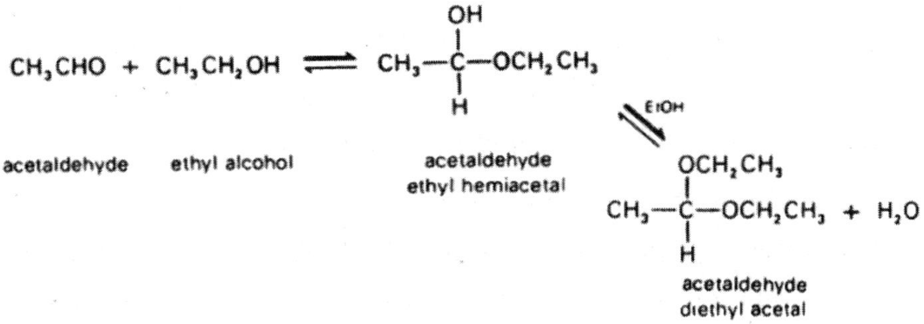
acetaldehyde
ethyl alcohol
acetaldehyde
ethyl hemiacetal
acetaldehyde
diethyl acetal

역반응에 상당하는 아세탈의 가수분해는 소량의 산의 존재하에서 빠르게 진행한다. 그러나 염기촉매에서의 가수분해는 상당히 느리다.

케톤은 알코올과 반응시키면 헤미케탈을 생성하지만, 더욱 반응시켜 케탈로 유도하는 것은 곤란하며 직접적으로는 성공할 수 없다.

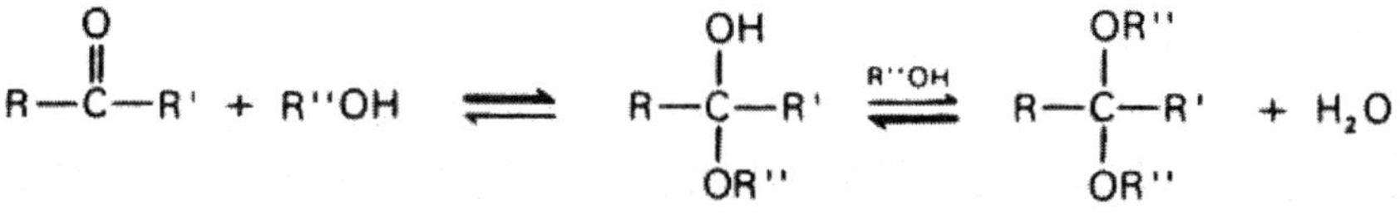

여기서는 간접적인 케탈의 합성법에 대해서 설명하지 않지만, 1,2-글리콜과 그것의 유황유사물의 것인 케탈은 직접적으로 합성할 수 있다. 가끔 에틸렌글리콜(HO-CH_2-CH_2-OH), 유황유사물의 것인 에틸렌디티올(HS-CH_2-CH_2-SH) 및 양쪽의 관능기를 조합하고 있는 2-메르캅토에탄올(HS-CH_2-CH_2-OH) 등이 사용된다.

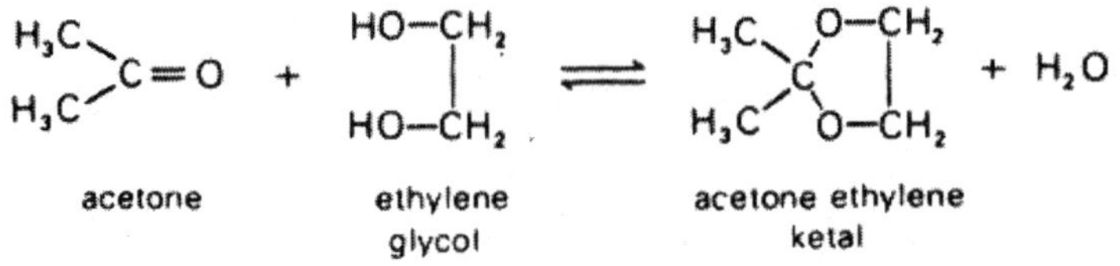
acetone
ethylene glycol
acetone ethylene ketal

에틸렌디티올 또는 2-메르캅토에탄올을 사용한 케탈화생성물의 구조를 써라. 더욱 티오케탈의 Raney-Ni(13-12절)에 의한 환원을 복습하여라.

4. 아황산수소나트륨($NaHSO_3$)은 알데히드 또는 메틸케톤 및 약간의 환상케톤의 카르보닐기에 부가하여, 아황산수소나트륨의 부가물을 생성한다. 이 반응은, Na^+과 HSO_3^-으로 부가하는 것보다도 오히려 H^+과 $NaSO_3^-$으로서 부가하며, **유황원자는 카르보닐기의 탄소원자와 결합한다.** 이 반응은 용이하게 부가물을 생성하며, 이것은 함수 에탄올에 불용인 화합물의 분리, 정제에 유용하다. 아황산수소부가물은 시안화물수용액과 처리하여 시아노하이드린으로 변환할 수 있다. 따라서 상당히 유독한 액체인 시안화수소의 사용을 피할 수가 있다. 시아노하이드린의 α-하이드록시산으로의 가수분해를 상기할 것.

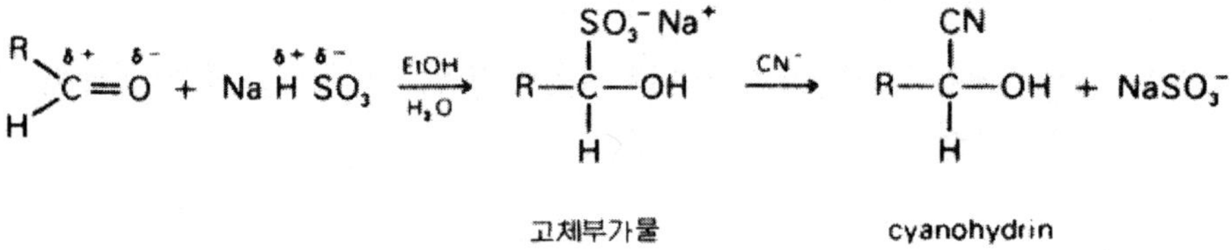
고체부가물
cyanohydrin

13-14 암모니아 및 그것에 관련된 분자의 반응 : 카르보닐화합물의 고체유도체의 합성

정성적인 유기분석, 즉 분광학적 방법 또는 기지의 반응에 의한 유기화합물의 확인은, 유기화학의 중요한 부분이다. 유기화학자의 훈련의 목적에 유기분석만으로 전과정을 구성하는 것도 허용된다. 예를 들면 당신이 미지의(액체의) 화합물을 입수하였다고 하자. 이것은 케톤이라고 증명할 수 있는 것으로 한다(다음 절에서 설명하는 신속시험에 의함). 많은 기지의(아니 아직 미지의 것일지도 모른다!) 케톤 중 어느 것이 당신이 가지고 있는 화합물일까?

미지의 화합물의 확인에 이용되는 화학적인 방법의 하나는, 미지의 케톤을 **기지의 반응경로**로서 기지의(또는 기지의 출발물로부터 제조할 수 있다) 제 2의 화합물로 바꾸는 것이다. 이 제 2의 화합물은 **유도체(derivative)**라고 불리우며, 통상 시약은 유도체가 고체로 되는 것과 같은 것이 선택된다. 고체는 재결정으로 용이하게 정제할 수 있으며, 융점 및 기지의 시료와의 혼합융점을 결정할 수 있다. 물론, 미지물질의 정확한 확인의 가능성은 유도체를 2가지 또는 그 이상으로 만들어, 기지시료와 같은 화합물과 비교하는 것으로써 증대한다. 여기서 설명하는 알데히드 또는 케톤유도체의 모두는 암모니아[또는 하이드라진(H_2N-NH_2), 이것은 구조적으로 암모니아에 관련이 있다]와 구조적으로 관계있는 시약으로부터 제조된다.

이민 : 알데히드 또는 케톤은 암모니아의 존재하에서는 **알드이민(aldimine)** 또는 **케트이민(ketimine)**과 평형에 있으며, 평형은 보통 카르보닐화합물쪽으로 치우치고 있다. 이들의 불안정한 **이민**, 즉 **Schiff염기**는 유도체로서는 **취급할 수 없다.** 이민은 니트릴의 환원(13-5절) 및 니트릴의 Grignard 반응(13-9절)에 있어서 중간체로서 알려져 있다.

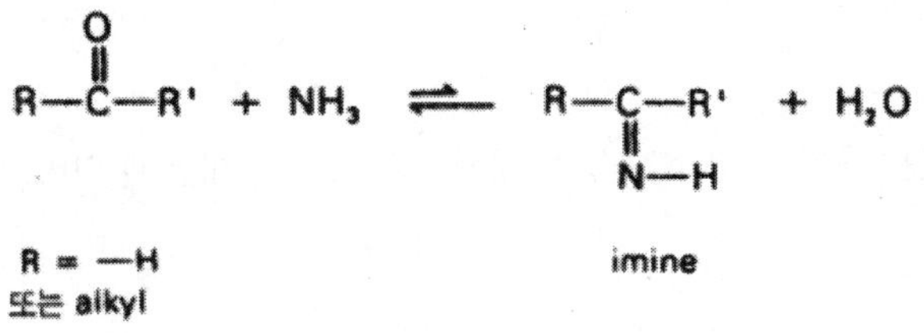
R—C(=O)—R' + NH₃ ⇌ R—C(=N—H)—R' + H₂O
R = —H
또는 alkyl
imine

옥심 : 하이드록실아민(H_2N-OH)은, **알데히드로부터 알드옥심을, 케톤으로부터 케트옥심을 생성한다.** 탄소-질소이중결합은 회전 또는 암모니아와 같은 반전의 어느 것이나 방해하기 때문에, 2종류의 기하학적 이성체의 생성이 가능하다.

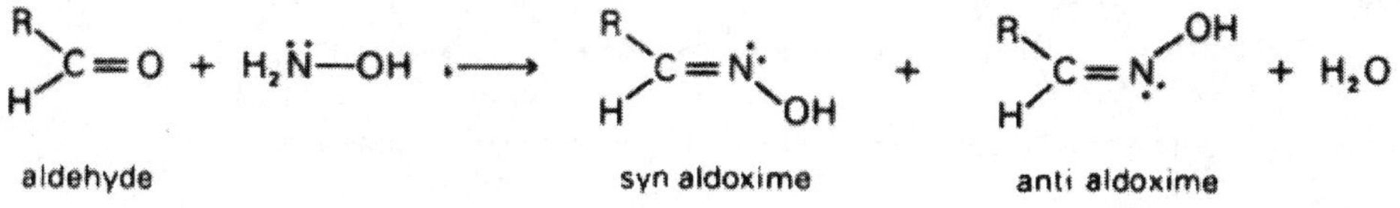
H₂N—OH
+ H₂O
aldehyde
syn aldoxime
anti aldoxime

알데히드에 있어서, syn**이성체**(시스 "같음"과 비교하여라)는 −H와 −OH가 탄소-질소 이중결합상에서 같은 쪽에 있으며, anti**이성체**(트란스 "가로지름"과 비교하여라)는 그들이 반대쪽에 있다.

케트옥심은 −OH기와 −R기 간의 관계가 본래 결정되어 있지 않으므로 2가지 방법으로 명명된다.

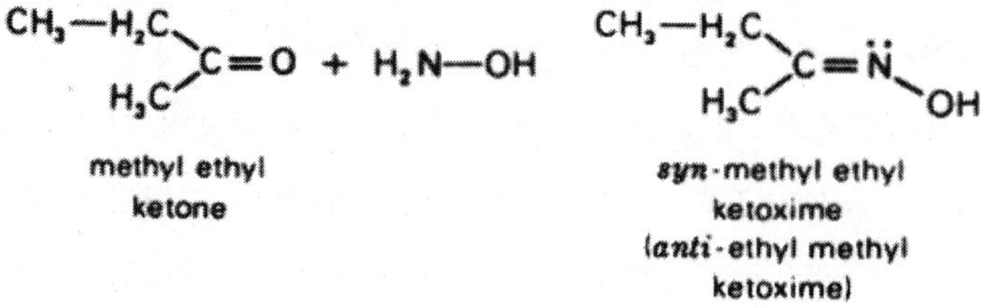
methyl ethyl ketone
syn-methyl ethyl ketoxime (anti-ethyl methyl ketoxime)

입체적인 이유에서 예상되는 것같이, 보다 많이 생성되는 이성체는 −OH기와 큰 쪽의 −R기가 안티의 관계에 있는 것이다. 또한 다른 이성체도 통상 적어도 소량은 검출된다. 이 기하학성은 옥심의 Beckman전위(15−26절)로서 중요한 역할을 한다.

알드옥심은 5산화인(P_2O_5)으로 탈수된다. 이와 같이 하여 생성된 니트릴(시안화물)은 더욱 변환을 행할 수가 있다.

$$R{-}CH{=}N{-}OH \xrightarrow{P_2O_5} R{-}C{\equiv}N + H_2O$$

하이드라존 : 하이드라진(H_2NNH_2)은 알데히드 또는 케톤과 반응하여 하이드라존을 생성한다.

일반식 :

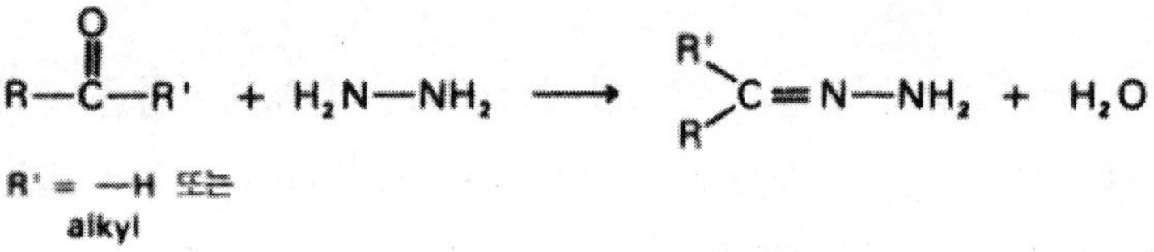
R' = —H 또는 alkyl

구체예 :

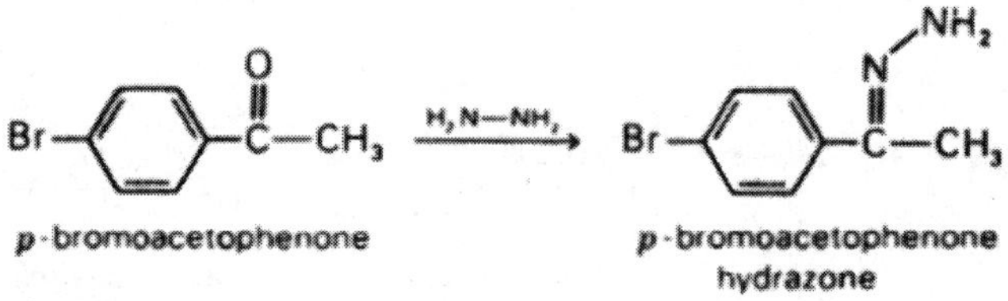
p-bromoacetophenone
p-bromoacetophenone hydrazone

Wolff−Kishner환원반응(13−12절)에서 하이드라존이 사용되는 것을 상기할 것. 이들 모두와 관련된 유도체 생성의 메카니즘은 카르보닐기로의 친핵적 공격이 관여하고 있다.

$$RR'C^{\delta+}{=}O^{\delta-} + H_2\ddot{N}{-}NH_2 \rightleftharpoons \left[RR'C(O^-)(\overset{+}{N}H_2{-}NH_2)\right]$$

$$\left[RR'C(O^-)(\overset{+}{N}H(H){-}NH_2)\right] \rightleftharpoons \left[RR'C(OH)(\ddot{N}H{-}NH_2)\right]$$

$$\left[RR'C(OH)(\ddot{N}H{-}NH_2) \underset{}{\overset{+H^+}{\rightleftharpoons}} RR'C(\overset{+}{O}H_2)(\ddot{N}H{-}NH_2) \overset{-H_2O}{\rightleftharpoons} RR'C{=}\overset{+}{N}H{-}NH_2\right]$$

$$\left[RR'C{=}\overset{+}{N}H{-}NH_2\right] \overset{-H^+}{\rightleftharpoons} RR'C{=}\ddot{N}{-}NH_2$$

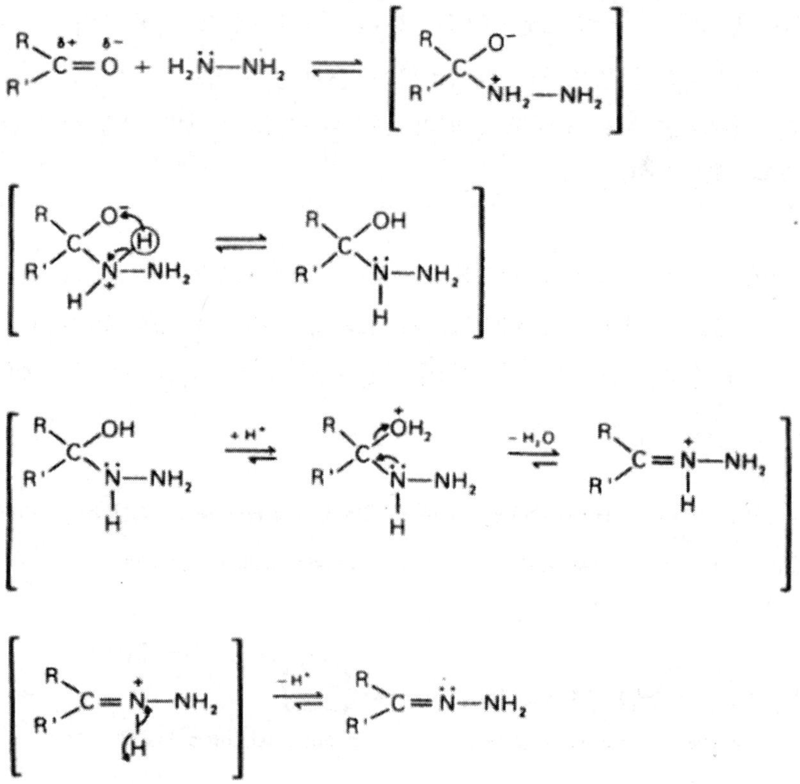

하이드라존유도체는 분자량이 원래의 카르보닐화합물로부터 그다지 증가하고 있지 않기 때문에, 가끔 액체 또는 저융점의 고체이다. 따라서 일반적으로는 페닐기로서 치환된 3종류의 하이드라진이 사용된다.

$C_6H_5{-}NH{-}NH_2$ phenylhydrazine

$O_2N{-}C_6H_4{-}NH{-}NH_2$ *p*-nitrophenylhydrazine

$(O_2N)_2C_6H_3{-}NH{-}NH_2$ 2,4-dinitrophenylhydrazine (2,4-DNPH)

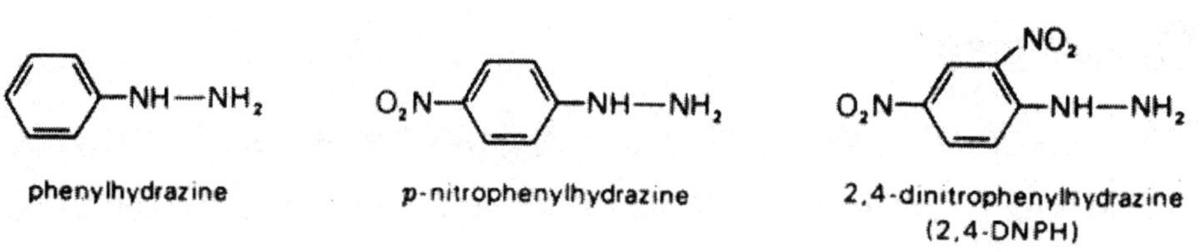

이들 중에서 우측 끝의 물질은 강하게 착색된 2,4-디니트로페닐하이드라존을 생성하며, 이것은 새로 생성된 유도체의 공액의 정도에 따라서, 황색으로부터 짙은 적색으로까지 미친다.

> 1. 아세트알데히드 및 아세토페논의 (a) 하이드라진, 및 (b) 3종류의 페닐치환하이드라진과의 반응을 식으로 표시하여라(합계 8가지의 식).
> 2. 8가지의 경우 모두에 대해서 출발카르보닐화합물에 대한 유도체의 중량 증가의 백분율을 계산하여라.

세미카르바존 : 하이드라진의 아미드유도체인 세미카르바지드($H_2N-NH-CO-NH_2$)는 알데히드 및 케톤과 반응하여 세미카르바존을 생성한다. 이것이 치환된 하이드라진이라는 것을 기억해 두면, 세미카르바지드의 어떤 $-NH_2$기가 반응하는가에 대해서 혼란은 일어나지 않으리라고 믿는다.

$$CH_3CHO + H_2NNH{-}CONH_2 \longrightarrow CH_3CH{=}N{-}NH{-}CONH_2 + H_2O$$

acetaldehyde　　semicarbazide　　acetaldehyde semicarbazone

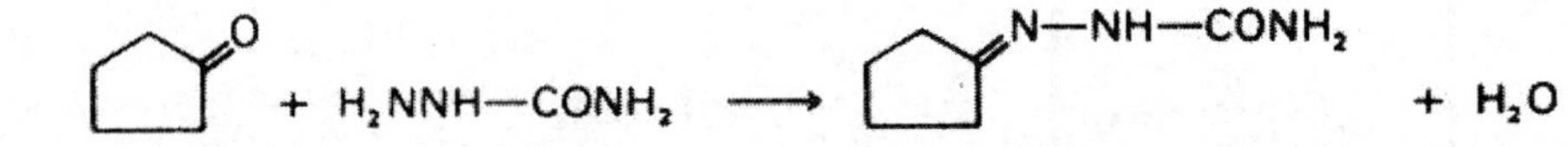

cyclopentanone　　semicarbazide　　cyclopentanone semicarbazone

> 13-14절에서 설명한 각각의 시약(NH_3는 제외하고)과 아세톤, 시클로펜타논, 벤즈알데히드와의 반응(합계 18식)을 써라.

13-15 할로포름반응

메틸케톤(CH_3-CO-) 및 다른 어떤 종류의 화합물은 하이포할로겐이온(hypohalite ions, XO^-)과 반응하여 카르복실산염($-COO^-$)과 그에 상당하는 할로포름(CHX_3)을 생성한다. 반응의 명칭은 이것과 관련된 것이다.

$$R-CO-CH_3 \xrightarrow[\text{염기}]{X_2} R-COO^- + CHX_3$$

할로포름반응은 관능기의 손쉬운 정성시험에 이용되는 것만이 아니고, 카르복실산의 합성에 있어서도 상당히 중요하다. 예를 들면, Friedel-Crafts아실화반응으로 아릴메틸케톤($Ar-CO-CH_3$)이 생성되면, 이 방향족 카르복실산의 합성에 적당한 출발물이 얻어진다.

이 시약, 하이포할로겐이온(XO^-)은 할로겐과 염기로부터 합성된다. 일반적으로는 요오드가 사용되지만, 염소가 싸기 때문에 합성적 규모일 때, 사용된다. 브롬도 사용할 수 있다.

$$I_2 + 2NaOH \longrightarrow \underset{\text{sodium hypoiodite}}{Na^+OI^-} + Na^+I^- + H_2O$$

$$Na^+OI^- \overset{H_2O}{\rightleftharpoons} \underset{\text{hypoiodous acid}}{HOI} + Na^+\,OH^-$$

메틸케톤(CH_3-CO-), 2차알코올($CH_3-CH(OH)-$) 중 이 반응 조건하에서 메틸케톤으로 산화되는 것, 아세트알데히드(다른 간단한 알데히드는 불활성), 및 에탄올(다른 1차알코올은 불활성), 이들은 모든 시약과 반응하여 1개씩 저위의 카르복실산염과 할로포름을 생성한다. 아이오도포름(CHI_3)은, 요오드 특유의 냄새를 갖는 황색의 고체화합물이기 때문에, 이 반응은 확인시험에 적당하다. 액체의 클로로포름($CHCl_3$)과 브로모포름($CHBr_3$)은 반응혼합물로부터 기체로 되어 발생하기 쉬우므로 뚜껑이 없는 용기로서 반응을 행하면 분리, 확인을 할 수 없다. 카르복실산을 분리하는 데에는 더욱 이것을 산성으로 하는 단계가 필요하다.

일반식 :

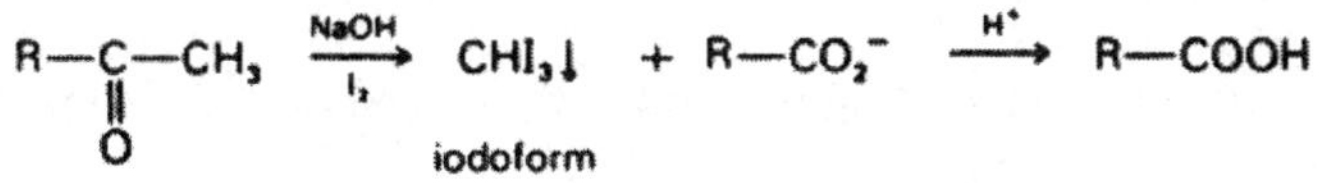

R—C—CH3
O
NaOH
I2
CHI3↓
+ R—CO2⁻
H⁺
R—COOH
iodoform

구체예 :

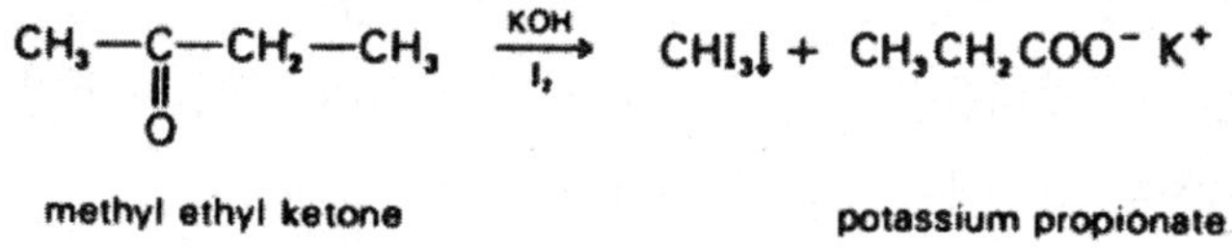

CH3—C—CH2—CH3
O
KOH
I2
CHI3↓ + CH3CH2COO⁻ K⁺
methyl ethyl ketone
potassium propionate

반응메카니즘 :

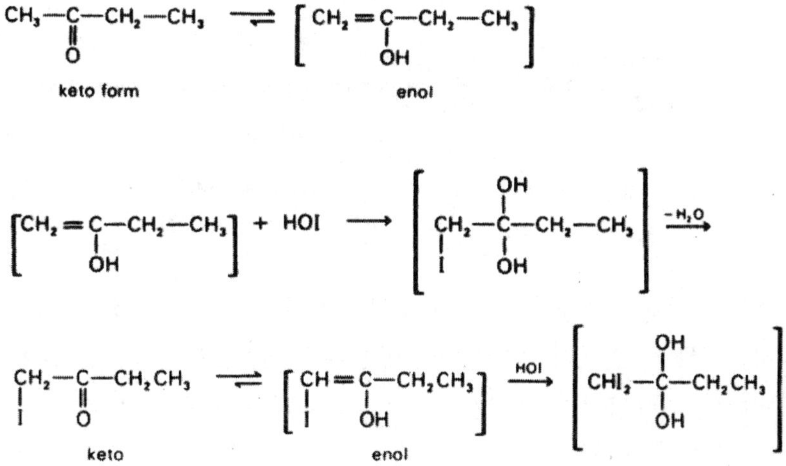

keto form
enol
HOI
−H2O
keto
enol
HOI

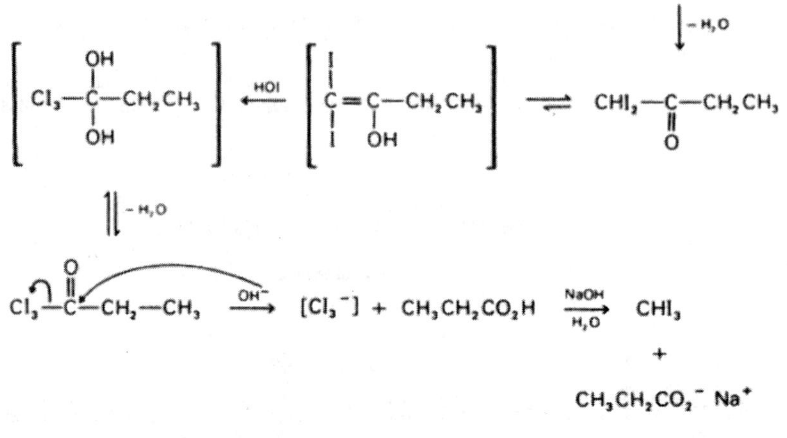

반응메카니즘에 대해서의 3가지의 사실에 주의할 것, 즉

(1) 할로메틸케톤도 이 반응을 행하며, 사실 이것의 중간체이다.

(2) 이들은 케톤의 엔올형에의 부가에 의하여 생성한다.

(3) 할로겐 3개가 결합한 카르보닐화합물은, 서로 인접한 탄소상에 존재하는 할로겐과 산소원자의 전자흡인효과의 결과로서, 수산이온에 상당히 공격되기 쉽다.

13-16 피나콜-피나콜론전위반응

케톤은, Zn(Hg)(13-12절)과 같은 방법으로 제조한 마그네슘아말감(Mg(Hg))으로 처리하고, 가수분해하면 1,2-글리콜을 생성한다(알데히드의 경우에는 복잡한 혼합물을 생성한다). 이 서로 인접한 비시널디올은 산으로 처리하면 전위가 일어나, 메틸기는 그 **전자쌍을 가진 그대로 이동하며**, 즉 메틸이동을 하여 케톤으로 된다.

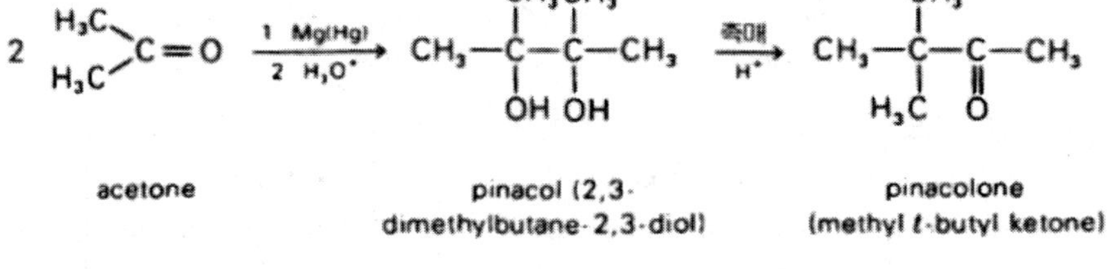

이들의 케톤생성물, 또는 그들로부터 더욱 유도할 수 있는 것은 가끔 다른 방법으로 합성하는 것은 곤란하다. 이 반응의 명칭은 아세톤으로부터 제조된 화합물에 유래하고 있다. 아래에 전위메카니즘을 표시한다. 프로톤이 촉매인 것에 주의할 것.

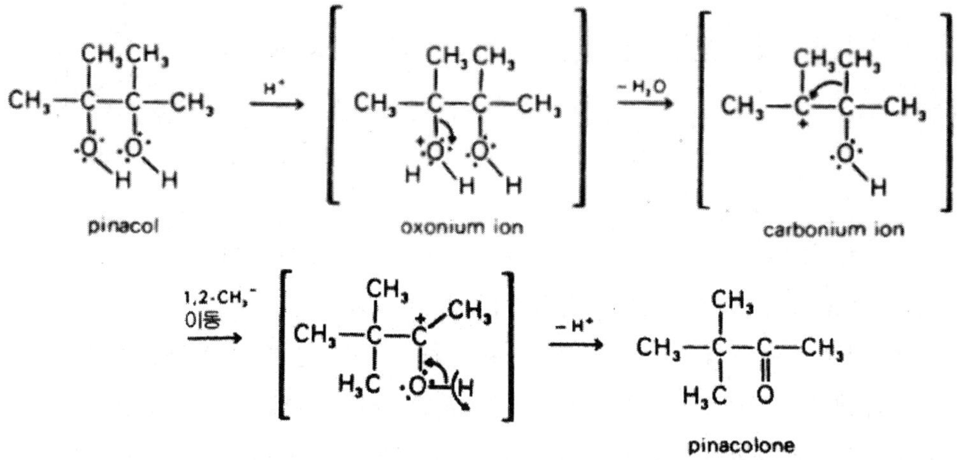
pinacol
oxonium ion
carbonium ion
1,2-CH_3^- 이동
pinacolone

알킬아릴케톤, 예를 들면 아세토페논은, 아말감화된 알루미늄(박편)에 의하여 피나콜을 생성한다. 디아릴케톤은 이소프로필알코올 중에서 햇빛에 쬐면 용이하게 피나콜반응을 행하며, 이 알코올에 용해되지 않는 피나콜은 직접 순수한 형태로 얻어진다. 이 후자의 반응은 광화학반응의 용이함과 유용함을 상당히 잘 나타내고 있는 것의 하나이다.

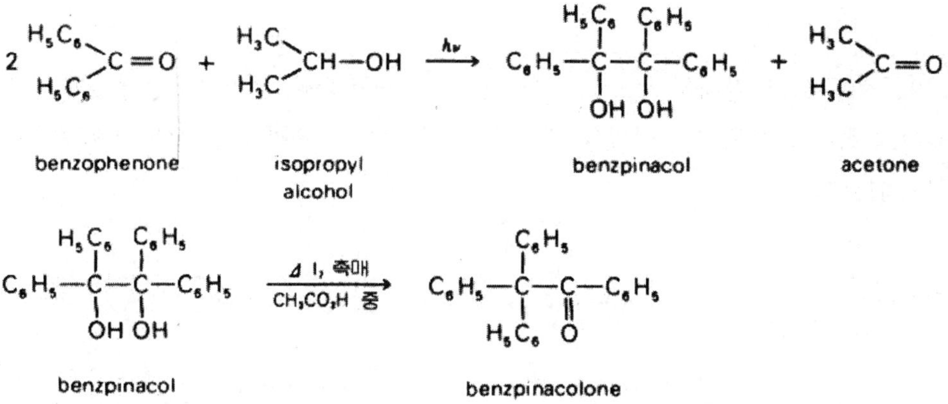
benzophenone
isopropyl alcohol
benzpinacol
acetone
benzpinacol
benzpinacolone

13-17 알데히드의 환상삼량화반응

포름알데히드는 수용액으로서 용이하게 얻어지지만, 이 용액을 증발시키면 직선상중합체인 **파라포름알데히드**와, 환상삼량체인 **트리옥산**의 혼합물의 고체가 남는다.

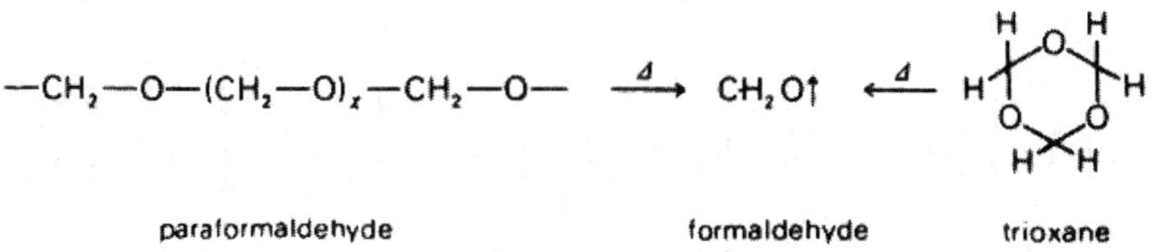
—CH₂—O—(CH₂—O)ₓ—CH₂—O—
Δ
CH₂O↑
Δ
paraformaldehyde
formaldehyde
trioxane

이들의 모두로부터도 열분해에 의하여 기체상태의 포름알데히드가 얻어지며, 이것은 Grignard 반응과 같은 변환에 직접 사용할 수 있다.

마찬가지로 수용액의 아세트알데히드용액을 농축하면, 주로 **파라알데히드**라고 불리우는 환상삼량체로 된다. 삼량체를 산과 가열하면 아세트알데히드(비점 20℃)가 얻어진다. 보다 고위인 알데히드는 삼량체로서보다는 알데히드의 형태로서 쉽게 얻어진다.

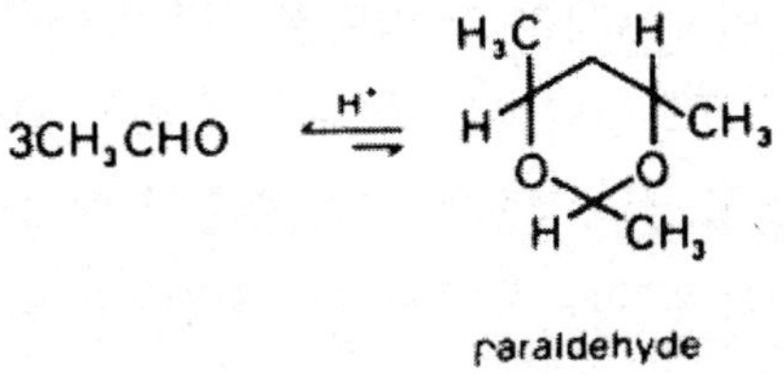
3CH₃CHO
H⁺
paraldehyde

트리클로로아세트알데히드(클로랄, 잘 알려진 마취제)는 동일탄소상에 2개의 수산기를 갖는 안정한 화합물의 흥미있는 예이다. 이 특수한 디올관능기는 왜 안정화되어 있다고 생각되는가?

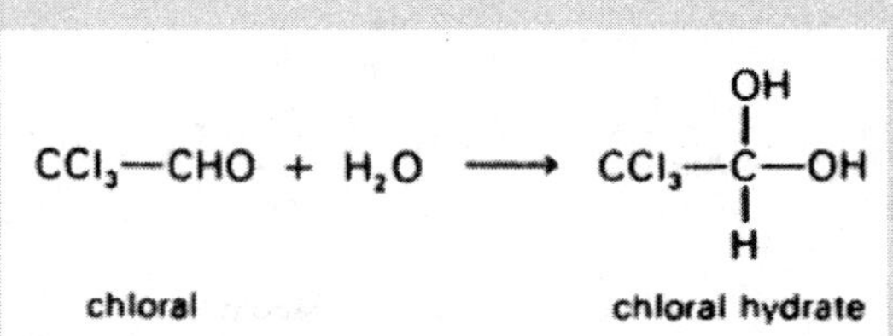
CCl₃—CHO + H₂O
chloral
chloral hydrate

13-18 케톤의 환화탈수반응

앞절에서 설명한 알데히드와는 달리, 가장 간단한 케톤, 즉 아세톤으로도 삼량화가 가능하다. 그러나 케톤은 황산 또는 염산의 영향하에서 **탈수에 의하여** 환상삼량화를 행한다.

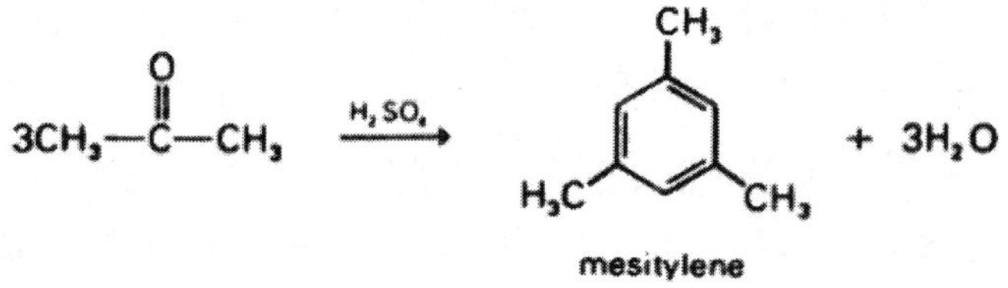
3CH₃—C—CH₃
O
H₂SO₄
CH₃
H₃C
CH₃
+ 3H₂O
mesitylene

특히 환상케톤으로부터 몇가지의 상당히 흥미있는 화합물이 얻어진다. 가끔 수득률은 어느 정도에 머무르지만, 출발물질은 일반적으로 값이 싸다. 반응은 카르보닐기와 다른 분자의 α-CH_2-기와의 축합에 의하여 진행된다.

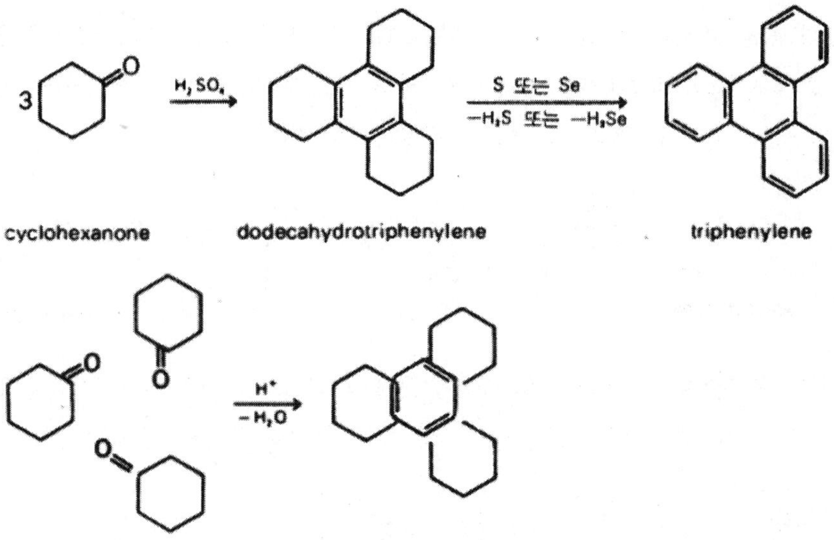
3
O
H₂SO₄
S 또는 Se
—H₂S 또는 —H₂Se
cyclohexanone
dodecahydrotriphenylene
triphenylene
H⁺
— H₂O

1. 1,3,5-트리페닐벤젠을 어떻게 하면 합성할 수 있을까?
2. 2-부탄온과 황산의 반응에서 예상되는 생성물의 구조를 써라. 이 생성물은 황 또는 셀렌과 어떻게 반응할까?

05 알데히드 및 케톤의 축합반응

새로운 탄소-탄소결합의 형성은 특히 유기화학자에게만 흥미있는 것이 아니고, 생물학적 계, 특히 천연물이 합성되는 경로에 있어서 상당히 중요하다. 알데히드 및 케톤은 일반적으로 염기의 존재하에서 여러 가지의 축합반응을 행한다. 이들의 실험실에서 반응의 대부분은 식물 또는 동물체 내에서도 상응하는 것과 같은 물질이 있다. 이들의 축합반응의 모두는 다음의 3가지 인자를 생각하면 용이하게 이해되며 계통되어진다. 즉 카르보닐기의 분극, α-수소의 엔올화, 그리고 새로 생성한 α, β-불포화카르보닐화합물의 높은 안정성이다.

13-19 알돌축합반응

염기의 존재하에, 알데히드 또는 케톤의 엔올형은 용이하게 프로톤을 잃고 에놀레이트 이온을 생성하며, 그 공명에 의하여 안정화된 이온은 계속해서 다른 분자의 카르보닐기를 공격한다. 반응을 표시하기 위하여, 아세트알데히드의 축합에서 일반적으로 **알돌**이라고 불리우는 β-하이드록시알데히드의 생성을 생각해 보자. 알돌은 그 후 용이하게 물분자를 잃고, α, β-불포화알데히드, 즉 크로톤알데히드로 된다.

전반응 :

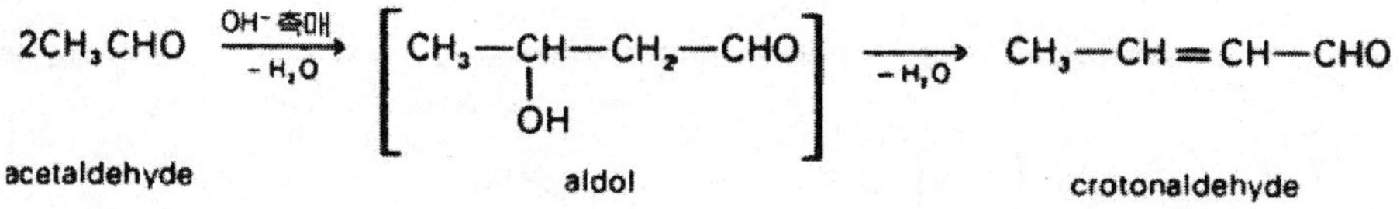
2CH₃CHO
OH⁻ 촉매
-H₂O
CH₃—CH—CH₂—CHO
OH
-H₂O
CH₃—CH=CH—CHO
acetaldehyde
aldol
crotonaldehyde

수산이온이 촉매이며, 카르보닐의 분극, 엔올화 및 α, β-불포화카르보닐화합물의 안정성이라고 하는 3가지 인자 어느 쪽도, 이 메카니즘에 있어서 중요한 것에 주의할 것.

반응메카니즘 :

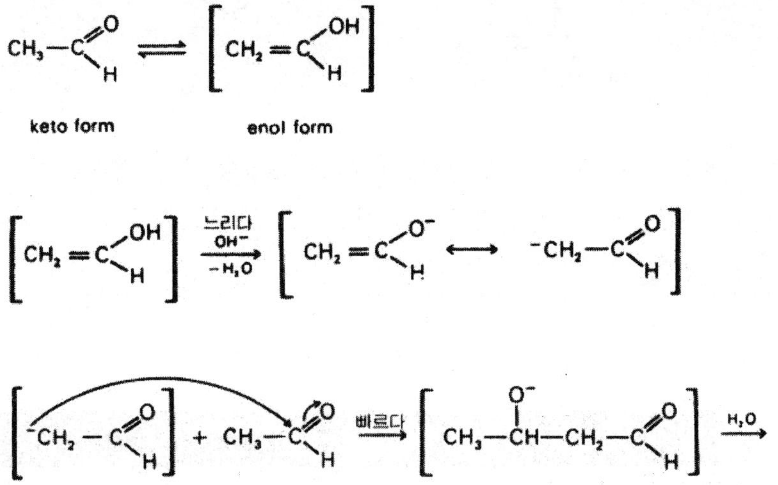
keto form
enol form
느리다
OH⁻
-H₂O
빠르다
H₂O

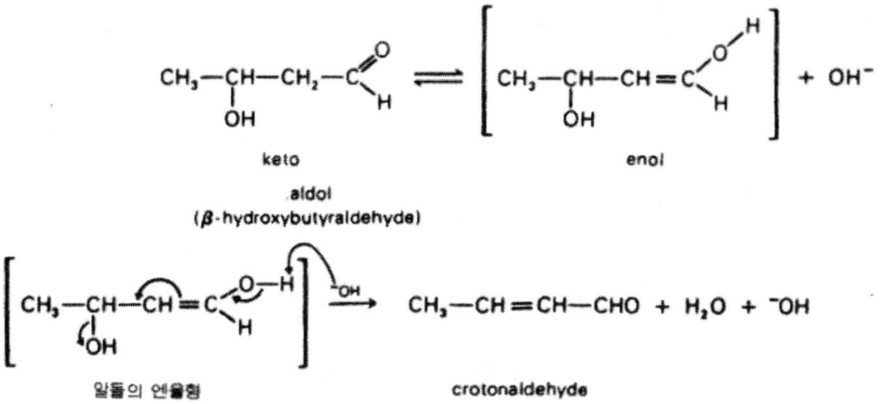
keto
enol
aldol
(β-hydroxybutyraldehyde)
알돌의 엔올형
crotonaldehyde

이 축합반응은 2종류의 다른 알데히드를 사용할 때에는 효과적으로 **사용할 수 없다.** 이 경우 4가지의 축합생성물이 가능하며, 이들은 분리가 곤란하리라고 생각된다.

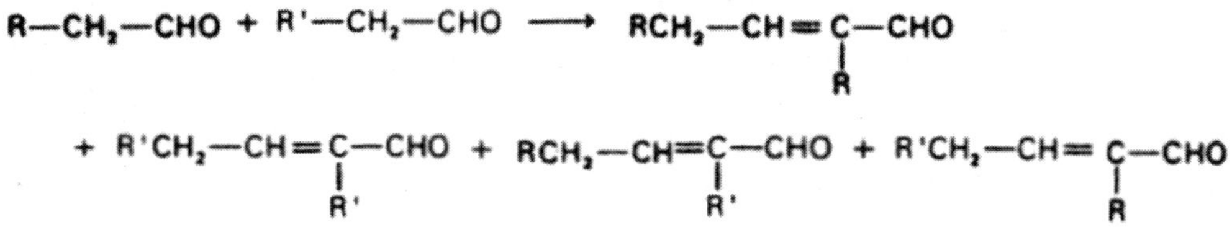

다음의 절에서 설명하는 혼합알돌축합은 예외이다.

알돌축합은 또한, α-수소를 갖는 케톤에도 보여지는 반응이다. 아세톤의 축합생성물은 탈수에 의하여 α, β-불포화케톤으로 된다.

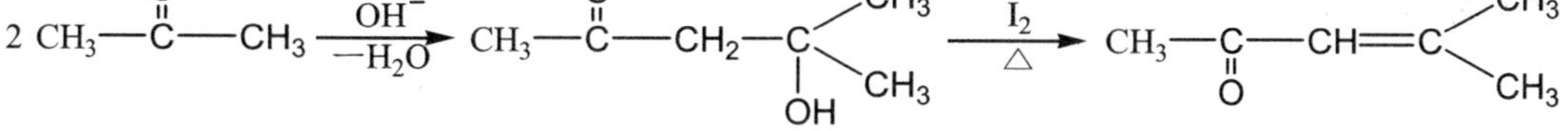

13-20 혼합알돌축합반응

혼합알돌축합은 2가지의 조건을 만족할 때에만, 2종류의 다른 알데히드간에 행할 수 있다. 즉, (1) 반응물의 하나는 α-수소를 갖지 않으며, 따라서 엔올화하지 않을 것, (2) 수소를 갖는 제 2의 카르보닐성분은 제 1의 반응물과 묽은 염기의 혼합물에 서서히 가해질 것.

$$C_6H_5-CHO\ (\text{염기와 혼합}) + CH_3CHO\ (\text{서서히 가한다}) \xrightarrow[OH^-]{\text{묽은}} C_6H_5-CH{=}CH-CHO + H_2O$$

cinnamaldehyde

$$C_6H_5-CHO + C_6H_5-\overset{O}{\overset{\|}{C}}-CH_3 \xrightarrow{OH^-} C_6H_5-CH{=}CH-\underset{O}{\underset{\|}{C}}-C_6H_5 + H_2O$$

benzalacetophenone

> 위의 각각의 예에 대해서 합리적인 반응메카니즘을 써라.

13-21 Cannizzaro반응

Cannizzaro반응은 α-수소가 없는 알데히드가 강염기(30~60%)의 존재하에서, 동시에 일어나는 산화환원[**불균화반응(disproportionation)**]에 의하여 그에 상당하는 알코올과 카르복실산(염)이 되는 반응이다. 카르복실산 그것을 얻기 위해서는 다른 산성화단계가 필요하다. 이와 같은 산화-환원반응은, 생물의 세포 내에서 효소계의 작용에 의하여, 더욱 온화한 조건하에서 일어난다.

구체예 :

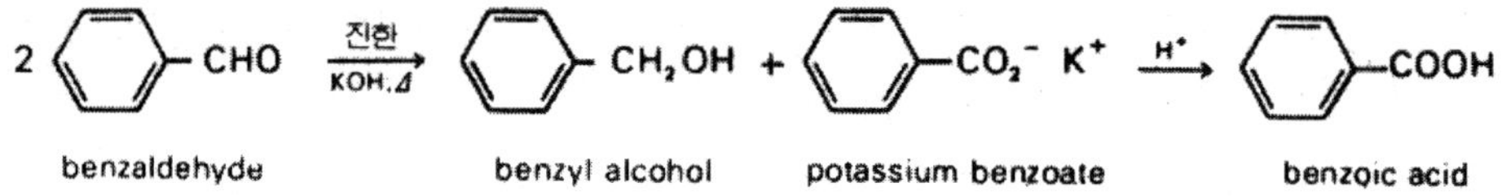
2
CHO
진한
KOH, Δ
CH₂OH
CO₂⁻ K⁺
H⁺
COOH
benzaldehyde
benzyl alcohol
potassium benzoate
benzoic acid

반응메카니즘 :

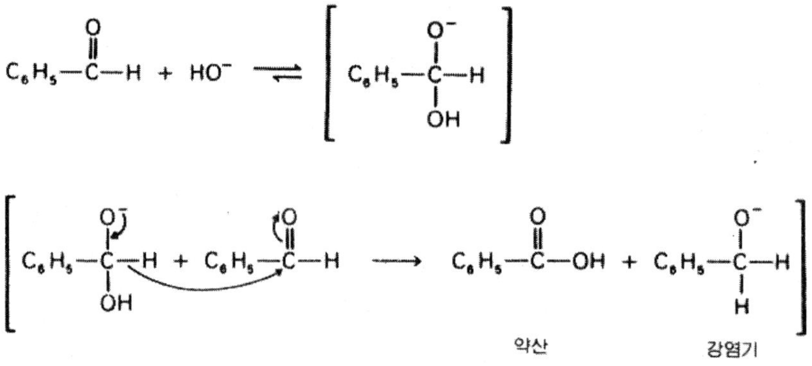
약산
강염기

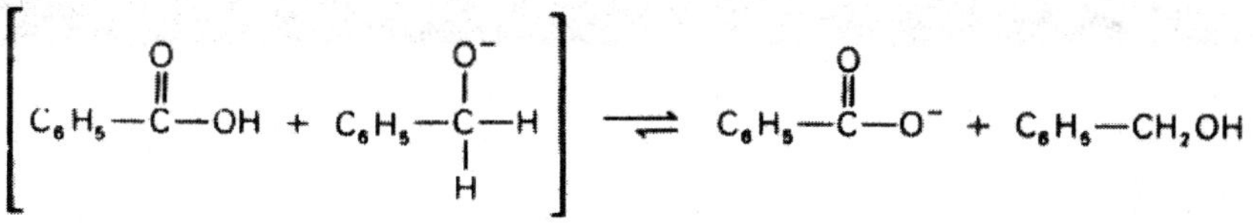

$$C_6H_5-CO_2^- \xrightarrow{H^+} C_6H_5-CO_2H$$

다음 각각의 분자의 Cannizzaro반응에 의한 생성물을 써라.
포름알데히드, 트리페닐아세트알데히드, 트리메틸아세트알데히드

13-22 교차 Cannizzaro반응

반응조건과 시약을 적당하게 선택함으로써, 어느 쪽도 α-수소를 갖지 않는 2종류의 알데히드간에 Cannizzaro반응을 행할 수가 있다. 성분의 1가지는 일반적으로 포름알데히드이다. 이것은 거의 대부분의 다른 알데히드보다도 용이하게 카르복실산으로 산화된다.

$$C_6H_5-CHO + CH_2O\ (\text{과잉}) \xrightarrow[OH^-\ \Delta]{\text{진한}} C_6H_5-CH_2OH + HCO_2^- \xrightarrow{H^+} HCO_2H$$

교차 Cannizzaro반응과 관련하여 이용되는 알돌축합의 흥미있는 예는 펜타에리트리톨, 테트라(하이드록시메틸)메탄의 합성이다. 이것은 3개의 연속된 아세트알데히드의 알돌축합으로부터 형성되며, 계속해서 포름알데히드와 교차 Cannizzaro반응을 행한다.

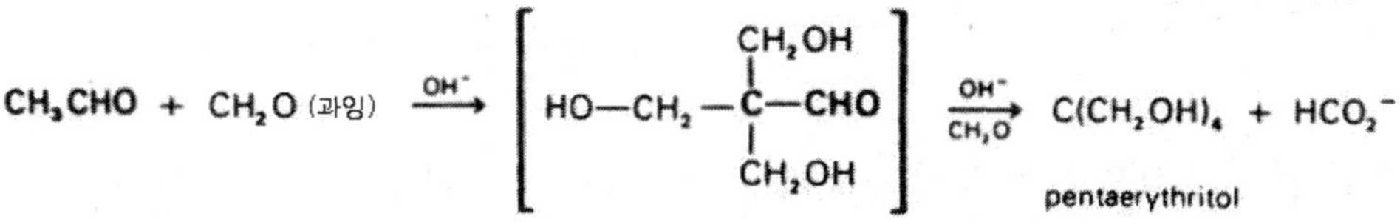

펜타에리트리톨은 플라스틱 또는 수지의 제조에 사용된다. 테트라질산에스테르는 강력한 폭약이다.

염기 중에서 시클로헥사논을 과잉의 포름알데히드로서 처리할 때 생성되는 $C_{10}H_{20}O_5$ 화합물의 구조를 써라.

06 정성시험

13-23 산화반응

Ag^+과 Cu^{2+}은 양쪽 모두 지방족알데히드에 의하여 Ag^0와 Cu^+로 환원되는 온화한 산화제이다. 이 때 알데히드는 카르복실산으로 산화된다. 이들 이온의 착화합물을 사용하는 정성시험이 고안되어 있다. Tollens시험은 $Ag(NH_3)^{2+}$를 사용하며, Benedict용액은 Cu (시트르산 이온)$_2^{2-}$ 으로부터 형성되며, Fehling시험은 Cu (타르타르산 이온)$_2^{2-}$ 을 사용한다.

$HO_2C-CH_2-C(OH)(CO_2H)-CH_2-CO_2H$ (citric acid)

$HO_2C-CH(OH)-CH(OH)-CO_2H$ (tartaric acid)

Tollens시험은 모든 알데히드에 양성이지만, 다른 2가지는 지방족알데히드에 대해서만 양성이다. 3가지 모두 케톤에는 음성이다.

Tollens' test : $R-CHO + Ag(NH_3)_2^+ \longrightarrow Ag^0\downarrow + R-CO_2^- \xrightarrow{H^+} R-CO_2H$
(무색의 용액 → 은거울)

Benedict's test : $R-CHO$ + Cu(시트르산 이온)$_2^{--}$ $\longrightarrow Cu_2O\downarrow + R-CO_2^-$
(진한 청색의 용액 → 산화구리(I) 일반적으로 적색)

Fehling's test : $R-CHO$ + Cu(타르타르산 이온)$_2^{--}$ $\longrightarrow Cu_2O\downarrow + R-CO_2^-$
(진한 청색의 용액)

따뜻한 묽은 질산으로 씻은 다음에 증류수로 충분히 세척한 시험관이, Tollens반응에 있어서 석출하는 금속으로 은거울화되기 때문에, Tollens시험은 또한 **은거울시험**으로서 알려져 있는 것은 흥미있다.

알데히드의 또 하나의 양성시험은 **Schiff시험**이다. 이것은 무색의 염료와 미지의 알데히드를 처리하는 것이다. 용액은 알데히드에 의하여 핑크색으로부터 자색으로 변한다. 케톤에서는 변화하지 않는다. 이 반응의 화학은 복잡하지만, 일반적으로 알데히드가 염료의 구조를 변화시킨다.

13-24 아황산수소나트륨

알데히드, 입체장해가 없는 메틸케톤 및 약간의 환상케톤은 아황산수소나트륨($NaHSO_3$)을 작용시키면, 알코올에 불용인 부가물을 생성하는 것을 13-13절에서 설명하였다. 이 반응은 혼합물로부터 이들의 카르보닐화합물을 분리하는 방법으로서, 또한 가끔 손쉬운 정성시험으로서 이용된다. 묽은 산 또는 염기로서 처리하면 부가물은 유기카르보닐화합물을 재생한다.

1. 아래의 각 그룹의 성분은 어떻게 하면 순수한 형태로서 얻어지는가를 아황산수소나트륨을 사용한 예로 표시하여라.
   아세톤과 이소프로필알코올, 에틸알코올과 아세트알데히드
2. 13-15 절(할로포름반응)을 복습하고, 이 반응을 이용하여 다음의 화합물을 구별하는 데에는 어떻게 하면 좋을지 표시하여라.
   에탄올과 메탄올, 프로피온알데히드와 아세트알데히드, 아세토페논과 페닐아세트알데히드

13-25 고체유도체

13-14절을 복습하고, 알데히드 또는 케톤의 고분자량유도체, 예를 들면 2,4-디니트로페닐하이드라존의 빠른 생성은, 융점 또는 혼합융점의 결정에 의한 확인과 더불어, 이들 화합물의 존재의 정성시험에도 사용되는 것에 주의하여라. 예를 들면 아세트알데히드(비점 21℃)와 아세톤(비점 56℃)은 융점이 각각 129℃와 152℃의 *p*-니트로페닐하이드라존을 생성한다.

아세톤페닐하이드라존은 융점이 42℃이다. 그러나 아세트알데히드페닐하이드라존의 융점의 문헌치는 63℃와 99℃이다. 후자가 2가지의 융점을 갖는 이유를 설명하여라.

■ 참고문헌 ■

·정성시험

Daniels, R., C. C. Rush, and L. Bauer: The Fehling and Benedict Tests, *J. Chem Educ.,* 37, 205(1960).

Morrison, J.D. : Qualitative Test for Ketones, Aromatic Aldehydes, and Aliphatic Aldehydes, *J. Chem Educ.,* 42, 554(1965). $CrO_3-H_2SO_4$수용액의 사용법을 기재.

Seelye, R.N., and T.A. Turney : The lodoform Reaction, *J. Chem. Educ.,* 36, 572(1959).

Shin H.J. : Preparation of 2,4-Dinitrophenylhydrazones: Demonstrating Acid Catalysis, *J. Chem. Educ.,* 36, 575(1959).

·케토-엔올호변이성

Dawber, J.G., and M.M. Crane: Keto-Enol Tautomerism: A Thermodynamics and Kinetic Study, *J. Chem Educ.,* 44, 150(1967) 아세토아세트산에스테르의 연구.

Lockwood, K.L.: Solvent Effect on the Keto-Enol Equilibrium of Acetoacetic Ester, *J. Chem. Educ.,* 42, 481(1965).

Ward, C.H.: Keto-Enol Tautomerism of Ethyl Acetoacetate, *J. Chem. Educ.,* 39, 95(1962). 엔올의 함량의 실험적 정량법을 설명하고 있다.

·기타

Hurd C. D.: Hemiacetals, Aldals and Hemialdals, *J. Chem. Educ.,* 43, 527(1966).

Moore, D. R. : The Art and the Science of Perfumery, *J. Chem. Educ.,* 37, 434(1960).

Schultz, H.P., and J.P. Sichels: The Pyrolytic Decomposition of Carboxylate Salts to Ketones, *J. Chem. Educ.,* 38, 300(1961).

13
알데히드 및 케톤

연습문제

I 문제집

이 문제집은 제군이 제 13장을 공부하고 복습할 때에 도움이 되도록 만들어진 것이며, 또 앞장의 복습도 겸하고 있다. 아래의 각각의 예는 학술 잡지로부터 취한 것으로서 본장에 표시한 절에서 설명한 해설을 도해한 것과 같은 것이다. 필요한 곳에 명칭과 구조를 표기하고 또한 다른 질문에 답하여라.

13-1 절

1. H—C≡C—CH_2OH $\xrightarrow[\text{수득률 40\%}]{CrO_3,\ H^+}$ H—C≡C—CHO

명칭? propiolaldehyde

13-2 절

2. 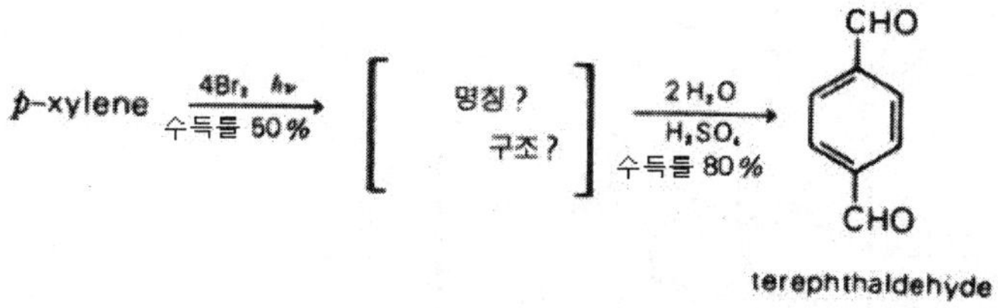

p-xylene
4Br₂ hν
수득률 50%
명칭?
구조?
2 H₂O
H₂SO₄
수득률 80%
CHO
CHO
terephthaldehyde

탄화수소로부터 알데히드로의 전반응의 수득률은 얼마인가?

13-3 절

3. 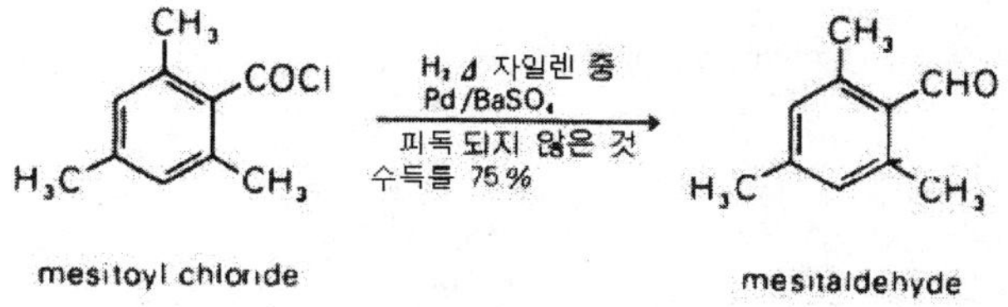

CH₃
COCl
H₃C
CH₃
mesitoyl chloride
H₂ Δ 자일렌 중
Pd/BaSO₄
피독 되지 않은 것
수득률 75%
CH₃
CHO
H₃C
CH₃
mesitaldehyde

Rosenmund환원은 일반적으로 촉매(보통은 피독된 것)와 현탁된 산염화물의 따뜻한 또는 뜨거운 용액 중에 수소를 주입하여 행한다. 위의 예에서는 왜 피독되지 않은 것이 필요하다라고 생각되는가?

4. β-naphthoyl chlolide $\xrightarrow[\text{유황, 퀴놀린 80\% 수득률}]{H_2\ \text{자일렌 중 Pd/BaSO}_4}$ β-naphthaldehyde

5. 3-phenanthroyl chloride $\xrightarrow[\text{피독되지 않은 것, 수득률 90\%}]{\text{Pd/BaSO}_4\ 180^\circ : H_2}$ 3-phenanthraldehyde

13-4 절

6. 1-chloromethylnaphthalene $\xrightarrow[2.\ H_2O,\ \text{수득률}75\%]{1.\ \text{HMTA}}$

7.

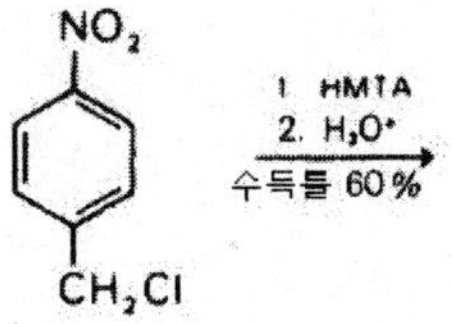
NO2
CH2Cl
1. HMTA
2. H3O+
수득률 60%

p-nitrobenzyl chloride

8. *n*—heptyl iodide $\xrightarrow[2.\ H_3O^+ : \Delta]{1.\ \text{HMTA}}$ *n*-heptaldehyde

수득률 45% 생성과 동시에 반응계외로 수증기 증류로서 분리한다.

13-5 절

9.

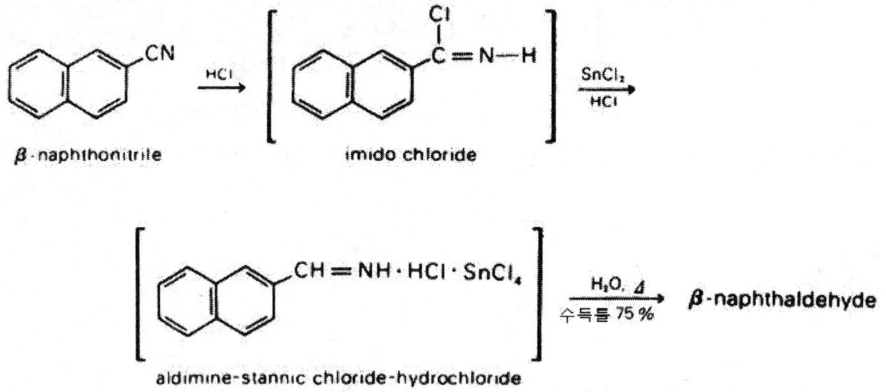
CN
HCl
Cl
C=N—H
SnCl2
HCl
β-naphthonitrile
imido chloride
CH=NH·HCl·SnCl4
H2O, Δ
수득률 75%
β-naphthaldehyde
aldimine-stannic chloride-hydrochloride complex

13-6 절

10. 9-bromophenanthrene $\xrightarrow[\text{3. } H_2SO_4]{\text{1. Mg 무수에테르} \quad \text{2. } HC(OEt)_3}$ phenanthrene-9-aldehyde
수득률 45% (9-phenanthrenecarboxaldehyde)

13-7 절

11. *o*-xylene $\xrightarrow[\text{수득률 75\%}]{4Br_2,\ h\nu : 150°}$ [명칭? 구조?] $\xrightarrow[\text{수득률 75\%}]{1:1\ EtOH-H_2O(KO_2C-CO_2K)}$ *o*-phthalaldehyde
전반응의 수득률 = ?

13-9 절

12. 9-cyanophenanthrene $\xrightarrow[\text{2. } H_3O^+]{\text{1. } CH_3MgI}$ 9-acetylphenanthrene
수득률 55%

13-11 절

13. 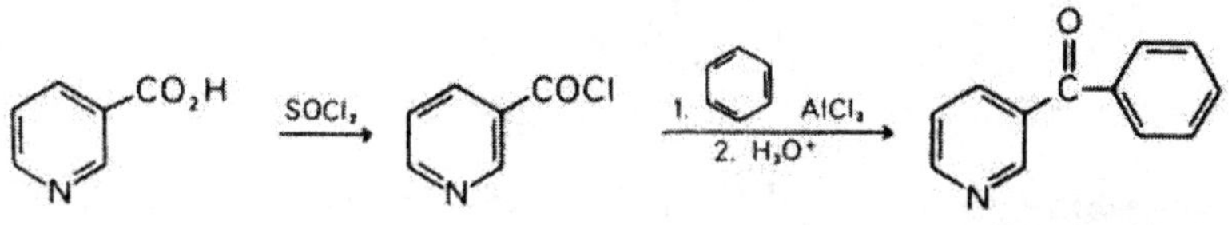

CO2H
SOCl2
COCl
1.
AlCl3
2. H3O+
O
C
N

nicotinic acid

3-benzoylpyridine
전반응의 수득률 95%

14. 

ClOC
H
C=C
H
COCl
+
(과잉)
1. 2.6 당량 AlCl3
2. H3O+ 수득률 80%

1,4-diphenyl-2-buten-1,4-dione

13-12 절

15. 

16. 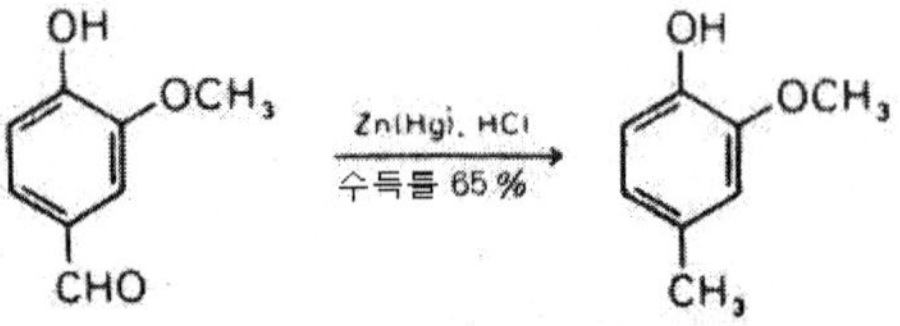

vanillin creosol

17. 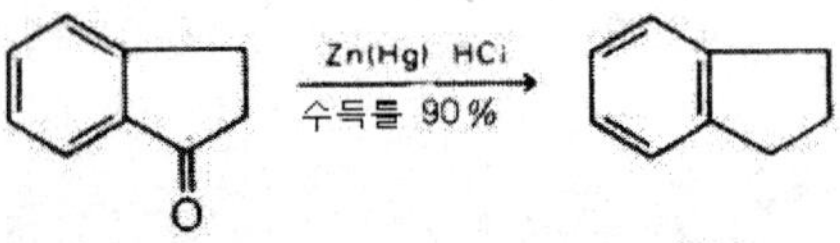

1-indanone 명칭?

18. 2-acetylphenanthrene $\xrightarrow[\text{수득률 45\%}]{\text{Zn(Hg) : HCl}}$ 2-ethylphenanthrene

19. 6-ketoundecanedioic acid $\xrightarrow[\text{수득률 90\%}]{H_2N\text{-}NH_2,\ KOH}$ undecanedioic acid

20. phenyl *n*-hexyl ketone $\xrightarrow[\text{수득률 45\%}]{H_2N\text{-}NH_2,\ KOH}$

13-13 절

21. *m*-nitrobenzaldehyde $\xrightarrow[\text{25°C, 5일간, 수득률 85\%}]{CH_3OH\text{(과잉)},\ HCl\text{(소량)}}$ *m*-nitrobenzaldehyde dimethylacetal

13-14 절

22. 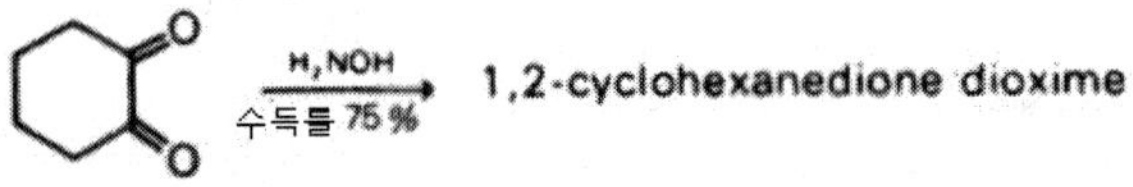

1,2-cyclohexanedione

13-16 절

23. 피나콜론전위는 물분자의 탈리를 동반하는 알킬기의 협주적 전위이다. α-하이드록실아민의 아질산에 의한 탈아미노반응과 유사한 것에 주의하여라.

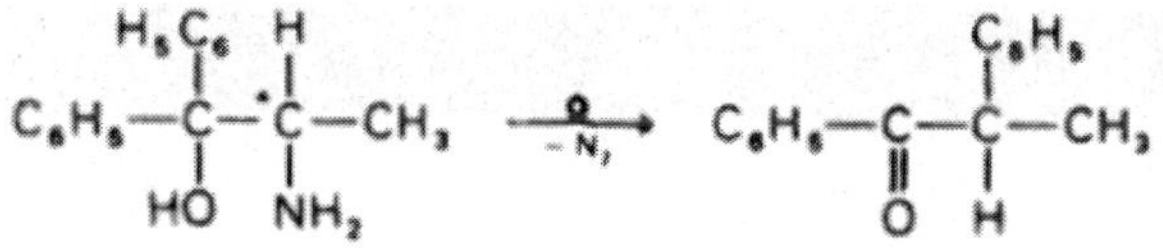

D 이성체　　　L 이성체

13-17 절

24. 다른 보통의 수화물은 클로랄과 같은 반응으로 글리옥살 또는 케토말론알데히드로부터도 생성된다. 각각의 수화물에 대한 구조를 써라.

glyoxal　　및　　ketomalonaldehyde

13-21 절

25. *m*-hydroxybenzaldehyde $\xrightarrow[\text{2. } H_3O^+]{\text{1. 50\% KOH}}$ 상당하는 알코올과 카르복실산이 각각 94%

13-22 절

26. 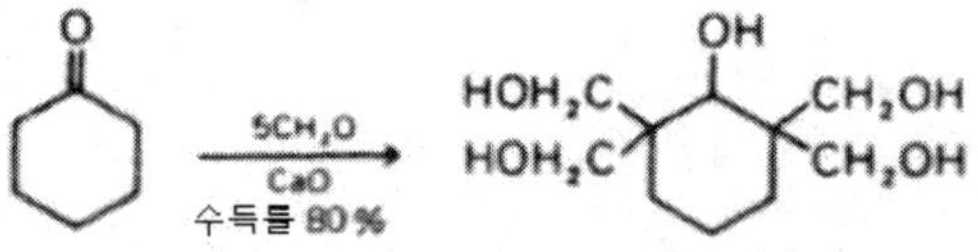

2,2,6,6-tetra(hydroxymethyl)-cyclohexanol

13-13 절

27. vanillin $\xrightarrow[\text{2. } H_3O^+\text{, 수득률 80\%}]{\text{1. } Ag_2O : NaOH}$ vanillic acid

II 문제집

1 출발물질을 명명하고, 또 생성물의 구조식과 명칭을 써라. 만일 반응이 일어나지 않을 때는 N.R.이라고 써라.

*(a) 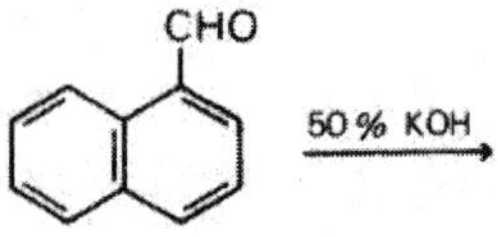
CHO
50 % KOH

*(b) 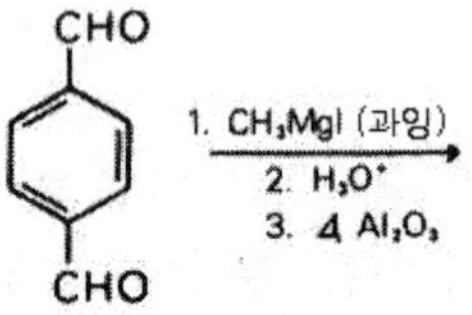
CHO
CHO
1. CH₃MgI (과잉)
2. H₃O⁺
3. Δ Al₂O₃

*(c) 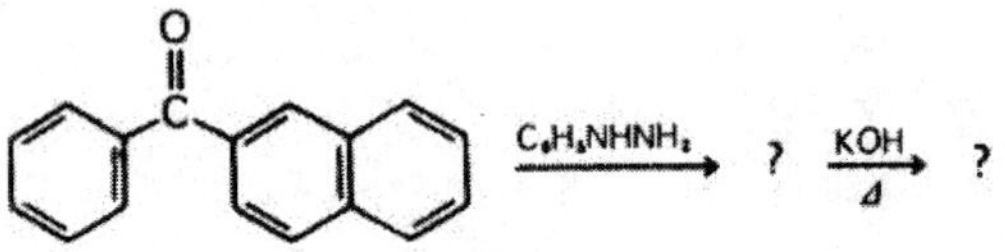
O
C
C₆H₅NHNH₂
?
KOH
Δ
?

*(d) 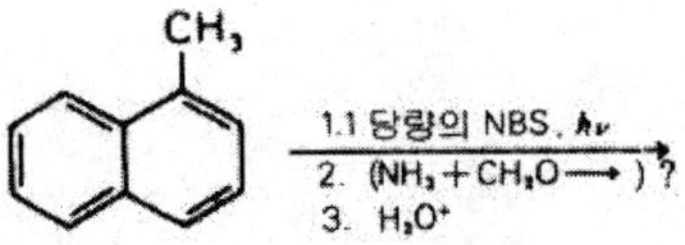
CH₃
1.1 당량의 NBS, hν
2. (NH₃ + CH₂O ⟶) ?
3. H₃O⁺

(e) 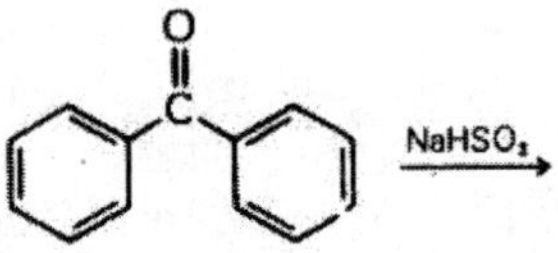
O
C
NaHSO₃

(f) 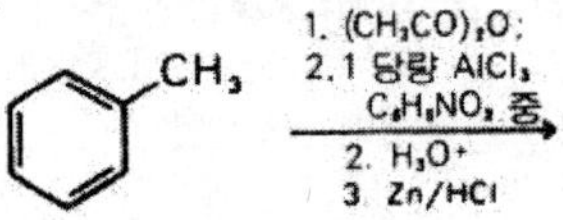
CH₃
1. (CH₃CO)₂O;
2. 1.1 당량 AlCl₃
C₆H₅NO₂ 중
2. H₃O⁺
3. Zn/HCl

*(g) 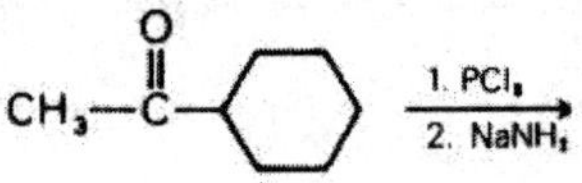
O
CH₃—C—
1. PCl₅
2. NaNH₂

(h) 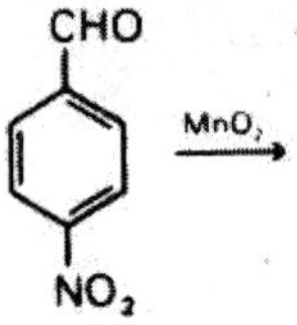
CHO
MnO₂
NO₂

*(i) 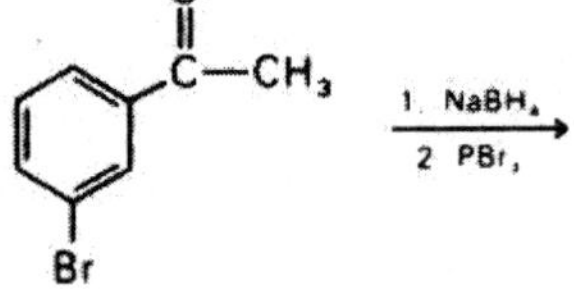
O
C—CH₃
1. NaBH₄
2 PBr₃
Br

(j) 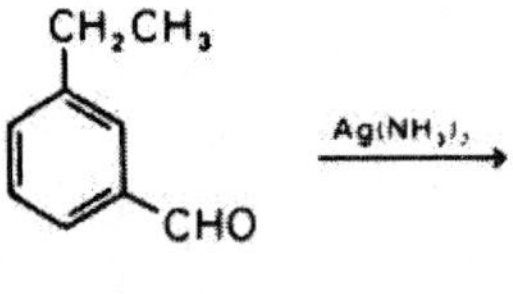
CH₂CH₃
Ag(NH₃)₂⁺
CHO

2 출발물질을 명명하고 또한 생성물의 구조식과 명칭을 써라. 반응이 일어나지 않으면 N.R. 이라고 써라.

(a) 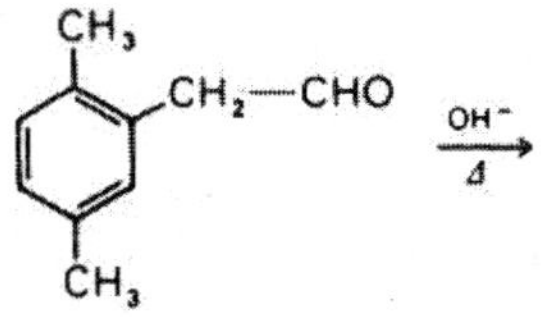

이 반응에 대해서 타당한 메카니즘을 써라

(b) 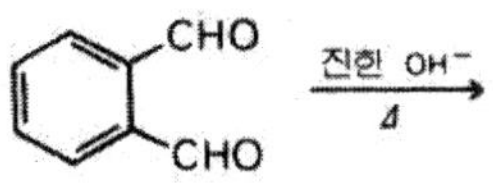

*(c) 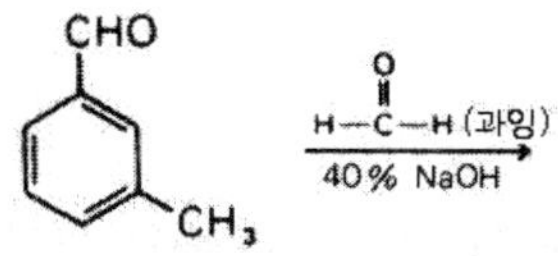

(d) 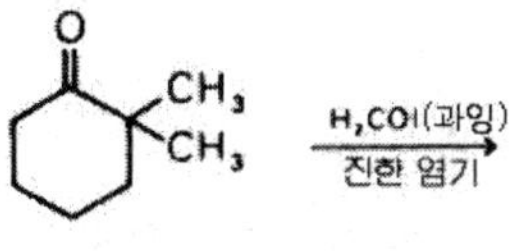

*(e) 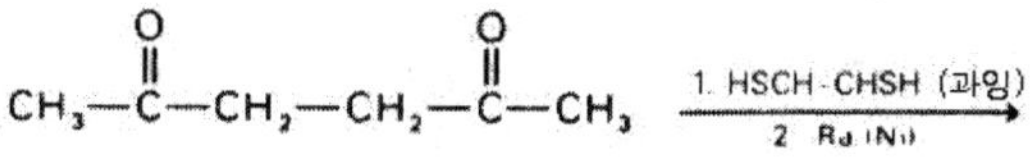

(f) 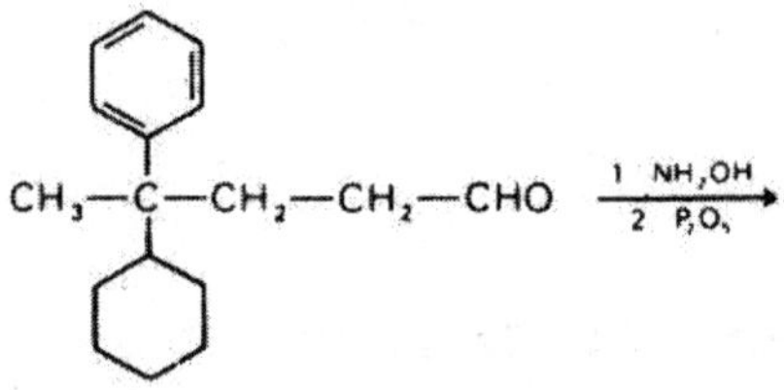

(g) 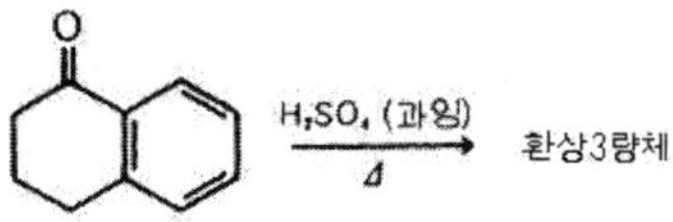

*(h) 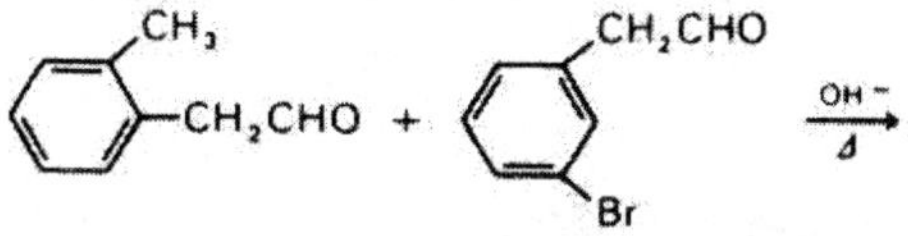

(i) 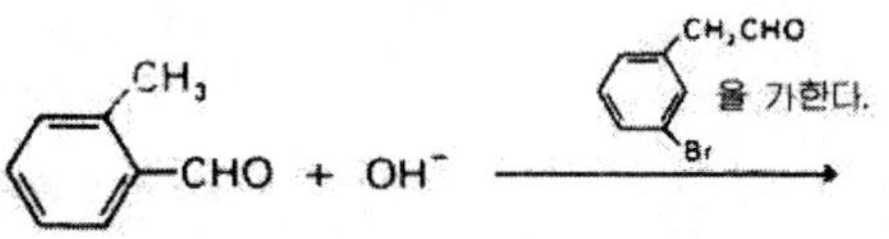

이 반응에 대해서 타당한 메카니즘을 써라

(j) 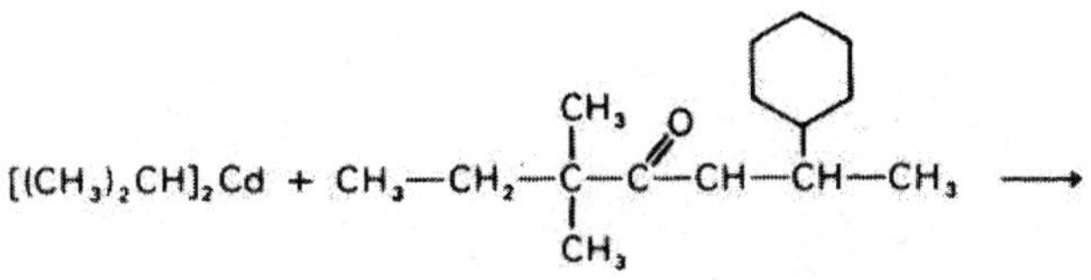

*(k) 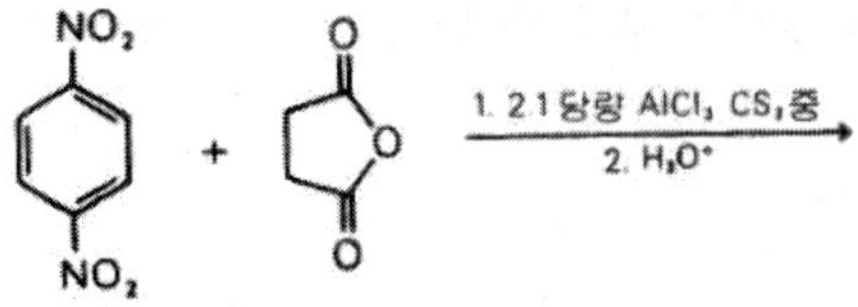

*(l) 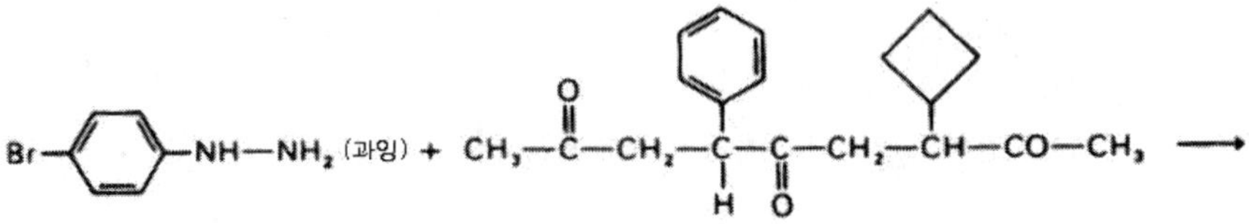

3 주어진 출발물질과 필요한 용매 및 무기시약을 사용하여 다음 화합물의 합성법을 표시하여라.

*(a) 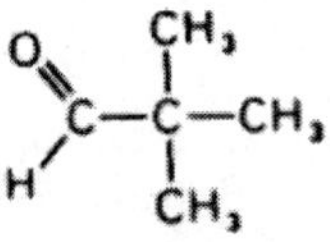 을 코크스(C) 및 석회석(CaO)으로부터

*(b) 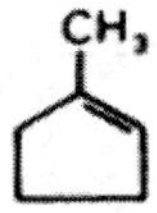 페놀과 메탄올로부터

*(c) 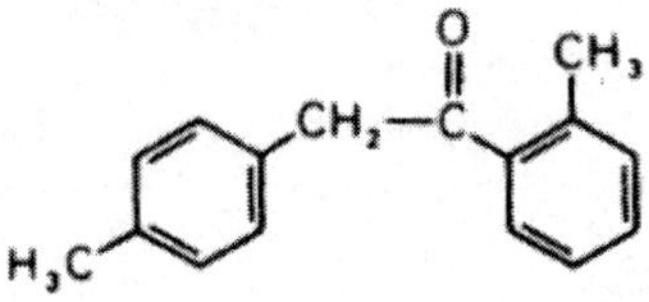 유기카드뮴화합물을 경유하고 톨루엔으로부터

*(d) 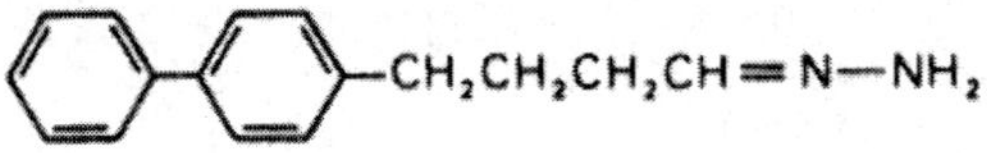 벤젠과 숙신산으로부터

*(e)  포름알데히드 및 아세틸렌으로부터

(f) 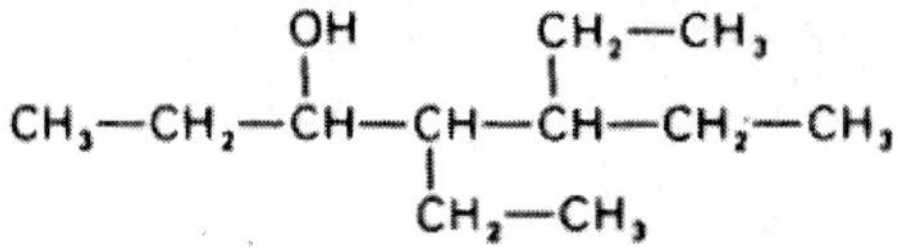 C_1으로부터 C_4화합물을 사용하여

(g) isobutyraldehyde *n*-butyl hemiacetal C_4으로부터 C_4알코올을 사용하여

(h) 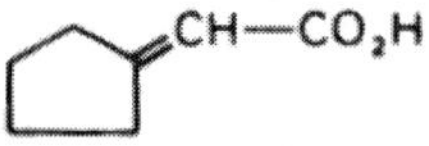 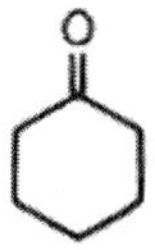 으로부터 시아노하이드린을 거쳐서

(i) 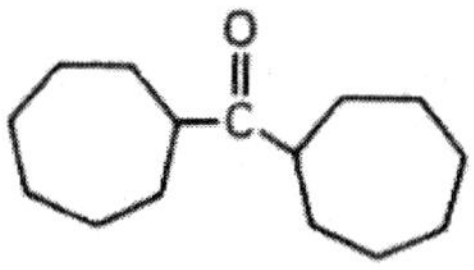 브롬화시클로헵틸로부터

***4**

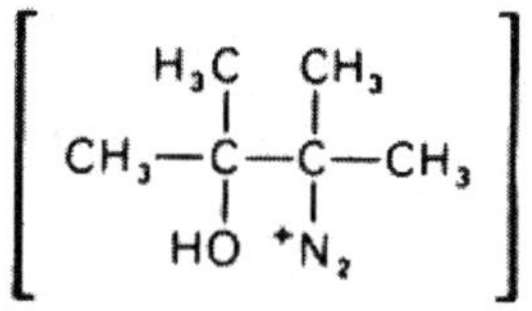

이 상당하는 아민의 아질산처리로서 생성했을 때, 용액으로부터 단리되는 최종생성물은, 아이오도포름시험에 양성, Schiff시험에 음성을 나타내며, 옥심을 생성한다. 최종 생성물과 그것이 생성되는 메카니즘을 표시하고, 또한 옥심의 입체화학도 명시하여라.

***5** 아래의 반응에 대해서 타당한 메카니즘을 생각하여라.

$$\text{5-chloro-2-pentanone} \xrightarrow[\text{수득률 80\%}]{\text{NaOH}} \text{methyl cyclopropyl ketone}$$

6 아세탈 또는 케탈은 많은 합성에 있어서 보호기로서 사용된다.

(a) 다음의 예에 있어서, 명칭과 구조를 쓰고, 예상되는 최저 및 최고의 전반응의 수득률을 계산하여라.

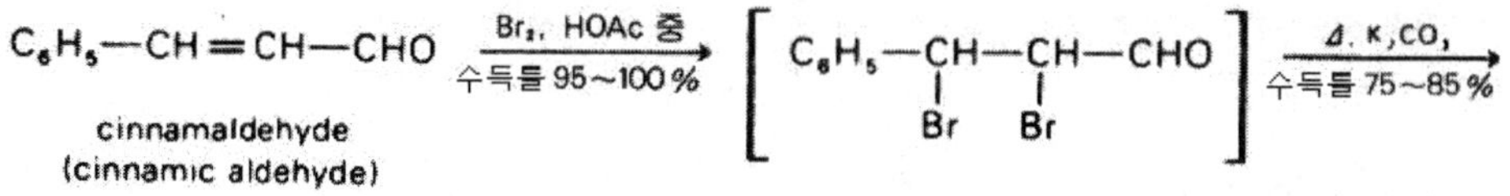

α-bromocinnamic aldehyde $\xrightarrow[\text{수득률 82∼86\%}]{\text{HC(OEt)}_3\text{, EtOH 중, }\Delta}$ α-bromocinnamic aldehyde diethylacetal

$\xrightarrow[\text{수득률 80∼86\%}]{\text{알코올성 KOH, }\Delta}$ Phenylpropargyl aldehyde diethylacetal

$\xrightarrow[\text{수득률 70∼81\%}]{H_2SO_4}$ $C_6H_5-C{\equiv}C-CHO$

phenylpropargyl aldehyde

(b) $C_6H_5-CH=CBr-CHO$에, 강염기인 알코올성 KOH를 직접 작용시켰을 때의 생성물을 예상하여라.

14 카르복실산

카르복실산과 그 유도체의 화학은, 카르보닐기에 인접한 원자의 전하분포와 서로 관계가 있으며, 동시에 주로 그것에 의존하고 있다. 유기산은, 알코올과 마찬가지로 수소결합 때문에 분자량에 비하여 상당히 높은 비점을 나타낸다. 이량체 또는 다량체의 구조는 어느 쪽이나 액체상태에 있어서 결합에 기여하며, 산의 외관상 분자량의 증가를 가져오고 있다 (**그림 14-1** 참조).

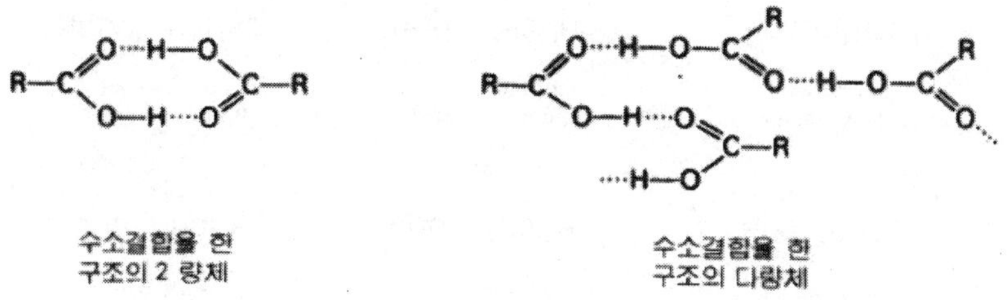
수소결합을 한
구조의 2 량체
수소결합을 한
구조의 다량체

그림 14-1

카르복실산은 약염기인 탄산수소나트륨($NaHCO_3$)에, 용해한다고 하는 사실로부터 중정도의 강산이다. 카르복실산의 염은 묽은 수산화나트륨 또는 다른 강염기로서도 생성된다. 즉, 대부분의 저분자량의 산의 나트륨, 칼륨 및 암모늄염은 수용성이다.

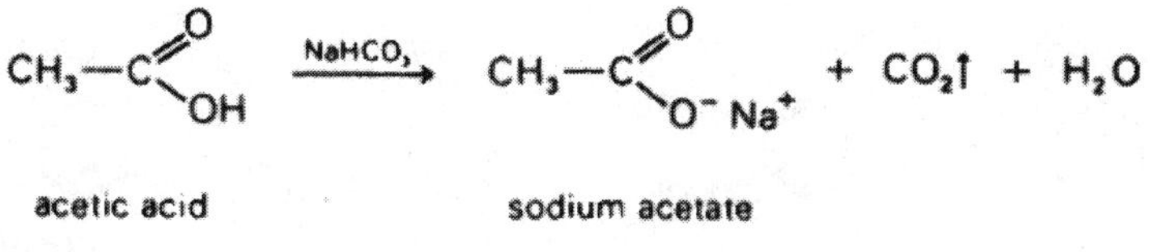
NaHCO₃
acetic acid
sodium acetate

01 명명법

저위의 포화카르복실산의 동족계열의 대부분은, 상당히 오래 전에 천연물로부터 분리되었다. 이들 화합물의 대부분은 아직 관용명으로서 알려져 있으며, 이들의 관용명은 원료 또는 그 화합물의 특수한 성질, 예를 들면 냄새에, 기인하고 있다. IUPAC체계에서는 -oic*이라고 불리우는 어미와 **산(acid)**이라고 불리우는 명칭을 같은 수의 탄소원자를 함유하는 탄화수소의 어간에 추가한다. 예를 들면 $CH_3(CH_2)_7CH_2COOH$는 데칸산(decanoic acid)이다. 다른 예를 **표 14-1**에 표시하였다.

표 14-1 대표적인 카르복실산

$H-C(=O)-O-H$ formic acid (methanoic acid, IUPAC)	$CH_3-C(=O)-OH$ acetic acid (ethanoic acid)	$CH_3-CH_2-C(=O)-OH$ propionic acid (propanoic acid)
$CH_3(CH_2)_2COOH$ *n*-butyric acid (butanoic acid)	$CH_3(CH_2)_3COOH$ *n*-valeric acid (pentanoic acid)	$CH_3(CH_2)_4COOH$ caproic acid (hexanoic acid)
$CH_3(CH_2)_6COOH$ caprylic acid (octanoic acid)	$CH_3(CH_2)_8COOH$ capric acid (decanoic acid)	$CH_3(CH_2)_{10}COOH$ lauric acid (dodecanoic acid)

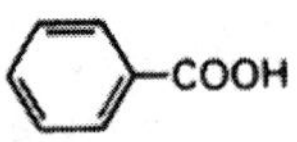

benzoic acid

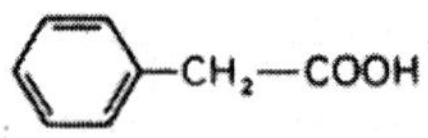

phenylacetic acid

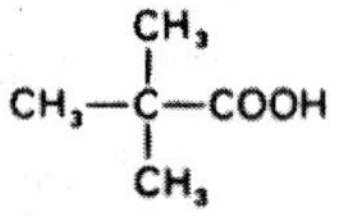

trimethylacetic acid
(2,2-dimethylpropanoic acid)

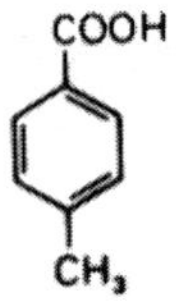

p-toluic acid

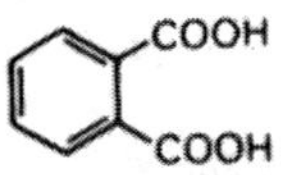

phthalic acid

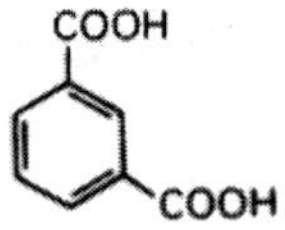

isophthalic acid

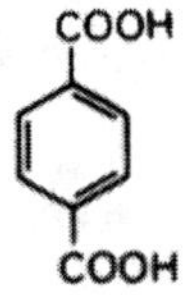

terephthalic acid

* 역주 : 한국명에서는 상당하는 어미를 붙이지 않고 탄화수소명 그것에 산이라고 하는 어구를 붙인다.

카르복실기로부터 유도되는 공통의 관능기를 **아실기** 또는 **아로일기**라고 말한다. 산할로겐화물의 명명법은 이들의 명칭을 사용한다.

일반식 :

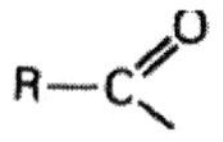
acyl group (아실기)

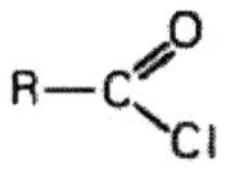
acyl chloride (acid chloride)

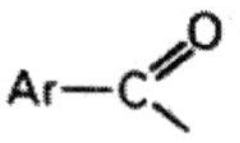
aroyl group (아로일기)

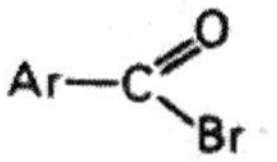
aroyl bromide (acid bromide)

구체예 :

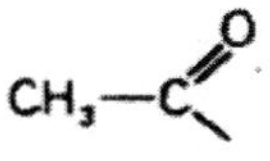
acetyl group (아세틸기)

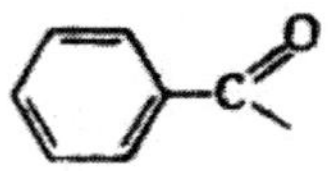
benzoyl group (벤조일기)

예

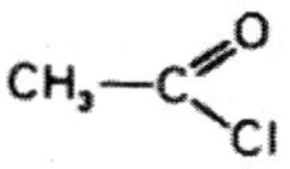
acetyl chloride

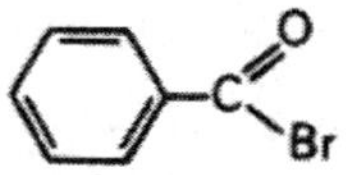
benzoyl bromide

할로겐원자 이외의 관능기와 아실 또는 아로일기와의 조합은, 다른 특색을 나타내는 명칭으로 불리우는 화합물군을 구성한다(**표 14-2** 참조). 이들 관능기의 각각의 명명법은 다음의 장에서 설명한다. 그러나 이들 화합물간의 화학적인 관련은, 본장의 후반에 (14-18 절로부터 14-23 절까지) 설명한다.

표 14-2 카르복실산 유도체의 분류

구조	명칭
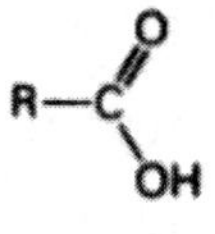	carboxylic acid
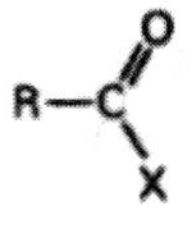	acid halide
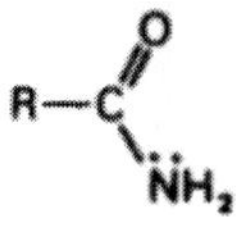	amide

구조	명칭
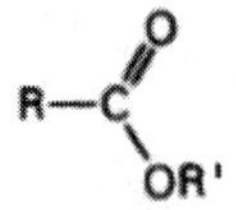	ester
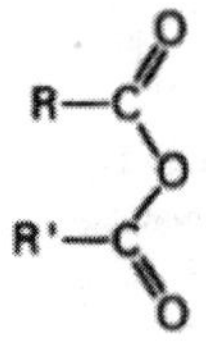	anhydride
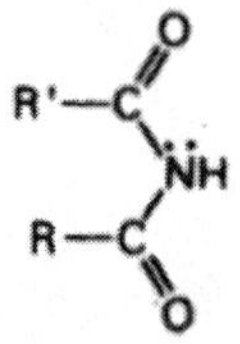	imide

02 산성도

14-1 이온화상수(pH 및 pK_a)

카르복실산은 페놀보다 상당히 강한 산이다. 그러나, 이들 2가지의 화합물 **중에서조차** 상대적인 산성도는 광범위하게 다르다. 이 산성도의 개념을 어떻게 하면 편리한 정량적 척도로서 나타낼 수 있을까?

수용액 중에서 약한 1염기산(HA)에 대한 질량작용의 표현을 상기해 보자.

$$HA \rightleftharpoons H^+ + A^-$$

또는

$$K_a = \frac{[H^+][A^-]}{[HA]}$$

여기서, $[H^+]$: 수소이온의 평형농도, mol/l (M)

$[A^-]$: A−의 평형농도, mol/l (M)

[HA] : HA의 평형농도, mol/l (M)

Ka : 평형상수

구체적인 예로서, n의 10^{-5}의 이온화상수를 갖는 아세트산을 생각해 보자.

$$HOAc \rightleftharpoons H^+ + OAc^- \quad K = 10^{-5}$$

$$K = \frac{[H^+][OAc^-]}{[HOAc]} = 10^{-5}$$

물(H_2O)에 대해서도 마찬가지로 또는

$$H_2O \rightleftharpoons H^+ + OH^- \quad K_w = 10^{-14}$$

$$K_w = [H^+][OH^-] = 10^{-14}$$

희박용액(0.1M 또는 그 이하)에 있어서 물의 농도는 거의 일정하기 때문에, 그의 농도(55M)는 Kw의 값에 편입되어 있는 것에 주의할 것.

또 하나의 예, 페놀에 대해서 생각해 보자.

$$C_6H_5{-}OH \rightleftharpoons C_6H_5{-}O^- + H^+$$

$$K_a = \frac{[C_6H_5{-}O^-][H^+]}{[C_6H_5OH]} = 10^{-10}$$

카르복실산은 약염기인 탄산수소나트륨에 용해하지만, 한편, 페놀을 용해시키는 데에는 수산화나트륨과 같은 보다 강한 염기가 필요하기 때문에, 산성도의 순서로서는 $CH_3CO_2H > C_6H_5{-}OH > H_2O$이라고 쓸 수 있다. 정량적으로는 평형상수의 값이 커지면, 그 화합물은 보다 산성으로 된다. 10^{-14} 또는 10^{-10}, 특히 $1,75 \times 10^{-5}$과 같은 지수는 취급하기 어렵기 때문에, 보다 편리한 척도가 **정의되었다**.

$$pK_a \equiv -\log[K_a]$$

대수는 하나의 지수인 것에 주의할 것. 아세트산에 대해서는

$$pK_a = -\log(10^{-5}) = -(-5) = +5$$

pH의 정의를 상기할 것.

$$pK_a \equiv -\log[H^+]$$

그리고 이것이 pK_a의 정의에 유사한 것에 주목할 것. **pK_a의 값이 작아질수록, 화합물은 보다 산성으로 된다.**

산	:	CH_3-CO_2H >	C_6H_5-OH >	H_2O >	$R-OH$
pK_a	:	5	10	14	16-18

마찬가지로 염기성화합물인 유기아민($R-NH_2$)에 대해서 pK_b가 정의되고 있다.

14-2 산성도에 대한 공명효과

제군은 다음과 같은 의문을 가질지도 모른다 : **왜** 유기산은 다른 -OH기를 함유하는 유기분자보다 훨씬 강산성일까? 이 현상의 이유는 일반적으로 다음과 같이 설명되고 있다. 즉 프로톤이 떨어져 생성하는 카르복실레이트음이온은, 원래의 산분자보다 큰 공명에 의한 안정화를 받는다.

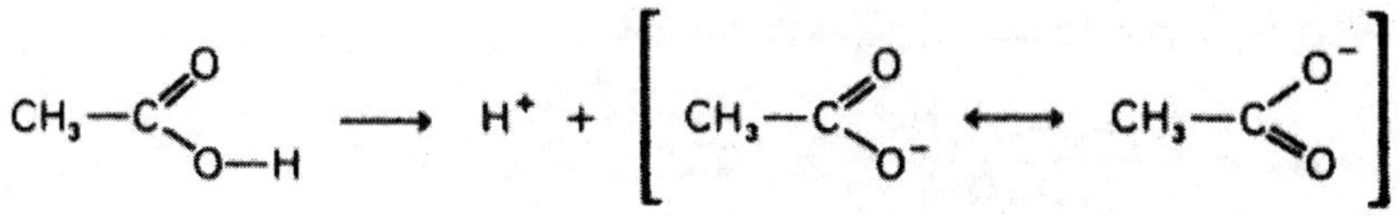

카르복실레이트음이온은 2개의 등가인 공명구조를 갖지만, 산 자신은 단 1 개만을 갖기 때문에 이온 쪽이 비교적 보다 안정하다. 이것은 산으로부터의 프로톤의 제거를 도와주기 때문에, 이들 화합물은 강산성으로 된다. 이 음이온은 원자가결합적 표현(2개의 등가인 공명구조)과 더불어, 분자궤도법적으로도 표현된다. 여기서 전하밀도는 탄소원자의 p-궤도가 관련된 2개의 산소원자상에 비편재화되어 있다. 즉 확산되어 있다(**그림 14-2** 참조). 카르복실산은 4로부터 6의 pK_a값을 갖는다.

한편 알코올은 약 16으로부터 18의 pK_a값을 가지며, 일반적으로는 공명혼성에 충분히 기여하는 것과 같은 공명구조식은 쓸 수 없다. 페놀의 이온은 공명에 의하여 안정화를 받고 있지만, 고리내에 전하를 두는 형태는, 에너지적으로 보다 전자흡인성이 강한 산소원자상에 음전하가 있는 구조와는 비교가 되지 않는다.

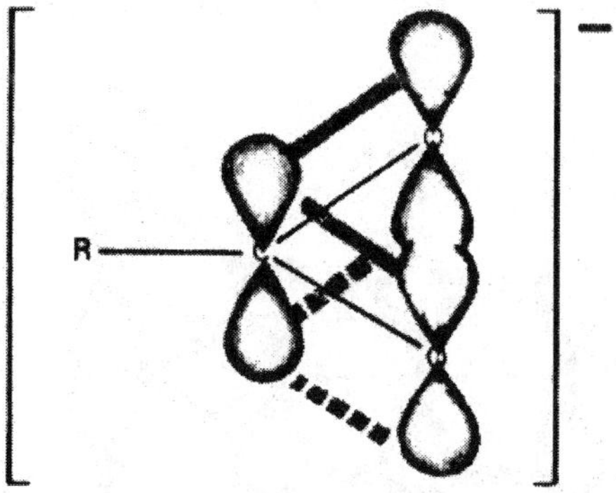

그림 14-2 카르복실레이트음이온의 분자궤도법적 표현

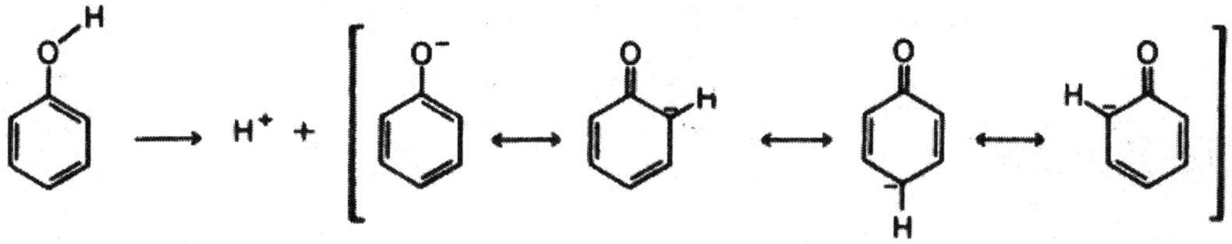

페놀은 9에서 11의 pK_a값을 갖는다. 산성도의 결정에 공명 및 유도효과가 중요한 역할을 하는 화합물을 다음에 생각해 보자.

다음의 어느 쪽을 강산이라고 생각하는가?

$CH_3CH_2CO_2H$ 및 $CH_2{=}CH{-}CO_2H$

propanoic acid   acrylic acid

음이온의 공명안정화를 생각하면, 공명식이 쓰여지므로 α, β-불포화산 쪽이 큰 공명에 의한 안정화를 받고 있다.

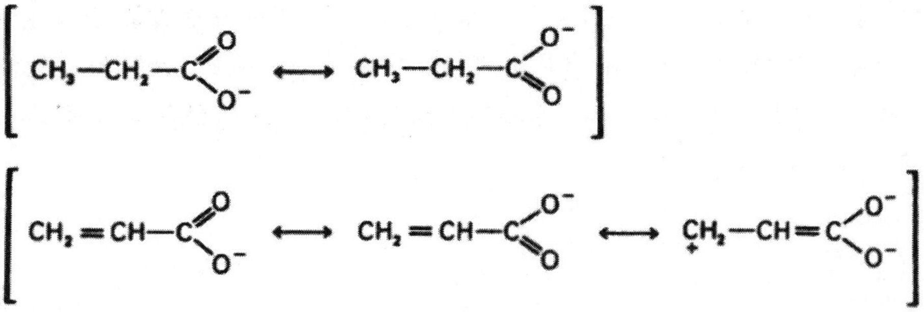

이것은 분자궤도의 그림으로써 나타낼 수가 있다(**그림 14-3**).

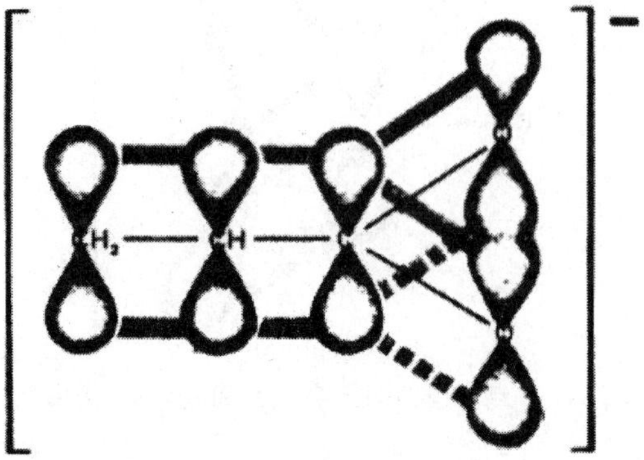

그림 14-3 아크릴레이트음이온의 분자궤도법에 의한 표현

14-3 유도효과

카르복실산의 α 탄소상의 치환기는 산소-수소결합을 "약하게" 또는 "강하게" 산성도에 영향을 미친다.

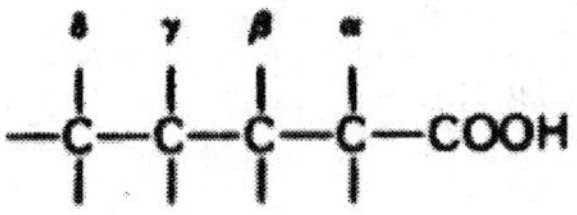

다음의 일련의 화합물이 이것을 나타내고 있다.

CCl_3-CO_2H	CH_3-CO_2H	$(CH_3)_3C-CO_2H$
pK_a 0.80	4.76	5.03

아세트산의 수소원자에 비하면 트리클로로아세트산의 염소원자는 결합을 통하여 작용하는 유도효과에 의하여 산소로부터 전자를 끌어당기며, 산소-수소결합을 약하게 하고 있다. 산소-수소결합의 전자밀도는 산소원자쪽으로 접근하며, 그 결합을 약하게 하여 쉽게 프로톤을 떨어지게 한다.

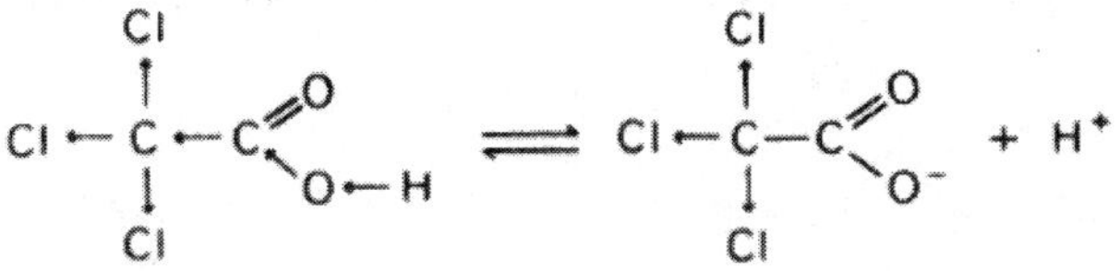

이 전자적 효과가 직접 공간을 통해서, 문제로 취급하고 있는 중심에 작용하고 있다고 하는 증거가 되고 있다. 이것을 **전장효과**(field effect)라고 말한다. 한편, 메틸기는 α-탄소에 전자를 **밀어내기 때문에**, 산소-수소결합은 강하며, 트리메틸아세트산은 아세트산 자신보다 약한 산이다.

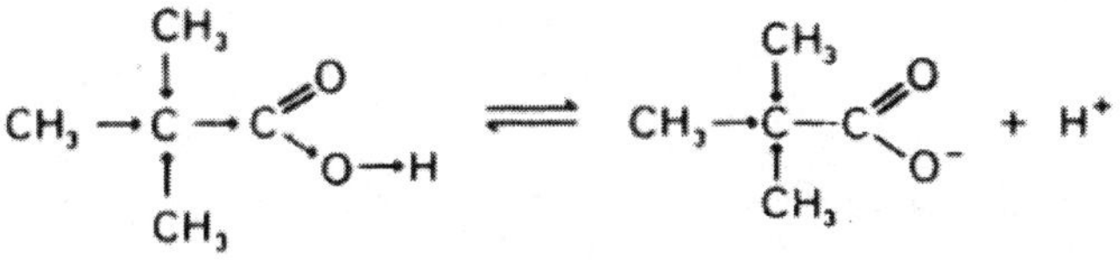

산소원자의 주위에 증가한 전자밀도가 아세트산의 경우보다 강하게 프로톤과 결합하고 있다.

유도효과는 가성성이 있으며, α-탄소상의 전자흡인기가 많으면 많을수록 산성이 강하게 된다. 전자공여성의 치환기의 수가 증가하면, 산성은 그것에 따라서 약해진다. 예상되는 것과 같이 α-치환기가 보다 전기적으로 음성이면 산성은 강해진다.

$$CH_3-CO_2H < \underset{\displaystyle Cl}{CH_2}-CO_2H < Cl-\underset{\displaystyle Cl}{CH}-CO_2H < CCl_3-CO_2H$$

pK_a	4.76	2.81	1.29	0.80

$$CH_3-CO_2H < \underset{\displaystyle I}{CH_2}-CO_2H < \underset{\displaystyle Br}{CH_2}-CO_2H < \underset{\displaystyle Cl}{CH_2}-CO_2H < \underset{\displaystyle F}{CH_2}-CO_2H$$

pK_a	4.76	3.13	2.87	2.81	2.66

14-4 유도효과의 전달

유도효과의 해설에서는 주로 아세트산과 그 α-치환유도체를 고려해 왔다. 이 효과는 치환기가 탄소사슬상에서 멀어지는 것에 따라서 약해진다.

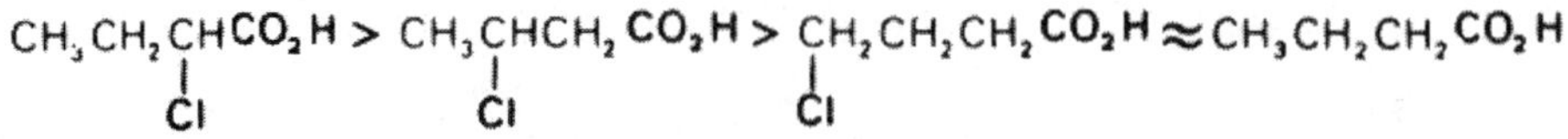

K_a 　 1.4×10^{-3} 　 8.9×10^{-5} 　 3.0×10^{-5} 　 $\approx$ 　 1.5×10^{-5}

유도효과는 전달을 돕는 불포화성이 분자 내에 없으면, 2개 또는 3개 이상의 탄소-탄소 결합을 통해서는 효과적으로 작용하지 않는다. 유도효과를 전달할 때의 다중결합의 역할은, π 전자가 σ 전자보다 고정되는 정도가 약하다라고 하는 것을 상기하면 이해할 수 있다. 예를 들면, $ClCH{=}CH{-}CO_2H$는 거의 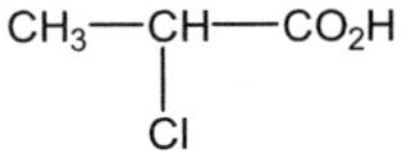 와 같은 정도의 강한 산이다.

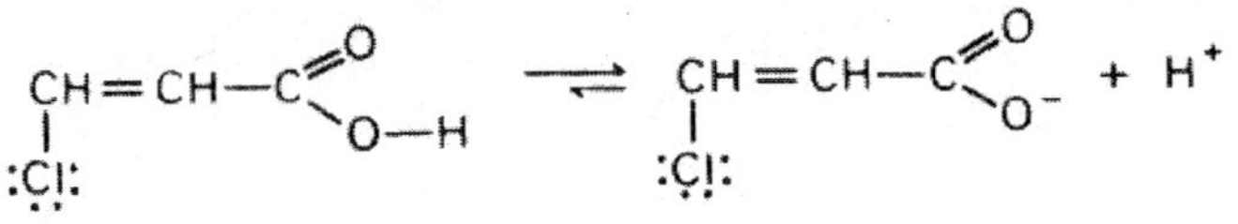

염소원자는 이중결합으로부터 전자를 끌어당겨 α-탄소를 부분적으로 양성으로 하며, 이것은 탄소에 직접 결합한 염소원자를 갖는 것과 상당히 유사하다.

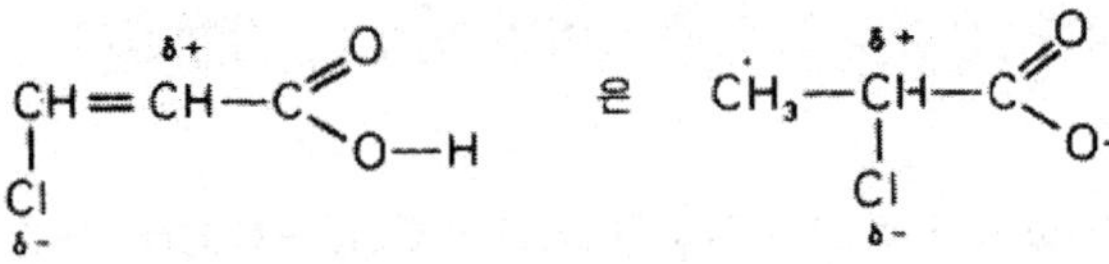

03 합성법

여기서 예를 든 카르복실산의 합성법은 모두 앞에서 설명했기 때문에, 약간 복습을 하는데 적당한 기회이다.

14-5 산화반응

과망간산칼륨($KMnO_4$)과 같은 시약 또는 CrO_3, $K_2Cr_2O_7$ 및 Na_2CrO_4 등 Cr(VI)을 형성하는 것과 같은 것은 다음 물질을 산화하여 카르복실산을 생성한다. 알코올(타당한 수득률, 9-5절), 알켄(수득률은 타당, 비대칭올레핀으로부터는 혼합물, 4-6절), 알킨(수득률은 타당, 아세틸렌은 때로는 산화되기 어렵고 또한 비대칭의 것은 혼합물을 생성한다. 5-6절). 알데히드(수득률은 매우 좋다. 그러나 알데히드는 일반적으로 카르복실산보다 얻기 어렵고, 더욱이 알데히드의 합성에는 산유도체가 편리한 출발물로 된다. 13-1절), 알킬방향족(양호한 수득률, 특히 Ar-CH_3화합물, 4-6절), 알켄과 알킨은 오존(O_3)과 반응하며, H_2O_2를 사용한 산화적인 후처리에 의하여 소규모일 때 양호한 수득률로서 카르복실산을 생성한다(4-7절과 5-6절).

14-6 할로포름반응

특정한 관능기의 편리한 시험과 더불어, 할로포름반응은 카르복실산의 합성에 중요한 방법이다(13-15절을 복습하여라). 이것은 **일반적으로** 염소와 수산화나트륨으로부터 얻어지는 하이포염소산나트륨(NaOCl)으로서 메틸케톤을 처리하여 행한다. 반응은 비커 내에서 행할 수 있으며(환기실 내에서!), 클로로로포름은 혼합물의 비점으로 대기 중으로 발산한다. 이 분해 과정에서 1개의 탄소원자를 잃는 것에 주의할 것.

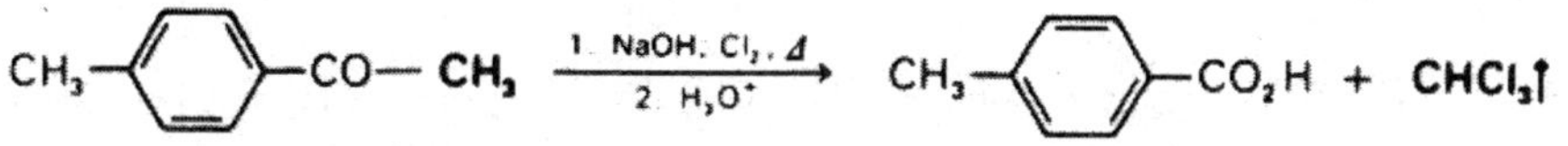
CH3
CO— CH3
1. NaOH, Cl2, Δ
2. H3O+
CH3
CO2H + CHCl3↑

p-methylacetophenone *p*-toluic acid (*p*-methylbenzoic acid)

14-7 Grignard시약의 탄산화반응

할로겐화물(8장)과 알코올(9장)에서 Grignard 시약의 합성과 반응을 복습할 것. **생성하는** 유기할로겐화마그네슘과 더욱 반응하기 때문에 공존할 수 없는 관능기에 특히 주의할 것.

Grignard 시약 및 유기리튬시약의 탄산화는 지방족 또는 방향족 카르복실산의 양쪽을 얻는 데 **훌륭한 방법**이다.

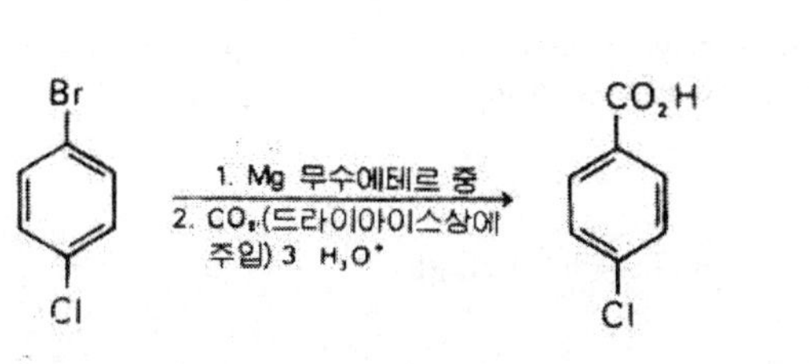
Br
Cl
1. Mg 무수에테르 중
2. CO2(드라이아이스상에 주입) 3. H3O+
CO2H
Cl

p-bromochlorobenzene *p*-chlorobenzoic acid

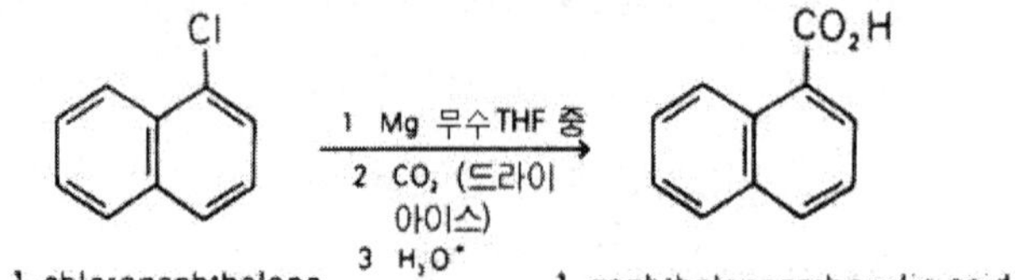
Cl
1 Mg 무수THF 중
2 CO₂ (드라이아이스)
3 H₃O⁺
CO₂H

1-chloronaphthalene (α-chloronaphthalene) → 1-naphthalenecarboxylic acid (α-naphthoic acid)

14-8 니트릴의 가수분해

강한 전자흡인성의 치환기, 예를 들면 $-NO_2$ 또는 $-CN$을 갖는 방향족 할로겐화물 또는 지방족 할로겐화물은, 함수 에탄올 중에서 알칼리금속의 시안화물과 환류하면, S_N2메카니즘으로서 니트릴로 변환된다. 불활성방향족할로겐화물은 $KCN-Cu_2(CN)_2-$피리딘을 사용하여 시안이온으로 치환할 수 있다.

염기 또는 산성용액 중에서 장시간 환류하면 니트릴은 가수분해를 받아 암모니아와 카르복실산의 염(또는 산자신)을 생성한다.

$$CH_2=CH-CH_2Cl \xrightarrow[\text{EtOH}]{Cu_2(CN)_2} CH_2=CH-CH_2CN \xrightarrow[H_2O]{HCl} CH_2=CH-CH_2COOH$$

수득률 80% (첫 번째 단계), 수득률 80% (두 번째 단계)

allyl chloride → allyl cyanide → vinylacetic acid (3-butenoic acid)

니트릴의 차거운 진한 황산용액을 빙수 중에 넣으면, 중간체의 아미드($RCONH_2$)를 분리할 수 있다.

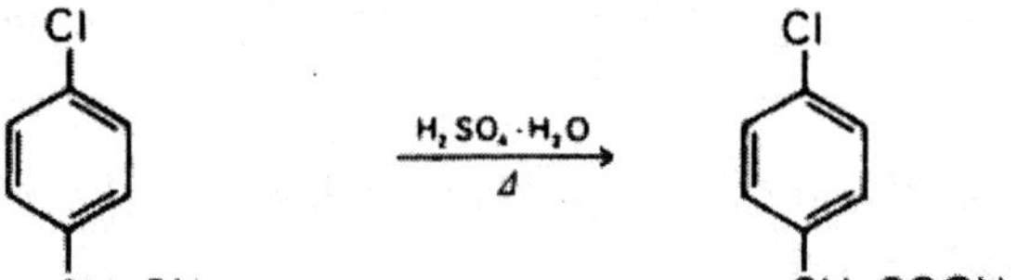
Cl
H₂SO₄·H₂O
Δ
CH₂CN
CH₂COOH

p-chlorobenzyl cyanide
p-chlorophenylacetonitrile → *p*-chlorophenylacetic acid

다음의 반응의 타당한 메카니즘을 써라.

$$R-C\equiv N \xrightarrow[2.\ H_2O]{1.\ H_2SO_4} R-CO-NH_2$$

04 활성메틸렌화합물을 사용한 합성

14-9 말론산에스테르합성

말론산디에틸, 페닐아세토니트릴, 시아노아세톤과 같이 강한 전자흡인성치환기가 양쪽에 있는 메틸렌기를 갖는 화합물은, 염기로서 처리하면 음이온(CH−)$^-$이 용이하게 생성하기 때문에, **활성메틸렌화합물**이라고 말한다. 이 음이온에 대해서는 공명구조를 쓸 수 있으며, 음전하가 2개의 전자흡인성 치환기상에 분산된다.

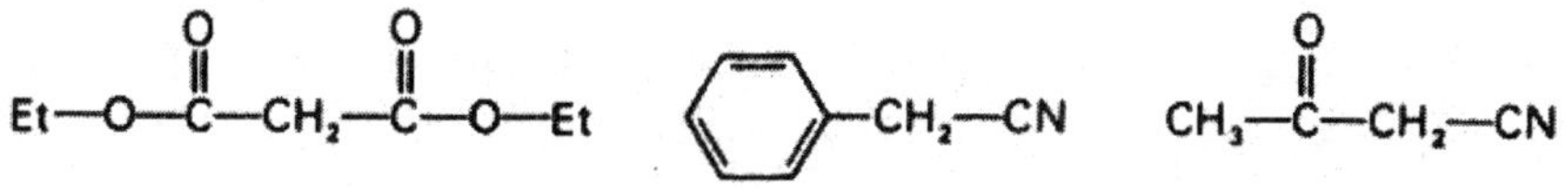

diethyl malonate　　phenylacetonitrile　　cyanoacetone

1차 및 2차할로겐화알킬은, 할로겐이온과 말로네이트음이온의 S_N2치환반응으로 탄소 2개가 증가한 카르복실산이 고수득률로서 생성된다.

$$R{-}X \longrightarrow R{-}CH_2{-}COOH$$

말론산디에틸은 소듐에톡사이드(Na + EtOH로부터 제조한다)와 반응하여 음이온을 생성하며, 이것은 할로겐화알킬과 S_N2 치환을 일으킨다.

$$CH_2(CO_2Et)_2 \xrightarrow[\text{EtOH 중}]{\text{NaOEt}} Na^+\bar{C}H(CO_2Et)_2 + EtOH$$

diethyl malonate　　sodium diethyl malonate

n-propyl bromide　　diethyl *n*-propylmalonate

모노알킬치환의 말론산에스테르, 즉 n−프로필말론산디에틸은 또 하나의 산성수소를 갖고 있기 때문에, 같은 할로겐화물 혹은 별개의 반응에서의 다른 할로겐화물에 의하여 재차 알킬화 할 수가 있다. 모노알킬화를 받은 화합물이 주생성물일 때에도, 어느 정도의 미반응의 말론산에스테르와 디알킬화생성물이 항상 생성된다.

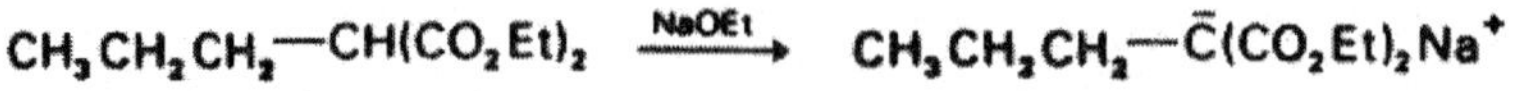

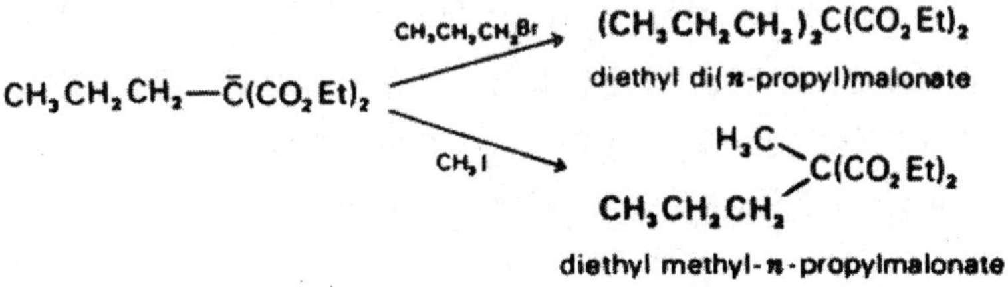
diethyl di(n-propyl)malonate
diethyl methyl-n-propylmalonate

위의 예와 같이 알킬화를 받은 화합물은, 가수분해에 의하여 2염기산으로 변환되며, 더욱 열적인 탈카르복실화반응으로 1염기산이 된다.

예

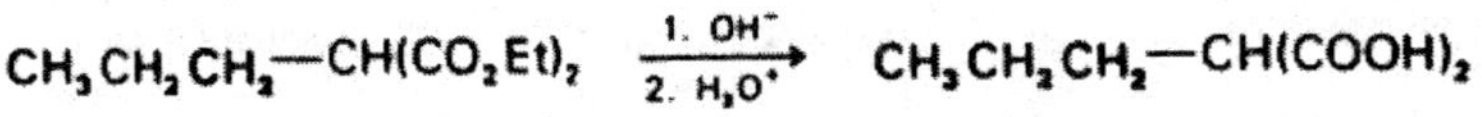

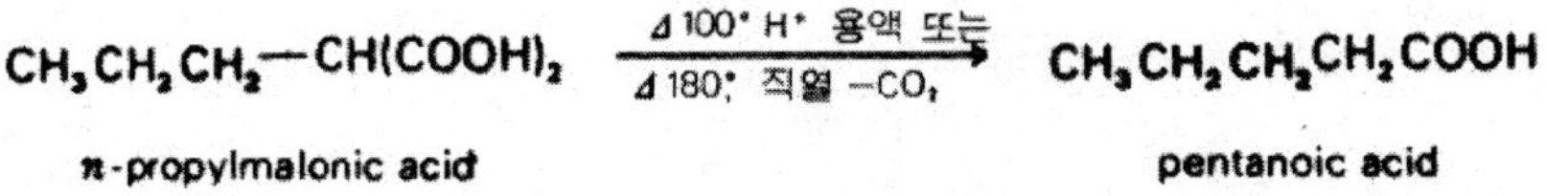
n-propylmalonic acid
pentanoic acid

1. 위의 예에서 2가지의 디알킬말론산에스테르의 가수분해와 다음에 일어나는 탈카르복실화반응에 상당하는 식을 써라. 모든 화합물의 명칭을 표기하여라.
2. 펜탄산으로부터의 옥탄산 합성의 타당한 경로를 표시하여라(**힌트** : 말론산에스테르 합성 전에 Grignard 반응을 이용하여라.

지금까지 말론산에스테르 합성의 근본적인 특징을 설명하였다. 따라서 이제부터는 문제로서 제시된 이 방법의 4가지 특색을 상세하게 설명하기로 한다.

1. 말로네이트음이온은 왜 생성되기 쉬울까?
2. 이 합성에서는 어떤 할로겐화물을 사용할 수 있을까?
3. 모노메틸 또는 모노페닐말론산에스테르의 합성에, 어떤 특별한 방법이 이용될까?
4. 8-7 절에서 말론산에스테르와 더불어 설명한 아세토아세트산에스테르와 시아노아세트산에스테르의 알킬화는 말론산에스테르의 합성과 어떤 관계에 있는 것일까?

14-10 말로네이트음이온은 왜 생성되기 쉬울까?

말론산디에틸의 산성도는, 이 에스테르와 강염기로부터 생성되는 음이온의 공명안정화에 기인하여 설명된다. 공명구조식으로서는 3가지의 형태로 쓸 수 있다.

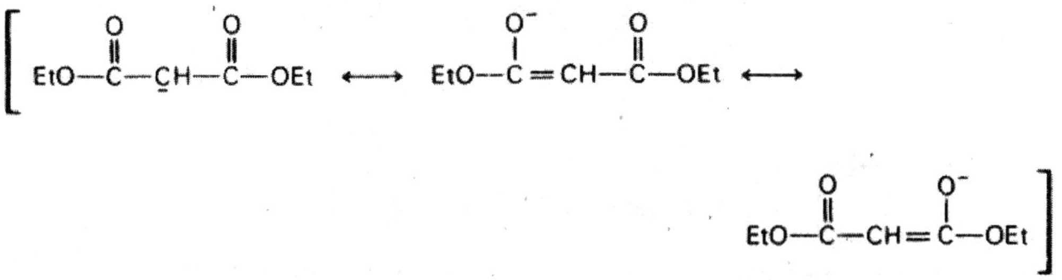
EtO—C—CH—C—OEt
EtO—C=CH—C—OEt
EtO—C—CH=C—OEt

1. 말로네이트음이온의 분자궤도법에 의한 그림을 그려라.
2. 아세토아세트산에틸(CH_3-CO-CH_2-COOEt)로부터 생성되는 음이온과 시아노아세트산에틸(NC-CH_2-COOEt)로부터 생성되는 음이온의 원자가결합법에 의한 그림의 양쪽을 비교하여라. 이들의 화합물은 단지 에틸에스테르의 형태로서 사용되기 때문에, 이들은 보통 간단히 말론산에스테르, 아세토아세트산에스테르 및 시아노아세트산에스테르라고 명명하는 것에 주의하여라.

14-11 어떤 할로겐화물을 사용할 수 있을까?

이들의 알킬화는 일반적으로 S_N2 치환반응이기 때문에, 1차와 2차할로겐화물이 자주 사용된다. 알릴 및 벤질할로겐화물도 사용할 수 있지만, 경쟁적 S_N1 가용매분해(가에탄올분해)도 중요시해야 할 반응이기 때문에, 일반적으로 부반응이 최소가 되도록 반응 조건을 제어하여, 이들의 알릴 및 벤질할로겐화물을 사용한다.

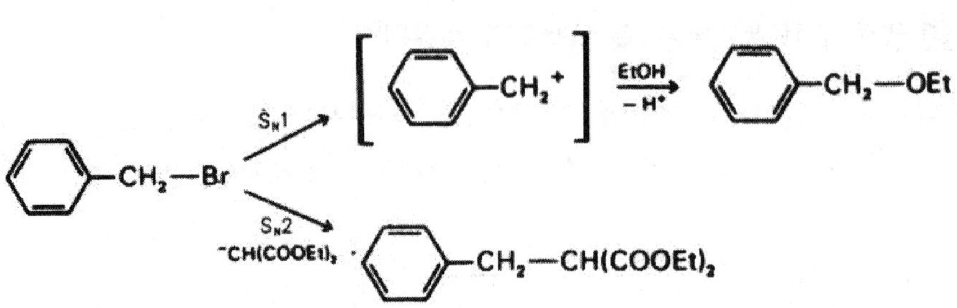

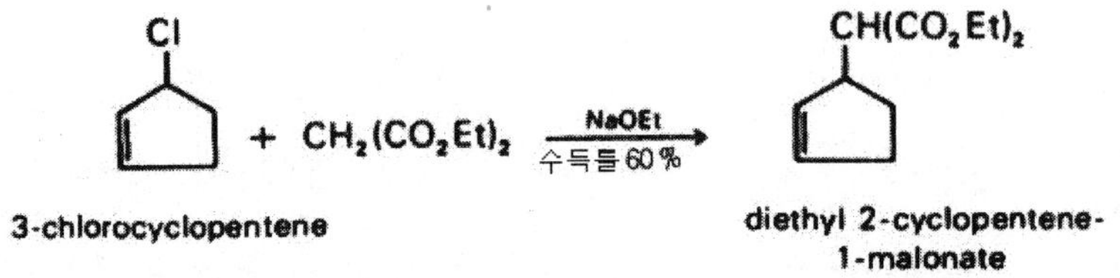

이것에 대해서 3차할로겐화물에서는 상황이 다르다. 알킬화는 강염기(NaOEt)의 존재하에서 행하기 때문에, 3차할로겐화물의 주반응은 E_2탈리반응으로 된다. 예를 들면 브롬화 *tert*-부틸에서는

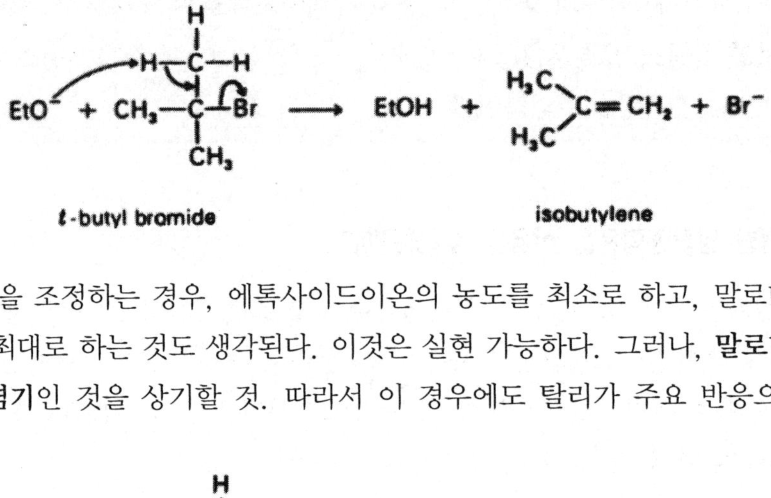

반응조건을 조정하는 경우, 에톡사이드이온의 농도를 최소로 하고, 말로네이트음이온의 농도를 최대로 하는 것도 생각된다. 이것은 실현 가능하다. 그러나, **말로네이트음이온 자신이 강염기**인 것을 상기할 것. 따라서 이 경우에도 탈리가 주요 반응으로 된다.

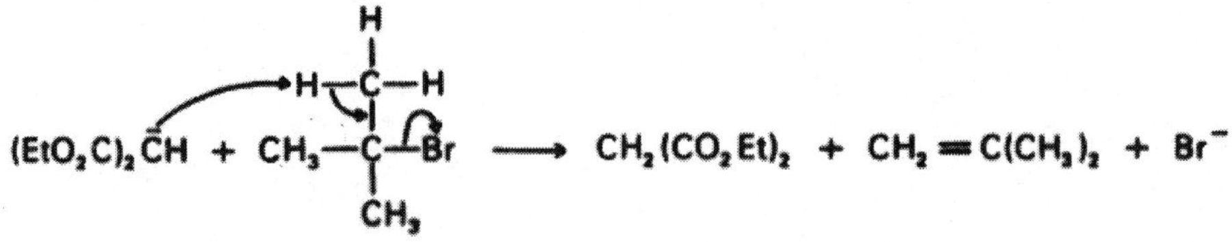

3차할로겐화물로부터 유도되는 구조의 화합물은 다른 방법으로 합성하지 않으면 안 되지만, 이 책에서는 그것에 대해서 설명하지 않는다.

어떤 디할로겐화물은 이 반응에서 환상화합물을 생성한다. 이것은, 4, 5, 6원환화합물의 합성으로서 상당히 좋은 방법이다.

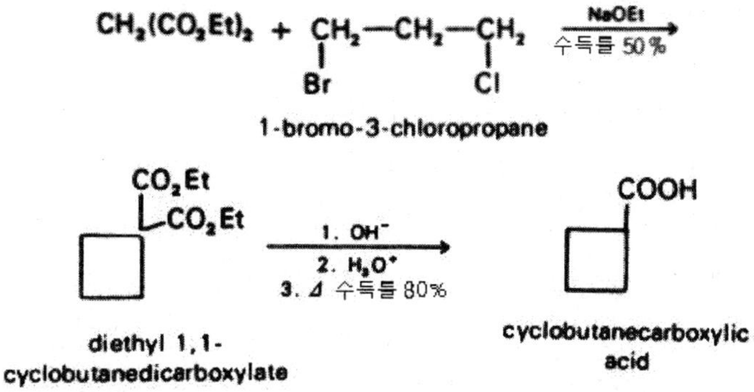
CH₂(CO₂Et)₂ + CH₂—CH₂—CH₂
Br
Cl
NaOEt
수득률 50%
1-bromo-3-chloropropane
CO₂Et
CO₂Et
1. OH⁻
2. H₃O⁺
3. Δ 수득률 80%
COOH
diethyl 1,1-cyclobutanedicarboxylate
cyclobutanecarboxylic acid

1. 위의 합성에서 1염기산의 전반응에 대한 수득률을 계산하여라
2. 시클로부탄카르복실산은, 말론산디에틸과 1,3-디브로모프로판(브롬화트리메틸렌)으로부터 20%의 수득률로서 합성된다. 이 합성의 모든 단계를 식으로 표시하여라. 이 경로에서 2염기산은 21~23%의 수득률로서 말론산디에틸과 디브롬화물로부터 합성할 수 있다. 탈카르복실화반응의 단계에서 수득률의 범위를 계산하여라.
3. 문제 1의 전반응의 수득률이 문제 2보다 상당히 높은 것은 왜일까?

각각 특별한 할로겐화물의 사용에 대해서는, Grignard 반응의 경우에 행하는 것과 같은 고찰로부터 이해할 수 있다(9-10절을 복습하여라). 그러나, **메틸말론산디에틸** [$CH_3-CH(COOEt)_2$]**은 직접적으로는 합성할 수 없다**(14-12절 참조).

최후에, 어떤 종류의 반응성이 풍부한 니트로할로벤젠 또는 시아노할로벤젠은 S_N2 치환을 받지만, 간단한 아릴할로겐화물에서는 일어나지 않는다. 간단한 페닐말론산에스테르의 합성을 다음에 설명한다.

14-12 메틸말론산 및 페닐말론산에스테르의 합성에서는 어떤 특별한 방법이 이용될까?

메틸말론산디에틸[$CH_3-CH(COOEt)_2$]을 합성할 때에는, 미반응의 말론산디에틸 [$CH_2(COOEt)_2$]과 디알킬생성물, 즉 디메틸말론산디에틸[$(CH_3)_2C(COOEt)_2$]도 또한 존재하는 것을 알았다. 일반적 정제법인 분별증류에서 이들의 화합물을 분리하는 것은, 이들의 비점이 유사하기 때문에 실제로는 거의 불가능하다.

$$CH_2(COOEt)_2 \xrightarrow[CH_3I]{NaOEt} CH_3-CH(COOEt)_2 \xrightarrow[CH_3I]{NaOEt} (CH_3)_2C(COOEt)_2$$

비점 198° 199° 196°

이들 3종류의 디에스테르는 다른 속도로서 가수분해된다. 여기서 이 사실은 평형적이라고 하는 것보다 오히려 속도론적 고찰에 기인한 분리법으로서 이용할 수 있다. 장시간으로는(평형적), 이들의 에스테르는 모두 가수분해되리라고 믿는다. 그러나, 치환기가 적으면, 그만큼 가수분해는 빨라진다(속도론적). 디메틸화합물[$(CH_3)_2C(COOEt)_2$]은 물론, 디알킬화가 주반응이 되도록 대과잉의 요오드화메틸을 사용해서 얻을 수 있다.

더욱 알킬화를 받은 메틸말론산디에틸의 합성은 다음의 경로로서 행해진다. 이 경로는 반응의 곳에서 재차 설명한다(14-17절).

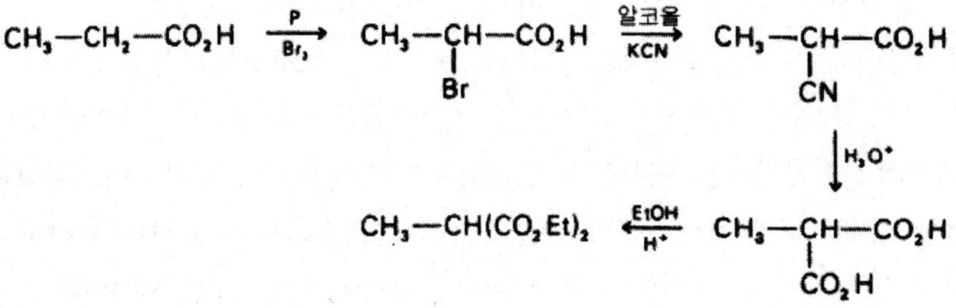

페닐말론산디에틸[$C_6H_5-CH(COO-Et)_2$]은 2단계로서 합성된다. (1) 염기촉매에 의한 축합, 및 이것에 계속하여 (2) 탈일산화탄소반응에서의 CO의 제거, 제 1단계는 활성메틸렌화합물의 일종인, 페닐아세트산에틸($C_6H_5-CH_2-COOEt$)과 옥살산디에틸(EtOOC-COOEt)을 사용한 알킬화이다.

전반응 :

반응메카니즘 :

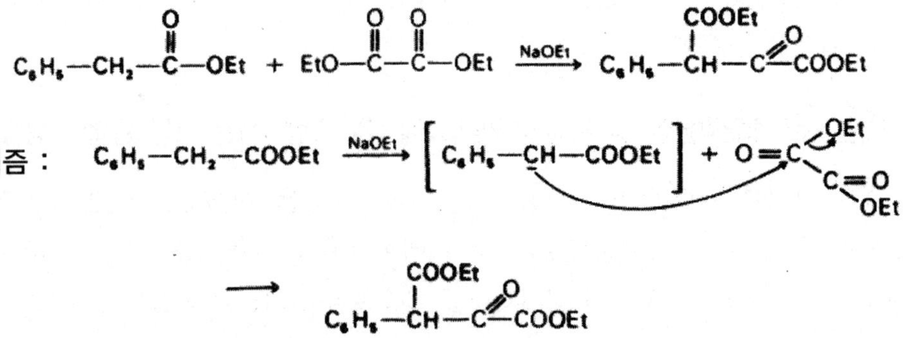

중간체의 α－케토에스테르(—C(=O)—COOEt)는, 고온에 있어서 분쇄한 연질글라스분말의 촉매작용으로 용이하게 CO를 잃는다.

페닐말론산디에틸 또는 메틸말론산디에틸에서는 양쪽 모두 그 후 더욱, 알킬화, 가수분해, 및 탈카르복실화반응을 행할 수가 있다.

1. 알킬화반응을 이용해서, 화합물 $CH_3CH_2CH_2CH_2CH(CH_3)COOH$의 합성법을 2가지 설명하여라.
2. 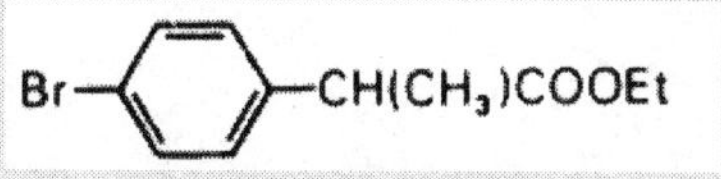

의 합성법을 설명하여라.
3. 페닐말론산디에틸이 직접 할로겐화아릴과 말론산디에틸로부터 합성할 수 없는 것과 같은 이유로서, 페닐시아노아세트산에틸[$C_6H_5CH(CN)-COOEt$]은 할로겐화아릴 및 시아노아세트산에틸($NC-CH_2-COOEt$)로부터는 합성할 수 없다. 그러나 페닐시아노아세트산에틸은 활성메틸렌화합물의 일종인, 페닐아세토니트릴($C_6H_5-CH_2-CN$)과 탄산디에틸(EtO-COOEt)로부터 소듐에톡사이드를 사용하여 1단계로서 합성할 수 있다(수득률 75%). 이 전반응을 쓰고, 합리적인 메카니즘을 표시하여라.

14-13 다른 활성메틸렌화합물은 어떻게 사용될까?

일반적으로 아세토아세트산에스테르(CH_3COCH_2COOEt) 또는 시아노아세트산에스테르($CNCH_2COOEt$)와 같은 다른 활성메틸렌화합물은 말론산에스테르와 마찬가지로 사용되며, 여기서도 마찬가지로 주의와 제약이 적용된다. 사용되는 염기와 용매는 활성메틸렌화합물의 구조에 의하여 결정된다. 니트로메탄과 같이 비교적 산성의 것에서는 묽은 수산화나트륨만으로도 좋다. 그러나 페닐아세토니트릴과 같이 상당히 약한 산성화합물은, 벤젠 또는 톨루엔과 같은 불활성용매 중에서 $NaNH_2$와 같은 강염기를 필요로 한다. 이들의 변화에는 유의해야 하지만, 이 책에서는 더 이상 상세하게 설명하지 않고 문제로도 취급하지 않는다.

알킬화를 받은 아세토아세트산에스테르는 반응과정에 사용한 염기의 농도에 의하여, **메틸케톤**으로도 **카르복실산**으로도 변환된다.

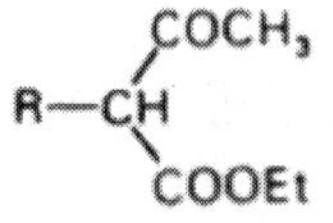

묽은 염기에서는 에스테르카르보닐으로의 공격이 일어나, 메틸케톤이 생성된다. 그러나 **강염기**에서는, 케톤의 카르보닐기가 공격되어 **카르복실산**을 생성한다.

묽은 염기 :

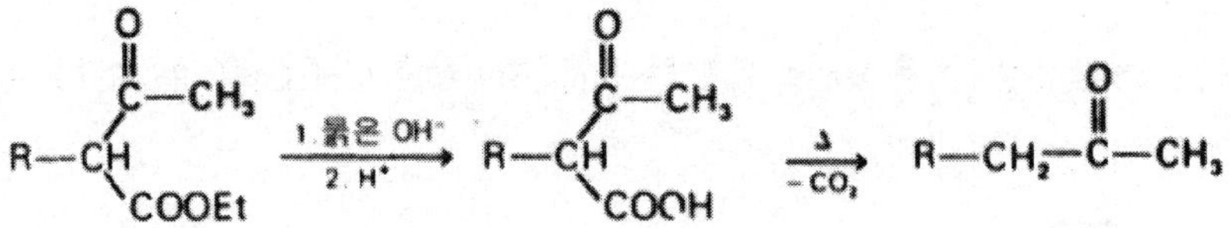

강염기 :

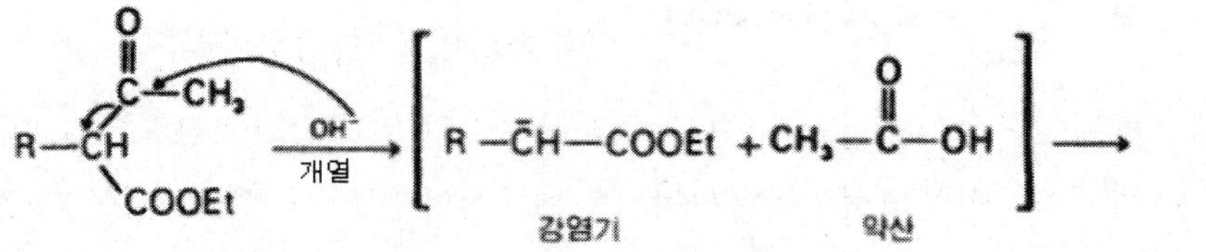

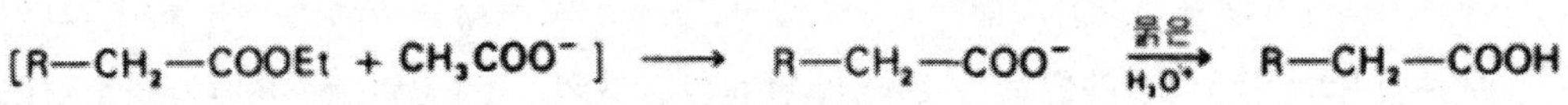

강염기를 사용하면 말론산에스테르 합성에서 얻어진 것과 같은 카르복실산이 생성되는 것에 주의하여라.

알킬기를 갖는 시아노아세트산에스테르는 그에 상당하는 말론산으로 가수분해되며, 계속해서 탈카르복실화반응이 일어난다.

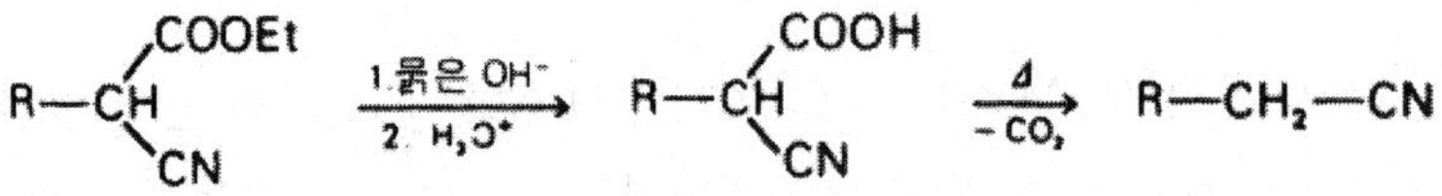

1. 1-브로모프로판과 (a) 말론산에스테르, (b) 아세토아세트산에스테르, (c) 시아노아세트산에스테르를 각각 사용하여 $CH_3CH_2CH_2CH_2COOH$의 합성법을 3가지 표시하여라.
2. 에탄올과 아세토아세트산에스테르를 유일한 유기화합물로서 사용하여, 2-펜탄온, 부탄산, 3-에틸-2-펜탄온, 및 2-에틸부탄산의 합성법을 설명하여라.

05 반응성

14-14 염의 생성과 열분해

카르복실산과 묽은 탄산수소나트륨으로부터의 염의 생성은, CO_2의 발생을 동반하며, 수용성 카르복실산의 특색있는 반응의 하나로서, 정성시험에도 응용된다. 카르복실산염의 탈카르복실화반응의 몇 가지의 예는 이전의 장(2-12 및 7-17절 참조)에서 인용하였다. 즉 카르복실산염을, 소다-석회(NaOH-CaO)와 더불어 열분해하여 탄화수소를 생성하는 것

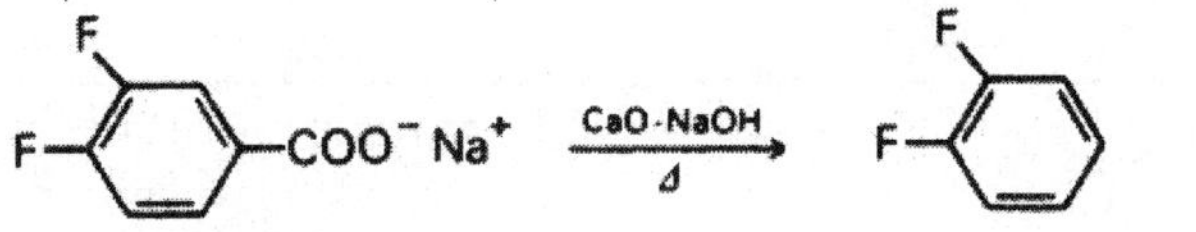
F
F
COO⁻ Na⁺
CaO·NaOH
Δ
F
F

sodium 3,4-difluorobenzoate　　　　o-difluorobenzene

및, 전자흡인성의 치환기를 갖는 방향족 카르복실산염의 용이한 탈카르복실화반응, 예를 들면, 2,4,6-트리니트로벤조산나트륨의 가열에 의한 1,3,5-트리니트로벤젠의 생성 등이다. 아크롬산구리화합물과 퀴놀린은 일반적으로(염보다 오히려) 카르복실산의 직접적인 탈카르복실화반응에 사용된다. 다음의 예에 표시한 반응에서는 기하학적 배치가 잘 보존되어 있으며, 약 5%의 트란스-스틸벤이 얻어지고 있는 것에 주의할 것.

H5C6
C=C
C6H5
H
COOH
아크롬산구리
퀴놀린 중
200°, 수득률 60%
H5C6
C=C
C6H5
H
H
+ CO2↑

cis-α-phenylcinnamic acid　　　　*cis*-stilbene

14-15 Hunsdiecker반응

카르복실산의 염은, 중금속의 습한 산화물 혹은 수산화물과 처리해도 얻어진다. 일반적으로는 습기 있는 산화은을 사용하여 반응시킨다.

$$CH_3CH_2CH_2CO_2H \xrightarrow[Ag_2O]{\text{습기 있는}} CH_3CH_2CH_2CO_2^-\,Ag^+$$

butanoic acid　　　　　　　　　silver butanoate

사염화탄소 중에서 **건조한** 지방족 카르복실산은염의 현탁액을 환류하고, 이것에 할로겐(Br_2)을 서서히 가하면, **하나의 저위 알킬할로겐화물(브롬화물)**이 얻어진다.

$$R{-}COO^-Ag^+ \xrightarrow{X_2} R{-}X + AgX + CO_2$$

방향족계열에서는 수득률이 상당히 낮기 때문에, 이 반응의 응용은 한정되어 있다. **표 14-3**의 예는 이 반응 범위를 표시하고 있다.

> **표 14-3**의 예의 출발물질인 산과 할로겐화생성물을 명명하여라.

표 14-3 Hunsdiecker반응의 예

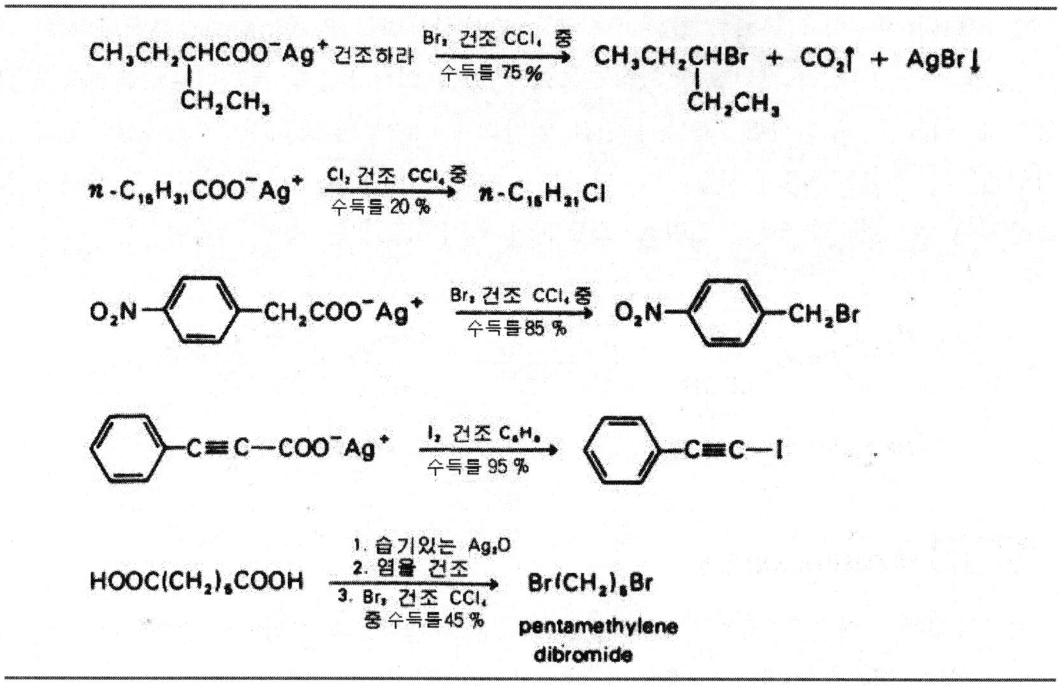
건조하라
Br₂ 건조 CCl₄ 중
수득률 75 %
Cl₂ 건조 CCl₄ 중
수득률 20 %
Br₂ 건조 CCl₄ 중
수득률 85 %
I₂ 건조 C₆H₆
수득률 95 %
1. 습기있는 Ag₂O
2. 염을 건조
3. Br₂ 건조 CCl₄ 중 수득률 45 %
pentamethylene dibromide

14-16 수소화알루미늄리튬에 의한 환원반응

카르복실산은 건조 에테르 또는 테트라하이드로푸란 중에서 ($NaBH_4$이 **아니고**) $LiAlH_4$에 의하여 고수득률로서 1차알코올로 환원된다. 카르복실산은 1개의 활성수소원자 R-COOH를 가지고 있기 때문에 카르복실기 1몰의 환원에 대해서 H_2 1몰을 발생한다. 이것은 $LiAlH_4$의 1/4을 소비하고 있다.

$$R-\overset{\overset{\displaystyle O}{\|}}{C}-OH + LiAlH_4 \longrightarrow \left[R-\overset{\overset{\displaystyle O}{\|}}{C}-O\ LiAlH_3 \right] + H_2\uparrow$$

그러나 이 반응은, 귀중한 산에 대해서 소규모인 환원을 행하는 경우에는 일반적으로 이용된다.

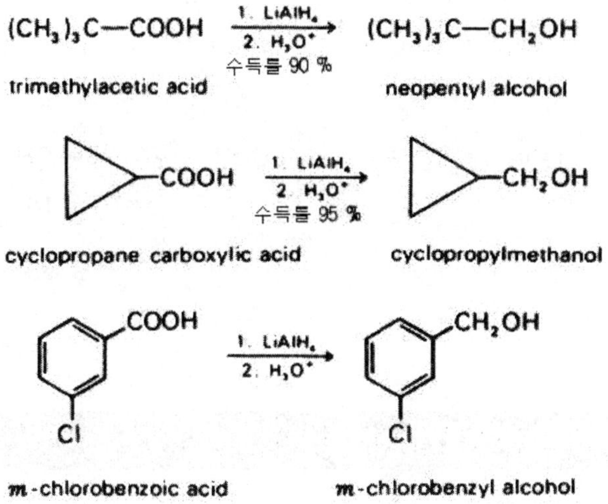
(CH₃)₃C—COOH
1. LiAlH₄
2. H₃O⁺
수득률 90 %
(CH₃)₃C—CH₂OH
trimethylacetic acid
neopentyl alcohol
COOH
1. LiAlH₄
2. H₃O⁺
수득률 95 %
CH₂OH
cyclopropane carboxylic acid
cyclopropylmethanol
COOH
1. LiAlH₄
2. H₃O⁺
CH₂OH
Cl
Cl
m-chlorobenzoic acid
m-chlorobenzyl alcohol

카르복실산 혹은 그 유도체로부터 직접 합성할 수 있는 에스테르는, 여분의 하이드라이드이온을 소비하지 않고, 또한 가끔 $LiAlH_4$로서 환원된다. 더욱이, 메틸 또는 에틸에스테르는 이들의 반응에 사용되는 용매인 에테르 또는 테트라하이드로푸란에 대해서 그에 상당하는 카르복실산보다 일반적으로 용해되기 쉽다.

$$R-COOH + R'OH \xrightarrow{H^+} R-COOR' \xrightarrow[2.\ H_3O^+]{1.\ LiAlH_4} R-CH_2OH + R'OH$$

14-17 Hell-Volhard-Zelinsky반응

카르복실기의 인접 탄소상의 수소원자는 인의 존재하에서 브롬 또는 염소로 치환된다. 이것은 α 위치의 수소원자만이 반응성을 가지며, 존재하는 모든 α수소가 연속적으로 치환된다. 이 반응은 카르복실산의 구조 결정에도 이용된다.

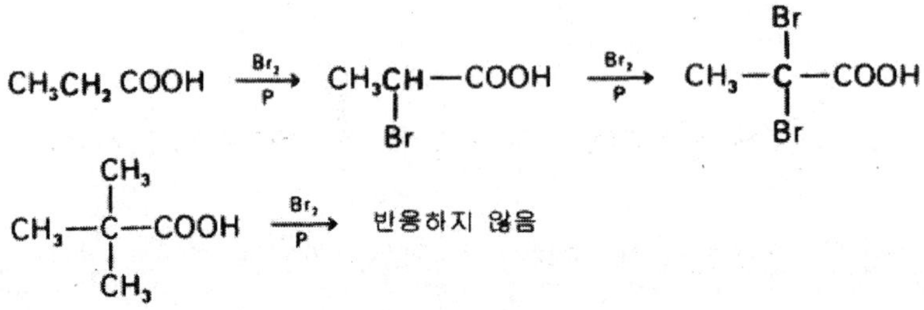

이 반응은 아미노산의 합성에 널리 이용되고 있으며, 이때 α−브로모산은 과잉의 암모니아와의 처리로서 아미노산으로 변환된다.

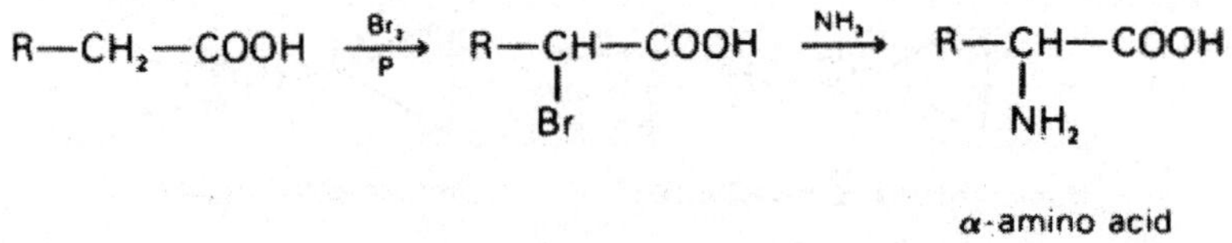

06 카르복실산유도체를 생성하는 반응 : 개관

이 절은 지금까지 설명한 카르복실산의 반응을 상세하게 설명한 제15장의 모든 내용에 대한 예고에 상당한다. 이 간단한 소개는 서로 관련되어 있는 반응의 넓은 범위를, 적당한 방법으로 위치를 설정할 수 있도록 기도한 것이다.

14-18 에스테르

Fischer의 에스테르화는 소량의 무기산, 예를 들면 HCl 또는 H_2SO_4의 존재하에 있어서, 1차 또는 2차 알코올(3차 알코올 또는 페놀은 **사용할 수 없다**)과 카르복실산과의 가역반응을 이용한 간단한 에스테르의 합성법이다.

일반식 :

$$R-\overset{O}{\overset{\|}{C}}-OH + R'-OH \xrightarrow{H^+} R-\overset{O}{\overset{\|}{C}}-O-R' + H_2O$$

구체예 :

$$HOOC-C{\equiv}C-COOH \xrightarrow[H_2SO_4\ 소량]{CH_3OH(과잉)} H_3CCO_2C-C{\equiv}C-CO_2CH_3$$

수득률 85 %

acetylenedicarboxylic acid → dimethyl acetylenedicarboxylate

평형은 일반적으로 에스테르 쪽에 있으며, 벤젠 또는 톨루엔과 더불어 그 물을 증류로서 제거하여 평형을 더욱 오른쪽으로 치우치게 할 수 있다. 페놀은 반응이 너무 느리고, 더욱이 평형은 훨씬 왼쪽에 있다.

14-19 산염화물

아실할로겐화물 중에서는 염화물이 합성에 가장 잘 이용된다. 이들은 카르복실산과 염화티오닐($SOCl_2$) 혹은 5염화인(PCl_5)과의 직접 반응으로 합성된다.

일반식 :

$$R-\overset{O}{\overset{\|}{C}}-OH \xrightarrow{SOCl_2} R-\overset{O}{\overset{\|}{C}}-Cl + SO_2\uparrow + HCl\uparrow$$

구체예 :

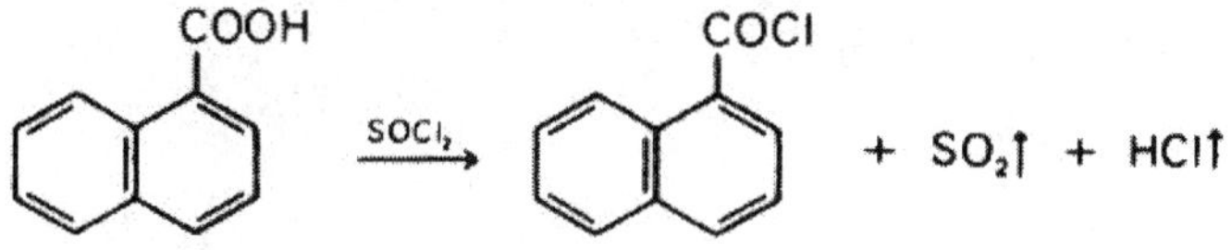

α-naphthoic acid → α-naphthoyl chloride

산염화물은 알코올 또는 알콕사이드이온과의 처리로서 에스테르를 생성한다. 어떤 반응도 비가역적이며, 귀중한 혹은 반응하기 어려운 카르복실산의 에스테르화에 훌륭한 방법이다. 산염화물의 가수분해도 비가역적이다.

$$R-\overset{O}{\overset{\|}{C}}-Cl + R'-OH \longrightarrow R-\overset{O}{\overset{\|}{C}}-O-R' + HCl$$

$$R-\overset{O}{\overset{\|}{C}}-Cl + R'O^-Na^+ \longrightarrow R-\overset{O}{\overset{\|}{C}}-O-R' + Na^+Cl^-$$

14-20 산무수물

산무수물의 합성에서는 목적물의 형태를 고려하지 않으면 안 된다.

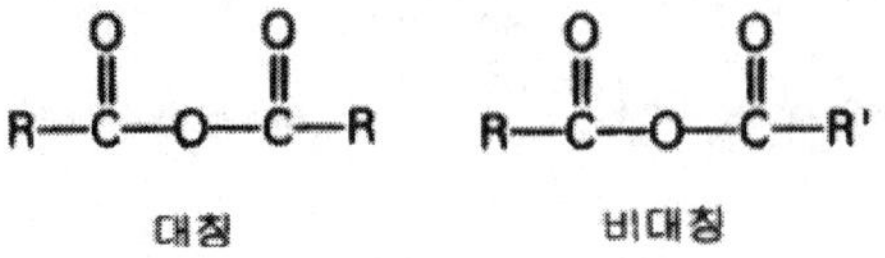
대칭
비대칭

무수아세트산($CH_3-\overset{O}{\overset{\|}{C}}-O-\overset{O}{\overset{\|}{C}}-CH_3$)은 다른 무수물의 합성에 유용하며, 또 일반적으로 특수한 방법으로 합성된다. 아세톤의 열분해에 의하여 얻어지는 케텐($CH_2=C=O$)은 상당히 반응성이 풍부한 분자로서, 이 C=C결합에 대해서 용이하게 Markownikoff형 부가를 받는다. 아세트산(AcOH로서 약식)의 부가는 무수아세트산(Ac_2O)을 생성한다.

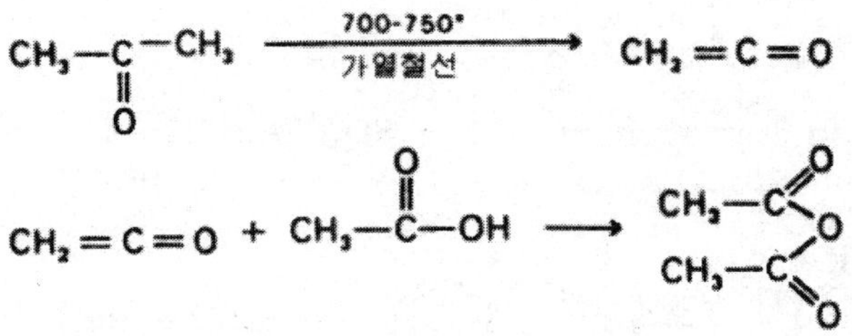
700-750°
가열절선

다음의 물질로부터 예상되는 생성물을 써라.
1. 케텐과 물
2. 케텐과 에탄올

다른 대칭성 산무수물은 무수아세트산과 카르복실산으로부터 합성된다. 만일 희망하는 무수물과 그 카르복실산이 아세트산보다 고온에서 비등하면, 이들의 화합물을 함유한 반응혼합물은 환류하여 아세트산을 계속해서 제거하면, 평형은 오른쪽으로 이동한다.

$$2CH_3(CH_2)_3COOH + CH_3\overset{O}{\overset{\|}{C}}-O-\overset{O}{\overset{\|}{C}}-CH_3 \underset{}{\overset{\Delta}{\rightleftharpoons}} CH_3-(CH_2)_3-\overset{O}{\overset{\|}{C}}-O-\overset{O}{\overset{\|}{C}}-(CH_2)_3CH_3 + 2CH_3COOH$$

비점 186° 140° 218° 118°

비대칭의 산무수물은 하나의 카르복실산의 나트륨염과 다른 카르복실산염화물을 작용시켜서 비가역적으로 합성한다.

$$R-\overset{O}{\overset{\|}{C}}-Cl + R'-\overset{O}{\overset{\|}{C}}-O^-Na^+ \longrightarrow R-\overset{O}{\overset{\|}{C}}-O-\overset{O}{\overset{\|}{C}}-R' + Na^+Cl^-$$

환상무수물, 특히 5원 또는 6원환을 갖는 것은, 그에 상당하는 2염기산을 가열하면 물을 잃고 용이하게 산무수물로 된다.

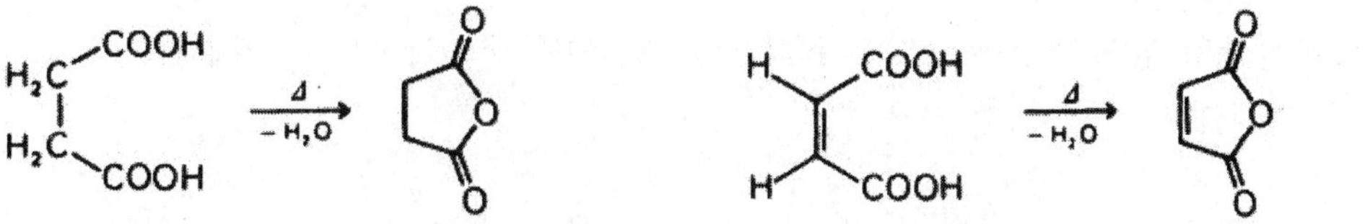

COOH
H_2C
H_2C
COOH
Δ
$-H_2O$
O
H
H
COOH
COOH
Δ
$-H_2O$
O

succinic acid　succinic anhydride　maleic acid　maleic anhydride

> Friedel-Crafts반응(7-9절)에 있어서 무수숙신산의 사용과 Diels-Alder반응(6장)에 있어서 무수말레산의 사용을 상기할 것. 이들의 사용 예를 양쪽에 걸쳐 설명하여라.

14-21 아미드

아미드는 위에서 설명한 3가지의 카르복실산 유도체인 에스테르, 산염화물 및 산무수물에 암모니아(NH_3), 1차 아민($R-NH_2$), 2차 아민(R_2-NH) 등을 작용시켜 합성한다(**표 14-4**)

표 14-4 아미드의 합성 예

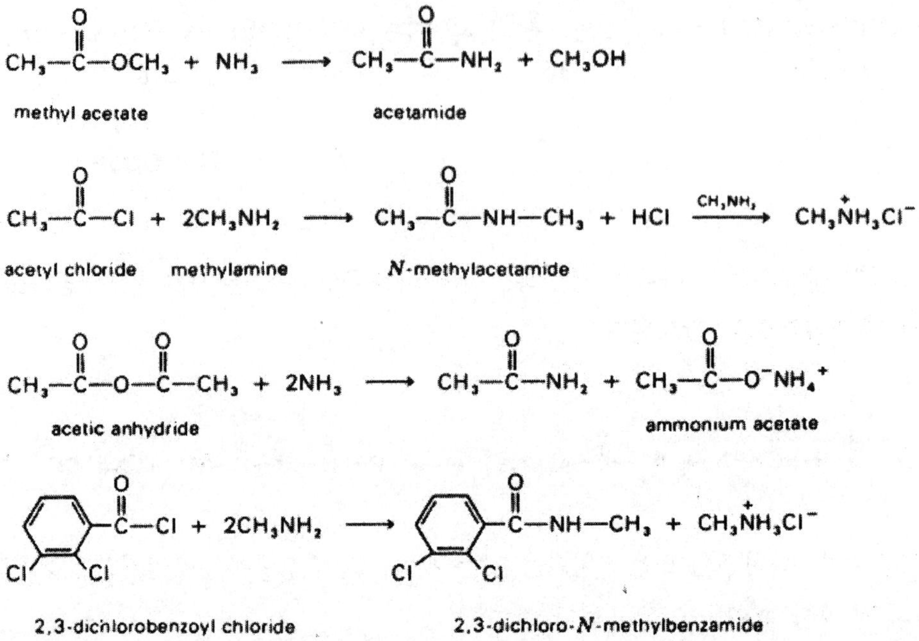

카르복실산의 암모늄염($R-COO^{-}NH_4^{+}$)은 열분해로서 아미드로 변한다.

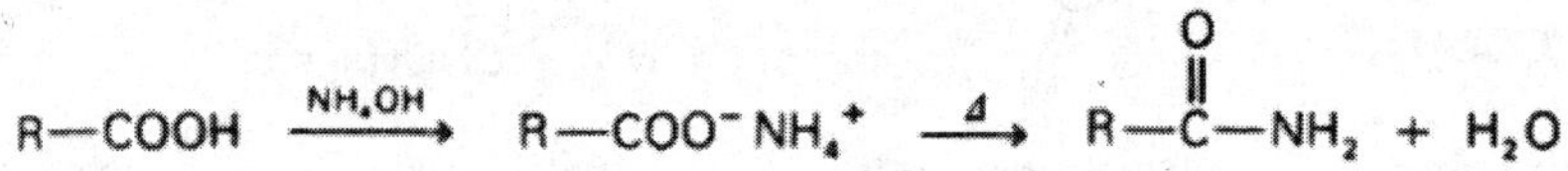

14-22 이미드

환상이미드는 산무수물의 질소유도체로서, 이미드로서는 이 책에서 설명하는 유일의 것이다. 여기에

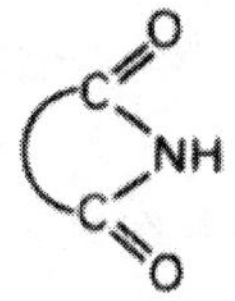

잘 알려져 있는 2, 3 가지의 예를 든다.

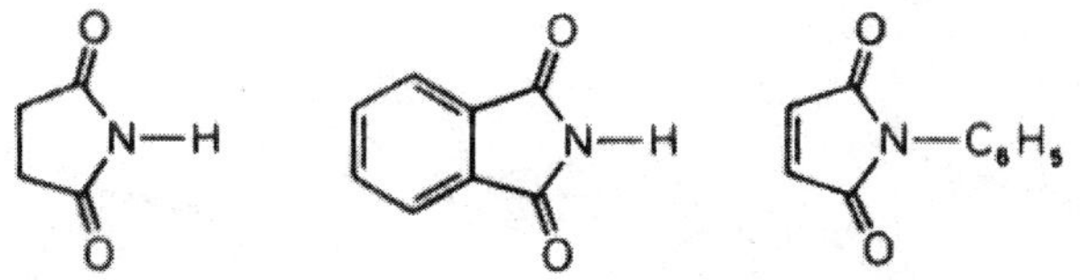

succinimide — NBS 브롬화를 상기할 것
phthalimide — 아미노산 합성에 도움이 된다.
N-phenylmaleimide — Diels-Alder 반응에 사용

명명법에 대해서 혼란을 피하기 위하여 **아세트아미드**(acetamide)와 **아세트이미드**(acetimide)의 차이, 및 **숙신아미드**(디아미드)와 **숙신이미드**(모노이미드)의 차이에 주의할 것.

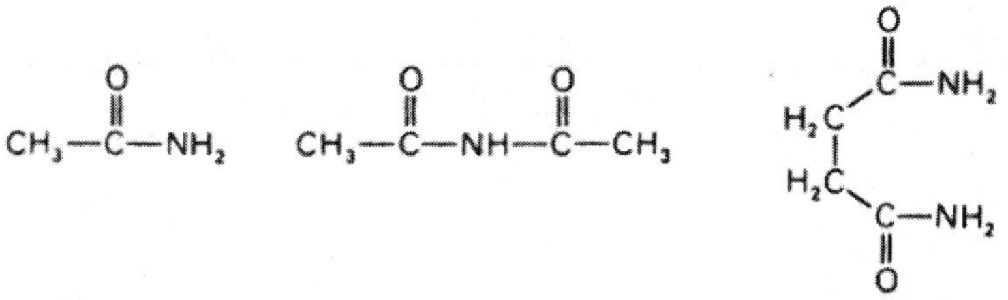

acet*amide* acet*imide* succin*amide*

14-23 니트릴(시안화합물)

엄밀히 말하면, 니트릴은 위에서 설명한 산유도체와는 직접 관계가 없다. 즉 카르보닐기를 갖지 않는다. 사실, 시안이온은 유기반응에 있어서 할로겐이온과 매우 유사한 반응을 하기 때문에, **유사할로겐**이라고도 말하며, 니트릴은 유기할로겐화물과 함께 설명하는 것이 타당할지도 모른다. 니트릴은 가수분해로서 아미드 또는 카르복실산을 생성하지만, 반면 니트릴은 아미드를 P_2O_5 또는 $SOCl_2$로서 탈수하여 합성한다.

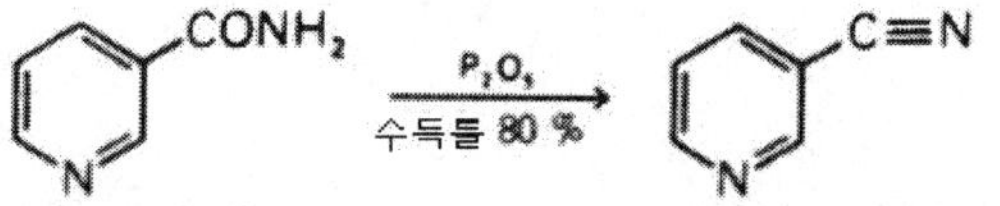

nicotinamide nicotinonitrile

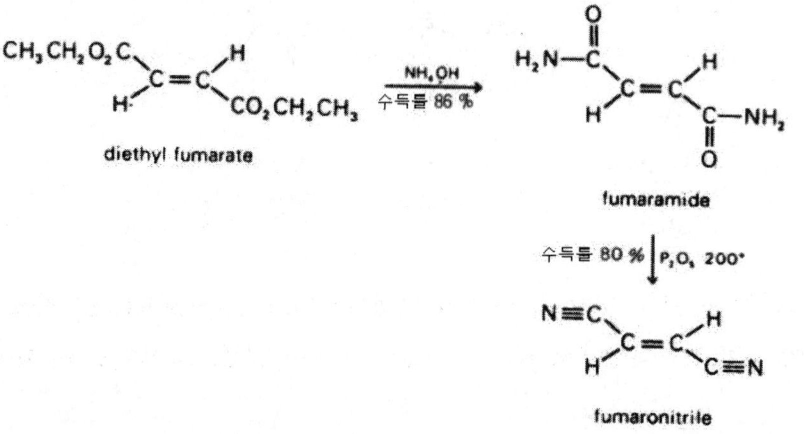
diethyl fumarate
NH₄OH
수득률 86 %
fumaramide
수득률 80 %
P₂O₅ 200°
fumaronitrile

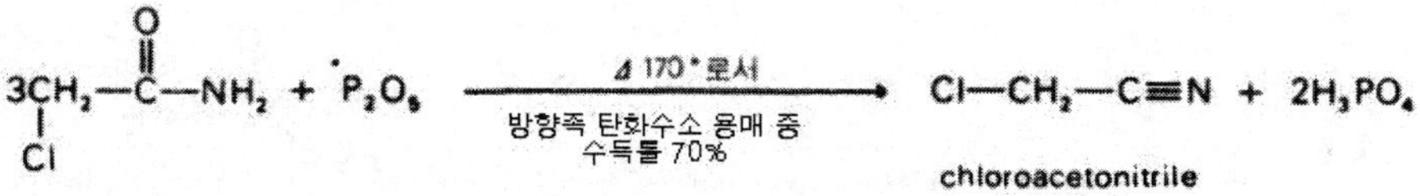
Δ 170°로서
방향족 탄화수소 용매 중
수득률 70%
chloroacetonitrile

■ 참고문헌 ■

Brown, H.C : New Selective Reducing Agents, *J. Chem. Educ.*, 38, 173(1961).
Gibson, D.M. : The Biosynthesis of Fatty Acids, *J. Chem. Educ.*, 42, 236(1965).
Green, D.E. : The Synthesis of Fat, *Sci. Am.* 202 (2), 46(1960).
체내에서의 지방생성에 있어서 보효소 A의 역할을 표시한다.
Hoogenboom, B.E. : Homolytic, Cationotropic, and Anionotropic Reactions, *J. Chem. Educ.*, 41, 639(1964). 각종 카르복실산의 이온화의 고찰을 포함한다.

연습문제

1 (a) 다음의 출발 물질로부터 가능한 18종의 에스테르의 구조식을 표시하고, 이들을 명명하여라. 또한 단순한 Fischer의 에스테르화 이외의 합성법을 설명하여라.

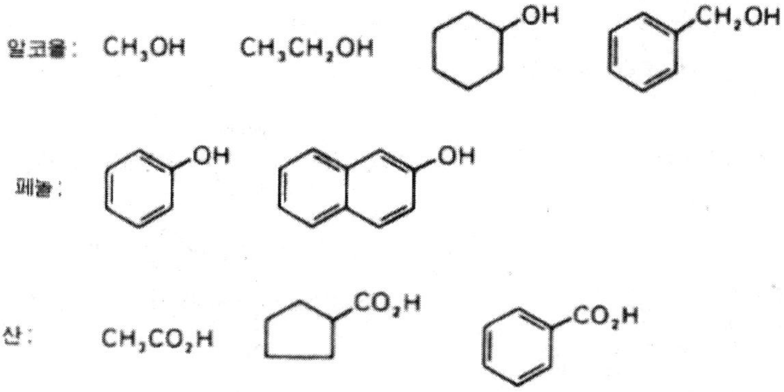
알코올:
CH_3OH
CH_3CH_2OH
OH
CH_2OH
페놀:
OH
OH
산:
CH_3CO_2H
CO_2H
CO_2H

(b) 이들 3종류의 카르복실산을, 각각 다른 방법으로 합성하는 경로를 표시하여라.

(c) 각각의 카르복실산으로부터 유도되는 염화아실의 합성법을 표시하여라.

(d) 이들 3종류의 카르복실산으로부터 제조되는 각각의 산무수물(9무수물)의 합성법을 표시하여라.

2 반응의 어는 곳에서 말론산에스테르, 아세토아세트산에스테르, 시아노아세트산에스테르 또는 다른 활성메틸렌화합물의 알킬화를 이용하여, 다음 화합물의 합성법을 설명하여라.

*(a) $CH_3-CH_2-CH_2-CH(CH_3)-CONH_2$

*(b) 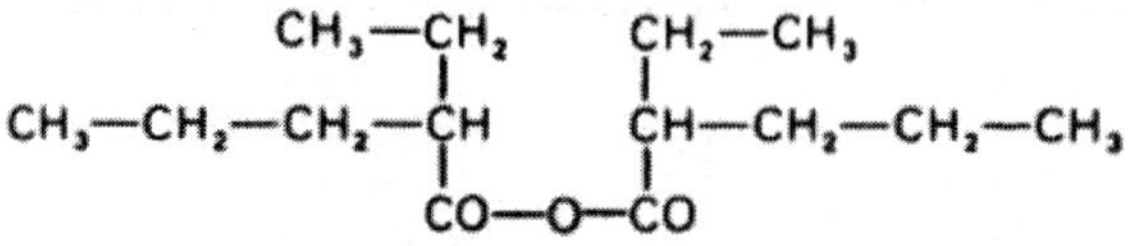

(c) $(CH_3)_2CH-CO_2CH_3$

(d) 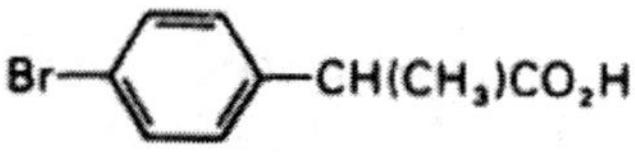

*(e) 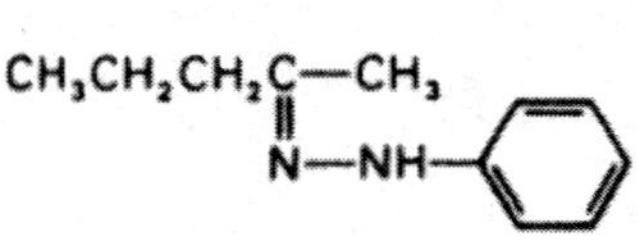

(f) 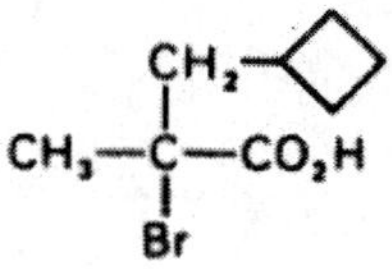

*(g) 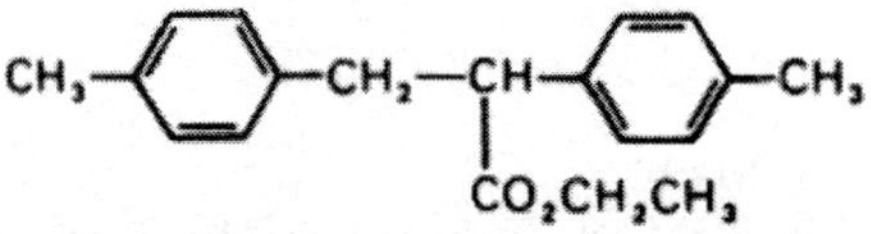

*3 다음의 화합물을 산성도가 약한 순서로서로 쓰고, 그 근거를 설명하여라.

(a) 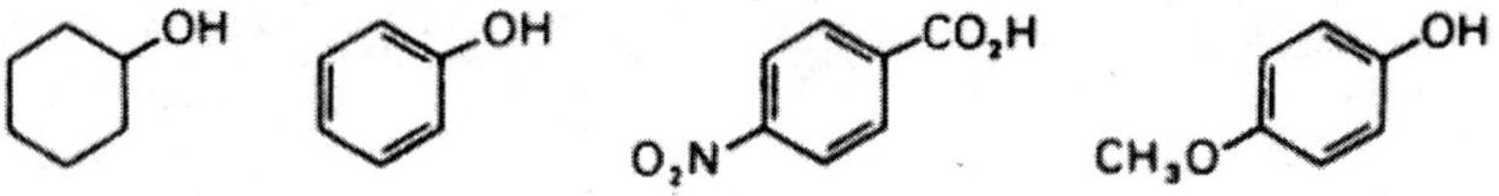

(b) 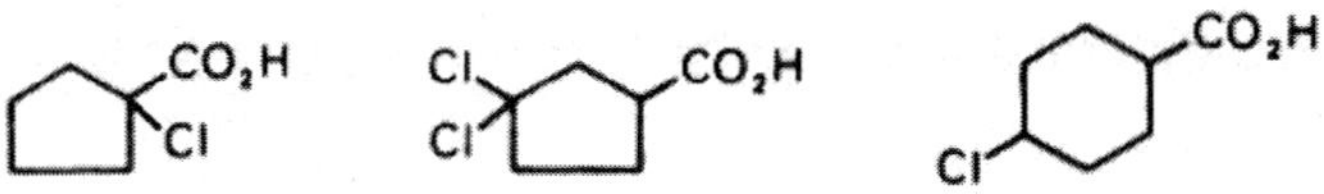

(c) 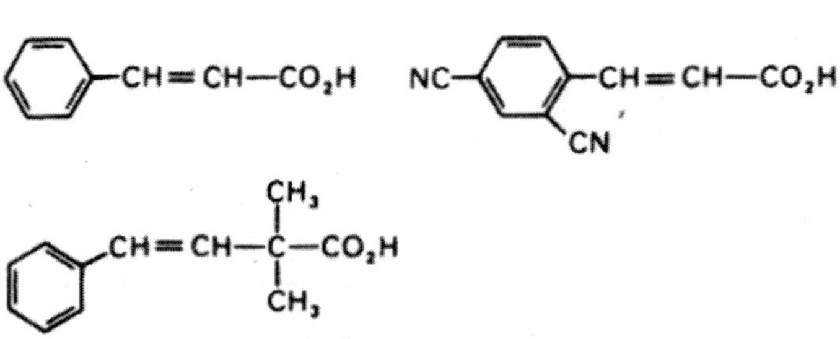

4 출발물질의 구조식을 표시하고, 또한 생성물의 구조식과 명칭을 표기하여라. 반응이 일어나지 않을 때는 N.R.이라고 써라.

(a) diethyl diethylmalonate $\xrightarrow[\text{2. } H_3O^+ \text{ 3. } \Delta]{\text{1. } OH^-}$

(b) *p*-bromobenzyl bromide + diethyl malonate (과잉) $\xrightarrow[\text{NaOEt}]{\text{1 당량}}$

(c) diethyl sodiomalonate + 2-bromo-2-methylbutane $\longrightarrow$

*(d) *n*-heptanoic acid $\xrightarrow[\text{3. } H_3O^+ \text{ 4. } SOCl_2 \text{ 5. } NH_3]{\text{1. P; } Br_2 \text{ 2. 알코올성 KCN}}$

(e) methyl cyanoacetate (과잉) + *n*-butyl bromide $\xrightarrow{\text{1 당량 NaOEt}}$

*(f) (e)의 생성물) + 3-phenyl-1-bromopropane $\xrightarrow{\text{1 당량 NaOEt}}$

(g) (f)의 생성물 $\xrightarrow[\text{2. } H_3O^+]{\text{1. 강염기}}$

*(h) (f)의 생성물 $\xrightarrow[\text{2. } H_3O^+ \text{ 3. } \Delta]{\text{1. 묽은 } OH^-}$

(i) silver cyclopentylcarboxylate $\xrightarrow{Br_2\text{, 건조 } CCl_4 \text{ 중}}$

(j) (i)의 생성물 $\xrightarrow[\text{KCN}]{\text{알코올성}}$

*(k) 2,6-dimethylbenzoic acid $\xrightarrow[H^+]{CH_3OH}$

(l) acetone $\xrightarrow[\text{Fe 선}]{700°}$

(m) (l)의 생성물 + isobutyric acid

*(n) ammonium phenylacetate $\xrightarrow{\Delta}$

(o) (n)의 생성물 $\xrightarrow{P_2O_5}$

(p) potassium *O*-acetylsalicylate $\xrightarrow{KHCO_3}$

*(q) 2,6-dichlorotoluene $\xrightarrow{KMnO_4}$

*(r) 4,5-dimethyl-1-acetonaphthalene $\xrightarrow[\text{2. } H_3O^+]{\text{1. } I_2\text{; KOH}}$

*(s) 3,5-dimethylbromobenzene $\xrightarrow[\text{3. } H_3O^+ \text{ 4. } SOCl_2 \text{ 5. } NH_3 \text{ 6. } P_2O_5]{\text{1. Mg 무수 THF 중 2. 드라이 아이스}}$

Chapter 15

카르복실산의 유도체–
에스테르, 산할로겐화물, 산무수물, 아미드, 니트릴

카르복실산과 그 유도체와의 상호적인 관계는 제 14장에서 간단히 설명하였다. 본장에서는 이들의 유기화합물군을 각각 상세하게 검토한다. 천연에 에스테르류(향미 또는 향료) 또는 아미드류(단백질)가 존재하는 것은, 우리들의 공부에 있어서 이들 관능기의 중요성을 더해 주고 있다. 산할로겐화물 또는 산무수물과 같이 반응성이 풍부한 관능기는, 산 자신으로는 일어나기 어려운 각종의 화학적인 변환을 실험적으로 가능하게 하고 있다.

에스테르류는 가끔 상쾌한, 특징적인 냄새를 지니고 있기 때문에, 어떤 종류의 식품 또는 합성첨가제로서 매우 적당하다.

$CH_3CO_2CH_2CH_2CH(CH_3)_2$

isopentyl acetate
(바나나의 향기)

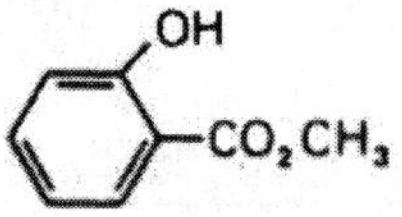

methyl salicylate
(동록유의 향기)

$CH_3CH_2CO_2CH_2CH(CH_3)_2$

isobutyl propionate
(럼의 향기)

01 에스테르

모든 에스테르는 형식상, 카르복실산과 알코올 혹은 페놀의 반응에서 유도된 물질이라고 볼 수 있다. 그러나 실제로는 어떤 종류의 에스테르는 훨씬 우회한 방법으로 합성하지 않으면 안된다.

$$R\text{—}\overset{\overset{\displaystyle O}{\|}}{C}\text{—}OH + R'\text{—}OH \rightleftharpoons R\text{—}\overset{\overset{\displaystyle O}{\|}}{C}\text{—}O\text{—}R' + H_2O$$

카르복실산의 카르보닐기 주위의 전자분포는, 인접하는 산소원자의 비공유전자쌍의 기여 때문에, 알데히드 또는 케톤의 것과 상당히 다르다.

에스테르의 카르보닐탄소는 친핵적인 공격을 그다지 쉽게 받지 않지만, 친핵시약에 의한 치환반응을 받는다. 에스테르기에 대한 것과 같은 공명구조식은, 산염화물(R−CO−Cl) 또는 아미드(R−CO−NH_2) 와 같이, 카르보닐기에 인접하는 원자상에 비공유전자쌍을 갖는 다른 유도체에 대해서도 쓸 수가 있다.

알데히드 및 케톤 :

에스테르 :

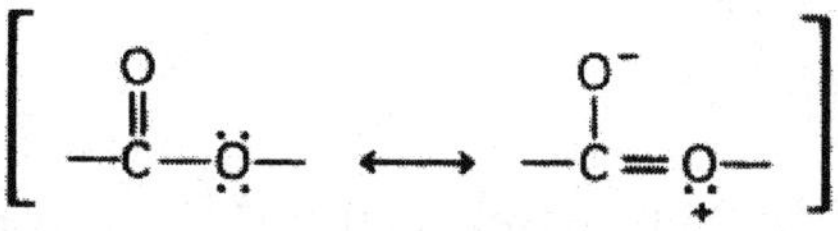

02 에스테르의 명명법

에스테르의 명칭은 2단어로서 표시된다. 처음의 단어는 알코올 혹은 페놀부분(이 부분을 **알킬**알코올 혹은 **페닐**알코올이라고 명명하여)에 유래한 것이며, 뒤의 단어는 카르복실산으로부터의 것으로서, 여기서, 카르복실산의 어미−**ic**를 −**ate**로 바꾼다. 예를 들면 $CH_3CO_2CH_3$는 methyl acetate(아세트산메틸)라고 명명한다(**표 15−1** 참조).

표 15−11 에스테르 명명법의 예

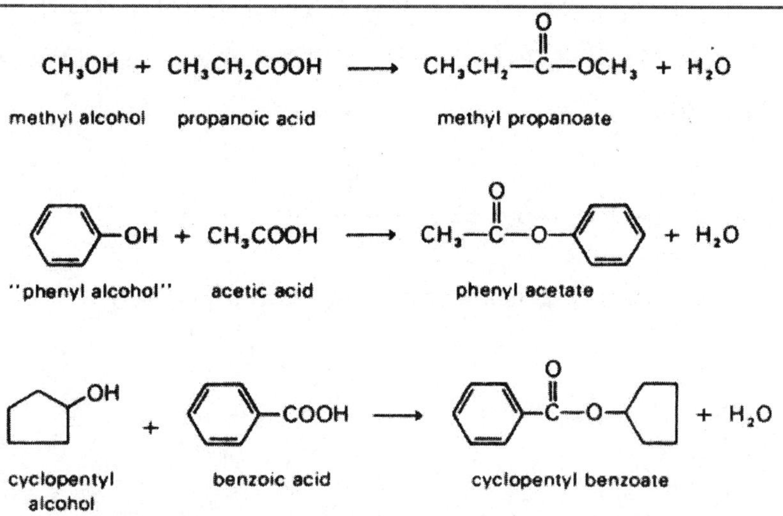
CH₃OH + CH₃CH₂COOH ⟶ CH₃CH₂—C(=O)—OCH₃ + H₂O
methyl alcohol
propanoic acid
methyl propanoate
OH + CH₃COOH ⟶ CH₃—C(=O)—O— + H₂O
"phenyl alcohol"
acetic acid
phenyl acetate
OH + COOH ⟶ C(=O)—O + H₂O
cyclopentyl alcohol
benzoic acid
cyclopentyl benzoate

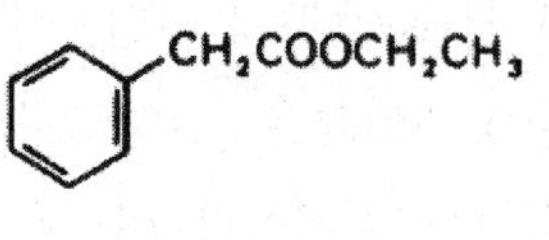

ethyl phenylacetate

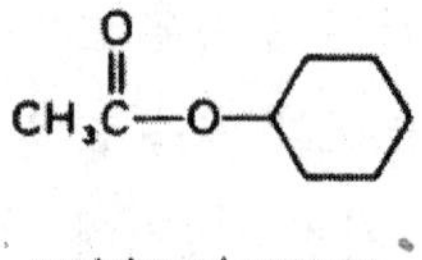

cyclohexyl acetate

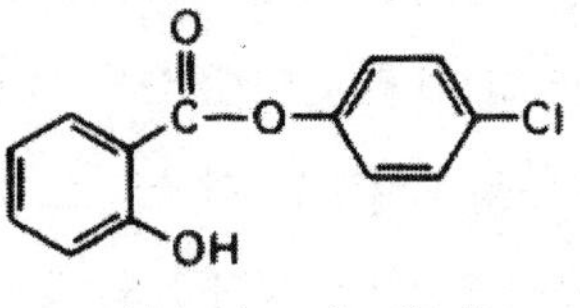

p-chlorophenyl salicylate

03 에스테르의 합성법

15-1 Fischer의 에스테르화반응

1차 혹은 2차 알코올에 의한 카르복실산의 단순하며 직접적인 에스테르화는, 반응시약 및 용매로서 과잉의 알코올과 카르복실산을 몇 방울의 진한 황산 또는 염산의 존재하에 환류로서 행할 수가 있다

$$R-COOH + R'-OH \underset{}{\overset{H^+}{\rightleftharpoons}} R-COOR' + H_2O$$

이 평형반응을 **Fischer의 에스테르화**라고 말한다. 3차알코올은, 가온할 때, 산의 존재하에서는 용이하게 탈수를 일으킨다. 페놀은 반응이 매우 느리기 때문에, 다른 방법에 의하여 행하는 것이 좋다. 또한 입체적으로 장해를 받고 있는 카르복실산의 경우에는 다른 방법이 필요하다(15-2절).

Fischer의 에스테르화 반응메카니즘은 모든 과정에서 평형이기 때문에, 과잉의 알코올을 사용하든지, 혹은 생성한 물을 곧 제거하는 방법으로 평형을 에스테르쪽으로 이동하여 수득률을 높이고 있다.

일반식 : $$R-\overset{\overset{O}{\|}}{C}-OH + R'-OH \overset{H^+}{\rightleftharpoons} R-\overset{\overset{O}{\|}}{C}-OR' + H_2O$$

전반응 : $$C_6H_5-COOH + CH_3OH \overset{H^+}{\rightleftharpoons} C_6H_5-COOCH_3 + H_2O$$

반응메카니즘 :

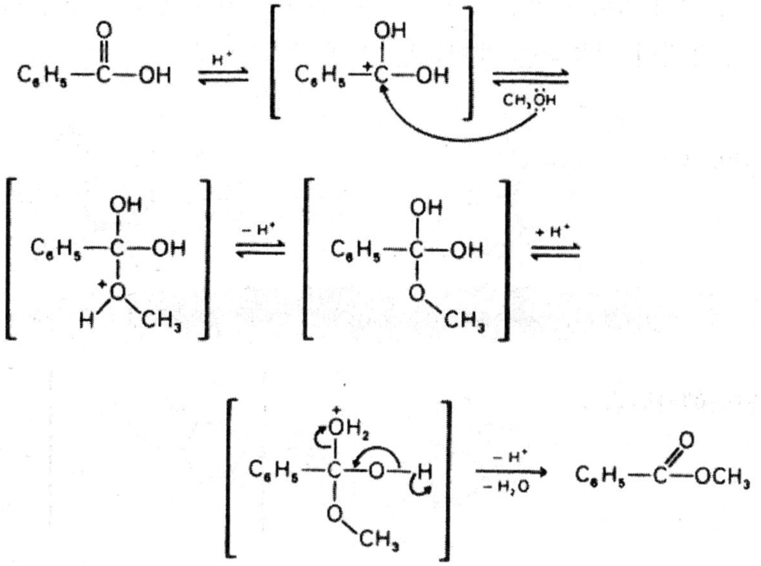

이 반응메카니즘의 해명은 $CH_3{}^{18}OH$의 사용에 의하고 있다. 에스테르에서는 **알코올의 알킬산소원자**가 아실기와 결합하고 있는 것에 주의할 것.

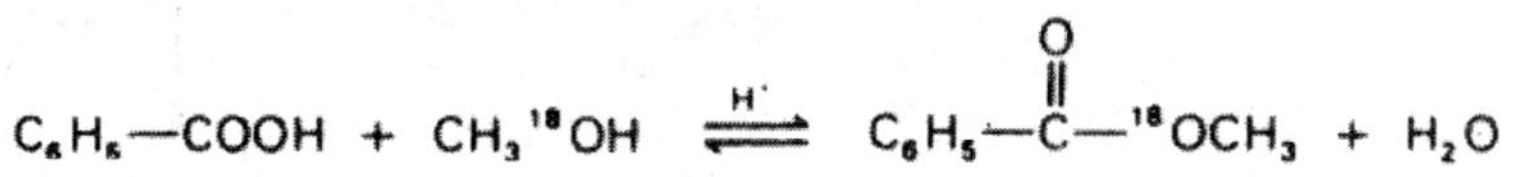

> 출발물질의 벤조산을, 양쪽의 산소원자가 표지된 $C^{18}O_2$로부터 (Grignard 반응을 거쳐) 합성한 것으로 하자. CH_3OH를 사용한 에스테르화반응 후, 벤조산메틸에는 원래의 ^{18}O의 몇 퍼센트가 잔존하고 있을까?

15-2 입체장해를 받고 있는 카르복실산의 에스테르화반응

오르토위치에 2개의 치환기를 갖는 벤조산유도체와 같이, 입체장해를 받고 있는 카르복실산에 적절한 에스테르화의 방법이 고안되었다. 이 방법은, 유기산을 진한 황산에 녹이고, 이 용액을 찬 무수알코올에 서서히 주입하는 것이다. 입체장해를 받고 있는 카르복실산에서는 Fischer의 에스테르화반응에 요구되는 사면체 구조를 갖는 중간체가 용이하게 생성되지 않기 때문에, 이 반응은 간단하게 일어나지 않는다. 아래의 반응메카니즘 중에서, 공명에 의하여 안정화된 아실카르보늄이온의 생성이, 출발물질의 카르복실산에 존재한 입체적인 비틀림을 제거하는 것에 주목할 것.

전반응 :

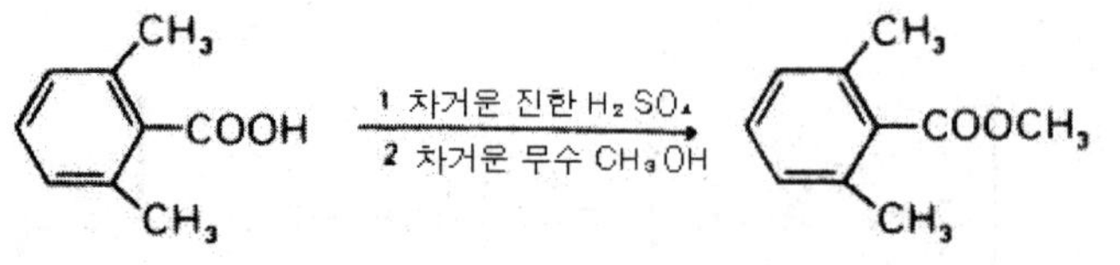

CH₃
COOH
1 차거운 진한 H₂SO₄
2 차거운 무수 CH₃OH
COOCH₃

2,6-dimethylbenzoic acid methyl 2,6-dimethylbenzoate

반응메카니즘 :

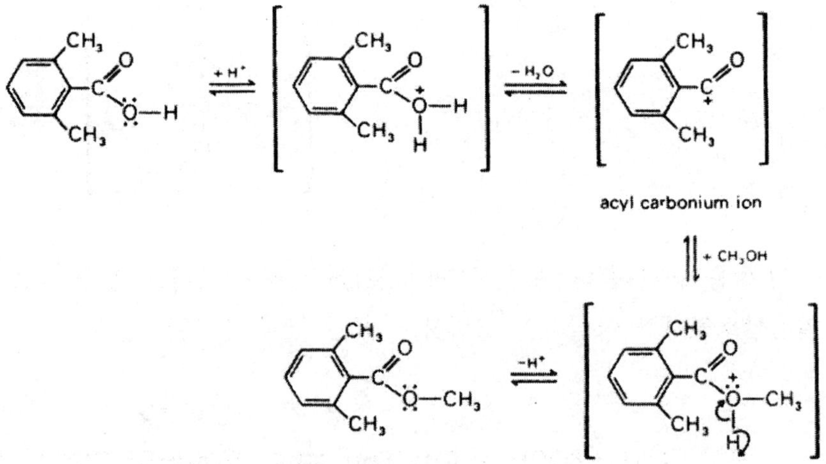

+H⁺
−H₂O
acyl carbonium ion
+CH₃OH
−H⁺

이 반응메카니즘의 모든 과정은 평형으로서, 이 입체장해를 받고 있는 에스테르의 가수분해는, 이 에스테르를 차거운 진한 황산에 녹이고, 혼합물을 빙수 중에 주입하여 행한다.

15-3 페놀의 에스테르화반응

페놀과 카르복실산을 무기산의 존재하에서 직접 반응시켜 에스테르를 합성하는 과정은 **매우 느리며**, 더욱, 이 평형은 훨씬 출발계 쪽에 치우쳐 있다. 따라서, 산염화물 또는 산무수물과 같은 보다 활성인 카르복실산유도체를 사용하지 않으면 안 된다. 알코올도 마찬가지로 산염화물 또는 산무수물에 의해서 에스테르화를 받는다(15-16절 및 15-21절).

전반응 :

$$\mathrm{R{-}\overset{\overset{\large O}{\|}}{C}{-}Cl + Ar{-}OH \longrightarrow R{-}\overset{\overset{\large O}{\|}}{C}{-}O{-}Ar + HCl}$$

반응메카니즘 :

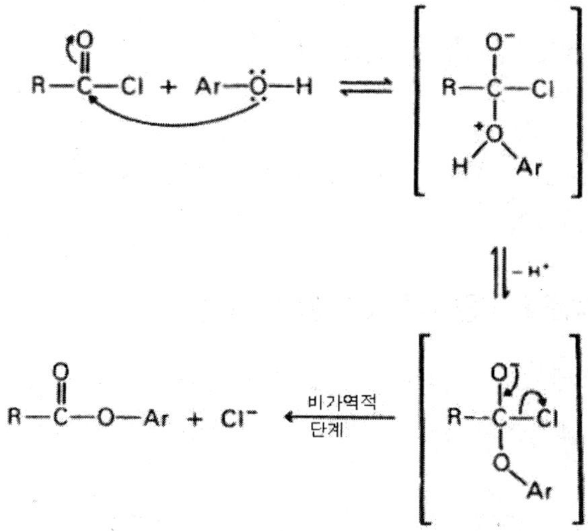
비가역적
단계

이 반응의 평형은, 훨씬 에스테르쪽에 치우쳐 있으며, 에스테르에 염화수소가 부가하여 반응이 역행할 수는 없다. 약한 친핵시약인 염소이온은, 용이하게는 에스테르의 카르보닐기를 공격하지 않는다.

환상산무수물과 **알코올**의 반응에서는, 처음에 반에스테르가 생성하며, 이것은 더욱 알코올과의 반응으로 디에스테르로 된다. 다음의 예는, 이 반응의 유용성을 나타내고 있다. 산무수물은 반에스테르의 산염화물로 변환된다. 이것은 Friedel-Crafts 아실화반응에 사용할 수 있다.

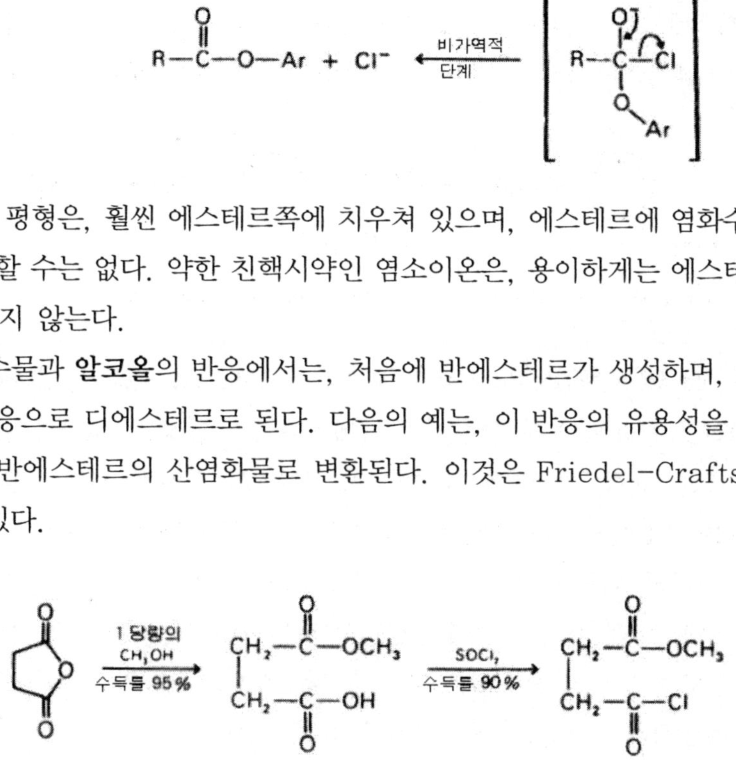
1 당량의
CH_3OH
수득률 95%
$SOCl_2$
수득률 90%

succinic anhydride　　methyl hydrogen succinate　　β-carbomethoxypropionyl chloride

한편, 페놀은 산무수물과 반응하여 모노에스테르만을 생성하며, 예를 들면, 과잉의 페놀과 처리해도 디에스테르는 얻을 수 없다.

15-4 카르복실산염과 할로겐화알킬을 사용한 에스테르합성

카르복실레이트음이온은 8-7절에서 설명한 다른 음이온과 마찬가지로, 1차 또는 2차의 할로겐화알킬과 S_N2 치환을 일으킨다. 3차할로겐화물은, 탈리반응과 치환반응이 경쟁적으로 일어나기 때문에, 사용할 수 없다. 카르복실산의 은염을 사용하면, 불용성인 할로겐화은의 생성이, 에스테르화를 더욱 촉진한다.

$$\text{R—COOH} \xrightarrow[\text{Ag}_2\text{O}]{\text{습기있는}} \text{R—COO}^-\text{Ag}^+ \xrightarrow[\text{S}_N2]{\text{R}'\text{—X}} \text{R—}\overset{\text{O}}{\overset{\|}{\text{C}}}\text{—O—R}' + \text{AgX}\downarrow$$

15-5 디아조메탄에 의한 메틸에스테르의 합성

Fischer의 에스테르화에 있어서 가역적인 평형 조건과는 달리, 디아조메탄(CH_2N_2)을 사용한 경우의 메틸에스테르의 생성은, 질소가스가 발생하기 때문에 **비가역반응**이다.

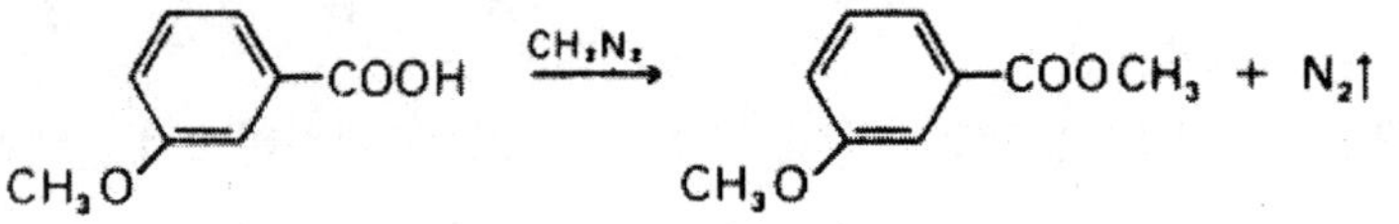

m-methoxybenzoic acid　　　methyl *m*-methoxybenzoate

일반적으로는, 에스테르를 고순도로 더욱 고수득률로서 직접 얻을 수 있다. 다른 관련된 디아조알킬화합물을 사용한 보다 고위인 알킬에스테르의 합성은, 커다란 알킬기를 갖는 디아조화합물에 있어서 각종의 경쟁적인 반응이 일어나기 때문에, 거의 사용되지 않는다.

메틸에스테르를 생성하는 디아조메탄의 유효성은, 카르복실수소원자의 산성도에 따르고 있는 것에 주목하지 않으면 안 된다. 산성의 프로톤을 함유하는 다른 화합물도 마찬가지로 반응한다. 예를 들면, 페놀은 그에 상당하는 메틸에테르를 생성한다. 알코올은 −OH의 프로톤의 산성도를 강하게 해야 하기 때문에, 일반적으로 BF_3와 같은 산촉매를 필요로 하지만, 디아조메탄과의 반응으로 메틸에테르를 생성한다.

04 에스테르의 반응성

15-6 가수분해(에스테르화의 역반응)와 비누화

에스테르의 산촉매에 의한 가수분해는 가역반응이다. 반응메카니즘은, 단순한 Fischer의 에스테르화의 역반응으로서, 물, 무기산 및 에스테르로부터 시작된다(15-1절).

한편, 염기를 사용하면 반응은 가역이 아니고, 카르복실산염의 생성 때문에 당량의 염기를 필요로 한다. 이 반응은 비누의 제조과정이기도 하며, **비누화**(saponification)라고 불리우고 있다. 실제로 비누는 고위 카르복실산의 염이다. 비누화반응에서, 반응혼합물로부터 카르복실산을 얻기 위해서는, 별도로 산성화의 단계(무기산)가 필요하다.

전반응 : $$CH_3COOCH_3 \xrightarrow{Na^+\ OH^-} CH_3COO^-Na^+ + CH_3OH$$

methyl acetate　　sodium acetate　　methanol

반응메카니즘 :

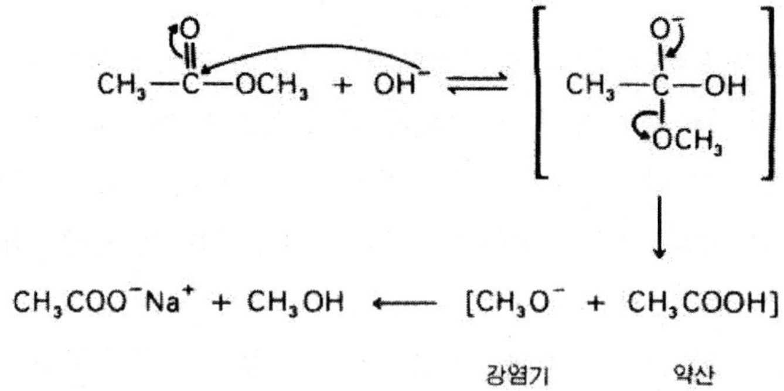

15-7 가암모니아분해 : 아미드 생성

각종의 화합물과 암모니아와의 반응을 **가암모니아분해**(ammonolysis)라고 말한다[가수분해(hydrolysis)와 비교하여라]. 에스테르의 경우에는, 이것은 아미드를 생성한다. 1차 및 2차 아민(R−NH_2 및 R_2−NH)도 사용된다.

$$CH_3COOCH_3 + \ddot{N}H_3\ (과잉) \longrightarrow CH_3CONH_2 + CH_3OH$$

> 본장에서 이미 설명한 반응메카니즘을 생각하고, 에스테르의 가암모니아분해의 합리적인 반응메카니즘을 표시하여라.

15-8 에스테르의 교환반응

에스테르(원료 에스테르의 알코올부분과 다르다)를 알코올로 처리한면 에스테르교환을 일으킬 수 있다. 이것을 **에스테르교환반응**이라고 말한다. 산과 알코올의 단순한 Fisher의 에스테르화는 가역반응이기 때문에, 에스테르를 과잉의 다른 알코올과 가열하면, 에스테르 교환반응을 일으킬 수 있다.

일반식 :

$$R-\overset{O}{\overset{\|}{C}}-OR' + R''-OH \overset{H}{\rightleftharpoons} R-\overset{O}{\overset{\|}{C}}-OR'' + R'-OH$$

구체예 :

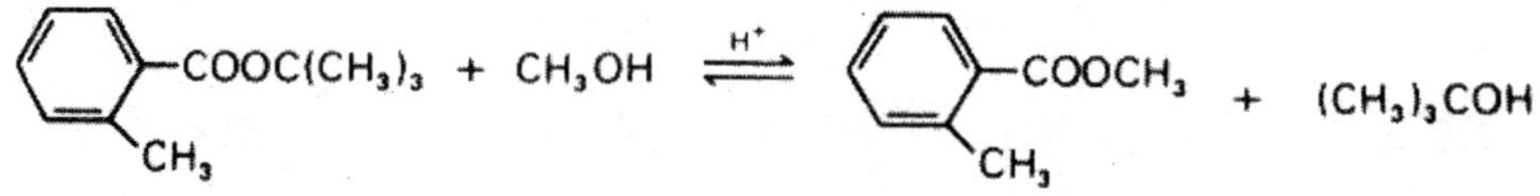

tert-butyl *o*-toluate　　　methyl *o*-toluate

에스테르교환반응은 평형반응이기 때문에, 반응을 주로 오른쪽으로 진행시키기 위해서는 어떤 강한 추진력이 필요하다. 그렇게 하지 않으면 혼합물이 얻어진다. 이 불가결한 평형의 이동은, 보다 안정한 에스테르의 생성(위의 예에서는 보다 작은 입체장해 때문에), 과잉의 알코올의 사용, 혹은 생성하는 에스테르 또는 알코올을 생성하는 것과 동시에 제거하는 것 등으로 달성된다.

다음의 예에서, 메탄올-아크릴산메틸혼합물은 최저 비점의 유분(비점 62~63℃)이다.

$$CH_2=CHCOOCH_3 + CH_3CH_2CH_2CH_2OH \underset{\text{수득률 }90\%}{\overset{\text{당량의 }H^+}{\rightleftharpoons}} CH_2=CHCOOCH_2CH_2CH_2CH_3 + CH_3OH$$

methyl acrylate 비점 80°　　*n*-butyl alcohol 117°　　*n*-butyl acrylate 145°　　methanol 65°

혼합물의 비점 62~63°

> 아크릴산메틸의 에스테르교환반응은, 다른 알코올을 사용하여 고수득률로서 행하고 있다. 이들의 반응을 식으로 표시하고, 생성하는 에스테르를 명명하여라.
>
> 1. 2-에틸헥실알코올 95%
> 2. 푸르푸릴알코올 86%
> 3. 알릴알코올 70%
> 4. 벤질알코올 81%

15-9 알코올로의 환원

에스테르를 순수한 1차알코올로 고수득률로서 환원하는 최상의 방법의 하나는, 에테르 또는 THF 중에서 에스테르를 수소화알루미늄리튬으로 처리하고, 계속해서 묽은 산으로 가수분해하는 것이다. 화학량론적으로 1 몰의 시약이 2 몰의 에스테르기를 환원한다. 이 반응의 또 하나의 장점은, 중간체의 염이 다른 단계에서 가수분해되지 않으면 안 되지만, 통상, 이들의 에스테르용매에 용해하는 것이다.

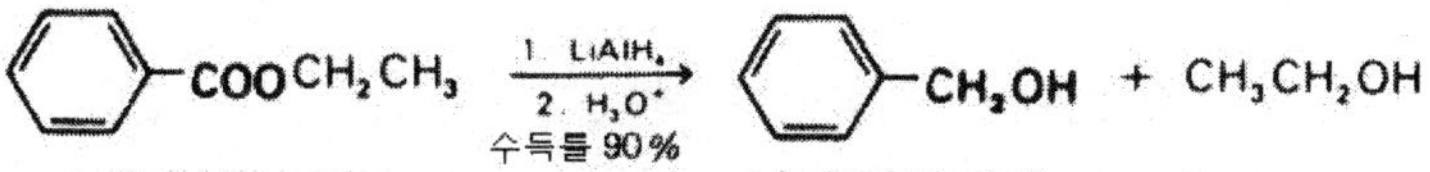

ethyl benzoate　　　　benzyl alcohol

$$CH_3CH_2OOC-(CH_2)_4-COOCH_2CH_3 \xrightarrow[\text{2. } H_3O^+]{\text{1. } LiAlH_4} HOCH_2-(CH_2)_4-CH_2OH$$

diethyl adipate　　수득률 80%　　1,6-hexanediol

다른 유용한 환원법이 있지만, 이들은 수소화알루미늄리튬을 사용한 것보다, 가끔 확실함과 편리함이 부족하다. 예를 들면, 알코올 중의 금속나트륨 또는 접촉환원($CuCr_2O_4$촉매, 250℃, 수소압 120 ~ 200kg/cm^2)은 값이 싼 시약을 사용하기 때문에, 공업적 공정에 있어서 빈번히 이용된다. 아디프산디에틸의 접촉환원은, 1,6−헥산디올을 수득률 80%로서 생성하지만, 소량의 규모에서는 하이드라이드환원이 훨씬 편리하다.

$$CH_3(CH_2)_7CH{=}CH(CH_2)_7COOCH_2CH_3 + 4Na + 3CH_3CH_2OH \xrightarrow{\text{수득률 50\%}}$$

ethyl oleate

$$CH_3(CH_2)_7CH{=}CH(CH_2)_7CH_2OH + 4CH_3CH_2ONa$$

9-octadecen-1-ol
(oleyl alcohol)

15-10 Grignard반응

에스테르를 2당량의 Grignard시약과 처리하면 3차 알코올을 생성하지만, **당연히** 알킬기 또는 아릴기는 적어도 2개가 같다. 9−16 절에서 이 반응을 복습할 것.

05 산할로겐화물 : 명명법과 합성

15-11 산할로겐화물의 명명법

산할로겐화물(R-CO-X)은 **할로겐화아실(acyl halides)**이라고도 말한다(산염화물이 가장 일반적으로 사용되고 있기 때문에, 주로, 이것으로 한정한다). 이들의 화합물은, 그에 상당하는 아실기의 할로겐유도체로서 명명한다. **표 15-2**에 예를 표시한다.

표 15-2 산염화물의 명명법의 예

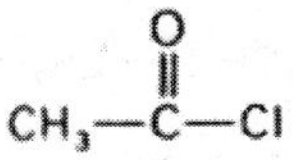

acetyl chloride

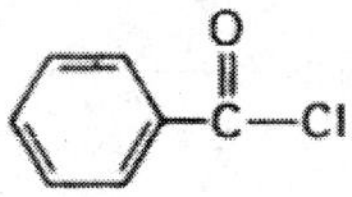

benzoyl chloride

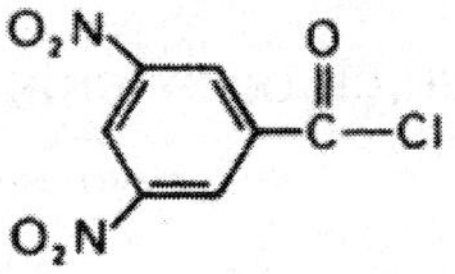

3,5-dinitrobenzoyl chloride

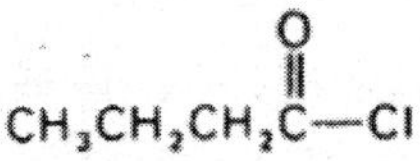

butanoyl chloride

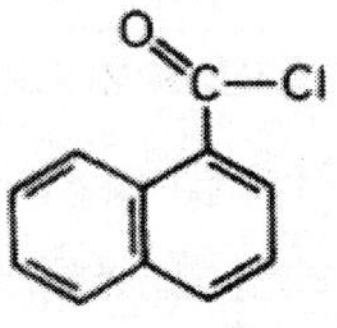

α-naphthoyl chloride

15-12 산염화물의 합성

산염화물은 카르복실산 그것이 충분한 반응성을 갖지 않는 경우의 합성에 있어서 널리 사용된다. 카르복실산은 염화티오닐($SOCl_2$)로 처리하면 산염화물로 변환된다. 이것은, 기체 생성물(HCl와 SO_2)이 반응혼합물로부터 제거되며, 따라서 평형이 치우치기 때문에 매우 좋은 방법이다. 과잉의 염화티오닐(비점 77℃)은 용이하게 제거되며, 산염화물은 통상, 더욱 정제하지 않고 사용할 수 있을 정도의 고순도로서 얻어진다.

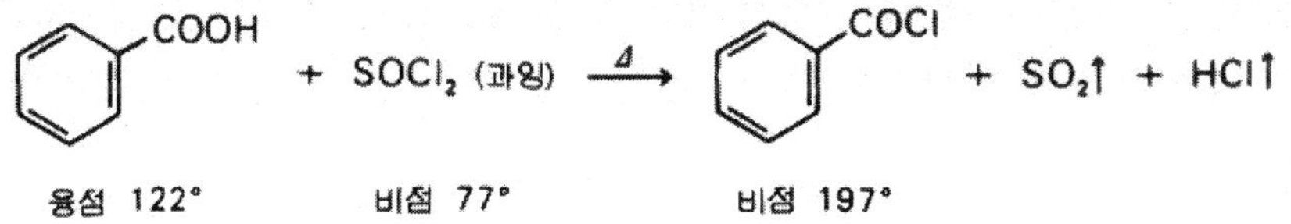

06 산염화물의 반응

15-13 가수분해

산염화물의 가수분해는 고수득률로서 카르복실산을 생성하지만, 카르복실산의 합성법으로서는, 거의 이용하지 않는다(왜일까?). 가수분해는, 물 또는 수산화물의 수용액을 사용해서 행하는 비가역적 반응으로, 후자에서는 카르복실산염을 생성하기 때문에, 카르복실산 그것은 산성으로 하여 비로서 얻어진다.

전반응 :

반응메카니즘 :

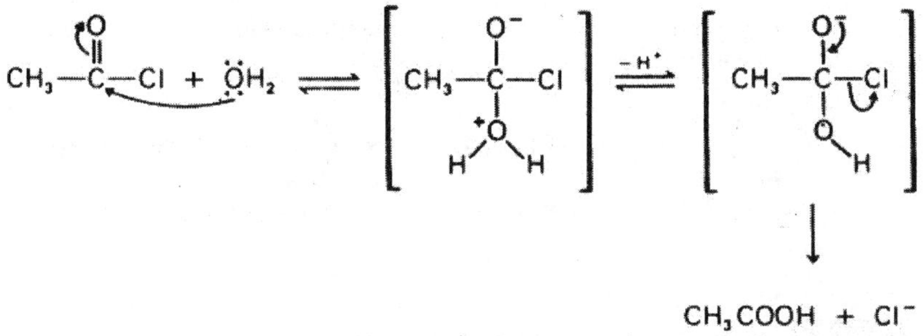

15-14 산무수물의 생성

카르복실산의 염은, 산할로겐화물과 비가역적으로 반응하여 산무수물을 생성한다.

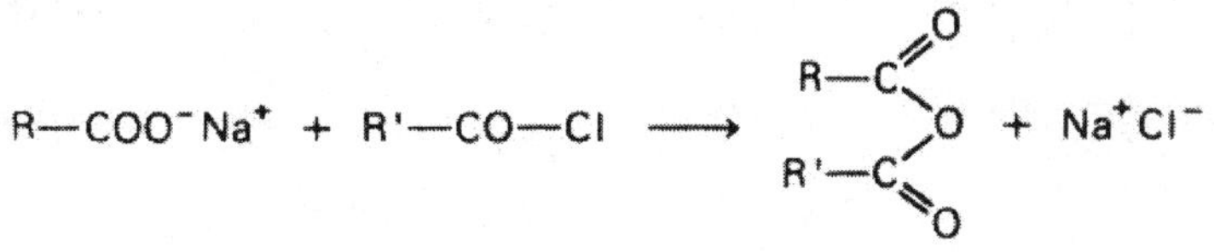

무수아세트산이 케텐과 아세트산으로부터 합성되는 것을 상기할 것. 대칭인 산무수물은, 또한, 무수아세트산과 고위의 카르복실산으로부터 합성된다(7-10절, 14-20절 참조).

카르복실산염과 산할로겐화물의 이 비가역적 반응은, 혼합, 즉 비대칭카르복실산무수물을 합성하는 훌륭한 방법이다.

$$CH_3CH_2COO^-Na^+ + CH_3COCl \longrightarrow CH_3CH_2\overset{O}{\overset{\|}{C}}-O-\overset{O}{\overset{\|}{C}}CH_3 + Na^+Cl^-$$

sodium propionate acetyl chloride acetic propanoic anhydride

15-15 아미드의 생성

아미드는 산염화물 또는 에스테르와 암모니아, 1차아민 혹은 2차아민과의 반응으로 합성된다. 3차아민은 산염화물과 염을 생성하며, 아미드를 생성하지 않는다. 2당량의 암모니아 혹은 아민이 필요하며, 2당량째는 유리된 HCl과 반응한다.

$$CH_3CH_2COCl + 2NH_3 \longrightarrow CH_3CH_2CONH_2 + NH_4Cl$$

propanoyl chloride propanamide

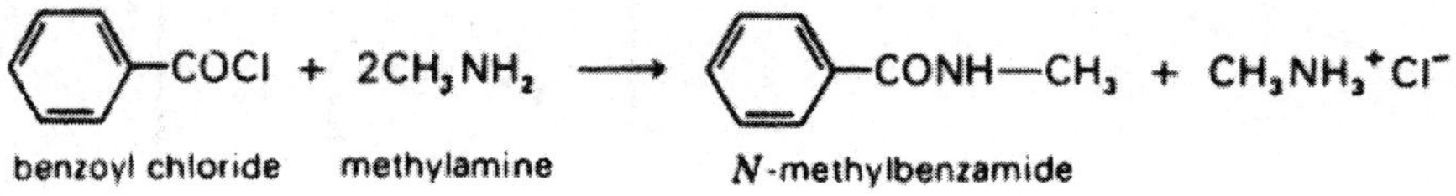

benzoyl chloride methylamine *N*-methylbenzamide

15-16 가알코올분해 : 에스테르의 생성

알코올과 페놀은 모두, 산염화물과 반응하여, 그에 상당하는 에스테르를 생성한다.

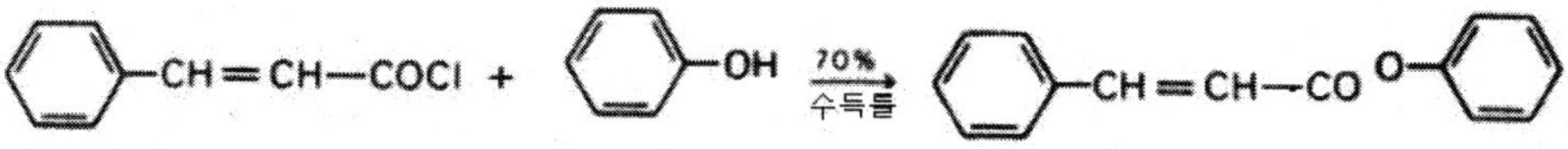

cinnamoyl chloride phenol phenyl cinnamate + HCl

15-17 Rosenmund 환원반응

산염화물의 제어된 환원에 의한 알데히드의 합성을 Rosenmund환원이라고 말한다 (13-3절 참조).

O
C—Cl
H₂/Pd BaSO₄, 상
유황-퀴놀린 피독
CHO
+ HCl

p-cyclohexylbenzoyl chloride　　*p*-cyclohexylbenzaldehyde

15-18 디알킬카드뮴화합물을 사용한 케톤의 합성

디알킬카드뮴화합물과 산염화물의 반응에 의한 이 케톤의 합성법에 대해서는, 13-10절에서 설명하였다. 유기카드뮴화합물은, 그 합성원료에 상당하는 Grignard시약보다도 반응성은 작다.

$$2[CH_3CH_2CH_2CH_2MgBr] + CdCl_2 \longrightarrow [(CH_3CH_2CH_2CH_2)_2Cd]$$

$$[(CH_3CH_2CH_2CH_2)_2Cd] + CH_3COCl \xrightarrow[\text{수득률}]{75\%} CH_3COCH_2CH_2CH_2CH_3$$

methyl *n*-butyl ketone

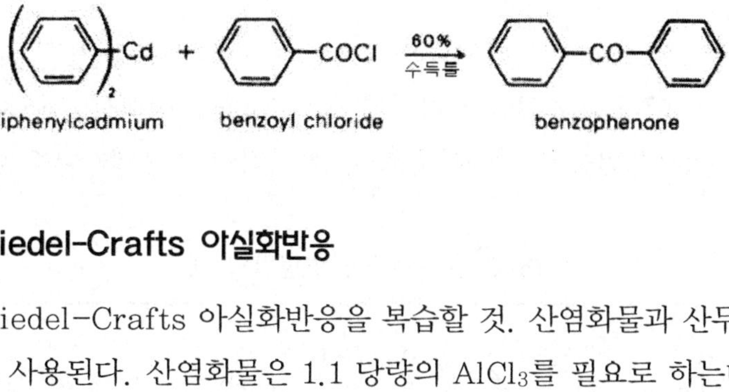

Cd
+
COCl
60%
수득률
CO

diphenylcadmium　　benzoyl chloride　　benzophenone

15-19 Friedel-Crafts 아실화반응

7-9절의 Friedel-Crafts 아실화반응을 복습할 것. 산염화물과 산무수물의 어느 쪽이나 일반적으로 사용된다. 산염화물은 1.1 당량의 $AlCl_3$를 필요로 하는데 대해서, 산무수물은 2개의 카르보닐기를 가지고 있기 때문에, 2.1당량을 필요로 한다. 어떤 카르보닐기도 1당량의 $AlCl_3$와 착화합물을 형성한다고 하는 것을 상기할 것. 0.1 당량이 촉매로서 작용한다. 대부분의 모노치환벤젠과의 반응으로, 주로 **파라이성체**를 생성한다.

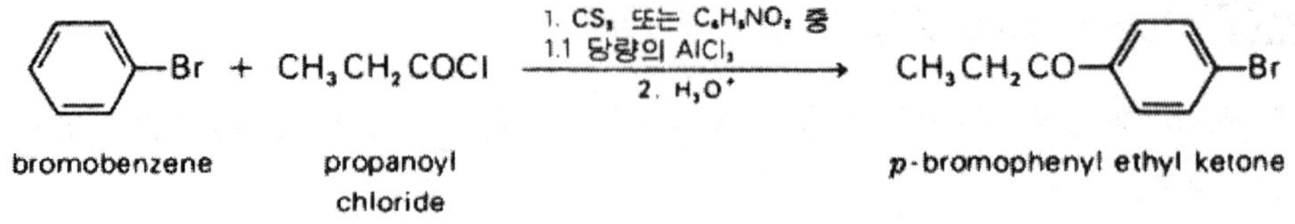
Br
CH₃CH₂COCl
1. CS₂ 또는 C₆H₅NO₂ 중
1.1 당량의 AlCl₃
2. H₃O⁺
CH₃CH₂CO
Br
bromobenzene
propanoyl chloride
p-bromophenyl ethyl ketone

15-20 정성시험

산할로겐화물은, 일반적으로, 알코올성 질산은과 반응하여 빠르게 할로겐화은의 침전을 생성한다. 그러나, 다른 활성인 할로겐화물(알릴, 벤질 및 3차할로겐화물)도 또한, 빠르게 침전을 생성한다.

07 산무수물

15-21 산무수물의 화학

산무수물은, 이들이 형식적으로 유도되고 있는 카르복실산의 명칭으로 명명된다. 혼합 산무수물은, 각각의 카르복실산의 명칭을 보유하며, 이 경우, 일반적으로, 보다 간단한 쪽을 최초에 쓴다. **표** 15-3에 예를 표시한다.

> 이하의 2개의 절에서 설명하고 있는 산무수물의 화학의 대부분은, 각각 주기한 절에 이미 포괄되어 있다. 이하에 표시한 각각의 합성과 반응에 대해서, 전형적인 예를 1개 표기하여라. 산무수물의 반응의 1개에 대해서, 합리적인 반응메카니즘을 표기하여라.

표 15-3 산무수물의 명명법의 예

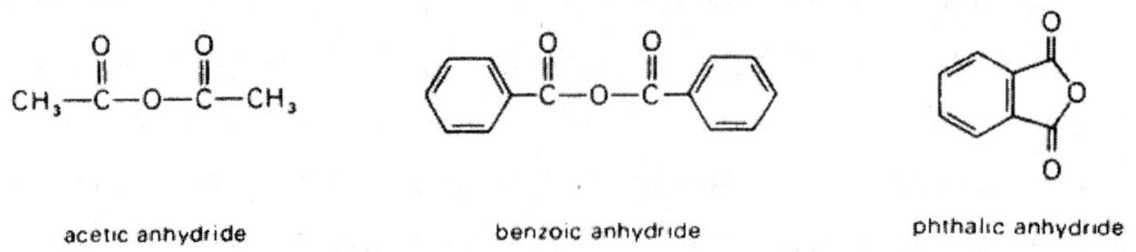
CH₃—C—O—C—CH₃
acetic anhydride
benzoic anhydride
phthalic anhydride

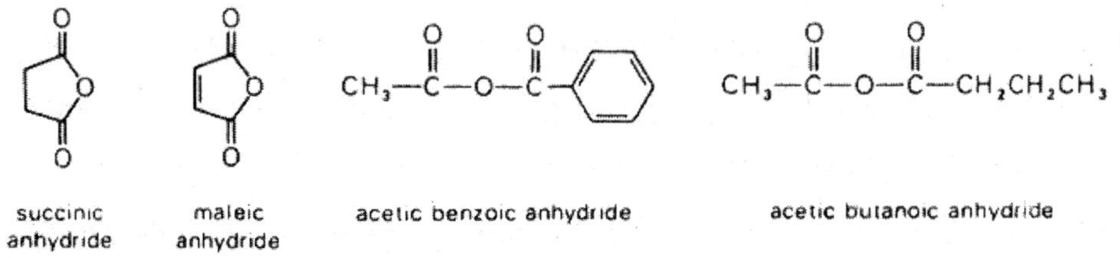
succinic anhydride
maleic anhydride
acetic benzoic anhydride
acetic butanoic anhydride

무수아세트산 및 혼합아세트산무수물은 케텐으로부터 합성된다(14-20절). 보다 고위의 대칭산무수물은 무수아세트산을 사용해서 합성할 수 있다. 일반적으로, 혼합산무수물은 할로겐화아실과 유기산의 염으로부터도 합성된다(15-14절).

산무수물은, 산염화물과 마찬가지로서 빠르게 가수분해(15-13절), 가알코올분해(15-16절) 및 암모니아, 1차 아민 및 2차 아민에 의한 가암모니아분해를 받는다(15-15절).

15-22 무수숙신산을 사용한 나프탈렌합성

벤젠 및 그 유도체와 무수숙신산의 Friedel-Crafts 아실화반응은, 계속되는 고리화반응을 포함하는 변환반응을 행하여, 나프탈렌 및 그 유도체의 직접적인 치환반응으로는 합성할 수 없는 나프탈렌유도체를 얻는 훌륭한 합성법으로 되어 있다. 기본적인 5단계 경로를 1-메틸-7-브로모나프탈렌의 합성을 예로 하여 설명한다. 그러나 이 합성의 이용 범위는, 가능한 변화를 고려해도 알 수 있는 것처럼 매우 크다.

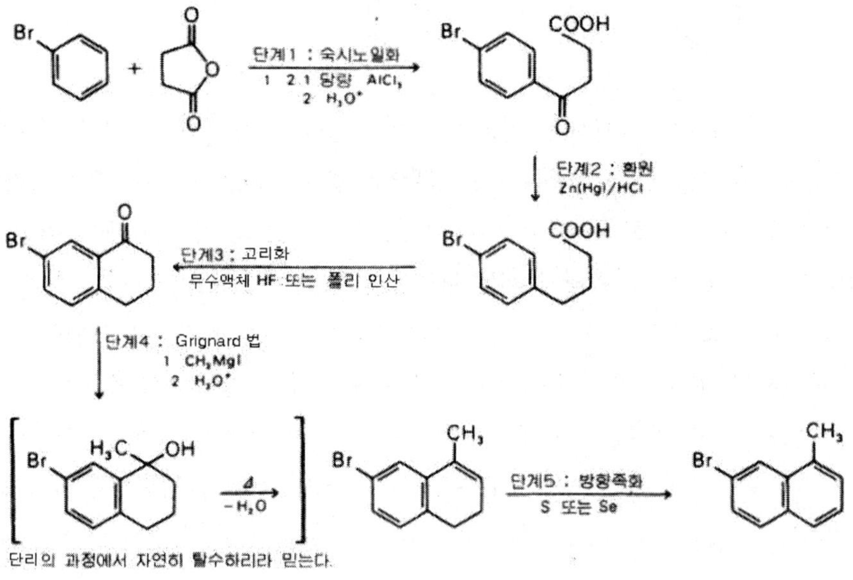
단계1 : 숙시노일화
1. 2.1 당량 AlCl₃
2. H₃O⁺
단계2 : 환원
Zn(Hg)/HCl
단계3 : 고리화
무수액체 HF 또는 폴리 인산
단계4 : Grignard 법
1. CH₃MgI
2. H₃O⁺
Δ
−H₂O
단계5 : 방향족화
S 또는 Se
단리의 과정에서 자연히 탈수하리라 믿는다.

나프탈렌합성의 변법

단계 1 : 고위인 다환성 방향족화합물을 포함한 어떤 방향족화합물로서도, Friedel-Crafts 아실화반응이 일어날 수 있는 것은 최초의 숙시노일화에 사용할 수 있다. 숙시노일기가 도입되는 위치는, 방향계의 치환형식에 의하여 결정된다. 수득률은 일반적으로 양호하다. 위의 경우, 생성물은 과잉의 브로모벤젠을 용매로서 사용해도, 수득률 75%로서 얻어진다.

단계 2 : 이 단계에서는, 위의 예에 표시되어 있는 바와 같이, Clemmensen 환원(13-2절)이 보통 이용된다. 이 카르보닐관능기를 환원하는 대신에, 숙시노일화된 방향족화합물(케토산)을 **과잉**의 Grignard 시약으로 처리하고, 탈수 후, 수소 첨가할 수도 있다. 카르복실기(-COOH)의 활성수소원자가 존재하기 때문에, 과잉량의 Grignard 시약이 필요하다. 예를 들면, 위에서 설명한 경우, C_6H_5MgBr로서 이와 같은 변화를 행하였다고 가정하자. 이와 같은 변화 후에, 다음의 단계는 고리화이다.

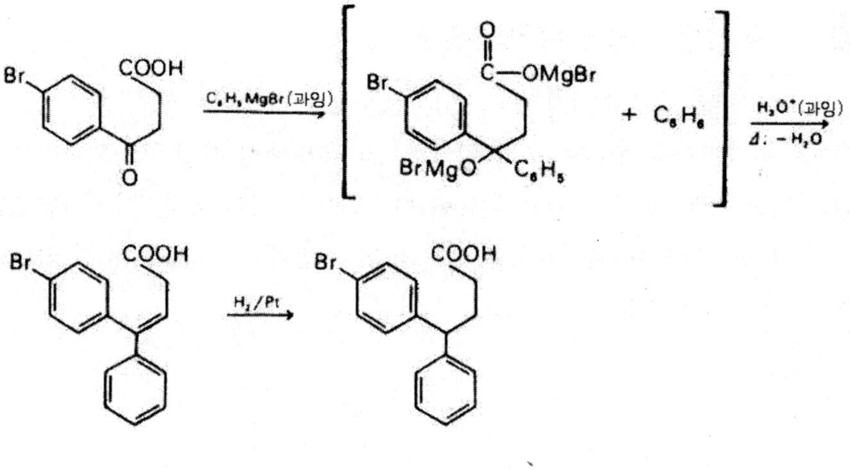

단계 3 : 이 고리화를 달성하기 위하여, 적어도 3가지의 다른 방법이 이용되고 있다. 최상의 벙법의 하나는, 무수 액체플루오르화수소 중에 카르복실산을 용해시키는 것이다(드라프트 내에서!). 곤란한 것의 하나는, 플루오르화수소를 취급할 때의 위험성이다. 플르오르화수소는 글라스와 반응하기 때문에($HF + SiO_2 \rightarrow SiF_4 + H_2O$), 백금, 구리 혹은 플라스틱의 플라스크 또는 비이커 내에서 행하지 않으면 안 된다. 그럼에도 불구하고, 수득률은 보통 80으로부터 90% 범위이며, 부반응는 거의 일어나지 않는다.

최상의 방법은 아마, 폴리인산(PPA), 즉, 5산화인을 가한 인산에, 유기산을 용해시키는 것이다. 이것은, 훌륭한 탈수제이며, 이 조작은 비이커 내 증기중탕온도에서 용이하게 행할 수 있다.

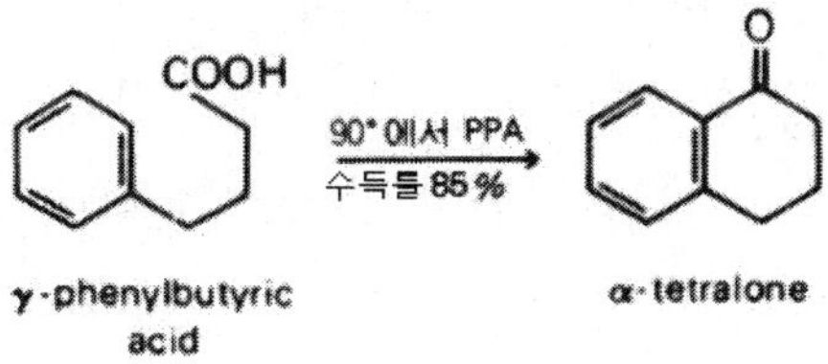
COOH
90° 에서 PPA
수득률 85 %
γ-phenylbutyric acid
α-tetralone

제 3의 방법은, 과거에 사용된 방법이지만, 분자내 Friedel-Crafts반응이다. 카르복실산을 $SOCl_2$로서 산염화물로 바꾸고, 이것을 $AlCl_3$로서 처리한다. 이 약간 긴 3단계의 조작은, 거의 모든 경우, 위에서 설명한 두 방법으로 바꾸어져 있다.

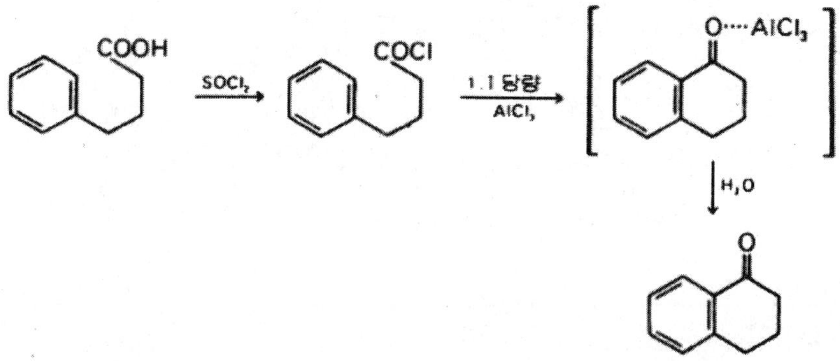
COOH
SOCl₂
COCl
1.1 당량
AlCl₃
O····AlCl₃
H₂O

단계 4 : 이 단계는 물론 생략할 수 있다. 최초의 예에 대해서 설명하면, 곧 환원과 방향족화를 행하면, 2-브로모나프탈렌이 얻어진다. 즉, 이 단계는 새로 생성하는 나프탈렌의 α위치에 치환기를 도입시키는 방법을 제공한다.

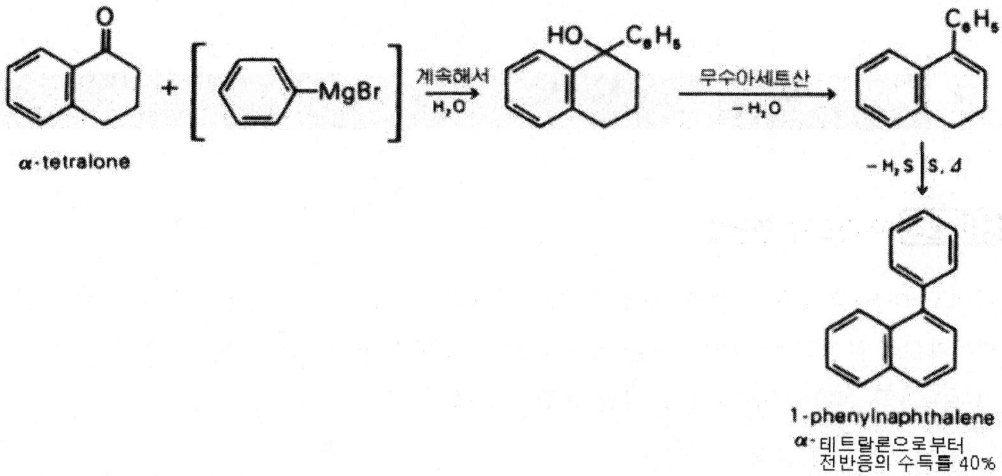
α-tetralone
MgBr
계속해서
H₂O
HO
C₆H₅
무수아세트산
−H₂O
−H₂S
S, Δ
1-phenylnaphthalene
α-테트랄론으로부터
전반응의 수득률 40%

단계 5 : 유황 또는 셀렌을 사용하는 이 탈수소, 즉 방향족화의 단계는, 표준적인 방법이지만, 다른 탈수소제 혹은 수소수용체도 사용되고 있다.

위에서 설명한 방법에 따라서 나프탈렌의 합성을 계획하려고 할 때는, 지면에 쓰여져 있는 나프탈렌의 방향성 등에 방황해서는 안 된다. 먼저, Grignard법(단계 2와 4)으로는 최후의 나프탈렌의 α 위치**만에** 치환기를 도입할 수 있다고 하는 것에 주목하여, 출발물질로서 어떤 벤젠계의 기질이 필요한가를 확인하여라. 이 계획에서는 나프탈렌의(최종적인) α 치환기는 출발물질의 벤젠 유도체에 도입할 수도 있지만, β 치환기는, 처음의 방향족 화합물에 유래하지 않으면 안 된다. 최후에, 이 전체의 계획을 통해서 존재하고 있던 관능기는, 그 후, 반응시킬 수 있다고 하는 것에 주의하여라. 예를 들면, 위에서 설명한 최초의 예에서는, 최후의 공정에는 브롬원자를 이용할 수 있다.

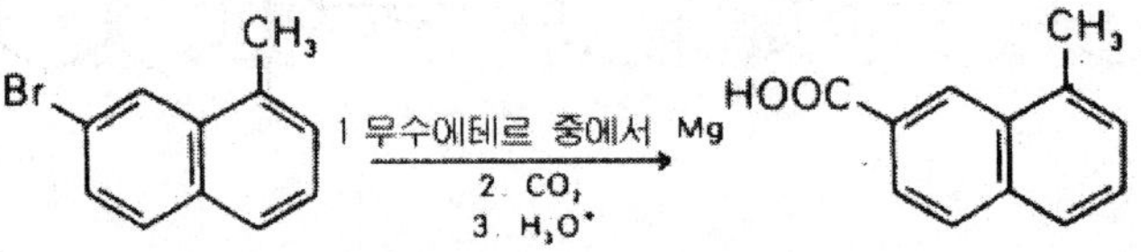

아래의 화합물의 타당한 합성법을 연구하여라.

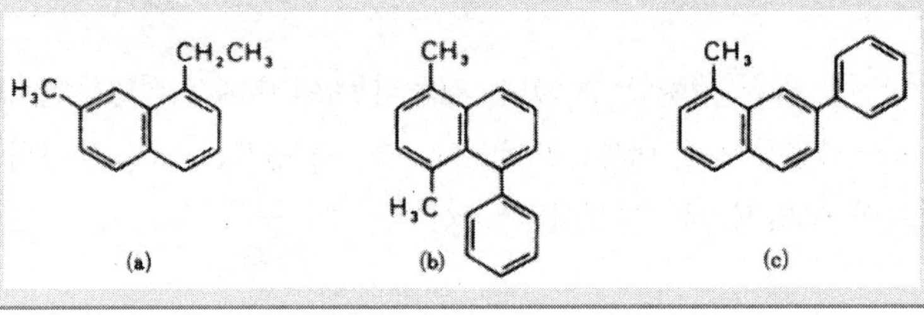

08 아미드

15-23 아미드의 명명법

아미드의 명명법은, 이것이 형식적으로 유도되고 있는 카르복실산의 명칭에 기인하고 있다. 카르복실산의 어미의 −ic를 제거하고, **−amide**를 붙인다. 아미드질소원자상의 치환기는, 가끔 N을 사용하여 표시한다(**표 15−4** 참조).

09 아미드의 합성

15-24 카르복실산유도체로부터

아미드는 에스테르, 산할로겐화물 및 산무수물과, 암모니아 또는 1차 혹은 2차 아민과의 반응으로 합성된다(15-7절, 15-15절, 15-21절). 카르복실산과 수산화암모늄의 반응으로부터 얻어지는 암모늄염을 건조하고, 열분해하는 것은, 아미드를 합성하는 편리한 방법이다.

$$CH_3CH_2COOH \xrightarrow{NH_4OH} CH_3CH_2COO^- NH_4^+ \xrightarrow{\Delta,\text{건조한 염}} CH_3CH_2CONH_2$$

표 15-4 아미드의 명명법의 예

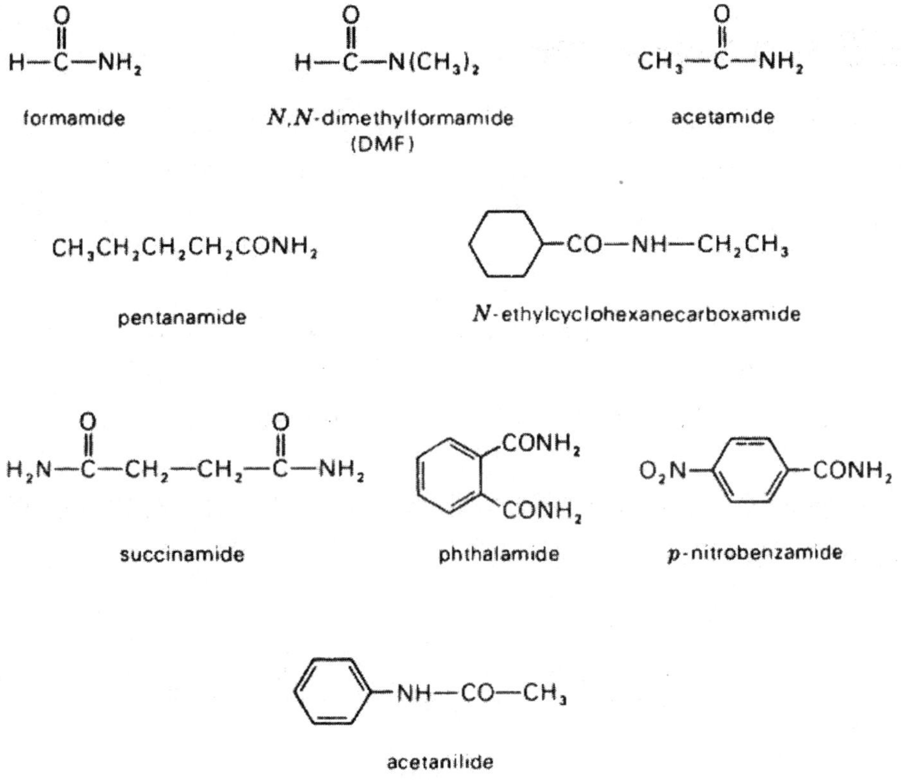
formamide
N,N-dimethylformamide (DMF)
acetamide
pentanamide
N-ethylcyclohexanecarboxamide
succinamide
phthalamide
p-nitrobenzamide
acetanilide

위의 가암모니아분해반응을 9 예, 구체 예를 들어서 설명하여라. 출발물질과 생성물질의 명칭을 표기하여라.

15-25 니트릴의 가수분해

니트릴(시안화물)의 완전한 가수분해는 카르복실산을 생성하지만, 가끔, 중간체의 아미드를 고수득률로서 단리할 수 있다. 니트릴을 진한 황산 또는 염산에 용해시키고, 그 용액을 실온(혹은 그것보다 약간 고온)에 방치하고, 최후에 혼합물을 분쇄한 얼음에 주입한다.

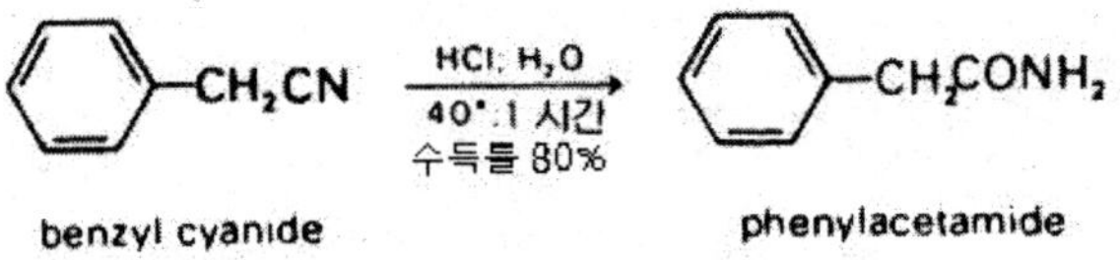
CH₂CN
HCl; H₂O
40°:1 시간
수득률 80%
CH₂CONH₂
benzyl cyanide
phenylacetamide

15-26 옥심의 Beckmann전위반응

하이드록실아민(H_2N-OH)은 케톤과 반응하여 옥심을 생성한다. 2종류의 입체이성체가 가능하지만, 주생성물은 일반적으로, 보다 큰 알킬(혹은 아릴)기가 -OH에 대해서 anti의 것이다(13-14절 참조).

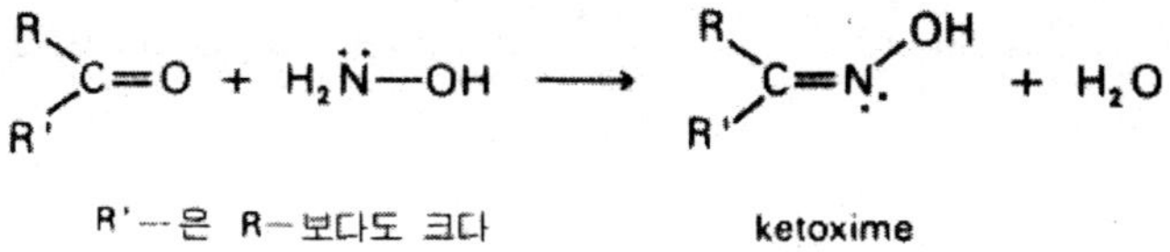
R'—은 R—보다도 크다
ketoxime

케트옥심은 진한 황산 혹은 PCl_5와의 처리로서 아미드를 생성한다. 이 반응을 **Beckmann전위반응**이라고 말한다.

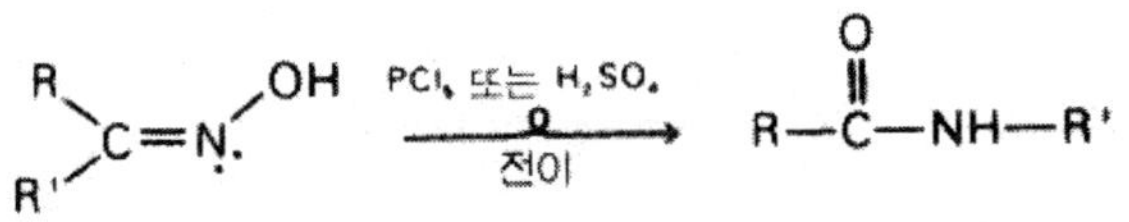
PCl₅ 또는 H₂SO₄
전이

이 경우, 2종류의 아미드의 생성이 가능하지만, 통상, 한쪽이 주생성물로서 얻어진다. 이 생성물은, 옥심의 -OH에 대해서 anti의 치환기가 이동하여 얻어지는 쪽이다. 여러 가지 부생성물의 생성이 가능하지만, 지방족-방향족케트옥심의 전위는 일반적으로, anti 이동으로부터 기대되는 아미드를 80 내지 90%의 수득률로서 생성한다.

이 산촉매반응의 메카니즘은, 아래와 같다.

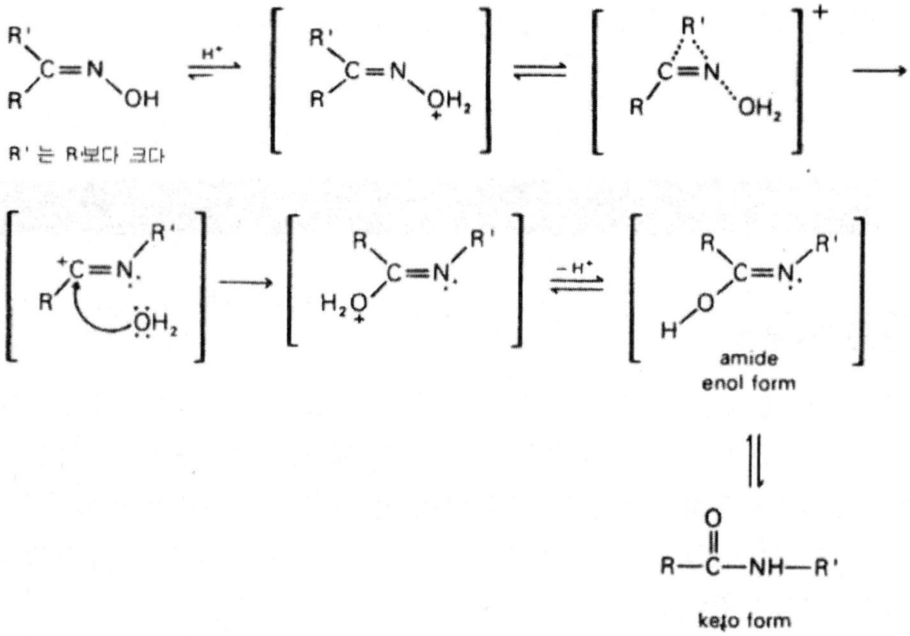
R' 는 R보다 크다
H⁺
−H⁺
amide
enol form
keto form

예 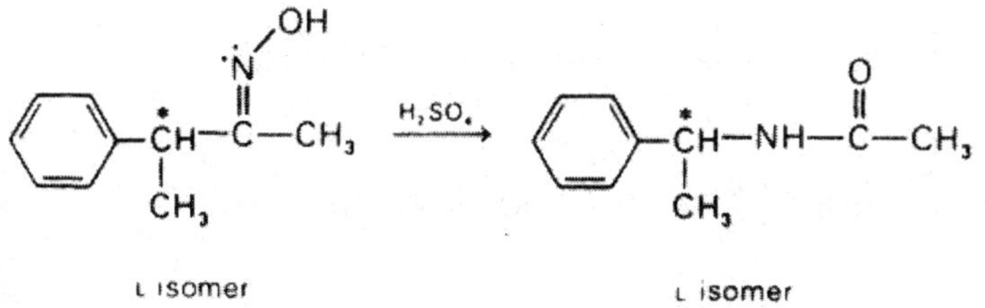
H₂SO₄
L isomer
L isomer

보다 큰 치환기의 탄소로부터 질소로의 이동과 물의 탈리가 동시에 일어나는 것에 주의할 것. 그렇게 때문에, 광학활성탄소원자의 이동의 경우에서 입체배치는 **보존**(retention) 된다.

다음의 각각의 케톤의 주생성물이라고 생각되는 케트옥심유도체에 대해서 Beckmann 전위반응을 식으로 표기하여라.

1. 메틸에틸케톤 → N-에틸아세트아미드(PCl_5로서 수득률 80%)
2. 벤조페논 → 벤즈아닐리드(HI로서 수득률 99%)
3. 시클로헥사논 → ε-카프로락탐(H_2SO_4로서 수득률 90%)

10 아미드의 반응

15-27 가수분해

아미드의 가수분해는, 산 또는 염기의 어느 쪽으로도 행할 수 있다. 산의 경우에서는, 생성물은 카르복실산과 암모늄염이며, 염기의 경우에서는, 생성물은 카르복실산염과 암모니아 혹은 유기아민이다. 염기성 가수분해는, 카르복실산 그것을 얻기 위해서, 다른 산성화의 단계를 필요로 한다. 마찬가지로, 아민은, 산성가수분해의 경우, 이 용액을 염기성으로 조절하여 얻어진다.

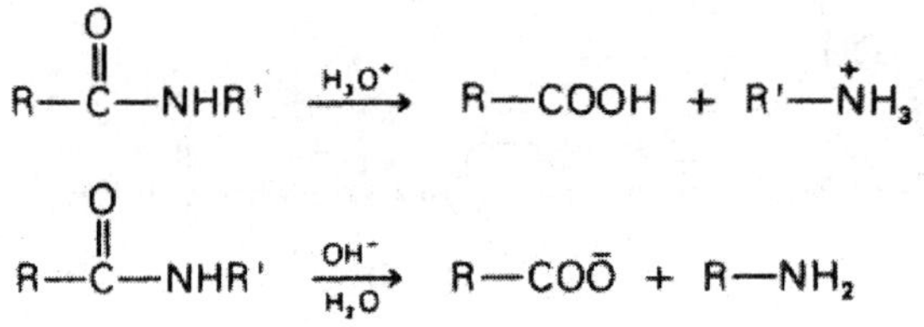

15-28 탈수에 의한 니트릴의 합성

5산화인(P_2O_5)은 강력한 탈수제이며, 아미드를 니트릴로 바꿀 수 있다. **표 15-5**에 표시한 예는, 이 반응의 유용성을 이해하는 데 도움이 되리라고 믿는다. 니트릴은, 할로겐화물을 CN^-으로 처리하는 것으로도 합성할 수 있는 것을 상기할 것(8-7절).

15-29 아민으로의 환원

아미드를 $LiAlH_4$로서 환원하면 1차, 2차 및 3차 아민이 고수득률로서 얻어진다.

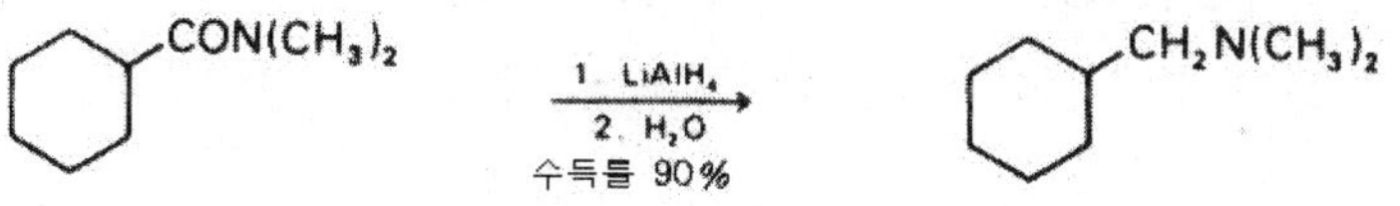
CON(CH₃)₂
1. LiAlH₄
2. H₂O
수득률 90%
CH₂N(CH₃)₂

N,N-dimethylcyclohexane carboxamide   *N,N*-dimethylcyclohexylmethylamine

표 15-5 아미드의 탈수에 의한 니트릴 합성의 예

일반식 :

$$3R-\overset{O}{\overset{\|}{C}}-NH_2 + P_2O_5 \longrightarrow 3R-C\equiv N + 3H_3PO_4$$

구체예 :

$$(CH_3)_2CHCOOH \xrightarrow[\text{수득률 } 90\%]{SOCl_2} (CH_3)_2CHCOCl \xrightarrow[\text{수득률 } 80\%]{NH_3} (CH_3)_2CHCONH_2$$

isobutyric acid   isobutyryl chloride   isobutyramide

$$\downarrow \text{수득률 } 70\sim85\%;\ P_2O_5;\ 200°$$

$$(CH_3)_2CH-CN$$

isobutyronitrile

$$HOOC-(CH_2)_7-COOH \xrightarrow[\Delta]{NH_3} \left[H_2N-\overset{O}{\overset{\|}{C}}-(CH_2)_7-\overset{O}{\overset{\|}{C}}-NH_2\right]$$

azelaic acid   azelamide

$$\downarrow P_2O_5 \text{ 또는 실리카겔; } \Delta$$

$$NC-(CH_2)_7-CN$$

azelanitrile

전반응의 수득률 65% (아래의 할로겐 화합물의 치환반응과 비교하라)

$$Br-(CH_2)_7-Br \xrightarrow[\text{수득률 } 80\%]{KCN} NC-(CH_2)_7-CN$$

1,7-dibromoheptane

15-30 Hofmann반응 : 아미드를 사용한 순수한 1차아민의 합성

치환기를 갖지 않는 아미드를 하이포할로겐산이온(OX^-)으로 처리하여 탄소수가 1개 적어진 1차아민으로 변환시키는 반응을 **Hofmann반응**이라고 말한다. 필요로 하는 하이포할로겐산이온은, 보통, NaOH−Br₂ 또는 KOH−Cl₂와 같은 강염기와 할로겐 혹은 염기수용액 중의 N−브로모숙신이미드(NBS)의 2가지 방법으로 얻어진다.

$$Br_2 + 2OH^- \longrightarrow Br^- + BrO^- + H_2O$$

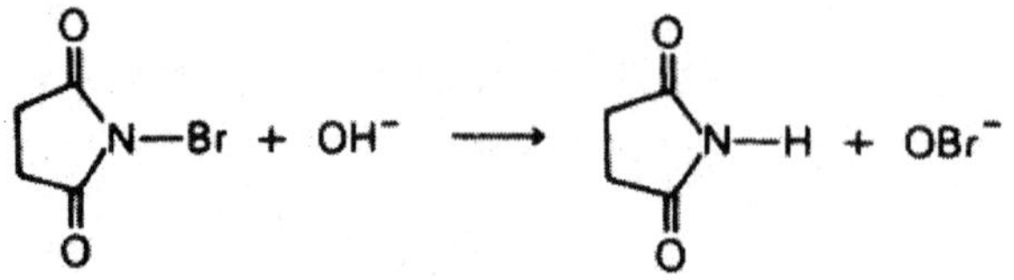
N—Br + OH⁻
N—H + OBr⁻

이 다단계메카니즘은, 좀더 상세한 주석에 상당하는 몇 가지의 새로운 반응메카니즘상의 특징을 지니고 있다.

전반응 :

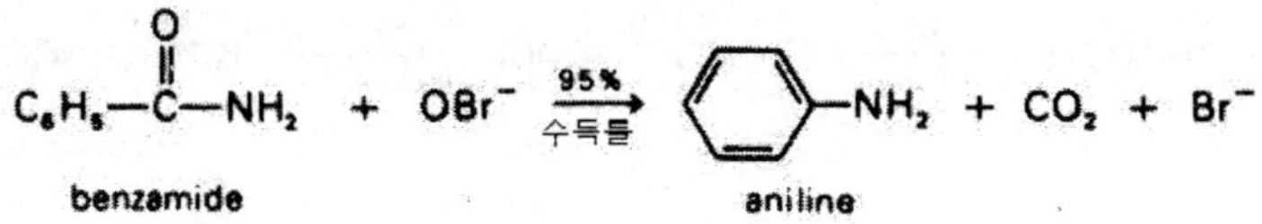
C₆H₅—C—NH₂ + OBr⁻
95% 수득률
—NH₂ + CO₂ + Br⁻
benzamide
aniline

반응메카니즘 :

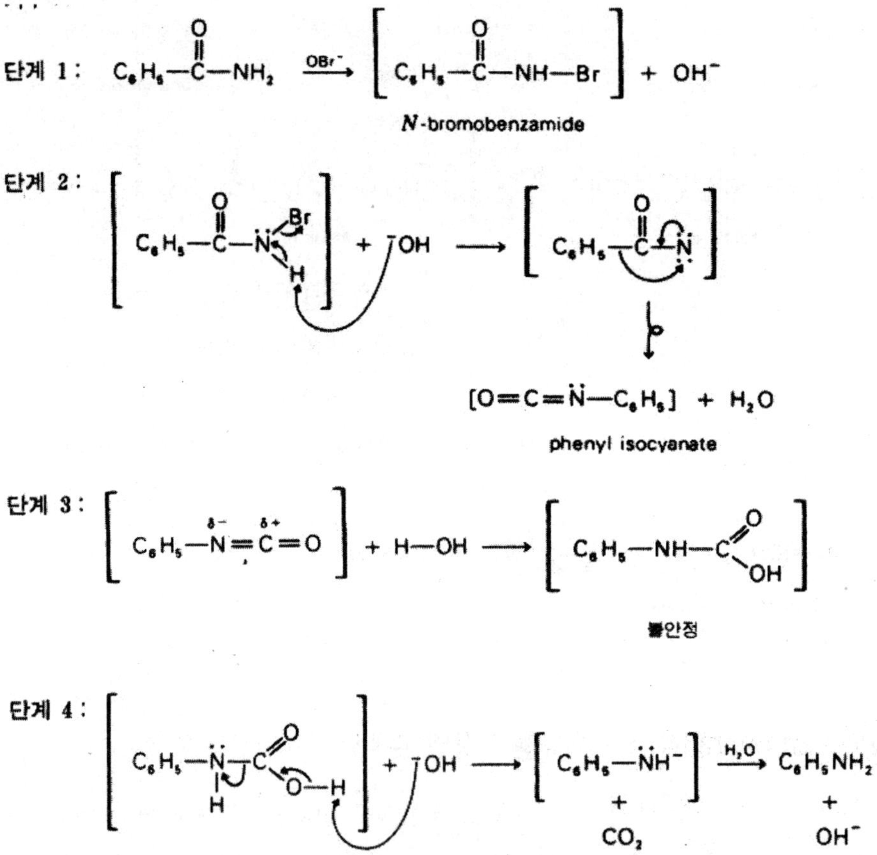
단계 1 :
C₆H₅—C—NH₂
OBr⁻
C₆H₅—C—NH—Br
+ OH⁻
N-bromobenzamide
단계 2 :
C₆H₅—C—N
Br
H
+ ⁻OH
C₆H₅—C—N
[O═C═N—C₆H₅] + H₂O
phenyl isocyanate
단계 3 :
C₆H₅—N═C═O
δ−
δ+
+ H—OH
C₆H₅—NH—C
O
OH
불안정
단계 4 :
C₆H₅—N—C
H
O
O—H
+ ⁻OH
C₆H₅—NH⁻
+
CO₂
H₂O
C₆H₅NH₂
+
OH⁻

단계 1 : N-할로아미드는 잘 알려져 있는 화합물군으로서, 아미드에 할로겐과 염기를 작용시켜서 합성한다.

$$\underset{\text{acetamide}}{CH_3CONH_2} \xrightarrow[\text{수득률 50\%}]{Br_2,\ KOH} \underset{N\text{-bromoacetamide}}{CH_3CONHBr}$$

이들 화합물의 대부분은 NBS(8-3 절)와 거의 마찬가지로, 라디칼할로겐화시약으로도 사용된다. Hofmann반응은, 통상, N-할로아미드를 단리하여 정제하지 않고 행하여진다.

단계 2 : 이소시아네이트의 생성에 관여하는 중간체는 전하를 가지고 있지 않지만, 주위에 6전자밖에 갖지 않는 전자 부족의 질소원자를 함유하고 있는 것에 주목할 것. 이 중간체는 빠르게, **그의 전자쌍을 가진 그대로** 알킬기 혹은 아릴기의 전위를 일으킨다.

단계 3 : 이소시아네이트는, 곧 물 또는 알코올이 부가하여 카르밤산$\left(\diagdown N-COOH\right)$혹은 **우레탄**이라고 불리우는 에스테르를 생성한다. 이들의 에스테르로부터 유도되는 중합체는, **폴리우레탄**이라고 불리우는 플라스틱이다.

단계 4 : *N*-카르복실산기(카르밤산)는 불안정하여 이산화탄소와 아민으로 되지만, 그에 상당하는 에스테르인 우레탄은 안정하다. 이 염기촉매에 의한 탈카르복실화반응은 아민음이온을 생성하며, 이것은 물과 반응하여 아민을 생성한다.

반응의 또 하나의 예는 :

$$\underset{\beta\text{-methyladipamide}}{H_2N{-}CO{-}\overset{\alpha}{C}H_2{-}\overset{\beta}{C}H(CH_3){-}CH_2{-}CH_2{-}CO{-}NH_2}$$

$$\Big\downarrow \ NaOBr \ | \ \text{수득률 70\%}$$

$$\underset{\text{2-methyl-1,4-diaminobutane}}{H_2N{-}CH_2{-}CH(CH_3){-}CH_2{-}CH_2{-}NH_2}$$

15-31 비누화 및 아질산과의 반응

아미드는, 암모니아 혹은 아민을 유리하는 비누화에 의하여, 정성적으로 검출된다.

$$R-CONH_2 \xrightarrow{H_2O} R-COOH + NH_3$$

아미드는 아질산과도 특징적인 형식으로 반응한다. 1차 아민의 아미드는 질소를 유리하는데 대해서, 모노치환아미드는 그에 상당하는 N-니트로소유도체를 생성한다.

$$R-CO-NH_2 + HONO \longrightarrow R-COOH + N_2\uparrow + H_2O$$

$$R-CO-NHR' + HONO \longrightarrow R-CO-N(NO)-R' + H_2O$$

11 니트릴

15-32 명명법

니트릴은, 시안화물이라고도 불리우며, 본장에서 설명한 다른 관능기로 보이는 카르보닐기를 가지고 있지 않기 때문에, 카르복실산의 직접적인 유도체가 아니다. 그러나, 본장 및 앞장에서 설명한 바와 같이, 그들을 카르복실산 혹은 그 유도체로 변환시킬 수 있으며, 여기서 취급하는 것이 타당하리라고 믿는다. 2가지 체계의 명명법이 보통 사용되고 있다. **니트릴**이라고 명명할 때는, 그들의 화합물은 가수분해로서 생성되는 카르복실산에 의해서 표시된다. **시안화물**이라고 명명할 때는, 알킬 또는 아릴명을 **시안화**의 뒤에 붙인다(**표 15-6** 참조).

표 15-6 니트릴의 명명법의 예

CH_3CN acetonitrile (methyl cyanide)	CH_3CH_2CN propionitrile (ethyl cyanide)	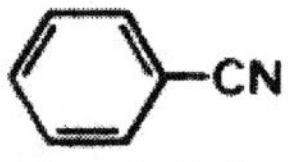 benzonitrile (phenyl cyanide)
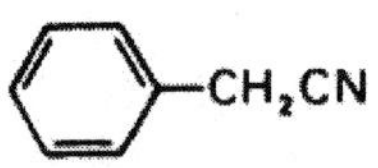 phenylacetonitrile (benzyl cyanide)	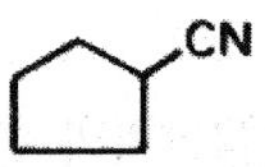 cyclopentanonitrile (cyclopentyl cyanide)	

12 니트릴의 합성과 반응

이하의 두 절에서 설명하고 있는 니트릴의 합성 및 반응은, 이전에, 각각 주기한 절에서 검토하였다. 각각의 반응을 설명하는 것과 같은 구체예를 1개 표기하여라.

15-33 니트릴의 합성법

1차 및 2차의 할로겐화알킬과, **활성화된** 방향족 할로겐화물은, 알코올 중에서 시안이온에 의하여 S_N2 치환반응을 받는다(8-7절 및 8-10절). 3차의 할로겐화물에서는 탈리반응이 일어난다. 통상의 방향족 할로겐화물은, 단순한 치환반응에 대해서 불활성이지만, 피리딘 중 KCN 및 $Cu_2(CN)_2$를 사용하여 반응을 행할 수 있다(8-9절). 치환기가 없는 아미드를 탈수하면 니트릴이 얻어진다(15-28절).

15-34 니트릴의 반응성

니트릴은 산촉매로서의 가수분해 또는 염기에 의한 비누화를 받아, 카르복실산 혹은 그 염을 생성한다(14-8절). 산촉매반응에서는 가수분해를 중도에서 멈추고, 아미드를 단리할 수 있다(15-25절). 니트릴의 수소화알루미늄리튬에 의한 환원은 1차 아민을 생성한다(16-5절). 니트릴은 Grignard시약과 반응하지만, 이 반응은 아릴니트릴을 CH_3MgX로서 처리할 때 가장 잘 진행하며, 가수분해 후, 아릴메틸케톤을 생성한다(13-9절).

■ 참고문헌 ■

Amoore, J. E, J. W. Johnston, Jr., and M. Rubin: The Stereochemical Theory of Odor, *Sci. Am.,* 210(2), 42(1964). 후각기관의 말초신경의 수용체는 기하학적 형태에 기인하여 7가지의 기초적인 방향이 있음을 시사하고 있다.

Caserio, M.C.: Reaction Mechanisms in Organic Chemistry, I. The Experimental Approach; II. The Reaction Intermediate *J. Chem. Educ.,* 42, 570, 627(1965). 유기화학에 있어서 이 반응메카니즘의 역할을 많은 흥미깊은 예로 해설하고 있다.

Cash, R.V.: Nucleophilic Reactions at Trigonally Bonded Carbon, *J. Chem. Educ.,* 41, 108(1964).

Collier, H.O.J.: Aspirin, *Sci. Am.,* 209(5), 96(1963). 현재 널리 사용되고 있는 이 약제의 화학과 효용의 총설.

Hurd C.D.: Acid Anhydride Functionality, *J. Chem. Educ.,* 44, 454(1967). 무수물의 일반적인 개념을 검토하고 있다. 여기서, E는 O, S, N이며, 때로는 탄소를 나타낸다.

Jacobson, M., and M. Beroza: Insect Attractants, *Sci. Am.,* 211(2), 20(1964). 몇 가지의 성유인물질의 화학구조와 그것의 분리방법.

Leisten, J.A.: Homogeneous Catalysis, *J. Chem. Educ.,* 41, 23(1964).

Roderick, W.R.: Current Ideas on the Chemical Basis of Olfaction, *J. Chem. Educ.,* 43, 510(1966). 크기 또는 구조와 방향과의 관계를 검토하고 있다.

Rose, A.H.: New Penicillins, *Sci, Am.,* 204(3), 66(1961). 각종의 측쇄를 갖는 페니실린류의 합성을 개설하고 있다.

Sterrett, F.S.: The Nature of Essential Oils, I. Production; II. Chemical Constituents, Analysis, *J. Chem. Educ.,* 39, 203, 246(1962).

연습문제

1 아래의 에스테르와 산할로겐화물에 각각 명칭 혹은 구조식을 표시하여라.

(a) cyclopropyl benzoate

*(b) *n*-hexyl hexanoate

(c) 3-ethyloctyl acetate

*(d) $CH_3—C_6H_4—CO_2CH_2CH_2—C_6H_5$

(e)
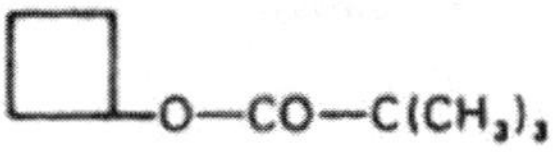

*(f)
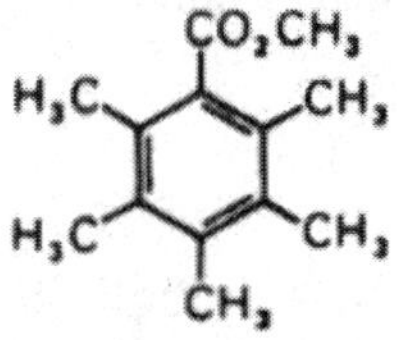

(g) $C_6H_5CO_2C_6H_5$

(h) $CH_3O_2C(CH_2)_3CO_2CH_2CH_3$

*(i) $CH_3—C_6H_4COCl$

(j) $CH_3(CH_2)_8COBr$

(k)
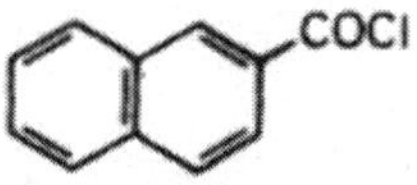

*(l) 3-methylhexanoyl chloride

(m) *p*-fluorobenzoyl fluoride

*(n) 2,4-dibromo-1-naphthoyl bromide

2 아래의 산무수물과 아미드에 각각 명칭 혹은 구조식을 표시하여라.

(a) $CH_3COOCOCH_2CH_2CH_3$

*(b)
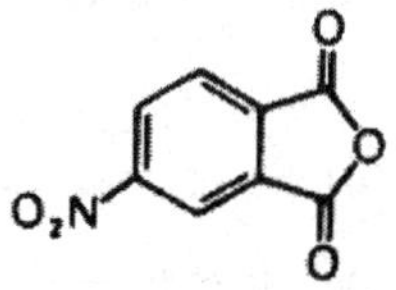

(c)
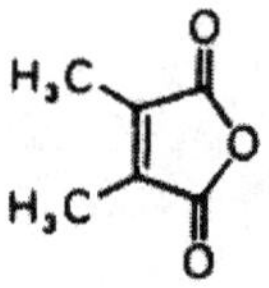

*(d) propanoic para-*n*-propylbenzoic anhydride

(e) butanoic anhydride

(f) *α*-naphthoic *β*-naphthoic anhydride

*(g)
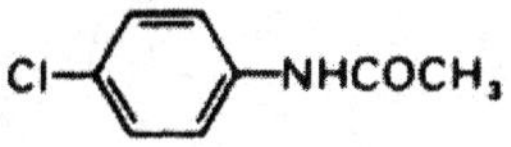

*(h)
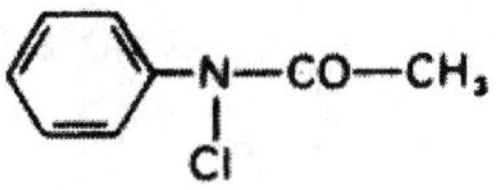

(i)
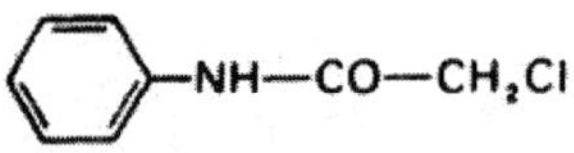

*(j)
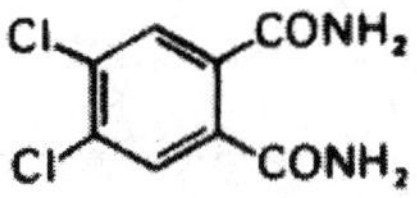

(k) *N,N*-dimethylhexanamide

(l) 2,3-dicyanobenzamide

*(m) 2,2-dimethylsuccinamide

(n) *N*-cyclohexylacetamide

3 아래의 이미드 및 니트릴에 각각 명칭 혹은 구조식을 표시하여라.

*(a) $CH_3CH_2CONHCOCH_2CH_3$

(b) $CH_3CH_2CH_2CH(OH)CH_2CN$

*(c)

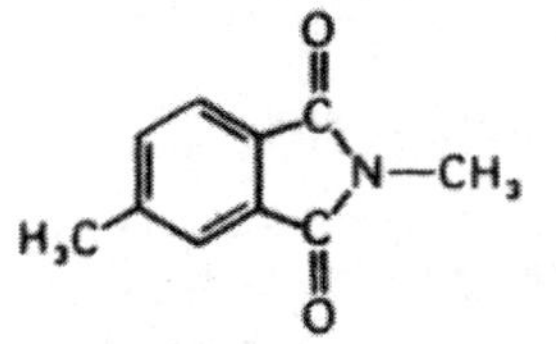

(d) 2,3-dimethylsuccinimide

*(e) *p*-cyanobenzyl cyanide

(f) *α*-cyanotoluene

*(g) heptanimide

(h) *N*-bromomaleimide

4 출발물질의 구조식(혹은 명칭) 및, 생성물의 구조식과 명칭을 표시하여라. 만일 반응이 일어나지 않으면, N.R.이라고 써라.

*(a) $C_6H_5CH_2COOH + CH_3CH_2CH_2CH_2OH \xrightarrow{H^+}$

(b) pentanoic acid $\xrightarrow{Ag_2O}$

(c) (b)의 생성물 + $CH_3CH_2CH_2CH{=}CH{-}CH_2Br \longrightarrow$

*(d)

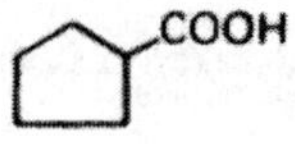

$+ CH_2N_2 \longrightarrow$

(e) cyclopentanol + $CH_2N_2 \xrightarrow{H^+}$

(f)

$\xrightarrow[H_2O]{NaOH}$

*(g)

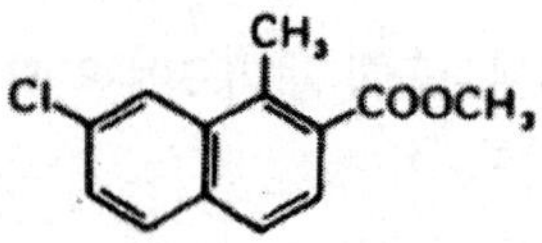

$\xrightarrow[2\ H_3O^+]{1\ LiAlH_4}$

(h) $(CH_3CH_2)_2CHCOOH + SOCl_2 \longrightarrow$

(i) (h)의 생성물 + $(CH_3)_2NH \longrightarrow$

(j) (h)의 생성물 + $CH_3CH(OH)CH_3 \longrightarrow$

*(k)

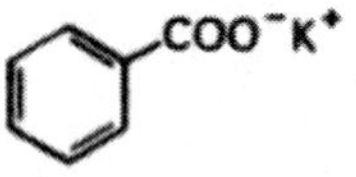

$+ CH_3COBr \longrightarrow$

(l) sodium phenoxide + $CH_3COBr \longrightarrow$

(m)

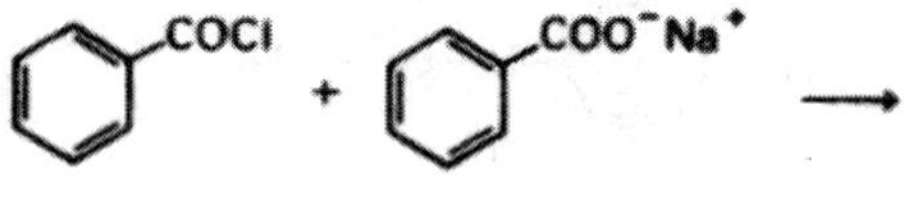

*(n)

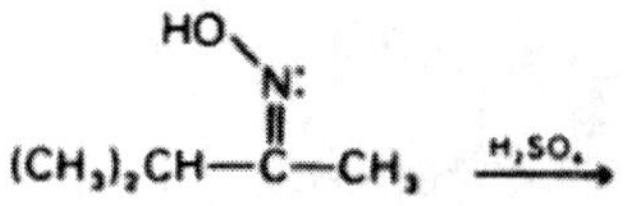

(o) *N,N*-diethylcyclopentanecarboxamide $\xrightarrow[2\ H_3O^+]{1.\ LiAlH_4}$

(p) succinimide $\xrightarrow[NaOH]{Br_2}$

***5** 유기반응메카니즘에 친숙하지 않은 학생은, 다음과 같은 반응을 행하리라고 믿어진다. 왜, 이들이 좋은 합성법이라고 말할 수 없는지 설명하고, 목적의 화합물에 이르기까지 실행 가능한 방법을 표시하여라.

(a) 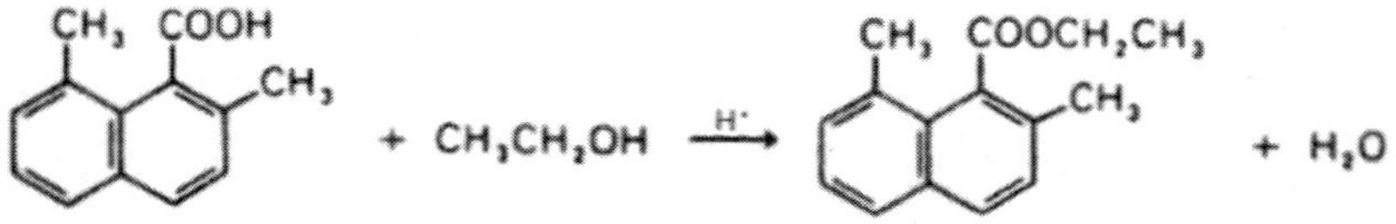
CH₃ COOH
CH₃
+ CH₃CH₂OH
H⁺
CH₃ COOCH₂CH₃
CH₃
+ H₂O

(b) 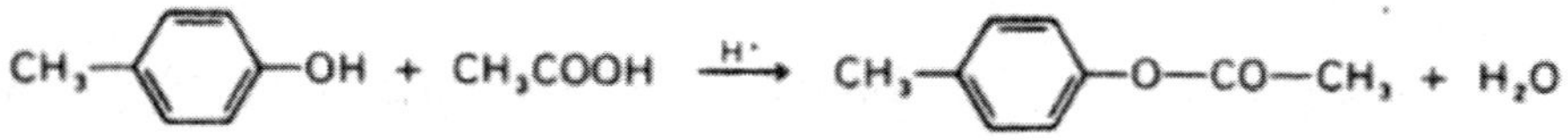
CH₃
OH + CH₃COOH
H⁺
CH₃
O—CO—CH₃ + H₂O

(c) 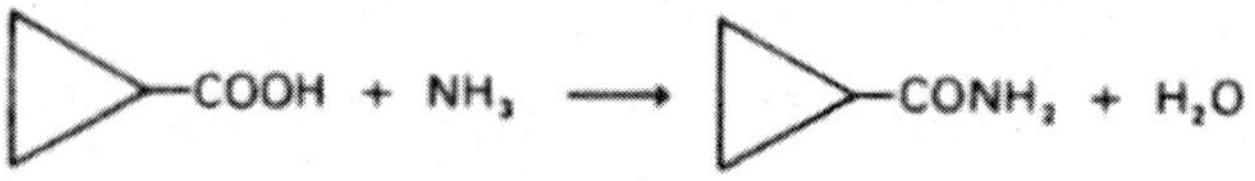
COOH + NH₃
CONH₂ + H₂O

(d) $CH_3CH_2CH_2CN \xrightarrow[H_2O;\ \Delta]{NaOH} CH_3CH_2CH_2CONH_2$

(e) 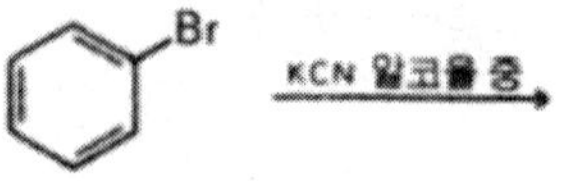
Br
KCN 알코올 중

***6** 나프탈렌, 벤젠, 메탄올 및 무수숙신산을 출발물질이라고 하면, 아래의 화합물은, 어떻게 해서 합성할 수 있을지 표시하여라.

(a) 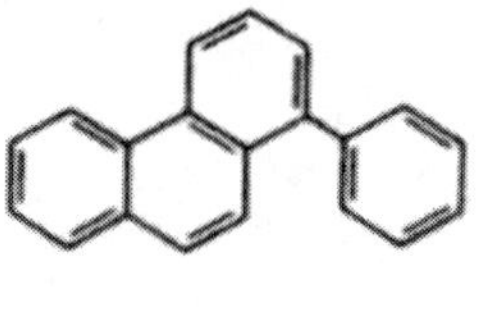

(b) 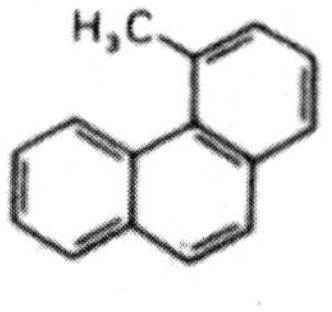
H₃C

(c) 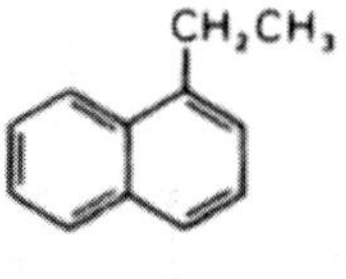
CH₂CH₃

(d) 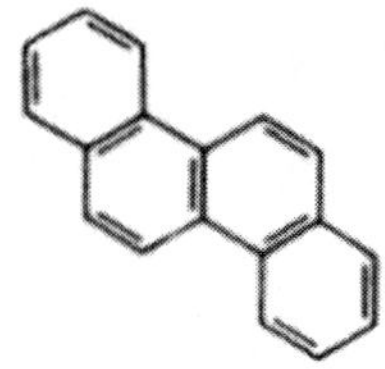

Capter

16 아민 및 다아조늄 화합물

본장에서는 지방족, 방향족 및 헤테로고리계에서 일반적으로 볼 수 있는 각각의 관능기의 상세한 검토를 끝낸다. 이것은 가능한 유기관능기의 모든 것을 여기서 검색하여, 없다고 하는 것을 의미하는 것은 아니다. 많은 물질이 생략되었고, 다른 것은 극히 간단하게 설명되고 있으며, 또한 새로운 물질이 끊임없이 계속 합성되고 있다.

여기서는 (1)방향족 아민류로 환원할 수 있는 화합물, (2) 지방족, 방향족 및 헤테로고리 아민의 합성과 반응, 및 (3) 방향족 1차아민($Ar-NH_2$)으로부터 합성되는 디아조늄염($Ar-N_2^+X^-$)의 변환을 취급한다.

01 방향족니트로화합물 합성방향족화학에 있어서 중요한 조립소재

니트로기는 극성으로서 전자흡인성 치환기인 것을 상기할 것. 2가지의 공명구조식을 쓸 수 있다.

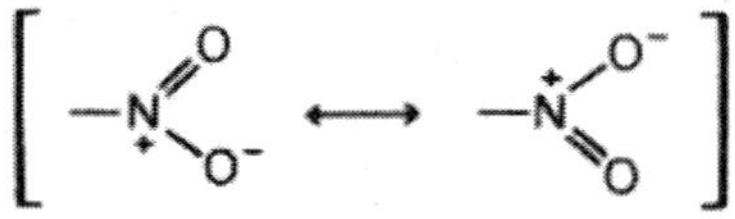

친전자적 방향족 치환반응에 있어서, 니트로기는 강력한 불활성화기로서, 게다가 메타 배향성치환기이다 아래에 표시하는 반응식에 따라서 많은 관능기 Y를 방향족 탄화수소에 도입할 수 있다.

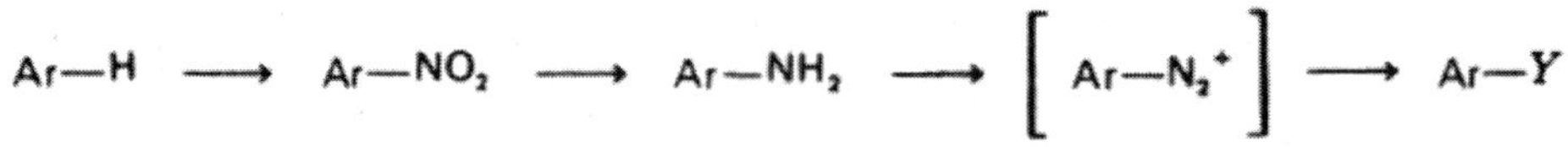
Ar—H
Ar—NO₂
Ar—NH₂
Ar—N₂⁺
Ar—Y

이 합성경로에 있어서 방향족 니트로화합물은 중요한 중간체이다.

16-1 합성법

거의 모든 방향족 탄화수소는, 그 대부분이 콜타르로부터 직접 얻어지지만, 질산과 황산의 **작용**으로 니트로화된다. 그러나, 도입된 기가 점유하는 위치는, 탄화수소의 각각의 치환형식에 의존한다(7–11절)

$$Ar{-}H \xrightarrow[H_2SO_4]{HNO_3} Ar{-}NO_2$$

최초의 니트로기의 불활성화 작용 때문에, 디니트로화는 보통 문제로 되는 것과 같은 부반응이 아니다. 많은 탄화수소의 니트로이성체는, 분별증류, 수증기증류 혹은 분별재결정에 의하여 용이하게 분리된다.

16-2 반응성

예를 들면 아래의 예와 같이, 니트로 화합물의 환원은 반응조건과 사용되는 환원제에 의하여, 다른 생성물을 생성한다.

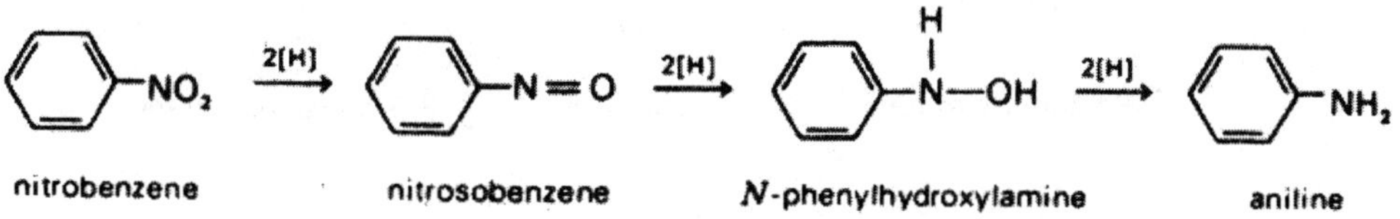
NO2
2[H]
N=O
2[H]
H
N—OH
2[H]
NH2
nitrobenzene
nitrosobenzene
N-phenylhydroxylamine
aniline

여기서는, 아미노 관능기를 생성하는 산성용액 중에서의 니트로화합물의 완전 환원만을 검토한다. 이 반응의 일반적인 시약은, Fe 또는 Sn과 HCl 또는 H_2SO_4과 같은 금속–산계이다. $SnCl_2$ 또는 $FeSO_4$도 마찬가지로 사용할 수 있다.

NO2
Sn/HCl
NH2

수소와 Raney nickel을 사용하는 접촉환원은 효과적이다.

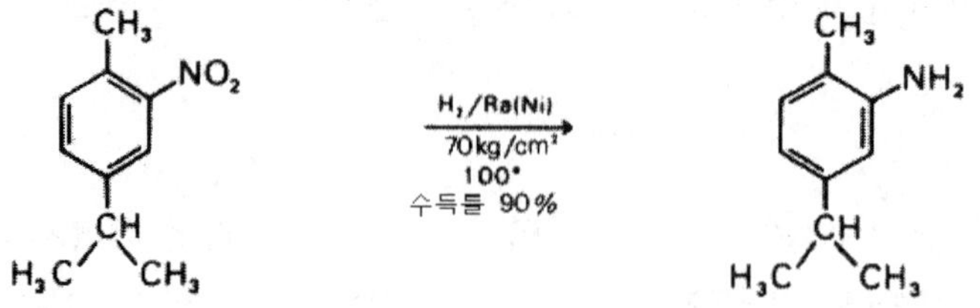
H₂/Ra(Ni)
70kg/cm²
100°
수득률 90%

3-nitro-4-methylisopropylbenzene   3-amino-4-methylisopropylbenzene

16-3 공여체-수용체의 착화합물

니트로기는 방향족계로부터 강력하게 전자를 끌어당기기 때문에, 폴리니트로 방향족 화합물의 고리에 있어서 π-전자밀도는, 치환되어 있지 않은 방향족 탄화수소 또는 전자공여성치환기를 갖는 물질의 π-전자밀도보다도, 낮다. 이들은 니트로 및 시아노화합물의 **수용체**(acceptors)라고 말한다.

일반적인 예는 :

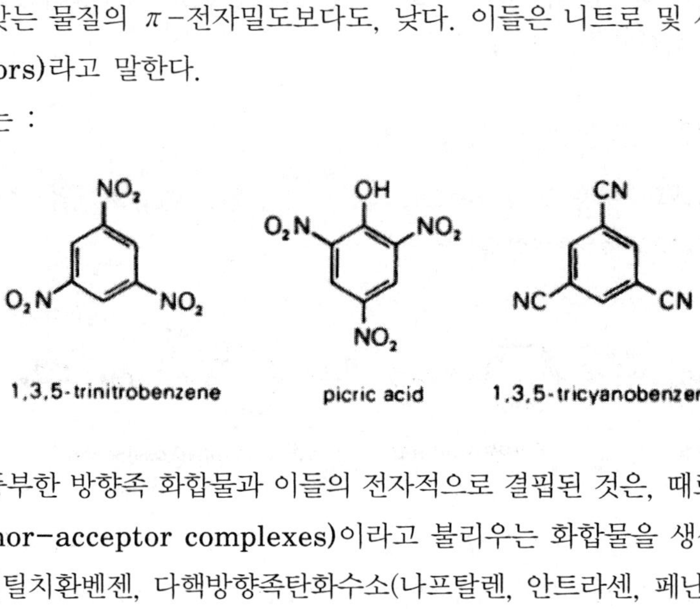

1,3,5-trinitrobenzene   picric acid   1,3,5-tricyanobenzene

전자적으로 풍부한 방향족 화합물과 이들의 전자적으로 결핍된 것은, 때로는 **공여체-수용체착화물**(donor-acceptor complexes)이라고 불리우는 화합물을 생성한다. 공여체분자는 벤젠, 메틸치환벤젠, 다핵방향족탄화수소(나프탈렌, 안트라센, 페난트렌) 및 그 유도체와 같이, 잘 알려진 방향족 화합물이다. 수용체분자는 $-NO_2$ 또는 $-CN$과 같은 강력한 전자흡인성기를 갖는 물질이다. 이들의 공여체와 수용체를 조합하면 π-전자계간에 상당히 강한 정전적 상호작용에 의하여 서로 결합된 새로운 착화합물을 생성한다. 예를 들면, 나프탈렌과 피크르산을 혼합하면 새로운 고체의 화합물을 생성한다. 이들 착화합물의 대부분은, 명확한 융점을 가지고 있다.

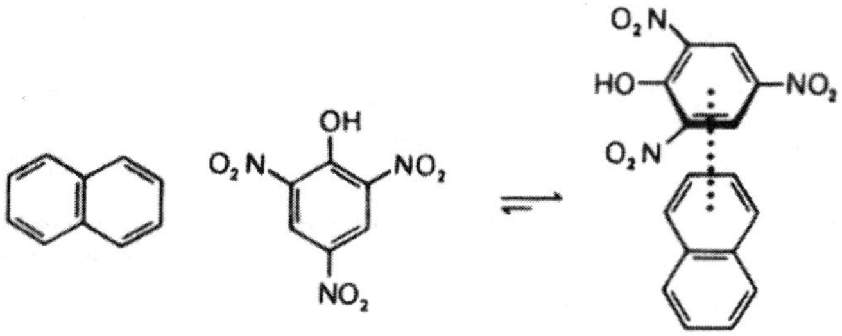

naphthalene ('공여체') picric acid ('수용체') π-complex adduct (π-착화합물, 부가체)

02 아민의 명명법

아민은, 질소원자에 1개, 2개 혹은 3개의 알킬 또는 아릴기가 결합한 것으로서, 각각 **1차** R−NH_2, **2차** R_2−NH, 그리고 **3차** R_3N으로 분류된다. 이들의 아민은 암모니아와 유사한 피라밋구조를 가지며, 암모니아와 같이 자유로 반전할 수 있다. 4개의 치환기와 결합하고 있는 질소원자는 양으로 하전하고 있으며, **4차암모늄염**이라고 말한다.

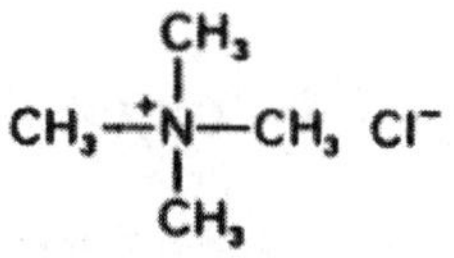

tetramethylammonium chloride

이들의 염은 반전할 수가 없다. 아민의 명칭은 1단어로 쓰며, 질소원자와 결합하고 있는 알킬 또는 아릴기의 명칭과 어미의 **아민(−amine)**으로 형성된다. **표 16−1**에 예를 표시한다.

표 16−1 대표적인 유기아민

CH_3NH_2	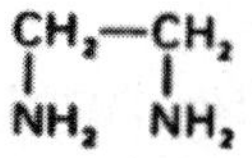	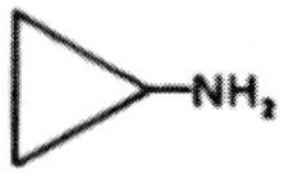
methylamine	ethylenediamine	cyclopropylamine
$CH_3NHCH_2CH_3$	$[(CH_3)_2CH]_2NH$	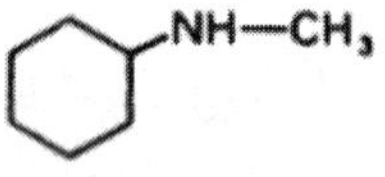
methylethylamine	diisopropylamine	*N*-methylcyclohexylamine

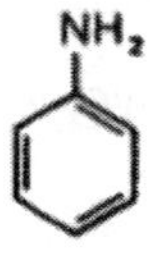

aniline

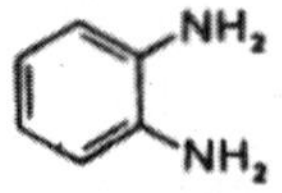

o-phenylenediamine

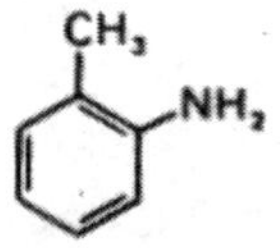

o-toluidine
(o-aminotoluene)

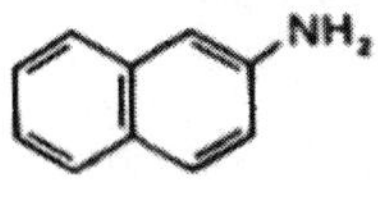

β-naphthylamine

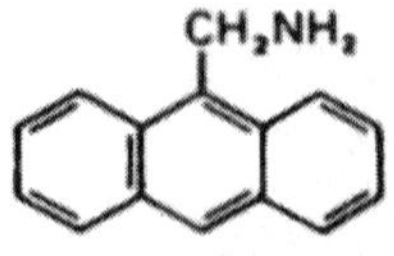

9-aminomethylanthracene

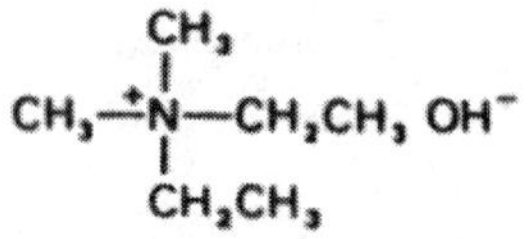

dimethyldiethylammonium
hydroxide

03 아민의 염기성

아민은 프로톤을 받아들일 수 있는 비공유전자쌍을 갖는 질소원자를 가지고 있기 때문에, Lewis 염기이다. 예를 들면

$$CH_3CH_2\ddot{N}H_2 \xrightarrow{HCl} CH_3CH_2\overset{+}{N}H_3\ Cl^-$$

ethylamine ethylamine hydrochloride

수용액에서조차, 아민은 일부 프로톤화 되어 있다.

$$R-\ddot{N}H_2 + H_2O \rightleftharpoons R-\overset{+}{N}H_3 + OH^-$$

산과 마찬가지로, 평형상수는 함유되어 있는 각각의 화학종의 몰농도에 의하여 결정된다. 즉,

$$K_b = \frac{[R\overset{+}{N}H_3][OH^-]}{[RNH_2]}$$

여기서, 물의 농도(55M)는 이미 K_b의 수치에 포함되어 있다. pK_b는 $pK_b \equiv -\log K_b$라고 정의되며, 염기의 강도를 표시하는 편리한 수치이다. pK_a의 경우와 마찬가지로, pK_b가 작을 수록 염기성은 강하다. 몇 개의 간단한 지방족 아민의 pK_b를 고찰하여 보자.

$$(CH_3)_2\ddot{N}H > CH_3\ddot{N}H_2 > (CH_3)_3\ddot{N} > \ddot{N}H_3$$

	$(CH_3)_2\ddot{N}H$	$CH_3\ddot{N}H_2$	$(CH_3)_3\ddot{N}$	$\ddot{N}H_3$
K_b	5.2×10^{-4}	4.4×10^{-4}	5.4×10^{-5}	1.8×10^{-5}
pK_b	3.28	3.36	4.26	4.75

알킬기는 유도효과에 의하여 질소원자의 전자밀도를 증가시키기 때문에, 대부분의 1차 및 2차지방족 아민은, 암모니아보다 강한 염기이다. 그러나 지방족 3차아민은, 일반적으로 암모니아보다도 염기성이 강하지만, 그에 상당하는 2차아민보다 염기성이 약하다. 3차 아민에서는, 치환기가 입체적으로 부피가 크기 때문에, 3배위의 아민으로부터 4배위의 암모늄염으로의 전이를 동반하는 이들 알킬기의 압축이 어느 정도 방해된다.

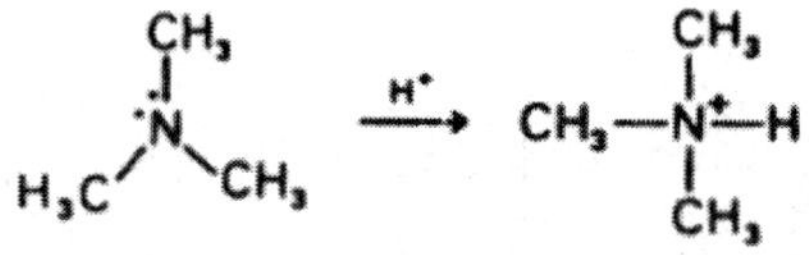

3차 아민에서는, 알킬-알킬간의 서로의 반발이, 그 염에 있어서의 것보다 작다. 4차 암모늄의 수산화물은 매우 강한 염기로서 수용액 중에서는 고도로 이온화되어 있다.

$$(CH_3)_4N^{+}\ {}^{-}OH \rightleftharpoons (CH_3)_4N^{+} + {}^{-}OH$$

물분자는 용매화 하여, 분리한 이온의 전하를 분산시키고 있다.

대부분의 방향족아민은 암모니아보다도 현저하게 약한 염기이다. 비공유전자쌍에 대한 페닐기의 공명효과는 질소원자의 전자밀도를 감소시키고 있다.

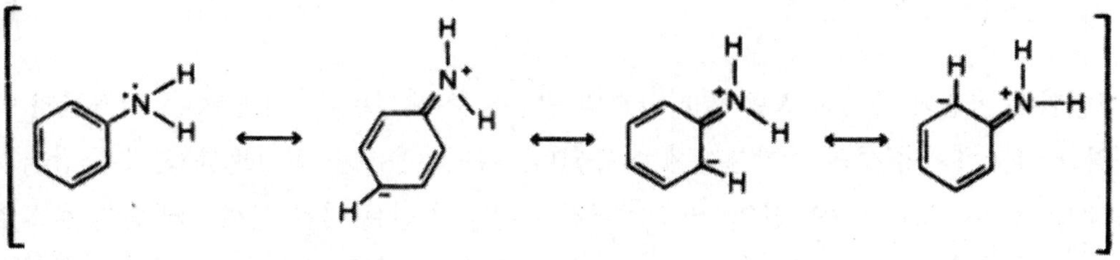

3차 방향족 아민에서는, 위에서 설명한 입체효과가 가산되며, 따라서, 이들 화합물의 대부분은 대단히 약한 염기이다.

$$C_6H_5—NH_2 > (C_6H_5)_2NH > (C_6H_5)_3N$$

	$C_6H_5—NH_2$	$(C_6H_5)_2NH$	$(C_6H_5)_3N$
K_b	4.6×10^{-10}	10^{-14}	H_2O 중에서는 염기성도 상수를 측정할 수 없다.

방향환상의 치환기가 염기성도에 미치는 효과는 예측할 수 있다. 전자공여성 치환기는 염기성도를 증가시키는데 대해서, 전자흡인성기는 염기성도를 감소시킨다.

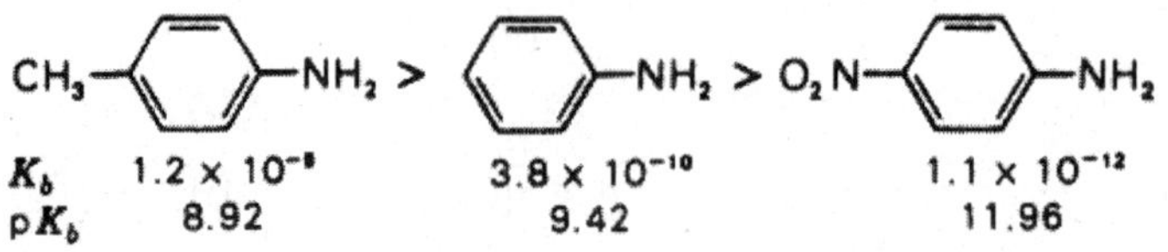
CH₃ NH₂ > NH₂ > O₂N NH₂
Kb 1.2 x 10⁻⁹ 3.8 x 10⁻¹⁰ 1.1 x 10⁻¹²
pKb 8.92 9.42 11.96

아미드($R-\overset{O}{\overset{\|}{C}}-\ddot{N}H_2$)는 공명효과가 질소원자 주위의 전자밀도를 낮게 하기 때문에 염기성 물질이 아니다.

이미드($R-\overset{O}{\overset{\|}{C}}-\ddot{N}H-\overset{O}{\overset{\|}{C}}-R$)는 이것에 대해서, 음이온의 공명안정화 때문에 아미드보다도 훨씬 산성이다.

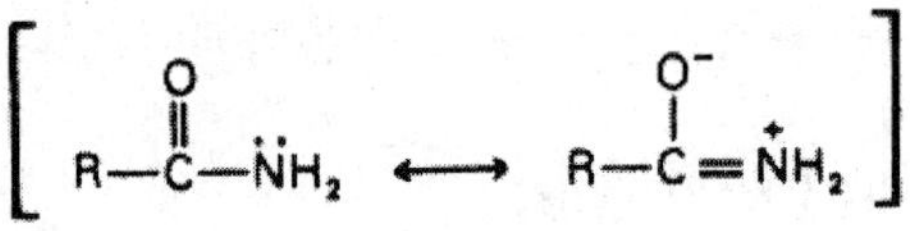

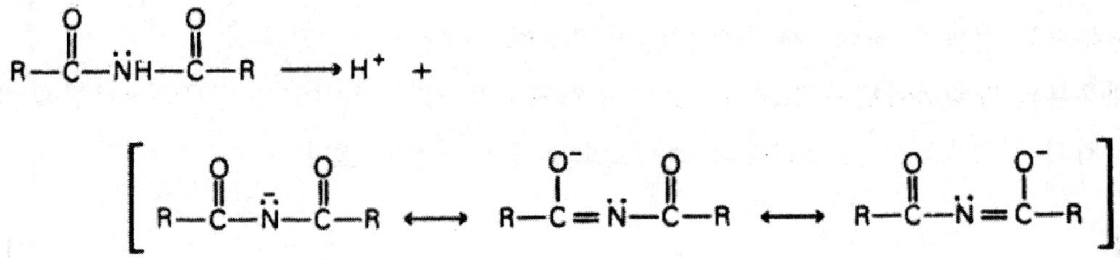

아민염은 아민과 무기산 혹은 유기산과의 반응으로 생성된다. 이 반응은 천연산의 아민에 의한 라세미체의 산의 광학분할에 이용된다. 아민염을 수산화나트륨과 같은 강염기로서 처리하면 유리의 염기와 산의 염이 얻어진다[분할된 산은 다른 산성화의 단계에서 얻어진다(제12장 참조)]. 무기산은 통상, 수용성의 염을 생성한다.

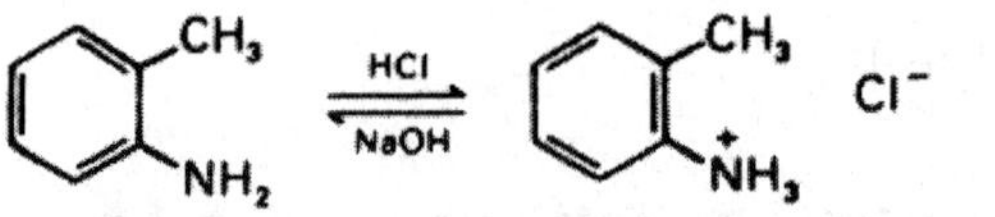
CH₃
NH₂
HCl
NaOH
CH₃
NH₃
Cl⁻

o-toluidine　　*o*-toluidine hydrochloride

강염기성 아민의 대부분은 습한 대기에 접하면 탄산염을 생성한다.

$$2CH_3CH_2\ddot{N}H_2 + CO_2 + H_2O \longrightarrow 2CH_3CH_2\overset{+}{N}H_3\ CO_3^{--}$$

ethylamine ethylamine carbonate

04 아민의 합성법

16-4 니트로화합물의 환원반응

방향족 니트로화합물의 환원에는, 접촉수소첨가(Raney nickel과 수소), 금속-산계(Fe, Sn 또는 Zn 과 HCl 또는 H_2SO_4), 혹은, 다황화암모늄(NH_4S_xH)을 사용할 수 있다. 다황화암모늄의 특수한 장점은, 몇 개의 니트로기가 존재할 때에, 한번에 단 1개의 니트로기만을 환원할 수 있는 것이다. 비대칭의 경우에는, 환원되는 니트로기를 반드시 예측할 수만은 없다.

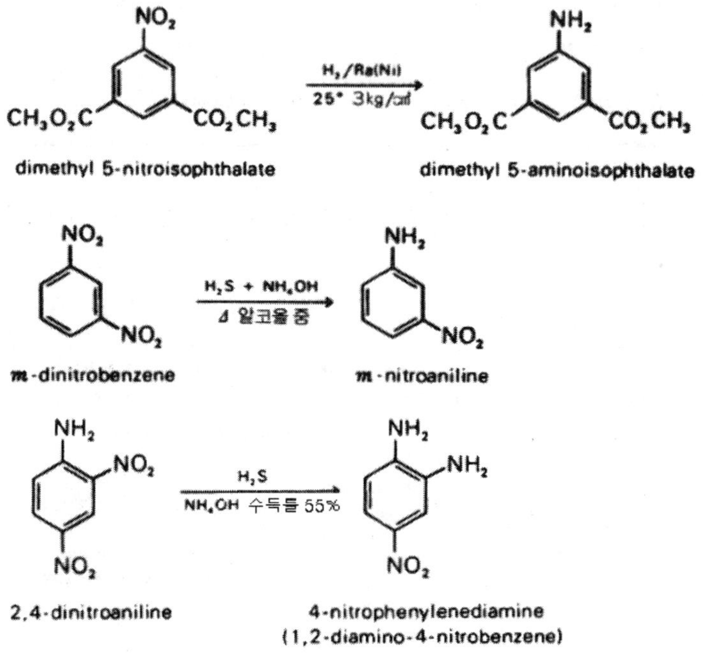
NO₂
CH₃O₂C
CO₂CH₃
H₂/Ra(Ni)
25° 3kg/㎠
NH₂
CH₃O₂C
CO₂CH₃
dimethyl 5-nitroisophthalate
dimethyl 5-aminoisophthalate
NO₂
NO₂
H₂S + NH₄OH
Δ 알코올 중
NH₂
NO₂
m-dinitrobenzene
m-nitroaniline
NH₂
NO₂
NO₂
H₂S
NH₄OH 수득률 55%
NH₂
NH₂
NO₂
2,4-dinitroaniline
4-nitrophenylenediamine
(1,2-diamino-4-nitrobenzene)

16-5 니트릴과 아미드의 환원반응

니트릴(R−C≡N) 및 치환기를 갖지 않는 아미드(R−CONH$_2$)의 LiAlH$_4$에 의한 환원에서는 1차 아민(R−CH$_2$NH$_2$)을 생성한다. 치환아미드는 그에 상당하는 아민을 생성한다. 알데히드(R−CHO) 또는 케톤(R−CO−R')의 카르보닐기는 LiAlH$_4$로서 그에 상당하는 알코올(R−CH$_2$OH 또는 R−CHOH−R')로 환원되지만, 아미드는 직접 1차 아민으로까지 환원되는 것에 주의할 것, **표 16−2**에 예를 표시한다.

표 16−2 LiAlH$_4$를 사용한 아민의 합성 예

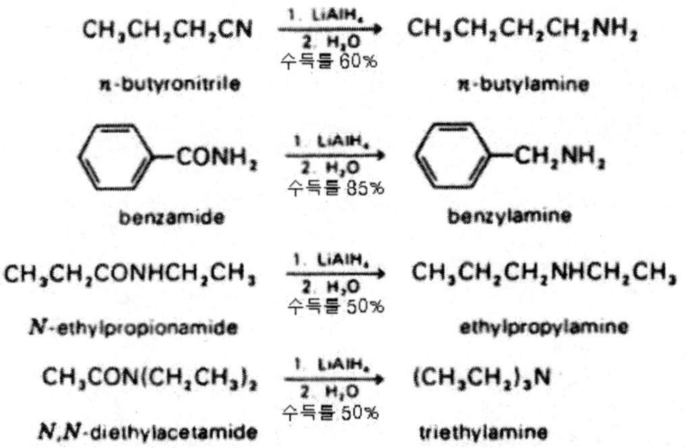
CH3CH2CH2CN
1. LiAlH4
2. H2O
수득률 60%
CH3CH2CH2CH2NH2
n-butyronitrile
n-butylamine
CONH2
수득률 85%
CH2NH2
benzamide
benzylamine
CH3CH2CONHCH2CH3
수득률 50%
CH3CH2CH2NHCH2CH3
N-ethylpropionamide
ethylpropylamine
CH3CON(CH2CH3)2
수득률 50%
(CH3CH2)3N
N,N-diethylacetamide
triethylamine

니트릴도 접촉환원으로(가끔 NH$_3$의 존재하에서) 그에 상당하는 1차 아민으로 변화시킬 수 있다.

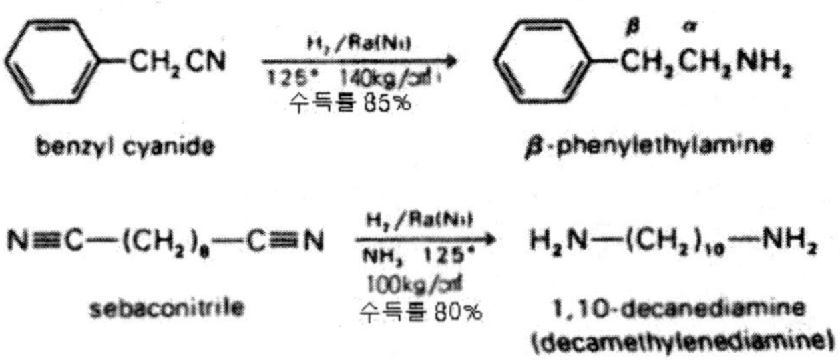
CH2CN
H2/Ra(Ni)
수득률 85%
CH2CH2NH2
benzyl cyanide
β-phenylethylamine
N≡C—(CH2)8—C≡N
H2/Ra(Ni)
NH3 125°
100kg/㎠
수득률 80%
H2N—(CH2)10—NH2
sebaconitrile
1,10-decanediamine
(decamethylenediamine)

16-6 알데히드 및 케톤의 환원적 아미노화반응

암모니아의 존재하에서 알데히드 또는 케톤을 접촉 환원하면 1차 아민이 얻어진다. **표**

16-3에 예를 표시한다.

16-7 할로겐화물을 사용한 암모니아 혹은 아민의 알킬화반응

할로겐화알킬로부터, 할로겐이온을 암모니아 또는 1차 혹은 2차 아민으로 친핵적으로 치환하면 염을 생성하며, 그 염은 프로톤을 잃고 새로운 아민으로 된다. 새로 생성된 아민은 암모니아보다도 더욱 염기성이며, 암모니아보다 우선하여 치환반응을 일으킨다.

$$H_3\ddot{N} + CH_3{-}I \xrightarrow{S_N2} H_3\overset{+}{N}{-}CH_3\ I^- \rightleftharpoons CH_3\ddot{N}H_2 + HI$$

$$CH_3\ddot{N}H_2 + CH_3{-}I \xrightarrow{S_N2} (CH_3)_2\overset{+}{N}H_2\ I^- \rightleftharpoons (CH_3)_2\ddot{N}H + HI$$

이와 같은 치환반응은, 더욱 반응이 진행할 수 없는 4차 암모늄염이 생성될 때까지 경쟁적으로 계속된다.

$$(CH_3)_2\ddot{N}H + CH_3{-}I \longrightarrow (CH_3)_3\overset{+}{N}H\ I^- \rightleftharpoons (CH_3)_3\ddot{N} + HI$$

$$(CH_3)_3\ddot{N} + CH_3{-}I \longrightarrow (CH_3)_4\overset{+}{N}\ I^-$$

표 16-3 알데히드 또는 케톤으로부터의 아민의 합성 예

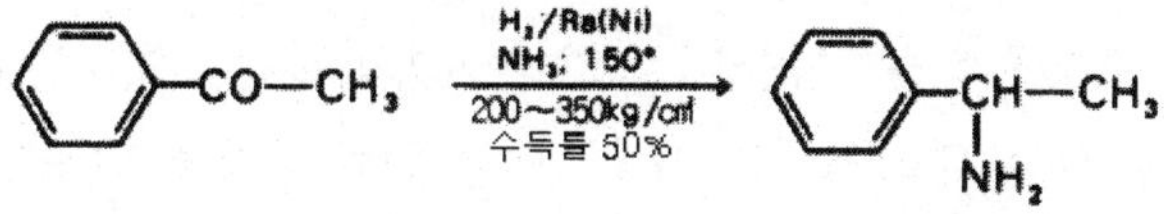

acetophenone → α-phenylethylamine

$$CH_3{-}\overset{O}{\overset{\|}{C}}{-}CH_2CH_2CH_2CH_2CH_3 \xrightarrow[\substack{100\sim350kg/㎠ \\ 수득률\ 50\%}]{\substack{H_2/Ra(Ni) \\ NH_3;\ 150°}} CH_3{-}\underset{NH_2}{\underset{|}{CH}}{-}CH_2CH_2CH_2CH_2CH_3$$

methyl pentyl ketone → 2-aminoheptane

$$CH_3(CH_2)_4CH_2CHO \xrightarrow[\substack{100\sim350kg/㎠ \\ 수득률\ 60\%}]{\substack{H_2/Ra(Ni) \\ NH_3;\ 150°}} CH_3(CH_2)_4CH_2CH_2NH_2$$

n-heptaldehyde → *n*-heptylamine

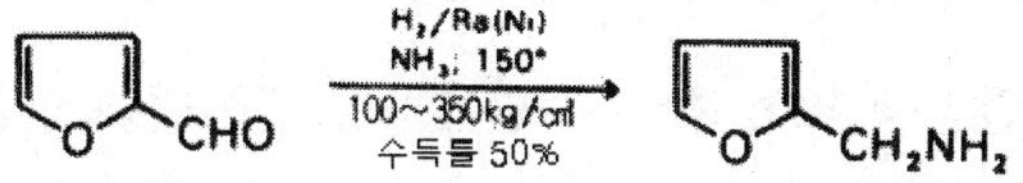

furfural → furfurylamine

따라서, 할로겐화알킬과 암모니아의 반응에서는, 화학적으로 유사한 생성물의 혼합물을 생성한다. 보통, 2차 또는 3차 아민은 이 방법으로는 합성되지 않지만, 1차 아민의 경우는 **대과잉**의 암모니아를 사용하여, 상당한 수득률과 순도로서 얻을 수 있다. 4차 암모늄염은 과잉의 할로겐화물을 사용하여 합성한다. 이 반응은 α-할로카르복실산으로부터 아미노산을 합성할 때 이용된다.

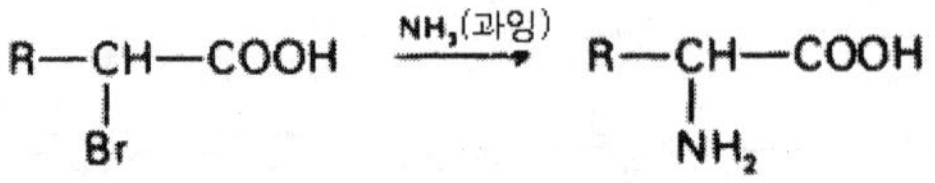

할로겐화아릴은, 일반적으로 S_N2 치환반응을 일으키지 않기 때문에, 사용할 수 없지만, 오르토 혹은 파라위치에 니트로기를 갖는 할로겐화아릴은 그에 상당하는 니트로아닐린을 생성한다.

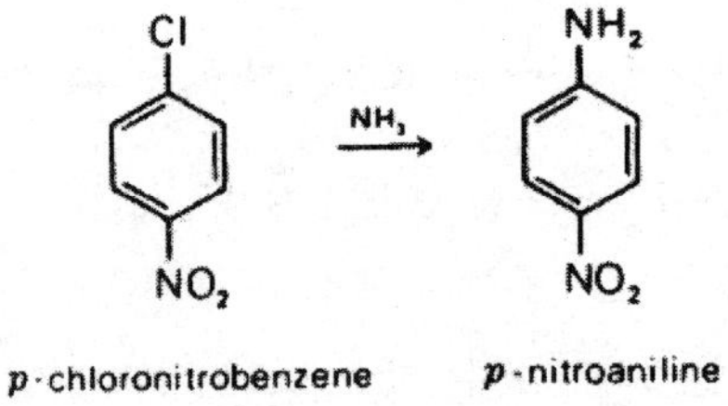

아미노산 분석에 효과적으로 사용되고 있는 화합물은, 2,4-디니트로플루오로벤젠(2,4-DNFB)이며, 이것은 유리의 아미노산 혹은 단백질의 아미노말단과 반응한다(제17장 참조).

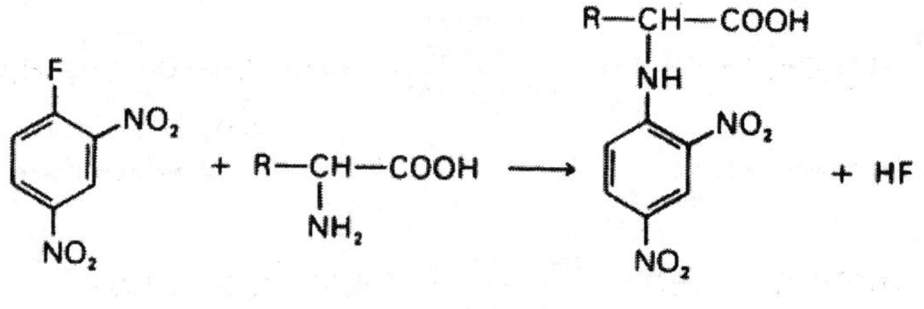

16-8 1차아민의 Gabriel 프탈이미드합성법

프탈이미드의 알킬화반응에 의하여, 순수한 1차 알킬아민을 얻을 수가 있다. 2차, 3차 혹은 4차 암모늄염의 혼입의 가능성은 없다. 이 합성법은 이미드의 산성프로톤의 특성을 활용하고 있다. 이 음이온은 1차 또는 2차의 할로겐화알킬을 뒷쪽으로부터 치환(S_N2 반응)한다.

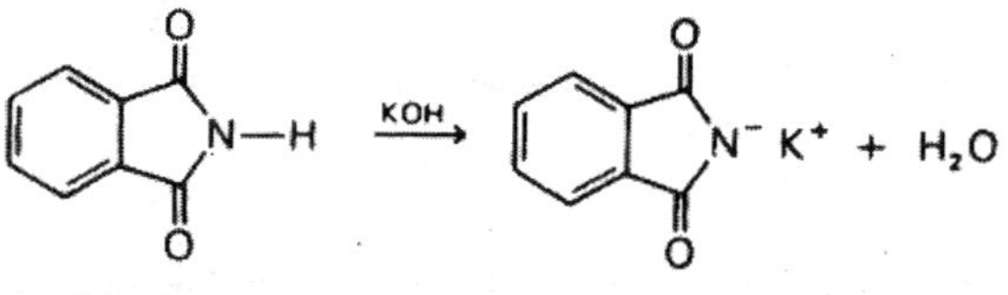

phthalimide

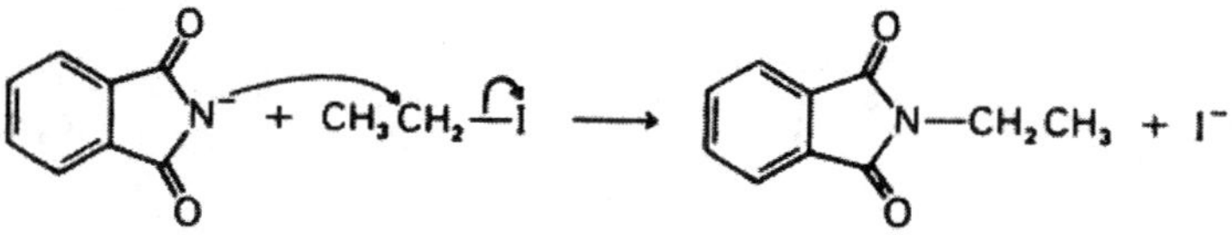

N-ethylphthalimide

유리의 아민은, 후에 *N*-알킬프탈이미드를 비누화하여 얻는다. 이 반응은 아미노산의 합성에 가끔 이용되고 있다.

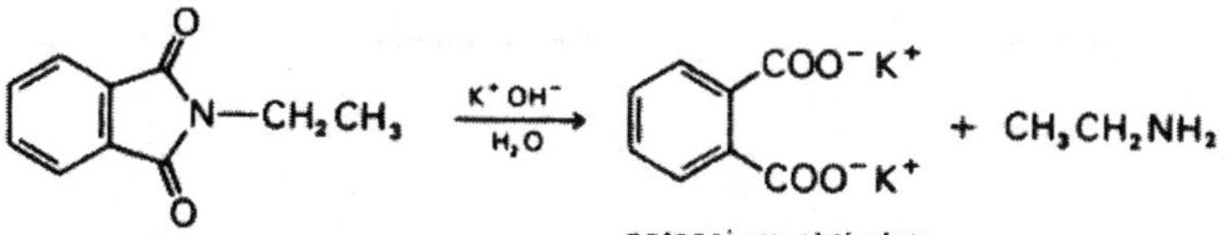

potassium phthalate

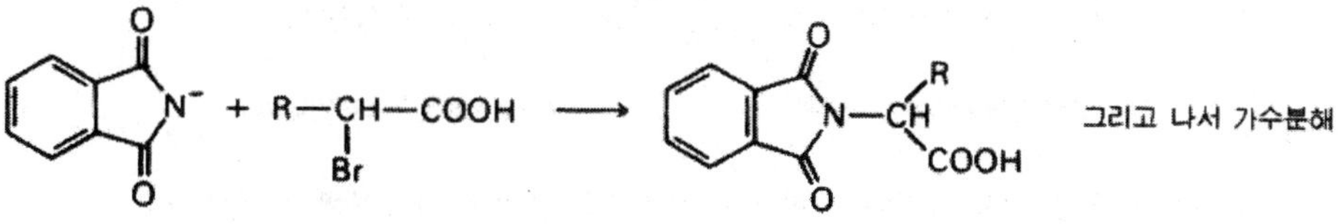

16-9 Hofmann 반응

이 반응은 15-30절에 표시하였지만, 합성적으로 유용하기 때문에, 여기서는 그 전위메카니즘의 예를 추가하면서 표시한다(**표 16-4**).

전반응 :

$$C_6H_5-CH_2-\overset{O}{\overset{\|}{C}}-NH_2 \xrightarrow[\text{60-85\% 수득률}]{KOBr} C_6H_5-CH_2NH_2 + CO_2 + K^+Br^-$$

phenylacetamide　　　　benzylamine

반응메카니즘 :

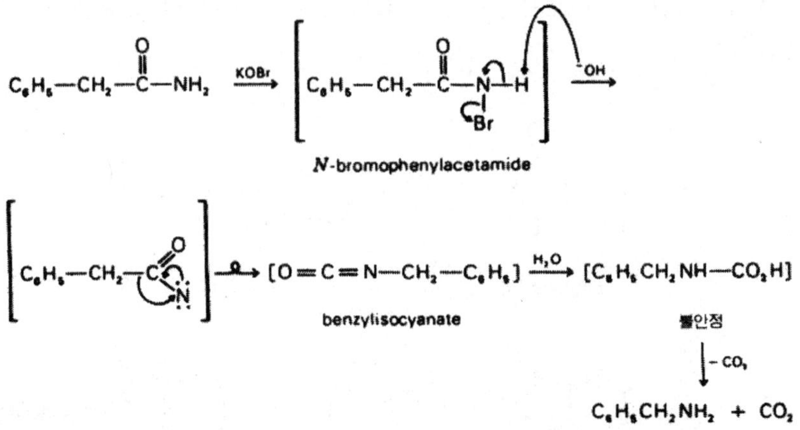
KOBr
⁻OH
N-bromophenylacetamide
H₂O
benzylisocyanate
불안정
- CO₂

표 16-4 Hofmann전위반응의 예

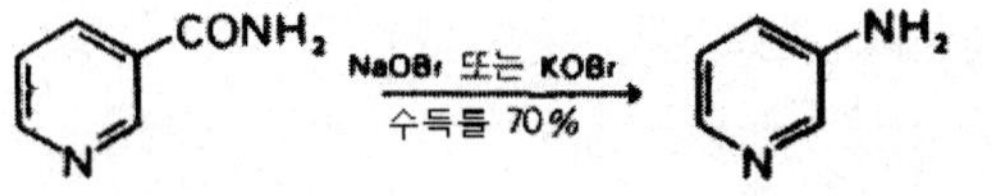
CONH₂
NaOBr 또는 KOBr
수득률 70%
NH₂

nicotinamide 3-aminopyridine

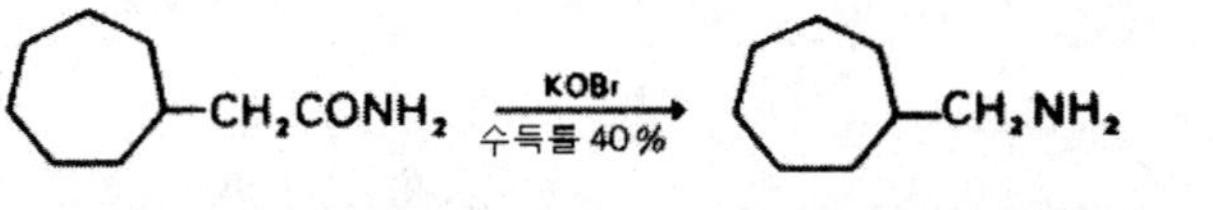
CH₂CONH₂
KOBr
수득률 40%
CH₂NH₂

cycloheptylacetamide aminomethylcycloheptane

Hofmann 반응은 어떤 종류의 이미드의 경우에도 유사한 조건하에서 일어난다.

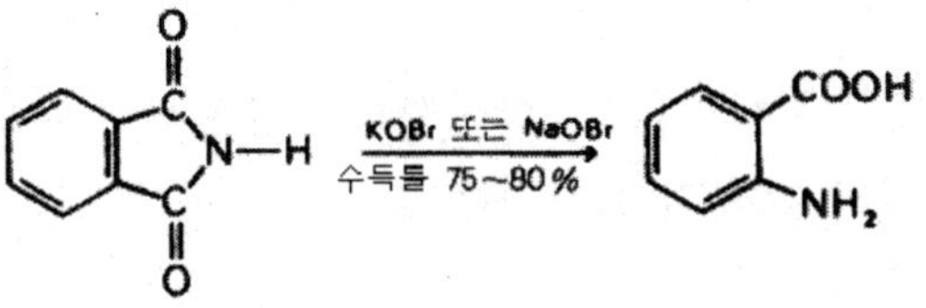
KOBr 또는 NaOBr
수득률 75~80%
COOH
NH₂

phthalimide anthranilic acid

05 아민의 반응성

아민의 이하의 반응은, 각각 부기한 절에서 이미 설명하였다. (1) 산과 염의 생성(본장, 아민의 염기성도), (2) 암모니아, 1차 아민 및 2차 아민과 할로겐화아실(15-24절) 혹은 산무수물(15-21절)과의 반응에 의한 아미드의 생성, (3) 1차 또는 2차 할로겐화물 혹은 활성인 방향족 할로겐화물에 의한 알킬화반응(16-7절)

> 구체 예를 들어서 위의 각각의 반응을 설명하고, 또 출발물질과 생성물질의 명칭을 표기하여라.

16-10 아질산과의 반응

아질산과 지방족 아민의 반응은, 1차, 2차 및 3차 아민의 식별에 사용될 정도로 차이가 있다.

1차 : $R-\ddot{N}H_2 \xrightarrow{HONO} R-OH + N_2\uparrow$ N_2의 발생

2차 : $R_2\ddot{N}H \xrightarrow{HONO} R_2N-NO$ *N*-nitrosoamine 생성

3차 : $R_3\ddot{N} \xrightarrow{HONO}$ 이 조건하에서는 N.R. (염이 생성하는 수도 있다.)

1차 아민은 아질산과 반응하여 불안정한 알킬디아조늄염($R-N_2^+$)을 생성하며, 이것은 용이하게 질소를 잃고, 활성인 카르보늄이온 중간체(R^+)를 생성한다. 물의 존재하에서 이 카르보늄이온은 알코올(R-OH)을 생성하지만, 이것은 일반적인 알코올의 좋은 합성법이라고는 말할 수 없다. 이 카르보늄이온은, 알코올을 생성하는 이외에, 예를 들면 프로톤을 잃고 올레핀을 생성하는 것과 같은 다른 특유의 반응도 일으킨다. 가끔, 이들의 1차 카르보늄이온은, 우선, 보다 안정한 2차 또는 3차 카르보늄이온으로 전위하고, 그 후 반응을 일으키는 수가 있다.

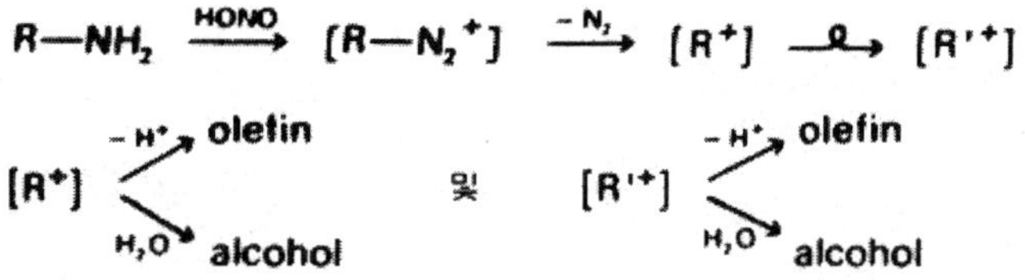
R—NH₂
HONO
[R—N₂⁺]
−N₂
[R⁺]
[R'⁺]
−H⁺
olefin
H₂O
alcohol
및

> α-아미노알코올을 아질산과 처리하면 피나콜론전위(13-16절)와 유사한 반응이 일어난다. 아래의 각각의 반응에 대해서 타당한 메카니즘을 쓰고, 생성물을 예상하여라.
>
> 1. 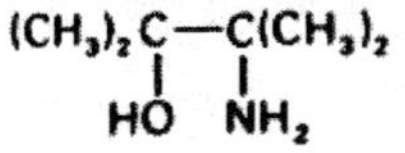
>
> 2. 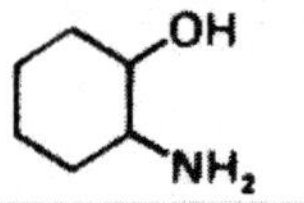 시스 및 트란스 이성체의 양쪽을 생각하라

2차의 알킬아민은, 비교적 안정하며, 물에 불용의 N-니트로소아민을 생성한다. 아마, 비공유전자쌍이 니트로소늄이온(NO^+)을 공격하고, 계속해서 프로톤을 잃는 것이다.

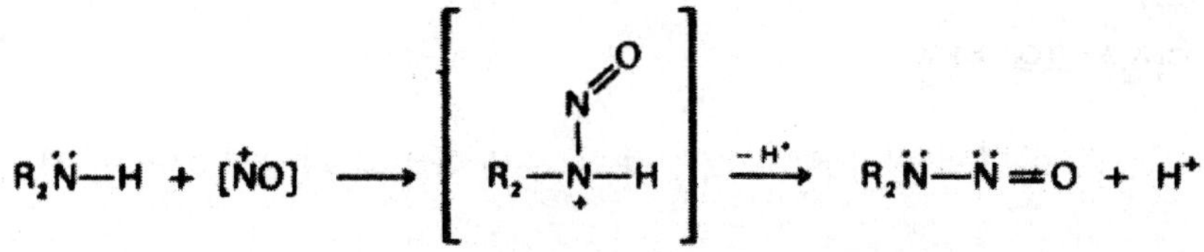

방향족아민도 또한, 아질산과 특성시험반응을 일으키지만, 이것은, 알킬아민의 경우와는 약간 다르다.

1차 :	$Ar{-}NH_2 \xrightarrow{HONO} [Ar{-}\overset{+}{N}_2]$	Ar-OH와의 착색된 결합생성물이 관찰된다.
2차 :	$Ar{-}NHR \xrightarrow{HONO} Ar{-}N(NO){-}R$	물에 불용의 N-니트로소아민층이 관찰된다.
3차 :	$Ar{-}NR_2 \xrightarrow{HONO} p\text{-}O{=}N{-}Ar{-}NR_2$	*C*-니트로소화 생성물이 생성된다.

1차의 방향족 아민은, 지방족 1차 아민과는 다르며, 수용액 중 0~5℃에서 비교적 안정한 디아조늄염을 생성한다. 이들의 염은 유용하며 중요한 화학적 중간체로서, 이것에서 진행한 변환에 대해서는, 본장의 마지막 절에서 설명한다. 이들의 염은, 페놀 및 N,N-디알킬방향족아민과 같은 극히 활성인 방향족 화합물과 결합하여, 아조화합물(Ar-N=N-Ar)을 생성한다.

그의 대부분은 중요한 염료이다.

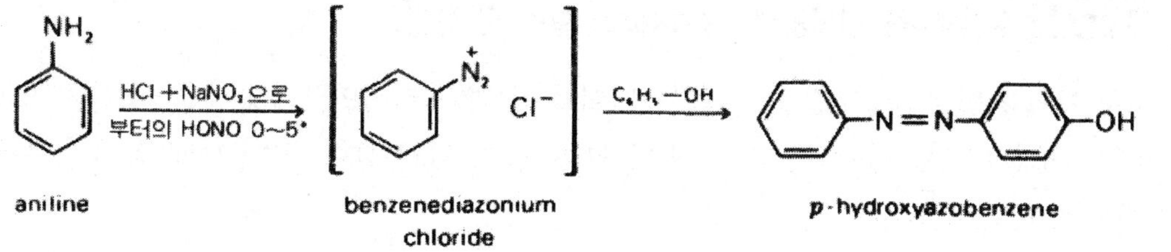
NH2
HCl + NaNO2 으로
부터의 HONO 0~5°
aniline
Cl−
benzenediazonium
chloride
C6H5—OH
N=N
OH
p-hydroxyazobenzene

디아조늄염과 페놀의 반응에 대한 타당한 메카니즘을 표기하여라. 앞에서 검토한 친전자적 방향족치환반응을 고려할 것.

2차의 방향족 아민은 지방족의 것과 마찬가지로, 아질산과의 반응으로 *N*-니트로소화합물을 생성한다.

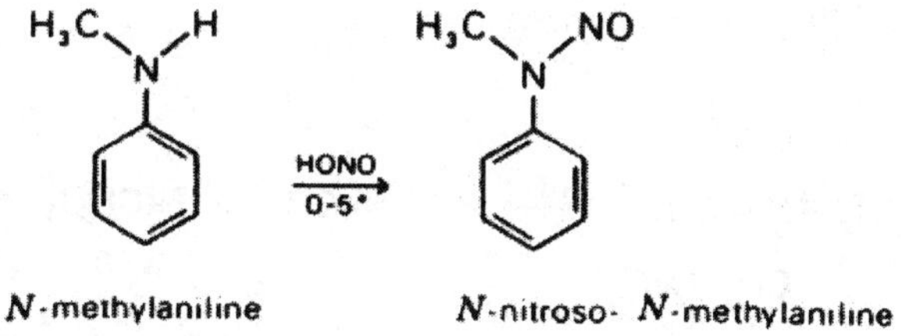
H3C
H
N
HONO
0-5°
NO
N-methylaniline
N-nitroso- N-methylaniline

3차의 방향족 아민은, 방향족이 디알킬아미노기와 같은 강한 전자공여성 치환기를 갖는 경우를 제외하고는, 아질산과 반응하지 않는다. 이들의 경우, 생성물은 C-니트로소화합물로서, 이것은 상당히 약한 친전자시약인 **니트로소늄이온**(NO^+)의 친전자적 공격으로 생성한다. 만일, 파라위치가 채워져 있으면, 오르토위치를 공격하는 수도 있으리라 믿는다. 메타치환은, 거의 혹은 전혀 관찰되지 않는다.

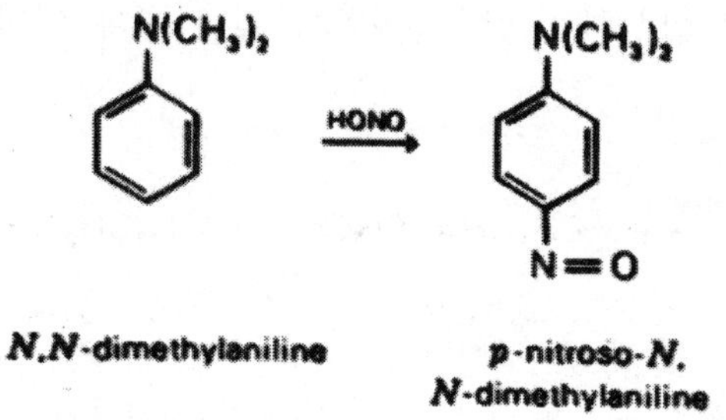
N(CH3)2
HONO
N(CH3)2
N=O
N,N-dimethylaniline
p-nitroso-N,
N-dimethylaniline

16-11 수산화4차 암모늄의 Hofmann 탈리(분해)반응

3차 아민을 할로겐화알킬(요오드화메틸이 보통)과 처리하면, 그에 상당하는 4차 할로겐화(요오드화)암모늄을 생성한다. 이들의 염은, 습기 있는 산화은(Ag_2O)과의 처리로서 수산화물로 변화시킬 수가 있다.

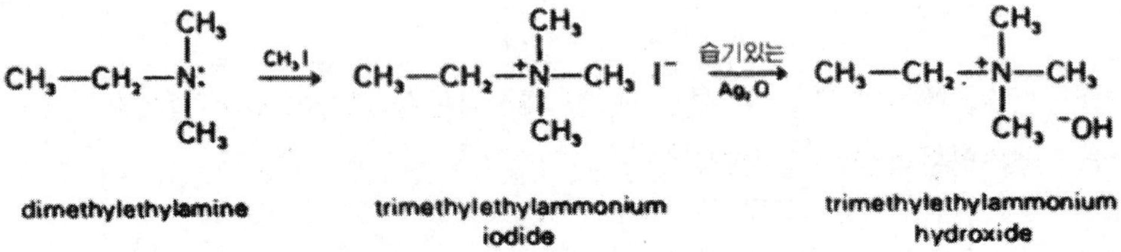
CH₃I
습기있는
Ag₂O
dimethylethylamine
trimethylethylammonium iodide
trimethylethylammonium hydroxide

이들의 4차 수산화암모늄의 열분해(약 140℃에서)는 온화하게 진행하며, 올레핀과 3차 아민을 생성한다. 이것을 Hofmann 탈리반응 혹은 분해반응이라고 말한다. 반응은 E_2탈리로서 진행하며, 수산이온이 β-수소를 공격한다.

전반응 :

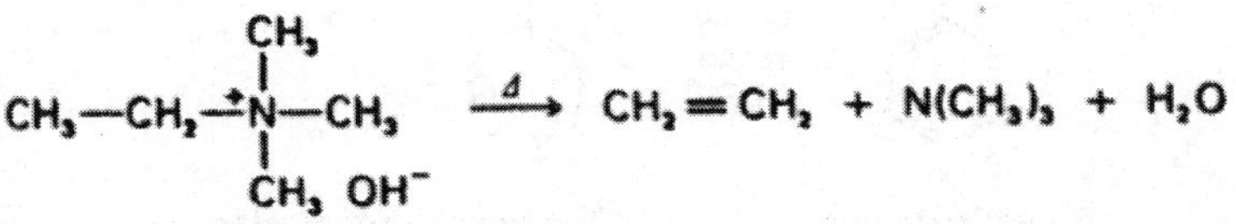

반응메카니즘 :

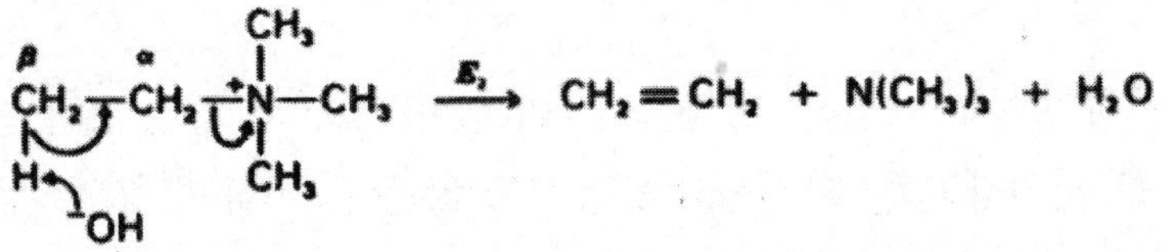

새로 생성한 3차 아민은 훌륭한 탈리기이다. 알켄의 생성에 몇 가지의 가능성이 있는 경우에는, 공명에 의한 안정화를 받는 것과 같은 올레핀의 가능성이 발생하는 경우를 제외하고, 가장 치환기가 적은 올레핀, 즉 CH_2=CH_2이 일반적으로 주생성물이다. 이것을, 가장 많이 치환된 올레핀이 생성하는 할로겐화알킬의 염기에 의한 탈할로겐화수소(4-2절)와 비교할 것.

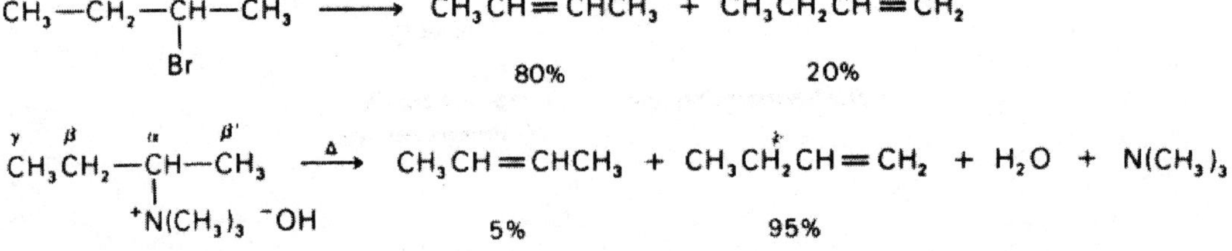
NaOEt
80%
20%
5%
95%

이 반응의 과정에서는 3가지의 인자가 중요하다 : (1) 올레핀의 안정성, (2) 제거된 β-수소의 산성도, 및 (3) 전이상태에 있어서 입체적 상호작용, 에틸렌의 우선적인 탈리는 아마, β-수소의 산성도에 대한 유도효과보다는, 오히려 입체효과에 기인하리라고 생각된다. 아래의 예에서는, 방향족과 이중결합의 공명이 전이상태와 생성물의 양쪽을 안정화시키고 있다. β-프로톤의 산성도도 또한 증가하고 있다.

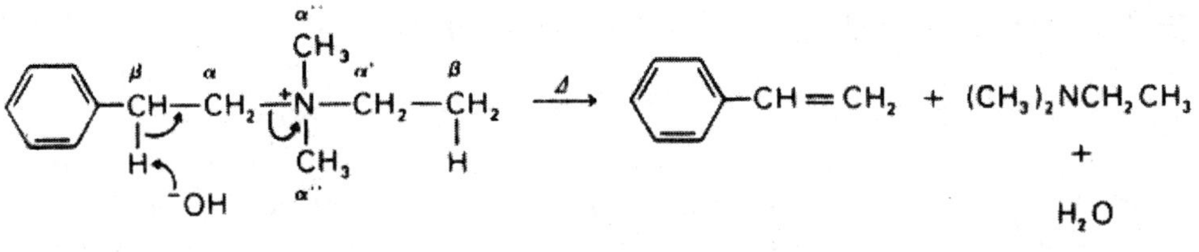
CH=CH₂ + (CH₃)₂NCH₂CH₃
+
H₂O

많은 예에 의해서, 반응이 트란스성인 것을 알 수 있다. 아래의 2가지의 예를 표시한다.

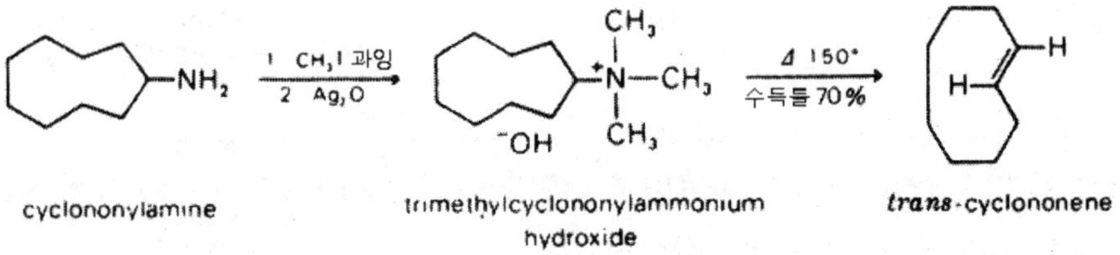
1 CH₃I 과잉
2 Ag₂O
Δ 150°
수득률 70%
cyclononylamine
trimethylcyclononylammonium hydroxide
trans-cyclononene

반응은 협주적이며, 1단계로서 일어난다. 출발물질과 생성물의 어느 쪽도 이성화하지 않는 조건하에서, 반응은 trans 탈리로서 진행한다. 즉, 시클로노닐아민은, trans-시클로노넨을 생성하며, 또한, 디페닐화합물의 트레오이성체는 trans형을 생성하는데 반해서, 에리트로이성체는 cis-α-메틸스틸벤을 생성한다.

많은 천연물은 아미노기로서 질소를 함유하고 있기 때문에, 연속적인 Hofmann 분해의 결과로부터, 원래의 화합물의 구조에 관한 정보를 얻을 수가 있다.

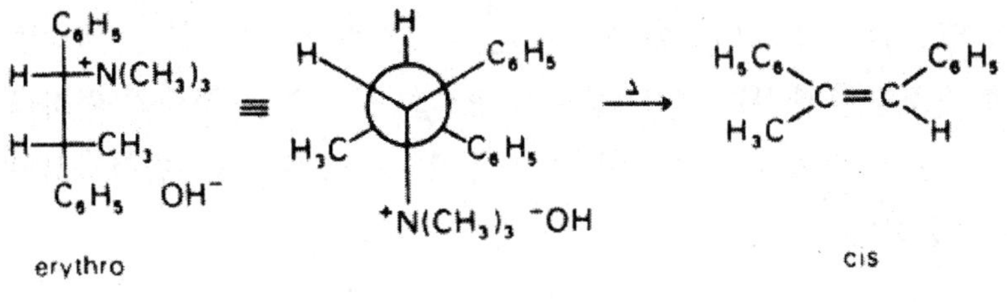
erythro
cis

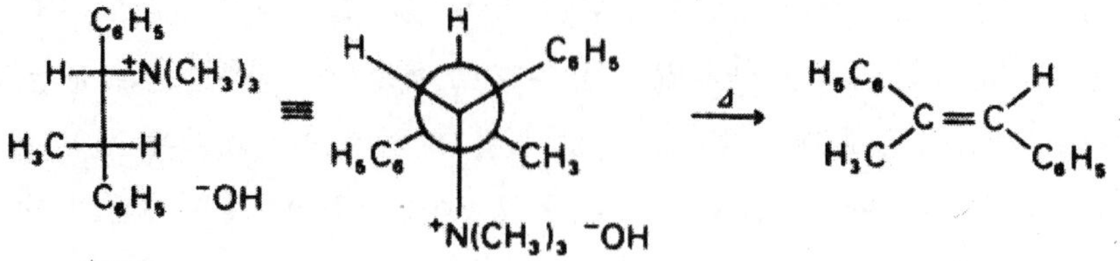

threo　　　　trans

다음에 표시한 것 이외에, 많은 알칼로이드에서 이러한 일련의 반응이 행하여졌다.

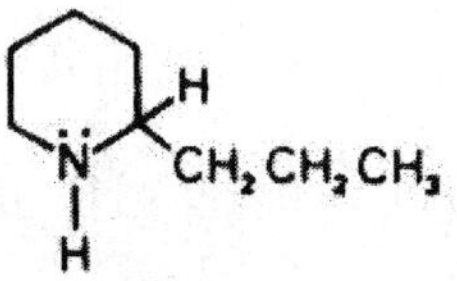

coniine
독미나리(hemlock)의 독

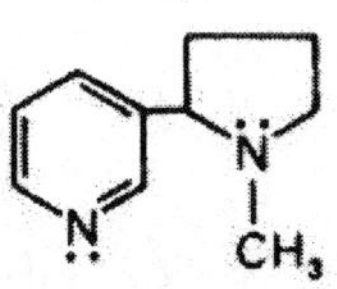

nicotine
담배알칼로이드

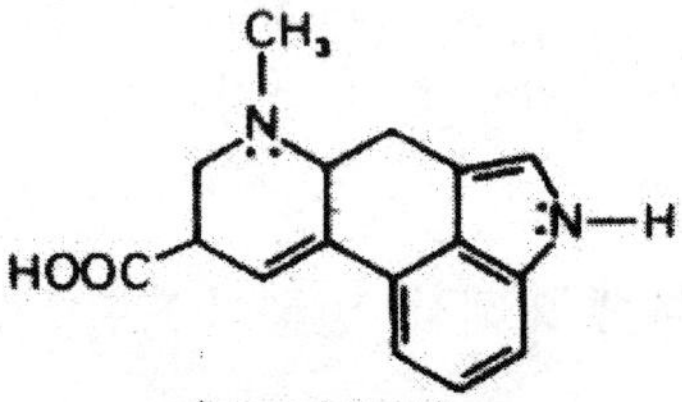

lysergic acid
맥각으로부터 (LSD는, 천연물이 아니고 그의 디에틸아미드이다)

1. 1,11-도데카디엔은 1,12-디아미노도데칸으로부터 65%의 수득률로서 합성된다. 이 합성 과정의 개략을 설명하여라
2. 코니인에 대해서, 연속의 Hofmann 탈리로부터 기대되는 결과를 표시하여라.
3. 수산화트리메틸시클로프로필암모늄을 325℃로 가열하여, 생성하는 증기를 브롬에 흡수시키면, 1,2-디브로모시클로프로판을 생성한다. 이 실험의 의미는 무엇인가?

16-12 친전자적 방향족치환반응

방향족 아민의 질소원자상의 비공유전자쌍은 공명효과에 의하여, 특히, 오르토위치와 파라위치에서 방향환의 전자밀도를 현저하게 증가시킨다. 디메틸아미노기[$-N(CH_3)_2$]는 친전자적 방향족치환에 대해서 가장 강하게 활성화를 미치는 치환기의 하나이다. 니트로소늄이온(NO^+) 및 방향족 디아조늄이온($Ar-N2^+$)과 같은 약한 친전자시약일지라도, 방향족 아민과 반응한다.

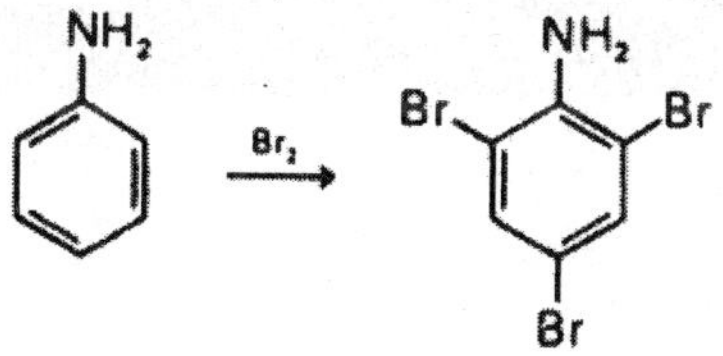
NH₂
Br₂
NH₂
Br
Br
Br

페놀 및 1차 아민과 같은 π-전자밀도가 높은 방향족 화합물은, Cr(VI) 및 HNO_3와 같은 시약에 의한 산화를 특히 받기 쉽다. 생성하는 생성물을 **퀴논**이라고 말한다.

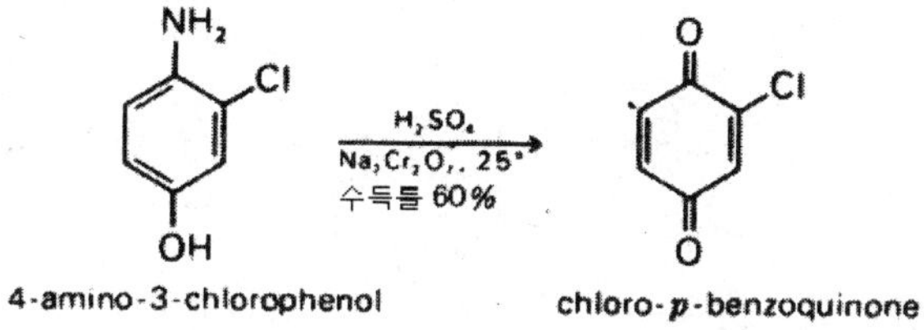
NH₂
Cl
OH
H₂SO₄
Na₂Cr₂O₇, 25°
수득률 60%
O
Cl
O
4-amino-3-chlorophenol
chloro-p-benzoquinone

$-OH$ 및 $-NH_2$기를 보호하면, 니트로화와 같은 변환이 가능해진다.

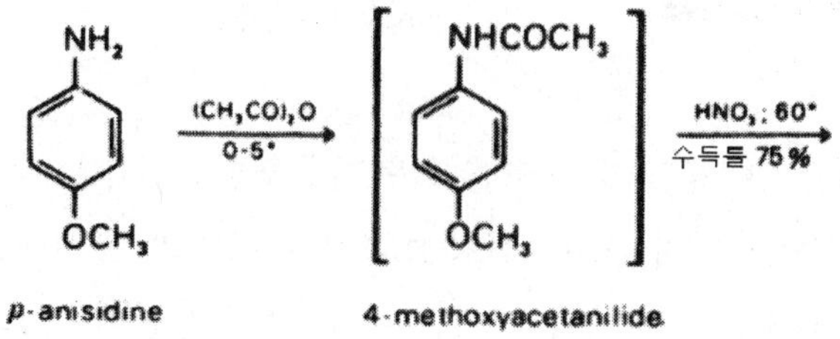
NH₂
OCH₃
(CH₃CO)₂O
0-5°
NHCOCH₃
OCH₃
HNO₃; 60°
수득률 75%
p-anisidine
4-methoxyacetanilide

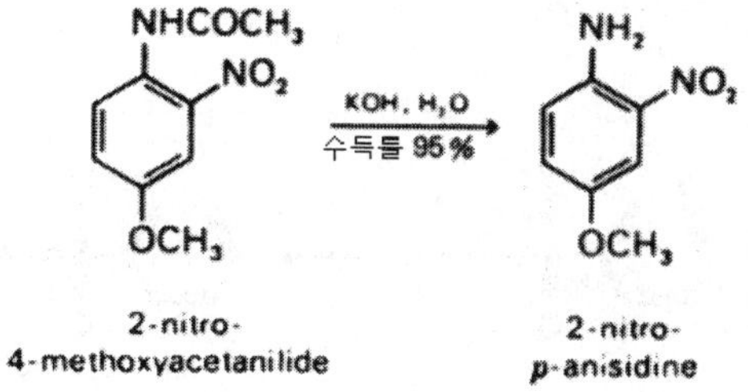
NHCOCH₃
NO₂
OCH₃
KOH, H₂O
수득률 95%
NH₂
NO₂
OCH₃
2-nitro-
4-methoxyacetanilide
2-nitro-
p-anisidine

06 정성분석

16-13 Hinsberg 시험

1차 및 2차 아민은 염화벤젠술포닐(Ar−SO_2−Cl)과 반응하여 벤젠술폰아미드(Ar−SO_2−NHR 혹은 Ar−SO_2−NR_2)를 생성한다. 이 반응은, 카르복실산염화물과의 처리로서 카르복실산의 아미드를 생성하는 경우, (R−NH_2+Ar−CO−Cl → Ar−CO−NHR)과 유사한 것으로서, 생성하는 HCl을 중화하기 위하여, 염기성용액 중에서 행한다.

1차 아민 : $R{-}\ddot{N}H_2 \xrightarrow[OH^-]{C_6H_5SO_2Cl} C_6H_5SO_2\bar{N}{-}R\ Na^+ \xrightarrow{H^+} C_6H_5SO_2NHR\downarrow$

염기에 가용 　　　 산에 불용

2차 아민 : $R_2\ddot{N}H \xrightarrow[OH^-]{C_6H_5SO_2Cl} C_6H_5SO_2NR_2\downarrow$

염기에 불용

3차 아민 : $R_3\ddot{N} \xrightarrow[OH^-]{C_6H_5SO_2Cl}$ N.R., 그러나 가끔 염이 생성하며, 중화하면 아민을 재생한다

미지의 아민을 염기성수용액 중에서 염화벤젠술포닐과 처리하면, **가용성**의 1차 아민의 벤젠술폰아미드가 얻어지든지, 또는 **불용성**의 2차 아민의 벤젠술폰아미드유도체가 얻어진다. 3차아민은 유도체를 생성하지 않지만, 3차 아민의 염이 가끔 생성한다. 카르복스아미드와 달리, 1차의 벤젠술폰아미드의 수소는, 인접한 전자흡인성의 유황과 산소가 음이온을 안정화시키기 때문에 비교적 산성이다.

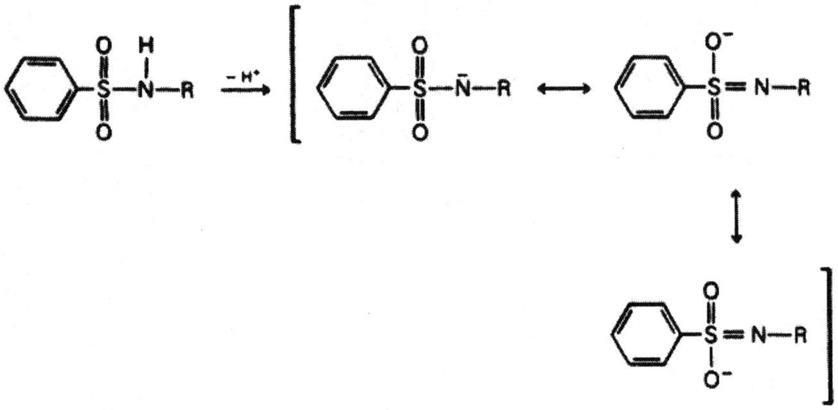

1차 아민의 경우 균일한 반응 혼합물을 산성으로 조절하면, 불용성의 1차 아민의 벤젠술폰아미드를 생성한다. Hinsberg 시험은 아민의 종류의 결정과 1차, 2차 및 3차 아민의 분리에 이용할 수 있다. 아민은 벤젠술폰아미드의 염기에 의한 가수분해로 재생된다.

07 방향족디아조늄염

16-14 방향족계에의 관능기의 도입

이제까지 설명한 반응의 대부분은, 방향족기질과 시약으로부터 새로운 관능기를 갖는 방향족계를 제조하는 직접적인 합성이다. 친전자적 방향족 치환반응의 전계열을 생각해보자(제7장). 그러나, 대부분의 경우, 이와 같은 직접적인 반응에 필요로 하는 조건은, 이미 존재하는 다른 관능기와 각종의 중대한 부반응을 일으키며, 또한 다른 경우에는, 이미 존재하는 기로 인하여 치환기를 희망하는 위치에 도입할 수 없다. 때로는, 배향성의 영향 또는 불활성화 때문에 공격이 완전히 방해된다. 이들의 곤란은, 니트로기의 도입에 의하여, 가끔 극복할 수 있다. 즉, 이들을 환원하여 아미노기로 조제하여 분자에 다른 변환을 일으키고, 그 후 아미노기를 제거하든지, 혹은 디아조늄염을 거쳐, 다른 관능기로 치환한다. 디아조늄염은 유기합성에 있어서 중요한 합성중간체이며, 아조염료(16-15절 참조)라고 하는 일군의 화합물의 합성에 광범위한 용도가 발견되고 있다. 하나의 주의해야할 예외가 있지만, 방향족 디아조늄염(Ar−N2^{+})은 건조했을 때 격렬하게 폭발하기 때문에 단리되어 있지 않은 것이다. 염화벤젠디아조늄은 벤젠으로부터 합성된다.

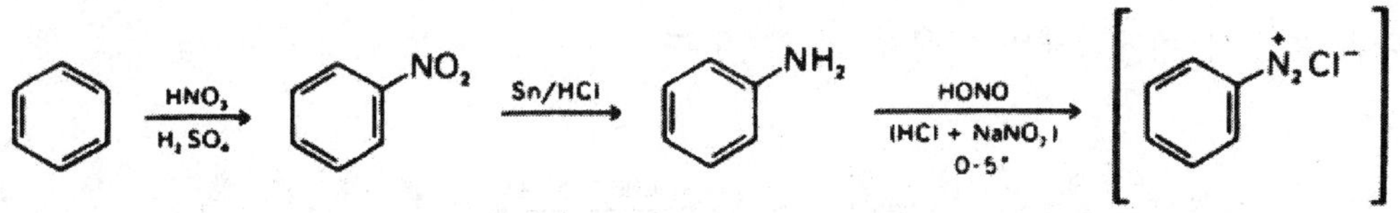
HNO₃
H₂SO₄
NO₂
Sn/HCl
NH₂
HONO
(HCl + NaNO₂)
0-5°
N₂ Cl⁻

표 16-5에, 이들의 디아조늄염의 전형적인 변환을 표시하였다. 아래에 이들에 대해서 설명한다.

수소(−H) : 아미노기(또는 니트로기)는 가끔, 분자에 활성화(또는 불활성화)효과를 가져오며, 또한 희망하는 위치에 치환을 일으키기 위하여 사용된다. 이 목적에 사용한 후, 아미노기를 디아조화하고, 그 후 하이포인산(hypophosphorous acid, H_2PO_2)의 수용액으로 처리하여 디아조늄기를 수소원자로서 바꿀 수가 있다. 이 합성 경로의 두드러진 예는, 톨루엔으로부터 m-브로모톨루엔의 합성이다. 톨루엔의 직접적 브롬화는, 거의 모두 오르토 및 파라브로모이성체의 혼합물을 생성한다. 그러나, 디아조늄염의 반응은, 아미노기를 배향성에 대한 영향력으로서 사용한 후 제거할 수 있다.

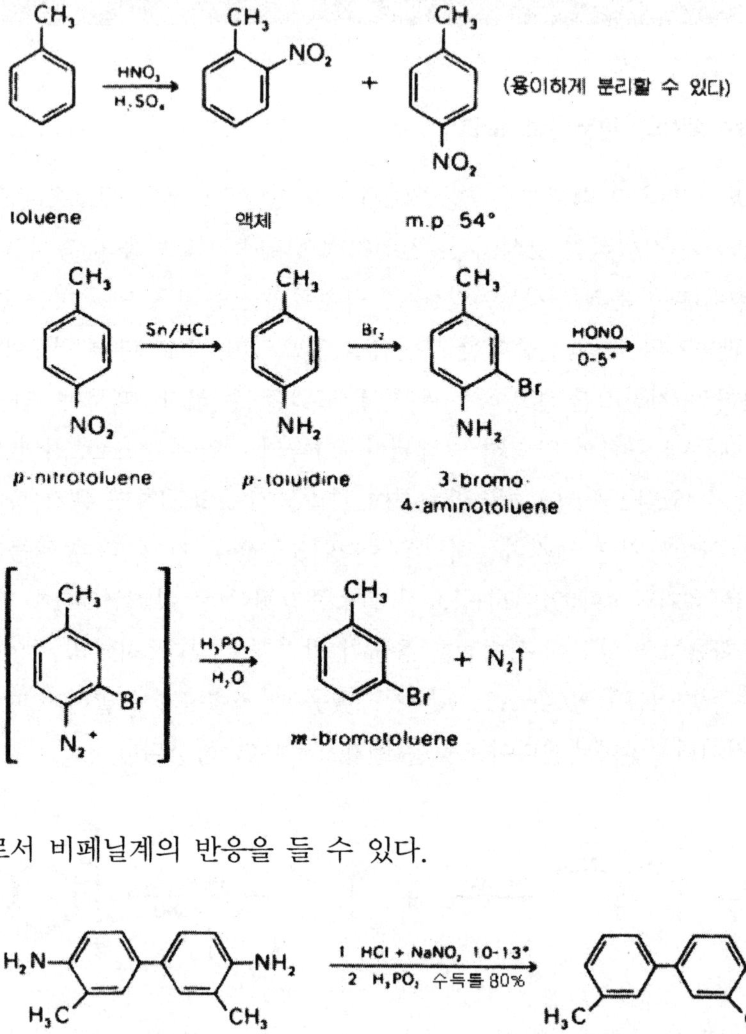
HNO₃
H₂SO₄
(용이하게 분리할 수 있다)
toluene
액체
m.p 54°
Sn/HCl
Br₂
HONO
0-5°
p-nitrotoluene
p-toluidine
3-bromo-4-aminotoluene
H₃PO₂
H₂O
+ N₂↑
m-bromotoluene

다른 예로서 비페닐계의 반응을 들 수 있다.

1 HCl + NaNO₂ 10-13°
2 H₃PO₂ 수득률 80%
o-tolidine
3,3'-dimethylbiphenyl

표 16-5 디아조늄염의 반응

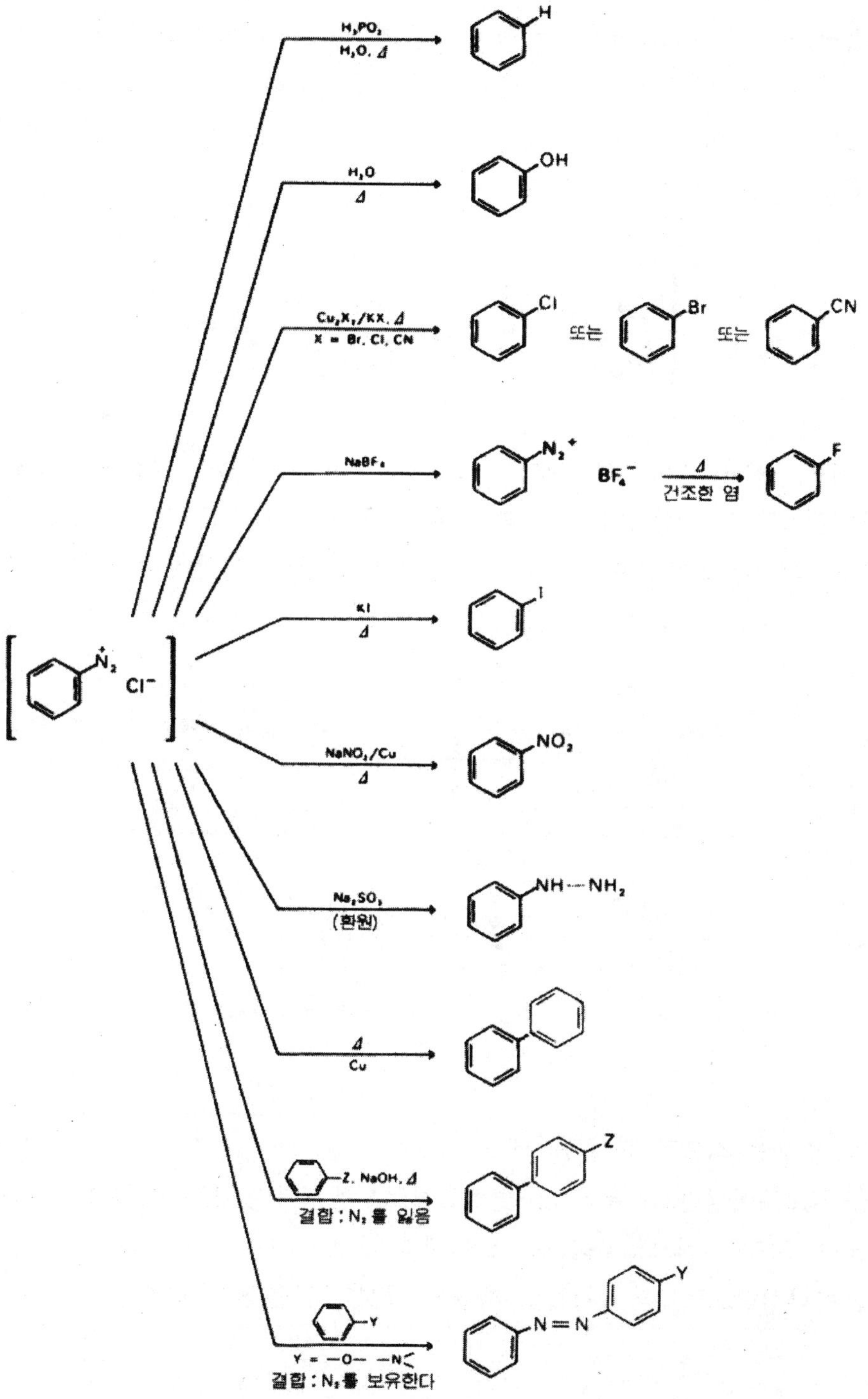
H3PO2
H2O, Δ
H
H2O
Δ
OH
Cu2X2/KX, Δ
X = Br, Cl, CN
Cl
또는
Br
또는
CN
NaBF4
N2+
BF4−
Δ
건조한 염
F
Cl−
KI
Δ
I
NaNO2/Cu
Δ
NO2
Na2SO3
(환원)
NH—NH2
Δ
Cu
Z
Z, NaOH, Δ
결합 : N2를 잃음
Y
Y = —O— —N<
결합 : N2를 보유한다
N=N

m-아미노벤조산으로부터 2,4,6-트리브로모벤조산의 합성 방법을 생각하여라.

수산기(-OH) : 디아조늄염의 수용액을 끓이면, 용이하게 페놀로 변한다. 페놀의 이 합성법을 전에 설명한 다른 2가지의 방법, 즉 (1) 술폰산염의 용융(이것은 격렬한 조건하에서 일어난다), (2) 수산이온에 의한 방향족 할로겐화물의 친핵적 치환(이것은 특정의 치환형식을 필요로 한다)과 비교할 것.

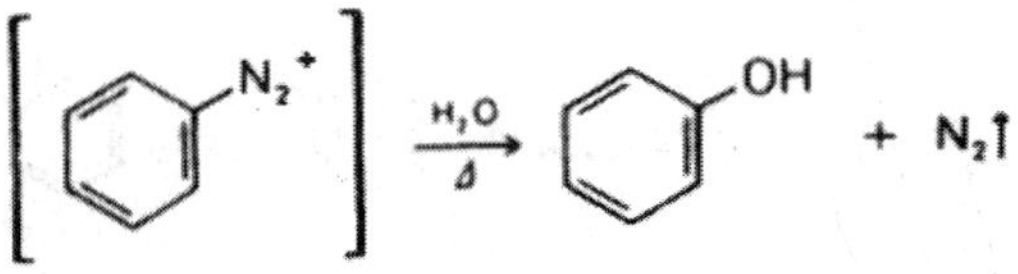
N_2^+
H_2O
Δ
OH
+ N_2↑

-Cl, -Br, -CN : 염소, 브롬 및 시아노기는, 디아조늄염을 적당한 구리(I)염 및 알칼리금속의 염 혹은 그에 상당하는 HX와 더불어 가열하는 디아조늄염 반응으로 도입할 수 있다. 요오드와 플루오르원자는, 다른 시약을 필요로 한다. 이것에 대해서는 다음 절에서 설명한다.

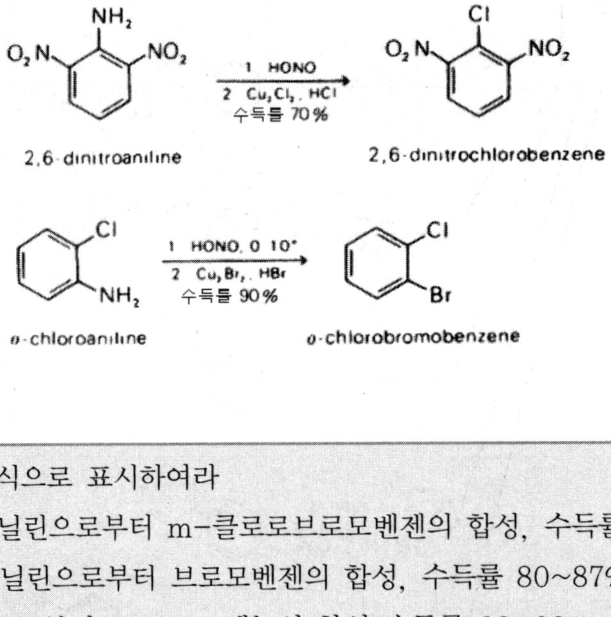
NH_2
O_2N
NO_2
1 HONO
2 Cu_2Cl_2, HCl
수득률 70%
Cl
O_2N
NO_2
2,6-dinitroaniline
2,6-dinitrochlorobenzene
Cl
NH_2
1 HONO, 0 10°
2 Cu_2Br_2, HBr
수득률 90%
Cl
Br
o-chloroaniline
o-chlorobromobenzene

다음의 반응을 식으로 표시하여라
1. m-클로로아닐린으로부터 m-클로로브로모벤젠의 합성, 수득률 91~94%
2. m-브로모아닐린으로부터 브로모벤젠의 합성, 수득률 80~87%
3. o-아니시딘으로부터 o-브로모페놀의 합성 수득률 88~93%

플루오르(−F) : 일반적으로 디아조늄염은 수용성화합물로서, 건조하면 격렬하게 폭발한다. 그러나, 플루오르화붕소산의 염($ArN_2^+BF_4^-$)은 예외적으로 물에 불용이며, 보통, 안전하게 단리 할 수가 있다. 염화물과 같은 디아조늄염은, 염산용액 중에서 아민을 아질산나트륨의 냉각한 용액과 처리하는 통상의 방법으로 합성된다. 플루오르화붕소산염은, 플루오르화붕소산의 나트륨염을 가하면, 침전물로서 얻어진다. 이 침전물을 분리하여, 일정의 분해점에 이르기까지 재결정에 의하여 정제하고, 건조하여 열분해 시킨다. 질소와 삼플루오르화붕소가 기체로서 발생한다. 후자는 재차 반응에 사용된다.

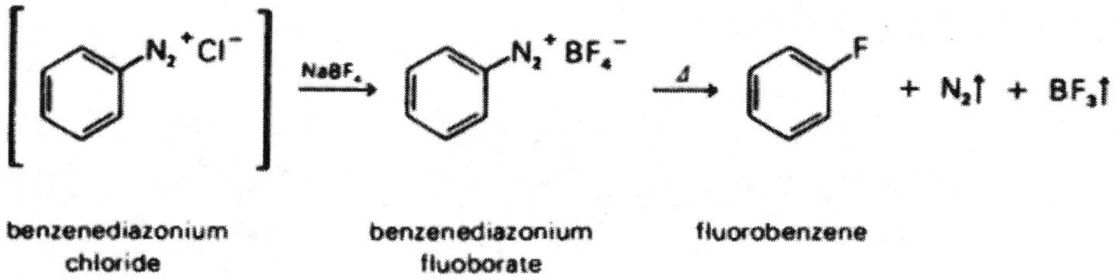
N₂⁺Cl⁻
NaBF₄
N₂⁺ BF₄⁻
Δ
F
+ N₂↑ + BF₃↑
benzenediazonium chloride
benzenediazonium fluoborate
fluorobenzene

$BF_3 + NaF \longrightarrow NaBF_4$

방향환에 니트로기가 있는 경우는, 열분해는 가끔 폭발적이다. 이 경우, 모래 또는, 다른 불활성인 물질을 조절제로서 사용하여, 가끔, 디아조늄염을 희석하고 있다.

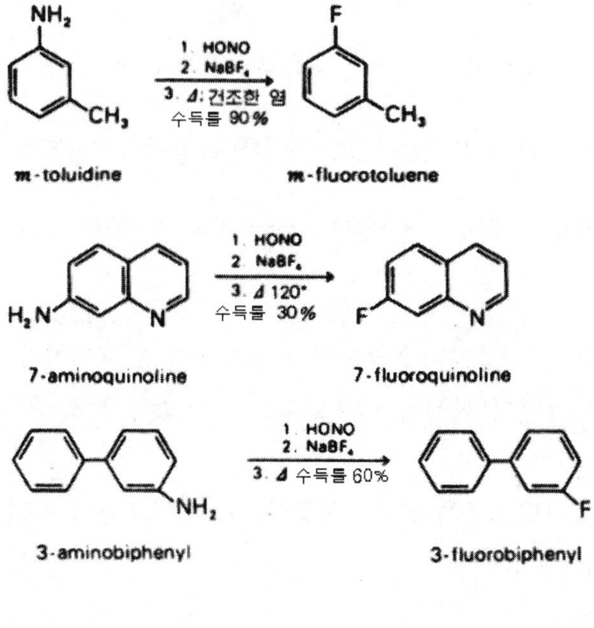
NH₂
CH₃
1. HONO
2. NaBF₄
3. Δ; 건조한 염
수득률 90%
F
CH₃
m-toluidine
m-fluorotoluene
H₂N
N
1. HONO
2. NaBF₄
3. Δ 120°
수득률 30%
F
N
7-aminoquinoline
7-fluoroquinoline
NH₂
1. HONO
2. NaBF₄
3. Δ 수득률 60%
F
3-aminobiphenyl
3-fluorobiphenyl

<u>**요오드(−I)**</u> : 요오드원자는, 디아조늄염 용액을 요오드화칼륨과 처리하여 도입할 수 있다.

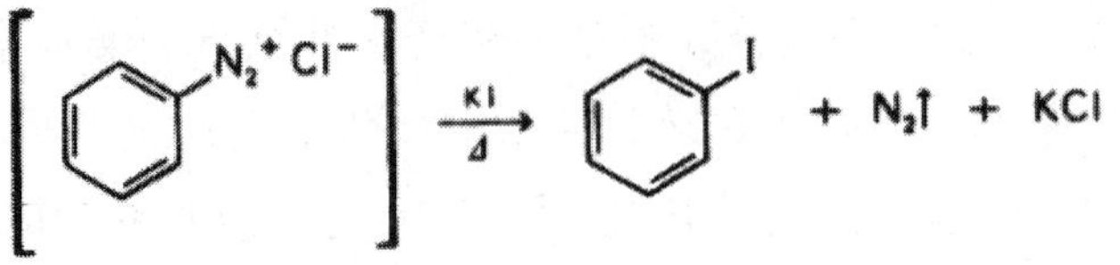
N₂⁺ Cl⁻
KI
Δ
I
+ N₂↑ + KCl

니트로기($-NO_2$) : 니트로기 그 자체도 디아조늄염반응에 의하여 도입할 수가 있다. 그러나, **가능하면, 일반적으로, 직접적 니트로화쪽이 보다 좋은 방법이다.** 나프탈렌계의 예에서 이들의 방법을 표시한다.

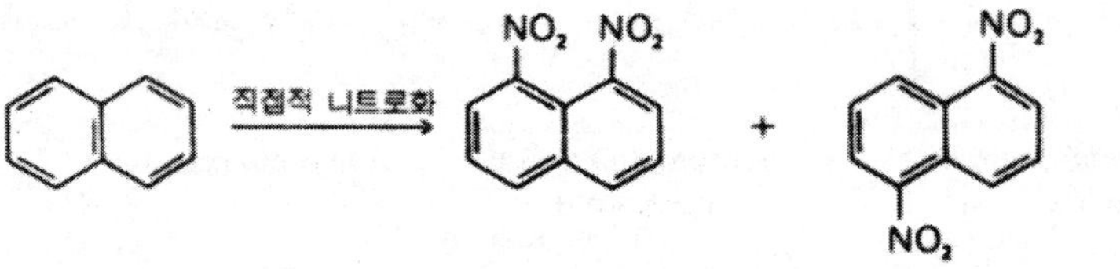
NO₂ NO₂
NO₂
직접적 니트로화
+
NO₂

naphthalene 1,8-dinitronaphthalene 1,5-dinitronaphthalene

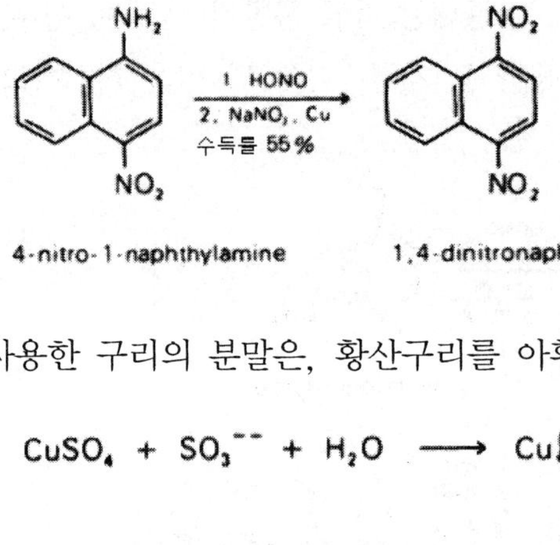
NH₂
NO₂
1. HONO
2. NaNO₂, Cu
수득률 55%
NO₂
NO₂

4-nitro-1-naphthylamine 1,4-dinitronaphthalene

이 반응에 사용한 구리의 분말은, 황산구리를 아황산나트륨으로 환원하여 제조한다.

$$CuSO_4 + SO_3^{--} + H_2O \longrightarrow Cu\downarrow + 2SO_4^{--} + 2H^+$$

> 나프탈렌으로부터 4-니트로나프틸아민의 합성법을 표기하여라.
> **주의** : α-나프틸아민의 직접적 니트로화는, 나프토퀴논을 생성하리라고 믿는다.

$-NH-NH_2$: 아황산나트륨은 또한, 직접적으로 디아조늄염을 환원하여, 그에 상당하는 페닐하이드라진을 생성한다.

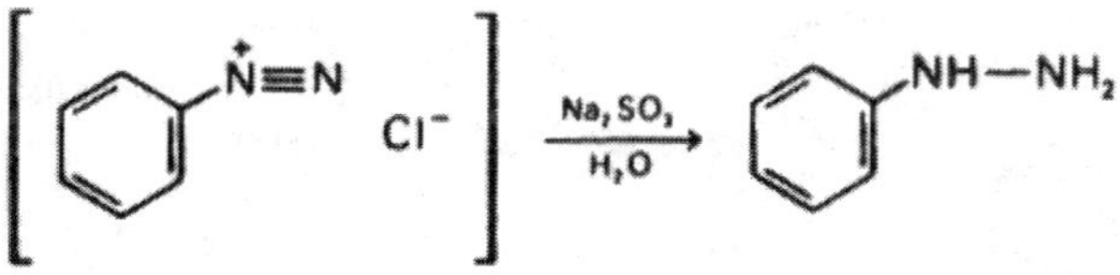
Cl⁻
Na₂SO₃
H₂O
NH—NH₂

페닐기 : 할로겐화아릴을 분말화한 금속구리와 가열해도 합성되는(Ullmann 반응) 대칭적인 비페닐은, 디아조늄염을 분말화한 구리와 가열하면 얻어진다. 디아조늄염의 분해에 사용되는 구리의 다른 하나의 일반적인 합성법은 황산구리를 하이드록실아민으로 환원하는 것이다.

$$Cu^{++} + 2H_2N{-}OH \longrightarrow Cu\downarrow + N_2\uparrow + 2H_2O + 2H^+$$

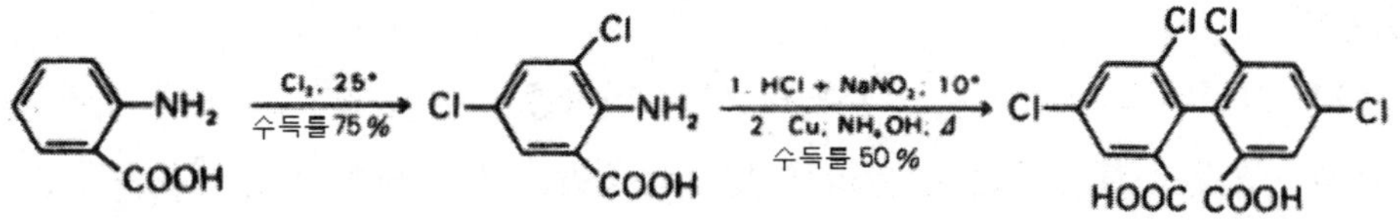
Cl₂, 25°
수득률 75 %
1. HCl + NaNO₂; 10°
2. Cu; NH₄OH; Δ
수득률 50 %

anthranilic acid　　3,5-dichloro-2-aminobenzoic acid　　D,L-4,4',6,6'-tetra-chlorodiphenic acid

파라치환비페닐 : 파라치환비페닐은, 치환벤젠의 존재하에서 디아조늄염을 분해시켜 합성한다. 이 구리촉매에 의한 결합은 염기성용액 중에서 일어나며, 질소를 **방출**한다.

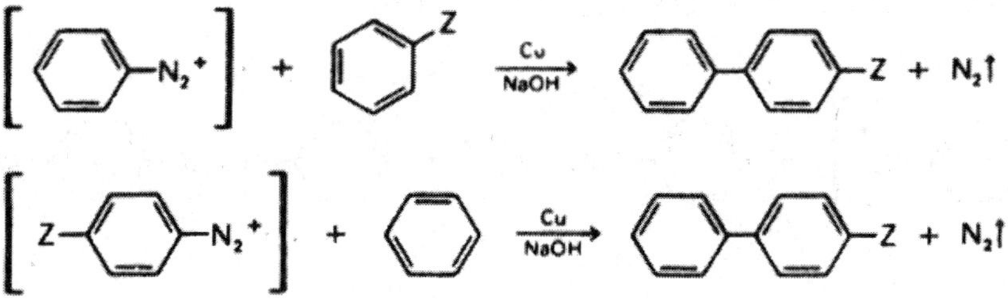
Cu
NaOH
Z + N₂↑

16-15 디아조늄이온의 결합반응

아조결합(−N=N−)을 갖는 화합물은, $-NR_2$ 또는 −OH, $-O^-$와 같은 강한 전자공여성 치환기를 갖는 방향족분자와 디아조늄염과의 결합(coupling)으로 생성한다. 이 반응의 상업적 중요성은 염료 및 다른 색소의 합성에 있다. 질소−질소 이중결합에 관한 *cis-trans* 이성화의 가능성에 주의할 것.

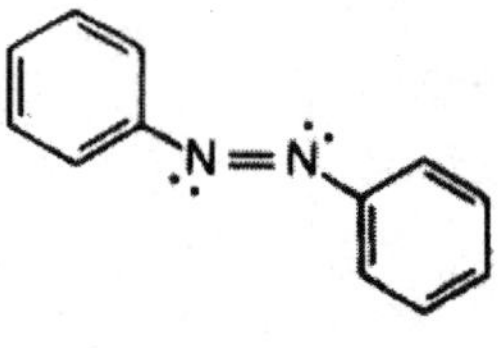

trans-azobenzene

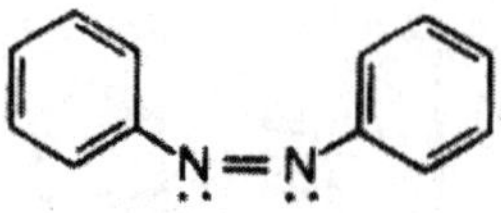

cis-azobenzene

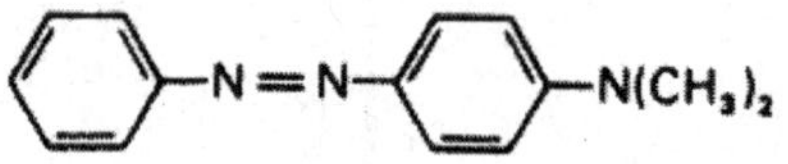

p-dimethylaminoazobenzene
(버터 옐로우) 발암성

아민 또는 페놀과 디아조늄이온과의 결합을 일으키기 위해서는, 그 용액의 산성도가 결정적이다. **아민**은 보통 암모늄이온($-N^+R_2H$)보다도 오히려 아민($-NR_2$)이 상당한 농도로서 존재하고 있는 약산성용액(pH 6~7)에서 결합한다. 한편, **페놀**은 일반적으로, 약염기성용액(pH 7~8)에서 결합한다. 이 경우, 페놀(-OH)보다 오히려, 페녹사이드이온($-O^-$)이 반응한다.

또 하나의 고려해야 할 요소는, 디아조늄염의 화학종의 성질이다. 수용액 중에서는 디아조늄이온과, 그것에 대응하는 수산화물 및 그 음이온간의 평형이 존재하고 있다.

$$[ArN_2^+] \rightleftharpoons [ArN{=}N{-}OH] \rightleftharpoons [Ar{-}N{=}N{-}O^-]$$

diazonium ion　　diazohydroxide　　diazotate ion

디아조늄이온만이 가장 강한 친전자적 화학종이기 때문에, 커플링이 일어나기 위한 효과로서는, 상당한 농도로서 존재하지 않으면 안 된다.

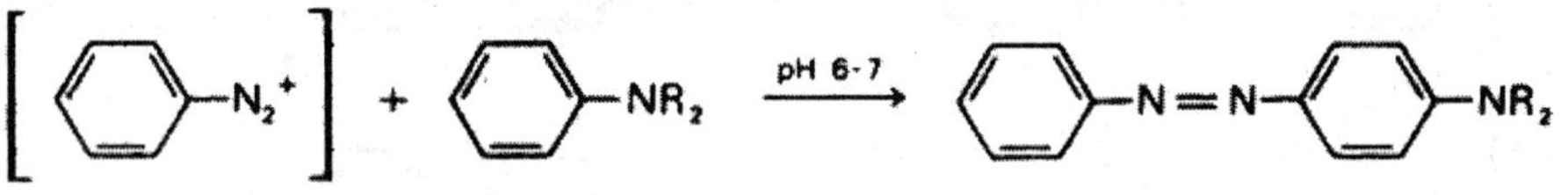
N2+
NR2
pH 6-7
N=N
NR2

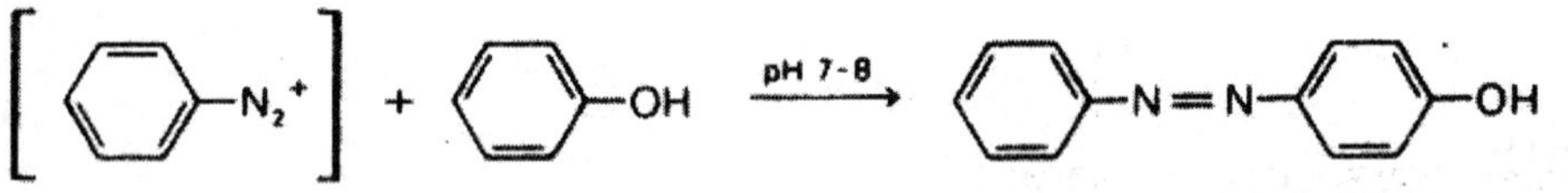
N2+
OH
pH 7-8
N=N
OH

■참고문헌■

·정성시험과 반응

Baumgarten, R. J : Aliphatic Deaminations in Organic Synthesis, *J. Chem. Educ.*, 43, 398(1966). $R-NH_2 \rightarrow R-Y$ 형식의 반응을 검토하고 있다.

Fanta, P. E., and C. S. Wang : Limitation of the Hinsberg Method for Primary Amines, *J. Chem. Educ.*, 41, 280(1964).

Frigerio, N. A. : The Coupling of Diazonium Salts, *J. Chem. Educ.*, 43, 142(1966).

Hein, G. E. : The Reaction of Tertiary Amines with Nitrous Acid, *J. Chem. Educ.*, 40, 181(1963).

Valentine, J. L., J. B. Entriken, and M. W. Hanson : A Test for the Subclasses of Aliphatic Amines, *J. Chem. Educ.*, 41, 569(1964).

Weiss, H. M. : Selective Reaction of Dinitro Compounds, *J. Chem. Educ.*, 43, 384(1966). 황화암모늄에 의한 방향족니트로화합물의 환원을 검토하고 있다.

·기타

Brown, H. C. : The Chemistry of Molecular Shapes, *J. Chem. Educ.*, 36, 424(1959). 입체효과와 아민의 염기성도의 실측치와를 관련시키고 있다.

Idoux, J. P. : Conformational Analysis and Chemical Reactivity, *J. Chem. Educ.*, 44, 495(1967). 아민의 탈리반응으로부터의 생성물의 입체화학적 예측.

Plummer, A. J. and F.F. Yonkman : Antihypertensive and Diuretic Agents : Past, Present and Future, *J. Chem. Educ.*, 37, 179(1960). 몇 개의 질소를 갖는 화합물의 임상적 사용을 논하고 있다.

연습문제

1 다음의 각 반응은, 왜 주어진 생성물의 좋은 합성법이 아닌지를 설명하여라. 또한, 그 생성물을 고수득률, 더욱 고순도로서 합성하는 방법을 표기하여라. 필요한 어떤 출발물질을 사용해도 좋다.

*(a) $C_6H_5Cl \xrightarrow{NH_3} C_6H_5NH_2 + HCl$

*(b) $2\,C_6H_5\text{—}CH_2\text{—}CH_2\text{—}Br + 2NH_3 \longrightarrow (C_6H_5\text{—}CH_2\text{—}CH_2)_2N\text{—}H + 2HBr$

(c) $CH_3\text{—}CH_2\text{—}C(CH_3)_2\text{—}CH_2\text{—}NH_2 \xrightarrow{HONO} CH_3\text{—}CH_2\text{—}C(CH_3)_2\text{—}CH_2OH + N_2\uparrow + H_2O$

*(d) aniline $\xrightarrow{Br_2}$ m-bromoaniline (NH$_2$, Br) $+ HBr$

(e) toluene (CH_3) $\xrightarrow{F_2}$ p-fluorotoluene (CH_3, F) $+ HF$

*(f) p-dinitrobenzene (NO_2, NO_2) $\xrightarrow[HCl]{Sn}$ p-nitroaniline (NH_2, NO_2)

(g) $C_6H_5Br \xrightarrow{NH_2\text{—}NH_2} C_6H_5\text{—}NH\text{—}NH_2 + HBr$

(h) $C_6H_5\text{—}I + p\text{-}H_3C\text{—}C_6H_4\text{—}I \xrightarrow[\Delta]{Cu} C_6H_5\text{—}C_6H_4\text{—}CH_3 + CuI_2$

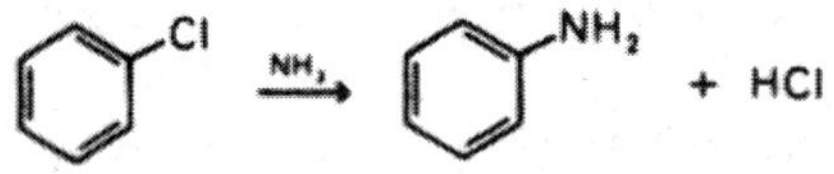

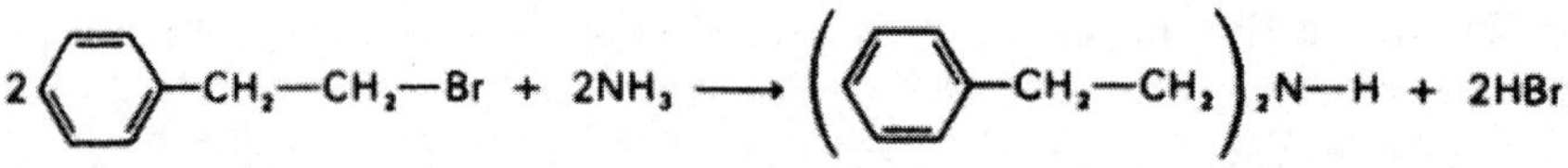

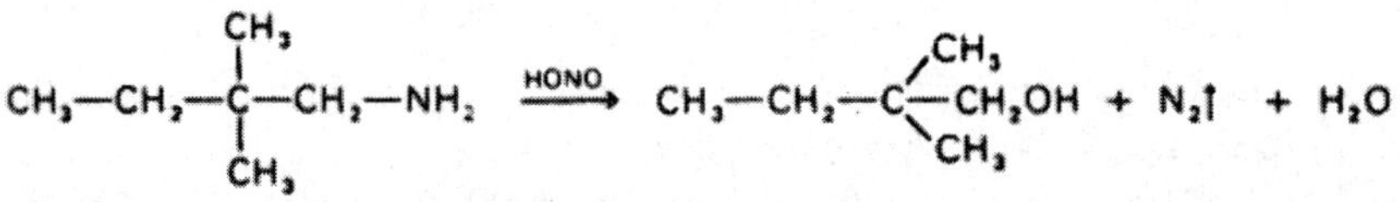

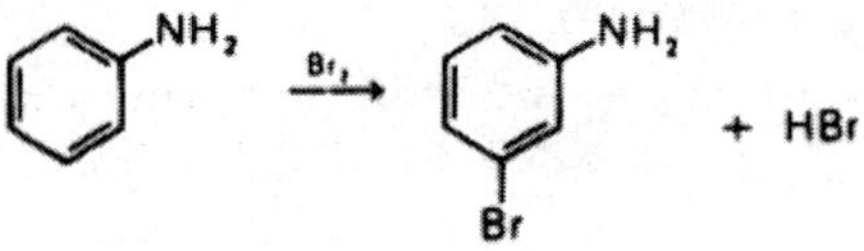

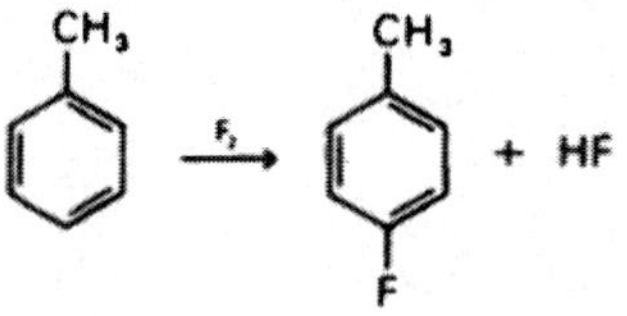

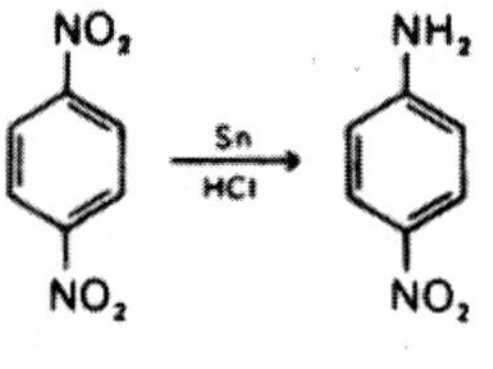

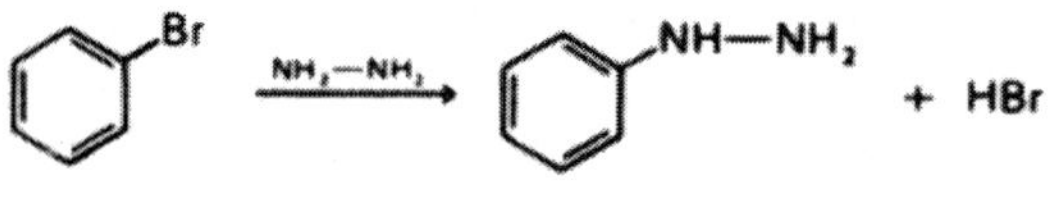

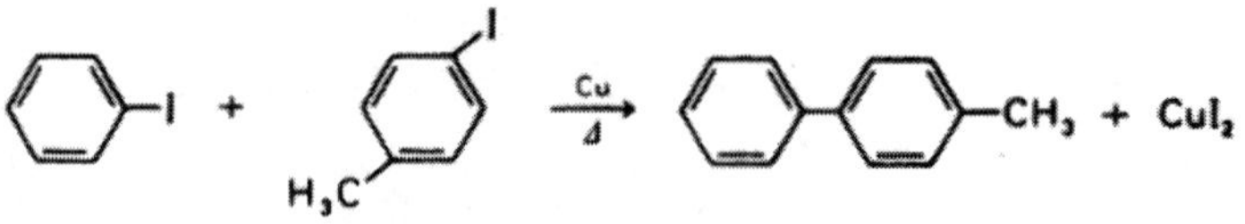

2 다음의 화합물을 염기성도가 감소하는 순서로 늘어 놓아라.

(a) 톨루엔, 벤질아민, 암모니아, 아세트이미드

*(b) *n*-프로필아민, 트리페닐아민, *p*-톨루이딘, 암모니아, 아세트이미드, 아세트아미드

*(c) *o*-크레졸, *o*-톨루이딘, *o*-메틸벤조산, 프탈이미드, *Po*-메틸벤질알코올

(d) 수산화테트라메틸암모늄, 수산화나트륨, *n*-부틸아민, 아닐린

3 출발물질을 명명하고, 생성물의 명칭 및 구조식을 표기하여라. 만일, 반응이 일어나지 않으면 N.R.이라고 써라. 만일, 반응이 일어나면 메카니즘을 표시하고, 그들을 어구 또는 몇 개의 단어로써 표시하여라.

(a)

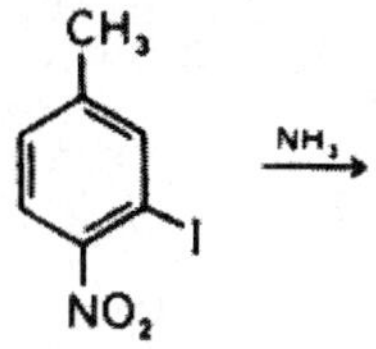
CH₃
I
NO₂
NH₃

*(b)

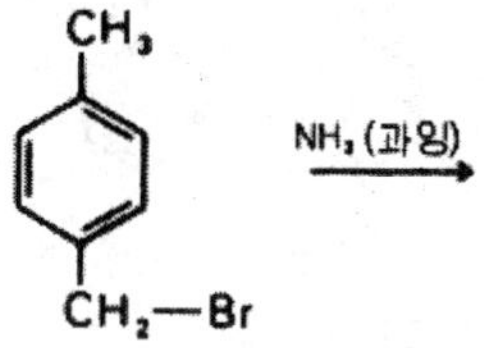
CH₃
CH₂—Br
NH₃ (과잉)

(c)

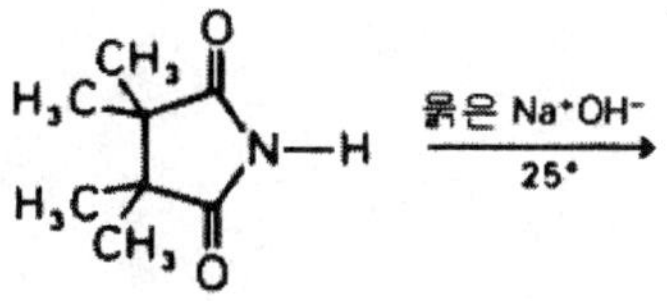
묽은 Na⁺OH⁻
25°

*(d)

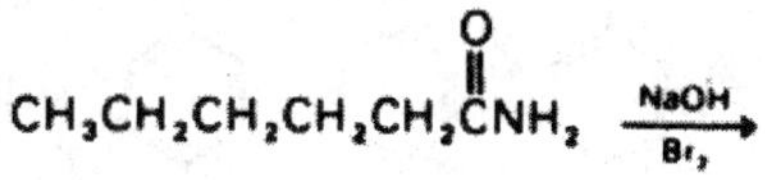
CH₃CH₂CH₂CH₂CH₂CNH₂
NaOH
Br₂

*(e)

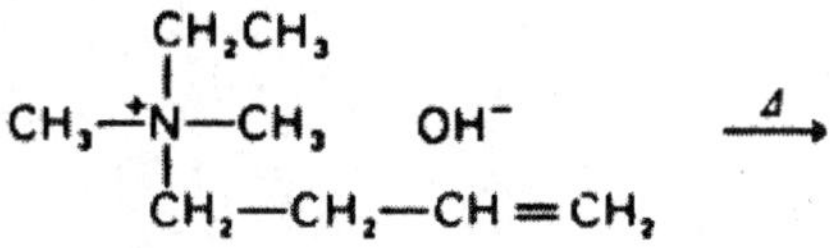
OH⁻
Δ

(f)

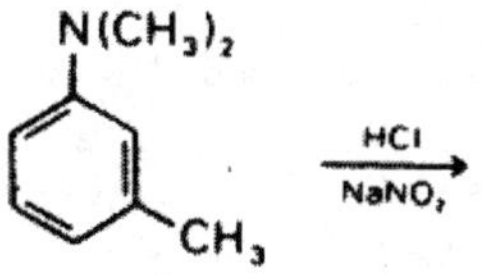
N(CH₃)₂
CH₃
HCl
NaNO₂

*(g)

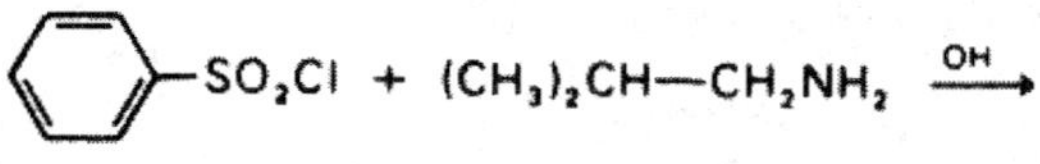
SO₂Cl + (CH₃)₂CH—CH₂NH₂
OH

9장에서부터 16장까지의 종합문제

1 다음의 화합물을 명명하고, 또한 산성도와 염기성도의 차이에 기인하여, 다음 각각의 혼합물을 분리하고, 그리고 각각의 화합물을 순수한 형태로서 회수하는 간단한 화학적 방법을 표시하여라.

(a)
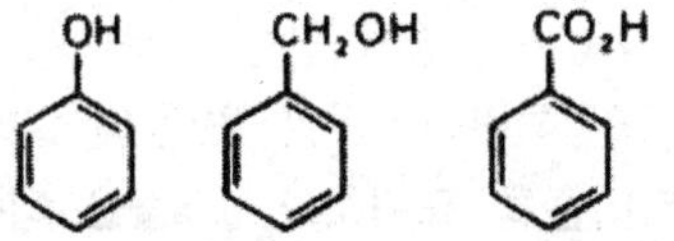

(b)
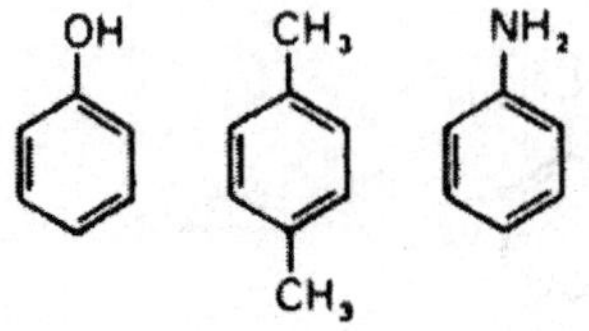

(c)
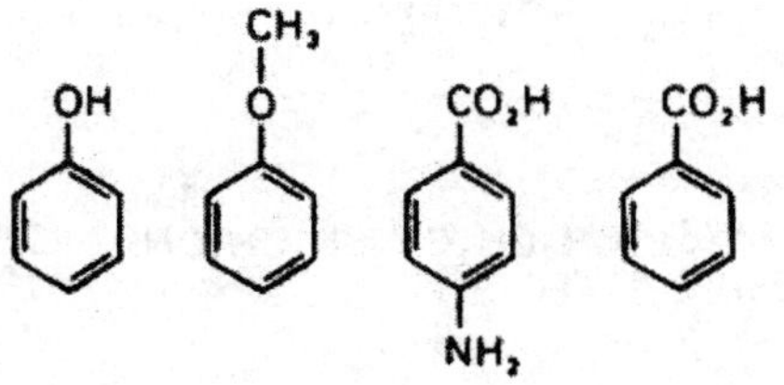

2 다음의 변환을 투영식을 사용하여 표시하여라.

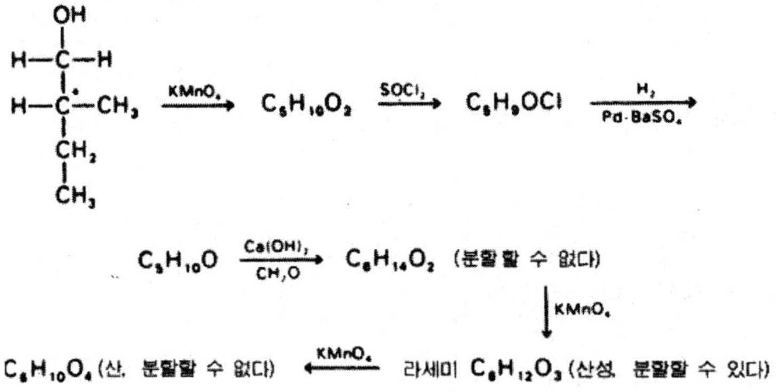

3 산화로서 아래의 생성물을 생성하는 가장 간단한 광학활성의 하이드록시산($C_nH_{2n}O_3$)의 식을 써라.

(a) 메소-디카르복실산($C_nH_{2n-2}O_4$)

(b) 광학활성 디카르복실산

(c) 광학이성체가 없는 광학불활성 카르복실산(($C_nH_{2n-2}O_4$)

4 유기화학 반응의 메카니즘을 잘 알지 못하는 사람은, 아래에 표시한 것과 같은 화학반응을 행하려고 할지도 모른다. 각각의 반응으로 일어나리라고 생각되는 다른 경로 혹은 부수되는 경로를 지적하고, 그 이유를 밝혀라.

(a) $(CH_3)_3CBr + NaNH_2 \xrightarrow{\text{톨루엔}} (CH_3)_3C-NH_2 + NaBr$

(b) $(CH_3)_2\underbrace{C-CH_2}_{O} + EtOH \xrightarrow{H_2SO_4} (CH_3)_2-\underset{OH}{\underset{|}{C}}-CH_2OEt$

(c) *trans*-2-bromocyclohexanol $\xrightarrow{HBr}$ *cis*-1,2-dibromocyclohexane

5 어느 쪽의 기질이 아세트산 중 아세트산은과 더 빠르게 반응할까? 각각 선택한 이유를 밝혀라.

(a) $CH_3CH_2CH_2-Br$ 또는 $CH_3-\overset{Br}{\overset{|}{CH}}-CH_3$

(b) $C_6H_5-CH_2-Cl$ 또는 $C_6H_5-CH_2CH_2Cl$

(c) $CH_3-\ddot{\underset{..}{O}}-CH_2Cl$ 또는 $CH_3CH_2CH_2-Cl$

(d) $CH_3-\overset{Cl}{\overset{|}{CH}}-CH_3$ 또는 $CH_3-\overset{I}{\overset{|}{CH}}-CH_3$

6 다음의 일련의 화합물을 산성도가 증가하는 순서로 늘어 놓고, 그 계열에서, 각각의 산의 순위를 이론적으로 설명하여라.

(a) H_2O, $CH_3CH_2CH_2CH_2OH$, Cl_3CCO_2H, $CH_3CH_2CH_2CO_2H$, $CH_3CH_2CH(Br)CO_2H$, $BrCH_2CH_2CH_2CO_2H$

(b) CH_3CO_2H, ICH_2CO_2H, $ClCH_2CO_2H$, FCH_2CO_2H

(c)

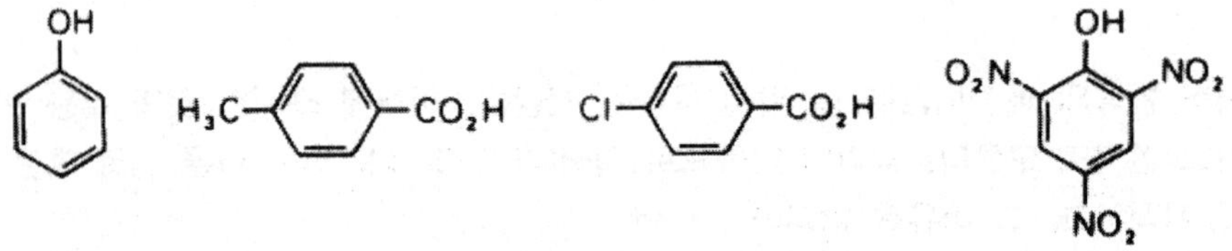
OH
H_3C
CO_2H
Cl
CO_2H
OH
O_2N
NO_2
NO_2

7 (a)와 (b)의 구조를 표시하여라.

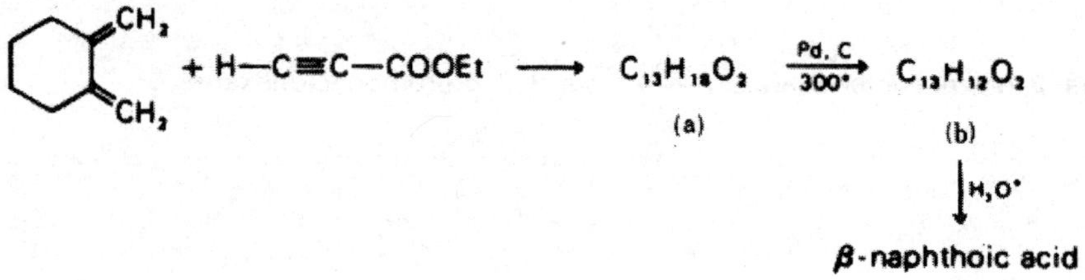
CH_2
CH_2
+ H—C≡C—COOEt
$C_{13}H_{18}O_2$
(a)
Pd, C
300°
$C_{13}H_{12}O_2$
(b)
H_3O^+
β-naphthoic acid

8 다음의 일군의 화합물을 염기성도가 증가하는 순서로 늘어놓고, 그 이유를 설명하여라.

(a)

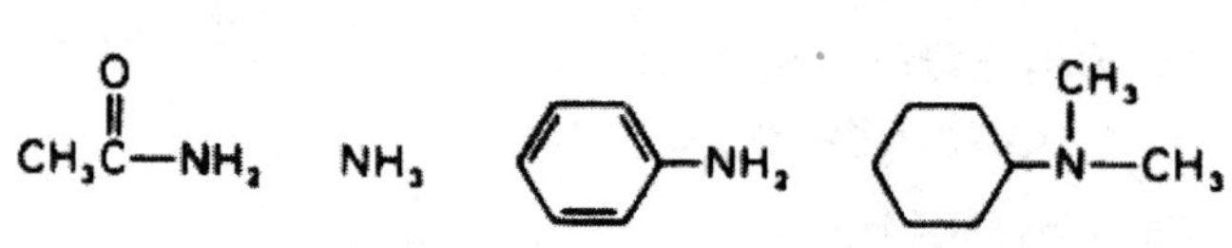
O
$CH_3C—NH_2$
NH_3
NH_2
CH_3
N—CH_3

(b)

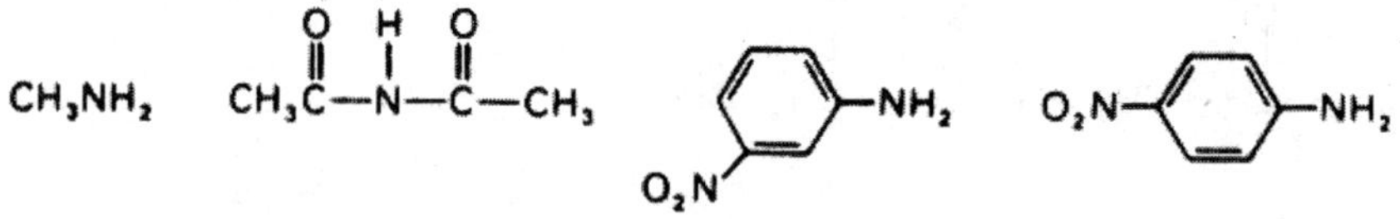
CH_3NH_2
O H O
$CH_3C—N—C—CH_3$
NH_2
O_2N
O_2N
NH_2

(c) NH_3 $NH_4^+OH^-$ H_2O

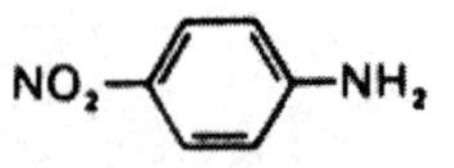
NO_2
NH_2

9 쉽게 입수할 수 있는 출발물질로부터, 다음의 화합물을 합성하여라.

(a) *m*-크레졸

(b) 니트로벤젠으로부터 벤조산

(c) 시클로헥사놀로부터 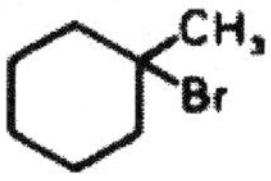

(d) 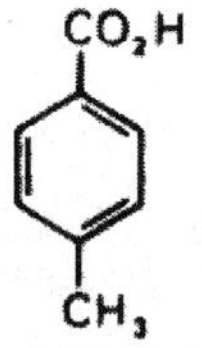

(e) 시클로헥사놀로부터 $OCHCH_2CH_2CH_2CH_2CHO$

(f) 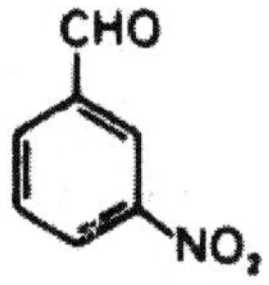

(g) 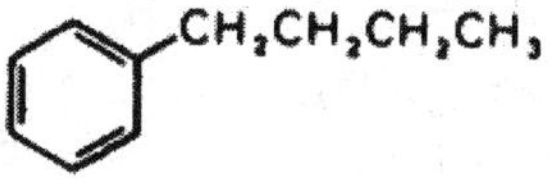

(h) 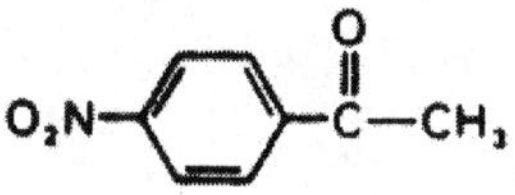

(i) 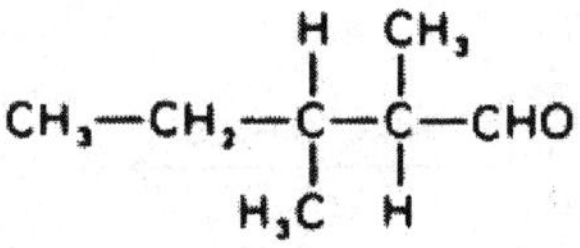

(j) 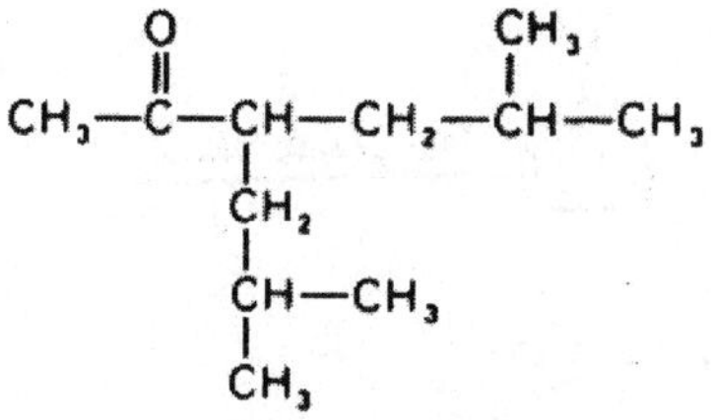

(k) 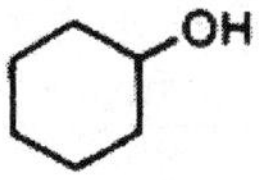 로부터 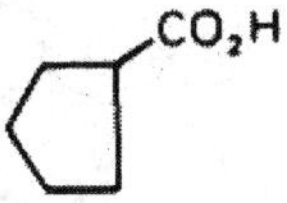

(l) 아디프산으로부터 1,8-옥탄디올

(m) 아디프산으로부터 5-브로모펜탄산

(n) *m*-디니트로벤젠으로부터 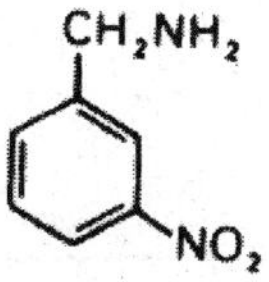

(o) 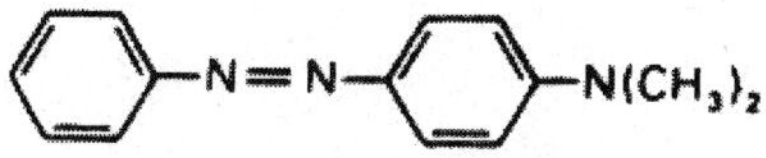

(p) 벤조산으로부터 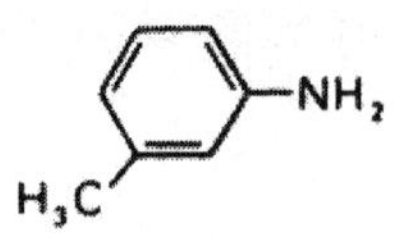
NH₂
H₃C

(q) 벤젠으로부터 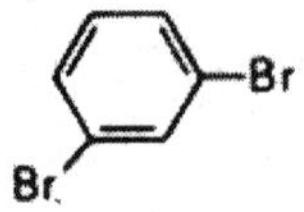
Br
Br

10 출발물질을 명명하고, 또한 생성물의 구조와 명칭을 표기하여라. 만일, 반응하지 않으면 N.R.이라고 써라. 별표의 탄소는 어떤 하나의 광학이성체를 표시하고 있다. 반응이 입체특이적인지 어떤지를 설명하여라.

(a) 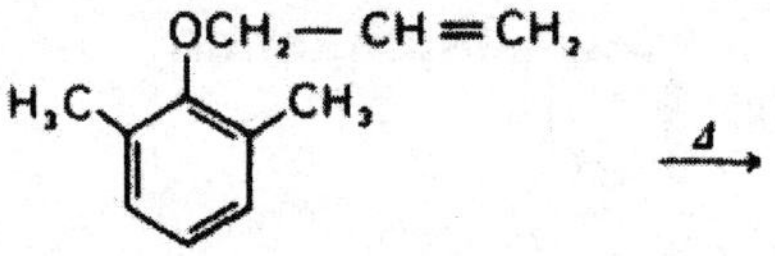
OCH₂— CH ═ CH₂
H₃C
CH₃
Δ

(b) 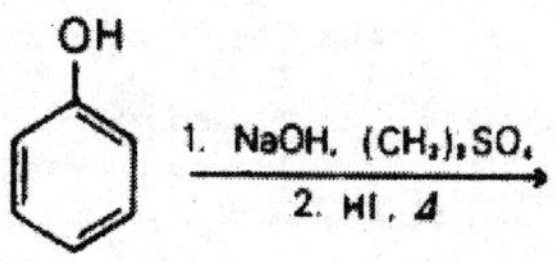
OH
1. NaOH, (CH₃)₂SO₄
2. HI, Δ

(c) 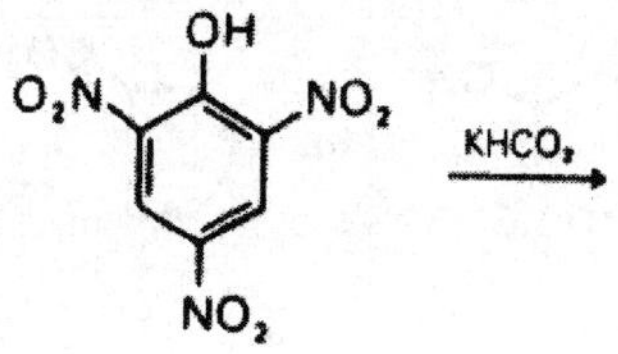
OH
O₂N
NO₂
NO₂
KHCO₃

(d) 
CH₃
*
건조 CCl₄ 중 NBS Δ

(e) 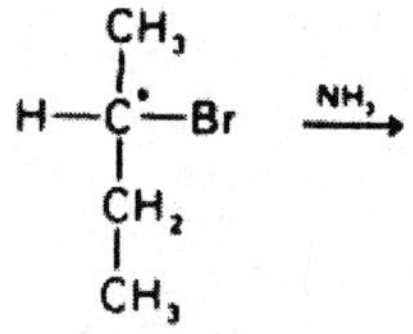
CH₃
H
Br
CH₂
CH₃
NH₃

(f) 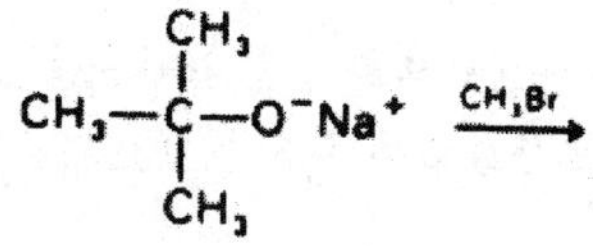
CH₃
CH₃
O⁻Na⁺
CH₃
CH₃Br

(g) 
OH
Br
H₅C₆
H
H
C₆H₅
OH
분자내 Sₙ2
?
1. CH₃MgBr
2. H₃O⁺
?

(h) $CH_3Br + (C_6H_5)_3P \xrightarrow{\text{강열기}}$

(i) (h)의 생성물 + 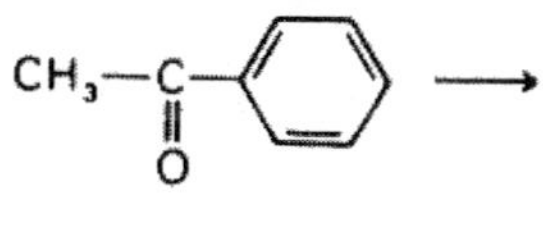
CH₃—C
O

(j) 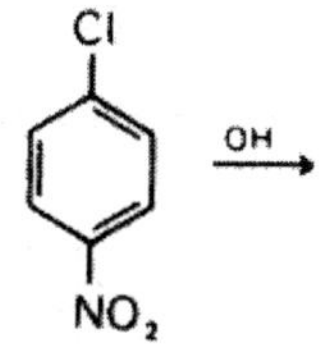
Cl
NO₂
OH

(k) 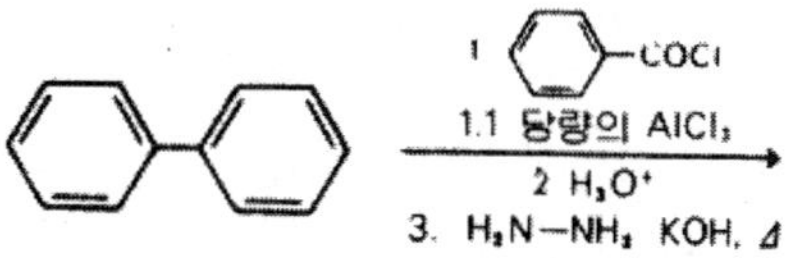
1 COCl
1.1 당량의 AlCl₃
2 H₃O⁺
3. H₂N—NH₂ KOH, Δ

(l) 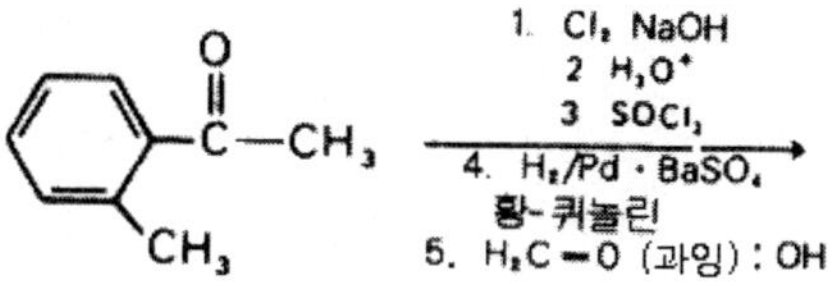
O
C—CH₃
CH₃
1. Cl₂ NaOH
2 H₃O⁺
3 SOCl₂
4. H₂/Pd · BaSO₄
황-퀴놀린
5. H₂C=O (과잉) : OH

(m) 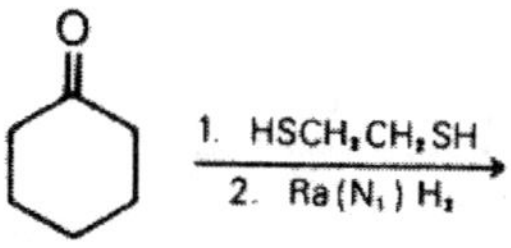
O
1. HSCH₂CH₂SH
2. Ra(Ni) H₂

(n) 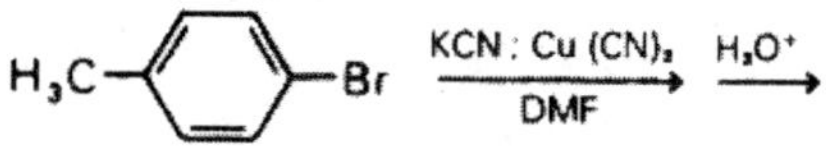
H₃C
Br
KCN : Cu (CN)₂
DMF
H₃O⁺

(o) $BrCH_2CH_2Br \xrightarrow{Mg}$

(p) $CH_3CH_2CH_2CH_2CO_2H \xrightarrow{CH_2N_2}$

(q) 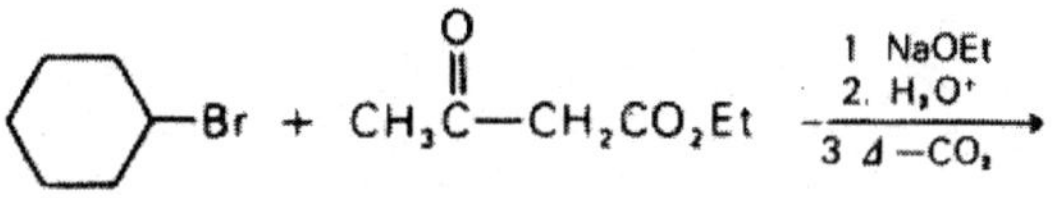
Br + CH₃C—CH₂CO₂Et
O
1 NaOEt
2. H₃O⁺
3 Δ −CO₂

(r) 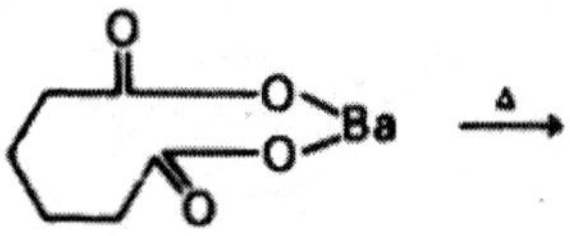
O
O
Ba
O
O
Δ

(s) 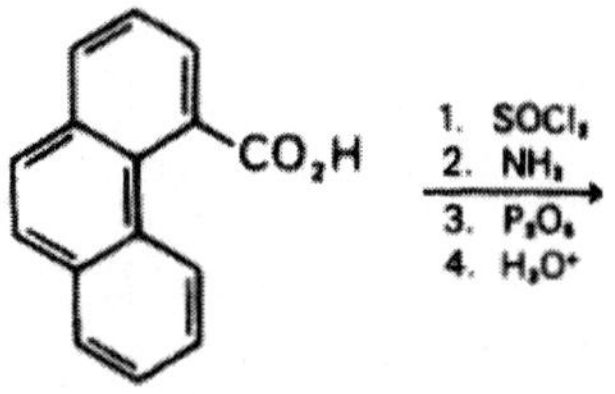
CO₂H
1. SOCl₂
2. NH₃
3. P₂O₅
4. H₃O⁺

(t) 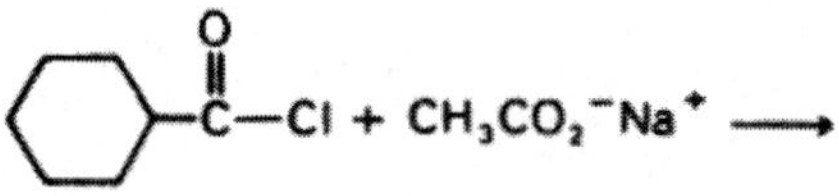
O
C—Cl + CH₃CO₂⁻Na⁺

(u) 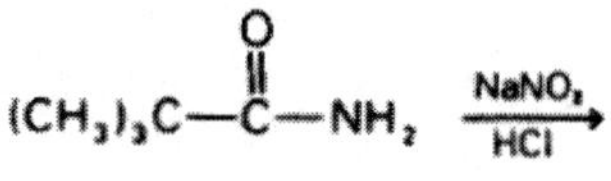
(CH₃)₃C—C—NH₂
O
NaNO₂
HCl

(i) (h)의 생성물 + $CH_3-\overset{O}{\overset{\|}{C}}-C_6H_5$ ⟶
(j) p-$ClC_6H_4NO_2$ $\xrightarrow{OH}$
(k) 비페닐 $\xrightarrow[\text{2. } H_3O^+ \quad \text{3. } H_2N-NH_2\text{, KOH, } \Delta]{\text{1. } C_6H_5COCl \quad \text{1.1 당량의 } AlCl_3}$
(l) o-$CH_3C_6H_4-\overset{O}{\overset{\|}{C}}-CH_3$ $\xrightarrow[\text{4. } H_2/Pd\cdot BaSO_4 \text{ 황-퀴놀린} \quad \text{5. } H_2C=O \text{ (과잉) : OH}]{\text{1. } Cl_2\text{, NaOH} \quad \text{2. } H_3O^+ \quad \text{3. } SOCl_2}$
(m) 사이클로헥사논 $\xrightarrow[\text{2. Ra(Ni) } H_2]{\text{1. } HSCH_2CH_2SH}$
(n) $H_3C-C_6H_4-Br$ $\xrightarrow[DMF]{KCN : Cu(CN)_2}$ $\xrightarrow{H_3O^+}$
(q) 사이클로헥실$-Br$ + $CH_3\overset{O}{\overset{\|}{C}}-CH_2CO_2Et$ $\xrightarrow[\text{3. } \Delta -CO_2]{\text{1. NaOEt} \quad \text{2. } H_3O^+}$
(r) (아디프산 바륨염, Ba) $\xrightarrow{\Delta}$
(s) 페난트렌-4-CO_2H $\xrightarrow[\text{3. } P_2O_5 \quad \text{4. } H_3O^+]{\text{1. } SOCl_2 \quad \text{2. } NH_3}$
(t) 사이클로헥실$-\overset{O}{\overset{\|}{C}}-Cl$ + $CH_3CO_2^-Na^+$ ⟶
(u) $(CH_3)_3C-\overset{O}{\overset{\|}{C}}-NH_2$ $\xrightarrow[HCl]{NaNO_2}$

(v) 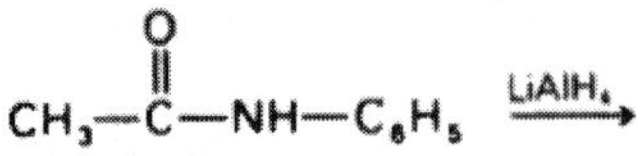
LiAlH₄

(w) 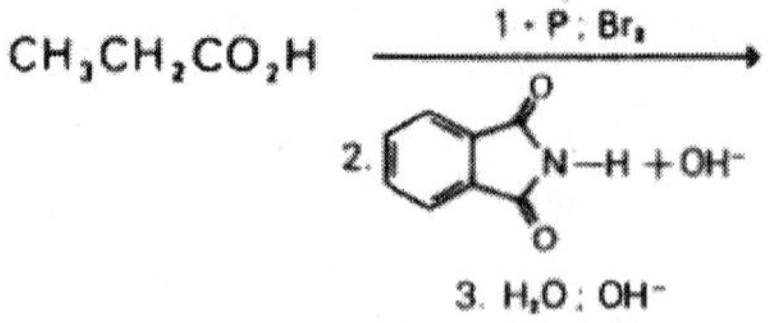
1. P ; Br₂
2.
N—H + OH⁻
3. H₂O ; OH⁻

(x) 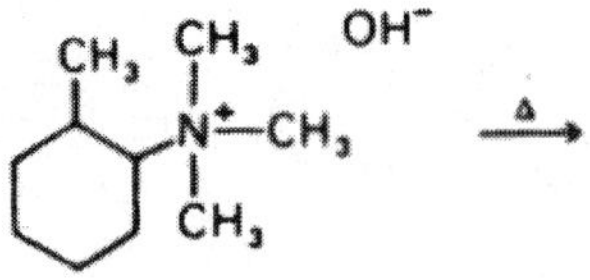
OH⁻
Δ

(y) 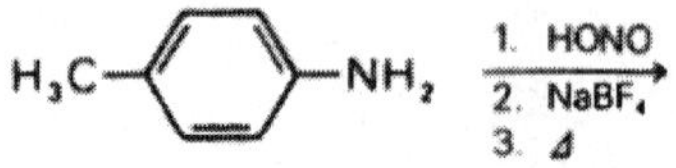
1. HONO
2. NaBF₄
3. Δ

(z) 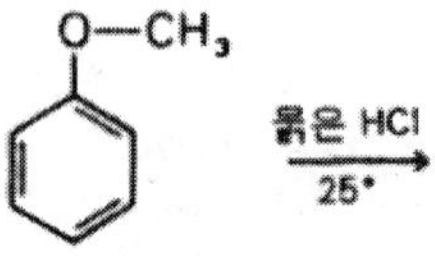
묽은 HCl
25°

(v) $CH_3-\overset{O}{\overset{\|}{C}}-NH-C_6H_5 \xrightarrow{LiAlH_4}$
(w) $CH_3CH_2CO_2H \xrightarrow[\text{2. phthalimide (N–H)} + OH^- \quad \text{3. } H_2O;\ OH^-]{1.\ P;\ Br_2}$
(x) (2-methylcyclohexyl)trimethylammonium (CH_3, $N^+(CH_3)_3$) OH^- $\xrightarrow{\Delta}$
(y) $H_3C-C_6H_4-NH_2 \xrightarrow[\text{2. } NaBF_4 \quad \text{3. } \Delta]{1.\ HONO}$
(z) $C_6H_5-O-CH_3 \xrightarrow[25°]{\text{묽은 } HCl}$

Part 3

생물학적으로 흥미있는 유기화합물

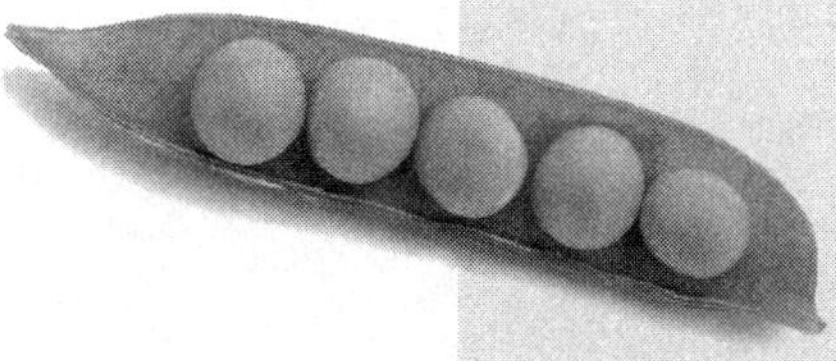

Chapter

17 아미노산 및 단백질

아미노기(-NH_2)와 카르복실기(-COOH)의 양쪽을 가지고 있는 유기화합물은, 모두 아미노산인 것에 틀림없지만, 여기서는, α-아미노산 중에서도 특히 천연단백질의 가수분해로부터 얻어지는 α-아미노산에 한정하여 설명한다.

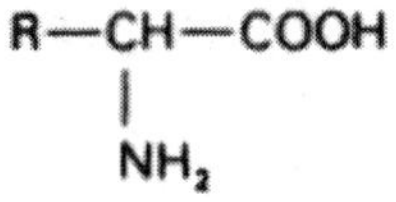

단백질은 **펩티드결합**이라고 불리우는 아미드결합으로 연결된 많은 아미노산 단위로서 구성되어 있는 커다란 유기분자이다. 2개의 아미노산으로 구성되어 있는 분자를 **디펩티드**, 3개의 아미노산에서서는 **트리펩티드**라고 말하며, 많은 아미노산 단위가 열결하여 **폴리펩티드**, 즉 **단백질**로 된다.

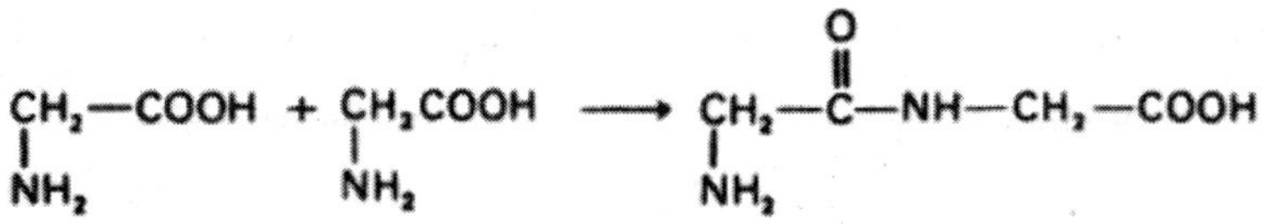

glycine　　glycine　　glycylglycine (dipeptide)

관례에 따라 펩티드에 있어서 유리의 아미노말단은 왼쪽, 유리의 카르복실말단은 오른쪽에 표기한다.

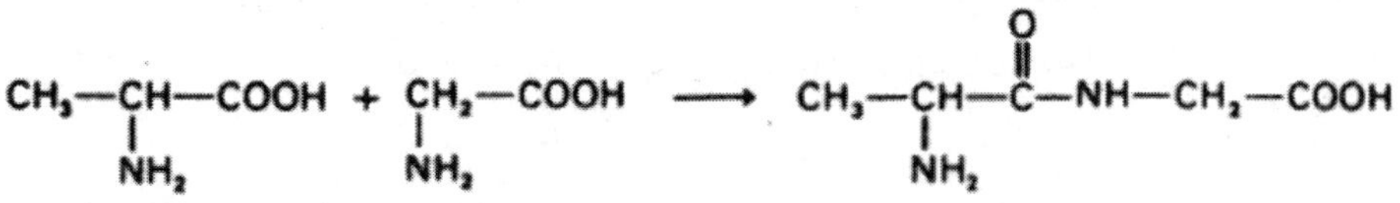

alanine (Ala)　　glycine (Gly)　　alanylglycine (Ala-Gly)

$$\underset{\displaystyle NH_2}{\underset{|}{CH_2}}-COOH + CH_3-\underset{\displaystyle NH_2}{\underset{|}{CH}}-COOH \longrightarrow \underset{\displaystyle NH_2}{\underset{|}{CH_2}}-\overset{\displaystyle O}{\overset{\|}{C}}-NH-\underset{\displaystyle CH_3}{\underset{|}{CH}}-COOH$$

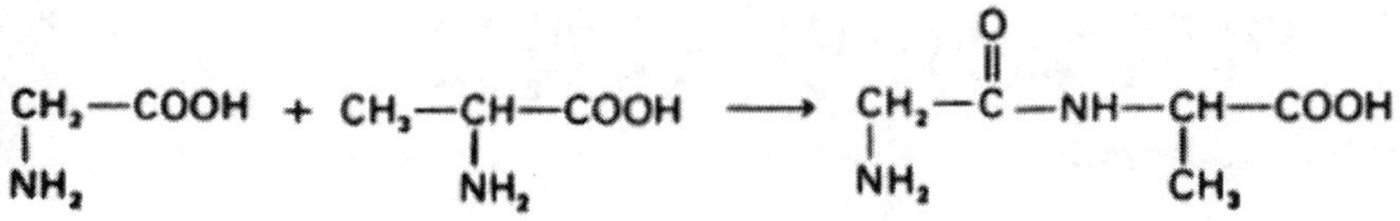

glycine　　　alanine　　　glycylalanine (Gly-Ala)

표 17-1 단백질로부터의 α-아미노산

지방족 중성 아미노산 :

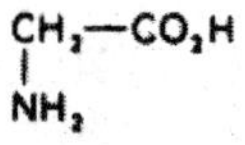

$\underset{\displaystyle NH_2}{\underset{|}{CH_2}}-CO_2H$　glycine (Gly)

$CH_3-\underset{\displaystyle NH_2}{\underset{|}{CH}}-CO_2H$　alanine (Ala)

$(CH_3)_2CH-\underset{\displaystyle NH_2}{\underset{|}{CH}}-CO_2H$　valine (Val)

$(CH_3)_2CH-CH_2-\underset{\displaystyle NH_2}{\underset{|}{CH}}-CO_2H$　leucine (Leu)

$CH_3CH_2-CH(CH_3)-\underset{\displaystyle NH_2}{\underset{|}{CH}}-CO_2H$　isoleucine (Ileu)

$\underset{\displaystyle OH}{\underset{|}{CH_2}}\underset{\displaystyle NH_2}{\underset{|}{CH}}-CO_2H$　serine (Ser)

$CH_3-\underset{\displaystyle OH}{\underset{|}{CH}}-\underset{\displaystyle NH_2}{\underset{|}{CH}}-CO_2H$　threonine (Thr)

$\underset{\displaystyle SH}{\underset{|}{CH_2}}-\underset{\displaystyle NH_2}{\underset{|}{CH}}-CO_2H$　cysteine (CySH)

$\underset{|}{CH_2}-\underset{\displaystyle NH_2}{\underset{|}{CH}}-CO_2H$
S
$|$
S
$|$
$CH_2\underset{\displaystyle NH_2}{\underset{|}{CH}}-CO_2H$
cystine (CyS-SCy)

$\underset{\displaystyle SCH_3}{\underset{|}{CH_2}}-CH_2-\underset{\displaystyle NH_2}{\underset{|}{CH}}-CO_2H$　methionine (Met)

지방족 염기성 아미노산:

$\underset{\displaystyle NH_2}{\underset{|}{CH_2}}-CH_2-CH_2-CH_2-\underset{\displaystyle NH_2}{\underset{|}{CH}}-CO_2H$　lysine (Lys)

$\underset{\displaystyle NH_2}{\underset{|}{CH_2}}-\underset{\displaystyle OH}{\underset{|}{CH}}-CH_2-CH_2-\underset{\displaystyle NH_2}{\underset{|}{CH}}-CO_2H$　δ-hydroxylysine (Lys-OH)

$HN=\underset{\displaystyle NH_2}{\underset{|}{C}}-NH-CH_2-CH_2-CH_2-\underset{\displaystyle NH_2}{\underset{|}{CH}}-CO_2H$　arginine (Arg)

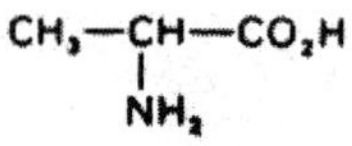

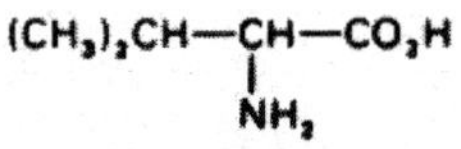

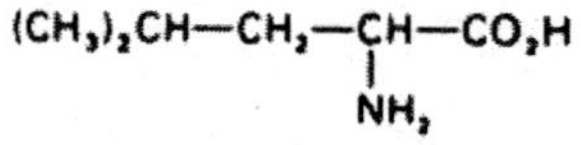

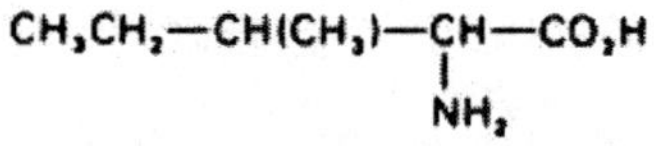

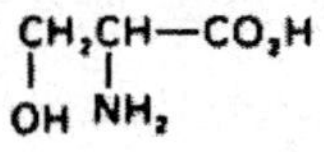

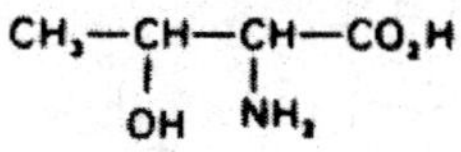

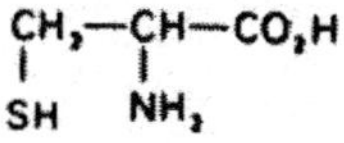

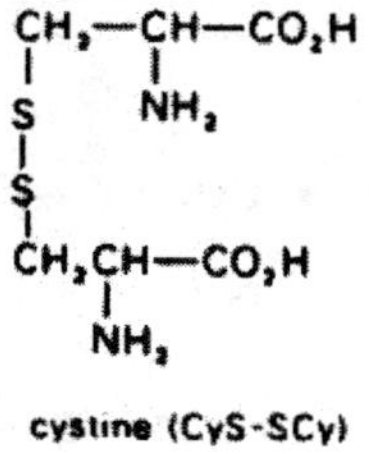

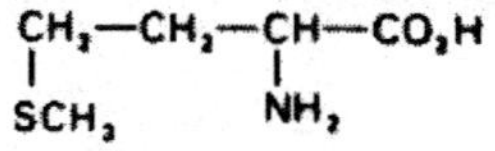

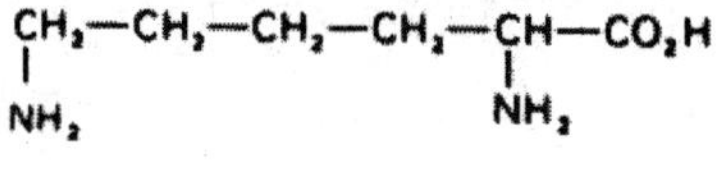

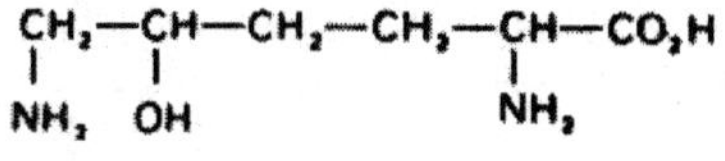

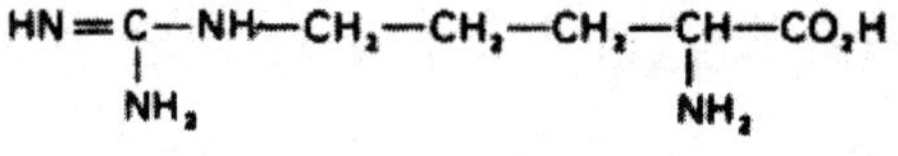

지방족 산성 아미노산 :

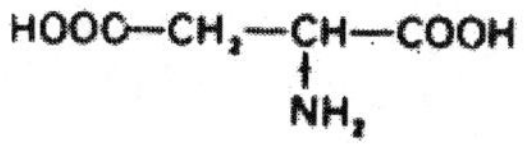

aspartic acid (Asp)

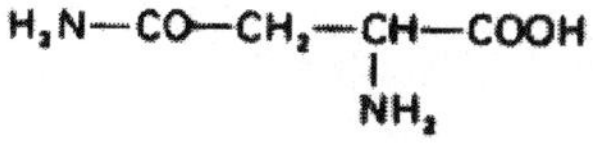

asparagine (Asp-NH_2)

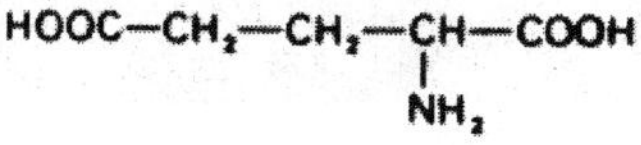

glutamic acid (Glu)

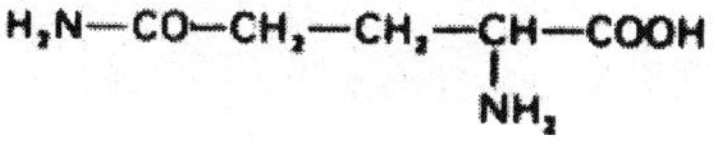

glutamine (Glu-NH_2)

방향족 중성 아미노산 :

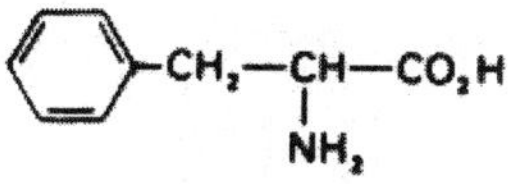

phenylalanine (Phe)

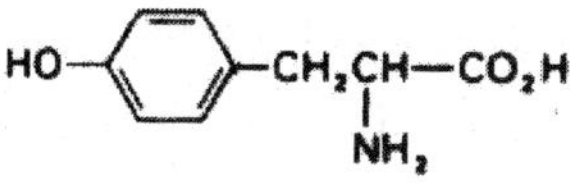

tyrosine (Tyr)

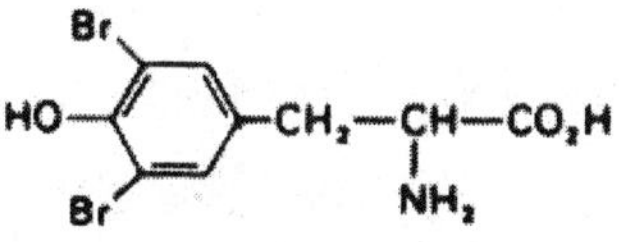

3,5-dibromotyrosine

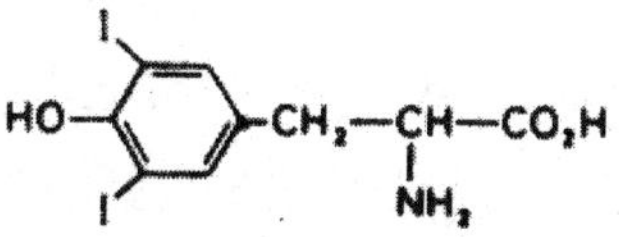

3,5-diiodotyrosine

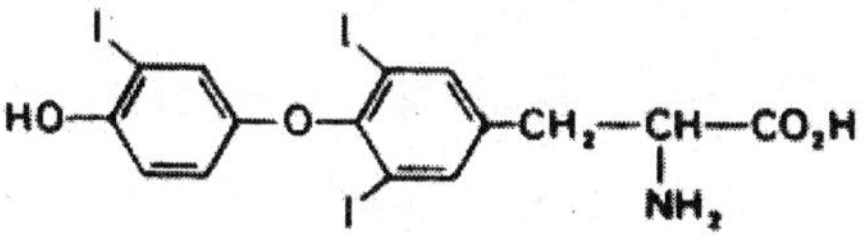

3,3',5-triiodothyroxine

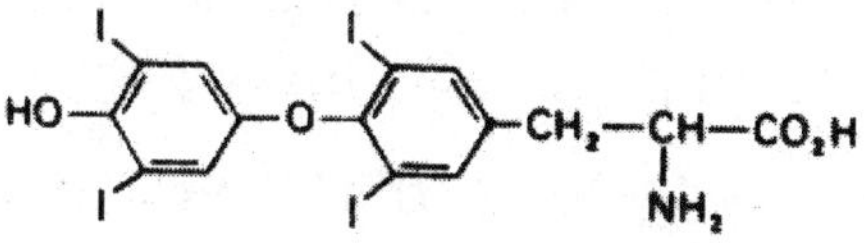

thyroxine

헤테로고리 중성 아미노산 :

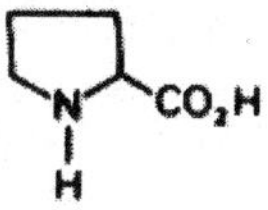

proline (Pro)

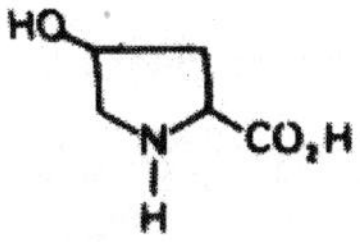

hydroxyproline (Hypro)

헤테로고리 염기성 아미노산 :

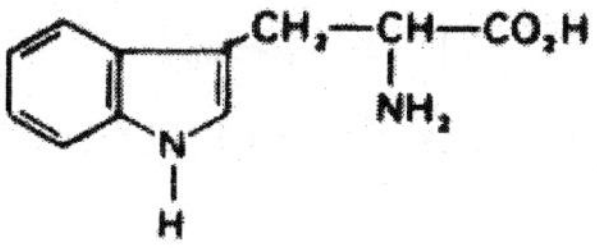

tryptophane (Try)

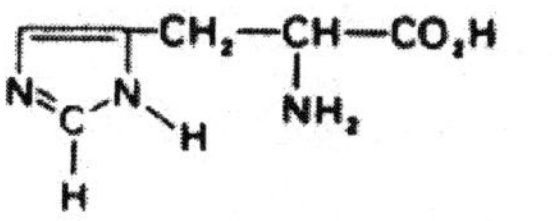

histidine (His)

표 17-1에 젤라틴, 근육 섬유, 양모, 갑상선 조직, 산호와 같은 각종의 원료로부터 얻어진 단백질의 가수분해에 의하여 단리된 천연산의 α-아미노산을 표시하였다. 잘 알려져 있는 단백질로서는 옥시토신(호르몬성 단백질), 인슐린, 부신피질호르몬(ACTH) 등이 있다.

01 명명법과 구조

표 17-1에 표시한 화합물은, IUPAC체계로서 명명할 수도 있지만, 다른 많은 천연물과 마찬가지로, 아미노산의 대부분은 그 물질의 원료 혹은 단리에 따르는 다른 몇 가지의 사정을 반영한 관용명을 가지고 있다. 이들 초기의 명칭은 일반적으로 사용되고 있으며, 간단화하기 위하여, 각각 표준적인 약어가 주어져 있다. 이들의 약어는, **구두점**으로 구분하여 **일반구조**를 표시하든지, 또는 **하이픈**을 사용하여 **특정**의 구조를 표시하는 데에도 사용할 수 있다. 예를 들면 초기의 트리펩티드의 구조결정에서, 어떤 트리펩티드는 글리신, 알라닌 및 발린(gly, ala, val)을 가지고 있는 것으로 알려졌다. 더욱 진행한 연구로서, 그 특정의 순서가 알라닌(아미노말단), 발린, 글리신(카르복실말단)인 것을 알았다. 이것은 ala-val-gly 로서 표시한다.

아미노기와 카르복실기를 같은 개수 갖는 아미노산을 **중성아미노산**이라고 말한다. 이것에 대해서, 보다 많은 수의 아미노기를 갖는 것, 예를 들면 리신[$CH_2(NH_2)CH_2-CH_2CH_2CH(NH_2)COOH$]을 **염기성아미노산**, 또한, 보다 많은 수의 카르복실기를 갖는 것, 예를 들면 아스파르트산[$HCOOCCH_2CH(NH_2)COOH$]을 **산성아미노산**이라고 말하며, **표 17-1**에서는, 이것에 기인한 분류를 하였지만, 이 때, 그 아미노산이 방향족인지, 헤테로고리식인지에 대해서도 주목하였다.

표 17-1에 표시한 모든 아미노산은, L-글리세르알데히드와 광학적 입체배치를 연관시키고있다. 예를 들면, 리신[$CH_2(NH_2)CH_2CH_2CH_2CH(NH_2)COOH$]과 같이 천연물로부터 산이라고 불리우는 아미노기의 편광성 부호를 갖는 것은, L-입체배치를 가지며, D-아미노산은 합성할 수 있다. 몇 개의 천연산 D-아미노산이 단리되어 있지만, 그 기원은 보통, 하등동물의 대사산물이다. 예를 들면, D-알라닌, D-발린, 및 D-페닐알라닌이 박테리아가 생산하는 어떤 종류의 화합물 폴리펩티드의 가수분해물로부터 단리되어 확인되고 있다. **표 17-2**에는, 비단백질로부터 단리되어 있는 몇 개의 아미노산의 구조(와 그 발생원)을 표시하였다.

대부분의 아미노산은 비휘발성이며, 고융점(또는 분해점)을 갖는 결정성 유기화합물이다. 이들의 아미노산은, 일반적으로 물에 가용이지만, 보통의 유기용매에는 오히려 불용이다. 수용액은 높은 유전율을 가지고 있으며, 따라서 용매화한 아미노산의 구조는, 우리들이 보통 쓰고 있는 공유결합구조에 상당하는 것보다 오히려, 주로 쌍극성구조이다. 이 쌍극성구조를 **쯔비터형**(Zwitter form)이라고 말한다.

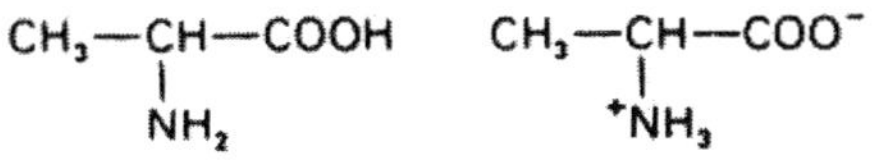

alanine　　쌍극형 (zwitterion)

표 17-2 비단백질원으로부터의 아미노산

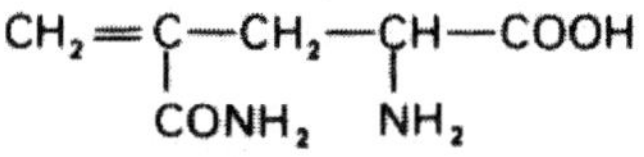

γ-methyleneglutamine (튜울립)

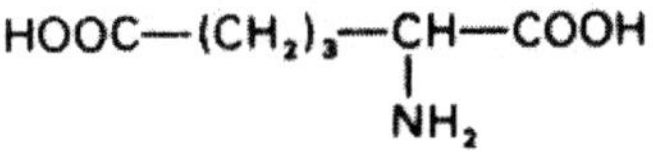

α-aminoadipic acid (사람의 소변)

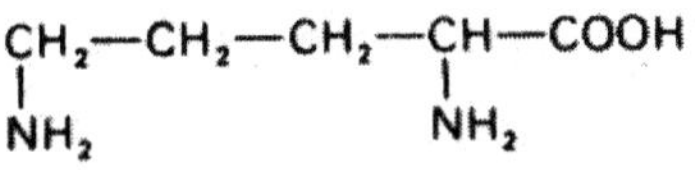

L-ornithine (새의 배설물)

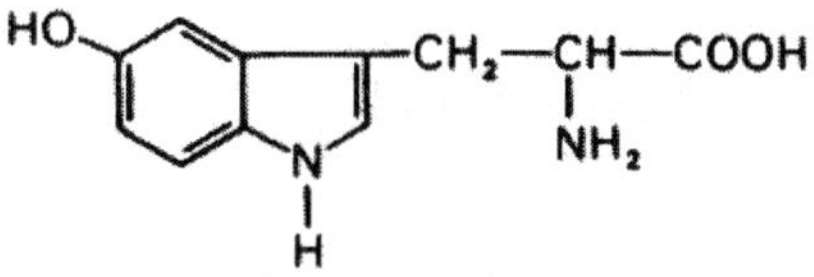

5-hydroxytryptophane (열대산 두꺼비)

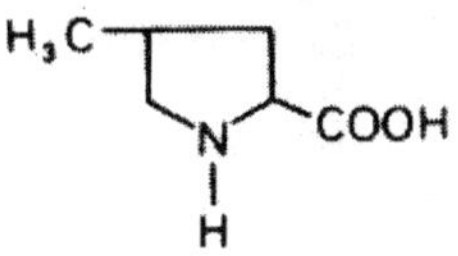

4-methylproline (사과)

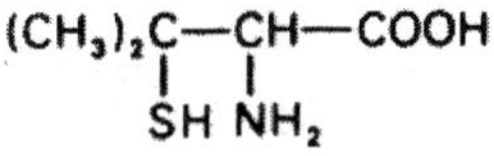

D-penicillamine (페니실린)

모든 아미노산은, 적어도 1개의 산성기(−COOH) 및 1개의 염기성기($-NH_2$)를 가지고 있기 때문에, 용액 중의 주요한 화학종은 설정된 산−염기평형, 즉 pH에 의존한다. 확실히, 산성용액(낮은 pH)중에서는, 양이온이 주체가 되며, 쌍극자형은 pH 6 부근에서 생기며, 음이온은 염기성용매(높은 pH) 중에서 주체를 이루고 있는 형태이다.

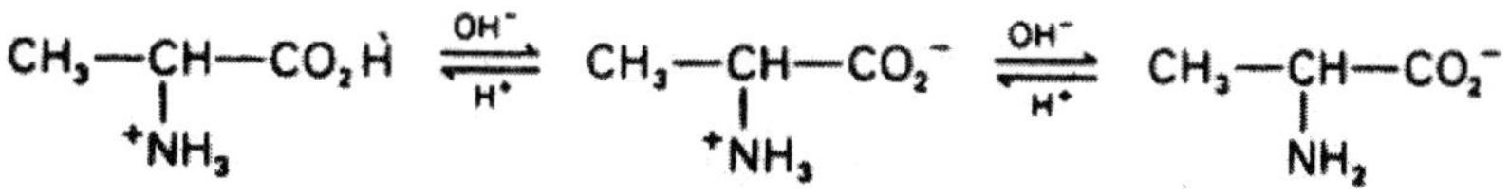

산성용액　　쯔비터이온 pH 6.00　　염기성용액

전기장의 영향하에서 아미노산의 양이온(산성용액 중)은 부의 극(음극)으로 이동하며, 염기성의 조건하에서는, 음이온이 정의 극(양극)으로 이동한다. **등전점**은 쯔비터이온이 주로 존재하는 pH이다. 이 이온은, 전기장 중에서는 이동하지 않는다. 대부분의 중성아미노산의 등전점은, pH 5~6의 범위이다. 산성의 아미노산에서는 pH 2~3, 염기성아미노산에서는 pH 9~11이다. 등전점은 각각의 아미노산에 특유하기 때문에, 이것은 확인법의 하나로 되어있다.

02 아미노산의 합성법

17-1 α-할로산의 가암모니아분해

카르복실산(적어도 1개의 α-수소원자를 갖는다)을 브롬과 촉매량의 적인(또는 PCl_3)으로 처리하면, 고수득률로서 α-브로모카르복실산을 생성한다. 이 브로모카르복실산을 계속해서, 디알킬화를 방지하기 위하여 대과잉의 암모니아로서 처리하면, 라세미 아미노산을 생성한다.

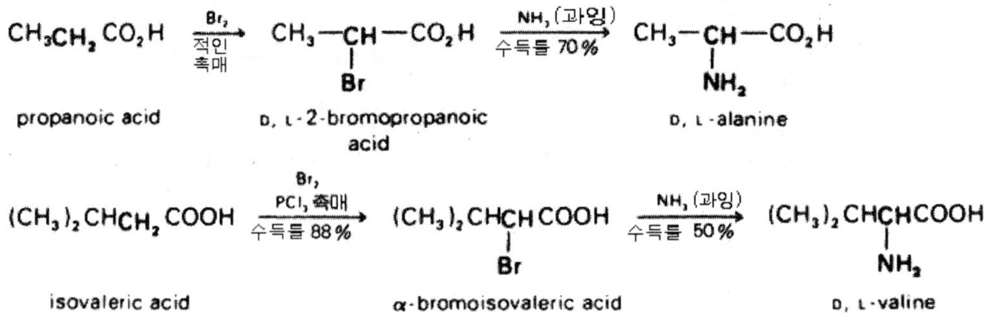
CH3CH2CO2H
Br2
적인
촉매
CH3—CH—CO2H
Br
NH3 (과잉)
수득률 70%
CH3—CH—CO2H
NH2
propanoic acid
D, L-2-bromopropanoic acid
D, L-alanine
(CH3)2CHCH2COOH
Br2
PCl3 촉매
수득률 88%
(CH3)2CHCHCOOH
Br
NH3 (과잉)
수득률 50%
(CH3)2CHCHCOOH
NH2
isovaleric acid
α-bromoisovaleric acid
D, L-valine

17-2 Gabriel 프탈이미드에 의한 합성

프탈이미드를 사용한 아미노산의 합성법은, 16-8절에서 설명한 할로겐화물로부터의 순수한 1차 아민의 합성법과 유사하다.

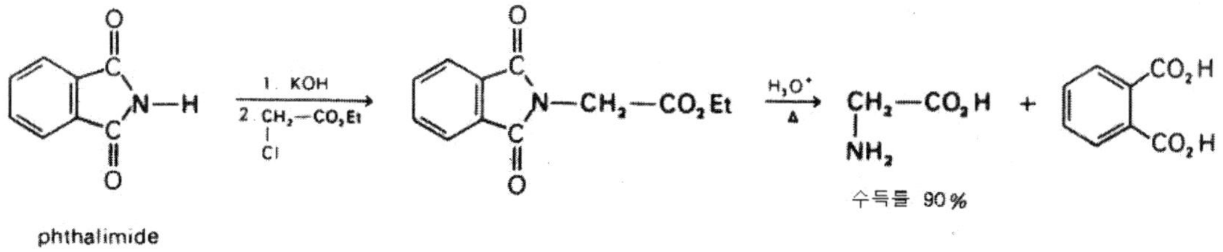

1. KOH
2. CH₂—CO₂Et
Cl
N—CH₂—CO₂Et
H₃O⁺
Δ
CH₂—CO₂H
NH₂
CO₂H
CO₂H
수득률 90%
phthalimide

17-3 헥사메틸렌테트라민의 이용

헥사메틸렌테트라민(HMTA)은 할로겐화물을 알데히드로 변환하는(13-4절) 시약인 것과 동시에, 할로겐화물로부터 아민, 및 α-할로겐산으로부터의 아미노산의 합성에도 사용할 수 있다. 이 반응의 중간체인 4차 암모늄염은 고수득률로서 얻어지며, 이것은 용이하게 산으로 가수분해된다.

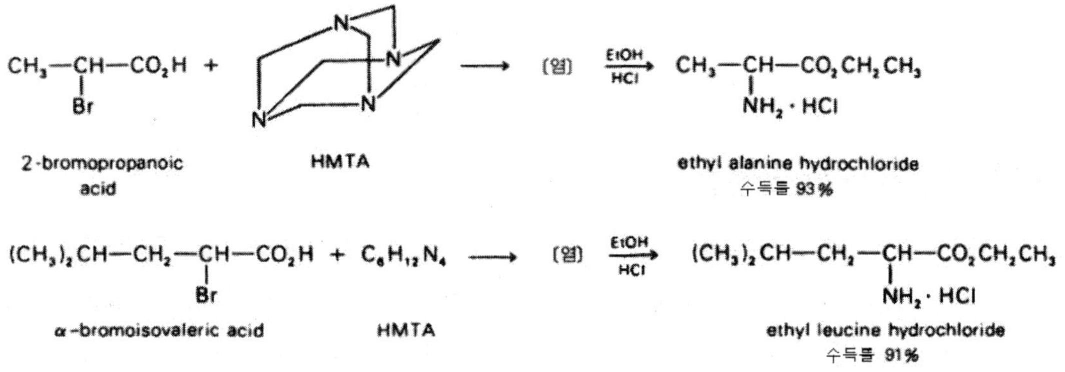

CH₃—CH—CO₂H
Br
HMTA
(염)
EtOH
HCl
CH₃—CH—CO₂CH₂CH₃
NH₂ · HCl
2-bromopropanoic acid
ethyl alanine hydrochloride
수득률 93%
(CH₃)₂CH—CH₂—CH—CO₂H + C₆H₁₂N₄
(CH₃)₂CH—CH₂—CH—CO₂CH₂CH₃
α-bromoisovaleric acid
ethyl leucine hydrochloride
수득률 91%

17-4 Strecker 합성

알데히드와 시안화수소로부터 얻어지는 시아노하이드린은 α-아미노니트릴로 유도할 수 있으며, 계속해서 가수분해를 행하면 α-아미노산이 얻어진다.

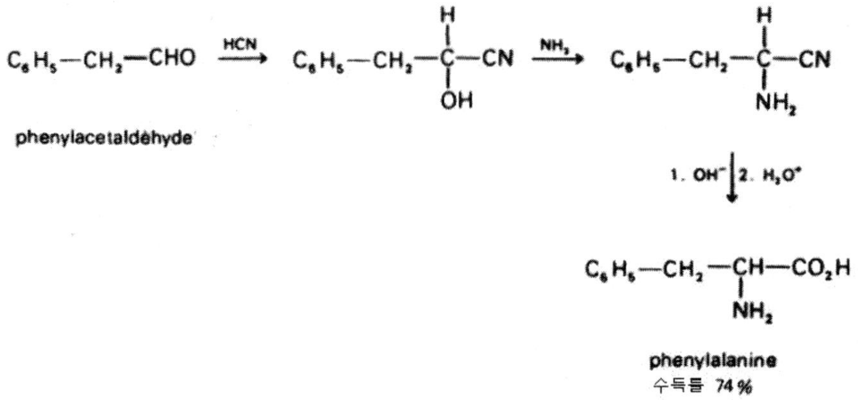
phenylacetaldehyde
phenylalanine
수득률 74%

이 반응을 변경하여, 시안화암모늄을 사용하여, 알데히드로부터 직접 α-아미노니트릴로 유도하면, 유독한 액체 시안화수소의 조작을 피할 수가 있다. 방사성의 탄소원자는 이와 같이 행하여 도입할 수 있다.

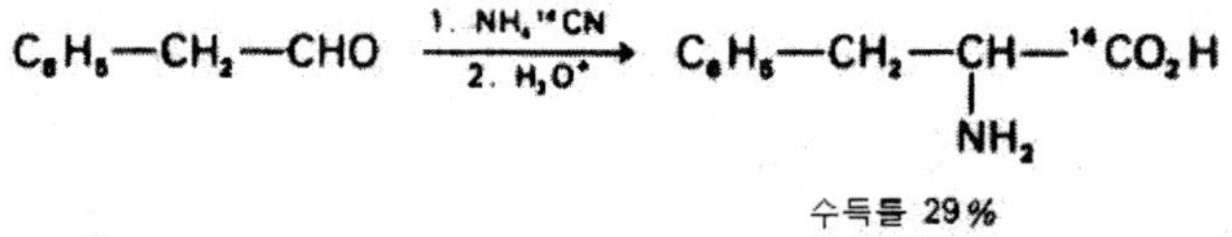
수득률 29%

17-5 말론산에스테르 합성

말론산에스테르는 할로겐화물로부터 카르복실산으로의 유용한 시약으로서($R-CH_2-X \rightarrow R-CH_2-CH_2-COOH$, 14-9절), 이 생성물을 직접 얻는 이외에 질소를 함유하는 유도체의 한 종류로 변환할 수가 있다. 그에 상당하는 할로겐화물로부터 라세미체의 α-아미노산을 직접 합성하는 방법을, 류신을 예로 하여 표시한다. 이 합성에서는 말론산에스테르를 사용하여 2개의 탄소를 부가하고, 또한 아미노관능기는 α-브로모카르복실산의 가암모니아분해로 도입하였다.

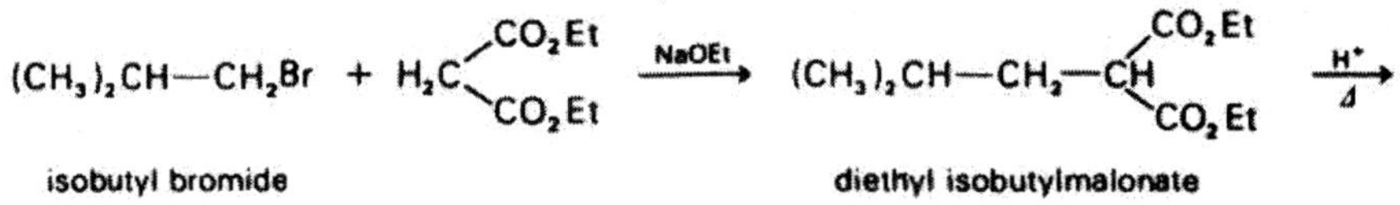
isobutyl bromide
diethyl isobutylmalonate

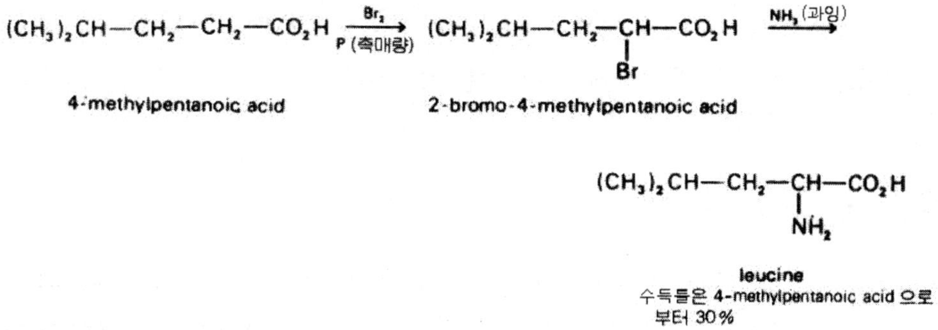
4-methylpentanoic acid
2-bromo-4-methylpentanoic acid
leucine
수득률은 4-methylpentanoic acid 으로부터 30%

말론산디에틸과 염화벤질로부터 출발한 것과 같은 반응경로로서 페닐알라닌이 60%의 수득률로서 얻어진다. 각 단계를 식으로 표시하고, 또한 이 경로에 관여하는 화합물을 명명하여라.

아미노말론산디에틸[$H_2N-\underline{C}H(CO_2Et)_2$] 및 그의 아실유도체[$R-CO-NH-\underline{C}H(CO_2Et)_2$]도 α-아미노산의 합성에 사용되고 있다. 이 시약은 말론산에스테르와 아질산과의 반응 후, 환원하고 아실하하여 합성하지만, 이것은 밑줄로 표시한 탄소에 알킬화를 행할 수 있다.

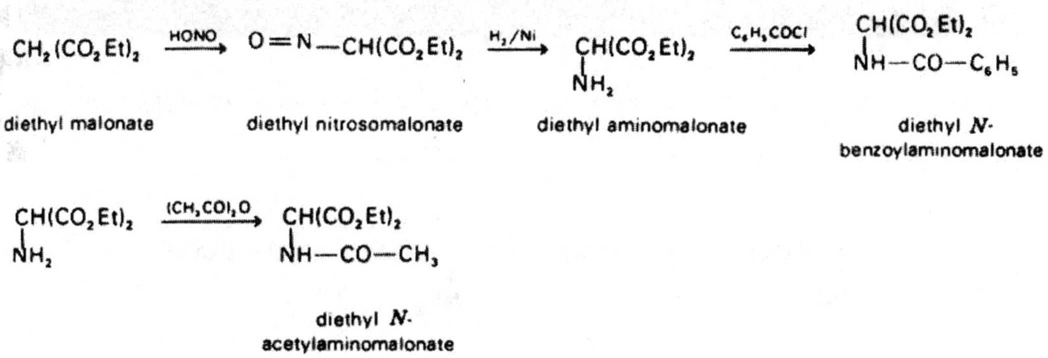
diethyl malonate
diethyl nitrosomalonate
diethyl aminomalonate
diethyl N-benzoylaminomalonate
diethyl N-acetylaminomalonate

이 시약을 사용하는 장점은 (보호된) 아미노기가 탈카르복실화 반응생성물 중에 이미 존재하기 때문에, 특정의 광학이성체의 전합성에 있어서 반응경로가 적어지는 것이다.

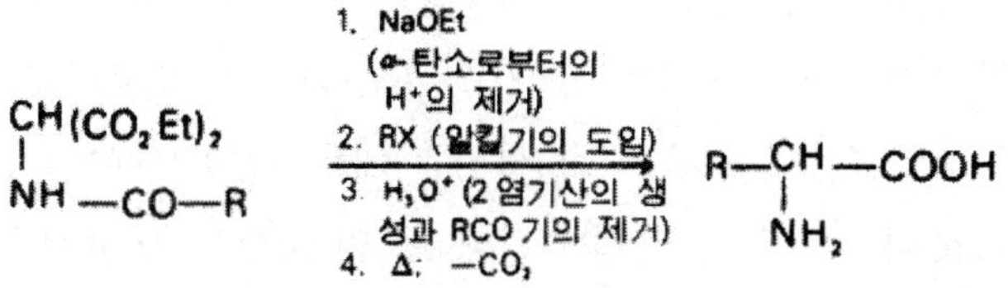
1. NaOEt
(α-탄소로부터의 H⁺의 제거)
2. RX (알킬기의 도입)
3. H₃O⁺ (2 염기산의 생성과 RCO 기의 제거)
4. Δ; −CO₂

말론산디에틸로부터 N-벤조일유도체를 경유하는 류신의 합성법을 식으로 표시하여라. 이 반응의 수득률은 말론산에 기준하여 30%이다.

17-6 아미노산의 분해

앞의 절까지 설명한 합성법에서는 아미노산의 라세미혼합물이 얻어지기 때문에, 순수한 광학이성체를 얻기 위해서는 분할하지 않으면 안 된다. 광학분할의 일반적인 방법은 제 12장에서 설명하였다. 아미노산에서는 효소적인 분할도 때로는 가능하지만, 디아스테레오머의 염을 제조하는 방법이 N-치환아미노산, 유리아미노산 및 아미노산에스테르의 분할에 많이 이용되고 있다. 예를 들면 D,L-N-벤조일페닐알라닌을 신코닌과 처리하면, D-이성체를 함유하는 불용성염을 생성한다.

위의 분해의 반응식을 표시하여라.

03 펩티드(단백질)의 합성법

이제부터는, 아미노산으로부터 펩티드를 합성하는 것을 검토해 보자. 예를 들면 아래와 같은 변환을 목표로 가정한다.

더욱 여기서, A 및 B는 단순한 아미노산 또는 펩티드일지라도 좋다.

펩티드의 합성에 있어서는, 구성하는 아미노산(혹은 펩티드)의 라세미화를 방지하며, 또한 고수득률로써 행하기 위하여, 특별한 주의와 온화한 조건이 필요하다. 고전적으로는 위에 표시한 형태의 일반적인 펩티드의 합성을 5단계로 행한다. : (1) A-NH_2기의 보호, (2) B-COOH 기의 보호, (3) A-COOH 기의 활성화, (4) 펩티드결합(아미드결합)의 형성 및 (5) A-NH_2 보호기의 제거. 위에 표시하는 바와 같이 B-COOH의 보호기의 제거는 문제로 하지 않아도 좋다. 확실히, 만일 (1) 및 (2)의 보호를 행하지 않으면, (4)에 이르는 반응으로 아미노산의 순서가 역으로 된 펩티드도 생성한다.

17-7 아미노기의 보호

생성한 펩티드로부터의 제거를 온화한 조건하에서 쉽게 행할 수 있기 때문에, 카르보벤족시기 $C_6H_5-CH_2-O-CO-$(Cbz-라고 약기한다)가 일반적으로 사용된다. 시약으로서의 염화카르보벤족시는 벤질알코올과 포스겐으로부터 합성할 수 있다.

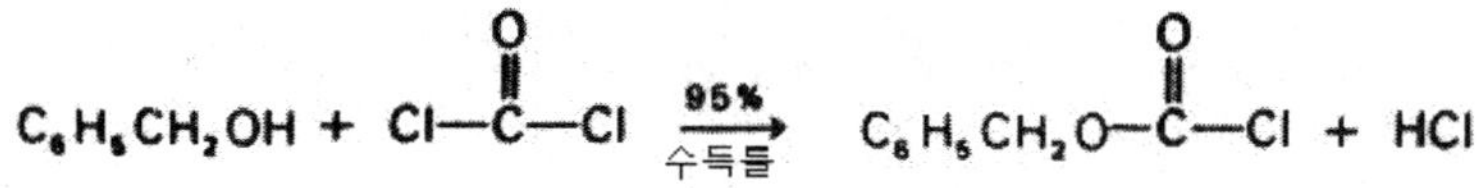
C₆H₅CH₂OH + Cl—C(=O)—Cl
95% 수득률
C₆H₅CH₂O—C(=O)—Cl + HCl

이 염화물과 아민과의 반응은 보통의 카르복실산염화물의 반응과 같다.

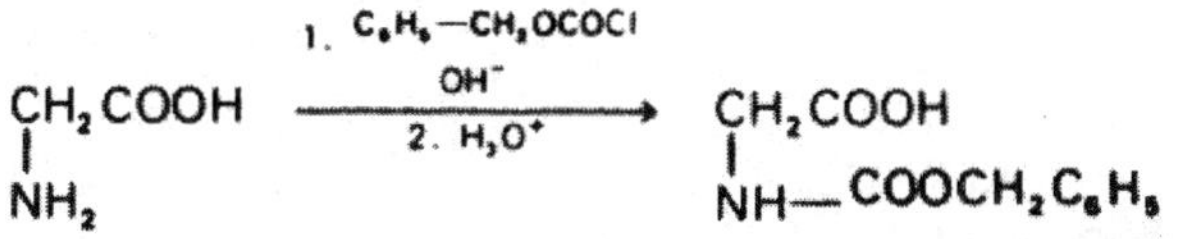
1. C₆H₅—CH₂OCOCl
OH⁻
2. H₃O⁺
CH₂COOH
NH₂
CH₂COOH
NH—COOCH₂C₆H₅

glycine carbobenzoxyglycine

프탈릴기(Phth-라고 약기)도 후에 용이하게 제거할 수 있지만, 이것은 아미노산과 무수프탈산의 가열로써 도입할 수 있으며, 이 아미노기가 펩티드결합을 형성하지 않도록 보호한다.

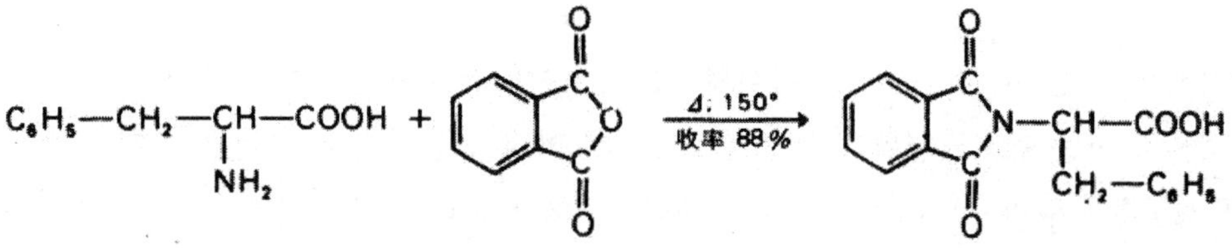
C₆H₅—CH₂—CH—COOH
NH₂
Δ; 150°
收率 88%
N—CH—COOH
CH₂—C₆H₅

L-phenylalanine phthalic anhydride phthalyl-L-phenylalanine

17-8 카르복실기의 보호

펩티드를 합성하는 동안, 카르복실기는 보통 소듐염(염기의 작용으로) 혹은 불활성인 에스테르(알코올과 미량의 산의 작용으로)로 보호한다. 에스테르는 후에, 온화한 조건하에서 가수분해로 제거한다.

17-9 *N*-치환아미노산 혹은 펩티드의 카르복실기의 활성화

카르복실기를 활성화하는 데에는 이것을 산염화물(염화티오닐로서)로 변화시키든지, 혹은 *p*-니트로페닐에스테르와 같은 반응성이 강한 에스테르로 변환한다. 온화한 조건하에서 에스테르화를 촉진시키기 위하여, 탈수제로서 *N,N*-디시클로헥실카르보디이미드 [$C_6H_{11}-N=C=N-C_6H_{11}$]를 사용할 수가 있다.

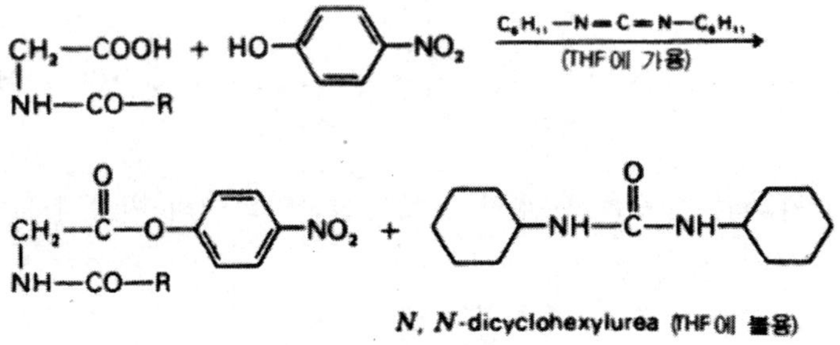
C₆H₁₁—N=C=N—C₆H₁₁
(THF에 가용)
N, N-dicyclohexylurea (THF에 불용)

17-10 펩티드결합의 생성

한쪽의 카르복실기와 다른 쪽의 아미노기를 보호한 2개의 아미노산으로부터 펩티드결합을 생성하는 형식은 단 1가지이다. 아민과 산으로부터 아미드결합을 생성할 때 물의 제거가 관여하기 때문에,

$$—NH_2 + HOOC— \longrightarrow —NH—CO— + H_2O$$

여기서도 또한 *N,N*-디시클로헥실카르보디이미드를 사용할 수 있다.

목적으로 하는 펩티드결합의 생성은 2가지의 화합물을 단순히 가열하여 행할 수도 있지만, THF 중에서 카르보디이미드를 사용하면, 보다 온화한 조건하에서 보다 제어된 반응을 행할 수 있다.

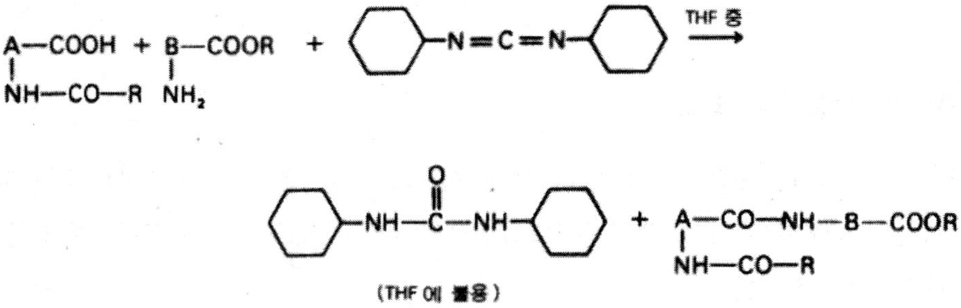
THF 중
(THF에 불용)

17-11 아미노보호기의 제거

최후의 과정은 카르보벤족시 혹은 프탈릴기의 제거이다. 전자는 온화한 조건하에서 수소와 팔라듐을 사용한 가수소분해에 의하여 제거할 수 있다.

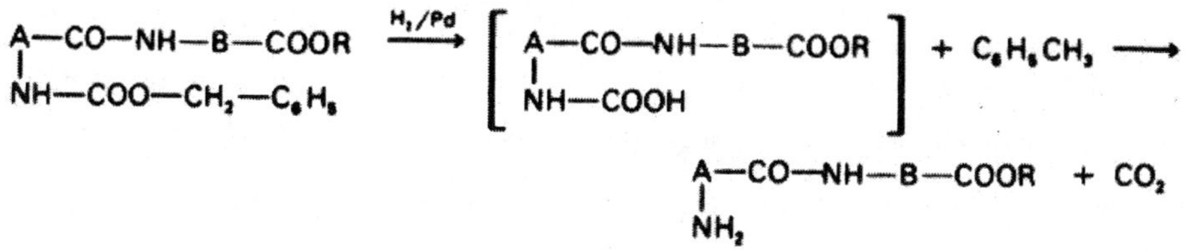
A—CO—NH—B—COOR
NH—COO—CH₂—C₆H₅
H₂/Pd
A—CO—NH—B—COOR
NH—COOH
+ C₆H₅CH₃
A—CO—NH—B—COOR + CO₂
NH₂

프탈릴기는 *N*-보호펩티드를 알코올 중에서 하이드라진과 처리해서 제거할 수 있다; 프탈하이드라지드가 생성한다.

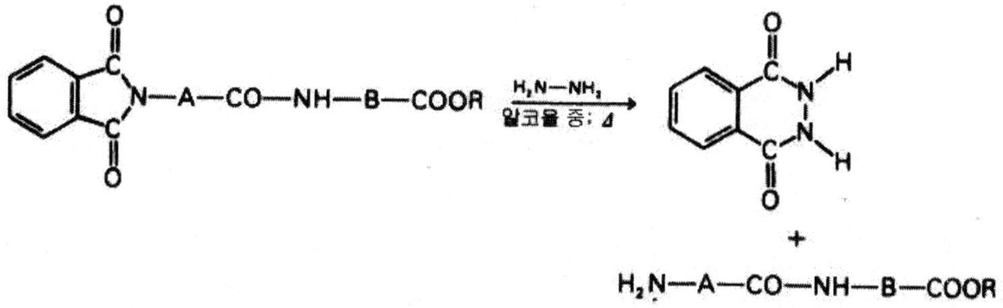
N—A—CO—NH—B—COOR
H₂N—NH₂
알코올 중; Δ
+
H₂N—A—CO—NH—B—COOR

17-12 자동화된 펩티드합성

최근, 광학적으로 순수한 펩티드를 고수득률로써 합성할 수 있는 합성방법이 개발되었다. 이 방법에서는, 아미노산을 결정된 순서로서 펩티드로 조합할 수 있다. 이것은 모두 자동적인 첨가 및 여과의 조작을 단일의 반응용기 내에서 행할 수 있기 때문에, **펩티드합성기기**라고도 말한다.

이 합성방법의 요점은 불용성의 폴리머를 사용하며, 이것에 의하여 새로 생성한 펩티드를 결합시키는 것이다. 클로로메틸기(−CH_2Cl)를 갖는 폴리스티렌중합체를 N−보호아미노산염과 처리하고, 계속해서 아미노보호기를 제거하며, 먼저 설명한 변법으로 다른 각종의 아미노산을 결합시킨다. 이 합성에서는 반응은 항상 아미노산 혹은 펩티드를 갖는 불용성폴리머의 표면에서 일어난다. 최후에, 필요한 수의 아미노산을 결합시킨 후, 펩티드를 폴리머로부터 절단한다. **표 17−3**에는 화학적 공정의 예를 표시하였다.

04 단백질의 물리적 구조

앞의 절에서 펩티드의 합성 및 화학조성을 설명했지만, 단백질의 물리적 성질 및 입체배치의 문제가 남아있다.

다수의 아미노산잔기로 형성되는 중합체의 단백질은 분자량이 10,000을 넘는 경우도 많다. 이들 분자의 기본구조는 아미드 결합(펩티드 결합)이며, 아미노산에 존재하는 다른 관능기는 이 골격에 결합하고 있다. 예를 들면 이들의 관능기는 상호작용을 하여 합성분자를 어떤 특정의 입체형태로 안정시킨다. 더욱, 2가지의 사슬이 교차하는 경우도 있으며, 일반적으로 디술피드결합(-S-S)으로 연결되어 있다.

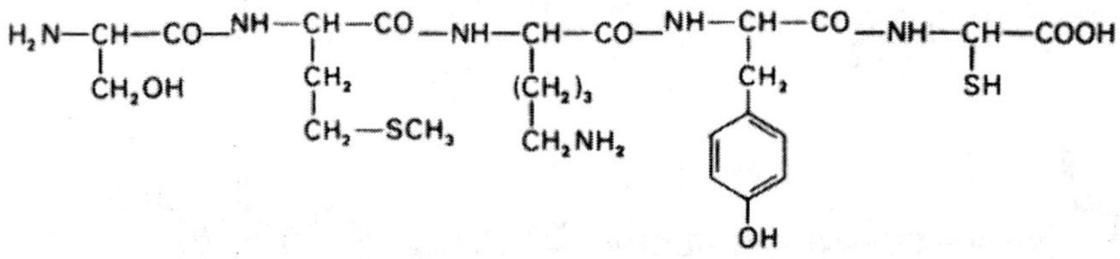

seryl threonyl lysyl tyrosyl cysteine

단백질에는 대별하여 2가지의 형태가 있다. 그의 하나는 **섬유상**의 것으로서, 실크의 피브로인, 결합조직의 콜라겐, 뿔, 깃털, 손발톱 등의 케라틴이 이것에 속하며, 다른 하나는 **구상**의 단백질로서, 난알부민, 카세인 및 혈장단백질 등이 있다. 섬유상 단백질은 일반적으로 물에 불용성으로서, 어떻게 말하면, 가늘고 긴 구조를 가지며, 늘어나게 할 수 있다. 구상단백질은 이것에 반해서 수용성의 물질로서, 보다 구형에 가까운 형태를 가지며, 측쇄의 상호작용에 의하여 교차하고 있다.

펩티드간에는 주로 여러 가지의 형식으로 상호작용을 하며, 실존하는 입체배치 및 입체형태를 형성하고 있다. 그 제 1의 형식은 수소결합이며, 이것은 특히 아미드질소와 아미드카르보닐의 사이에 존재한다.

$$>N-H\cdots O=C<$$

표 17-3 자동화된 펩티트합성에 이용되는 대표적인 화학반응

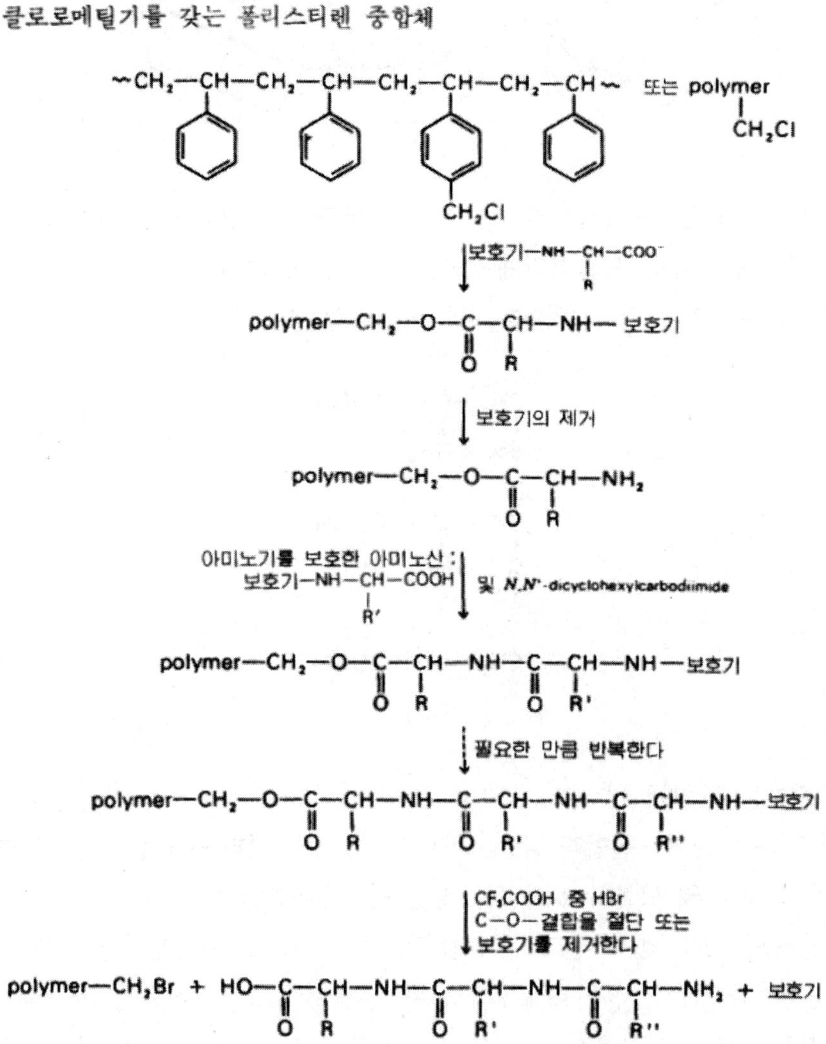
클로로메틸기를 갖는 폴리스티렌 중합체
또는 polymer
보호기의 제거
아미노기를 보호한 아미노산 :
및 N,N'-dicyclohexylcarbodiimide
필요한 만큼 반복한다
CF₃COOH 중 HBr
C−O−결합을 절단 또는
보호기를 제거한다

어떤 단백질분자에서는 수소결합에 의하여 **나선상입체형태**를 취하여, 수소결합을 갖지 않는 분자에 있어서 보다도 낮은 에너지상태로 된다. 더욱, 질소의 p−전자와 카르보닐의 π 결합의 겹침이 커지도록, 각각의 아미드결합이 어느 정도 평면성을 취한 입체형태를 가지고 있다.

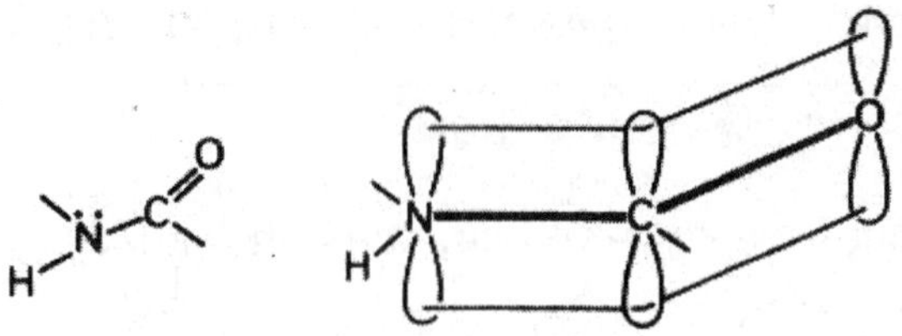
O
N
C
H
O
N
C
H

제 2 형태의 결합은, 단백질분자 내, 혹은 단백질분자간의 공유결합성 디술피드결합(-S-S-)이다. 예를 들면 시스테인에 있어서와 같은 술프하이드릴기(-SH)의 산화로서 시스틴으로 보이는 것과 같은 디술피드결합을 형성한다.

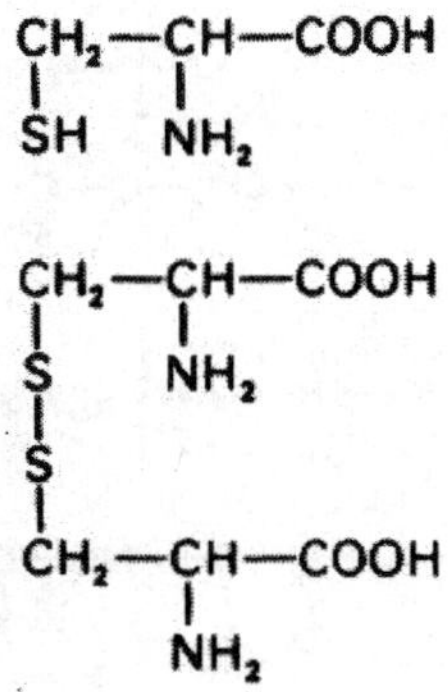
CH₂—CH—COOH
SH NH₂
CH₂—CH—COOH
S NH₂
S
CH₂—CH—COOH
NH₂

디술피드결합은 환원에 의하여 개열한다.

수소결합 또는 디술피드결합과 같은 요인으로 형성된 펩티드의 정확한 기하학형은, 이들의 물리적, 화학적 및 생물학적 성질을 결정하는 근본적인 요소이다. 이들의 2차적 구조에 변화를 가져오는 어떠한 과정도 단백질의 **변성**이라고 말한다. 단백질을 변성시키는 일반적인 수단은, 산, 염기, 유기용매에서의 처리, X-선조사 혹은 단순한 기계적인 교반 등이다. 변성한 단백질은 불용성이며, 또한 생리활성의 감소에 특징이 있으며, 경우에 따라서는 작은 분자로서의 분해를 동반한다. 이들의 변성과정의 상세에 대해서는, 확실히 이해되어 있다고는 할 수 없지만, 거의 모든 결정성 단백질은 이들의 처리를 행하면 결정화될 수 없는 것으로 밝혀졌다.

05 구조결정

천연에 존재하는 펩티드 또는 단백질을 합성하기 위해서는, 그 단백질이 어떠한 아미노산으로 형성되어 있으며, 또한 이들이 분자 내에서 어떠한 순서로 존재하고 있는지를 알 필요가 있다. 이와 같은 지식은 구조 결정을 위하여 개발된 각종의 방법을 조합시켜서 얻어진다. 이하의 절에서 약간의 화학적 방법을 해설한다.

17-13 부분적 및 완전 가수분해

복잡한 펩티드는 20% 염산 또는 20% 황산과 오랜 시간 환류하여, 구성하고 있는 각 아미노산으로 가수분해할 수 있다. 완전한 가수분해 및 각각의 아미노산의 정량적 분리 및 확인으로부터, 어떤 아미노산이 존재하는지, 또한 그들의 상대적인 양을 알 수 있다. 이것은 대단한 노력을 필요로 하지만, 1g 이하의 단백질을 사용하여, 존재하는 각각의 아미노산의 양을 약 2시간으로 정량할 수 있는 자동아미노산분석장치가 개발되어 있다.

만일 산가수분해를, 반응이 완료하기 전에 정지하면, 이 때 얻어지는 용액은 어느정도의 단순한 아미노산과 더불어, 디, 트리, 테트라 혹은 펜타펩티드와 같은 작은 펩티드단편을 함유하게 된다. 이들의 단편을 단계적으로 분석하고, 또 전체의 아미노산 함유량을 고려하면, 원래의 단백질에 존재하는 아미노산의 **순서**를 결정할 수 있다. 부분적, 또는 완전 가수분해에 염기를 사용하면 광학활성인 α-탄소를 상당히 라세미화시킬 수 있다.

17-14 아미노말단기의 분석

단순한 환상구조를 갖지 않는 펩티드는 유리아미노 및 유리카르복실말단의 양쪽을 갖는다. 이들의 말단아미노산에 관한 지식은, 분자 내의 아미드결합의 순서를 결정하는 데 유용하다. 아래의 조작은 원래의 펩티드 혹은 부분 가수분해로서 얻어진 작은 펩티드단편의 어느 것에 대해서도 행할 수가 있다.

펩티드를 아질산으로 처리하고, 계속해서 가수분해를 행하면 아미노말단기로부터 α-하이드록시산이 생성한다.

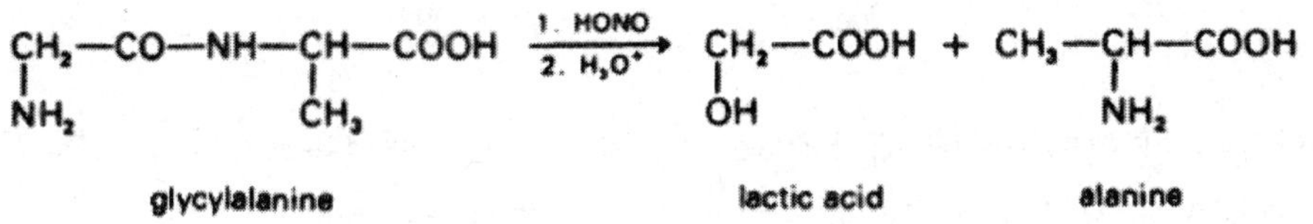
CH₂—CO—NH—CH—COOH
NH₂
CH₃
1. HONO
2. H₃O⁺
CH₂—COOH
OH
CH₃—CH—COOH
NH₂
glycylalanine
lactic acid
alanine

이 반응은 보통의 1차 지방족 아민을 아질산으로 처리하는 것(16-10절)과 유사하다. 제 2단계의 가수분해에서는 하이드록시산만이 아니고, 단일의 아미노산 또는 작은 펩티드도 생성한다.

아미노말단기를 결정하기 위하여 잘 이용되는 다른 하나의 방법은 2,4-디니트로플루오로벤젠(2,4-DNFB)으로부터 방향족 친핵적 치환반응으로 플루오르원자를 치환하는 것이다. 방향족 할로겐원자에 대해서 오르토 및 파라위치에 있는 니트로기가, 친핵적 치환반응으로 할로겐원자를 활성화하는 것을 상기할 것(8-10절 참조).

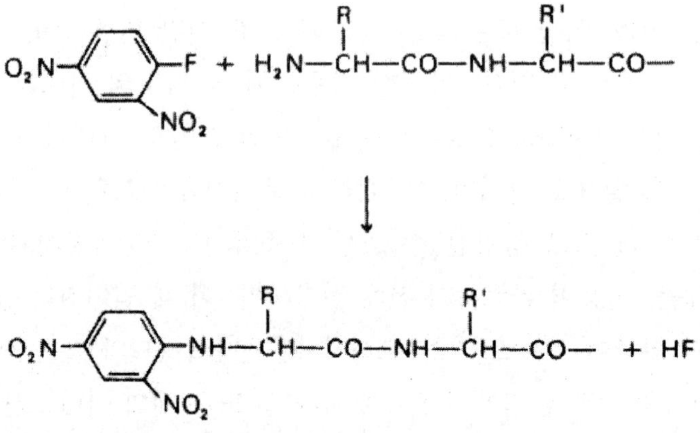

그 후, *N*-치환기를 갖는 단백질 혹은 펩티드를 가수분해하면, 아미노산 또는 작은 펩티드와 더불어 N-2,4-디니트로페닐아미노산이 얻어진다.

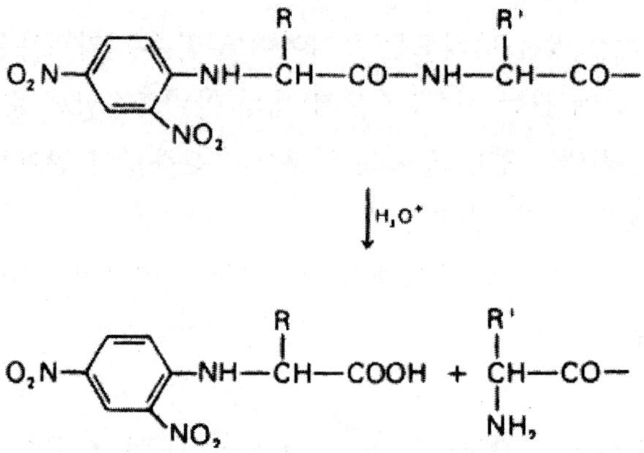

통상의 순수한 아미노산에 대한 이들 모두의 디니트로페닐유도체가 합성되고 있으며, 미지의 유도체의 성질과 기지화합물의 것과의 비교가 가능하다.

17-15 카르복실말단기의 분석

단백질, 혹은 펩티드의 유리카르복실말단은, 과잉의 하이드라진과의 처리로서 화학적으로 결정할 수 있다. 모든 **아미드결합**이 하이드라지드(–CO–$NHNH_2$)로 변하지만, 카르복실기 자신은 변하지 않는다. 따라서 이 반응 혼합물을 과잉의 벤즈알데히드와 처리하면, 모든 아미노산하이드라지드는 중성의 벤잘유도체(–CO–NH–N=CH–C_6H_5)로 변하기 때문에, 유리카르복실기를 갖는 아미노산을 용이하게 분리할 수 있다. 아미노산은 비교적 분자량이 작기 때문에, 하이드라지드의 벤잘유도체로서 분자량이 증가한 것은 분리를 용이하게 하고 있다.

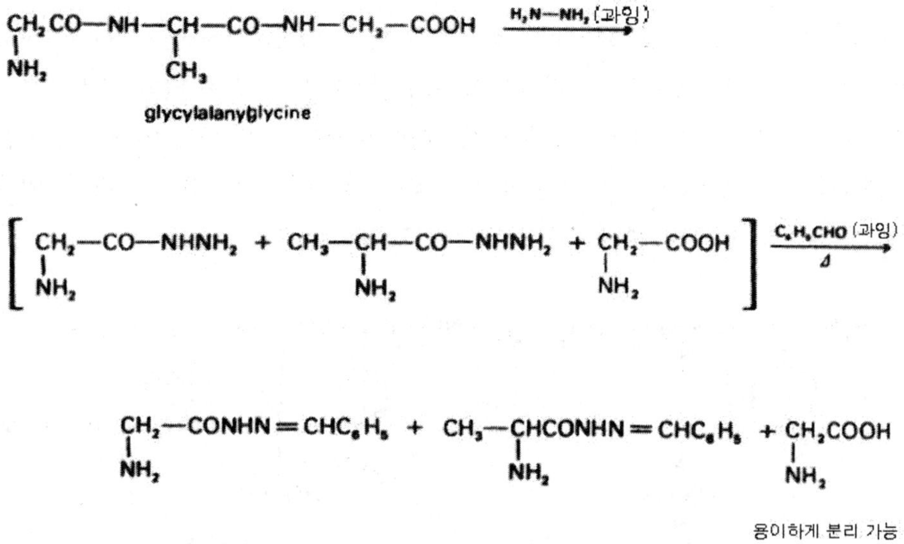
glycylalanylglycine
용이하게 분리 가능

17-16 효소적 가수분해

펩티드의 구조결정에 있어서는, 앞절까지 설명한 순수한 화학적 방법 이외에, 자기 자신이 폴리펩티드인 어떤 종류의 효소가 펩티드의 특정한 아미드결합의 가수분해를 접촉하는 것이 발견되었다.

췌장이 생산하는 소화효소 예를 들면 트립신, 키모트립신 및 카르복시펩티다아제 A와 B는 상세하게 연구되어 있다. 이들의 효소가 펩티드의 분석에 매우 유용하다고 하는 것을 나타내기 때문에, 이들의 작용을 간단하게 요약한다. 트립신은 리신 혹은 아르기닌과 같이 정으로 하전한 가지를 갖는 아미노산의 카르보닐기 쪽의 결합만을 가수분해한다. 키모트립신이 접촉하는 가수분해는 페닐알라닌 또는 티로신과 같은 방향핵을 갖는 아미노산과 결합하는 카르보닐기에 작용한다. 트립신이나 키모트립신은 내부에 있는 펩티드결합의 가수분해를 접촉하기 때문에, **엔도펩티다아제**라고도 말한다.

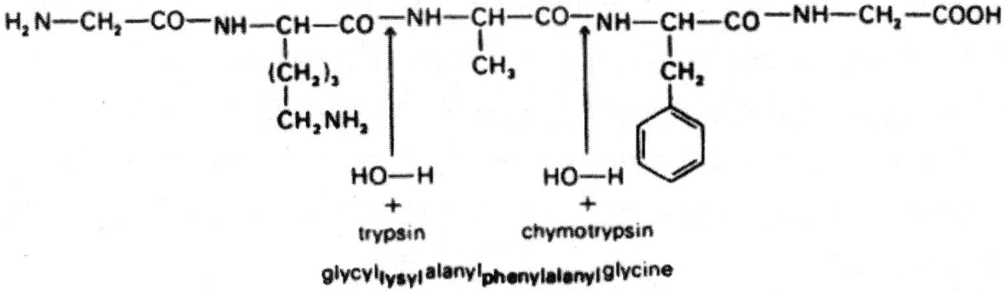
H₂N—CH₂—CO—NH—CH—CO—NH—CH—CO—NH—CH—CO—NH—CH₂—COOH
(CH₂)₃
CH₂NH₂
CH₃
CH₂
HO—H
+
trypsin
HO—H
+
chymotrypsin
glycyl lysyl alanyl phenylalanyl glycine

카르복시펩티다아제 A 및 B는 모두 말단의 펩티드결합을 가수분해하기 때문에, **엑소펩티다아제**라고 말한다. 카르복시펩티다아제 A가 작용하는 조건은 말단 아미노산잔기가 벤젠핵을 갖는 것이며, 또한 다른 **카르복시펩티다아제** B는 리신 또는 아르기닌과 같이 염기성잔기를 갖는 말단에 결합하고 있는 아미노산과의 결합을 절단한다. 따라서, 이들의 효소의 사용을 분리하면, 폴리펩티드를 선택적으로 가수분해할 수 있다.

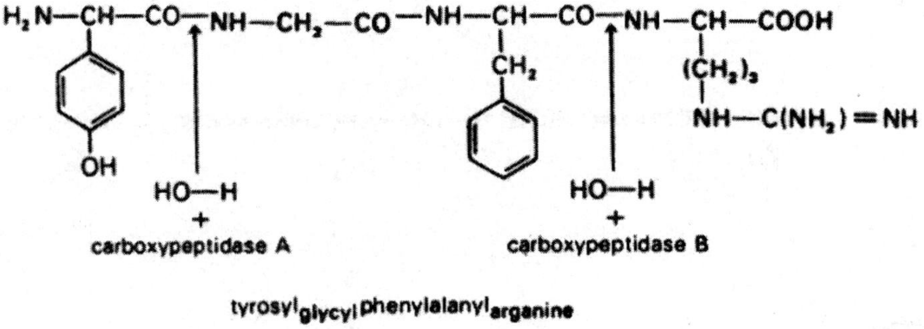
H₂N—CH—CO—NH—CH₂—CO—NH—CH—CO—NH—CH—COOH
OH
CH₂
(CH₂)₃
NH—C(NH₂)=NH
HO—H
+
carboxypeptidase A
HO—H
+
carboxypeptidase B
tyrosyl glycyl phenylalanyl arganine

1. 광학활성인 펩티드($C_{18}H_{23}O_5N_5$)는, 부분 가수분해로서 다음과 같은 화합물을 어떤 양만큼 생성한다: Gly, Gly-Gly, Gly-Ala, Gly-Ala-Gly 및 일종의 트리펩티드(X). 원래의 화합물에 대해서 아질산, 2,4-DNFB, 또는 하이드라진(및 벤즈알데히드와의 처리)을 사용하여 몇 번이고 말단기의 분석을 행하였지만, 만족한 결과를 얻을 수 없었다. 이들의 시험은 각종의 조건하에서 행하였다.
   트리펩티드 X로부터는 이하의 지식이 얻어졌다. X를 아질산으로 처리하면,(가수분해한 후) α-하이드록시-β-페닐프로피온산 및 디펩티드 Y가 얻어졌다. 이 디펩티드 Y를 2,4-DNFB로 처리하고, 계속해서 가수분해하면 광학불활성인 N-2,4-디니트로페닐유도체 및 일종의 아미노산이 얻어지며, 후자는 아질산과의 처리로서 락트산을 생성한다.

원래의 화합물의 구조를 표시하여라. 또한 원래의 미지물질에는 몇 종류의 입체 이성체가 존재 할까?

2. 어떤 미지의 헥사펩티드를 완전 가수분해하면, 같은 몰의 글리신 및 알라닌을 생성한다. 또한 이 미지물질을 부분 가수분해하면, 이하의 화합물이 어떤 양 생성한다. : Gly, Ala, Gly-Gly, Gly-Gly-Ala 및 일종의 트리펩티드(A).

A를 아질산으로 처리하고, 계속해서 가수분해하면, 락트산이 얻어진다. 또한 A를 하이드라진과(계속해서 벤즈알데히드와)처리하면 알라닌이 얻어진다. 더욱 A를 2,4-DNFB로 처리하고, 계속해서 가수분해하면 N-2,4-디니트로페닐글리신이 생성함과 동시에 디펩티드 B를 생성한다. 후자는 2,4-DNFB와의 처리 후에 가수분해하면 N-2,4-디니트로페닐알라닌이 얻어진다.

최초의 헥사펩티드를 하이드라진으로 처리하고, 계속해서 벤즈알데히드를 작용시키면 알라닌을 생성한다. 이 헥사펩티드의 말단기분석(2,4-DNFB 사용)으로부터는 글리신이 말단에 존재하고 있는 것으로 결론된다.

위에 주어진 결과를 사용하여 처음의 헥사펩티드의 구조를 표시하여라, 또 주어져있는 지식으로부터 그 구조가 확정될 수 있을지 어떨지를 고찰하여라. 만일 유일의 구조가 결론되어질 수 없으면, 위의 결과를 만족하는 구조가 달리 몇 가지 존재할까?

■참고문헌■

Alexander, P. : Radiation-imitating Chemicals, *Sci. Am.,* 202(1), 99(1960). 각종의 nitrogen mustards [R-N(CH_2CH_2Cl)$_2$]와 단백질과의 작용을 표시하고 있다.

Gally, J. H. : Bence-Jones Proteins and Antibodies, *J. Chem. Educ.,* 44, 56(1967). 희귀한 병인 multiple myeloma에 걸려 있는 환자의 소변 중에 존재하는 특이한 단백질에 대해서의 연구를 총괄하고 있다.

Kendrew, J. C. : The Three-dimensional Structure of a Protein Molecule. *Sci. Am.,* 205(6), 96(1961). 약 150의 아미노산 단위(원자수 2600)로 형성되는 미오글로빈의 X-선분석과, 이 단백질이 철원자의 주위에 어떻게 배치하고 있는가를 상술하고 있다.

Li, C. H. : The ACTH Molecule, *Sci. Am.,* 209(1), 46(1963). 부신피질단백질의 역할을 그 구조와 기능의 면으로부터 해설하고 있다.

Neurath, N. : Protein-digesting Enzymes, *Sci. Am.,* 211(6), 68(1964). 트립신, 키모트립신 및 카르복시펩티다아제의 가수분해작용의 해설.

Perutz, M. F. : The Hemoglobin Molecule, *Sci. Am.,* 211(5), 64(1964). 헤모글로빈의 X-선분석에 의한 구조결정의 해설.

Stein. W. H., and S. Moore : The Chemical Structure of Proteins, *Sci. Am.,* 204(2) 81(1961). 자동아미노산 분석장치를 사용한 인슐린, 및 리보누클레아제의 구조결정을 검토하고 있다.

Zuckerkandl, E. : The Evolution of Hemoglobin. *Sci. Am.,* 212(5), 110(1965). 인간의 헤모글로빈 사슬을 고릴라, 돼지, 말 및 고래 미오글로빈의 것과 비교하고 있다.

Chapter 18

당 및 탄수화물

폴리하이드록시알데히드(알도오스) 및 폴리하이드록시케톤(케토오스)은 **당** 혹은 **당류**라고 불리우는 일군의 화합물로서 주요한 물질이다. 대부분의 경우 이들 화합물의 조성은 $C_x(H_2O)_x$의 일반식에 상당하기 때문에, 당류는 **탄수화물**이라고 불리우는 더욱 큰 화합물군에 포함된다. 탄수화물은 대부분의 경우 단순한 당의 중합체이다.

단당류는 단순한 당으로 가수분해를 받지 않지만, **이당류**는 가수분해로서 2종류의 다른 당, 또는 하나의 당을 2당량 생성한다. 삼당류는 3당량의 당을 생성한다고 하는 관계가 계속되며, 고분자량의 **다당류**는 가수분해로서 다수의 당을 생성하든지, 혹은 어떤 1종류의 당을 다량으로 생성한다. **올리고당류**라고 하는 명칭은 때로는 2개로부터 6개의 단순한 당을 갖는 것에 사용된다.

본서에서는, 주로 혈액, 소변, 벌꿀, 우유, 목재, 그 외 각종의 천연물로부터 단리된 천연 단순한 당에 관한 반응, 합성, 혹은 구조결정 등에 대해서 설명한다. 탄수화물의 보통의 예로서는, 단당류로서 글루코오스, 이당류의 설탕인 수크로오스, 우유 중에 함유되는 이당류의 일종인 락토오스, 다당류로서의 셀룰로오스 등이 있다. 당의 수산기가 아미노기로서 치환된 아미노당, 수산기가 제거된 데옥시당 등도 천연으로부터 발견되어 있다.

01 명명법과 구조

18-1 일반적인 구조상의 특징

당은 통상 3개로부터 7개의 탄소를 가지며, 카르보닐기의 형태에 의하여 **알도오스** 또는 **케토오스**라고 통칭된다. 일반적인 명칭으로 탄소원자의 수를 표시할 수도 있다. 예를 들면 육탄당을 **알도헥소오스** 또는 **케토헥소오스**라고 말한다. 케토오스는 또한 알도오스의 명칭에 **울**(-ul)을 삽입하여 명명할 수도 있으며, 케토헥소오스는 **헥슐로오스**(hexulose)라고도 말한다(**표 18-1** 참조).

18-2 절대배치

천연에 존재하는 당의 거의 대부분은 적어도 1개의 비대칭탄소를 가지고 있으며, **가장 순위가 높은 탄소원자**의 절대배치는 D(+)-글리세르알데히드에 관련되어져 있다. 천연에서 얻어지는 소수의 당은 L-계열에 속하고 있다.

표 18-1 당의 일반적 명명법

탄소수	관능기	
	Aldehyde(aldose)	*Ketone(ketose)*
3	triose(aldotriose) $CHO\text{-}CHOH\text{-}CH_2OH$	triulose(ketotriose) $CH_2OH\text{-}CO\text{-}CH_2OH$
4	tetrose(aldotetrose) $CHO\text{-}(CHOH)_2\text{-}CH_2OH$	tetrulose(ketotetrose) $CH_2OH\text{-}CO\text{-}CHOH\text{-}CH_2OH$
5	pentose(aldopentose) $CHO\text{-}(CHOH)_3\text{-}CH_2OH$	pentulose(ketopentose) $CH_2OH\text{-}CO\text{-}(CHOH)_2\text{-}CH_2OH$
6	hexose(aldohexose) $CHO\text{-}(CHOH)_4\text{-}CH_2OH$	hexulose(ketohexose) $CH_2OH\text{-}CO\text{-}(CHOH)_3\text{-}CH_2OH$
7	heptose(aldoheptose) $CHO\text{-}(CHOH)_5\text{-}CH_2OH$	heptulose(ketoheptose) $CH_2OH\text{-}CO\text{-}(CHOH)_4\text{-}CH_2OH$

이 광학계열은 **가장 순위가 높은 비대칭탄소**의 곳에서 결정된다.

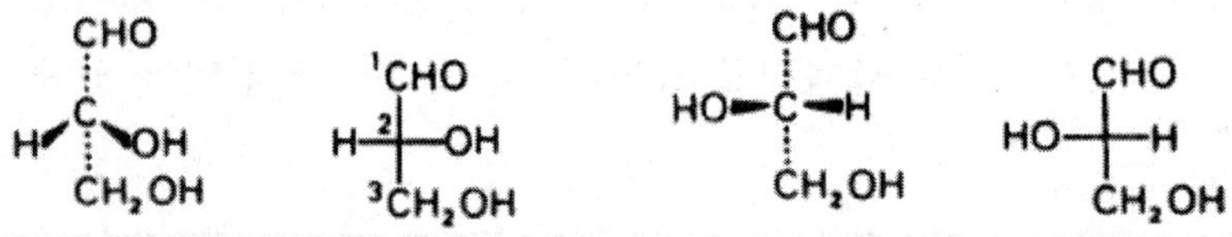

D-glyceraldehyde L-glyceraldehyde

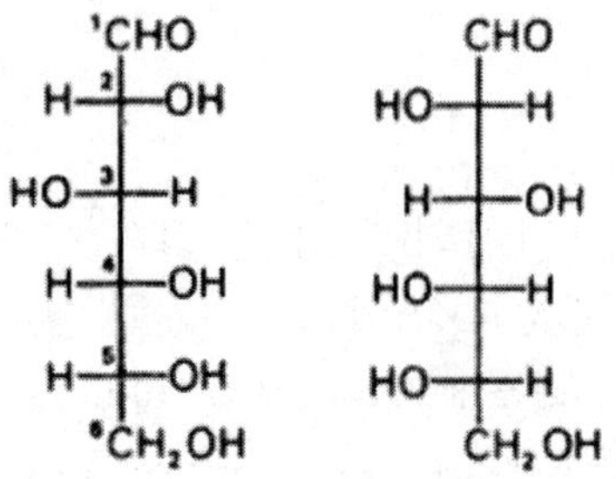

다른 천연물과 마찬가지로, 초기에 단리 또는 연구가 행해진 당에는 관용명이 있으며, 이것은 그대로 사용되고 있다. **표 18-2** 및 **표 18-3**은 D-계열의 알도오스와 케토오스를 표시하고 있다. 이들의 표에 표시한 투영도의 거울상에 상당하는 것은 L-계열의 것에 상당한다.

표 18-2 탄소수 3으로부터 6의 D-알도오스

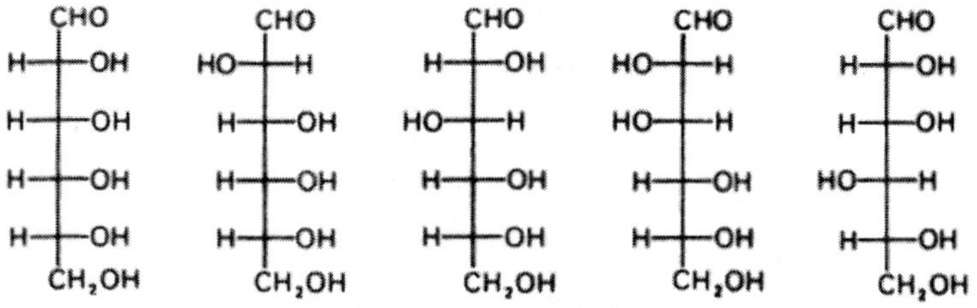

D(+)-allose	D(+)-altrose	D(+)-glucose	D(+)-mannose	D(−)-gulose
CHO	CHO	CHO	CHO	CHO
H–C–OH	HO–C–H	H–C–OH	HO–C–H	H–C–OH
H–C–OH	H–C–OH	HO–C–H	HO–C–H	H–C–OH
H–C–OH	H–C–OH	H–C–OH	H–C–OH	HO–C–H
H–C–OH	H–C–OH	H–C–OH	H–C–OH	H–C–OH
CH_2OH	CH_2OH	CH_2OH	CH_2OH	CH_2OH

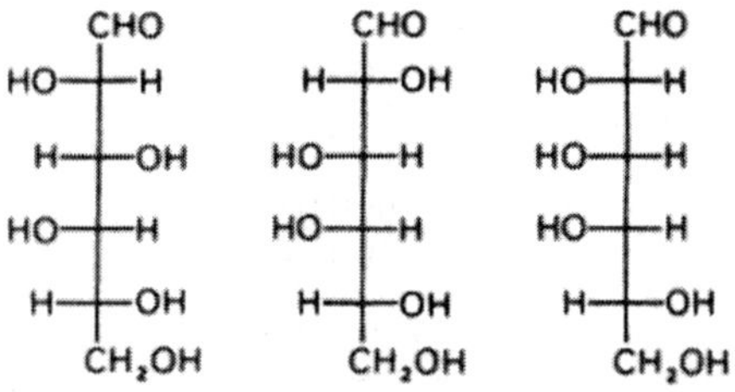

D(−)-idose	D(+)-galactose	D(+)-talose
CHO	CHO	CHO
HO–C–H	H–C–OH	HO–C–H
H–C–OH	HO–C–H	HO–C–H
HO–C–H	HO–C–H	HO–C–H
H–C–OH	H–C–OH	H–C–OH
CH_2OH	CH_2OH	CH_2OH

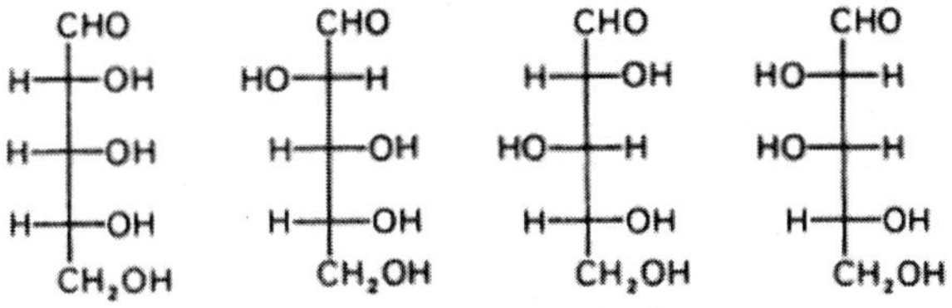

D(−)-ribose	D(−)-arabinose	D(+)-xylose	D(−)-lyxose
CHO	CHO	CHO	CHO
H–C–OH	HO–C–H	H–C–OH	HO–C–H
H–C–OH	H–C–OH	HO–C–H	HO–C–H
H–C–OH	H–C–OH	H–C–OH	H–C–OH
CH_2OH	CH_2OH	CH_2OH	CH_2OH

D(−)-erythrose	D(−)-threose
CHO	CHO
H–C–OH	HO–C–H
H–C–OH	H–C–OH
CH_2OH	CH_2OH

D(+)-glyceraldehyde
CHO
H–C–OH
CH_2OH

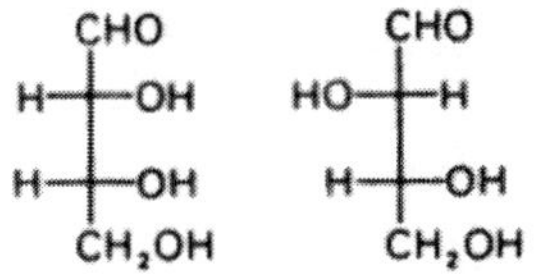

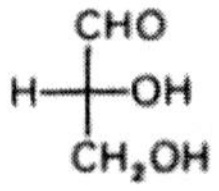

표 18-3 탄소수 3으로부터 6의 D-케토오스

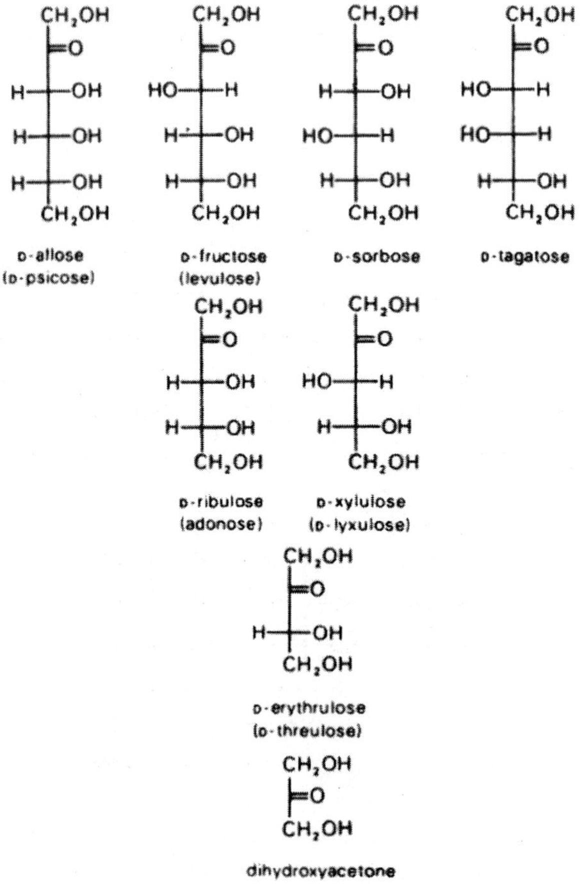
D-allose
(D-psicose)
D-fructose
(levulose)
D-sorbose
D-tagatose
D-ribulose
(adonose)
D-xylulose
(D-lyxulose)
D-erythrulose
(D-threulose)
dihydroxyacetone

18-3 환상에테르의 생성

알데히드 또는 케톤은 1당량의 알코올과 반응하여 헤미아세탈 또는 헤미케탈을 생성한다(13-13절).

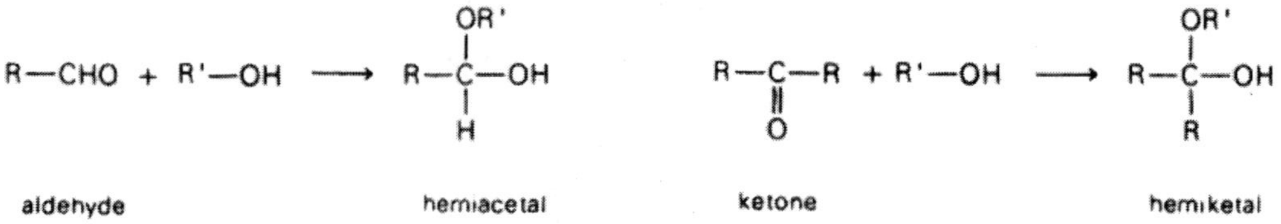
aldehyde
hemiacetal
ketone
hemiketal

만일 카르보닐기와 수산기가 분자 내의 적당한 위치에 있으면, 5원환 혹은 6원환의 헤미아세탈을 용이하게 형성한다.

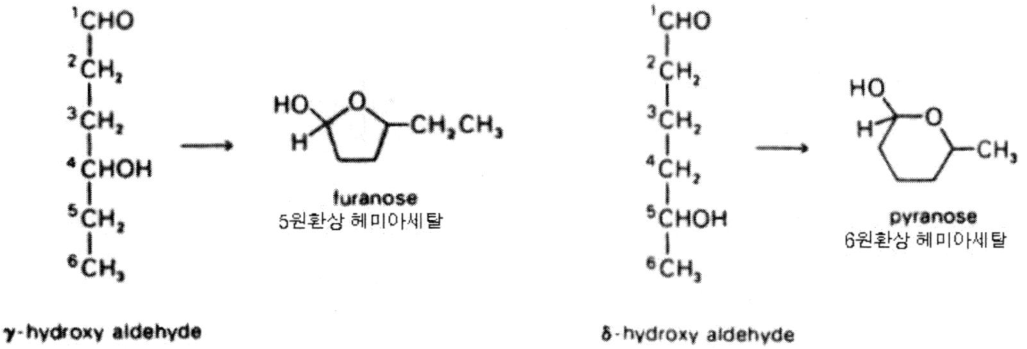

1CHO
2CH2
3CH2
4CHOH
5CH2
6CH3
HO
H
O
CH2CH3
furanose
5원환상 헤미아세탈
γ-hydroxy aldehyde
1CHO
2CH2
3CH2
4CH2
5CHOH
6CH3
HO
H
O
CH3
pyranose
6원환상 헤미아세탈
δ-hydroxy aldehyde

이들의 환상헤미아세탈당의 구조는 푸란 또는 피란과 유사하기 때문에, 고리의 크기에 따라서 **푸라노오스**(5원환) 또는 **피라노오스**(6원환)라고 말한다.

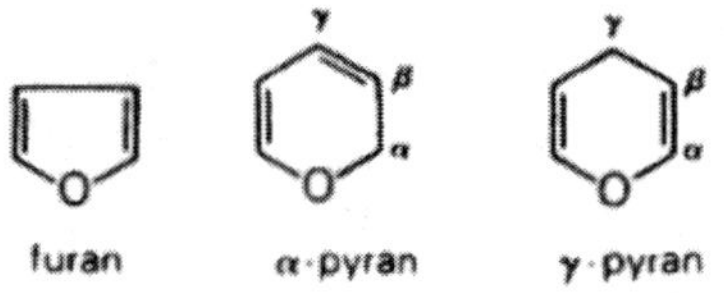

O
γ
β
α
furan
α-pyran
γ-pyran

당에 있어서 환상헤미아세탈 또는 헤미케탈의 생성은, 이미 광학활성인 분자 내의 카르보닐탄소에 새로운 비대칭중심을 형성한다. 이 새로운 비대칭중심은 하나의 특정한 입체배치의 중심의 이웃에 있기 때문에, 2개의 가능한 광학적 입체배치는 같은 확률로서 생성하는 것이 아니다. 이것은 분자 내의 비대칭유도(12-19절)의 하나의 예가 된다.

용액 중에서는, 이들 2개의 환상헤미아세탈이 알데히드 혹은 케톤의 개환형을 경유하여 평형상태에 있다. 여기서 어느 쪽의 순수한 헤미케탈을 용액으로 하면, 2개의 환상구조는 알데히드 혹은 케톤과 평형상태에 달할 때까지 선광도가 변한다. 이와 같은 입체배치의 변화를 **변선광**이라고 말한다.

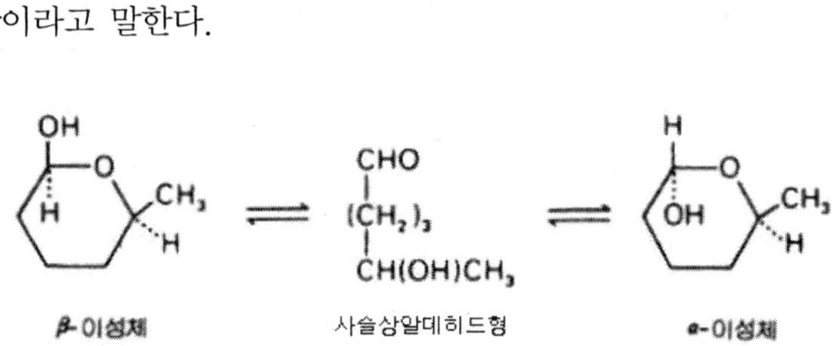

OH
O
H
CH3
H
CHO
(CH2)3
CH(OH)CH3
H
O
OH
CH3
H
β-이성체
사슬상알데히드형
α-이성체

새로 생성한 이성체를 투영식 또는 3차원적인 그림으로 표시하고, 또 확실하게 명명할 수 있는 규약이 설정되어 있다. 만일 새로 생성한 비대칭중심에 있는 수산기가 투영식의 오른쪽에 존재하든지, 혹은 3차원적 표기로서 아래쪽에 놓이는 경우, 이 화합물을 α-이성체라고 규정한다. 반면, 수산기가 왼쪽(또는 위쪽)에 있는 것은 β-이성체로서 표시한다. 이들 당의 에피머를 또한 **아노머**라고 말한다.

D-글루코오스 및 D-프룩토오스에 대해서는 **표 18-4**를 참조하기 바란다.

표 18-4 D-글루코오스 및 D-프룩토오스의 헤미아세탈 생성

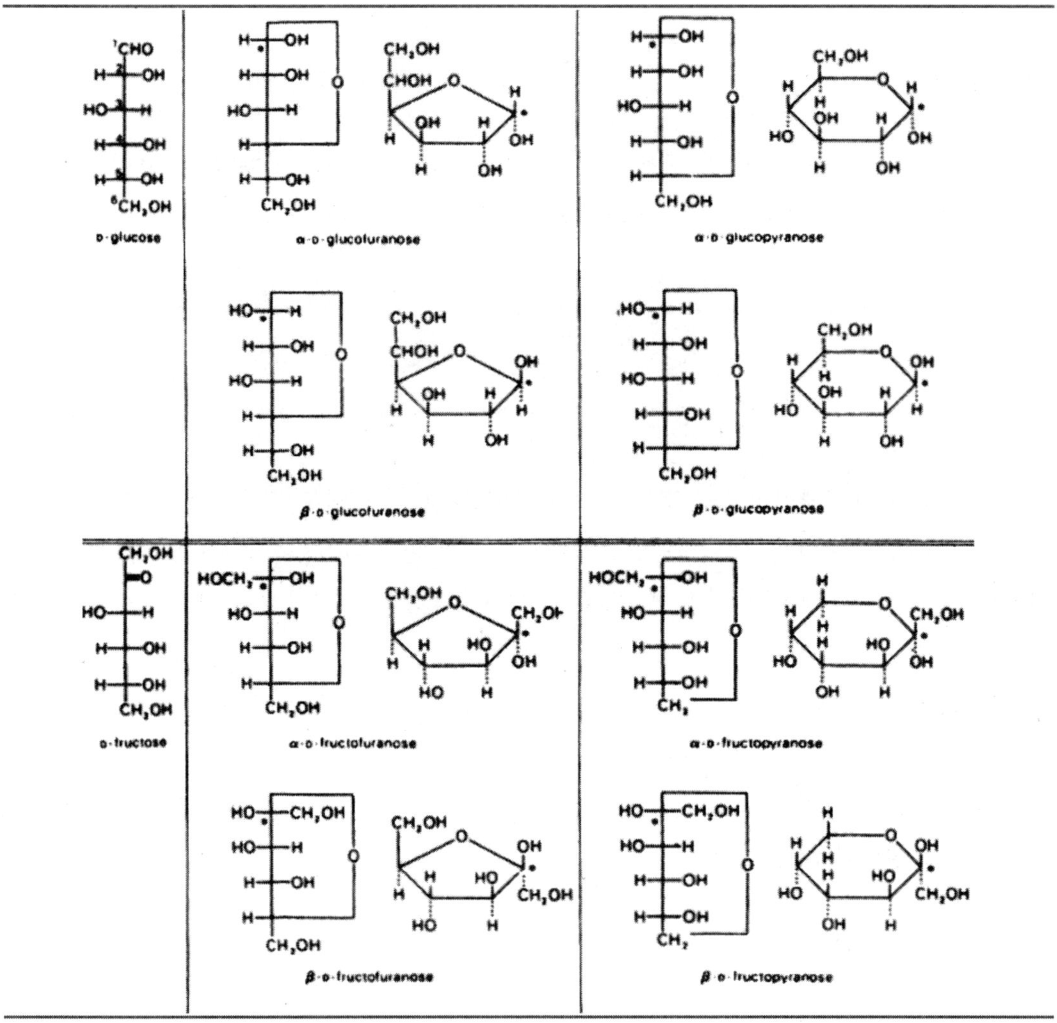

(별표는 새로 생성한 비대칭중심을 나타낸다.)

18-4 글루코시드

푸라노오스 또는 피라노오스의 새로 생성한 비대칭중심에 있어서 에테르를 형성하면, **푸라노시드** 또는 **피라노시드**라고 불리우는 화합물이 얻어진다. 이들을 일반적으로 **글루코시드**라고 말한다. 많은 당은, 용액에서는 유리의 알데히드 또는 케톤보다는 헤미케탈 혹은 헤미아세탈의 형태로 존재하기 때문에, 당을 메탄올 또는 에탄올성 염산으로 처리하면, 2가지의 에피머의 관계가 있는 메틸 혹은 에틸에테르, 즉 메틸 혹은 에틸글루코시드가 얻어진다.

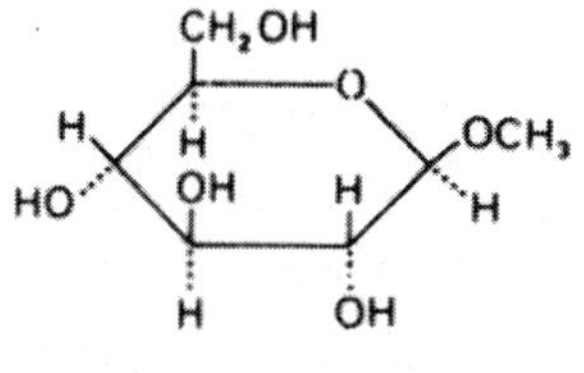

methyl β-D-glucopyranoside

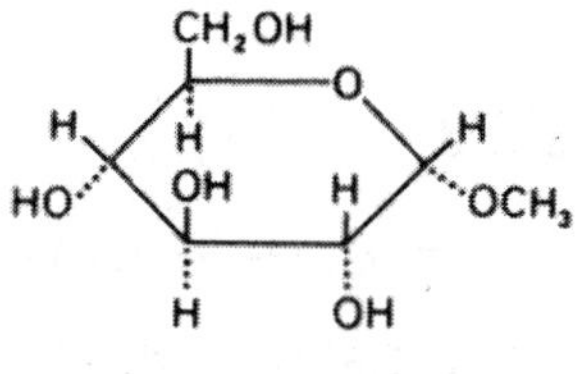

methyl α-D-glucopyranoside

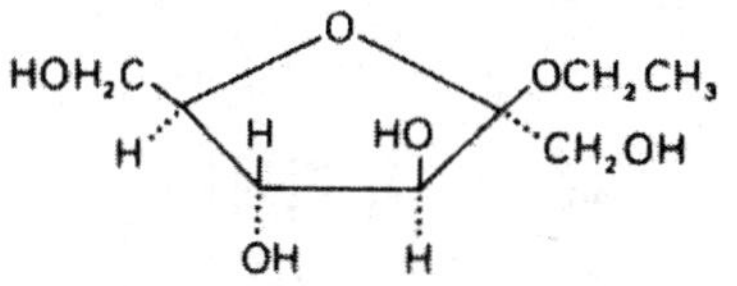

ethyl β-D-fructofuranoside

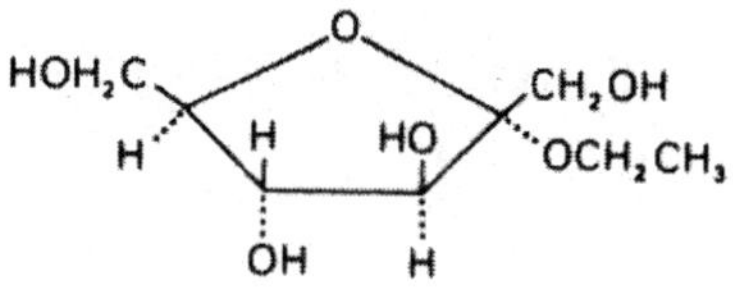

ethyl α-D-fructofuranoside

18-5 입체형태해석

시클로헥산과 마찬가지로, 피라노오스고리는 입체형태의 변화가 가능하다. 시클로헥산의 탄소원자 1개를 산소원자로서 치환했기 때문에 고리의 기하학형이 다소 변화하고 있지만, **피라노오스의 우위인 입체형태는 의자형이다**. 일례로서 메틸-α-D-글루코피라노시드를 취급하면, 우위인 입체형태는 1,3-디액시얼 상호작용의 고찰로부터 결정된다. 시클로헥산의 경우와 마찬가지로, 1,3-디액시얼 상호작용이 보다 적은 입체형태, 즉 에쿠아토리얼치환기의 수가 최대로 되는 것과 같은 것이 우위인 입체형태이다.

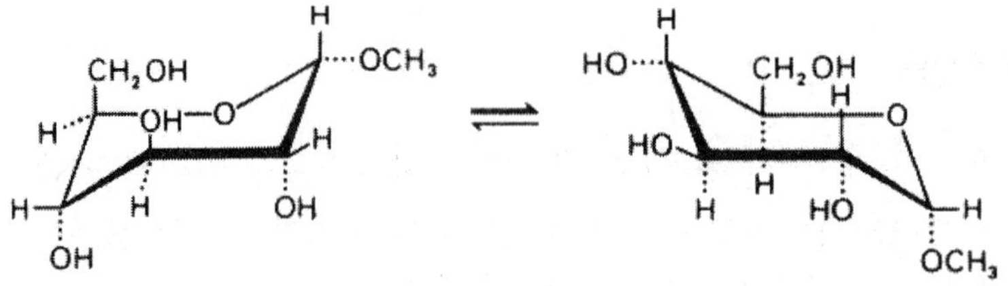

methyl α-D-glucopyranoside

02 당의 반응성

18-6 당의 환원반응

새로운 당의 구조를 결정하는 경우에는, 존재하는 탄소수와, 가지가 있는지 없는지를 확인하는 것으로부터 출발하자. 당이 탄소수를 보유한 그대로 환원하는 2종류의 반응은, 요오드화수소산(HI)과 인(P)의 처리, 및 소듐아말감을 사용한 알데히드(-CHO)의 하이드록시메틸기($-CH_2OH$)로의 환원이다.

당은 HI 및 P의 처리로서 그에 상당하는 알칸으로 완전히 환원된다.

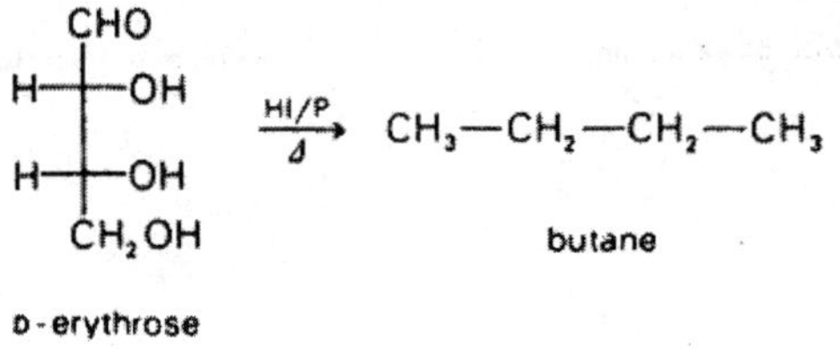

수산기는 먼저 요오드관능기로 변환되며, 이것은 다음에 인에 의하여 환원된다(2-8절). 이 반응은 초기의 당의 구조 연구로서 일반적으로 이용되었다.

특히 케토오스의 경우, 처음에 당의 카르보닐기를 시아노하이드린으로 변환하고, 하이드록시산으로 가수분해한 후, 환원하면, 당의 구조에 관한 다른 지식을 얻을 수가 있다. 카르복실기는 HI 및 P로서 환원을 받지 않기 때문에, 알도오스는 직선사슬상의 카르복실산을, 케토오스는 분지한 카르복실산을 생성하며, 이들의 구조는 당에 있어서 카르보닐기의 위치에 의존한다.

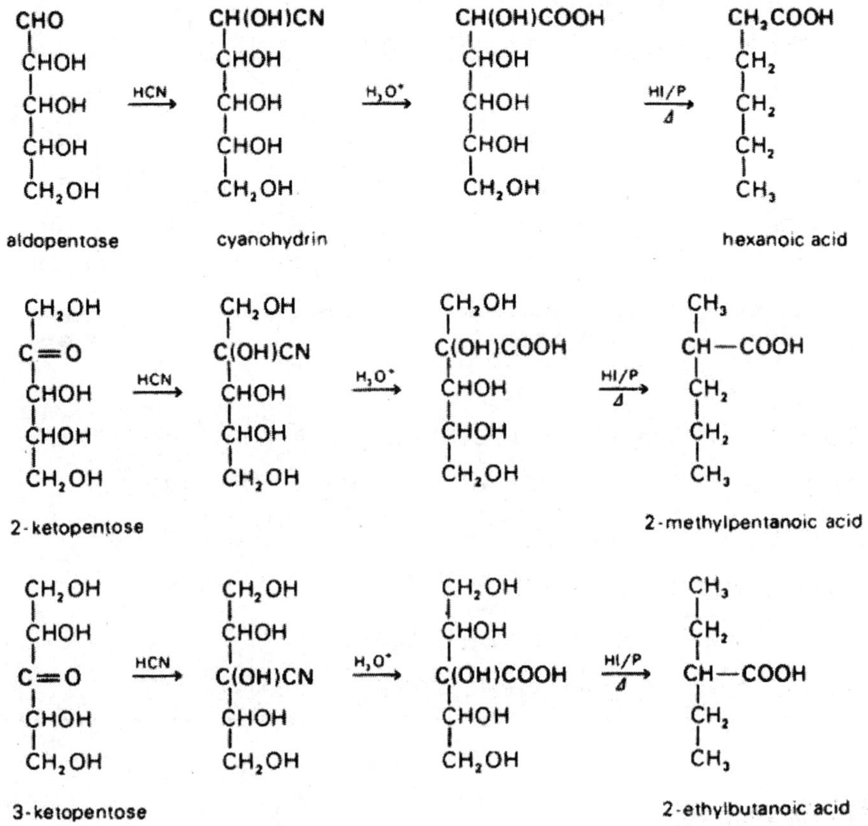
aldopentose
cyanohydrin
hexanoic acid
2-ketopentose
2-methylpentanoic acid
3-ketopentose
2-ethylbutanoic acid

이 반응과정에서는, 출발한 당에 있어서보다도 탄소수가 1개 많은(HCN에 유래) 카르복실산이 생성한다.

> 위에 표시한 반응과정을 다음의 화합물에 대한 식으로 표시하여라
> 1. 글루코오스
> 2. 프룩토오스
> 3. 글리세르알데히드
> 4. 디하이드록시아세톤

알데히드기를 단순히 하이드록시메틸기로 환원하는 것은, 당을 수용액에서 소듐아말감으로 처리하는 온화한 조건으로 달성된다. 나트륨 자신은, 폭발에 가깝게 물과 격렬하게 반응하지만, 소듐아말감의 경우에는 물로부터 수소의 발생은 훨씬 느리다. 이 반응을 당의 계열에 응용하면, 출발물질의 입체화학에 관해서 어떠한 시사가 있을지도 모른다. D(−)−

에리트로오스 및 D(−)−트레오스로부터 유도되는 환원생성물의 광학활성능을 비교할 것. 전자는 광학활성인 생성물을, 후자는 불활성(메소)인 생성물을 생성한다.

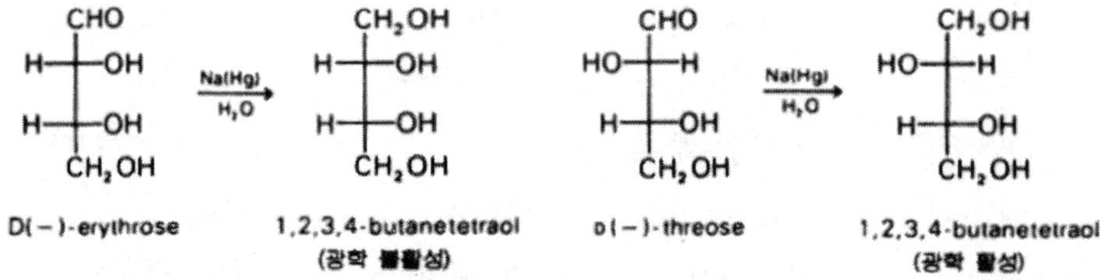
CHO
H—OH
H—OH
CH₂OH
Na(Hg)
H₂O
CH₂OH
H—OH
H—OH
CH₂OH
D(−)-erythrose
1,2,3,4-butanetetraol
(광학 불활성)
CHO
HO—H
H—OH
CH₂OH
Na(Hg)
H₂O
CH₂OH
HO—H
H—OH
CH₂OH
D(−)-threose
1,2,3,4-butanetetraol
(광학 활성)

아래에 표시한 것과 같은 이성체의 조합이 있는 경우, Na(Hg)와 H_2O로서 처리하기 전과 후의 광학활성능을 기초로 하여 이들을 구별할 수 있을까?

1. D(−)−리보오스 및 L(+)−리보오스
2. D(−)−리보오스 및 D(+)−크실로오스
3. D(−)−아라비노오스 및 D(+)−크실로오스
4. L(+)−리크소오스 및 D(−)−아라비노오스

18-7 당의 산화반응

앞절에서 설명한 Na(Hg)환원과 같이, 한정된 산화는 구조의 결정에 유용한 생성물을 생성한다. 특히, 산화 전후의 광학활성의 비교로부터 입체화학적 지식이 얻어진다. 당의 산화에 유효한 다수의 시약 중에서, 여기서는 (1) 뜨거운 질산, (2) 브롬 또는 하이포브롬산, (3) 과요오드산의 3가지로 한정하여 검토한다.

말단의 하이드록시메틸기 및 알데히드기는 뜨거운 질산에 의하여 카르복실산으로 산화된다. 한편 브롬 또는 하이포브롬산은 하이드록시메틸기에는 작용하지 않고 알데히드기만을 산화한다.

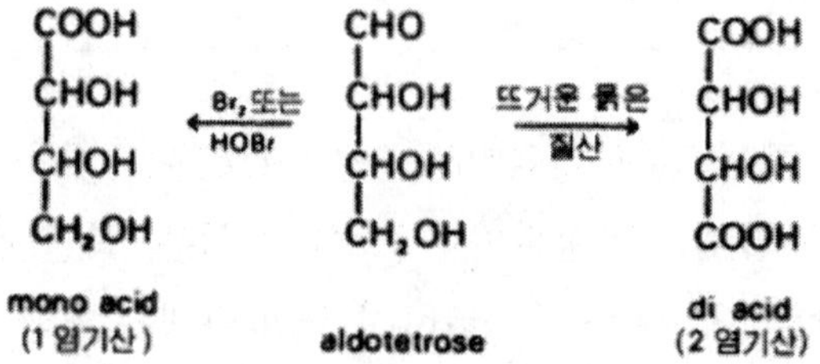
COOH
CHOH
CHOH
CH₂OH
Br₂ 또는
HOBr
CHO
CHOH
CHOH
CH₂OH
뜨거운 묽은
질산
COOH
CHOH
CHOH
COOH
mono acid
(1 염기산)
aldotetrose
di acid
(2 염기산)

Br_2 또는 HOBr에 의한 산화는 당의 일반적인 비대칭을 변화시키지 않는다. 그러나 질산산화는 때로는 당분자에 대칭성을 부여한다. D(−)−에리트로오스 및 D(−)−트레오스의 산화에 있어서 입체화학적 결과를 비교할 것.

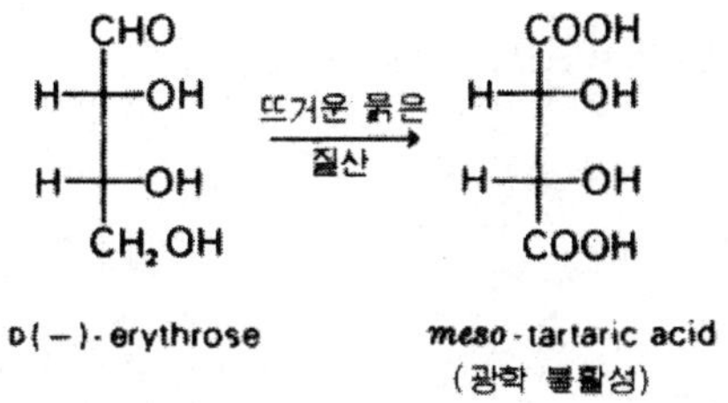
CHO
H OH
H OH
CH₂OH
뜨거운 묽은 질산
COOH
H OH
H OH
COOH
D(−)-erythrose
meso-tartaric acid
(광학 불활성)

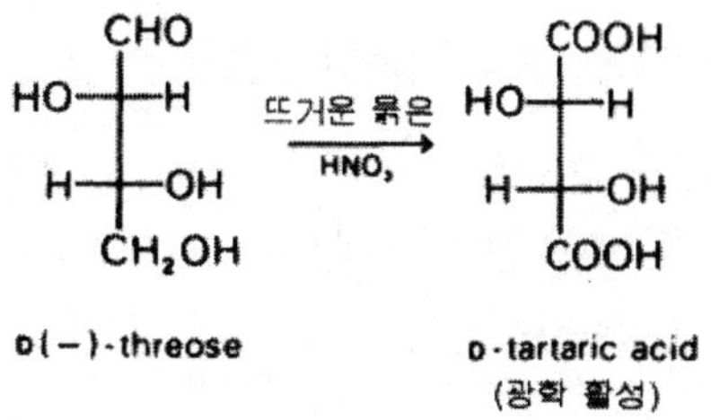
CHO
HO H
H OH
CH₂OH
뜨거운 묽은 HNO₃
COOH
HO H
H OH
COOH
D(−)-threose
D-tartaric acid
(광학 활성)

어떤 D−알도헥소오스(**표 18−2**)가 뜨거운 묽은 질산에 의한 산화로서 동일한 2염기산을 생성하는가? 또한 이들의 2염기산 중에서, 광학불활성인 것은 어느 것인가?

당류 또는 그 밖의 폴리하이드록시화합물의 구조 연구에 사용되는 온화한 산화제 중에서, 과요오드산(HIO_4)은 상당히 유용한 물질의 하나이다. 단순한 **비시널−글리콜** [−CH(OH)−CH(OH)−]은 개열되어 알데히드로 된다.

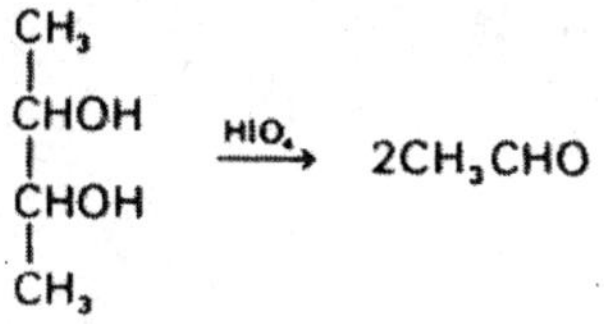
CH₃
CHOH
CHOH
CH₃
HIO₄
2CH₃CHO

말단의(1차)알코올은 포름알데히드(CH_2O)를 생성하지만, 내부에 있는 하이드록시메틸렌기는 포름산을 생성한다. 포름산은 또한 α−하이드록시알데히드를 산화시킬 때에도 얻어진다.

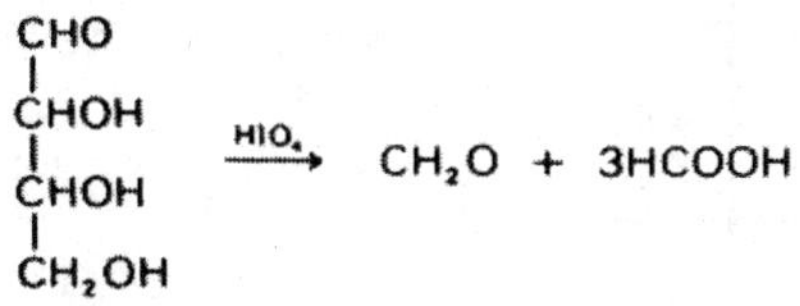
CHO
CHOH
CHOH
CH₂OH
HIO₄
CH₂O + 3HCOOH

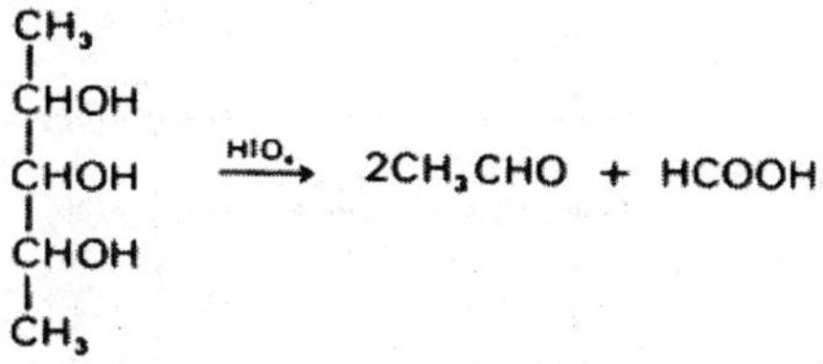
CH₃
CHOH
CHOH
CHOH
CH₃
HIO₄
2CH₃CHO + HCOOH

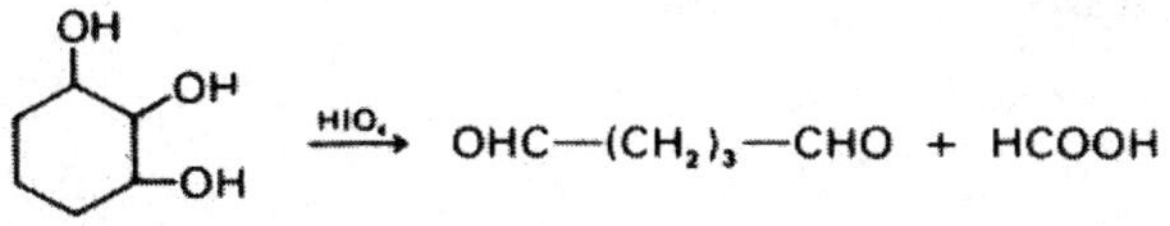
OH
OH
OH
HIO₄
OHC—(CH₂)₃—CHO + HCOOH

여기서 설명한 것과 같은 방법을 응용하면, 당의 전체적인 구조에 관한 지식은 얻어지지만, 입체화학의 지식은 얻을 수가 없다.

D-글루코오스의 과요오드산 산화로서 얻어지는 생성물은 아래에서 어떤 것인가? 또한 같은 조건에서 동일생성물을 생성하는 다른 알도헥소오스는 무엇일까?

1. $2CH_2O+4HCOOH$
2. $CH_2O+5HCOOH$
3. $3CH_2O+4HCOOH$

18-8 탄소사슬의 연장

당의 구조연구 및 합성에 있어서, 탄소사슬을 연장하는 화학적 방법은 중요한 것이다. 당을 시아노하이드린으로 탄소 1개를 늘리고, 이것을 그에 상당하는 카르복실산으로 조제한 후, 더욱 알데히드로 환원하는 방법을 **Kiliani 합성**이라고 말한다. 이 반응 전체는 18-6절에서 자세히 설명한 특정의 형식과 조합되어 있다. 이 합성은 3단계로서 행해진다. 즉, 당$\xrightarrow{HCN}$시아노하이드린의 에피머$\xrightarrow{H_3O^+}$$\alpha$-하이드록시산의 에피머$\xrightarrow[H_2O]{Na(Hg)}$탄소수가 1개 많은 당의 에피머 (**표 18-5** 참조).

표 18-5 Kiliani 합성의 예

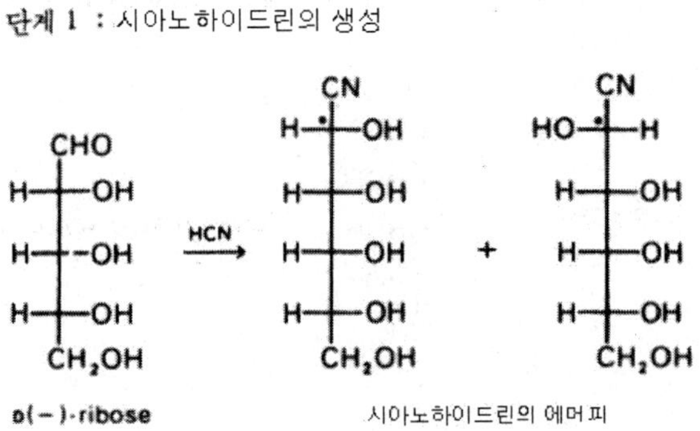
단계 1 : 시아노하이드린의 생성
CHO
H OH
H OH
H OH
CH₂OH
HCN
CN
+
HO H
D(-)-ribose
시아노하이드린의 에머피

단계 2a : 가수분해에 의한 *α*-하이드록시산으로의 유도

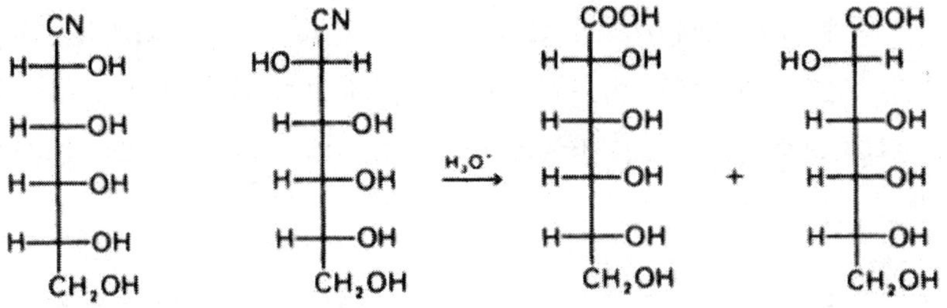

시아노하이드린의 에머피

단계 2b : 자동적인 락톤의 생성

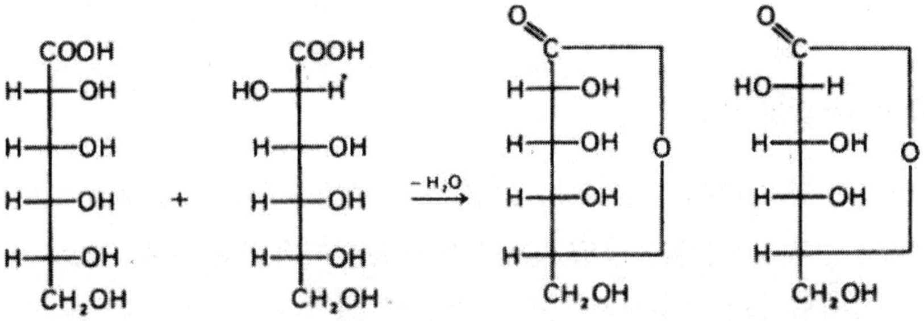

α-하이드록시산의 에머피

락톤의 에피머

단계 3 : 락톤의 환원에 의한 알데히드의 생성

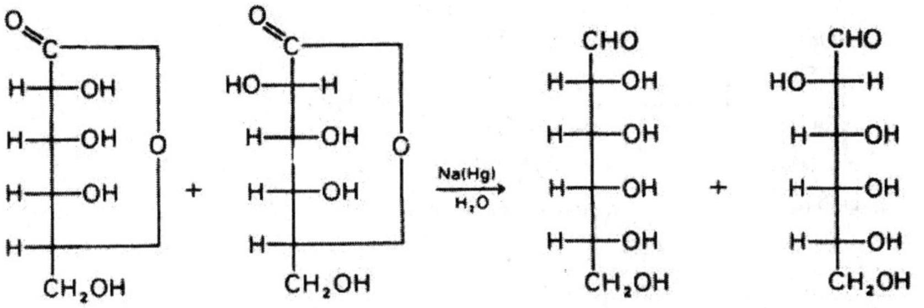

락톤의 에피머 D(+)-allose D(+)-altrose

요약 :

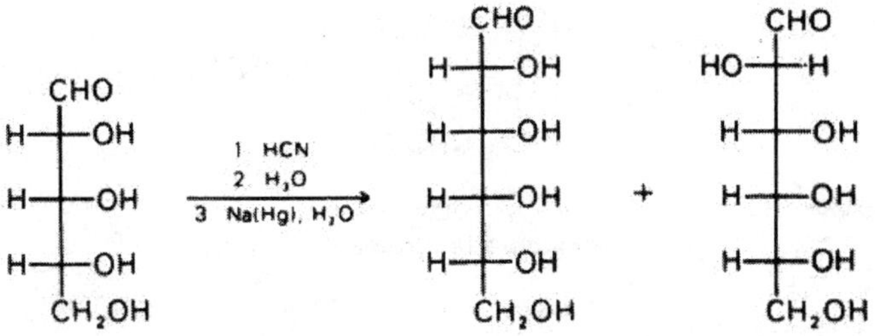

D(−)-ribose D(+)-allose D(+)-altrose

분자 내의 에스테르를 **락톤**(lactone)이라고 말한다. 락톤은 환상화합물이기 때문에, 이 에스테르화반응에서 5원환 또는 6원환을 생성하는 경우에는 자발적으로 일어나는 경우도 많다. 락톤의 환원에 의한 알데히드의 합성은, Na(Hg)와 H_2O, $NaBH_4$ 혹은 아세트산 중에서 아연으로 행할 수가 있다. 이들의 계는 모두 온화한 환원제이기 때문에, 알데히드를 얻을 수 있으며, 더욱 환원이 진행하여 알코올로 되는 것을 약간의 정도로 억제할 수 있다.

D-글리세르알데히드를 사용하여 Kiliani 합성을 행하면 어떠한 당이 생성하는가? 이 경로에 있는 각 단계를 식으로 표시하여라.

18-9 탄소사슬의 축소

당을 계통적으로 분해하는 잘 알려진 두 가지 방법은, Kiliani 시아노하이드린합성의 역반응을 이용한 **Wohl분해**(개량된 것) 및 브롬수를 사용한 산화와 H_2O_2 와 Fe^{3+}를 사용한 탈카르복실화반응의 반응계를 사용한 **Ruff분해**이다.

단계 1. 옥심의 생성

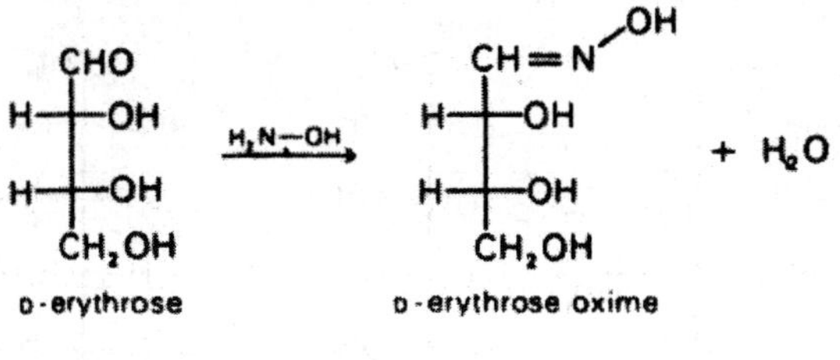

단계 2. 옥심의 탈수

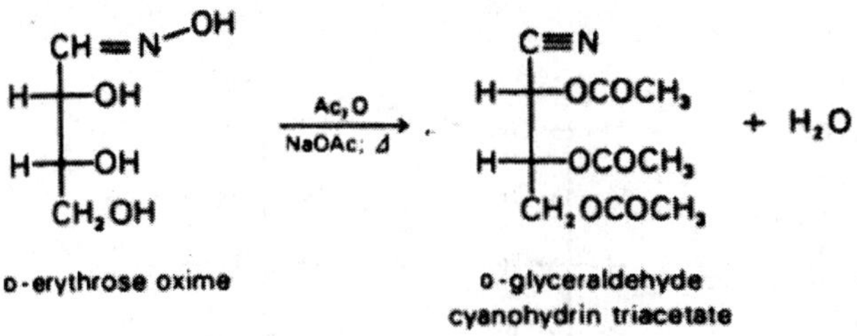

단계 3. 시아노탄소의 제거

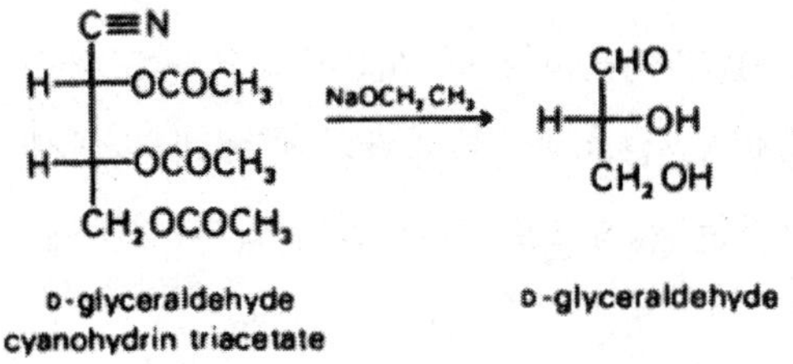
C≡N
H—OCOCH₃
H—OCOCH₃
CH₂OCOCH₃
NaOCH₃CH₃
CHO
H—OH
CH₂OH
D-glyceraldehyde cyanohydrin triacetate
D-glyceraldehyde

Wohl분해의 제 1 단계는 단순한 옥심의 합성이며, 제 2 단계는 탈수 및 수산기의 아세틸화의 양쪽을 행한다. 최후의 단계에서는 시아노기와 아세틸기를 제거한다.

Ruff분해는 본질적으로는 원래의 당에 상당하는 카르복실산의 칼슘염의 탈카르복실화 반응이다.

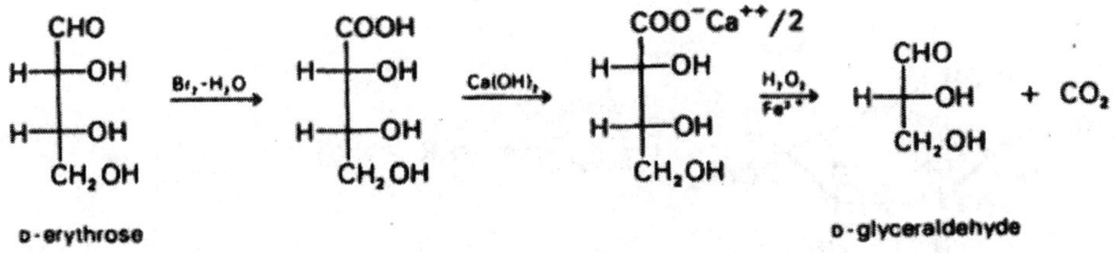
CHO
H—OH
H—OH
CH₂OH
D-erythrose
Br₂-H₂O
COOH
H—OH
H—OH
CH₂OH
Ca(OH)₂
COO⁻Ca⁺⁺/2
H—OH
H—OH
CH₂OH
H₂O₂
Fe³⁺
CHO
H—OH
CH₂OH
D-glyceraldehyde
+ CO₂

1. (a) D-글루코오스 및 (b) D-갈락토오스의 Ruff분해를 식으로 표시하여라.
2. Wohl분해에 의하여 D-아라비노오스 및 D-리크소오스를 생성하는 다른 당은 무엇일까?
3. 이들의 반응을 식으로 표시하여라.

03 정성시험 및 유도체

당의 정성시험으로서 이용되는 것은 공통으로 존재하는 관능기, 알데히드, 케톤 및 알코올을 확인하는 것이다. 당의 유도체는 수산기(에스테르 및 에테르) 혹은 카르보닐기(페닐하이드라존)로부터 유도된다.

18-10 정성시험

Fehling 용액 Cu(타르타르산이온)$_2^{-2}$ 및 Tollens 용액 $Ag(NH_3)_2^+$은 알도오스 및 케토오스의 시험에서는 양성을 나타내지만, 글리코시드(헤미아세탈기의 에테르)에서는 이미 환상 헤미아세탈과 사슬상태의 카르보닐형과는 평형으로 되어 있지 않기 때문에, 위의 시험에서 음성이다.

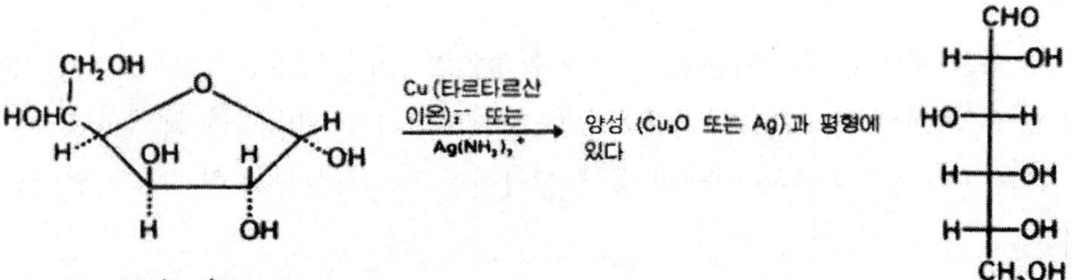
CH₂OH
HOHC
H
OH
H
H
OH
O
H
OH
Cu (타르타르산 이온)₂⁻ 또는
Ag(NH₃)₂⁺
양성 (Cu₂O 또는 Ag)과 평형에 있다
CHO
H—OH
HO—H
H—OH
H—OH
CH₂OH
α-D-glucofuranose

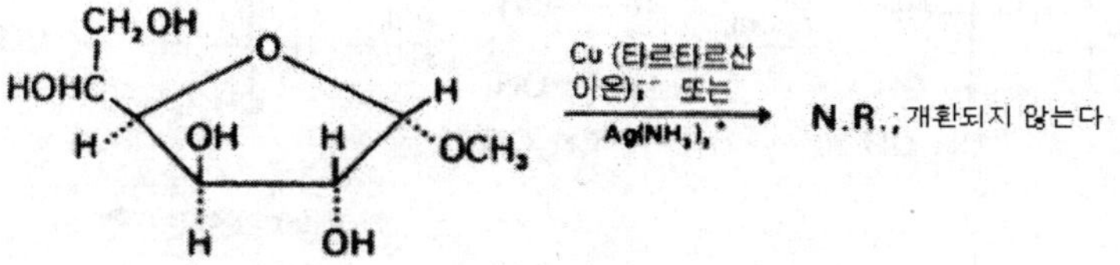
CH₂OH
HOHC
H
OH
H
H
OH
O
H
OCH₃
Cu (타르타르산 이온)₂⁻ 또는
Ag(NH₃)₂⁺
N.R.; 개환되지 않는다
methyl α-D-glucofuranoside

양성시험을 제공하는 당을 **환원당**이라고 말한다. 단순한 알데히드로서 양성인 Schiff 시험도, 당 또는 그 글루코시드에서는 음성을 나타낸다. 이들의 알데히드 및 케톤의 시험법에 대해서는 13-23절을 복습할 것.

18-11 에스테르 및 에테르

일반적으로 에스테르유도체인 당의 아세트산에스테르는, 당을 아세트산 및 아세트산나트륨과 함께 가열하든지, 또는 당을 무수아세트산-피리딘혼합물(9-19절)에 가하여 실온에 방치함으로써 얻어진다.

메틸 혹은 에틸에테르가 보통인 당의 에테르는, 당을 알코올성 염산 혹은 황산디메틸(또는 디에틸)과 염기로 처리하여 합성한다. 주의해야 할 것은 글루코오스성 에테르(아세탈 또는 케탈)는 묽은 산에 의해서 매우 용이하게 가수분해를 받는 것이다.

아래의 반응에 화학방정식(화합물의 우위인 입체형태도 포함해서)을 표기하여라.

1. 메틸-Γ-글루코피라노시드를 황산디메틸 및 수산화나트륨과 처리하여 메틸테트라-O-메틸-Γ-D-글루코피라노시드를 합성한다.
2. 문제 1의 생성물을 5% HCl으로 처리하면, 테트라-O-메틸-Γ-D-글루코피라노시드가 얻어진다.

18-12 페닐하이드라존 및 오사존

알도오스 혹은 케토오스를 같은 몰의 페닐하이드라진과 반응시키면 일반적인 카르보닐기의 페닐하이드라존을 생성한다. 그러나 과잉의 페닐하이드라진이 존재하면, 위의 페닐하이드라존은 더욱 반응하여 **오사존**이라고 불리우는 비스페닐하이드라존을 생성한다. 이 생성물은 알데히드 혹은 케톤의 이웃에 있는 수산기의 산화로 생성한다.

1. D-글루코오스 및 D-프룩토오스와 같이 오사존을 생성하는 다른 당의 구조를 적어도 1개 표시하여라.
2. 페닐하이드라진과의 처리로서 아래의 오사존을 생성하는 각종 화합물의 구조를 표시하여라.

오사존의 생성으로 당의 C_2위치의 비대칭이 소멸된다. 이 반응은 C_2위치에서 에피머의 관계가 있는 화합물의 구조를 확립하는 데 이용할 수 있다(표 18-6 참조).

표 18-6 D-글루코오스와 D-프룩토오스의 관계

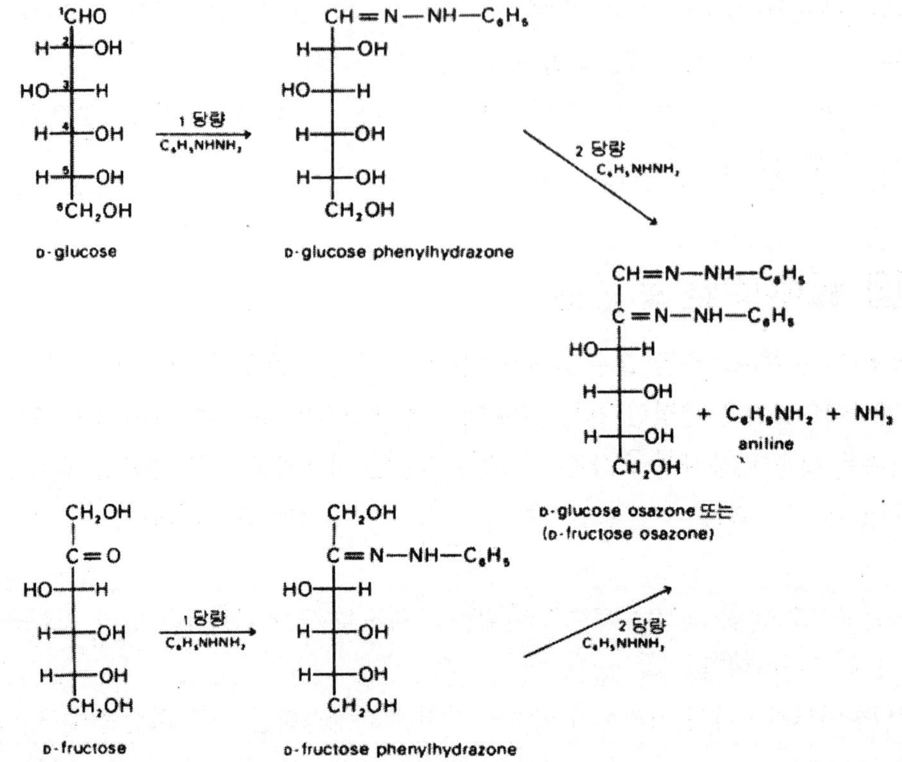
CHO
H—OH
HO—H
H—OH
H—OH
CH₂OH
D-glucose
1 당량
C₆H₅NHNH₂
CH=N—NH—C₆H₅
D-glucose phenylhydrazone
2 당량
C₆H₅NHNH₂
C=N—NH—C₆H₅
+ C₆H₅NH₂ + NH₃
aniline
D-glucose osazone 또는
(D-fructose osazone)
CH₂OH
C=O
D-fructose
D-fructose phenylhydrazone

18-13 아세토니드

cis-1,2-글리콜은 $ZnCl_2$의 존재하에서 아세톤과 반응하는 것으로써 확인할 수 있다. 이 때의 생성물은 **아세토니드**라고 하는 환상케탈이다. 이 반응에서는 HCl 또는 $CuSO_4$와 같은 다른 촉매도 유효하다. 이 반응에서는 5원환이 생성하기 때문에 트란스-글리콜은 반응하지 않는다.

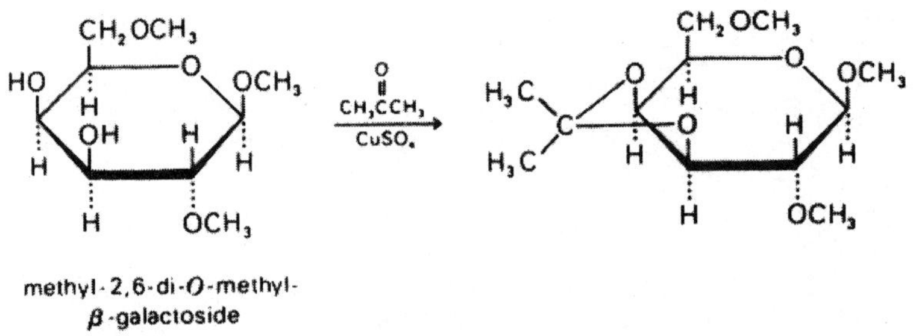
CH₂OCH₃
HO
OCH₃
OH
CH₃CCH₃
CuSO₄
H₃C
H₃C
methyl-2,6-di-O-methyl-
β-galactoside

입체배치와 선광성에 관해서는 **표 18-2** 및 **18-3**을 참조하여라.

1. 화합물 A($C_6H_{12}O_6$)는 Fehling 및 Tollens 시약에서는 양성을 나타내지만, Schiff 시험에서는 음성이다. A를 HI 및 P로서 처리하면 n-헥산이 얻어진다. 또한 A를 HCN, 계속해서 H_3O^+, 최후에 HI 및 P로서 처리하면 n-헵탄산을 생성한다. A를 뜨거운 묽은 질산과 반응시키면 광학활성인 2염기산을 생성한다.

   화합물 A는 Ruff분해에 의하여 알도펜토오스 B(음의 선광성)를 생성하며, 이것을 HNO_3로서 산화하면 광학활성인 2염기산 X를 생성한다. 화합물 B의 Ruff 분해에서는 알도테트로오스 C(음의 선광성)를 생성하며, 이것의 산화로서 광학활성인 2염기산 Y가 얻어진다. C의 Ruff분해에서는 화합물 D를 생성하며, 이것은 양의 선광성을 나타내며, 또한 이것의 산화로서 광학불활성인 산 Z가 된다.

   (a) 화합물 A~D 및 X~Z의 구조를 표시하여라, (b) 화합물 A의 오사존을 식으로 표시하여라. 이 오사존은 다른 어떤 당으로부터 얻어지는가?

2. 화합물 S($C_6H_{12}O_6$)는 음의 선광성을 나타내며, Tollens 시험에서는 양성이지만, Schiff 시험에서는 음성이다. 이 화합물은 페닐하이드라진과 처리하면 먼저 페닐하이드라존을 생성하며, 계속해서 오사존을 생성한다. S를 HI 및 P와 반응시키면 n-헥산을 생성하며, 한편 S를 HCN, 산, 계속해서 HI와 처리하면 n-헵탄산이 얻어진다. 또한 S를 Na(Hg) 및 H_2O와 반응시키고, 계속해서 무수아세트산과 처리하면 헥사아세테이트를 생성한다. S는 질산 산화에 의하여 광학활성인 2염기산으로 된다. Wohl분해는 아래에 표시한 것과 같은 것으로 된다.

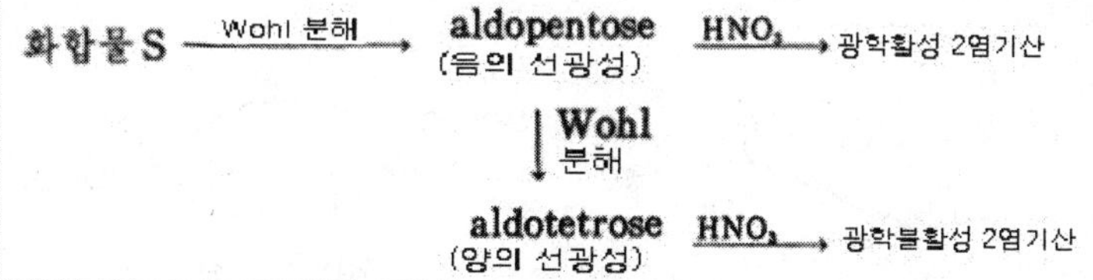
화합물 S
Wohl 분해
aldopentose
(음의 선광성)
HNO_3
광학활성 2염기산
Wohl
분해
aldotetrose
(양의 선광성)
HNO_3
광학불활성 2염기산

   HCN, H_3O^+ 및 Na(Hg)와 반응시키는 Kiliani합성에서는 2종류의 알도헵토오스를 생성하며, 그 한쪽은 산화에 의하여 광학불활성인 2염기산으로 된다. 화합물 S의 명칭과 구조를 표시하여라.

04 이당류 및 다당류

다당류는 많은 당단위가 에테르결합으로 연결된 중합체이다. 이와 같은 중합체에서는 당은 일반적으로 푸라노시드 또는 피라노시드의 형태로서 존재하며, 또한 에테르결합은 통상 아노머탄소의 위치에 있다. 다당류는 천연에 널리 존재한다. 이하의 절에서는 보통 볼 수 있는 4종류의 이당류인 수크로오스, 락토오스, 말토오스 및 셀로비오스에 대해서 해설한다.

18-14 수크로오스(설탕)

보통의 사탕, 즉 설탕은 사탕무우 또는 사탕수수로부터 얻어지는 이당류이다. 비환원당인 설탕은 가수분해로서 D-글루코오스 및 D-프룩토오스를 생성한다. 설탕이 비환원당이라는 성질로부터, 이들의 단당류는 아노머탄소의 위치에서 에테르 결합을 형성하며, 따라서 직선사슬상의 형태와 평형을 갖지 않는 것을 알 수 있다. 설탕을 완전히 메틸화하면 옥타메틸유도체가 얻어지며, 이것은 가수분해로서 글루코피라노오스 및 프룩토푸라노오스의 메틸유도체를 생성한다. 2개의 고리의 결합형식(α 혹은 β)은 효소적인 반응으로 결정된다. 설탕은 α-D-글루코피라노실-β-D-프룩토푸라노시드이다.

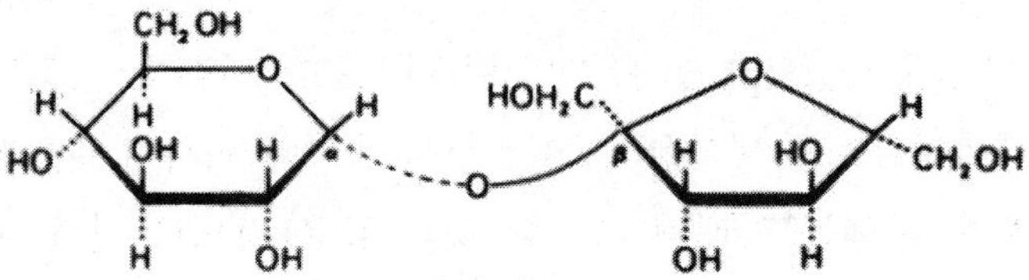

sucrose

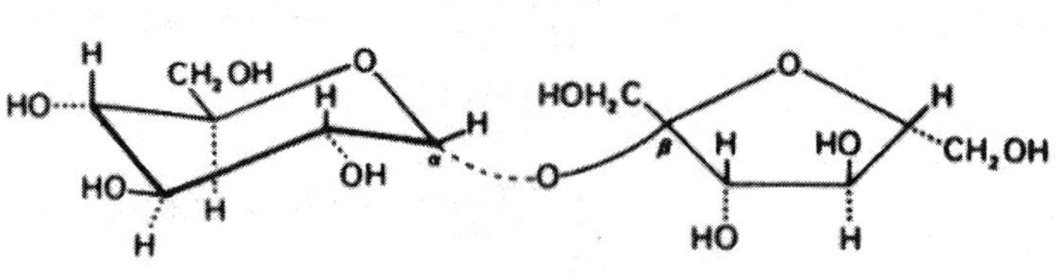

우위인 입체형태

18-15 락토오스(유당)

환원당으로서의 락토오스는 암소 또는 인간의 젖 속에 들어 있다. 이 이당류를 가수분해하면 D-글루코오스와 D-갈락토오스를 생성하며, 4-O-β-D-갈락토피라노실-D-글루코피라노오스라고 결론되어진다. 4-O의 의미는 2개의 당의 결합이 아노머탄소의 위치가 아니고 4위치인 것을 나타낸다.

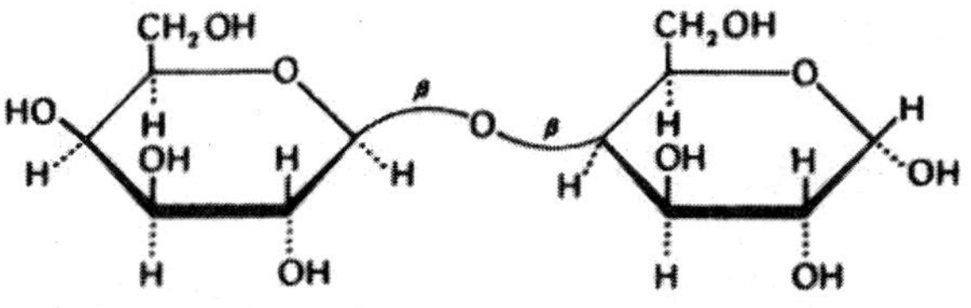

lactose

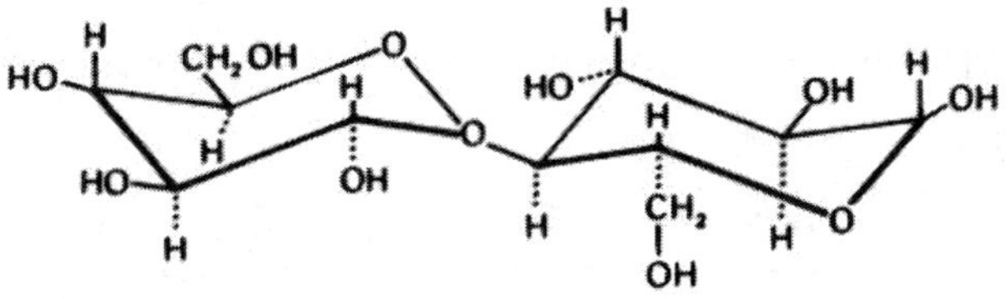

우위인 입체형태

18-16 말토오스(맥아당), 전분, 글리코겐

전분은 복잡한 다당류로서, 거의 모든 식물에 있어서 탄수화물의 저장형으로 되어 있다. 전분을 완전히 가수분해하면 D-글루코오스만이 얻어지며, 또 부분적으로 가수분해하면 글루코오스의 환원성이당류의 일종인 말토오스를 생성한다. 글루코오스단위가 2개 결합한 형식은 물론 다수 존재한다. 말토오스에서는 이 결합은 1,4이며, 따라서 4-O-α-D-글루코피라노실-D-글루코피라노오스이다.

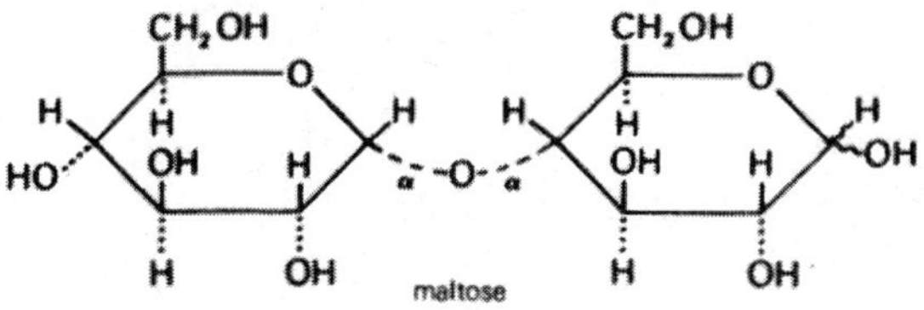

maltose

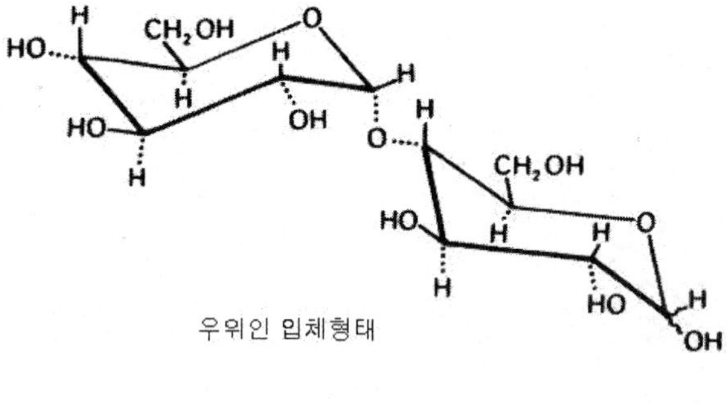

우위인 입체형태

흥미있는 것은 동물의 탄수화물의 저장형인 글리코겐은 전분에 상당히 가깝다. 간장 또는 근육에는 글리코겐이 풍부하다. 글리코겐의 가수분해 생성물, 즉 D-글루코오스 및 말토오스는 전분의 경우와 같지만, 그러나 글리코겐은 가장 많은 분지구조를 갖는다고 생각된다. 단 이들 2가지 물질의 정확한 구조는 미해결이다.

18-17 셀로비오스 및 셀룰로오스

셀룰로오스는 목재의 주요 성분으로서, 이것은 세포막에 존재하며 또한 이것은 면의 본질적인 구성 요소이기도 하다. 셀룰로오스는 셀로비오스의 직선사슬상 중합체이다. 셀로비오스는 말토오스와 마찬가지로 이당류의 일종이며, 단 전자에서는 글리코시드결합이 β로 되어 있는 것이 다를 뿐이다.

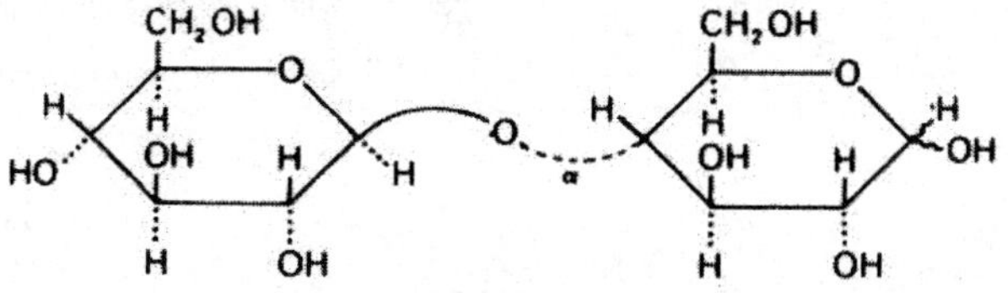
cellobiose

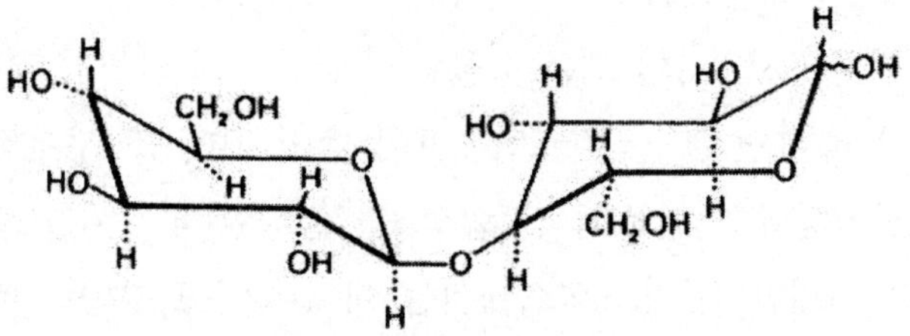
우위인 입체형태

■ 참고문헌 ■

Farber, E. : Philosophy and Carbohydrate Chemistry, *J. Chem. Educ.,* 37, 245(1960).

Hanson, K. R. : The Configuration of(−)-Shikimic Acid and Certain Biochemically Related compounds, *J. Chem. Educ.,* 39, 418(1962).

Horecker, B. L. : Pathways of Carbohydrate Metabolism and Their Physiological Significance, *J. Chem. Educ.,* 42, 244(1965).

Rosenblatt, D. H. : A Panoramic Approach to the Proof of Configuration of Aldohexoses, *J. Chem. Educ.,* 42, 271(1965).

Sickels, J. P., and H. P. Schultz : Evidence for the Configuration of C_1 of D-Glucose, *J. Chem. Educ.,* 41, 343(1964).

Sunderwirth, S. G., and G. G. Olson : Conformational Analysis of the Pyranoside Ring, *J. Chem. Educ.,* 39, 410(1962).

19 스테로이드

스테로이드라고 불리우는 것은, 시클로펜타노퍼하이드로페난트렌 골격을 갖는 천연물이다.

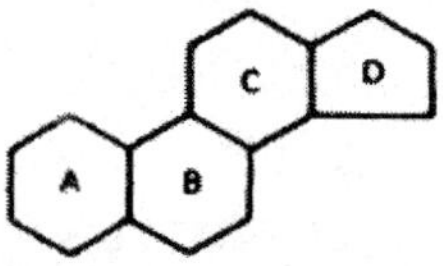

cyclopentanoperhydrophenanthrene

그 중에는 다음과 같은 종류의 분자가 있다. 즉, 콜레스테롤과 같이 동물, 식물, 효모 및 균류로부터 단리되는 스테롤류, 담즙산, 심장아글리콘(심장흥분제), 남성호르몬 또는 여성호르몬, 코르티손과 같은 부신피질스테로이드, 두꺼비의 독소, 경구피임약 등이다. 본서에서는, 스테로이드화학 중에서 대표적인 몇 개의 부문에 대해서 해설하는 데 그친다.

19-1 명명법과 구조

스테로이드는, 고리에 A, B, C, D의 기호가 붙어 있는 시클로펜타노퍼하이드로페난트렌의 일반적인 골격에, 통상은 산소관능기(대부분의 경우 C_3에) 및 C_{10} 과 C_{13}에 알킬기(대부분의 경우, 메틸기)를 공통으로 가지고 있다.

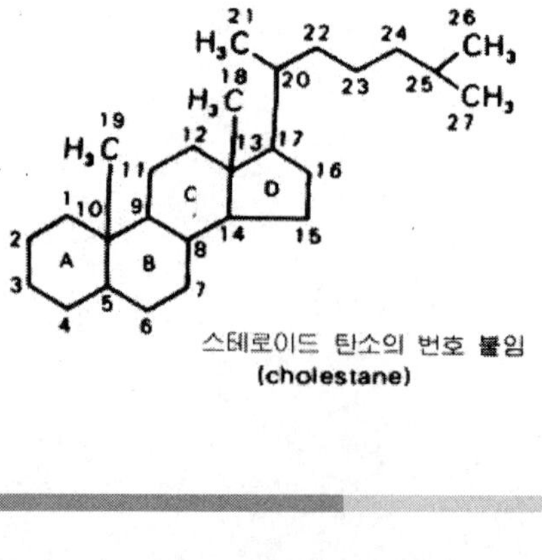

스테로이드 탄소의 번호 붙임
(cholestane)

B-C 및 C-D환의 접합은 트란스이지만, A-B환의 접합이 시스(정상 계열)이든지, 트란스(알로계열)인지에 따라서 2계열의 화합물이 존재한다. **따라서 구조기지의 스테로이드는, 시클로헥산고리 또는 치환기의, 입체형태를 알고 있지 않으면 안 될 화학반응메카니즘의 연구에 중요하다.** 입체형태의 그림으로부터 아는 바와 같이, 스테로이드핵은 거의 평면에 가깝기 때문에, 치환기가 면의 아래쪽에 위치하는 경우를 α(점선), 또한 면의 위쪽에 위치하는 경우를 β(실선)라고 규정한다. 파선은

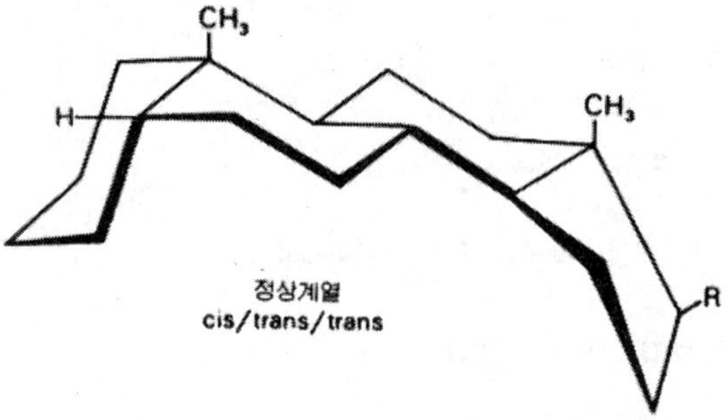

정상계열
cis/trans/trans

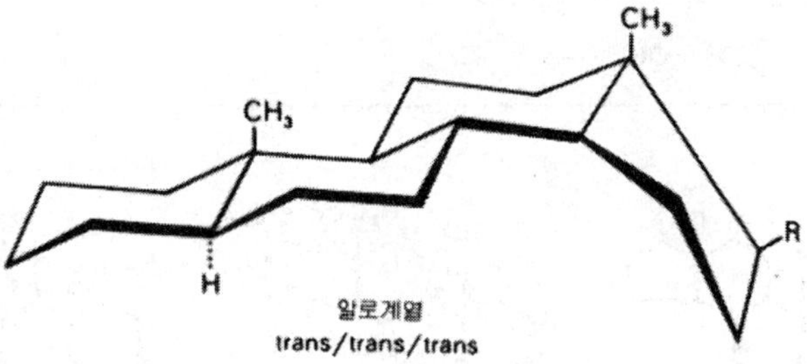

알로계열
trans/trans/trans

미지 혹은 불명인 입체형태를 표시하는 데 사용하며, α, β의 표시는 평면핵과 치환기의 관계를 표시하지만, 그 밖의 각각의 치환기를 액시얼 또는 에쿠와토리얼(치환기가 결합하고 있는 고리에 관해서)의 일반적 방법으로 표시할 수도 있다.

다른 대부분의 천연물과 같이, 스테로이드는 그 생물학적 발생 또는 생리적 효력에 기인한 관용명이 있으며, 이들은 현재도 사용되고 있다. 각종의 접두어는, 천연물에 관련된 합성화합물의 명명에 사용되고 있다(**표 19-1** 참조).

표 19-1 약간의 스테로이드의 접두어

접두어	의 미
nor	메틸기의 탈리, 측쇄의 감소,고리의 축소
homo	고리의 확대
seco	개열된 원자에 2 개의 수소원자의 부가를 동반한 고리개열
iso	이성체 또는 유사구조(일반적이지만 애매한 용어)
epi	epimer (에피머)
anhydro	탈수생성물
dehydro	탄소-탄소 또는 탄소-산소결합의 탈수소생성물 $-\underset{\vert}{C}H-\underset{\vert}{C}H- \longrightarrow\ >C=C<$ 또는 $>CH-OH \longrightarrow\ >C=O$
deoxo 또는 desoxo	카르보닐화합물로부터 유도된 탄화수소 $>C=O \longrightarrow\ >CH_2$
deoxy 또는 desoxy	알코올로부터 유도된 탄화수소 $>CH-OH \longrightarrow\ >CH_2$

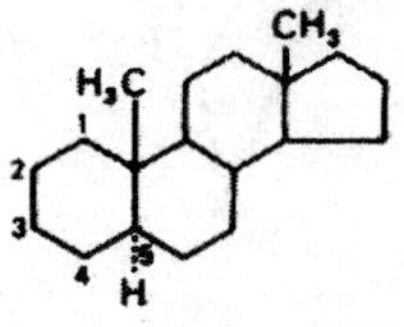
5α-androstane

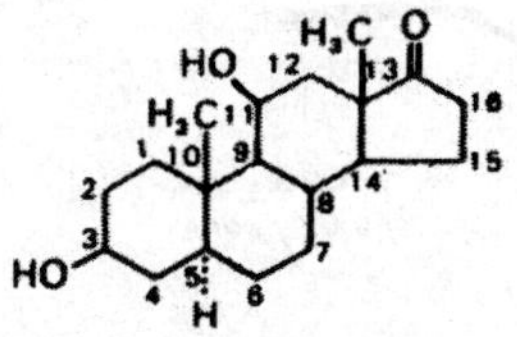
5α-androstane-3β, 11β-diol-17-one
(11β-hydroxyepiandrosterone)

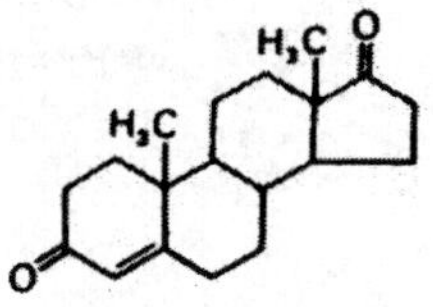
androst-4-ene-3,17-dione

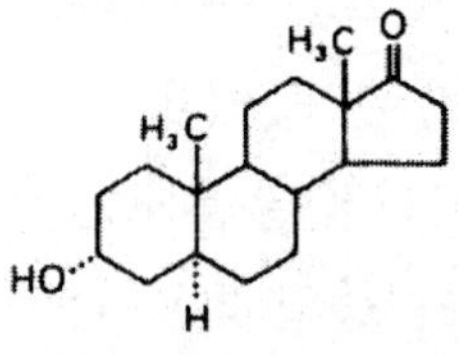
androsterone
(3α-hydroxy-5α-androstane-17-one)

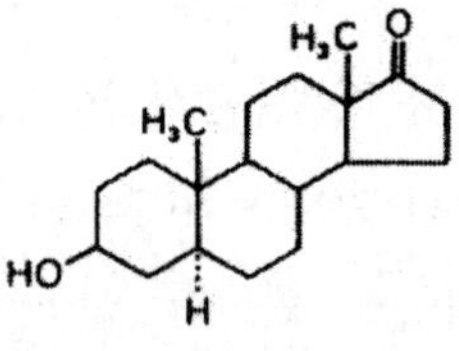
epiandrosterone (C_3의 에피머)
(3β-hydroxy-5α-androstane-17-one)

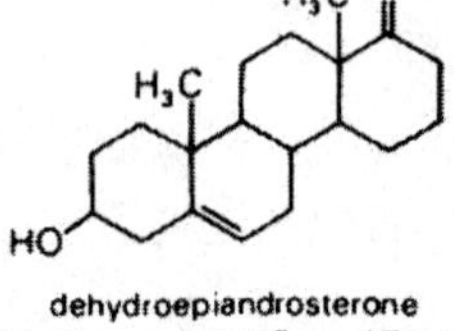
dehydroepiandrosterone
(3β-hydroxyandrost-5-en-17-one)

19-2 스테롤

스테롤, 즉 고체스테로이드알코올은, 그 근원에 의하여 동물로부터의 **동물스테롤**(zoosterol), 식물로부터의 **식물스테롤**(phytosterol), 효모 또는 곰팡이류로부터의 **균류스테롤**(mycosterol) 등과 같이 편의적으로 분류된다.

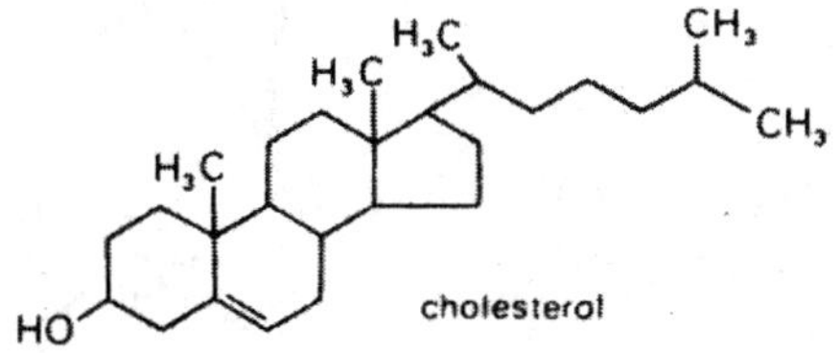

아마 가장 잘 알려져 있는 스테로이드는, 동물 스테롤의 일종인 콜레스테롤이며, 세포막의 구성성분으로서 동물조직 중에 발견된다. 콜레스테롤은 모든 조직 중에 존재하지만, 대부분이 스테로이드로 형성되어 있는 담석으로부터 가장 용이하게 단리된다. 이것과 관련된 스테롤, 코프로스테롤(코프로스탄올)은 인간 또는 육식동물의 배설물 중에 발견된다. 이들 2종류의 스테롤은, 환원에 의하여 에피머의 관계가 있는 모체의 탄화수소, 즉 콜레스탄과 코프로스탄으로 변환되어 있다.

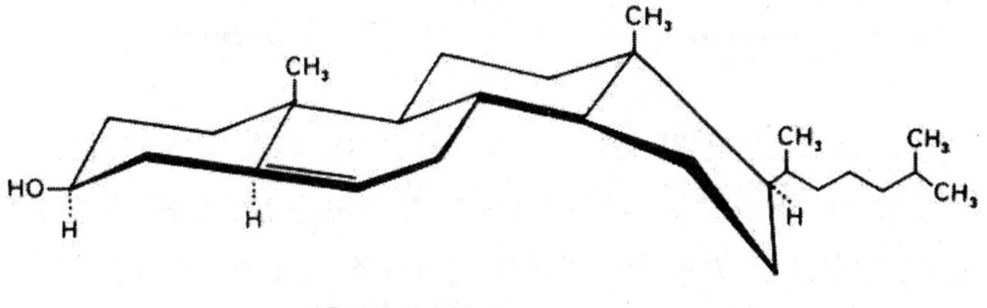

(우위인 입체형태)

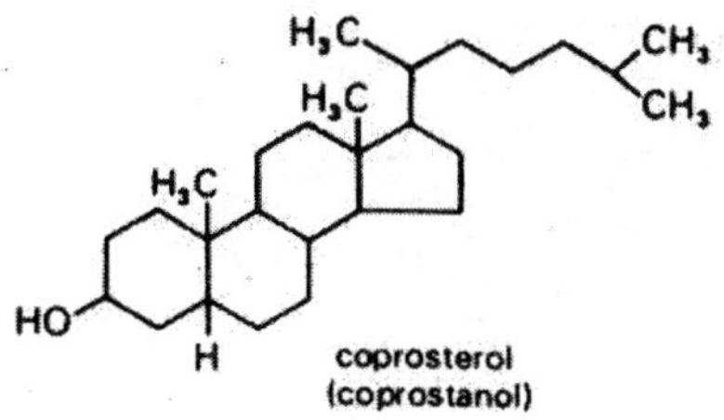

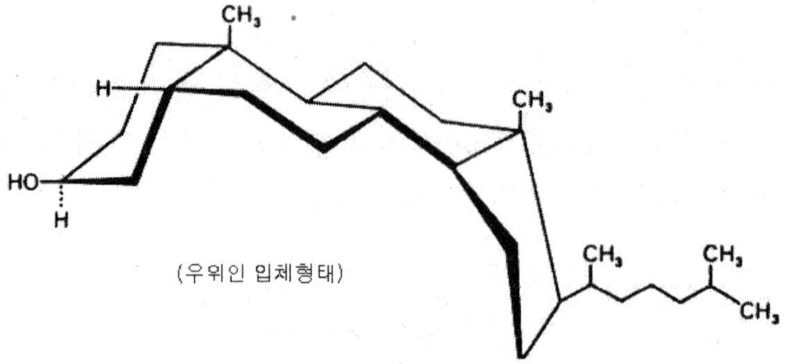

(우위인 입체형태)

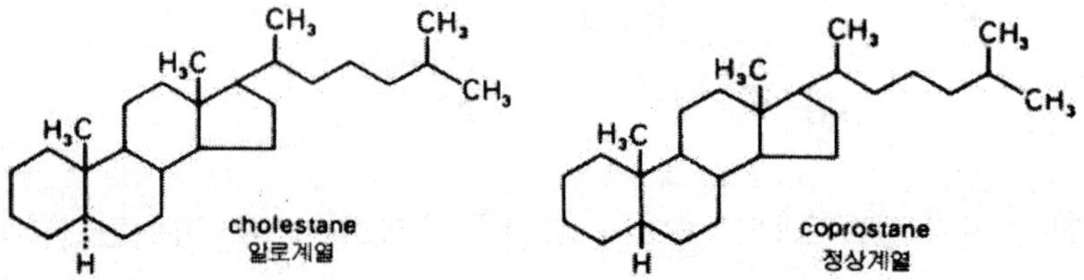

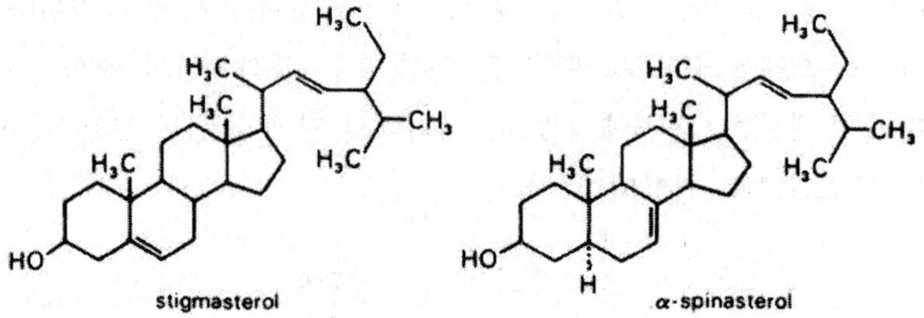

에르고스테롤은 효모로부터 얻어지는 주요 스테로이드로서, 빛의 조사에 의하여 비타민 D_2로 변하는 균류스테롤의 일종이다. 이 광화학적 변환은 1920년대에 상당히 흥미를 가져왔으며, 1960년대에는, 그 변화에 관여하는 전자적 여기상태의 성질에 주의를 끌었다. 비타민D_2는, 에르고스테롤에 자외선을 조사한 후에, 직접적으로 생성하는 유일한 화합물이 아니고, cis-타키스테롤이 그 중간체이다.

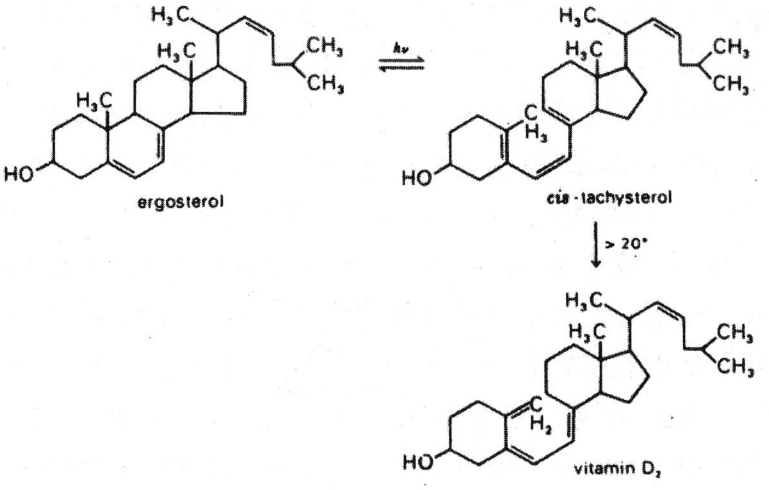
hν
ergosterol
cis-tachysterol
> 20°
vitamin D_2

19-3 담즙산

담즙산(bile acid)은 담즙산염 중에 존재하는 스테로이드성 하이드록시산이며, 장관에서의 지방의 흡수 또는 가수분해를 돕는 유화제이다. 간장내에서 합성되는 이들 담즙산의 대부분은, 콜란산 또는 알로콜란산에 관련된 구조를 가지고 있다.

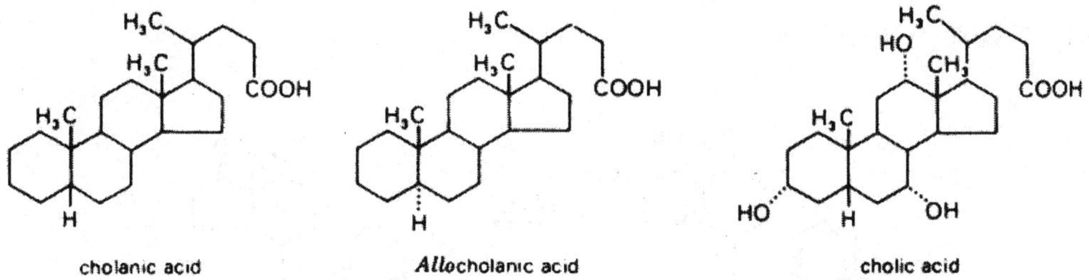
cholanic acid
*Allo*cholanic acid
cholic acid

보통 발견되는 수산기의 위치는, 콜산, 즉 인간의 담즙으로부터 얻어지는 주요한 담즙산인 3α, 7α, 12α-트리하이드록시콜란산을 위(오른쪽 그림)에 예로 들어 표시했다.

일반적으로 이들의 화합물은 유리산으로서 존재하는 것이 아니고, 통상 초식성 동물에서는 글리신(H_2N-CH_2-COOH)의 아미드로서, 육식성 동물에서는 타우린($H_2N-CH_2-CH_2-SO_3H$)의 아미드로서 존재한다.

19-4 성호르몬

남성 호르몬(안드로겐) 및 여성 호르몬(에스트로겐)은 모두 스테로이드이다. 생식기관에 있는 분비선에 존재하는 이들의 천연호르몬은 혈액에 의하여 운반되며, 놀랄만한 생리적 효과를 나타낸다. 이들의 성호르몬이 뇌하수체전엽에서 합성된다고 하는 사실은, 뇌하수체의 외과적 제거와 그 결과 일어나는 성적 변화를 관찰함으로써 증명되고 있다. 또한 전엽의 추출액 혹은 합성호르몬을 주사하면, 완전 또는 부분적으로 원래의 상태로 되돌아올 수 있다. 여성호르몬의 하나인 프로게스테론 이외의 것은, 남성 호르몬 또는 여성호르몬의 어느 쪽으로 **엄밀하게** 분류하는 것은 매우 곤란하다. 대부분의 호르몬은 양쪽성에 대해서 적어도 어느 정도의 생리작용을 나타낸다. 구조와 생리작용(하기의)에 대한 연구에 의해서, 어떤 활성에는 그 중요한 화학적 특성이 필요하다고 하는 것이 밝혀졌다.

여성 호르몬인 에스트로겐은, 난소처리를 한 쥐의 질구를 시험함으써 분석할 수 있다. 양성반응은, 질벽에의 출현하는 명료한 변화를 동반하는 발정의 개시에 의하여 특정 지어진다. 임신한 부인 또는 암말로부터 수집한 소변의 농축액 및 태반의 추출물은, 이와 같은 생물검정에 높은 활성을 나타낸다. 활성물질의 농도는 낮기 때문에, 순수한 스테로이드를 분리하는 데에는 다량의 소변 또는 수킬로그램의 태반을 처리하지 않으면 안 된다.

천연에스트로겐에는 에스트리올, 에스트라디올, 에스트론 및 프레그난디올이 있다. 처음의 3자간의 화학적 관계를 아래에 표시한다.

금속수소화물로서 에스트론을 환원하면, 거의 완전히 17β-이성체를 생성한다. 이것은 에스트론보다도 강한 생리작용을 나타낸다. 이 디올은 페놀성수산기를 벤조산에스테르로 하여, 치료에 사용된다.

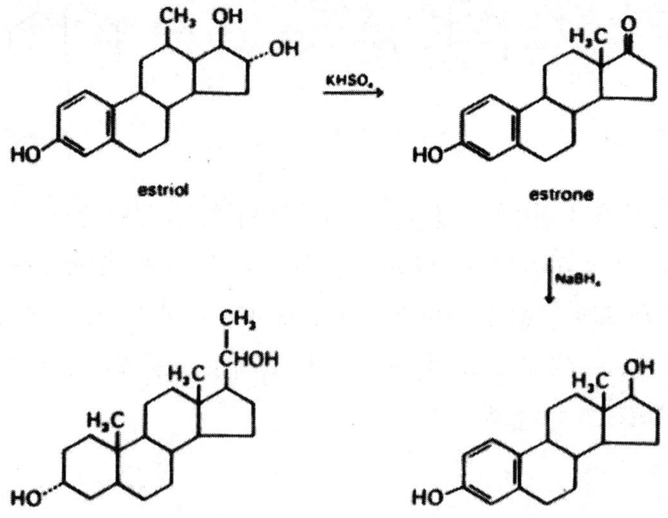

많은 천연호르몬은 완전합성 되어 있으며, 이 중에서 약간의 것은 몇 개의 독립된 경로로서 합성되고 있다. 이들의 거의 모든 기획에서는 스테로이드의 A, B환은, 후에 C, D환을 형성할 수 있도록 구성된 치환기를 갖는 나프탈렌 혹은 그것에 유사한 것으로부터 유도되고 있다. 이와 같은 합성의 하나인 주요 단계를 **표 19-2**에 표시한다. 필요한 4개의 고리는 최초의 반응에서 합성되지만, D환은 산화(탄소원자 1개의 제거)와 재차 고리화로서 합성하지 않으면 안된다고 하는 것에 주목할 것.

담즙산과 일련의 성호르몬의 관계를 확립하는 아래의 반응을 식으로 표시하여라. 프레그난디올은 프레그난디온으로 산화된다(크롬산으로). 다음에 프레그난디온을 Zn(Hg)과 염산으로 처리하면, 프레그난으로 환원된다. 비스노르콜란산메틸을 브롬화페닐마그네슘으로 처리하고, 계속해서 산으로 서서히 분해하여 올레핀을 얻는다. 이 올레핀을 산화하여 케톤으로 하고, 더욱 이 케톤을 환원하면 프레그난을 생성한다.

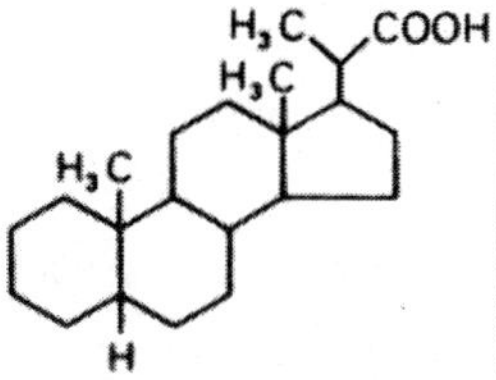

bisnorcholanic acid

에스트로겐과 구조적으로 관련이 있는 약간의 합성호르몬이 제조되어 있다. 몇 가지의 것은 높은 에스트로겐활성을 나타내며, 어떤 것은 천연호르몬과 같은 정도의 활성을 나타내고 있는 것을 알 수 있다. 가장 높은 활성을 갖는 합성호르몬 중에서 몇 가지는 **스틸베스트롤**이라고 불리우며, 디하이드록시디알킬스틸벤 구조를 기본으로 하고 있다. 이중결합은 에스트로겐활성에는 본질적인 것이 아니고, 디하이드로디에틸스틸베스트롤(헥세스테롤)은 거의 디에틸스틸베스트롤과 거의 같은 효력이 있다.

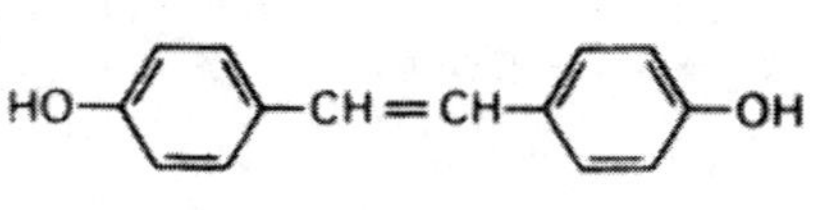

4,4'-dihydroxystilbene
(stilbestrol)

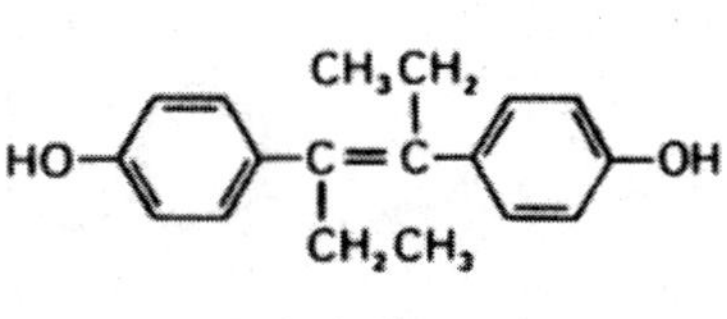

diethylstilbestrol

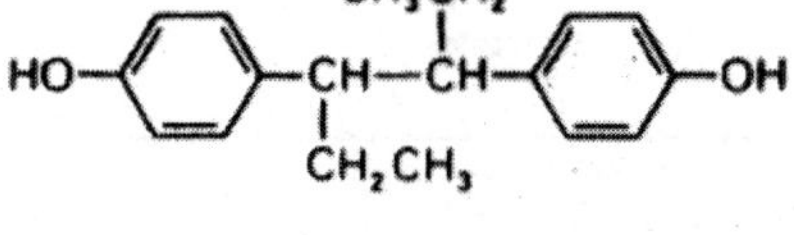

dihydrodiethylstilbestrol (hexestrol)

프로게스테론 또는 프레그난유도체는, 난소 중의 작은 황색의 덩어리인 황체 내에서 합성된다.

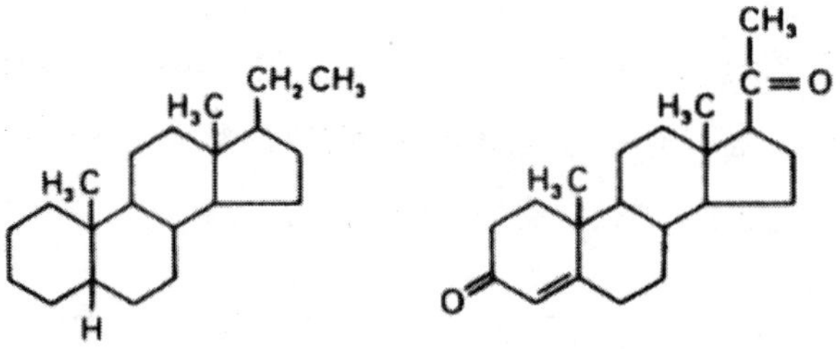
CH₂CH₃
H₃C
H₃C
H
CH₃
C=O
H₃C
H₃C
O

pregnane

progesterone
(4-pregnene-3,20-dione)

이들 호르몬의 존재는, 자궁의 질벽의 상태를 수정한 난자에게 적절하게 해 준다. 난자가 수정되면, 이 호르몬은 끊임없이 합성되어 발정과 배란이 저지된다.

표 19-2 에스트론 합성의 여러단계

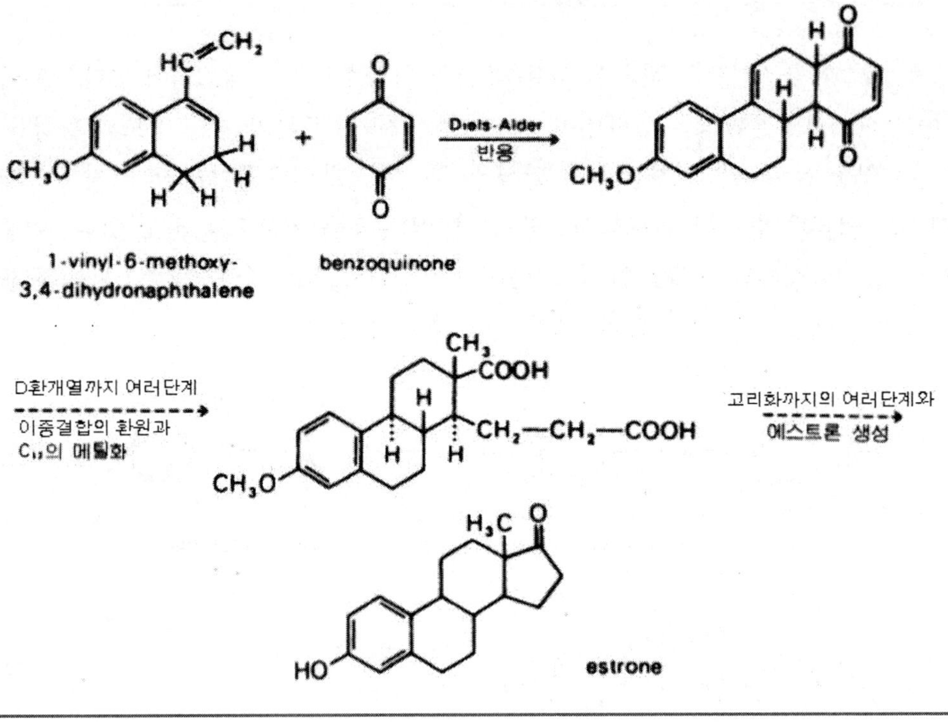
HC=CH₂
CH₃O
H
H
H
H
1-vinyl-6-methoxy-3,4-dihydronaphthalene
+
benzoquinone
Diels-Alder
반응
CH₃O
D환개열까지 여러단계
이중결합의 환원과
C₁₇의 메틸화
CH₃
COOH
CH₂—CH₂—COOH
CH₃O
고리화까지의 여러단계와
에스트론 생성
H₃C
HO
estrone

기지천연물의 연구에서는, 구조와 생리적 활성의 관계를 확립하는 노력이 계속되고 있다. 예를 들면 다음과 같은 의문이 생긴다. 프로게스테론의 C_3(또는 C_{20})의 카르보닐기는 활성에 불가결인가? 또한 프로게스테론의 가지를 일부 개질하는 것은 생리적 활성에 어떠한 영향을 미치는가?

아래의 지식은 프로게스테론에 대해서 얻어진 것이다. 이들의 결과를 확립하기 위하여 필요한 화합물을 얻는 데에는, 분자에 어떠한 화학적 개질을 해야 할까를 표시하여라.

1. 프로게스테론의 엔올아세트산에스테르는, 프로게스테론과 거의 같은 강도의 활성을 나타낸다(14-20절 참조)
2. C_{20}카르보닐기의 완전환원은 활성을 잃지만, C_{20}카르보닐기의 수산기로의 환원은 활성을 잃지 않는다.
3. 21-에틸프로게스테론은 불활성이다.
4. C_6에의 카르보닐기의 도입은 활성을 해친다.
5. C_3의 카르보닐기와 C_4의 이중결합의 양쪽이 프로게스테론 활성에 불가결이다.

일반적으로 시판되고 있는 일군의 합성경구피임약은, 19-노르테스토스테론의 구조를 기본으로 하고 있다. 19-노르프로게스테론은 프로게스테론 자체와 같은 활성을 나타내는 것이 발견되고, 사용가능한 다른 19-노르스테로이드의 광범위한 조사가 행해졌다. C_{14}와 C_{17}의 입체배치가 천연물과는 반대의 구조이며, 더욱 C_{19}에 메틸기가 없는 합성스테로이드는, 프로게스테론의 8배의 활성을 나타낸다.

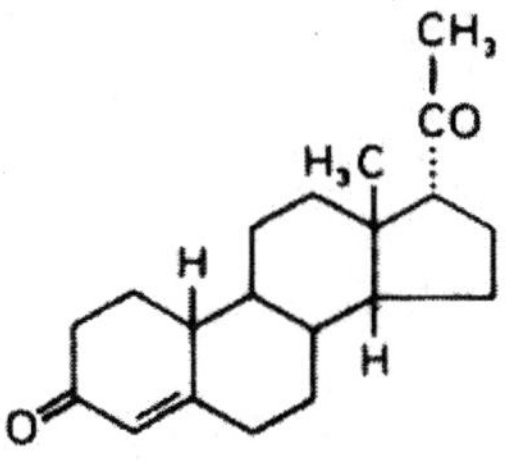

19-nor-14α, 17α-progesterone

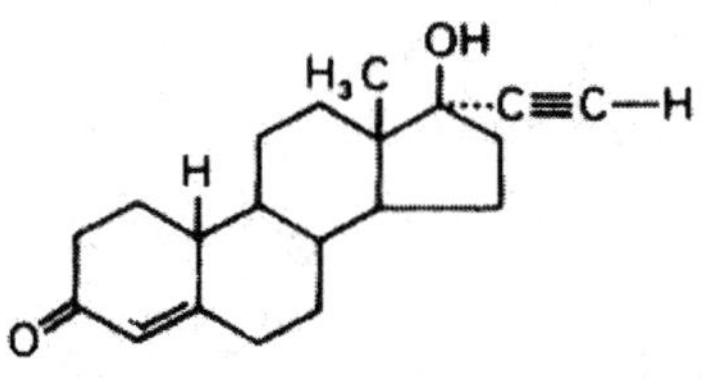

17α-ethynyl-19-nortestosterone (norethisterone)

에스트라디올메틸에테르의 A환의 환원으로 합성되는 19-노르테스토스테론은, 테스토스테론보다도 약한 남성 호르몬 활성을 나타내는 것이지만, 이것은 17 α-에틴일-19-노르테스토스테론(노르에티스테론)과, 그 C_5 위치(와 C_{10}과의 사이) 올레핀의 합성에 사용된다.

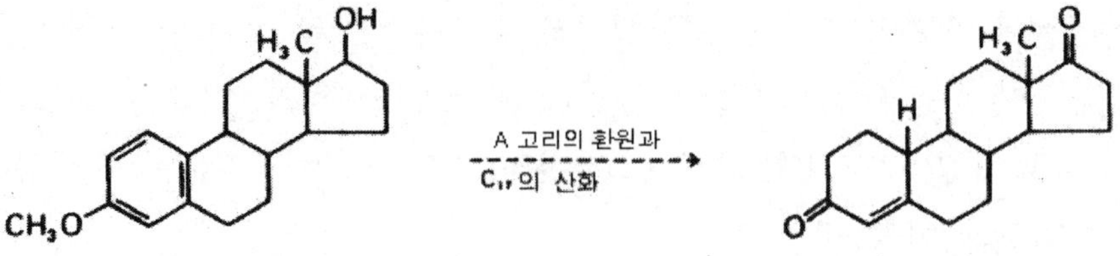
A 고리의 환원과
C17의 산화
estradiol methyl ether
19-nortestosterone

남성호르몬인 안드로겐은, 소변(남자 또는 여자 및 거세한 사람의) 또는 정소추출액으로부터 단리되어 있다. 식용 수탉의 볏의 성장 면적의 측정에 의한 생물검정이 개발되었다. 이 외에 거세한 쥐의 정액주머니의 성장(밀리그램 단위로서)을 측정하는 방법이 있다.

가장 효력이 있는 안드로겐의 하나는, 테스토스테론(고환의 추출물로부터)이며, 활성의 지속, 정액주머니의 발육에 대한 효력을 위해서, 프로피온산에스테르형태로서 투여한다. 그 밖에도 안드로겐으로서 안드로스테론, 데하이드로이소안드로스테론, 및 3-클로로데하이드로이소안드로스테론의 3종류가 남성의 소변에서 발견되고 있다.

불활성인 화합물이 1종 단리되어, 3α-에티오콜라놀-17-온으로 확인되었다. C_{17}의 케톤기는 안드로겐의 특징으로서 주목할만하다.

위에서 설명한 4종류의 안드로겐에 대해서, 각각을 화학적으로 식별하는 방법을 설명하여라. 이들의 화합물과 안드로스탄과의 구조적 관계를 어떻게 확립하면 좋을까를 표시하여라.

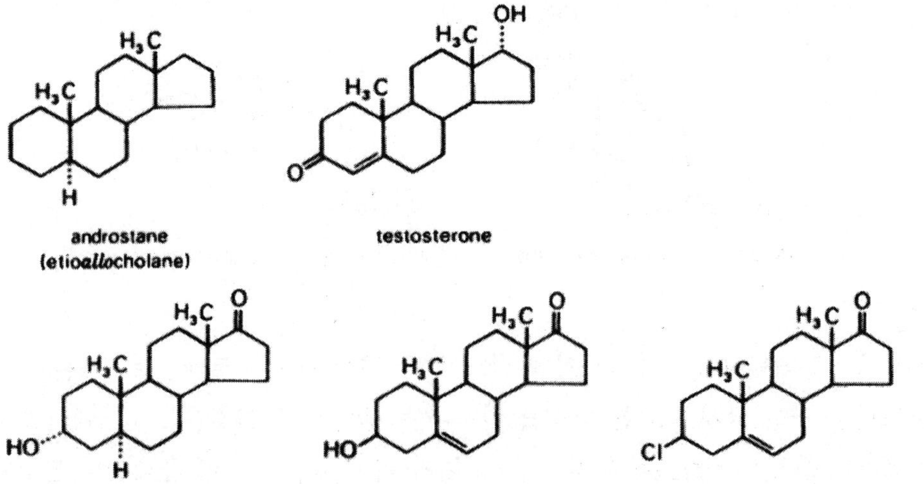
androstane (etio*allo*cholane)
testosterone
androsterone
dehydroisoandrosterone
3-chlorodehydroisoandrosterone

19-5 기타의 스테로이드

심장배당체(cardiac glycosides)는 스테로이드와 당이 결합한 분자로서, 가끔 식물로부터 분리되며, 산가수분해로서 당과 스테로이드를 생성한다. 스테로이드부분을, **아글리콘** 또는 **게닌**이라고 말한다. 이 종류의 아글리콘으로서 가장 잘 알려져 있는 화합물은 디기탈리스의 가수분해로서 얻어지는 것으로, 자색의 **여우장갑**(digitalis purpurea)로부터 단리된 배당체의 혼합물이다. 디기탈리스는 가장 고가인 물질의 하나로서, 심근의 수축강도를 증가하고, 그 속도를 느리게 하는 작용이 있다. 즉 심장활성을 증대하는 것으로 알려져 있다. 이들의 배당체를 경구적으로 혹은 정맥주사로써 투약하면, 심근에 대해서 특수한 친화력을 갖는다. 소량의 복용량(1일, 0.3mg)으로 상당한 효력이 있다.

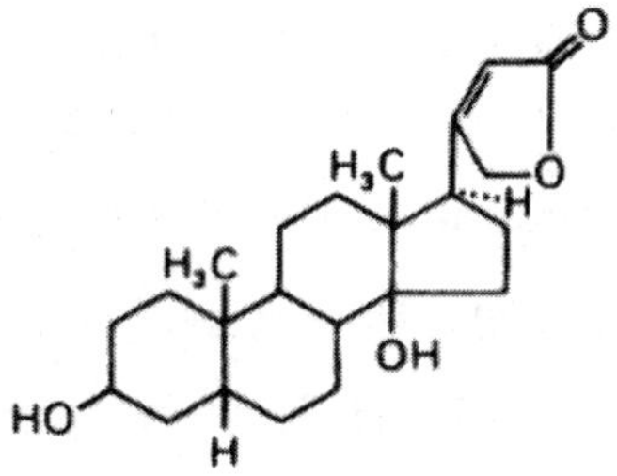

digitoxigenin

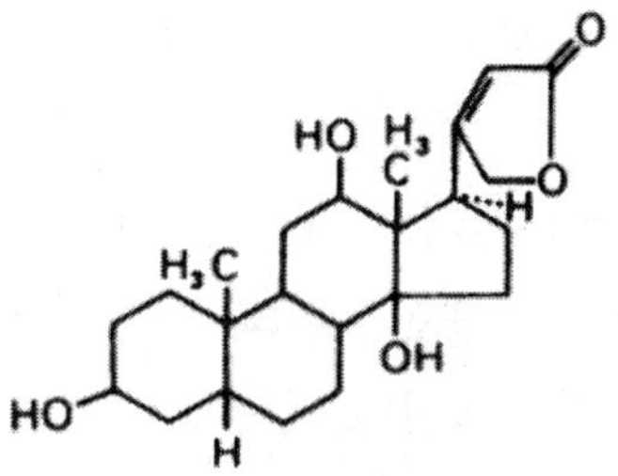

digoxigenin

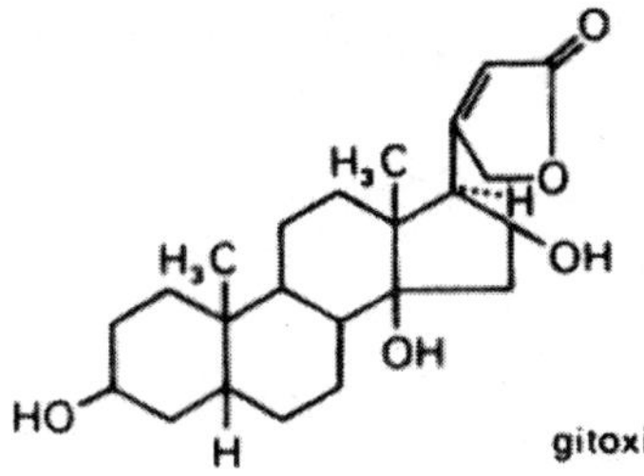

gitoxigenin

디기탈리스의 가수분해로서 3개의 주요 아글리콘, 혹은 게닌이 생성된다. 이들의 게닌은 모두 α, β-불포화락톤고리(환상에스테르)를 가지고 있으며, 더욱 다른 부분이 구조적으로 유사하다. C_{14}(β)의 수산기와 불포화락톤은 모두 활성에 불가결인 인자이다.

보통의 두꺼비(**Bufo vulgaris**)가 분비하는 독소는, 디기탈리스와 같은 생리활성을 나타낸다. 천연물의 가수분해로서 얻어지는 게닌을, 가끔 **부포게닌**이라고 말한다. 천연의 두꺼비의 독소는, 부포게닌의 수베릴-아르기닌(suberyl-arginine)의 에스테르이다. 부포탈린은 광범위하게 연구되어 있는 많은 두꺼비의 독소의 하나이다.

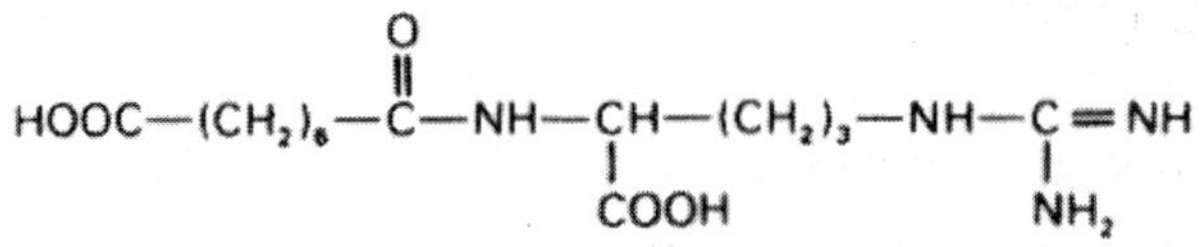

suberylarginine

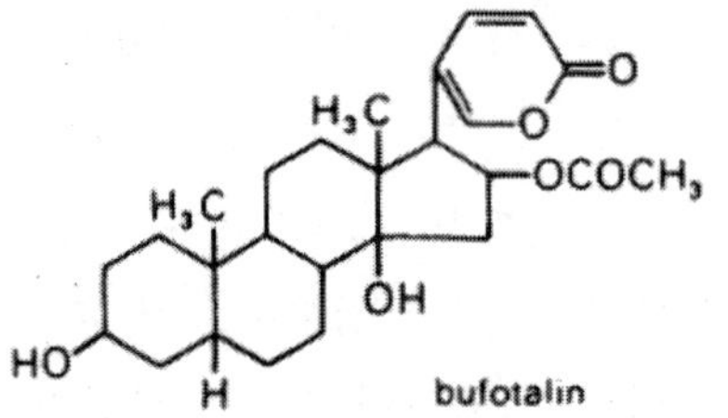

bufotalin

스테로이드사포게닌은 수용액 중에서 안정한 거품을 발생할 수 있는 스테로이드배당체이다. 심장아글리콘, 혹은 게닌은 사포게닌이지만, 이들의 심장에 대한 현저한 활성작용 때문에 특수한 분류(심장 아글리콘)에 속하고 있다. 다른 사포게닌은 독소로서 사용되고 있으며, 또한 알코올 또는 페놀과 분자화합물을 형성하는 능력을 가지고 있다. 예를 들면 디기토닌, 즉 디기토게닌의 배당체는 액시얼이 아니고, 에쿠아토리얼성의 3-하이드록시스테롤류와 불용성의 분자화합물을 형성하지만, 액시얼의 것에는 작용하지 않는다. 이 침전반응은 많은 스테로이드의 C_3위치의 입체화학을 확립하는 데 중요하다.

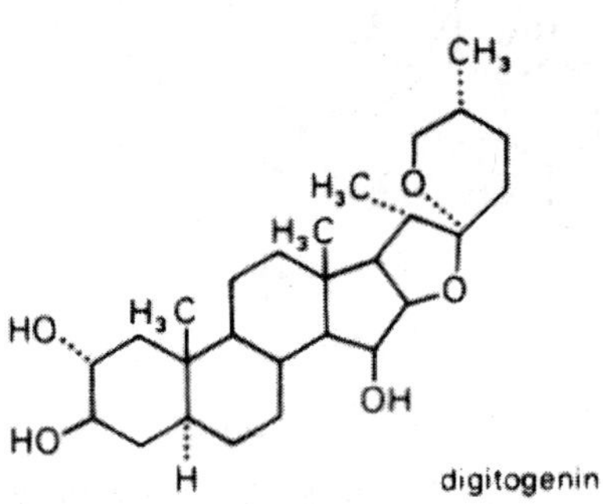

digitogenin

육우의 부신의 외피조직, 즉 피질로부터 단리되는 스테로이드를 **부신피질스테로이드**라고 말한다. 단리된 28종 중에서 6종류만이 외과적으로 부신을 제거한 개의 생명의 유지에 높은 활성을 나타낸다. 이들의 부신피질호르몬의 현저한 생리적 성질의 하나는, 생체 내에서 글리코겐(18-16절 참조)으로서 저장되는 탄수화물의 합성을 촉진하는 능력이다. 또한 체액 중의 전해질의 평형도 조절한다. C_{21}의 아세트산에스테르인 코르티손은, 류마티스성 관절염의 경감 등 의학적으로 탁월한 용도를 지니고 있다. 코르티솔도 또한 널리 사용되고 있다.

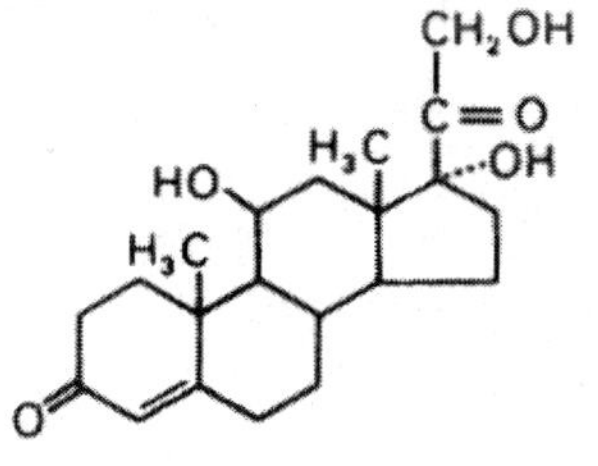

cortisol

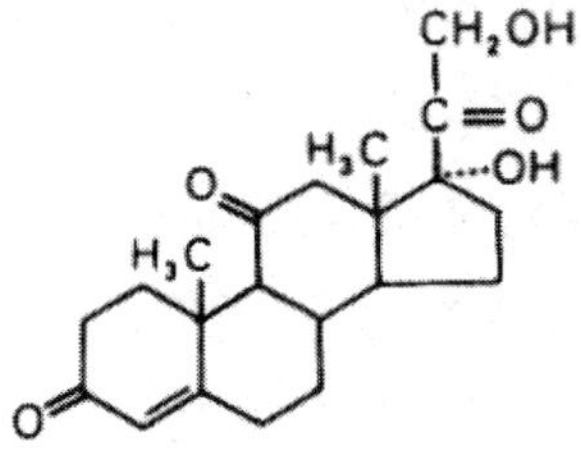

cortisone

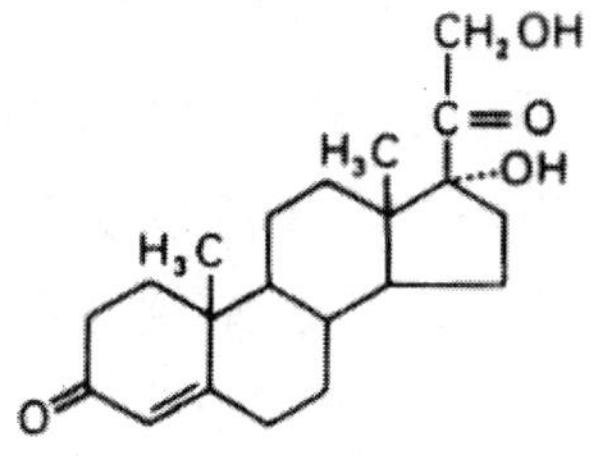

17α-hydroxydesoxycorticosterone
(cortexolone)

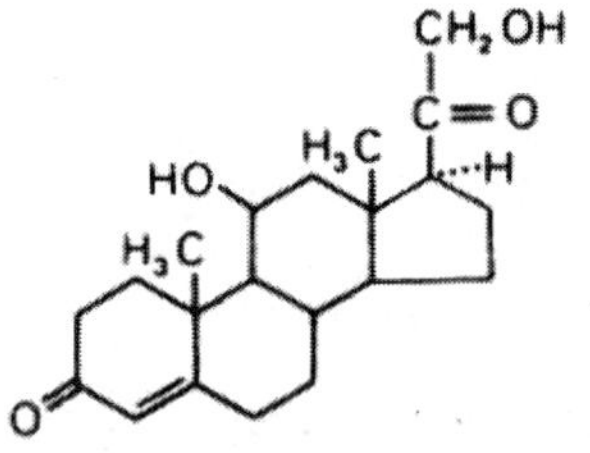

corticosterone

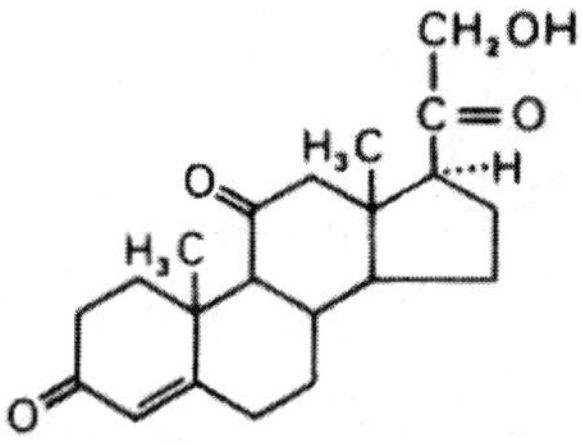

11-dehydrocorticosterone

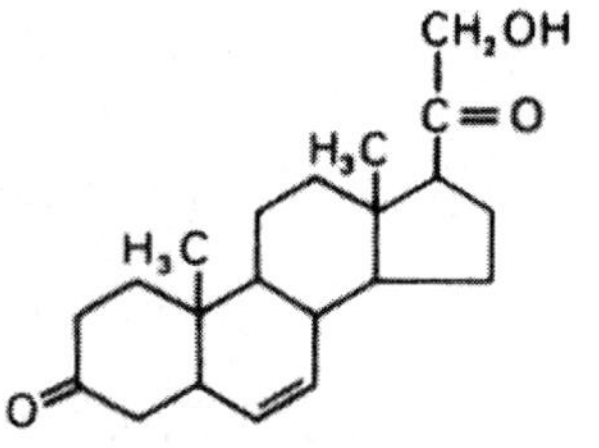

11-desoxycorticosterone
(cortexone)

위의 6종류의 부신피질스테로이드를 각각 프레그난 유도체로서 명명하여라.

19-6 콜레스테롤의 생합성

가장 매력있는 화학적 및 생화학적 연구의 하나는, 작은 유기분자로부터의 생체 내에서 콜레스테롤을 구성하는 생합성계통의 해명이다. 1913년에 콜레스테롤이 들어 있지 않은 사료를 준 동물이, 콜레스테롤을 합성할 능력이 있음을 발견하였다. 이 화학적–생화학적 연구는, 1930년대에 시작하여, 이 때 중수(D_2O) 중에 농축된 사료를 준 쥐로부터 얻어진 콜레스테롤은, 체액의 중수소농도의 약 반절에 상당하는 중수소를 함유하고 있는 것을 나타냈다. 따라서 약 반량의 수소원자는 물에 유래하고 있기 때문에, 콜레스테롤은 아마 작은 화학종으로부터 합성되는 것이다. 그 후 쥐에게 주어진 표지를 갖는 중수소화아세트산염(CD_3COO^-)은, 아세트산염이 물에 분해되고, 다음에 이 물의 존재하에서 스테로이드가 합성된다고 생각하기 어려울 정도의 고수율로서 콜레스테롤로 거두어들일 수 있는 것이 밝혀져, 아세트산염이 직접의 전구체일 가능성이 짙어졌다. 아세트알데히드(CH_3CHO), 아세트아미드(CH_3CONH_2), 아세톤(CH_3COCH_3), 부티르산염($CH_3CH_2CH_2COO^-$)등의 다른 저분자화합물도 또한 콜레스테롤로 거두어들일 수 있지만, 그러나 이 수확의 효율은,

이들이 아세트산염(CH_3COO-)으로 변환되는 용이한 것에 의존하고 있는 것 같았다. 이 점에서 $^{14}CH_3COOH$, $CH_3{}^{14}COOH$ 혹은 $^{13}CH_3{}^{14}COOH$와 같은 방사성동위원소로서 표지한 아세트산염을 사용한 콜레스톨의 생합성의 연구가 시작되었다. 더욱 취급하기 쉽고 또한 수확의 효율이 좋은 것으로부터 전동물을 사육한 것 보다도, 오히려 쥐의 간장의 박편으로 이들의 물질을 배양하여 표지를 갖는 콜레스테롤이 합성되었다.

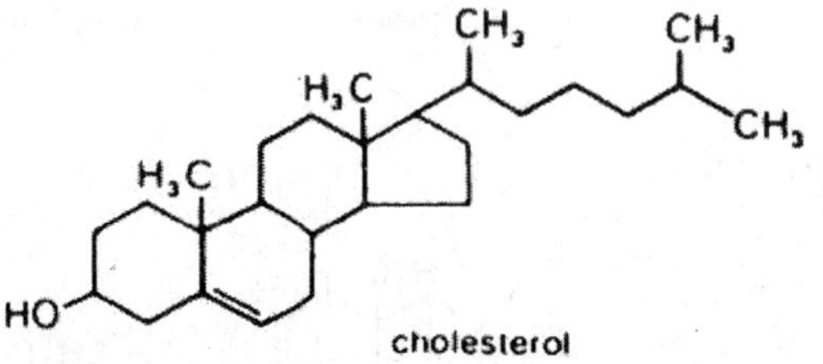

$CH_3{}^{14}COOH$ 또는 $^{14}CH_3COOH$로부터 유도된 콜레스테롤 가지의 분해반응은, 모두 가지가 다음과 같이 구성되어 있다고 하는 것과 같은 결과로 되었다.

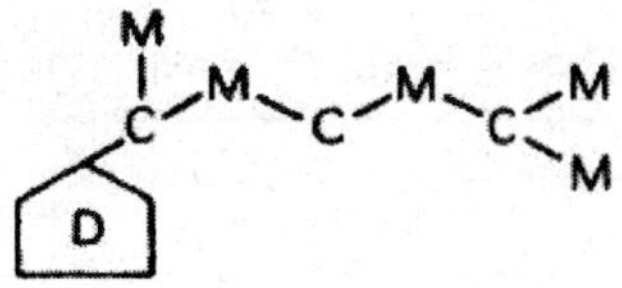

여기서 C는 아세트산염의 카르보닐탄소이며, M은 아세트산염의 메틸탄소이다. 분해반응의 상세를 **표 19-3**에 표시한다. 일련의 산화반응에 의해서 A, B, C, D 환을 소분자로 분해하고, 각각의 분해생성물을 더욱 개개의 탄소원자의 방사능을 측정할 수 있는 것과 같은 경로에 의해서 해체한 결과, 각각의 탄소원자의 원천이 아래와 같은 것을 알았다.

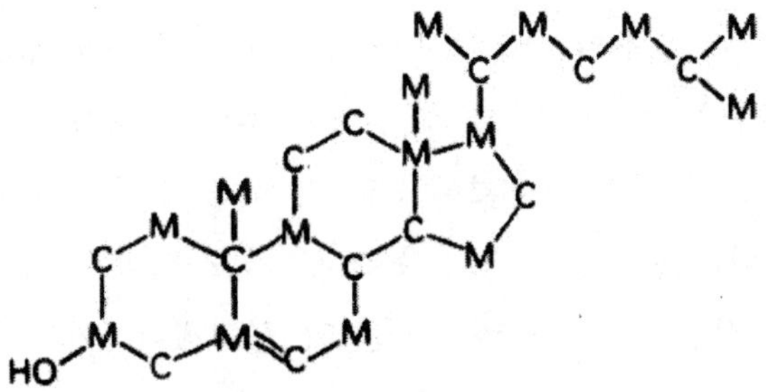

아세트산염이 어떻게 결합하는지, 또한 실제로 어떠한 중간체가 관여하는가라는 의문은, 메발론산[$HOCH_2CH_2$–(HO)C(CH_3)CH_2COOH]이 상당히 고수득률로서 콜레스테롤로 수확되는 것의 발견으로, 어느정도의 해답을 보았다. 메발론산의 카르복실기의 탄소는 수확되지 않고, 활성인 탄소 5개로 형성되는 전구체를 시사하고 있다 아세트산염으로부터 메발론산의 합성(간장조직 중에서)은 실증되었으며, 더욱 우선성이성체만이 생화학적인 활성을 나타낸다.

표 19-3 콜레스톨 가지의 분해반응

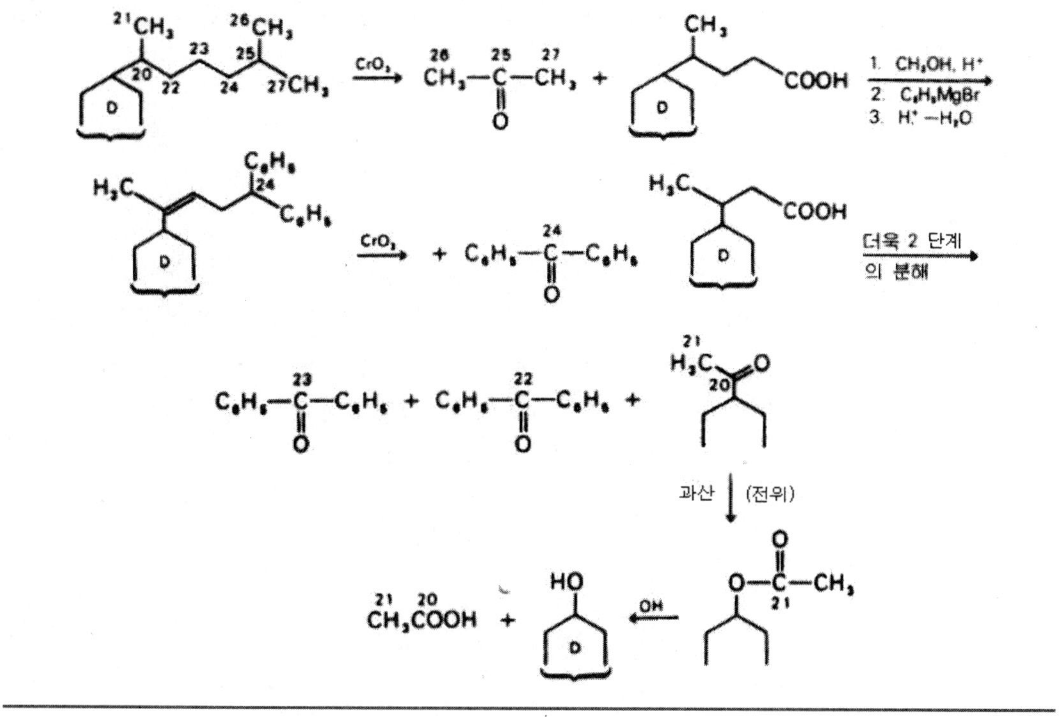
CrO₃
1. CH₃OH, H⁺
2. C₆H₅MgBr
3. H⁺ −H₂O
더욱 2 단계
의 분해
과산
(전위)
OH

■참고문헌■

Beyler, R. E. : Some Recent Advances in the Field of Steroids, J. *Chem. Educ.*, 37, 491(1960).

Collier H. O. J. : Kinins, *Sci. Am.*, 207(2), 111(1962). 혈관의 확장과 평활근의 운동에 관여하는 단백질 호르몬류의 해설.

Davidson, E. H. : Hormones and Genes, *Sci. Am.*, 212(6), 36(1965). 호르몬의 원료 화학적 성질 및 기능의 해설.

Lerner, A. B. : Hormones and Skin Color, *Sci. Am.*, 205(1), 99(1961). 검은색의 피부 색소, 멜라닌에 대한 호르몬 효과.

Levey, R. H. : The Thymus Hormone, *Sci. Am.*, 211(1), 66(1964). 혈액제조와 항체의 기원에 있어서 갑상선의 역할.

Papkoff, H., and C. H. Li. : Hormone Struture and Biological Activity, *J. Chem. Educ.*, 43, 41(1966).

Sarrett, L. H. : The Hormones, *J. Chem. Educ.*, 37, 185(1960).

Chapter

20 알칼로이드

알칼로이드는 질소원자를 함유하고 있는 광학활성인 유기화합물로서, 통상 식물로부터 단리된다. 이 염기는 현저한 생리작용을 나타낸다. 이들의 아민류에 대해서, 처음은 "식물성 알칼리"라고 하는 명칭이 사용되었지만, 현재는 **알칼로이드**라고 말한다. 알칼로이드는 어떤 종류의 식물의 모든 부분에 함유되어 있지만, 특히 잎, 씨, 뿌리, 껍질에 함유되어 있다. 가장 현저하게 성장하는 부분에는, 통상 알칼로이드의 존재비율이 가장 높다. 한 종류의 식물 중에 한 종류의 알칼로이드가 존재하는 것은 드물고, 오히려 구조 또는 생합성적 기원이 매우 밀접하며, 관련된 다른 알칼로이드를 동반하고 있다. 이들의 고체염기의 복잡한 혼합물은, 식물체의 에탄올 추출에 의하여 얻어지며, 분별재결정 또는 기타의 방법으로 순수하게 분리할 수 있다. 알칼로이드에는, 의학적 가치 또는 생리학적 흥미가 있을 뿐만 아니고, 그 구조 결정 또는 전합성은, 유기화학자에게 흥미있는 도전의 대상을 제공하고 있다.

알칼로이드는 단순한 단환성아민으로부터 상당히 복잡한 다환성의 트리 혹은 테트라아민체에 이르는 변이를 갖는다. 이들의 화학적, 물리적 성질 또는 생리적 작용도 상당히 다르다. **표 20-1**에 코니인, 콜히틴 및 에머틴의 관계를 나타낸다.

알칼로이드는 IUPAC방식에 의하여 명명할 수 있지만, 보다 복잡한 것은, 간단하게 이들의 생리적 작용을 나타내기도 하며, 분리 또는 구조 결정상 몇 가지의 상황을 나타내는 관용명으로 알려져 있다. 이 장에서는 주요 헤테로(질소)고리; 피롤리딘, 피페리딘(및 피리딘), 퀴놀린(및 이소퀴놀린), 혹은 인돌기를 갖는 대표적인 알칼로이드에 대해서 설명한다.

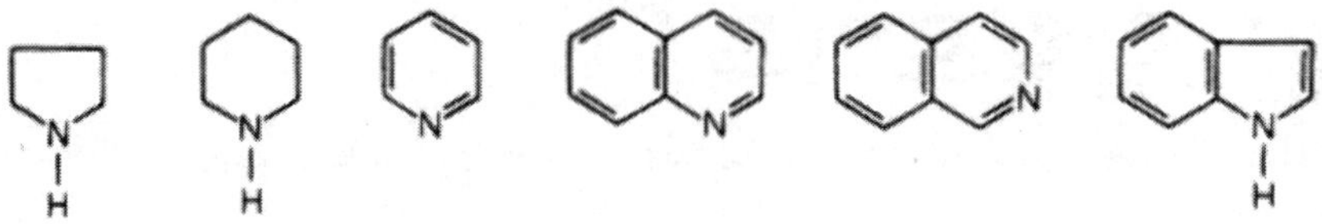
N
H
N
H
N
N
N
N
H
pyrrolidine piperidine pyridine quinoline isoquinoline indole

01 피롤리딘계 알칼로이드

20-1 히그린

히그린은 코카나뭇잎 속에서 발견되며, 지금까지 알려져 있는 알칼로이드 중에서는 가장 휘발성이 강한 것의 하나이다.

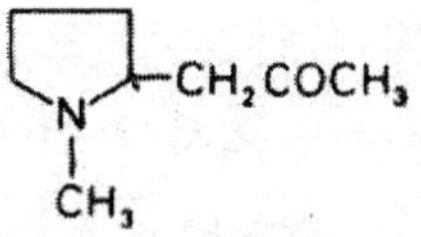
CH₂COCH₃
N
CH₃
hygrine

이 단순한 구조는 각종의 경로로서 합성되고 있다. 이것의 분해생성물의 하나인 히그르산의 합성을 아래에 표기한다.

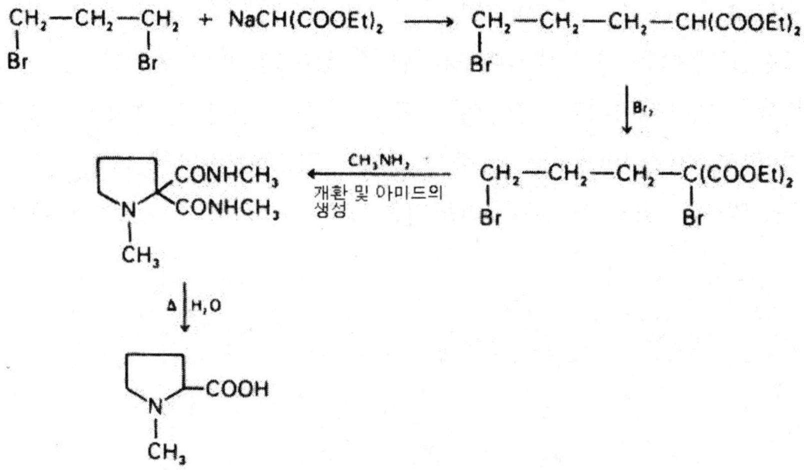
CH₂—CH₂—CH₂
Br
Br
+ NaCH(COOEt)₂
CH₂—CH₂—CH₂—CH(COOEt)₂
Br
Br₂
CH₂—CH₂—CH₂—C(COOEt)₂
Br
Br
CH₃NH₂
개환 및 아미드의 생성
CONHCH₃
CONHCH₃
N
CH₃
Δ
H₂O
COOH
N
CH₃

20-2 히오스시아민, 스코폴라민 및 코카인

이들 3종류의 알칼로이드는 피롤리딘고리를 함유하는 2환성구조, 즉 **트로판고리**를 가지고 있다.

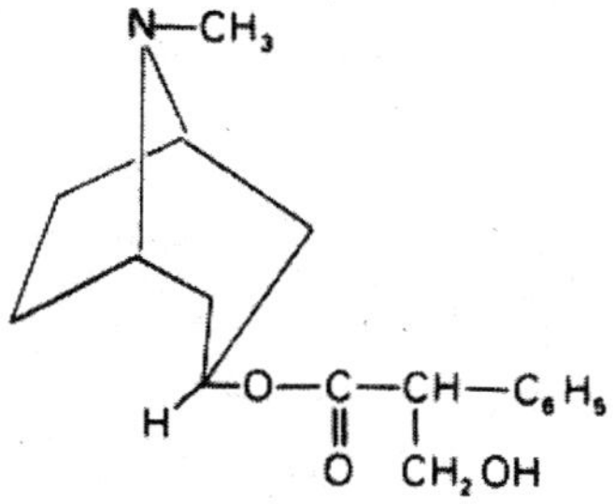

atropine

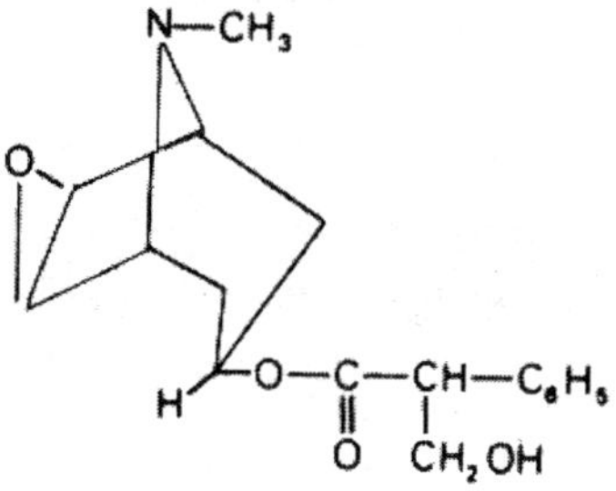

scopolamine

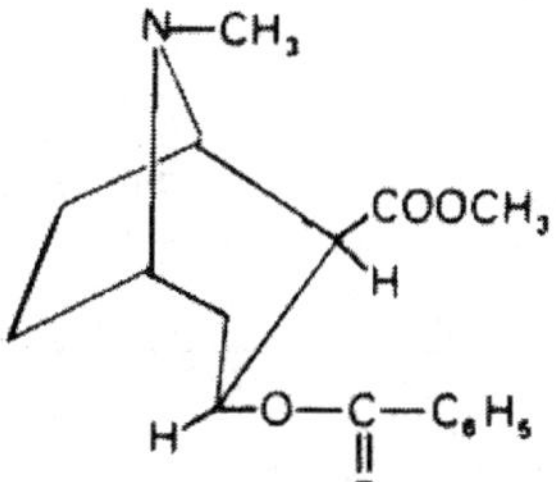

cocaine

공통의 유도체에는, 다음과 같은 것이 있다.

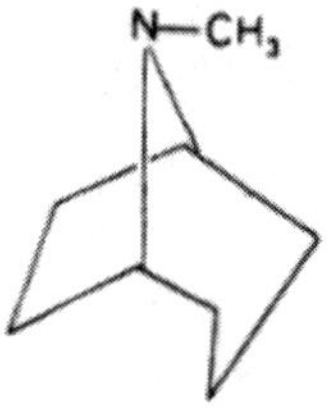

tropane

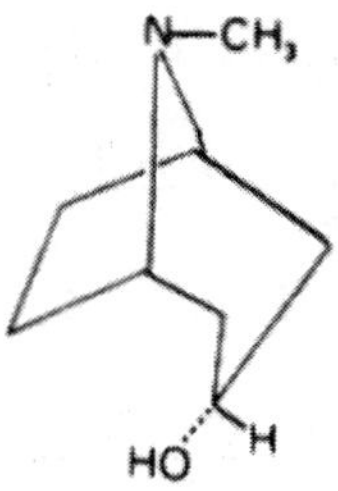

tropine

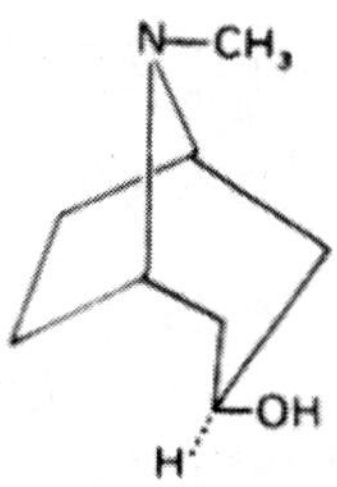

pseudotropine

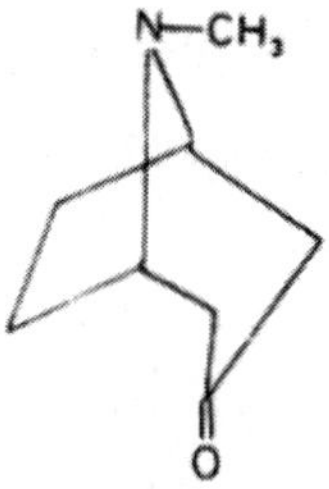

tropinone

아트로핀은 히오스시아민의 라세미체이다. 후자는 Atropa belladonna 중에서 발견되는 좌선성의 이성체이다. 이 알칼로이드는 광학적으로 불안정하며, 일반적으로는 아트로핀황산염형태로서 타액, 위 및 호흡기의 분비물의 제거에 사용되고 있다.

히오스신이라고도 불리우는 스코폴라민은, 좌선성의 알칼로이드로서 의약적으로는(브롬화수소산염의 형태로서) 진통제, 또는 차멀미의 예방 또는 마취약의 진통효과를 증가시키는 데 사용되는 이외에, 현기증 또는 어떤 종류의 정신병의 치료에도 사용된다.

코카나뭇잎으로부터 단리되는 코카인은 습관성 마약이며, 의약적으로는 염산염의 형태로서, 표층의 마취제로서 사용된다.

표 20-1 코니인, 콜히친 및 에머틴의 비교

	coniine (코니인)	colchicine (콜히친)	emetine dihydrochloride (에머틴 2염산염)
	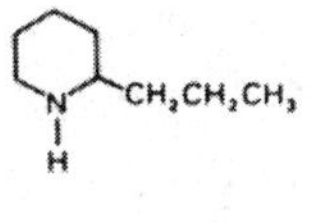	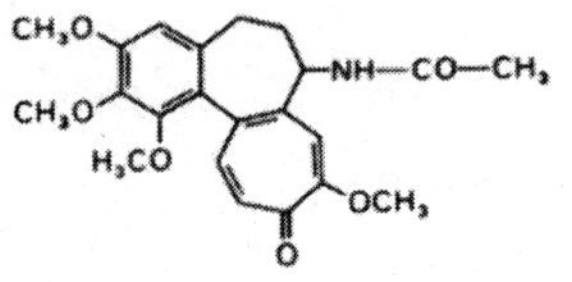	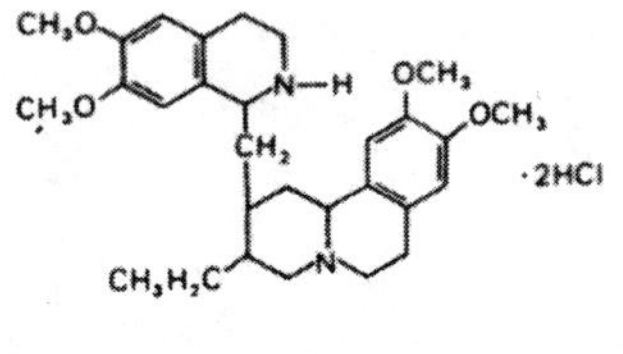
분자량	127	399	554
융점(근사값)	−2°	157°	105°
물에의 용해도	1 ml/90 ml	1 g/22 ml	1g/7ml
인간의 치사량	120 mg	7mg	＞60mg
가축병 치료의 효용	×	개의 유방종양의 치료	양 또는 염소의 폐결핵 감염
의약효용	×	급성통풍(또는 식물유전학에서의 2배 염색체를 만드는 데 사용)	급성 아메바증, 간장염, 농양염

20-3 트로판계 알칼로이드의 합성

트로피논 또는 그 유도체는, 천연에 존재하며, 이들 화합물은 생합성과정 중에 관여하고 있다고 생각되는 화학종(또는 그 동족체)으로부터 생리적 조건하에서 합성된다. 숙신디알데히드, 메틸아민 및 아세톤의 혼합물을 25~30℃로서 pH 5의 완충용액 중에서 배양하면, 트로피논이 저수득률로서 생성되는 것이 발견되었다.

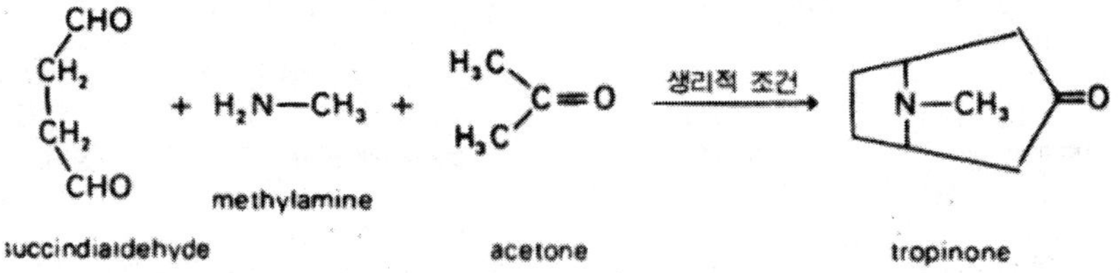
CHO
CH₂
CH₂
CHO
succindialdehyde
+ H₂N—CH₃ +
methylamine
H₃C
C═O
H₃C
acetone
생리적 조건
N—CH₃
═O
tropinone

시트르산의 산화로서 합성되는 아세톤디카르복실산(칼슘염의 형태로서)을 사용하여 수득률을 높일 수가 있다. 이와 같은 형식으로 그에 상당하는 반에스테르로부터 출발하여, 코카인계 화합물이 얻어진다.

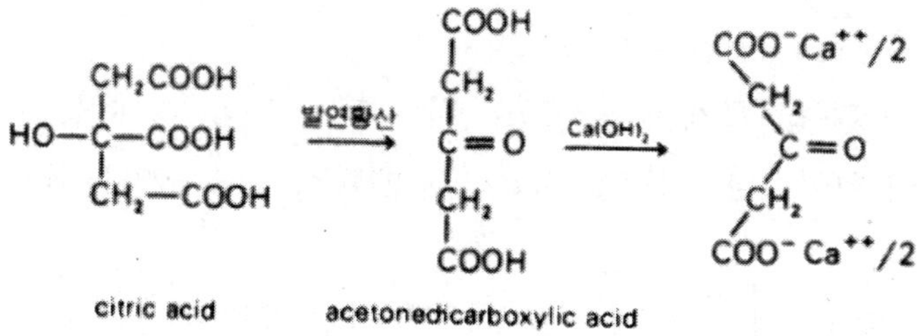
발연황산
Ca(OH)₂
citric acid
acetonedicarboxylic acid

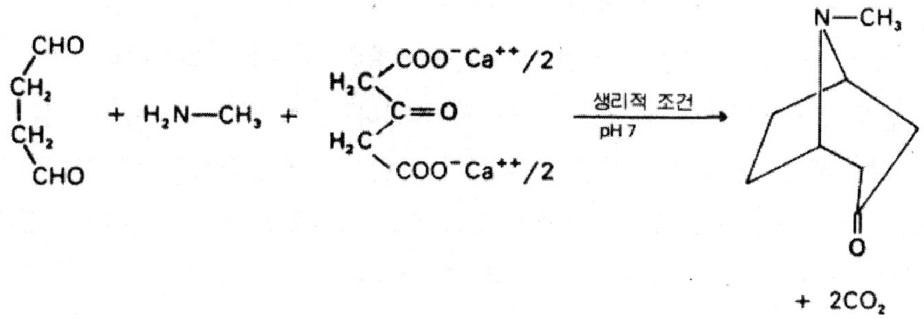
생리적 조건
pH 7
+ 2CO₂

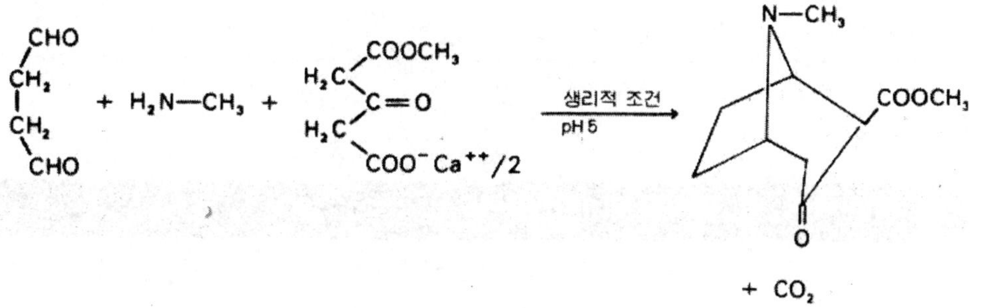
생리적 조건
pH 5
+ CO₂

성장하고 있는 식물의 생리적 상태와 유사한 조건(시험관 내)에서 이들의 합성을 행할 수 있다고 하는 사실은, 이와 같은 반응이 생체 내에서도 마찬가지로 일어난다고 하는 증거라고 생각해서는 안 된다.

그러나 이들의 합성은 트로판계열의 고전적인 합성의 시험과는 두드러진 차이가 있다(아래의 문제 참조).

1. 슈도펠레티에린은, 글루타르알데히드를 25℃, pH 7에서 메틸아민 및 아세톤디카르복실산과 축합하여, 거의 정량적인 수득률로서 얻어진다. 이 반응을 식으로 표시하여라.
2. 아래의 슈도트로핀, 트로핀 및 트로피논의 고전적 화학합성의 각 경로를 식으로 표시하여라. 수베론(시클로헵타논)을 그의 옥심으로 유도하고, 이것을 그에 상당하는 1차아민으로 환원한다. 그 아민을 철저하게 메틸화한 후, 호프만분해(16-11

절)를 행하여 시클로헵텐으로 유도한다.
시클로헵텐을 디브로모체(Br_2으로)로 바꾸고, 이것을 디메틸아민으로 처리하면 **불포화**아민이 얻어진다. 이것을 철저하게 메틸화 및 호프만분해를 행하면 공액디엔이 얻어진다.
이 디엔은 기대되는 1,4부가를 행하고, 1몰의 브롬을 부가한다. 이 디브롬화물을 퀴놀린 중에서 가열하면 트로필리딘 C_7H_8이 얻어진다. 이것을 HBr로서 처리하고, 계속해서 디메틸아민을 작용시키면 디메틸아민디엔을 생성한다.
이 디엔을 먼저(1개의 이중결합을 환원하기 위하여) 알코올 중에서 나트륨과 처리하고, 계속해서 1당량의 브롬을 작용시켜 가열하면 브롬화메틸 및 브롬화수소를 잃고 트로피딘($C_8H_{13}N$)을 생성한다. 트로피딘의 이중결합에 1당량의 브롬화수소를 부가시키고, 이 브롬화물을 수용액 중(산성)에서 가수분해하여 슈도트로핀을 얻는다. 이 알코올의 CrO_3 산화에서는, 트로피논을 생성한다. 트로피논은 Zn과 HI로서 트로핀으로 환원된다.

02 피페리딘 및 피리딘계 알칼로이드

20-4 피페린, 코니인 및 펠레티에린

알칼로이드의 피페린이 이와 같이 명명되고 있는 것은, 숙성한 흰 후추의 씨 또는 미숙한 검은 후추, 즉 후추나무(Piper nigrum) 중에 존재하기 때문이다. 이것은 광학불활성 물질이지만, cis, trans 이성체로서 존재할 수 있다. 이 알칼로이드의 가수분해로서 유도되는 카르복실산은 트란스, 트란스배위이다. 피페르산은 피페로날과 피페로닐산으로 산화할 수 있다.

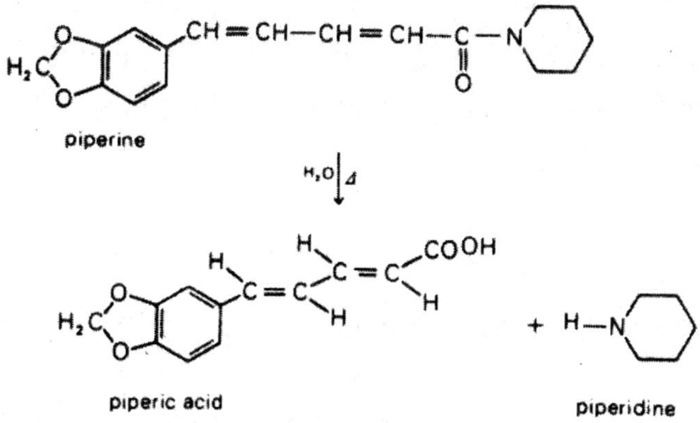
piperine
H_2O Δ
piperic acid
piperidine

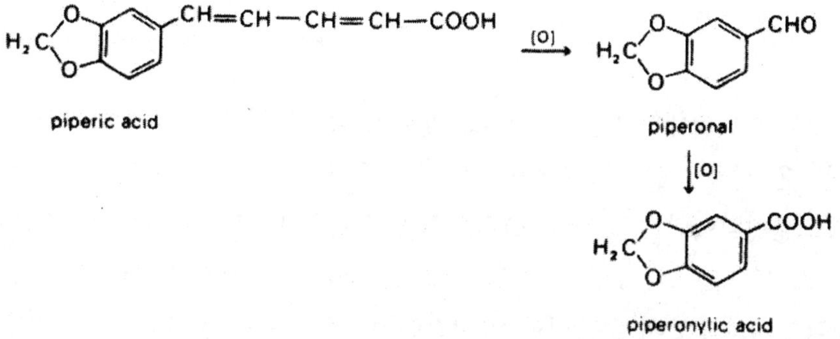
piperic acid
[O]
piperonal
[O]
piperonylic acid

피페린은 브랜디의 첨가향료로서, 또한 파리의 살충제로서 사용되고 있다.

독미나리 중의 주요한 유독물질인 코니인의 특성을 **표 20-1**에 표시하였다. 이것의 구조 결정에 있어서 중요한 과정의 하나는, 코니인의 아연분말 탈수소로서 2-n-프로필피리딘을 생성하는 것이다. D,L-코니인은 2-메틸피리딘(α-피콜린)과 아세트알데히드를 고온에서 축합하고, 계속해서 알코올 중에서 나트륨으로 환원하여 합성하고 있다.

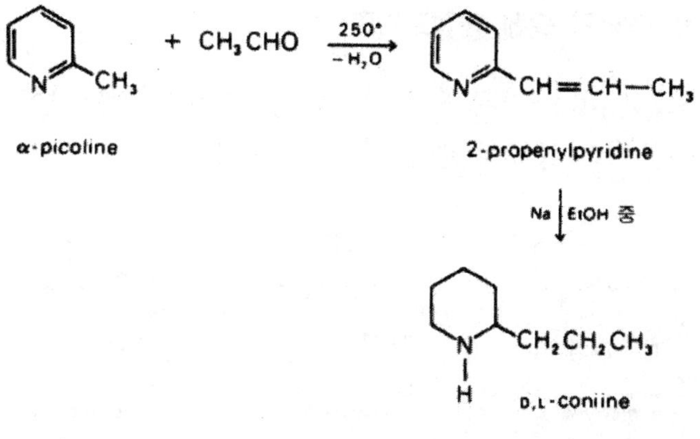
$+ CH_3CHO$
250°
$-H_2O$
α-picoline
2-propenylpyridine
Na EtOH 중
D,L-coniine

펠레티에린은 불안정한 아미노알데히드로서, 석류나무의 뿌리껍질에 존재한다. 이것은 (함께 추출되는 다른 알칼로이드와의 혼합물로서) 촌충감염의 치료에 사용되고 있다. 이소펠레티에린, 메틸이소펠레티에린 및 슈도펠레티에린은 뿌리껍질의 추출혼합물 중에서 발견되는 관련알칼로이드이다.

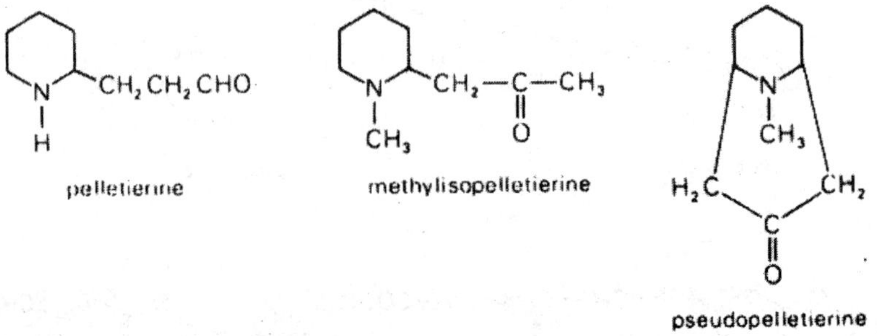
CH₂CH₂CHO
N
H
pelletierine
CH₂—C—CH₃
O
N
CH₃
methylisopelletierine
N
CH₃
H₂C
CH₂
C
O
pseudopelletierine

이들 중에서 슈도펠레티에린(N-메틸그라나토닌으로 개명되었다)은 특히 흥미있는 물질이다. 이것은 시클로옥타테트라엔(COT)이, 이 천연물로부터 처음으로 합성되었기 때문이다. 슈도펠레티에린으로부터 COT의 고전적 합성(1911) 과정에서는, COT의 전반응 수득률이 3%이었다. 이 합성은 1947년에 반복되어 초기의 결과와 일치하고, 얻어진 COT는 50℃, $Ni(CN)_2$의 존재하에 아세틸렌의 4량화(수득률 80~90%)로서 얻어진 것과 같은 물질인 것을 나타냈다.

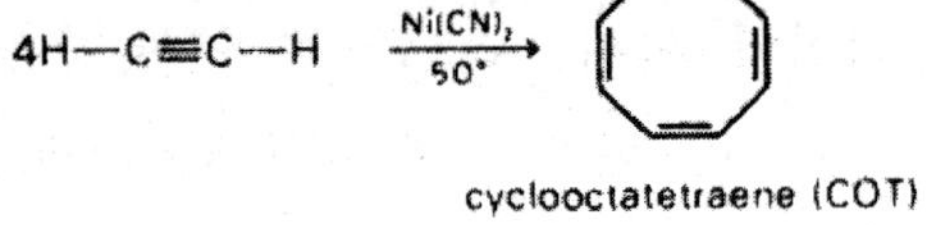
4H—C≡C—H
Ni(CN)₂
50°
cyclooctatetraene (COT)

20-5 니코틴 및 기타의 담배 알칼로이드

니코틴은 담배(Nicotiana 속)의 주요 알칼로이드이지만, 아나바신, 아나타빈 및 그들의 N-메틸유도체 등 여러 종류의 관련화합물도 소량 존재한다.

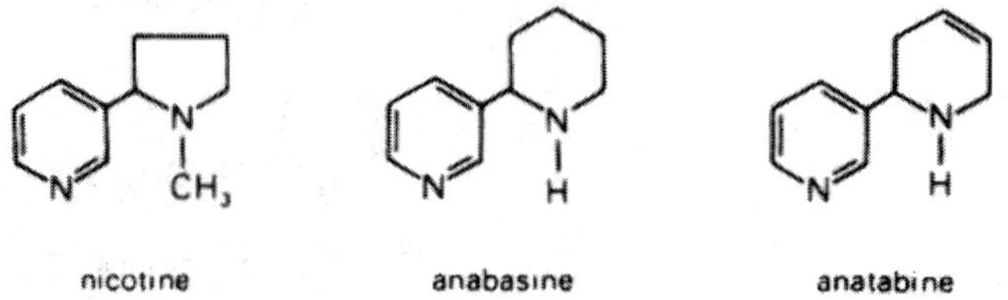
N
N
CH₃
nicotine
N
N
H
anabasine
N
N
H
anatabine

니코틴은 건조한 담뱃잎 속에 2~8% 함유되어 있다. 40%의 황산니코틴수용액은 살충제로서 사용되며, Black Leaf 40 등 각종의 상품명으로 시판되고 있다. 미국에서는 독성이 강한 니코틴이 500톤 이상이나 살충제로서 매년 사용되고 있다. 액체의 유리염기는 피부로부터 흡수되지만, 고체의 염은 흡수되지 않는다. 이 액체의 약 40mg(경구적으로)이 인간의 치사량이라고 보고되어 있다.

니코틴($C_{10}H_{14}N_2$)의 구조는, 주로 니코틴의 산화생성물의 연구에 의해서 확립되었다. 강한 산화시약은 가지를 카르복실산으로 바꾸어, 니아신이라고도 불리우는 니코틴산(피리딘-3-카르복실산)을 생성한다.

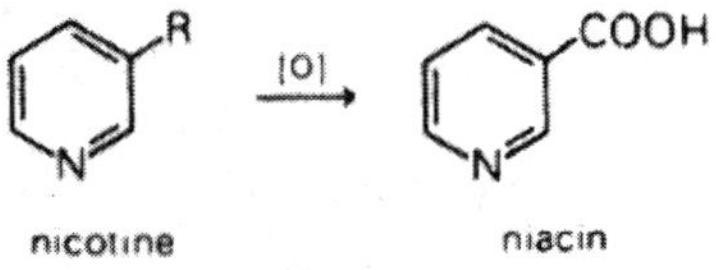
R
[O]
COOH
N
N
nicotine
niacin

따라서 가지가 존재하는 위치를 확정하였다. 니코틴은 3차 아민 2개의 성질을 나타내기 때문에, 피리딘고리에 존재하는 가지는 간단한 피페리딘고리(2차 아민)일 수는 없다. 브롬으로 산화하면 디브로모디케톤을 생성한다. 이것을 $Ba(OH)_2$로서 처리하면 니코틴산, 말론산 및 메틸아민으로 분해한다.

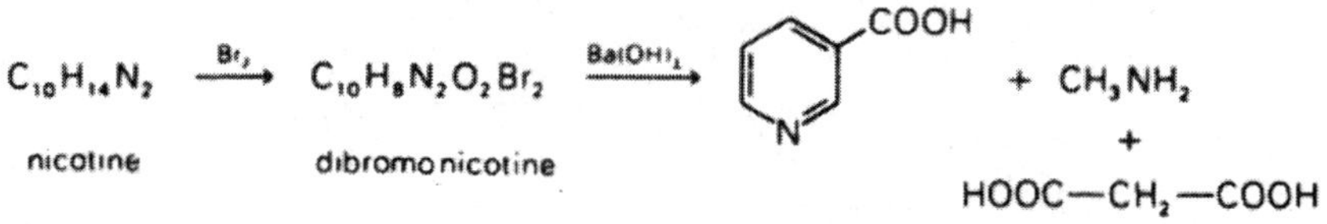
C10H14N2
nicotine
Br2
C10H8N2O2Br2
dibromonicotine
Ba(OH)2
COOH
N
+ CH3NH2
+
HOOC—CH2—COOH

3개의 탄소로 형성되는 물질의 생성, 즉 3개의 탄소로 형성되는 카르복실산이 얻어지는 것으로써 N-메틸피롤리딘고리의 치환위치가 2위치인 것으로 확립되였다.

지금까지 행한 각종의 니코틴합성 중에서, 한 가지 예만을 표시한다(**표 20-2** 참조).

03 퀴놀린 및 이소퀴놀린계 알칼로이드

20-6 신코닌 및 퀴닌

퀴놀린그룹에 속하는 40종 이상의 알칼로이드 중에서, 신코닌과 퀴닌은 가장 중요한

2가지의 알칼로이드이다.

표 20-2 니코틴의 합성

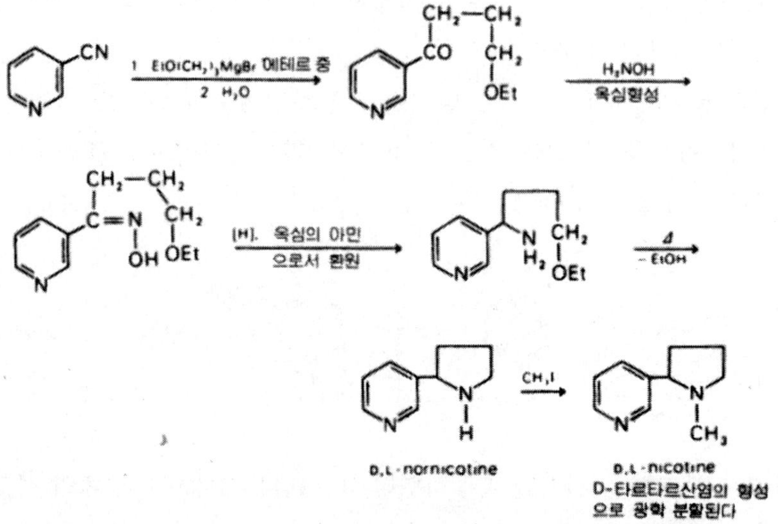

CN
1 EtO(CH2)3MgBr 에테르 중
2 H2O
CH2—CH2
CO
CH2
OEt
H2NOH
옥심형성
C=N
OH
(H). 옥심의 아민
으로서 환원
H2
Δ
−EtOH
CH3I
CH3
D,L-nornicotine
D,L-nicotine
D-타르타르산염의 형성
으로 광학 분할된다

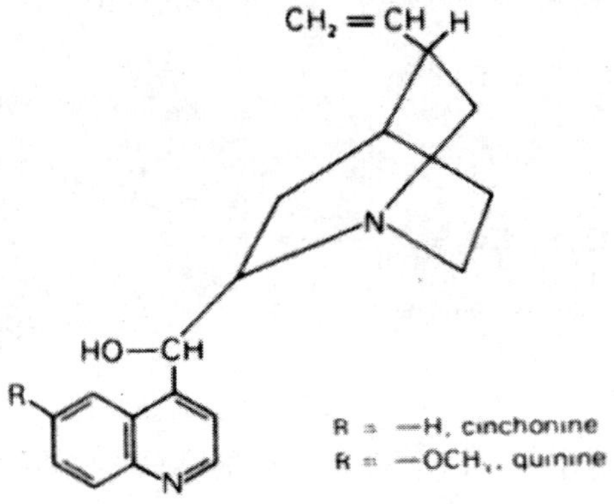

CH2=CH H
N
HO—CH
R
R = —H, cinchonine
R = —OCH3, quinine

이들의 알칼로이드는, 퀴놀린고리 이외에 퀴누클리딘고리를 가지고 있다. 이들 2종류의 알칼로이드는 디아스테레오머의 염을 형성하기 때문에, 광학활성산의 분할에 사용되고 있다.

이들 어느 것의 알칼로이드도, 같은 구조를 갖는 다른 알칼로이드와 더불어, **키니네**(Cinchona종)의 나무껍질에 함유된다. 오랜 세월, 퀴닌은 가장 유효한 항말라리아제로서, 또한 현재에도 이 목적에 사용되고 있다. 안데스고지 원산의 나무는, 자바에서 재배되고 있다. 원종의 나무껍질에는 약 8%의 퀴닌이 함유되어 있지만, 이식한 각종의 품종 중에는, 15%이상의 퀴닌(황산염 형태로서)을 함유한 것이 있다. 이것은 황산염 또는 2염산염의 형태로 의약으로서 빈번하게 사용되고 있다.

퀴닌의 완전합성은 1945년에 달성되었지만, 일반적 방법론만을 여기에 표시한다. 이것은 해당하는 퀴놀린의 합성과 퀴누클리딘고리(피페리딘치환체)의 부분적 합성, 더욱 최후에 이들 2개의 물질의 축합으로 케톤을 생성하고, 이 케톤을 환원하여 퀴닌을 합성하는 경로로 형성되어 있다.

일반식 :

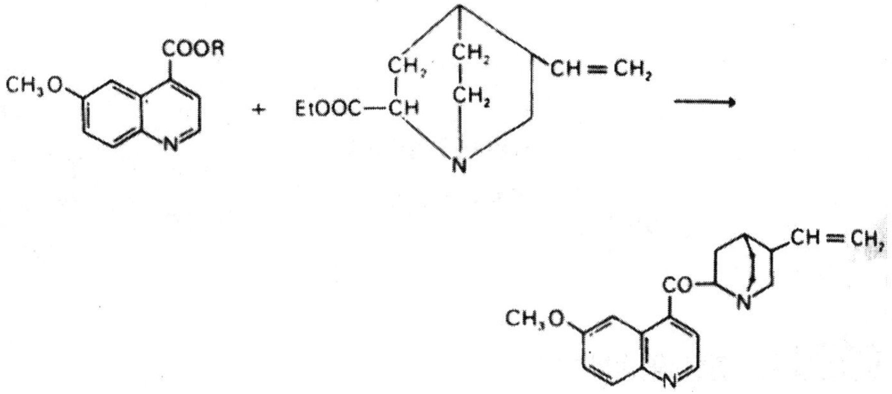
COOR
CH3O
N
+
EtOOC—CH
CH2
CH2
CH2
CH=CH2
N
CO
CH3O
N
CH=CH2
N

퀴놀린 유도체의 합성 :

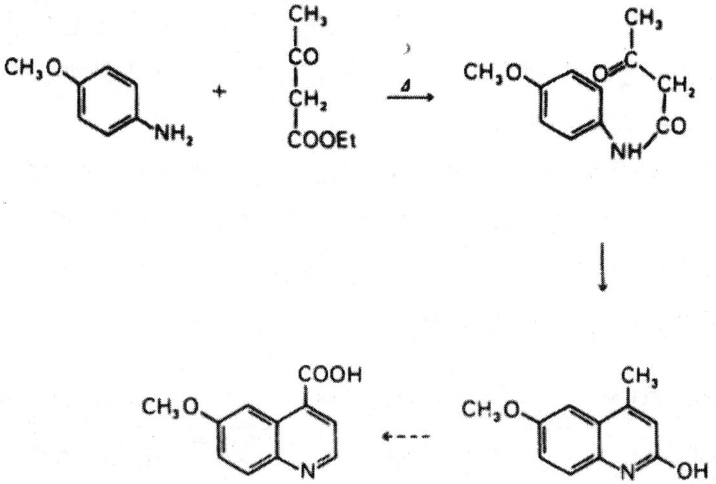
CH3O
NH2
+
CH3
CO
CH2
COOEt
Δ
CH3O
CH3
C
CH2
CO
NH
COOH
CH3O
N
CH3
CH3O
N
OH

피페리딘치환체의 합성 :

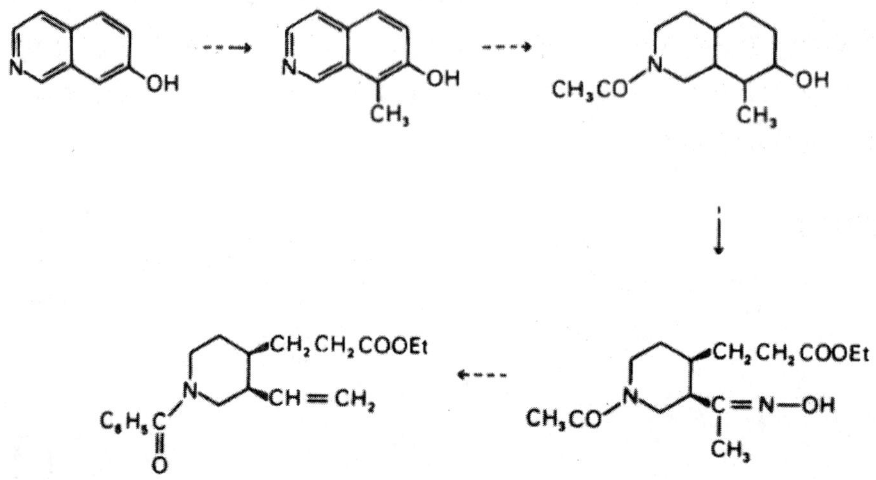

20-7 메스칼린 및 파파바린

메스칼린은 이소퀴놀린핵을 가지고 있지 않지만, 파파바린으로 대표되는 이소퀴놀린계 알칼로이드와의 구조적인 관계로부터, 이 알칼로이드의 분류에 포함시켰다.

메스칼린은 상당히 단순한 화학적 구조를 가지고 있으며, 여러 단계로서 용이하게 합성되며, 많은 합성법이 고안되어 있다.

메스칼린은 강한 환각효과를 발생한다. 메스칼린은 수종류의 선인장의 두상화(메스칼 버튼)로부터 단리된다. 멕시코 또는 서남아메리카의 인디안은, 어떤 의식의 일부로서, 이들 버튼의 건조한 박편을 씹든지 또는 추출액을 마신다. 그 기분을 양기로 발산하는 효과, 색 및 소리의 환각성은 주로 메스칼린에 의한다.

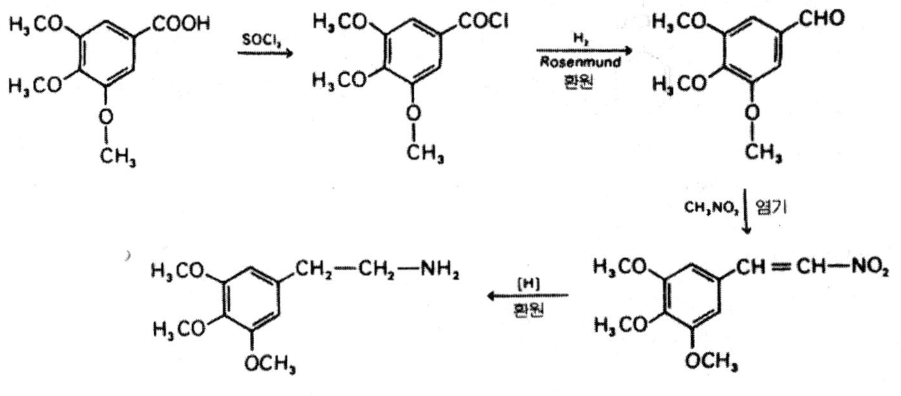

Mescaline

파파바린은 아편 중에 발견되는 이소퀴놀린계 알칼로이드이다. 아래의 주요한 산화반응의 지식으로부터, 파파바린과 그 산화 생성물의 구조를 추정하여라, 파파바린($C_{20}H_{21}O_4N$)은 광학불활성이며, 온화하게 산화하면 2차알코올의 파파베리놀($C_{20}H_{21}O_5N$)을 생성한다. 보다 강한 산화에서는, 케톤인 파파베랄딘($C_{20}H_{19}O_5N$)을 생성하며, 격렬하게 산화하면 2염기산 파파베린산($C_{16}H_{13}O_7N$)이 얻어진다. 이 2염기산의 산화에서는, 베라트르산(3,4-디메톡시벤조산), 메타헤미핀산(4,5-디메톡시프탈산), 2,3,4-피리딘트리카르복실산 및 6,7-디메톡시이소퀴놀린-1-카르복실산이 얻어진다.

20-8 아편 알칼로이드

아편은 양귀비(Papaver somniferum)의 미숙한 씨의 막의 유액을 건조시켜 제조한다. 이 건조시킨 물질의 약 25%는, 모르핀을 주성분으로 하는 20종류 이상의 알칼로이드로 형성되어 있다. 모르핀 또는 이것의 관련 화합물(코데인 및 테바인)에 대해서는 20-9절에서 설명한다. 습관성을 일으키는 아편은 주로 모르핀 또는 이것과 관련된 마취약의 제조에 사용되고 있다.

파파바린 및 이것과 관련된 벤질이소퀴놀린화합물이 단리되어 있으며, 의약으로서의 몇 가지 용도가 발견되어 있다. 파파바린(염산염으로서)은, 평활근의 경련을 멈추게 하는 데 사용되고 있다. 이것은 습관성을 발생하는 것은 아니지만, 미합중국의 연방마약법률에서는 마약으로서 기재되어 있다.

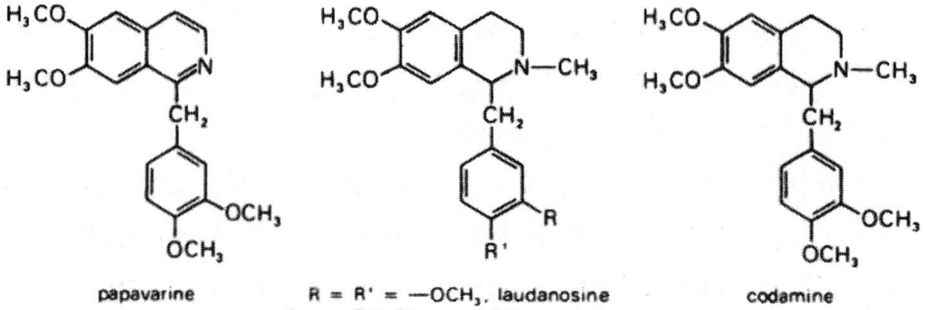

papavarine

R = R' = —OCH₃, laudanosine
R = —OH, R' = —OCH₃, laudanine

codamine

나르코틴(그노스코핀이라고도 불리운다)은, 아편 중에 다량으로 존재한다. 이것은 습관성을 일으키지 않으며, 각종 감기약의 조성 성분인 코테인보다도 그 효과가 강하다.

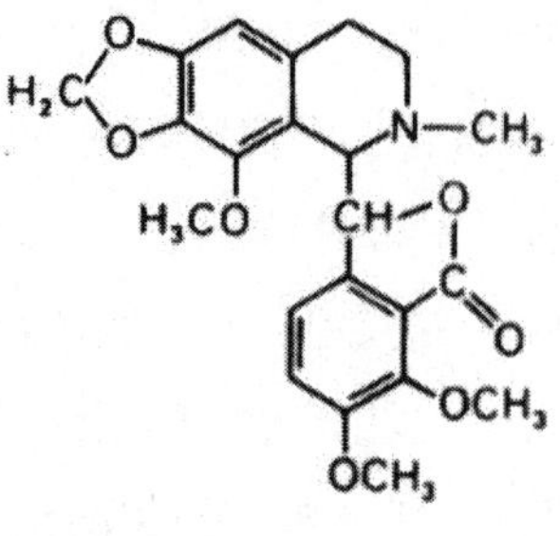

narcotine
(gnoscopine narcotine의 라세미체)

20-9 모르핀계 알칼로이드

표 20-3 아편 중의 주요 알칼로이드

화합물	%
morphine	10~16
narcotine	4~8
codeine	0.8~2.5
papavarine	0.5~2.5
thebaine	0.5~0.2

아편 중에 발견되는 주요한 알칼로이드를 **표 20-3**에 표시했지만, 이들 중에서 모르핀, 코테인 및 테바인은 구조적인 관련을 가지고 있다. 이들은 다른 것에 비해서 보다 상세하게 연구되어 있지만, 이것은 이들의 현저한 생리학적 성질에 의해서뿐만이 아니고, 이들이 일으키는 각종의 전위반응 때문이다. 1889년으로부터 1925년 사이에, 모르핀에 대해서 약 20가지의 다른 구조가 제출되었다. 1925년에 모르핀의 구조가 확정된 이래, 몇 개 그룹의 화학자들에 의하여 전합성이 행하여졌다.

모르핀은 황산염의 형태로서 진통제 또는 진정제로서 사용되고 있는 습관성 마취약이다. 이것은 신경계의 각종의 부분에 현저한 진정효과를 나타낸다. 코데인(황산염)은 효력이 약하지만, 진통제 또는 진정제로서 사용되며, 이것도 또한 습관을 일으킨다. 테바인은 그다지 의약적 가치는 없고, 마취 작용보다는 오히려 스트리크닌에서 보여지는 것과 비슷한 발작을 일으킨다. 이들의 알칼로이드를 **표 20-4**에 표시한다.

표 20-4 모르핀, 코데인 및 테바인의 구조

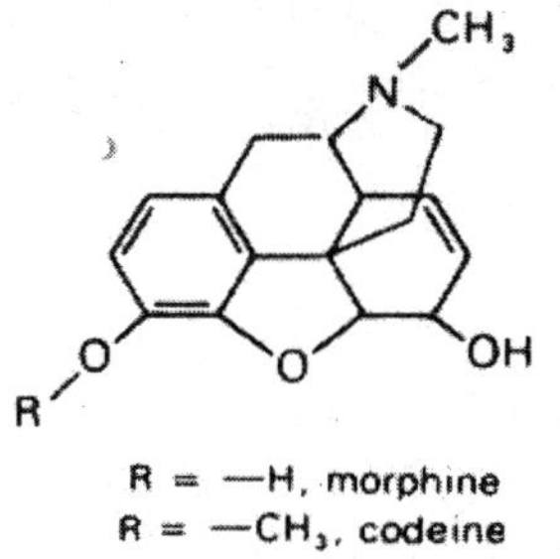
CH₃
N
O
OH
R
R = —H, morphine
R = —CH₃, codeine

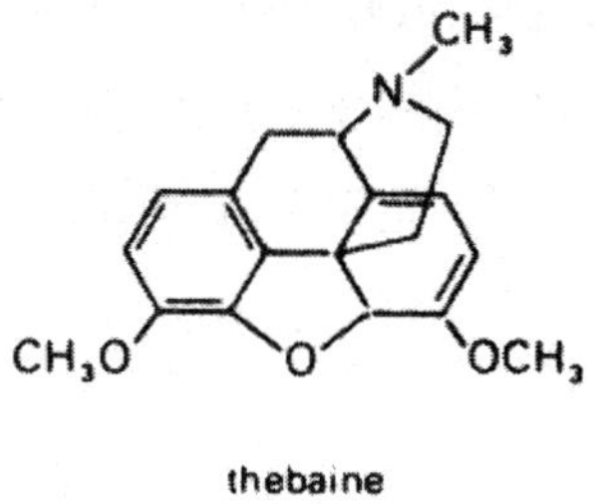
CH₃
N
CH₃O
O
OCH₃
thebaine

환원된 이소퀴놀린환이 이 구조식 중에 포함되는 것에 주목하여라.

04 인돌계 알칼로이드

20-10 스트리크닌 및 브루신

스트리크닌과 브루신은, 몇 종류의 다른 관련된 알칼로이드와 더불어 Strychnos nux-vomica의 씨로부터 단리된다. 이들의 알칼로이드는 광학활성의 형태로서 얻어지며, 디아스테레오머염을 경유하는 라세미산의 분할에 사용되고 있다. 이들 2가지 중에서 스트리크닌은 생리학적으로 보다 활성이다. 이것은 상당히 인체에 유독하며, 고통스러운 경련을 일으킨다. 치사량은 30mg이다. 극히 소량의 스트리크닌은, 과잉의 중추신경계 진통제의 복용에 대한 해독제로서 사용되고 있다. 반대로 스트리크닌에 대한 해독제는, 바르비투르산염의 정맥주사이다. 스트리크닌은 또한 쥐의 독약으로서, 또는 유연한 모피를 갖는 동물의 덫(trapping)으로 사용된다.

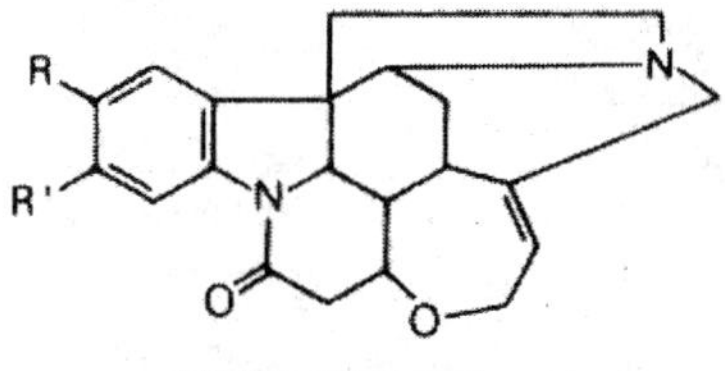
R
R'
N
N
O
O
R = R' = —H, strychnine
R = R' = —OCH₃, brucine

인돌環에 주목하여라

20-11 맥각계 알칼로이드 : 리세르그산

맥각은 Claviceps purpurea 균으로부터 얻어지는 펩티드계 알칼로이드의 혼합체이다. 이 약품은 자궁 또는 혈관운동 중추에 작용하며, 오랫동안 의약으로서 사용되어왔다. 맥각알칼로이드의 가수분해로서 리세르그산이 얻어진다.

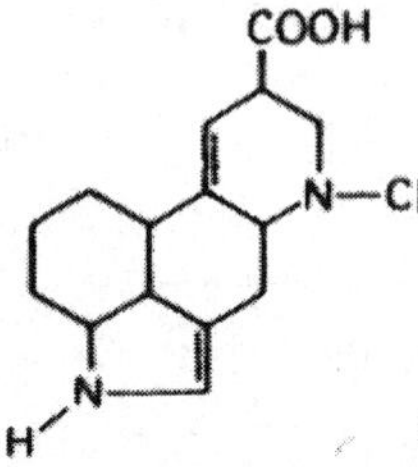
COOH
N—CH₃
H
D-lysergic acid

이것에 상당하는 디에틸아미드는, LSD-25라고 불리우며, 정상적인 인간에게 일시적 정신분열증을 일으키는 강력한 망상제이다. 리세르그산은 **표 20-5**에 표시한 경로로서 합성되고 있다.

표 20-5 리세르그산의 합성

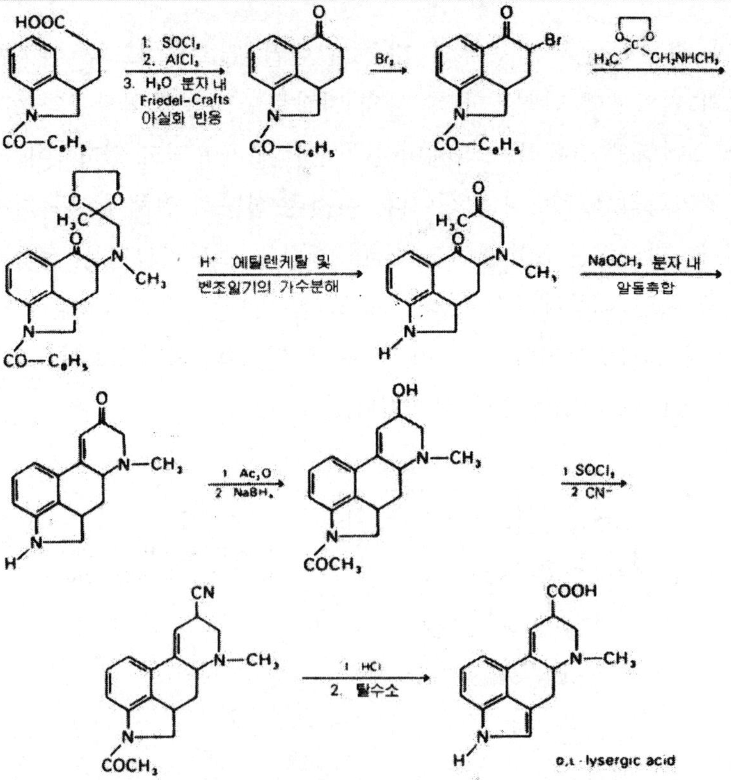
HOOC
CO—C₆H₅
1. SOCl₂
2. AlCl₃
3. H₂O 분자 내 Friedel-Crafts 아실화 반응
Br₂
H₃C CH₂NHCH₃
H⁺ 에틸렌케탈 및 벤조일기의 가수분해
NaOCH₃ 분자 내 알돌축합
1 Ac₂O
2 NaBH₄
1 SOCl₂
2 CN⁻
1 HCl
2. 탈수소
COCH₃
CN
COOH
OH
D,L-lysergic acid

■ 참고문헌 ■

Barron, F., M. E. Jarvik, and S. Bunnell, Jr. : The Hallucinogenic Drugs, *Sci. Am.*, 210(4), 29(1964). 천연 및 합성의약, 특히 인돌고리를 갖는 것에 대해서의 해설.

Freedman, L. Z. : Truth Drugs, *Sci. Am.*, 202(3), 145(1960). 각종의 truth serums을 함유하는 알칼로이드 이용의 해설.

Huisgen, R. : Richard Willstatter, *J. Chem. Educ.*, 38, 10(1961). 특히, 시클로헵타논으로부터 트로핀의 합성, 및 슈도펠레티에린으로부터 시클로옥타테트라엔의 합성을 기술.

Ray, R. L. : Alkaloids ; The Werldis Pain Killers, *J. Chem. Educ.*, 37, 451(1960).

Sangster, A. W. : Determination of Alkaloid Structures, I. Isolation, Characterization, and Physical Methods ; II. Chemical Methods, *J. Chem. Educ.*, 37, 454, 518(1960).

Chapter 21

핵산

01 핵산의 조성

핵산(**그림 21-1**)은 각종의 헤테로고리상염기가 결합한 당인산에스테르를 골격으로 구성되어 있는 분자량이 큰 중합체이다. 이들의 화합물은 19세기에 고름세포의 핵으로부터 처음 단리되었기 때문에 핵산이라고 명명되었다.

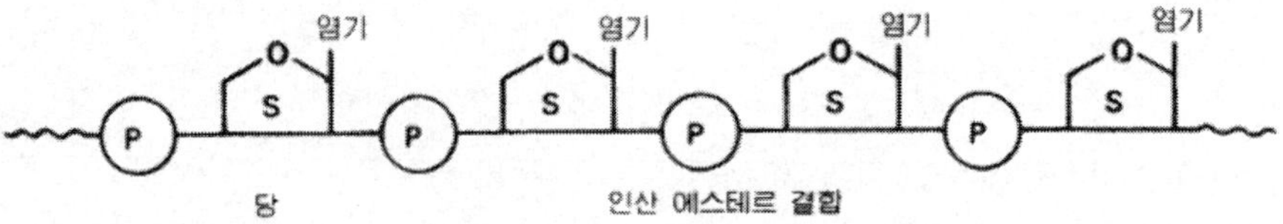

그림 21-1 핵산의 모형도

이것에는 **리보핵산**[ribonucleic acids(RNA)]이라고 불리우는 당으로서 D-리보오스를 갖는 것, 및 **데옥시리보핵산**[deoxyribonucleic acides, (DNA)]이라고 불리우는 D-데옥시리보오스를 갖는 것의 2가지의 주요한 형태가 존재한다.

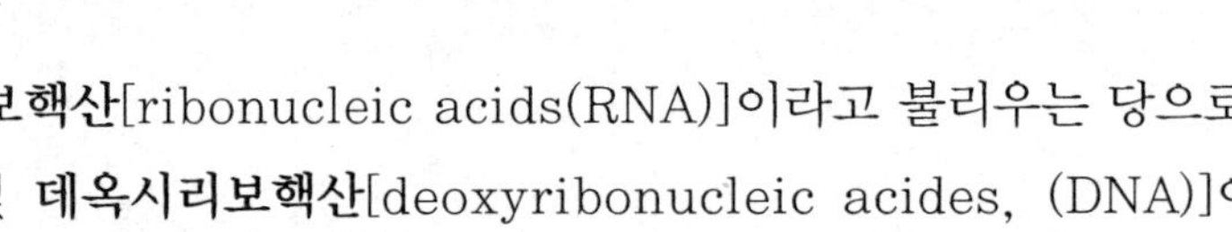

DNA와 RNA는 모두 식물 및 동물세포 중에서 발견된다. 핵산의 상세한 조성에 대해서

는 다음의 절에서 해설한다. **그림 21-2**는 합성된 DNA 및 RNA분자의 예를 표시한다

21-1 피리미딘 및 푸린

DNA 및 RNA의 헤테로고리상염기는 피리미딘 또는 푸린의 유도체이다.

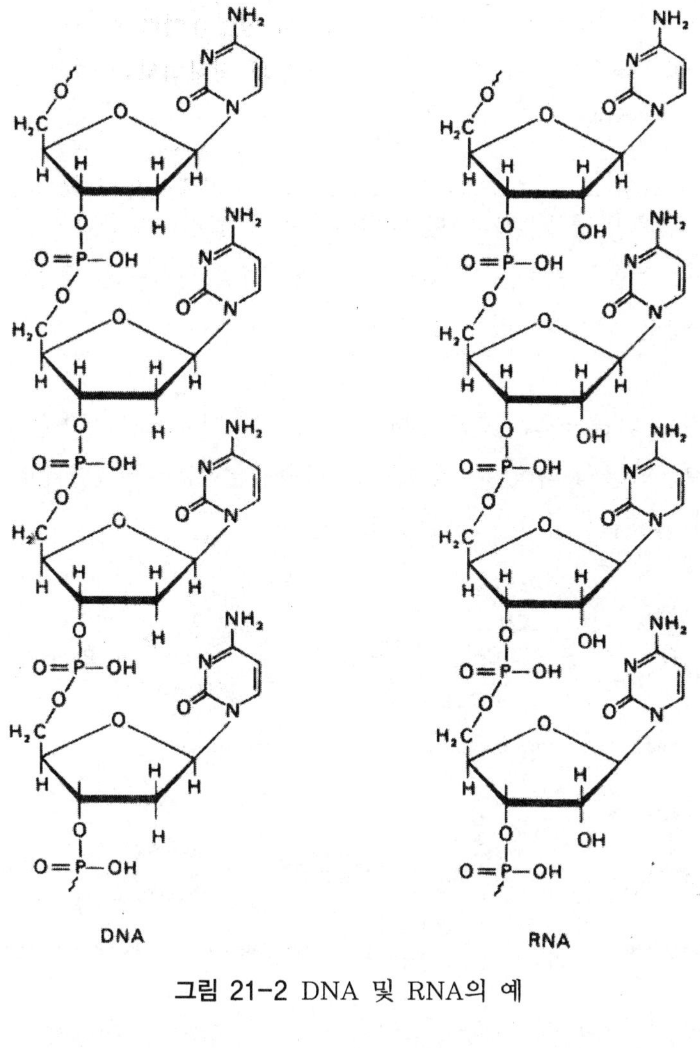
DNA
RNA

그림 21-2 DNA 및 RNA의 예

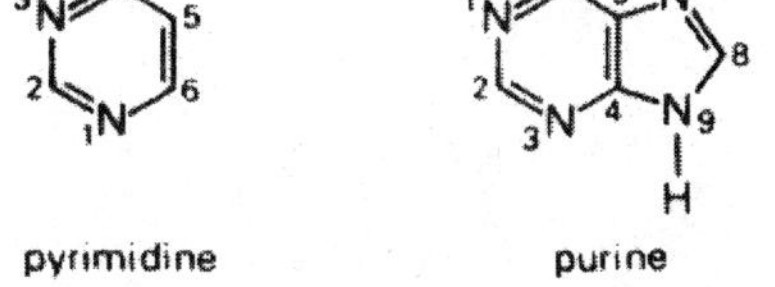
pyrimidine
purine

핵산 중에서 발견되는 피리미딘은 주로 4종류가 존재한다. 이들은 DNA 및 RNA 중의 사이토신, RNA 중의 우라실 그리고 DNA중의 티민과 5-메틸사이토신이다, 사이토신유도체인 5-하이드록시메틸사이토신은 어떤 종류의 핵산에 함유된다.

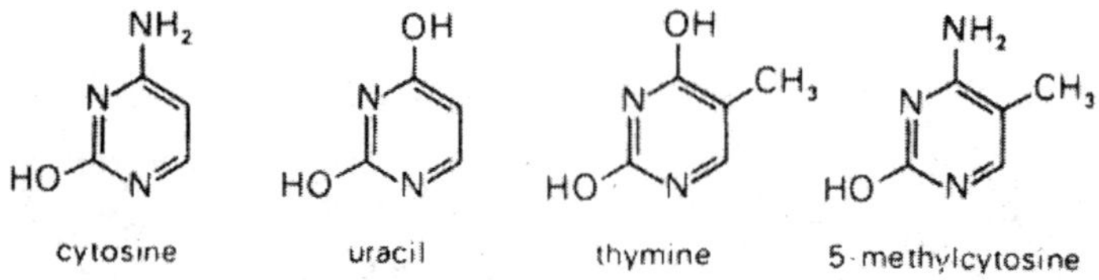
NH2
OH
OH
CH3
NH2
CH3
N
HO
N
cytosine
uracil
thymine
5-methylcytosine

1. 위의 각각의 화합물을 피리미딘의 유도체로서 명명하여라.
2. 위의 구조는 엔올형으로 표시되어 있다. 이들의 피리미딘은 각각, 적어도 2가지의 다른 케토형을 취할 수 있는 것을 표시하여라.

어떤 피리미딘은 다른 피리미딘으로부터 본서에서 이제까지 설명한 반응을 이용하여 합성할 수 있지만, 약간의 피리미딘의 합성은 사슬상분자로부터 1단계로서 행할 수 있다. 2가지의 치환피리미딘의 합성을 아래에 표시한다.

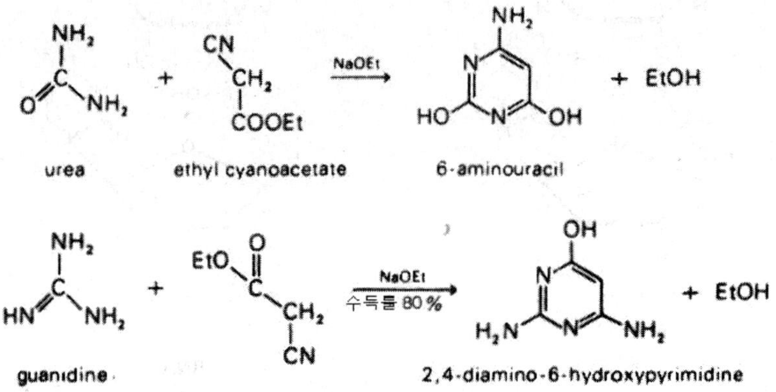
NH2
C
O
NH2
+
CN
CH2
COOEt
NaOEt
NH2
N
HO
N
OH
+ EtOH
urea
ethyl cyanoacetate
6-aminouracil
NH2
C
HN
NH2
+
EtO
O
C
CH2
CN
NaOEt
수득률 80 %
OH
N
H2N
N
NH2
+ EtOH
guanidine
2,4-diamino-6-hydroxypyrimidine

핵산에 함유되는 또 하나의 헤테로고리상염기는 푸린이며, 형태상으로는 이미다졸고리와 피리미딘고리를 융합한 것이다.

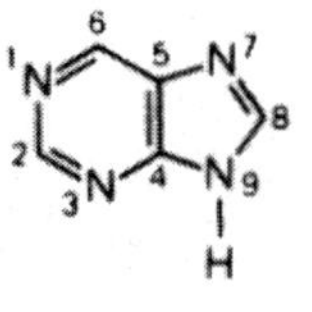
6
1
N
5
N
7
8
2
3
N
4
N
9
H

DNA 및 RNA에 함유되는 가장 일반적인 푸린염기는 아데닌과 구아닌이다.

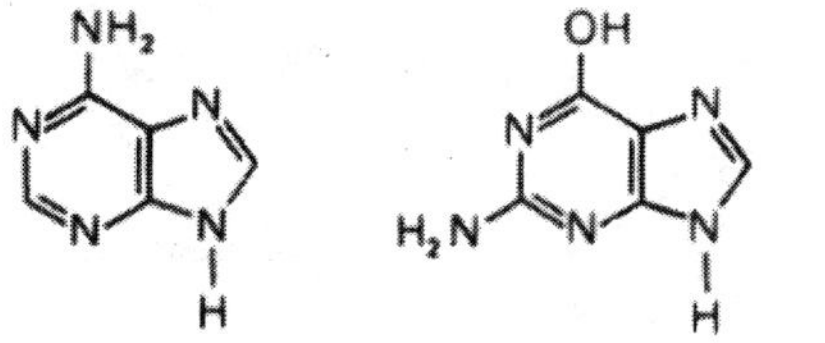

adenine (6-aminopurine) guanine (2-amino-6-hydroxypurine)

1. 핵산의 가수분해로서 얻어지는 이것 이외의 푸린은 하이포크산틴(6-하이드록시푸린), 크산틴(2,6-디하이드록시푸린), 우르산(2,6,8-트리하이드록시푸린)등이다. 이들의 화합물에 대해서 엔올형과 케토형을 표시하여라.
2. 핵산의 1종인 가용 RNA는, 2-메틸아데닌, 6-메틸아미노푸린, 5-메틸사이토신, 1-메틸구아닌, 6-하이드록시-2-메틸아미노푸린 등 5%나 미치는 "메틸화된" 푸린 및 피리미딘염기를 함유하고 있다. 이들 화합물의 구조를 써라.

푸린고리는 사슬상화합물로부터 직접적으로 합성하는 것보다도, 오히려 피리미딘으로부터 출발하여 이것에 이미다졸고리를 융합하든지, 혹은 피리미딘고리를 합성할 수 있도록 세공한 이미다졸로부터 출발하는 합성경로가 고안되어 있다. 대부분의 경로는 치환기를 갖는 피리미딘으로부터 출발하고 있으며, 6-아미노우라실로부터 출발하여, 5,6-디아미노피리미딘을 거쳐, 우르산, 크산틴 및 카페인을 합성한 예를 다음에 표시한다.

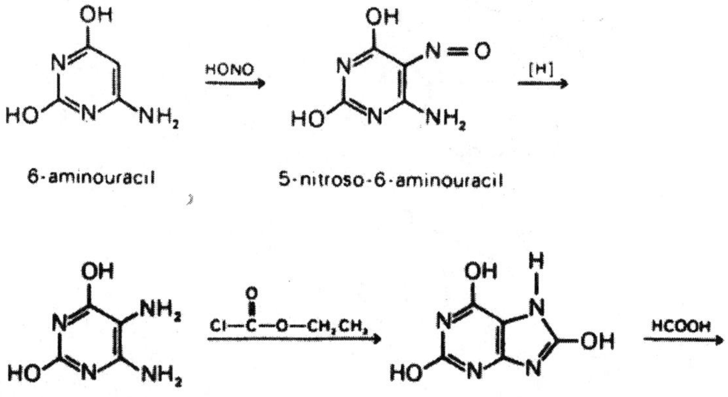

6-aminouracil 5-nitroso-6-aminouracil 5,6-diaminouracil uric acid

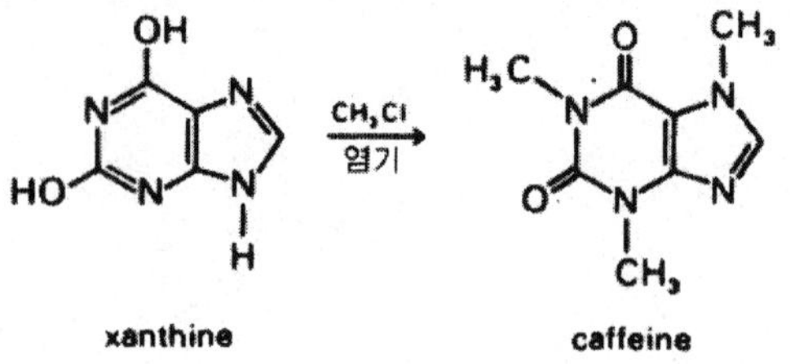
OH
HO
H
CH_3Cl
염기
H_3C
O
CH_3
xanthine
caffeine

21-2 핵산에 함유되는 당

리보오스 및 데옥시리보오스의 양쪽이 핵산에 함유되어 있으며, 이들 당의 한쪽의 존재로서, 이것이 DNA인지 RNA인지가 결정된다. 주목해야 할 것은, 이들 당은 피라노시드 구조가 아니고, β-푸라노시드형으로서 존재하는 것이다.

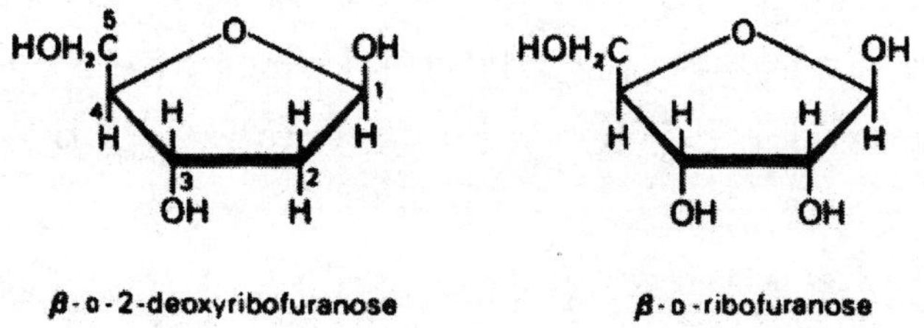
HOH_2C
OH
H
OH
β-D-2-deoxyribofuranose
β-D-ribofuranose

핵산 중에서는, 이 당의 단위는 한쪽 당의 3위치가 다른 쪽의 5위치와의 사이가 인산에스테르결합으로 연결되어 있다.

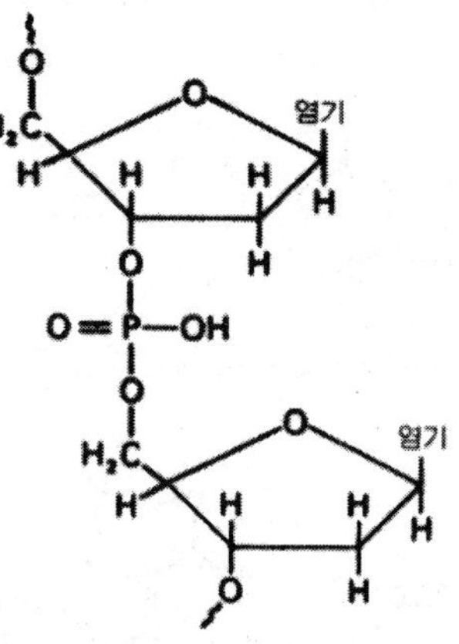
염기
H_2C
H
O
OH
염기

21-3 누클레오시드

한 개의 염기가 한 개의 당에 결합되어 있는 것을 **누클레오시드**(nucleoside)라고 말한다. 이들의 화합물은 핵산에 있어서 상당히 기본적인 단위로 되어 있기 때문에, 각각은 존재하는 당 또는 염기의 종류를 나타내는 것과 같은 명칭을 가지고 있다. 염기의 결합위치는, 당의 C_1 위치와 피리미딘의 1의 위치, 혹은 푸린의 9의 위치이다. 핵산에는 여러 종류의 염기와 2종류의 당이 존재하기 때문에, 핵산의 성분으로서 2계열의 누클레오시드가 존재한다. 일반적인 리보오스-염기분자는 아데노신과 구아노신이며, 시티딘, 우리딘 및 리보티미딘(리보오스와 티민)은 RNA로 부터는 거의 발견되지 않았다.

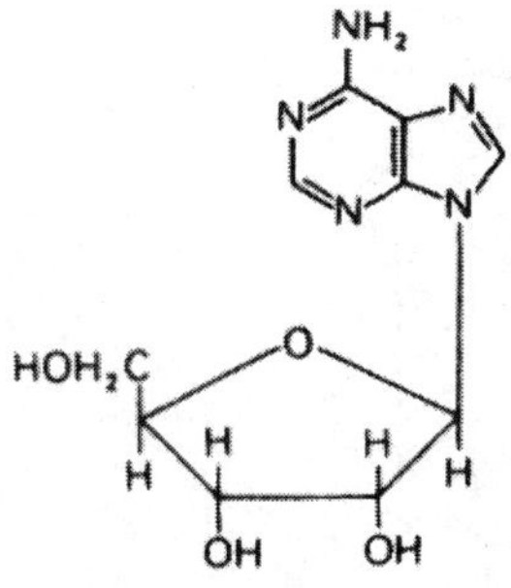

adenosine
ribose + adenine

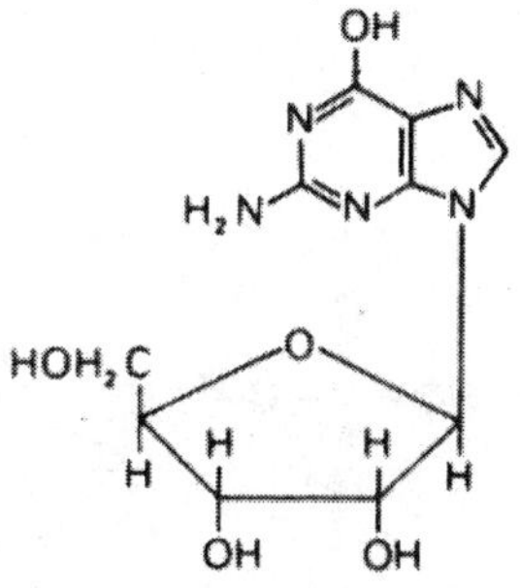

guanosine
ribose + guanine

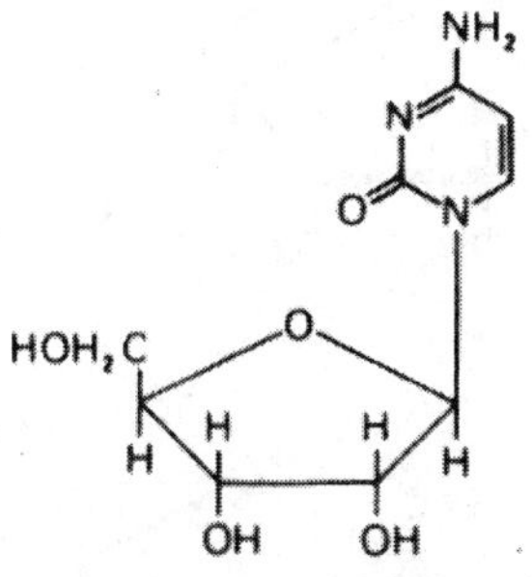

cytidine
ribose + cytosine

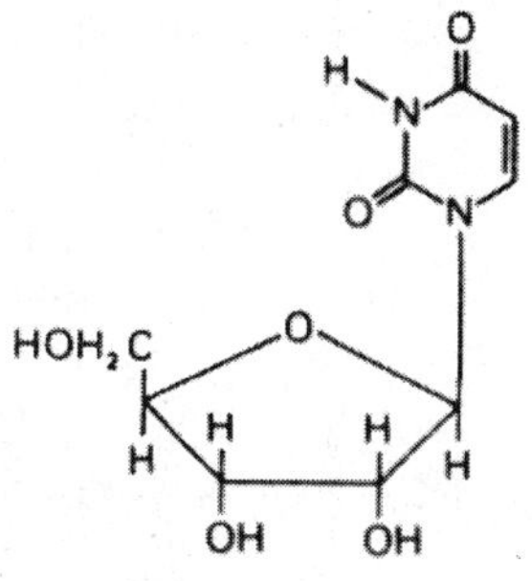

uridine
ribose + uracil

위에 표시한 화합물에 상당하는 4종류의 DNA 누클레오시드를 각각 데옥시아데노신, 데옥시구아노신 및 데옥시시티딘이라고 말한다. 데옥시티미딘은 단순히 티미딘이라고 불리우며, DNA 중에 존재하지만, 데옥시우리딘은 발견되지 않았다.

DNA에 함유하는 누클레오시드의 구조를 표시하여라.

21-4 누클레오시드계 인산에스테르

많은 종류의 누클레오시드계 인산에스테르, 즉 **누클레오티드**(nucleotide) 중, 여기서는 아데노신계의 인산에스테르에 한정하여 설명한다. 다른 누클레오시드계 인산에스테르도 세포 내에 존재하며, 산성으로 추출하여 채취할 수 있다. 리보오스 부분의 3개의 수산기 중에서 인산화가, 특히 5의 위치에 일어날 때는 대단히 중요하며, 아데노신5'-인산(AMP), 아데노신디인산(ADP) 및 아데노신트리인산(ATP)을 생성한다.

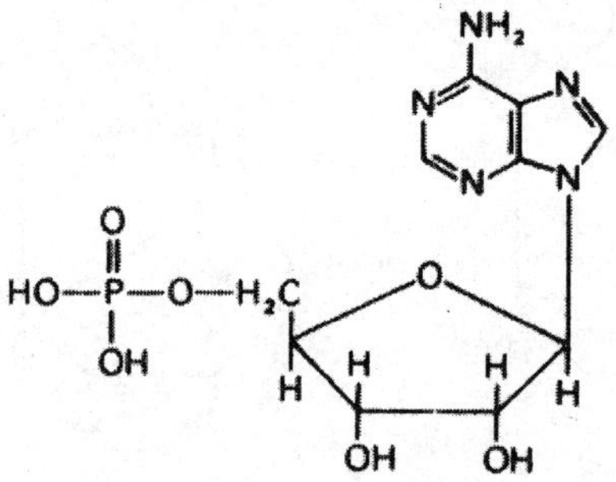

adenosine 5'-phosphate (AMP)

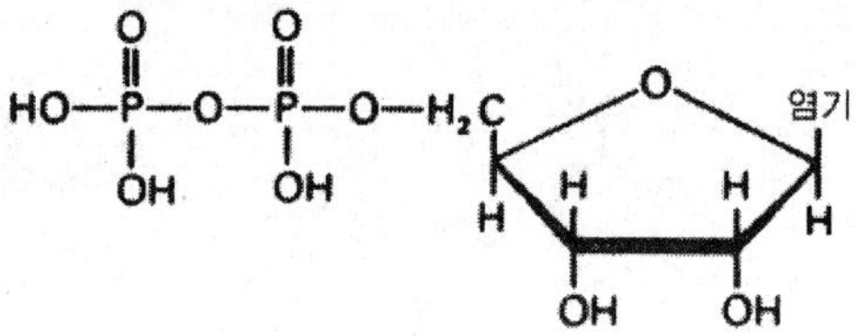

ADP

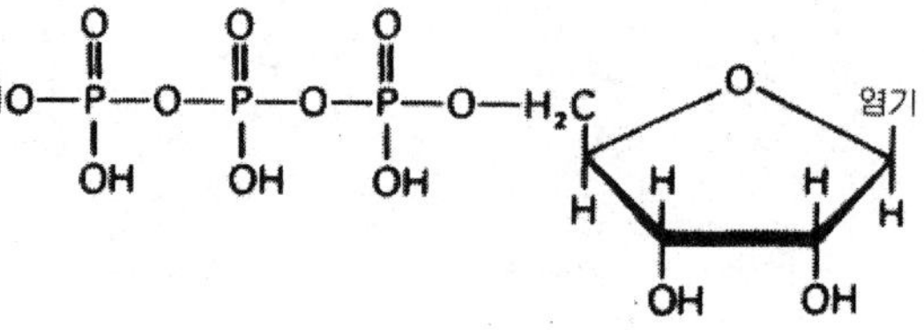

ATP

이 -P-O-P-결합은 높은 에너지의 인산결합으로서, 세포 내에서의 특정한 화학변환을 행하는 데 사용된다. 아데노신, 구아노신, 시티딘 및 우리딘의 5'-모노-, 디- 혹은 트리인산에스테르의 모든 가능한 유도체가 단리되어 있다.

물론 리보누클레오시드에 있어서는 2'와 3'-의 위치 또는 데옥시리보누클레오시드에서는 3'위치에서의 인산에스테르 생성의 가능성이 있다. 예를 들면 아데노신-2', 3'-고리상 인산에스테르는 효소적인 RNA의 가수분해에 있어서 중간체이며, 최종 생성물은 2' 및 3'-모노인산에스테르의 혼합물이다.

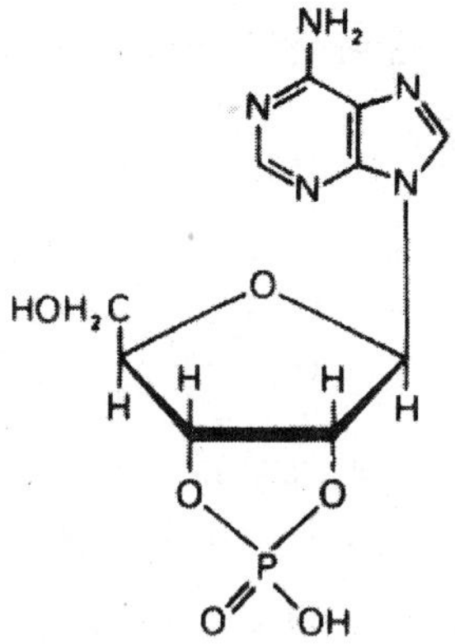

adenosine 2',3'-cyclic monophosphate

인산에스테르결합에 의해서 연결되어 있는 누클레오티드로 형성되는 분자를 **폴리누클레오티드** 혹은 **핵산**이라고 말한다. 리보핵산은 리보누클레오시드, 데옥시리보핵산은 데옥시리보누클레오시드로 구성되어 있다. **그림 21-2**에 표시한 분자는 핵산이다. 뒤에서 설명하는 어떤 종류의 핵산은 세포 내의 단백질합성에 중요하며, 가끔 단백질과 공존한다. 이들은 **핵단백질**(nucleoprotein)이라고 말한다.

02 데옥시계 리보핵산

데옥시리보핵산은 데옥시리보누클레오티드의 중합체이다. 강조해야 할 것은, DNA라고 하는 말은 유전적인 의미도 포함되며, 다른 종류, 혹은 같은 종류의 다른 기관으로부터의 DNA가 같다고 가정할 수는 없다. 2개의 개체가 같은 기관으로부터 얻은 DNA일지라도, 누클레오티드단위의 배열이 약간 다를 수도 있으리라고 생각된다. 따라서 일반적으로는, 예를 들면 송아지의 흉선 DNA라고 불리우는 것처럼, 원재료의 명칭을 부기하고 있다.

21-5 DNA의 구조

화학적 및 물리적인 사실로부터, DNA분자는, 2개의 폴리누클레오티드의 사슬이 염기간의 수소결합으로 고정되며, 공통 축의 주위에 우회전의 이중나선구조를 하고 있는 것이라고 하는 생각을 보증하고 있다. DNA의 생물학적 활성은, 적어도 그 일부로서, 다른 DNA분자의 합성을 제어하는 능력을 갖는 것으로, 이 기능은 2개의 사슬의 나선구조에 의존하고 있다. DNA의 용액을 가열하면, 수소결합이 절단되어 2개의 사슬이 분리한다. 이 용액을 급속히 냉각하면, 2개의 사슬은 분리된 채로 되어 있으며, 생물활성을 잃는다. **만일 이 용액을 서서히 냉각하면, 2개의 사슬은 이중나선의 형태로 연결되어, 생리활성을 되찾게 된다.**

21-6 분포 및 조성

DNA는 세포핵 내에 존재하며, 여기서는 단백질과 결합하고 있지만, 이것은 분리할 수 있다. DNA는 분자량이 10^6으로부터 10^9로서 이중나선 구조를 가지고 있다. DNA의 용액은, 정제하면, 석면과 같은 섬유상의 고체와 같이 보이며, 이것은 극히 취약하기 때문에, 교반 또는 피펫을 사용하는 것만으로 사슬이 절단되는 경우도 있기 때문에, DNA의 분자량은 실측에 의한 값보다도 어느 정도 높을지도 모른다. 인간의 생식세포 1개 중에 있는 DNA는 10^6의 염기쌍을 가지고 있으며, 1m 길이의 사슬로 형성되어 있다고 하는 사실은 경탄할 만한 일이다.

DNA의 조성의 연구로부터, 포함되는 염기의 몰비는 크게 변동하지만, 같은 종류의 DNA에서는, 그 비는 거의 일정하다. 푸린염기인 아데닌(A) 및 구아닌(G)의 수는 피리미딘염기인 시토신(C) 및 티민(T)의 수에 거의 가깝고, 또 아데닌과 시토신의 합은 구아닌과 티민의 합에 거의 가깝다. 따라서 기호를 사용하여 표현하면,

만일 $A+G \cong C+T$

또한 $A+C \cong G+T$ 이라면

따라서 $A \cong T$ 및 $C \cong G$

A와 T 및 C와 G의 비가 거의 1이기 때문에, 아데노신과 티민(및 시토신과 구아닌)은 DNA의 나선구조를 규정하는 것과 같은 쌍을 형성하고 있으리라고 생각된다. 즉 분자의 기하학형은, 이들 염기의 각 쌍이, 각각의 쌍에서의 수소결합을 형성하는 데 적합하다.

X선 회절의 결과는, 이들의 분자가 수소결합한 상태의 거리를 기본으로 하여 계산한 결론을 증명하고 있다. 모든 염기쌍(G-C 및 A-T)은 전체의 크기도 같으며, 10.7Å이다. 다른 염기쌍이 수소결합으로 연결된 모델을 형성하려고 해도, 이들의 경우는 이중나선구조를 갖는 DNA분자의 실측된 규칙적 나선구조를 깨뜨리는 결과로 된다.

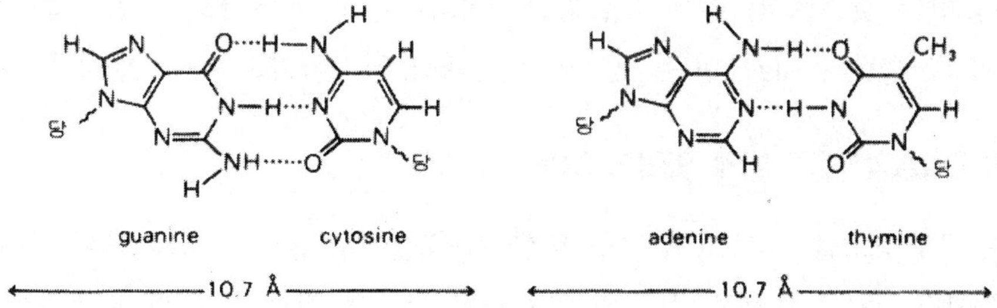
guanine
cytosine
adenine
thymine
10.7 Å
10.7 Å

DNA에 있어서 누클레오티드배열의 결정은, 제17장에서 설명한 단백질의 아미노산 배열의 결정과 유사한 방법으로 화학적으로 행할 수 있다. 그러나, **핵산의 경우는 이와 같은 연구가 훨씬 곤란한 것이다.** 첫째, 천연의 재료로부터 단일의 DNA의 분자종을 얻는 것은 거의 불가능하다. 둘째, 단백질의 구성 성분으로서는 약 20종의 아미노산이 존재하지만, 핵산 중에는 통상 상당히 유사한 4종의 염기가 있는 것에 불과하다. 최후에, DNA의 누클레오티드배열의 결정에 이용되는 세련된 화학적 방법은, 현재 겨우 일반적인 개발 또는 탐색이 행해지고 있는 것에 불과하다.

21-7 DNA의 생합성

살아있는 세포 내에서의 DNA합성의 본질을 엄밀하게 결정하는 것은 곤란하지만, 새로 생성한 DNA가 출발했던 DNA와 같다고 하는 것이 실험적으로 증명되었다. 이것은 자기 증식이 상당히 정확하게 일어나는 것을 의미한다. ^{15}N으로서 표지한 DNA를 정상세포에 가하여 DNA를 합성시키면, 1세대 후에 포함되는 것은 반절이 ^{15}N-표지 DNA이며, 반절이 정상 (^{14}N) DNA이다. 수세대 후에는, 정상 (^{14}N) DNA와 반절이 표지되었던 DNA만이 존재한다. 더욱이, 이 반절 표지되었던 DNA는 ^{14}N을 갖는 1개의 사슬과 ^{15}N을 갖는 다른 1개의 사슬로 분리하는 것이 가능하다. 이것으로부터, 이중나선체의 적어도 일부가 풀어져, 새로운 나선체의 주형으로 되는 합성형식을 지지하고 있다.

이 증식과정에 있어서, 주형과 수소결합을 형성할 수 있는 특정의 염기를 성장이 계속되는 어떤 중합체의 선단으로 유도하는 천연의 효소가 알려져 있다. 적어도 1개의 단독나선 DNA가 “개시제”로서 요구된다. 4종류 모두 데옥시리보누클레오시드의 삼인산에스테르, Mg^{++}, 및 개시제의 혼합물을 위의 효소로서 처리하면, 이 때 얻어지는 DNA는 개시제와 같다고 하는 것을 나타냈다. 이 합성방법은, **만일 데옥시리보누클레오시드삼인산에스테르가 개시제의 염기와 정확히 수소결합을 형성하는 기하학형을 가지고 있으면,** 인공의 DNA를 얻기 위해서 사용할 수 있다. 천연, 혹은 “비천연”의 DNA의 양쪽에 있어서 염기의 쌍은 불변의 것으로서, 앞에서 설명한 등량관계, 즉 A는 T와, G는 C와 같고, 또한 A-T 쌍과 G-C쌍의 비가 어떤 개시제에 관해서 일정하다고 하는 관계가 존재한다.

21-8 DNA의 세포 내에 있어서 기능

DNA는 유전정보를 가지고 있으며, 또한 21-7절에서 설명한 바와 같이 자신의 정확한 복제를 행한다. DNA는 또한 유전의 암호화된 정보를 전령 RNA에게 전달하는 역할을 한다. 이 전령 RNA는 4가지 염기(A, T, G 및 C)에 의해서 표시되고 있는 정보를 20종의 아미노산의 언어로서 번역하여, 단백질의 합성이 실현된다. 세포 내에 있어서 단백질합성의 흥미있는 문제를 이후의 절에서 간단히 설명한다.

03 리보핵산

21-9 RNA의 분포, 조성 및 형성

생세포내에는, 리보솜RNA(rRNA), 전이, 즉 가용성RNA(sRNA), 복사, 즉 전령 RNA(mRNA)의 주로 3종류의 RNA가 존재한다. 이들 RNA의 비교를 **표 21-1**에 표시하였다. RNA는 단백질과 더불어 세포 내의 각종의 부분에서 발견되며, 이것을 연구하기 위해서는 단백질과 분리하지 않으면 안 된다. 염기조성은 RNA의 종류 또는 그 원천에 의해서 상당히 다르지만, 아데닌(A)과 시토신(C)의 합은 하나의 분자에서는 구아닌(G)과 우라실(U)의 합과 거의 같다.

표 21-1 리보핵산(RNA)의 비교

	분포	RNA(비율%)	분자량	비고
rRNA	리보솜	80	100×10^4	대칭적으로 안정
sRNA	가용성세포질	15	2.5×10^4	아미노산의 수송에 중요
mRNA	리보솜 세포질 및 핵	5	50×10^4	대사적 불안정, 염기조성은 DNA와 비슷하다. D-RNA라고도 말한다.

21-10 RNA의 구조

일반적으로 RNA는 단독의 폴리누클레오티드사슬이 분자 내에서 서로 휘감겨 나선형의 구조를 취하고 있는 것이라고 생각되고 있다(**그림 21-3**). 분자의 나선상의 부분에서는 염기간에 쌍으로 될 수 있지만, 고리상의 부분에서는 쌍을 형성하지 않는 염기가 생성한다. 이 고리상의 부분이 유전정보의 암호에 대응하는 장소에 해당한다고 생각되는 사실이 밝혀져 있다. 이 고리상의 부분에는, RNA분자 중에 극히 한정된 것만으로 밖에 존재하지 않는 메틸기를 갖는 염기가 특히 농축되어 있다(21-1절의 문제를 참조). RNA분자는 크기가 가지각색이지만, 대부분의 것은 수개의 고리와 나선단위를 분자 내에 가지고 있다.

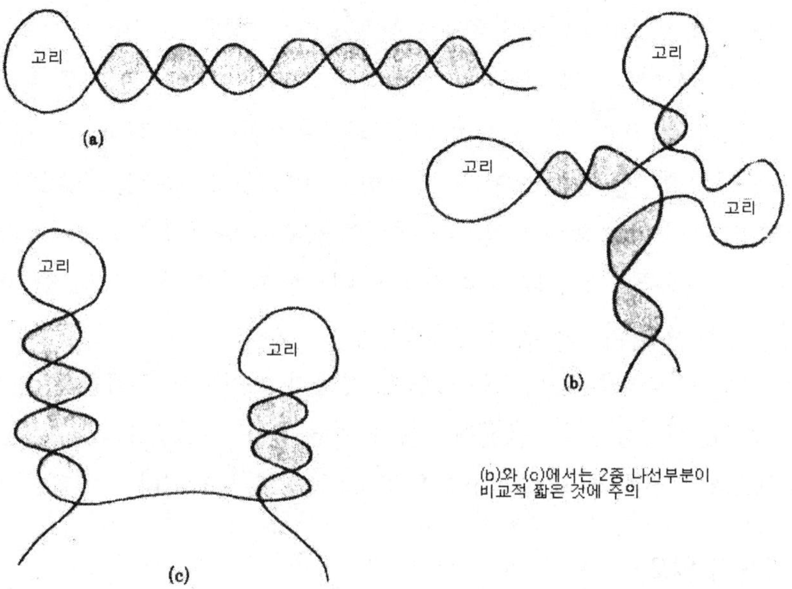

그림 21-3 고리상구조 및 염기쌍의 형성에 의한 나선구조를 갖는 RNA의 모형도

21-11 RNA의 생합성

생세포내에서의 RNA의 합성은 극히 복잡한 과정이다. RNA를 합성할 때에는 DNA와 RNA의 어느 것이든지 개시제, 혹은 주형으로서 작용할 수 있는 것으로 밝혀졌다. mRNA의 염기배열은, DNA가 주형으로서 작용하고 있다고 기대되는 것과 같이 표시되어 있지만, rRNA 또는 sRNA의 염기조성은, DNA분자에 존재하는 상보적인 염기의 아주 적은 일부밖에 상당하지 않는다.

DNA합성의 경우와 마찬가지로, 4종류의 삼인산에스테르, Mn^{++} 및 DNA 개시제의 배양혼합물로부터, mRNA의 생성을 접촉하는 효소가 발견되고 있다. 생성한 mRNA는 단독사슬로 형성되어 있기 때문에, DNA의 한쪽의 사슬만을 복제했는지, 양쪽의 사슬을 복제했는지라고 하는 의문이 생긴다. 이것은 미해결이지만, 각종의 실험결과로부터, 이것은 DNA개시제, 원료, 사용한 세포계, 기타의 가변요인에 의존하고 있다고 결론되고 있다.

21-12 RNA의 생물학적 기능

DNA는 유전정보를 복제하지만, mRNA는 4문자 type(A, C, G, U)로서 전달되고 있는 유전정보를, 단백질이 갖는 20종의 아미노산의 언어로서 번역한다. 기억 또는 학습에 RNA가 관여하고 있으리라고 하는 것이 지적되고 있다.

가용성 RNA는 약 75개의 누클레오티드로 형성되어 있고, 고리와 나선의 구조를 가지고 있으며, 이 고리상의 부분은 암호의 부분에서 메틸기를 갖는 염기를 함유하고 있다. sRNA와 mRNA가 연결한 것은 분자의 이 고리상부분이다. 이 전이, 즉 가용성 RNA는 필요한 효소를 "식별"하고(이 효소가 정확히 아미노산을 수용), 정확한 아미노산이 mRNA의 암호에 의하여 성장하고 있는 단백질의 정확한 위치에 들어오게 하는 것을 확실하게 한다. 적어도 1종류의 sRNA가 각각의 아미노산에 특이적이지만, 약간의 아미노산의 경우에는 2가지 이상의 sRNA가 존재한다.

항상 아데노신기로 끝나는 sRNA의 말단에 정확히 아미노산이 결합하며, 이 결합체는 mRNA의 암호의 제어하에서, 단백질합성이 행해지는 리보솜으로 운반된다. 하나의 mRNA가 4개로부터 8개의 리보솜과 회합하고 있다고 생각된다.

21-13 유전적 암호

mRNA의 유전암호의 본질은 무엇일까? 만일 4개의 염기가 하나씩 사용되었다고 하면, 4종의 아미노산밖에 대응할 수 없다. 이 4 종의 염기를 쌍으로서, 모든 조합을 사용하면, 16의 아미노산밖에 대응할 수 없다. 따라서 분명히 1개의 암호의 단위로서의 최소의 염기의 수는 3으로 되지 않으면 안 되고, 이 경우는 64의 다른 단위의 암호를 가능하게 한다. 아미노산은 약 20종 존재하기 때문에, 이 3개의 조합, 즉 **유전암호(codon)**는 필요이상에 있다. 이 생각은 실험적으로도 증명되고 있으며, 적어도 1개의 염기 triplet가 하나의 통상의 아미노산에 대응하고 있다. 대부분의 경우에 2개 이상의 codon을 아미노산에 대응시킬 수 있다(**표 21-2**참조).

전령정보의 전달메카니즘도 또한 돌연변이의 형성에 대한 인과로서 취급하지 않으면 안 된다. 이 **돌연변이**는 유전암호의 결함으로부터 오는 산물이다. 이 triplet에 의한 암호의 효력으로서는, 어떤 배열에 있어서 하나의 염기를 제거하면, 이 사슬의 상당한 부분을 읽을 수 없게 된다. 그러나, 1개를 제거하여 다른 것으로 **치환하면**, 사슬의 그 이후의 부분도

읽을 수 있게 된다. 예를 들면, 3개의 염기가 다른 것으로 형성되어 있는 어떤 암호에서,

AUG | AUG | AUG | AUG | AUG | AUG | AUG | AUG | AUG |

중에서 G가 1개 제거되었다고 하면, 그 결과는

AUG | AUG | AUG | AUG | AUA | UGA | UGA | UGA | UGA |

으로 된다. 여기서 다른 염기 C를 어느 곳에 넣었다고 하면, 이 경우 C가 들어가는 점이 G가 제거된 곳과 **같지 않아도 좋다**라고 하면, 그 결과는

AUG | AUG | AUG | AUG | AUA | UGC | AUG | AUG | [AUG]

재차 AUG라고 읽을 수 있지만, 이것은 사슬의 상당히 후방의 부분으로 된다. 이와 같이 서로 가까운 위치에서의 배열의 작은 변화는, 사슬의 상당한 부분을 불변인 채로 하는 수도 많다.

표 21-2 아미노산에 대한 triplet

아미노산	Codon
alanine	CAG, CCG, CUG
arginine	CAA, GCC, CUG
asparagine	CAA, CUA, UAA
aspartic acid	GCA, GUA
cysteine	GUU
glutamic acid	AAG, AUG
glutamine	AAC, UAC
glycine	GAG, GCG, GUG
histidine	ACC, AUC
isoleucine	AAU, CAU, UUA
leucine	CCU, UAU, UGU, UUC
lysine	AAA, AUA
methionine	AGU
phenylalanine	UCU, UUU
proline	CAC, CCC, CUC
serine	ACG, CUU, UCC
threonine	ACA, CCA, UCA
tryptophane	UGG
tyrosine	ACU, AUU
valine	UUG

위의 3문자의 유전의 암호에서, 2개의 염기를 가했을 때(또는 바꿀 때), 및 3개의 염기를 가했을 때(또는 바꿀 때)의 결과를 조사하여라.

아미노산의 암호의 문제는, 합성한 폴리누클레오티드에 의존한 아래의 형식의 실험으로부터 유도되었다. 즉 ATP, GTP, Mg^{++}, K^{+} 및 아미노산의 혼합물을 어떤 종류의 박테리아의 무세포추출액 중에서 배양하면, 아미노산은 단리가능한 단백질에 편입된다. 방사성(^{14}C)의 아미노산을 이용함으로써, 어떤 아미노산이 편입되는가를 결정할 수 있다. 세포추출액의 DNA는 파괴할 수 있다. 또한 mRNA는 효소적으로 활성을 잃는 경우가 있기 때문에, RNA대신에 합성한 폴리누클레오티드를 가한다. 폴리누크레오티드의 성질과 단백질에 편입된 아미노산의 종류로부터, 아미노산에 대한 암호를 결정할 수가 있다. 예를 들면, 폴리 U(UUUUUUUUU....)를 위와 같은 계에 가하면, 20종의 아미노산 중에서 **페닐알라닌만이 단백질에 편입된다.** 따라서, triplet UUU는 페닐알라닌에 대응시킬 수 있다. A 및 U의 공중합체는 페닐알라닌, 이소류신, 류신 및 티로신의 편입을 가능하게 한다. A와 U로 형성되는 triplet는 8종이기 때문에, 이들 중에서 몇 개는 같은 아미노산의 암호가 않이면 안 된다. 이 종류의 실험으로부터 **표 21-2**에 표시된 지식이 유도되었다.

21-14 바이러스

바이러스는 본질적으로 DNA 혹은 RNA와 같은 폴리누클레오티드가 단백질의 외피로서 보호되어 있는 것과 같은 것이다. 식물성 바이러스는 RNA만을 함유하고 있지만, 동물 및 박테리아의 바이러스는 RNA 혹은 DNA를 함유한다. 바이러스는 매우 상세하게 연구되어 있으며, 그 몇 가지는 결정으로 얻어지는 것도 있다.

식물성 바이러스 중에는, 예를 들면 순무의 황반 바이러스와 같은 구상의 것 또는 담배의 모자이크바이러스(TMV)와 같은 막대형의 것이 있다. 이 TMV는 특히 잘 알려져 있으며, 5%의 RNA와 95%의 단백질로 형성되어 있다. 이 TMV의 단백질은 2,100의 폴리펩티드단위로 형성되어 있으며, 164의 아미노산배열이 완전히 해명되어 있다. 이 단백질은 바이러스 RNA에 대한 보호막으로서, 다른 품종의 TMV에서는 단백질의 조성에 변화가 확인되어 있다.

단리되어 있는 동물성 바이러스 중에는, RNA만을 함유하는 것(소아마비, 인플루엔자, 뇌염) 또는 DNA만을 갖는 것(우두, 광견병 및 폴리오마)등이 알려져 있다. 발암성 바이러스는 DNA를 가지며, 특히 주목을 집중시키고 있다. 이들의 염기조성은 기주세포의 DNA

조성과 유사한 것이 발견되었다.

박테리아세포에 기생하는 바이러스를 **세균성 바이러스**(bacteriophages)라고 말한다. 이 바이러스는, 동물 또는 식물세포로부터는 얻을 수 없다고 하는 지식을 주었기 때문에, 특히 잘 연구되어 있다. 박테리오파지는 RNA 혹은 DNA를 함유하고 있으며, 또한 RNA와 DNA에 관한 대부분의 생화학적 지식을 준 것도 이 종류의 파지이다.

■참고문헌■

·광합성

Bassham, J. A. : New Aspects of Photosynthesis, *J. Chem. Educ.*, 38, 151(1961).

Bassham, J. A. : The Path of Carbon in Photosynthesis, *Sci. Am.*, 206(6), 88(1962). 빛의 존재하에서 CO_2가 탄수화물, 아미노산, 지방으로 유도되는 화학변환을 이용하는 장치등을 표시하면서 상술하고 있다.

Park, R. B. : Advances in Photosynthesis, *J. Chem. Educ.*, 39, 424(1962).

Rabinowitch, E. I., and Govindjee : The Role of Chlorophyll in Photosynthesis, *Sci, Am.*, 213(1), 74(1965).

Wald, G. : Life and Light, *Sci, Am.*, 201(4), 92(1959). 광합성과 시각에 있어서의 빛의 역할.

·RNA

Fraenkel-Conrat, H. : Ribonucleic Acid, the Simplest Information-transmitting Molecule, *J. Chem. Educ.* 40, 216(1963).

Hoagland, M. B. : Nucleic Acids and Proteins, *Sci. Am.*, 201(6), 55(1959). 펩티드합성에 있어서 RNA의 역할.

Hurwitz, J., and J. J. Furth : Messenger RNA, *Sci. Am.*, 206(2), 41(1962).

Moore, W. J., and H. R. Mahler : Introduction to Molecular Psychology, *J. Chem. Educ.*, 42, 49(1965). 정보의 신경전달에 있어서 아세틸콜린의 역할에 관한 훌륭한 해설과 기억의 보존 및 전이에 있어서 RNA의 역할을 나타내는 실험을 기재.

Rich, A. : Polyribosomes, Sci. Am., 209(6), 44(1963). 세포가 단백질을 합성하는 입자인 리보솜의 기능을 표시한다.

Roth, J. S. : Ribonucleic Acid and Protein Synthesis, *J. Chem. Educ,* 38, 217(1961).

·DNA

Crick, F. H. C. : The Genetic Code, *Sci. Am.*, 207(4), 66(1962). Nirenberg의 항에 있는 소견을 참조.

Deering, R. A. : Ultraviolet Radiation and Nucleic Acid, *Sci. Am.*, 207(6), 135(1962). 자외선 조사에 있어서 DNA의 근본적인 변화를 검토.

McClellan, A. L. : The Significance of Hydrogen Bonds in Biological Structures, *J. Chem. Educ.*, 44, 547(1967). 수소결합을 한 DNA, 단백질, 리소자임 및 바이러스를 검토하고 있다.

Nirenberg, M. W. : The Genetic Code, II, *Sci. Am.*, 208(3), 80(1963). 세포 내에서의 아미노산 합성에 대한 염기의 triplet 기호를 상세하게 조사하고 있다.

Sinsheimer, R. L. : Single-stranded DNA, *Sci. Am.*, 207(1), 109(1962). 특이한 바이러스, ±X 174 및 이것이 갖는 단순나선 DNA를 검토하고 있다.

·바이러스

Edgar, R. S., and R. H. Epstein : The Genetics of a Bacterial Virus, *Sci. Am.*, 212(2), 70(1965). T4 바이러스의 DNA에 있어서 유전인자의 배치를 표시한다.

Fraenkel-Conrat, H. : The Genetic Code of a Virus, *Sci. Am.*, 211(4), 46(1964). 담배모자이크 바이러스의 소개와 인공적인 화학변화가 변이주의 생성을 가져오는 메카니즘을 표시하고 있다.

Horne, R. W. : The Structure of Viruses, *Sci. Am.* 208(1), 48(1963). 높은 대칭요소를 갖는 바이

러스의 삼차원구조를 표시한다.
Jacob, F., and E.L. Wollman : Viruses and Genes, *Sci. Am.*, 204(6), 93(1961). 박테리아의 바이러스 감염에 있어서 유전에 대한 효과를 검토하고 있다.
Maramorosch, K.: Friendly Viruses, *Sci. Am.*, 203(2), 138(1960). 꽃의 변색과 같은 변이를 일으키는 바이러스를 해설하고 있다.
Melnick, J. L. : Enteroviruses, *Sci. Am.*, 200(2), 88(1959). 인간의 소화기계통에 존재하는 많은 바이러스의 해설.
Rubin, H. : A Defective Cancer Virus, *Sci. Am.*, 210(6), 46(1964). 다른 바이러스의 존재 없이는 단백질외피를 형성하는 것도 증식할 수도 없는 바이러스 이야기.
Schaffer, F. L. : Polyomyelitis Virus, *J. Chem. Educ.*, 36, 469(1959).
Stewart, S. E. : The Polyoma Virus, *Sci. Am.*, 203(5), 63(1960). 실험동물에 암을 일으키는 것을 검토하고, 인간의 암이 바이러스에 의한 것이라고 해석하고 있다.

·효소

Baker, B. R. : Interaction of Enzymes and Inhibitors, *J. Chem. Educ.*, 44, 610(1967). 결합력, 활성부위 및 소수성결합의 검토.
Changeux, J. : The Control of Biochemical Reactions, *Sci. Am.*, 212(4), 36(1965). 효소의 합성에 대한 제어메카니즘과 효소활성을 검토하고 있다.
Frieden, E. : The Enzyme–Substrate Complex, *Sci. Am.*, 201(2), 119(1959). 짧은 수명의 효소–기질상호작용의 연구에 이용되는 방법의 해설.
Neilands, J. B., and S. Rogers ; Progress in Enzymes Chemistry, *J. Chem. Educ.*, 39, 154(1962).
Rubin, R. T. : Some Aspects of Anti–Acetylcholinesterase Chemistry, *J. Chem. Educ.*, 36, 306(1959).

·기타

Adams, E. : Poisons, *Sci. Am.*, 201(5), 76(1959). 유독물질이 정상인 대사경로를 어떻게 저해하는가를 표시한다.
Biochemistry Symposium, *J. Chem. Educ.*, 36, 535~554(1959). 효소, 비타민, 호르몬, 핵산, 유전자, 바이러스 및 광합성을 검토하고 있다.
"The Cell", Sci. Am., 205(3)(1961). 세포와 그 생화학적 기능에 관한 특집호.
Isaacs, A. : Interferon, *Sci. Am.*, 204(5), 51(1961). 동물세포로부터 단리되며, 바이러스의 감염을 저지하는 단백질의 작용의 해설.
Isaacs, A. : Foreign Nucleic Acids, *Sci. Am.*, 209(4), 46(1963). 인터페론은 자기 자신의 핵산 이외의 모든 핵산에 대해서 자기를 지킨다는 것을 표시한다.
Ross, R. B. : Recent Advances in Chemotherapy of Cancer, *J. Chem. Educ.*, 36, 368(1959). 암의 치료에서, 임상적으로 유용한 유기화합물의 일군의 총괄.
Spiegelman, S. : Hybrid Nucleic Acids, *Sci. Am.*, 210(5), 48(1964). 세포 내에서의 정보의 흐름에 대해서 해설하고 있다.
Woodward, J. D. : Biotin, *Sci. Am.*, 204(6), 139(1961). 널리 분포하고 있는 비타민의 일종인 비오틴이 푸린합성에 이룩하는 역할을 개괄하고 있다.

Chapter

중요한 문제의 해답

제1장

1. (a) C → Br　　(b) I → CI

(*c*, *d*, *g*, *h*) 없음

2. (b)
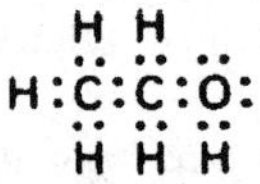

(c)
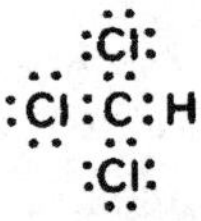

(f)
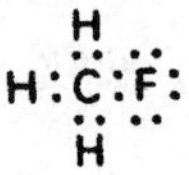

(g)
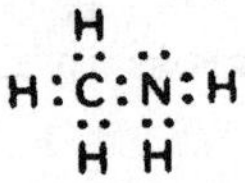

(h)

(j)
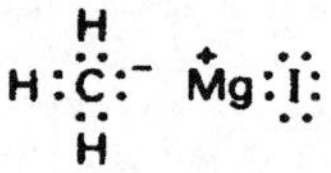

(n)
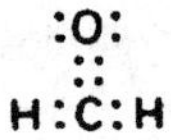

(p)
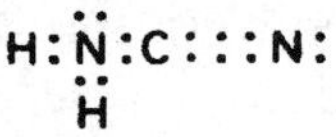

3. (a)

(b)
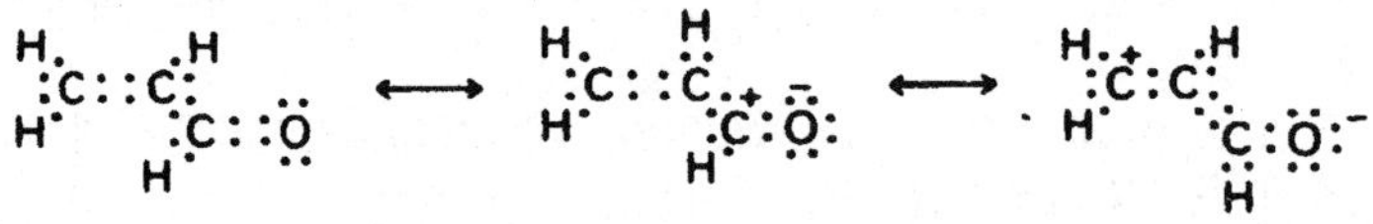

(d)

(g)
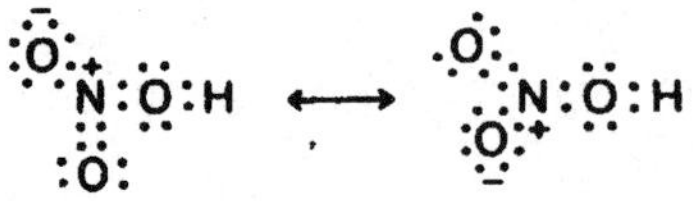

    H H
H : C : C : O :
    H H H
     :Cl:
:Cl : C : H
     :Cl:
H : C : F :
H : C : N : H
    H   H
(h) H:C:::C:H
H : C :⁻ ⁺Mg :I:
   :O:
H : C : H
H : N : C ::: N :
H   H
 :C :: N⁺ :: N⁻   ⟷   :C⁺ : N :: N⁻
H   H
H   H   H   H   H   H
 :C :: C   :C :: C⁺   :C⁺ : C
H   C :: O   H   C : O⁻   ⟷   H   C : O:⁻
        H   ⟷   H   H
(d) $(CH_3)_3$ P⁺ : O⁻ : ⟷ $(CH_3)_3$ P :: O
:O⁻:   :O:
    N⁺ : O : H   ⟷   N : O : H
:O: :O⁺:⁻

(h) 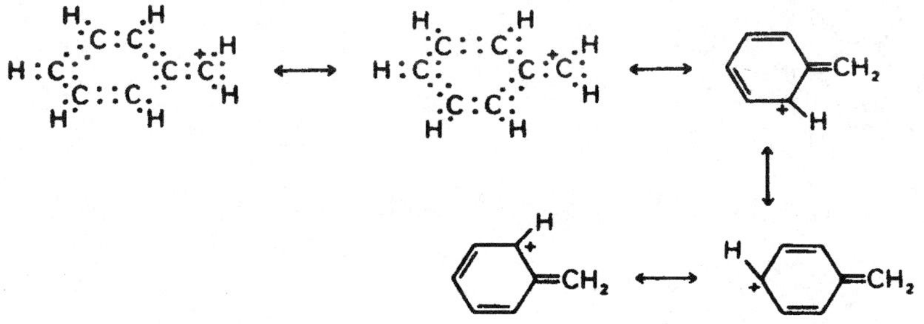

(m) 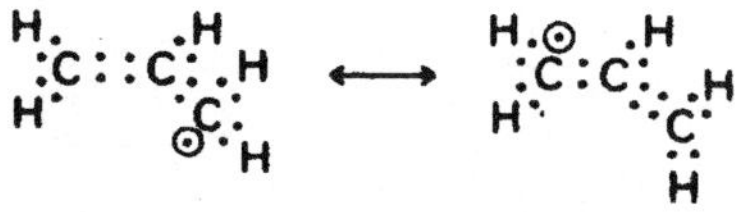

4. (i) 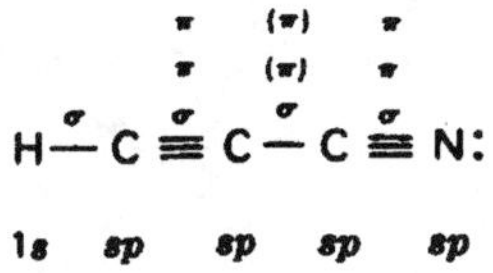 모든 각도는 180°

(ii) 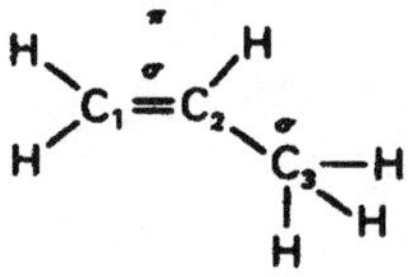

모든 H는 $1s$, C_1, C_2는 sp^2, C_3는 sp^3, 모든 C−H 결합은 σ, 모든 각은 120°, 단, H−C_3−C_2만은 109°28

(v) 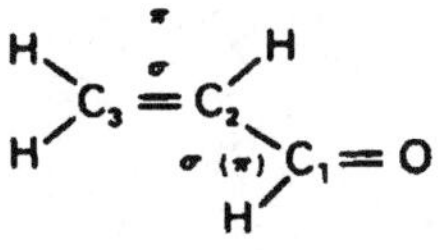

모든 H는 $1s$, 모든 C 및 O는 sp^2, C=O는 σ 및 π이며, 모든 각은 120°, C_1-C_2 π 결합이 overlap(겹침)에 주의

(vii) 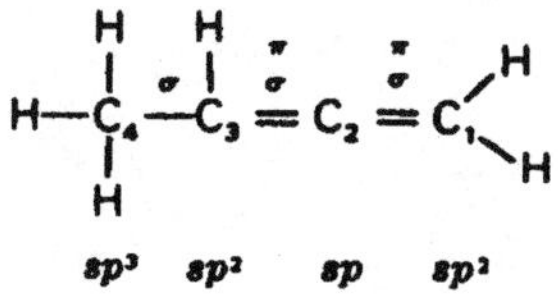

∢ H−C_1−C_2=120°, ∢ C_1−C_2−C_3=180°, ∢ H−C_3−C_2(C_4)=120°

∢ H−C_4−C_3=109°28′

(x) 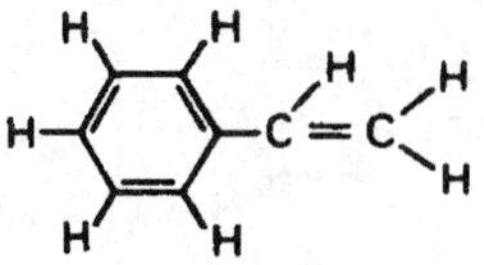

모든 C는 sp^2, H는 1s, 모든 각은 120°, 고리와 비닐기의 overlap에 주의

5. (a) 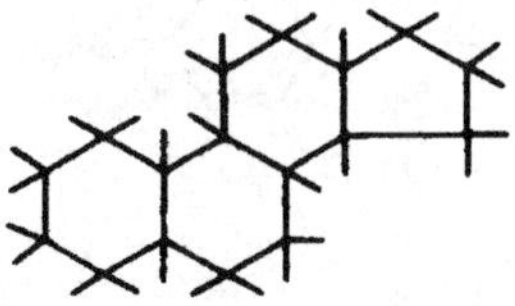

수소원자는 모두 28개

(b) 2차 알콜, 이중결합

(c) 3개의 2급 알콜, 산

(d) 페놀, 2차 알콜

(e) 케톤, 이중결합, 2급 알콜

(f) 2개의 케톤, 이중결합, 1급 및 2급 알콜, 알데히드

(g) 3개의 케톤, 이중결합, 1급 및 3급 알콜

제2장

1. (a) $CH_3CH(CH_3)CH(CH_3)CH_3$
   1° 3° 1° 3° 1° 1°

   (b) $CH_3CH(CH_3)CH_2CH_2CH_3$
   1° 3° 1° 2° 2° 1°

   (g) $CH_3CH(CH_3)CH(CH_3)CH_2CH_2CH_2CH_3$
   1° 3° 1° 3° 1° 2° 2° 2° 1°

   (k) $CH_3C(CH_3)_2CH_2CH_2CH_3$
   1° 4° 1° 2° 2° 1°

2. (a) 2,3,4-tribromopentane

   (b) 2,2,3,3,4,4-hexamethylpentane

   (c) 2-bromo-1-chloropropane

   (f) 3-phenylpentane

   (g) 2-phenylpropane 또는 isopropylbenzene

4. A : 2,2,3,3,4,4,5,5-octamethylhexane

   B : 2-iodo-2,3,3-trimethybutane

   C : 2,2,3-trimethylbutane

D,E : 1-bromo-2,2,3,3,4,4,5,5-octamethylhexane 및 3-bromomethyl
-2,2,3,4,4,5,5-heptamthylhexane

F : 2-bromo-2,3,3-trimethylbutane

G,H : 1-bromo-2,3,3-trimethylbutane 및 1-bromo-2,2,3-trimethylbutane

5. (a) ethl iodide(iodoethane), cyclohezyl chloride(chlorocyclohexane)→ butane, dicyclphexyl(cyclohexylcyclohexane), ethylcyclohexane

(b) propane, N.R.

(c) iodocyclopentane(cyclopentyl iodide)→cyclopentylmagnesium iodide

(d) ethanol(ethyl alcohol)→cyclopentane, ethoxymagnesium iodide

(f) cyclopentene→1,2-didueterocyclopentane(cyclopentane-1,2-d_2)

(h) biphenyl→N.R.

7. (a) $(CH_3)_3C-Cl \xrightarrow{L_1AlH_4}$

(b)

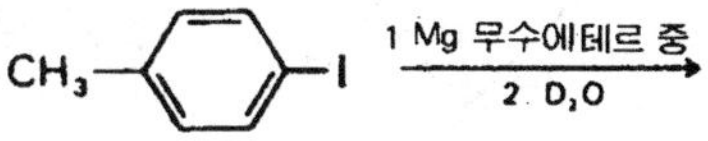
CH3
I
1 Mg 무수에테르 중
2. D2O

(c) $CH_2=CH-CH_2Br \xrightarrow[2\ D_i/Pt]{1\ Na}$

(d)

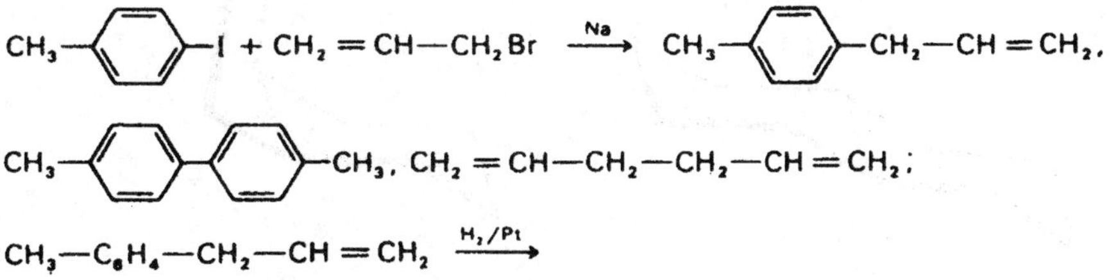
CH3—C6H4—I + CH2=CH—CH2Br —Na→ CH3—C6H4—CH2—CH=CH2,
CH3—C6H4—C6H4—CH3, CH2=CH—CH2—CH2—CH=CH2;
CH3—C6H4—CH2—CH=CH2 —H2/Pt→

(e) $(CH_3)_3C-Cl \xrightarrow[2\ Cl_2/hv]{1\ Na}$
(한정량)

제3장

1. (a) cyclohexylbenzene(phenylcyclohexane)

(b) 1-chloro-2,2-dimethylcyclopentane

(c) *cis*-1,2-dimethylcyclopropane

(d) *cis*-3-methylcyclopentanol

(f) *cis*-1,4-dibromocyclohexane

(i) *cis*-1,3-dibromocyclobutane

2. (a)

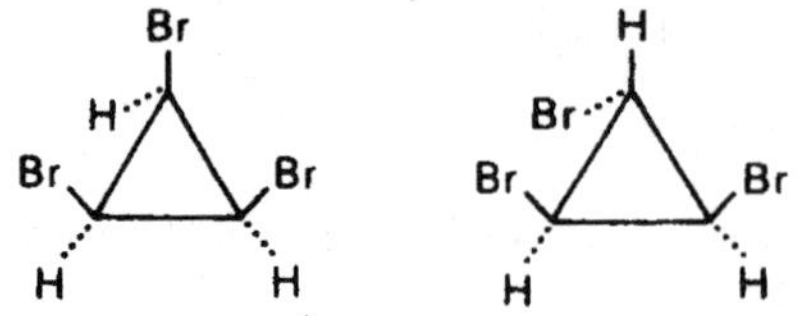

(b)

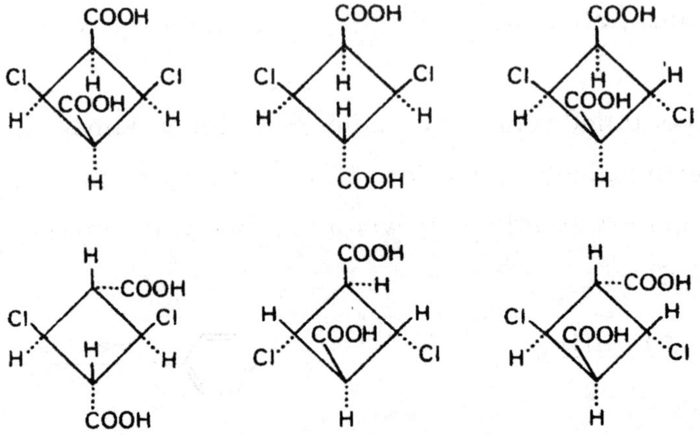

3. (a)

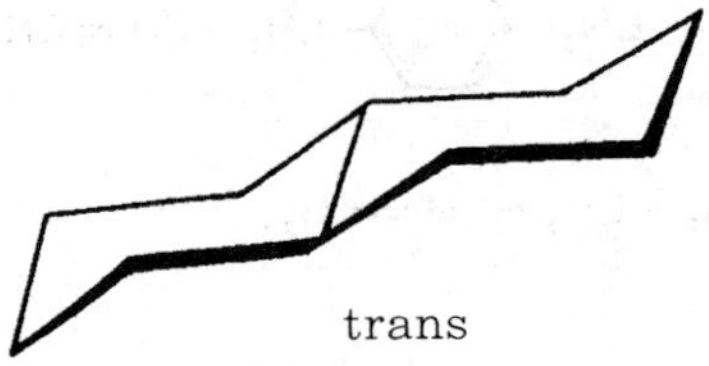

trans

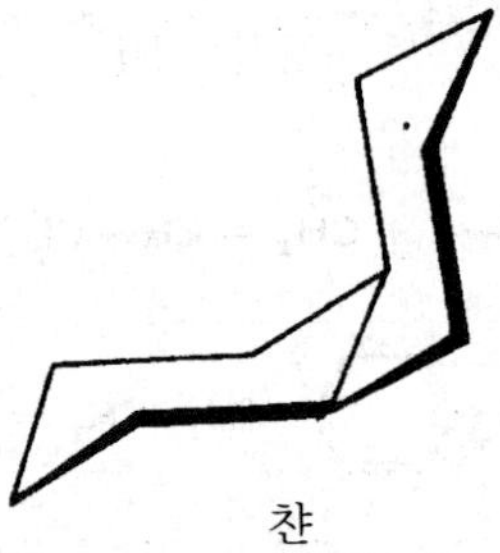

챤

(b) *trans*(고리접합부가 디에쿠아토리얼)가 보다 안정

4.

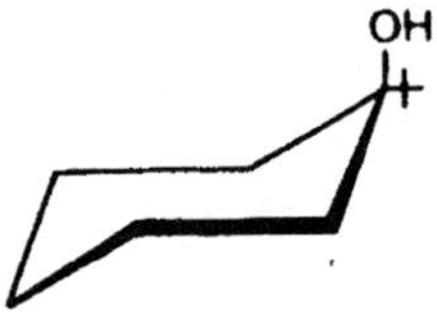

1,1-

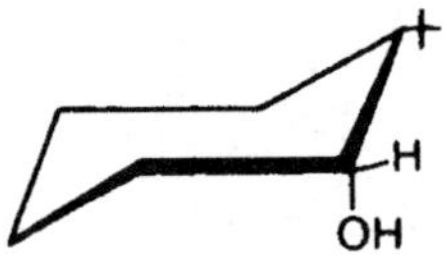

cis-1,2-

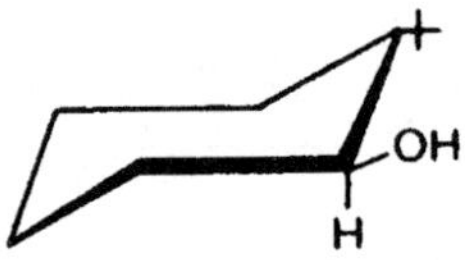

trans-1,2-

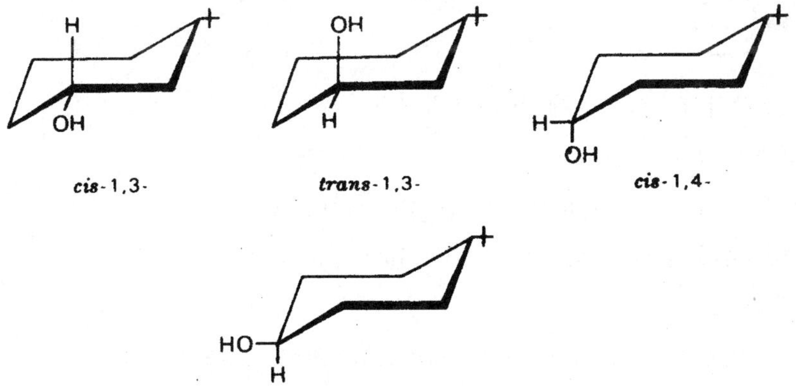

cis-1,3- *trans*-1,3- *cis*-1,4- *trans*-1,4-

6. (a)

(b)

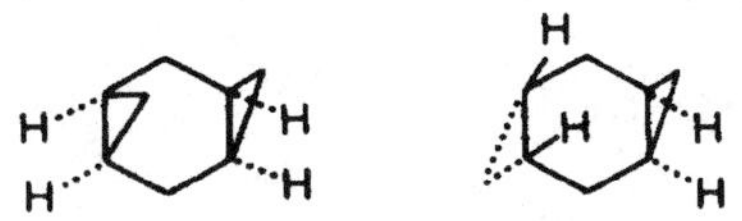

cis- *trans*-

(c)

(d)

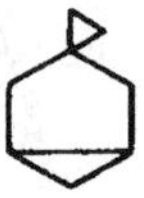

(e)

제4장

1. (a) 3-heptene, 2, *cis* 및 *trans*
   (c) 2,4-dimethyl-6-ethyl-1, 6-heptadiene, 기하이성체는 없다.
   (e) 1,1,2,3,4,5-hexaphenylcyclopentadiene, 기하이성체는 없다,
   (g) 1,3-cyclohexadiene, 기하이성체는 없다.
   (h) 1-chlorocyclooctatetraene
   (i) 1,2-divinylcyclohexane, 2, *cis* 및 *trans*
2. (b) $CH_2=CH-CH_2CH_2CH_2CH_2CH_2CH_2CH=CH_2$
   (c)

(f)

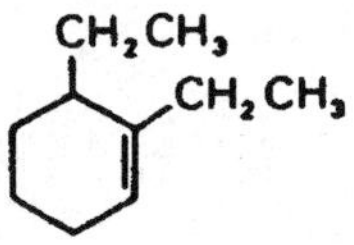

(g) $CH_2=CH-CH_2Br$ (h) $CH_2=CH-Cl$

(j) 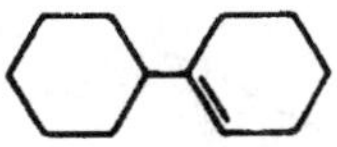

3. (a) 가장 치환기가 많은 올레핀이 기대된다.

(c) 말단올레핀이 기대된다.

(ii) 1-phenyl-2-propanol → 1-phenylpropene

1-phenyl-2-propanol → 3-phenylpropene

총계 = 2 : 3

(iv) 1-methlcyclohexanol → 1-methylcyclohexene

1-methlcyclohexanol → exomethylenecyclohexane

총계 = 4 : 3

5. (a) cyclohexene

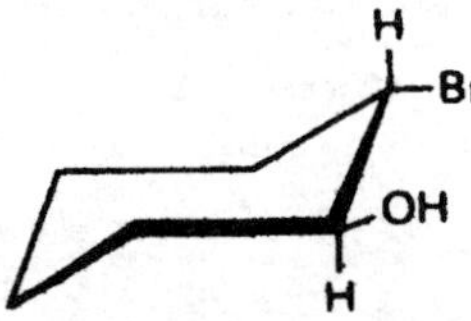

(b) 1-methyl-2-isopropylcyclohexene

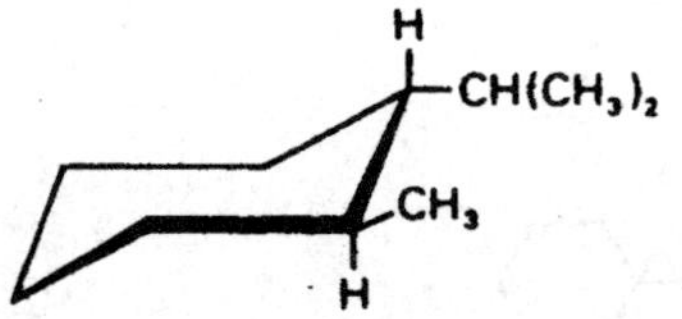

(c) 1-methylcyclohexene

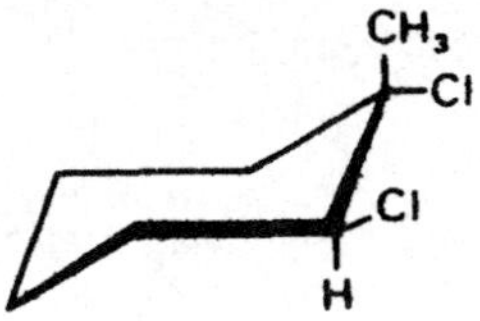

(d) 1-ethylcyclohexene

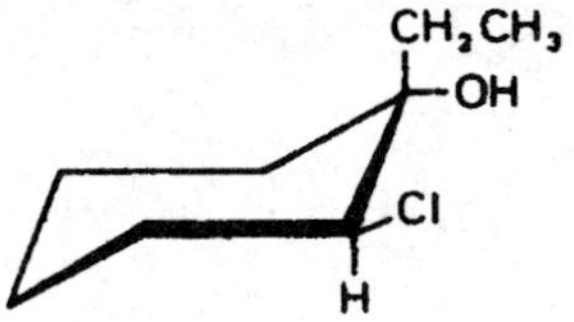

(e) 2,4,4-trimethylcyclohexene

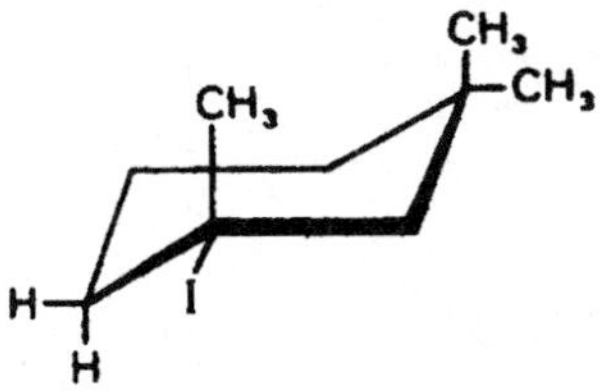

(f) 1,2-dimethylcyclohexene

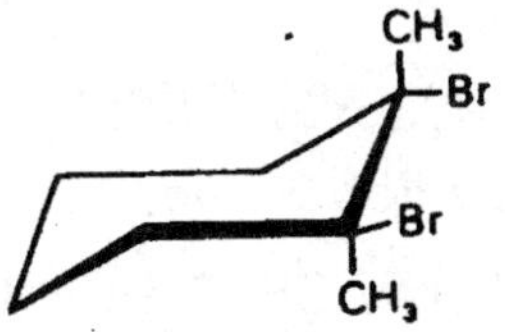

7. *cis*− 및 *trans*−2-hexene

8. 에틸렌의 π결합은 금속원자의 궤도에 배위할 수 있다.

제5장

1. (a) methylcyclopropylacetylene
   (b) vinylacetylene
   (d) soium phenylacetylide
   (f) 3-ethylpentyn-3-ol
3. (a) phenylacetylene→1,3-diphenylpropyne(phenylbenzylacetylene)
   (b) 1-butene→1-butyne
   (c) acetylene-d_2→acetaldhyde-d_4
   (e) cyclobutylcyclophenylacetylene→1-cyclobutyl-2-cyclopentylethane
   (f) ethyl bromide(bromoethane)→phenylacetylene-1-d_1
4. (a)

$$CaCO_3 \xrightarrow{\Delta} CaO \xrightarrow[\Delta]{C} CaC_2 \xrightarrow{H_2O} H{-}C{\equiv}C{-}H \xrightarrow{CuCl_2}$$

$$H{-}C{\equiv}C{-}CH{=}CH_2 \xrightarrow[H_2SO_4]{H_2O,\,Hg^{++}} CH_3{-}\overset{\overset{\Large O}{\|}}{C}{-}CH{=}CH_2$$

   (b)

$$H{-}C{\equiv}C{-}CH{=}CH_2\ (\alpha\text{로부터의 것}) \xrightarrow{HCl} H_2C{=}C(Cl){-}CH{=}CH_2 \xrightarrow{Br_2}$$

$$CH_2(Br){-}C(Cl){=}CH{-}CH_2(Br)$$

5. A=2-bromo-4-phenyl-1-butene 또는 2-bromo-3-phenyl-1-butene
   B=1,1-dibromo-4-phenylbutane 또는 1,1-dibromo-3-phenylbutene
   C=4-phenylbutyne 또는 3-phenylbutyne
7. X =

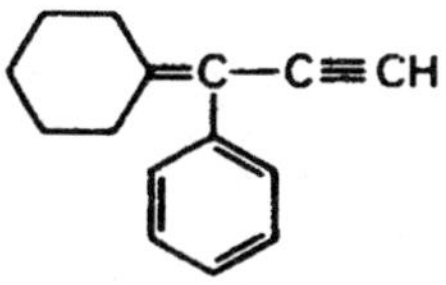

제6장

1. 이 타아르상의 물질은 생성물 1,3-cyclohexadiene의 1,4-중합 생성물이든지 혹은 중간체 3-bromocyclohexene의 1,2-중합생성물의 가능성도 있다.
2. (a)

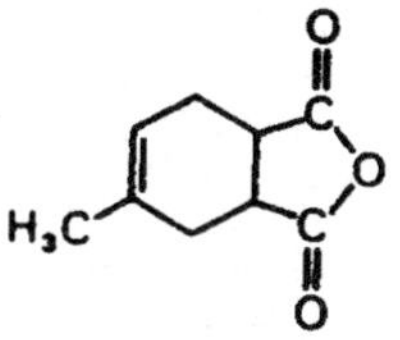

   (b)

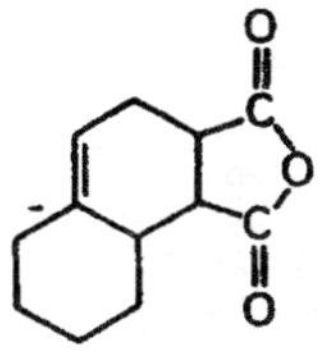

(d) 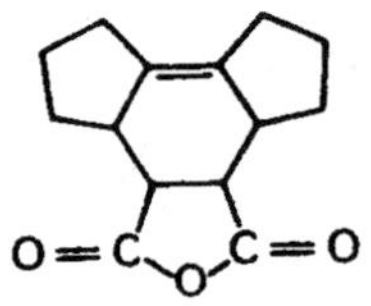

제7장

1. 예상값=32.8+48.9=81.7
   실측값=77.5
   안정화는 81.7−77.5=4.2kcal/mole에 상당한다.
3. 9,10−dibromoanthracene
5. (a) (i)→*m*−sulfonic acid
   (ii) →*o*−, *p*−이성체
   공명 : (i) *m*−전자흡인성, 불활성화, 벤젠보다도 느리다.
   (ii) *o*,*p*−(질소상의 비공유전자쌍에 의한 전자공여, 활성화, 젠젠보다도 빠르다.)
   유도 : (i) 흡인성 (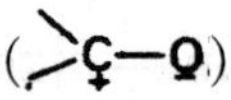)
   (ii) 질소는 탄소보다도 보다 전기적으로 음성
   각각의 경우에는 아로늄이온중간체의 공명구조식을 써라.
   (c) (i) 4−bromo−*o*−xylene
   (ii) 4−bromo−*m*−xylene
   (iii) 2−bromo−*p*−xylene(환상 1치환생성물만 가능)
   (i)의 C_3 및 (ii)의 C_2에 있어서 입체효과에 주의
   CH_3는 전자공여성이므로 이들 모두의 화합물은 벤젠보다 빠르게 반응한다.

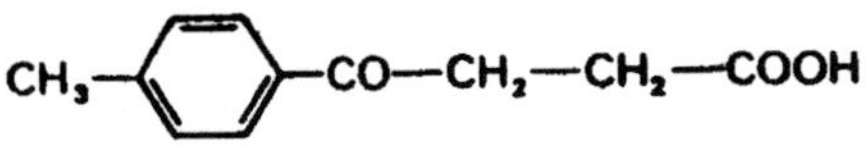

(f) 벤젠보다 빠르다. 출발물질의 C_2에 있어서 입체효과에 주의하여라.

7.

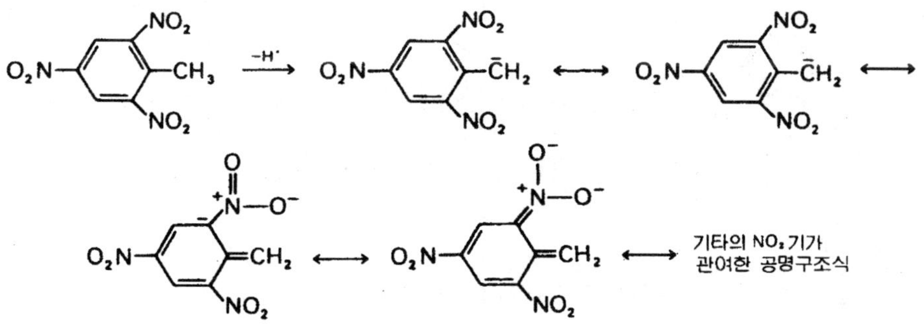
기타의 NO₂기가
관여한 공명구조식

8.

(a) benzene $\xrightarrow[\text{1. 1당량 } AlCl_3 \ CS_2 \text{ 중 계속해서 } H^+ \text{ 중}]{\text{1. } CH_3COCl}$
2. $Br_2/FeBr_3$

(b) benzene $\xrightarrow[\text{2. } CH_3COCl]{\text{1. } Br_2/FeBr_3}$
1. 1당량 $AlCl_3$(CS_2 중) 계속해서 H_3O^+

(d) *o*-xylene $\xrightarrow[\text{2. } HNO_3-H_2SO_4]{\text{1. } Br_2/FeCl_3}$

(f) benzene
1. $Cl_2/FeCl_3$
2. $HNO_3-H_2SO_4$ →
3. 이성체의 분리
4. Sn/HCl

제8장

1. 각각에 대한 정답은 일반적으로 한 개뿐이 아니다.

(a) 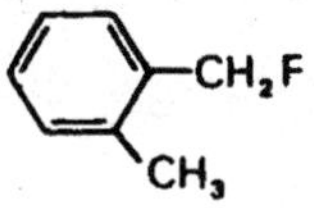 *o*-methylbenzyl fluoride

(b) $CH_3CH_2CH_2CH_2Cl$, n-butyl chloride(1-chlorobutane)

$(CH_3)_2CH-CH_2Cl$, isobutyl chloride(1-chloro-2-methylpropane)

(c) 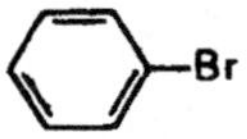 bromobenzene

(d)

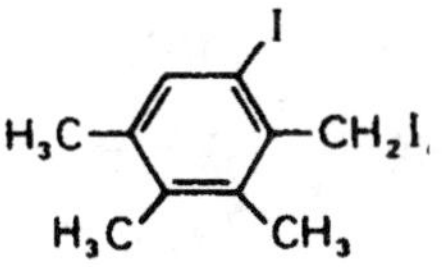

3,4,5-trimethyl-2-iodomethyliodobenzene

(e) $CH_3-CH(Br)-CH(Br)-CH_2CH_3$, 2,3-dibromopentane

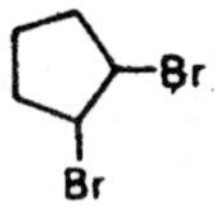

1,2-dibromocyclopentane

(f) $CH_3(CH_2)_8CF_3$, 1,1,1-triflurodecane

(g)

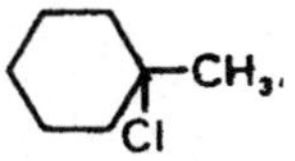

1-chloro-1-methylcyclohexane

2. 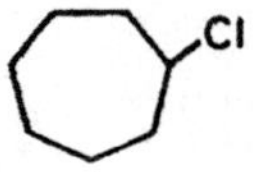

cycloheptyl chloride;

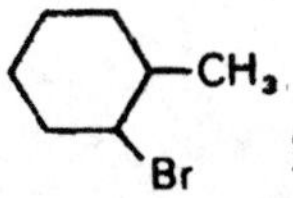

2-bromo-1-methylcyclohexane;

2-,3-, 혹은 4-haloheptane, 이 할로겐화물은 비닐성, 아릴성 또는 방향족 혹은 벤질성의 것이 아니고 1급 도는 2급이 아니면 안 된다. 가장 에너지가 높은 점이 전이상태임을 그림이 표시하고 있지 않으면 안 된다.

3. 브롬화알릴($CH_2=CH-CH_2-Br$), 명료한 중간체, 알릴카르보늄이온이 관여하고 있으므로 가장 에너지가 높은 곳에 작은 계곡이 도시되어 있지 않으면 안 된다.

4. (a)

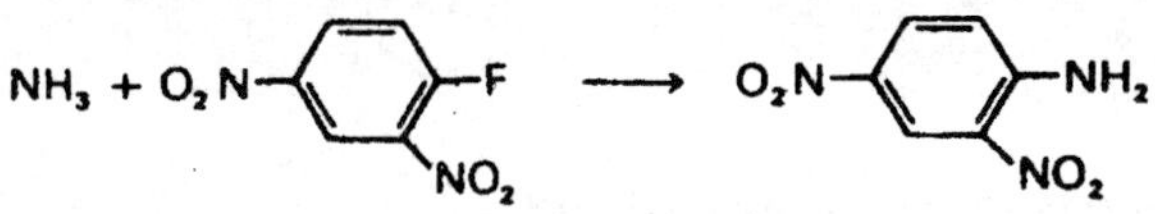

(c) 일반적으로 S_N1 반응은 가용매분해의 속도에 대해서 보다 큰 용매효과가 기대된다. 즉 아세톤은 보다 극성이 큰 용매이기 때문에 3차, 알릴 또는 벤질할로겐화물은 보다 빠르게 반응하리라고 믿는다.

(g)

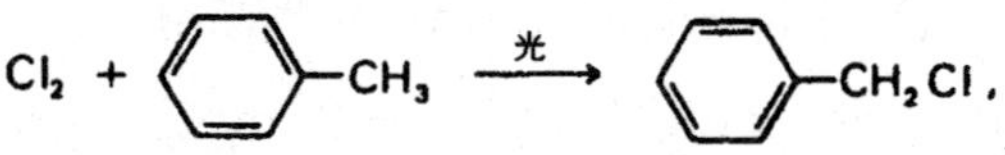

, benzyl chloride

(i) $(CH_3)_3C-F$, t-butyl fluoride

(k) $CH_3O^- + CH_3CH_2I \rightarrow CH_3OCH_2CH_3$, methyl ethyl ether

5. 저온의 극성용매 중에서의 브롬화에서는 Br+이 생성하며, 이것이 다음에 이중결합에(Br-과 더불어) 부가한다. 기체상태에서 고온으로 하면 Br·이 생성하며, 이것은

H·이 생성하며, 이것은 H·을 알릴위치로부터 끌어당겨 치환반응을 일으킨다.

6. (a) cyclohexene→*trans*-1,2-dibromocyclohexane(diequatorial)
   Br_2의 이중결합에의 친적자적 부가
   (b) bromocyclohexane → cyclohexanol, S_N2
   (c) bromocyclohexane → cyclohexene, E2
   (d) 힌트 : 여기서 생성한 HOBr이 이중결합에 부가한다.
   (e) 1,2-dimethylcyclohexene → 3-bromo-1,2-dimethylchlorohexene, 라디칼 치환
   (k) N.R.
   (n) 벤자인중간체가 생성하며, 이것은 다른 수용체가 존재하지 않으면 자기 자신이 반응하여 디페닐렌을 생성한다.
   (t) N.R.
   (u) N.R.

제9장

1. 아주 적은 소량의 예밖에 표시되어 있지 않다. 주의해야 할 점은, 유기화학적 변환을 쓰는 연습을 시키기 위하여 주어진 출발물질은 일반적으로 입수할 수 있는 것보다는 훨씬 제한되어 있다. 실제는 이들의 다수의 헵탄올은 시판되고 있다.

   (i) $CH_3CH_2CH_2CH_2CH_2CH(OH)-CH_3$; 2-heptanol; 2차 알코올

CH_3CH_2CHO —(1. $NaBH_4$ 2. HBr;H^+ 3. Mg 무수에테르중 4. 에틸렌옥사이드 5. H_3O^+; 가수분해 6. HBr; H^+)→ $CH_3CH_2CH_2CH_2CH_2Br$ —(1. Mg 무수에테르중 2. 아세트알데히드 3. H_3O^+; 가수분해)→

(ii) $(CH_3)_3C-CH_2CH_2CH_2OH$; 4,4-dimethyl-1-pentanol; 1급

CH_2O → (1. $NaBH_4$ 2. HI, H^+ 3. Mg 무수에테르중 4. CH_3CHO 5. H_3O^+; 가수분해) → $CH_3-CH-CH_3$ → ($KMnO_4$ 또는 CrO_3) → $CH_3-C(=O)-CH_3$ → (1. Mg 무수에테르중 2. 아세트알데히드 3. H_3O^+; 가수분해) →

$(CH_3)C-OH$ → (1. HBr 2. Mg 무수에테르중 3. 에틸렌옥사이드 4. H_3O) → $(CH_3)_3C-CH_2CH_2OH$ → (1. HBr;H^+ 2. Mg 무수에테르중 3. 포름알데히드 4. H_3O, 가수분해) →

(iii) $CH_3CH_2CH_2-CH(OH)-CH_2CH_2CH_3$; 4-heptanol; 2급

CH_3CH_2CHO → (1. $NaBH_4$ 2. PBr_3 3. mg 무수에테르중 4. 포름산메틸) →

CH_2O → ($NaBH_4$) → CH_3OH → (HCOOH, H^+) → methyl formate

CH_2O → (CrO_3) → HCOOCH (산화가 너무 지나치게 진행하는 수도 있다)

2. (b)

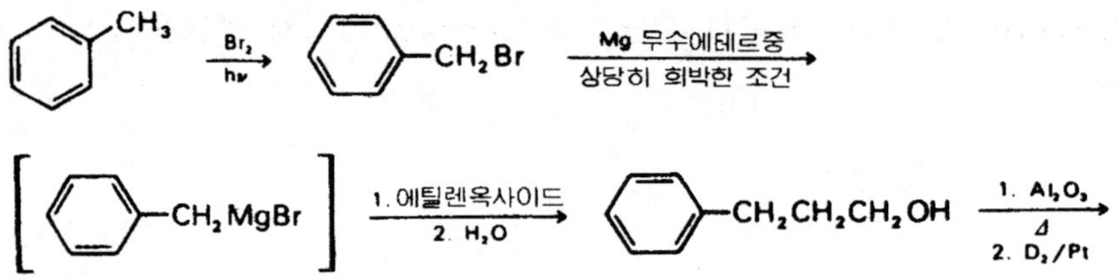
CH₃
Br₂
hν
CH₂Br
Mg 무수에테르중
상당히 회박한 조건
CH₂MgBr
1. 에틸렌옥사이드
2. H₂O
CH₂CH₂CH₂OH
1. Al₂O₃
Δ
2. D₂/Pt

(c)

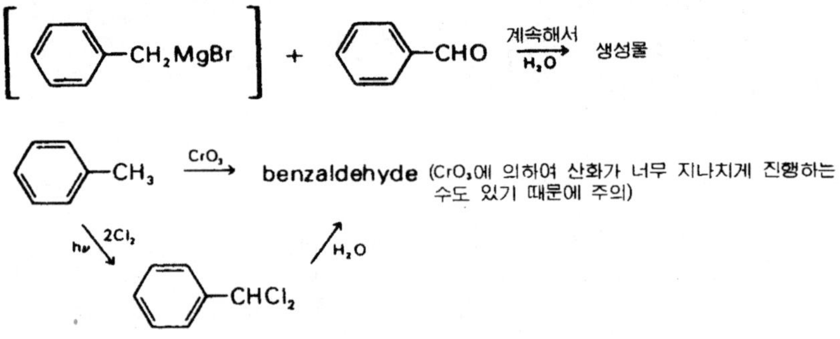
CH₂MgBr
+
CHO
계속해서
H₂O
생성물
CH₃
CrO₃
benzaldehyde (CrO₃에 의하여 산화가 너무 지나치게 진행하는 수도 있기 때문에 주의)
hν
2Cl₂
H₂O
CHCl₂

3. (a) N.R. 염화아릴은 에테르 중에서는 쉽게 반응하지 않는다.
   (b) $(CH_3CH_2CH_2)_2C(OH)CH_2CH_3$ (d) $CH_3CH_2-CO-CH_3$
   (e) benzaldehyde   (f) $CH_3CH_2O^-Na^+$, sodoum ethoxide
   (g) $(CH_3)_2C=CH_2+CH_3CH_2OH+NaBr$
   (i) benzyl iodide   (m) 1-pentanol
4. $C_{12}H_{16}$은 cyclohexylbenzene, $C_{12}H_{16}O$는 1-phenylcyclohexanol, $C_{12}H_{12}$는 2-phenyl-1, 3-cyclohexadiene, $C_{12}H_{10}$은 diphenyl이다.
5. 화합물 A는 3,3-dimethyl-1,5-(또는 1,4-혹은 2,4-) pentanediol
6. (a)

$$CH_3CH(OH)CH_3 \xrightarrow{CrO_3} CH_3COCH_3$$

$$CH_3CH_2CH(OH)CH_3 \xrightarrow[\text{3. 아세톤} \quad \text{4. } H_3O^+]{\text{1. } PBr_3 \quad \text{2. mg 무수에테르중}}$$

$$(CH_3)_2CHCH_2OH \xrightarrow[\text{3. 아세톤(a)참조} \quad \text{4. } H^+\Delta\text{-탈수} \quad \text{5. } H_2/P_t]{\text{1. HBr, } H^+ \quad \text{2. mg 무수에테르중}}$$

제10장

1. (a) N.R. 탄산수소염은 페놀성 수산기와 반응할 정도로 염기성이 강하지 않다.
   (c) N.R. 페놀은 일반적으로 이와 같은 조건하에서 니트로소화(-N=O)를 받지만, 이문제의 경우는 오르토 위치 및 파라위치가 비어 있지 않다.
   (d) N.R. 알코올과는 달리 페놀은 카르복시산과 무기산과의 처리로는 에스테르로 변환할 수 없다.
   (g) 2-naphthol   (h)2,5-dimethylanisole
2. (a) 페놀은 NaOH에 녹는다(다른 것에는 녹지 않는다). 페놀과 스티렌은 $KMnO_4$를 탈색한다(아니솔은 탈색하지 않는다). 이들 3가지의 화합물은 상당히 용이하게 Br_2/CCl_4와 반응함에 주의

(b) 산은 $NaHCO_3$에 가용, 산과 페놀은 NaOH에 가용, 또한 벤질알코올은 산성이 아니다.

3\.

(b) toluene $\xrightarrow[\text{2. } p\text{-이성체를 분리}]{\text{1. } H_2SO_4}$
3\. KOH 용융

(d) benzene
1\. $HNO_3-H_2SO_4$
2\. Sn/HCl
3\. $HCl-NaNO_{2p}$ 0℃
⟶
4\. H_3O^+ :Δ
5\. NaOH
6\. 브롬화 n-부틸

$CH_3CH_2CH_2CHO \xrightarrow[\text{2. HBr, } H^+]{\text{1. } NaBH_4}$

제11장

1\. (a) p-bromoanisile

(c) *tret*-butylcyclohexyl ether, *tert*-butoxycyclohexane

(d) terahydropyrane

(f) β-methoxynaphthalene, methyl-2-naphthyl ether

3\. (c) $NBS+H_2O \rightarrow HOBr \rightleftharpoons Br^+HO^-$

아니솔은 Br^+과 친전자 방향족 치환반응을 파라위치에 일으킨다.

4\.

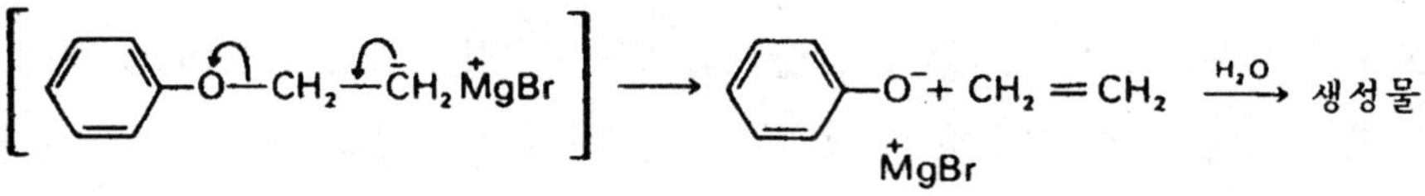
O
CH₂
CH₂
MgBr
O⁻+ CH₂ = CH₂
H₂O
생성물
MgBr

제12장

1.

화합물	가능한 입체 이성체의 총수	광학활성체의 수	비고
(a)	8	8	4개의 D,L쌍
			고리 *cis*−OH 상
			고리 *cis*−OH 상
			고리 *trans*−OH 상
			고리 *trans*−OH 상
(c)	2	0	*cis* 및 *trans*
(d)	없음	0	
(f)	2	2	한 개의 D,L쌍
(g)	8	8	D,L−*cis*−*cis*
			D,L−*cis*−*trans*
			D,L−*trans*−*trans*
			D,L−*trans*−*cis*
(l)	2	2	한 개의 D, L쌍
(m)	27	2^7	7개의 다른 비대칭탄소
(o)	2	2	한 개의 D,L쌍(회전 방해)
(p)	없음		회전의 방해가 없다.

2. (a) 위의 (o)와 같음
   (b) 비대칭치환의 알렌
   (d) 질소원자에서 암모니아와 같은 반전이 불가능하다.
   (e) *cis*−cyclooctene은 불활성이다. 또한 *trans*−이성체는 D,L쌍으로서 존재한다.
3. (a) 암모니아와 같은 반전
   (b) 회전의 방해가 없다.
   (c) *cis*−*trans* 이성체, 어느 것이나 광학불활성
   (d) 각각의 이성체가 대칭요소를 갖는다.
   (e) 대칭요소를 갖는다.
4. 제18장 참조

제13장 문제집 Ⅱ

1. (a) α−naphthaldehyde → α−naphthoic acid+1−hydroxymethylnaphthalene
   (b) terephthaldehyde → *p*−divinylbenzene

(c) phenyl β−naphthyl ketone → phenyl β−naphthyl ketone phenylhydrazone → 2−benzylnaphthalene

(d) HMTA를 거치는 α−naphthaldehyde

(g) methyl cyclohexyl ketone → cyclohexylacetylene

(i) 1−(3−bromophenyl)−1−bromoethane

2. (c) m−methylbenzaldehyde → formic acid+m−methylbenzyl alcohol

(e) 2,5−hexanedione → hexane

(h) 4종류의 생성물의 혼합물

(k) N.R., $-NO_2$ 기가 Friedel−Crafts 반응에 대해서 불활성화한다.

(l) p−bromophenylhydrazine+3−cyclobutyl−6−phenyl−2,5,8−nonatrine → *tri*(또는 *tri*)−p−bromophenylhydrazone을 생성한다.

3.

(a) $C+CaO \xrightarrow{\Delta} CaC_2 \xrightarrow{H_2O} H{-}C{\equiv}C{-}H \longrightarrow$
1. $NaNH_2$
2. CH_3I
3. H_2O, Hg^{++} H_2SO_4
4. Al(Hg)
5. H_2O

$(CH_3)_2CH(OH)CH(OH)(CH_3)_2 \xrightarrow{H^+} CH_3COC(CH_3)_3 \longrightarrow$
1. $NaNH_2$
2. H^+
3. $SOCl_2$
4. H_2/Pd−C S으로 피독된 것

$H{-}C{\equiv}C{-}H \longrightarrow CH_3I$
1. O_3
2. 환원적 분해
3. $NaBH_4$
4. HI

(b) phenol $\xrightarrow{H_2/촉매}$ 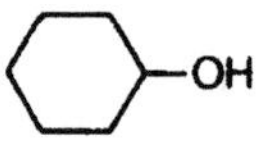 $\xrightarrow{K_2Cr_2O_7}$ adipic acid $\longrightarrow$
1. $Ca(OH)_2$
2. Δ

cyclopentanone $\longrightarrow$ 생성물
1. $[CH_3MgI]$
2. H_2O
3. H+ : $\Delta -H_2O$

$CH_3OH \xrightarrow[\text{2. Mg 무수에테르중}]{\text{1. HI}}$

(c) toluene
1. $Br_2/FeBr_3$
2. *p*−이성체를 분리
3. $KCN-Cu_2(CN)_2$
4. H_3O+(*p*−톨루산을 생성한다)
5. $LiAlH_4$
6. H_3O+
7. HBr
8. Mg 무수에테르 중
9. 무수 $CdCl_2$
→ 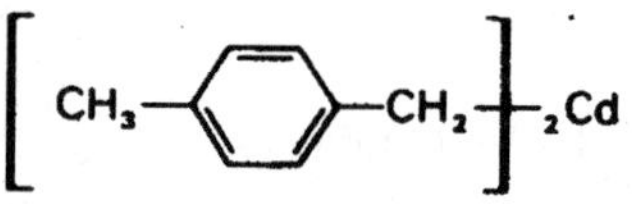

단계 1로부터 4를 사용하여 Ortho 톨루산을 얻고, 이것을 $SOCl_2$로서 산염화물로 하고 Cd 시약으로 처리한다.

(d) benzene $\xrightarrow[\text{2. }\Delta\text{: Cu}]{\text{1. }Br_2/FeBr_3}$ 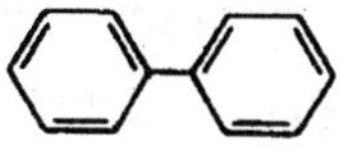
1. 무수숙신산(산으로부터 Δ)
2.1당량 $AlCl_3$, $C_6H_5NO_2$ 중
2. H_3O^+
3. Zn(Hg)−HCl(케톤의 환원)
4. $SOCl_2$
5. H_2/Pd−탄소(S 피독)
6. H_2N-NH_2

(e) $H-C\equiv C-H \xrightarrow[H_2SO_4]{H_2O,\ Hg^{++}} CH_3CHO \xrightarrow[\text{3개의 알돌축합 및 교차 Cannizzaro}]{H_2CO\text{(과잉)},\ OH^-} C(CH_2OH)_4 \xrightarrow[\text{2. Zn}]{\text{1. HBr, }H^+}$

4. $(CH_3)_2C(OH)-\overset{+}{C}(CH_3)_2$의 전위 후, 프로톤의 탈리로써 생성한 피나콜론

5.
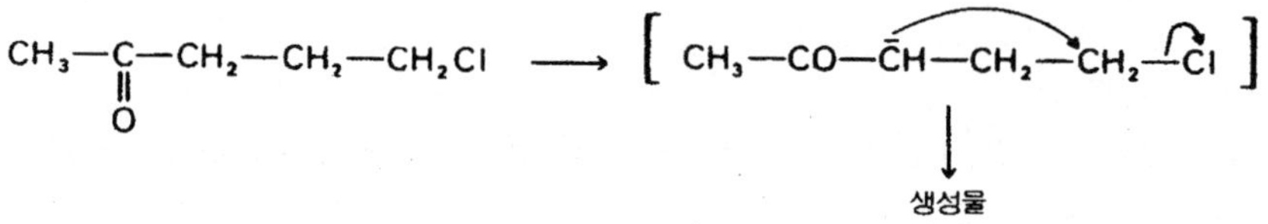

제14장

2. (a) 프로피온산으로부터 메틸말론산에스테르를 합성하여라(14−12절).

$$CH_3-CH(COOEt)_2 \xrightarrow[\substack{3.\ NaOH \\ 4.\ H^+ \\ 5.\ \Delta\ :\ CO_2}]{\substack{1.\ NaOEt \\ 2.\ CH_3CH_2CH_2Br}} CH_3CH_2CH_2CH(CH_3)COOH \xrightarrow[2.\ NH_3]{1.\ SOCl_2}$$

$$(b)\ CH_2(COOEt)_2 \xrightarrow[\substack{3.\ NaOEt \\ 4.\ CH_3CH_2Br}]{\substack{1.\ NaOEt \\ 2.\ CH_3CH_2CH_2Br}} CH_3CH_2CH_2(CH_3CH_2)C(COOEt)_2 \xrightarrow[\substack{3.\ \Delta\ :\ CO_2 \\ 4.\ \Delta\ :\ Ac_2O}]{\substack{1.\ NaOH \\ 2.\ H^+}}$$

$$(e)\ CH_2COCH_2COOEt \xrightarrow[\substack{3.\ NaOH \\ 4.\ H^+ \\ 5.\ \Delta\ :\ CO_2}]{\substack{1.\ NaOEt \\ 2.\ CH_3CH_2Br}} CH_3COCH_2CH_2CH_3 \xrightarrow{C_6H_5NHNH_2}$$

(g) p-CH_3-C_6H_4-CH_2COOEt로부터 para-toluylmalonic ester를 합성하여라 (14-12절). 이것은 계속해서 α-brome-p-xylene을 사용해서 알킬화를 행할 수 있다(그리고 생성물을 가수분해와 탈카르복실화한다).

3. (a) 카르복실산은 페놀보다 강하며(CH_3-O는 고리에 전자를 주며, 따라서 O-H 결합을 강하게 한다), 또한 페놀은 알코올보다 강하다.

(b) -Cl이 -COOH보다 멀리 있으며 유도효과는 급속히 약해진다.

(c) -CN기는 전자를 끌어당긴다(이중결합은 이 효과의 전달을 돕는다). 또한 $-CH_3$는 O-H결합에 전자를 준다. 치환기를 갖지 않는 화합물을 표준으로 한다.

4. (d) $CH_3(CH_2)_4CH(CH(CONH_2)_2$, n-pentylmalonamide

(f) $C_6H_5(CH_2)_3C(CN)(CH_2CH_2CH_2CH_3)COOCH_3$, 3-cyano-3carbomethoxy-1phenyloctane

또는 methyl-2-n-butyl-2-cyano-5-phenylpentanoate

(h) 2-n-butyl-5-phenylpentanoic acid

(k) N.R. 입체장해

(n) phenylacetamide

(q) 2,6-dichlorobenzoic acid

(r) 4,5-dimethyl-1-naphthoic acid

(s) 3,5-dimethylbenzonitrile

제15장

1. (b) $CH_3(CH_2)_4COO(CH_2)_5CH_3$
   (d) 2-phenylethyl-*p*-toluate
   (f) methyl pentamethylbenzoate
   (i) toluyl choride(*o*-, *m*-, 또는 *p*-)
   (l) $CH_3CH_2CH_2CH(CH_3)CH_2COCl$
   (n)
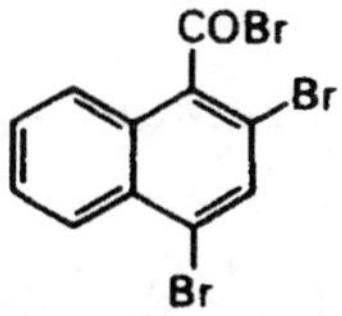
COBr
Br
Br

2. (b) 4-nitrophthalic anhydride
   (d)
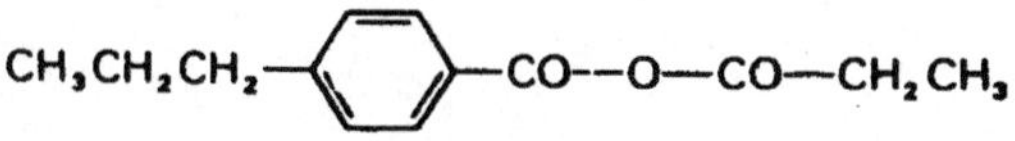
CH₃CH₂CH₂
CO—O—CO—CH₂CH₃

   (g) *p*-chloroacetanilide
   (h) *N*-chloroacetanilide
   (j) 4,5-dichlorophthalamide
   (m)
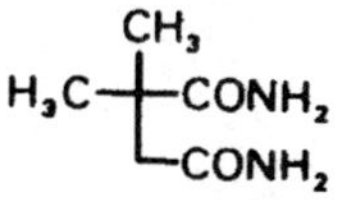
CH₃
H₃C
CONH₂
CONH₂

3. (a) propanimide
   (c) 4,*N*-dimethylphthalimide
   (e)
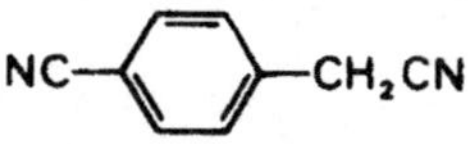
NC
CH₂CN

   (g) $CH_3(CH_2)_5CO-NH-CO-(CH_2)_5CH_3$
4. (a) *n*-butyl phenylacetate
   (d) methyl cyclopentylcarboxylate
   (g) methyl-1-methyl-7-chloro-2-naphthoate
   (k) acetic benzoic anhydride
   (n) *N*-methylosobutyramide

5. (a) −COOH 입체장해를 받고 있다.
   (b) 페놀을 Fischer의 에스테르화를 받지 않는다.
   (c) 산 +NH_3→암모늄염, 이것은 가열함으로써 아미드를 생성한다.
   (d) 산을 사용해서 아미드의 단계에서 반응을 정지시키지 않으면 안 된다.
   (e) 할로겐화아릴에서는 S_{N1}, S_{N2}도 일어나지 않는다.
6. (a) 나프탈렌의 α위치에 숙시노일화하고 케톤을 환원하여 β위치에서 고리화시킨다. C_6H_5MgBr, 기타를 사용한다.
   (b) 나프탈렌의 α위치에 숙시노일화하고, 과잉의 CH_3MgI를 작용시키고 β위치에 고리화, 기타를 행한다
   (c) 벤젠을 숙시노일화하고, 케톤의 환원, 고리화, 1당량의 CH_3MgI와의 처리 등을 행한다.
   (d) 나프탈렌의 I위치 및 5위치 등에 이중으로 숙시노일화하는 것을 생각하여라. 입체적인 이유로부터, I,8의 위치가 숙시노일화될 가능성은 없다.

제16장

1. (a) 오르토 혹은 파라위치에 전자흡인성 치환기를 갖지 않는 할로겐화아릴은 암모니아로서 치환을 받지 않는다 : 니트로벤젠의 환원
   (b) 아민의 혼합물이 생성한다.

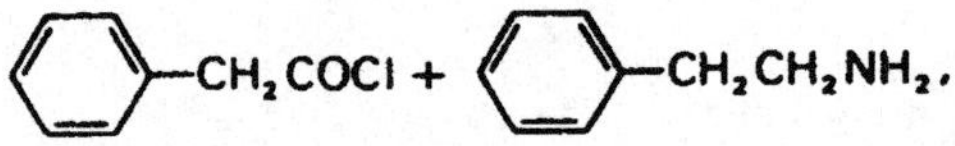

   (d) $-NH_2$는 오르토, 파라배향기, $C_6H_5NO_2$를 환원하고 계속해서 브롬화를 행한다.
   (f) 약간의 디아미노화합물을 함유하는 혼합물을 생성한다. 다황화암모늄을 사용하여라.
   (h) 혼합물이 생성한다.

$$C_6H_5N_2^+ + C_6H_5CH_3 \xrightarrow[NaOH]{Cu}$$ 를 사용하여라.

2. (b) *n*−propylamine, ammonia, *p*−toluidine, triphenylamine, acetamide (중성), acetimide(산성)
   (c) *o*−toluidine, *p*−methylbenzyl alcohol, *o*−cresol(phenol의 일종) phthalimide, *o*−methylbenzoic acid

3. (b) *p*−methylbenzyl bromide→*p*−methylbenzylamine, S_{N2}
   (d) hexanamide→1−aminopentane(*n*−pentylamine)
   전자결핍의 질소원자가 관여한 전위
   (e) dimethylethyl−3−butenylammonium hydroxide → H_2O+1,3−butadiene+dimethylethylamine : E_2
   (g) benzensulfonyl chloride+isobutylamine → isobutylamine benzenesulfomamide; 질소의 비공유전자쌍이 S원자를 공격한다.

(수정판)현대 유기화학

1984년 1월 30일 초 판 발 행 • 역 자 정 평 진
1985년 3월 20일 수 정 판 발 행 • 발행인 최 국 주
2012년 8월 25일 수정2판발행 • 발행처 동 명 사

경기도 파주시 교하읍 문발리 535-10 파주출판단지 30블록 4롯트
전 화 : 031) 955-7200(代), 955-7201~4, 7203 (편집부)
팩시밀리 : 031) 955-7205
출판등록 : 1950년 11월 1일(제1-76호)
E-mail : dms723@chol.com
홈페이지 : www.dmsbook.com

정가 31,000원

ISBN 978-89-411-8105-7 93430

Periodic table of the elements

I	II							
1 H 1 00797								
3 Li 6 939	4 Be 9 0122							
11 Na 22 9898	12 Mg 24 312							
19 K 39 102	20 Ca 40 08	21 Sc 44 956		22 Ti 47 90	23 V 50 942	24 Cr 51.996	25 Mn 54.9380	26 Fe 55 84
37 Rb 85 47	38 Sr 87 62	39 Y 88 905		40 Zr 91 22	41 Nb 92 906	42 Mo 95 94	43 Tc (99)	44 Ru 101 0
55 Cs 132 905	56 Ba 137 34	57 La 138 91	58 to 71	72 Hf 178 49	73 Ta 180 948	74 W 183 85	75 Re 186 2	76 Os 190
87 Fr (223)	88 Ra (226)	89 Ac (227)	90 to 103					

LANTHANIDES	58 Ce 140 12	59 Pr 140.907	60 Nd 144 24	61 Pr (14
ACTINIDES	90 Th 232 038	91 Pa (231)	92 U 238 03	93 N (23

				III	IV	V	VI	VII	2 He 4.0026
				5 B 10.811	6 C 12.01115	7 N 14.0067	8 O 15.9994	9 F 18.9984	10 Ne 20.183
				13 Al 26.9815	14 Si 28.086	15 P 30.9738	16 S 32.064	17 Cl 35.453	18 Ar 39.948
7 o 332	28 Ni 58.71	29 Cu 63.54	30 Zn 65.37	31 Ga 69.72	32 Ge 72.59	33 As 74.9216	34 Se 78.96	35 Br 79.909	36 Kr 83.80
5 h 905	46 Pd 106.4	47 Ag 107.870	48 Cd 112.40	49 In 114.82	50 Sn 118.69	51 Sb 121.75	52 Te 127.60	53 I 126.9044	54 Xe 131.30
7 r 2 2	78 Pt 195.09	79 Au 196.967	80 Hg 200.59	81 Tl 204.37	82 Pb 207.19	83 Bi 208.980	84 Po (210)	85 At (210)	86 Rn (222)

2 m .35	63 Eu 151.96	64 Gd 157.25	65 Tb 158.924	66 Dy 162.50	67 Ho 164.930	68 Er 167.26	69 Tm 168.934	70 Yb 173.04	71 Lu 174.97
4 u 42)	95 Am (243)	96 Cm (247)	97 Bk (247)	98 Cf (249)	99 Es (254)	100 Fm (253)	101 Md (256)	102 No (254)	103 Lw (257)